Springer Collected Works in Mathematics

For further volumes:
http://www.springer.com/series/11104

Bernhard Riemann

1863.

Bernhard Riemann

Gesammelte Mathematische Werke, Wissenschaftlicher Nachlass und Nachträge - Collected Papers

Editor

Raghavan Narasimhan

Reprint of the 1990 Edition

Springer

Author
Bernhard Riemann (1826 – 1866)

Editor
Raghavan Narasimhan
University of Chicago
USA

ISSN 2194-9875
ISBN 978-3-642-55392-9 (Softcover)
978-3-540-50033-9 (Hardcover)
DOI 10.1007/978-3-642-55393-6
Springer Heidelberg New York Dordrecht London

Library of Congress Control Number: 2012954381

Printed on acid-free paper

Springer is part of Springer Science+Business Media (www.springer.com)

Inhaltsverzeichnis

Editor's Preface

(Together with a mathematical commentary on some of Riemann's work)

Great mathematicians change the way their successors look at certain parts of mathematics. It is rare, however, that a hundred years after a man's work, his ideas and methods are learnt and used by people in the field in essentially the same form in which he left them. Riemann's mathematics has this quality of permanence to an astonishing degree. His work has been analysed, amplified and generalised in many ways in many fields, but a good part of his mathematical output has withstood the test of time and the search for new perspectives remarkably well. This is not to imply that new perspectives have not been found but simply that in many instances, Riemann's own approach has not been superseded definitively.

This volume contains a reprint of the second edition of „Bernhard Riemanns gesammelte mathematische Werke und wissenschaftlicher Nachlass" (Leipzig, Teubner, 1892; edited by Heinrich Weber with help from Richard Dedekind; the first edition was published in 1876) and of „Bernhard Riemanns gesammelte mathematische Werke. Nachträge" (Leipzig, Teubner, 1902; edited by Max Noether and Wilhelm Wirtinger). Riemann was well served by his mathematical editors and this material is taken over without change or further commentary.

The volume contains a few other pieces as well.

C. L. Siegel's „Über Riemanns Nachlass zur analytischen Zahlentheorie" is a very important paper and shows Riemann's analytical technique in a way that his own papers do not. It appeared in 1932 in a journal which was little known and hard of access to the average mathematician („Quellen und Studien zur Geschichte der Mathematik, Astronomie und Physik") and only became generally available with its inclusion in Siegel's collected works. It is indispensable to an understanding of Riemann's mathematics and is therefore reprinted here again.

Riemann's Habilitationsvortrag „Ueber die Hypothesen, welche der Geometrie zu Grunde liegen" was presented to a general (largely nonmathematical) audience and is not a standard mathematical paper avoiding, as it does, the use of technical mathematical language. Riemann was prevented, largely by bad health, from writing the more detailed version he had intended, although he did present some of the analysis in the second part of the article he submitted to the Paris Academy („Commentatio mathematica, qua respondere tentatur quaestioni ab Illma Academia Parisiensi propositae"). In 1919, Hermann Weyl published a separate edition of Riemann's lecture with mathematical notes and commentary. These notes and comments, taken from the third edition (1923) of Weyl's publication, are included in the present volume.

Riemann devoted a significant part of his effort to mathematical physics. One of his papers on the subject, dealing with the motion of fluid ellipsoids, is analysed in the article by S. Chandrasekhar and N. Lebovitz printed here. Part of the article is taken from Chandrasekhar's book „Ellipsoidal Figures of Equilibrium" (Yale Univ. Press, 1969) and part of it is written expressly for the present volume. The article provides a general history of the subject, discusses the importance of Riemann's paper and contains an excellent critical analysis of the paper itself.

It would seem that in his lectures, Riemann presented ideas that he did not publish; this is certainly the case with his course on the hypergeometric series. Parts of this course are printed in the „Nachträge". The lectures contain deep ideas later rediscovered by L. Fuchs, H. A. Schwarz and others. At the International Congress of Mathematicians, 1904, in Heidelberg, W. Wirtinger discussed the contents of Riemann's course of lectures and their significance. The lectures themselves, written by W. v. Bezold in shorthand, are available in Göttingen, but are hard to read because of the shorthand. Wirtinger's address to the Congress makes it clear how far ahead of his time Riemann was, and is included here.

The present volume contains a few other general pieces such as letters written by two of Riemann's schoolteachers to E. Schering discussing Riemann as a student.

No one person is capable of a full analysis of Riemann's work, its history, its development and its influence on current mathematics. I shall try to make a few comments on some of his mathematical work in an attempt to show that a study of Riemann in the original is still both profitable and pleasurable.

Let us begin with Riemann's work on the distribution of primes, in particular, with his paper „Ueber die Anzahl der Primzahlen unter einer gegebenen Grösse".

The paper contains a general principle which is fundamental in analytic number theory. Let s be a complex variable and suppose that the series $\sum_{n=1}^{\infty} \frac{a_n}{n^s} = f(s)$ converges for $\mathrm{Re}(s) > 1$. Then, if enough is known about the behaviour of $f(s)$ in the s-plane (in particular, the nature and location of its singularities), one can deduce the behaviour of $\sum_{n \leqq x} a_n$ as a function of x by means of what we now call the Mellin transform (which Riemann establishes by using the Fourier inversion formula). Applied to the case of $\pi(x) = \sum_{p \leqq x} 1$, where p runs over the primes and $\pi(x)$ is the number of primes $\leqq x$, this principle leads, because of Euler's formula

$$\zeta(s) = \sum_{n=1}^{\infty} n^{-s} = \prod_{p} \left(1 - \frac{1}{p^s}\right)^{-1},$$

to the study of the behaviour of $\log \zeta(s)$, in particular, of its singularities.

Using the Cauchy residue theorem, Riemann proves that ζ is a meromorphic function on all of $\mathbb{C}$, with a single singularity (a simple pole) at $s = 1$, and that it satisfies the functional equation

$$\pi^{-s/2}\, \Gamma\left(\frac{s}{2}\right) \zeta(s) = \pi^{-(1-s)/2}\, \Gamma\left(\frac{1-s}{2}\right) \zeta(1-s).$$

If we write $\xi(t) = s(s-1)\pi^{-s/2}\Gamma\left(\frac{s}{2}\right)\zeta(s)$ where $s = \frac{1}{2} + it$ (t complex), this relation becomes, simply, $\xi(t) = \xi(-t)$.*)

The form of the functional equation leads Riemann to use the integral representation of $\Gamma\left(\frac{s}{2}\right)$ (rather than of $\Gamma(s)$) and to obtain the functional equation itself as a consequence of the well-known transformation formula for the elliptic ϑ-function

$$\vartheta(x) = \sum_{n=-\infty}^{\infty} e^{-\pi n^2 x},$$

namely, $\vartheta(x^{-1}) = x^{1/2}\vartheta(x)$ for $x > 0$. This connection between functional equations for Dirichlet series and transformation properties of „automorphic forms" has proved to be, in the hands of E. Hecke, A. Selberg and their followers, one of great richness. It is today the starting point of much deep work in number theory and in the representation theory of algebraic groups.

Returning to the distribution of primes, the study of the *singularities* of $\log\zeta(s)$ requires one to study the *zeros* of $\zeta(s)$. This has turned out to be one of the thorniest problems in number theory. Apart from obvious properties of the zeros which follow from the definition of $\zeta(s)$ and the functional equation, Riemann outlines a proof (completed by H. Mangoldt in 1894) of the following theorem:

Let $N(T)$ be the number of zeros of $\zeta(s)$ in the region $0 \leqq \mathrm{Re}(s) \leqq 1$, $0 \leqq \mathrm{Im}(s) \leqq T$. Then, as $T \to \infty$, we have

$$N(T) = \frac{T}{2\pi}\log\frac{T}{2\pi} - \frac{T}{2\pi} + O(\log T).$$

Riemann goes on to say the following: „it is very probable that all the zeros [of $\xi(t)$] are real. A rigorous proof of this is to be desired; I have however temporarily left aside the search for one after a few fleeting, vain attempts since it did not seem indispensable for the immediate purposes of my investigation."

This, of course, is the Riemann hypothesis, the most celebrated of open mathematical problems today. In terms of $\zeta(s)$, it states that all the zeros of $\zeta(s)$ in the „critical strip" $0 \leqq \mathrm{Re}(s) \leqq 1$ lie on the „critical line" $\mathrm{Re}(s) = \frac{1}{2}$. A proof of this, and its generalisations to algebraic number fields, would have far-reaching arithmetic consequences.

Riemann then takes up what he considers the main goal of his paper, an expli-

---

*) It should be mentioned that the relationship between $\zeta(s)$ and $\zeta(1-s)$ (in a slightly different form from that given by Riemann) was conjectured by Euler for real values of s and verified by him at least for integral values of s as early as 1749. He called it „un beau rapport entre les séries des puissances, tant directes que réciproques". For a discussion of Euler's paper, see E. Landau: Euler und die Funktionalgleichung der Riemannschen Zetafunktion. In: Bibliotheca Mathematica. 3. Folge, 7. Band. Leipzig: Teubner-Verlag 1906/1907, 69–79.

cit formula for a function closely related to the number of primes below x, namely $\Pi(x) = \pi(x) + \frac{1}{2}\pi(x^{1/2}) + \frac{1}{3}\pi(x^{1/3}) + \ldots$ This formula asserts that

$$\Pi(x) = \mathrm{li}(x) - \sum_{\varrho} \mathrm{li}(x^{\varrho}) + \int_{x}^{\infty} \frac{1}{u^2 - 1} \frac{\mathrm{d}u}{u \log u} + \text{constant};$$

here ϱ runs over the zeros of $\zeta(s)$ in the critical strip $0 \leqq \mathrm{Re}(s) \leqq 1$, and the *„logarithmic integral"* $\mathrm{li}(x)$ is, at least for $x > 0$, given by

$$\mathrm{li}(x) = \lim_{\varepsilon \to 0} \left(\int_{0}^{1-\varepsilon} + \int_{1+\varepsilon}^{x} \right) \frac{\mathrm{d}u}{\log u}.$$

Riemann's outline was completed, also in this case, by von Mangoldt (in 1895).

In a letter to Weierstrass written in 1859, Riemann mentioned a different representation of the ζ-function in the critical strip. Following this up, C. L. Siegel found a very incomplete manuscript which he worked out in detail and presented in an important paper „Über Riemanns Nachlass zur analytischen Zahlentheorie". It turned out that Riemann had not only anticipated one of the most important discoveries of Hardy and Littlewood concerning the ζ-function (the so-called approximate functional equation), but had gone far beyond them sixty years earlier! The approximate functional equation asserts roughly, that by combining part of the series defining $\zeta(s)$ in $\mathrm{Re}(s) > 1$ with part of the expression in $\mathrm{Re}(s) < 0$ resulting from the functional equation, one obtains a good approximation to $\zeta(s)$ in the critical strip. Hardy and Littlewood gave upper bounds for the error. What Riemann had done was to obtain a complete asymptotic expansion for the error. Riemann's approach has proved to be of great importance in the study of the ζ-function in the critical strip.

The problem of the zeros of $\zeta(s)$ in the critical strip has turned out to be very difficult. Some of the deepest work to date on this problem was done by A. Selberg (in the years 1942–46) who took the subject beyond early work of Hardy (1912) and of Hardy-Littlewood (1918). Selberg added significantly to what was known about the error term in the Riemann–v. Mangoldt formula for $N(T)$. He also proved that a positive proportion of the zeros of $\zeta(s)$ actually lie on the critical line $\mathrm{Re}(s) = \frac{1}{2}$. This last result has been improved by N. Levinson (1974) by combining Selberg's ideas with Riemann's own approach to the approximate functional equation; Levinson's result is that at least one third of the zeros lie on the critical line.

The distribution of the zeros of $\zeta(s)$ in the neighbourhood of the line $\mathrm{Re}(s) = 1$ has a direct bearing on the size of the difference $\pi(x) - \mathrm{li}(x)$ and thus on several arithmetic questions. Results are of two kinds. The first asserts that there are no zeros in a region of the form $\mathrm{Re}(s) > 1 - \eta(\mathrm{Im}(s))$, η being a positive function tending to 0 at $\pm\infty$. The first such result is due to de la Vallée-Poussin (1896) and has been successively improved by Littlewood (1922), I. M. Vinogradov (1935–37) and others.

The second kind of result asserts that there are few zeros of $\zeta(s)$ in the region $\operatorname{Re}(s) > \sigma,\ 0 \leqq \operatorname{Im}(s) \leqq T\ \left(\text{where } \frac{1}{2} < \sigma < 1\right)$ when compared with $N(T)$. Theorems of this type were first proved by H. Bohr and E. Landau (1913) and are now known as zero density theorems. They have generalisations to the Dirichlet L-functions which, together with the so-called „large sieve", provide powerful tools in the study of the distribution of primes.

Riemann's explicit formula and its variants are of great importance in the theory of prime numbers. Since the time of Gauss, it was believed, on numerical evidence, that $\pi(x) < \operatorname{li}(x)$ for large x. Riemann thought that his explicit formula gave theoretical reasons to back this belief since, if one expresses $\pi(x)$ in terms of $\Pi(x)$ and ignores the „periodic" terms $\operatorname{li}(x^{\varrho})$ in the explicit formula, the first few terms are

$$\operatorname{li}(x) - \frac{1}{2}\operatorname{li}(x^{1/2}) - \frac{1}{3}\operatorname{li}(x^{1/3}) - \frac{1}{5}\operatorname{li}(x^{1/5}) + \frac{1}{6}\operatorname{li}(x^{1/6}) \ldots$$

(according to the Möbius inversion formula). However, Littlewood proved in 1914, by analysing the periodic terms, that $\pi(x) - \operatorname{li}(x)$ changes sign for arbitrarily large values of x. It might be added that the inequality $\pi(x) < \operatorname{li}(x)$ is true „on the average", the proof being based again on the explicit formula.

One of the variants of the explicit formula was used crucially in the proof of a theorem, the E. Bombieri – A. I. Vinogradov theorem, which has made possible much recent work on prime numbers. This theorem gives estimates for the remainder term in the asymptotic formula for the number of primes in an arithmetic progression $a \,(\operatorname{mod} q)$, $(a, q) = 1$, when averaged over certain intervals of values of q. It should be remarked that the estimates for this remainder term resulting from the assumption of the Riemann hypothesis for all Dirichlet L-functions would only improve the Bombieri – Vinogradov theorem by an unimportant logarithmic factor.

Many other functions have been studied which have some of the formal properties of the Riemann ζ-function. It is natural to ask if there is an analogue of the Riemann hypothesis for some of them. Among the most interesting of these functions are the ζ-functions attached to algebraic varieties over a finite field. In 1940, 1941, A. Weil proved the analogue of the Riemann hypothesis in the case when the variety is a curve (i. e. of dimension 1). To do this, he developed the theory of Abelian varieties and of the Jacobian variety of a curve over ground fields of characteristic >0, thus generalising another aspect of Riemann's work (see below). He also formulated several (conjectural) properties of the ζ-function of an algebraic variety defined over a finite field, one of them being an analogue of the Riemann hypothesis. These became known as the Weil conjectures. (A more direct approach to Weil's theorem for curves was proposed by S. A. Stepanov and completed, in 1973, by W. Schmidt and E. Bombieri.)

In 1974, P. Deligne, using the full resources of modern algebraic geometry as developed by Grothendieck, proved the Weil conjectures. His proof reflects som of the deepest geometric properties of these varieties, but since the Weil conj tures can be thought of as providing information about the number of solut of systems of polynomial equations over a finite field, it is not surprising tha ligne's work has purely arithmetic applications. Deligne himself had shown, even before his proof of the Weil conjectures, that some classical open questions concerning the Fourier coefficients of certain modular forms (the so called Ramanujan conjecture being one of them) would be answered by such a proof. Of the other arithmetic applications. I shall mention only a theorem, proved by D. R. Heath-Brown in 1983, which asserts that a non-singular rational cubic form in 10 or more variables represents 0 non-trivially (an assentially best possible result but for the hypothesis of non-singularity).

Riemann did not himself publish his „Habilitationsschrift“ on the representability of arbitrary real-valued functions by trigonometric (not necessarily Fourier) series; Dedekind found and published it after Riemann's death. After a lively historical introduction, Riemann introduces his definition of the integral of a function on a finite interval. Practically every elementary course in real analysis today presents this definition as the basis of integral calculus. Riemann immediately poses and answers the question which he considers the main reason for formulating the definition: when is a bounded function f defined on the finite interval I integrable? His criterion is that for any $\delta > 0$, the set of points $x \in I$ such that f oscillates more than δ in any neighbourhood of x can be covered by finitely many smaller intervals of arbitrarily small total length. Riemann's definition and the above criterion inspired much work on real analysis in the last three decades of the nineteenth century. They led to attempts at understanding the nature of sets of discontinuity of a function and culminated in the development of the Lebesgue integral (by H. Lebesgue, G. Vitali and W. H. Young). One byproduct of this development was the definitive answer to Riemann's original question, namely the theorem that a bounded function on I is Riemann integrable if and only if its discontinuities form a set of measure 0.

For a discussion of Riemann's criterion and the developments mentioned above, see the book by Thomas Hawkins „Lebesgue's theory of the Integral. Its origins and development“ (2nd ed. 1975, New York, Chelsea).

The methods that Riemann introduced to study the representability of a function by trigonometric series have been very influential and have proved more important than his final results. These methods centre, implicitly, on the following question: what shall we understand by the second derivative of a function when we do not know *a priori* that this derivative exists?

Riemann introduces two ways of looking at the second derivative.

1. If the problem concerns pointwise derivatives of a function F, then consider

$$\lim_{h\to 0} (\Delta_h^2 F)(x), \quad \text{where} \quad (\Delta_h^2 F)(x) = \frac{F(x+2h) + F(x-2h) - 2F(x)}{4h^2}.$$

2. If the problem concerns the second derivative of F on a whole interval (c, d), then consider

$$\int_c^d F(x) \frac{d^2\varrho}{dx^2} dx,$$

where ϱ is an arbitrary function vanishing outside (c, d) and having as many derivatives as are required by the problem.

It is hardly necessary to point out how important this second method is; it is basic, for instance, in the theory of distributions.

Using these ideas, Riemann proves the following results on his way to characterising functions representable by trigonometric series.

Let

$$\text{(T)} \qquad \frac{1}{2}a_0 + \sum_{n=1}^{\infty} (a_n \cos nx + b_n \sin nx)$$

be a trigonometric series in which a_n, $b_n \to 0$ as $n \to \infty$.

Let

$$F(x) = \frac{1}{4}a_0 x^2 + \alpha x + \beta - \sum_{n=1}^{\infty} \frac{1}{n^2}(a_n \cos nx + b_n \sin nx)$$

be the continuous function obtained by formally integrating (T) twice; here α, β are real constants. With this notation, Riemann's results are as follows.

A. If the series (T) converges at a point x, then

$$\lim_{h\to 0} (\Delta_h^2 F)(x)$$

exists and equals the sum of (T) at x.

B. Without any convergence hypothesis, we have

$$\lim_{h\to 0} \frac{F(x+2h)+F(x-2h)-2F(x)}{2h} = 0.$$

C. Let $I = (c, d) \subset [0, 2\pi]$, and let ϱ be a function which is 0 outside I and which has sufficiently many derivatives everywhere. Suppose that $\varrho = 1$ in a neighbourhood of a point $x_0 \in I$. Then

$$\frac{1}{2}a_0 + \sum_{n=1}^{N} (a_n \cos nx_0 + b_n \sin nx_0) - \frac{1}{2\pi}\int_c^d F(t)\,\varrho(t)\frac{\mathrm{d}^2}{\mathrm{d}t^2}\left(\frac{\sin\frac{2N+1}{2}(x_0-t)}{\sin\frac{1}{2}(x_0-t)}\right)\mathrm{d}t$$

tends to 0 as $N \to \infty$.

This last result implies the famous *localisation theorem* of which a weak form states that the convergence or divergence of a trigonometric series (T) on an interval I depends only on the function F restricted to I.

It was Georg Cantor who recognised in Riemann's results a proof of the uniqueness theorem: if a trigonometric series (T) converges to 0 for every $x \in [0, 2\pi]$, it is identically 0, i. e. $a_n = 0$ for $n \geqq 0$, $b_n = 0$ for $n \geqq 1$.

Cantor also found that, besides A., B. is exactly what is needed to show that if (T) converges to 0 for all but finitely many values of x in $[0, 2\pi]$, then (T) is identically 0. This led him to ask what sets $E \subset [0, 2\pi]$ are *sets of uniqueness*: if (T) converges to 0 for every $x \in [0, 2\pi] - E$, then it is identically 0. Cantor's study of sets and his development of set theory were directly inspired by this question.

The study of sets of uniqueness has led to some other beautiful work, in particular, to relations between harmonic analysis and number theory. Some idea of these relations can be had from the books „Algebraic numbers and Fourier analysis" (Boston, Heath & Co, 1963) by R. Salem and „Algebraic numbers and harmonic analysis" (Amsterdam, North-Holland, 1972) by Y. Meyer.

The methods that Riemann introduced in his „Habilitationsschrift" have been adapted, and his work generalised, in many ways. This has led to such topics as Rajchman's theory of formal multiplication, Zygmund's theory of equiconvergence, and the question of which trigonometric series are Fourier series (de la Vallée-Poussin, Denjoy). But to this day, no proof of the uniqueness theorem is known which is not based on Riemann's method, a striking instance of the quality of permanence mentioned earlier.

We turn now to Riemann's work on the theory of functions of a complex variable.

Riemann's thesis „Grundlagen für eine allgemeine Theorie der Functionen einer veränderlichen complexen Grösse" lays the foundations for all his work in the field. Defining holomorphic (and meromorphic) functions by means of the Cauchy-Riemann equations, he introduces single-valued holomorphic functions defined on surfaces spread over the complex line $\mathbb{C}$ (= complex plane) or the projective line $\mathbb{P}^1$ (= Riemann sphere) as a substitute for what had been called *multi-valued* functions (such as algebraic functions and the logarithm). He considers any such function as a conformal mapping between two surfaces spread over $\mathbb{P}^1$. Riemann insists that analytic expressions represent only a small part of a function; its true nature is given by nature and location of its singularities (discontinuities) and by the „arbitrary constants" on which a function with these singularities must depend. How powerful this basic principle is he demonstrated spectacularly in his paper on the hypergeometrie series, but it runs all through his work.

The question arises at once if one can construct functions with prescribed properties on a given surface X over $\mathbb{P}^1$. Riemann introduces a second fundamental principle: *doing this must depend on the topology of the surface*. To analyse the topology, Riemann looks at systems of curves which go from one boundary component of X to another and how they affect the connectedness properties of X. This leads him to a numerical invariant which he calls „the order of connectivity"; it is, in fact, the negative of the Euler characteristic in today's terminology.

Having looked at the topology of X, Riemann uses a variational principle to construct functions on X. Since he had learned similar variational principles from Dirichlet, he calls it the *Dirichlet principle*, although versions of this had been used earlier by others, Gauss and William Thomson (Lord Kelvin) among them. In Riemann's version, he proceeds as follows. He first slits the surface X along a suitable system of curves so that the slit surface is simply connected. He then minimises the integral

$$\iint\left\{\left(\frac{\partial u}{\partial x}-\frac{\partial v}{\partial y}\right)^2+\left(\frac{\partial u}{\partial y}+\frac{\partial v}{\partial x}\right)^2\right\}\mathrm{d}x\,\mathrm{d}y$$

over pairs u, v of real-valued functions defined on the slit surface; the functions u, v are subject to certain boundary conditions, and the integral has to be modified slightly to take into account the (prescribed) singularities of the holomorphic function being sought. If the minimum value of the integral is attained for the functions u, v, then $f = u + iv$ is holomorphic, but is not defined on the entire surface X, only outside the system of curves along which X has been slit. One of the two functions u, v could well have non-zero „periods" on the curves of the system (i. e. jumps across the two sides of these curves). These correspond, in fact, to the periods of the conjugate harmonic function of a function defined and harmonic on X outside the prescribed singularity.

To illustrate how this method can be used, Riemann formulates one of his most famous theorems, the *Riemann Mapping Theorem*:

Any two simply connected surfaces (with non-empty boundary curves) spread over $\mathbb{P}^1$ are conformally equivalent.

Riemann did not justify the Dirichlet principle; the few words he does say about the minimum being attained seem to treat a function space as if it were finite dimensional. Weierstrass pointed this out, giving simple examples of positive variational problems in which the minima are not attained.

In the second half of the nineteenth century, much effort was expended in an attempt to prove Riemann's theorems without using the Dirichlet principle; H. A. Schwarz and C. Neumann were prominent in this undertaking, which culminated in the proof, in 1907, of the general form of the Riemann mapping theorem by P. Koebe and H. Poincaré (independently of each other). Usually called the *Uniformisation Theorem*, this result asserts that any simply connected Riemann surface is analytically isomorphic to exactly one of the following three: (i) the projective line $\mathbb{P}^1$, (ii) the complex line $\mathbb{C}$, (iii) the unit disc $D = \{z \in \mathbb{C} \mid |z| < 1\}$.

In 1901, David Hilbert proved one form of the Dirichlet principle. Apart from justifying Riemann's own approach, Hilbert's proof initiated very fruitful ideas in the calculus of variations, the so-called „direct" methods. The question of regularity (smoothness) of the minimising function is central in most problems of the calculus of variations. Variants of the Dirichlet principle were also basic in generalisations of Riemann's work to Kähler manifolds and algebraic varieties (Hodge, Kodaira). It should also be mentioned that recent work on harmonic maps between Riemannian manifolds, a subject of great importance in differential geometry and complex analysis, is, because of the very definitions, a return to something very close to the Dirichlet principle.

There is a vast literature that has grown up around the ideas introduced in Riemann's thesis. But one work occupies a very special place. H. Weyl's „Die Idee der Riemannschen Fläche" (Leipzig, Berlin, Teubner, 1913) is of importance for many reasons. It laid the axiomatic foundations for the theory of Riemann surfaces. It presented a simplified treatment of the Dirichlet principle and the regularity of solutions of the Laplace equation $\Delta u = 0$ (now known as Weyl's lemma). It combined Riemann's work with ideas of Poincaré and Klein. It has exerted very great influence on the general theory of manifolds and on topology (both set topology and algebraic topology).

Riemann published two papers on Abelian functions: „Theorie der Abel'schen Functionen", and „Ueber das Verschwinden der Theta-Functionen"; the second is, in fact, a continuation of the first. Careful notes are also available of a course of lectures he gave on the subject („Vorlesungen über die allgemeine Theorie der Integrale algebraischer Differentialien"). Taken together, these works constitute one of the great treasures of mathematics. They are so original, so full of ideas, that they have charted the course of the theory of compact Riemann surfaces and their relationship to the Jacobian with remarkable prescience. They also form the basis of many major mathematical subjects; here are some of them.

1. The structure and topology of compact surfaces.

2. The relationship of the topology of a compact Riemann surface (or of a compact manifold in general) to analysis and function theory on the surface (manifold) in particular, the Riemann-Roch theorem.

3. The use of variational principles to study analysis on a compact manifold.

4. The intimate relationship between the geometry of an algebraic curve and its Jacobian variety. It is a standard principle today that one of the best ways to a deeper understanding of Kähler manifolds (or algebraic varieties) is the introduction of analogues of the Jacobian (Hodge structures, intermediate Jacobians).

5. The birational geometry of plane curves. This led to the study of the birational geometry of varieties in general and provided a powerful impetus to algebraic geometry.

6. The study of the family of all (isomorphism classes of) compact Riemann surfaces of a given genus. This has led, inevitably, to the study of families of higher dimensional varieties, thus to deformation theory and moduli problems.

Finally, these works, taken with Riemann's paper on the foundations of geometry, are at the origin of

7. The general theory of manifolds.

We proceed to some more detailed comments.

Let X be a compact Riemann surface provided with a non-constant holomorphic map into $\mathbb{P}^1$. To use the Dirichlet principle, one has first to transform X into a simply connected plane domain Δ. In his work on Abelian functions, Riemann does this somewhat differently from the method he had used in his thesis; here he uses homology (at least mod 2): X is transformed into Δ as required by cutting it along a maximal system of simple closed curves such that no subset of these curves forms the complete boundary of a region on X. The Dirichlet principle then produces meromorphic functions on Δ which, however, have possibly non-zero periods across the closed curves on X along which X has been cut.

Using the Dirichlet principle, Riemann shows that there are exactly g linearly independent holomorphic 1-forms on X where $2g$ is the number of curves used to transform X into Δ. Thus, from the construction of Δ, it follows that $2g$ is the first Betti number of X and g, its genus. He also shows that the necessary and sufficient condition for the existence of a meromorphic 1-form with given poles (and principal parts) is that the sum of the residues be zero. This gives him the basic 1-forms on the surface (holomorphic 1-forms, 1-forms with two simple poles and 1-forms with one pole of order >1 and residue 0). In terms of these basic 1-forms, the problem of constructing meromorphic functions on X, i. e. the problem of eliminating the periods of the functions obtained from the Dirichlet principle, is reduced to solving a system of linear equations in the periods of the basic forms, and leads at once to the Riemann-Roch theorem for „generic, effective divisors of degree $\geqq g$". This is indeed a perfect example of the fundamental principle of defining a function by its singularities and „arbitrary constants". Riemann's student, G. Roch, analysed these linear equations for arbitrary (effective) divisors. He interpreted the adjoint system in terms of meromorphic forms and completed Riemann's result to obtain what we now call the Riemann-Roch theorem for compact Riemann surfaces.

The „Riemann-Roch theorem for compact complex manifolds" is nowadays stated as a formula, involving differential topological invariants, for the Euler-characteristic

$$\chi(M, V) = \sum_{q=0}^{\infty} (-1)^q \dim H^q(M, V)$$

of a holomorphic vector bundle V on a compact complex manifold M; there are also algebraic versions of the formula when M itself is algebraic. These results are due to F. Hirzebruch, M. Atiyah – I. M. Singer and A. Grothendieck. This formula, when combined with two other important theorems (the Serre duality theorem and the Kodaira vanishing theorem), provides far-reaching generalisations of the original formula of Riemann and Roch.

Having thus built the tools for constructing functions on the surface X, Riemann uses them to show that the properties of X and the given map into $\mathbb{P}^1$ are reflected by those of an irreducible algebraic plane curve defined by a polynomial equation $F(s, z) = 0$ in two variables. He then introduces *birational equivalence classes of such plane curves*: two curves defined by $F(s, z) = 0$ and $F_1(s_1, z_1) = 0$ belong to the same class if the *equations* (or rather the set of zeros of the polynomials) go into each other by substituting for each pair of variables (s, z), (s_1, z_1) rational functions of the other. What the substitutions do outside the curves has no importance. This has at once the effect of ridding Riemann's results of dependence on the given holomorphic map of X into $\mathbb{P}^1$. But this notion is of far greater importance; it is the start of birational equivalence in algebraic geometry. And it leads naturally to the problem that Riemann takes up next: describe the set of birational equivalence classes of plane curves of genus g. By analysing the branching structure of X over $\mathbb{P}^1$, Riemann concludes that this set depends on $3g-3$ arbitrary constants (when $g > 1$). He calls these constants „Klassenmoduln" (= moduli). He also determines the lowest degree of an equation in a given birational equivalence class when the moduli are „general" (do not satisfy special conditions).

Riemann then sets out to develop the beautiful and profound relations between a compact Riemann surface and its Jacobian variety.

Let $\omega_1, \ldots, \omega_g$ be a basis of holomorphic 1-forms on X and let $\gamma_1, \ldots, \gamma_{2g}$ be a homology basis for X (e.g. the simple closed curves used to transform X into Δ). Then, the vectors

$$\pi_j = \left(\int_{\gamma_j} \omega_1, \ldots, \int_{\gamma_j} \omega_g \right) \in \mathbb{C}^g, \quad j = 1, \ldots, 2g,$$

are linearly independent over $\mathbb{R}$ and generate a discrete subgroup (lattice) Λ of $\mathbb{C}^g$ such that the quotient $J(X) = \mathbb{C}^g/\Lambda$ is a compact torus; it is also a complex manifold. Riemann establishes the *period relations*: by suitable choice of $(\omega_1, \ldots, \omega_g)$ and $(\gamma_1, \ldots, \gamma_{2g})$, the matrix

$$\Pi = \begin{pmatrix} \pi_1 \\ \vdots \\ \pi_{2g} \end{pmatrix}$$

takes the form

$$\Pi = \begin{pmatrix} I \\ B \end{pmatrix},$$

where I is the $g \times g$ identity matrix and *B is a complex symmetric matrix whose imaginary part is positive definite*. (Matrices satisfying these conditions are often called period matrices even when they do not arise from a compact Riemann surface; they correspond to the matrix of periods of 1-forms on an algebraic torus.) When Π is normalised in this way, it is usual to refer to the $g \times g$ matrix B as the period matrix of the compact Riemann surface X (rather then the $2g \times g$ matrix Π itself).

The Riemann theta-function is now defined to be the function of g complex variables $z = (z_1, \ldots, z_g)$ given by

$$\vartheta(z) = \vartheta(z_1, \ldots, z_g; B) = \sum_{n_1, \ldots, n_g \in Z} \exp\left\{\pi i \sum_{\alpha, \beta = 1}^{g} b_{\alpha\beta} n_\alpha n_\beta + 2\pi i \sum_{\alpha=1}^{g} n_\alpha z_\alpha\right\}$$

where $B = (b_{\alpha\beta})_{\alpha, \beta = 1, \ldots, g}$. (Note: Riemann's normalisation is a little different and corresponds to considering $\pi i \begin{pmatrix} I \\ B \end{pmatrix}$.) It is easily seen that the set of $z \in \mathbb{C}^g$ such that $\vartheta(z) = 0$ is invariant under translation by any $\lambda \in \Lambda$; its image in $J(X)$ under the natural projection $\mathbb{C}^g \to \mathbb{C}^g/\Lambda$ is therefore an analytic hypersurface Θ on $J(X)$. The manifold $J(X)$ is called the *Jacobian variety of* X, and Θ *the theta-divisor on* $J(X)$.

Fix now a base point $x_0 \in X$ and define the Abel-Jacobi map A: $X \to J(X)$ by

$$A(z) = \text{image in } J(X) = \mathbb{C}^g/\Lambda \quad \text{of the point} \quad \left(\int_{x_0}^{x} \omega_1, \ldots, \int_{x_0}^{x} \omega_g\right)$$

(under the projection of $\mathbb{C}^g$ onto $J(X)$).

It is easily seen that this is independent of the path of integration from x_0 to x so long as the same path is used in all the integrals $\int_{x_0}^{x} \omega_i$, $i = 1, \ldots, g$.

At the end of the first part of his paper on Abelian functions, and later in his lectures, Riemann formulated one of his major tools, *Abel's Theorem*. This is the following: Suppose given two sets of k points $(x_1, \ldots, x_k)$, $(y_1, \ldots, y_k)$ on a compact Riemann surface X; here k is an integer $\geqq 1$ and coincidences among the x's or among the y's are allowed, but the x_i are distinct from the y_j. Then, there exists a meromorphic function on X whose set of zeros is $(x_1, \ldots, x_k)$ and set of poles is $(y_1, \ldots, y_k)$ (coincidences being interpreted in terms of multiplicity) if and only if

$$\sum_{j=1}^{k} A(x_j) = \sum_{j=1}^{k} A(y_j)$$

Actually, Abel did not formulate the theorem in this form; his work deals rather with addition theorems for integrals of algebraic differentials. It seems to have been Riemann who first recognised the relevance of Abel's work to the problem of constructing functions with given zeros and poles. This relationship was pursued further by A. Clebsch, who made several beautiful geometric applications of Abel's theorem. A discussion of Abel's theorem and several generalisations and applications, essentially from Abel's own point of view, will be found in P. A. Griffith's paper „Variations on a theme of Abel“, (Inventiones Math. 35(1976), 321–390).

One more piece of notation: if k is an integer $\geqq 1$, we denote by W^k the set of points in $J(X)$ of the form $\sum_{j=1}^{k} A(x_j)$, where $x_1, \ldots, x_k \in X$.

The main theorems proved by Riemann are as follows:

I. Let $e \in J(X)$ and suppose that $A(X) = W^1$ is not contained entirely in $\Theta + e$, the translate of the theta-divisor by e. Then $W^1 \cap (\Theta + e)$ consists of exactly g points (counted with multiplicity). In other words, if $\vartheta(A(x) - e) \not\equiv 0$ as a function of $x \in X$, then it has exactly g zeros. (To be precise, one has either to interpret $\vartheta(A(x) - e)$ as a section of a suitable line bundle on X, or to work with the plane domain Δ obtained from X by slitting it along a homology basis.)

II. If $e \in J(X)$ and $W^1 \not\subset \Theta + e$, and if $x_1, \ldots, x_g$ are the points of X at which $\vartheta(A(x) - e)$ vanishes, then

$$\sum_{j=1}^{g} A(x_j) = e - K,$$

where K is a constant independent of e. Further, there is no other g-tuple of points $y_j \in X$ for which $\sum_{j=1}^{g} A(y_j) = e - K$.

This is the definitive solution of the so-called Jacobi *inversion problem*. Weierstrass considered this problem so important that, as a young man, he decided to dedicate his life to its solution. He built, on algebraic foundations, his own theory of functions of one and of *several* complex variables as the tools he needed to attain this goal. His solution of the Jacobi inversion problem, obtained at about the same time as Riemann's, was published only much later (in 1902) in vol. 4 of his collected works.

III.
$$W^{g-1} = \Theta - K;$$
in other words, up to a translation, Θ consists simply of points in $J(X)$ of the form $A(x_1) + \ldots + A(x_{g-1})$, $x_i \in X$, $i = 1, \ldots, g-1$.

IV. *The Riemann singularity theorem.* Given k points $x_1, \ldots, x_k \in X$, the formal sum $D = \sum_{j=1}^{k} x_j$ is called an effective divisor of degree k (coincidences among the x_j are allowed). We denote by $h^0(D)$ the dimension of the vector space of meromorphic functions f on X whose poles are among $x_1, \ldots, x_k$; (if n_j is the number of the x_ν equal to x_j, the precise condition is that f have a pole of order $\leqq n_j$ at x_j for each j and be holomorphic outside the x_ν). We also denote by $\dim|D|$ the number $h^0(D) - 1$; it is called the (projective) dimension of the complete linear system defined by D. Riemann's theorem is the following: if $e = \sum_{j=1}^{g-1} A(x_j) - K$ where $x_1, \ldots, x_{g-1} \in X$ and we set $D = \sum_{j=1}^{g-1} x_j$, then $\dim|D|$ is that nonnegative integer m for which the ϑ-function and all its derivatives of order $\leqq m$ vanish at e (note that $e \in \Theta$ by III) while at least one derivative of order $m+1$ is non-zero at e. In particular, the singular points of Θ are exactly those points $\sum_{j=1}^{g-1} A(x_j) - K$ for which the divisor $D = \sum_{j=1}^{g-1} x_j$ is *special* (i. e. $\dim|D| > 0$).

This theorem was extended to W^k, $2 \leqq k \leqq g-2$ and made somewhat more precise by G. Kempf: On the geometry of a theorem of Riemann, Annals of Math. **98**(1973), 178–185.

Not only did Riemann set out the relations between X and $J(X)$ in such completeness; his proofs are among the most elementary to be found in the literature even today. The proof of Abel's theorem based on the „reciprocity" relations between the periods of meromorphic and holomorphic differentials was given by Riemann in his lectures. One is struck by how much his own proofs have in common with those given in such a work as „Principles of algebraic geometry" by P. A. Griffiths and J. Harris (New York, Wiley, 1978).

An excellent account of these results (and many others) is to be found in the book „Curves and their Jacobians" by D. Mumford (Univ. of Michigan Press, 1975).

In the final part of his paper, Riemann shows how the standard factorisation of rational functions into linear factors can be generalised to arbitrary compact Riemann surfaces. The key is the socalled „prime form" constructed in terms of the ϑ-function. This construction, again, has proved to be vital in the theory of theta-functions and is discussed by J. Fay in his monograph „Theta functions on Riemann surfaces", Springer Lecture Notes in Mathematics, 1973, #352.

Riemann returned to the problem of describing the parameters on which algebraic curves of genus g depend. In his lectures, he shows how this can be done when $g = 3$: one can use as parameters the values at 0 of slight generalisations of the ϑ-function (ϑ-functions with characteristics) and their derivatives. These values are known as the theta-constants. This shows, in particular that when $g = 3$, the pair $(J(X), \Theta)$ determines X. This last statement for arbitrary genus is a famous theorem of R. Torelli. The search for analogues of Torelli's theorem for higher dimensional varieties has exerted great influence and is connected with deep developments in algebraic geometry.

Riemann's description of the moduli of algebraic curves is closely connected with another beautiful problem: what conditions must a period matrix B satisfy in order to be the period matrix of forms on a compact Riemann surface of genus g? (Equivalently, what algebraic tori are Jacobians?) In the introduction to § 4 of his paper on Abelian functions, Riemann states that the solution of the Jacobi inversion problem is achieved by ϑ-functions depending on $3g-3$ arbitrary constants rather than the $\frac{1}{2}g(g+1)$ independent entries of B. In his lectures, he obtained some of the relations which the entries of B must satisfy (expressed as algebraic relations in the theta constants). However, his analysis can be called complete only in the case when $g = 3$.

Early in this century, F. Schottky discovered a different kind of constraint on the ϑ-functions arising from compact Riemann surfaces, and showed that for genus 4, this can be translated into an explicit algebraic relation in the theta constants. Despite recent progress for low genus ($g = 4, 5$), the problem of translating Schottky's constraint into explicit relations and showing that these are complete (if, in fact, they are) remains open. The problem of characterising Jacobians among all algebraic tori is now known as the Schottky problem.

Several characterisations are actually known, but suffer from the disadvantage of not being expressed explicitly as analytic relations in the entries of B or as algebraic relations in the theta constants. There has, however, been recent progress in this subject. Starting in the 1960's, it was found by several people that ϑ-functions can be used to obtain explicit solutions of certain non-linear differential equations of mathematical physics (Korteweg-de Vries, Kadomtsev-Petviashvili = K.-P., the sine – Gordon and so on; it should perhaps be added that the first instance of the use of ϑ-functions in this way goes back to Sofia Kovalevskaia). It turned out, in every case, that the ϑ-functions involved arise from compact Riemann surfaces, and it appeared that there was a close relation between the geometry of algebraic curves and certain nonlinear partial differential equations. S. P. Novikov made the conjecture that Jacobians are indeed characterised among all algebraic tori by the condition that the corresponding ϑ-function give rise to a solution of the K.-P. equation (along with a hypothesis of genericity on B corresponding to the fact that for a compact Riemann surface X, the pair $(J(X), \Theta)$ is irreducible). After some interesting earlier work (Mumford, Dubrovin, Gunning-Welters-Arbarello-de Concini), the conjecture has been proved by Shiota. This, then, gives *simple explicit algebraic equations in the theta constants describing the family of canonical curves over the space of all period matrices*.*)

The problem of moduli for algebraic curves of genus $g > 1$ has inspired an enormous amount of work of great importance and beauty. After Riemann, this problem was studied by H. Poincaré and F. Klein if only as a step in their attempts to prove the uniformisation theorem which required them to construct a manifold parametrising a complete family of compact Riemann surfaces of genus g (i. e. any such surface is isomorphic to at least one member of the family; they needed some other properties as well). It might be mentioned, in passing, that some of L. E. J. Brouwer's fundamental work in topology (for instance, the invariance of domain) was undertaken precisely to justify the passage that Poincaré and Klein tried to make from this manifold of Riemann surfaces to the uniformisation theorem.

In the 1930's, O. Teichmüller introduced another idea into the study of questions of moduli. He considered *pairs* consisting of a compact Riemann surface of genus g and a fixed choice of homology basis, and showed that equivalence

---

*) For these topics, one might consult, besides the book of Mumford already mentioned, the following:

D. Mumford: Tata lectures on Theta, vols. I, II. Boston: Birkhäuser 1983, 1984.

B. A. Dubrovin: Theta functions and non-linear equations. Russian Math. Surveys (Uspekhi) **36** (1981), 11–92.

T. Shiota: Characterization of Jacobian varieties in terms of soliton equations. Inventiones Math. **83**(1986), 333–382.

classes of such pairs form a space homeomorphic to $\mathbb{R}^{6g-6}$ ($g>1$). This idea of „rigidifying" a structure that one is studying by adding further information has proved to be basic in the investigation of moduli problems in general. The methods that Teichmüller used (quasi-conformal maps) have also proved very powerful in the study of families of Riemann surfaces. In 1955, H. E. Rauch („On the transcendental moduli of algebraic Riemann surfaces", Proc. Nat. Acad. Sci. USA **41**(1955), 42–49) showed how this Teichmüller space can be endowed with a complex structure outside the set corresponding to hyperelliptic curves. Rauch's construction was modified and extended to all of Teichmüller space by L. V. Ahlfors. This circle of ideas arising from Teichmüller's pioneering work has led, in the hands of Ahlfors and L. Bers, to a rich theory with many applications. An exposition will be found in the survey article of Bers: Uniformization, moduli and Kleinian groups, Bull. London Math. Soc. **4**(1972), 257–300.

A beautiful new approach to Teichmüller space has been developed by W. Thurston. This is but a small part of some remarkable new points of view that Thurston has introduced into the classical subject of the structure of compact surfaces. While the relationship of Thurston's work to the earlier work on Teichmüller space remains to be fully clarified, Thurston's ideas have had a profound impact on many branches of mathematics (structure of three dimensional manifolds, dynamical systems, ...).

As for higher dimensional manifolds, the groundwork was laid in a series of papers by K. Kodaira and D. C. Spencer. Their work, and that of M. Kuranishi, may be said to give a satisfactory *local* theory of moduli, and is now an indispensable tool in both complex analysis and algebraic geometry. But *global* problems of moduli seem very difficult, and while some very important work has been done, especially with complex surfaces, results remain sporadic.

Returning to the space M_g of compact Riemann surfaces of genus g, Mumford has introduced an approach which holds that many spaces of moduli are best looked upon as the quotient, by an algebraic group, of a large family of varieties which occurs naturally. This is a very powerful and versatile approach, applicable in the most diverse situations. Also, the finer structure of M_g has been analysed. I shall mention only a recent theorem of J. Harris and D. Mumford that M_g is of „general type" for large g; in particular, there is no complete family of compact Riemann surfaces of genus g (g large) parametrised by free, independent variables (i. e. variables describing $\mathbb{C}^N$ or $\mathbb{P}^N$).

In an enigmatic fragment (Mathematical Note D in the „Nachträge") Riemann considers holomorphic differential forms on hypersurfaces in $\mathbb{P}^N$. The study of periods of differential forms on higher dimensional varieties, and the extent to which they control the structure of the varieties, is a natural extension of Riemann's work on Abelian functions. Initiated by E. Picard and S. Lefschetz, this subject has developed into a powerful theory (P. A. Griffiths, P. Deligne and others) which is being actively pursued at present. It should, perhaps, be mentioned that one of the central ideas in the theory, that of *monodromy*, was introduced by Riemann in his work on linear differential equations, to which we now turn.

Riemann published only one paper („Beiträge zur Theorie der durch die Gauss'sche Reihe $F(\alpha, \beta, \gamma, x)$ darstellbaren Functionen") on the subject of ordinary differential equations. That he was aware of the far reaching implications of the basic idea of monodromy in that paper is clear from one fragment („Zwei allgemeine Sätze über lineare Differentialgleichungen mit algebraischen Coefficienten") and a course of lectures („Vorlesungen über die hypergeometrische Reihe"). These lectures had been written down verbatim in shorthand by W. v. Bezold (who became a physicist) in the Wintersemester of 1858/1859. The contents became known gradually in the 1890's; L. Fuchs had the lectures transcribed for his use in 1897, and they become more widely known in 1897 when F. Klein saw v. Bezold's notes. The fragment and the part of the lectures that were printed in the collected works and the „Nachträge" respectively were, of course, edited carefully for print; but the editorial comments and Wirtinger's address to the International Congress of Mathematicians at Heidelberg, 1904 (printed again in the present volume) make it clear that the ideas are Riemann's.

Let $a_0, a_1, \ldots, a_n$ be rational functions of one variable, and let S be the set consisting of the poles of the a_j, the point at ∞ on $\mathbb{P}^1$, and the zeros of a_0. Points in S are called singular points of the differential equation

$$(*) \qquad a_0(x)\frac{d^n y}{dx^n} + a_1(x)\frac{d^{n-1}y}{dx^{n-1}} + \ldots + a_n(x)y = 0.$$

At any point $x_0 \in \mathbb{P}^1 - S$, there exist, locally, n holomorphic functions $y_1, \ldots, y_n$ which form a $\mathbb{C}$-basis of the vector space V_{x_0} of all solutions of $(*)$ in some neighbourhood of x_0. Hence, if γ is a closed curve in $\mathbb{P}^1 - S$ starting (and ending) at x_0, analytic continuation of any y_ν along γ leads to a function y'_ν which is a linear combination of $y_1, \ldots, y_n$ with (constant) complex coefficients. If we write this in the form

$$\begin{pmatrix} y'_1 \\ \vdots \\ y'_n \end{pmatrix} = M_\gamma \begin{pmatrix} y_1 \\ \vdots \\ y_n \end{pmatrix}$$

where M_γ is an $n \times n$ complex matrix, then M_γ depends only on the homotopy class of γ and the assignment $\gamma \mapsto M_\gamma$ defines a homomorphism of the fundamental group $\pi_1(\mathbb{P}^1 - S; x_0)$ into $GL(n, \mathbb{C})$ which is called the *monodromy* of the given equation $(*)$. Also, the assignment $x \mapsto V_x$ on $\mathbb{P}^1 - S$ which associates to $x \in \mathbb{P}^1 - S$ the $\mathbb{C}$-vector space of all local solutions of $(*)$ in a neighbourhood of x is what we now call *a local system of n-dimensional vector spaces* on $\mathbb{P}^1 - S$: if $x, y \in \mathbb{P}^1 - S$ and C is a curve in $\mathbb{P}^1 - S$ joining x to y, there is an isomorphism of V_x onto V_y depending only on the homotopy class of C (defined by analytic continuation along C). This local system and the monodromy are equivalent data.

In his paper on the hypergeometric series, Riemann not only ignores any analytic expression of the function, he even ignores the differential equation it satisfies. He uses the fact that the hypergeometric function has a certain algebraic behaviour at the singular points and shows that this behaviour and the local system determine the function (up to rational transformations). He is able to say that this leads to several hundred relations between pairs of hypergeometric functions with practically no computation. Among these relations are those obtained by laborious arguments by Gauss and Kummer.

Riemann did not stop with this spectacular achievement. In the fragment mentioned above (section B entitled „Bestimmung der Form der Differentialgleichung“) Riemann proves that a „generic“ local system on $\mathbb{P}^1 - S$ (S being a finite set of points in $\mathbb{P}^1$ containing ∞) which has algebraic behaviour at the points of S is the local system arising from a differential equation of the form

$$\omega^n A_0 \frac{d^n y}{dx^n} + \omega^{n-1} A_1 \frac{d^{n-1} y}{dx^{n-1}} + \dots + A_n y = 0$$

where $\omega(x) = \prod_{a \in S - \{\infty\}} (x - a)$, and the A_ν are polynomials *with certain precise bounds on their degrees*. (By a „generic“ local system, we mean one for which the local monodromy at the singular points is given by diagonalisable matrices.)

The above equation is exactly what we would now call an *equation with regular singular points*. Thus Riemann had recognised one of the central elements in the theory of algebraic differential equations long before Fuchs (who came independently to this notion, and after whom it is now named).

Riemann then makes a count of the number of parameters on which equations with regular singular points depend (the order n and the set S are supposed given). He also counts the number of arbitrary constants on which a representation of $\pi_1(\mathbb{P}^1 - S)$ into $GL(n, \mathbb{C})$ depends (up to equivalence). This is the origin of the famous Riemann-Hilbert problem (at which Riemann had already hinted in his dissertation and which Hilbert, in his celebrated list of 23 problems, calls simply the Riemann problem):

Is any homomorphism of $\pi_1(\mathbb{P}^1 - S)$ into $GL(n, \mathbb{C})$ the monodromy of a differential equation of order n, regular outside S, *and having only regular singularities at the points of S*?

The Riemann-Hilbert problem, for systems of first order equations on a vector bundle rather than for a single n-th order differential equation, was solved affirmatively by Hilbert (1905), J. Plemelj (1906–1908) and G. D. Birkhoff (1913). The original problem, in the general case, appears to be still open.

It is natural to ask for generalisations of this group of ideas to several variables. P. Deligne obtained one such generalisation which he showed to be very useful in the study of families of algebraic varieties („Équations différentielles à points singuliers réguliers“, Springer Lecture Notes in Mathematics, 1970, #163). When applied to the one-dimensional case, Deligne's argument produces an astonishingly simple solution of the Riemann-Hilbert problem for first order systems; it consists precisely in looking at the local system outside the singular points given by the monodromy and producing algebraic behaviour at the singular points by a local extension argument.

More recently, there has been a systematic study of regular singular points in several variables (initiated essentially by M. Sato and M. Kashiwara). This has already proved to be extremely important. For an introduction to this circle of ideas, one might consult, apart from Deligne's monograph cited above, the book „Singularités des systèmes différentiels de Gauss-Manin“ by F. Pham (Boston, Birkhäuser, 1979).

Riemann's „Vorlesungen über die hypergeometrische Reihe“ takes monodromy in a different direction.

Let y_1, y_2 be linearly independent solutions of a second order equation

$$a_0(x)\frac{d^2y}{dx^2}+a_1(x)\frac{dy}{dx}+a_2(x)y=0$$

in the neighbourhood of a regular point of the equation, and let $\gamma \mapsto M_\gamma$ be the monodromy defined by closed curves at that point. If $z=y_1/y_2$, then analytic continuation of z along γ results in $(az+b)/(cz+d)$, where $M_\gamma=\begin{pmatrix} a & b \\ c & d \end{pmatrix}$. Hence, if $z\mapsto f(z)$ is the inverse of the function $x\mapsto z(x)=y_1(x)/y_2(x)$, then *$f$ is invariant under the transformation $z\mapsto (az+b)/(cz+d)$*(simply because, under analytic continuation along γ, x returns to its original value while z is replaced by $(az+b)/(cz+d)$). Having made this remark, Riemann proves a converse to this statement and is led, naturally, to what is now called the Schwarzian derivative by looking for differential operators left invariant by fractional linear transformations. He then examines the question: when are two such inverse functions obtained from quotients of integrals of second order equations algebraically dependent? He sets out the methods for answering this question by relating it to the problem of conformal mapping of polygons on the sphere bounded by circles onto the upper half-plane. In principle, this includes many questions dealt with separately by others much later, in particular, that of determining those cases of the hypergeometric equation for which the set of monodromy transformations is finite. It was many years before these ideas were rediscovered by Fuchs, Schwarz, Klein and others. In the hands of Klein and Poincaré, these ideas were to develop into the imposing edifice of automorphic functions and uniformisation.

Riemann used the methods outlined in his lectures on the hypergeometric series also in his work on minimal surfaces; the Schwarzian derivative and the problems of conformal mapping are the key. This work was again carried further by Schwarz.

One of Riemann's most profound, far reaching and influential papers is his lecture on the foundations of geometry. The only analytic formula he gave in this lecture is the normal form of a metric of constant sectional curvature. Some of the analysis needed for this normal form was given by him in the essay he presented to the Paris academy. Any discussion of Riemann's lecture is rendered the more difficult by the remarks at the end of his paper concerning the relationship of his ideas to the nature of space in physics; he himself added footnotes to the effect that this part of his paper needed to be reworked and developed further. Rather than attempt an analysis of this paper, I shall content myself with referring to Hermann Weyl's notes from his separate edition of Riemann's lecture (printed in this volume) in which Weyl provides the analytic apparatus left out by Riemann and discusses the relevance of Riemann's ideas to modern physics.

Nor shall I attempt to comment on Riemann's papers on mathematical physics and those of a philosophical nature. I shall remark only that two, at least, of his papers on mathematical physics are still of importance. „Ueber die Fortpflanzung ebener Luftwellen von endlicher Schwingungsweite" has long been appreciated for its influence on the theory of shock waves and for its treatment of hyperbolic partial differential equations in two variables. (See the article of P. Lax in this volume.) The other, „Ein Beitrag zu den Untersuchungen über die Bewegung eines flüssigen gleichartigen Ellipsoides“ seems to have been largely forgotten, till S. Chandrasekhar realised its importance. The article of Chandrasekhar and N. Lebovitz in this volume gives an excellent analysis of this paper.

It is clear that Riemann spent much time and effort on the form and presentation of his papers. While this may have, to our regret, reduced the number of ideas he left in print, it has resulted in works of great economy and concentration. Even Gauss whose reputation is not that of a man easy to please, called Riemann's presentation of his thesis „in parts, even elegant“ (theilweise selbst elegant) in his official report to the University of Göttingen. But even among his papers, his lecture on the foundation of geometry stands out as a unique achievement, presenting ideas of the greatest profundity in straight-forward German which manages to reflect, with some accuracy, the technical mathematics underlying the words.

Felix Klein has presented his views on Riemann and his work in several places. Perhaps the two most interesting pieces are: „Riemann und seine Bedeutung für die Entwicklung der modernen Mathematik“ (Klein, Werke, vol. 3, 482–497) and his extended discussion of Riemann in vol. 1 of his book „Vorlesungen über die Entwicklung der Mathematik im 19. Jahrhundert“. I shall conclude by quoting Poincaré on the subject of Riemann (rather than Klein).

The passage is from a letter to Klein, printed in the Math. Annalen **20**(1882), 52–53 („Sur les fonctions uniformes qui se reproduisent par des substitutions linéaires“), and reprinted in the Klein-Poincaré correspondence in Acta Mathematica **39**(1923), 94–132.

Poincaré writes:

„Quant à ce que vous dites de Riemann, je ne puis qu'y souscrire pleinement. C'était un de ces génies qui renouvellent si bien la face de la science qu'ils impriment leur cachet, non seulement sur les oeuvres de leurs élèves immédiats, mais sur celles de tous leurs successeurs pendant une longue suite d'années. Riemann a créé une théorie nouvelle des fonctions, et il sera toujours possible d'y retrouver le germe de tout ce qui s'est fait et se fera après lui en analyse mathématique ...“

Acknowledgements

Thanks are due to several people who saw an earlier version of this preface and commented on it, Felix Albrecht, K. Chandrasekharan, Harold Diamond, Phillip Griffiths, Joachim Heinze, David Mumford, Carolyn Narasimhan and John Thompson among them. I have used many, if not all, of the suggestions they made, but this preface remains, at least in part, my personal homage to an extraordinary mathematician.

Special thanks go to the publishers, Springer-Verlag Berlin Heidelberg New York and BSB B. G. Teubner Verlagsgesellschaft, Leipzig, for making Riemann's works available once more to the mathematical public.

Raghavan Narasimhan
The University of Chicago
Department of Mathematics
5734 University Avenue
Chicago, Il 60637, USA

BERNHARD RIEMANN'S

GESAMMELTE

MATHEMATISCHE WERKE

UND

WISSENSCHAFTLICHER NACHLASS.

HERAUSGEGEBEN

UNTER MITWIRKUNG VON RICHARD DEDEKIND

VON

HEINRICH WEBER.

ZWEITE AUFLAGE

BEARBEITET VON

HEINRICH WEBER.

MIT EINEM BILDNISS RIEMANN'S.

LEIPZIG,

DRUCK UND VERLAG VON B. G. TEUBNER.

1892.

Vorrede zur ersten Auflage.

Das Werk, welches hiermit in die Oeffentlichkeit tritt, ist die endliche Ausführung eines seit lange geplanten Unternehmens. Bei der Bedeutung, welche die grossen Schöpfungen Riemann's für die Entwicklung der neueren Mathematik haben, gehören die meisten der Riemann'schen Abhandlungen zu den unentbehrlichsten Hülfsmitteln des Mathematikers, und eine Sammlung seiner Werke dürfte daher einem allgemein gehegten Wunsche um so mehr entgegen kommen, als die meisten derselben im Buchhandel nicht oder nur schwer zu erhalten sind. Es kommt dazu die dringende Pflicht gegen die Wissenschaft, die im handschriftlichen Nachlass noch verborgenen Untersuchungen und Gedanken der Oeffentlichkeit nicht länger vorzuenthalten.

Schon im Frühjahr 1872 war daher unter mehreren Freunden Riemann's der Plan zu einer solchen Sammlung entstanden und Clebsch hatte mit seiner ganzen Thatkraft die Leitung des Unternehmens in die Hand genommen und sich mit Dedekind vereinigt, in dessen Besitz nach Riemann's Wunsch der handschriftliche Nachlass nach des Verfassers Tod gekommen war, und der bereits mehrere Abhandlungen aus demselben herausgegeben hatte.

Durch den beklagenswerthen und unerwarteten Tod von Clebsch gerieth leider das Vorhaben ins Stocken und blieb längere Zeit gänzlich liegen. Als mir im November 1874 Dedekind im Namen der Frau Professorin Riemann den Vorschlag machte, die Leitung der Herausgabe zu übernehmen, bin ich nicht ohne schwere Bedenken darauf eingegangen. Denn obwohl ich von dem Umfang der damit verbundenen Arbeit damals noch keine richtige Vorstellung hatte, war ich mir der zu übernehmenden Verantwortung wohl bewusst. Nur die Erwägung, dass im Falle meiner Weigerung die Ausführung abermals auf lange Zeit hinausgeschoben zu werden, wenn nicht gänzlich zu scheitern drohte, half mir meine Bedenken überwinden, und so entschloss ich mich, was an mir läge, zu thun, um das Unternehmen zu einem befriedigenden Abschluss zu bringen, da Dedekind mir die Versicherung gab, mich bei der Arbeit nach Kräften zu unterstützen, ein Versprechen, welches er treulich gehalten hat.

Die von Riemann selbst oder nach seinem Tode bereits veröffentlichten Arbeiten wurden revidirt, hin und wieder durch einen im Nachlass aufgefundenen Zusatz bereichert, und in kleinen Ungenauigkeiten verbessert, sonst aber in unveränderter Form aufgenommen. Nur die Abhandlung über die Flächen vom kleinsten Inhalt hat in Folge einer von K. Hattendorff auf meinen Wunsch ausgeführten Ueberarbeitung einige wesentlichere Aenderungen erfahren.

Von den im Nachlass enthaltenen Entwürfen fanden sich einige in fast druckfertiger Form vor, andere aber in einem so fragmentarischen Zustande, dass die Verknüpfung und Darstellung erhebliche Schwierigkeiten machte. Von der grossen Menge nur Formeln ohne Text enthaltender Papiere war wenig für den Druck zu verwerthen. Besonders hervorzuheben ist unter den ersteren die Arbeit über den Rückstand in der Leidener Flasche, welche Riemann schon im Anschluss an die Mittheilung in der Göttinger Naturforscher-Versammlung zur Publication vorbereitet hatte, ferner die in lateinischer Sprache geschriebene Beantwortung einer Preisfrage der Pariser Akademie über isotherme Curven, welche besonders deshalb von hohem Interesse ist, weil darin Riemann's Untersuchungen über die allgemeinen Eigenschaften der mehrfach ausgedehnten Mannigfaltigkeiten in den Grundzügen niedergelegt sind und eine merkwürdige Verwendung finden. Die Darstellung in dieser Abhandlung ist eine äusserst knappe, und die Wege, auf denen die endlichen Resultate erhalten wurden, finden sich darin nur im Allgemeinen angedeutet. Von der Ausführung einer beabsichtigten zweiten eingehenderen Darstellung des Gegenstandes wurde Riemann durch seinen Gesundheitszustand abgehalten. Dass ich im Stande bin, diese schöne Untersuchung in der letzten von Riemann herrührenden Redaction zum Abdruck zu bringen, verdanke ich der Güte des beständigen Secretärs der Pariser Akademie, Herrn Dumas, welcher auf ein Namens der Göttinger Gesellschaft der Wissenschaften von Herrn Wöhler an ihn gerichtetes Ansuchen mit der dankenswerthesten Bereitwilligkeit mir das Originalmanuscript zur Verfügung stellte.

Von Riemann's Untersuchungen über lineare Differentialgleichungen mit algebraischen Coefficienten liegt der erste Theil in ziemlich druckfertiger Form von Riemann's Hand vor und war vermuthlich zu der Publication bestimmt, die in der Abhandlung über Abel'sche Functionen angekündigt ist, aber nicht zur Ausführung kam. Ein zweiter Theil, der die wahre Verallgemeinerung der Theorie der hypergeometrischen Reihen enthält, fand sich nur im ersten Entwurfe vor, jedoch so, dass der Gedankengang vollständig hergestellt werden konnte.

Ferner ist hier noch der in italienischer Sprache geschriebene Anfang zu einer Untersuchung über die Darstellbarkeit des Quotienten zweier hypergeometrischer Reihen durch einen Kettenbruch zu erwähnen, deren Bearbeitung H. A. Schwarz in Göttingen übernommen hat, dem ich hierfür sowie für manchen Rath an anderen Stellen hier meinen Dank ausspreche.

Obwohl die Vorlesungen Riemann's dem ursprünglichen Plane nach von dieser Sammlung ausgeschlossen sind, so habe ich mich doch zur Aufnahme zweier kleinerer, in sich abgeschlossener Untersuchungen über die Convergenz der p-fach unendlichen Theta-Reihe und über die Abel'schen Functionen für den Fall $p = 3$ entschlossen, bei deren Bearbeitung ein von G. Roch geführtes Vorlesungsheft zu Grunde gelegt werden konnte, theils wegen des grossen Interesses, welches die Gegenstände haben, theils weil eine zusammenhängende Veröffentlichung dieser Vorlesungen, wie es scheint, vorläufig nicht in Aussicht steht.

Ich erwähne hier noch die den Anhang bildenden naturphilosophischen Fragmente, welche wenigstens eine ungefähre Vorstellung von dem Inhalt der Speculationen geben können, denen Riemann einen grossen Theil seiner Gedankenarbeit widmete und die ihn viele Jahre seines Lebens hindurch begleitet haben. Diese Bruchstücke dürften trotz ihrer Lückenhaftigkeit und Unvollständigkeit geeignet sein, auch in weiteren Kreisen Aufmerksamkeit zu erregen, wenn sie auch nicht viel mehr als die Anfänge und die allgemeinsten Grundzüge einer eigenthümlichen und tiefsinnigen Weltanschauung enthalten.

Eine willkommene Beigabe für die Freunde und Verehrer Riemann's wird endlich die biographische Skizze sein, welche Dedekind auf meinen Wunsch auf der Grundlage von Briefen und anderen Mittheilungen der Riemann'schen Familie, unterstützt durch seine eigenen Erinnerungen verfasst hat.

Was die Anordnung des Stoffes betrifft, so ist in den beiden ersten Abtheilungen die chronologische Reihenfolge streng inne gehalten worden; in der dritten Abtheilung, welche den Nachlass enthält, konnte diese Anordnung nicht ganz consequent durchgeführt werden, theils weil sich die Entstehungszeit hier nicht immer vollständig feststellen liess, theils weil die mehr ausgeführten Untersuchungen dem Fragmentarischen vorangestellt werden sollten.

Königsberg, im März 1876.

H. Weber.

Vorrede zur zweiten Auflage.

Sechzehn Jahre sind seit dem Erscheinen der ersten Auflage der Gesammtausgabe von Riemann's Werken verstrichen. Der Entwicklungsgang, den in diesem Zeitraum die mathematische Wissenschaft genommen hat, lässt vielfach und deutlich die Spuren von Riemann's Wirken erkennen; wir brauchen nur an den Ausbau der Theorie der Abel'schen Functionen und der linearen Differentialgleichungen, an die Lehre von den mehrfach ausgedehnten Mannigfaltigkeiten und die nicht-euklidische Geometrie zu erinnern, die mit Allem, was damit zusammenhängt, jetzt im Vordergrund des wissenschaftlichen Interesses stehen. Nicht nur Riemann's ausgeführte Arbeiten, sondern auch manche der im Nachlass vorgefundenen, in den gesammten Werken mitgetheilten Andeutungen und Fragmente haben den Anstoss zu weitergehenden Forschungen gegeben.

Die Form und Art der Ausgabe der Gesammtwerke hat die Zustimmung der Mathematiker gefunden. Bedenken und Einwendungen, die hier und da in der Literatur hervorgetreten sind, und sich meist auf die von den Herausgebern zugefügten Noten beziehen, sind in der neuen Auflage nach Möglichkeit berücksichtigt, und erledigen sich wohl durch eine etwas ausführlichere Darstellung.

Der handschriftliche Nachlass wurde im Laufe der Jahre mehrfach und besonders bei der Vorbereitung der neuen Ausgabe einer Durchsicht unterworfen. Die Ausbeute war zwar nicht sehr gross, lieferte aber doch manchen schätzbaren Zusatz, der unter die Anmerkungen aufgenommen werden konnte. Neu hinzugefügt ist das kleine Fragment XXV über die Bewegung der Wärme im Ellipsoid, ferner ein Zusatz zu Nr. XXX (jetzt XXXI) über die quadratischen Relationen, die zwischen den Functionen φ der Theorie der Abel'schen Functionen bestehen. Dem XXV. (jetzt XXVI.) Fragment wurde ein Zusatz im Titel gegeben, wodurch deutlicher auf seine grosse allgemeine Bedeutung hingewiesen werden sollte.

Sorgfältig durchgearbeitet und erweitert sind die Anmerkungen, wodurch wir hoffen, ihre Brauchbarkeit zu erhöhen. Die Erläuterungen von Dedekind zu dem Fragment über die Grenzfälle der elliptischen Modulfunctionen sind ganz neu redigirt und erleichtern in dieser Form noch mehr den Zugang zu den Formeln Riemann's.

Auch die Erläuterungen zu Nr. XXII „Commentatio mathematica etc." sind etwas ausführlicher gestaltet worden, da die Darstellung in der ersten Auflage das Verständniss noch nicht hinlänglich zu fördern schien. Der Herausgeber hat es dagegen nicht unternommen, die Anwendung auf die Preisaufgabe der Pariser Akademie weiter zu verfolgen; auch ist ihm kein Versuch bekannt geworden, diese Frage weiter zu fördern, so dass das Problem immer noch nicht als vollständig gelöst betrachtet werden kann. Vielleicht ermuthigen diese Zeilen jüngere Fachgenossen, die vor mühseligen Rechnungen nicht zurückschrecken, das Problem aufs Neue in Angriff zu nehmen, das nicht nur durch sich selbst, sondern besonders auch durch die tiefen und eigenartigen Hülfsmittel, die Riemann zu seiner Lösung geschaffen hat, von hohem wissenschaftlichem Werthe ist.

Marburg, im Juli 1892.

H. Weber.

Inhalt.

Erste Abtheilung.

'Abhandlungen, die von Riemann selbst veröffentlicht sind.

Zweite Abtheilung.

Abhandlungen, die nach Riemann's Tode bereits herausgegeben sind.

Dritte Abtheilung.

Nachlass.

Anhang.

Fragmente philosophischen Inhalts.

Erste Abtheilung.

I.

Grundlagen für eine allgemeine Theorie der Functionen einer veränderlichen complexen Grösse.

(Inauguraldissertation, Göttingen, 1851; zweiter unveränderter Abdruck, Göttingen 1867.)

1.

Denkt man sich unter z eine veränderliche Grösse, welche nach und nach alle möglichen reellen Werthe annehmen kann, so wird, wenn jedem ihrer Werthe ein einziger Werth der unbestimmten Grösse w entspricht, w eine Function von z genannt, und wenn, während z alle zwischen zwei festen Werthen gelegenen Werthe stetig durchläuft, w ebenfalls stetig sich ändert, so heisst diese Function innerhalb dieses Intervalls stetig oder continuirlich. (1)

Diese Definition setzt offenbar zwischen den einzelnen Werthen der Function durchaus kein Gesetz fest, indem, wenn über diese Function für ein bestimmtes Intervall verfügt ist, die Art ihrer Fortsetzung ausserhalb desselben ganz der Willkür überlassen bleibt.

Die Abhängigkeit der Grösse w von z kann durch ein mathematisches Gesetz gegeben sein, so dass durch bestimmte Grössenoperationen zu jedem Werthe von z das ihm entsprechende w gefunden wird. Die Fähigkeit, für alle innerhalb eines gegebenen Intervalls liegenden Werthe von z durch dasselbe Abhängigkeitsgesetz bestimmt zu werden, schrieb man früher nur einer gewissen Gattung von Functionen zu (functiones continuae nach Euler's Sprachgebrauch); neuere Untersuchungen haben indess gezeigt, dass es analytische Ausdrücke giebt, durch welche eine jede stetige Function für ein gegebenes Intervall dargestellt werden kann. Es ist daher einerlei, ob man die Abhängigkeit der Grösse w von der Grösse z als eine willkürlich gegebene oder als eine durch bestimmte Grössenoperationen

1*

bedingte definirt. Beide Begriffe sind in Folge der erwähnten Theoreme congruent.

Anders verhält es sich aber, wenn die Veränderlichkeit der Grösse z nicht auf reelle Werthe beschränkt wird, sondern auch complexe von der Form $x + yi$ (wo $i = \sqrt{-1}$) zugelassen werden.

Es seien $x + yi$ und $x + yi + dx + dyi$ zwei unendlich wenig verschiedene Werthe der Grösse z, welchen die Werthe $u + vi$ und $u + vi + du + dvi$ der Grösse w entsprechen. Alsdann wird, wenn die Abhängigkeit der Grösse w von z eine willkürlich angenommene ist, das Verhältniss $\frac{du + dvi}{dx + dyi}$ sich mit den Werthen von dx und dy, allgemein zu reden, ändern, indem, wenn man $dx + dyi = \varepsilon e^{\varphi i}$ setzt,

$$\frac{du + dvi}{dx + dyi}$$

$$= \tfrac{1}{2}\left(\frac{\partial u}{\partial x} + \frac{\partial v}{\partial y}\right) + \tfrac{1}{2}\left(\frac{\partial v}{\partial x} - \frac{\partial u}{\partial y}\right) i$$

$$+ \tfrac{1}{2}\left[\frac{\partial u}{\partial x} - \frac{\partial v}{\partial y} + \left(\frac{\partial v}{\partial x} + \frac{\partial u}{\partial y}\right) i\right] \frac{dx - dyi}{dx + dyi}$$

$$= \tfrac{1}{2}\left(\frac{\partial u}{\partial x} + \frac{\partial v}{\partial y}\right) + \tfrac{1}{2}\left(\frac{\partial v}{\partial x} - \frac{\partial u}{\partial y}\right) i$$

$$+ \tfrac{1}{2}\left[\frac{\partial u}{\partial x} - \frac{\partial v}{\partial y} + \left(\frac{\partial v}{\partial x} + \frac{\partial u}{\partial y}\right) i\right] e^{-2\varphi i}$$

wird. Auf welche Art aber auch w als Function von z durch Verbindung der einfachen Grössenoperationen bestimmt werden möge, immer wird der Werth des Differentialquotienten $\frac{dw}{dz}$ von dem besondern Werthe des Differentials dz unabhängig sein*). Offenbar kann also auf diesem Wege nicht jede beliebige Abhängigkeit der complexen Grösse w von der complexen Grösse z ausgedrückt werden.

Das eben hervorgehobene Merkmal aller irgendwie durch Grössenoperationen bestimmbaren Functionen werden wir für die folgende Untersuchung, wo eine solche Function unabhängig von ihrem Ausdrucke betrachtet werden soll, zu Grunde legen, indem wir, ohne jetzt dessen Allgemeingültigkeit und Zulänglichkeit für den Begriff einer durch Grössenoperationen ausdrückbaren Abhängigkeit zu beweisen, von folgender Definition ausgehen:

---

*) Diese Behauptung ist offenbar in allen Fällen gerechtfertigt, wo sich aus dem Ausdrucke von w durch z mittelst der Regeln der Differentiation ein Ausdruck von $\frac{dw}{dz}$ durch z finden lässt; ihre streng allgemeine Gültigkeit bleibt für jetzt dahin gestellt.

Eine veränderliche complexe Grösse w heisst eine Function einer andern veränderlichen complexen Grösse z, wenn sie mit ihr sich so ändert, dass der Werth des Differentialquotienten $\frac{dw}{dz}$ unabhängig von dem Werthe des Differentials dz ist.

2.

Sowohl die Grösse z, als die Grösse w werden als veränderliche Grössen betrachtet, die jeden complexen Werth annehmen können. Die Auffassung einer solchen Veränderlichkeit, welche sich auf ein zusammenhängendes Gebiet von zwei Dimensionen erstreckt, wird wesentlich erleichtert durch eine Anknüpfung an räumliche Anschauungen.

Man denke sich jeden Werth $x + yi$ der Grösse z repräsentirt durch einen Punkt O der Ebene A, dessen rechtwinklige Coordinaten x, y, jeden Werth $u + vi$ der Grösse w durch einen Punkt Q der Ebene B, dessen rechtwinklige Coordinaten u, v sind. Eine jede Abhängigkeit der Grösse w von z wird sich dann darstellen als eine Abhängigkeit der Lage des Punktes Q von der des Punktes O. Entspricht jedem Werthe von z ein bestimmter mit z stetig sich ändernder Werth von w, mit andern Worten, sind u und v stetige Functionen von x, y, so wird jedem Punkte der Ebene A ein Punkt der Ebene B, jeder Linie, allgemein zu reden, eine Linie, jedem zusammenhängenden Flächenstücke ein zusammenhängendes Flächenstück entsprechen. Man wird sich also diese Abhängigkeit der Grösse w von z vorstellen können als eine Abbildung der Ebene A auf der Ebene B.

3.

Es soll nun untersucht werden, welche Eigenschaft diese Abbildung erhält, wenn w eine Function der complexen Grösse z, d. h. wenn $\frac{dw}{dz}$ von dz unabhängig ist.

Wir bezeichnen durch o einen unbestimmten Punkt der Ebene A in der Nähe von O, sein Bild in der Ebene B durch q, ferner durch $x + yi + dx + dyi$ und $u + vi + du + dvi$ die Werthe der Grössen z und w in diesen Punkten. Es können dann dx, dy und du, dv als rechtwinklige Coordinaten der Punkte o und q in Bezug auf die Punkte O und Q als Anfangspunkte angesehen werden, und wenn man $dx + dyi = \varepsilon e^{\varphi i}$ und $du + dvi = \eta e^{\psi i}$ setzt, so werden die Grössen $\varepsilon, \varphi, \eta, \psi$ Polarcoordinaten dieser Punkte für dieselben

Anfangspunkte sein. Sind nun o' und o'' irgend zwei bestimmte Lagen des Punktes o in unendlicher Nähe von O, und drückt man die von ihnen abhängigen Bedeutungen der übrigen Zeichen durch entsprechende Indices aus, so giebt die Voraussetzung

$$\frac{du' + dv' i}{dx' + dy' i} = \frac{du'' + dv'' i}{dx'' + dy'' i}$$

und folglich

$$\frac{du' + dv' i}{du'' + dv'' i} = \frac{\eta'}{\eta''} e^{(\psi' - \psi'') i} = \frac{dx' + dy' i}{dx'' + dy'' i} = \frac{\varepsilon'}{\varepsilon''} e^{(\varphi' - \varphi'') i},$$

woraus $\frac{\eta'}{\eta''} = \frac{\varepsilon'}{\varepsilon''}$ und $\psi' - \psi'' = \varphi' - \varphi''$, d. h. in den Dreiecken $o'Oo''$ und $q'Qq''$ sind die Winkel $o'Oo''$ und $q'Qq''$ gleich und die sie einschliessenden Seiten einander proportional.

Es findet also zwischen zwei einander entsprechenden unendlich kleinen Dreiecken und folglich allgemein zwischen den kleinsten Theilen der Ebene A und ihres Bildes auf der Ebene B Aehnlichkeit Statt. Eine Ausnahme von diesem Satze tritt nur in den besonderen Fällen ein, wenn die einander entsprechenden Aenderungen der Grössen z und w nicht in einem endlichen Verhältnisse zu einander stehen, was bei Herleitung desselben stillschweigend vorausgesetzt ist*).

4.

Bringt man den Differentialquotienten $\frac{du + dvi}{dx + dyi}$ in die Form

$$\frac{\left(\frac{\partial u}{\partial x} + \frac{\partial v}{\partial x} i\right) dx + \left(\frac{\partial v}{\partial y} - \frac{\partial u}{\partial y} i\right) dyi}{dx + dyi},$$

so erhellt, dass er und zwar nur dann für je zwei Werthe von dx und dy denselben Werth haben wird, wenn

$$\frac{\partial u}{\partial x} = \frac{\partial v}{\partial y} \quad \text{und} \quad \frac{\partial v}{\partial x} = -\frac{\partial u}{\partial y}$$

ist. Diese Bedingungen sind also hinreichend und nothwendig, damit $w = u + vi$ eine Function von $z = x + yi$ sei. Für die einzelnen Glieder dieser Function fliessen aus ihnen die folgenden:

---

*) Ueber diesen Gegenstand sehe man:

„Allgemeine Auflösung der Aufgabe: Die Theile einer gegebenen Fläche so abzubilden, dass die Abbildung dem Abgebildeten in den kleinsten Theilen ähnlich wird, von C. F. Gauss. (Als Beantwortung der von der königlichen Societät der Wissenschaften in Copenhagen für 1822 aufgegebenen Preisfrage, abgedruckt in: „Astronomische Abhandlungen, herausgegeben von Schumacher. Drittes Heft. Altona. 1825.") (Gauss Werke Bd. IV, p. 189.)

$$\frac{\partial^2 u}{\partial x^2} + \frac{\partial^2 u}{\partial y^2} = 0, \quad \frac{\partial^2 v}{\partial x^2} + \frac{\partial^2 v}{\partial y^2} = 0,$$

welche für die Untersuchung der Eigenschaften, die Einem Gliede einer solchen Function einzeln betrachtet zukommen, die Grundlage bilden. Wir werden den Beweis für die wichtigsten dieser Eigenschaften einer eingehenderen Betrachtung der vollständigen Function voraufgehen lassen, zuvor aber noch einige Punkte, welche allgemeineren Gebieten angehören, erörtern und festlegen, um uns den Boden für jene Untersuchungen zu ebenen.

* * *

5.

Für die folgenden Betrachtungen beschränken wir die Veränderlichkeit der Grössen x, y auf ein endliches Gebiet, indem wir als Ort des Punktes O nicht mehr die Ebene A selbst, sondern eine über dieselbe ausgebreitete Fläche T betrachten. Wir wählen diese Einkleidung, bei der es unanstössig sein wird, von auf einander liegenden Flächen zu reden, um die Möglichkeit offen zu lassen, dass der Ort des Punktes O über denselben Theil der Ebene sich mehrfach erstrecke, setzen jedoch für einen solchen Fall voraus, dass die auf einander liegenden Flächentheile nicht längs einer Linie zusammenhängen, so dass eine Umfaltung der Fläche, oder eine Spaltung in auf einander liegende Theile nicht vorkommt.

Die Anzahl der in jedem Theile der Ebene auf einander liegenden Flächentheile ist alsdann vollkommen bestimmt, wenn die Begrenzung der Lage und dem Sinne nach (d. h. ihre innere und äussere Seite) gegeben ist; ihr Verlauf kann sich jedoch noch verschieden gestalten.

In der That, ziehen wir durch den von der Fläche bedeckten Theil der Ebene eine beliebige Linie l, so ändert sich die Anzahl der über einander liegenden Flächentheile nur beim Ueberschreiten der Begrenzung, und zwar beim Uebertritt von Aussen nach Innen um $+1$, im entgegengesetzten Falle um -1, und ist also überall bestimmt. Längs des Ufers dieser Linie setzt sich nun jeder angrenzende Flächentheil auf ganz bestimmte Art fort, so lange die Linie die Begrenzung nicht trifft, da eine Unbestimmtheit jedenfalls nur in einem einzelnen Punkte und also entweder in einem Punkte der Linie selbst oder in einer endlichen Entfernung von derselben Statt hat; wir können daher, wenn wir unsere Betrachtung auf einen im Innern der Fläche verlaufenden Theil der Linie l und zu beiden Seiten auf einen hinreichend kleinen Flächenstreifen beschränken, von bestimmten angrenzenden Flächentheilen reden, deren Anzahl auf jeder Seite gleich ist, und die wir, indem wir der Linie eine bestimmte Richtung beilegen, auf der Linken mit $a_1, a_2, \ldots a_n$, auf der Rechten mit $a'_1, a'_2, \ldots a'_n$ bezeichnen. Jeder Flächentheil a wird sich dann in einen der Flächentheile a' fortsetzen; dieser wird zwar im Allgemeinen für den ganzen Lauf der Linie l derselbe sein, kann sich jedoch für besondere Lagen von l in einem ihrer Punkte ändern. Nehmen wir an, dass oberhalb eines solchen Punktes σ (d. h. längs des vorhergehenden Theils von l) mit den Flächentheilen $a'_1, a'_2, \ldots a'_n$ der Reihe nach die Flächentheile $a_1, a_2, \ldots a_n$ verbunden seien, unterhalb desselben aber die Flächentheile $a_{\alpha_1}, a_{\alpha_2}, \ldots a_{\alpha_n}$, wo $\alpha_1, \alpha_2, \ldots \alpha_n$ nur in der Anordnung von $1, 2, \ldots n$ verschieden sind, so wird ein oberhalb σ von a_1 in a'_1 eintretender Punkt, wenn er unterhalb σ auf die linke Seite zurücktritt, in den Flächentheil a_{α_1} gelangen, und wenn er den Punkt σ von der Linken zur Rechten (2) umkreiset, wird der Index des Flächentheils, in welchem er sich befindet, der Reihe nach die Zahlen

$$1,\ \alpha_1,\ \alpha_{\alpha_1},\ \ldots\ \mu,\ \alpha_\mu,\ \ldots$$

durchlaufen. In dieser Reihe sind, so lange das Glied 1 nicht wiederkehrt, nothwendig alle Glieder von einander verschieden, weil einem beliebigen mittlern Gliede α_μ nothwendig μ und nach einander alle früheren Glieder bis 1 in unmittelbarer Folge vorhergehen; wenn aber nach einer Anzahl von Gliedern, die offenbar kleiner als n sein muss und $= m$ sei, das Glied 1 wiederkehrt, so müssen die übrigen Glieder in derselben Ordnung folgen. Der um σ sich bewegende Punkt kommt alsdann nach je m Umläufen in denselben Flächentheil zurück und ist auf m der auf einander liegenden Flächentheile eingeschränkt, welche sich über σ zu einem einzigen Punkte vereinigen. Wir nennen diesen Punkt einen Windungspunkt $(m-1)$ter Ordnung der Fläche T. Durch Anwendung desselben Verfahrens auf die übrigen $n-m$ Flächentheile werden diese, wenn sie nicht gesondert verlaufen, in Systeme von $m_1, m_2, \ldots$ Flächentheilen zerfallen, in welchem Falle auch noch Windungspunkte (m_1-1)ter, (m_2-1)ter ... Ordnung in dem Punkte σ liegen.

Wenn die Lage und der Sinn der Begrenzung von T und die Lage ihrer Windungspunkte gegeben ist, so ist T entweder vollkommen bestimmt oder doch auf eine endliche Anzahl verschiedener Gestalten beschränkt; Letzteres, in so fern sich diese Bestimmungsstücke auf verschiedene der auf einander liegenden Flächentheile beziehen können.

Eine veränderliche Grösse, die für jeden Punkt *O* der Fläche *T*, allgemein zu reden, d. h. ohne eine Ausnahme in einzelnen Linien und Punkten*) auszuschliessen, Einen bestimmten mit der Lage desselben stetig sich ändernden Werth annimmt, kann offenbar als eine Function von x, y angesehen werden, und überall, wo in der Folge von Functionen von x, y die Rede sein wird, werden wir den Begriff derselben auf diese Art festlegen.

Ehe wir uns jedoch zur Betrachtung solcher Functionen wenden, schalten wir noch einige Erörterungen über den Zusammenhang einer Fläche ein. Wir beschränken uns dabei auf solche Flächen, die sich nicht längs einer Linie spalten.

6.

Wir betrachten zwei Flächentheile als zusammenhängend oder Einem Stücke angehörig, wenn sich von einem Punkte des einen durch das Innere der Fläche eine Linie nach einem Punkte des andern ziehen lässt, als getrennt, wenn diese Möglichkeit nicht Statt findet.

Die Untersuchung des Zusammenhangs einer Fläche beruht auf ihrer Zerlegung durch Querschnitte, d. h. Linien, welche von einem Begrenzungspunkte das Innere einfach — keinen Punkt mehrfach — bis zu einem Begrenzungspunkte durchschneiden. Letzterer kann auch in dem zur Begrenzung hinzugekommenen Theile, also in einem frühern Punkte des Querschnitts, liegen.

Eine zusammenhängende Fläche heisst, wenn sie durch jeden Querschnitt in Stücke zerfällt, eine einfach zusammenhängende, andernfalls eine mehrfach zusammenhängende.

Lehrsatz I. Eine einfach zusammenhängende Fläche *A* zerfällt durch jeden Querschnitt *ab* in zwei einfach zusammenhängende Stücke.

Gesetzt, eins dieser Stücke würde durch einen Querschnitt *cd* nicht zerstückt, so erhielte man offenbar, je nachdem keiner seiner Endpunkte oder der Endpunkt *c* oder beide Endpunkte in *ab* fielen, durch Herstellung der Verbindung längs der ganzen Linie *ab* oder längs des Theils *cb* oder des Theils *cd* derselben eine zusammen-

---

*) Diese Beschränkung ist zwar nicht durch den Begriff einer Function an sich geboten, aber um Infinitesimalrechnung auf sie anwenden zu können erforderlich: eine Function, die in allen Punkten einer Fläche unstetig ist, wie z. B. eine Function, die für ein commensurables x und ein commensurables y den Werth 1, sonst aber den Werth 2 hat, kann weder einer Differentiation, noch einer Integration, also (unmittelbar) der Infinitesimalrechnung überhaupt nicht unterworfen werden. Die für die Fläche *T* hier willkürlich gemachte Beschränkung wird sich später (Art. 15) rechtfertigen.

hängende Fläche, welche durch einen Querschnitt aus A entstände, gegen die Voraussetzung.

Lehrsatz II. Wenn eine Fläche T durch n_1*) Querschnitte q_1 in ein System T_1 von m_1 einfach zusammenhängenden Flächenstücken und durch n_2 Querschnitte q_2 in ein System T_2 von m_2 Flächenstücken zerfällt, so kann $n_2 - m_2$ nicht $> n_1 - m_1$ sein.

Jede Linie q_2 bildet, wenn sie nicht ganz in das Querschnittsystem q_1 fällt, zugleich einen oder mehrere Querschnitte q_2' der Fläche T_1. Als Endpunkte der Querschnitte q_2' sind anzusehen:

1) die $2n_2$ Endpunkte der Querschnitte q_2, ausgenommen, wenn ihre Enden mit einem Theil des Liniensystems q_1 zusammenfallen,

2) jeder mittlere Punkt eines Querschnitts q_2, in welchem er in einen mittlern Punkt einer Linie q_1 eintritt, ausgenommen, wenn er sich schon in einer andern Linie q_1 befindet, d. h. wenn ein Ende eines Querschnitts q_1 mit ihm zusammenfällt.

Bezeichnet nun μ, wie oft Linien beider Systeme während ihres Laufes zusammentreffen oder auseinandergehen (wo also ein einzelner gemeinsamer Punkt doppelt zu rechnen ist), ν_1, wie oft ein Endstück der q_1 mit einem mittlern Stücke der q_2, ν_2, wie oft ein Endstück der q_2 mit einem mittlern Stücke der q_1, endlich ν_3, wie oft ein Endstück der q_1 mit einem Endstücke der q_2 zusammenfällt, so liefert Nr. 1 $2n_2 - \nu_2 - \nu_3$, Nr. 2 $\mu - \nu_1$ Endpunkte der Querschnitte q_2'; beide Fälle zusammengenommen aber umfassen sämmtliche Endpunkte und jeden nur einmal, und die Anzahl dieser Querschnitte ist daher

$$\frac{2n_2 - \nu_2 - \nu_3 + \mu - \nu_1}{2} = n_2 + s.$$

Durch ganz ähnliche Schlüsse ergiebt sich die Anzahl der Querschnitte q_1' der Fläche T_2, welche durch die Linien q_1 gebildet werden,

$$= \frac{2n_1 - \nu_1 - \nu_3 + \mu - \nu_2}{2},$$

also $= n_1 + s$. Die Fläche T_1 wird nun offenbar durch die $n_2 + s$ Querschnitte q_2' in dieselbe Fläche verwandelt, in welche T_2 durch die $n_1 + s$ Querschnitte q_1' zerfällt wird. Es besteht aber T_1 aus m_1 einfach zusammenhängenden Stücken und zerfällt daher nach Satz I durch $n_2 + s$ Querschnitte in $m_1 + n_2 + s$ Flächenstücke; folglich müsste, wäre $m_2 < m_1 + n_2 - n_1$, die Zahl der Flächenstücke T_2 durch $n_1 + s$ Querschnitte um mehr als $n_1 + s$ vermehrt werden, was ungereimt ist.

*) Unter einer Zerlegung durch mehrere Querschnitte ist stets eine successive zu verstehen, d. h. eine solche, wo die durch einen Querschnitt entstandene Fläche durch einen neuen Querschnitt weiter zerlegt wird.

Zufolge dieses Lehrsatzes ist, wenn die Anzahl der Querschnitte unbestimmt durch n, die Anzahl der Stücke durch m bezeichnet wird, $n - m$ für alle Zerlegungen einer Fläche in einfach zusammenhängende Stücke constant; denn betrachten wir irgend zwei bestimmte Zerlegungen durch n_1 Querschnitte in m_1 Stücke und durch n_2 Querschnitte in m_2 Stücke, so muss, wenn erstere einfach zusammenhängend sind, $n_2 - m_2 \overline{\overline{<}} n_1 - m_1$, und wenn letztere einfach zusammenhängend sind, $n_1 - m_1 \overline{\overline{<}} n_2 - m_2$, also wenn Beides zutrifft, $n_2 - m_2 = n_1 - m_1$ sein.

Diese Zahl kann füglich mit dem Namen „Ordnung des Zusammenhangs" einer Fläche belegt werden; sie wird

durch jeden Querschnitt um 1 erniedrigt — nach der Definition —,

durch eine von einem innern Punkte das Innere einfach bis zu einem Begrenzungspunkte oder einem frühern Schnittpunkte durchschneidende Linie nicht geändert und

durch einen innern allenthalben einfachen in zwei Punkten endenden Schnitt um 1 erhöht,

weil erstere durch Einen, letztere aber durch zwei Querschnitte in Einen Querschnitt verwandelt werden kann.

Endlich wird die Ordnung des Zusammenhangs einer aus mehreren Stücken bestehenden Fläche erhalten, wenn man die Ordnungen des Zusammenhangs dieser Stücke zu einander addirt.

Wir werden uns indess in der Folge meistens auf eine aus Einem Stücke bestehende Fläche beschränken, und uns für ihren Zusammenhang der kunstloseren Bezeichnung eines einfachen, zweifachen etc. bedienen, indem wir unter einer $n$fach zusammenhängenden Fläche eine solche verstehen, die durch $n - 1$ Querschnitte in eine einfach zusammenhängende zerlegbar ist.

In Bezug auf die Abhängigkeit des Zusammenhangs der Begrenzung von dem Zusammenhang einer Fläche erhellt leicht:

1) Die Begrenzung einer einfach zusammenhängenden Fläche besteht nothwendig aus Einer in sich zurücklaufenden Linie.

Bestände die Begrenzung aus getrennten Stücken, so würde ein Querschnitt q, der einen Punkt eines Stücks a mit einem Punkte eines andern b verbände, nur zusammenhängende Flächentheile von einander scheiden, da sich im Innern der Fläche längs a eine Linie von der einen Seite des Querschnitts q an die entgegengesetzte führen liesse; und folglich würde q die Fläche nicht zerstücken, gegen die Voraussetzung.

2) Durch jeden Querschnitt wird die Anzahl der Begrenzungsstücke entweder um 1 vermindert oder um 1 vermehrt.

Ein Querschnitt q verbindet entweder einen Punkt eines Begrenzungsstücks a mit einem Punkte eines andern b, — in diesem Falle bilden alle diese Linien zusammengenommen in der Folge a, q, b, q ein einziges in sich zurücklaufendes Stück der Begrenzung —

oder er verbindet zwei Punkte eines Stücks der Begrenzung, — in diesem Falle zerfällt dieses durch seine beiden Endpunkte in zwei Stücke, deren jedes mit dem Querschnitte zusammengenommen ein in sich zurücklaufendes Begrenzungsstück bildet —

oder endlich, er endet in einem seiner früheren Punkte und kann betrachtet werden als zusammengesetzt aus einer in sich zurücklaufenden Linie o und einer andern l, welche einen Punkt von o mit einem Punkte eines Begrenzungsstücks a verbindet, — in welchem Falle o eines Theils, und a, l, o, l andern Theils je ein in sich zurücklaufendes Begrenzungsstück bilden.

Es treten also entweder — im erstern Falle — an die Stelle zweier Ein, oder — in den beiden letzteren Fällen — an die Stelle Eines zwei Begrenzungsstücke, woraus unser Satz folgt.

Die Anzahl der Stücke, aus welchen die Begrenzung eines $n$fach zusammenhängenden Flächenstücks besteht, ist daher entweder $= n$ oder um eine gerade Zahl kleiner.

Hieraus ziehen wir noch das Corollar:

Wenn die Anzahl der Begrenzungsstücke einer $n$fach zusammenhängenden Fläche $= n$ ist, so zerfällt diese durch jeden überall einfachen im Innern in sich zurücklaufenden Schnitt in zwei getrennte Stücke.

Denn die Ordnung des Zusammenhangs wird dadurch nicht geändert, die Anzahl der Begrenzungsstücke um 2 vermehrt; die Fläche würde also, wenn sie eine zusammenhängende wäre, einen $n$fachen Zusammenhang und $n + 2$ Begrenzungsstücke haben, was unmöglich ist.

7.

Sind X und Y zwei in allen Punkten der über A ausgebreiteten Fläche T stetige Functionen von x, y, so ist das über alle Elemente dT dieser Fläche ausgedehnte Integral

$$\int\left(\frac{\partial X}{\partial x} + \frac{\partial Y}{\partial y}\right) dT = -\int (X \cos \xi + Y \cos \eta)\, ds,$$

wenn in jedem Punkte der Begrenzung die Neigung einer auf sie nach Innen gezogenen Normale gegen die x-Axe durch ξ, gegen die y-Axe durch η bezeichnet wird, und sich diese Integration auf sämmtliche Elemente ds der Begrenzungslinie erstreckt.

Um das Integral $\int \frac{\partial X}{\partial x}\, dT$ zu transformiren, zerlegen wir den von der Fläche T bedeckten Theil der Ebene A durch ein System der x-Axe paralleler Linien in Elementarstreifen, und zwar so, dass jeder Windungspunkt der Fläche T in eine dieser Linien fällt. Unter dieser Voraussetzung besteht der auf jeden derselben fallende Theil von T aus einem oder mehreren abgesondert verlaufenden trapezförmigen Stücken. Der Beitrag eines unbestimmten dieser Flächenstreifen, welcher aus der y-Axe das Element dy ausscheidet, zu dem Werthe von $\int \frac{\partial X}{\partial x} dT$ wird dann offenbar $= dy \int \frac{\partial X}{\partial x} dx$, wenn diese Integration durch diejenige oder diejenigen der Fläche T angehörigen geraden Linien ausgedehnt wird, welche auf eine durch einen Punkt von dy gehende Normale fallen. Sind nun die unteren Endpunkte derselben (d. h. welchen die kleinsten Werthe von x entsprechen) $O_{,}, O_{,,}, O_{,,,}, \ldots$, die oberen $O', O'', O''', \ldots$ und bezeichnen wir mit $X_{,}, X_{,,}, \ldots. X', X'', \ldots.$ die Werthe von X in diesen Punkten, mit $ds_{,}, ds_{,,}, \ldots. ds', ds'', \ldots.$ die entsprechenden von dem Flächenstreifen aus der Begrenzung ausgeschiedenen Elemente, mit $\xi_{,}, \xi_{,,}, \ldots. \xi', \xi'', \ldots.$ die Werthe von ξ an diesen Elementen, so wird

$$\int \frac{\partial X}{\partial x} dx = - X_{,} - X_{,,} - X_{,,,} \ldots. \\ + X' + X'' + X''' \ldots.$$

Die Winkel ξ werden offenbar spitz an den unteren, stumpf an den oberen Endpunkten, und es wird daher

$$dy = \cos \xi_{,} ds_{,} = \cos \xi_{,,} ds_{,,} \ldots. \\ = - \cos \xi' ds' = - \cos \xi'' ds'' \ldots.$$

Durch Substitution dieser Werthe ergiebt sich

$$dy \int \frac{\partial X}{\partial x} dx = - \Sigma X \cos \xi ds,$$

wo sich die Summation auf alle Begrenzungselemente bezieht, welche in der y-Axe dy zur Projection haben.

Durch Integration über sämmtliche in Betracht kommende dy werden offenbar sämmtliche Elemente der Fläche T und sämmtliche Elemente der Begrenzung erschöpft, und man erhält daher, in diesem Umfange genommen,

$$\int \frac{\partial X}{\partial x} dT = - \int X \cos \xi ds.$$

Durch ganz ähnliche Schlüsse findet man

$$\int \frac{\partial Y}{\partial y} dT = - \int Y \cos \eta ds$$

und folglich

$$\int\left(\frac{\partial X}{\partial x}+\frac{\partial Y}{\partial y}\right)dT=-\int(X\cos\xi+Y\cos\eta)\,ds, \text{ w. z. b. w.}$$

8.

Bezeichnen wir in der Begrenzungslinie, von einem festen Anfangspunkte aus in einer bestimmten später festzusetzenden Richtung gerechnet, die Länge derselben bis zu einem unbestimmten Punkte O_0 durch s, und in der in diesem Punkte O_0 errichteten Normalen die Entfernung eines unbestimmten Punktes O von demselben und zwar nach Innen zu als positiv betrachtet durch p, so können offenbar die Werthe von x und y im Punkte O als Functionen von s und p angesehen werden, und es werden dann in den Punkten der Begrenzungslinie die partiellen Differentialquotienten

$$\frac{\partial x}{\partial p}=\cos\xi,\quad \frac{\partial y}{\partial p}=\cos\eta,\quad \frac{\partial x}{\partial s}=\pm\cos\eta,\quad \frac{\partial y}{\partial s}=\mp\cos\xi,$$

wo die oberen Zeichen gelten, wenn die Richtung, in welcher die Grösse s als wachsend betrachtet wird, mit p einen gleichen Winkel einschliesst, wie die x-Axe mit der y-Axe, wenn einen entgegengesetzten, die unteren. Wir werden diese Richtung in allen Theilen der Begrenzung so annehmen, dass

$$\frac{\partial x}{\partial s}=\frac{\partial y}{\partial p} \quad \text{und folglich} \quad \frac{\partial y}{\partial s}=-\frac{\partial x}{\partial p}$$

ist, was die Allgemeinheit unserer Resultate im Wesentlichen nicht beeinträchtigt.

Offenbar können wir diese Bestimmungen auch auf Linien im Innern von T ausdehnen; nur haben wir hier zur Bestimmung der Vorzeichen von dp und ds, wenn deren gegenseitige Abhängigkeit wie dort festgesetzt wird, noch eine Angabe hinzuzufügen, welche entweder das Vorzeichen von dp oder von ds festsetzt; und zwar werden wir bei einer in sich zurücklaufenden Linie angeben, von welchem der durch sie geschiedenen Flächentheile sie als Begrenzung gelten solle, wodurch das Vorzeichen von dp bestimmt wird, bei einer nicht in sich zurücklaufenden aber ihren Anfangspunkt, d. h. den Endpunkt, wo s den kleinsten Werth annimmt.

Die Einführung der für $\cos\xi$ und $\cos\eta$ erhaltenen Werthe in die im vorigen Art. bewiesene Gleichung giebt, in demselben Umfange wie dort genommen,

$$\int\left(\frac{\partial X}{\partial x}+\frac{\partial Y}{\partial y}\right)dT=-\int\left(X\frac{\partial x}{\partial p}+Y\frac{\partial y}{\partial p}\right)ds=\int\left(X\frac{\partial y}{\partial s}-Y\frac{\partial x}{\partial s}\right)ds.$$

9.

Durch Anwendung des Satzes am Schlusse des vorigen Art. auf den Fall, wo in allen Theilen der Fläche

$$\frac{\partial X}{\partial x} + \frac{\partial Y}{\partial y} = 0$$

ist, erhalten wir folgende Sätze:

I. Sind X und Y zwei in allen Punkten von T endliche und stetige und der Gleichung

$$\frac{\partial X}{\partial x} + \frac{\partial Y}{\partial y} = 0$$

genügende Functionen, so ist, durch die ganze Begrenzung von T ausgedehnt,

$$\int \left(X \frac{\partial x}{\partial p} + Y \frac{\partial y}{\partial p} \right) ds = 0.$$

Denkt man sich eine beliebige über A ausgestreckte Fläche T_1 in zwei Stücke T_2 und T_3 auf beliebige Art zerfällt, so kann das Integral

$$\int \left(X \frac{\partial x}{\partial p} + Y \frac{\partial y}{\partial p} \right) ds$$

in Bezug auf die Begrenzung von T_2 betrachtet werden als die Differenz der Integrale in Bezug auf die Begrenzung von T_1 und in Bezug auf die Begrenzung von T_3, indem, wo T_3 sich bis zur Begrenzung von T_1 erstreckt, beide Integrale sich aufheben, alle übrigen Elemente aber einem Elemente der Begrenzung von T_2 entsprechen.

Mittelst dieser Umformung ergiebt sich aus I.:

II. Der Werth des Integrals

$$\int \left(X \frac{\partial x}{\partial p} + Y \frac{\partial y}{\partial p} \right) ds,$$

durch die ganze Begrenzung einer über A ausgebreiteten Fläche erstreckt, bleibt bei beliebiger Erweiterung oder Verengerung derselben constant, wenn nur dadurch keine Flächentheile ein- oder austreten, innerhalb welcher die Voraussetzungen des Satzes I. nicht erfüllt sind.

Wenn die Functionen X, Y zwar in jedem Theile der Fläche T der vorgeschriebenen Differentialgleichung genügen, aber in einzelnen Linien oder Punkten mit einer Unstetigkeit behaftet sind, so kann man jede solche Linie und jeden solchen Punkt mit einem beliebig kleinen Flächentheil als Hülle umgeben und erhält dann durch Anwendung des Satzes II.:

III. Das Integral

$$\int \left(X \frac{\partial x}{\partial p} + Y \frac{\partial y}{\partial p}\right) ds$$

in Bezug auf die ganze Begrenzung von T ist gleich der Summe der Integrale

$$\int \left(X \frac{\partial x}{\partial p} + Y \frac{\partial y}{\partial p}\right) ds$$

in Bezug auf die Umgrenzungen aller Unstetigkeitsstellen, und zwar behält in Bezug auf jede einzelne dieser Stellen das Integral denselben Werth, in wie enge Grenzen man sie auch einschliessen möge.

Dieser Werth ist für einen blossen Unstetigkeitspunkt nothwendig gleich Null, wenn mit der Entfernung ϱ des Punktes O von demselben zugleich ϱX und ϱY unendlich klein werden; denn führt man in Bezug auf einen solchen Punkt als Anfangspunkt und eine beliebige Anfangsrichtung Polarcoordinaten ϱ, φ ein und wählt zur Umgrenzung einen um denselben mit dem Radius ϱ beschriebenen Kreis, so wird das auf ihn bezügliche Integral durch

$$\int_0^{2\pi} \left(X \frac{\partial x}{\partial p} + Y \frac{\partial y}{\partial p}\right) \varrho\, d\varphi$$

ausgedrückt und kann folglich nicht einen von Null verschiedenen Werth $\varkappa$ haben, weil, was auch $\varkappa$ sei, ϱ immer so klein angenommen werden kann, dass abgesehen vom Zeichen $\left(X \frac{\partial x}{\partial p} + Y \frac{\partial y}{\partial p}\right) \varrho$ für jeden Werth von φ kleiner als $\frac{\varkappa}{2\pi}$ und folglich

$$\int_0^{2\pi} \left(X \frac{\partial x}{\partial p} + Y \frac{\partial y}{\partial p}\right) \varrho\, d\varphi < \varkappa$$

wird.

IV. Ist in einer einfach zusammenhängenden über A ausgebreiteten Fläche für jeden Flächentheil das durch dessen ganze Begrenzung erstreckte Integral

$$\int \left(X \frac{\partial x}{\partial p} + Y \frac{\partial y}{\partial p}\right) ds$$

oder

$$\int \left(Y \frac{\partial x}{\partial s} - X \frac{\partial y}{\partial s}\right) ds = 0,$$

so erhält für irgend zwei feste Punkte O_0 und O dies Integral in Bezug auf alle von O_0 in derselben nach O gehende Linien denselben Werth.

Je zwei die Punkte O_0 und O verbindende Linien s_1 und s_2 bilden zusammengenommen eine in sich zurücklaufende Linie s_3. Diese Linie besitzt entweder selbst die Eigenschaft, keinen Punkt mehrfach zu durchschneiden, oder man kann sie in mehrere allenthalben einfache in sich zurücklaufende Linien zerlegen, indem man von einem beliebigen Punkte aus dieselbe durchlaufend jedesmal, wenn man zu einem frühern Punkte zurückgelangt, den inzwischen durchlaufenen Theil ausscheidet und den folgenden als unmittelbare Fortsetzung des vorhergehenden betrachtet. Jede solche Linie aber zerlegt die Fläche in eine einfach und eine zweifach zusammenhängende; sie bildet daher nothwendig von Einem dieser Stücke die ganze Begrenzung, und das durch sie erstreckte Integral

$$\int \left(Y \frac{\partial x}{\partial s} - X \frac{\partial y}{\partial s}\right) ds$$

wird also der Voraussetzung nach $= 0$. Dasselbe gilt folglich auch von dem durch die ganze Linie s_3 erstreckten Integrale, wenn die Grösse s überall in derselben Richtung als wachsend betrachtet wird; es müssen daher die durch die Linien s_1 und s_2 erstreckten Integrale, wenn diese Richtung ungeändert bleibt, d. h. in einer derselben von O_0 nach O und in der andern von O nach O_0 geht, einander aufheben, also, wenn sie in letzterer geändert wird, gleich werden.

Hat man nun irgend eine beliebige Fläche T, in welcher, allgemein zu reden,

$$\frac{\partial X}{\partial x} + \frac{\partial Y}{\partial y} = 0$$

ist, so schliesse man zunächst, wenn nöthig, die Unstetigkeitsstellen aus, so dass im übrigen Flächenstücke für jeden Flächentheil

$$\int \left(Y \frac{\partial x}{\partial s} - X \frac{\partial y}{\partial s}\right) ds = 0$$

ist, und zerlege dieses durch Querschnitte in eine einfach zusammenhängende Fläche T^*. Für jede im Innern von T^* von einem Punkte O_0 nach einem andern O gehende Linie hat dann unser Integral denselben Werth; dieser Werth, für den zur Abkürzung die Bezeichnung

$$\int_{O_0}^{O} \left(Y \frac{\partial x}{\partial s} - X \frac{\partial y}{\partial s}\right) ds$$

gestattet sein möge, ist daher, O_0 als fest, O als beweglich gedacht, für jede Lage von O, abgesehen vom Laufe der Verbindungslinie ein bestimmter, und kann folglich als Function von x, y betrachtet werden. Die Aenderung dieser Function wird für eine Verrückung von O längs eines beliebigen Linienelements ds durch

$$\left(Y\frac{\partial x}{\partial s}-X\frac{\partial y}{\partial s}\right)ds$$

ausgedrückt, ist in T^* überall stetig und längs eines Querschnitts von T zu beiden Seiten gleich;

V. das Integral

$$Z=\int_{O_0}^{O}\left(Y\frac{\partial x}{\partial s}-X\frac{\partial y}{\partial s}\right)ds$$

bildet daher, O_0 als fest gedacht, eine Function von x, y, welche in T^* überall sich stetig, beim Ueberschreiten der Querschnitte von T aber um eine längs derselben von einem Zweigpunkte zum andern constante Grösse ändert, und von welcher der partielle Differentialquotient

$$\frac{\partial Z}{\partial x}=Y,\quad \frac{\partial Z}{\partial y}=-X$$

ist.

Die Aenderungen beim Ueberschreiten der Querschnitte sind von einer der Zahl der Querschnitte gleichen Anzahl von einander unabhängiger Grössen abhängig; denn wenn man das Querschnittsystem rückwärts — die späteren Theile zuerst — durchläuft, so ist diese Aenderung überall bestimmt, wenn ihr Werth beim Beginn jedes Querschnitts gegeben wird; letztere Werthe aber sind von einander unabhängig. ([3])

10.

Setzt man für die bisher durch X bezeichnete Function

$$u\frac{\partial u'}{\partial x}-u'\frac{\partial u}{\partial x}\quad\text{und}\quad u\frac{\partial u'}{\partial y}-u'\frac{\partial u}{\partial y}$$

für Y, so wird

$$\frac{\partial X}{\partial x}+\frac{\partial Y}{\partial y}=u\left(\frac{\partial^2 u'}{\partial x^2}+\frac{\partial^2 u'}{\partial y^2}\right)-u'\left(\frac{\partial^2 u}{\partial x^2}+\frac{\partial^2 u}{\partial y^2}\right),$$

wenn also die Functionen u und u' den Gleichungen

$$\frac{\partial^2 u}{\partial x^2}+\frac{\partial^2 u}{\partial y^2}=0,\quad \frac{\partial^2 u'}{\partial x^2}+\frac{\partial^2 u'}{\partial y^2}=0$$

genügen, so wird

$$\frac{\partial X}{\partial x}+\frac{\partial Y}{\partial y}=0,$$

und es finden auf den Ausdruck

$$\int\left(X\frac{\partial x}{\partial p}+Y\frac{\partial y}{\partial p}\right)ds,$$

welcher

$$= \int \left(u \frac{\partial u'}{\partial p} - u' \frac{\partial u}{\partial p}\right) ds$$

wird, die Sätze des vorigen Art. Anwendung.

Machen wir nun in Bezug auf die Function u die Voraussetzung, dass sie nebst ihren ersten Differentialquotienten etwaige Unstetigkeiten jedenfalls nicht längs einer Linie erleidet, und für jeden Unstetigkeitspunkt zugleich mit der Entfernung ϱ des Punktes O von demselben $\varrho \frac{\partial u}{\partial x}$ und $\varrho \frac{\partial u}{\partial y}$ unendlich klein werden, so können die Unstetigkeiten von u in Folge der Bemerkung zu III. des vorigen Art. ganz unberücksichtigt bleiben.

Denn alsdann kann man in jeder von einem Unstetigkeitspunkte ausgehenden geraden Linie einen Werth R von ϱ so annehmen, dass

$$\varrho \frac{\partial u}{\partial \varrho} = \varrho \frac{\partial u}{\partial x} \frac{\partial x}{\partial \varrho} + \varrho \frac{\partial u}{\partial y} \frac{\partial y}{\partial \varrho}$$

unterhalb desselben immer endlich bleibt, und bezeichnet U den Werth von u für $\varrho = R$, M abgesehen vom Zeichen den grössten Werth der Function $\varrho \frac{\partial u}{\partial \varrho}$ in jenem Intervall, so wird, in derselben Bedeutung genommen, stets $u - U < M(\log \varrho - \log R)$ sein, folglich $\varrho(u - U)$ und also auch ϱu mit ϱ zugleich unendlich klein werden; dasselbe gilt aber der Voraussetzung nach von $\varrho \frac{\partial u}{\partial x}$ und $\varrho \frac{\partial u}{\partial y}$ und folglich wenn u' keiner Unstetigkeit unterliegt, auch von

$$\varrho \left(u \frac{\partial u'}{\partial x} - u' \frac{\partial u}{\partial x}\right) \text{ und } \varrho \left(u \frac{\partial u'}{\partial y} - u' \frac{\partial u}{\partial y}\right);$$

der im vorigen Art. erörterte Fall tritt hier also ein.

Wir nehmen nun ferner an, dass die den Ort des Punktes O bildende Fläche T allenthalben einfach über A ausgebreitet sei, und denken uns in derselben einen beliebigen festen Punkt O_0, wo u, x, y die Werthe u_0, x_0, y_0 erhalten. Die Grösse

$$\tfrac{1}{2} \log \left((x - x_0)^2 + (y - y_0)^2\right) = \log r,$$

als Function von x, y betrachtet, hat alsdann die Eigenschaft, dass

$$\frac{\partial^2 \log r}{\partial x^2} + \frac{\partial^2 \log r}{\partial y^2} = 0$$

wird, und ist nur für $x = x_0$, $y = y_0$, also in unserm Falle nur für Einen Punkt der Fläche T mit einer Unstetigkeit behaftet.

Es wird daher nach Art. 9, III., wenn wir $\log r$ für u' setzen,

$$\int \left(u \frac{\partial \log r}{\partial p} - \log r \frac{\partial u}{\partial p}\right) ds$$

2*

in Bezug auf die ganze Begrenzung von T gleich diesem Integrale in Bezug auf eine beliebige Umgrenzung des Punktes O_0 und also, wenn wir dazu die Peripherie eines Kreises, wo r einen constanten Werth hat, wählen und von einem ihrer Punkte in einer beliebigen festen Richtung den Bogen bis O in Theilen des Halbmessers durch φ bezeichnen, gleich

$$-\int_0^{2\pi} u \frac{\partial \log r}{\partial r} r d\varphi - \log r \int \frac{\partial u}{\partial p} ds,$$

oder da (4)

$$\int \frac{\partial u}{\partial p} ds = 0 \text{ ist}, \quad = -\int_0^{2\pi} u d\varphi,$$

welcher Werth, wenn u im Punkte O_0 stetig ist, für ein unendlich kleines r in $-u_0 2\pi$ übergeht.

Unter den in Bezug auf u und T gemachten Voraussetzungen haben wir daher für einen beliebigen Punkt O_0 im Innern der Fläche, in welchem u stetig ist,

$$u_0 = \frac{1}{2\pi} \int \left(\log r \frac{\partial u}{\partial p} - u \frac{\partial \log r}{\partial p} \right) ds$$

in Bezug auf die ganze Begrenzung derselben und

$$= \frac{1}{2\pi} \int_0^{2\pi} u d\varphi$$

in Bezug auf einen um O_0 beschriebenen Kreis. Aus dem ersten dieser Ausdrücke ziehen wir folgenden

Lehrsatz. Wenn eine Function u innerhalb einer die Ebene A allenthalben einfach bedeckenden Fläche T, allgemein zu reden, der Differentialgleichung

$$\frac{\partial^2 u}{\partial x^2} + \frac{\partial^2 u}{\partial y^2} = 0$$

genügt und zwar so, dass

1) die Punkte, in welchen diese Differentialgleichung nicht erfüllt ist, keinen Flächentheil,
2) die Punkte, in welchen u, $\frac{\partial u}{\partial x}$, $\frac{\partial u}{\partial y}$ unstetig werden, keine Linie stetig erfüllen,
3) für jeden Unstetigkeitspunkt zugleich mit der Entfernung ϱ des Punktes O von demselben die Grössen $\varrho \frac{\partial u}{\partial x}$, $\varrho \frac{\partial u}{\partial y}$ unendlich klein werden und

4) bei u eine durch Abänderung ihres Werthes in einzelnen Punkten hebbare Unstetigkeit ausgeschlossen ist,

so ist sie nothwendig nebst allen ihren Differentialquotienten für alle Punkte im Innern dieser Fläche endlich und stetig.

In der That, betrachten wir den Punkt O_0 als beweglich, so ändern sich in dem Ausdrucke

$$\int \left(\log r \frac{\partial u}{\partial p} - u \frac{\partial \log r}{\partial p}\right) ds$$

nur die Werthe $\log r$, $\frac{\partial \log r}{\partial x}$, $\frac{\partial \log r}{\partial y}$. Diese Grössen aber sind für jedes Element der Begrenzung, so lange O_0 im Innern von T bleibt, nebst allen ihren Differentialquotienten endliche und stetige Functionen von x_0, y_0, da die Differentialquotienten durch gebrochene rationale Functionen dieser Grössen ausgedrückt werden, die nur Potenzen von r im Nenner enthalten. Dasselbe gilt daher auch für den Werth unsres Integrals und folglich für die Function u_0. Denn diese könnte unter den früheren Voraussetzungen nur in einzelnen Punkten, indem sie unstetig würde, einen davon verschiedenen Werth haben, welche Möglichkeit durch die Voraussetzung 4) unsers Lehrsatzes wegfällt.

11.

Unter denselben Voraussetzungen in Bezug auf u und T, wie am Schlusse des vorigen Art., haben wir folgende Sätze:

I. Wenn längs einer Linie $u = 0$ und $\frac{\partial u}{\partial p} = 0$ ist, so ist u überall $= 0$.

Wir beweisen zunächst, dass eine Linie λ, wo $u = 0$ und $\frac{\partial u}{\partial p} = 0$ ist, nicht die Begrenzung eines Flächentheils a, wo u positiv ist, bilden könne.

Gesetzt, dies fände statt, so scheide man aus a ein Stück aus, welches eines Theils durch λ, andern Theils durch eine Kreislinie begrenzt wird und den Mittelpunkt O_0 dieses Kreises nicht enthält, welche Construction allemal möglich ist. Man hat dann, wenn man die Polarcoordinaten von O in Bezug auf O_0 durch r, φ bezeichnet, durch die ganze Begrenzung dieses Stücks ausgedehnt

$$\int \log r \frac{\partial u}{\partial p} ds - \int u \frac{\partial \log r}{\partial p} ds = 0,$$

also in Folge der Annahme auch für den ganzen ihr angehörigen Kreisbogen

$$\int u d\varphi + \log r \int \frac{\partial u}{\partial p} ds = 0,$$

oder da

$$\int \frac{\partial u}{\partial p}\, ds = 0$$

ist,

$$\int u\, d\varphi = 0,$$

was mit der Voraussetzung, dass u im Innern von a positiv sei, unverträglich ist.

Auf ähnliche Art wird bewiesen, dass die Gleichungen $u = 0$ und $\frac{\partial u}{\partial p} = 0$ nicht in einem Begrenzungstheile eines Flächenstücks b, wo u negativ ist, stattfinden können.

Wenn nun in der Fläche T in einer Linie $u = 0$ und $\frac{\partial u}{\partial p} = 0$ ist und in irgend einem Theile derselben u von Null verschieden wäre, so müsste ein solcher Flächentheil offenbar entweder durch diese Linie selbst oder durch einen Flächentheil, wo $u = 0$ wäre, also jedenfalls durch eine Linie wo u und $\frac{\partial u}{\partial p} = 0$ wäre, begrenzt werden, was nothwendig auf eine der vorhin widerlegten Annahmen führt.

II. Wenn der Werth von u und $\frac{\partial u}{\partial p}$ längs einer Linie gegeben ist, so ist u dadurch in allen Theilen von T bestimmt.

Sind u_1 und u_2 irgend zwei bestimmte Functionen, welche den der Function u auferlegten Bedingungen genügen, so gilt dies auch, wie sich durch Substitution in diese Bedingungen sofort ergiebt, für ihre Differenz $u_1 - u_2$. Stimmten nun u_1 und u_2 längs einer Linie nebst ihren ersten Differentialquotienten nach p überein, in einem andern Flächentheile aber nicht, so würden längs dieser Linie $u_1 - u_2 = 0$ und $\frac{\partial (u_1 - u_2)}{\partial p} = 0$ sein, ohne überall $= 0$ zu sein, dem Satze I. zuwider.

III. Die Punkte im Innern von T, wo u einen constanten Werth hat, bilden, wenn u nicht überall constant ist, nothwendig Linien, welche Flächentheile, wo u grösser ist, von Flächentheilen, wo u kleiner ist, scheiden.

Dieser Satz ist aus folgenden zusammengesetzt:

u kann nicht in einem Punkte im Innern von T ein Minimum oder ein Maximum haben;

u kann nicht nur in einem Theile der Fläche constant sein;

die Linien, in denen $u = a$ ist, können nicht beiderseits Flächentheile begrenzen, wo $u - a$ dasselbe Zeichen hat;

Sätze, deren Gegentheil, wie leicht zu sehen, allemal eine Verletzung der im vorigen Art. bewiesenen Gleichung

$$u_0 = \frac{1}{2\pi} \int_0^{2\pi} u\, d\varphi$$

oder

$$\int_0^{2\pi} (u - u_0)\, d\varphi = 0$$

herbeiführen müsste und folglich unmöglich ist.

12.

Wir wenden uns jetzt zurück zur Betrachtung einer veränderlichen complexen Grösse $w = u + vi$, welche, allgemein zu reden (d. h. ohne eine Ausnahme in einzelnen Linien und Punkten auszuschliessen), für jeden Punkt O der Fläche T Einen bestimmten mit der Lage desselben stetig und den Gleichungen

$$\frac{\partial u}{\partial x} = \frac{\partial v}{\partial y}, \quad \frac{\partial u}{\partial y} = -\frac{\partial v}{\partial x}$$

gemäss sich ändernden Werth hat, und bezeichnen diese Eigenschaft von w nach dem früher Festgestellten dadurch, dass wir w eine Function von $z = x + yi$ nennen. Zur Vereinfachung des Folgenden setzen wir dabei im Voraus fest, dass bei einer Function von z eine durch Abänderung ihres Werthes in einem einzelnen Punkte hebbare Unstetigkeit nicht vorkommen solle.

Der Fläche T wird vorerst ein einfacher Zusammenhang und eine allenthalben einfache Ausbreitung über die Ebene A beigelegt.

Lehrsatz. Wenn eine Function w von z eine Unterbrechung der Stetigkeit jedenfalls nicht längs einer Linie erleidet und ferner für jeden beliebigen Punkt O' der Fläche, wo $z = z'$ sei, $w(z - z')$ mit unendlicher Annäherung des Punktes O unendlich klein wird, so ist sie nothwendig nebst allen ihren Differentialquotienten in allen Punkten im Innern der Fläche endlich und stetig.

Die über die Veränderungen der Grösse w gemachten Voraussetzungen zerfallen, wenn $z - z' = \varrho e^{\varphi i}$ gesetzt wird, für u und v in die folgenden:

$$1)\quad \frac{\partial u}{\partial x} - \frac{\partial v}{\partial y} = 0$$

und

$$2)\quad \frac{\partial u}{\partial y} + \frac{\partial v}{\partial x} = 0$$

für jeden Theil der Fläche T;

3) die Functionen u und v sind nicht längs einer Linie unstetig;

4) für jeden Punkt O' werden mit der Entfernung ϱ des Punktes O von demselben ϱu und ϱv unendlich klein;

5) für die Functionen u und v sind Unstetigkeiten, die durch Abänderung ihres Werthes in einzelnen Punkten gehoben werden könnten, ausgeschlossen.

In Folge der Voraussetzungen 2), 3), 4) ist für jeden Theil der Fläche T das über dessen ganze Begrenzung ausgedehnte Integral

$$\int\left(u\frac{\partial x}{\partial s}-v\frac{\partial y}{\partial s}\right)ds$$

nach Art. 9, III. $=0$ und das Integral

$$\int_{O_0}^{O}\left(u\frac{\partial x}{\partial s}-v\frac{\partial y}{\partial s}\right)ds$$

erhält daher (nach Art. 9, IV.) durch jede von O_0 nach O gehende Linie erstreckt denselben Werth und bildet, O_0 als fest gedacht, eine bis auf einzelne Punkte nothwendig stetige Function U von x, y, von welcher (und zwar nach 5) in jedem Punkte) der Differentialquotient $\frac{\partial U}{\partial x}=u$ und $\frac{\partial U}{\partial y}=-v$ ist. Durch Substitution dieser Werthe für u und v aber gehen die Voraussetzungen 1), 3), 4), in die Bedingungen des Lehrsatzes am Schlusse des Art. 10 über. Die Function U ist daher nebst allen ihren Differentialquotienten in allen Punkten von T endlich und stetig und dasselbe gilt folglich auch von der complexen Function $w=\frac{\partial U}{\partial x}-\frac{\partial U}{\partial y}i$ und ihren nach z genommenen Differentialquotienten.

13.

Es soll jetzt untersucht werden, was eintritt, wenn wir unter Beibehaltung der sonstigen Voraussetzungen des Art. 12 annehmen, dass für einen bestimmten Punkt O' im Innern der Fläche $(z-z')w$ $=\varrho e^{\varphi i}w$ bei unendlicher Annäherung des Punktes O nicht mehr unendlich klein wird. In diesem Falle wird also w bei unendlicher Annäherung des Punktes O an O' unendlich gross, und wir nehmen an, dass, wenn die Grösse w nicht mit $\frac{1}{\varrho}$ von gleicher Ordnung bleibt, d. h. der Quotient beider sich einer endlichen Grenze nähert, wenigstens die Ordnungen beider Grössen in einem endlichen Verhältnisse zu einander stehen, so dass sich eine Potenz von ϱ angeben lässt, deren Product in w für ein unendlich kleines ϱ entweder unendlich klein wird oder endlich bleibt. Ist μ der Exponent einer solchen Potenz und n die nächst grössere ganze Zahl, so wird die Grösse $(z - z')^n w = \varrho^n e^{n\varphi i} w$ mit ϱ unendlich klein, und es ist daher $(z - z')^{n-1} w$ eine Function von z (da $\frac{d(z - z')^{n-1} w}{dz}$ von dz unabhängig ist), welche in diesem Theile der Fläche den Voraussetzungen des Art. 12 genügt und folglich im Punkte O' endlich und stetig ist. Bezeichnen wir ihren Werth im Punkte O' mit a_{n-1}, so ist $(z - z')^{n-1} w - a_{n-1}$ eine Function, die in diesem Punkte stetig und $= 0$ ist und folglich mit ϱ unendlich klein wird, woraus man nach Artikel 12 schliesst, dass $(z - z')^{n-2} w - \frac{a_{n-1}}{z - z'}$ eine im Punkte O' stetige Function ist. Durch Fortsetzung dieses Verfahrens wird offenbar w mittelst Subtraction eines Ausdruckes von der Form

$$\frac{a_1}{z - z'} + \frac{a_2}{(z - z')^2} + \cdots + \frac{a_{n-1}}{(z - z')^{n-1}}$$

in eine Function verwandelt, welche im Punkte O' endlich und stetig bleibt.

Wenn daher unter den Voraussetzungen des Art. 12 die Aenderung eintritt, dass bei unendlicher Annäherung von O an einen Punkt O' im Innern der Fläche T die Function w unendlich gross wird, so ist die Ordnung dieses unendlich Grossen (eine im verkehrten Verhältnisse der Entfernung wachsende Grösse als ein unendlich Grosses erster Ordnung betrachtet) wenn sie endlich ist, nothwendig eine ganze Zahl; und ist diese Zahl $= m$, so kann die Function w durch Hinzufügung einer Function, welche $2m$ willkürliche Constanten enthält, in eine in diesem Punkte O' stetige verwandelt werden.

Anm. Wir betrachten eine Function als Eine willkürliche Constante enthaltend, wenn die möglichen Arten, sie zu bestimmen, ein stetiges Gebiet von Einer Dimension umfassen.

14.

Die im Art. 12 und 13 in Bezug auf die Fläche T gemachten Beschränkungen sind für die Gültigkeit der gewonnenen Resultate nicht wesentlich. Offenbar kann man jeden Punkt im Innern einer beliebigen Fläche mit einem Stücke derselben umgeben, welches die dort vorausgesetzten Eigenschaften besitzt, mit alleiniger Ausnahme des Falles, wo dieser Punkt ein Windungspunkt der Fläche ist.

Um diesen Fall zu untersuchen, denken wir uns die Fläche T oder ein beliebiges Stück derselben, welches einen Windungspunkt $(n-1)$ter Ordnung O', wo $z = z' = x' + y'i$ sei, enthält, mittelst der Function

$\zeta = (z - z')^{\frac{1}{n}}$ auf einer andern Ebene A abgebildet, d. h. wir denken uns den Werth der Function $\zeta = \xi + \eta i$ im Punkte O durch einen Punkt Θ, dessen rechtwinklige Coordinaten ξ, η sind, in dieser Ebene vertreten, und betrachten Θ als Bild des Punktes O. Auf diesem Wege erhält man als Abbildung dieses Theils der Fläche T eine zusammenhängende über A ausgebreitete Fläche, die im Punkte Θ', dem Bilde des Punktes O', keinen Windungspunkt hat, wie sogleich gezeigt werden soll.

Zur Fixirung der Vorstellungen denke man sich um den Punkt O in der Ebene A mit dem Halbmesser R einen Kreis beschrieben und parallel mit der x-Axe einen Durchmesser gezogen, wo also $z - z'$ reelle Werthe annehmen wird. Das durch diesen Kreis ausgeschiedene den Windungspunkt umgebende Stück der Fläche T wird dann zu beiden Seiten des Durchmessers in n, wenn R hinreichend klein gewählt wird, abgesondert verlaufende halbkreisförmige Flächenstücke zerfallen. Wir bezeichnen auf derjenigen Seite des Durchmessers, wo $y - y'$ positiv ist, diese Flächenstücke durch $a_1, a_2 \ldots a_n$, auf der entgegengesetzten Seite durch $a'_1, a'_2 \ldots a'_n$, und nehmen an, dass für negative Werthe von $z - z'$ $a_1, a_2 \ldots a_n$ der Reihe nach mit $a'_1, a'_2 \ldots a'_n$, für positive dagegen mit $a'_n, a'_1 \ldots a'_{n-1}$ verbunden seien, so dass ein den Punkt O' (im erforderlichen Sinne) umkreisender Punkt der Reihe nach die Flächen $a_1, a'_1, a_2, a'_2 \ldots a_n, a'_n$ durchläuft und durch a'_n wieder in a_1 zurückgelangt, welche Annahme offenbar gestattet ist. Führen wir nun für beide Ebenen Polarcoordinaten ein, indem wir $z - z' = \varrho e^{\varphi i}$, $\zeta = \sigma e^{\psi i}$ setzen, und wählen zur Abbildung des Flächenstücks a_1 denjenigen Werth von $(z - z')^{\frac{1}{n}} = \varrho^{\frac{1}{n}} e^{\frac{\varphi}{n} i}$, welchen letzterer Ausdruck unter der Annahme $0 < \varphi \overline{\gtrless} \pi$ erhält, so wird für alle Punkte von a_1 $\sigma \overline{\gtrless} R^{\frac{1}{n}}$ und $0 \overline{\gtrless} \psi \overline{\gtrless} \frac{\pi}{n}$; die Bilder derselben in der Ebene A fallen also sämmtlich in einen von $\psi = 0$ bis $\psi = \frac{\pi}{n}$ sich erstreckenden Sector eines um Θ' mit dem Radius $R^{\frac{1}{n}}$ beschriebenen Kreises, und zwar entspricht jedem Punkte von a_1 Ein zugleich mit demselben stetig fortrückender Punkt dieses Sectors und umgekehrt, woraus folgt, dass die Abbildung der Fläche a_1 eine zusammenhängende einfach über diesen Sector ausgebreitete Fläche ist. Auf ähnliche Art erhält man für die Fläche a'_1 als Abbildung einen von $\psi = \frac{\pi}{n}$ bis $\psi = \frac{2\pi}{n}$, für a_2 einen von $\psi = \frac{2\pi}{n}$ bis

$\psi = \frac{3\pi}{n}$, endlich für a'_n einen von $\psi = \frac{2n-1}{n}\pi$ bis $\psi = 2\pi$ sich erstreckenden Sector, wenn man φ für jeden Punkt dieser Flächen der Reihe nach zwischen π und 2π, 2π und $3\pi \ldots (2n-1)\pi$ und $2n\pi$ wählt, was immer und nur auf eine Weise möglich ist. Diese Sectoren schliessen sich aber in derselben Folge an einander, wie die Flächen a und a', und zwar so, dass den hier zusammenstossenden Punkten auch dort zusammenstossende Punkte entsprechen; sie können daher zu einer zusammenhängenden Abbildung eines den Punkt O' einschliessenden Stückes der Fläche T zusammengefügt werden, und diese Abbildung ist offenbar eine über die Ebene Λ einfach ausgebreitete Fläche.

Eine veränderliche Grösse, die für jeden Punkt O einen bestimmten Werth hat, hat dies auch für jeden Punkt Θ und umgekehrt, da jedem O nur ein Θ und jedem Θ nur ein O entspricht; ist sie ferner eine Function von z, so ist sie dies auch von ζ, indem, wenn $\frac{dw}{dz}$ von dz, auch $\frac{dw}{d\zeta}$ von $d\zeta$ unabhängig ist, und umgekehrt. Es ergiebt sich hieraus, dass auf alle Functionen w von z auch im Windungspunkte O' die Sätze der Art. 12 und 13 angewandt werden können, wenn man sie als Functionen von $(z-z')^{\frac{1}{n}}$ betrachtet. Dies liefert folgenden Satz:

Wenn eine Function w von z bei unendlicher Annäherung von O an einen Windungspunkt $(n-1)$ter Ordnung O' unendlich wird, so ist dieses unendlich Grosse nothwendig von gleicher Ordnung mit einer Potenz der Entfernung, deren Exponent ein Vielfaches von $\frac{1}{n}$ ist, und kann, wenn dieser Exponent $= -\frac{m}{n}$ ist, durch Hinzufügung eines Ausdrucks von der Form

$$\frac{a_1}{(z-z')^{\frac{1}{n}}} + \frac{a_2}{(z-z')^{\frac{2}{n}}} + \cdots + \frac{a_m}{(z-z')^{\frac{m}{n}}},$$

wo $a_1, a_2 \ldots a_m$ willkürliche complexe Grössen sind, in eine im Punkte O' stetige verwandelt werden.

Dieser Satz enthält als Corollar, dass die Function w im Punkte O' stetig ist, wenn $(z-z')^{\frac{1}{n}} w$ bei unendlicher Annäherung des Punktes O an O' unendlich klein wird.

15.

Denken wir uns jetzt eine Function von z, welche für jeden Punkt O der beliebig über A ausgebreiteten Fläche T einen bestimmten Werth hat und nicht überall constant ist, geometrisch dargestellt, so dass ihr Werth $w = u + vi$ im Punkte O durch einen Punkt Q der Ebene B vertreten wird, dessen rechtwinklige Coordinaten u, v sind, so ergiebt sich Folgendes:

I. Die Gesammtheit der Punkte Q kann betrachtet werden als eine Fläche S bildend, in welcher jedem Punkte Ein bestimmter mit ihm stetig in T fortrückender Punkt O entspricht.

Um dieses zu beweisen, ist offenbar nur der Nachweis erforderlich, dass die Lage des Punktes Q mit der des Punktes O sich allemal (und zwar, allgemein zu reden, stetig) ändert. Dieser ist in dem Satze enthalten:

Eine Function $w = u + vi$ von z kann nicht längs einer Linie constant sein, wenn sie nicht überall constant ist.

Beweis: Hätte w längs einer Linie einen constanten Werth $a + bi$ so wären $u - a$ und $\frac{\partial(u-a)}{\partial p}$, welches $= -\frac{\partial v}{\partial s}$, für diese Linie und

$$\frac{\partial^2(u-a)}{\partial x^2} + \frac{\partial^2(u-a)}{\partial y^2}$$

überall $= 0$; es müsste also nach Art. 11, I. $u - a$ und folglich, da

$$\frac{\partial u}{\partial x} = \frac{\partial v}{\partial y}, \quad \frac{\partial u}{\partial y} = -\frac{\partial v}{\partial x},$$

auch $v - b$ überall $= 0$ sein, gegen die Voraussetzung.

II. In Folge der in I. gemachten Voraussetzung kann zwischen den Theilen von S nicht ein Zusammenhang Statt finden ohne einen Zusammenhang der entsprechenden Theile von T; umgekehrt kann überall, wo in T Zusammenhang Statt findet und w stetig ist, der Fläche S ein entsprechender Zusammenhang beigelegt werden.

Dieses vorausgesetzt entspricht die Begrenzung von S einestheils der Begrenzung von T, anderntheils den Unstetigkeitsstellen; ihre inneren Theile aber sind, einzelne Punkte ausgenommen, überall schlicht über B ausgebreitet, d. h. es findet nirgends eine Spaltung in auf einander liegende Theile und nirgends eine Umfaltung Statt.

Ersteres könnte, da T überall einen entsprechenden Zusammenhang besitzt, offenbar nur eintreten, wenn in T eine Spaltung vorkäme — der Annahme zuwider —; Letzteres soll sogleich bewiesen werden.

Wir beweisen zuvörderst, dass ein Punkt Q', wo $\frac{dw}{dz}$ endlich ist, nicht in einer Falte der Fläche S liegen kann.

In der That, umgeben wir den Punkt O', welcher Q' entspricht, mit einem Stücke der Fläche T von beliebiger Gestalt und unbestimmten Dimensionen, so müssen (nach Art. 3) die Dimensionen desselben stets so klein angenommen werden können, dass die Gestalt des entsprechenden Theils von S beliebig wenig abweicht, und folglich so klein, dass die Begrenzung desselben aus der Ebene B ein Q' einschliessendes Stück ausscheidet. Dies aber ist unmöglich, wenn Q' in einer Falte der Fläche S liegt.

Nun kann $\frac{dw}{dz}$, als Function von z, nach I. nur in einzelnen Punkten $= 0$, und, da w in den in Betracht kommenden Punkten von T stetig ist, nur in den Windungspunkten dieser Fläche unendlich werden; folglich etc. w. z. b. w.

III. Die Fläche S ist folglich eine Fläche, für welche die im Art. 5 für T gemachten Voraussetzungen zutreffen; und in dieser Fläche hat für jeden Punkt Q die unbestimmte Grösse z Einen bestimmten Werth, welcher sich mit der Lage von Q stetig und so ändert, dass $\frac{dz}{dw}$ von der Richtung der Ortsänderung unabhängig ist. Es bildet daher in dem früher festgelegten Sinne z eine stetige Function der veränderlichen complexen Grösse w für das durch S dargestellte Grössengebiet.

Hieraus folgt ferner:

Sind O' und Q' zwei entsprechende innere Punkte der Flächen T und S und in denselben $z = z'$, $w = w'$, so nähert sich, wenn keiner von ihnen ein Windungspunkt ist, bei unendlicher Annäherung von O an O' $\frac{w - w'}{z - z'}$ einer endlichen Grenze, und die Abbildung ist daselbst eine in den kleinsten Theilen ähnliche; wenn aber Q' ein Windungspunkt $(n - 1)$ter, O' ein Windungspunkt $(m - 1)$ter Ordnung ist, so nähert sich $\frac{(w - w')^{\frac{1}{n}}}{(z - z')^{\frac{1}{m}}}$ bei unendlicher Annäherung von O an O' einer endlichen Grenze, und für die anstossenden Flächentheile findet eine Abbildungsart Statt, die sich leicht aus Art. 14 ergiebt.

* * *

16. (5)

Lehrsatz. Sind α und β zwei beliebige Functionen von x, y, für welche das Integral

$$\int\left[\left(\frac{\partial\alpha}{\partial x}-\frac{\partial\beta}{\partial y}\right)^2+\left(\frac{\partial\alpha}{\partial y}+\frac{\partial\beta}{\partial x}\right)^2\right]dT$$

durch alle Theile der beliebig über A ausgebreiteten Fläche T ausgedehnt einen endlichen Werth hat, so erhält das Integral bei Aenderung von α um stetige oder doch nur in einzelnen Punkten unstetige Functionen, die am Rande $=0$ sind, immer für eine dieser Functionen einen Minimumwerth und, wenn man durch Abänderung in einzelnen Punkten hebbare Unstetigkeiten ausschliesst, nur für Eine.

Wir bezeichnen durch λ eine unbestimmte stetige oder doch nur in einzelnen Punkten unstetige Function, welche am Rande $=0$ ist und für welche das Integral

$$L=\int\left(\left(\frac{\partial\lambda}{\partial x}\right)^2+\left(\frac{\partial\lambda}{\partial y}\right)^2\right)dT$$

über die ganze Fläche ausgedehnt einen endlichen Werth erhält, durch ω eine unbestimmte der Functionen $\alpha+\lambda$, endlich das über die ganze Fläche erstreckte Integral

$$\int\left[\left(\frac{\partial\omega}{\partial x}-\frac{\partial\beta}{\partial y}\right)^2+\left(\frac{\partial\omega}{\partial y}+\frac{\partial\beta}{\partial x}\right)^2\right]dT$$

durch Ω. Die Gesammtheit der Functionen λ bildet ein zusammenhängendes in sich abgeschlossenes Gebiet, indem jede dieser Functionen stetig in jede andere übergehen, sich aber nicht einer längs einer Linie unstetigen unendlich annähern kann, ohne dass L unendlich wird (Art. 17); für jedes λ erhält nun, $\omega=\alpha+\lambda$ gesetzt, Ω einen endlichen Werth, der mit L zugleich unendlich wird, sich mit der Gestalt von λ stetig ändert, aber nie unter Null herabsinken kann; folglich hat Ω wenigstens für Eine Gestalt der Function ω ein Minimum.

Um den zweiten Theil unseres Satzes zu beweisen, sei u eine der Functionen ω, welche Ω einen Minimumwerth ertheilt, h eine unbestimmte in der ganzen Fläche constante Grösse, so dass $u+h\lambda$ den der Function ω vorgeschriebenen Bedingungen genügt. Der Werth von Ω für $\omega=u+h\lambda$, welcher

$$\begin{aligned}
&=\int\left[\left(\frac{\partial u}{\partial x}-\frac{\partial\beta}{\partial y}\right)^2+\left(\frac{\partial u}{\partial y}+\frac{\partial\beta}{\partial x}\right)^2\right]dT\\
&+2h\int\left[\left(\frac{\partial u}{\partial x}-\frac{\partial\beta}{\partial y}\right)\frac{\partial\lambda}{\partial x}+\left(\frac{\partial u}{\partial y}+\frac{\partial\beta}{\partial x}\right)\frac{\partial\lambda}{\partial y}\right]dT\\
&+h^2\int\left(\left(\frac{\partial\lambda}{\partial x}\right)^2+\left(\frac{\partial\lambda}{\partial y}\right)^2\right)dT=M+2Nh+Lh^2 \quad \text{wird,}
\end{aligned}$$

muss alsdann für jedes λ (nach dem Begriffe des Minimums) grösser als M werden, sobald h nur hinreichend klein genommen ist. Dies erfordert aber, dass für jedes λ $N = 0$ sei; denn andernfalls würde

$$2Nh + Lh^2 = Lh^2\left(1 + \frac{2N}{Lh}\right)$$

negativ werden, wenn h dem N entgegengesetzt und abgesehen vom Zeichen $< \frac{2N}{L}$ angenommen würde. Der Werth von Ω für $\omega = u + \lambda$, in welcher Form offenbar alle möglichen Werthe von ω enthalten sind, wird daher $= M + L$, und folglich kann, da L wesentlich positiv ist, Ω für keine Gestalt der Function ω einen kleinern Werth erhalten, als für $\omega = u$.

Findet nun für eine andere u' der Functionen ω ein Minimumwerth M' von Ω Statt, so muss von diesem offenbar dasselbe gelten, man hat also $M' \overline{\gtrless} M$ und $M \overline{\gtrless} M'$, folglich $M = M'$. Bringt man aber u' auf die Form $u + \lambda'$, so erhält man für M' den Ausdruck $M + L'$, wenn L' den Werth von L für $\lambda = \lambda'$ bezeichnet, und die Gleichung $M = M'$ giebt $L' = 0$. Dies ist nur möglich, wenn in allen Flächentheilen

$$\frac{\partial \lambda'}{\partial x} = 0, \quad \frac{\partial \lambda'}{\partial y} = 0$$

ist, und es hat daher, so weit λ' stetig ist, diese Function nothwendig einen constanten und folglich, da sie am Rande $= 0$ und nicht längs einer Linie unstetig ist, höchstens in einzelnen Punkten einen von Null verschiedenen Werth. Zwei der Functionen ω, welche Ω einen Minimumwerth ertheilen, können also nur in einzelnen Punkten von einander verschieden sein, und wenn in der Function u alle durch Abänderung in einzelnen Punkten hebbaren Unstetigkeiten beseitigt werden, ist diese vollkommen bestimmt.

17.

Es soll jetzt der Beweis nachgeliefert werden, dass λ unbeschadet der Endlichkeit von L sich nicht einer längs einer Linie unstetigen Function γ unendlich annähern könne, d. h. wird die Function λ der Bedingung unterworfen, ausserhalb eines die Unstetigkeitslinie einschliessenden Flächentheils T' mit γ übereinzustimmen, so kann T' stets so klein angenommen werden, dass L grösser als eine beliebig gegebene Grösse C werden muss.

Wir bezeichnen, s und p in Bezug auf die Unstetigkeitslinie in der gewohnten Bedeutung genommen, für ein unbestimmtes s die Krümmung, eine auf der Seite der positiven p convexe als positiv betrachtet, durch $\varkappa$, den Werth von p an der Grenze von T' auf der positiven Seite durch p_1, auf der negativen Seite durch p_2 und die entsprechenden Werthe von γ durch γ_1 und γ_2. Betrachten wir nun irgend einen stetig gekrümmten Theil dieser Linie, so liefert der zwischen den Normalen in den Endpunkten enthaltene Theil von T', wenn er sich nicht bis zu den Krümmungsmittelpunkten erstreckt, zu L den Beitrag

$$\int ds \int_{p_2}^{p_1} dp(1-\varkappa p)\left[\left(\frac{\partial\lambda}{\partial p}\right)^2+\left(\frac{\partial\lambda}{\partial s}\right)^2\frac{1}{(1-\varkappa p)^2}\right];$$

der kleinste Werth des Ausdrucks

$$\int_{p_2}^{p_1}\left(\frac{\partial\lambda}{\partial p}\right)^2(1-\varkappa p)\,dp$$

bei den festen Grenzwerthen γ_1 und γ_2 von λ findet sich aber nach bekannten Regeln

$$=\frac{(\gamma_1-\gamma_2)^2\varkappa}{\log(1-\varkappa p_2)-\log(1-\varkappa p_1)},$$

und folglich wird jener Beitrag nothwendig, wie auch λ innerhalb T' angenommen werden möge,

$$>\int\frac{(\gamma_1-\gamma_2)^2\varkappa\,ds}{\log(1-\varkappa p_2)-\log(1-\varkappa p_1)}.$$

Die Function γ wäre für $p=0$ stetig, wenn der grösste Werth, den $(\gamma_1-\gamma_2)^2$ für $\pi_1>p_1>0$ und $\pi_2<p_2<0$ erhalten kann, mit $\pi_1-\pi_2$ unendlich klein würde; wir können folglich für jeden Werth von s eine endliche Grösse m so annehmen, dass, wie klein auch $\pi_1-\pi_2$ angenommen werden möge, stets innerhalb der durch $\pi_1>p_1\geqq 0$ und $\pi_2<p_2\leqq 0$ (wo die Gleichheiten sich gegenseitig ausschliessen) ausgedrückten Grenzen Werthe von p_1 und p_2 enthalten sind, für welche $(\gamma_1-\gamma_2)^2>m$ wird. Nehmen wir ferner unter den früheren Beschränkungen eine Gestalt von T' beliebig an, indem wir p_1 und p_2 bestimmte Werthe P_1 und P_2 beilegen, und bezeichnen den Werth des durch den in Betracht gezogenen Theil der Unstetigkeitslinie ausgedehnten Integrals

$$\int\frac{m\varkappa\,ds}{\log(1-\varkappa P_2)-\log(1-\varkappa P_1)}$$

durch a, so können wir offenbar

$$\int\frac{(\gamma_1-\gamma_2)^2\varkappa\,ds}{\log(1-\varkappa p_2)-\log(1-\varkappa p_1)}>C$$

machen, indem wir p_1 und p_2 für jeden Werth von s so annehmen, dass den Ungleichheiten

$$p_1 < \frac{1-(1-\varkappa P_1)^{\frac{a}{C}}}{\varkappa}, \quad p_2 > \frac{1-(1-\varkappa P_2)^{\frac{a}{C}}}{\varkappa} \text{ und } (\gamma_1 - \gamma_2)^2 > m$$

genügt wird. Dies aber hat zur Folge, dass, wie auch λ innerhalb T' angenommen werden möge, der aus dem in Betracht gezogenen Stücke von T' stammende Theil von L und folglich um so mehr L selbst $> C$ wird, w. z. b. w. (6)

18.

Nach Art. 16 haben wir für die dort festgelegte Function u und für irgend eine der Functionen λ

$$N = \int \left[\left(\frac{\partial u}{\partial x} - \frac{\partial \beta}{\partial y}\right)\frac{\partial \lambda}{\partial x} + \left(\frac{\partial u}{\partial y} + \frac{\partial \beta}{\partial x}\right)\frac{\partial \lambda}{\partial y}\right] dT,$$

durch die ganze Fläche T ausgedehnt, $= 0$. Aus dieser Gleichung sollen jetzt weitere Schlüsse gezogen werden.

Scheidet man aus der Fläche T ein die Unstetigkeitsstellen von u, β, λ einschliessendes Stück T' aus, so findet sich der von dem übrigen Stücke T'' herrührende Theil von N mit Hülfe der Art. 7, 8, wenn man $\left(\frac{\partial u}{\partial x} - \frac{\partial \beta}{\partial y}\right)\lambda$ für X und $\left(\frac{\partial u}{\partial y} + \frac{\partial \beta}{\partial x}\right)\lambda$ für Y setzt,

$$= -\int \lambda \left(\frac{\partial^2 u}{\partial x^2} + \frac{\partial^2 u}{\partial y^2}\right) dT - \int \left(\frac{\partial u}{\partial p} + \frac{\partial \beta}{\partial s}\right) \lambda\, ds.$$

In Folge der der Function λ auferlegten Grenzbedingung wird der auf das mit T gemeinschaftliche Begrenzungsstück von T'' bezügliche Theil von

$$\int \left(\frac{\partial u}{\partial p} + \frac{\partial \beta}{\partial s}\right) \lambda\, ds$$

gleich 0, so dass N betrachtet werden kann als zusammengesetzt aus dem Integral

$$-\int \lambda \left(\frac{\partial^2 u}{\partial x^2} + \frac{\partial^2 u}{\partial y^2}\right) dT$$

in Bezug auf T'' und

$$\int \left[\left(\frac{\partial u}{\partial x} - \frac{\partial \beta}{\partial y}\right)\frac{\partial \lambda}{\partial x} + \left(\frac{\partial u}{\partial y} + \frac{\partial \beta}{\partial x}\right)\frac{\partial \lambda}{\partial y}\right] dT + \int \left(\frac{\partial u}{\partial p} + \frac{\partial \beta}{\partial s}\right) \lambda\, ds$$

in Bezug auf T'.

Offenbar würde nun, wenn $\frac{\partial^2 u}{\partial x^2} + \frac{\partial^2 u}{\partial y^2}$ in irgend einem Theile der Fläche T von 0 verschieden wäre, N ebenfalls einen von 0 verschiedenen Werth erhalten, sobald man λ, was frei steht, innerhalb T' gleich 0 und innerhalb T'' so wählte, dass $\lambda \left(\frac{\partial^2 u}{\partial x^2} + \frac{\partial^2 u}{\partial y^2}\right)$ überall dasselbe Zeichen hätte. Ist aber $\frac{\partial^2 u}{\partial x^2} + \frac{\partial^2 u}{\partial y^2}$ in allen Theilen von $T = 0$, so verschwindet der von T'' herrührende Bestandtheil von N für jedes λ, und die Bedingung $N = 0$ ergiebt dann, dass die auf die Unstetigkeitsstellen bezüglichen Bestandtheile $= 0$ werden.

Für die Functionen $\frac{\partial u}{\partial x} - \frac{\partial \beta}{\partial y}$, $\frac{\partial u}{\partial y} + \frac{\partial \beta}{\partial x}$ haben wir daher, wenn wir erstere $= X$ und letztere $= Y$ setzen, nicht bloss allgemein zu reden die Gleichung

$$\frac{\partial X}{\partial x} + \frac{\partial Y}{\partial y} = 0,$$

sondern es wird auch durch die ganze Begrenzung irgend eines Theils von T erstreckt

$$\int \left(X \frac{\partial x}{\partial p} + Y \frac{\partial y}{\partial p} \right) ds = 0,$$

in so fern dieser Ausdruck überhaupt einen bestimmten Werth hat.

Zerlegen wir also (nach Art. 9, V) die Fläche T, wenn sie einen mehrfachen Zusammenhang besitzt, durch Querschnitte in eine einfach zusammenhängende T^*, so hat das Integral

$$-\int_{O_0}^{O} \left(\frac{\partial u}{\partial p} + \frac{\partial \beta}{\partial s} \right) ds$$

für jede im Innern von T^* von O_0 nach O gehende Linie denselben Werth und bildet, O_0 als fest gedacht, eine Function von x, y, welche in T^* überall eine stetige und längs eines Querschnitts beiderseits eine gleiche Aenderung erleidet. Diese Function ν zu β hinzugefügt, liefert uns eine Function $v = \beta + \nu$, von welcher der Differentialquotient $\frac{\partial v}{\partial x} = -\frac{\partial u}{\partial y}$ und $\frac{\partial v}{\partial y} = \frac{\partial u}{\partial x}$ ist.

Wir haben daher folgenden

Lehrsatz. Ist in einer zusammenhängenden, durch Querschnitte in eine einfach zusammenhängende T^* zerlegten Fläche T eine complexe Function $\alpha + \beta i$ von x, y gegeben, für welche

$$\int \left[\left(\frac{\partial \alpha}{\partial x} - \frac{\partial \beta}{\partial y} \right)^2 + \left(\frac{\partial \alpha}{\partial y} + \frac{\partial \beta}{\partial x} \right)^2 \right] dT$$

durch die ganze Fläche ausgedehnt einen endlichen Werth hat, so kann sie immer und nur auf Eine Art in eine Function von z verwandelt werden durch Hinzufügung einer Function $\mu + \nu i$ von x, y, welche folgenden Bedingungen genügt:

1) μ ist am Rande $= 0$ oder doch nur in einzelnen Punkten davon verschieden, ν in einem Punkte beliebig gegeben,

2) die Aenderungen von μ sind in T, von ν in T^* nur in einzelnen Punkten und nur so unstetig, dass

$$\int\left[\left(\frac{\partial\mu}{\partial x}\right)^2+\left(\frac{\partial\mu}{\partial y}\right)^2\right]dT \text{ und} \int\left[\left(\frac{\partial\nu}{\partial x}\right)^2+\left(\frac{\partial\nu}{\partial y}\right)^2\right]dT$$

durch die ganze Fläche erstreckt endlich bleiben, und letztere längs der Querschnitte beiderseits gleich.

Die Zulänglichkeit der Bedingungen zur Bestimmung von $\mu + \nu i$ folgt daraus, dass μ, durch welches ν bis auf eine additive Constante bestimmt ist, stets zugleich ein Minimum des Integrals Ω liefert, da, $u = \alpha + \mu$ gesetzt, offenbar für jedes λ $N = 0$ wird; eine Eigenschaft, die nach Art. 16 nur Einer Function zukommen kann.

19.

Die Principien, welche dem Lehrsatze am Schlusse des vorigen Art. zu Grunde liegen, eröffnen den Weg, bestimmte Functionen einer veränderlichen complexen Grösse (unabhängig von einem Ausdrucke für dieselben) zu untersuchen.

Zur Orientirung auf diesem Felde wird ein Ueberschlag über den Umfang der zur Bestimmung einer solchen Function innerhalb eines gegebenen Grössengebiets erforderlichen Bedingungen dienen.

Halten wir uns zunächt an einen bestimmten Fall, so kann, wenn die über A ausgebreitete Fläche, durch welche dies Grössengebiet dargestellt wird, eine einfach zusammenhängende ist, die Function $w = u + vi$ von z folgenden Bedingungen gemäss bestimmt werden:

1) für u ist in allen Begrenzungspunkten ein Werth gegeben, der sich für eine unendlich kleine Ortsänderung um eine unendlich kleine Grösse von derselben Ordnung, übrigens aber beliebig ändert*);

2) der Werth von v ist in irgend einem Punkte beliebig gegeben;

3) die Function soll in allen Punkten endlich und stetig sein.

Durch diese Bedingungen aber ist sie vollkommen bestimmt.

In der That folgt dies aus dem Lehrsatze des vorigen Art., wenn man, was immer möglich sein wird, $\alpha + \beta i$ so bestimmt, dass α am Rande dem gegebenen Werth gleich und in der ganzen Fläche für jede unendlich kleine Ortsänderung die Aenderung von $\alpha + \beta i$ unendlich klein von derselben Ordnung ist.

---

*) An sich sind die Aenderungen dieses Werthes nur der Beschränkung unterworfen, nicht längs eines Theils der Begrenzung unstetig zu sein; eine weitere Beschränkung ist nur gemacht, um hier unnöthige Weitläufigkeiten zu vermeiden.

3*

Es kann also, allgemein zu reden, u am Rande als eine ganz willkürliche Function von s gegeben werden, und dadurch ist v überall mit bestimmt; umgekehrt kann aber auch v in jedem Begrenzungspunkte beliebig angenommen werden, woraus dann der Werth von u folgt. Der Spielraum für die Wahl der Werthe von w am Rande umfasst daher eine Mannigfaltigkeit von Einer Dimension für jeden Begrenzungspunkt, und die vollständige Bestimmung derselben erfordert für jeden Begrenzungspunkt Eine Gleichung, wobei es indess nicht wesentlich sein wird, dass jede dieser Gleichungen sich auf den Werth Eines Gliedes in Einem Begrenzungspunkte allein bezieht. Es wird diese Bestimmung auch so geschehen können, dass für jeden Begrenzungspunkt Eine mit der Lage dieses Punktes ihre Form stetig ändernde, beide Glieder enthaltende Gleichung gegeben ist, oder für mehrere Theile der Begrenzung gleichzeitig so, dass jedem Punkte eines dieser Theile $n-1$ bestimmte Punkte, aus jedem der übrigen Theile einer, zugesellt und für je n solcher Punkte gemeinschaftlich n mit ihrer Lage stetig veränderliche Gleichungen gegeben sind. Diese Bedingungen, deren Gesammtheit eine stetige Mannigfaltigkeit bildet und welche durch Gleichungen zwischen willkürlichen Functionen ausgedrückt werden, werden aber, um für die Bestimmung einer im Innern des Grössengebiets überall stetigen Function zulässig und hinreichend zu sein, allgemein zu reden, noch einer Beschränkung oder Ergänzung durch einzelne Bedingungsgleichungen — Gleichungen für willkürliche Constanten — bedürfen, indem bis auf diese sich die Genauigkeit unserer Schätzung offenbar nicht erstreckt.

Für den Fall, wo das Gebiet der Veränderlichkeit der Grösse z durch eine mehrfach zusammenhängende Fläche dargestellt wird, erleiden diese Betrachtungen keine wesentliche Abänderung, indem die Anwendung des Lehrsatzes in Art. 18 eine bis auf die Aenderungen beim Ueberschreiten der Querschnitte ebenso wie vorhin beschaffene Function liefert — Aenderungen, welche $= 0$ gemacht werden können, wenn die Grenzbedingungen eine der Anzahl der Querschnitte gleiche Anzahl verfügbarer Constanten enthalten.

Der Fall, wo im Innern längs einer Linie auf Stetigkeit verzichtet wird, ordnet sich dem vorigen unter, wenn man diese Linie als einen Schnitt der Fläche betrachtet.

Wenn endlich in einem einzelnen Punkte eine Verletzung der Stetigkeit, also nach Art. 12 ein Unendlichwerden der Function, zugelassen wird, so kann unter Beibehaltung der sonstigen in unserm Anfangsfalle gemachten Voraussetzungen für diesen Punkt eine Function von z, nach deren Subtraction die zu bestimmende Function stetig werden soll, beliebig gegeben werden; dadurch aber ist sie völlig bestimmt. Denn nimmt man die Grösse $\alpha + \beta i$ in einem beliebig kleinen um den Unstetigkeitspunkt beschriebenen Kreise gleich dieser gegebenen Function, übrigens aber den früheren Vorschriften gemäss an, so wird das Integral

$$\int \left(\left(\frac{\partial \alpha}{\partial x} - \frac{\partial \beta}{\partial y}\right)^2 + \left(\frac{\partial \alpha}{\partial y} + \frac{\partial \beta}{\partial x}\right)^2\right) dT$$

über diesen Kreis erstreckt $= 0$, über den übrigen Theil erstreckt einer endlichen Grösse gleich, und man kann also den Lehrsatz des vorigen Art. anwenden, wodurch man eine Function mit den verlangten Eigenschaften erhält. Hieraus kann man mit Hülfe des Lehrsatzes im Art. 13 folgern, dass im Allgemeinen, wenn in einem einzelnen Unstetigkeitspunkte die Function unendlich gross von der Ordnung n werden darf, eine Anzahl von $2n$ Constanten verfügbar wird.

Geometrisch dargestellt liefert (nach Art. 15) eine Function w einer innerhalb eines gegebenen Grössengebiets von zwei Dimensionen veränderlichen complexen Grösse z von einer gegebenen A bedeckenden Fläche T ein ihr in den kleinsten Theilen, einzelne Punkte ausgenommen, ähnliches, B bedeckendes Abbild S. Die Bedingungen, welche so eben zur Bestimmung der Function hinreichend und nothwendig befunden worden sind, beziehen sich auf ihren Werth entweder in Begrenzungs- oder in Unstetigkeitspunkten; sie erscheinen also (Art. 15) sämmtlich als Bedingungen für die Lage der Begrenzung von S, und zwar geben sie für jeden Begrenzungspunkt Eine Bedingungsgleichung. Bezieht sich jede derselben nur auf Einen Begrenzungspunkt, so werden sie durch eine Schaar von Curven repräsentirt, von denen für jeden Begrenzungspunkt Eine den geometrischen Ort bildet. Werden zwei mit einander stetig fortrückende Begrenzungspunkte gemeinschaftlich zwei Bedingungsgleichungen unterworfen, so entsteht dadurch zwischen zwei Begrenzungstheilen eine solche Abhängigkeit, dass, wenn die Lage des einen willkürlich angenommen wird, die Lage des andern daraus folgt. Aehnlicher Weise ergiebt sich für andere Formen der Bedingungsgleichungen eine geometrische Bedeutung, was wir indess nicht weiter verfolgen wollen.

20.

Die Einführung der complexen Grössen in die Mathematik hat ihren Ursprung und nächsten Zweck in der Theorie einfacher*) durch

*) Wir betrachten hier als Elementaroperationen Addition und Subtraction, Multiplication und Division, Integration und Differentiation, und ein Abhängigkeits-

Grössenoperationen ausgedrückter Abhängigkeitsgesetze zwischen veränderlichen Grössen. Wendet man nämlich diese Abhängigkeitsgesetze in einem erweiterten Umfange an, indem man den veränderlichen Grössen, auf welche sie sich beziehen, complexe Werthe giebt, so tritt eine sonst versteckt bleibende Harmonie und Regelmässigkeit hervor. Die Fälle, in denen dies geschehen ist, umfassen zwar bis jetzt erst ein kleines Gebiet — sie lassen sich fast sämmtlich auf diejenigen Abhängigkeitsgesetze zwischen zwei veränderlichen Grössen zurückführen, wo die eine entweder eine algebraische*) Function der andern ist oder eine solche Function, deren Differentialquotient eine algebraische Function ist —, aber beinahe jeder Schritt, der hier gethan ist, hat nicht bloss den ohne Hülfe der complexen Grössen gewonnenen Resultaten eine einfachere, geschlossenere Gestalt gegeben, sondern auch zu neuen Entdeckungen die Bahn gebrochen, wozu die Geschichte der Untersuchungen über algebraische Functionen, Kreis- oder Exponentialfunctionen, elliptische und Abel'sche Functionen den Beleg liefert.

Es soll kurz angedeutet werden, was durch unsere Untersuchung für die Theorie solcher Functionen gewonnen ist.

Die bisherigen Methoden, diese Functionen zu behandeln, legten stets als Definition einen Ausdruck der Function zu Grunde, wodurch ihr Werth für jeden Werth ihres Arguments gegeben wurde; durch unsere Untersuchung ist gezeigt, dass, in Folge des allgemeinen Charakters einer Function einer veränderlichen complexen Grösse, in einer Definition dieser Art ein Theil der Bestimmungsstücke eine Folge der übrigen ist, und zwar ist der Umfang der Bestimmungsstücke auf die zur Bestimmung nothwendigen zurückgeführt worden. Dies vereinfacht die Behandlung derselben wesentlich. Um z. B. die Gleichheit zweier Ausdrücke derselben Function zu beweisen, musste man sonst den einen in den andern transformiren, d. h. zeigen, dass beide für jeden Werth der veränderlichen Grösse übereinstimmten; jetzt genügt der Nachweis ihrer Uebereinstimmung in einem weit geringern Umfange.

Eine Theorie dieser Functionen auf den hier gelieferten Grundlagen würde die Gestaltung der Function (d. h. ihren Werth für jeden Werth ihres Arguments) unabhängig von einer Bestimmungsweise derselben durch Grössenoperationen festlegen, indem zu dem allgemeinen Begriffe einer Function einer veränderlichen complexen Grösse nur die

---

gesetz als desto einfacher, durch je weniger Elementaroperationen die Abhängigkeit bedingt wird. In der That lassen sich durch eine endliche Anzahl dieser Operationen alle bis jetzt in der Analysis benutzten Functionen definiren.

*) D. h. wo zwischen beiden eine algebraische Gleichung Statt findet.

zur Bestimmung der Function nothwendigen Merkmale hinzugefügt würden, und dann erst zu den verschiedenen Ausdrücken deren die Function fähig ist übergehen. Der gemeinsame Charakter einer Gattung von Functionen, welche auf ähnliche Art durch Grössenoperationen ausgedrückt werden, stellt sich dann dar in der Form der ihnen auferlegten Grenz- und Unstetigkeitsbedingungen. Wird z. B. das Gebiet der Veränderlichkeit der Grösse z über die ganze unendliche Ebene A einfach oder mehrfach erstreckt, und innerhalb derselben der Function nur in einzelnen Punkten eine Unstetigkeit, und zwar nur ein Unendlichwerden, dessen Ordnung endlich ist, gestattet (wobei für ein unendliches z diese Grösse selbst, für jeden endlichen Werth z' derselben aber $\frac{1}{z-z'}$ als ein unendlich Grosses erster Ordnung gilt), so ist die Function nothwendig algebraisch, und umgekehrt erfüllt diese Bedingung jede algebraische Function.

Die Ausführung dieser Theorie, welche, wie bemerkt, einfache durch Grössenoperationen bedingte Abhängigkeitsgesetze ins Licht zu setzen bestimmt ist, unterlassen wir indess jetzt, da wir die Betrachtung des Ausdruckes einer Function gegenwärtig ausschliessen.

Aus demselben Grunde befassen wir uns hier auch nicht damit, die Brauchbarkeit unserer Sätze als Grundlagen einer **allgemeinen** Theorie dieser Abhängigkeitsgesetze darzuthun, wozu der Beweis erfordert wird, dass der hier zu Grunde gelegte Begriff einer Function einer veränderlichen complexen Grösse mit dem einer durch Grössenoperationen ausdrückbaren Abhängigkeit*) völlig zusammenfällt. (7)

21.

Es wird jedoch zur Erläuterung unserer allgemeinen Sätze ein ausgeführtes Beispiel ihrer Anwendung von Nutzen sein.

Die im vorigen Artikel bezeichnete Anwendung derselben ist, obwohl die bei ihrer Aufstellung zunächst beabsichtigte, doch nur eine specielle. Denn wenn die Abhängigkeit durch eine endliche Anzahl der dort als Elementaroperationen betrachteten Grössenoperationen bedingt ist, so enthält die Function nur eine endliche Anzahl von Parametern, was für die Form eines Systems von einander unabhängiger Grenz- und Unstetigkeitsbedingungen, die zu ihrer Bestimmung hin-

---

*) Es wird darunter jede durch eine endliche oder unendliche Anzahl der vier einfachsten Rechnungsoperationen, Addition und Subtraction, Multiplication und Division, ausdrückbare Abhängigkeit begriffen. Der Ausdruck Grössenoperationen soll (im Gegensatze zu Zahlenoperationen) solche Rechnungsoperationen andeuten, bei denen die Commensurabilität der Grössen nicht in Betracht kommt.

reichen, den Erfolg hat, dass unter ihnen längs einer Linie in jedem Punkte willkürlich zu bestimmende Bedingungen gar nicht vorkommen können. Für unsern jetzigen Zweck schien es daher geeigneter, nicht ein dorther entnommenes Beispiel zu wählen, sondern vielmehr ein solches, wo die Function der complexen Veränderlichen von einer willkürlichen Function abhängt.

Zur Veranschaulichung und bequemeren Fassung geben wir demselben die am Schlusse des Art. 19 gebrauchte geometrische Einkleidung. Es erscheint dann als eine Untersuchung über die Möglichkeit, von einer gegebenen Fläche ein zusammenhängendes in den kleinsten Theilen ähnliches Abbild zu liefern, dessen Gestalt gegeben ist, wo also in obiger Form ausgedrückt, für jeden Begrenzungspunkt des Abbildes eine Ortscurve, und zwar für alle dieselbe, ausserdem aber (Art. 5) der Sinn der Begrenzung und die Windungspunkte desselben gegeben sind. Wir beschränken uns auf die Lösung dieser Aufgabe in dem Falle, wo jedem Punkte der einen Fläche nur Ein Punkt der andern entsprechen soll und die Flächen einfach zusammenhängend sind, für welchen Fall sie in folgendem Lehrsatz enthalten ist.

Zwei gegebene einfach zusammenhängende ebene Flächen können stets so auf einander bezogen werden, dass jedem Punkte der einen Ein mit ihm stetig fortrückender Punkt der andern entspricht und ihre entsprechenden kleinsten Theile ähnlich sind; und zwar kann zu Einem innern Punkte und zu Einem Begrenzungspunkte der entsprechende beliebig gegeben werden; dadurch aber ist für alle Punkte die Beziehung bestimmt.

Wenn zwei Flächen T und R auf eine dritte S so bezogen sind, dass zwischen den entsprechenden kleinsten Theilen Aehnlichkeit Statt findet, so ergiebt sich daraus eine Beziehung zwischen den Flächen T und R, von welcher offenbar dasselbe gilt. Die Aufgabe, zwei beliebige Flächen auf einander so zu beziehen, dass Aehnlichkeit in den kleinsten Theilen Statt findet, ist dadurch auf die zurückgeführt, jede beliebige Fläche durch Eine bestimmte in den kleinsten Theilen ähnlich abzubilden. Wir haben hiernach, wenn wir in der Ebene B um den Punkt, wo $w = 0$ ist, mit dem Radius 1 einen Kreis K beschreiben, um unsern Lehrsatz darzuthun, nur nöthig zu beweisen: Eine beliebige einfach zusammenhängende A bedeckende Fläche T kann durch den Kreis K stets zusammenhängend und in den kleinsten Theilen ähnlich abgebildet werden und zwar nur auf Eine Art so, dass dem Mittelpunkte ein beliebig gegebener innerer Punkt O_0 und einem beliebig gegebenen Punkte der Peripherie ein beliebig gegebener Begrenzungspunkt O' der Fläche T entspricht.

Wir bezeichnen die bestimmten Bedeutungen von z, Q für die Punkte O_0, O' durch entsprechende Indices und beschreiben in T um O_0 als Mittelpunkt einen beliebigen Kreis Θ, welcher sich nicht bis zur Begrenzung von T erstreckt und keinen Windungspunkt enthält. Führen wir Polarcoordinaten ein, indem wir $z - z_0 = re^{\varphi i}$ setzen, so wird die Function $\log(z - z_0) = \log r + \varphi i$. Der reelle Werth ändert sich daher im ganzen Kreise mit Ausnahme des Punktes O_0, wo er unendlich wird, stetig. Der imaginäre aber erhält, wenn überall unter den möglichen Werthen von φ der kleinste positive gewählt wird, längs des Radius, wo $z - z_0$ reelle positive Werthe annimmt, auf der einen Seite den Werth 0, auf der andern den Werth 2π, ändert sich aber dann in allen übrigen Punkten stetig. Offenbar kann dieser Radius durch eine ganz beliebige vom Mittelpunkte nach der Peripherie gezogene Linie l ersetzt werden, so dass die Function $\log(z - z_0)$ beim Uebertritt des Punktes O von der negativen (d. h. wo nach Art. 8 p negativ wird) auf die positive Seite dieser Linie eine plötzliche Verminderung um $2\pi i$ erleidet, übrigens aber sich mit dessen Lage im ganzen Kreise Θ stetig ändert. Nehmen wir nun die complexe Function $\alpha + \beta i$ von x, y im Kreise $\Theta = \log(z - z_0)$, ausserhalb desselben aber, indem wir l beliebig bis an den Rand verlängern, so an, dass sie

1) an der Peripherie von $\Theta = \log(z - z_0)$, am Rande von T bloss imaginär wird,
2) beim Uebertritt von der negativen auf die positive Seite der Linie l sich um $-2\pi i$, sonst aber bei jeder unendlich kleinen Ortsänderung um eine unendlich kleine Grösse von derselben Ordnung ändert,

was immer möglich sein wird, so erhält das Integral

$$\int\left(\left(\frac{\partial\alpha}{\partial x} - \frac{\partial\beta}{\partial y}\right)^2 + \left(\frac{\partial\alpha}{\partial y} + \frac{\partial\beta}{\partial x}\right)^2\right)dT,$$

über Θ ausgedehnt den Werth Null, über den ganzen übrigen Theil erstreckt einen endlichen Werth, und es kann daher $\alpha + \beta i$ durch Hinzufügung einer bis auf einen bloss imaginären constanten Rest bestimmten stetigen Function von x, y, welche am Rande bloss imaginär ist, in eine Function $t = m + ni$ von z verwandelt werden. Der reelle Theil m dieser Function wird am Rande $= 0$, im Punkte $O_0 = -\infty$ und ändert sich im ganzen übrigen T stetig. Für jeden zwischen 0 und $-\infty$ liegenden Werth a von m zerfällt daher T durch eine Linie, wo $m = a$ ist, in Theile, wo $m < a$ ist und die O_0 im Innern enthalten, einerseits und andererseits in Theile, wo $m > a$ ist und deren

Begrenzung theils durch den Rand von T, theils durch Linien, wo $m = a$ ist, gebildet wird. Die Ordnung des Zusammenhangs der Fläche T wird durch diese Zerfällung entweder nicht geändert oder erniedrigt, die Fläche zerfällt daher, da diese Ordnung $= -1$ ist, entweder in zwei Stücke von der Ordnung des Zusammenhangs 0 und -1, oder in mehr als zwei Stücke. Letzteres aber ist unmöglich, weil dann wenigstens in Einem dieser Stücke m überall endlich und stetig und in allen Theilen der Begrenzung constant sein müsste, folglich entweder in einem Flächentheil einen constanten Werth, oder irgendwo — in einem Punkte oder längs einer Linie — einen Maximum- oder Minimumwerth haben müsste, gegen Art. 11, III. Die Punkte, wo m constant ist, bilden also in sich zurücklaufende allenthalben einfache Linien, welche ein den Punkt O_0 einschliessendes Stück begrenzen, und zwar nimmt m nach Innen zu nothwendig ab, woraus folgt, dass bei einem positiven Umlaufe (wo nach Art. 8 s wächst) n soweit es stetig ist, stets zunimmt, und also, da es nur beim Uebertritt von der negativen auf die positive Seite der Linie l eine plötzliche Aenderung um -2π*) erleidet, jedem Werth zwischen 0 und 2π Einmal von einem Vielfachen von 2π abgesehen gleich wird. Setzen wir nun $e^t = w$, so werden e^m und n Polarcoordinaten des Punktes Q in Bezug auf den Mittelpunkt des Kreises K. Die Gesammtheit der Punkte Q bildet dann offenbar eine über K allenthalben einfach ausgebreitete Fläche S; der Punkt Q_0 derselben fällt auf den Mittelpunkt des Kreises; der Punkt Q' aber kann vermittelst der in n noch verfügbaren Constante auf einen beliebig gegebenen Punkt der Peripherie gerückt werden, w. z. b. w.

In dem Falle, wo der Punkt O_0 ein Windungspunkt $(n-1)$ter Ordnung ist, gelangt man, wenn nur $\log(z - z_0)$ durch $\frac{1}{n}\log(z - z_0)$ ersetzt wird, durch ganz ähnliche Schlüsse zum Ziele, deren weitere Ausführung man indess aus Art. 14 leicht ergänzen wird.

22.

Die vollständige Durchführung der Untersuchung des vorigen Artikels für den allgemeinern Fall, wo Einem Punkte der einen Fläche

*) Da die Linie l von einem im Innern des Stücks gelegenen Punkte bis zu einem äussern führt, so muss sie, wenn sie dessen Begrenzung mehrmals schneidet, Einmal mehr von Innen nach Aussen, als von Aussen nach Innen gehen, und die Summe der plötzlichen Aenderungen von n während eines positiven Umlaufs ist daher stets $= -2\pi$.

mehrere Punkte der andern entsprechen sollen, und ein einfacher Zusammenhang für dieselben nicht vorausgesetzt wird, unterlassen wir hier, zumal da, aus geometrischem Gesichtspunkte aufgefasst, unsere ganze Untersuchung sich in einer allgemeinern Gestalt hätte führen lassen. Die Beschränkung auf ebene, einzelne Punkte ausgenommen, schlichte Flächen, ist nämlich für dieselbe nicht wesentlich; vielmehr gestattet die Aufgabe, eine beliebig gegebene Fläche auf einer andern beliebig gegebenen in den kleinsten Theilen ähnlich abzubilden, eine ganz ähnliche Behandlung. Wir begnügen uns, hierüber auf zwei Gauss'sche Abhandlungen, die zu Art. 3 citirte und die disquis. gen. circa superf. art. 13, zu verweisen.

Inhalt.*)

*) Diese Inhaltsübersicht rührt fast vollständig von Riemann her.

Anmerkungen.

(1) (zu Seite 3.) In Riemann's Papieren findet sich der folgende an diese Stelle gehörige Zusatz:

„Unter dem Ausdruck: die Grösse w ändert sich stetig mit z zwischen den Grenzen $z = a$ und $z = b$ verstehen wir: in diesem Intervall entspricht jeder unendlich kleinen Aenderung von z eine unendlich kleine Aenderung von w oder, greiflicher ausgedrückt: für eine beliebig gegebene Grösse ε lässt sich stets die Grösse α so annehmen, dass innerhalb eines Intervalls für z, welches kleiner als α ist, der Unterschied zweier Werthe von w nie grösser als ε ist. Die Stetigkeit einer Function führt hiernach, auch wenn dies nicht besonders hervorgehoben ist, ihre beständige Endlichkeit mit sich."

(2) (zu Seite 8.) Wenn hier nicht ein Versehen vorliegt, so ist der Ausdruck „von der Linken zur Rechten" in einer der gewöhnlichen entgegengesetzten Bedeutung gebraucht, wonach der Sinn des Umkreisens vom Standpunkt eines im Mittelpunkt aufgestellten den kreisenden Punkt mit den Augen verfolgenden Beobachters beurtheilt wird.

(3) (zu Seite 18.) Zur Erläuterung dieser im Ausdruck etwas dunkeln Stelle kann folgendes Beispiel dienen:

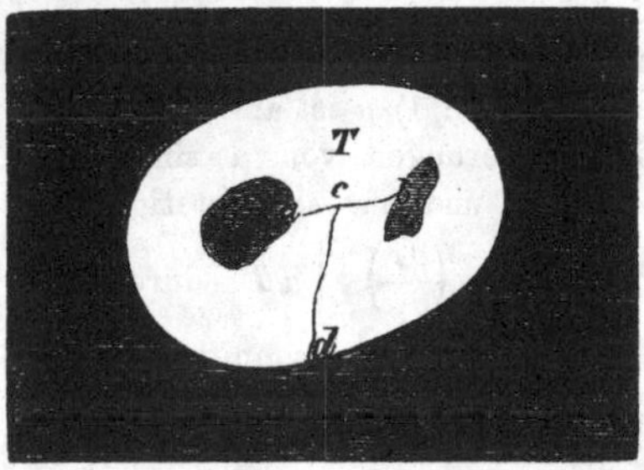

In der beistehenden Figur ist T eine dreifach zusammenhängende Fläche. (ab) sei der erste Querschnitt q_1, (cd) der zweite q_2. Man hat hier drei verschiedene constante Werthdifferenzen der Function

$$Z = \int_{O_0}^{O} \left(Y \frac{\partial x}{\partial s} - X \frac{\partial y}{\partial s} \right) ds$$

zu unterscheiden. Diese seien: an der Strecke (ac): A, an der Strecke (cb): B, an der Strecke (cd): C. Durchläuft man also zuerst (cd), so kann hier C irgend einen Werth haben. Durchläuft man hierauf (bc), so kann hier B einen andern beliebigen Werth haben. An (ac) ist aber hiernach die constante Werthdifferenz A der Function Z völlig bestimmt, nämlich (wenn die Vorzeichen passend bestimmt werden) $A = B + C$. Auf ähnliche Weise schliesst man allgemein, dass, so oft beim Rückwärtsdurchlaufen des Querschnittsystems ein schon durchlaufener Querschnitt einmündet, die Aenderung, welche die constante Werthdifferenz der Function dadurch erfährt, vollkommen bestimmt ist.

(4) (zu Seite 20.) Die Formel

$$\int \frac{\partial u}{\partial p} ds = 0$$

wird erhalten, wenn man in dem Integral

$$\int \left(u \frac{\partial u'}{\partial p} - u' \frac{\partial u}{\partial p}\right) ds$$

$u' = 1$ annimmt, wodurch es, über die Begrenzung eines Flächenstücks ausgedehnt, in dem u die Voraussetzungen des Art. 10 erfüllt, verschwindet.

(5) (zu Seite 30.) Das Beweisverfahren des Art. 16 wird von Riemann später (Theorie der Abel'schen Functionen, Abh. VI dieser Ausgabe Nr. 3 und Nr. 4, Art. 1) als Dirichlet'sches Princip bezeichnet (auf Grund Dirichlet'scher Vorlesungen). Auch Gauss wendet ähnliche Schlüsse an (Allgemeine Lehrsätze in Beziehung auf die im verkehrten Verhältnisse des Quadrats der Entfernung wirkenden Anziehungs- und Abstossungskräfte, Werke Bd. V). In späterer Zeit ist die Bündigkeit dieser Schlussweise angefochten worden; besonders wird, und mit Recht, die Evidenz der Existenz eines Minimums für das Integral Ω bestritten. Die Richtigkeit des Satzes selbst, der durch diesen Schluss bewiesen werden soll, der den functionentheoretischen Arbeiten von Riemann ihren eigenthümlich einfachen und allgemeinen Charakter verleiht, ist durch neuere Forschungen auf anderer Grundlage bewiesen. (Vgl. besonders die einschlagenden Arbeiten von H. A. Schwarz, Monatsberichte der Berliner Akademie, October 1870, Journal f. Mathematik Bd. 74, auch gesammelte Abhandlungen, und C. Neumann, Untersuchungen über das logarithmische und Newton'sche Potential, Leipzig 1877; Vorlesungen über Riemann's Theorie der Abel'schen Integrale, 2. Auflage, Leipzig 1884.)

(6) (zu Seite 33.) Die folgenden Bemerkungen sind fast wörtlich den in Riemann's handschriftlichem Nachlass gefundenen Entwürfen zu Art. 17 entnommen und dienen theils zur Erläuterung, theils zur Ergänzung der Untersuchung.

Von den Werthen P_1 und P_2 kann auch einer überall $= 0$ genommen werden, wenn nur T' eine endliche Breite behält, wodurch unser Beweis auf den Fall anwendbar wird, wo die Unstetigkeit längs eines Theils der Begrenzung einträte, oder durch Abänderung von γ längs einer Linie im Innern entstanden wäre. Für m ist deshalb nicht geradezu der kleinste Werth von $(\gamma_1 - \gamma_2)^2$ in dem angegebenen Intervall von p_1 und p_2 gesetzt, damit der Beweis auch auf den Fall anwendbar ist, wo γ unendlich viele Maxima und Minima, also z. B. in der Nähe der Unstetigkeitslinie den Werth $\sin \frac{1}{p}$, hätte.

In ähnlicher Weise lässt sich zeigen, dass L über alle Grenzen wächst, wenn λ sich einer Function γ unbegrenzt nähert, die in einem Punkt O' so unstetig wird, dass in einem Theil einer mit dem Radius ϱ um O' beschriebenen Kreislinie $\varrho \frac{\partial \gamma}{\partial x}$, $\varrho \frac{\partial \gamma}{\partial y}$ für ein unendlich kleines ϱ sich einer endlichen Grenze nähern oder unendlich werden.

Es lässt sich in diesem Fall ein Werth R von ϱ so annehmen, dass unterhalb desselben

$$\varrho^2 \int_0^{2\pi} \left[\left(\frac{\partial \gamma}{\partial x}\right)^2 + \left(\frac{\partial \gamma}{\partial y}\right)^2\right] d\varphi$$

nicht 0 wird. Bezeichnen wir den kleinsten Werth dieser Grösse in diesem Intervall durch a, so wird der Beitrag eines zwischen $\varrho = R$ und $\varrho = r$ (wo $r < R$) enthaltenen Kreisringes zu L

$$\int_r^R d\varrho \int_0^{2\pi} \left[\left(\frac{\partial \gamma}{\partial x}\right)^2 + \left(\frac{\partial \gamma}{\partial y}\right)^2\right] \varrho d\varphi > \int_r^R \frac{a}{\varrho} d\varrho > a\,(\log R - \log r)$$

und folglich, wenn man $r = Re^{-\frac{C}{a}}$ annimmt, $> C$. Wählt man also zur Begrenzung von T' einen Kreis, wo $\varrho < Re^{-\frac{C}{a}}$, so wird der aus dem übrigen T stammende Theil von L und folglich L selbst, wie auch λ im Innern des Kreises angenommen werden möge, $> C$.

(Diese Untersuchung bezieht sich zwar zunächst auf einen Punkt, der kein Windungspunkt und kein Begrenzungspunkt ist, erleidet aber eine wesentliche Aenderung nur für einen Begrenzungspunkt, wo die Fläche eine Spitze, d. h. ihre Begrenzung einen Rückkehrpunkt hat. Die Bestimmung eines Grades der Unstetigkeit, welchen λ nicht erreichen kann, beruht indess auch hier auf denselben Principien und wir begnügen uns daher mit der Andeutung dieses Falles.)

Es liefert also, wenn der Flächentheil, wo λ und γ verschieden sind, unendlich klein wird, im Fall einer Unstetigkeitslinie T' selbst, im Fall eines Unstetigkeitspunktes der übrige Theil von T einen unendlichen Beitrag zu L, und unsere Behauptung ist daher, wenn die Unstetigkeit den hier vorausgesetzten Grad erreicht, gerechtfertigt. Ihre Gültigkeit in diesem Umfang genügt für uns und in der That wird sie für leichtere Unstetigkeiten unrichtig, wie z. B. wenn γ in der Entfernung ϱ des Punktes O vom Unstetigkeitspunkt $= \left(\log \frac{1}{\varrho}\right)^\mu$ und $\mu < \frac{1}{2}$ ist. Wir geben daher dem ersten Theil des Satzes im Art. 16 folgende Beschränkung: Das Integral Ω hat, $\omega = \alpha + \lambda$ gesetzt, entweder für eine der Functionen λ ein Minimum, oder λ nimmt, während Ω sich einem kleinsten Grenzwerth nähert, doch nur in einzelnen Punkten eine Unstetigkeit an, bei welcher die Ordnung von $\frac{\partial \lambda}{\partial x}$, $\frac{\partial \lambda}{\partial y}$, wenn sie unendlich werden, die Einheit nicht erreicht.

Eine Unstetigkeit der Function ω, die durch Abänderung eines Werthes in einem Punkt hebbar ist, muss z. B. eintreten, wenn in der Fläche irgendwo ein Stich, also ein einzelner Begrenzungspunkt, wo $\lambda = 0$ sein müsste, angenommen würde.

(7) (zu Seite 39.) Spätere Untersuchungen haben dargethan, dass die Kraft analytischer Ausdrücke weiter reicht, als es nach diesem Ausspruch von Riemann den Anschein hat. Merkwürdige Beispiele hiervon hat zuerst Seidel gegeben; (Crelles Journal Bd. 73, S. 279), der unter anderem analytische Ausdrücke, die von z abhängen, aufgestellt hat, die in einem Kreis gleich einer beliebigen Function von z, ausserhalb $= 0$ sind, oder die überall mit Ausnahme einer Kreisperipherie $= 0$, auf der Kreisperipherie $= 1$ sind. Lässt man bestimmte Integrale zu, so kann man sogar noch weiter gehen und z. B. x oder y oder $\sqrt{x^2 + y^2}$ als Function von $z = x + yi$ darstellen.

Weierstrass hat gezeigt (zur Functionentheorie, Monatsberichte der Berliner Akademie, August 1880, auch in der Sammlung von Abhandlungen aus der Functionenlehre, Berlin 1886), wie man unendliche Reihen finden kann, deren Glieder rationale Functionen von z sind, die in einer beliebigen Anzahl verschiedener Gebiete der Variablen z verschiedene beliebig gegebene Functionen von z darstellen.

II.

Ueber die Gesetze der Vertheilung von Spannungselectricität in ponderabeln Körpern, wenn diese nicht als vollkommene Leiter oder Nichtleiter, sondern als dem Enthalten von Spannungselectricität mit endlicher Kraft widerstrebend betrachtet werden.

(Amtlicher Bericht über die 31. Versammlung deutscher Naturforscher und Aerzte zu Göttingen im September 1854.*)

Mittelst der sinnreichen Werkzeuge für Spannungselectricität, welche Herr Prof. Kohlrausch in der gestrigen Sitzung dieser Section erwähnte, hat derselbe auch die Bildung des Rückstandes in der Leydener Flasche und in andern Apparaten zur Bindung von Electricität untersucht. Diese Erscheinung ist im Wesentlichen folgende: Wenn man eine Leydener Flasche, nachdem sie längere Zeit geladen gestanden hat, entladet und sie dann eine Zeit lang isolirt stehen lässt, so tritt nach einiger Zeit eine merkliche Ladung wieder auf. Sie führt zu der Annahme, dass bei der ersten Entladung nur ein Theil der geschiedenen Electricitätsmenge sich wieder vereinigte, ein Theil aber in der Flasche zurückblieb. Den ersten Theil nennt man die disponible Ladung, den zweiten den Rückstand. Die Genauigkeit der Messungen, welche Herr Prof. Kohlrausch über das Sinken der disponibeln Ladung und über das Wiederauftreten des Rückstandes angestellt hat, reizte mich, an derselben ein aus andern Gründen wahrscheinliches Gesetz zu prüfen, welches eine in der bisherigen Theorie der Spannungselectricität vorhandene Lücke ausfüllt.

Bekanntlich beziehen sich die mathematischen Untersuchungen über Spannungselectricität auf ihre Vertheilung in vollkommenen und völlig isolirten Leitern; man betrachtet also die ponderabeln Körper entweder als absolute Leiter oder als absolute Nichtleiter. Eine Folge davon ist, dass nach dieser Theorie sich beim Gleichgewicht die ge-

*) Vortrag gehalten am 21. Sept. 1854.

sammte Spannungselectricität nur an den Grenzflächen der Leiter und Isolatoren ansammelt. Zugestandenermassen aber ist dies eine blosse Fiction. In der Natur wird es weder einen Körper geben, in welchen durchaus keine Spannungselectricität eindringen kann, noch einen Körper, in welchem sich die gesammte Spannungselectricität auf eine mathematische Fläche zusammenziehen kann. Man muss vielmehr annehmen, dass die ponderabeln Körper dem Aufnehmen oder dem Enthalten von Spannungselectricität mit endlicher Kraft widerstreben, und zwar ist die Annahme, deren Consequenzen sich der Erfahrung gemäss zeigen, die, dass sie nicht dem electrisch Werden oder dem Aufnehmen von Spannungselectricität, sondern dem electrisch Sein oder dem Enthalten von Spannungselectricität widerstreben. Das Gesetz dieses Widerstrebens ist, je nach der dualistischen oder unitarischen Vorstellungsart, folgendes. Nach der dualistischen Vorstellungsart, nach welcher die Spannungselectricität der Ueberschuss der positiven Electricität über die negative ist, muss man in jedem Punkte des ponderabeln Körpers eine Ursache annehmen, welche mit einer der Dichtigkeit dieses Ueberschusses proportionalen Intensität die Dichtigkeit der Electricität gleichen Zeichens — derjenigen, welche im Ueberschuss vorhanden ist — zu vermindern und die der entgegengesetzten zu vermehren strebt. Nach der unitarischen Auffassungsweise, nach welcher die Spannungselectricität der Ueberschuss der in dem Körper enthaltenen Electricität über die ihm natürliche ist, muss man in jedem Punkte desselben eine Ursache annehmen, welche mit einer der Dichtigkeit dieses Ueberschusses proportionalen Intensität die Dichtigkeit der Electricität zu vermindern oder bei negativem Ueberschuss zu vermehren strebt. Ausser dieser Bewegungsursache hat man nun, wenn keine merklichen thermischen oder magnetischen oder voltainductorischen Wirkungen und Einflüsse stattfinden, und die ponderabeln Körper gegen einander ruhen, nur noch die dem Coulomb'schen Gesetz gemässe electromotorische Kraft in Rechnung zu ziehen. Unter denselben Umständen kann man für die Abhängigkeit der erfolgten Bewegung von den Bewegungsursachen Proportionalität zwischen electromotorischer Kraft und Stromintensität annehmen.

Um diese Bewegungsgesetze in Formeln auszudrücken, seien x, y, z rechtwinklige Coordinaten und im Punkte (x, y, z) zur Zeit t die Dichtigkeit der Spannungselectricität ϱ, und u der $4\pi^{\text{te}}$ Theil des Potentials der gesammten Spannungselectricität nach Gauss'scher Definition, nach welcher das Potential in einem bestimmten Punkte gleich ist dem Integral über sämmtliche Massen Spannungselectricität, jede dividirt durch die Entfernung von diesem Punkte. Die dem Coulomb'schen Gesetz gemässe electromotorische Kraft ist dann, nach den Richtungen der drei Axen zerlegt, proportional

$$-\frac{\partial u}{\partial x}, \quad -\frac{\partial u}{\partial y}, \quad -\frac{\partial u}{\partial z},$$

die von der Reaction des ponderabeln Körpers herrührende proportional

$$-\frac{\partial \varrho}{\partial x}, \quad -\frac{\partial \varrho}{\partial y}, \quad -\frac{\partial \varrho}{\partial z}.$$

Die Componenten der electromotorischen Kraft können also gleich gesetzt werden

$$-\frac{\partial u}{\partial x}-\beta^2\frac{\partial \varrho}{\partial x}, \quad -\frac{\partial u}{\partial y}-\beta^2\frac{\partial \varrho}{\partial y}, \quad -\frac{\partial u}{\partial z}-\beta^2\frac{\partial \varrho}{\partial z},$$

wo β^2 nur von der Natur des ponderabeln Körpers abhängt. Diesen sind nun die Componenten der Stromintensität proportional, sie sind also $= \alpha\xi$, $\alpha\eta$, $\alpha\zeta$, wenn man durch ξ, η, ζ die Componenten der Stromintensität und durch α eine von der Natur des ponderabeln Körpers abhängige Constante bezeichnet.

Verbindet man hiermit die phoronomische Gleichung

$$\frac{\partial \varrho}{\partial t}+\frac{\partial \xi}{\partial x}+\frac{\partial \eta}{\partial y}+\frac{\partial \zeta}{\partial z}=0,$$

welche man erhält, indem man die in das Raumelement $dx\,dy\,dz$ im Zeitelement dt einströmende Electricitätsmenge auf doppelte Weise ausdrückt, und die Gleichung

$$\frac{\partial^2 u}{\partial x^2}+\frac{\partial^2 u}{\partial y^2}+\frac{\partial^2 u}{\partial z^2}=-\varrho,$$

welche aus dem Begriffe des Potentials folgt, so erhält man, indem man erstere mit α multiplicirt und für ξ, η, ζ ihre Werthe setzt, die Gleichung

$$\alpha\frac{\partial \varrho}{\partial t}+\varrho-\beta^2\left\{\frac{\partial^2 \varrho}{\partial x^2}+\frac{\partial^2 \varrho}{\partial y^2}+\frac{\partial^2 \varrho}{\partial z^2}\right\}=0.$$

Diese giebt für u eine partielle Differentialgleichung, welche in Bezug auf t vom ersten, in Bezug auf die Raumcoordinaten vom vierten Grade ist, und um von einem bestimmten Zeitpunkte an u innerhalb des ponderabeln Körpers allenthalben vollständig zu bestimmen, werden ausser dieser Gleichung in jedem Punkte desselben Eine Bedingung für die Anfangszeit und für die Folge in jedem Oberflächenpunkte zwei Bedingungen erforderlich sein.

Ich werde nun die Consequenzen dieser Gesetze in einigen besonderen Fällen mit der Erfahrung vergleichen.

Für das Gleichgewicht (in einem System isolirter Leiter) ist

4*

$$\frac{\partial u}{\partial x} + \beta^2 \frac{\partial \varrho}{\partial x} = 0, \quad \frac{\partial u}{\partial y} + \beta^2 \frac{\partial \varrho}{\partial y} = 0, \quad \frac{\partial u}{\partial z} + \beta^2 \frac{\partial \varrho}{\partial z} = 0$$

oder

$$u + \beta^2 \varrho = \text{Const.},$$

oder, da

$$-\varrho = \frac{\partial^2 u}{\partial x^2} + \frac{\partial^2 u}{\partial y^2} + \frac{\partial^2 u}{\partial z^2},$$

$$u - \beta^2 \left(\frac{\partial^2 u}{\partial x^2} + \frac{\partial^2 u}{\partial y^2} + \frac{\partial^2 u}{\partial z^2}\right) = \text{Const.}$$

Für die Stromausgleichung oder den Beharrungszustand der Vertheilung (im Schliessungsbogen constanter Ketten) ist

$$\frac{\partial \varrho}{\partial t} = 0$$

oder

$$\varrho - \beta^2 \left(\frac{\partial^2 \varrho}{\partial x^2} + \frac{\partial^2 \varrho}{\partial y^2} + \frac{\partial^2 \varrho}{\partial z^2}\right) = 0.$$

Wenn nun die Länge β gegen die Dimensionen des ponderabeln Körpers sehr klein ist, so nimmt u — Const. im erstern Falle und ϱ im zweiten von der Oberfläche ab sehr schnell ab und ist im Innern überall sehr klein, und zwar ändern sich diese Grössen mit dem Abstande p von der Oberfläche nahe wie $e^{-\frac{p}{\beta}}$ Dieser Fall wird bei den metallischcn Leitern angenommen werden müssen; wird $\beta = 0$ gesetzt, so erhält man die bekannten Formeln für vollkommene Leiter.

Bei der Anwendung dieser Gesetze auf die Rückstandsbildung in der Leydener Flasche musste ich, da Angaben über die Dimensionen der Apparate fehlten, annehmen, dass die Dimensionen derselben gegen den Abstand der Belegungen als unendlich gross betrachtet werden dürften. Mit der Ausführung der Rechnung wage ich die verehrten Anwesenden nicht zu ermüden und begnüge mich das Resultat derselben anzugeben.

Aus den Messungen des Herrn Prof. Kohlrausch hatte sich ergeben, dass die disponible Ladung, als Function der Zeit betrachtet, nahe durch eine Parabel dargestellt wird, dass jedoch der Parameter der Parabel, welche sich der Ladungscurve am nächsten anschliesst, langsam abnimmt, so dass wenn man die anfängliche Ladung durch L_0, die zur Zeit t durch L_t bezeichnet, $\frac{L_0 - L_t}{\sqrt{t}}$ eine Grösse ist, welche mit wachsendem t allmählich abnimmt.

Dasselbe ergab sich auch aus der Rechnung, wenn angenommen wurde, dass sowohl α als β^2 beim Glase, wie dies von vorn herein zu erwarten war, sehr gross sei und als unendlich gross betrachtet werden dürfe, während ihr Quotient endlich bleibt. Eine schärfere Vergleichung der Rechnung mit den Beobachtungen habe ich nicht angestellt, namentlich aus dem Grunde, weil mir Angaben über die Dimensionen der Apparate und überhaupt alle Mittel fehlten, die wegen der Abweichungen von den Voraussetzungen der Rechnung nöthigen Correctionen zu bestimmen. Es wäre eine solche namentlich zur Bestimmung der electrischen Constanten des Glases zu wünschen. Doch halte ich das hier aufgestellte Gesetz für die Vertheilung der Spannungselectricität für vollkommen durch die Messungen des Herrn Prof. Kohlrausch bestätigt.

Ich darf wohl noch in der Kürze die Anwendung dieses Gesetzes auf einen andern Gegenstand besprechen.

Bekanntlich wird die Fortpflanzung der galvanischen Ströme in metallischen Leitern und die in Folge derselben stattfindende Stromausgleichung bei constanten oder langsam sich ändernden electromotorischen Kräften durch die dabei auftretende Spannungselectricität bewirkt. Dieser Vorgang ist wegen seiner ungemein kurzen Dauer und der hinzukommenden thermischen und magnetischen Wirkungen nur in seinen Resultaten der experimentalen Forschung zugänglich, und die einzigen experimentellen Bestimmungen, welche wir darüber haben, sind die Messungen der Fortpflanzungsgeschwindigkeit in Telegraphendrähten und die Ohm'schen Gesetze der Stromausgleichung. Eine genauere Analyse der Ohm'schen Gesetze führt indess ebenfalls zu der hier gemachten Annahme, und ich wurde in der That dadurch zuerst auf sie geführt.

Ohm bestimmt die Stromvertheilung bei der Stromausgleichung durch folgende zwei Bedingungen:

1) Um die den wirklich erfolgten Stromintensitäten proportionalen electromotorischen Kräfte zu erhalten, muss man zu den äussern electromotorischen Kräften Kräfte hinzufügen, welche die Differentialquotienten Einer Function des Orts, der Spannung, sind.

2) Bei der Stromausgleichung strömt in jeden Theil des ponderabeln Leiters eben so viel Electricität ein als aus.

Ohm glaubte nun, dass die Spannung, diese Function des Orts, von welcher die inneren electromotorischen Kräfte die Differentialquotienten sind, von der Spannungselectricität so abhinge, dass sie ihrer Dichtigkeit proportional sei, welche Annahme in der That das Zustandekommen beider Bedingungen erklärt. Aber es haben schon, fast gleichzeitig, Herr Prof. Weber*) und Kirchhoff**) darauf aufmerksam

*) Abhandlungen d. k. sächs. Ges. d. W. 1852, I. S. 293.

**) Poggendorff's Annalen. Bd. 79, S. 506.

gemacht, dass dann die Electricität im Gleichgewicht sein müsste, wenn sie den ponderabeln Körper mit gleichmässiger Dichtigkeit erfüllte, während sie doch der Erfahrung nach beim Gleichgewicht auf der Oberfläche vertheilt ist. Die Spannung muss eine Function sein, welche beim Gleichgewicht im ganzen Leiter constant ist, und also vielmehr dem Potential der Spannungselectricität proportional sein, und diese innern electromotorischen Kräfte sind mit den dem Coulomb-schen Gesetz gemässen identisch.

Diese Ansicht über die Spannung wurde auch von den meisten Forschern angenommen. Dabei aber blieb es ununtersucht, durch welche Ursachen bei der Stromausgleichung die zweite Bedingung hergestellt wurde, dass in jedem ponderabeln Körpertheil die Electricitätsmenge constant bleibe.

Nach der dualistischen Auffassung muss sowohl die positive als die negative Electricitätsmenge constant bleiben; dass kein merklicher Ueberschuss Einer Electricität sich bilde, scheint man, wenigstens so lange man auf die Grössenverhältnisse nicht näher eingeht, aus der Anziehung der entgegengesetzten Electricitäten nach dem Coulomb'schen Gesetz erklären zu können, und man muss dann noch eine Ursache, dass die neutrale Electricität in jedem Körpertheil constant bleibe, also einen Druck des Ponderabile auf sie, annehmen. Diese Annahme habe ich auf Anregung des Herrn Prof. Weber schon vor mehreren Jahren der Rechnung zu unterwerfen gesucht, ohne zu einem befriedigenden Resultat zu gelangen.

Nach unitarischer Auffassung bedarf es nur einer Ursache, welche die in einem ponderabeln Körpertheil enthaltene Electricitätsmenge constant zu erhalten strebt. Man wird so geradeswegs zu der obigen Annahme geführt, dass jeder ponderabele Körper Electricität von bestimmter Dichtigkeit zu besitzen strebt und sowohl einem grösseren als einem geringeren erfüllt Sein widerstrebt. Das Gesetz dieses Widerstrebens kann man so annehmen, wie es sich für das Glas durch die Erfahrung bestätigt hat.

Diese Betrachtungen führen also dazu, die ursprüngliche Franklin'sche Auffassung der electrischen Erscheinungen als diejenige anzunehmen, welche man für das tiefere Eindringen in den Zusammenhang dieser Erscheinungen unter sich und mit andern Erscheinungen zu Grunde zu legen und der weitern Aus- und Umbildung nach den Geboten und Winken der Erfahrung zu unterwerfen hat.

Möchten sie in dem Kreise bewährter Forscher, vor denen ich sie zu entwickeln die Ehre hatte, einer nähern Prüfung werth gefunden werden.

III.

Zur Theorie der Nobili'schen Farbenringe.

(Aus Poggendorff's Annalen der Physik und Chemie. Bd. 95, 28. März 1855.)

Die Nobili'schen Farbenringe bilden ein schätzbares Mittel, die Gesetze der Stromverzweigung in einem durch Zersetzung leitenden Körper experimentell zu studiren. Die Erzeugungsweise dieser Ringe ist folgende. Man übergiesst eine Platte von Platin, vergoldetem Silber oder Neusilber mit einer Auflösung von Bleioxyd in concentrirter Kalilauge und lässt den Strom einer starken galvanischen Batterie durch die Spitze eines feinen in eine Glasröhre eingeschmolzenen Platindrahts in die Flüssigkeitsschicht ein- und durch die Platte austreten. Das Anion, Bleisuperoxyd nach Beetz, lagert sich dann auf der Metallplatte in einer zarten durchsichtigen Schicht ab, welche je nach der Entfernung vom Eintrittspunkte des Stroms verschiedene Dicke besitzt, so dass die Platte nach Entfernung der Flüssigkeit Newton'sche Farbenringe zeigt. Aus diesen Farbenringen lässt sich dann die relative Dicke der Schicht in verschiedenen Entfernungen bestimmen und hieraus mittelst des Faraday'schen Gesetzes, nach welchem die Menge der abgeschiedenen Substanz der durchgegangenen Electricitätsmenge allenthalben proportional sein muss, die Stromvertheilung beim Austritt aus der Flüssigkeit ableiten.

Der erste Versuch, die Stromvertheilung durch Rechnung zu bestimmen und das gefundene Resultat mit der Erfahrung zu vergleichen, ist von E. Becquerel gemacht worden. Derselbe hat vorausgesetzt, dass die Ausdehnung der Flüssigkeitsschicht gegen ihre Dicke als unendlich gross betrachtet werden dürfe, der Strom durch einen Punkt ihrer Oberfläche eintrete und sich nach den Ohm'schen Gesetzen in derselben ausbreite. Er glaubt nun bei diesen Voraussetzungen ohne merklichen Fehler die Strömungscurven als gerade Linien betrachten zu können und leitet aus dieser Annahme das Gesetz ab, dass die Dicke der niedergeschlagenen Schicht dem Abstande vom Eintrittspunkte umgekehrt proportional sein müsste, welches Gesetz er experimentell bestätigt habe.

Herr Du-Bois-Reymond hat dagegen in einem vor der physikalischen Gesellschaft zu Berlin gehaltenen Vortrage gezeigt, dass bei Voraussetzung gerader Strömungslinien die Dicke der in ihrem Endpunkte abgeschiedenen Substanz vielmehr dem Cubus ihrer Länge umgekehrt proportional sich ergiebt und dadurch Herrn Beetz zu einer Reihe von dem Anschein nach bestätigenden Versuchen veranlasst, welche in Poggendorff's Annalen Bd. 71, S. 71 beschrieben sind und viel Vertrauen erwecken.

Die genaue Rechnung indessen lehrt, dass die Voraussetzung gerader Strömungslinien unzulässig ist und ein ganz falsches Resultat liefert. Allerdings sind die Strömungslinien, wenigstens bei grösserer Entfernung ihres Austrittspunktes (da sie zwischen zwei sehr nahen Parallel-Linien liegen und höchstens einen Wendepunkt besitzen), in dem mittleren Theile ihres Laufes in beträchtlicher Ausdehnung sehr wenig gekrümmt; hieraus aber darf man keineswegs schliessen, dass sie ohne merklichen Fehler durch gerade von ihrem Eintrittspunkte nach ihrem Austrittspunkte gehende Linien ersetzt werden können. Ich werde zunächst die bei genauer Rechnung aus den Voraussetzungen der Herren E. Becquerel und Du-Bois-Reymond fliessenden Folgerungen entwickeln und schliesslich auf die Versuche des Herrn Beetz zurückzukommen mir erlauben.

Ich nehme an, dass der Eintritt des Stromes in die durch zwei horizontale Ebenen begrenzte Flüssigkeitsschicht in einem Punkte stattfinde, und bezeichne für einen Punkt derselben den Horizontalabstand vom Einströmungspunkt durch r, die Höhe über der unteren Grenzfläche durch z, die Erhebung seiner Spannung über die Spannung an der oberen Seite dieser Grenzfläche durch u. (1) Ferner sei die Stärke des ganzen Stromes S, der specifische Leitungswiderstand der Flüssigkeit w, im Einströmungspunkt $z = \alpha$, an der Oberfläche $z = \beta$. Es muss nun u als Function von r und z bestimmt werden; die Stromintensität im Punkte $(r, 0)$, welcher nach dem Faraday'schen Gesetz die gesuchte Dicke der dort niedergeschlagenen Schicht proportional sein muss, ist dann gleich dem Werthe von $\frac{1}{w}\frac{\partial u}{\partial z}$ in diesem Punkte.

Wird zunächst vorausgesetzt, dass die Ausdehnung der Flüssigkeitsschicht gegen ihre Dicke als unendlich gross betrachtet werden dürfe, so sind die Bedingungen zur Bestimmung von u

(1) für $-\infty < r < \infty,\ 0 < z < \beta,$

$$\frac{\partial^2 u}{\partial r^2} + \frac{1}{r}\frac{\partial u}{\partial r} + \frac{\partial^2 u}{\partial z^2} = 0;$$

(2) für $-\infty < r < \infty,\ z = 0,\qquad u = 0;$

(3) für $-\infty < r < \infty,\ z = \beta,\qquad \frac{\partial u}{\partial z} = 0;$

(4) für $r = \pm\infty,\ 0 < z < \beta,\qquad u$ endlich;

(5) für $r = 0,\ z = \alpha,$

$$\left.\begin{aligned} u &= \frac{wS}{4\pi}\frac{1}{\sqrt{rr + (z-\alpha)^2}} \\ \text{oder}\quad &= \frac{wS}{2\pi}\frac{1}{\sqrt{rr + (z-\alpha)^2}} \end{aligned}\right\} + \text{einer}$$

stetigen Function von r, z, je nachdem der Einströmungspunkt im Innern oder in der Oberfläche liegt.

Diesen Bedingungen genügt

$$u = \frac{Sw}{4\pi}\sum_{-\infty,\infty}(-1)^m\left(\frac{1}{\sqrt{rr + (z + 2m\beta - \alpha)^2}} - \frac{1}{\sqrt{rr + (z + 2m\beta + \alpha)^2}}\right)$$

oder wenn man zur Vereinfachung $S = \frac{4\pi}{w}$ annimmt:

$$u = \sum_{-\infty,\infty}(-1)^m\left(\frac{1}{\sqrt{rr + (z + 2m\beta - \alpha)^2}} - \frac{1}{\sqrt{rr + (z + 2m\beta + \alpha)^2}}\right).$$

Setzt man $u = a_1 \sin\frac{\pi z}{2\beta} + a_2 \sin 2\frac{\pi z}{2\beta} + a_3 \sin 3\frac{\pi z}{2\beta} + \cdots$, so wird für ein gerades n der Coefficient $a_n = 0$ und für ein ungerades

$$\beta a_n = \int_0^{2\beta} \sin n\frac{\pi t}{2\beta}\sum_{-\infty,\infty}(-1)^m\left(\frac{dt}{\sqrt{rr + (t + 2m\beta - \alpha)^2}} - \frac{dt}{\sqrt{rr + (t + 2m\beta + \alpha)^2}}\right)$$

$$= \int_{-\infty}^{\infty}\left(\sin n\frac{\pi}{2\beta}(t+\alpha) - \sin n\frac{\pi}{2\beta}(t-\alpha)\right)\frac{dt}{\sqrt{rr+tt}}$$

$$= 2\sin n\frac{\pi\alpha}{2\beta}\int_{-\infty}^{\infty}\cos n\frac{\pi t}{2\beta}\frac{dt}{\sqrt{rr+tt}} = 2\sin n\frac{\pi\alpha}{2\beta}\int_{-\infty}^{\infty}\frac{e^{n\frac{\pi}{2\beta}ti}\,dt}{\sqrt{rr+tt}}.$$

In letzterem Integral kann statt $\int_{-\infty}^{\infty}$ auch $2\int_{ri}^{\infty i}$ geschrieben werden.

Führt man für t als Veränderliche tri ein, so erhält man

$$a_n = \frac{4 \sin n \frac{\pi}{2\beta} \alpha}{\beta} \int_1^\infty \frac{e^{-n \frac{\pi}{2\beta} r t} dt}{\sqrt{tt-1}}, \qquad (^2)$$

also

$$u = \Sigma \sin n \frac{\pi}{2\beta} z \frac{4 \sin n \frac{\pi}{2\beta} \alpha}{\beta} \int_1^\infty \frac{e^{-n \frac{\pi}{2\beta} r t} dt}{\sqrt{tt-1}},$$

über alle positiven ungeraden Werthe von n ausgedehnt.

Nimmt man an, dass die Flüssigkeit bei $r = c$ begrenzt sei und zwar beispielshalber durch einen Nichtleiter, so muss für $r = c$ $\frac{\partial u}{\partial r} = 0$ werden und also zu dem oben erhaltenen Werth von u, der durch u' bezeichnet werden möge, noch eine Function u'' hinzugefügt werden, welche folgenden Bedingungen genügt

(1) für $-c < r < c$, $0 < z < \beta$,

$$\frac{\partial^2 u''}{\partial r^2} + \frac{1}{r} \frac{\partial u''}{\partial r} + \frac{\partial^2 u''}{\partial z^2} = 0;$$

(2) für $-c < r < c$, $z = 0$, $\quad u'' = 0;$

(3) für $-c < r < c$, $z = \beta$, $\quad \frac{\partial u''}{\partial z} = 0;$

(4) für $r = \pm c$; $0 < z < \beta$, $\quad \frac{\partial u''}{\partial r} = -\frac{\partial u'}{\partial r};$

und überall stetig ist.

Den Bedingungen (1) bis (3) zufolge muss u'' ebenfalls in der Form

$$b_1 \sin \frac{\pi}{2\beta} z + b_3 \sin 3 \frac{\pi}{2\beta} z + b_5 \sin 5 \frac{\pi}{2\beta} z + \cdots$$

darstellbar sein, und zwar fliesst aus (1) für b_n die Bedingung

$$\frac{d^2 b_n}{dr^2} + \frac{1}{r} \frac{d b_n}{dr} - \frac{nn\pi\pi}{4\beta\beta} b_n = 0.$$

Eine particuläre Lösung dieser Gleichung ist, wie schon bekannt, $\int_1^\infty \frac{e^{-n \frac{\pi}{2\beta} r t} dt}{\sqrt{tt-1}}$; eine andere erhält man, wenn man dasselbe Integral zwischen -1 und 1 nimmt; die allgemeinste ist also, wenn c_n und γ_n Constanten bedeuten,

$$b_n = c_n \int_1^\infty \frac{e^{-n \frac{\pi}{2\beta} r t} dt}{\sqrt{tt-1}} + \gamma_n \int_{-1}^1 \frac{e^{-n \frac{\pi}{2\beta} r t} dt}{\sqrt{1-tt}}$$

oder wenn man

$$\int_1^\infty \frac{e^{-2qt}\,dt}{\sqrt{tt-1}} \text{ durch } f(q), \quad \int_{-1}^1 \frac{e^{-2qt}\,dt}{\sqrt{1-tt}} \text{ durch } \varphi(q)$$

bezeichnet:

$$b_n = c_n f\left(n\frac{\pi}{4\beta}r\right) + \gamma_n \varphi\left(n\frac{\pi}{4\beta}r\right).$$

Die Entwicklung nach steigenden Potenzen von q giebt

$$f(q) = \sum_{0,\infty} \frac{q^{2m}}{m!\,m!}(\Psi(m) - \log q)$$

$$\varphi(q) = \pi \sum_{0,\infty} \frac{q^{2m}}{m!\,m!}; \qquad (^3)$$

es wird also $f(q)$ für $q = 0$ unendlich und damit u'' für $r = 0$ stetig bleibe, muss $c_n = 0$ sein; γ_n ergiebt sich dann aus (4) gleich

$$-\frac{4\sin n\frac{\pi}{2\beta}\alpha}{\beta}\frac{f'\left(n\frac{\pi}{4\beta}c\right)}{\varphi'\left(n\frac{\pi}{4\beta}c\right)},$$

mithin

$$u = \Sigma^n \sin n\frac{\pi}{2\beta}z\,\frac{4\sin n\frac{\pi}{2\beta}\alpha}{\beta}\left\{f\left(n\frac{\pi}{4\beta}r\right) - \varphi\left(n\frac{\pi}{4\beta}r\right)\frac{f'\left(n\frac{\pi}{4\beta}c\right)}{\varphi'\left(n\frac{\pi}{4\beta}c\right)}\right\},$$

über alle positiven ungeraden Werthe von n ausgedehnt.

Zur Berechnung von $f(q)$ und $\varphi(q)$ können für grosse Werthe von q die halbconvergenten Reihen

$$f(q) = e^{-2q}\sqrt{\frac{\pi}{4q}}\sum_{m<4q+1}(-1)^m\frac{(1.3\ldots\overline{2m-1})^2}{m!\,(16q)^m},$$

$$\varphi(q) = e^{2q}\sqrt{\frac{\pi}{4q}}\sum_{m<4q+1}\frac{(1.3\ldots\overline{2m-1})^2}{m!\,(16q)^m} \qquad (^4)$$

benutzt werden, welche indess ihren Werth nur bis auf Bruchtheile von der Ordnung der Grösse e^{-4q} geben; genügt diese Genauigkeit nicht, so ist es wohl am zweckmässigsten die Entwicklungen nach steigenden Potenzen von q anzuwenden.

Für hinreichend grosse Werthe von $\frac{r}{\beta}$ erhält man also mit Vernachlässigung von Grössen von der Ordnung der Grösse $e^{-3\frac{\pi}{2\beta}r}$

$$u = \sin\frac{\pi z}{2\beta}\frac{4\sin\frac{\pi\alpha}{2\beta}}{\beta}\sqrt{\frac{\beta}{r}}\left\{e^{-\frac{\pi r}{2\beta}}\sum\frac{(\overline{1.3\ldots 2m-1})^2}{m!}\left(-\frac{\beta}{4\pi r}\right)^m\right.$$

$$-\sum\frac{(\overline{1.3\ldots 2m-1})^2}{m!}\left(\frac{\beta}{4\pi r}\right)^m e^{\frac{\pi}{2\beta}(r-2c)}\times$$

$$\left.\frac{\sum\frac{(\overline{1.3\ldots 2m-1})^2(2m+1)}{m!\,(2m-1)}\left(-\frac{\beta}{4\pi c}\right)^m}{\sum\frac{(\overline{1.3\ldots 2m-1})^2(2m+1)}{m!\,(2m-1)}\left(\frac{\beta}{4\pi c}\right)^m}\right\}$$

und die Dicke der Schicht proportional $\left(\frac{\partial u}{\partial z}\right)_0$ oder proportional

$$\frac{e^{-\frac{\pi r}{2\beta}}}{\sqrt{r}}\sum\frac{(\overline{1.3\ldots 2m-1})^2}{m!}\left(-\frac{\beta}{4\pi r}\right)^m$$

$$-\frac{e^{\frac{\pi}{2\beta}(r-2c)}}{\sqrt{r}}\sum\frac{(\overline{1.3\ldots 2m-1})^2}{m!}\left(\frac{\beta}{4\pi r}\right)^m\times$$

$$\frac{\sum\frac{(\overline{1.3\ldots 2m-1})^2(2m+1)}{m!\,(2m-1)}\left(-\frac{\beta}{4\pi c}\right)^m}{\sum\frac{(\overline{1.3\ldots 2m-1})^2(2m+1)}{m!\,(2m-1)}\left(\frac{\beta}{4\pi c}\right)^m}.$$

Dieses Resultat bleibt im Allgemeinen auch richtig, wenn statt des Einströmungspunktes eine beliebige Umdrehungsfläche als Kathode angenommen wird; denn für Werthe von r zwischen c und demjenigen Werthe, bis zu welchem die Bedingungen (1) bis (3) gültig bleiben, muss u auch dann durch eine Reihe von der Form

$$u = \Sigma K_n \sin n\frac{\pi z}{2\beta}\left\{f\left(n\frac{\pi r}{4\beta}\right) - \varphi\left(n\frac{\pi r}{4\beta}\right)\frac{f'\left(n\frac{\pi c}{4\beta}\right)}{\varphi'\left(n\frac{\pi c}{4\beta}\right)}\right\}$$

dargestellt werden. Eine Ausnahme würde nur eintreten, wenn $K_1 = 0$ würde.

Die von Herrn E. Becquerel gemachte und von Herrn Du-Bois-Reymond im Wesentlichen beibehaltene specielle Voraussetzung ist die, dass die Kathode ein Punkt der Oberfläche, also $\alpha = \beta$ sei; in diesem Falle ist, wie die geführte Rechnung zeigt, die Dicke der Schicht für grosse Werthe von $\frac{r}{\alpha}$ weder der Entfernung vom Einströmungspunkte, wie Herr Becquerel, noch ihrem Cubus, wie Herr Du-Bois-

Reymond gefunden hat, umgekehrt proportional, sondern sie nimmt mit wachsenden $\frac{r}{\alpha}$ vielmehr ab, wie eine Potenz mit dem Exponenten $\frac{r}{\alpha}$, so dass $\frac{\alpha \log \left(\frac{\partial u}{\partial z}\right)_0}{r}$ sich einem festen Grenzwerthe $-\frac{\pi}{2}$ schliesslich bis zu jedem Grade nähert. Dagegen ist das Gesetz des Herrn Du-Bois-Reymond nicht bloss näherungsweise für grosse Werthe von $\frac{r}{\alpha}$, sondern strenge richtig, wenn $\beta = \infty$ ist, da sich alsdann

$$u = \sum_{-\infty,\,\infty} (-1)^m \left(\frac{1}{\sqrt{rr + (z + 2m\beta - \alpha)^2}} - \frac{1}{\sqrt{rr + (z + 2m\beta + \alpha)^2}}\right)$$

auf

$$\frac{1}{\sqrt{rr + (z - \alpha)^2}} - \frac{1}{\sqrt{rr + (z + \alpha)^2}}$$

und folglich

$$\left(\frac{\partial u}{\partial z}\right)_0 \text{ auf } \frac{2\alpha}{\sqrt{rr + \alpha\alpha}^3}$$

reducirt. Die Vermuthung aber, aus welcher derselbe dieses Resultat abgeleitet hat, dass nämlich die Strömungslinien als gerade betrachtet werden dürften, bestätigt sich keineswegs. Die Gleichung der Strömungslinien ist

$$\int \left(r \frac{\partial u}{\partial z} dr - r \frac{\partial u}{\partial z} dz\right) = v = \text{const.},$$

und zwar ist die Constante, multiplicirt mit $\frac{2\pi}{w}$, wenn man das Integral so nimmt, dass es für $r = 0$ verschwindet, gleich dem innerhalb der Umdrehungsfläche ($v =$ const.) fliessenden Theile des Stromes. In unserem Falle also sind die Strömungslinien die in der Gleichung

$$v = 2 - \frac{z + \alpha}{\sqrt{rr + (z + \alpha)^2}} \pm \frac{z - \alpha}{\sqrt{rr + (z - \alpha)^2}} = \text{const.}$$

enthaltenen Linien, welche Linien für alle grösseren Werthe der const. beträchtlich von einer geraden abweichen. Da Herr Du-Bois-Reymond zwar die Annahme macht, dass der Einströmungspunkt in der Oberfläche liege, seine ferneren Schlüsse aber nicht wesentlich auf diese Annahme stützt, so liegt wohl die Vermuthung nahe, dass bei den Versuchen des Herrn Beetz, welche eine nicht zu verkennende Annäherung an das Gesetz der Cuben ergeben, die Forderung des Herrn Du-Bois-Reymond, dass die Oberfläche der Flüssigkeit durch den Einströmungspunkt gehe, nicht berücksichtigt worden ist, sondern dass Herr Beetz, was zweckmässiger sein dürfte, grössere Flüssigkeitsmengen anwandte, so dass in der Reihe für $\left(\frac{\partial u}{\partial z}\right)_0$

$$\sum_{0,\,\infty}(-1)^m\left(\frac{2m\beta+\alpha}{\sqrt{rr+(2m\beta+\alpha)^2}^3}-\frac{2m\beta-\alpha}{\sqrt{rr+(2m\beta-\alpha)^2}^3}\right)$$

die späteren Glieder oder doch ihre Summe gegen das erste vernachlässigt werden konnten. In diesem Falle würden die hübschen Versuche des Herrn Beetz wirklich als ein Beweis anzusehen sein, dass die Stromvertheilung nahezu nach den vorausgesetzten Gesetzen erfolgt. Sollte aber diese Vermuthung irrig sein, so wäre aus Herrn Beetz's Versuchen zu schliessen, dass noch andere Umstände bei der Berechnung der Stromvertheilung in Betracht zu ziehen sind, deren Ermittlung einer neuen experimentellen Untersuchung obliegen würde.*)

*) In einer späteren Abhandlung (Poggendorff's Annalen Bd. 95, p. 22) ist Beetz auf diesen Gegenstand zurückgekommen. Es ergiebt sich daraus zunächst, dass bei den Versuchen von Beetz die Einströmungsstelle immer unmittelbar an der Oberfläche der Flüssigkeit lag und mithin die Vermuthung von Riemann irrig ist. Es ist aber gleichwohl nicht nothwendig, nach anderen Umständen zu suchen, welche die Gesetze der Stromvertheilung beeinflussen könnten, da das theoretische Resultat von Riemann mit den Versuchen in noch vollständigerer Uebereinstimmung steht als das von Du-Bois-Reymond, wie aus den in der erwähnten Abhandlung enthaltenen Zusammenstellungen zu ersehen ist.

Am Anfang der achtziger Jahre sind solche Versuche in ausgedehntem Maasse und unter mannigfach veränderten Umständen von Guébhard angestellt worden. Die theoretische Deutung, die Guébhard seinen Versuchen giebt, stimmt mit der von Riemann nicht überein. Es scheint, dass bei diesen Vorgängen ausser der Leitung der Electricität noch andere Einflüsse, besonders die electromotorische Kraft der Polarisation zu berücksichtigen sind. (Compt. rend. 90, 93, 94. Journal de Physique (2) I. u. II. und in der Zeitschrift L'Electricien.) W.

Anmerkungen.

(1) (Zu Seite 56.) Es ist hier die Voraussetzung gemacht, dass die Spannung (das Potential) in der begrenzenden Platte constant sei, oder, was damit gleichbedeutend ist, dass die Strömung überall senkrecht gegen die Grenzfläche erfolgt. Da die begrenzende Platte in den Versuchen von Metall ist, dessen Leitungsfähigkeit gegen die der Flüssigkeit ausserordentlich gross ist, so ist diese Annahme statthaft. Ein Bedenken dagegen würde nur dann zu erheben sein, wenn die Metallplatte sehr dünn wäre. (Vgl. eine Mittheilung des Herausgebers „Ueber stationäre Strömung der Electricität in Platten" in den Nachrichten der Göttinger Gesellschaft der Wissenschaften 1889 Nr. 6.)

(2) (Zu Seite 58.) Die Umformung

$$\int_{-\infty}^{+\infty} \frac{e^{n\frac{\pi}{2\beta}ti}\,dt}{\sqrt{rr+tt}} = 2\int_{ri}^{\infty i} \frac{e^{n\frac{\pi}{2\beta}ti}\,dt}{\sqrt{rr+tt}} = 2\int_{1}^{\infty} \frac{e^{-\frac{n\pi rt}{2\beta}}\,dt}{\sqrt{tt-1}}$$

beruht auf dem Satze, dass bei der Integration einer Function complexen Arguments der Integrationsweg geändert werden darf, wenn dabei kein singulärer Punkt überschritten wird.

(3) (Zu Seite 59.) Die Reihenentwicklungen für die Functionen $f(q)$ und $\varphi(q)$ lassen sich auf elementarem Wege folgendermaassen ableiten.

Die beiden Functionen

$$f(q) = \int_{1}^{\infty} \frac{e^{-2qt}\,dt}{\sqrt{tt-1}}, \qquad \varphi(q) = \int_{-1}^{+1} \frac{e^{-2qt}\,dt}{\sqrt{1-tt}}$$

sind particuläre Lösungen der Differentialgleichung (auf Seite 58)

$$\frac{d^2y}{dq^2} + \frac{1}{q}\frac{dy}{dq} - 4y = 0.$$

Integrirt man diese Differentialgleichung durch eine nach steigenden Potenzen von q fortschreitende Reihe, so erhält man, wenn man einen constanten Factor durch $\varphi(0) = \pi$ bestimmt,

$$\varphi(q) = \pi \sum_{0,\,\infty}^{m} \frac{q^{2m}}{\Pi(m)\,\Pi(m)},$$

wenn man sich des Gauss'schen Zeichens $\Pi(m)$ bedient, das für ein ganzzahliges m die Bedeutung $1 \,.\, 2 \,.\, 3 \ldots m$ oder $m!$ hat.

Eine zweite particuläre Lösung findet sich nun, wenn man

$$y = u - \frac{1}{\pi}\varphi(q)\log q$$

setzt und für u eine Potenzreihe von der Form

$$\sum \frac{a_m\, q^{2m}}{\Pi(m)\,\Pi(m)}$$

aus der Differentialgleichung ableitet.

Für die Coefficienten a_m erhält man die Recursionsformel

$$a_m - a_{m-1} = \frac{1}{m}$$

und folglich, wenn man den ersten unbestimmt bleibenden Coefficienten $a_0 = \Psi(0)$ setzt,

$$a_m = \Psi(0) + 1 + \frac{1}{2} + \cdots + \frac{1}{m} = \Psi(m),$$

worin $\Psi(m)$ die von Gauss eingeführte Function $\frac{d \log \Pi(m)}{dm}$ ist. (Gauss, Disq. circa ser. inf. Werke Bd. III, Seite 153.)

Setzt man also

$$F(q) = \sum_{0,\,\infty}^{m} \frac{q^{2m}}{\Pi(m)\,\Pi(m)} (\Psi(m) - \log q),$$

so muss, wenn A, B noch zu bestimmende Constanten sind,

$$F(q) = A f(q) + B \varphi(q)$$

sein. Die Werthe dieser Constanten erhält man aus $q = 0$. Es ist nämlich

$$\lim_{q=0} (F(q) + \log q) = \Psi(0),$$

und durch partielle Integration:

$$f(q) = \int_q^\infty \frac{e^{-2t}\,dt}{\sqrt{tt - qq}} = \int_q^\infty e^{-2t} d \log(\sqrt{tt - qq} + t)$$

$$= - e^{-2q} \log q + 2 \int_q^\infty e^{-2t} \log(\sqrt{tt - qq} + t)\, dt,$$

also

$$\lim_{q=0} (f(q) + \log q) = 2 \int_0^\infty e^{-2t} \log 2t\, dt = \int_0^\infty e^{-t} \log t\, dt = \Psi(0).$$

Also erhält man $A = 1$, $B = 0$ und in Uebereinstimmung mit der Formel des Textes $f(q) = F(q)$.

(4) (Zu Seite 59.) Von den beiden nach fallenden Potenzen von q fortschreitenden (halbconvergenten) Reihen erhält man die erste, einschliesslich der Genauigkeitsgrenze, aus dem Integralausdruck

$$f(q) = \int_1^\infty \frac{e^{-2qt}\,dt}{\sqrt{tt-1}} = e^{-2q} \int_0^\infty \frac{e^{-2qt}\,dt}{\sqrt{t(t+2)}}$$

$$= \frac{e^{-2q}}{\sqrt{2q}} \int_0^\infty \frac{e^{-t}\,dt}{\sqrt{t}\sqrt{\frac{t}{2q} + 2}},$$

durch Entwicklung von $\left(\frac{t}{2q}+2\right)^{-\frac{1}{2}}$ nach steigenden Potenzen von t nach dem Taylor'schen Lehrsatz mit Rücksicht auf das Restglied. Die zweite dieser Formeln aber bot Schwierigkeiten, die bereits H. Hankel in einer Arbeit über die Cylinderfunctionen (Bd. I der Mathem. Annalen) hervorhob. Zur Aufklärung sollen mit Bezugnahme auf eine Abhandlung des Herausgebers (Zur Theorie der Bessel'schen Functionen, Mathem. Annalen Bd. XXXVII, S. 404) die folgenden Bemerkungen hier Platz finden.

Definirt man mit Benutzung einer jetzt üblichen Bezeichnung zwei Functionen des complexen Argumentes x

$$J(x)=\sum_{0,\,\infty}^{m}\frac{(-1)^m\left(\frac{x}{2}\right)^{2m}}{\Pi(m)\,\Pi(m)},$$

$$Y(x)=2\sum_{0,\infty}^{m}\frac{(-1)^m\left(\frac{x}{2}\right)^{-2m}\left(\log\frac{x}{2}-\Psi(m)\right)}{\Pi(m)\,\Pi(m)},$$

wobei, um $Y(x)$ eindeutig zu bestimmen, $\log\frac{x}{2}$ für reelle positive Werthe von x reell und die x-Ebene durch einen längs des negativen Theils der reellen Axe verlaufenden Schnitt begrenzt angenommen sei, so wird, indem wir q als reell und positiv voraussetzen,

$$\varphi(q)=\pi J(2iq),$$

$$f(q)=-\frac{1}{2}Y(2iq)+\frac{\pi i}{2}J(2iq).$$

In der oben erwähnten Arbeit sind zwei Functionen

$$S_1(x)=\frac{1}{\sqrt{\pi}}\int_0^\infty\frac{e^{-s}ds}{\sqrt{s\left(1-\frac{s}{2ix}\right)}}$$

$$S_2(x)=\frac{1}{\sqrt{\pi}}\int_0^\infty\frac{e^{-s}ds}{\sqrt{s\left(1+\frac{s}{2ix}\right)}}$$

definirt, durch die sich $J(x)$, $Y(x)$ und folglich auch $\varphi(q)$, $f(q)$ ausdrücken lassen:

$$\sqrt{\frac{4q}{\pi}}\,e^{2q}f(q)=S_1(2iq),$$

$$\sqrt{\frac{4q}{\pi}}\,e^{-2q}\,\varphi(q)=S_2(2iq)-ie^{-4q}S_1(2iq).$$

Nun folgt aus Art. X der genannten Abhandlung, dass, wenn $S_1(2iq)$, $S_2(2iq)$ durch die endlichen Reihen

$$\sum_{0,\,n-1}^{m}(-1)^m\frac{(1\cdot3\cdots\overline{2m-1})^2}{\Pi(m)\,(16q)^m},$$

$$\sum_{0,\,n-1}^{m}\frac{(1\cdot3\cdots\overline{2m-1})^2}{\Pi(m)\,(16q)^m}$$

ersetzt werden, der Fehler für ein reelles positives q, sofern $n < 4q$ und nicht zu klein ist, etwa von der Grösse

$$\sqrt{2n}\,e^{-n}$$

oder, wenn man mit der willkürlichen Zahl n möglichst nahe an $4q$ herangeht,

$$\sqrt{8q}\,e^{-4q}$$

ist. Mit gleicher Genauigkeit kann man also auch

$$\sqrt{\frac{4q}{\pi}}\,e^{2q} f(q), \quad \sqrt{\frac{4q}{\pi}}\,e^{-2q} \varphi(q)$$

durch dieselben Ausdrücke darstellen, in Uebereinstimmuug mit den Formeln des Textes.

Es darf hier natürlich der Begriff der halbconvergenten Reihe nicht in dem beschränkten Sinne gebraucht werden, wonach die Summe der n ersten Glieder einem bestimmten Werthe so sich nähert, dass der Unterschied immer kleiner ist als das zuletzt hinzugefügte Glied. Eine divergente Reihe mit nur positiven Gliedern kann selbstverständlich jeden beliebigen positiven Werth in dem Sinne genähert darstellen, dass der Werth der Summe den darzustellenden Werth durch Hinzufügung eines weiteren Gliedes überschreitet, und dass also, wenn man unmittelbar vor oder nach diesem Gliede abbricht, der Fehler kleiner ist als dies Glied, und dann wieder fortwährend wächst. Es kommt also nur darauf an, die am zweckmässigsten anzuwendende Gliederzahl und die ungefähre Grösse des letzten dieser Glieder zu ermitteln. In dem vorliegenden Fall ist dieser Zweck erreicht, wenn man die Gliederzahl n möglichst nahe an $4q$ heranrückt.

IV.

Beiträge zur Theorie der durch die Gauss'sche Reihe $F(\alpha, \beta, \gamma, x)$ darstellbaren Functionen.

(Aus dem siebenten Bande der Abhandlungen der Königlichen Gesellschaft der Wissenschaften zu Göttingen. 1857.)

Die Gauss'sche Reihe $F(\alpha, \beta, \gamma, x)$, als Function ihres vierten Elements x betrachtet, stellt diese Function nur dar, so lange der Modul von x die Einheit nicht überschreitet. Um diese Function in ihrem ganzen Umfange, bei unbeschränkter Veränderlichkeit dieses ihres Arguments, zu untersuchen, bieten die bisherigen Arbeiten über dieselbe zwei Wege dar. Man kann nämlich entweder von einer lineären Differentialgleichung, welcher sie genügt, ausgehen, oder von ihrem Ausdrucke durch bestimmte Integrale. Jeder dieser Wege gewährt eigenthümliche Vortheile; jedoch ist bis jetzt, in der reichhaltigen Abhandlung von Kummer im 15. Bande des mathematischen Journals von Crelle und auch in den noch unveröffentlichten Untersuchungen von Gauss*), nur der erste betreten, wohl hauptsächlich deshalb, weil die Rechnung mit bestimmten Integralen zwischen complexen Grenzen noch zu wenig ausgebildet war, oder doch nicht als einem grossen Leserkreise geläufig vorausgesetzt werden konnte.

In der folgenden Abhandlung habe ich diese Transcendente nach einer neuen Methode behandelt, welche im Wesentlichen auf jede Function, die einer lineären Differentialgleichung mit algebraischen Coefficienten genügt, anwendbar bleibt. Nach derselben lassen sich die früher zum Theil durch ziemlich mühsame Rechnungen gefundenen Resultate fast unmittelbar aus der Definition ableiten, und dies ist in dem hier vorliegenden Theile dieser Abhandlung geschehen, hauptsächlich in der Absicht für die vielfachen Anwendungen dieser Function in physikalischen und astronomischen Untersuchungen eine bequeme Uebersicht über ihre möglichen Darstellungen zu geben. Es ist nöthig, einige allgemeine Vorbemerkungen über die Betrachtung einer Function bei unbeschränkter Veränderlichkeit ihres Arguments voraufzuschicken.

---

*) Gauss Werke. Bd. III 1886. S. 207. W.

5*

Betrachtet man den Werth der unabhängig veränderlichen Grösse $x = y + zi$ zur leichteren Auffassung ihrer Veränderlichkeit als vertreten durch einen Punkt einer unendlichen Ebene, dessen rechtwinklige Coordination y, z sind, und denkt sich die Function w in einem Theile dieser Ebene gegeben, so kann sie von dort aus nach einem leicht zu beweisenden Satze nur auf eine Weise der Gleichung $\frac{\partial w}{\partial z} = i\frac{\partial w}{\partial y}$ gemäss stetig fortgesetzt werden. Diese Fortsetzung muss selbstredend nicht in blossen Linien geschehen, worauf eine partielle Differentialgleichung nicht angewandt werden könnte, sondern in Flächenstreifen von endlicher Breite. Bei Functionen, welche, wie die hier zu untersuchende, „mehrwerthig" sind oder für denselben Werth von x je nach dem Wege, auf welchem die Fortsetzung geschehen ist, mehrere Werthe annehmen können, giebt es gewisse Punkte der x-Ebene, um welche herum sich die Function in eine andere fortsetzt, wie z. B. bei $\sqrt{(x-a)}$, $\log(x-a)$, $(x-a)^{\mu}$, wenn μ keine ganze Zahl ist, der Punkt a. Wenn man von diesem Punkte a aus sich eine beliebige Linie gezogen denkt, so kann der Werth der Function in der Umgebung von a so gewählt werden, dass er sich ausserhalb dieser Linie überall stetig ändert; sie nimmt aber dann zu beiden Seiten dieser Linie verschiedene Werthe an, so dass die Fortsetzung der Function über diese Linie hinüber eine von der jenseits schon vorhandenen verschiedene Function giebt.

Zur Erleichterung des Ausdrucks sollen die verschiedenen Fortsetzungen Einer Function für denselben Theil der x-Ebene „Zweige" dieser Function genannt werden und ein Werth von x, um welchen herum sich ein Zweig einer Function in einen andern fortsetzt, ein „Verzweigungswerth"; für einen Werth, in welchem keine Verzweigung stattfindet, heisst die Function „einändrig oder monodrom".

1.

Ich bezeichne durch

$$P\begin{Bmatrix} a & b & c & \\ \alpha & \beta & \gamma & x \\ \alpha' & \beta' & \gamma' & \end{Bmatrix}$$

eine Function von x, welche folgende Bedingungen erfüllt:

1) Sie ist für alle Werthe von x ausser a, b, c einändrig und endlich.

2) Zwischen je drei Zweigen dieser Function P', P'', P''' findet eine lineäre homogene Gleichung mit constanten Coefficienten Statt,

$$c'P' + c''P'' + c'''P''' = 0.$$

3) Die Function lässt sich in die Formen

$$c_\alpha P^{(\alpha)} + c_{\alpha'} P^{(\alpha')}, \; c_\beta P^{(\beta)} + c_{\beta'} P^{(\beta')}, \; c_\gamma P^{(\gamma)} + c_{\gamma'} P^{(\gamma')}$$

mit constanten $c_\alpha, c_{\alpha'}, \cdots, c_{\gamma'}$ setzen, so dass

$$P^{(\alpha)}(x-a)^{-\alpha}, \; P^{(\alpha')}(x-a)^{-\alpha'}$$

für $x = a$ einändrig bleiben und weder Null noch unendlich werden, und ebenso $P^{(\beta)}(x-b)^{-\beta}$, $P^{(\beta')}(x-b)^{-\beta'}$ für $x = b$ und $P^{(\gamma)}(x-c)^{-\gamma}$, $P^{(\gamma')}(x-c)^{-\gamma'}$ für $x = c$. In Betreff der sechs Grössen $\alpha, \alpha', \ldots, \gamma'$ wird vorausgesetzt, dass keine der Differenzen $\alpha - \alpha'$, $\beta - \beta'$, $\gamma - \gamma'$ eine ganze Zahl und die Summe aller, $\alpha + \alpha' + \beta + \beta' + \gamma + \gamma' = 1$ sei.

Wie mannigfaltig die Functionen seien, welche diesen Bedingungen genügen, bleibt vorläufig unentschieden und wird sich im Laufe der Untersuchung (Art. 4) ergeben. Zu grösserer Bequemlichkeit des Ausdrucks werde ich x die Veränderliche, a, b, c den ersten, zweiten, dritten Verzweigungswerth und α, α'; β, β'; γ, γ' das erste, zweite, dritte Exponentenpaar der P-function nennen.

2.

Zunächst einige unmittelbare Folgerungen aus der Definition.

In der Function $P\begin{Bmatrix} a & b & c & \\ \alpha & \beta & \gamma & x \\ \alpha' & \beta' & \gamma' & \end{Bmatrix}$ können die drei ersten Verticalreihen beliebig unter einander vertauscht werden, sowie auch α mit α', β mit β', γ mit γ'. Es ist ferner

$$P\begin{Bmatrix} a & b & c & \\ \alpha & \beta & \gamma & x \\ \alpha' & \beta' & \gamma' & \end{Bmatrix} = P\begin{Bmatrix} a' & b' & c' & \\ \alpha & \beta & \gamma & x' \\ \alpha' & \beta' & \gamma' & \end{Bmatrix},$$

wenn man für x' einen rationalen Ausdruck ersten Grades von x setzt, der für $x = a, b, c$ die Werthe a', b', c' annimmt.

Für $P\begin{Bmatrix} 0 & \infty & 1 & \\ \alpha & \beta & \gamma & x \\ \alpha' & \beta' & \gamma' & \end{Bmatrix}$, auf welche Function sich demzufolge alle P-functionen mit denselben $\alpha, \alpha', \ldots, \gamma'$ zurückführen lassen, werde ich zur Abkürzung auch blos $P\begin{pmatrix} \alpha & \beta & \gamma & \\ \alpha' & \beta' & \gamma' & x \end{pmatrix}$ setzen.

In einer solchen Function können also von den Grössen α, α'; β, β'; γ, γ' die Grössen jedes Paars unter sich, sowie auch die drei Grössenpaare beliebig mit einander vertauscht werden, wenn man nur in der sich ergebenden P-function als Veränderliche einen rationalen Ausdruck ersten Grades von x substituirt, welcher für die zum ersten, zweiten, dritten Exponentenpaar dieser Function gehörigen Werthe von x die Werthe 0, ∞, 1 annimmt. Auf diese Weise erhält man die Function $P\begin{pmatrix}\alpha & \beta & \gamma & \\ \alpha' & \beta' & \gamma' & x\end{pmatrix}$ ausgedrückt durch P-functionen mit den Veränderlichen x, $1-x$, $\frac{1}{x}$, $1-\frac{1}{x}$, $\frac{x}{x-1}$, $\frac{1}{1-x}$ und denselben Exponenten in anderer Ordnung.

Aus der Definition folgt ferner:

$$P\begin{Bmatrix}a & b & c & \\ \alpha & \beta & \gamma & x \\ \alpha' & \beta' & \gamma' & \end{Bmatrix}\left(\frac{x-a}{x-b}\right)^{\delta} = P\begin{Bmatrix}a & b & c & \\ \alpha+\delta & \beta-\delta & \gamma & x \\ \alpha'+\delta & \beta'-\delta & \gamma' & \end{Bmatrix};$$

also auch

$$x^{\delta}(1-x)^{\varepsilon}\, P\begin{pmatrix}\alpha & \beta & \gamma & \\ \alpha' & \beta' & \gamma' & x\end{pmatrix} = P\begin{pmatrix}\alpha+\delta & \beta-\delta-\varepsilon & \gamma+\varepsilon & \\ \alpha'+\delta & \beta'-\delta-\varepsilon & \gamma'+\varepsilon & x\end{pmatrix}.$$

Durch diese Umformung können zwei Exponenten verschiedener Paare beliebig gegebene Werthe erhalten und als Werthe der Exponenten, da zwischen ihnen die Bedingung $\alpha+\alpha'+\beta+\beta'+\gamma+\gamma'=1$ stattfindet, jedwede andere eingeführt werden, für welche die drei Differenzen $\alpha-\alpha'$, $\beta-\beta'$, $\gamma-\gamma'$ dieselben sind. Aus diesem Grunde werde ich später zur Erleichterung der Uebersicht durch

$$P(\alpha-\alpha', \beta-\beta', \gamma-\gamma', x)$$

sämmtliche in der Form $x^{\delta}(1-x)^{\varepsilon}\, P\begin{pmatrix}\alpha & \beta & \gamma & \\ \alpha' & \beta' & \gamma' & x\end{pmatrix}$ enthaltenen Functionen bezeichnen.

3.

Es ist jetzt vor allen Dingen nöthig, den Verlauf der Function etwas genauer zu untersuchen. Zu diesem Ende denke man sich durch sämmtliche Verzweigungspunkte der Function eine in sich zurücklaufende Linie l gezogen, welche die Gesammtheit der complexen Werthe in zwei Grössengebiete scheidet. Innerhalb jedes von ihnen wird alsdann jeder Zweig der Function stetig und von den übrigen gesondert verlaufen; längs der gemeinschaftlichen Grenzlinie aber werden zwischen den Zweigen des einen und des andern Gebiets in verschiedenen Begrenzungstheilen verschiedene Relationen stattfinden. Zu ihrer bequemeren Darstellung werde ich die mittels des Coefficientensystems $S=\begin{pmatrix}p, & q \\ r, & s\end{pmatrix}$ aus den Grössen t, u gebildeten lineären Ausdrücke $pt+qu$, $rt+su$ durch $(S)\,(t, u)$ bezeichnen. Es möge ferner nach Analogie der von Gauss vorgeschlagenen Benennung „positiv laterale Einheit" für $+i$ als „positive" Seitenrichtung zu einer gegebenen Richtung diejenige bezeichnet werden, welche zu ihr ebenso liegt, wie $+i$ zu 1 (also bei der üblichen Darstellungsweise der complexen Grössen die linke). Demgemäss macht x einen „positiven Umlauf um einen Verzweigungswerth a", wenn es sich durch die ganze Begrenzung eines nur diesen und keinen andern Verzweigungswerth enthaltenden Grössengebiets in einer gegen die Richtung von Innen nach Aussen positiv liegenden Richtung bewegt. Es gehe nun die Linie l der Reihe nach durch die Punkte $x = c$, $x = b$, $x = a$, und in dem auf ihrer positiven Seite liegenden Gebiete seien P', P'' zwei in keinem constanten Verhältnisse stehende Zweige der Function P. Jeder andere Zweig P''' lässt sich dann, da in der vorausgesetztermassen stattfindenden Gleichung $c' P' + c'' P'' + c''' P''' = 0$ c''' nicht verschwinden kann, lineär und mit constanten Coefficienten in P' und P'' ausdrücken. Nimmt man nun an, dass P', P'' durch einen positiven Umlauf der Grösse x um a in $(A)(P', P'')$, um b in $(B)(P', P'')$, um c in $(C)(P', P'')$ übergehe, so wird durch die Coefficienten der Systeme (A), (B), (C) die Periodicität der Function völlig bestimmt sein. Zwischen diesen finden aber noch Relationen Statt. Wenn nämlich x das negative Ufer der Linie l durchläuft, so müssen die Functionen P', P'' die vorigen Werthe wieder annehmen, da der durchlaufene Weg negativerseits die ganze Begrenzung eines Grössengebiets bildet, innerhalb dessen diese Functionen allenthalben einändrig sind. Es ist dies aber dasselbe, als ob der Werth x sich von einem der Werthe c, b, a bis zum folgenden auf der positiven Seite fortbewegt, dann aber jedesmal um diesen Werth positiv herum, wobei (P', P'') der Reihe nach in $(C)(P', P'')$, $(C)(B)(P', P'')$, schliesslich in $(C)(B)(A)(P', P'')$ übergeht. Es ist daher

$$(1) \qquad (C)(B)(A) = \begin{pmatrix} 1, & 0 \\ 0, & 1 \end{pmatrix},$$

welche Gleichung vier Bedingungsgleichungen zwischen den zwölf Coefficienten von A, B, C liefert.

Bei der Discussion dieser Bedingungsgleichungen beschränke ich mich, zur Fixirung der Vorstellungen, auf die Function $P\begin{pmatrix} \alpha & \beta & \gamma & \\ \alpha' & \beta' & \gamma' & x \end{pmatrix}$, also auf den Fall, wenn $a = 0$, $b = \infty$, $c = 1$, was die Allgemeinheit der Resultate nicht wesentlich beeinträchtigt, und wähle für die durch 1, ∞, 0 zu ziehende Linie l die Linie der reellen Werthe, welche, um der Reihe nach durch c, b, a zu gehen, von $-\infty$ nach $+\infty$ gerichtet sein muss. Innerhalb des auf der positiven Seite dieser Linie liegenden Gebiets, welches die complexen Werthe mit positiv imaginärem Gliede enthält, sind dann die oben charakterisirten Bestandtheile der Function P, die Grössen P^{α}, $P^{\alpha'}$, P^{β}, $P^{\beta'}$, P^{γ}, $P^{\gamma'}$, einändrige

Functionen von x und sind bis auf constante Factoren, welche von der Wahl der Grössen $c_\alpha, c_{\alpha'}, \ldots, c_{\gamma'}$ abhängen, völlig bestimmt, wenn die Function P gegeben ist. Die Functionen P^α, $P^{\alpha'}$ gehen durch einen positiven Umlauf der Grösse x um 0 in $P^\alpha e^{\alpha 2\pi i}$, $P^{\alpha'} e^{\alpha' 2\pi i}$ über und ebenso durch einen positiven Umlauf dieser Grösse um ∞ die Functionen P^β, $P^{\beta'}$ in $P^\beta e^{\beta 2\pi i}$, $P^{\beta'} e^{\beta' 2\pi i}$ und durch einen positiven Umlauf um 1 die Functionen P^γ, $P^{\gamma'}$ in $P^\gamma e^{\gamma 2\pi i}$, $P^{\gamma'} e^{\gamma' 2\pi i}$. Bezeichnet man den Werth, in welchen P durch einen positiven Umlauf von x um 0 übergeht, durch P', so ist, wenn

$$P = c_\alpha P^\alpha + c_{\alpha'} P^{\alpha'},\ P' = c_\alpha e^{\alpha 2\pi i} P^\alpha + c_{\alpha'} e^{\alpha' 2\pi i} P^{\alpha'}.$$

Diese Ausdrücke haben eine von Null verschiedene Determinante, da n. V. $\alpha - \alpha'$ keine ganze Zahl ist, und folglich können P^α, $P^{\alpha'}$ auch umgekehrt in P, P' also auch in $P^\beta, P^{\beta'}$; $P^\gamma\, P^{\gamma'}$ lineär mit constanten Coefficienten ausgedrückt werden. Setzt man nun

$$P^\alpha = \alpha_\beta P^\beta + \alpha_{\beta'} P^{\beta'} = \alpha_\gamma P^\gamma + \alpha_{\gamma'} P^{\gamma'},$$
$$P^{\alpha'} = \alpha'_\beta P^\beta + \alpha'_{\beta'} P^{\beta'} = \alpha'_\gamma P^\gamma + \alpha'_{\gamma'} P^{\gamma'},$$

und zur Abkürzung $\left\{\begin{matrix}\alpha_\beta, & \alpha_{\beta'}\\ \alpha'_\beta, & \alpha'_{\beta'}\end{matrix}\right\} = (b)$, $\left\{\begin{matrix}\alpha_\gamma, & \alpha_{\gamma'}\\ \alpha'_\gamma, & \alpha'_{\gamma'}\end{matrix}\right\} = (c)$

und die inversen Substitutionen von (b) und (c) bezw. $= (b)^{-1}$ und $(c)^{-1}$, so ergeben sich für die Functionen $(P^\alpha, P^{\alpha'})$ die Substitutionen

$$(A) = \left\{\begin{matrix}e^{\alpha 2\pi i}, & 0\\ 0 & , e^{\alpha' 2\pi i}\end{matrix}\right\},\ (B) = (b)\left\{\begin{matrix}e^{\beta 2\pi i}, & 0\\ 0 & , e^{\beta' 2\pi i}\end{matrix}\right\}(b)^{-1},\ (C) = (c)\left\{\begin{matrix}e^{\gamma 2\pi i}, & 0\\ 0 & , e^{\gamma' 2\pi i}\end{matrix}\right\}(c)^{-1}.$$

Aus der Gleichung $(C)\,(B)\,(A) = \begin{pmatrix}1, & 0\\ 0, & 1\end{pmatrix}$ folgt nun zunächst, da die Determinante einer zusammengesetzten Substitution dem Producte aus den Determinanten ihrer Componenten gleich ist,

$$\begin{aligned}1 &= \operatorname{Det}(A)\operatorname{Det}(B)\operatorname{Det}(C)\\ &= e^{(\alpha+\alpha'+\beta+\beta'+\gamma+\gamma')2\pi i}\operatorname{Det}(b)\operatorname{Det}(b)^{-1}\operatorname{Det}(c)\operatorname{Det}(c)^{-1}\end{aligned}$$

oder, da $\operatorname{Det}(b)\operatorname{Det}(b)^{-1} = 1$, $\operatorname{Det}(c)\operatorname{Det}(c)^{-1} = 1$,

(2) $\alpha + \alpha' + \beta + \beta' + \gamma + \gamma' =$ einer ganzen Zahl, womit die obige Annahme, dass diese Exponentensumme $= 1$ sei, vereinbar ist.

Die übrigen drei in $(C)\,(B)\,(A) = \begin{pmatrix}1, & 0\\ 0, & 1\end{pmatrix}$ enthaltenen Relationen geben drei Bedingungen für (b) und (c), welche indess leichter auf folgendem Wege gefunden werden.

Wenn x erst um 0 und dann um ∞ negativ herumgeht, so bildet der durchlaufene Weg zugleich einen positiven Umlauf um 1. Der Werth, in welchen P^α dadurch übergeht, ist daher

$$= \alpha_\gamma e^{\gamma 2\pi i} P^\gamma + \alpha_{\gamma'} e^{\gamma' 2\pi i} P^{\gamma'} = (\alpha_\beta e^{-\beta 2\pi i} P^\beta + \alpha_{\beta'} e^{-\beta' 2\pi i} P^{\beta'})\, e^{-\alpha 2\pi i}$$

Multiplicirt man diese Gleichung mit einem willkürlichen Factor $e^{-\sigma\pi i}$ und die Gleichung

$$\alpha_\gamma P^\gamma + \alpha_{\gamma'} P^{\gamma'} = \alpha_\beta P^\beta + \alpha^{\beta'} P^{\beta'} \text{ mit } e^{\sigma\pi i}$$

und subtrahirt, so ergiebt sich nach Abwerfung eines allgemeinen Factors

$$\alpha_\gamma \sin(\sigma-\gamma)\pi\, e^{\gamma\pi i} P^\gamma + \alpha_{\gamma'} \sin(\sigma-\gamma')\pi\, e^{\gamma'\pi i} P^{\gamma'} =$$
$$\alpha_\beta \sin(\sigma+\alpha+\beta)\pi\, e^{-(\alpha+\beta)\pi i} P^\beta + \alpha_{\beta'} \sin(\sigma+\alpha+\beta')\pi\, e^{-(\alpha+\beta')\pi i} P^{\beta'}.$$

Aus ganz ähnlichen Gründen hat man auch, wenn man überall α' für α setzt, die Gleichung

$$\alpha'_\gamma \sin(\sigma-\gamma)\pi\, e^{\gamma\pi i} P^\gamma + \alpha'_{\gamma'} \sin(\sigma-\gamma')\pi\, e^{\gamma'\pi i} P^{\gamma'} =$$
$$\alpha'_\beta \sin(\sigma+\alpha'+\beta)\pi\, e^{-(\alpha'+\beta)\pi i} P^\beta + \alpha'_{\beta'} \sin(\sigma+\alpha'+\beta')\pi\, e^{-(\alpha'+\beta')\pi i} P^{\beta'}$$

mit der willkürlichen Grösse σ. Befreit man beide Gleichungen von einer der Functionen, z. B. $P^{\gamma'}$, indem man σ demgemäss bestimmt, so können sich die resultirenden Gleichungen nur durch einen allgemeinen constanten Factor unterscheiden, da $\frac{P^\beta}{P^{\beta'}}$ nicht constant ist. Diese Elimination von $P^{\gamma'}$ giebt daher:

$$(3) \qquad \frac{\alpha_\gamma}{\alpha'_\gamma} = \frac{\alpha_\beta \sin(\alpha+\beta+\gamma')\pi\, e^{-\alpha\pi i}}{\alpha'_\beta \sin(\alpha'+\beta+\gamma')\pi\, e^{-\alpha'\pi i}} = \frac{\alpha_{\beta'} \sin(\alpha+\beta'+\gamma')\pi\, e^{-\alpha\pi i}}{\alpha'_{\beta'} \sin(\alpha'+\beta'+\gamma')\pi\, e^{-\alpha'\pi i}}$$

und die ähnliche Elimination von P^γ

$$(3) \qquad \frac{\alpha_{\gamma'}}{\alpha'_{\gamma'}} = \frac{\alpha_\beta \sin(\alpha+\beta+\gamma)\pi\, e^{-\alpha\pi i}}{\alpha'_\beta \sin(\alpha'+\beta+\gamma)\pi\, e^{-\alpha'\pi i}} = \frac{\alpha_{\beta'} \sin(\alpha+\beta'+\gamma)\pi\, e^{-\alpha\pi i}}{\alpha'_{\beta'} \sin(\alpha'+\beta'+\gamma)\pi\, e^{-\alpha'\pi i}},$$

welches die vier gesuchten Relationen sind. Aus ihnen ergeben sich die Verhältnisse der Quotienten $\frac{\alpha_\beta}{\alpha'_\beta}, \frac{\alpha_{\beta'}}{\alpha'_{\beta'}}, \frac{\alpha_\gamma}{\alpha'_\gamma}, \frac{\alpha_{\gamma'}}{\alpha'_{\gamma'}}$. Die Gleichheit der beiden aus der zweiten und vierten fliessenden Werthe von $\frac{\alpha_\beta}{\alpha'_\beta} : \frac{\alpha_{\beta'}}{\alpha'_{\beta'}}$ erhellt leicht als eine Folge aus $\alpha + \alpha' + \beta + \beta' + \gamma + \gamma' = 1$ mittelst der Identität $\sin s\pi = \sin(1-s)\pi$.

Demnach sind von den Grössen $\frac{\alpha_\beta}{\alpha'_\beta}, \frac{\alpha_{\beta'}}{\alpha'_{\beta'}}, \frac{\alpha_\gamma}{\alpha'_\gamma}, \frac{\alpha_{\gamma'}}{\alpha'_{\gamma'}}$ durch eine von ihnen, z. B. $\frac{\alpha_\beta}{\alpha'_\beta}$, die übrigen bestimmt und die drei Grössen $\alpha'_{\beta'}, \alpha'_\gamma, \alpha'_{\gamma'}$ durch die fünf Grössen $\alpha_\beta, \alpha'_\beta, \alpha_{\beta'}, \alpha_\gamma, \alpha_{\gamma'}$. Diese fünf Grössen aber hängen von den in $P^\alpha, P^{\alpha'}, P^\beta, P^{\beta'}, P^\gamma, P^{\gamma'}$, wenn die Function P gegeben ist, noch willkürlichen Factoren oder vielmehr von deren Verhältnissen ab, und können durch geeignete Bestimmung derselben jedwede endliche Werthe erhalten. (1)

4.

Die soeben gemachte Bemerkung bahnt den Weg zu dem Satze, dass in zwei P-functionen mit gleichen Exponenten die denselben Exponenten entsprechenden Bestandtheile sich nur durch einen constanten Factor unterscheiden.

In der That, ist P_1 eine Function mit denselben Exponenten wie P, so kann man die fünf Grössen α_β, $\alpha_{\beta'}$, α_γ, $\alpha_{\gamma'}$ und α'_β bei beiden gleich annehmen und dann müssen auch die Grössen $\alpha'_{\beta'}$, α'_γ, $\alpha'_{\gamma'}$ bei beiden übereinstimmen. Man hat also gleichzeitig:

$$(P^\alpha, P^{\alpha'}) = (b)\,(P^\beta, P^{\beta'}) = (c)\,(P^\gamma, P^{\gamma'})$$

und

$$(P_1{}^\alpha, P_1{}^{\alpha'}) = (b)\,(P_1{}^\beta, P_1{}^{\beta'}) = (c)\,(P_1{}^\gamma, P_1{}^{\gamma'}),$$

folglich

$$(P^\alpha P_1{}^{\alpha'} - P^{\alpha'} P_1{}^\alpha) = \mathrm{Det}(b)(P^\beta P_1{}^{\beta'} - P^{\beta'} P_1{}^\beta) = \mathrm{Det}(c)(P^\gamma P_1{}^{\gamma'} - P^{\gamma'} P_1{}^\gamma).$$

Von diesen drei Ausdrücken bleibt der erste, mit $x^{-\alpha-\alpha'}$ multiplicirt, offenbar für $x = 0$ einändrig und endlich; ebenso der zweite, mit $x^{\beta+\beta'} = x^{-\alpha-\alpha'-\gamma-\gamma'+1}$ multiplicirt, für $x = \infty$, der dritte, mit $(1-x)^{-\gamma-\gamma'}$ multiplicirt, für $x = 1$, und dasselbe gilt von allen drei Ausdrücken für alle von 0, ∞, 1 verschiedenen Werthe von x; es ist daher

$$(P^\alpha P_1{}^{\alpha'} - P^{\alpha'} P_1{}^\alpha)\, x^{-\alpha-\alpha'}\, (1-x)^{-\gamma-\gamma'}$$

eine allenthalben stetige und einändrige Function, also eine Constante. Sie ist ferner $= 0$ für $x = \infty$ und muss folglich allenthalben $= 0$ sein.

Hieraus folgt

$$\frac{P_1{}^{\alpha'}}{P^{\alpha'}} = \frac{P_1{}^\alpha}{P^\alpha}$$

$$\frac{P_1{}^\beta}{P^\beta} = \frac{P_1{}^{\beta'}}{P^{\beta'}} = \frac{\alpha_\beta P_1{}^\beta + \alpha_{\beta'} P_1{}^{\beta'}}{\alpha_\beta P^\beta + \alpha_{\beta'} P^{\beta'}} = \frac{P_1{}^\alpha}{P^\alpha}$$

$$\frac{P_1{}^\gamma}{P^\gamma} = \frac{P_1{}^{\gamma'}}{P^{\gamma'}} = \frac{\alpha_\gamma P_1{}^\gamma + \alpha_{\gamma'} P_1{}^{\gamma'}}{\alpha_\gamma P^\gamma + \alpha_{\gamma'} P^{\gamma'}} = \frac{P_1{}^\alpha}{P^\alpha}.$$

Die Function $\frac{P_1{}^\alpha}{P^\alpha}$ ist demnach einwerthig und muss überdies allenthalben endlich, also, w. z. b. ist, constant sein, wenn noch bewiesen wird, dass P^α und $P^{\alpha'}$ nicht zugleich für einen von 0, 1, ∞ verschiedenen Werth von x verschwinden können.

Zu diesem Ende bemerke man, dass

$$P^\alpha \frac{dP^{\alpha'}}{dx} - P^{\alpha'} \frac{dP^\alpha}{dx} = \mathrm{Det}\,(b)\left(P^\beta \frac{dP^{\beta'}}{dx} - P^{\beta'} \frac{dP^\beta}{dx}\right)$$
$$= \mathrm{Det}\,(c)\left(P^\gamma \frac{dP^{\gamma'}}{dx} - P^{\gamma'} \frac{dP^\gamma}{dx}\right),$$

und folglich für $x = 0, \infty, 1$ unendlich klein von den Ordnungen $\alpha + \alpha' - 1, \beta + \beta' + 1 = 2 - \alpha - \alpha' - \gamma - \gamma', \gamma + \gamma' - 1$ wird, übrigens aber stetig und einändrig bleibt, so dass

$$\left(P^\alpha \frac{dP^{\alpha'}}{dx} - P^{\alpha'} \frac{dP^\alpha}{dx}\right) x^{-\alpha-\alpha'+1} (1-x)^{-\gamma-\gamma'+1}$$

eine allenthalben stetige und einändrige Function bildet, folglich einen constanten Werth hat. Dieser constante Werth dieser Function ist nothwendig von Null verschieden, weil sonst $\log P^\alpha - \log P^{\alpha'} =$ const., folglich $\alpha = \alpha'$ sein würde gegen die Voraussetzung; offenbar müsste sie gleich Null werden, wenn für einen von $0, 1, \infty$ verschiedenen Werth von x P^α und $P^{\alpha'}$ gleichzeitig verschwänden, da $\frac{dP^\alpha}{dx}$, $\frac{dP^{\alpha'}}{dx}$ als Derivirte einändrig und stetig bleibender Functionen nicht unendlich werden können.

Es werden daher P^α und $P^{\alpha'}$ für keinen von $0, 1, \infty$ verschiedenen Werth von x gleichzeitig $= 0$, und es bleibt die einwerthige Function

$$\frac{P_1^\alpha}{P^\alpha} = \frac{P_1^{\alpha'}}{P^{\alpha'}} = \frac{P_1^\beta}{P^\beta} = \frac{P_1^{\beta'}}{P^{\beta'}} = \frac{P_1^\gamma}{P^\gamma} = \frac{P_1^{\gamma'}}{P^{\gamma'}}$$

allenthalben endlich, mithin constant, w. z. b. w.

Aus dem eben bewiesenen Satze folgt, dass in zwei Zweige Einer P-function, deren Quotient nicht constant ist, jede andere P-function mit gleichen Exponenten sich lineär mit constanten Coefficienten ausdrücken lässt und dass durch die im Art. 1 geforderten Eigenschaften die zu definirende Function bis auf zwei lineär in ihr enthaltene Constanten völlig bestimmt ist. Diese werden in jedem Falle leicht aus den Werthen der Function für specielle Werthe der Veränderlichen gefunden, am bequemsten, indem man die Veränderliche einem der Verzweigungswerthe gleich setzt.

Ob es immer eine jenen Bedingungen genügende Function gebe, bleibt freilich noch unentschieden, wird sich aber später durch die wirkliche Darstellung der Function mittelst bestimmter Integrale und hypergeometrischer Reihen erledigen und bedarf daher keiner besondern Untersuchung.

5.

Ausser den für jedwede Werthe der Exponenten möglichen Transformationen des Art. 2 ergeben sich aus der Definition noch leicht die beiden Transformationen:

$$(A)\qquad P\begin{Bmatrix} 0 & \infty & 1 & \\ 0 & \beta & \gamma & x \\ \frac{1}{2} & \beta' & \gamma' & \end{Bmatrix} = P\begin{Bmatrix} -1 & \infty & 1 & \\ \gamma & 2\beta & \gamma & \sqrt{x} \\ \gamma' & 2\beta' & \gamma' & \end{Bmatrix},$$

wo nach dem Früheren $\beta + \beta' + \gamma + \gamma' = \frac{1}{2}$ sein muss, und

$$(B)\qquad P\begin{Bmatrix} 0 & \infty & 1 & \\ 0 & 0 & \gamma & x \\ \frac{1}{3} & \frac{1}{3} & \gamma' & \end{Bmatrix} = P\begin{Bmatrix} 1 & \varrho & \varrho^2 & \\ \gamma & \gamma & \gamma & \sqrt[3]{x} \\ \gamma' & \gamma' & \gamma' & \end{Bmatrix},$$

wo $\gamma + \gamma' = \frac{1}{3}$ und ϱ eine imaginäre dritte Wurzel der Einheit bezeichnet. Um sämmtliche Functionen, welche sich mit Hülfe dieser Transformationen auf einander zurückführen lassen, bequem zu übersehen, ist es zweckmässig, statt der Exponenten ihre Differenzen einzuführen und, wie oben vorgeschlagen, durch $P(\alpha-\alpha', \beta-\beta', \gamma-\gamma', x)$ sämmtliche in der Form $x^\delta (1-x)^\varepsilon P\begin{pmatrix} \alpha & \beta & \gamma & \\ \alpha' & \beta' & \gamma' & x \end{pmatrix}$ enthaltenen Functionen zu bezeichnen, wobei $\alpha-\alpha'$, $\beta-\beta'$, $\gamma-\gamma'$ die erste, zweite, dritte Exponentendifferenz genannt werden mag.

Aus den Formeln im Art. 2 folgt dann, dass in der Function

$$P(\lambda, \mu, \nu, x)$$

die Grössen λ, μ, ν beliebig in's Entgegengesetzte verwandelt und beliebig unter einander vertauscht werden können. Die Veränderliche nimmt dabei einen der 6 Werthe x, $1-x$, $\frac{1}{x}$, $1-\frac{1}{x}$, $\frac{1}{1-x}$, $\frac{x}{x-1}$ an, und zwar haben von den 48 auf diese Weise sich ergebenden P-functionen je **acht**, welche durch blosse Zeichenänderung der Grössen λ, μ, ν aus einander hervorgehen, dieselbe Veränderliche.

Von den in diesem Art. angegebenen Transformationen A und B ist die erste anwendbar, wenn von den Exponentendifferenzen entweder eine gleich $\frac{1}{2}$ oder zwei einander gleich sind, die zweite, wenn von ihnen entweder zwei $= \frac{1}{3}$ oder alle drei einander gleich sind. Durch successive Anwendung dieser Transformationen erhält man daher durch einander ausgedrückt:

I. $P(\mu, \nu, \frac{1}{2}, x_2)$, $P(\mu, 2\nu, \mu, x_1)$ und $P(\nu, 2\mu, \nu, x_3)$,

wobei $\sqrt{(1-x_2)} = 1-2x_1$, $\sqrt{\left(1-\frac{1}{x_2}\right)} = 1-2x_3$, also

$$x_2 = 4x_1(1-x_1) = \frac{1}{4x_3(1-x_3)} \text{ sich ergiebt.}$$

II. $$P(\nu, \nu, \nu, x_3),\ P\left(\nu, \frac{\nu}{2}, \frac{1}{2}, x_2\right),\ P\left(\frac{\nu}{2}, 2\nu, \frac{\nu}{2}, x_1\right),$$

$$P(\tfrac{1}{3}, \nu, \tfrac{1}{3}, x_4),\ P\left(\tfrac{1}{3}, \frac{\nu}{2}, \tfrac{1}{2}, x_5\right),\ P\left(\frac{\nu}{2}, \tfrac{2}{3}, \frac{\nu}{2}, x_6\right),$$

wenn $1-\frac{1}{x_4}=\left(\frac{x_3+\varrho}{x_3+\varrho^2}\right)^3$ und folglich $\frac{1}{x_4}=\frac{3(\varrho-\varrho^2)x_3(1-x_3)}{(\varrho^2+x_3)^3}$,

$x_4(1-x_4)=\frac{(\varrho+x_3)^3(\varrho^2+x_3)^3}{27x_3^2(1-x_3)^2}=\frac{(1-x_3(1-x_3))^3}{27x_3^2(1-x_3)^2}$; ferner nach I.

$4x_4(1-x_4)=x_5=\frac{1}{4x_6(1-x_6)}$, $4x_3(1-x_3)=x_2=\frac{1}{4x_1(1-x_1)}$.

III. $P(\nu, \nu, \frac{1}{2}, x_2)$, $P(\nu, 2\nu, \nu, x_1)$,

$P(\frac{1}{4}, \nu, \frac{1}{2}, x_3)$, $P(\frac{1}{4}, 2\nu, \frac{1}{4}, x_4)$,

wenn $x_3=\frac{1}{4}\left(2-x_2-\frac{1}{x_2}\right)=4x_4(1-x_4)$, $x_2=4x_1(1-x_1)$.

Alle diese Functionen können noch mittelst der allgemeinen Transformationen umgeformt und dadurch ihre Exponentendifferenzen beliebig vertauscht und mit beliebigen Vorzeichen versehen werden. Ausser den beiden Transcendenten II. und III. lässt, wenn eine Exponentendifferenz willkürlich bleiben soll, nur noch die Function $P(\nu, \frac{1}{2}, \frac{1}{2})=P(\nu, 1, \nu)$ eine häufigere Wiederholung der Transformationen A und B zu, welche indess, da

$$P\begin{pmatrix}0 & 0 & 0 & \\ \nu & -\nu & 1 & x\end{pmatrix}=\text{const. } x^\nu+\text{const.}',$$

auf ganz elementare Formeln führt.

In der That ist die Transformation B nur anwendbar auf $P(\nu, \nu, \nu)$ oder $P(\frac{1}{3}, \nu, \frac{1}{3})$, also nur auf die Transcendente II.; die Transformation A aber lässt sich häufiger als in I. nur wiederholen, wenn entweder von den Grössen μ, ν, 2μ, 2ν eine gleich $\frac{1}{2}$ gesetzt oder eine der Gleichungen $\mu=\nu$, $\mu=2\nu$, $\nu=2\mu$ angenommen wird. Von diesen Annahmen führt $\mu=2\nu$ oder $\nu=2\mu$ auf die Transcendente II., $\mu=\nu$, sowie 2μ oder $2\nu=\frac{1}{2}$ auf die Transcendente III., endlich μ oder $\nu=\frac{1}{2}$ auf die Function $P(\nu, \frac{1}{2}, \frac{1}{2})$.

Die Anzahl der verschiedenen Ausdrücke, welche man durch diese Transformationen für jede der Transcendenten I—III. erhält, ergiebt sich, wenn man berücksichtigt, dass in den obigen P-functionen als Veränderliche alle Wurzeln der Gleichungen, durch welche sie bestimmt werden, zulässig sind und jede Wurzel zu einem Systeme von 6 Werthen gehört, welche mittelst der allgemeinen Transformation für einander als Veränderliche eingeführt werden können.

Es führen aber im Falle I. die beiden Werthe von x_1 und x_3, welche zu einem gegebenen x_2 gehören, auf dasselbe System von 6 Werthen, so dass jede der Functionen I. durch P-functionen mit $6.3=18$ verschiedenen Veränderlichen ausgedrückt werden kann.

Im Falle II. führen von den zu einem gegebenen Werthe von x_5 gehörigen Werthen die beiden Werthe von x_6 und x_4, die 6 Werthe von x_3 und von den 6 Werthen von x_1 je zwei zu demselben Systeme von 6 Werthen, während die drei Werthe von x_2 zu drei verschiedenen Systemen von je 6 Werthen führen. Es liefern also x_1 und x_2 je drei und x_3, x_4, x_5, x_6 je ein System von 6 Werthen, also alle zusammen $6.10 = 60$ Werthe, durch deren P-functionen sich jede der Functionen II. ausdrücken lässt.

Im Falle III. endlich liefern x_3, die beiden Werthe von x_2, die beiden Werthe von x_4, und von den vier Werthen von x_1 je zwei ein System von 6 Werthen, so dass jede der Functionen III. durch P-functionen von $6.5 = 30$ verschiedenen Veränderlichen darstellbar ist.

In jeder P-function können nun ohne Aenderung der Veränderlichen mittelst der allgemeinen Transformationen die Exponentendifferenzen beliebige Vorzeichen erhalten, und also kann, da keine dieser Exponentendifferenzen $= 0$ ist, eine und dieselbe Function auf 8 verschiedene Arten als P-function derselben Veränderlichen dargestellt werden. Die Anzahl sämmtlicher Ausdrücke beträgt also im Falle I. $8.6.3 = 144$, im Falle II. $8.6.10 = 480$, im Falle III. $8.6.5 = 240$.

6.

Wenn man sämmtliche Exponenten einer P-function um ganze Zahlen ändert, so bleiben in den Gleichungen (3) Art. 3 die Grössen

$$\frac{\sin(\alpha+\beta+\gamma')\pi\, e^{-\alpha\pi i}}{\sin(\alpha'+\beta+\gamma')\pi\, e^{-\alpha'\pi i}},\quad \frac{\sin(\alpha+\beta'+\gamma')\pi\, e^{-\alpha\pi i}}{\sin(\alpha'+\beta'+\gamma')\pi\, e^{-\alpha'\pi i}}$$

$$\frac{\sin(\alpha+\beta+\gamma)\pi\, e^{-\alpha\pi i}}{\sin(\alpha'+\beta+\gamma)\pi\, e^{-\alpha'\pi i}},\quad \frac{\sin(\alpha+\beta'+\gamma)\,\pi e^{-\alpha\pi i}}{\sin(\alpha'+\beta'+\gamma)\,\pi e^{-\alpha'\pi i}}$$

ungeändert.

Sind daher in den Functionen $P\begin{pmatrix}\alpha & \beta & \gamma & \\ \alpha' & \beta' & \gamma' & x\end{pmatrix}$, $P_1\begin{pmatrix}\alpha_1 & \beta_1 & \gamma_1 & \\ \alpha_1' & \beta_1' & \gamma_1' & x\end{pmatrix}$ die entsprechenden Exponenten α_1 und α, etc., um ganze Zahlen verschieden, so kann man die acht Grössen $(\alpha_\beta)_1$, $(\alpha'_\beta)_1$, $(\alpha_{\beta'})_1$, ... den acht Grössen α_β, α'_β, $\alpha_{\beta'}$, ... gleich annehmen, da aus der Gleichheit der fünf willkürlichen die Gleichheit der drei übrigen folgt.

Nach der im Art. 4 angewandten Schlussweise folgt hieraus:

$$P^\alpha P_1^{\alpha'_1} - P^{\alpha'} P_1^{\alpha_1} = \text{Det}(b)(P^\beta P_1^{\beta'_1} - P^{\beta'} P_1^{\beta_1}) = \text{Det}(c)(P^\gamma P_1^{\gamma'_1} - P^{\gamma'} P_1^{\gamma_1});$$

und wenn man von den Grössen $\alpha + \alpha_1'$ und $\alpha_1 + \alpha'$, $\beta + \beta_1'$ und $\beta_1 + \beta'$, $\gamma + \gamma_1'$ und $\gamma_1 + \gamma'$ diejenigen Grössen jedes Paars, welche um eine *positive* ganze Zahl kleiner sind, als die andern, durch $\overline{\alpha}$, $\overline{\beta}$, $\overline{\gamma}$ bezeichnet, so ist

$$(P^\alpha\, P_1^{\alpha_1'} - P^{\alpha'}\, P_1^{\alpha_1})\, x^{-\overline{\alpha}}\, (1-x)^{-\overline{\gamma}}$$

eine Function von x, welche einändrig und endlich bleibt für $x = 0$, $x = 1$ und alle übrigen endlichen Werthe von x, für $x = \infty$ aber unendlich wird von der Ordnung $-\overline{\alpha}-\overline{\gamma}-\overline{\beta}$, folglich eine ganze Function F vom Grade $-\overline{\alpha}-\overline{\beta}-\overline{\gamma}$.

Man bezeichne nun, wie früher, die Exponentendifferenzen $\alpha-\alpha'$, $\beta-\beta'$, $\gamma-\gamma'$ durch λ, μ, ν. In Betreff dieser ergiebt sich zunächst: ihre Summe ändert sich um eine gerade Zahl, wenn sich sämmtliche Exponenten um ganze Zahlen ändern; denn sie übertrifft die Summe sämmtlicher Exponenten, welche unverändert $=1$ bleibt, um

$$-2(\alpha'+\beta'+\gamma'),$$

welche Grösse sich dabei um eine gerade Zahl ändert. Sie können sich aber dabei um jedwede ganze Zahlen ändern, deren Summe gerade ist. Bezeichnet man ferner $\alpha_1-\alpha_1'$, $\beta_1-\beta_1'$, $\gamma_1-\gamma_1'$ durch λ_1, μ_1, ν_1 und durch $\varDelta\lambda$, $\varDelta\mu$, $\varDelta\nu$ die absoluten Werthe der Differenzen $\lambda-\lambda_1$, $\mu-\mu_1$, $\nu-\nu_1$, so ist von den Grössen $\alpha+\alpha_1'$ und $\alpha'+\alpha_1$ diejenige, welche um die positive Zahl $\varDelta\lambda$ kleiner ist als die andere

$$=\frac{\alpha+\alpha_1'+\alpha'+\alpha_1}{2}-\frac{\varDelta\lambda}{2}, \text{ also}$$

$$-\overline{\alpha}=\frac{\varDelta\lambda}{2}-\frac{\alpha+\alpha_1'+\alpha'+\alpha_1}{2} \text{ und ebenso}$$

$$-\overline{\beta}=\frac{\varDelta\mu}{2}-\frac{\beta+\beta_1'+\beta'+\beta_1}{2}$$

$$-\overline{\gamma}=\frac{\varDelta\nu}{2}-\frac{\gamma+\gamma_1'+\gamma'+\gamma_1}{2}.$$

Der Grad der ganzen Function F, welcher gleich der Summe dieser Grössen ist, ergiebt sich daher

$$=\frac{\varDelta\lambda+\varDelta\mu+\varDelta\nu}{2}-1.$$

7.

Sind jetzt $P\begin{pmatrix}\alpha & \beta & \gamma & \\ \alpha' & \beta' & \gamma' & x\end{pmatrix}$, $P_1\begin{pmatrix}\alpha_1 & \beta_1 & \gamma_1 & \\ \alpha_1' & \beta_1' & \gamma_1' & x\end{pmatrix}$, $P_2\begin{pmatrix}\alpha_2 & \beta_2 & \gamma_2 & \\ \alpha_2' & \beta_2' & \gamma_2' & x\end{pmatrix}$ drei Functionen, in welchen sich die entsprechenden Exponenten um ganze Zahlen unterscheiden, so fliesst aus diesem Satze mittelst der identischen Gleichung

$$P^{\alpha}(P_1^{\alpha_1}P_2^{\alpha'_2}-P_1^{\alpha'_1}P_2^{\alpha_2})+P_1^{\alpha_1}(P_2^{\alpha_2}P^{\alpha'}-P_2^{\alpha'_2}P^{\alpha})$$
$$+P_2^{\alpha_2}(P^{\alpha}P_1^{\alpha'_1}-P^{\alpha'}P_1^{\alpha_1})=0$$

der wichtige Satz, dass zwischen ihren entsprechenden Gliedern eine lineäre homogene Gleichung stattfindet, deren Coefficienten ganze Functionen von x sind, und dass also

„sämmtliche P-functionen, deren entsprechende Exponenten sich um ganze Zahlen unterscheiden, sich in zwei beliebige von ihnen lineär mit rationalen Functionen von x als Coefficienten ausdrücken lassen".

Eine specielle Folge aus den Beweisgründen dieses Satzes ist, dass sich der zweite Differentialquotient einer P-function lineär mit rationalen Functionen als Coefficienten in den ersten und die Function selbst ausdrücken lässt, und also die Function einer lineären homogenen Differentialgleichung zweiter Ordnung genügt.

Beschränkt man sich, um ihre Ableitung möglichst zu vereinfachen, auf den Fall $\gamma = 0$, auf welchen der allgemeine nach Art. 2 leicht zurückgeführt wird, und setzt $P = y$, $P^{\alpha} = y'$, $P^{\alpha'} = y''$, so ergiebt sich, dass die Functionen

$$y' \frac{dy''}{d \log x} - y'' \frac{dy'}{d \log x},$$

$$\frac{d^2 y'}{d \log x^2} y'' - \frac{d^2 y''}{d \log x^2} y',$$

$$\frac{dy'}{d \log x} \frac{d^2 y''}{d \log x^2} - \frac{dy''}{d \log x} \frac{d^2 y'}{d \log x^2}$$

mit $x^{-\alpha-\alpha'} (1-x)^{-\gamma'+2}$ multiplicirt, endlich und einändrig bleiben für endliche Werthe von x und unendlich von der ersten Ordnung werden für $x = \infty$, und dass überdies das erste dieser Producte für $x = 1$ unendlich klein von der ersten Ordnung wird. Für

$$y = \text{const.}' \, y' + \text{const.}'' \, y''$$

findet daher eine Gleichung von der Form statt

$$(1-x) \frac{d^2 y}{d \log x^2} - (A + Bx) \frac{dy}{d \log x} + (A' - B'x)\, y = 0,$$

in welcher A, B, A', B', noch zu bestimmende Constanten bezeichnen.

Nach der Methode der unbestimmten Coefficienten lässt sich eine Lösung dieser Differentialgleichung nach um 1 steigenden oder fallenden Potenzen in eine Reihe

$$\Sigma a_n x^n$$

entwickeln, und zwar wird der Exponent μ des Anfangsgliedes im ersten Falle, wo er der niedrigste ist, durch die Gleichung

$$\mu\mu - A\mu + A' = 0,$$

und im zweiten, wo er der höchste ist, durch die Gleichung

$$\mu\mu + B\mu + B' = 0$$

bestimmt. Die Wurzeln der ersteren Gleichung müssen α und α', die der letztern $-\beta$ und $-\beta'$ sein und folglich ist

$$A = \alpha + \alpha', \; A' = \alpha\alpha',$$
$$B = \beta + \beta', \; B' = \beta\beta',$$

und es genügt die Function $P\begin{pmatrix}\alpha & \beta & 0 \\ \alpha' & \beta' & \gamma' \end{pmatrix} x) = y$ der Differentialgleichung

$$(1-x)\frac{d^2y}{d\log x^2} - (\alpha + \alpha' + (\beta + \beta')\,x)\frac{dy}{d\log x} + (\alpha\alpha' - \beta\beta'\,x)\,y = 0.$$

Es bestimmen sich ferner die Coefficienten aus einem von ihnen mittelst der Recursionsformel

$$\frac{a_{n+1}}{a_n} = \frac{(n+\beta)(n+\beta')}{(n+1-\alpha)(n+1-\alpha')},$$

welcher $a_n = \frac{\text{Const.}}{\Pi(n-\alpha)\,\Pi(n-\alpha')\,\Pi(-n-\beta)\,\Pi(-n-\beta')}$ genügt.

Demnach bildet die Reihe

$$y = \text{Const.}\,\Sigma\,\frac{x^n}{\Pi(n-\alpha)\,\Pi(n-\alpha')\,\Pi(-n-\beta)\,\Pi(-n-\beta')},$$

sowohl wenn die Exponenten von α oder α' an um die Einheit steigen, als auch wenn sie von $-\beta$ oder $-\beta'$ an um die Einheit fallen, eine Lösung der Differentialgleichung und zwar bezw. diejenigen particularen Lösungen, welche oben durch P^α, $P^{\alpha'}$, P^β, $P^{\beta'}$ bezeichnet worden sind.

Nach Gauss, welcher durch $F(a, b, c, x)$ eine Reihe bezeichnet, in welcher der Quotient des $(n+1)$ten Gliedes in das folgende $= \frac{(n+a)(n+b)}{(n+1)(n+c)}\,x$ und das erste Glied $= 1$ ist, lässt sich dieses Resultat für den einfachsten Fall, für $\alpha = 0$, so ausdrücken

$$P^\alpha\begin{pmatrix}0 & \beta & 0 \\ \alpha' & \beta' & \gamma' \end{pmatrix} x) = \text{Const.}\,F(\beta, \beta', 1-\alpha', x)$$

oder

$$F(a, b, c, x) = P^\alpha\begin{pmatrix}0 & a & 0 \\ 1-c & b & c-a-b \end{pmatrix} x).$$

Aus demselben erhält man auch leicht einen Ausdruck der P-function durch ein bestimmtes Integral, indem man in dem allgemeinen Gliede der Reihe für die Π-functionen ein Euler'sches Integral zweiter Gattung einführt und dann die Ordnung der Summation und Integration vertauscht. Auf diese Weise findet man, dass das Integral

$$x^\alpha(1-x)^\gamma \int s^{-\alpha'-\beta'-\gamma'}(1-s)^{-\alpha'-\beta-\gamma}(1-xs)^{-\alpha-\beta'-\gamma}\,ds$$

von einem der vier Werthe $0, 1, \frac{1}{x}, \infty$ bis zu einem dieser vier Werthe auf beliebigem Wege erstreckt eine Function $P\begin{pmatrix}\alpha & \beta & \gamma \\ \alpha' & \beta' & \gamma' \end{pmatrix} x)$ bildet und bei passender Wahl dieser Grenzwerthe und des Weges von einem zum andern jede der sechs Functionen $P^\alpha, P^\beta, \ldots, P^{\gamma'}$ darstellt. (²) Es lässt sich aber auch direct zeigen, dass das Integral die charakteristischen Eigenschaften einer solchen Function besitzt. Es wird dies in der Folge geschehen, wo dieser Ausdruck der P-function durch ein bestimmtes Integral zur Bestimmung der in P^{α}, $P^{\alpha'}$, .. noch willkürlich gebliebenen Factoren benutzt werden soll; und ich bemerke hier nur noch, dass es, um diesen Ausdruck allgemein anwendbar zu machen, einer Modification des Weges der Integration bedarf, wenn die Function unter dem Integralzeichen für einen der Werthe 0, 1, $\frac{1}{x}$, ∞ so unendlich wird, dass sie die Integration bis an denselben nicht zulässt. (3)

8.

Zufolge der im Art. 2 und dem vorigen erhaltenen Gleichungen

$$P^{\alpha}\begin{pmatrix}\alpha & \beta & \gamma & \\ \alpha' & \beta' & \gamma', & x\end{pmatrix} = x^{\alpha}(1-x)^{\gamma} P^{\alpha}\begin{pmatrix}0 & \beta+\alpha+\gamma & 0 & \\ \alpha'-\alpha & \beta'+\alpha+\gamma & \gamma'-\gamma & x\end{pmatrix} =$$

$$\text{Const. } x^{\alpha}(1-x)^{\gamma} F(\beta+\alpha+\gamma, \beta'+\alpha+\gamma, \alpha-\alpha'+1, x)$$

fliesst aus jedem Ausdrucke einer Function durch eine P-function eine Entwicklung derselben in eine hypergeometrische Reihe, welche nach steigenden Potenzen der Veränderlichen in dieser P-function fortschreitet. Nach Art. 5 giebt es 8 Darstellungen einer Function durch P-functionen mit derselben Veränderlichen, welche durch Vertauschung zusammengehöriger Exponenten aus einander erhalten werden, also z. B. 8 Darstellungen mit der Veränderlichen x. Von diesen liefern aber je zwei, welche durch Vertauschung ihres zweiten Paares, β und β', aus einander entstehen, dieselbe Entwicklung; man erhält also vier Entwicklungen nach steigenden Potenzen von x, von denen zwei, welche durch Vertauschung von γ und γ' aus einander erhalten werden, die Function P^{α}, die beiden andern die Function $P^{\alpha'}$ darstellen. Diese vier Entwicklungen convergiren, so lange der Modul von $x < 1$, und divergiren, wenn er grösser als 1 ist, während die vier Reihen nach fallenden Potenzen von x, welche P^{β} und $P^{\beta'}$ darstellen, sich umgekehrt verhalten. Für den Fall, wenn der Modul von x gleich 1 ist, folgt aus der Fourier'schen Reihe, dass die Reihen zu convergiren aufhören, wenn die Function für $x = 1$ unendlich von einer höhern Ordnung als der ersten wird, aber convergent bleiben, wenn sie nur unendlich von einer niedrigern Ordnung als 1 wird oder endlich bleibt. (4) Es convergirt also auch in diesem Falle nur die Hälfte der 8 Entwicklungen nach Potenzen von x, so lange der reelle Theil von $\gamma' - \gamma$ nicht zwischen -1 und $+1$ liegt, und sie convergiren sämmtlich, sobald dieses stattfindet.

Demnach hat man zur Darstellung einer P-function im Allgemeinen 24 verschiedene hypergeometrische Reihen, welche nach steigenden oder fallenden Potenzen von drei verschiedenen Grössen fortschreiten, und von denen für einen gegebenen Werth von x jedenfalls die Hälfte, also zwölf convergiren. Im Falle I. Art. 5 sind alle diese Anzahlen mit 3, im Falle II. mit 10, im Falle III. mit 5 zu multipliciren. Am geeignetsten zur numerischen Rechnung werden von diesen Reihen meistens diejenigen sein, deren viertes Element den kleinsten Modul hat.

Was die Ausdrücke einer P-function durch bestimmte Integrale betrifft, die sich durch die am Schlusse des vorigen Art. aus den Transformationen des Art. 5 ableiten lassen, so sind diese Ausdrücke sämmtlich von einander verschieden. Man erhält also im Allgemeinen 48, im Falle I. 144, im Falle II. 480, im Falle III. 240 bestimmte Integrale, welche dasselbe Glied einer P-function darstellen und also zu einander ein von x unabhängiges Verhältniss haben. Von diesen lassen sich je 24, welche durch eine gerade Anzahl von Vertauschungen der Exponenten aus einander hervorgehen, auch in einander transformiren durch eine solche Substitution ersten Grades, dass für irgend drei von den Werthen $0, 1, \infty, \frac{1}{x}$ der Integrationsveränderlichen s die neue Veränderliche die Werthe $0, 1, \infty$ annimmt. Die übrigen Gleichungen erfordern, soweit ich sie untersucht habe, zu ihrer Bestätigung durch Methoden der Integralrechnung die Transformation von vielfachen Integralen.

6*

V.

Selbstanzeige der vorstehenden Abhandlung.

(Göttinger Nachrichten, 1857, Nr. 1.)

Am 6. November 1856 wurde der königlichen Societät eine von ihrem Assessor, Herrn Doctor Riemann, eingereichte mathematische Abhandlung vorgelegt, welche „Beiträge zur Theorie der durch die Gauss'sche Reihe $F(\alpha, \beta, \gamma, x)$ darstellbaren Functionen“ enthält.

Diese Abhandlung ist einer Classe von Functionen gewidmet, welche bei der Lösung mancher Aufgaben der mathematischen Physik gebraucht werden. Aus ihnen gebildete Reihen leisten bei schwierigeren Problemen dieselben Dienste, wie in den einfacheren Fällen die jetzt so vielfach angewandten Reihen, welche nach Cosinus und Sinus der Vielfachen einer veränderlichen Grösse fortschreiten. Diese Anwendungen, namentlich astronomische, scheinen, nachdem schon Euler sich aus theoretischem Interesse mehrfach mit diesen Functionen beschäftigt hatte, Gauss zu seinen Untersuchungen über dieselben veranlasst zu haben, von denen er einen Theil in seiner der Kön. Soc. im J. 1812 übergebenen Abhandlung über die Reihe, welche er durch $F(\alpha, \beta, \gamma, x)$ bezeichnet, veröffentlicht hat.

Diese Reihe ist eine Reihe, in welcher der Quotient des $(n+1)$ten Gliedes in das folgende

$$= \frac{(n+\alpha)(n+\beta)}{(n+1)(n+\gamma)}\, x$$

und das erste Glied $= 1$ ist. Die für sie jetzt gewöhnliche Benennung hypergeometrische Reihe ist schon früher von Johann Friedrich Pfaff für die allgemeineren Reihen vorgeschlagen worden, in denen der Quotient eines Gliedes in das folgende eine rationale Function des Stellenzeigers ist; während Euler nach Wallis darunter eine Reihe verstand, in welcher dieser Quotient eine ganze Function ersten Grades des Stellenzeigers ist.

Der unveröffentlichte Theil der Gauss'schen Untersuchungen über diese Reihe, welcher sich in seinem Nachlasse vorgefunden hat, ist unterdessen schon im J. 1835 durch die im 15. Bande des Journals von Crelle enthaltenen Arbeiten Kummer's ergänzt worden. Sie betreffen die Ausdrücke der Reihe durch ähnliche Reihen, in denen statt des Elements x eine algebraische Function dieser Grösse vorkommt. Einen speciellen Fall dieser Umformungen hatte schon Euler aufgefunden und in seiner Integralrechnung, so wie in mehren Abhandlungen behandelt (in der einfachsten Gestalt in den N. Acta Acad. Petr. T. XII. p. 58); und diese Relation ward später von Pfaff (Disquis. anal. Helmstadii 1797), Gudermann (Crelle J. Bd. 7. S. 306) und Jacobi auf verschiedenen Wegen bewiesen. Kummer gelang es, die Methode Euler's zu einem Verfahren auszubilden, durch welches sämmtliche Transformationen gefunden werden konnten; die wirkliche Ausführung desselben erforderte aber so weitläufige Discussionen, dass er für die Transformationen dritten Grades von der Durchführung derselben abstand und sich begnügte, die Transformationen ersten und zweiten Grades und die aus ihnen zusammengesetzten vollständig abzuleiten.

In der anzuzeigenden Abhandlung wird auf diese Transcendenten eine Methode angewandt, deren Princip in der Inaug. Diss. des Verfassers (Art. 20) ausgesprochen worden ist und durch die sich sämmtliche früher gefundenen Resultate fast ohne Rechnung ergeben. Einige weitere mittelst derselben Methode gewonnenen Ergebnisse hofft der Verf. demnächst der Königlichen Societät vorlegen zu können.

Anmerkungen zur Abhandlung IV.

(1) (Zu Seite 73.) In einer handschriftlichen Notiz von Riemann (vom Juli 1856) finden sich die folgenden Formeln, die man aus (3) erhält, wenn man über die 5 willkürlichen Coefficienten angemessen verfügt:

$$\alpha_\beta = \frac{\sin(\alpha+\beta'+\gamma')\pi}{\sin(\beta'-\beta)\pi}, \qquad \alpha_{\beta'} = -\frac{\sin(\alpha+\beta+\gamma)\pi}{\sin(\beta'-\beta)\pi},$$

$$\alpha'_\beta = \frac{\sin(\alpha'+\beta'+\gamma)\pi}{\sin(\beta'-\beta)\pi}, \qquad \alpha'_{\beta'} = -\frac{\sin(\alpha'+\beta+\gamma')\pi}{\sin(\beta'-\beta)\pi},$$

$$\alpha_\gamma = \frac{\sin(\alpha+\beta'+\gamma')\pi}{\sin(\gamma'-\gamma)\pi}\,e^{(\alpha'+\gamma)\pi i}, \qquad \alpha_{\gamma'} = -\frac{\sin(\alpha+\beta+\gamma)\pi}{\sin(\gamma'-\gamma)\pi}\,e^{(\alpha'+\gamma')\pi i},$$

$$\alpha'_\gamma = \frac{\sin(\alpha'+\beta+\gamma')\pi}{\sin(\gamma'-\gamma)\pi}\,e^{(\alpha+\gamma)\pi i}, \qquad \alpha'_{\gamma'} = -\frac{\sin(\alpha'+\beta'+\gamma)\pi}{\sin(\gamma'-\gamma)\pi}\,e^{(\alpha+\gamma')\pi i}.$$

(2) (Zu Seite 81.) Man erhält, wenn man zur Abkürzung

$$S = s^{-\alpha'-\beta'-\gamma'}\,(1-s)^{-\alpha'-\beta-\gamma}\,(1-xs)^{-\alpha-\beta'-\gamma}$$

setzt, von constanten Factoren abgesehen,

$$P^\alpha = x^\alpha(1-x)^\gamma\int_0^1 S\,ds,\quad P^\beta = x^\alpha(1-x)^\gamma\int_0^{\frac{1}{x}} S\,ds,\quad P^\gamma = x^\alpha(1-x)^\gamma\int_{-\infty}^0 S\,ds$$

$$P^{\alpha'} = x^\alpha(1-x)^\gamma\int_{\frac{1}{x}}^\infty S\,ds,\quad P^{\beta'} = x^\alpha(1-x)^\gamma\int_1^\infty S\,ds,\quad P^{\gamma'} = x^\alpha(1-x)^\gamma\int_1^{\frac{1}{x}} S\,ds.$$

In jedem dieser Integrale kann die Bedeutung der mehrwerthigen Function S in beliebiger Weise festgelegt werden. Verfügt man in bestimmter Weise darüber, so erhält man zur Bestimmung constanter Factoren

$$(P^\alpha x^{-\alpha})_0 = \frac{\Pi(-\alpha'-\beta'-\gamma')\,\Pi(-\alpha'-\beta-\gamma)}{\Pi(\alpha-\alpha')}$$

$$(P^{\alpha'} x^{-\alpha'})_0 = -\frac{\Pi(-\alpha-\beta-\gamma')\,\Pi(-\alpha-\beta'-\gamma)}{\Pi(\alpha'-\alpha)}\,e^{\pi i(\gamma-\gamma')}$$

$$(P^\beta x^\beta)_\infty = \frac{\Pi(-\alpha'-\beta'-\gamma')\,\Pi(-\alpha-\beta'-\gamma)}{\Pi(\beta-\beta')}\,e^{\pi i\gamma}$$

$$(P^{\beta'} x^{\beta'})_\infty = \frac{\Pi(-\alpha-\beta-\gamma')\,\Pi(-\alpha'-\beta-\gamma)}{\Pi(\beta'-\beta)}\,e^{-\pi i\gamma'}$$

$$(P^\gamma(1-x)^{-\gamma})_1 = \frac{\Pi(-\alpha'-\beta'-\gamma')\,\Pi(-\alpha-\beta-\gamma')}{\Pi(\gamma-\gamma')}\,e^{-\pi i(\alpha'+\beta'+\gamma')}$$

$$(P^{\gamma'}(1-x)^{-\gamma'})_1 = \frac{\Pi(-\alpha-\beta'-\gamma)\,\Pi(-\alpha'-\beta-\gamma)}{\Pi(\gamma'-\gamma)}\,e^{\pi i(\alpha'+\beta+\gamma)}.$$

Auch diese Formeln finden sich in Riemann's Papieren an verschiedenen Stellen.

Man kann die Constanten $\alpha_\beta \ldots$ auch auf folgendem Wege bestimmen. Nimmt man die Function S in dem Viereck $0, \infty\ 1, \frac{1}{x}$ der nebenstehenden Figur an, so können die Zweige P^α, $P^{\alpha'}$, P^β, $P^{\beta'}$, P^γ, $P^{\gamma'}$ durch die in der Figur durch die Pfeile angedeuteten Integrationen definirt werden. Man liest dann unmittelbar aus der Figur die Relationen ab

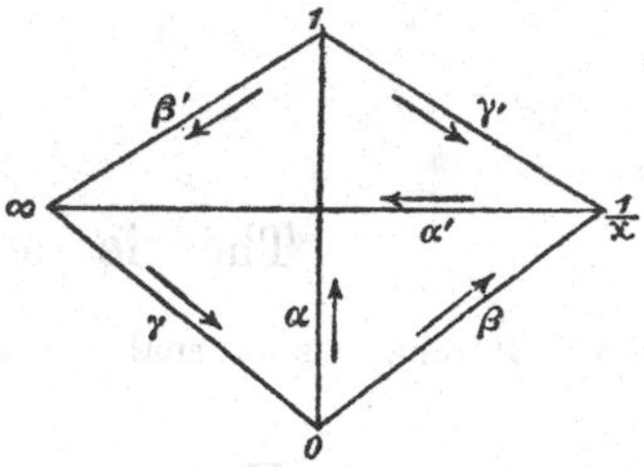

$$P^\alpha = P^\beta - P^{\gamma'} \quad = - P^{\beta'} - P^\gamma$$
$$P^{\alpha'} = - P^\beta - P^\gamma = P^{\beta'} - P^{\gamma'},$$

die zusammen mit den Formeln (3) auf S. 73 zur Bestimmung der Coefficienten α_β, $\alpha_{\beta'}$, α'_β, $\alpha'_{\beta'}$, a_γ, $\alpha_{\gamma'}$, α'_γ, $\alpha'_{\gamma'}$ ausreichen.

(3) (Zu Seite 82.) Einen Integrationsweg, der in allen Fällen statthaft ist, erhält man nach Pochhammer (Math. Annalen Bd. 35) durch einen Doppelumlauf um zwei Verzweigungspunkte, wie ihn die Figur zeigt. Ist die Integration bis a und b gestattet, so kann dieser Integrationsweg so zusammengezogen werden, dass er aus vier zwischen a und b verlaufenden Linien besteht. Bezeichnet man mit P das Integral über eine dieser Linien, so ist das über den Doppelumlauf erstreckte Integral

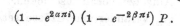

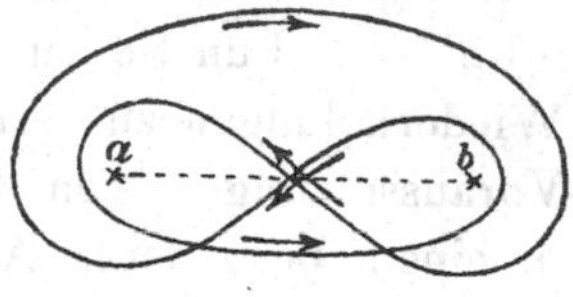

$$\left(1 - e^{2\alpha\pi i}\right)\left(1 - e^{-2\beta\pi i}\right) P.$$

F. Klein hat diesen Darstellungen der P-functionen durch Einführung homogener Variablen eine noch elegantere Fassung gegeben. (Math. Annalen Bd. 38.)

(4) (Zu Seite 82.) Nach der Ergänzung, die Dirichlet seinem Convergenzbeweis der Fourier'schen Reihe in dem Zusatz zu der Abhandlung über Kugelfunctionen gegeben hat (Crelle's Journal Bd. 4, Dove's Repertorium Bd. I, Crelle's Journal Bd. 17, Dirichlet's Werke S. 117, 133, 305) kann eine periodische Function eines reellen Argumentes, die in einem Punkt von niedrigerer als der ersten Ordnung unendlich wird, in eine Fourier'sche Reihe entwickelt werden. Wendet man diesen Satz an auf die Werthe, die eine in eine hypergeometrische Reihe entwickelbare P-Function auf dem Einheitskreis hat, so ergiebt sich eine Reihe, die von der nicht verschieden sein kann, die man erhält, wenn man in der hypergeometrischen Reihe den Modul (absoluten Werth) von $x = 1$ setzt.

VI.

Theorie der Abel'schen Functionen.

(Aus Borchardt's Journal für reine und angewandte Mathematik, Bd. 54. 1857.)

I. Allgemeine Voraussetzungen und Hülfsmittel für die Untersuchung von Functionen unbeschränkt veränderlicher Grössen.

Die Absicht, den Lesern des Journals für Mathematik Untersuchungen über verschiedene Transcendenten, insbesondere auch über Abel'sche Functionen vorzulegen, macht es mir wünschenswerth, um Wiederholungen zu vermeiden, eine Zusammenstellung der allgemeinen Voraussetzungen, von denen ich bei ihrer Behandlung ausgehen werde, in einem besonderen Aufsatze voraufzuschicken.

Für die unabhängig veränderliche Grösse setze ich stets die jetzt allgemein bekannte Gauss'sche geometrische Repräsentation voraus, nach welcher eine complexe Grösse $z = x + yi$ vertreten wird durch einen Punkt einer unendlichen Ebene, dessen rechtwinklige Coordinaten x, y sind; ich werde dabei die complexen Grössen und die sie repräsentirenden Punkte durch dieselben Buchstaben bezeichnen. Als Function von $x + yi$ betrachte ich jede Grösse w, die sich mit ihr der Gleichung

$$i \frac{\partial w}{\partial x} = \frac{\partial w}{\partial y}$$

gemäss ändert, ohne einen Ausdruck von w durch x und y vorauszusetzen. Aus dieser Differentialgleichung folgt nach einem bekannten Satze, dass die Grösse w durch eine nach ganzen Potenzen von $z - a$ fortschreitende Reihe von der Form $\sum_{n=0}^{n=\infty} a_n (z - a)^n$ darstellbar ist, sobald sie in der Umgebung von a allenthalben *einen* bestimmten mit z stetig sich ändernden Werth hat, und dass diese Darstellbarkeit stattfindet bis zu einem Abstande von a oder Modul von $z - a$, für welchen eine Unstetigkeit eintritt. Es ergiebt sich aber aus den Betrachtungen, welche der Methode der unbestimmten Coefficienten zu Grunde liegen, dass die Coefficienten a_n völlig bestimmt sind, wenn w in einer endlichen übrigens beliebig kleinen von a ausgehenden Linie gegeben ist.

Beide Ueberlegungen verbindend, wird man sich leicht von der Richtigkeit des Satzes überzeugen:

Eine Function von $x + yi$, die in einem Theile der (x, y)-Ebene gegeben ist, kann darüber hinaus nur auf Eine Weise stetig fortgesetzt werden.

Man denke sich nun die zu untersuchende Function nicht durch irgend welche z enthaltende analytische Ausdrücke oder Gleichungen bestimmt, sondern dadurch, dass der Werth der Function in einem beliebig begrenzten Theile der z-Ebene gegeben ist und sie von dort aus stetig (der partiellen Differentialgleichung

$$i \frac{\partial w}{\partial x} = \frac{\partial w}{\partial y}$$

gemäss) fortgesetzt wird. Diese Fortsetzung ist nach den obigen Sätzen eine völlig bestimmte, vorausgesetzt, dass sie nicht in blossen Linien geschieht, wobei eine partielle Differentialgleichung nicht zur Anwendung kommen könnte, sondern durch Flächenstreifen von endlicher Breite. Je nach der Beschaffenheit der fortzusetzenden Function wird nun entweder die Function für denselben Werth von z immer wieder denselben Werth annehmen, auf welchem Wege auch die Fortsetzung geschehen sein möge, oder nicht. Im ersteren Falle nenne ich sie *einwerthig*, sie bildet dann eine für jeden Werth von z völlig bestimmte und nicht längs einer Linie unstetige Function. Im letzteren Falle, wo sie *mehrwerthig* heissen soll, hat man, um ihren Verlauf aufzufassen, vor Allem seine Aufmerksamkeit auf gewisse Punkte der z-Ebene zu richten, um welche herum sich die Function in eine andere fortsetzt. Ein solcher Punkt ist z. B. bei der Function $\log(z - a)$ der Punkt a. Denkt man sich von diesem Punkte a aus eine beliebige Linie gezogen, so wird man in der Umgebung von a den Werth der Function so wählen können, dass sie sich ausser dieser Linie überall stetig ändert; zu beiden Seiten dieser Linie nimmt sie aber dann verschiedene Werthe an, auf der negativen*) einen um $2\pi i$ grösseren, als auf der positiven. Die Fortsetzung der Function von einer Seite dieser Linie aus, z. B. von der negativen, über sie hinüber in das jenseitige Gebiet giebt dann offenbar eine von der dort schon vorhandenen verschiedene Function und zwar im hier betrachteten Falle eine allenthalben um $2\pi i$ grössere.

---

*) Im Anschlusse an die von Gauss vorgeschlagene Benennung positiv laterale Einheit für $+ i$ werde ich als positive Seitenrichtung zu einer gegebenen Richtung diejenige bezeichnen, welche zu ihr ebenso liegt, wie $+ i$ zu 1.

Zur bequemeren Bezeichnung dieser Verhältnisse sollen die verschiedenen Fortsetzungen *einer* Function für denselben Theil der z-Ebene *Zweige* dieser Function genannt werden und ein Punkt, um welchen sich ein Zweig einer Function in einen andern fortsetzt, eine *Verzweigungsstelle* dieser Function; wo keine Verzweigung stattfindet, heisst die Function *einändrig* oder *monodrom*.

Ein Zweig einer Function von mehreren unabhängig veränderlichen Grössen, $z, s, t, \ldots$ ist *einändrig* in der Umgebung eines bestimmten Werthensystems $z = a$, $s = b$, $t = c, \ldots$, wenn allen Werthencombinationen bis zu einem endlichen Abstande von demselben (oder bis zu einer bestimmten endlichen Grösse der Moduln von $z - a$, $s - b$, $t - c, \ldots$) ein bestimmter mit den veränderlichen Grössen stetig sich ändernder Werth dieses Zweiges der Function entspricht. Eine Verzweigungsstelle oder eine Stelle, um welche sich ein Zweig in einen andern fortsetzt, wird bei einer Function von mehreren Veränderlichen durch sämmtliche einer Gleichung zwischen ihnen genügende Werthe der unabhängig veränderlichen Grössen gebildet.

Nach einem oben angeführten bekannten Satze ist die Einändrigkeit einer Function identisch mit ihrer Entwickelbarkeit, ihre Verzweigung mit ihrer Nichtentwickelbarkeit nach ganzen positiven oder negativen Potenzen der Aenderungen der veränderlichen Grössen. Es scheint aber nicht zweckmässig, jene von ihrer Darstellungsweise unabhängigen Eigenschaften durch diese an eine bestimmte Form ihres Ausdrucks geknüpften Merkmale auszudrücken.

Für manche Untersuchungen, namentlich für die Untersuchung algebraischer und Abel'scher Functionen ist es vortheilhaft, die Verzweigungsart einer mehrwerthigen Function in folgender Weise geometrisch darzustellen. Man denke sich in der (x, y)-Ebene eine andere mit ihr zusammenfallende Fläche (oder auf der Ebene einen unendlich dünnen Körper) ausgebreitet, welche sich so weit und nur so weit erstreckt, als die Function gegeben ist. Bei Fortsetzung dieser Function wird also diese Fläche ebenfalls weiter ausgedehnt werden. In einem Theile der Ebene, für welchen zwei oder mehrere Fortsetzungen der Function vorhanden sind, wird die Fläche doppelt oder mehrfach sein; sie wird dort aus zwei oder mehreren Blättern bestehen, deren jedes einen Zweig der Function vertritt. Um einen Verzweigungspunkt der Function herum wird sich ein Blatt der Fläche in ein anderes fortsetzen, so dass in der Umgebung eines solchen Punktes die Fläche als eine Schraubenfläche mit einer in diesem Punkte auf der (x, y)-Ebene senkrechten Axe und unendlich kleiner Höhe des Schraubenganges betrachtet werden kann. Wenn die Function nach mehreren

Umläufen des z um den Verzweigungswerth ihren vorigen Werth wieder erhält (wie z. B. $(z-a)^{\frac{m}{n}}$, wenn m, n relative Primzahlen sind, nach n Umläufen von z um a), muss man dann freilich annehmen, dass sich das oberste Blatt der Fläche durch die übrigen hindurch in das unterste fortsetzt.

Die mehrwerthige Function hat für jeden Punkt einer solchen ihre Verzweigungsart darstellenden Fläche nur *einen* bestimmten Werth und kann daher als eine völlig bestimmte Function des Orts in dieser Fläche angesehen werden.

2. Lehrsätze aus der analysis situs für die Theorie der Integrale von zweigliedrigen vollständigen Differentialien.

Bei der Untersuchung der Functionen, welche aus der Integration vollständiger Differentialien entstehen, sind einige der analysis situs angehörige Sätze fast unentbehrlich. Mit diesem von Leibnitz, wenn auch vielleicht nicht ganz in derselben Bedeutung, gebrauchten Namen darf wohl ein Theil der Lehre von den stetigen Grössen bezeichnet werden, welcher die Grössen nicht als unabhängig von der Lage existirend und durch einander messbar betrachtet, sondern von den Massverhältnissen ganz absehend, nur ihre Orts- und Gebietsverhältnisse der Untersuchung unterwirft. Indem ich eine von Massverhältnissen ganz abstrahirende Behandlung dieses Gegenstandes mir vorbehalte, werde ich hier nur die bei der Integration zweigliedriger vollständiger Differentialien nöthigen Sätze in einem geometrischen Gewande darstellen.

Es sei eine in der (x, y)-Ebene einfach oder mehrfach ausgebreitete Fläche T gegeben*) und X, Y seien solche stetige Functionen des Orts in dieser Fläche, dass in ihr allenthalben $Xdx + Ydy$ ein vollständiges Differential, also

$$\frac{\partial X}{\partial y} - \frac{\partial Y}{\partial x} = 0$$

ist. Bekanntlich ist dann

$$\int (Xdx + Ydy),$$

um einen Theil der Fläche T positiv oder negativ herum — d. h. durch die ganze Begrenzung entweder allenthalben nach der positiven

*) Man sehe die vorhergehende Abhandlung S. 90.

oder allenthalben nach der negativen Seite gegen die Richtung von Innen nach Aussen (siehe die Anmerkung Seite 89 der vorhergehenden Abhandlung) — erstreckt, $= 0$, da dies Integral dem über diesen Theil ausgedehnten Flächenintegrale

$$\int\left(\frac{\partial Y}{\partial x}-\frac{\partial X}{\partial y}\right)dT$$

identisch im ersteren Falle gleich, im zweiten entgegengesetzt ist. Das Integral

$$\int(X dx + Y dy)$$

hat daher, zwischen zwei festen Punkten auf zwei verschiedenen Wegen erstreckt, denselben Werth, wenn diese beiden Wege zusammengenommen die ganze Begrenzung eines Theils der Fläche T bilden. Wenn also jede im Innern von T in sich zurücklaufende Curve die ganze Begrenzung eines Theils von T bildet, so hat das Integral von einem festen Anfangspunkte bis zu einem und demselben Endpunkte erstreckt immer denselben Werth und ist eine von dem Wege der Integration unabhängige allenthalben in T stetige Function von der Lage des Endpunkts. Dies veranlasst zu einer Unterscheidung der Flächen in einfach zusammenhängende, in welchen jede geschlossene Curve einen Theil der Fläche vollständig begrenzt — wie z. B. ein Kreis —, und mehrfach zusammenhängende, für welche dies nicht stattfindet, — wie z. B. eine durch zwei concentrische Kreise begrenzte Ringfläche. Eine mehrfach zusammenhängende Fläche lässt sich durch Zerschneidung in eine einfach zusammenhängende verwandeln (s. die durch Zeichnungen erläuterten Beispiele am Schluss dieser Abhandlung). Da diese Operation wichtige Dienste bei der Untersuchung der Integrale algebraischer Functionen leistet, so sollen die darauf bezüglichen Sätze kurz zusammengestellt werden; sie gelten für beliebig im Raume liegende Flächen.

Wenn in einer Fläche F zwei Curvensysteme a und b zusammengenommen einen Theil dieser Fläche vollständig begrenzen, so bildet jedes andere Curvensystem, das mit a zusammen einen Theil von F vollständig begrenzt, auch mit b die ganze Begrenzung eines Flächentheils, der aus den beiden ersteren Flächentheilen längs a (durch Addition oder Subtraction, jenachdem sie auf entgegengesetzter oder auf gleicher Seite von a liegen) zusammengesetzt ist. Beide Curvensysteme leisten daher für völlige Begrenzung eines Theils von F dasselbe und können für die Erfüllung dieser Forderung einander ersetzen. (1)

Wenn in einer Fläche F sich n geschlossene Curven $a_1, a_2, \ldots, a_n$ ziehen lassen, welche weder für sich noch mit einander einen Theil dieser

Fläche F vollständig begrenzen, mit deren Zuziehung aber jede andere geschlossene Curve die vollständige Begrenzung eines Theils der Fläche F bilden kann, so heisst die Fläche eine $(n+1)$fach zusammenhängende.

Dieser Charakter der Fläche ist unabhängig von der Wahl des Curvensystems $a_1, a_2, \ldots, a_n$, da je n andere geschlossene Curven $b_1, b_2, \ldots b_n$, welche zu völliger Begrenzung eines Theils dieser Fläche nicht ausreichen, ebenfalls mit jeder andern geschlossenen Curve zusammengenommen einen Theil von F völlig begrenzen.

In der That, da b_1 mit Linien a zusammengenommen einen Theil von F vollständig begrenzt, so kann eine dieser Curven a durch b_1 und die übrigen Curven a ersetzt werden. Es ist daher mit b_1 und diesen $n-1$ Curven a jede andere Curve, und folglich auch b_2, zu völliger Begrenzung eines Theils von F ausreichend, und es kann eine dieser $n-1$ Curven a durch b_1, b_2 und die übrigen $n-2$ Curven a ersetzt werden. Dieses Verfahren kann offenbar, wenn, wie vorausgesetzt, die Curven b zu vollständiger Begrenzung eines Theils von F nicht ausreichen, so lange fortgesetzt werden, bis sämmtliche a durch die b ersetzt worden sind.

Eine $(n+1)$fach zusammenhängende Fläche F kann durch einen Querschnitt — d. h. eine von einem Begrenzungspunkte durch das Innere bis zu einem Begrenzungspunkte geführte Schnittlinie — in eine $n$fach zusammenhängende F' verwandelt werden. Es gelten dabei die durch die Zerschneidung entstehenden Begrenzungstheile schon während der weiteren Zerschneidung als Begrenzung, so dass ein Querschnitt keinen Punkt mehrfach durchschneiden, aber in einem seiner früheren Punkte enden kann.

Da die Linien $a_1, a_2, \ldots, a_n$ zu völliger Begrenzung eines Theils von F nicht ausreichen, so muss, wenn man sich F durch diese Linien zerschnitten denkt, sowohl das auf der rechten, als das auf der linken Seite von a_n anliegende Flächenstück noch andere von den Linien a verschiedene und also zur Begrenzung von F gehörige Begrenzungstheile enthalten. Man kann daher von einem Punkte von a_n sowohl in dem einen, als in dem andern dieser Flächenstücke eine die Curven a nicht schneidende Linie bis zur Begrenzung von F ziehen. Diese beiden Linien q' und q'' zusammengenommen bilden alsdann einen Querschnitt q der Fläche F, welcher das Verlangte leistet.

In der That sind in der durch diesen Querschnitt aus F entstehenden Fläche F' die Linien $a_1, a_2, \ldots, a_{n-1}$ im Innern von F' verlaufende geschlossene Curven, welche zur Begrenzung eines Theils von F, also auch von F' nicht hinreichen. Jede andere im Innern von F' verlaufende geschlossene Curve l aber bildet mit ihnen die ganze Begrenzung eines Theils von F'. Denn die Linie l bildet mit einem

Complex aus den Linien $a_1, a_2, \ldots, a_n$ die ganze Begrenzung eines Theils f von F. Es lässt sich aber zeigen, dass in der Begrenzung desselben a_n nicht vorkommen kann; denn dann würde, je nachdem f auf der linken oder rechten Seite von a_n läge, q' oder q'' aus dem Innern von f nach einem Begrenzungspunkte von F, also nach einem ausserhalb f gelegenen Punkte, führen und also die Begrenzung von f schneiden müssen gegen die Voraussetzung, dass l sowohl als die Linien a, den Durchschnittspunkt von a_n und q ausgenommen, stets im Innern von F' bleiben.

Die Fläche F', in welche F durch den Querschnitt q zerfällt, ist demnach, wie verlangt, eine $n$fach zusammenhängende.

Es soll jetzt bewiesen werden, dass die Fläche F durch jeden Querschnitt p, welcher sie nicht in getrennte Stücke zerfällt, in eine $n$fach zusammenhängende F' verwandelt wird. Wenn die zu beiden Seiten des Querschnitts p angrenzenden Flächentheile zusammenhängen, so lässt sich eine Linie b von der einen Seite desselben durch das Innere von F' auf die andere Seite zum Anfangspunkte zurück ziehen. Diese Linie b bildet eine im Innern von F in sich zurücklaufende Linie, welche, da der Querschnitt von ihr aus nach beiden Seiten zu einem Begrenzungspunkte führt, von keinem der beiden Flächenstücke, in welche sie F zerschneidet, die ganze Begrenzung bildet. Man kann daher eine der Curven a durch die Curve b und jede der übrigen $n-1$ Curven a durch eine im Innern von F' verlaufende Curve und wenn nöthig die Curve b ersetzen, worauf der Beweis, dass F' $n$fach zusammenhängend ist, durch dieselben Schlüsse, wie vorhin, geführt werden kann.

Eine $(n+1)$fach zusammenhängende Fläche wird daher durch jeden sie nicht in Stücke zerschneidenden Querschnitt in eine $n$fach zusammenhängende verwandelt.

Die durch einen Querschnitt entstandene Fläche kann durch einen neuen Querschnitt weiter zerlegt werden, und bei $n$maliger Wiederholung dieser Operation wird eine $(n+1)$fach zusammenhängende Fläche durch n nach einander gemachte sie nicht zerstückelnde Querschnitte in eine einfach zusammenhängende verwandelt.

Um diese Betrachtungen auf eine Fläche ohne Begrenzung, eine geschlossene Fläche, anwendbar zu machen, muss diese durch Ausscheidung eines beliebigen Punktes in eine begrenzte verwandelt werden, so dass die erste Zerlegung durch diesen Punkt und einen in ihm anfangenden und endenden Querschnitt, also durch eine geschlossene Curve, geschieht. Die Oberfläche eines Ringes z. B., welche eine dreifach zusammenhängende ist, wird durch eine geschlossene Curve und einen Querschnitt in eine einfach zusammenhängende verwandelt.

Auf das im Eingange betrachtete Integral des vollständigen Differentials $Xdx + Ydy$ wird nun die eben behandelte Zerschneidung der mehrfach zusammenhängenden Flächen in einfach zusammenhängende, wie folgt, angewandt. Ist die die (x, y)-Ebene bedeckende Fläche T, in welcher X, Y allenthalben stetige der Gleichung

$$\frac{\partial X}{\partial y} - \frac{\partial Y}{\partial x} = 0$$

genügende Functionen des Orts sind, $n$fach zusammenhängend, so wird sie durch n Querschnitte in eine einfach zusammenhängende T' zerschnitten. Die Integration von $Xdx + Ydy$ von einem festen Anfangspunkte aus durch Curven im Innern von T' liefert dann einen nur von der Lage des Endpunkts abhängigen Werth, welcher als Function von dessen Coordinaten betrachtet werden kann. Substituirt man für die Coordinaten die Grössen x, y, so erhält man eine Function

$$z = \int (Xdx + Ydy)$$

von x, y, welche für jeden Punkt von T' völlig bestimmt ist und sich innerhalb T' allenthalben stetig, beim Ueberschreiten eines Querschnitts aber, allgemein zu reden, um eine endliche von einem Knotenpunkte des Schnittnetzes zum andern constante Grösse ändert. Die Aenderungen beim Ueberschreiten der Querschnitte sind von einer der Zahl der Querschnitte gleichen Anzahl von einander unabhängiger Grössen abhängig; denn wenn man das Schnittsystem rückwärts, — die späteren Theile zuerst —, durchläuft, so ist diese Aenderung überall bestimmt, wenn ihr Werth beim Beginn jedes Querschnitts gegeben wird; letztere Werthe aber sind von einander unabhängig.

Um das, was oben (S. 92, 93) unter einer $n$fach zusammenhängenden Fläche verstanden wird, anschaulicher zu machen, folgen in den nachstehenden Zeichnungen Beispiele von einfach, zweifach und dreifach zusammenhängenden Flächen.

Einfach zusammenhängende Fläche.

Sie wird durch jeden Querschnitt in getrennte Stücke zerfällt, und es bildet in ihr jede geschlossene Curve die ganze Begrenzung eines Theils der Fläche.

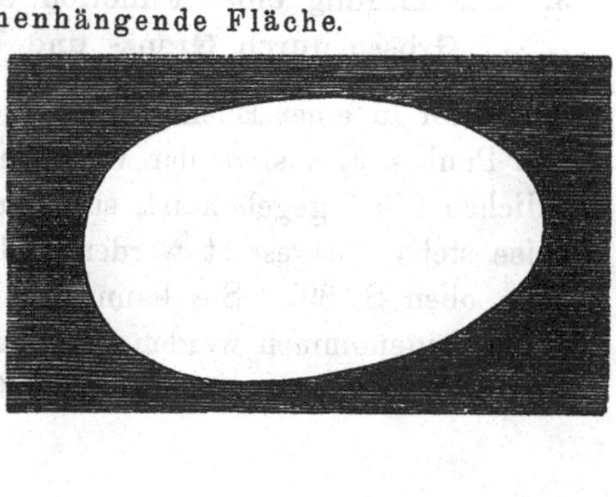

Zweifach zusammenhängende Fläche.

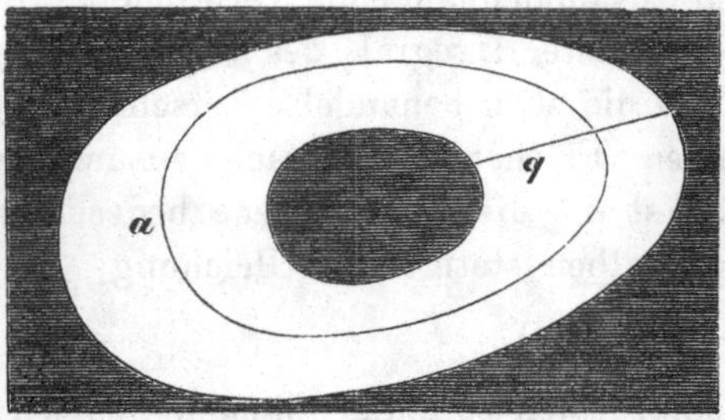

Sie wird durch jeden sie nicht zerstückelnden Querschnitt q in eine einfach zusammenhängende zerschnitten. Mit Zuziehung der Curve a kann in ihr jede geschlossene Curve die ganze Begrenzung eines Theils der Fläche bilden.

Dreifach zusammenhängende Fläche.

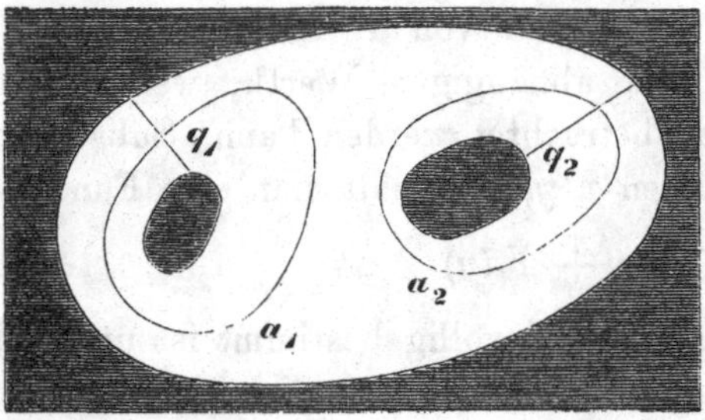

In dieser Fläche kann jede geschlossene Curve mit Zuziehung der Curven a_1 und a_2 die ganze Begrenzung eines Theils der Fläche bilden. Sie zerfällt durch jeden sie nicht zerstückelnden Querschnitt in eine zweifach zusammenhängende und durch zwei solche Querschnitte, q_1 und q_2, in eine einfach zusammenhängende.

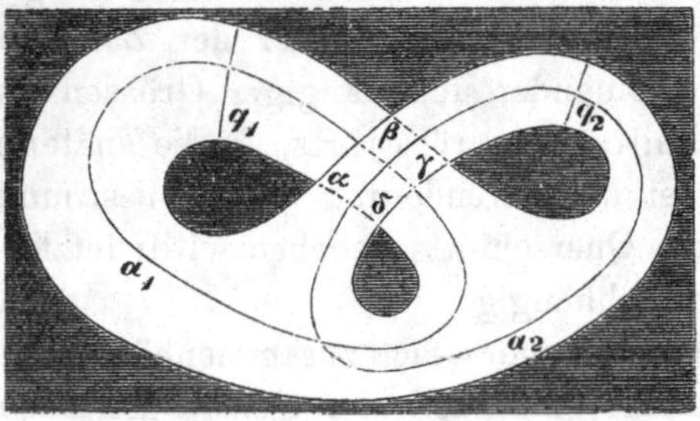

In dem Theile $\alpha\,\beta\,\gamma\,\delta$ der Ebene ist die Fläche doppelt. Der a_1 enthaltende Arm der Fläche ist als unter dem andern fortgehend betrachtet und daher durch punktirte Linien angedeutet.

3. Bestimmung einer Function einer veränderlichen complexen Grösse durch Grenz- und Unstetigkeitsbedingungen.

Wenn in einer Ebene, in welcher die rechtwinkligen Coordinaten eines Punkts x, y sind, der Werth einer Function von $x + yi$ in einer endlichen Linie gegeben ist, so kann diese von dort aus nur auf eine Weise stetig fortgesetzt werden und ist also dadurch völlig bestimmt (siehe oben S. 89). Sie kann aber auch in dieser Linie nicht willkürlich angenommen werden, wenn sie von ihr aus einer stetigen Fortsetzung in die anstossenden Flächentheile nach beiden Seiten hin fähig sein soll, da sie durch ihren Verlauf in einem noch so kleinen endlichen Theile dieser Linie schon für den übrigen Theil bestimmt ist. Bei dieser Bestimmungsweise einer Function sind also die zu ihrer Bestimmung dienenden Bedingungen nicht von einander unabhängig.

Als Grundlage für die Untersuchung einer Transcendenten ist es vor allen Dingen nöthig, ein System zu ihrer Bestimmung hinreichender von einander unabhängiger Bedingungen aufzustellen. Hierzu kann in vielen Fällen, namentlich bei den Integralen algebraischer Functionen und ihren inversen Functionen, ein Princip dienen, welches Dirichlet zur Lösung dieser Aufgabe für eine der Laplace'schen partiellen Differentialgleichung genügende Function von drei Veränderlichen, — wohl durch einen ähnlichen Gedanken von Gauss veranlasst — in seinen Vorlesungen über die dem umgekehrten Quadrat der Entfernung proportional wirkenden Kräfte seit einer Reihe von Jahren zu geben pflegt. Für diese Anwendung auf die Theorie von Transcendenten ist jedoch gerade ein Fall besonders wichtig, auf welchen dies Princip in seiner dortigen einfachsten Form nicht anwendbar ist, und welcher dort als von ganz untergeordneter Bedeutung unberücksichtigt bleiben kann. Dieser Fall ist der, wenn die Function an gewissen Stellen des Gebiets, wo sie zu bestimmen ist, vorgeschriebene Unstetigkeiten annehmen soll; was so zu verstehen ist, dass sie an jeder solchen Stelle der Bedingung unterworfen ist, unstetig zu werden, wie eine dort gegebene unstetige Function, oder sich nur um eine dort stetige Function von ihr zu unterscheiden. Ich werde hier das Princip in der für die beabsichtigte Anwendung erforderlichen Form darstellen und erlaube mir dabei in Betreff einiger Nebenuntersuchungen auf die in meiner Doctordissertation (Grundlagen für eine allgemeine Theorie der Functionen einer veränderlichen complexen Grösse. Göttingen 1851) gegebene Darstellung desselben zu verweisen.

Man nehme an, dass eine die (x, y)-Ebene einfach oder mehrfach bedeckende beliebig begrenzte Fläche T und in derselben zwei für jeden ihrer Punkte eindeutig bestimmte reelle Functionen von x, y, die Functionen α und β gegeben seien, und bezeichne das durch die Fläche T ausgedehnte Integral

$$\int\left(\left(\frac{\partial \alpha}{\partial x}-\frac{\partial \beta}{\partial y}\right)^2+\left(\frac{\partial \alpha}{\partial y}+\frac{\partial \beta}{\partial x}\right)^2\right) dT$$

durch $\Omega(\alpha)$, wobei die Functionen α und β beliebige Unstetigkeiten besitzen können, wenn nur das Integral dadurch nicht unendlich wird. Es bleibt dann auch $\Omega(\alpha-\lambda)$ endlich, wenn λ allenthalben stetig ist und endliche Differentialquotienten hat. Wird diese stetige Function λ

der Bedingung unterworfen, nur in einem unendlich kleinen Theile der Fläche T von einer unstetigen Function γ verschieden zu sein, so wird $\Omega(\alpha - \lambda)$ unendlich gross, wenn γ längs einer Linie unstetig ist oder in einem Punkte so unstetig ist, dass

$$\int\left(\left(\frac{\partial\gamma}{\partial x}\right)^2 + \left(\frac{\partial\gamma}{\partial y}\right)^2\right) dT$$

unendlich wird (Meine Inaug. Diss. Art. 17); es bleibt aber $\Omega(\alpha - \lambda)$ endlich, wenn γ nur in einzelnen Punkten und nur so unstetig ist, dass

$$\int\left(\left(\frac{\partial\gamma}{\partial x}\right)^2 + \left(\frac{\partial\gamma}{\partial y}\right)^2\right) dT$$

durch die Fläche T erstreckt endlich bleibt, wie z. B. wenn γ in der Umgebung eines Punktes im Abstande r von demselben $= (-\log r)^\varepsilon$ und $0 < \varepsilon < \frac{1}{2}$ ist. Zur Abkürzung mögen hier die Functionen, in welche λ unbeschadet der Endlichkeit von $\Omega(\alpha - \lambda)$ übergehen kann, unstetig von der ersten Art, die Functionen, für welche dies nicht möglich ist, unstetig von der zweiten Art genannt werden. Denkt man sich nun in $\Omega(\alpha - \mu)$ für μ alle stetigen oder von der ersten Art unstetigen Functionen gesetzt, welche an der Grenze verschwinden, so erhält dies Integral immer einen endlichen, aber seiner Natur nach nie einen negativen Werth, und es muss daher wenigstens einmal, für $\alpha - \mu = u$, ein Minimumwerth eintreten, so dass Ω für jede Function $\alpha - \mu$, die unendlich wenig von u verschieden ist, grösser als $\Omega(u)$ wird.

Bezeichnet daher σ eine beliebige stetige oder von erster Art unstetige Function des Orts in der Fläche T, die an der Grenze allenthalben gleich 0 ist, und h eine von x, y unabhängige Grösse, so muss $\Omega(u + h\sigma)$ sowohl für ein positives, als für ein negatives hinreichend kleines h grösser als $\Omega(u)$ werden, und daher in der Entwicklung dieses Ausdrucks nach Potenzen von h der Coefficient von h verschwinden. Ist dieser 0, so ist

$$\Omega(u + h\sigma) = \Omega(u) + h^2 \int\left(\left(\frac{\partial\sigma}{\partial x}\right)^2 + \left(\frac{\partial\sigma}{\partial y}\right)^2\right) dT$$

und folglich Ω immer ein Minimum. Das Minimum tritt nur für eine einzige Function u ein; denn fände auch ein Minimum für $u + \sigma$ statt, so könnte $\Omega(u + \sigma)$ nicht $> \Omega(u)$ sein, weil sonst

$$\Omega(u + h\sigma) < \Omega(u + \sigma)$$

für $h < 1$ würde; also könnte $\Omega(u + \sigma)$ nicht kleiner als die anliegenden Werthe sein. Ist aber $\Omega(u + \sigma) = \Omega(u)$, so muss σ constant, also da es in der Begrenzung 0 ist, überall 0 sein. Es wird daher nur für eine einzige Function u das Integral Ω ein Minimum und die Variation erster Ordnung oder das h proportionale Glied in $\Omega(u+h\sigma)$

$$2h\int dT\left(\left(\frac{\partial u}{\partial x}-\frac{\partial \beta}{\partial y}\right)\frac{\partial \sigma}{\partial x}+\left(\frac{\partial u}{\partial y}+\frac{\partial \beta}{\partial x}\right)\frac{\partial \sigma}{\partial y}\right)=0.$$

Aus dieser Gleichung folgt, dass das Integral

$$\int\left(\left(\frac{\partial \beta}{\partial x}+\frac{\partial u}{\partial y}\right)dx+\left(\frac{\partial \beta}{\partial y}-\frac{\partial u}{\partial x}\right)dy\right)$$

durch die ganze Begrenzung eines Theils der Fläche T erstreckt stets $=0$ ist. Zerlegt man nun (nach der vorhergehenden Abhandlung) die Fläche T, wenn sie eine mehrfach zusammenhängende ist, in eine einfach zusammenhängende T', so liefert die Integration durch das Innere von T' von einem festen Anfangspunkte bis zum Punkte (x, y) eine Function von x, y,

$$\nu=\int\left(\left(\frac{\partial \beta}{\partial x}+\frac{\partial u}{\partial y}\right)dx+\left(\frac{\partial \beta}{\partial y}-\frac{\partial u}{\partial x}\right)dy\right)+\text{const.},$$

welche in T' überall stetig oder unstetig von der ersten Art ist und sich beim Ueberschreiten der Querschnitte um endliche von einem Knotenpunkte des Schnittnetzes zum andern constante Grössen ändert. Es genügt dann $v=\beta-\nu$ den Gleichungen

$$\frac{\partial v}{\partial x}=-\frac{\partial u}{\partial y},\quad \frac{\partial v}{\partial y}=\frac{\partial u}{\partial x},$$

und folglich ist $u+vi$ eine Lösung der Differentialgleichung

$$\frac{\partial(u+vi)}{\partial y}-i\frac{\partial(u+vi)}{\partial x}=0$$

oder eine Function von $x+yi$.

Man erhält auf diesem Wege den in der erwähnten Abhandlung Art. 18 ausgesprochenen Satz:

Ist in einer zusammenhängenden durch Querschnitte in eine einfach zusammenhängende T' zerlegten Fläche T eine complexe Function $\alpha+\beta i$ von x, y gegeben, für welche

$$\int\left(\left(\frac{\partial \alpha}{\partial x}-\frac{\partial \beta}{\partial y}\right)^2+\left(\frac{\partial \alpha}{\partial y}+\frac{\partial \beta}{\partial x}\right)^2\right)dT$$

durch die ganze Fläche ausgedehnt einen endlichen Werth hat, so kann sie immer und nur auf Eine Art in eine Function von $x+yi$ verwandelt werden durch Subtraction einer Function $\mu+\nu i$ von x, y, welche folgenden Bedingungen genügt:

1) *μ ist am Rande $=0$ oder doch nur in einzelnen Punkten davon verschieden, ν in Einem Punkte beliebig gegeben.*

7*

2) *Die Aenderungen von μ sind in T, von ν in T' nur in einzelnen Punkten und nur so unstetig, dass*

$$\int\left(\left(\frac{\partial\mu}{\partial x}\right)^2+\left(\frac{\partial\mu}{\partial y}\right)^2\right)dT$$

und

$$\int\left(\left(\frac{\partial\nu}{\partial x}\right)^2+\left(\frac{\partial\nu}{\partial y}\right)^2\right)dT,$$

durch die ganze Fläche erstreckt, endlich bleiben, und letztere längs der Querschnitte beiderseits gleich.

Wenn die Function $\alpha+\beta i$, wo ihre Differentialquotienten unendlich werden, unstetig wird, wie eine gegebene dort unstetige Function von $x+yi$, und keine durch eine Abänderung ihres Werthes in einem einzelnen Punkte hebbare Unstetigkeit besitzt, so bleibt $\Omega(\alpha)$ endlich, und es wird $\mu+\nu i$ in T' allenthalben stetig. Denn da eine Function von $x+yi$ gewisse Unstetigkeiten, wie z. B. Unstetigkeiten erster Art, gar nicht annehmen kann (Meine Diss. Art. 12), so muss die Differenz zweier solcher Functionen stetig sein, sobald sie nicht von der zweiten Art unstetig ist.

Nach dem eben bewiesenen Satze lässt sich daher eine Function von $x+yi$ so bestimmen, dass sie im Innern von T, von der Unstetigkeit des imaginären Theils in den Querschnitten abgesehen, gegebene Unstetigkeiten annimmt, und ihr reeller Theil an der Grenze einen dort allenthalben beliebig gegebenen Werth erhält; wenn nur für jeden Punkt, wo ihre Differentialquotienten unendlich werden sollen, die vorgeschriebene Unstetigkeit die einer gegebenen dort unstetigen Function von $x+yi$ ist. Die Bedingung an der Grenze kann man, wie leicht zu sehen, ohne eine wesentliche Aenderung der gemachten Schlüsse durch manche andere ersetzen.

4. Theorie der Abel'schen Functionen.

In der folgenden Abhandlung habe ich die Abel'schen Functionen nach einer Methode behandelt, deren Principien in meiner Inauguraldissertation*) aufgestellt und in einer etwas veränderten Form in den drei vorhergehenden Aufsätzen dargestellt worden sind. Zur Erleichterung der Uebersicht schicke ich eine kurze Inhaltsangabe vorauf.

Die erste Abtheilung enthält die Theorie eines Systems von gleichverzweigten algebraischen Functionen und ihren Integralen, soweit für dieselbe nicht die Betrachtung von ϑ-Reihen massgebend ist, und handelt

*) Grundlagen für eine allgemeine Theorie der Functionen einer veränderlichen complexen Grösse. Göttingen 1851.

im §. 1—5 von der Bestimmung dieser Functionen durch ihre Verzweigungsart und ihre Unstetigkeiten, im §. 6—10 von den rationalen Ausdrücken derselben in zwei durch eine algebraische Gleichung verknüpfte veränderliche Grössen, und im §. 11—13 von der Transformation dieser Ausdrücke durch rationale Substitutionen. Der bei dieser Untersuchung sich darbietende Begriff einer Klasse von algebraischen Gleichungen, welche sich durch rationale Substitutionen in einander transformiren lassen, dürfte auch für andere Untersuchungen wichtig und die Transformation einer solchen Gleichung in Gleichungen niedrigsten Grades ihrer Klasse (§. 13) auch bei anderen Gelegenheiten von Nutzen sein. Diese Abtheilung behandelt endlich im §. 14—16 zur Vorbereitung der folgenden die Anwendung des Abel'schen Additionstheorems für ein beliebiges System allenthalben endlicher Integrale von gleichverzweigten algebraischen Functionen zur Integration eines Systems von Differentialgleichungen.

In der zweiten Abtheilung werden für ein beliebiges System von immer endlichen Integralen gleichverzweigter, algebraischer, $\overline{2p+1}$ fach zusammenhängender Functionen die Jacobi'schen Umkehrungsfunctionen von p veränderlichen Grössen durch $p$fach unendliche ϑ-Reihen ausgedrückt, d. h. durch Reihen von der Form

$$\vartheta(v_1, v_2, \ldots, v_p) = \left(\sum_{-\infty}^{\infty}\right)^p e^{\left(\sum_1^p\right)^2 a_{\mu,\mu'} m_\mu m_{\mu'} + 2\sum_1^p v_\mu m_\mu},$$

worin die Summationen im Exponenten sich auf μ und μ', die äusseren Summationen auf $m_1, m_2, \ldots, m_p$ beziehen. Es ergiebt sich, dass zur allgemeinen Lösung dieser Aufgabe eine — wenn $p > 3$ specielle — Gattung von ϑ-Reihen ausreicht, in denen zwischen den $\frac{p(p+1)}{2}$ Grössen a $\frac{(p-2)(p-3)}{1.2}$ Relationen stattfinden, so dass nur $3p-3$ willkürlich bleiben. Dieser Theil der Abhandlung bildet zugleich eine Theorie dieser speciellen Gattung von ϑ-Functionen; die allgemeinen ϑ-Functionen bleiben hier ausgeschlossen, lassen sich jedoch nach einer ganz ähnlichen Methode behandeln.

Das hier erledigte Jacobi'sche Umkehrungsproblem ist für die hyperelliptischen Integrale schon auf mehreren Wegen durch die beharrlichen mit so schönem Erfolge gekrönten Arbeiten von Weierstrass gelöst worden, von denen eine Uebersicht im 47. Bande des Journ. für Mathem. (S. 289) mitgetheilt worden ist. Es ist jedoch bis jetzt nur von dem Theile dieser Arbeiten, welcher in den §§. 1 und 2 und der ersten die elliptischen Functionen betreffenden Hälfte des § 3 der angeführten Abhandlung skizzirt wird, die wirkliche Ausführung veröffentlicht (Bd. 52, S. 285 d. Journ. f. Math.); in wie weit zwischen den späteren Theilen dieser Arbeiten und meinen hier dargestellten eine Uebereinstimmung nicht bloss in Resultaten, sondern auch in den zu ihnen führenden Methoden stattfindet, wird grossentheils erst die versprochene ausführliche Darstellung derselben ergeben können.

Die gegenwärtige Abhandlung bildet mit Ausnahme der beiden letzten §§. 26 und 27, deren Gegenstand damals nur kurz angedeutet werden konnte, einen Auszug aus einem Theile meiner von Michaelis 1855 bis Michaelis 1856 zu Göttingen gehaltenen Vorlesungen. Was die Auffindung der einzelnen Resultate betrifft, so wurde ich auf das im §. 1—5, 9 und 12 Mitgetheilte und die dazu nöthigen vorbereitenden Sätze, welche später Behufs der Vorlesungen so, wie es in dieser Abhandlung geschehen ist, weiter ausgeführt wurden, im Herbste 1851 und zu Anfang 1852 durch Untersuchungen über die conforme Abbildung mehrfach zusammenhängender Flächen geführt, ward aber dann durch einen andern Gegenstand von dieser Untersuchung abgezogen. Erst um Ostern 1855 wurde sie wieder aufgenommen und in den Oster- und Michaelisferien jenes Jahres bis zu §. 21 incl. fortgeführt; das Uebrige wurde bis Michaelis 1856 hinzugefügt. Einzelne ergänzende Zusätze sind an manchen Stellen während der Ausarbeitung hinzugekommen.

Erste Abtheilung.

1.

Ist s die Wurzel einer irreductibeln Gleichung $n$ten Grades, deren Coefficienten ganze Functionen $m$ten Grades von z sind, so entsprechen jedem Werthe von z n Werthe von s, die sich mit z überall, wo sie nicht unendlich werden, stetig ändern. Stellt man daher (nach S. 90) die Verzweigungsart dieser Function durch eine in der z-Ebene ausgebreitete unbegrenzte Fläche T dar, so ist diese in jedem Theile der Ebene $n$fach, und s ist dann eine einwerthige Function des Orts in dieser Fläche. Eine unbegrenzte Fläche kann entweder als eine Fläche mit unendlich weit entfernter Begrenzung oder als eine geschlossene angesehen werden, und Letzteres soll bei der Fläche T geschehen, so dass dem Werthe $z = \infty$ in jedem der n Blätter der Fläche Ein Punkt entspricht, wenn nicht etwa für $z = \infty$ eine Verzweigung stattfindet.

Jede rationale Function von s und z ist offenbar ebenfalls eine einwerthige Function des Orts in der Fläche T und besitzt also dieselbe Verzweigungsart wie die Function s, und es wird sich unten ergeben, dass auch das Umgekehrte gilt.

Durch Integration einer solchen Function erhält man eine Function, deren verschiedene Fortsetzungen für denselben Theil der Fläche T sich nur um Constanten unterscheiden, da ihre Derivirte für denselben Punkt dieser Fläche immer denselben Werth wieder annimmt.

Ein solches System von gleichverzweigten algebraischen Functionen und Integralen dieser Functionen bildet zunächst den Gegenstand unserer Betrachtung; statt aber von diesen Ausdrücken dieser Functionen auszugehen, werden wir sie mit Anwendung des Dirichlet'schen Princips (S. 99) durch ihre Unstetigkeiten definiren.

2.

Zur Vereinfachung des Folgenden heisse eine Function *für einen Punkt der Fläche T unendlich klein von der ersten Ordnung,* wenn ihr Logarithmus bei einem positiven Umlaufe um ein diesen Punkt umgebendes Flächenstück, in welchem sie endlich und von Null verschieden bleibt, um $2\pi i$ wächst. Es ist demnach für einen Punkt, um den die Fläche T sich μ mal windet, wenn dort z einen endlichen Werth a hat, $(z-a)^{\frac{1}{\mu}}$, also $(dz)^{\frac{1}{\mu}}$, wenn aber $z=\infty$, $\left(\frac{1}{z}\right)^{\frac{1}{\mu}}$ unendlich klein von der ersten Ordnung. Der Fall, wo eine Function in einem Punkte der Fläche T unendlich klein oder unendlich gross von der νten Ordnung wird, kann so betrachtet werden, als wenn die Function in ν dort zusammenfallenden (oder unendlich nahen) Punkten unendlich klein oder unendlich gross von der ersten Ordnung wird, wie in der Folge bisweilen geschehen soll.

Die Art und Weise, wie jene hier zu betrachtenden Functionen unstetig werden, kann dann so ausgedrückt werden. Wird eine von ihnen in einem Punkte der Fläche T unendlich, so kann sie, wenn r eine beliebige Function bezeichnet, die in diesem Punkte unendlich klein von der ersten Ordnung wird, stets durch Subtraction eines endlichen Ausdrucks von der Form

$$A \log r + Br^{-1} + Cr^{-2} + \cdots$$

in eine dort stetige verwandelt werden, wie sich aus den bekannten — nach Cauchy oder durch die Fourier'sche Reihe zu beweisenden — Sätzen über die Entwicklung einer Function in Potenzreihen ergiebt.

3.

Man denke sich jetzt eine in der z-Ebene allenthalben $n$fach ausgebreitete unbegrenzte und nach dem Obigen als geschlossen zu betrachtende zusammenhängende Fläche T gegeben und diese in eine einfach zusammenhängende T' zerschnitten. Da die Begrenzung einer einfach zusammenhängenden Fläche aus Einem Stücke besteht, eine geschlossene Fläche aber durch eine ungerade Anzahl von Schnitten eine gerade Zahl von Begrenzungsstücken, durch eine gerade eine ungerade erhält, so ist zu dieser Zerschneidung eine gerade Anzahl von Schnitten erforderlich. Die Anzahl dieser Querschnitte sei $= 2p$. Die Zerschneidung werde zur Vereinfachung des Folgenden so ausgeführt, dass jeder spätere Schnitt von einem Punkte eines früheren bis zu dem anstossenden Punkte auf der anderen Seite desselben geht: wenn sich dann eine Grösse längs der ganzen Begrenzung von T' stetig ändert und im ganzen Schnittsysteme zu beiden Seiten gleiche Aenderungen erleidet, so ist die Differenz der beiden Werthe, die sie in demselben Punkte des Schnittnetzes annimmt, in allen Theilen Eines Querschnitts derselben Constanten gleich.

Man setze nun $z = x + yi$ und nehme in T eine Function $\alpha + \beta i$ von x, y folgendermassen an:

In der Umgebung der Punkte ε_1, ε_2, ... bestimme man sie gleich gegebenen in diesen Punkten unendlich werdenden Functionen von $x + yi$, und zwar um ε_ν, indem man eine beliebige Function von z, die in ε_ν unendlich klein von der ersten Ordnung wird, durch r_ν bezeichnet, gleich einem endlichen Ausdrucke von der Form

$$A_\nu \log r_\nu + B_\nu r_\nu^{-1} + C_\nu r_\nu^{-2} + \cdots = \varphi_\nu(r_\nu),$$

worin A_ν, B_ν, C_ν, ... willkürliche Constanten sind. Man ziehe ferner nach einem beliebigen Punkte von allen Punkten ε, für welche die Grösse A von Null verschieden ist, einander nicht schneidende Linien durch das Innere von T', von ε_ν die Linie l_ν. Man nehme endlich die Function in der ganzen noch übrigen Fläche T so an, dass sie ausser den Linien l und den Querschnitten überall stetig, auf der positiven (linken) Seite der Linie l_ν um $-2\pi i A_\nu$ und auf der positiven Seite des νten Querschnitts um die gegebene Constante $h^{(\nu)}$ grösser ist, als auf der andern, und dass das Integral

$$\int \left(\left(\frac{\partial \alpha}{\partial x} - \frac{\partial \beta}{\partial y} \right)^2 \right) + \left(\frac{\partial \alpha}{\partial y} + \frac{\partial \beta}{\partial x} \right)^2 \right) dT$$

durch die Fläche T ausgedehnt einen endlichen Werth erhält. Dies ist wie leicht zu sehen immer möglich, wenn die Summe sämmtlicher

Grössen A gleich Null ist, aber auch nur unter dieser Bedingung, weil nur dann die Function nach einem Umlaufe um das System der Linien l den vorigen Werth wieder annehmen kann.

Die Constanten $h^{(1)}, h^{(2)}, \ldots, h^{(2p)}$, um welche eine solche Function auf der positiven Seite der Querschnitte grösser ist, als auf der andern, sollen die *Periodicitätsmoduln* dieser Function genannt werden.

Nach dem Dirichlet'schen Princip kann nun die Function $\alpha + \beta i$ in eine Function ω von $x + yi$ verwandelt werden durch Subtraction einer ähnlichen in T' allenthalben stetigen Function von x, y mit rein imaginären Periodicitätsmoduln, und diese ist bis auf eine additive Constante völlig bestimmt. Die Function ω stimmt dann mit $\alpha + \beta i$ in den Unstetigkeiten im Innern von T' und in den reellen Theilen der Periodicitätsmoduln überein. Für ω können daher die Functionen φ_ν und die reellen Theile ihrer Periodicitätsmoduln willkürlich gegeben werden. Durch diese Bedingungen ist sie bis auf eine additive Constante völlig bestimmt, folglich auch der imaginäre Theil ihrer Periodicitätsmoduln.

Es wird sich zeigen, dass diese Function ω sämmtliche im §. 1 bezeichneten Functionen als specielle Fälle unter sich enthält.

4.

Allenthalben endliche Functionen ω. (Integrale erster Gattung.)

Wir wollen jetzt die einfachsten von ihnen betrachten und zwar zuerst diejenigen, die immer endlich bleiben und also im Innern von T' allenthalben stetig sind. Sind $w_1, w_2, \ldots, w_p$ solche Functionen, so ist auch

$$w = \alpha_1 w_1 + \alpha_2 w_2 + \cdots + \alpha_p w_p + \text{const.},$$

worin $\alpha_1, \alpha_2, \ldots, \alpha_p$ beliebige Constanten sind, eine solche Function. Es seien die Periodicitätsmoduln der Functionen $w_1, w_2, \ldots, w_p$ für den νten Querschnitt $k_1^{(\nu)}, k_2^{(\nu)}, \ldots, k_p^{(\nu)}$. Der Periodicitätsmodul von w für diesen Querschnitt ist dann $\alpha_1 k_1^{(\nu)} + \alpha_2 k_2^{(\nu)} + \cdots + \alpha_p k_p^{(\nu)} = k^{(\nu)}$; und setzt man die Grössen α in die Form $\gamma + \delta i$, so sind die reellen Theile der $2p$ Grössen $k^{(1)}, k^{(2)}, \ldots, k^{(2p)}$ lineare Functionen der Grössen $\gamma_1, \gamma_2, \ldots, \gamma_p, \delta_1, \delta_2, \ldots, \delta_p$. Wenn nun zwischen den Grössen $w_1, w_2, \ldots, w_p$ keine lineare Gleichung mit constanten Coefficienten stattfindet, so kann die Determinante dieser linearen Ausdrücke nicht verschwinden; denn es liessen sich sonst die Verhältnisse der Grössen α so bestimmen, dass die Periodicitätsmoduln des reellen Theils von w sämmtlich 0 würden, folglich der reelle Theil von w und also auch w

selbst nach dem Dirichlet'schen Princip eine Constante sein müsste. Es können daher dann die $2p$ Grössen γ und δ so bestimmt werden, dass die reellen Theile der Periodicitätsmoduln gegebene Werthe erhalten; und folglich kann w jede immer endlich bleibende Function ω darstellen, wenn $w_1, w_2, \ldots, w_p$ keiner linearen Gleichung mit constanten Coefficienten genügen. Diese Functionen lassen sich aber immer dieser Bedingung gemäss wählen; denn so lange $\mu < p$, finden zwischen den Periodicitätsmoduln des reellen Theils von

$$\alpha_1 w_1 + \alpha_2 w_2 + \cdots + \alpha_\mu w_\mu + \text{const.}$$

lineare Bedingungsgleichungen statt; es ist daher $w_{\mu+1}$ nicht in dieser Form enthalten, wenn man, was nach dem Obigen immer möglich ist, die Periodicitätsmoduln des reellen Theils dieser Function so bestimmt, dass sie diesen Bedingungsgleichungen nicht genügen.

Functionen ω, die für einen Punkt der Fläche T unendlich von der ersten Ordnung werden. (Integrale zweiter Gattung.)

Es sei ω nur für einen Punkt ε der Fläche T unendlich, und für diesen seien alle Coefficienten in φ ausser B gleich 0. Eine solche Function ist dann bis auf eine additive Constante bestimmt durch die Grösse B und die reellen Theile ihrer Periodicitätsmoduln. Bezeichnet $t^0(\varepsilon)$ irgend eine solche Function, so können in dem Ausdrucke

$$t(\varepsilon) = \beta t^0(\varepsilon) + \alpha_1 w_1 + \alpha_2 w_2 + \cdots + \alpha_p w_p + \text{const.}$$

die Constanten $\beta, \alpha_1, \alpha_2, \ldots, \alpha_p$ immer so bestimmt werden, dass für ihn die Grösse B und die reellen Theile der Periodicitätsmoduln beliebig gegebene Werthe erhalten. Dieser Ausdruck stellt also jede solche Function dar.

Functionen ω, welche für zwei Punkte der Fläche T logarithmisch unendlich werden. (Integrale dritter Gattung.)

Betrachten wir drittens den Fall, wo die Function ω nur logarithmisch unendlich wird, so muss dies, da die Summe der Grössen A gleich 0 sein muss, wenigstens für zwei Punkte der Fläche T, ε_1 und ε_2, geschehen und $A_2 = -A_1$ sein. Ist von den Functionen, bei denen dies statt hat und die beiden letztern Grössen $= 1$ sind, irgend eine $\varpi^0(\varepsilon_1, \varepsilon_2)$, so sind nach ähnlichen Schlüssen, wie oben, alle übrigen in der Form

$$\varpi(\varepsilon_1, \varepsilon_2) = \varpi^0(\varepsilon_1, \varepsilon_2) + \alpha_1 w_1 + \alpha_2 w_2 + \cdots + \alpha_p w_p + \text{const.}$$

enthalten.

Für die folgenden Bemerkungen nehmen wir zur Vereinfachung an, dass die Punkte ε keine Verzweigungspunkte sind und nicht im Unendlichen liegen. Man kann dann $r_\nu = z - z_\nu$ setzen, indem man durch z_ν den Werth von z in ε_ν bezeichnet. Wenn man dann $\varpi(\varepsilon_1, \varepsilon_2)$ so nach z_1 differentiirt, dass die reellen Theile der Periodicitätsmoduln (oder auch p von den Periodicitätsmoduln) und der Werth von $\varpi(\varepsilon_1, \varepsilon_2)$ für einen beliebigen Punkt der Fläche T constant bleiben, so erhält man eine Function $t(\varepsilon_1)$, die in ε_1 unstetig wie $\frac{1}{z-z_1}$ wird. Umgekehrt ist, wenn $t(\varepsilon_1)$ eine solche Function ist, $\int\limits_{z_2}^{z_3} t(\varepsilon_1)\, dz_1$, durch eine beliebige in T von ε_2 nach ε_3 führende Linie genommen, gleich einer Function $\varpi(\varepsilon_2, \varepsilon_3)$. Auf ähnliche Art erhält man durch n successive Differentiationen eines solchen $t(\varepsilon_1)$ nach z_1 Functionen ω, welche im Punkte ε_1 wie $n!(z-z_1)^{-n-1}$ unstetig werden und übrigens endlich bleiben.

Für die ausgeschlossenen Lagen der Punkte ε bedürfen diese Sätze einer leichten Modification.

Offenbar kann nun ein mit constanten Coefficienten aus Functionen w, aus Functionen ϖ und ihren Derivirten nach den Unstetigkeitswerthen gebildeter linearer Ausdruck so bestimmt werden, dass er im Innern von T' beliebig gegebene Unstetigkeiten von der Form, wie ω, erhält, und die reellen Theile seiner Periodicitätsmoduln beliebig gegebene Werthe annehmen. Durch einen solchen Ausdruck kann also jede gegebene Function ω dargestellt werden.

5.

Der allgemeine Ausdruck einer Function ω, die für m Punkte der Fläche T, $\varepsilon_1, \varepsilon_2, \ldots, \varepsilon_m$ unendlich gross von der ersten Ordnung wird, ist nach dem Obigen

$$s = \beta_1 t_1 + \beta_2 t_2 + \cdots + \beta_m t_m + \alpha_1 w_1 + \alpha_2 w_2 + \cdots + \alpha_p w_p + \text{const.},$$

worin t_ν eine beliebige Function $t(\varepsilon_\nu)$ und die Grössen α und β Constanten sind. Wenn von den m Punkten ε eine Anzahl ϱ in denselben Punkt η der Fläche T zusammenfallen, so sind die ϱ diesen Punkten zugehörigen Functionen t zu ersetzen durch eine Function $t(\eta)$ und deren $\varrho - 1$ erste Derivirte nach ihrem Unstetigkeitswerthe (§. 2).

Die $2p$ Periodicitätsmoduln dieser Function s sind lineare homogene Functionen der $p + m$ Grössen α und β. Wenn $m \geqq p + 1$, lassen sich also $2p$ von den Grössen α und β als lineare homogene Functionen der übrigen so bestimmen, dass die Periodicitätsmoduln sämmtlich 0 werden. Die Function enthält dann noch $m - p + 1$ willkürliche Constanten, von denen sie eine lineare homogene Function ist, und kann als ein linearer Ausdruck von $m - p$ Functionen betrachtet werden, deren jede nur für $p + 1$ Werthe unendlich von der ersten Ordnung wird.

Wenn $m = p + 1$ ist, so sind die Verhältnisse der $2p + 1$ Grössen α und β bei jeder Lage der $p + 1$ Punkte ε völlig bestimmt. Es können jedoch für besondere Lagen dieser Punkte einige der Grössen β gleich 0 werden. Die Anzahl dieser Grössen sei $= m - \mu$, so dass die Function nur für μ Punkte unendlich von der ersten Ordnung wird. Diese μ Punkte müssen dann eine solche Lage haben, dass von den $2p$ Bedingungsgleichungen zwischen den $p + \mu$ übrigen Grössen β und α $p + 1 - \mu$ eine identische Folge der übrigen sind, und es können daher nur $2\mu - p - 1$ von ihnen beliebig gewählt werden. Ausserdem enthält die Function noch 2 willkürliche Constanten.

Es sei nun s so zu bestimmen, dass μ möglichst klein wird. Wenn s μ mal unendlich von der ersten Ordnung wird, so ist dies auch mit jeder rationalen Function ersten Grades von s der Fall; man kann daher für die Lösung dieser Aufgabe einen der μ Punkte beliebig wählen. Die Lage der übrigen muss dann so bestimmt werden, dass $p + 1 - \mu$ von den Bedingungsgleichungen zwischen den Grössen α und β eine identische Folge der übrigen sind; es muss also, wenn die Verzweigungswerthe der Fläche T nicht besondern Bedingungsgleichungen genügen, $p + 1 - \mu \leqq \mu - 1$ oder $\mu \geqq \frac{1}{2}p + 1$ sein.

Die Anzahl der in einer Function s, die nur für m Punkte der Fläche T unendlich von der ersten Ordnung wird und übrigens stetig bleibt, enthaltenen willkürlichen Constanten ist in allen Fällen $= 2m - p + 1$.

Eine solche Function ist die Wurzel einer Gleichung n^{ten} Grades, deren Coefficienten ganze Functionen m^{ten} Grades von z sind.

Sind $s_1, s_2, \ldots, s_n$ die n Werthe der Function s für dasselbe z, und bezeichnet σ eine beliebige Grösse, so ist $(\sigma - s_1)(\sigma - s_2)\ldots(\sigma - s_n)$ eine einwerthige Function von z, die nur für einen Punkt der z-Ebene, der mit einem Punkte ε zusammenfällt, unendlich wird und unendlich von einer so hohen Ordnung, als Punkte ε auf ihn fallen. In der That wird für jeden auf ihn fallenden Punkt ε, der kein Verzweigungspunkt ist, nur *ein* Factor dieses Products von einer um 1 höheren Ordnung unendlich, für einen Punkt ε, um den die Fläche T sich μ mal windet, aber μ Factoren von einer um $\frac{1}{\mu}$ höheren Ordnung. Bezeichnet man nun die Werthe von z in *den* Punkten ε, wo z nicht unendlich ist, durch $\zeta_1, \zeta_2, \ldots, \zeta_\nu$ und $(z-\zeta_1)(z-\zeta_2)\ldots(z-\zeta_\nu)$ durch a_0, so ist $a_0(\sigma - s_1)\ldots(\sigma - s_n)$ eine einwerthige Function von z, die für alle endlichen Werthe von z endlich ist und für $z=\infty$ unendlich von der m^{ten} Ordnung wird, also eine ganze Function m^{ten} Grades von z. Sie ist zugleich eine ganze Function n^{ten} Grades von σ, die für $\sigma = s$ verschwindet. Bezeichnet man sie durch F und, wie wir in der Folge thun wollen, *eine ganze Function F n^{ten} Grades von σ und m^{ten} Grades von z durch* $F(\overset{n}{\sigma}, \overset{m}{z})$, so ist s die Wurzel der Gleichung $F(\overset{n}{s}, \overset{m}{z}) = 0$.

Die Function F ist eine Potenz einer unzerfällbaren — d. h. nicht als ein Product aus ganzen Functionen von σ und z darstellbaren — Function. Denn jeder ganze rationale Factor von $F(\sigma, z)$ bildet, da er für einige der Wurzeln $s_1, s_2, \ldots s_n$ verschwinden muss, für $\sigma = s$ eine Function von z, die in einem Theile der Fläche T verschwindet und folglich, da diese Fläche zusammenhängend ist, in der ganzen Fläche 0 sein muss. Zwei unzerfällbare Factoren von $F(\sigma, z)$ könnten aber nur für eine endliche Anzahl von Werthenpaaren zugleich verschwinden, wenn die eine nicht durch Multiplication mit einer Constanten aus der andern erhalten werden könnte. Folglich muss F eine Potenz einer unzerfällbaren Function sein.

Wenn der Exponent ν dieser Potenz > 1 ist, so wird die Verzweigungsart der Function s nicht dargestellt durch die Fläche T, sondern durch eine in der z-Ebene allenthalben $\frac{n}{\nu}$fach ausgebreitete Fläche τ, in welcher die Fläche T allenthalben νfach ausgebreitet ist. Es kann dann zwar s als eine wie T verzweigte Function betrachtet werden, nicht aber umgekehrt T als verzweigt, wie s.

Eine solche nur in einzelnen Punkten von T unstetige Function, wie s, ist auch $\frac{d\omega}{dz}$. Denn diese Function nimmt zu beiden Seiten der Querschnitte und der Linien l denselben Werth an, da die Differenz der beiden Werthe von ω in diesen Linien längs denselben constant ist; sie kann nur unendlich werden, wo ω unendlich wird, und in den Verzweigungspunkten der Fläche und ist sonst allenthalben stetig, da die Derivirte einer einändrig und endlich bleibenden Function ebenfalls einändrig und endlich bleibt.

Es sind daher sämmtliche Functionen ω algebraische wie T verzweigte Functionen von z oder Integrale solcher Functionen. Dieses System von Functionen ist bestimmt, wenn die Fläche T gegeben ist und hängt nur von der Lage ihrer Verzweigungspunkte ab.

6.

Es sei jetzt die irreductible Gleichung $F(\overset{n}{s}, \overset{m}{z}) = 0$ gegeben und die Art der Verzweigung der Function s oder der sie darstellenden Fläche T zu bestimmen. Wenn für einen Werth β von z μ Zweige der Function zusammenhängen, so dass einer dieser Zweige sich erst nach μ Umläufen des z um β wieder in sich selbst fortsetzt, so können diese μ Zweige der Function (wie nach Cauchy oder durch die Fourier'sche Reihe leicht bewiesen werden kann) dargestellt werden durch eine Reihe nach steigenden rationalen Potenzen von $z - \beta$ mit Exponenten vom kleinsten gemeinschaftlichen Nenner μ, und umgekehrt.

Ein Punkt der Fläche T, in welchem nur zwei Zweige einer Function zusammenhängen, so dass sich um diesen Punkt der erste in den zweiten und dieser in jenen fortsetzt, heisse ein *einfacher Verzweigungspunkt.*

Ein Punkt der Fläche, um welchen sie sich $(\mu + 1)$mal windet, kann dann angesehen werden als μ zusammengefallene (oder unendlich nahe) einfache Verzweigungspunkte.

Um dies zu zeigen, seien in einem diesen Punkt umgebenden Stücke der z-Ebene $s_1, s_2, \ldots s_{\mu+1}$ einändrige Zweige der Function s und in der Begrenzung desselben, bei positiver Umschreibung auf einander folgend, $a_1, a_2, \ldots, a_\mu$ einfache Verzweigungspunkte. Durch einen positiven Umlauf um a_1 werde s_1 mit s_2, um a_2 s_1 mit $s_3, \ldots,$ um a_μ s_1 mit $s_{\mu+1}$ vertauscht. Es gehen dann nach einem positiven Umlaufe um ein alle diese Punkte (und keinen andern Verzweigungspunkt) enthaltendes Gebiet

$$s_1, s_2, \ldots, s_\mu, s_{\mu+1}$$

$$\text{in } s_2, s_3, \ldots, s_{\mu+1}, s_1, \text{ über,}$$

und es entsteht daher, wenn sie zusammenfallen, ein μfacher Windungspunkt.

Die Eigenschaften der Functionen ω hängen wesentlich davon ab, wie vielfach zusammenhängend die Fläche T ist. Um dies zu entscheiden, wollen wir zunächst die Anzahl der einfachen Verzweigungspunkte der Function s bestimmen.

In einem Verzweigungspunkte nehmen die dort zusammenhängenden Zweige der Function denselben Werth an, und es werden daher zwei oder mehrere Wurzeln der Gleichung

$$F(s) = a_0 s^n + a_1 s^{n-1} + \cdots + a_n = 0$$

einander gleich. Dies kann nur geschehen, wenn

$$F'(s) = a_0\, n s^{n-1} + a_1\, \overline{n-1}\, s^{n-2} + \cdots + a_{n-1}$$

oder die einwerthige Function von z, $F'(s_1)\, F'(s_2) \ldots F'(s_n)$, verschwindet. Diese Function wird für endliche Werthe von z nur unendlich, wenn $s = \infty$, also $a_0 = 0$ ist und muss, um endlich zu bleiben, mit a_0^{n-2} multiplicirt werden. Sie wird dann eine einwerthige, für ein endliches z endliche Function von z, welche für $z = \infty$ unendlich von der $2m(n-1)$ten Ordnung wird, also eine ganze Function $2m(n-1)$ten Grades. Die Werthe von z, für welche $F'(s)$ und $F(s)$ gleichzeitig verschwinden, sind also die Wurzeln der Gleichung $2m(n-1)$ten Grades

$$Q(z) = a_0^{n-2} \prod_i F'(s_i) = 0 \text{ oder auch, da } F'(s_i) = a_0 \prod_{i'} (s_i - s_{i'}),\ (i \gtrless i'),$$

$$= a_0^{2(n-1)} \prod_{i,\, i'} (s_i - s_{i'}) = 0,\ (i \gtrless i'),$$

welche durch Elimination von s aus $F'(s) = 0$ und $F(s) = 0$ gebildet werden kann.

Wird $F(s, z) = 0$ für $s = \alpha$, $z = \beta$, so ist

$$F(s, z) = \frac{\partial F}{\partial s}(s-\alpha) + \frac{\partial F}{\partial z}(z-\beta)$$

$$+ \tfrac{1}{2}\left\{\frac{\partial^2 F}{\partial s^2}(s-\alpha)^2 + 2\frac{\partial^2 F}{\partial s \partial z}(s-\alpha)(z-\beta) + \frac{\partial^2 F}{\partial z^2}(z-\beta)^2\right\}$$

$$+ \cdots\cdots\cdots\cdots\cdots,$$

$$F'(s) = \frac{\partial F}{\partial s} + \frac{\partial^2 F}{\partial s^2}(s-\alpha) + \frac{\partial^2 F}{\partial s \partial z}(z-\beta) + \cdots$$

Ist also für $(s = \alpha,\ z = \beta)$ $\frac{\partial F}{\partial s} = 0$ und verschwinden $\frac{\partial F}{\partial z}, \frac{\partial^2 F}{\partial s^2}$ dann nicht, so wird $s - \alpha$ unendlich klein, wie $(z-\beta)^{\frac{1}{2}}$, und findet also ein einfacher Verzweigungspunkt statt. Es werden zugleich in dem Producte $\prod_i F'(s_i)$ zwei Factoren unendlich klein wie $(z-\beta)^{\frac{1}{2}}$, und $Q(z)$ erhält dadurch den Factor $(z-\beta)$. In dem Falle, dass $\frac{\partial F}{\partial z}$ und $\frac{\partial^2 F}{\partial s^2}$ nie verschwinden, wenn gleichzeitig $F = 0$ und $\frac{\partial F}{\partial s} = 0$ werden, entspricht demnach jedem linearen Factor von $Q(z)$ *ein* einfacher Verzweigungspunkt, und die Anzahl dieser Punkte ist also $= 2m(n-1)$.

Die Lage der Verzweigungspunkte hängt von den Coefficienten der Potenzen von z in den Functionen a ab und ändert sich stetig mit denselben.

Wenn diese Coefficienten solche Werthe annehmen, dass zwei demselben Zweigepaar angehörige einfache Verzweigungspunkte zusammenfallen, so heben diese sich auf, und es werden zwei Wurzeln von $F(s)$ einander gleich, ohne dass eine Verzweigung stattfindet. Setzt sich um jeden von ihnen s_1 in s_2 und s_2 in s_1 fort, so geht durch einen Umlauf um ein beide enthaltendes Stück der z-Ebene s_1 in s_1 und s_2 in s_2 über, und beide Zweige werden einändrig, wenn sie zusammenfallen. Es bleibt dann also auch ihre Derivirte $\frac{ds}{dz}$ einändrig und endlich, und folglich wird $\frac{\partial F}{\partial z} = -\frac{ds}{dz}\frac{\partial F}{\partial s} = 0$.

Wird $F = \frac{\partial F}{\partial s} = \frac{\partial F}{\partial z} = 0$ für $s = \alpha$, $z = \beta$, so ergeben sich aus den drei folgenden Gliedern der Entwicklung von $F(s, z)$ zwei Werthe für $\frac{s-\alpha}{z-\beta} = \frac{ds}{dz}$, $(s = \alpha,\ z = \beta)$. Sind diese Werthe ungleich und endlich, so können die beiden Zweige der Function s, denen sie angehören, dort nicht zusammenhängen und sich nicht verzweigen. Es wird dann $\frac{\partial F}{\partial s}$ für beide unendlich klein wie $z - \beta$, und $Q(z)$ erhält dadurch den Factor $(z-\beta)^2$; es fallen also nur zwei einfache Verzweigungspunkte zusammen.

Um in jedem Falle, wenn für $z = \beta$ mehrere Wurzeln der Gleichung $F(s) = 0$ gleich α werden, zu entscheiden, wie viele einfache Verzweigungspunkte für $(s = \alpha,\ z = \beta)$ zusammenfallen, und wie viele von diesen sich aufheben, muss man diese Wurzeln (nach dem Verfahren von Lagrange*) soweit nach steigenden Potenzen von $z - \beta$ entwickeln, bis diese Entwicklungen sämmtlich von einander verschieden werden, wodurch sich die wirklich noch stattfindenden Verzweigungen ergeben. Und man muss dann untersuchen, von welcher Ordnung $F'(s)$ für jede dieser Wurzeln unendlich klein wird, um die Anzahl der ihnen zugehörigen linearen Factoren von $Q(z)$ oder der für $(s = \alpha,\ z = \beta)$ zusammengefallenen einfachen Verzweigungspunkte zu bestimmen.

Bezeichnet die Zahl ϱ, wie oft sich die Fläche T um den Punkt (s, z) windet, so wird im Punkte (z) $F'(s)$ so oft unendlich klein von der ersten Ordnung, als dort einfache Verzweigungspunkte zusammenfallen, $dz^{1-\frac{1}{\varrho}}$ so oft, als deren wirklich stattfinden, folglich $F'(s)\,dz^{\frac{1}{\varrho}-1}$ so oft, als von ihnen sich aufheben.

Ist die Anzahl der wirklich stattfindenden einfachen Verzweigungen w, die Anzahl der sich aufhebenden $2r$, so ist

$$\mathrm{w} + 2r = 2(n-1)m.$$

*) Lagrange, Nouvelle méthode pour résoudre les équations littérales par le moyen des séries. Mém. de l'Académie de Berlin XXIV 1780, Oeuvres de Lagrange Tome III p. 5. W.

Nimmt man an, dass die Verzweigungspunkte nur paarweise und sich aufhebend zusammenfallen, so ist für r Werthenpaare ($s = \gamma_\varrho$, $z = \delta_\varrho$)

$$F = \frac{\partial F}{\partial s} = \frac{\partial F}{\partial z} = 0 \text{ und } \frac{\partial^2 F}{\partial z^2}\frac{\partial^2 F}{\partial s^2} - \left(\frac{\partial^2 F}{\partial s \partial z}\right)^2$$

nicht Null und für w Werthenpaare von s und z $F = 0$, $\frac{\partial F}{\partial s} = 0$, $\frac{\partial F}{\partial z}$ nicht Null und $\frac{\partial^2 F}{\partial s^2}$ nicht Null.

Wir beschränken uns meistens auf die Behandlung dieses Falles, da sich die Resultate auf die übrigen als Grenzfälle desselben leicht ausdehnen lassen, und wir können dies hier um so mehr thun, da wir die Theorie dieser Functionen auf eine von der Ausdrucksform unabhängige, keinen Ausnahmefällen unterworfene Grundlage gestützt haben.

7.

Es findet nun bei einer einfach zusammenhängenden, über einen endlichen Theil der z-Ebene ausgebreiteten Fläche zwischen der Anzahl ihrer einfachen Verzweigungspunkte und der Anzahl der Umdrehungen, welche die Richtung ihrer Begrenzungslinie macht, die Relation statt, dass die letztere um eine Einheit grösser ist, als die erstere; und aus dieser ergiebt sich für eine mehrfach zusammenhängende Fläche eine Relation zwischen diesen Anzahlen und der Anzahl der Querschnitte, welche sie in eine einfach zusammenhängende verwandeln. Wir könneu diese Relation, welche im Grunde von Massverhältnissen unabhängig ist und der *analysis situs* angehört, hier für die Fläche T so ableiten.

Nach dem Dirichlet'schen Princip lässt sich in der einfach zusammenhängenden Fläche T' die Function $\log \zeta$ von z so bestimmen, dass ζ für einen beliebigen Punkt im Innern derselben unendlich klein von der ersten Ordnung wird, und $\log \zeta$ längs einer beliebigen sich nicht schneidenden, von dort nach der Begrenzung führenden Linie auf der positiven Seite um $-2\pi i$ grösser, als auf der negativen, übrigens aber allenthalben stetig und längs der Begrenzung von T' rein imaginär ist. Es nimmt dann die Function ζ jeden Werth, dessen Modul < 1, einmal an; die Gesammtheit ihrer Werthe wird folglich durch eine über einen Kreis in der ζ-Ebene einfach ausgebreitete Fläche vertreten. Jedem Punkte von T' entspricht ein Punkt des Kreises, und umgekehrt. Es wird daher für einen beliebigen Punkt der Fläche, wo $z = z'$, $\zeta = \zeta'$, die Function $\zeta - \zeta'$ unendlich klein von der ersten Ordnung, und folglich bleibt dort, wenn die Fläche T' sich $(\mu + 1)$mal um ihn windet, bei endlichem z'

$$(\mu+1)\frac{z-z'}{(\zeta-\zeta')^{\mu+1}}=\frac{dz}{d\zeta(\zeta-\zeta')^{\mu}},$$

bei unendlichem z' aber

$$(\mu+1)\frac{z^{-1}}{(\zeta-\zeta')^{\mu+1}}=-\frac{dz}{zz\,d\zeta(\zeta-\zeta')^{\mu}}$$

endlich. Das Integral $\int d\log\frac{dz}{d\zeta}$, um den ganzen Kreis positiv herumgenommen, ist gleich der Summe der Integrale um die Punkte, wo $\frac{dz}{d\zeta}$ unendlich oder Null wird, und also $=2\pi i(\mathrm{w}-2n)$. Bezeichnet s ein Stück der Begrenzung von T' von einem und demselben bestimmten Punkte bis zu einem veränderlichen Punkte der Begrenzung, und σ das entsprechende Stück auf dem Kreisumfange, so ist

$$\log\frac{dz}{d\zeta}=\log\frac{dz}{ds}+\log\frac{ds}{d\sigma}-\log\frac{d\zeta}{d\sigma},$$

und, durch die ganze Begrenzung ausgedehnt,

$$\int d\log\frac{dz}{ds}=(2p-1)2\pi i,\quad \int d\log\frac{ds}{d\sigma}=0,\quad -\int d\log\frac{d\zeta}{d\sigma}=-2\pi i,$$

also

$$\int d\log\frac{dz}{d\zeta}=(2p-2)2\pi i.$$

Es ergiebt sich demnach $\mathrm{w}-2n=2(p-1)$. Da nun

$$\mathrm{w}=2((n-1)m-r),$$

so ist

$$p=(n-1)(m-1)-r. \ (^2)$$

8.

Der allgemeine Ausdruck der wie T verzweigten Functionen s' von z, die für m' beliebig gegebene Punkte von T unendlich von der ersten Ordnung werden und übrigens stetig bleiben, enthält nach dem Obigen $m'-p+1$ willkürliche Constanten und ist eine lineare Function derselben (§. 5). Lassen sich also, wie jetzt gezeigt werden soll, rationale Ausdrücke von s und z bilden, die für m' beliebig gegebene, der Gleichung $F=0$ genügende Werthenpaare von s und z unendlich von der ersten Ordnung werden und lineare Functionen von $m'-p+1$ willkürlichen Constanten sind, so kann durch diese Ausdrücke jede Function s' dargestellt werden.

Damit der Quotient zweier ganzen Functionen $\chi(s,z)$ und $\psi(s,z)$ für $s=\infty$ und $z=\infty$ beliebige endliche Werthe annehmen kann, müssen beide von gleichem Grade sein; der Ausdruck, durch welchen

s' dargestellt werden soll, sei daher von der Form $\frac{\overset{\nu\ \mu}{\psi(s, z)}}{\underset{}{\overset{\nu\ \mu}{\chi(s, z)}}}$, und über-dies sei $\nu \geqq n-1$, $\mu \geqq m-1$. Wenn zwei Zweige der Function s ohne zusammenzuhängen einander gleich werden, also für zwei verschiedene Punkte der Fläche T $z=\gamma$ und $s=\delta$ wird, so wird s', allgemein zu reden, in diesen beiden Punkten verschiedene Werthe annehmen; soll also $\psi - s'\chi$ allenthalben $=0$ sein, so muss für zwei verschiedene Werthe von s' $\psi(\gamma, \delta) - s'\chi(\gamma, \delta) = 0$ sein, folglich $\chi(\gamma, \delta) = 0$ und $\psi(\gamma, \delta) = 0$. Es müssen also die Functionen χ und ψ für die r Werthenpaare $s=\gamma_\varrho$, $z=\delta_\varrho$ (S. 112) verschwinden*).

Die Function χ verschwindet für einen Werth von z, für welchen die einwerthige und für ein endliches z endliche Function von z

$$K(z) = a_0{}^\nu \chi(s_1)\chi(s_2)\ldots\chi(s_n) = 0$$

ist; diese Function wird für ein unendliches z unendlich von der Ordnung $m\nu + n\mu$ und ist also eine ganze Function $(m\nu+n\mu)$ten Grades. Da für die Werthenpaare (γ, δ) zwei Factoren des Products $\prod_i \chi(s_i)$ unendlich klein von der ersten Ordnung werden, also $K(z)$ unendlich klein von der zweiten Ordnung, so wird χ ausserdem noch unendlich klein von der ersten Ordnung für

$$i = m\nu + n\mu - 2r$$

Werthenpaare von s und z oder Punkte von T.

Ist $\nu > n-1$, $\mu > m-1$, so bleibt der Werth der Function χ ungeändert, wenn man

$$\chi(\overset{\nu}{s}, \overset{\mu}{z}) + \varrho(\overset{\nu-n}{s}, \overset{\mu-m}{z}) F(\overset{n}{s}, \overset{m}{z}),$$

worin ϱ beliebig ist, für $\chi(\overset{\nu}{s}, \overset{\mu}{z})$ setzt; es können also

$$(\nu - n + 1)(\mu - m + 1)$$

von den Coefficienten dieses Ausdrucks willkürlich angenommen werden. Werden nun von den

---

*) Es ist hier, wie gesagt, nur der Fall berücksichtigt, wo die Verzweigungspunkte der Function s nur paarweise und sich aufhebend zusammenfallen. Im Allgemeinen müssen in einem Punkte von T, wo nach der Auffassung im §. 6 sich aufhebende Verzweigungspunkte zusammenfallen, χ und ψ, wenn T sich um diesen Punkt ϱ mal windet, unendlich klein werden, wie $F'(s)dz^{\frac{1}{\varrho}-1}$, damit die ersten Glieder in der Entwicklung der darzustellenden Function nach ganzen Potenzen von $(\Delta z)^{\frac{1}{\varrho}}$ beliebige Werthe annehmen können.

$$(\mu + 1)(\nu + 1) - (\nu - n + 1)(\mu - m + 1)$$

noch übrigen r als lineare Functionen der übrigen so bestimmt, dass χ für die r Werthenpaare (γ, δ) verschwindet, so enthält die Function χ noch

$$\begin{aligned}\varepsilon &= (\mu + 1)(\nu + 1) - (\nu - n + 1)(\mu - m + 1) - r \\ &= n\mu + m\nu - (n - 1)(m - 1) - r + 1\end{aligned}$$

willkürliche Constanten. Es ist also

$$i - \varepsilon = (n - 1)(m - 1) - r - 1 = p - 1.$$

Nimmt man μ und ν so an, dass $\varepsilon > m'$ ist, so kann man χ so bestimmen, dass es für m' beliebig gegebene Werthenpaare unendlich klein von der ersten Ordnung wird, und dann, wenn $m' > p$, ψ so einrichten, dass $\frac{\psi}{\chi}$ für alle übrigen Werthe endlich bleibt. In der That ist ψ ebenfalls eine lineare homogene Function von ε willkürlichen Constanten, und es lassen sich also, wenn $\varepsilon - i + m' > 1$ ist, $i - m'$ von ihnen als lineare Functionen der übrigen so bestimmen, dass ψ für die $i - m'$ Werthenpaare von s und z, für welche χ noch unendlich klein von der ersten Ordnung wird, ebenfalls verschwindet. Die Function ψ enthält demnach $\varepsilon - i + m' = m' - p + 1$ willkürliche Constanten, und $\frac{\psi}{\chi}$ kann also jede Function s' darstellen.

9.

Da die Functionen $\frac{d\omega}{dz}$ algebraische wie s verzweigte Functionen von z sind (§. 5), so lassen sie sich zufolge des eben bewiesenen Satzes rational in s und z ausdrücken, und sämmtliche Functionen ω als Integrale rationaler Functionen von s und z.

Ist w eine allenthalben endliche Function ω, so wird $\frac{dw}{dz}$ unendlich von der ersten Ordnung für jeden einfachen Verzweigungspunkt der Fläche T, da dw und $(dz)^{\frac{1}{2}}$ dort unendlich klein von der ersten Ordnung sind, bleibt aber sonst allenthalben stetig und wird für $z = \infty$ unendlich klein von der zweiten Ordnung. Umgekehrt bleibt das Integral einer Function, die sich so verhält, allenthalben endlich.

Um diese Function $\frac{dw}{dz}$ als Quotient zweier ganzen Functionen von s und z auszudrücken, muss man (nach §. 8) zum Nenner eine Function nehmen, die verschwindet in den Verzweigungspunkten und für die r Werthenpaare (γ, δ). Dieser Bedingung genügt man am einfachsten durch eine Function, die nur für diese Werthe 0 wird. Eine solche ist

$$\frac{\partial F}{\partial s} = a_0 n s^{n-1} + a_1(n-1)s^{n-2} + \cdots + a_{n-1}.$$

Diese wird für ein unendliches s unendlich von der $(n-2)$ten Ordnung (da a_0 dann unendlich klein von der ersten Ordnung wird) und für ein unendliches z unendlich von der $m$ten Ordnung. Damit $\frac{dw}{dz}$ ausser den Verzweigungspunkten endlich und für ein unendliches z unendlich klein von der zweiten Ordnung ist, muss also der Zähler eine ganze Function $\varphi(\overset{n-2}{s}, \overset{m-2}{z})$ sein, die für die r Werthenpaare (γ, δ) (S. 112) verschwindet. Demnach ist

$$w = \int \frac{\varphi(\overset{n-2}{s}, \overset{m-2}{z})\,dz}{\frac{\partial F}{\partial s}} = -\int \frac{\varphi(\overset{n-2}{s}, \overset{m-2}{z})\,ds}{\frac{\partial F}{\partial z}},$$

worin $\varphi = 0$ für $s = \gamma_\varrho$, $z = \delta_\varrho$, $\varrho = 1, 2, \ldots, r$.

Die Function φ enthält $(n-1)(m-1)$ constante Coefficienten, und wenn r von ihnen als lineare Fuuctionen der übrigen so bestimmt werden, dass $\varphi = 0$ für die r Werthenpaare $s = \gamma$, $z = \delta$, so bleiben noch $(m-1)(n-1) - r$ oder p willkürlich, und es erhält φ die Form

$$\alpha_1\varphi_1 + \alpha_2\varphi_2 + \cdots + \alpha_p\varphi_p,$$

worin $\varphi_1, \varphi_2, \ldots, \varphi_p$ besondere Functionen φ, von denen keine eine lineare Function der übrigen ist, und $\alpha_1, \alpha_2, \ldots \alpha_p$ beliebige Constanten sind. Als allgemeiner Ausdruck von w ergiebt sich, wie oben auf anderem Wege

$$\alpha_1 w_1 + \alpha_2 w_2 + \alpha_p w_p + \text{const.}$$

Die nicht allenthalben endlich bleibenden Functionen ω und also die Integrale zweiter und dritter Gattung lassen sich nach denselben Principien rational in s und z ausdrücken, wobei wir indess hier nicht verweilen, da die allgemeinen Regeln des vorigen Paragraphen keiner weitern Erläuterung bedürfen und zur Betrachtung bestimmter Formen dieser Integrale erst die Theorie der ϑ-Functionen Anlass giebt.

10.

Die Function φ wird ausser für die r Werthenpaare (γ, δ) noch für $m(n-2) + n(m-2) - 2r$ oder $2(p-1)$ der Gleichung $F = 0$ genügende Werthenpaare von s und z unendlich klein von der ersten Ordnung. Sind nun

$$\varphi^{(1)} = \alpha_1^{(1)}\varphi_1 + \alpha_2^{(1)}\varphi_2 + \cdots + \alpha_p^{(1)}\varphi_p$$

und

$$\varphi^{(2)} = \alpha_1^{(2)}\varphi_1 + \alpha_2^{(2)}\varphi_2 + \cdots + \alpha_p^{(2)}\varphi_p$$

zwei beliebige Functionen φ, so kann man in dem Ausdrucke $\frac{\varphi^{(2)}}{\varphi^{(1)}}$ den Nenner so bestimmen, dass er für $p-1$ beliebig gegebene der Gleichung $F=0$ genügende Werthenpaare von s und z gleich Null wird, und dann den Zähler so, dass er für $p-2$ von den übrigen Werthenpaaren, für welche $\varphi^{(1)}$ noch gleich 0 wird, gleichfalls verschwindet. Er ist dann noch eine lineare Function von zwei willkürlichen Constanten und folglich ein allgemeiner Ausdruck einer Function, die nur für p Punkte der Fläche T unendlich von der ersten Ordnung wird. Eine Function, die für weniger als p Punkte unendlich wird, bildet einen speciellen Fall dieser Function; es lassen sich daher alle Functionen, die für weniger als $p+1$ Punkte der Fläche T unendlich von der ersten Ordnung werden, in der Form $\frac{\varphi^{(2)}}{\varphi^{(1)}}$ oder in der Form $\frac{dw^{(2)}}{dw^{(1)}}$, wenn $w^{(1)}$ und $w^{(2)}$ zwei allenthalben endliche Integrale rationaler Functionen von s und z sind, darstellen.

11.

Eine wie T verzweigte Function z_1 von z, die für n_1 Punkte dieser Fläche unendlich von der ersten Ordnung wird, ist nach dem Früheren (S. 108) die Wurzel einer Gleichung von der Form

$$G(\overset{n}{z_1}, \overset{n_1}{z}) = 0$$

und nimmt daher jeden Werth für n_1 Punkte der Fläche T an. Wenn man sich also jeden Punkt von T durch einen den Werth von z_1 in diesem Punkte geometrisch repräsentirenden Punkt einer Ebene abgebildet denkt, so bildet die Gesammtheit dieser Punkte eine in der z_1-Ebene allenthalben n_1 fach ausgebreitete und die Fläche T — bekanntlich in den kleinsten Theilen ähnlich — abbildende Fläche T_1. Jedem Punkt in der einen Fläche entspricht dann *ein* Punkt in der andern. Die Functionen ω oder die Integrale wie T verzweigter Functionen von z gehen daher, wenn man für z als unabhängig veränderliche Grösse z_1 einführt, in Functionen über, welche in der Fläche T_1 allenthalben *einen* bestimmten Werth und dieselben Unstetigkeiten haben, wie die Functionen ω in den entsprechenden Punkten von T, und welche folglich Integrale wie T_1 verzweigter Functionen von z_1 sind.

Bezeichnet s_1 irgend eine andere wie T verzweigte Function von z, die für m_1 Punkte von T und also auch von T_1 unendlich von der ersten Ordnung wird, so findet (§. 5) zwischen s_1 und z_1 eine Gleichung von der Form

$$F_1(\overset{n_1}{s_1}, \overset{m_1}{z_1}) = 0$$

statt, worin F_1 eine Potenz einer unzerfällbaren ganzen Function von s_1 und z_1 ist, und es lassen sich, wenn diese Potenz die erste ist, alle wie T_1 verzweigten Functionen von z_1, folglich alle rationalen Functionen von s und z rational in s_1 und z_1 ausdrücken (§. 8).

Die Gleichung $F(\overset{n}{s}, \overset{m}{z}) = 0$ kann also durch eine rationale Substitution in $F(\overset{n_1}{s_1}, \overset{m_1}{z_1}) = 0$ und diese in jene transformirt werden.

Die Grössengebiete (s, z) und (s_1, z_1) sind gleichvielfach zusammenhängend, da jedem Punkte des einen *ein* Punkt des andern entspricht. Bezeichnet daher r_1 die Anzahl der Fälle, in welchen s_1 und z_1 für zwei verschiedene Punkte des Grössengebiets (s_1, z_1) beide denselben Werth annehmen und folglich gleichzeitig F_1, $\frac{\partial F_1}{\partial s_1}$ und $\frac{\partial F_1}{\partial z_1}$ gleich 0 und

$$\frac{\partial^2 F_1}{\partial s_1^2}\frac{\partial^2 F_1}{\partial z_1^2} - \left(\frac{\partial^2 F_1}{\partial s_1 \partial z_1}\right)^2$$

nicht Null ist, so muss

$$(n_1 - 1)(m_1 - 1) - r_1 = p = (n - 1)(m - 1) - r$$

sein.

12.

Man betrachte nun als zu Einer *Klasse* gehörend *alle irreductiblen algebraischen Gleichungen zwischen zwei veränderlichen Grössen, welche sich durch rationale Substitutionen in einander transformiren lassen*, so dass $F(s, z) = 0$ und $F_1(s_1, z_1) = 0$ zu derselben Klasse gehören, wenn sich für s und z solche rationale Functionen von s_1 und z_1 setzen lassen, dass $F(s, z) = 0$ in $F_1(s_1, z_1) = 0$ übergeht und zugleich s_1 und z_1 rationale Functionen von s und z sind.

Die rationalen Functionen von s und z bilden, als Functionen von irgend einer von ihnen ζ betrachtet, ein System gleichverzweigter algebraischer Functionen. Auf diese Weise führt jede Gleichung offenbar zu einer Klasse von Systemen gleichverzweigter algebraischer Functionen, welche sich durch Einführung einer Function des Systems als unabhängig veränderlicher Grösse in einander transformiren lassen und zwar alle Gleichungen Einer Klasse zu derselben Klasse von Systemen algebraischer Functionen, und umgekehrt führt (§. 11) jede Klasse von solchen Systemen zu Einer Klasse von Gleichungen.

Ist das Grössengebiet (s, z) $(2p + 1)$fach zusammenhängend und die Function ζ in μ Punkten desselben unendlich von der ersten Ordnung, so ist die Anzahl der Verzweigungswerthe der gleichverzweigten Functionen von ζ, welche durch die übrigen rationalen Functionen von s und z gebildet werden, $2(\mu + p - 1)$, und die Anzahl der willkürlichen Constanten in der Function ζ $2\mu - p + 1$ (§. 5). Diese lassen sich so bestimmen, dass $2\mu - p + 1$ Verzweigungswerthe gegebene Werthe annehmen, wenn diese Verzweigungswerthe von einander unabhängige Functionen von ihnen sind, und zwar nur auf eine endliche Anzahl Arten, da die Bedingungsgleichungen algebraisch sind. In jeder Klasse von Systemen gleichverzweigter $(2p + 1)$fach zusammenhängender Functionen giebt es daher eine endliche Anzahl von Systemen μwerthiger Functionen, in welchen $2\mu - p + 1$ Verzweigungswerthe gegebene Werthe annehmen. Wenn andererseits die $2(\mu + p - 1)$ Verzweigungspunkte einer die ζ-Ebene allenthalben μfach bedeckenden $(2p + 1)$fach zusammenhängenden Fläche beliebig gegeben sind, so giebt es (§§. 3—5) immer ein System wie diese Fläche verzweigter algebraischer Functionen von ζ. Die $3p - 3$ übrigen Verzweigungswerthe in jenen Systemen gleichverzweigter μwerthiger Functionen können daher beliebige Werthe annehmen; und es hängt also eine Klasse von Systemen gleichverzweigter $(2p + 1)$fach zusammenhängender Functionen und die zu ihr gehörende Klasse algebraischer Gleichungen von $3p - 3$ stetig veränderlichen Grössen ab, welche die Moduln dieser Klasse genannt werden sollen.

Diese Bestimmung der Anzahl der Moduln einer Klasse $(2p + 1)$fach zusammenhängender algebraischer Functionen gilt jedoch nur unter der Voraussetzung, dass es $2\mu - p + 1$ Verzweigungswerthe giebt, welche von einander unabhängige Functionen der willkürlichen Constanten in der Function ζ sind. Diese Voraussetzung trifft nur zu, wenn $p > 1$, und die Anzahl der Moduln ist nur dann $= 3p - 3$, für $p = 1$ aber $= 1$. Die directe Untersuchung derselben wird indess schwierig durch die Art und Weise, wie die willkürlichen Constanten in ζ enthalten sind. Man führe deshalb in einem Systeme gleichverzweigter $(2p + 1)$fach zusammenhängender Functionen, um die Anzahl der Moduln zu bestimmen, als unabhängig veränderliche Grösse nicht eine dieser Functionen, sondern ein allenthalben endliches Integral einer solchen Function ein.

Die Werthe, welche die Function w von z innerhalb der Fläche T' annimmt, werden geometrisch repräsentirt durch eine einen endlichen Theil der w-Ebene einfach oder mehrfach bedeckende und die Fläche T' (in den kleinsten Theilen ähnlich) abbildende Fläche, welche durch S bezeichnet werden soll. Da w auf der positiven Seite des

νten Querschnitts um die Constante $k^{(\nu)}$ grösser ist, als auf der negativen, so besteht die Begrenzung von S aus Paaren von parallelen Curven, welche denselben Theil des T' begrenzenden Schnittsystems abbilden, und es wird die Ortsverschiedenheit der entsprechenden Punkte in den parallelen, den νten Querschnitt abbildenden Begrenzungstheilen von S durch die complexe Grösse $k^{(\nu)}$ ausgedrückt. Die Anzahl der einfachen Verzweigungspunkte der Fläche S ist $2p-2$, da dw in $2p-2$ Punkten der Fläche T unendlich klein von der zweiten Ordnung wird. Die rationalen Functionen von s und z sind dann Functionen von w, welche für jeden Punkt von S Einen bestimmten, wo sie nicht unendlich werden, stetig sich ändernden Werth haben und in den entsprechenden Punkten paralleler Begrenzungstheile denselben Werth annehmen. Sie bilden daher ein System gleichverzweigter und $2p$fach periodischer Functionen von w. Es lässt sich nun (auf ähnlichem Wege, wie in den §§. 3—5) zeigen, dass, die $2p-2$ Verzweigungspunkte und die $2p$ Ortsverschiedenheiten paralleler Begrenzungstheile der Fläche S als willkürlich gegeben vorausgesetzt, immer ein System wie diese Fläche verzweigter Functionen existirt, welche in den entsprechenden Punkten paralleler Begrenzungstheile denselben Werth annehmen und also $2p$fach periodisch sind, und die, als Functionen von einer von ihnen betrachtet, ein System gleichverzweigter $(2p+1)$fach zusammenhängender algebraischer Functionen bilden, folglich zu einer Klasse von $(2p+1)$fach zusammenhängenden algebraischen Functionen führen. In der That ergiebt sich nach dem Dirichlet'schen Princip, dass in der Fläche S eine Function von w bis auf eine additive Constante bestimmt ist durch die Bedingungen, im Innern von S beliebig gegebene Unstetigkeiten von der Form wie ω in T' anzunehmen und in den entsprechenden Punkten paralleler Begrenzungstheile um Constanten, deren reeller Theil gegeben ist, verschiedene Werthe zu erhalten. Hieraus schliesst man ähnlich, wie im §. 5, die Möglichkeit von Functionen, welche nur in einzelnen Punkten von S unstetig werden und in den entsprechenden Punkten paralleler Begrenzungstheile denselben Werth annehmen. Wird eine solche Function z in n Punkten von S unendlich von der ersten Ordnung und sonst nicht unstetig, so nimmt sie jeden complexen Werth in n Punkten von S an; denn wenn a eine beliebige Constante ist, so ist $\int d\log(z-a)$, um S erstreckt, $=0$, da die Integration durch parallele Begrenzungstheile sich aufhebt, und es wird daher $z-a$ in S ebenso oft unendlich klein, als unendlich von der ersten Ordnung. Die Werthe, welche z annimmt, werden folglich durch eine über die z-Ebene allenthalben $n$fach ausgebreitete Fläche repräsentirt, und die übrigen ebenso verzweigten und periodischen Functionen von w bilden daher ein System wie diese Fläche verzweigter $(2p+1)$fach zusammenhängender algebraischer Functionen von z, w. z. b. w.

Für eine beliebig gegebene Klasse $(2p+1)$fach zusammenhängender algebraischer Functionen kann man nun in dem als unabhängig veränderliche Grösse einzuführenden

$$w = \alpha_1 w_1 + \alpha_2 w_2 + \cdots + \alpha_p w_p + c$$

die Grössen α so bestimmen, dass p von den $2p$ Periodicitätsmoduln gegebene Werthe annehmen, und c wenn $p > 1$ so, dass einer von den $2p-2$ Verzweigungswerthen der periodischen Functionen von w einen gegebenen Werth erhält. Dadurch ist w völlig bestimmt, und also sind es auch die $3p-3$ übrigen Grössen, von denen die Verzweigungsart und Periodicität jener Functionen von w abhängt; und da jedweden Werthen dieser $3p-3$ Grössen eine Klasse von $(2p+1)$fach zusammenhängenden algebraischen Functionen entspricht, so hängt eine solche von $3p-3$ unabhängig veränderlichen Grössen ab.

Wenn $p = 1$ ist, so ist kein Verzweigungspunkt vorhanden, und es lässt sich in

$$w = \alpha_1 w_1 + c$$

die Grösse α_1 so bestimmen, dass *ein* Periodicitätsmodul einen gegebenen Werth erhält, und dadurch ist der andere Periodicitätsmodul bestimmt. Die Anzahl der Moduln einer Klasse ist also dann $= 1$.

13.

Nach den obigen (im §. 11 entwickelten) Principien der Transformation muss man, um eine beliebig gegebene Gleichung $F(s, z) = 0$ durch eine rationale Substitution in eine Gleichung derselben Klasse

$$F_1(\overset{n_1}{s_1}, \overset{m_1}{z_1}) = 0$$

von möglichst niedrigem Grade zu transformiren, zuerst für z_1 einen rationalen Ausdruck in s und z, $r(s, z)$, so bestimmen, dass n_1 möglichst klein wird, und dann s_1 gleich einem andern rationalen Ausdrucke $r'(s, z)$ so, dass m_1 möglichst klein wird und zugleich die zu einem beliebigen Werthe von z_1 gehörigen Werthe von s_1 nicht in Gruppen unter einander gleicher zerfallen, so dass $F_1(\overset{n_1}{s_1}, \overset{m_1}{z_1})$ nicht eine höhere Potenz einer unzerfällbaren Function sein kann.

Wenn das Grössengebiet (s, z) $(2p+1)$fach zusammenhängend ist, so ist der kleinste Werth, den n_1 annehmen kann, allgemein zu reden,

$\geqq \frac{p}{2}+1$ (§. 5) und die Anzahl der Fälle, in denen s_1 und z_1 für zwei verschiedene Punkte des Grössengebiets beide denselben Werth annehmen,

$$= (n_1 - 1)(m_1 - 1) - p.$$

In einer Klasse von algebraischen Gleichungen zwischen zwei veränderlichen Grössen haben demnach, wenn ihre Moduln nicht besonderen Bedingungsgleichungen genügen, die Gleichungen niedrigsten Grades folgende Form:

$$\text{für } p = 1, \quad F(\overset{2}{s}, \overset{2}{z}) = 0, \quad r = 0$$

$$p = 2, \quad F(\overset{2}{s}, \overset{3}{z}) = 0, \quad r = 0$$

$$p > 2 \begin{cases} p = 2\mu - 3, & F(\overset{\mu}{s}, \overset{\mu}{z}) = 0, \quad r = (\mu - 2)^2 \\ p = 2\mu - 2, & F(\overset{\mu}{s}, \overset{\mu}{z}) = 0, \quad r = (\mu - 1)(\mu - 3). \end{cases}$$

Von den Coefficienten der Potenzen von s und z in den ganzen Functionen F müssen r als lineare homogene Functionen der übrigen so bestimmt werden, dass $\frac{\partial F}{\partial s}$ und $\frac{\partial F}{\partial z}$ für r der Gleichung $F = 0$ genügende Werthenpaare gleichzeitig verschwinden. Die rationalen Functionen von s und z, als Functionen von einer von ihnen betrachtet, stellen dann alle Systeme $(2p+1)$fach zusammenhängender algebraischer Functionen dar.

14.

Ich benutze nun nach Jacobi (Journ. f. Math. Bd. 9 Nr. 32 §. 8*) das Abel'sche Additionstheorem zur Integration eines Systems von Differentialgleichungen; ich werde mich dabei auf das beschränken, was in dieser Abhandlung später nöthig ist.

Führt man in einem allenthalben endlichen Integrale w einer rationalen Function von s und z als unabhängig veränderliche Grösse eine rationale Function von s und z, ζ, ein, die für m Werthenpaare von s und z unendlich von der ersten Ordnung wird, so ist $\frac{dw}{dz}$ eine $m$werthige Function von ζ. Bezeichnet man die m Werthe von w für dasselbe ζ durch $w^{(1)}, w^{(2)}, \ldots, w^{(m)}$, so ist

$$\frac{dw^{(1)}}{d\zeta} + \frac{dw^{(2)}}{d\zeta} + \cdots + \frac{dw^{(m)}}{d\zeta}$$

*) Jacobi's gesammelte Werke Bd. II, S. 15. W.

eine einwerthige Function von ζ, deren Integral allenthalben endlich bleibt, und folglich ist auch $\int d(w^{(1)} + w^{(2)} + \cdots + w^{(m)})$ allenthalben einwerthig und endlich, mithin constant. Auf ähnliche Weise findet sich, wenn $\omega^{(1)}, \omega^{(2)}, \ldots \omega^{(m)}$ die demselben ζ entsprechenden Werthe eines beliebigen Integrals ω einer rationalen Function von s und z bezeichnen, $\int d(\omega^{(1)} + \omega^{(2)} + \cdots + \omega^{(m)})$ bis auf eine additive Constante aus den Unstetigkeiten von ω und zwar als Summe von einer rationalen Function und mit constanten Coefficienten versehenen Logarithmen rationaler Functionen von ζ.

Mittelst dieses Satzes lassen sich, wie jetzt gezeigt werden soll, folgende p gleichzeitige Differentialgleichungen zwischen den $p+1$ der Gleichung $F(s, z) = 0$ genügenden Werthenpaaren von s und z, $(s_1, z_1), (s_2, z_2), \ldots, (s_{p+1}, z_{p+1})$

$$\frac{\varphi_\pi(s_1, z_1)\,dz_1}{\frac{\partial F(s_1, z_1)}{\partial s_1}} + \frac{\varphi_\pi(s_2, z_2)\,dz_2}{\frac{\partial F(s_2, z_2)}{\partial s_2}} + \cdots + \frac{\varphi_\pi(s_{p+1}, z_{p+1})\,dz_{p+1}}{\frac{\partial F(s_{p+1}, z_{p+1})}{\partial s_{p+1}}} = 0$$

für $\pi = 1, 2, \ldots, p$, allgemein oder vollständig (complete) integriren.

Durch diese Differentialgleichungen sind p von den Grössenpaaren (s_μ, z_μ) als Functionen des einen noch übrigen völlig bestimmt, wenn für einen beliebigen Werth des letzteren die Werthe der übrigen gegeben werden. Wenn man also diese $p+1$ Grössenpaare als Functionen *einer* veränderlichen Grösse ζ so bestimmt, dass sie für denselben Werth 0 dieser Grösse *beliebig* gegebene Anfangswerthe $(s_1^0, z_1^0), (s_2^0, z_2^0), \ldots, (s_{p+1}^0, z_{p+1}^0)$ annehmen und den Differentialgleichungen genügen, so hat man dadurch die Differentialgleichungen allgemein integrirt. Nun lässt sich die Grösse $\frac{1}{\zeta}$ als einwerthige und folglich rationale Function von (s, z) immer so bestimmen, dass sie nur für alle oder einige von den $p+1$ Werthenpaaren (s_μ^0, z_μ^0) unendlich und für diese nur unendlich von der ersten Ordnung wird, da sich in dem Ausdrucke

$$\sum_{\mu=1}^{\mu=p+1} \beta_\mu t(s_\mu^0, z_\mu^0) + \sum_{\mu=1}^{\mu=p} \alpha_\mu w_\mu + \text{const.}$$

die Verhältnisse der Grössen α und β immer so bestimmen lassen, dass die Periodicitätsmoduln sämmtlich 0 werden. Es genügen dann, wenn kein $\beta = 0$ ist, den zu lösenden Differentialgleichungen die $p+1$ Zweige der $(p+1)$ werthigen gleichverzweigten Functionen s und z von ζ, $(s_1, z_1), (s_2, z_2), \ldots, (s_{p+1}, z_{p+1})$, welche für $\zeta = 0$ die Werthe $(s_1^0, z_1^0), (s_2^0, z_2^0), \ldots, (s_{p+1}^0, z_{p+1}^0)$ annehmen. Wenn aber von den Grössen β einige, etwa die $p+1-m$ letzten gleich 0 werden, so werden die zu lösenden Differentialgleichungen befriedigt durch die m Zweige der m werthigen Functionen s und z von ζ, (s_1, z_1), $(s_2, z_2), \ldots, (s_m, z_m)$, welche für $\zeta = 0$ gleich $(s_1^0, z_1^0), (s_2^0, z_2^0), \ldots, (s_m^0, z_m^0)$ werden, und durch constante, also ihren Anfangswerthen $s_{m+1}^0, \ldots, z_{p+1}^0$ gleiche Werthe der Grössen $s_{m+1}, z_{m+1}; \ldots; s_{p+1}, z_{p+1}$. Im letzteren Falle sind von den p linearen homogenen Gleichungen

$$\sum_{\mu=1}^{\mu=m} \frac{\varphi_\pi(s_\mu, z_\mu)\, dz_\mu}{\dfrac{\partial F(s_\mu, z_\mu)}{\partial s_\mu}} = 0$$

für $\pi = 1, 2, \ldots, p$ zwischen den Grössen $\dfrac{dz_\mu}{\dfrac{\partial F(s_\mu, z_\mu)}{\partial s_\mu}}$ $p+1-m$ eine Folge der übrigen; es ergeben sich hieraus $p+1-m$ Bedingungsgleichungen, welche, damit dieser Fall eintritt, zwischen den Functionen $(s_1, z_1), \ldots, (s_m, z_m)$ und also auch zwischen ihren Anfangswerthen $(s_1^0, z_1^0), \ldots, (s_m^0, z_m^0)$ erfüllt sein müssen, und es können daher von diesen, wie oben (§. 5) gefunden, nur $2m-p-1$ beliebig gegeben werden.

15.

Es sei nun

$$\int \frac{\varphi_\pi(s, z)\, dz}{\dfrac{\partial F(s, z)}{\partial s}} + \text{const.},$$

durch das Innere von T' integrirt, gleich w_π und der Periodicitätsmodul von w_π für den νten Querschnitt gleich $k_\pi^{(\nu)}$, so dass sich die Functionen $w_1, w_2, \ldots, w_p$ des Grössenpaars (s, z) beim Uebertritt des Punkts (s, z) von der negativen auf die positive Seite des νten Querschnitts gleichzeitig um $k_1^{(\nu)}, k_2^{(\nu)}, \ldots, k_p^{(\nu)}$ ändern. Zur Abkürzung mag ein System von p Grössen $(b_1, b_2, \ldots, b_p)$ einem andern $(a_1, a_2, \ldots, a_p)$ *congruent nach $2p$ Systemen zusammengehöriger Moduln* genannt werden, wenn es aus ihm durch gleichzeitige Aenderungen sämmtlicher Grössen um zusammengehörige Moduln erhalten werden kann. Ist der Modul der πten Grösse im νten Systeme $= k_\pi^{(\nu)}$, so heisst demnach

$$(b_1, b_2, \ldots, b_p) \equiv (a_1, a_2, \ldots, a_p),$$

wenn

$$b_\pi = a_\pi + \sum_{\nu=1}^{\nu=2p} m_\nu k_\pi^{(\nu)}$$

für $\pi = 1, 2, \ldots, p$ und $m_1, m_2, \ldots, m_{2p}$ ganze Zahlen sind.

Da sich p beliebige Grössen $a_1, a_2, \ldots, a_p$ immer und nur auf eine Weise in die Form $a_\pi = \sum\limits_{\nu=1}^{\nu=2p} \xi_\nu k_\pi^{(\nu)}$ setzen lassen, so dass die $2p$ Grössen ξ reell sind, und durch Aenderung dieser Grössen ξ um ganze Zahlen alle congruenten Systeme und nur diese sich ergeben, so erhält man aus jeder Reihe congruenter Systeme eins und nur eins, wenn man in diesen Ausdrücken jede Grösse ξ alle Werthe von einem beliebigen Werthe bis zu einem um 1 grösseren, einen der beiden Grenzwerthe eingeschlossen, stetig durchlaufen lässt.

Dieses festgesetzt, folgt aus den obigen Differentialgleichungen oder aus den p Gleichungen

$$\sum_{\mu=1}^{\mu=p+1} dw_\pi^{(\mu)} = 0 \text{ für } \pi = 1, 2, \ldots, p$$

durch Integration

$$(\Sigma w_1^{(\mu)}, \Sigma w_2^{(\mu)}, \ldots, \Sigma w_p^{(\mu)}) \equiv (c_1, c_2, \ldots, c_p),$$

worin $c_1, c_2, \ldots, c_p$ constante von den Werthen (s^0, z^0) abhängige Grössen sind.

16.

Drückt man ζ als Quotienten zweier ganzen Functionen von s und z, $\frac{\chi}{\psi}$, aus, so sind die Grössenpaare $(s_1, z_1), \ldots, (s_m, z_m)$ die gemeinschaftlichen Wurzeln der Gleichungen $F = 0$ und $\frac{\chi}{\psi} = \zeta$. Da die ganze Function

$$\chi - \zeta\psi = f(s, z)$$

für alle Werthenpaare, für welche χ und ψ gleichzeitig verschwinden ebenfalls, was auch ζ sei, verschwindet, so können die Grössenpaare $(s_1, z_1), \ldots, (s_m, z_m)$ auch definirt werden als gemeinschaftliche Wurzeln der Gleichung $F = 0$ und einer Gleichung $f(s, z) = 0$, deren Coefficienten so sich ändern, dass alle übrigen gemeinschaftlichen Wurzeln constant bleiben. Wenn $m < p + 1$, kann ζ in der Form $\frac{\varphi^{(1)}}{\varphi^{(2)}}$ dargestellt werden (§. 10) und f in der Form

$$\varphi^{(1)} - \zeta\varphi^{(2)} = \varphi^{(3)}.$$

Die allgemeinsten Werthe der den p Gleichungen

$$\sum_{\mu=1}^{\mu=p} dw_\pi^{(\mu)} = 0 \text{ für } \pi = 1, 2, \ldots, p$$

genügenden Functionenpaare $(s_1, z_1), \ldots, (s_p, z_p)$ werden daher gebildet durch p gemeinschaftliche Wurzeln der Gleichungen $F=0$ und $\varphi=0$, welche so sich ändern, dass die übrigen gemeinschaftlichen Wurzeln constant bleiben. Hieraus folgt leicht der später nöthige Satz, dass die Aufgabe, $p-1$ von den $2p-2$ Grössenpaaren $(s_1, z_1), \ldots, (s_{2p-2}, z_{2p-2})$ als Functionen der $p-1$ übrigen so zu bestimmen, dass die p Gleichungen

$$\sum_{\mu=1}^{\mu=2p-2} dw_\pi^{(\mu)} = 0 \text{ für } \pi = 1, 2, \ldots, p$$

erfüllt werden, völlig allgemein gelöst wird, wenn man für diese $2p-2$ Grössenpaare die von den r Wurzeln $s=\gamma_\varrho$, $z=\delta_\varrho$ (§. 6) verschiedenen gemeinschaftlichen Wurzeln der Gleichungen $F=0$ und $\varphi=0$ oder die $2p-2$ Werthenpaare nimmt, für welche dw unendlich klein von der zweiten Ordnung wird, und dass diese Aufgabe daher nur *eine* Lösung zulässt. Solche Grössenpaare sollen *durch die Gleichung* $\varphi=0$ *verknüpft* heissen. Infolge der Gleichungen

$$\sum_1^{2p-2} dw_\pi^{(\mu)} = 0 \text{ wird } \left(\sum_1^{2p-2} w_1^{(\mu)}, \sum_1^{2p-2} w_2^{(\mu)}, \ldots, \sum_1^{2p-2} w_p^{(\mu)}\right),$$

die Summe über solche Grössenpaare ausgedehnt, congruent einem constanten Grössensysteme $(c_1, c_2, \ldots, c_p)$, worin c_π nur von der additiven Constante in der Function w_π oder dem Anfangswerthe des sie ausdrückenden Integrals abhängt.

Zweite Abtheilung.

17.

Für die ferneren Untersuchungen über Integrale von algebraischen, $(2p+1)$fach zusammenhängenden Functionen ist die Betrachtung einer $p$fach unendlichen ϑ-Reihe von grossem Nutzen, d. h. einer $p$fach unendlichen Reihe, in welcher der Logarithmus des allgemeinen Gliedes eine ganze Function zweiten Grades der Stellenzeiger ist. Es sei in dieser Function für ein Glied, dessen Stellenzeiger $m_1, m_2, \ldots, m_p$ sind, der Coefficient des Quadrats m_μ^2 gleich $a_{\mu,\mu}$, des doppelten Products $m_\mu m_{\mu'}$ gleich $a_{\mu,\mu'} = a_{\mu',\mu}$, der doppelten Grösse m_μ gleich v_μ, und das constante Glied $=0$. Die Summe der Reihe, über alle ganzen positiven oder negativen Werthe der Grössen m ausgedehnt, werde als Function der p Grössen v betrachtet und durch $\vartheta(v_1, v_2, \ldots, v_p)$ bezeichnet, so dass

$$(1.)\qquad \vartheta(v_1, v_2, \ldots, v_p) = \left(\sum_{-\infty}^{\infty}\right)^p e^{\left(\overset{p}{\underset{1}{\Sigma}}\right)^2 a_{\mu,\mu'} m_\mu m_{\mu'} + 2\overset{p}{\underset{1}{\Sigma}} v_\mu m_\mu},$$

worin die Summationen im Exponenten sich auf μ und μ', die äusseren Summationen auf $m_1, m_2, \ldots, m_p$ beziehen. Damit diese Reihe convergirt, muss der reelle Theil von $\left(\overset{p}{\underset{1}{\Sigma}}\right)^2 a_{\mu,\mu'} m_\mu m_{\mu'}$ wesentlich negativ sein oder, als eine Summe von positiven oder negativen Quadraten reeller linearer von einander unabhängiger Functionen der Grössen m dargestellt, aus p negativen Quadraten zusammengesetzt sein.

Die Function ϑ hat die Eigenschaft, dass es Systeme von gleichzeitigen Aenderungen der p Grössen v giebt, durch welche $\log\vartheta$ nur um eine lineare Function der Grössen v geändert wird, und zwar $2p$ von einander unabhängige Systeme (d. h. von denen keins eine Folge der übrigen ist). Denn man hat, die ungeändert bleibenden Grössen v unter dem Functionszeichen ϑ weglassend, für $\mu = 1, 2, \ldots, p$

$$(2.)\qquad \vartheta = \vartheta(v_\mu + \pi i) \quad \text{und}$$

$$(3.)\qquad \vartheta = e^{2v_\mu + a_{\mu,\mu}}\,\vartheta(v_1 + a_{1,\mu}, v_2 + a_{2,\mu}, \ldots, v_p + a_{p,\mu}),$$

wie sich sofort ergiebt, wenn man in der Reihe für ϑ den Stellenzeiger m_μ in $m_\mu + 1$ verwandelt, wodurch sie, während ihr Werth ungeändert bleibt, in den Ausdruck zur Rechten übergeht.

Die Function ϑ ist durch diese Relationen und durch die Eigenschaft, allenthalben endlich zu bleiben, bis auf einen constanten Factor bestimmt. Denn in Folge der letzteren Eigenschaft und der Relationen (2.) ist sie eine einwerthige, für endliche v endliche Function von $e^{2v_1}, e^{2v_2}, \ldots, v^{2v_p}$ und folglich in eine $p$fach unendliche Reihe von der Form

$$\left(\sum_{-\infty}^{\infty}\right)^p A_{m_1, m_2, \ldots, m_p}\, e^{2\overset{p}{\underset{1}{\Sigma}} v_\mu m_\mu}$$

mit den constanten Coefficienten A entwickelbar. Aus den Relationen (3.) ergiebt sich aber

$$A_{m_1, \ldots, m_\nu + 1, \ldots, m_p} = A_{m_1, \ldots, m_\nu, \ldots, m_p}\, e^{2\overset{p}{\underset{1}{\Sigma}} a_{\mu,\nu} m_\mu + a_{\nu,\nu}}$$

folglich

$$A_{m_1, \ldots, m_p} = \text{const.}\, e^{\left(\overset{p}{\underset{1}{\Sigma}}\right)^2 a_{\mu,\mu'} m_\mu m_{\mu'}}, \text{ w. z. b. w.}$$

Man kann daher diese Eigenschaften der Function zu ihrer Definition verwenden. Die Systeme gleichzeitiger Aenderungen der Grössen v, durch welche sich $\log\vartheta$ nur um eine lineare Function von ihnen ändert, sollen *Systeme zusammengehöriger Periodicitätsmoduln der unabhängig veränderlichen Grössen* in dieser ϑ-Function genannt werden.

18.

Ich substituire nun für die p Grössen $v_1, v_2, \ldots, v_p$ p immer endlich bleibende Integrale $u_1, u_2, \ldots, u_p$ rationaler Functionen einer veränderlichen Grösse z und einer $(2p+1)$fach zusammenhängenden algebraischen Function s dieser Grösse, und für die zusammengehörigen Periodicitätsmoduln der Grössen v zusammengehörige (d. h. an demselben Querschnitte stattfindende) Periodicitätsmoduln dieser Integrale, so dass $\log\vartheta$ in eine Function *einer* Veränderlichen z übergeht, welche sich, wenn s und z nach beliebiger stetiger Aenderung von z den vorigen Werth wieder annehmen, um lineare Functionen der Grössen u ändert.

Es soll zunächst gezeigt werden, dass eine solche Substitution für jede $(2p+1)$fach zusammenhängende Function s möglich ist. Die Zerschneidung der Fläche T muss zu diesem Zwecke so durch $2p$ in sich zurücklaufende Schnitte $a_1, a_2, \ldots, a_p, b_1, b_2, \ldots, b_p$ geschehen, dass folgende Bedingungen erfüllt werden. Wenn man $u_1, u_2, \ldots, u_p$ so wählt, dass der Periodicitätsmodul von u_μ an dem Schnitte a_μ gleich πi, an den übrigen Schnitten a gleich 0 ist, und man den Periodicitätsmodul von u_μ an dem Schnitte b_ν durch $a_{\mu,\nu}$ bezeichnet, so muss $a_{\mu,\nu} = a_{\nu,\mu}$ und der reelle Theil von $\sum\limits_{\mu,\mu'} a_{\mu,\mu'} m_\mu m_{\mu'}$ für alle reellen (ganzen) Werthe der p Grössen m negativ sein.

19.

Die Zerlegung der Fläche T werde nicht wie bisher nur durch in sich zurücklaufende Querschnitte, sondern folgendermassen ausgeführt. Man mache zuerst einen in sich zurücklaufenden die Fläche nicht zerstückelnden Schnitt a_1 und führe dann einen Querschnitt b_1 von der positiven Seite von a_1 auf die negative zum Anfangspunkte zurück, worauf die Begrenzung aus *einem* Stücke bestehen wird. Einen dritten die Fläche nicht zerstückelnden Querschnitt kann man demzufolge (wenn die Fläche noch nicht einfach zusammenhängend ist) von einem beliebigen Punkte dieser Begrenzung bis zu einem beliebigen Begrenzungspunkte, also auch zu einem früheren Punkte dieses Querschnitts führen. Man thue das Letztere, so dass dieser Querschnitt aus einer in sich zurücklaufenden Linie a_2 und einem dieser Linie voraufgehenden Theile c_1 besteht, welcher das frühere Schnittsystem mit ihr verbindet. Den folgenden Querschnitt b_2 ziehe man von der positiven Seite von a_2 auf die negative zum Anfangspunkte zurück, worauf die Begrenzung wieder aus *einem* Stücke besteht. Die weitere Zerschneidung kann daher, wenn nöthig, wieder durch zwei in demselben Punkte anfangende und endende Schnitte a_3 und b_3 und eine das System der Linien a_2 und b_2 mit ihnen verbindende Linie c_2 geschehen. Wird dieses Verfahren fortgesetzt, bis die Fläche einfach zusammenhängend ist, so erhält man ein Schnittnetz, welches aus p Paaren von zwei in einem und demselben Punkte anfangenden und endenden Linien a_1 und b_1, a_2 und b_2, ..., a_p und b_p besteht und aus $p-1$ Linien $c_1, c_2, \ldots, c_{p-1}$, welche jedes Paar mit dem folgenden verbinden. Es möge c_ν von einem Punkte von b_ν nach einem Punkte von $a_{\nu+1}$ gehen. Das Schnittnetz wird als so entstanden betrachtet, dass der $(2\nu-1)$te Querschnitt aus $c_{\nu-1}$ und der von dem Endpunkte von $c_{\nu-1}$ zu diesem zurückgezogenen Linie a_ν besteht, und der 2νte durch die von der *positiven* auf die *negative* Seite von a_ν gezogene Linie b_ν gebildet wird. Die Begrenzung der Fläche besteht bei dieser Zerschneidung nach einer geraden Anzahl von Schnitten aus *einem*, nach einer ungeraden aus zwei Stücken.

Ein allenthalben endliches Integral w einer rationalen Function von s und z nimmt dann zu beiden Seiten einer Linie c denselben Werth an. Denn die ganze früher entstandene Begrenzung besteht aus *einem* Stücke und bei der Integration längs derselben von der einen Seite der Linie c bis auf die andere wird $\int dw$ durch jedes früher entstandene Schnittelement zweimal, in entgegengesetzter Richtung, erstreckt. Eine solche Function ist daher in T allenthalben ausser den Linien a und b stetig. Die durch diese Linien zerschnittene Fläche T möge durch T'' bezeichnet werden.

20.

Es seien nun $w_1, w_2, \ldots, w_p$ von einander unabhängige solche Functionen, und der Periodicitätsmodul von w_μ an dem Querschnitte a_ν gleich $A_\mu^{(\nu)}$ und an dem Querschnitte b_ν gleich $B_\mu^{(\nu)}$. Es ist dann das Integral $\int w_\mu dw_{\mu'}$, um die Fläche T'' positiv herum ausgedehnt, $=0$, da die Function unter dem Integralzeichen allenthalben endlich ist. Bei dieser Integration wird jede der Linien a und b zweimal, einmal in positiver und einmal in negativer Richtung durchlaufen, und es muss während jener Integration, wo sie als Begrenzung des positiverseits gelegenen Gebiets dient, für w_μ der Werth auf der positiven Seite oder $w_\mu{+}$, während dieser der Werth auf der negativen oder $w_\mu{-}$ genommen werden. Es ist also dies Integral gleich der Summe aller Integrale $\int(w_\mu{+} - w_\mu{-})dw_{\mu'}$ durch die Linien a und b. Die Linien b führen von der positiven zur negativen Seite der Linien a, und folglich die Linien a von der negativen zur positiven Seite der Linien b. Das Integral durch die Linie a_ν ist daher

$$\int A_\mu^{(\nu)} dw_{\mu'} = A_\mu^{(\nu)} \int dw_{\mu'} = A_\mu^{(\nu)} B_{\mu'}^{(\nu)},$$

und das Integral durch die Linie b_ν

$$= \int B_\mu^{(\nu)} dw_{\mu'} = - B_\mu^{(\nu)} A_{\mu'}^{(\nu)}.$$

Das Integral $\int w_\mu dw_{\mu'}$, um die Fläche T'' positiv herum erstreckt, ist also

$$= \sum_\nu (A_\mu^{(\nu)} B_{\mu'}^{(\nu)} - B_\mu^{(\nu)} A_{\mu'}^{(\nu)}),$$

und diese Summe folglich $= 0$. Diese Gleichung gilt für je zwei von den Functionen $w_1, w_2, \ldots, w_p$ und liefert also $\frac{p(p-1)}{1.2}$ Relationen zwischen deren Periodicitätsmoduln.

Nimmt man für die Functionen w die Functionen u oder wählt man sie so, dass $A_\mu^{(\nu)}$ für ein von μ verschiedenes ν gleich 0 und $A_\nu^{(\nu)} = \pi i$ ist, so gehen diese Relationen über in $B_{\mu'}^{(\mu)} \pi i - B_\mu^{(\mu')} \pi i = 0$ oder in $a_{\mu, \mu'} = a_{\mu', \mu}$.

21.

Es bleibt noch zu zeigen, dass die Grössen a die zweite oben nöthig gefundene Eigenschaft besitzen.

Man setze $w = \mu + \nu i$ und den Periodicitätsmodul dieser Function an dem Schnitte a_ν gleich $A^{(\nu)} = \alpha_\nu + \gamma_\nu i$ und an dem Schnitte b_ν gleich $B^{(\nu)} = \beta_\nu + \delta_\nu i$. Es ist dann das Integral

$$\int \left(\left(\frac{\partial \mu}{\partial x}\right)^2 + \left(\frac{\partial \mu}{\partial y}\right)^2 \right) dT$$

oder

$$\int \left(\frac{\partial \mu}{\partial x}\frac{\partial \nu}{\partial y} - \frac{\partial \mu}{\partial y}\frac{\partial \nu}{\partial x} \right) dT \text{ *)}$$

*) Dies Integral drückt den Inhalt der Fläche aus, welche die Gesammtheit der Werthe, die w innerhalb T'' annimmt, auf der w-Ebene repräsentirt.

9*

durch die Fläche T'' gleich dem Begrenzungsintegral $\int \mu dv$ um T'' positiv herum erstreckt, also gleich der Summe der Integrale $\int(\mu^+ - \mu^-)dv$ durch die Linien a und b. Das Integral durch die Linie a_ν ist $= \alpha_\nu \int dv = \alpha_\nu \delta_\nu$, das Integral durch die Linie b_ν gleich $\beta_\nu \int dv = -\beta_\nu \gamma_\nu$ und folglich

$$\int\left(\left(\frac{\partial \mu}{\partial x}\right)^2 + \left(\frac{\partial \mu}{\partial y}\right)^2\right) dT = \sum_{\nu=1}^{\nu=p} (\alpha_\nu \delta_\nu - \beta_\nu \gamma_\nu).$$

Diese Summe ist daher stets positiv.

Hieraus ergiebt sich die zu beweisende Eigenschaft der Grössen a, wenn man für w setzt $u_1 m_1 + u_2 m_2 + \cdots + u_p m_p$. Denn es ist dann $A^{(\nu)} = m_\nu \pi i$, $B^{(\nu)} = \sum\limits_\mu a_{\mu,\nu} m_\mu$, folglich α_ν stets $= 0$ und

$$\int\left(\left(\frac{\partial \mu}{\partial x}\right)^2 + \left(\frac{\partial \mu}{\partial y}\right)^2\right) dT = -\Sigma \beta_\nu \gamma_\nu = -\pi \Sigma m_\nu \beta_\nu$$

oder gleich dem reellen Theile von $-\pi \sum\limits_{\mu,\nu} a_{\mu,\nu} m_\mu m_\nu$, welcher also für alle reellen Werthe der Grössen m positiv ist.

22.

Setzt man nun in der ϑ-Reihe (1) §. 17 für $a_{\mu,\mu'}$ den Periodicitätsmodul der Function u_μ an dem Schnitt $b_{\mu'}$ und, durch $e_1, e_2, \ldots, e_p$ beliebige Constanten bezeichnend, $u_\mu - e_\mu$ für v_μ, so erhält man eine in jedem Punkte von T eindeutig bestimmte Function von z,

$$\vartheta(u_1 - e_1, u_2 - e_2, \ldots, u_p - e_p),$$

welche ausser den Linien b stetig und endlich und auf der positiven Seite der Linie b_ν $\left(e^{-2(u_\nu - e_\nu)}\right)$ mal so gross als auf der negativen ist, wenn man den Functionen u in den Linien b selbst den Mittelwerth von den Werthen zu beiden Seiten beilegt. Für wie viele Punkte von T' oder Werthenpaare von s und z diese Function unendlich klein von der ersten Ordnung wird, kann durch Betrachtung des Begrenzungsintegrals $\int d \log \vartheta$, um T' positiv herum erstreckt, gefunden werden; denn dieses Integral ist gleich der Anzahl dieser Punkte multiplicirt mit $2\pi i$. Andererseits ist dies Integral gleich der Summe der Integrale $\int(d \log \vartheta^+ - d \log \vartheta^-)$ durch sämmtliche Schnittlinien a, b und c. Die Integrale durch die Linien a und c sind $= 0$, das Integral durch b_ν aber gleich $-2\int du_\nu = 2\pi i$, die Summe aller also $= p 2\pi i$. Die Function ϑ wird daher unendlich klein von der ersten Ordnung in p Punkten der Fläche T', welche durch $\eta_1, \eta_2, \ldots, \eta_p$ bezeichnet werden mögen.

Durch einen positiven Umlauf des Punktes (s, z) um einen dieser Punkte wächst $\log\vartheta$ um $2\pi i$, durch einen positiven Umlauf um das Schnittepaar a_ν und b_ν um $-2\pi i$. Um daher die Function $\log\vartheta$ allenthalben eindeutig zu bestimmen, führe man von jedem Punkte η einen Schnitt durch das Innere nach je einem Linienpaar, von η_ν den Schnitt l_ν nach a_ν und b_ν, und zwar nach ihrem gemeinschaftlichen Anfangs- und Endpunkte, und nehme in der dadurch entstandenen Fläche T^* die Function allenthalben stetig an. Sie ist dann auf der positiven Seite der Linien l um $-2\pi i$, auf der positiven Seite der Linie a_ν um $g_\nu 2\pi i$ und auf der positiven Seite der Linie b_ν um $-2(u_\nu - e_\nu) - h_\nu 2\pi i$ grösser, als auf der negativen, wenn g_ν und h_ν ganze Zahlen bezeichnen.

Die Lage der Punkte η und die Werthe der Zahlen g und h hängen von den Grössen e ab, und diese Abhängigkeit lässt sich auf folgendem Wege näher bestimmen. Das Integral $\int \log\vartheta\, du_\mu$, um T^* positiv herum erstreckt, ist $=0$, da die Function $\log\vartheta$ in T^* stetig bleibt. Dieses Integral ist aber auch gleich der Summe der Integrale $\int(\log\vartheta^+ - \log\vartheta^-)\, du_\mu$ durch sämmtliche Schnittlinien l, a, b und c und findet sich, wenn man den Werth von u_μ im Punkte η_ν durch $\alpha_\mu^{(\nu)}$ bezeichnet,

$$= 2\pi i \Big(\sum_\nu \alpha_\mu^{(\nu)} + h_\mu \pi i + \sum_\nu g_\nu a_{\nu,\mu} - e_\mu + k_\mu \Big),$$

worin k_μ von den Grössen e, g, h und der Lage der Punkte η unabhängig ist. Dieser Ausdruck ist also $=0$.

Die Grösse k_μ hängt von der Wahl der Function u_μ ab, welche durch die Bedingung, an dem Schnitte a_μ den Periodicitätsmodul πi, an den übrigen Schnitten a den Periodicitätsmodul 0 anzunehmen, nur bis auf eine additive Constante bestimmt ist. Nimmt man für u_μ eine um die Constante c_μ grössere Function und zugleich e_μ um c_μ grösser, so bleiben die Function ϑ und folglich die Punkte η und die Grössen g, h ungeändert, der Werth von u_μ im Punkte η_ν aber wird $\alpha_\mu^{(\nu)} + c_\mu$. Es geht daher k_μ in $k_\mu - (p-1)c_\mu$ über und verschwindet, wenn $c_\mu = \dfrac{k_\mu}{p-1}$ genommen wird.

Man kann folglich, wie für die Folge geschehen soll, die additiven Constanten in den Functionen u oder die Anfangswerthe in den sie ausdrückenden Integralen so bestimmen, dass man durch die Substitution von $u_\mu - \Sigma\alpha_\mu^{(\nu)}$ für v_μ in $\log\vartheta(v_1, \ldots, v_p)$ eine Function erhält, welche in den Punkten η logarithmisch unendlich wird und, durch T^* stetig fortgesetzt, auf der positiven Seite der Linien l um $-2\pi i$, der Linien a um 0 und der Linie b_ν um $-2\left(u_\nu - \sum\limits_1^p \alpha_\nu^{(\mu)}\right)$ grösser wird, als auf der negativen. Zur Bestimmung dieser Anfangswerthe werden sich später leichtere Mittel darbieten, als der obige Integralausdruck für k_μ.

23.

Setzt man $(u_1, u_2, \ldots, u_p) \equiv (\alpha_1^{(p)}, \alpha_2^{(p)}, \ldots, \alpha_p^{(p)})$ nach den $2p$ Modulsystemen der Functionen u (§. 15), also

$$(v_1, v_2, \ldots, v_p) \equiv \left(-\sum_1^{p-1} \alpha_1^{(\nu)}, -\sum_1^{p-1} \alpha_2^{(\nu)}, \ldots, -\sum_1^{p-1} \alpha_p^{(\nu)}\right),$$

so wird $\vartheta = 0$. Wird umgekehrt $\vartheta = 0$ für $v_\mu = r_\mu$, so ist $(r_1, r_2, \ldots, r_p)$ einem Grössensysteme von der Form

$$\left(-\sum_1^{p-1} \alpha_1^{(\nu)}, -\sum_1^{p-1} \alpha_2^{(\nu)}, \ldots, -\sum_1^{p-1} \alpha_p^{(\nu)}\right)$$

congruent. Denn setzt man $v_\mu = u_\mu - \alpha_\mu^{(p)} + r_\mu$, indem man η_p beliebig wählt, so wird die Function ϑ ausser in η_p noch in $p-1$ andern Punkten unendlich klein von der ersten Ordnung, und bezeichnet man diese durch $\eta_1, \eta_2, \ldots, \eta_{p-1}$, so ist

$$\left(-\sum_1^{p-1} \alpha_1^{(\nu)}, -\sum_1^{p-1} \alpha_2^{(\nu)}, \ldots, -\sum_1^{p-1} \alpha_p^{(\nu)}\right) \equiv (r_1, r_2, \ldots, r_p). \text{ *)}$$

Die Function ϑ bleibt ungeändert, wenn man sämmtliche Grössen v in's Entgegengesetzte verwandelt; denn verwandelt man in der Reihe für $\vartheta(v_1, v_2, \ldots, v_p)$ sämmtliche Indices m in's Entgegengesetzte, wodurch der Werth der Reihe ungeändert bleibt, da $-m_\nu$ dieselben Werthe wie m_ν durchläuft, so geht $\vartheta(v_1, v_2, \ldots, v_p)$ über in $\vartheta(-v_1, -v_2, \ldots, -v_p)$.

Nimmt man nun die Punkte $\eta_1, \eta_2, \ldots, \eta_{p-1}$ beliebig an, so wird $\vartheta\left(-\sum\limits_1^{p-1}\alpha_1^{(\nu)}, \ldots, -\sum\limits_1^{p-1}\alpha_p^{(\nu)}\right) = 0$ und folglich, da die Function ϑ wie eben bemerkt gerade ist, auch $\vartheta\left(\sum\limits_1^{p-1}\alpha_1^{(\nu)}, \ldots, \sum\limits_1^{p-1}\alpha_p^{(\nu)}\right) = 0$. Es lassen sich also die $p-1$ Punkte $\eta_p, \eta_{p-1}, \ldots, \eta_{2p-2}$ so bestimmen, dass

$$\left(\sum_1^{p-1} \alpha_1^{(\nu)}, \ldots, \sum_1^{p-1} \alpha_p^{(\nu)}\right) \equiv \left(-\sum_p^{2p-2} \alpha_1^{(\nu)}, \ldots, -\sum_p^{2p-2} \alpha_p^{(\nu)}\right)$$

und folglich

---

*) Vgl. hierzu Abhandlung XI. W.

$$\left(\sum_1^{2p-2} \alpha_1^{(\nu)}, \ldots, \sum_1^{2p-2} \alpha_p^{(\nu)}\right) \equiv (0, \ldots\ldots, 0)$$

ist. Die Lage der $p-1$ letzten Punkte hängt dann von der Lage der $p-1$ ersten so ab, dass bei beliebiger stetiger Aenderung derselben $\sum\limits_1^{2p-2} d\alpha_\pi^{(\nu)} = 0$ für $\pi = 1, 2, \ldots, p$, und folglich sind (§. 16) die Punkte η solche $2p-2$ Punkte, für welche ein dw unendlich klein von der zweiten Ordnung wird, oder wenn man den Werth des Grössenpaars (s, z) im Punkte η_ν durch (σ_ν, ζ_ν) bezeichnet, so sind $(\sigma_1, \zeta_1), \ldots, (\sigma_{2p-2}, \zeta_{2p-2})$ durch die Gleichung $\varphi = 0$ verknüpfte Werthenpaare (§. 16).

Bei den hier gewählten Anfangswerthen der Integrale u wird also

$$\left(\sum_1^{2p-2} u_1^{(\nu)}, \ldots, \sum_1^{2p-2} u_p^{(\nu)}\right) \equiv (0, \ldots, 0),$$

wenn die Summationen über sämmtliche von den Grössenpaaren $(\gamma_\varrho, \delta_\varrho)$ (§. 6) *verschiedene gemeinschaftliche Wurzeln der Gleichung $F = 0$ und der Gleichung $c_1\varphi_1 + c_2\varphi_2 + \cdots + c_p\varphi_p = 0$ erstreckt werden, wobei die constanten Grössen c beliebig sind.*

Sind $\varepsilon_1, \varepsilon_2, \ldots, \varepsilon_m$ m Punkte, für welche eine rationale Function ξ von s und z, die m mal unendlich von der ersten Ordnung wird, denselben Werth annimmt, und $u_\pi^{(\mu)}, s_\mu, z_\mu$ die Werthe von u_π, s, z im Punkte ε_μ, so ist (§. 15) $(\sum\limits_1^m u_1^{(\mu)}, \sum\limits_1^m u_2^{(\mu)}, \ldots, \sum\limits_1^m u_p^{(\mu)})$ congruent einem constanten, d. h. vom Werthe der Grösse ξ unabhängigen Grössensysteme $(b_1, b_2, \ldots, b_p)$, und es kann dann für jede beliebige Lage eines Punktes ε die Lage der übrigen so bestimmt werden, dass

$$\left(\sum_1^m u_1^{(\mu)}, \ldots, \sum_1^m u_p^{(\mu)}\right) \equiv (b_1, \ldots, b_p).$$

Man kann daher, wenn $m = p$, $(u_1 - b_1, \ldots, u_p - b_p)$ und, wenn $m < p$,

$$\left(u_1 - \sum_1^{p-m} \alpha_1^{(\nu)} - b_1, \ldots, u_p - \sum_1^{p-m} \alpha_p^{(\nu)} - b_p\right)$$

für jede beliebige Lage des Punktes (s, z) und der $p-m$ Punkte η auf die Form $(-\sum\limits_1^{p-1} \alpha_1^{(\nu)}, \ldots, -\sum\limits_1^{p-1} \alpha_p^{(\nu)})$ bringen, indem man einen der Punkte ε mit (s, z) zusammenfallen lässt, und folglich ist

$$\vartheta\left(u_1 - \sum_1^{p-m} \alpha_1^{(\nu)} - b_1, \ldots, u_p - \sum_1^{p-m} \alpha_p^{(\nu)} - b_p\right)$$

für jedwede Werthe des Grössenpaars (s, z) und der $p - m$ Grössenpaare (σ_ν, ζ_ν) gleich 0.

24.

Aus der Untersuchung des §. 22 folgt als Corollar, dass ein beliebig gegebenes Grössensystem $(e_1, \ldots, e_p)$ immer einem und nur einem Grössensysteme von der Form $(\sum_1^p \alpha_1^{(\nu)}, \ldots, \sum_1^p \alpha_p^{(\nu)})$ congruent ist, wenn die Function $\vartheta(u_1 - e_1, \ldots, u_p - e_p)$ nicht identisch verschwindet; denn es müssen dann die Punkte η die p Punkte sein, für welche diese Function 0 wird. Wenn aber $\vartheta(u_1^{(p)} - e_1, \ldots, u_p^{(p)} - e_p)$ für jeden Werth von (s_p, z_p) verschwindet, so lässt sich

$$(u_1^{(p)} - e_1, \ldots, u_p^{(p)} - e_p) \equiv \left(-\sum_1^{p-1} u_1^{(\nu)}, \ldots, -\sum_1^{p-1} u_p^{(\nu)}\right)$$

setzen (§. 23), und es lassen sich also für jeden Werth des Grössenpaars (s_p, z_p) die Grössenpaare $(s_1, z_1), \ldots, (s_{p-1}, z_{p-1})$ so bestimmen, dass

$$\left(\sum_1^p u_1^{(\nu)}, \ldots, \sum_1^p u_p^{(\nu)}\right) \equiv (e_1, \ldots, e_p),$$

und folglich, bei stetiger Aenderung von (s_p, z_p), $\sum_1^p du_\pi^{(\nu)} = 0$ ist für $\pi = 1, 2, \ldots, p$. Die p Grössenpaare (s_ν, z_ν) sind daher p von den Grössenpaaren $(\gamma_\varrho, \delta_\varrho)$ verschiedene Wurzeln einer Gleichung $\varphi = 0$, deren Coefficienten so sich ändern, dass die übrigen $p - 2$ Wurzeln constant bleiben. Bezeichnet man die Werthe von u_π für diese $p - 2$ Werthenpaare von s und z durch $u_\pi^{(p+1)}, u_\pi^{(p+2)}, \ldots, u_\pi^{(2p-2)}$, so ist

$$\left(\sum_1^{2p-2} u_1^{(\nu)}, \ldots, \sum_1^{2p-2} u_p^{(\nu)}\right) \equiv (0, \ldots\ldots, 0)$$

und folglich

$$(e_1, \ldots, e_p) \equiv \left(-\sum_{p+1}^{2p-2} u_1^{(\nu)}, \ldots, -\sum_{p+1}^{2p-2} u_p^{(\nu)}\right).$$

Umgekehrt ist, wenn diese Congruenz stattfindet,

$$\vartheta(u_1^{(p)} - e_1, \ldots, u_p^{(p)} - e_p) = \vartheta\left(\sum_p^{2p-2} u_1^{(\nu)}, \ldots, \sum_p^{2p-2} u_p^{(\nu)}\right) = 0.$$

Ein beliebig gegebenes Grössensystem $(e_1, \ldots, e_p)$ ist also nur Einem Grössensystem von der Form $(\sum_1^p \alpha_1^{(\nu)}, \ldots, \sum_1^p \alpha_p^{(\nu)})$ congruent, wenn es *nicht einem Grössensysteme von der Form* $(-\sum_1^{p-2}\alpha_1^{(\nu)}, \ldots, -\sum_1^{p-2}\alpha_p^{(\nu)})$ *congruent ist, und unendlich vielen, wenn dieses stattfindet.*

Da $\vartheta(u_1 - \sum_1^p \alpha_1^{(\mu)}, \ldots, u_p - \sum_1^p \alpha_p^{(\mu)}) = \vartheta(\sum_1^p \alpha_1^{(\mu)} - u_1, \ldots, \sum_1^p \alpha_p^{(\mu)} - u_p)$, so ist ϑ eine ganz ähnliche Function wie von (s, z) auch von jedem der p Grössenpaare (σ_μ, ζ_μ). Diese Function von (σ_μ, ζ_μ) wird $= 0$ für das Werthenpaar (s, z) und für die den übrigen $p - 1$ Grössenpaaren (σ, ζ) durch die Gleichung $\varphi = 0$ verknüpften $p - 1$ Punkte. Denn bezeichnet man den Werth von u_π in diesen Punkten mit $\beta_\pi^{(1)}, \beta_\pi^{(2)}, \ldots, \beta_\pi^{(p-1)}$, so ist

$$\left(\sum_1^p \alpha_1^{(\mu)}, \ldots, \sum_1^p \alpha_p^{(\mu)}\right) \equiv \left(\alpha_1^{(\mu)} - \sum_1^{p-1} \beta_1^{(\nu)}, \ldots, \alpha_p^{(\mu)} - \sum_1^{p-1} \beta_p^{(\nu)}\right)$$

und folglich $\vartheta = 0$, wenn η_μ mit einem dieser Punkte oder mit dem Punkte (s, z) zusammenfällt.

25.

Aus den bisher entwickelten Eigenschaften der Function ϑ ergiebt sich der Ausdruck von $\log \vartheta$ durch Integrale algebraischer Functionen von $(s, z), (\sigma_1, \zeta_1), \ldots, (\sigma_p, \zeta_p)$.

Die Grösse $\log \vartheta\,(u_1^{(2)} - \sum_1^p \alpha_1^{(\mu)}, \ldots) - \log \vartheta\,(u_1^{(1)} - \sum_1^p \alpha_1^{(\mu)}, \ldots)$ ist, als Function von (σ_μ, ζ_μ) betrachtet, eine Function von der Lage des Punkts η_μ, welche im Punkte ε_1, wie $-\log(\zeta_\mu - z_1)$, im Punkte ε_2, wie $\log(\zeta_\mu - z_2)$ unstetig wird und auf der positiven Seite einer von ε_1 nach ε_2 zu ziehenden Linie um $2\pi i$, auf der positiven Seite der Linie b_ν um $2(u_\nu^{(1)} - u_\nu^{(2)})$ grösser ist, als auf der negativen, ausser den Linien b und der Verbindungslinie von ε_1 und ε_2 aber allenthalben stetig bleibt. Bezeichnet nun $\varpi^{(\mu)}(\varepsilon_1, \varepsilon_2)$ irgend eine Function von (σ_μ, ζ_μ), welche ausser den Linien b ebenso unstetig ist und auf der einen Seite einer solchen Linie ebenfalls um eine Constante grösser ist, als auf der andern, so unterscheidet sie sich (§. 3) von dieser nur um eine von (σ_μ, ζ_μ) unabhängige Grösse, und folglich ist sie von $\sum_1^p \varpi^{(\mu)}(\varepsilon_1, \varepsilon_2)$ nur um eine von sämmtlichen Grössen (σ, ζ) unabhängige und also bloss von (s_1, z_1) und (s_2, z_2) abhängende Grösse verschieden. $\varpi^{(\mu)}(\varepsilon_1, \varepsilon_2)$ drückt den Werth einer Function $\varpi(\varepsilon_1, \varepsilon_2)$ des §. 4 für $(s, z) = (\sigma_\mu, \zeta_\mu)$ aus, deren Periodicitätsmoduln an den Schnitten a gleich 0 sind. Aendert man diese Function um die Constante c, so ändert sich $\sum_1^p \varpi^{(\mu)}(\varepsilon_1, \varepsilon_2)$ um pc; man kann daher, wie für die Folge geschehen soll, die additive Constante in der Function $\varpi(\varepsilon_1, \varepsilon_2)$ oder den Anfangswerth in dem sie darstellenden Integrale dritter Gattung so bestimmen, dass $\log\vartheta^{(2)} - \log\vartheta^{(1)} = \sum_1^p \varpi^{(\mu)}(\varepsilon_1, \varepsilon_2)$. Da ϑ von jedem der Grössenpaare (σ, ζ) auf ähnliche Art, wie von (s, z) abhängt, so kann die Aenderung von $\log\vartheta$, wenn irgend eins der Grössenpaare $(s, z), (\sigma_1, \zeta_1), \ldots, (\sigma_p, \zeta_p)$ eine endliche Aenderung erleidet, während die übrigen constant bleiben, durch eine Summe von Functionen ϖ ausgedrückt werden. Offenbar kann man also, indem man nach und nach die einzelnen Grössenpaare $(s, z), (\sigma_1, \zeta_1), \ldots, (\sigma_p, \zeta_p)$ ändert, $\log\vartheta$ ausdrücken durch eine Summe von Functionen ϖ und

$$\log\vartheta(0, 0, \ldots, 0)$$

oder den Werth von $\log\vartheta$ für ein beliebiges anderes Werthensystem. Die Bestimmung von $\log\vartheta(0, 0, \ldots, 0)$ als Function der $3p-3$ Moduln des Systems rationaler Functionen von s und z (§. 12) erfordert ähnliche Betrachtungen, wie sie von Jacobi in seinen Arbeiten über elliptische Functionen zur Bestimmung von $\Theta(0)$ angewandt worden sind. Man kann dazu gelangen, indem man mit Hülfe der Gleichungen

$$4\frac{\partial\vartheta}{\partial a_{\mu,\mu}} = \frac{\partial^2\vartheta}{\partial v_\mu^2} \text{ und } 2\frac{\partial\vartheta}{\partial a_{\mu,\mu'}} = \frac{\partial^2\vartheta}{\partial v_\mu\,\partial v_{\mu'}},$$

wenn μ von μ' verschieden ist, die Differentialquotienten von $\log\vartheta$ nach den Grössen a in

$$d\log\vartheta = \sum \frac{\partial\log\vartheta}{\partial a_{\mu,\mu'}}\, da_{\mu,\mu'}$$

durch Integrale algebraischer Functionen ausdrückt. Für die Ausführung dieser Rechnung scheint jedoch eine ausführlichere Theorie der Functionen, welche einer linearen Differentialgleichung mit algebraischen Coefficienten genügen, nöthig, die ich nach den hier angewandten Principien nächstens zu liefern beabsichtige.

Ist (s_2, z_2) unendlich wenig von (s_1, z_1) verschieden, so geht $\varpi(\varepsilon_1, \varepsilon_2)$ über in $dz_1\, t(\varepsilon_1)$, worin $t(\varepsilon_1)$ ein Integral zweiter Gattung einer rationalen Function von s und z ist, welches in ε_1 wie $\frac{1}{z - z_1}$ unstetig wird und an den Schnitten a den Periodicitätsmodul 0 hat; und es ergiebt sich, dass der Periodicitätsmodul eines solchen Integrals an dem Schnitte b_ν gleich $2\frac{du_\nu^{(1)}}{dz_1}$ ist und die Integrationsconstante sich so bestimmen lässt, dass die Summe der Werthe von $t(\varepsilon_1)$ für die p Werthenpaare $(\sigma_1, \zeta_1), \ldots, (\sigma_p, \zeta_p)$ gleich $\frac{\partial\log\vartheta^{(1)}}{\partial z_1}$ wird. Es ist dann

$\frac{\partial \log \vartheta^{(1)}}{\partial \zeta_\mu}$ gleich der Summe der Werthe von $t(\eta_\mu)$ für die den $p-1$ von (σ_μ, ζ_μ) verschiedenen Grössenpaaren (σ, ζ) durch die Gleichung $\varphi = 0$ verknüpften $p-1$ Werthenpaare und für das Werthenpaar (s, z), und man erhält für

$$\frac{\partial \log \vartheta^{(1)}}{\partial z_1} dz_1 + \sum_1^p \frac{\partial \log \vartheta^{(1)}}{\partial \zeta_\mu} d\zeta_\mu = d \log \vartheta^{(1)},$$

einen Ausdruck, welchen Weierstrass für den Fall, wenn s nur eine zweiwerthige Function von z ist, gegeben hat (Journ. für Mathem. Bd. 47 S. 300 Form. 35).

Die Eigenschaften von $\varpi(\varepsilon_1, \varepsilon_2)$ und $t(\varepsilon_1)$ als Functionen von (s_1, z_1) und (s_2, z_2) ergeben sich aus den Gleichungen

$$\varpi(\varepsilon_1, \varepsilon_2) = \frac{1}{p}\left(\log \vartheta\,(u_1^{(2)} - pu_1, \ldots) - \log \vartheta\,(u_1^{(1)} - pu_1, \ldots)\right)$$

und

$$t(\varepsilon_1) = \frac{1}{p}\,\frac{\partial \log \vartheta\,(u_1^{(1)} - pu_1, \ldots)}{\partial z_1},$$

welche in den obigen Ausdrücken für $\log \vartheta^{(2)} - \log \vartheta^{(1)}$ und $\frac{\partial \log \vartheta^{(1)}}{\partial z_1}$ als specielle Fälle enthalten sind. ([3])

26.

Es soll jetzt die Aufgabe behandelt werden, algebraische Functionen von z als Quotienten zweier Producte von gleichvielen Functionen $\vartheta(u_1 - e_1, \ldots)$ und Potenzen der Grössen e^u darzustellen.

Ein solcher Ausdruck erlangt bei den Uebergängen von (s, z) über die Querschnitte constante Factoren, und diese müssen Wurzeln der Einheit sein, wenn er algebraisch von z abhängen und also bei stetiger Fortsetzung für dasselbe z nur eine endliche Anzahl von Werthen annehmen soll. Sind alle diese Factoren μte Wurzeln der Einheit, so ist die μte Potenz des Ausdrucks eine einwerthige und folglich rationale Function von s und z.

Umgekehrt lässt sich leicht zeigen, dass jede algebraische Function r von z, die innerhalb der ganzen Fläche T' stetig fortgesetzt, allenthalben nur *einen* bestimmten Werth annimmt und beim Ueberschreiten eines Querschnitts einen constanten Factor erlangt, sich auf mannigfaltige Art als Quotient zweier Producte von ϑ-Functionen und Potenzen der Grössen e^u ausdrücken lässt. Man bezeichne einen Werth von u_μ für $r = \infty$ durch β_μ und für $r = 0$ durch γ_μ und nehme $\log r$, indem man von jedem Punkte, wo r unendlich von der ersten Ordnung wird, nach je einem Punkte, wo r unendlich klein von der ersten Ordnung wird, eine Linie durch das Innere von T' zieht, ausser diesen Linien in T' allenthalben stetig an. Ist dann $\log r$ auf der positiven Seite der Linie b_ν um $g_\nu 2\pi i$ und auf der positiven Seite der Linie a_ν um $-h_\nu 2\pi i$ grösser, als auf der negativen, so ergiebt sich durch die Betrachtung des Begrenzungsintegrals $\int \log r\, du_\mu$

$$\Sigma \gamma_\mu - \Sigma \beta_\mu = g_\mu \pi i + \sum_\nu h_\nu a_{\mu,\nu}$$

für $\mu = 1, 2, \ldots, p$, worin g_ν und h_ν nach dem oben Bemerkten rationale Zahlen sein müssen und die Summen auf der linken Seite der Gleichung über sämmtliche Punkte, wo r unendlich klein oder unendlich gross von der ersten Ordnung wird, auszudehnen sind, indem man einen Punkt, wo r unendlich klein oder unendlich gross von einer höheren Ordnung wird, als aus mehreren solchen Punkten bestehend betrachtet (§. 2). Wenn diese Punkte bis auf p gegeben sind, so lassen sich diese p immer und, allgemein zu reden, nur auf eine Weise so bestimmen, dass die $2p$ Factoren $e^{g_\nu 2\pi i}$, $e^{-h_\nu 2\pi i}$ gegebene Werthe annehmen (§§. 15, 24).

Wenn man nun in dem Ausdrucke

$$\frac{P}{Q} e^{-2\Sigma h_\nu u_\nu},$$

worin P und Q Producte von gleichvielen Functionen $\vartheta\,(u_1 - \Sigma \alpha_1^{(\pi)}, \ldots)$ mit demselben (s, z) und verschiedenen (σ, ζ) sind, die Werthenpaare von s und z, für welche r unendlich wird, für Grössenpaare (σ, ζ) in den ϑ-Functionen des Nenners und die Werthenpaare, für welche r verschwindet, für Grössenpaare (σ, ζ) in den ϑ-Functionen des Zählers substituirt und die übrigen Grössenpaare (σ, ζ) im Nenner und im Zähler gleich annimmt, so stimmt der Logarithme dieses Ausdrucks in Bezug auf die Unstetigkeiten im Innern von T' mit $\log r$ überein, und ändert sich beim Ueberschreiten der Linien a und b, wie $\log r$, nur um rein imaginäre längs diesen Linien constante Grössen; er unterscheidet sich also von $\log r$ nach dem Dirichlet'schen Princip nur um eine Constante und der Ausdruck selbst von r nur durch einen constanten Factor. Bei dieser Substitution darf selbstredend keine der ϑ-Functionen identisch, für jeden Werth von z, verschwinden. Dieses würde geschehen (§. 23), wenn sämmtliche Werthenpaare, für welche eine einwerthige Function von (s, z) verschwindet, für Grössenpaare (σ, ζ) in einer und derselben ϑ-Function substituirt würden.

27.

Als Quotient *zweier* ϑ-Functionen, multiplicirt mit Potenzen der Grössen e^u, lässt sich demnach eine einwerthige oder rationale Function von (s, z) nicht darstellen. Alle Functionen r aber, die für dasselbe Werthenpaar von s und z mehrere Werthe annehmen und nur für p oder weniger Werthenpaare unendlich von der ersten Ordnung werden, sind in dieser Form darstellbar und umfassen alle in dieser Form darstellbaren algebraischen Functionen von z. Man erhält, abgesehen von einem constanten Factor, jede und jede nur einmal, wenn man in

$$\frac{\vartheta(v_1 - g_1\pi i - \sum_\nu h_\nu a_{1,\nu}, \ldots)}{\vartheta(v_1, \ldots, v_p)} e^{-2\sum_\nu v_\nu h_\nu}$$

für h_ν und g_ν rationale ächte Brüche und $u_\nu - \sum_1^p \alpha_\nu^{(\mu)}$ für v_ν setzt.

Diese Grösse ist zugleich eine algebraische Function von jeder der Grössen ζ und die (im vor. §.) entwickelten Principien reichen völlig hin, um sie durch die Grössen $z, \zeta_1, \ldots, \zeta_p$ algebraisch auszudrücken.

In der That: Als Function von (s, z) nimmt sie, durch die ganze Fläche T' stetig fortgesetzt, allenthalben *einen* bestimmten Werth an, wird unendlich von der ersten Ordnung für die Werthenpaare $(\sigma_1, \zeta_1), \ldots, (\sigma_p, \zeta_p)$ und erlangt an dem Schnitte a_ν beim Uebergange von der positiven zur negativen Seite den Factor $e^{h_\nu 2\pi i}$, an dem Schnitte b_ν den Factor $e^{-g_\nu 2\pi i}$; und jede andere dieselben Bedingungen erfüllende Function von (s, z) unterscheidet sich von ihr nur durch einen von (s, z) unabhängigen Factor. Als Function von (σ_μ, ζ_μ) nimmt sie, durch die ganze Fläche T' stetig fortgesetzt, allenthalben *einen* bestimmten Werth an, wird unendlich von der ersten Ordnung für das Werthenpaar (s, z) und für die den übrigen $p-1$ Grössenpaaren (σ, ζ) durch die Gleichung $\varphi = 0$ verknüpften $p-1$ Werthenpaare $(\sigma_1^{(\mu)}, \zeta_1^{(\mu)}), \ldots, (\sigma_{p-1}^{(\mu)}, \zeta_{p-1}^{(\mu)})$ und erlangt an dem Schnitte a_ν den Factor $e^{-h_\nu 2\pi i}$, an dem Schnitte b_ν den Factor $e^{g_\nu 2\pi i}$; und jede andere dieselben Bedingungen erfüllende Function von (σ_μ, ζ_μ) unterscheidet sich von ihr nur durch einen von (σ_μ, ζ_μ) unabhängigen Factor. Bestimmt man also eine algebraische Function von $z, \zeta_1, \ldots, \zeta_p$

$$f((s, z); (\sigma_1, \zeta_1), \ldots, (\sigma_p, \zeta_p))$$

so, dass sie als Function von jeder dieser Grössen dieselben Eigenschaften besitzt, so unterscheidet sie sich von dieser nur durch einen von sämmtlichen Grössen $z, \zeta_1, \ldots, \zeta_p$ unabhängigen Factor und wird also $= Af$, wenn A diesen Factor bezeichnet. Um diesen Factor zu bestimmen, drücke man in f die von (σ_μ, ζ_μ) verschiedenen Grössenpaare (σ, ζ) durch $(\sigma_1^{(\mu)}, \zeta_1^{(\mu)}), \ldots, (\sigma_{p-1}^{(\mu)}, \zeta_{p-1}^{(\mu)})$ aus, wodurch er in

$$g\left((\sigma_\mu, \zeta_\mu); (s, z), (\sigma_1^{(\mu)}, \zeta_1^{(\mu)}), \ldots, (\sigma_{p-1}^{(\mu)}, \zeta_{p-1}^{(\mu)})\right)$$

übergehe; offenbar erhält man dann den inversen Werth der darzustellenden Function und also einen Ausdruck, welcher $= \frac{1}{Af}$ sein muss, wenn man in Ag für (σ_μ, ζ_μ) das Grössenpaar (s, z) und für die Grössenpaare (s, z), $(\sigma_1^{(\mu)}, \zeta_1^{(\mu)}), \ldots, (\sigma_{p-1}^{(\mu)}, \zeta_{p-1}^{(\mu)})$ die Werthenpaare von (s, z) substituirt, für welche die darzustellende Function und also $f = 0$ wird. Hieraus ergiebt sich A^2 und also A bis auf das Vorzeichen, welches durch directe Betrachtung der ϑ-Reihen in dem darzustellenden Ausdrucke gefunden werden kann. (4)

Anmerkungen.

(1) (Zu Seite 92.) Der hier ausgesprochene Satz bedarf einer gewissen Einschränkung und näheren Präcisirung, wie von Tonelli bemerkt ist (Atti della R. accademia dei Lincei Ser. II vol. 2 1875. Im Auszug in den Nachrichten der Gesellschaft der Wissenschaften zu Göttingen 1875).

Wenn das Curvensystem a sowohl mit dem Curvensystem b als mit einem zweiten Curvensystem c einen Theil der Fläche F vollständig begrenzt, so ist, damit die Curvensysteme b und c zusammen genommen gleichfalls einen Theil der Fläche begrenzen, im Allgemeinen erforderlich, dass nicht schon ein Theil der Curven a mit b oder mit c zusammen einen Flächentheil begrenzen.

Der von den Curvensystemen b, c begrenzte Flächentheil, der, auch wenn die Flächentheile a, b und a, c einfach sind, aus mehreren getrennten Stücken bestehen kann, wird von Tonelli in folgender Weise beschrieben: Er besteht aus der Gesammtheit der Flächentheile a, b und a, c, wenn von den gemeinsamen Stücken dieser beiden Flächentheile diejenigen weggenommen werden, die durch Curven a begrenzt sind.

Das von Tonelli gewählte Beispiel einer geschlossenen und durch einen Punkt begrenzten fünffach zusammenhängenden Doppel-Ringfläche erläutert und veranschaulicht diese Verhältnisse.

Auf die von Riemann gemachte Anwendung dieses Satzes auf die Definition des $(n+1)$fachen Zusammenhanges, in der das zuvor mit a bezeichnete System immer nur aus einer Curve, nämlich der durch b ersetzten Curve a besteht, sind diese Bemerkungen ohne Einfluss.

(2) (Zu Seite 114.) Setzt man $dz = ds\, e^{i\varphi}$, so ist φ der Winkel, den die Richtung des Elementes ds der Begrenzungslinie mit der x-Axe bildet, und also das Integral

$$\frac{1}{2\pi i}\int d\log\frac{dz}{ds} = \frac{1}{2\pi}\int d\varphi$$

gleich der Anzahl der Umdrehungen, welche die Richtung der Begrenzungslinie beim Durchlaufen in positivem Sinne macht. Dabei wird jeder Querschnitt zweimal in entgegengesetztem Sinne durchlaufen, so dass diese Theile der Drehung sich aufheben, und nur die von den $2p-1$ Knotenpunkten des Querschnittnetzes (§. 3) herrührenden Drehungen, deren jede 2π beträgt, übrig bleiben. So ergiebt sich die Relation $w - 2n = 2(p-1)$, die der Ausdruck für den am Anfang des §. 7 ausgesprochenen Lehrsatz ist.

Einen Beweis dieses Theorems, der vom Dirichlet'schen Princip keinen Gebrauch macht und überhaupt von Massverhältnissen ganz absieht, hat C. Neumann gegeben (Vorlesungen über Riemann's Theorie der Abel'schen Integrale Cap. 7, §. 8, zweite Auflage, Leipzig 1884).

(3) (Zu Seite 139.) Den in §. 25 angeregten Gedankengang haben J. Thomae (Journal für Mathematik Bd. 66, 71, 75), Fuchs (ebenda Bd. 73) und F. Klein (Mathematische Annalen Bd. 36) weiter verfolgt.

(4) (Zu Seite 142.) Ueber die Form der algebraischen Function f mögen noch einige Bemerkungen folgen. Ist n der kleinste gemeinschaftliche Nenner der Grössen h_ν und g_ν, so ist die $n$te Potenz von f eine einwerthige Function sowohl von (s, z) als von sämmtlichen Grössenpaaren (σ, ζ) und folglich f die $n$te Wurzel aus einer rationalen Function. Diese rationale Function muss als Function von (s, z) so bestimmt werden, dass sie für die p Grössenpaare (σ, ζ) unendlich von der $n$ten Ordnung wird, und dass von den np Punkten, für welche sie unendlich klein wird, ebenfalls je n zusammenfallen.

Ist l irgend eine Function von (s, z), welche an den Querschnitten dieselben Factoren erlangt, wie f, und bezeichnet λ_μ den Werth dieser Function für das Werthenpaar (σ_μ, ζ_μ), so ist $f \cdot l^{-1} \lambda_1 \lambda_2 \ldots \lambda_p$ eine rationale Function ϱ von (s, z) und sämmtlichen Grössen (σ, ζ); also:

$$f = \frac{\varrho l}{\lambda_1 \lambda_2 \ldots \lambda_p}.$$

[Bemerkung aus den in Riemann's Nachlass befindlichen Entwürfen zur vorstehenden Abhandlung.]

VII.

Ueber die Anzahl der Primzahlen unter einer gegebenen Grösse.

(Monatsberichte der Berliner Akademie, November 1859)

Meinen Dank für die Auszeichnung, welche mir die Akademie durch die Aufnahme unter ihre Correspondenten hat zu Theil werden lassen, glaube ich am besten dadurch zu erkennen zu geben, dass ich von der hierdurch erhaltenen Erlaubniss baldigst Gebrauch mache durch Mittheilung einer Untersuchung über die Häufigkeit der Primzahlen; ein Gegenstand, welcher durch das Interesse, welches Gauss und Dirichlet demselben längere Zeit geschenkt haben, einer solchen Mittheilung vielleicht nicht ganz unwerth erscheint.

Bei dieser Untersuchung diente mir als Ausgangspunkt die von Euler gemachte Bemerkung, dass das Product

$$\prod \frac{1}{1-\frac{1}{p^s}} = \Sigma \frac{1}{n^s},$$

wenn für p alle Primzahlen, für n alle ganzen Zahlen gesetzt werden. Die Function der complexen Veränderlichen s, welche durch diese beiden Ausdrücke, so lange sie convergiren, dargestellt wird, bezeichne ich durch $\zeta(s)$. Beide convergiren nur, so lange der reelle Theil von s grösser als 1 ist; es lässt sich indess leicht ein immer gültig bleibender Ausdruck der Function finden. Durch Anwendung der Gleichung

$$\int_0^\infty e^{-nx}\, x^{s-1}\, dx = \frac{\Pi(s-1)}{n^s}$$

erhält man zunächst

$$\Pi(s-1)\,\zeta(s) = \int_0^\infty \frac{x^{s-1}\, dx}{e^x - 1}.$$

Betrachtet man nun das Integral

$$\int \frac{(-x)^{s-1}\,dx}{e^x - 1}$$

von $+\infty$ bis $+\infty$ positiv um ein Grössengebiet erstreckt, welches den Werth 0, aber keinen andern Unstetigkeitswerth der Function unter dem Integralzeichen im Innern enthält, so ergiebt sich dieses leicht gleich

$$\left(e^{-\pi s i} - e^{\pi s i}\right) \int_0^\infty \frac{x^{s-1}\,dx}{e^x - 1},$$

vorausgesetzt, dass in der vieldeutigen Function $(-x)^{s-1} = e^{(s-1)\log(-x)}$ der Logarithmus von $-x$ so bestimmt worden ist, dass er für ein negatives x reell wird. Man hat daher

$$2 \sin \pi s\, \Pi(s-1)\, \zeta(s) = i \int_\infty^\infty \frac{(-x)^{s-1}\,dx}{e^x - 1},$$

das Integral in der eben angegebenen Bedeutung verstanden.

Diese Gleichung giebt nun den Werth der Function $\zeta(s)$ für jedes beliebige complexe s und zeigt, dass sie einwerthig und für alle endlichen Werthe von s, ausser 1, endlich ist, so wie auch, dass sie verschwindet, wenn s gleich einer negativen geraden Zahl ist. ([1])

Wenn der reelle Theil von s negativ ist, kann das Integral, statt positiv um das angegebene Grössengebiet auch negativ um das Grössengebiet, welches sämmtliche übrigen complexen Grössen enthält, erstreckt werden, da das Integral durch Werthe mit unendlich grossem Modul dann unendlich klein ist. Im Innern dieses Grössengebiets aber wird die Function unter dem Integralzeichen nur unstetig, wenn x gleich einem ganzen Vielfachen von $\pm 2\pi i$ wird und das Integral ist daher gleich der Summe der Integrale negativ um diese Werthe genommen. Das Integral um den Werth $n 2\pi i$ aber ist $= (-n 2\pi i)^{s-1}(-2\pi i)$, man erhält daher

$$2 \sin \pi s\, \Pi(s-1)\, \zeta(s) = (2\pi)^s\, \Sigma n^{s-1} \left((-i)^{s-1} + i^{s-1}\right),$$

also eine Relation zwischen $\zeta(s)$ und $\zeta(1-s)$, welche sich mit Benutzung bekannter Eigenschaften der Function Π auch so ausdrücken lässt:

$$\Pi\left(\frac{s}{2} - 1\right) \pi^{-\frac{s}{2}}\, \zeta(s)$$

bleibt ungeändert, wenn s in $1-s$ verwandelt wird.

Diese Eigenschaft der Function veranlasste mich statt $\Pi(s-1)$ das Integral $\Pi\left(\frac{s}{2} - 1\right)$ in dem allgemeinen Gliede der Reihe $\sum \frac{1}{n^s}$

einzuführen, wodurch man einen sehr bequemen Ausdruck der Function $\zeta(s)$ erhält. In der That hat man

$$\frac{1}{n^s}\Pi\left(\frac{s}{2}-1\right)\pi^{-\frac{s}{2}}=\int_0^\infty e^{-nn\pi x}\,x^{\frac{s}{2}-1}\,dx,$$

also, wenn man

$$\sum_1^\infty e^{-nn\pi x}=\psi(x)$$

setzt,

$$\Pi\left(\frac{s}{2}-1\right)\pi^{-\frac{s}{2}}\zeta(s)=\int_0^\infty \psi(x)\,x^{\frac{s}{2}-1}\,dx,$$

oder da

$$2\psi(x)+1=x^{-\frac{1}{2}}\left(2\psi\left(\frac{1}{x}\right)+1\right),\ \text{(Jacobi, Fund. S. 184) *)}$$

$$\Pi\left(\frac{s}{2}-1\right)\pi^{-\frac{s}{2}}\zeta(s)=\int_1^\infty \psi(x)\,x^{\frac{s}{2}-1}\,dx+\int_0^1 \psi\left(\frac{1}{x}\right)x^{\frac{s-3}{2}}\,dx$$
$$+\tfrac{1}{2}\int_0^1\left(x^{\frac{s-3}{2}}-x^{\frac{s}{2}-1}\right)dx$$
$$=\frac{1}{s(s-1)}+\int_1^\infty \psi(x)\left(x^{\frac{s}{2}-1}+x^{-\frac{1+s}{2}}\right)dx.$$

Ich setze nun $s=\frac{1}{2}+ti$ und

$$\Pi\left(\frac{s}{2}\right)(s-1)\pi^{-\frac{s}{2}}\zeta(s)=\xi(t),$$

so dass

$$\xi(t)=\tfrac{1}{2}-(tt+\tfrac{1}{4})\int_1^\infty \psi(x)\,x^{-\frac{3}{4}}\cos(\tfrac{1}{2}t\log x)\,dx$$

oder auch

$$\xi(t)=4\int_1^\infty \frac{d\left(x^{\frac{3}{2}}\psi'(x)\right)}{dx}\,x^{-\frac{1}{4}}\cos(\tfrac{1}{2}t\log x)\,dx.$$

Diese Function ist für alle endlichen Werthe von t endlich, und lässt sich nach Potenzen von tt in eine sehr schnell convergirende Reihe entwickeln. Da für einen Werth von s, dessen reeller Bestandtheil grösser als 1 ist, $\log\zeta(s)=-\Sigma\log(1-p^{-s})$ endlich bleibt, und von den Logarithmen der übrigen Factoren von $\xi(t)$ dasselbe gilt, so kann die Function $\xi(t)$ nur verschwinden, wenn der imaginäre Theil von t zwischen $\frac{1}{2}i$ und $-\frac{1}{2}i$ liegt. Die Anzahl der Wurzeln von $\xi(t)=0$, deren reeller Theil zwischen 0 und T liegt, ist etwa

*) Jacobi's gesammelte Werke Bd. I. S. 235. W.

$$= \frac{T}{2\pi} \log \frac{T}{2\pi} - \frac{T}{2\pi};$$

denn das Integral $\int d \log \xi(t)$ positiv um den Inbegriff der Werthe von t erstreckt, deren imaginärer Theil zwischen $\frac{1}{2}i$ und $-\frac{1}{2}i$ und deren reeller Theil zwischen 0 und T liegt, ist (bis auf einen Bruchtheil von der Ordnung der Grösse $\frac{1}{T}$) gleich $\left(T \log \frac{T}{2\pi} - T\right) i$; dieses Integral aber ist gleich der Anzahl der in diesem Gebiet liegenden Wurzeln von $\xi(t) = 0$, multiplicirt mit $2\pi i$. Man findet nun in der That etwa so viel reelle Wurzeln innerhalb dieser Grenzen, und es ist sehr wahrscheinlich, dass alle Wurzeln reell sind. Hiervon wäre allerdings ein strenger Beweis zu wünschen; ich habe indess die Aufsuchung desselben nach einigen flüchtigen vergeblichen Versuchen vorläufig bei Seite gelassen, da er für den nächsten Zweck meiner Untersuchung entbehrlich schien.

Bezeichnet man durch α jede Wurzel der Gleichung $\xi(\alpha) = 0$, so kann man $\log \xi(t)$ durch

$$\Sigma \log \left(1 - \frac{tt}{\alpha\alpha}\right) + \log \xi(0)$$

ausdrücken; denn da die Dichtigkeit der Wurzeln von der Grösse t mit t nur wie $\log \frac{t}{2\pi}$ wächst, so convergirt dieser Ausdruck und wird für ein unendliches t nur unendlich wie $t \log t$; er unterscheidet sich also von $\log \xi(t)$ um eine Function von tt, die für ein endliches t stetig und endlich bleibt und mit tt dividirt für ein unendliches t unendlich klein wird. Dieser Unterschied ist folglich eine Constante, deren Werth durch Einsetzung von $t = 0$ bestimmt werden kann.

Mit diesen Hülfsmitteln lässt sich nun die Anzahl der Primzahlen, die kleiner als x sind, bestimmen.

Es sei $F(x)$, wenn x nicht gerade einer Primzahl gleich ist, gleich dieser Anzahl, wenn aber x eine Primzahl ist, um $\frac{1}{2}$ grösser, so dass für ein x, bei welchem $F(x)$ sich sprungweise ändert,

$$F(x) = \frac{F(x+0) + F(x-0)}{2}.$$

Ersetzt man nun in

$$\log \xi(s) = -\Sigma \log(1 - p^{-s}) = \Sigma p^{-s} + \tfrac{1}{2} \Sigma p^{-2s} + \tfrac{1}{3} \Sigma p^{-3s} + \cdots$$

$$p^{-s} \text{ durch } s \int_p^\infty x^{-s-1}\, dx,\ p^{-2s} \text{ durch } s \int_{p^2}^\infty x^{-s-1}\, dx,\ \ldots,$$

so erhält man

$$\frac{\log \zeta(s)}{s} = \int_1^\infty f(x) x^{-s-1} dx,$$

wenn man

$$F(x) + \tfrac{1}{2} F(x^{\frac{1}{2}}) + \tfrac{1}{3} F(x^{\frac{1}{3}}) + \cdots$$

durch $f(x)$ bezeichnet.

Diese Gleichung ist gültig für jeden complexen Werth $a + bi$ von s, wenn $a > 1$. Wenn aber in diesem Umfange die Gleichung

$$g(s) = \int_0^\infty h(x) x^{-s} d \log x$$

gilt, so kann man mit Hülfe des Fourier'schen Satzes die Function h durch die Function g ausdrücken. Die Gleichung zerfällt, wenn $h(x)$ reell ist und

$$g(a + bi) = g_1(b) + i g_2(b),$$

in die beiden folgenden:

$$g_1(b) = \int_0^\infty h(x) x^{-a} \cos(b \log x) \, d \log x,$$

$$i g_2(b) = - i \int_0^\infty h(x) x^{-a} \sin(b \log x) \, d \log x.$$

Wenn man beide Gleichungen mit

$$(\cos(b \log y) + i \sin(b \log y)) \, db$$

multiplicirt und von $-\infty$ bis $+\infty$ integrirt, so erhält man in beiden auf der rechten Seite nach dem Fourier'schen Satze $\pi h(y) y^{-a}$, also, wenn man beide Gleichungen addirt und mit $i y^a$ multiplicirt,

$$2 \pi i h(y) = \int_{a - \infty i}^{a + \infty i} g(s) y^s ds,$$

worin die Integration so auszuführen ist, dass der reelle Theil von s constant bleibt. (²)

Das Integral stellt für einen Werth von y, bei welchem eine sprungweise Aenderung der Function $h(y)$ stattfindet, den Mittelwerth aus den Werthen der Function h zu beiden Seiten des Sprunges dar. Bei der hier vorausgesetzten Bestimmungsweise der Function $f(x)$ besitzt diese dieselbe Eigenschaft, und man hat daher völlig allgemein

$$f(y) = \frac{1}{2\pi i}\int\limits_{a-\infty i}^{a+\infty i} \frac{\log \zeta(s)}{s} y^s ds.$$

Für $\log\zeta$ kann man nun den früher gefundenen Ausdruck

$$\frac{s}{2}\log\pi - \log(s-1) - \log\Pi\left(\frac{s}{2}\right) + \Sigma^{\alpha}\log\left(1 + \frac{(s-\frac{1}{2})^2}{\alpha\alpha}\right) + \log\xi(0)$$

substituiren; die Integrale der einzelnen Glieder dieses Ausdrucks würden aber dann ins Unendliche ausgedehnt nicht convergiren, weshalb es zweckmässig ist, die Gleichung vorher durch partielle Integration in

$$f(x) = -\frac{1}{2\pi i}\frac{1}{\log x}\int\limits_{a-\infty i}^{a+\infty i} \frac{d\,\dfrac{\log\zeta(s)}{s}}{ds} x^s ds$$

umzuformen.

Da

$$-\log\Pi\left(\frac{s}{2}\right) = \lim\left(\sum_{n=1}^{n=m}\log\left(1+\frac{s}{2n}\right) - \frac{s}{2}\log m\right),$$

für $m = \infty$, also

$$-\frac{d\,\dfrac{1}{s}\log\Pi\left(\dfrac{s}{2}\right)}{ds} = \sum_{1}^{\infty}\frac{d\,\dfrac{1}{s}\log\left(1+\dfrac{s}{2n}\right)}{ds},$$

so erhalten dann sämmtliche Glieder des Ausdruckes für $f(x)$ mit Ausnahme von

$$\frac{1}{2\pi i}\frac{1}{\log x}\int\limits_{a-\infty i}^{a+\infty i}\frac{1}{ss}\log\xi(0)x^s ds = \log\xi(0)$$

die Form

$$\pm\frac{1}{2\pi i}\frac{1}{\log x}\int\limits_{a-\infty i}^{a+\infty i}\frac{d\left(\dfrac{1}{s}\log\left(1-\dfrac{s}{\beta}\right)\right)}{ds}x^s ds.$$

Nun ist aber

$$\frac{d\left(\dfrac{1}{s}\log\left(1-\dfrac{s}{\beta}\right)\right)}{d\beta} = \frac{1}{(\beta-s)\beta},$$

und, wenn der reelle Theil von s grösser als der reelle Theil von β ist,

$$-\frac{1}{2\pi i}\int\limits_{a-\infty i}^{a+\infty i}\frac{x^s ds}{(\beta-s)\beta} = \frac{x^\beta}{\beta} = \int\limits_{\infty}^{x} x^{\beta-1}dx,$$

oder

$$= \int_0^x x^{\beta-1}\, dx,$$

je nachdem der reelle Theil von β negativ oder positiv ist. Man hat daher

$$\frac{1}{2\pi i}\frac{1}{\log x}\int_{a-\infty i}^{a+\infty i} \frac{d\left(\frac{1}{s}\log\left(1-\frac{s}{\beta}\right)\right)}{ds} x^s\, ds$$

$$= -\frac{1}{2\pi i}\int_{a-\infty i}^{a+\infty i} \frac{1}{s}\log\left(1-\frac{s}{\beta}\right) x^s\, ds$$

$$= \int_\infty^x \frac{x^{\beta-1}}{\log x}\, dx + \text{const. im ersten}$$

und

$$= \int_0^x \frac{x^{\beta-1}}{\log x}\, dx + \text{const. im zweiten Falle.}$$

Im ersten Falle bestimmt sich die Integrationsconstante, wenn man den reellen Theil von β negativ unendlich werden lässt; im zweiten Falle erhält das Integral von 0 bis x um $2\pi i$ verschiedene Werthe, je nachdem die Integration durch complexe Werthe mit positivem oder negativem Arcus geschieht, und wird, auf jenem Wege genommen, unendlich klein, wenn der Coefficient von i in dem Werthe von β positiv unendlich wird, auf letzterem aber, wenn dieser Coefficient negativ unendlich wird. Hieraus ergiebt sich, wie auf der linken Seite $\log\left(1-\frac{s}{\beta}\right)$ zu bestimmen ist, damit die Integrationsconstante wegfällt.

Durch Einsetzung dieser Werthe in den Ausdruck von $f(x)$ erhält man

$$f(x) = Li(x) - \Sigma^\alpha\left(Li\left(x^{\frac{1}{2}+\alpha i}\right) + Li\left(x^{\frac{1}{2}-\alpha i}\right)\right)$$

$$+ \int_x^\infty \frac{1}{x^2-1}\frac{dx}{x\log x} + \log \xi(0), \text{ (}^8\text{)}$$

wenn in Σ^α für α sämmtliche positiven (oder einen positiven reellen Theil enthaltenden) Wurzeln der Gleichung $\xi(\alpha) = 0$, ihrer Grösse nach geordnet, gesetzt werden. Es lässt sich, mit Hülfe einer genaueren Discussion der Function ξ, leicht zeigen, dass bei dieser Anordnung der Werth der Reihe

$$\Sigma\left(Li\left(x^{\frac{1}{2}+\alpha i}\right) + Li\left(x^{\frac{1}{2}-\alpha i}\right)\right)\log x$$

mit dem Grenzwerth, gegen welchen

$$\frac{1}{2\pi i}\int\limits_{a-bi}^{a+bi} \frac{d\,\frac{1}{s}\,\Sigma\log\left(1+\frac{(s-\frac{1}{2})^2}{\alpha\alpha}\right)}{ds}\,x^s\,ds$$

bei unaufhörlichem Wachsen der Grösse b convergirt, übereinstimmt; durch veränderte Anordnung aber würde sie jeden beliebigen reellen Werth erhalten können.

Aus $f(x)$ findet sich $F(x)$ mittelst der durch Umkehrung der Relation

$$f(x) = \Sigma\frac{1}{n}\,F\left(x^{\frac{1}{n}}\right)$$

sich ergebenden Gleichung

$$F(x) = \Sigma(-1)^\mu\,\frac{1}{m}\,f\left(x^{\frac{1}{m}}\right),$$

worin für m der Reihe nach die durch kein Quadrat ausser 1 theilbaren Zahlen zu setzen sind und μ die Anzahl der Primfactoren von m bezeichnet.

Beschränkt man Σ^α auf eine endliche Zahl von Gliedern, so giebt die Derivirte des Ausdrucks für $f(x)$ oder, bis auf einen mit wachsendem x sehr schnell abnehmenden Theil,

$$\frac{1}{\log x} - 2\,\Sigma^\alpha\,\frac{\cos(\alpha\log x)\,x^{-\frac{1}{2}}}{\log x}$$

einen angenäherten Ausdruck für die Dichtigkeit der Primzahlen + der halben Dichtigkeit der Primzahlquadrate + $\frac{1}{3}$ von der Dichtigkeit der Primzahlcuben u. s. w. von der Grösse x.

Die bekannte Näherungsformel $F(x) = Li(x)$ ist also nur bis auf Grössen von der Ordnung $x^{\frac{1}{2}}$ richtig und giebt einen etwas zu grossen Werth; denn die nicht periodischen Glieder in dem Ausdrucke von $F(x)$ sind, von Grössen, die mit x nicht in's Unendliche wachsen, abgesehen:

$$Li(x) - \tfrac{1}{2}\,Li\left(x^{\frac{1}{2}}\right) - \tfrac{1}{3}\,Li\left(x^{\frac{1}{3}}\right) - \tfrac{1}{5}\,Li\left(x^{\frac{1}{5}}\right) + \tfrac{1}{6}\,Li\left(x^{\frac{1}{6}}\right) - \tfrac{1}{7}\,Li\left(x^{\frac{1}{7}}\right) + \cdots$$

In der That hat sich bei der von Gauss und Goldschmidt vorgenommenen und bis zu $x =$ drei Millionen fortgesetzten Vergleichung von $Li(x)$ mit der Anzahl der Primzahlen unter x diese Anzahl schon vom ersten Hunderttausend an stets kleiner als $Li(x)$ ergeben, und zwar wächst die Differenz unter manchen Schwankungen allmählich mit x. Aber auch die von den periodischen Gliedern abhängige stellenweise Verdichtung und Verdünnung der Primzahlen hat schon bei den Zählungen die Aufmerksamkeit erregt, ohne dass jedoch hierin eine Gesetzmässigkeit bemerkt worden wäre. Bei einer etwaigen neuen Zählung würde es interessant sein, den Einfluss der einzelnen in dem Ausdrucke für die Dichtigkeit der Primzahlen enthaltenen periodischen Glieder zu verfolgen. Einen regelmässigeren Gang als $F(x)$ würde die Function $f(x)$ zeigen, welche sich schon im ersten Hundert sehr deutlich als mit $Li(x) + \log \xi(0)$ im Mittel übereinstimmend erkennen lässt.

Anmerkungen.

In einem Briefe, dessen Entwurf im Nachlass vorliegt, findet sich, nachdem das Resultat der Arbeit mitgetheilt ist, folgende Bemerkung:

„Den Beweis habe ich noch nicht völlig ausgeführt, und ich möchte in Betreff desselben . . noch die Bemerkung beifügen, dass die beiden Sätze, welche ich dort nur angeführt habe,

dass zwischen 0 und T etwa $\frac{T}{2\pi}\log\frac{T}{2\pi}-\frac{T}{2\pi}$ reelle Wurzeln der Gleichung $\xi(\alpha)=0$ liegen, und

dass die Reihe $\Sigma^{\alpha}\left(Li\left(x^{\frac{1}{2}+\alpha i}\right)+Li\left(x^{\frac{1}{2}-\alpha i}\right)\right)$, wenn die Glieder nach wachsenden α geordnet werden, gegen denselben Grenzwerth convergirt, wie

$$\frac{1}{2\pi i\log x}\int_{a-bi}^{a+bi}\frac{d\frac{1}{s}\log\frac{\xi((s-\frac{1}{2})i)}{\xi(0)}}{ds}\,x^s\,ds$$ bei unaufhörlichem Wachsen der Grösse b

aus einer neuen Entwicklung der Function ξ folgen, welche ich aber noch nicht genug vereinfacht hatte, um sie mittheilen zu können.“

Trotz mancher späterer Untersuchungen (Scheibner, Pilz, Stieltjes) sind die Dunkelheiten dieser Arbeit noch nicht völlig aufgehellt.

(1) (Zu Seite 146.) Dies Verhalten der Function $\zeta(s)$ ergiebt sich mit Benutzung der zweiten Form dieser Function

$$2\,\zeta(s)=\pi i\,\Pi(-s)\int_{\infty}^{\infty}\frac{(-x)^{s-1}\,dx}{e^x-1}$$

und mit Rücksicht darauf, dass $\frac{1}{e^x-1}+\frac{1}{2}$ in der Entwicklung nach steigenden Potenzen von x nur ungerade Potenzen enthält.

(2) (Zu Seite 149.) Der Ausdruck dieses Satzes ist nicht ganz genau. Die beiden Gleichungen, einzeln in der angegebenen Weise behandelt, ergeben, wenn die Integrationsgrenzen 0, ∞ auf $\log x$ bezogen werden, $\pi y^{-\alpha}\left(h(y)\pm h\left(\frac{1}{y}\right)\right)$, und also erst in ihrer Summe die Formel des Textes.

(3) (Zu Seite 151.) Die Function $Li(x)$ ist für reelle Werthe von x, die grösser als 1 sind, zu definiren durch das Integral $\int_0^x\frac{dx}{\log x}\pm\pi i$, wo das obere oder das untere Zeichen zu nehmen ist, je nachdem die Integration durch complexe

Werthe mit positivem oder negativem Arcus geschieht. Daraus leitet man leicht die von Scheibner (Schlömilch's Zeitschrift Bd. V) gegebene Entwicklung her

$$Li(x) = \log\log x - \Gamma'(1) + \sum_{1,\infty}^{x} \frac{(\log x)^n}{n.n!},$$

die für alle Werthe von x gilt, und für negative reelle Werthe eine Unstetigkeit ergiebt. (Vgl. Gauss-Bessel Briefwechsel.)

Befolgt man die von Riemann angedeutete Rechnung, so findet man in der Formel $\log\frac{1}{2}$ anstatt $\log\xi(0)$. Möglicherweise liegt nur ein Schreib- oder Druckfehler vor, $\log\xi(0)$ an Stelle von $\log\zeta(0)$, da $\zeta(0) = \frac{1}{2}$ ist.

VIII.

Ueber die Fortpflanzung ebener Luftwellen von endlicher Schwingungsweite.

(Aus dem achten Bande der Abhandlungen der Königlichen Gesellschaft der Wissenschaften zu Göttingen. 1860.)

Obwohl die Differentialgleichungen, nach welchen sich die Bewegung der Gase bestimmt, längst aufgestellt worden sind, so ist doch ihre Integration fast nur für den Fall ausgeführt worden, wenn die Druckverschiedenheiten als unendlich kleine Bruchtheile des ganzen Drucks betrachtet werden können, und man hat sich bis auf die neueste Zeit begnügt, nur die ersten Potenzen dieser Bruchtheile zu berücksichtigen. Erst ganz vor Kurzem hat Helmholtz auch die Glieder zweiter Ordnung mit in die Rechnung gezogen und daraus die objective Entstehung von Combinationstönen erklärt. Es lassen sich indess für den Fall, dass die anfängliche Bewegung allenthalben in gleicher Richtung stattfindet und in jeder auf dieser Richtung senkrechten Ebene Geschwindigkeit und Druck constant sind, die exacten Differentialgleichungen vollständig integriren; und wenn auch zur Erklärung der bis jetzt experimentell festgestellten Erscheinungen die bisherige Behandlung vollkommen ausreicht, so könnten doch, bei den grossen Fortschritten, welche in neuester Zeit durch Helmholtz auch in der experimentellen Behandlung akustischer Fragen gemacht worden sind, die Resultate dieser genaueren Rechnung in nicht allzu ferner Zeit vielleicht der experimentellen Forschung einige Anhaltspunkte gewähren; und dies mag, abgesehen von dem theoretischen Interesse, welches die Behandlung nicht linearer partieller Differentialgleichungen hat, die Mittheilung derselben rechtfertigen.

Für die Abhängigkeit des Drucks von der Dichtigkeit würde das Boyle'sche Gesetz vorauszusetzen sein, wenn die durch die Druckveränderungen bewirkten Temperaturverschiedenheiten sich so schnell ausglichen, dass die Temperatur des Gases als constant betrachtet werden dürfte. Es ist aber wahrscheinlich der Wärmeaustausch ganz zu vernachlässigen, und man muss daher für diese Abhängigkeit das Gesetz zu Grunde legen, nach welchem sich der Druck des Gases mit der Dichtigkeit ändert, wenn es keine Wärme aufnimmt oder abgiebt.

Nach dem Boyle'schen und Gay-Lussac'schen Gesetze ist, wenn v das Volumen der Gewichtseinheit, p den Druck und T die Temperatur von — 273°C an gerechnet bezeichnet,

$$\log p + \log v = \log T + \text{const.}$$

Betrachten wir hier T als Function von p und v und nennen die specifische Wärme bei constantem Drucke c, bei constantem Volumen c', beide auf die Gewichtseinheit bezogen, so wird von dieser Gewichtseinheit, wenn p und v sich um dp und dv ändern, die Wärmemenge

$$c \frac{\partial T}{\partial v} dv + c' \frac{\partial T}{\partial p} dp$$

oder, da $\frac{\partial \log T}{\partial \log v} = \frac{\partial \log T}{\partial \log p} = 1$,

$$T(c\, d\log v + c'\, d\log p)$$

aufgenommen. Wenn daher keine Wärmeaufnahme stattfindet, so ist $d\log p = -\frac{c}{c'} d\log v$, und also, wenn man mit Poisson annimmt, dass das Verhältniss der beiden specifischen Wärmen $\frac{c}{c'} = k$ von Temperatur und Druck unabhängig ist,

$$\log p = -k \log v + \text{const.}$$

Nach neueren Versuchen von Regnault, Joule und W. Thomson sind diese Sätze für Sauerstoff, Stickstoff und Wasserstoff und deren Gemenge unter allen darstellbaren Drucken und Temperaturen wahrscheinlich sehr nahe gültig.

Durch Regnault ist für diese Gase eine sehr nahe Anschmiegung an das Boyle'sche und Gay-Lussac'sche Gesetz und die Unabhängigkeit der specifischen Wärme c von Temperatur und Druck festgestellt worden.

Für atmosphärische Luft fand Regnault

zwischen — 30°C und + 10°C $c = 0{,}2377$
„ + 10°C „ + 100°C $c = 0{,}2379$
„ + 100°C „ + 215°C $c = 0{,}2376$.

Ebenso ergab sich für Drucke von 1 bis 10 Atmosphären kein merklicher Unterschied der specifischen Wärme.

Nach Versuchen von Regnault und Joule scheint ferner für diese Gase die von Clausius adoptirte Annahme Mayer's sehr nahe richtig zu sein, dass ein bei constanter Temperatur sich ausdehnendes Gas nur so viel Wärme aufnimmt, als zur Erzeugung der äusseren

Arbeit erforderlich ist. Wenn das Volumen des Gases sich um dv ändert, während die Temperatur constant bleibt, so ist $d \log p = -d \log v$, die aufgenommene Wärmemenge $T(c - c')\, d \log v$, die geleistete Arbeit pdv. Diese Hypothese giebt daher, wenn A das mechanische Aequivalent der Wärme bezeichnet,

$$AT(c - c')\, d \log v = pdv$$

oder

$$c - c' = \frac{pv}{AT},$$

also von Druck und Temperatur unabhängig.

Hiernach ist auch $k = \frac{c}{c'}$ von Druck und Temperatur unabhängig und ergiebt sich, wenn $c = 0{,}237733$, A nach Joule $= 424{,}55$ Kilogr. met. und, für die Temperatur 0^0C oder $T = \frac{100^0\text{C}}{0{,}3665}$, pv nach Regnault $= 7990^{\text{m}},267$ angenommen wird, gleich 1,4101. Die Schallgeschwindigkeit in trockner Luft von 0^0C beträgt in der Secunde

$$\sqrt{7990^{\text{m}},267 \,.\, 9^{\text{m}},8088\, k},$$

und würde also mit diesem Werthe von k gleich $332^{\text{m}},440$ gefunden werden, während die beiden vollständigsten Versuchsreihen von Moll und van Beek dafür, einzeln berechnet, $332^{\text{m}},528$ und $331^{\text{m}},867$, vereinigt $332^{\text{m}},271$ geben und die Versuche von Martins und A. Bravais nach ihrer eignen Berechnung $332^{\text{m}},37$.

1.

Für's erste ist es nicht nöthig, über die Abhängigkeit des Drucks von der Dichtigkeit eine bestimmte Voraussetzung zu machen; wir nehmen daher an, dass bei der Dichtigkeit ϱ der Druck $\varphi(\varrho)$ sei, und lassen die Function φ vorläufig noch unbestimmt.

Man denke sich nun rechtwinklige Coordinaten x, y, z eingeführt, die x-Axe in der Richtung der Bewegung, und bezeichne durch ϱ die Dichtigkeit, durch p den Druck, durch u die Geschwindigkeit für die Coordinate x zur Zeit t und durch ω ein Element der Ebene, deren Coordinate x ist.

Der Inhalt des auf dem Element ω stehenden geraden Cylinders von der Höhe dx ist dann ωdx, die in ihm enthaltene Masse $\omega \varrho dx$. Die Aenderung dieser Masse während des Zeitelements dt oder die Grösse $\omega \frac{\partial \varrho}{\partial t} dt\, dx$ bestimmt sich durch die in ihn einströmende Masse, welche $= -\omega \frac{\partial \varrho u}{\partial x} dx\, dt$ gefunden wird. Ihre Beschleunigung ist

$\frac{\partial u}{\partial t} + u\frac{\partial u}{\partial x}$ und die Kraft, welche sie in der Richtung der positiven x-Axe forttreibt, $= -\frac{\partial p}{\partial x}\omega\, dx = -\varphi'(\varrho)\frac{\partial \varrho}{\partial x}\omega\, dx$, wenn $\varphi'(\varrho)$ die Derivirte von $\varphi(\varrho)$ bezeichnet. Man hat daher für ϱ und u die beiden Differentialgleichungen

$$\frac{\partial \varrho}{\partial t} = -\frac{\partial \varrho u}{\partial x} \text{ und } \varrho\left(\frac{\partial u}{\partial t} + u\frac{\partial u}{\partial x}\right) = -\varphi'(\varrho)\frac{\partial \varrho}{\partial x} \text{ oder}$$

$$\frac{\partial u}{\partial t} + u\frac{\partial u}{\partial x} = -\varphi'(\varrho)\frac{\partial \log \varrho}{\partial x}$$

$$\text{und } \frac{\partial \log \varrho}{\partial t} + u\frac{\partial \log \varrho}{\partial x} = -\frac{\partial u}{\partial x}.$$

Wenn man die zweite Gleichung, mit $\pm\sqrt{\varphi'(\varrho)}$ multiplicirt, zur ersteren addirt und zur Abkürzung

$$(1) \qquad \int \sqrt{\varphi'(\varrho)}\, d\log\varrho = f(\varrho) \text{ und}$$

$$(2) \qquad f(\varrho) + u = 2r,\ f(\varrho) - u = 2s$$

setzt, so erhalten diese Gleichungen die einfachere Gestalt

$$(3) \qquad \frac{\partial r}{\partial t} = -\left(u + \sqrt{\varphi'(\varrho)}\right)\frac{\partial r}{\partial x}, \quad \frac{\partial s}{\partial t} = -\left(u - \sqrt{\varphi'(\varrho)}\right)\frac{\partial s}{\partial x},$$

worin u und ϱ durch die Gleichungen (2) bestimmte Functionen von r und s sind. Aus ihnen folgt

$$(4) \qquad dr = \frac{\partial r}{\partial x}\left(dx - \left(u + \sqrt{\varphi'(\varrho)}\right) dt\right)$$

$$(5) \qquad ds = \frac{\partial s}{\partial x}\left(dx - \left(u - \sqrt{\varphi'(\varrho)}\right) dt\right).$$

Unter der in der Wirklichkeit immer zutreffenden Voraussetzung, dass $\varphi'(\varrho)$ positiv ist, besagen diese Gleichungen, dass r constant bleibt, wenn x sich mit t so ändert, dass $dx = \left(u + \sqrt{\varphi'(\varrho)}\right) dt$, und s constant bleibt, wenn x sich mit t so ändert, dass $dx = \left(u - \sqrt{\varphi'(\varrho)}\right) dt$ ist.

Ein bestimmter Werth von r oder von $f(\varrho) + u$ rückt daher zu grösseren Werthen von x mit der Geschwindigkeit $\sqrt{\varphi'(\varrho)} + u$ fort, ein bestimmter Werth von s oder von $f(\varrho) - u$ zu kleineren Werthen von x mit der Geschwindigkeit $\sqrt{\varphi'(\varrho)} - u$.

Ein bestimmter Werth von r wird also nach und nach mit jedem vor ihm stattfindenden Werthe von s zusammentreffen, und die Geschwindigkeit seines Fortrückens wird in jedem Augenblicke von dem Werthe von s abhängen, mit welchem er zusammentrifft.

2.

Die Analysis bietet nun zunächst die Mittel, die Frage zu beantworten, wo und wann ein Werth r' von r einem vor ihm befindlichen Werthe s' von s begegnet, d. h. x und t als Functionen von r und s zu bestimmen. In der That, wenn man in den Gleichungen (3) des vor. Art. r und s als unabhängige Variable einführt, so gehen diese Gleichungen in lineare Differentialgleichungen für x und t über und lassen sich also nach bekannten Methoden integriren. Um die Zurückführung der Differentialgleichungen auf eine lineare zu bewirken, ist es am zweckmässigsten, die Gleichungen (4) und (5) des vorigen Art. in die Form zu setzen:

$$(1)\qquad dr = \frac{\partial r}{\partial x}\left\{ d\left(x - (u + \sqrt{\varphi'(\varrho)})\, t\right) + \left[dr\left(\frac{d\log\sqrt{\varphi'(\varrho)}}{d\log\varrho} + 1\right) + ds\left(\frac{d\log\sqrt{\varphi'(\varrho)}}{d\log\varrho} - 1\right)\right] t\right\}$$

$$(2)\qquad ds = \frac{\partial s}{\partial x}\left\{ d\left(x - (u - \sqrt{\varphi'(\varrho)})\, t\right) - \left[ds\left(\frac{d\log\sqrt{\varphi'(\varrho)}}{d\log\varrho} + 1\right) + dr\left(\frac{d\log\sqrt{\varphi'(\varrho)}}{d\log\varrho} - 1\right)\right] t\right\}.$$

Man erhält dann, wenn man s und r als unabhängige Variable betrachtet, für x und t die beiden linearen Differentialgleichungen:

$$\frac{\partial\left(x - (u + \sqrt{\varphi'(\varrho)})\, t\right)}{\partial s} = -\, t\left(\frac{d\log\sqrt{\varphi'(\varrho)}}{d\log\varrho} - 1\right)$$

$$\frac{\partial\left(x - (u - \sqrt{\varphi'(\varrho)})\, t\right)}{\partial r} = t\left(\frac{d\log\sqrt{\varphi'(\varrho)}}{d\log\varrho} - 1\right).$$

In Folge derselben ist

$$(3)\qquad \left(x - (u + \sqrt{\varphi'(\varrho)})\, t\right) dr - \left(x - (u - \sqrt{\varphi'(\varrho)})\, t\right) ds$$

ein vollständiges Differential, dessen Integral, w, der Gleichung

$$\frac{\partial^2 w}{\partial r\, \partial s} = -\, t\left(\frac{d\log\sqrt{\varphi'(\varrho)}}{d\log\varrho} - 1\right) = m\left(\frac{\partial w}{\partial r} + \frac{\partial w}{\partial s}\right)$$

genügt, worin $m = \frac{1}{2\sqrt{\varphi'(\varrho)}}\left(\frac{d\log\sqrt{\varphi'(\varrho)}}{d\log\varrho} - 1\right)$, also eine Function von $r + s$ ist. Setzt man $f(\varrho) = r + s = \sigma$, so wird $\sqrt{\varphi'(\varrho)} = \frac{d\sigma}{d\log\varrho}$, folglich $m = -\frac{1}{2}\,\frac{d\log\frac{d\varrho}{d\sigma}}{d\sigma}$.

Bei der Poisson'schen Annahme $\varphi(\varrho) = a a \varrho^k$ wird

$$f(\varrho) = \frac{2a\sqrt{k}}{k-1}\, \varrho^{\frac{k-1}{2}} + \text{const.}$$

und, wenn man für die willkürliche Constante den Werth Null wählt,

$$\sqrt{\varphi'(\varrho)} + u = \frac{k+1}{2} r + \frac{k-3}{2} s, \quad \sqrt{\varphi'(\varrho)} - u = \frac{k-3}{2} r + \frac{k+1}{2} s$$

$$m = \left(\tfrac{1}{2} - \frac{1}{k-1}\right) \frac{1}{\sigma} = \frac{k-3}{2(k-1)(r+s)}.$$

Unter Voraussetzung des **Boyle'schen** Gesetzes $\varphi(\varrho) = aa\varrho$ erhält man

$$f(\varrho) = a \log \varrho$$

$$\sqrt{\varphi'(\varrho)} + u = r - s + a, \quad \sqrt{\varphi'(\varrho)} - u = s - r + a$$

$$m = -\frac{1}{2a},$$

Werthe, die aus den obigen fliessen, wenn man $f(\varrho)$ um die Constante $\frac{2a\sqrt{k}}{k-1}$, also r und s um $\frac{a\sqrt{k}}{k-1}$ vermindert und dann $k = 1$ setzt.

Die Einführung von r und s als unabhängig veränderlichen Grössen ist indess nur möglich, wenn die Determinante dieser Functionen von x und t, welche $= 2\sqrt{\varphi'(\varrho)} \frac{\partial r}{\partial x} \frac{\partial s}{\partial x}$, nicht verschwindet, also nur wenn $\frac{\partial r}{\partial x}$ und $\frac{\partial s}{\partial x}$ beide von Null verschieden sind.

Wenn $\frac{\partial r}{\partial x} = 0$ ist, ergiebt sich aus (1) $dr = 0$ und aus (2) $x - (u - \sqrt{\varphi'(\varrho)})t$ = einer Function von s. Es ist folglich auch dann der Ausdruck (3) ein vollständiges Differential, und es wird w eine blosse Function von s.

Aus ähnlichen Gründen werden, wenn $\frac{\partial s}{\partial x} = 0$ ist, s auch in Bezug auf t constant, $x - (u + \sqrt{\varphi'(\varrho)})\, t$ und w Functionen von r.

Wenn endlich $\frac{\partial r}{\partial x}$ und $\frac{\partial s}{\partial x}$ beide $= 0$ sind, so werden in Folge der Differentialgleichungen r, s und w Constanten.

3.

Um die Aufgabe zu lösen, muss nun zunächst w als Function von r und s so bestimmt werden, dass sie der Differentialgleichung

$$(1) \qquad \frac{\partial^2 w}{\partial r \partial s} - m\left(\frac{\partial w}{\partial r} + \frac{\partial w}{\partial s}\right) = 0$$

und den Anfangsbedingungen genügt, wodurch sie bis auf eine Constante, die ihr offenbar willkürlich hinzugefügt werden kann, bestimmt ist.

Wo und wann ein bestimmter Werth von r mit einem bestimmten Werthe von s zusammentrifft, ergiebt sich dann aus der Gleichung

(2) $\quad \left(x - (u + \sqrt{\varphi'(\varrho)})\,t\right) dr - \left(x - (u - \sqrt{\varphi'(\varrho)})\,t\right) ds = dw,$

und hierauf findet man schliesslich u und ϱ als Functionen von x und t durch Hinzuziehung der Gleichungen

(3) $$f(\varrho) + u = 2r, \quad f(\varrho) - u = 2s.$$

In der That folgen, wenn nicht etwa in einer endlichen Strecke dr oder ds Null und folglich r oder s constant ist, aus (2) die Gleichungen

(4) $$x - (u + \sqrt{\varphi'(\varrho)})\,t = \frac{\partial w}{\partial r},$$

(5) $$x - (u - \sqrt{\varphi'(\varrho)})\,t = -\frac{\partial w}{\partial s},$$

durch deren Verbindung mit (3) man u und ϱ in x und t ausgedrückt erhält.

Wenn aber r anfangs in einer endlichen Strecke denselben Werth r' hat, so rückt diese Strecke allmählich zu grösseren Werthen von x fort. Innerhalb dieses Gebietes, wo $r = r'$, kann man dann aus der Gleichung (2) den Werth von $x - (u + \sqrt{\varphi'(\varrho)})\,t$ nicht ableiten, da $dr = 0$; und in der That lässt die Frage, wo und wann dieser Werth r' einem bestimmten Werthe von s begegnet, dann keine bestimmte Antwort zu. Die Gleichung (4) gilt dann nur an den Grenzen dieses Gebietes und giebt an, zwischen welchen Werthen von x zu einer bestimmten Zeit der constante Werth r' von r stattfindet, oder auch, während welches Zeitraums r an einer bestimmten Stelle diesen Werth behält. Zwischen diesen Grenzen bestimmen sich u und ϱ als Functionen von x und t aus den Gleichungen (3) und (5). Auf ähnlichem Wege findet man diese Functionen, wenn s den Werth s' in einem endlichen Gebiete besitzt, während r veränderlich ist, sowie auch wenn r und s beide constant sind. In letzterem Falle nehmen sie zwischen gewissen durch (4) und (5) bestimmten Grenzen constante aus (3) fliessende Werthe an.

4.

Bevor wir die Integration der Gleichung (1) des vor. Art. in Angriff nehmen, scheint es zweckmässig, einige Erörterungen voraufzuschicken, welche die Ausführung dieser Integration nicht voraussetzen. Ueber die Function $\varphi(\varrho)$ ist dabei nur die Annahme nöthig, dass ihre Derivirte bei wachsendem ϱ nicht abnimmt, was in der Wirklichkeit gewiss immer der Fall ist; und wir bemerken gleich hier, was im folgenden Art. mehrfach angewandt werden wird, dass dann

$$\frac{\varphi(\varrho_1)-\varphi(\varrho_2)}{\varrho_1-\varrho_2}=\int_0^1 \varphi'(\alpha\varrho_1+(1-\alpha)\varrho_2)\,d\alpha,$$

wenn nur eine der Grössen ϱ_1 und ϱ_2 sich ändert, entweder constant bleibt oder mit dieser Grösse zugleich wächst und abnimmt, woraus zugleich folgt, dass der Werth dieses Ausdrucks stets zwischen $\varphi'(\varrho_1)$ und $\varphi'(\varrho_2)$ liegt.

Wir betrachten zunächst den Fall, wo die anfängliche Gleichgewichtsstörung auf ein endliches durch die Ungleichheiten $a < x < b$ begrenztes Gebiet beschränkt ist, so dass ausserhalb desselben u und ϱ und folglich auch r und s constant sind; die Werthe dieser Grössen für $x < a$ mögen durch Anhängung des Index 1, für $x > b$ durch den Index 2 bezeichnet werden. Das Gebiet, in welchem r veränderlich ist, bewegt sich nach Art. 1 allmählich vorwärts und zwar seine hintere Grenze mit der Geschwindigkeit $\sqrt{\varphi'(\varrho_1)}+u_1$, während die vordere Grenze des Gebiets, in welchem s veränderlich ist, mit der Geschwindigkeit $\sqrt{\varphi'(\varrho_2)}-u_2$ rückwärts geht. Nach Verlauf der Zeit

$$\frac{b-a}{\sqrt{\varphi'(\varrho_1)}+\sqrt{\varphi'(\varrho_2)}+u_1-u_2}$$

fallen daher beide Gebiete auseinander, und zwischen ihnen bildet sich ein Raum, in welchem $s = s_2$ und $r = r_1$ ist und folglich die Gastheilchen wieder im Gleichgewicht sind. Von der anfangs erschütterten Stelle gehen also zwei nach entgegengesetzten Richtungen fortschreitende Wellen aus. In der vorwärtsgehenden ist $s = s_2$; es ist daher mit einem bestimmten Werthe ϱ der Dichtigkeit stets die Geschwindigkeit $u = f(\varrho) - 2s_2$ verbunden, und beide Werthe rücken mit der constanten Geschwindigkeit

$$\sqrt{\varphi'(\varrho)}+u=\sqrt{\varphi'(\varrho)}+f(\varrho)-2s_2$$

vorwärts. In der rückwärtslaufenden ist dagegen mit der Dichtigkeit ϱ die Geschwindigkeit $-f(\varrho)+2r_1$ verbunden, und diese beiden Werthe bewegen sich mit der Geschwindigkeit $\sqrt{\varphi'(\varrho)}+f(\varrho)-2r_1$ rückwärts. Die Fortpflanzungsgeschwindigkeit ist für grössere Dichtigkeiten eine grössere, da sowohl $\sqrt{\varphi'(\varrho)}$, als $f(\varrho)$ mit ϱ zugleich wächst.

Denkt man sich ϱ als Ordinate einer Curve für die Abscisse x, so bewegt sich jeder Punkt dieser Curve parallel der Abscissenaxe mit constanter Geschwindigkeit fort und zwar mit desto grösserer, je grösser seine Ordinate ist. Man bemerkt leicht, dass bei diesem Gesetze Punkte mit grösseren Ordinaten schliesslich voraufgehende Punkte mit kleineren Ordinaten überholen würden, so dass zu einem Werthe von x mehr als ein Werth von ϱ gehören würde. Da nun dieses in Wirklichkeit

11*

nicht stattfinden kann, so muss ein Umstand eintreten, wodurch dieses Gesetz ungültig wird. In der That liegt nun der Herleitung der Differentialgleichungen die Voraussetzung zu Grunde, dass u und ϱ stetige Functionen von x sind und endliche Derivirten haben; diese Voraussetzung hört aber auf erfüllt zu sein, sobald in irgend einem Punkte die Dichtigkeitscurve senkrecht zur Abscissenaxe wird, und von diesem Augenblicke an tritt in dieser Curve eine Discontinuität ein, so dass ein grösserer Werth von ϱ einem kleineren unmittelbar nachfolgt; ein Fall, der im nächsten Art. erörtert werden wird.

Die Verdichtungswellen, d. h. die Theile der Welle, in welchen die Dichtigkeit in der Fortpflanzungsrichtung abnimmt, werden demnach bei ihrem Fortschreiten immer schmäler und gehen schliesslich in Verdichtungsstösse über; die Breite der Verdünnungswellen aber wächst beständig der Zeit proportional.

Es lässt sich, wenigstens unter Voraussetzung des Poisson'schen (oder Boyle'schen) Gesetzes, leicht zeigen, dass auch dann, wenn die anfängliche Gleichgewichtsstörung nicht auf ein endliches Gebiet beschränkt ist, sich stets, von ganz besonderen Fällen abgesehen, im Laufe der Bewegung Verdichtungsstösse bilden müssen. Die Geschwindigkeit, mit welcher ein Werth von r vorwärts rückt, ist bei dieser Annahme

$$\frac{k+1}{2}\,r + \frac{k-3}{2}\,s;$$

grössere Werthe werden sich also durchschnittlich mit grösserer Geschwindigkeit bewegen, und ein grösserer Werth r' wird einen voraufgehenden kleineren Werth r'' schliesslich einholen müssen, wenn nicht der mit r'' zusammentreffende Werth von s durchschnittlich um

$$(r' - r'')\,\frac{1+k}{3-k}$$

kleiner ist, als der gleichzeitig mit r' zusammentreffende. In diesem Falle würde s für ein positiv unendliches x negativ unendlich werden, und also für $x = +\infty$ die Geschwindigkeit $u = +\infty$ (oder auch statt dessen beim Boyle'schen Gesetz die Dichtigkeit unendlich klein) werden. Von speciellen Fällen abgesehen, wird also immer der Fall eintreten müssen, dass ein um eine endliche Grösse grösserer Werth von r einem kleineren unmittelbar nachfolgt; es werden folglich, durch ein Unendlichwerden von $\frac{\partial r}{\partial x}$, die Differentialgleichungen ihre Gültigkeit verlieren und vorwärtslaufende Verdichtungsstösse entstehen müssen. Ebenso werden fast immer, indem $\frac{\partial s}{\partial x}$ unendlich wird, rückwärtslaufende Verdichtungsstösse sich bilden.

Zur Bestimmung der Zeiten und Orte, für welche $\frac{\partial r}{\partial x}$ oder $\frac{\partial s}{\partial x}$ unendlich wird und plötzliche Verdichtungen ihren Anfang nehmen, erhält man aus den Gleichungen (1) und (2) des Art. 2, wenn man darin die Function w einführt,

$$\frac{\partial r}{\partial x}\left(\frac{\partial^2 w}{\partial r^2}+\left(\frac{d\log\sqrt{\varphi'(\varrho)}}{d\log\varrho}+1\right)t\right)=1,$$

$$\frac{\partial s}{\partial x}\left(-\frac{\partial^2 w}{\partial s^2}-\left(\frac{d\log\sqrt{\varphi'(\varrho)}}{d\log\varrho}+1\right)t\right)=1.$$

5.

Wir müssen nun, da sich plötzliche Verdichtungen fast immer einstellen, auch wenn sich Dichtigkeit und Geschwindigkeit anfangs allenthalben stetig ändern, die Gesetze für das Fortschreiten von Verdichtungsstössen aufsuchen.

Wir nehmen an, dass zur Zeit t für $x=\xi$ eine sprungweise Aenderung von u und ϱ stattfinde, und bezeichnen die Werthe dieser und der von ihnen abhängigen Grössen für $x=\xi-0$ durch Anhängung des Index 1 und für $x=\xi+0$ durch den Index 2; die relativen Geschwindigkeiten, mit welchen das Gas sich gegen die Unstetigkeitsstelle bewegt, $u_1-\frac{d\xi}{dt}$, $u_2-\frac{d\xi}{dt}$, mögen durch v_1 und v_2 bezeichnet werden. Die Masse, welche durch ein Element ω der Ebene, wo $x=\xi$, im Zeitelement dt in positiver Richtung hindurchgeht, ist dann $=v_1\varrho_1\omega\,dt=v_2\varrho_2\omega\,dt$; die ihr eingedrückte Kraft $(\varphi(\varrho_1)-\varphi(\varrho_2))\omega\,dt$ und der dadurch bewirkte Zuwachs an Geschwindigkeit v_2-v_1; man hat daher

$$(\varphi(\varrho_1)-\varphi(\varrho_2))\omega\,dt=(v_2-v_1)v_1\varrho_1\omega\,dt \text{ und } v_1\varrho_1=v_2\varrho_2,$$

woraus folgt $v_1=\mp\sqrt{\frac{\varrho_2}{\varrho_1}\frac{\varphi(\varrho_1)-\varphi(\varrho_2)}{\varrho_1-\varrho_2}}$, also

$$(1)\qquad \frac{d\xi}{dt}=u_1\pm\sqrt{\frac{\varrho_2}{\varrho_1}\frac{\varphi(\varrho_1)-\varphi(\varrho_2)}{\varrho_1-\varrho_2}}=u_2\pm\sqrt{\frac{\varrho_1}{\varrho_2}\frac{\varphi(\varrho_1)-\varphi(\varrho_2)}{\varrho_1-\varrho_2}}.$$

Für einen Verdichtungsstoss muss $\varrho_2-\varrho_1$ dasselbe Zeichen, wie v_1 und v_2, haben, und zwar für einen vorwärtslaufenden das negative, für einen rückwärtslaufenden das positive. Im erstern Falle gelten die oberen Zeichen und ϱ_1 ist grösser als ϱ_2; es ist daher, bei der zu Anfang des vorigen Artikels gemachten Annahme über die Function $\varphi(\varrho)$

$$(2)\qquad u_1+\sqrt{\varphi'(\varrho_1)}>\frac{d\xi}{dt}>u_2+\sqrt{\varphi'(\varrho_2)},$$

und folglich rückt die Unstetigkeitsstelle langsamer fort als die nachfolgenden und schneller als die voraufgehenden Werthe von r; r_1 und r_2 sind also in jedem Augenblicke durch die zu beiden Seiten der Unstetigkeitsstelle geltenden Differentialgleichungen bestimmt. Dasselbe gilt, da die Werthe von s sich mit der Geschwindigkeit $\sqrt{\varphi'(\varrho)} - u$ rückwärts bewegen, auch für s_2 und folglich für ϱ_2 und u_2, aber nicht für s_1. Die Werthe von s_1 und $\frac{d\xi}{dt}$ bestimmen sich aus r_1, ϱ_2 und u_2 eindeutig durch die Gleichungen (1). In der That genügt der Gleichung

$$(3) \quad 2(r_1 - r_2) = f(\varrho_1) - f(\varrho_2) + \sqrt{\frac{(\varrho_1 - \varrho_2)(\varphi(\varrho_1) - \varphi(\varrho_2))}{\varrho_1 \varrho_2}}$$

nur ein Werth von ϱ_1; denn die rechte Seite nimmt, wenn ϱ_1 von ϱ_2 an in's Unendliche wächst, jeden positiven Werth nur einmal an, da sowohl $f(\varrho_1)$ als auch die beiden Factoren

$$\sqrt{\frac{\varrho_1}{\varrho_2}} - \sqrt{\frac{\varrho_2}{\varrho_1}} \text{ und } \sqrt{\frac{\varphi(\varrho_1) - \varphi(\varrho_2)}{\varrho_1 - \varrho_2}},$$

in welche sich das letzte Glied zerlegen lässt, beständig wachsen oder doch nur der letztere Factor constant bleibt. Wenn aber ϱ_1 bestimmt ist, erhält man durch die Gleichungen (1) offenbar völlig bestimmte Werthe für u_1 und $\frac{d\xi}{dt}$.

Ganz Aehnliches gilt für einen rückwärtslaufenden Verdichtungsstoss.

6.

Wir haben eben gefunden, dass in einem fortschreitenden Verdichtungsstosse zwischen den Werthen von u und ϱ zu beiden Seiten desselben stets die Gleichung

$$(u_1 - u_2)^2 = \frac{(\varrho_1 - \varrho_2)(\varphi(\varrho_1) - \varphi(\varrho_2))}{\varrho_1 \varrho_2}$$

stattfindet. Es fragt sich nun, was eintritt, wenn zu einer gegebenen Zeit an einer gegebenen Stelle beliebig gegebene Unstetigkeiten vorhanden sind. Es können dann von dieser Stelle, je nach den Werthen von u_1, ϱ_1, u_2, ϱ_2, entweder zwei nach entgegengesetzten Seiten laufende Verdichtungsstösse ausgehen, oder ein vorwärtslaufender, oder ein rückwärtslaufender, oder endlich kein Verdichtungsstoss, so dass die Bewegung nach den Differentialgleichungen erfolgt.

Bezeichnet man die Werthe, welche u und ϱ hinter oder zwischen den Verdichtungsstössen im ersten Augenblicke ihres Fortschreitens annehmen, durch Hinzufügung eines Accents, so ist im ersten Falle $\varrho' > \varrho_1$ und $> \varrho_2$, und man hat

$$(1)\quad \begin{aligned} u_1 - u' &= \sqrt{\frac{(\varrho' - \varrho_1)(\varphi(\varrho') - \varphi(\varrho_1))}{\varrho'\varrho_1}},\\ u' - u_2 &= \sqrt{\frac{(\varrho' - \varrho_2)(\varphi(\varrho') - \varphi(\varrho_2))}{\varrho'\varrho_2}};\end{aligned}$$

$$(2)\quad \begin{aligned} u_1 - u_2 = &\sqrt{\frac{(\varrho' - \varrho_1)(\varphi(\varrho') - \varphi(\varrho_1))}{\varrho'\varrho_1}}\\ &+ \sqrt{\frac{(\varrho' - \varrho_2)(\varphi(\varrho') - \varphi(\varrho_2))}{\varrho'\varrho_2}}.\end{aligned}$$

Es muss also, da beide Glieder der rechten Seite von (2) mit ϱ' zugleich wachsen, $u_1 - u_2$ positiv sein und

$$(u_1 - u_2)^2 > \frac{(\varrho_1 - \varrho_2)(\varphi(\varrho_1) - \varphi(\varrho_2))}{\varrho_1\varrho_2};$$

und umgekehrt giebt es, wenn diese Bedingungen erfüllt sind, stets ein und nur ein den Gleichungen (1) genügendes Werthenpaar von u' und ϱ'.

Damit der letzte Fall eintritt und also die Bewegung sich den Differentialgleichungen gemäss bestimmen lässt, ist es nothwendig und hinreichend, dass $r_1 \leqq r_2$ und $s_1 \geqq s_2$ sei, also $u_1 - u_2$ negativ und $(u_1 - u_2)^2 \geqq (f(\varrho_1) - f(\varrho_2))^2$. Die Werthe r_1 und r_2, s_1 und s_2 treten dann, da der voraufgehende Werth mit grösserer Geschwindigkeit fortrückt, im Fortschreiten auseinander, so dass die Unstetigkeit verschwindet.

Wenn weder die ersteren, noch die letzteren Bedingungen erfüllt sind, so genügt den Anfangswerthen Ein Verdichtungsstoss, und zwar ein vorwärts oder rückwärts laufender, je nachdem ϱ_1 grösser oder kleiner als ϱ_2 ist.

In der That ist dann, wenn $\varrho_1 > \varrho_2$,

$$2(r_1 - r_2) \text{ oder } f(\varrho_1) - f(\varrho_2) + u_1 - u_2$$

positiv, — weil $(u_1 - u_2)^2 < (f(\varrho_1) - f(\varrho_2))^2$ —, und zugleich

$$\leqq f(\varrho_1) - f(\varrho_2) + \sqrt{\frac{(\varrho_1 - \varrho_2)(\varphi(\varrho_1) - \varphi(\varrho_2))}{\varrho_1\varrho_2}}$$

weil

$$(u_1 - u_2)^2 \leqq \frac{(\varrho_1 - \varrho_2)(\varphi(\varrho_1) - \varphi(\varrho_2))}{\varrho_1\varrho_2};$$

es lässt sich also für die Dichtigkeit ϱ' hinter dem Verdichtungsstoss ein der Bedingung (3) des vor. Art. genügender Werth finden und dieser ist $\leqq \varrho_1$. Folglich wird, da $s' = f(\varrho') - r_1$, $s_1 = f(\varrho_1) - r_1$, auch $s' \leqq s_1$, so dass die Bewegung hinter dem Verdichtungsstosse nach den Differentialgleichungen erfolgen kann.

Der andere Fall, wenn $\varrho_1 < \varrho_2$, ist offenbar von diesem nicht wesentlich verschieden.

7.

Um das Bisherige durch ein einfaches Beispiel zu erläutern, wo sich die Bewegung mit den bis jetzt gewonnenen Mitteln bestimmen lässt, wollen wir annehmen, dass Druck und Dichtigkeit von einander nach dem Boyle'schen Gesetz abhängen und anfangs Dichtigkeit und Geschwindigkeit sich bei $x = 0$ sprungweise ändern, aber zu beiden Seiten dieser Stelle constant sind.

Es sind dann nach dem Obigen vier Fälle zu unterscheiden.

I. Wenn $u_1 - u_2 > 0$, also die beiden Gasmassen sich einander entgegen bewegen und $\left(\frac{u_1 - u_2}{a}\right)^2 > \frac{(\varrho_1 - \varrho_2)^2}{\varrho_1 \varrho_2}$, so bilden sich zwei entgegengesetzt laufende Verdichtungsstösse. Nach Art. 6 (1) ist, wenn $\sqrt[4]{\frac{\varrho_1}{\varrho_2}}$ durch α und durch θ die positive Wurzel der Gleichung

$$\frac{u_1 - u_2}{a\left(\alpha + \frac{1}{\alpha}\right)} = \theta - \frac{1}{\theta}$$

bezeichnet wird, die Dichtigkeit zwischen den Verdichtungsstössen $\varrho' = \theta\theta\sqrt{\varrho_1 \varrho_2}$, und nach Art. 5 (1) hat man für den vorwärtslaufenden Verdichtungsstoss

$$\frac{d\xi}{dt} = u_2 + a\alpha\theta = u' + \frac{a}{\alpha\theta},$$

für den rückwärtslaufenden

$$\frac{d\xi}{dt} = u_1 - a\frac{\theta}{\alpha} = u' - a\frac{\alpha}{\theta};$$

die Werthe der Geschwindigkeit und Dichtigkeit sind also nach Verlauf der Zeit t, wenn

$$\left(u_1 - a\frac{\theta}{\alpha}\right)t < x < (u_2 + a\alpha\theta)\,t,$$

u' und ϱ', für ein kleineres x u_1 und ϱ_1 und für ein grösseres u_2 und ϱ_2.

II. Wenn $u_1 - u_2 < 0$, folglich die Gasmassen sich aus einander bewegen, und zugleich

$$\left(\frac{u_1 - u_2}{a}\right)^2 \geq \left(\log\frac{\varrho_1}{\varrho_2}\right)^2,$$

so gehen von der Grenze nach entgegengesetzten Richtungen zwei allmählich breiter werdende Verdünnungswellen aus. Nach Art. 4 ist zwischen ihnen $r = r_1$, $s = s_2$, $u = r_1 - s_2$. In der vorwärtslaufenden ist $s = s_2$ und $x - (u + a)t$ eine Function von r, deren Werth, aus den Anfangswerthen $t = 0$, $x = 0$, sich $= 0$ findet; für die rückwärtslaufende dagegen hat man $r = r_1$ und $x - (u - a)t = 0$. Die eine Gleichung zur Bestimmung von u und ϱ ist also, wenn

$$(r_1 - s_2 + a)t < x < (u_2 + a)t, \quad u = -a + \frac{x}{t},$$

für kleinere Werthe von x $r = r_1$ und für grössere $r = r_2$; die andere Gleichung ist, wenn

$$(u_1 - a)t < x < (r_1 - s_2 - a)t, \quad u = a + \frac{x}{t},$$

für ein kleineres x $s = s_1$ und für ein grösseres $s = s_2$.

III. Wenn keiner dieser beiden Fälle stattfindet und $\varrho_1 > \varrho_2$, so entsteht eine rückwärtslaufende Verdünnungswelle und ein vorwärtsschreitender Verdichtungsstoss. Für letzteren findet sich aus Art. 5 (3), wenn θ die Wurzel der Gleichung

$$\frac{2(r_1 - r_2)}{a} = 2\log\theta + \theta - \frac{1}{\theta}$$

bezeichnet, $\varrho' = \theta\theta\varrho_2$ und aus Art. 5 (1)

$$\frac{d\xi}{dt} = u_2 + a\theta = u' + \frac{a}{\theta}.$$

Nach Verlauf der Zeit t ist demnach vor dem Verdichtungsstosse, also wenn $x > (u_2 + a\theta)t$, $u = u_2$, $\varrho = \varrho_2$, hinter dem Verdichtungsstosse aber hat man $r = r_1$ und ausserdem, wenn

$$(u_1 - a)t < x < (u' - a)t, \quad u = a + \frac{x}{t},$$

für ein kleineres x $u = u_1$ und für ein grösseres $u = u'$.

IV. Wenn endlich die beiden ersten Fälle nicht stattfinden und $\varrho_1 < \varrho_2$, so ist der Verlauf ganz wie in III., nur der Richtung nach entgegengesetzt.

8.

Um unsere Aufgabe allgemein zu lösen, muss nach Art. 3 die Function w so bestimmt werden, dass sie der Differentialgleichung

$$(1) \qquad \frac{\partial^2 w}{\partial r\,\partial s} - m\left(\frac{\partial w}{\partial r} + \frac{\partial w}{\partial s}\right) = 0$$

und den Anfangsbedingungen genügt.

Schliessen wir den Fall aus, dass Unstetigkeiten eintreten, so sind offenbar nach Art. 1 Ort und Zeit oder die Werthe von x und t, für welche ein bestimmter Werth r' von r mit einem bestimmten Werthe s' von s zusammentrifft, völlig bestimmt, wenn die Anfangswerthe von r und s für die Strecke zwischen den beiden Werthen r' von r und s' von s gegeben sind und überall in dem Grössengebiet (S), welches für jeden Werth von t die zwischen den beiden Werthen, wo $r = r'$ und $s = s'$, liegenden Werthe von x umfasst, die Differentialgleichungen (3) des Art. 1 erfüllt sind. Es ist also auch der Werth von w für $r = r'$, $s = s'$ völlig bestimmt, wenn w überall in dem Grössengebiet (S) der Differentialgleichung (1) genügt und für die Anfangswerthe von r und s die Werthe von $\frac{\partial w}{\partial r}$ und $\frac{\partial w}{\partial s}$, also, bis auf eine additive Constante, auch von w gegeben sind und diese Constante beliebig gewählt worden ist. Denn diese Bedingungen sind mit den obigen gleichbedeutend. Auch folgt aus Art. 3 noch, dass $\frac{\partial w}{\partial r}$ zwar zu beiden Seiten eines Werthes r'' von r, wenn dieser Werth in einer endlichen Strecke stattfindet, verschiedene Werthe annimmt, sich aber allenthalben stetig mit s ändert; ebenso ändert sich $\frac{\partial w}{\partial s}$ mit r, die Function w selbst aber sowohl mit r, als mit s allenthalben stetig.

Nach diesen Vorbereitungen können wir nun an die Lösung unserer Aufgabe gehen, an die Bestimmung des Werthes von w für zwei beliebige Werthe, r' und s', von r und s.

Zur Veranschaulichung denke man sich x und t als Abscisse und Ordinate eines Punkts in einer Ebene und in dieser Ebene die Curven gezogen, wo r und wo s constante Werthe hat. Von diesen Curven mögen die ersteren durch (r), die letzteren durch (s) bezeichnet und in ihnen die Richtung, in welcher t wächst, als die positive betrachtet werden. Das Grössengebiet (S) wird dann repräsentirt durch ein Stück der Ebene, welches begrenzt ist durch die Curve (r'), die Curve (s') und das zwischen beiden liegende Stück der Abscissenaxe, und es handelt sich darum, den Werth von w in dem Durchschnittspunkte der beiden ersteren aus den in letzterer Linie gegebenen Werthen zu bestimmen. Wir wollen die Aufgabe noch etwas verallgemeinern und annehmen, dass das Grössengebiet (S), statt durch diese letztere Linie, durch eine beliebige Curve c begrenzt werde, welche keine der Curven (r) und (s) mehr als einmal schneidet, und dass für die dieser Curve angehörigen Werthenpaare von r und s die Werthe von $\frac{\partial w}{\partial r}$ und $\frac{\partial w}{\partial s}$ gegeben seien. Wie sich aus der Auflösung der Aufgabe ergeben wird, unterliegen auch dann diese Werthe von $\frac{\partial w}{\partial r}$ und $\frac{\partial w}{\partial s}$ nur der Bedingung, sich stetig mit dem Ort in der Curve zu ändern, können aber übrigens willkürlich angenommen werden, während diese Werthe nicht von einander unabhängig sein würden, wenn die Curve c eine der Curven (r) oder (s) mehr als einmal schnitte.

Um Functionen zu bestimmen, welche linearen partiellen Differentialgleichungen und linearen Grenzbedingungen genügen sollen, kann man ein ganz ähnliches Verfahren anwenden, wie wenn man zur Auflösung eines Systems von linearen Gleichungen sämmtliche Gleichungen, mit unbestimmten Factoren multiplicirt, addirt und diese Factoren dann so bestimmt, dass aus der Summe alle unbekannten Grössen bis auf eine herausfallen.

Man denke sich das Stück (S) der Ebene durch die Curven (r) und (s) in unendlich kleine Parallelogramme zerschnitten und bezeichne durch δr und δs die Aenderungen, welche die Grössen r und s erleiden, wenn die Curvenelemente, welche die Seiten dieser Parallelogramme bilden, in positiver Richtung durchlaufen werden; man bezeichne ferner durch v eine beliebige Function von r und s, welche allenthalben stetig ist und stetige Derivirten hat. In Folge der Gleichung (1) hat man dann

$$(2) \qquad 0 = \int v\left(\frac{\partial^2 w}{\partial r\,\partial s} - m\left(\frac{\partial w}{\partial r} + \frac{\partial w}{\partial s}\right)\right)\delta r\,\delta s$$

über das ganze Grössengebiet (S) ausgedehnt. Es muss nun die rechte Seite dieser Gleichung nach den Unbekannten geordnet, d. h. hier, das Integral durch partielle Integration so umgeformt werden, dass es ausser bekannten Grössen nur die gesuchte Function, nicht ihre Derivirten enthält. Bei Ausführung dieser Operation geht das Integral zunächst über in das über (S) ausgedehnte Integral

$$\int w\left(\frac{\partial^2 v}{\partial r\,\partial s} + \frac{\partial m v}{\partial r} + \frac{\partial m v}{\partial s}\right)\delta r\,\delta s$$

und ein einfaches Integral, welches sich, weil sich $\frac{\partial w}{\partial r}$ mit s, $\frac{\partial w}{\partial s}$ mit r und w mit beiden Grössen stetig ändert, nur über die Begrenzung von (S) erstrecken wird. Bedeuten dr und ds die Aenderungen von r und s in einem Begrenzungselemente, wenn die Begrenzung in der Richtung durchlaufen wird, welche gegen die Richtung nach Innen ebenso liegt, wie die positive Richtung in den Curven (r) gegen die positive Richtung in den Curven (s), so ist dies Begrenzungsintegral

$$= -\int\left(v\left(\frac{\partial w}{\partial s} - m w\right) ds + w\left(\frac{\partial v}{\partial r} + m v\right) dr\right).$$

Das Integral durch die ganze Begrenzung von S ist gleich der Summe der Integrale durch die Curven c, (s'), (r'), welche diese Begrenzung bilden, also, wenn ihre Durchschnittspunkte durch (c, r'), (c, s'), (r', s') bezeichnet werden,

$$= \int_{c,\,r'}^{c,\,s'} + \int_{c,\,s'}^{r',\,s'} + \int_{s',\,r'}^{c,\,r'}.$$

Von diesen drei Bestandtheilen enthält der erste ausser der Function v nur bekannte Grössen, der zweite enthält, da in ihm $ds = 0$ ist, nur die unbekannte Function w selbst, nicht ihre Derivirten; der dritte Bestandtheil aber kann durch partielle Integration in

$$(vw)_{r',s'} - (vw)_{c,r'} + \int_{s',r'}^{c,r'} w\left(\frac{\partial v}{\partial s} + mv\right) ds$$

verwandelt werden, so dass in ihm ebenfalls nur die gesuchte Function w selbst vorkommt.

Nach diesen Umformungen liefert die Gleichung (2) offenbar den Werth der Function w im Punkte (r', s'), durch bekannte Grössen ausgedrückt, wenn man die Function v den folgenden Bedingungen gemäss bestimmt:

$$(3)\quad \begin{cases} 1)\ \text{allenthalben in } S\text{:} & \dfrac{\partial^2 v}{\partial r\,\partial s} + \dfrac{\partial mv}{\partial r} + \dfrac{\partial mv}{\partial s} = 0 \\ 2)\ \text{für } r = r'\text{:} & \dfrac{\partial v}{\partial s} + mv = 0 \\ 3)\ \text{für } s = s'\text{:} & \dfrac{\partial v}{\partial r} + mv = 0 \\ 4)\ \text{für } r = r',\ s = s'\text{:}\ v = 1. & \end{cases}$$

Man hat dann

$$(4)\qquad w_{r',s'} = (vw)_{c,r'} + \int_{c,r'}^{c,s'} \left(v\left(\frac{\partial w}{\partial s} - mw\right) ds + w\left(\frac{\partial v}{\partial r} + mv\right) dr\right).$$

9.

Durch das eben angewandte Verfahren wird die Aufgabe, eine Function w einer linearen Differentialgleichung und linearen Grenzbedingungen gemäss zu bestimmen, auf die Lösung einer ähnlichen, aber viel einfacheren Aufgabe für eine andere Function v zurückgeführt; die Bestimmung dieser Function erreicht man meistens am Leichtesten durch Behandlung eines speciellen Falls jener Aufgabe nach der Fourier'schen Methode. Wir müssen uns hier begnügen, diese Rechnung nur anzudeuten und das Resultat auf anderem Wege zu beweisen. (1)

Führt man in der Gleichung (1) des vor. Art. für r und s als unabhängig veränderliche Grössen $\sigma = r + s$ und $u = r - s$ ein und wählt man für die Curve c eine Curve, in welcher σ constant ist, so lässt sich die Aufgabe nach den Regeln Fourier's behandeln, und man erhält durch Vergleichung des Resultats mit der Gleichung (4) des vor. Art., wenn $r' + s' = \sigma'$, $r' - s' = u'$ gesetzt wird,

$$v = \frac{2}{\pi}\int_0^\infty \cos\mu(u-u')\,\frac{d\varrho}{d\sigma}\,(\psi_1(\sigma')\,\psi_2(\sigma) - \psi_2(\sigma')\,\psi_1(\sigma))\,d\mu,$$

worin $\psi_1(\sigma)$ und $\psi_2(\sigma)$ zwei solche particulare Lösungen der Differentialgleichung $\psi'' - 2m\psi' + \mu\mu\psi = 0$ bezeichnen, dass

$$\psi_1\psi_2' - \psi_2\psi_1' = \frac{d\sigma}{d\varrho}.$$

Bei Voraussetzung des Poisson'schen Gesetzes, nach welchem $m = \left(\frac{1}{2} - \frac{1}{k-1}\right)\frac{1}{\sigma}$, kann man ψ_1 und ψ_2 durch bestimmte Integrale ausdrücken, so dass man für v ein dreifaches Integral erhält, durch dessen Reduction sich ergiebt

$$v = \left(\frac{r'+s'}{r+s}\right)^{\frac{1}{2}-\frac{1}{k-1}} F\left(\frac{3}{2} - \frac{1}{k-1}, \frac{1}{k-1} - \frac{1}{2}, 1, -\frac{(r-r')(s-s')}{(r+s)(r'+s')}\right).$$

Man kann nun die Richtigkeit dieses Ausdrucks leicht beweisen, indem man zeigt, dass er wirklich den Bedingungen (3) des vor. Art. genügt.

Setzt man $v = e^{-\int_{\sigma'}^{\sigma} m\,d\sigma}\,y$, so gehen diese für y über in

$$\frac{\partial^2 y}{\partial r\,\partial s} + \left(\frac{dm}{d\sigma} - mm\right)y = 0$$

und $y = 1$ sowohl für $r = r'$, als für $s = s'$. Bei der Poisson'schen Annahme kann man aber diesen Bedingungen genügen, wenn man annimmt, dass y eine Function von $z = -\frac{(r-r')(s-s')}{(r+s)(r'+s')}$ sei. Denn es wird dann, wenn man $\frac{1}{2} - \frac{1}{k-1}$ durch λ bezeichnet, $m = \frac{\lambda}{\sigma}$, also $\frac{dm}{d\sigma} - mm = -\frac{\lambda+\lambda^2}{\sigma^2}$ und

$$\frac{\partial^2 y}{\partial s\,\partial r} = \frac{1}{\sigma^2}\left(\frac{d^2 y}{d\log z^2}\left(1 - \frac{1}{z}\right) + \frac{dy}{d\log z}\right).$$

Es ist folglich $v = \left(\frac{\sigma'}{\sigma}\right)^\lambda y$ und y eine Lösung der Differentialgleichung

$$(1-z)\frac{d^2 y}{d\log z^2} - z\frac{dy}{d\log z} + (\lambda + \lambda^2)zy = 0$$

oder nach der in meiner Abhandlung über die Gauss'sche Reihe eingeführten Bezeichnung eine Function

$$P\begin{pmatrix} 0 & -\lambda & 0 & \\ 0 & 1+\lambda & 0 & z \end{pmatrix}$$

und zwar diejenige particulare Lösung, welche für $z = 0$ gleich 1 wird.

Nach den in jener Abhandlung entwickelten Transformationsprincipien lässt sich y nicht bloss durch die Functionen $P(0, 2\lambda+1, 0)$, sondern auch durch die Functionen $P(\frac{1}{2}, 0, \lambda + \frac{1}{2})$, $P(0, \lambda + \frac{1}{2}, \lambda + \frac{1}{2})$ ausdrücken; man erhält daher für y eine grosse Menge von Darstellungen durch hypergeometrische Reihen und bestimmte Integrale, von denen wir hier nur die folgenden

$$y = F(1 + \lambda, -\lambda, 1, z) = (1 - z)^\lambda F\left(-\lambda, -\lambda, 1, \frac{z}{z-1}\right)$$
$$= (1 - z)^{-1-\lambda} F\left(1 + \lambda, 1 + \lambda, 1, \frac{z}{z-1}\right)$$

bemerken, mit denen man in allen Fällen ausreicht.

Um aus diesen für das Poisson'sche Gesetz gefundenen Resultaten die für das Boyle'sche geltenden abzuleiten, muss man nach Art. 2 die Grössen r, s, r', s' um $\frac{a\sqrt{k}}{k-1}$ vermindern und dann $k = 1$ werden lassen, wodurch man erhält $m = -\frac{1}{2a}$ und

$$v = e^{\frac{1}{2a}(r - r' + s - s')} \sum_0^\infty \frac{(r - r')^n (s - s')^n}{n!\, n!\, (2a)^{2n}}.$$

10.

Wenn man den im vor. Art. gefundenen Ausdruck für v in die Gleichung (4) des Art. 8 einsetzt, erhält man den Werth von w für $r = r'$, $s = s'$ durch die Werthe von w, $\frac{\partial w}{\partial r}$ und $\frac{\partial w}{\partial s}$ in der Curve c ausgedrückt; da aber bei unserm Problem in dieser Curve immer nur $\frac{\partial w}{\partial r}$ und $\frac{\partial w}{\partial s}$ unmittelbar gegeben sind und w erst durch eine Quadratur aus ihnen gefunden werden müsste, so ist es zweckmässig, den Ausdruck für $w_{r', s'}$ so umzuformen, dass unter dem Integralzeichen nur die Derivirten von w vorkommen.

Man bezeichne die Integrale der Ausdrücke $-mv\,ds + \left(\frac{\partial v}{\partial r} + mv\right) dr$ und $\left(\frac{\partial v}{\partial s} + mv\right) ds - mv\,dr$, welche in Folge der Gleichung

$$\frac{\partial^2 v}{\partial r\, \partial s} + \frac{\partial\, mv}{\partial r} + \frac{\partial\, mv}{\partial s} = 0$$

vollständige Differentiale sind, durch P und Σ und das Integral von $P dr + \Sigma ds$, welcher Ausdruck wegen $\frac{\partial P}{\partial s} = -mv = \frac{\partial \Sigma}{\partial r}$ ebenfalls ein vollständiges Differential ist, durch ω.

Bestimmt man nun die Integrationsconstanten in diesen Integralen so, dass ω, $\frac{\partial \omega}{\partial r}$ und $\frac{\partial \omega}{\partial s}$ für $r = r'$, $s = s'$ verschwinden, so genügt ω den Gleichungen $\frac{\partial \omega}{\partial r} + \frac{\partial \omega}{\partial s} + 1 = v$, $\frac{\partial^2 \omega}{\partial r\, \partial s} = -mv$ und sowohl für

$r = r'$, als für $s = s'$ der Gleichung $\omega = 0$ und ist, beiläufig bemerkt, durch diese Grenzbedingung und die Differentialgleichung

$$\frac{\partial^2 \omega}{\partial r\, \partial s} + m \left(\frac{\partial \omega}{\partial r} + \frac{\partial \omega}{\partial s} + 1\right) = 0$$

völlig bestimmt.

Führt man nun in dem Ausdrucke von $w_{r',s'}$ für v die Function ω ein, so kann man ihn durch partielle Integration in

$$(1) \qquad w_{r',s'} = w_{c,r'} + \int_{c,r'}^{c,s'} \left(\left(\frac{\partial \omega}{\partial s} + 1\right) \frac{\partial w}{\partial s} ds - \frac{\partial \omega}{\partial r} \frac{\partial w}{\partial r} dr \right)$$

umwandeln.

Um die Bewegung des Gases aus dem Anfangszustande zu bestimmen, muss man für c die Curve, in welcher $t = 0$ ist, nehmen; in dieser Curve hat man dann $\frac{\partial w}{\partial r} = x$, $\frac{\partial w}{\partial s} = -x$, und man erhält durch abermalige partielle Integration

$$w_{r',s'} = w_{c,r'} + \int_{c,r'}^{c,s'} (\omega\, dx - x\, ds),$$

folglich nach Art. 3, (4) und (5)

$$(2) \quad \begin{cases} \left(x - \left(\sqrt{\varphi'(\varrho)} + u\right) t\right)_{r',s'} = x_{r'} + \displaystyle\int_{x_{r'}}^{x} \frac{\partial \omega}{\partial r'} dx \\[2ex] \left(x + \left(\sqrt{\varphi'(\varrho)} - u\right) t\right)_{r',s'} = x_{s'} - \displaystyle\int_{x_{r'}}^{x_{s'}} \frac{\partial \omega}{\partial s'} dx. \end{cases}$$

Diese Gleichungen (2) drücken aber die Bewegung nur aus, so lange $\frac{\partial^2 w}{\partial r^2} + \left(\frac{d \log \sqrt{\varphi'(\varrho)}}{d \log \varrho} + 1\right) t$ und $\frac{\partial^2 w}{\partial s^2} + \left(\frac{d \log \sqrt{\varphi'(\varrho)}}{d \log \varrho} + 1\right) t$ von Null verschieden bleiben. Sobald eine dieser Grössen verschwindet, entsteht ein Verdichtungsstoss, und die Gleichung (1) gilt dann nur innerhalb solcher Grössengebiete, welche ganz auf einer und derselben Seite dieses Verdichtungsstosses liegen. Die hier entwickelten Principien reichen dann, wenigstens im Allgemeinen, nicht aus, um aus dem Anfangszustande die Bewegung zu bestimmen; wohl aber kann man mit Hülfe der Gleichung (1) und der Gleichungen, welche nach Art. 5 für den Verdichtungsstoss gelten, die Bewegung bestimmen, wenn der Ort des Verdichtungsstosses zur Zeit t, also ξ als Function von t, gegeben ist. Wir wollen indess dies nicht weiter verfolgen und verzichten auch auf die Behandlung des Falles, wenn die Luft durch eine feste Wand begrenzt ist, da die Rechnung keine Schwierigkeiten hat und eine Vergleichung der Resultate mit der Erfahrung gegenwärtig noch nicht möglich ist.

IX.

Selbstanzeige der vorstehenden Abhandlung.

(Göttinger Nachrichten, 1859, Nr. 19.)

Diese Untersuchung macht nicht darauf Anspruch, der experimentellen Forschung nützliche Ergebnisse zu liefern; der Verfasser wünscht sie nur als einen Beitrag zur Theorie der nicht linearen partiellen Differentialgleichungen betrachtet zu sehen. Wie für die Integration der linearen partiellen Differentialgleichungen die fruchtbarsten Methoden nicht durch Entwicklung des allgemeinen Begriffs dieser Aufgabe gefunden worden, sondern vielmehr aus der Behandlung specieller physikalischer Probleme hervorgegangen sind, so scheint auch die Theorie der nichtlinearen partiellen Differentialgleichungen durch eine eingehende, alle Nebenbedingungen berücksichtigende, Behandlung specieller physikalischer Probleme am meisten gefördert zu werden, und in der That hat die Lösung der ganz speciellen Aufgabe, welche den Gegenstand dieser Abhandlung bildet, neue Methoden und Auffassungen erfordert, und zu Ergebnissen geführt, welche wahrscheinlich auch bei allgemeineren Aufgaben eine Rolle spielen werden.

Durch die vollständige Lösung dieser Aufgabe dürften die vor einiger Zeit zwischen den englischen Mathematikern Challis, Airy und Stokes lebhaft verhandelten Fragen*), soweit dies nicht schon durch Stokes**) geschehen ist, zu klarer Entscheidung gebracht worden sein, so wie auch der Streit, welcher über eine andere denselben Gegenstand betreffende Frage in der K. K. Ges. d. W. zu Wien zwischen den Herrn Petzval, Doppler und A. von Ettinghausen***) geführt wurde.

Das einzige empirische Gesetz, welches ausser den allgemeinen Bewegungsgesetzen bei dieser Untersuchung vorausgesetzt werden

---

*) Phil. mag. voll. 33. 34. und 35.

**) Phil. mag. vol. 33. p. 349.

***) Sitzungsberichte der K. K. Ges. d. W. vom 15. Jan., 21. Mai und 1. Juni 1852.

musste, ist das Gesetz, nach welchem der Druck eines Gases sich mit der Dichtigkeit ändert, wenn es keine Wärme aufnimmt oder abgiebt. Die schon von Poisson gemachte, aber damals auf sehr unsicherer Grundlage ruhende Annahme, dass der Druck bei der Dichtigkeit ϱ proportional ϱ^k sich ändere, wenn k das Verhältniss der specifischen Wärme bei constantem Druck zu der bei constantem Volumen bedeutet, kann jetzt durch die Versuche von Regnault über die specifischen Wärmen der Gase und ein Princip der mechanischen Wärmetheorie begründet werden, und es schien nöthig diese Begründung des Poisson'schen Gesetzes, da sie noch wenig bekannt zu sein scheint, in der Einleitung voranzuschicken. Der Werth von k findet sich dabei $= 1{,}4101$, während die Schallgeschwindigkeit bei 0^0 C. und trockner Luft nach den Versuchen von Martins und A. Bravais*) $= \frac{332^m{,}37}{1''}$ sich ergeben und für k den Werth 1,4095 liefern würde.

Obwohl die Vergleichung der Resultate unserer Untersuchung mit der Erfahrung durch Versuche und Beobachtungen grosse Schwierigkeiten hat und gegenwärtig kaum ausführbar sein wird, so mögen diese doch, soweit es ohne Weitläufigkeit möglich ist, hier mitgetheilt werden.

Die Abhandlung behandelt die Bewegung der Luft oder eines Gases nur für den Fall, wenn anfangs und also auch in der Folge die Bewegung allenthalben gleich gerichtet ist, und in jeder auf ihrer Richtung senkrechten Ebene Geschwindigkeit und Dichtigkeit constant sind. Für den Fall, wo die anfängliche Gleichgewichtsstörung auf eine endliche Strecke beschränkt ist, ergiebt sich bekanntlich bei der gewöhnlichen Voraussetzung, dass die Druckverschiedenheiten unendlich kleine Bruchtheile des ganzen Drucks sind, das Resultat, dass von der erschütterten Stelle zwei Wellen, in deren jeder die Geschwindigkeit eine bestimmte Function der Dichtigkeit ist, ausgehen und in entgegengesetzten Richtungen mit der bei dieser Voraussetzung constanten Geschwindigkeit $\sqrt{\varphi'(\varrho)}$ fortschreiten, wenn $\varphi(\varrho)$ den Druck bei der Dichtigkeit ϱ und $\varphi'(\varrho)$ die Derivirte dieser Function bezeichnet. Etwas ganz ähnliches gilt nun für diesen Fall auch, wenn die Druckverschiedenheiten endlich sind. Die Stelle, wo das Gleichgewicht gestört ist, zerlegt sich ebenfalls nach Verlauf einer endlichen Zeit in zwei nach entgegengesetzten Richtungen fortschreitende Wellen. In diesen ist die Geschwindigkeit, in der Fortpflanzungsrichtung gemessen, eine bestimmte Function $\int \sqrt{\varphi'(\varrho)}\, d \log \varrho$ der Dichtigkeit, wobei die

*) Ann. de chim. et de phys. Ser. III, T. XIII, p. 5.

Integrationsconstante in beiden verschieden sein kann; in jeder ist also mit einem und demselben Werthe der Dichtigkeit stets derselbe Werth der Geschwindigkeit verbunden, und zwar mit einem grösseren Werthe ein algebraisch grösserer Werth der Geschwindigkeit. Beide Werthe rücken mit constanter Geschwindigkeit fort. Ihre Fortpflanzungsgeschwindigkeit im Gase ist $\sqrt{\varphi'(\varrho)}$, im Raume aber um die in der Fortpflanzungsrichtung gemessene Geschwindigkeit des Gases grösser. Unter der in der Wirklichkeit zutreffenden Voraussetzung, dass $\varphi'(\varrho)$ bei wachsendem ϱ nicht abnimmt, rücken daher grössere Dichtigkeiten mit grösserer Geschwindigkeit fort, und hieraus folgt, dass die Verdünnungswellen, d. h. die Theile der Welle, in denen die Dichtigkeit in der Fortpflanzungsrichtung wächst, der Zeit proportional an Breite zunehmen, die Verdichtungswellen aber ebenso an Breite abnehmen, und schliesslich in Verdichtungsstösse übergehen müssen. Die Gesetze, welche vor der Scheidung beider Wellen oder bei einer über den ganzen Raum sich erstreckenden Gleichgewichtsstörung gelten, so wie die Gesetze für das Fortschreiten von Verdichtungsstössen, können hier, weil dazu grössere Formeln erforderlich wären, nicht angegeben werden.

In akustischer Beziehung liefert demnach diese Untersuchung das Resultat, dass in den Fällen, wo die Druckverschiedenheiten nicht als unendlich klein betrachtet werden können, eine Aenderung der Form der Schallwellen, also des Klanges, während der Fortpflanzung eintritt. Eine Prüfung dieses Resultats durch Versuche scheint aber trotz der Fortschritte, welche in der Analyse des Klanges in neuester Zeit durch Helmholtz u. A. gemacht worden sind, sehr schwer zu sein; denn in geringeren Entfernungen ist eine Aenderung des Klanges nicht merklich, und bei grösseren Entfernungen wird es schwer sein, die mannigfachen Ursachen, welche den Klang modificiren können, zu sondern. An eine Anwendung auf die Meteorologie ist wohl nicht zu denken, da die hier untersuchten Bewegungen der Luft solche Bewegungen sind, die sich mit der Schallgeschwindigkeit fortpflanzen, die Strömungen in der Atmosphäre aber allem Anschein nach mit viel geringerer Geschwindigkeit fortschreiten.

Anmerkungen.

(1) (Zu Seite 172.) Zum leichteren Verständniss dieser sehr kurzen Andeutungen sollen folgende Bemerkungen dienen.

Die durch die Bedingungen (3) des Art. 8 definirte Function v enthält nichts mehr, was von den besonderen für die Function w geltenden Grenzbedingungen abhängt. Kann man aber unter einer speciellen Voraussetzung w bestimmen, so ergiebt umgekehrt die Formel (4) eine auch für alle anderen Fälle gültige Bestimmung von v. Es kommt dabei nicht darauf an, dass die gewählten Grenzbedingungen von w auf das mechanische Problem passen; man kann w und seine beiden Differentialquotienten auf der Curve c beliebig wählen.

Wir nehmen also für c eine Curve, in der σ einen constanten Werth hat, und nehmen auf dieser Linie $w = 0$, $\frac{dw}{d\sigma}$ aber gleich einer beliebigen Function von u.

Die Differentialgleichung (1) des Art. 8 wird nun durch Einführung von u und σ in folgende transformirt:

$$(1) \qquad \frac{\partial^2 w}{\partial \sigma^2} - \frac{\partial^2 w}{\partial u^2} - 2m \frac{\partial w}{\partial \sigma} = 0$$

und ergiebt als particulare Lösungen

$$\psi \cos \mu u , \qquad \psi \sin \mu u ,$$

wenn μ ein willkürlicher Parameter ist, und ψ als Function von σ durch die Differentialgleichung

$$(2) \qquad \frac{d^2 \psi}{d\sigma^2} - 2m \frac{d\psi}{d\sigma} + \mu^2 \psi = 0$$

bestimmt wird. Sind ψ_1 und ψ_2 zwei particulare Lösungen dieser Gleichung, so ist nach einem bekannten Satz

$$\psi_1 \frac{d\psi_2}{d\sigma} - \psi_2 \frac{d\psi_1}{d\sigma} = \text{Const.}\, e^{\int 2m\, d\sigma}$$

und da (nach Art. 2) $2m = -\frac{d \log \frac{d\varrho}{d\sigma}}{d\sigma}$ ist, so kann man die particularen Lösungen ψ_1, ψ_2 so bestimmen, dass

$$(3) \qquad \psi_1 \frac{d\psi_2}{d\sigma} - \psi_2 \frac{d\psi_1}{d\sigma} = \frac{d\sigma}{d\varrho},$$

wie im Text verlangt wird.

Bezeichnen wir den constanten Werth, den σ auf der Linie c hat, ohne Index, mit σ' einen beliebigen Werth von σ, so erhalten wir ein für $\sigma' = \sigma$ der Grenzbedingung $w = 0$ genügendes w in dem Ausdruck

$$(4) \qquad w_{\sigma', u} = \frac{1}{\pi} \int_0^\infty (A \cos \mu u + B \sin \mu u)\,(\psi_1(\sigma')\,\psi_2(\sigma) - \psi_2(\sigma')\,\psi_1(\sigma))\, d\mu ,$$

12*

wenn A, B willkürliche Functionen von μ sind. Differentiirt man nach σ' und setzt dann $\sigma' = \sigma$, so folgt

$$\left(\frac{\partial w}{\partial \sigma'}\right)_{\sigma, u} = \frac{-1}{\pi} \int\limits_0^\infty (A \cos \mu u + B \sin \mu u) \frac{d\sigma}{d\varrho} d\mu .$$

Nun ist nach dem Fourier'schen Lehrsatz, wenn $\varphi(u)$ eine willkürliche Function von u ist,

$$\varphi(u') = \frac{1}{\pi} \int\limits_0^\infty d\mu \int\limits_{-\infty}^{+\infty} du\, \varphi(u) \cos \mu (u - u'),$$

und man erhält also

$$A \cos \mu u' + B \sin \mu u' = -\frac{d\varrho}{d\sigma} \int\limits_{-\infty}^{+\infty} du \frac{dw}{d\sigma} \cos \mu (u - u').$$

Setzt man dies in (4) ein, so erhält man

$$(5) \quad w_{\sigma', u'} = -\frac{1}{\pi} \int\limits_{-\infty}^{+\infty} du \frac{\partial w}{\partial \sigma} \int\limits_0^\infty d\mu \cos \mu (u - u') \frac{d\varrho}{d\sigma} (\psi_1(\sigma') \psi_2(\sigma) - \psi_2(\sigma') \psi_1(\sigma)).$$

Nun giebt die Formel (4) des Art. 8 unter den gegenwärtigen Voraussetzungen

$$(6) \qquad w_{\sigma', u'} = -\frac{1}{2} \int\limits_{u'-\sigma+\sigma'}^{u'+\sigma-\sigma'} \frac{\partial w}{\partial \sigma} v\, du .$$

Nimmt man, was freisteht, $\frac{dw}{d\sigma}$ nur in einer innerhalb des Intervalles $u' - \sigma + \sigma'$ und $u' + \sigma - \sigma'$ gelegenen Strecke von 0 verschieden, ausserhalb dieser Strecke $= 0$ an, so ergiebt die Vergleichung von (5) und (6) unmittelbar die Formel des Textes

$$v = \frac{2}{\pi} \int\limits_0^\infty \cos \mu (u - u') \frac{d\varrho}{d\sigma} (\psi_1(\sigma') \psi_2(\sigma) - \psi_2(\sigma') \psi_1(\sigma))\, d\mu .$$

Die Differentialgleichung (2) wird unter Voraussetzung des Poisson'schen Gesetzes

$$\frac{d^2 \psi}{d\sigma^2} - \frac{2}{\sigma}\left(\frac{1}{2} - \frac{1}{k-1}\right) \frac{d\psi}{d\sigma} + \mu^2 \psi = 0 .$$

Integrirt man sie durch Potenzreihen, so erhält man zwei particulare Integrale in der Form

$$\sum^n \frac{\left(-\left(\frac{\sigma \mu}{2}^{-2}\right)\right)^n}{\Pi(n)\, \Pi\left(n + \frac{1}{k} - 1\right)},$$

wenn man n das eine Mal von Null, das andere Mal von $1 - \frac{1}{k-1}$ in Stufen von einer Einheit ins Unendliche wachsen lässt.

Durch Anwendung der Formel

$$\frac{1}{2i\pi}\int e^x x^{\alpha-1}\,dx = \frac{1}{\Pi(-\alpha)}$$

kann man diese Reihen summiren und erhält unter Weglassung des Factors $\frac{1}{2\pi i}$ für die beiden particularen Integrale

$$\left(\frac{\sigma\mu}{2}\right)^{\frac{1}{k-1}}\int e^{\frac{\sigma\mu}{2}\left(x-\frac{1}{x}\right)} x^{\frac{1}{k-1}-1}\,dx,$$

$$\left(\frac{\sigma\mu}{2}\right)^{1-\frac{3}{k-1}}\int e^{\frac{\sigma\mu}{2}\left(x-\frac{1}{x}\right)} x^{1-\frac{1}{k-1}}\,dx,$$

worin die Integrationen auf complexem Wege von $-\infty$ nach $-\infty$ um den Nullpunkt herum zu nehmen sind. Diese Formeln finden sich wenigstens angedeutet in Riemann's Papieren.

X.

Ein Beitrag zu den Untersuchungen über die Bewegung eines flüssigen gleichartigen Ellipsoides.

(Aus dem neunten Bande der Abhandlungen der Königlichen Gesellschaft der Wissenschaften zu Göttingen. 1861.)

Für die Untersuchungen über die Bewegung eines gleichartigen flüssigen Ellipsoides, dessen Elemente sich nach dem Gesetze der Schwere anziehen, hat Dirichlet durch seine letzte von Dedekind herausgegebene Arbeit auf überraschende Weise eine neue Bahn gebrochen. Die Verfolgung dieser schönen Entdeckung hat für den Mathematiker ihren besondern Reiz, ganz abgesehen von der Frage nach den Gründen der Gestalt der Himmelskörper, durch welche diese Untersuchungen veranlasst worden sind. Dirichlet selbst hat die Lösung der von ihm behandelten Aufgabe nur in den einfachsten Fällen vollständig durchgeführt. Für die weitere Ausführung der Untersuchung ist es zweckmässig, den Differentialgleichungen für die Bewegung der flüssigen Masse eine von dem gewählten Anfangszeitpunkte unabhängige Form zu geben, was z. B. dadurch geschehen kann, dass man die Gesetze aufsucht, nach welchen die Grösse der Hauptaxen des Ellipsoides und die relative Bewegung der flüssigen Masse gegen dieselben sich ändert. Indem wir hier die Aufgabe in dieser Weise behandeln, werden wir zwar die Dirichlet'sche Abhandlung voraussetzen, müssen aber dabei zur Vermeidung von Irrungen gleich bevorworten, dass es nicht möglich gewesen ist, die dort gebrauchten Zeichen unverändert beizubehalten.

1.

Wir bezeichnen durch a, b, c die Hauptaxen des Ellipsoides zur Zeit t, ferner durch x, y, z die Coordinaten eines Elements der flüssigen Masse zur Zeit t und die Anfangswerthe dieser Grössen durch Anhängung des Index 0 und nehmen an, dass für die Anfangszeit die Hauptaxen des Ellipsoides mit den Coordinatenaxen zusammenfallen.

Den Ausgangspunkt für die Untersuchung Dirichlet's bildet bekanntlich die Bemerkung, dass man den Differentialgleichungen für die Bewegung der Flüssigkeitstheile genügen kann, wenn man die Coordinaten x, y, z linearen Ausdrücken von ihren Anfangswerthen gleichsetzt, in denen die Coefficienten blosse Functionen der Zeit sind. Diese Ausdrücke setzen wir in die Form

$$(1)\qquad \begin{aligned} x &= l\,\frac{x_0}{a_0} + m\,\frac{y_0}{b_0} + n\,\frac{z_0}{c_0} \\ y &= l'\,\frac{x_0}{a_0} + m'\,\frac{y_0}{b_0} + n'\,\frac{z_0}{c_0} \\ z &= l''\,\frac{x_0}{a_0} + m''\,\frac{y_0}{b_0} + n''\,\frac{z_0}{c_0}. \end{aligned}$$

Bezeichnet man nun durch ξ, η, ζ die Coordinaten des Punktes (x, y, z) in Bezug auf ein bewegliches Coordinatensystem, dessen Axen in jedem Augenblicke mit den Hauptaxen des Ellipsoides zusammenfallen, so sind bekanntlich ξ, η, ζ gleich linearen Ausdrücken von x, y, z

$$(2)\qquad \begin{aligned} \xi &= \alpha x + \beta y + \gamma z \\ \eta &= \alpha' x + \beta' y + \gamma' z \\ \zeta &= \alpha'' x + \beta'' y + \gamma'' z, \end{aligned}$$

worin die Coefficienten die Cosinus der Winkel sind, welche die Axen des einen Systems mit den Axen des andern bilden, $\alpha = \cos \xi x$, $\beta = \cos \xi y$ etc., und zwischen diesen Coefficienten finden sechs Bedingungsgleichungen statt, welche sich daraus herleiten lassen, dass durch die Substitution dieser Ausdrücke

$$\xi^2 + \eta^2 + \zeta^2 = x^2 + y^2 + z^2$$

werden muss.

Da die Oberfläche stets von denselben Flüssigkeitstheilchen gebildet wird, so muss

$$\frac{\xi^2}{a^2} + \frac{\eta^2}{b^2} + \frac{\zeta^2}{c^2} = \frac{x_0^{\,2}}{a_0^{\,2}} + \frac{y_0^{\,2}}{b_0^{\,2}} + \frac{z_0^{\,2}}{c_0^{\,2}}$$

sein; setzt man also

$$(3)\qquad \begin{aligned} \frac{\xi}{a} &= \alpha_{,}\,\frac{x_0}{a_0} + \beta_{,}\,\frac{y_0}{b_0} + \gamma_{,}\,\frac{z_0}{c_0} \\ \frac{\eta}{b} &= \alpha_{,}'\,\frac{x_0}{a_0} + \beta_{,}'\,\frac{y_0}{b_0} + \gamma_{,}'\,\frac{z_0}{c_0} \\ \frac{\zeta}{c} &= \alpha_{,}''\,\frac{x_0}{a_0} + \beta_{,}''\,\frac{y_0}{b_0} + \gamma_{,}''\,\frac{z_0}{c_0}, \end{aligned}$$

d. h. bezeichnet man in den Ausdrücken von $\frac{\xi}{a}$, $\frac{\eta}{b}$, $\frac{\zeta}{c}$ durch $\frac{x_0}{a_0}$, $\frac{y_0}{b_0}$, $\frac{z_0}{c_0}$, welche man durch Einsetzung der Werthe (1) in die Gleichungen (2) erhält, die Coefficienten durch $\alpha_,$, $\beta_,$, ..., $\gamma_,''$, so bilden diese Grössen $\alpha_,$, $\beta_,$, ..., $\gamma_,''$ ebenfalls die Coefficienten einer orthogonalen Coordinatentransformation: sie können betrachtet werden als die Cosinus der Winkel, welche die Axen eines beweglichen Coordinatensystems der $\xi_,$, $\eta_,$, $\zeta_,$ mit den Axen des festen Coordinatensystems der x, y, z bilden. Drückt man die Grössen x, y, z mit Hülfe der Gleichungen (2) und (3) in $\frac{x_0}{a_0}$, $\frac{y_0}{b_0}$, $\frac{z_0}{c_0}$ aus, so ergiebt sich

$$(4)\quad \begin{aligned}
l &= a\alpha\alpha_, + b\alpha'\alpha_,' + c\alpha''\alpha_,'' \\
m &= a\alpha\beta_, + b\alpha'\beta_,' + c\alpha''\beta_,'' \\
n &= a\alpha\gamma_, + b\alpha'\gamma_,' + c\alpha''\gamma_,'' \\[4pt]
l' &= a\beta\alpha_, + b\beta'\alpha_,' + c\beta''\alpha_,'' \\
m' &= a\beta\beta_, + b\beta'\beta_,' + c\beta''\beta_,'' \\
n' &= a\beta\gamma_, + b\beta'\gamma_,' + c\beta''\gamma_,'' \\[4pt]
l'' &= a\gamma\alpha_, + b\gamma'\alpha_,' + c\gamma''\alpha_,'' \\
m'' &= a\gamma\beta_, + b\gamma'\beta_,' + c\gamma''\beta_,'' \\
n'' &= a\gamma\gamma_, + b\gamma'\gamma_,' + c\gamma''\gamma_,'' .
\end{aligned}$$

Wir können daher die Lage der Flüssigkeitstheilchen oder die Werthe der Grössen l, m, .., n'' zur Zeit t als abhängig betrachten von den Grössen a, b, c und der Lage zweier beweglichen Coordinatensysteme und können zugleich bemerken, dass durch Vertauschung dieser beiden Coordinatensysteme in dem Systeme der Grössen l, m, n die Horizontalreihen mit den Verticalreihen vertauscht werden, also l, m', n'' ungeändert bleiben, während von den Grössen m und l', n und l'', n' und m'' jede in die andere übergeht. Es wird nun unser nächstes Geschäft sein, die Differentialgleichungen für die Veränderungen der Hauptaxen und die Bewegung dieser beiden Coordinatensysteme aus den in der Dirichlet'schen Abhandlung (§. 1, 1) angegebenen Grundgleichungen für die Bewegung der Flüssigkeitstheilchen abzuleiten.

2.

Offenbar ist es erlaubt, in jenen Gleichungen statt der Derivirten nach den Anfangswerthen der Grössen x, y, z, welche dort durch a, b, c bezeichnet sind, die Derivirten nach den Grössen ξ, η, ζ zu setzen; denn die hierdurch gebildeten Gleichungen lassen sich als Aggregate von jenen darstellen und umgekehrt. Wir erhalten dadurch, wenn wir für $\frac{\partial x}{\partial \xi}$, $\frac{\partial y}{\partial \eta}$, ..., $\frac{\partial z}{\partial \zeta}$ ihre Werthe einsetzen,

$$
(1)\qquad
\begin{aligned}
\frac{\partial^2 x}{\partial t^2}\alpha + \frac{\partial^2 y}{\partial t^2}\beta + \frac{\partial^2 z}{\partial t^2}\gamma &= \varepsilon\frac{\partial V}{\partial \xi} - \frac{\partial P}{\partial \xi}\\
\frac{\partial^2 x}{\partial t^2}\alpha' + \frac{\partial^2 y}{\partial t^2}\beta' + \frac{\partial^2 z}{\partial t^2}\gamma' &= \varepsilon\frac{\partial V}{\partial \eta} - \frac{\partial P}{\partial \eta}\\
\frac{\partial^2 x}{\partial t^2}\alpha'' + \frac{\partial^2 y}{\partial t^2}\beta'' + \frac{\partial^2 z}{\partial t^2}\gamma'' &= \varepsilon\frac{\partial V}{\partial \zeta} - \frac{\partial P}{\partial \zeta},
\end{aligned}
$$

worin V das Potential, P den Druck im Punkte x, y, z zur Zeit t und ε die Constante bezeichnet, welche die Anziehung zwischen zwei Masseneinheiten in der Entfernungseinheit ausdrückt.

Es handelt sich nun zunächst darum, die Grössen links vom Gleichheitszeichen in die Form linearer Functionen von den Grössen ξ, η, ζ zu setzen, wozu einige Vorbereitungen nöthig sind.

Durch Differentiation der Gleichungen (2) erhält man, wenn man zur Abkürzung

$$
(2)\qquad
\begin{aligned}
\frac{\partial x}{\partial t}\alpha + \frac{\partial y}{\partial t}\beta + \frac{\partial z}{\partial t}\gamma &= \xi'\\
\frac{\partial x}{\partial t}\alpha' + \frac{\partial y}{\partial t}\beta' + \frac{\partial z}{\partial t}\gamma' &= \eta'\\
\frac{\partial x}{\partial t}\alpha'' + \frac{\partial y}{\partial t}\beta'' + \frac{\partial z}{\partial t}\gamma'' &= \zeta'
\end{aligned}
$$

setzt,

$$
\begin{aligned}
\frac{\partial \xi}{\partial t} &= \frac{d\alpha}{dt}x + \frac{d\beta}{dt}y + \frac{d\gamma}{dt}z + \xi'\\
\frac{\partial \eta}{\partial t} &= \frac{d\alpha'}{dt}x + \frac{d\beta'}{dt}y + \frac{d\gamma'}{dt}z + \eta'\\
\frac{\partial \zeta}{\partial t} &= \frac{d\alpha''}{dt}x + \frac{d\beta''}{dt}y + \frac{d\gamma''}{dt}z + \zeta'
\end{aligned}
$$

und wenn man hierin x, y, z wieder durch ξ, η, ζ ausdrückt

$$
\begin{aligned}
\frac{\partial \xi}{\partial t} = {} & \left(\frac{d\alpha}{dt}\alpha + \frac{d\beta}{dt}\beta + \frac{d\gamma}{dt}\gamma\right)\xi + \left(\frac{d\alpha}{dt}\alpha' + \frac{d\beta}{dt}\beta' + \frac{d\gamma}{dt}\gamma'\right)\eta\\
& + \left(\frac{d\alpha}{dt}\alpha'' + \frac{d\beta}{dt}\beta'' + \frac{d\gamma}{dt}\gamma''\right)\zeta + \xi'\\
\frac{\partial \eta}{\partial t} = {} & \left(\frac{d\alpha'}{dt}\alpha + \frac{d\beta'}{dt}\beta + \frac{d\gamma'}{dt}\gamma\right)\xi + \left(\frac{d\alpha'}{dt}\alpha' + \frac{d\beta'}{dt}\beta' + \frac{d\gamma'}{dt}\gamma'\right)\eta\\
& + \left(\frac{d\alpha'}{dt}\alpha'' + \frac{d\beta'}{dt}\beta'' + \frac{d\gamma'}{dt}\gamma''\right)\zeta + \eta'\\
\frac{\partial \zeta}{\partial t} = {} & \left(\frac{d\alpha''}{dt}\alpha + \frac{d\beta''}{dt}\beta + \frac{d\gamma''}{dt}\gamma\right)\xi + \left(\frac{d\alpha''}{dt}\alpha' + \frac{d\beta''}{dt}\beta' + \frac{d\gamma''}{dt}\gamma'\right)\eta\\
& + \left(\frac{d\alpha''}{dt}\alpha'' + \frac{d\beta''}{dt}\beta'' + \frac{d\gamma''}{dt}\gamma''\right)\zeta + \zeta'.
\end{aligned}
$$

Nun giebt aber die Differentiation der bekannten Gleichungen $\alpha^2 + \beta^2 + \gamma^2 = 1$, $\alpha\alpha' + \beta\beta' + \gamma\gamma' = 0$, etc.

$$\alpha \frac{d\alpha}{dt} + \beta \frac{d\beta}{dt} + \gamma \frac{d\gamma}{dt} = 0 \qquad \alpha' \frac{d\alpha'}{dt} + \beta' \frac{d\beta'}{dt} + \gamma' \frac{d\gamma'}{dt} = 0$$

$$\alpha'' \frac{d\alpha''}{dt} + \beta'' \frac{d\beta''}{dt} + \gamma'' \frac{d\gamma''}{dt} = 0$$

$$\frac{d\alpha'}{dt}\alpha'' + \frac{d\beta'}{dt}\beta'' + \frac{d\gamma'}{dt}\gamma'' = -\left(\frac{d\alpha''}{dt}\alpha' + \frac{d\beta''}{dt}\beta' + \frac{d\gamma''}{dt}\gamma'\right)$$

$$(3) \qquad \frac{d\alpha''}{dt}\alpha + \frac{d\beta''}{dt}\beta + \frac{d\gamma''}{dt}\gamma = -\left(\frac{d\alpha}{dt}\alpha'' + \frac{d\beta}{dt}\beta'' + \frac{d\gamma}{dt}\gamma''\right)$$

$$\frac{d\alpha}{dt}\alpha' + \frac{d\beta}{dt}\beta' + \frac{d\gamma}{dt}\gamma' = -\left(\frac{d\alpha'}{dt}\alpha + \frac{d\beta'}{dt}\beta + \frac{d\gamma'}{dt}\gamma\right)$$

und es wird folglich, wenn man diese letzteren drei Grössen durch p, q, r bezeichnet,

$$\begin{aligned} \xi' &= \frac{\partial \xi}{\partial t} - r\eta + q\zeta \\ (4) \qquad \eta' &= r\xi + \frac{\partial \eta}{\partial t} - p\zeta \\ \zeta' &= -q\xi + p\eta + \frac{\partial \zeta}{\partial t}. \end{aligned}$$

Durch ein ganz ähnliches Verfahren ergiebt sich aus den Gleichungen (2)

$$\begin{aligned} \frac{\partial^2 x}{\partial t^2}\alpha + \frac{\partial^2 y}{\partial t^2}\beta + \frac{\partial^2 z}{\partial t^2}\gamma &= \frac{\partial \xi'}{\partial t} - r\eta' + q\zeta' \\ (5) \qquad \frac{\partial^2 x}{\partial t^2}\alpha' + \frac{\partial^2 y}{\partial t^2}\beta' + \frac{\partial^2 z}{\partial t^2}\gamma' &= r\xi' + \frac{\partial \eta'}{dt} - p\zeta' \\ \frac{\partial^2 x}{\partial t^2}\alpha'' + \frac{\partial^2 y}{\partial t^2}\beta'' + \frac{\partial^2 z}{\partial t^2}\gamma'' &= -q\xi' + p\eta' + \frac{\partial \zeta'}{\partial t}, \end{aligned}$$

und aus den Gleichungen Art. 1, (3), wenn $p_{,}, q_{,}, r_{,}$ die Grössen bezeichnen, welche von den Functionen $\alpha_{,}, \beta_{,}, \ldots, \gamma_{,}''$ ebenso abhängen, wie die Grössen p, q, r von den Functionen $\alpha, \beta, \ldots, \gamma''$

$$\begin{aligned} \frac{\partial \frac{\xi}{a}}{\partial t} &= r_{,}\frac{\eta}{b} - q_{,}\frac{\zeta}{c} \\ (6) \qquad \frac{\partial \frac{\eta}{b}}{\partial t} &= p_{,}\frac{\zeta}{c} - r_{,}\frac{\xi}{a} \\ \frac{\partial \frac{\zeta}{c}}{\partial t} &= q_{,}\frac{\xi}{a} - p_{,}\frac{\eta}{b}. \end{aligned}$$

Setzt man die Werthe $\frac{\partial \xi}{\partial t}, \frac{\partial \eta}{\partial t}, \frac{\partial \zeta}{\partial t}$ aus (6) in (4) ein, so erhält man

$$\xi' = \frac{da}{dt}\frac{\xi}{a} + (ar_{,} - br)\frac{\eta}{b} + (cq - aq_{,})\frac{\zeta}{c}$$

$$(7) \qquad \eta' = (ar - br_{,})\frac{\xi}{a} + \frac{db}{dt}\frac{\eta}{b} + (bp_{,} - cp)\frac{\zeta}{c}$$

$$\zeta' = (cq_{,} - aq)\frac{\xi}{a} + (bp - cp_{,})\frac{\eta}{b} + \frac{dc}{dt}\frac{\zeta}{c}.$$

Was die geometrische Bedeutung dieser Grössen betrifft, so sind, wie leicht ersichtlich ist, ξ', η', ζ' die Geschwindigkeitscomponenten des Punktes x, y, z der flüssigen Masse parallel den Axen ξ, η, ζ; $\frac{\partial \xi}{\partial t}, \frac{\partial \eta}{\partial t}, \frac{\partial \zeta}{\partial t}$ die ebenso zerlegten relativen Geschwindigkeiten gegen das Coordinatensystem der ξ, η, ζ; ferner in den Gleichungen (1) die Grössen auf der linken Seite die Beschleunigungen und die auf der rechten die beschleunigenden Kräfte parallel diesen Axen; endlich sind p, q, r die augenblicklichen Rotationen des Coordinatensystems der ξ, η, ζ um seine Axen und $p_{,}$, $q_{,}$, $r_{,}$ haben dieselbe Bedeutung für das Coordinatensystem der $\xi_{,}$, $\eta_{,}$, $\zeta_{,}$.

3.

Wenn man nun die Werthe der Grössen ξ', η', ζ' aus (7) in die Gleichungen (5) substituirt und mit Hülfe der Gleichungen (6) die Derivirten von $\frac{\xi}{a}, \frac{\eta}{b}, \frac{\zeta}{c}$ wieder durch die Grössen ξ, η, ζ ausdrückt, so nehmen die Grössen auf der linken Seite der Gleichungen (1) die Form linearer Ausdrücke von den Grössen ξ, η, ζ an. Auf der rechten Seite hat V die Form

$$H - A\xi^2 - B\eta^2 - C\zeta^2,$$

worin H, A, B, C auf bekannte Weise von den Grössen a, b, c abhängen; und man genügt ihnen daher, wenn an der Oberfläche der Druck den constanten Werth Q hat, indem man

$$P = Q + \sigma\left(1 - \frac{\xi^2}{a^2} - \frac{\eta^2}{b^2} - \frac{\zeta^2}{c^2}\right)$$

setzt und die zehn Functionen der Zeit a, b, c; p, q, r; $p_{,}$, $q_{,}$, $r_{,}$ und σ so bestimmt, dass die neun Coefficienten der Grössen ξ, η, ζ auf beiden Seiten einander gleich werden und zugleich die aus der Incompressibilität folgende Bedingungsgleichung $abc = a_0 b_0 c_0$ befriedigt wird. Durch Gleichsetzung der Coefficienten von $\frac{\xi}{a}, \frac{\eta}{b}$ in der ersten und von $\frac{\xi}{a}$ in der zweiten Gleichung ergiebt sich

$$\frac{d^2 a}{dt^2} + 2brr_, + 2cqq_, - a(r^2 + r_,^2 + q^2 + q_,^2) = 2\frac{\sigma}{a} - 2\varepsilon a A$$

$$a\frac{dr}{dt} - b\frac{dr_,}{dt} + 2\frac{da}{dt}r - 2\frac{db}{dt}r_, + apq + bp_,q_, - 2cpq_, = 0$$

$$a\frac{dr_,}{dt} - b\frac{dr}{dt} + 2\frac{da}{dt}r_, - 2\frac{db}{dt}r + ap_,q_, + bpq - 2cp_,q = 0.$$

Aus diesen Gleichungen erhält man die sechs übrigen durch cyclische Versetzung der Axen, oder auch durch beliebige Vertauschungen, wenn man nur dabei beachtet, dass durch Vertauschung zweier Axen nicht bloss die ihnen entsprechenden Grössen vertauscht werden, sondern zugleich die sechs Grössen $p, q, \ldots, r_,$ ihr Zeichen ändern.

Man kann diesen Gleichungen eine für die weitere Untersuchung bequemere Form geben, wenn man statt der Grössen $p, p_,; q, q_,; r, r_,$ ihre halben Summen und Differenzen

$$u = \frac{p + p_,}{2} \quad v = \frac{q + q_,}{2} \quad w = \frac{r + r_,}{2}$$

$$u' = \frac{p - p_,}{2} \quad v' = \frac{q - q_,}{2} \quad w' = \frac{r - r_,}{2}$$

als unbekannte Functionen einführt.

Dadurch wird das System von Gleichungen, welchen die zehn unbekannten Functionen der Zeit genügen müssen

$$(\alpha)\begin{cases}
(a-c)v^2 + (a+c)v'^2 + (a-b)w^2 + (a+b)w'^2 - \frac{1}{2}\frac{d^2 a}{dt^2} = \varepsilon a A - \frac{\sigma}{a} \\
(b-a)w^2 + (b+a)w'^2 + (b-c)u^2 + (b+c)u'^2 - \frac{1}{2}\frac{d^2 b}{dt^2} = \varepsilon b B - \frac{\sigma}{b} \\
(c-b)u^2 + (c+b)u'^2 + (c-a)v^2 + (c+a)v'^2 - \frac{1}{2}\frac{d^2 c}{dt^2} = \varepsilon c C - \frac{\sigma}{c} \\
(b-c)\frac{du}{dt} + 2\frac{d(b-c)}{dt}u + (b+c-2a)vw + (b+c+2a)v'w' = 0 \\
(b+c)\frac{du'}{dt} + 2\frac{d(b+c)}{dt}u' + (b-c+2a)vw' + (b-c-2a)v'w = 0 \\
(c-a)\frac{dv}{dt} + 2\frac{d(c-a)}{dt}v + (c+a-2b)wu + (c+a+2b)w'u' = 0 \\
(c+a)\frac{dv'}{dt} + 2\frac{d(c+a)}{dt}v' + (c-a+2b)wu' + (c-a-2b)w'u = 0 \\
(a-b)\frac{dw}{dt} + 2\frac{d(a-b)}{dt}w + (a+b-2c)uv + (a+b+2c)u'v' = 0 \\
(a+b)\frac{dw'}{dt} + 2\frac{d(a+b)}{dt}w' + (a-b+2c)uv' + (a-b-2c)u'v = 0 \\
abc = a_0 b_0 c_0.
\end{cases}$$

Die Werthe von A, B, C ergeben sich aus dem bekannten Ausdrucke für V

$$V = H - A\xi^2 - B\eta^2 - C\zeta^2 = \pi \int_0^\infty \frac{ds}{\Delta}\left(1 - \frac{\xi^2}{a^2+s} - \frac{\eta^2}{b^2+s} - \frac{\zeta^2}{c^2+s}\right),$$

worin

$$\Delta = \sqrt{\left(1+\frac{s}{a^2}\right)\left(1+\frac{s}{b^2}\right)\left(1+\frac{s}{c^2}\right)}.$$

Nach ausgeführter Integration dieser Differentialgleichungen hat man noch, um die Functionen $\alpha, \beta, \ldots, \gamma''$ zu bestimmen, die allgemeine Lösung $\theta, \theta', \theta''$ der Differentialgleichungen

$$(\beta) \quad \frac{d\theta}{dt} = r\theta' - q\theta'', \quad \frac{d\theta'}{dt} = -r\theta + p\theta'', \quad \frac{d\theta''}{dt} = q\theta - p\theta'$$

zu suchen, — von welchen, wie aus Art. 2, (3) hervorgeht, $\alpha, \alpha', \alpha''$; β, β', β''; $\gamma, \gamma', \gamma''$ die drei particularen Auflösungen sind, die für $t = 0$ die Werthe 1, 0, 0; 0, 1, 0; 0, 0, 1 annehmen, — und zur Bestimmung der Functionen $\alpha_{,}, \beta_{,}, \ldots, \gamma_{,}''$ die allgemeine Lösung der simultanen Differentialgleichungen

$$(\gamma) \quad \frac{d\theta_{,}}{dt} = r_{,}\theta_{,}' - q_{,}\theta_{,}'', \quad \frac{d\theta_{,}'}{dt} = -r_{,}\theta_{,} + p_{,}\theta_{,}'', \quad \frac{d\theta_{,}''}{dt} = q_{,}\theta_{,} - p_{,}\theta_{,}'.$$

4.

Es fragt sich nun, welche Hülfsmittel für die Integration dieser Differentialgleichungen (α), (β), (γ) die allgemeinen hydrodynamischen Principien darbieten, aus denen Dirichlet sieben Intcrgrale erster Ordnung der durch die Functionen $l, m, \ldots, n''$ zu erfüllenden Differentialgleichungen (§. 1. (a)) schöpfte. Die aus ihnen fliessenden Gleichungen lassen sich mit Hülfe der oben für ξ', η', ζ' gegebenen Ausdrücke leicht herleiten.

Der Satz von der Erhaltung der Flächen giebt

$$(1) \quad \begin{aligned} (b-c)^2u + (b+c)^2u' &= g = \alpha\, g^0 + \beta\, h^0 + \gamma\, k^0 \\ (c-a)^2v + (c+a)^2v' &= h = \alpha' g^0 + \beta' h^0 + \gamma' k^0 \\ (a-b)^2w + (a+b)^2w' &= k = \alpha'' g^0 + \beta'' h^0 + \gamma'' k^0, \end{aligned}$$

worin die Constanten g^0, h^0, k^0, die Anfangswerthe von g, h, k, mit den Constanten $\mathfrak{K}, \mathfrak{K}', \mathfrak{K}''$ in der Abhandlung von Dirichlet übereinkommen; er liefert also das aus den sechs letzten Differentialgleichungen (α) leicht zu bestätigende Resultat, dass $\theta = g$, $\theta' = h$, $\theta'' = k$ eine Lösung der Differentialgleichungen (β) ist.

Aus dem Helmholtz'schen Princip der Erhaltung der Rotation folgen die Gleichungen

$$
(2)\quad \begin{aligned}
(b-c)^2 u - (b+c)^2 u' &= g_{,} = \alpha_{,} g_{,}^0 + \beta_{,} h_{,}^0 + \gamma_{,} k_{,}^0 \\
(c-a)^2 v - (c+a)^2 v' &= h_{,} = \alpha_{,}' g_{,}^0 + \beta_{,}' h_{,}^0 + \gamma_{,}' k_{,}^0 \\
(a-b)^2 w - (a+b)^2 w' &= k_{,} = \alpha_{,}'' g_{,}^0 + \beta_{,}'' h_{,}^0 + \gamma_{,}'' k_{,}^0,
\end{aligned}
$$

in welchen die Constanten $g_{,}^0$, $h_{,}^0$, $k_{,}^0$ den Grössen $BC\mathfrak{A}$, $CA\mathfrak{B}$, $AB\mathfrak{C}$ der genannten Abhandlung gleich sind.

Der Satz von der Erhaltung der lebendigen Kraft endlich giebt ein Integral erster Ordnung der Differentialgleichungen (α)

$$
(\mathrm{I})\quad \left\{\begin{aligned}
&\tfrac{1}{2}\left(\left(\frac{da}{dt}\right)^2 + \left(\frac{db}{dt}\right)^2 + \left(\frac{dc}{dt}\right)^2\right) \\
&+ (b-c)^2 u^2 + (c-a)^2 v^2 + (a-b)^2 w^2 \\
&+ (b+c)^2 u'^2 + (c+a)^2 v'^2 + (a+b)^2 w'^2
\end{aligned}\right\} = 2\varepsilon H + \text{const.}
$$

Aus den Gleichungen (1) und (2) folgen zunächst noch zwei Integrale der Gleichungen (α)

$$
(\mathrm{II})\qquad g^2 + h^2 + k^2 = \text{const.} = \omega^2
$$

$$
(\mathrm{III})\qquad g_{,}^2 + h_{,}^2 + k_{,}^2 = \text{const.} = \omega_{,}^2.
$$

Ferner lassen sich von den Gleichungen (β) zwei Integrale

$$
(\mathrm{IV})\qquad \theta^2 + \theta'^2 + \theta''^2 = \text{const.}
$$

$$
(\mathrm{V})\qquad \theta g + \theta' h + \theta'' k = \text{const.}
$$

angeben, wodurch ihre Integration *allgemein* auf eine Quadratur zurückgeführt wird. Zur Aufstellung ihrer allgemeinen Lösung ist es jedoch, da sie linear und homogen sind, nur nöthig, noch zwei von der Lösung g, h, k verschiedene *particulare* Lösungen zu suchen, für welchen Zweck man die willkürlichen Constanten in diesen beiden Integralgleichungen so wählen kann, dass sich die Rechnung vereinfacht. Giebt man beiden den Werth Null, so hat man

$$
(3)\qquad \theta' h + \theta'' k = -g\theta,
$$

und ferner erhält man, wenn man diese Gleichung quadrirt und dazu die Gleichung

$$
-\theta'^2 - \theta''^2 = \theta^2
$$

multiplicirt mit $h^2 + k^2$, addirt

$$
-(\theta' k - \theta'' h)^2 = \omega^2 \theta^2,
$$

folglich

$$
(4)\qquad \theta' k - \theta'' h = \omega i \theta.
$$

Durch Auflösung dieser beiden linearen Gleichungen (3) und (4) findet sich

$$(5)\qquad \theta' = \frac{-gh + k\omega i}{h^2 + k^2}\,\theta$$

$$(6)\qquad \theta'' = \frac{-gk - h\omega i}{h^2 + k^2}\,\theta$$

und durch Einsetzung dieser Werthe in die erste der Gleichungen (β)

$$\frac{1}{\theta}\frac{d\theta}{dt} = \frac{-g\frac{dg}{dt}}{h^2+k^2} + \frac{rk+qh}{h^2+k^2}\,\omega i$$

$$(7)\qquad \log\theta = \tfrac{1}{2}\log(h^2+k^2) + \omega i\int\frac{qh+rk}{h^2+k^2}\,dt + \text{const.}$$

Aus dieser in (5), (6) und (7) enthaltenen Lösung der Differentialgleichungen (β) erhält man eine dritte, indem man für $\sqrt{-1}$ überall $-\sqrt{-1}$ setzt, und es ist dann leicht aus den gefundenen drei particularen Lösungen die Ausdrücke für die Functionen $\alpha, \beta, \ldots, \gamma''$ zu bilden.

Die geometrische Bedeutung jeder reellen Lösung der Differentialgleichungen (β) besteht darin, dass sie, mit einem geeigneten constanten Factor multiplicirt, die Cosinus der Winkel ausdrückt, welche die Axen der ξ, η, ζ zur Zeit t mit einer festen Linie machen. Diese feste Linie wird für die erste der drei eben gefundenen Lösungen durch die Normale auf der unveränderlichen Ebene der ganzen bewegten Masse gebildet, für den reellen und den imaginären Bestandtheil der beiden andern durch zwei in dieser Ebene enthaltene und auf einander senkrechte Linien. Die Cosinus der Winkel zwischen den Axen und jener Normalen sind demnach $\frac{g}{\omega}$, $\frac{h}{\omega}$, $\frac{k}{\omega}$; die Lage der Axen gegen diese Normale ergiebt sich also nach Auflösung der Gleichungen (α) ohne weitere Integration und zur vollständigen Bestimmung ihrer Lage genügt eine einzige Quadratur, z. B. die Integration

$$\omega\int_0^t \frac{qh+rk}{h^2+k^2}\,dt,$$ welche die Drehung der durch die Normale und die Axe der ξ gehenden Ebene um die Normale giebt.

Ganz Aehnliches gilt von den Differentialgleichungen (γ). Man kann auf demselben Wege aus den beiden Integralen

$$\text{(VI)}\qquad \theta_{,}^2 + \theta_{,}'^2 + \theta_{,}''^2 = \text{const.}$$

$$\text{(VII)}\qquad \theta_{,}g_{,} + \theta_{,}'h_{,} + \theta_{,}''k_{,} = \text{const.}$$

ihre allgemeine Lösung und folglich auch die Werthe der Grössen $\alpha_{,}, \beta_{,}, \ldots, \gamma_{,}''$ zur Zeit t ableiten, und es wird dabei nur eine Quadratur erforderlich sein. Es ergiebt sich dann schliesslich der Ort eines beliebigen Flüssigkeitstheilchens zur Zeit t aus den oben (Art. 1, (1) und (4)) für die Grössen x, y, z und die Functionen $l, m, \ldots, n''$ gegebenen Ausdrücken.

5.

Wir wollen uns jetzt Rechenschaft darüber geben, was durch die Zurückführung der Differentialgleichungen zwischen den Functionen $l, m, \ldots, n''$ (der Differentialgleichungen (a) §. 1 bei Dirichlet) auf unsere Differentialgleichungen für das Geschäft der Integration gewonnen ist. Das System der Differentialgleichungen (a) ist von der sechszehnten Ordnung, und man kennt von denselben sieben Integrale erster Ordnung, wodurch es auf ein System der neunten Ordnung zurückgeführt wird. Das System (α) ist nur von der zehnten Ordnung, und man kennt von demselben noch drei Integrale erster Ordnung. Durch die hier bewirkte Umformung jener Differentialgleichungen ist also die Ordnung des noch zu integrirenden Systems von Differentialgleichungen um zwei Einheiten erniedrigt, und man hat statt dessen nur schliesslich noch zwei Quadraturen auszuführen. Diese Umformung leistet also dasselbe, wie die Auffindung von zwei Integralen erster Ordnung.

Wir bemerken indess ausdrücklich, dass hierdurch unsere Form der Differentialgleichungen nur für die Integration und die wirkliche Bestimmung der Bewegung einen Vorzug erhält. Für die allgemeinsten Untersuchungen über diese Bewegung ist dagegen diese Form der Differentialgleichungen weniger geeignet, nicht bloss, weil ihre Herleitung weniger einfach ist, sondern auch deshalb, weil der Fall der Gleichheit zweier Axen eine besondere Betrachtung erfordert. Bei Gleichheit zweier Axen tritt nämlich der besondere Umstand ein, dass die ihnen zu gebende Lage durch die Gestalt der flüssigen Masse nicht völlig bestimmt ist; sie hängt dann im Allgemeinen auch von der augenblicklichen Bewegung ab und bleibt nur dann willkürlich, wenn diese Bewegung so beschaffen ist, dass die Axen fortwährend einander gleich bleiben. Die Untersuchung dieses Falles ist zwar immer leicht und bedarf daher keiner weiteren Ausführung, kann aber in speciellen Fällen noch wieder besondere Formen annehmen, und die allgemeinen Untersuchungen, wie z. B. der allgemeine Nachweis der Möglichkeit der Bewegung (§. 2 bei Dirichlet), würden daher wegen der Menge von besonders zu behandelnden Fällen ziemlich weitläufig werden.

Ehe wir zur Behandlung von speciellen Fällen schreiten, in welchen sich die Differentialgleichungen (α) integriren lassen, ist es zweckmässig, zu bemerken, dass in einer Lösung dieser Differentialgleichungen, wie unmittelbar aus der Form dieser Gleichungen hervorgeht, jede Zeichenänderung der Functionen $u, v, \ldots, w'$ zulässig ist, bei welcher uvw, $uv'w'$, $u'vw'$, $u'v'w$ ungeändert bleiben. Es können also erstens die Zeichen der Functionen u', v', w' gleichzeitig geändert werden, und dadurch werden die Grössen $\alpha, \beta, \ldots, \gamma''$ mit den Grössen $\alpha_{,}, \beta_{,}, \ldots, \gamma_{,}''$, also in dem System der Grössen $l, m, \ldots, n''$ die Horizontalreihen mit den Verticalreihen vertauscht. Zweitens können gleichzeitig zwei der Grössenpaare u, u'; v, v'; w, w' mit den entgegengesetzten Zeichen versehen werden, und diese Aenderung lässt sich auf eine Aenderung in dem Zeichen einer Coordinatenaxe zurückführen, wobei die Bewegung in eine ihr symmetrisch gleiche übergeht. In dieser Bemerkung ist der von Dedekind gefundene Reciprocitätssatz enthalten.

6.

Wir wollen nun den Fall untersuchen, in welchem eins der Grössenpaare u, u'; v, v'; w, w' fortwährend gleich Null ist, also z. B. $u = u' = 0$; die geometrische Bedeutung dieser Voraussetzung ist diese, dass die Hauptaxe stets in der unveränderlichen Ebene der ganzen bewegten Masse liegt und die augenblickliche Rotationsaxe auf dieser Hauptaxe senkrecht steht.

Aus den sechs letzten Differentialgleichungen (α) folgt sogleich, dass in diesem Falle die Grössen

$$(\mu) \qquad (c-a)^2 v,\ (c+a)^2 v',\ (a-b)^2 w,\ (a+b)^2 w'$$

constant sind und die Gleichungen

$$(\nu) \qquad \begin{aligned} (b+c-2a)vw + (b+c+2a)v'w' &= 0 \\ (b-c+2a)vw' + (b-c-2a)v'w &= 0 \end{aligned}$$

stattfinden müssen.

Bei der weiteren Untersuchung ist zu unterscheiden, ob noch ein zweites der drei Grössenpaare Null ist oder nicht, und wir können im Allgemeinen nur noch bemerken, dass in Folge der Gleichungen (μ) die Grössen $h, k, h_{,}, k_{,}$ constant sind und folglich auch die Winkel zwischen den Hauptaxen und der unveränderlichen Ebene der ganzen bewegten Masse, und dass dann ferner aus den Differentialgleichungen (β) und (γ) die Verhältnissgleichungen

$$g : h : k = p : q : r$$
$$g_{,} : h_{,} : k_{,} = p_{,} : q_{,} : r_{,}$$

folgen, wodurch die Lösungen dieser Gleichungen sich vereinfachen.

Erster Fall. Nur eins der drei Grössenpaare u, u'; v, v'; w, w' ist gleich Null.

Wenn weder zugleich v und v', noch zugleich w und w' Null sind, folgt aus den Gleichungen (μ) und (ν)

$$(1)\qquad \begin{aligned} \frac{v'^2}{v^2} &= \frac{(2a-b-c)\,(2a+b-c)}{(2a+b+c)\,(2a-b+c)} = \left(\frac{a-c}{a+c}\right)^4 \text{const.} \\ \frac{w'^2}{w^2} &= \frac{(2a-b-c)\,(2a-b+c)}{(2a+b+c)\,(2a+b-c)} = \left(\frac{a-b}{a+b}\right)^4 \text{const.}, \end{aligned}$$

woraus sich mit Hinzuziehung von

$$abc = \text{const.}$$

ergiebt, dass a, b, c und folglich auch v, v', w, w' constant sind.

Setzen wir nun

$$(2)\qquad \begin{aligned} \frac{v^2}{(2a+b+c)\,(2a-b+c)} &= \frac{v'^2}{(2a-b-c)\,(2a+b-c)} = S \\ \frac{w^2}{(2a+b+c)\,(2a+b-c)} &= \frac{w'^2}{(2a-b-c)\,(2a-b+c)} = T, \end{aligned}$$

so erhalten wir aus den drei ersten Differentialgleichungen (α) die drei Gleichungen

$$(3)\qquad (4a^2-b^2-3c^2)\,S + (4a^2-3b^2-c^2)\,T = \frac{\varepsilon A}{2} - \frac{\sigma}{2a^2}$$

$$(4)\qquad \begin{cases} (b^2-c^2)\,T = \dfrac{\varepsilon B}{2} - \dfrac{\sigma}{2b^2} \\ (c^2-b^2)\,S = \dfrac{\varepsilon C}{2} - \dfrac{\sigma}{2c^2}. \end{cases}$$

Um hieraus die Werthe von S, T und σ abzuleiten, bilde man aus den Gleichungen (4) die Gleichungen

$$b^2T + c^2S = \frac{\varepsilon\pi}{2}\int_0^\infty \frac{s\,ds}{\Delta\,(b^2+s)\,(c^2+s)}$$

$$T + S = \frac{\sigma}{2b^2c^2} - \frac{\varepsilon\pi}{2}\int_0^\infty \frac{ds}{\Delta\,(b^2+s)\,(c^2+s)},$$

und substituire diese Werthe in der Gleichung (3)

$$(4a^2-b^2-c^2)\,(T+S) - 2\,(b^2T+c^2S) = \frac{\varepsilon A}{2} - \frac{\sigma}{2a^2},$$

wodurch man

$$(5)\qquad \frac{D\sigma}{2a^2b^2c^2} = \frac{\varepsilon\pi}{2}\int_0^\infty \frac{ds}{\Delta}\left(\frac{2s+4a^2-b^2-c^2}{(b^2+s)\,(c^2+s)} + \frac{1}{a^2+s}\right)$$

erhält, wenn zur Abkürzung

$$(6)\qquad 4a^4 - a^2(b^2+c^2) + b^2c^2 = D$$

gesetzt wird.

Durch Einsetzung des Werthes von σ in die Gleichungen (4) findet sich dann

$$(7)\qquad \frac{b^2-c^2}{b^2-a^2}DS=\frac{\varepsilon\pi}{2}\int_0^\infty\frac{s\,ds}{\Delta(b^2+s)}\left(\frac{4a^2-c^2+b^2}{c^2+s}-\frac{b^2}{a^2+s}\right)$$

$$(8)\qquad \frac{c^2-b^2}{c^2-a^2}DT=\frac{\varepsilon\pi}{2}\int_0^\infty\frac{s\,ds}{\Delta(c^2+s)}\left(\frac{4a^2-b^2+c^2}{b^2+s}-\frac{c^2}{a^2+s}\right).$$

Es bleibt nun noch zu untersuchen, welchen Bedingungen a, b, c genügen müssen, damit sich aus den Gleichungen (7) und (8) und den Gleichungen (2) für v, v', w, w' reelle Werthe ergeben.

Damit $\left(\frac{v'}{v}\right)^2$ und $\left(\frac{w'}{w}\right)^2$ nicht negativ werden, ist es nothwendig und hinreichend, dass die Grösse

$$(4a^2-(b+c)^2)\,(4a^2-(b-c)^2)\geqq 0$$

sei. Es muss also a^2 entweder $\geqq\left(\frac{b+c}{2}\right)^2$ oder $\leqq\left(\frac{b-c}{2}\right)^2$ sein.

Wenn $a>\frac{b+c}{2}$, müssen die Grössen S und T beide >0 sein, damit die Gleichungen (2) für v, v', w, w' reelle Werthe liefern. Man kann nun aber leicht zeigen, dass, wenn $a\geqq\frac{b+c}{2}$, D und die beiden Integrale auf der rechten Seite der Gleichungen (7) und (8) immer positiv sind. Man hat dazu nur nöthig, D in die Form zu setzen

$$a^2\,(4a^2-(b+c)^2)+bc\,(2a^2+bc)$$

und das in (7) enthaltene Integral in die Form

$$\frac{\varepsilon\pi}{2a^2b^2c^2}\int_0^\infty\frac{s\,ds}{\Delta^3}\left((4a^2-c^2)\,s+a^2\,(4a^2+b^2-c^2)-b^2c^2\right),$$

und dann zu bemerken, dass aus $a\geqq\frac{b+c}{2}$ die folgenden Ungleichheiten fliessen: $4a^2-(b+c)^2\geqq 0$, $4a^2-c^2>0$, ferner

$$4a^2+b^2-c^2\geqq(b+c)^2+b^2-c^2=2b\,(b+c),$$

und folglich

$$a^2\,(4a^2+b^2-c^2)\geqq 2b\,(b+c)\,a^2\geqq\tfrac{1}{2}b\,(b+c)^3>b^2c^2.$$

Aus diesen Ungleichheiten folgt, dass sowohl D, als das betrachtete Integral nur positive Bestandtheile hat, und dasselbe gilt auch von dem Integral auf der rechten Seite der Gleichung (8), welches aus diesem durch Vertauschung von b und c erhalten wird. Lassen wir

13*

nun a die Werthe von $\frac{b+c}{2}$ bis ∞ durchlaufen, so wird, wenn $b > c$, T immer positiv bleiben, S aber nur so lange $a < b$. Die Bedingungen für diesen Fall sind also, wenn b die grössere der beiden Axen b und c bezeichnet,

$$\text{(I)} \qquad \frac{b+c}{2} \leqq a \leqq b.$$

Für die Untersuchung des zweiten Falles, wenn $a^2 \leqq \left(\frac{b-c}{2}\right)^2$, wollen wir annehmen, dass b die grössere der beiden Axen b und c sei, so dass $a \leqq \frac{b-c}{2}$. Es muss dann, damit v, v', w, w' reell werden, $S \leqq 0$ und $T \geqq 0$ sein. Da aus den Ungleichheiten

$$b^2 \geqq (2a+c)^2 > 4a^2 + c^2$$

hervorgeht, dass das Integral auf der rechten Seite der Gleichung (8) in unserm Falle stets negativ ist, so wird die letztere Bedingung $T \geqq 0$ nur erfüllt werden, wenn $D(c^2 - a^2) \geqq 0$, also c^2 entweder $< \frac{a^2(b^2-4a^2)}{b^2-a^2}$, oder $\geqq a^2$ ist. Dieser Fall spaltet sich also wieder in zwei Fälle, und diese sind, da $\frac{a^2(b^2-4a^2)}{b^2-a^2} < a^2$, durch einen endlichen Zwischenraum getrennt, so dass von einem zum andern kein stetiger Uebergang stattfindet. Da das Integral in der Gleichung (7), so lange $c^2 \leqq a^2$ ist, wegen der beiden Ungleichheiten $c^2 + s \leqq a^2 + s$, $4a^2 - c^2 + b^2 > b^2$ nur positiv sein kann, so reduciren sich die zu erfüllenden Bedingungen im ersten dieser Fälle auf $a \leqq \frac{b-c}{2}$ oder

$$\text{(II)} \qquad c \leqq b - 2a \text{ und } c^2 < \frac{a^2(b^2-4a^2)}{b^2-a^2}$$

und im zweiten auf

$$\text{(III)} \quad a \leqq \frac{b-c}{2} \text{ und} \int_0^\infty \frac{s\,ds}{\Delta(b^2+s)} \left(\frac{4a^2-c^2+b^2}{c^2+s} - \frac{b^2}{a^2+s}\right) \leqq 0.$$

Es ist leicht zu sehen, dass das Integral auf der linken Seite der letzten Ungleichheit, wenn a die Werthe von 0 bis c durchläuft, negativ bleibt, so lange $a \leqq \frac{c}{2}$ ist, während es für $a = c$ einen positiven Werth annimmt; die genaue Bestimmung der Grenzen aber, innerhalb deren diese Ungleichheit erfüllt ist, hängt, wie man sieht, von der Auflösung einer transcendenten Gleichung ab.

In Bezug auf das Zeichen von σ, welches bekanntlich entscheidet, ob die Bewegung ohne äussern Druck möglich ist, können wir bemerken, dass sich der oben gefundene Werth dieser Grösse in die Form

$$\frac{\varepsilon\pi}{D}\int_0^\infty \frac{3s^2+6a^2s+D}{\Delta^3}\,ds$$

setzen lässt, und also in den Fällen I und III, wo $D > 0$, jedenfalls positiv ist, für einen negativen Werth von D aber, wenigstens so lange dieser Werth absolut genommen unter einer gewissen Grenze liegt, negativ wird.

7.

Zweiter Fall. Zwei der Grössenpaare u, u'; v, v'; w, w' sind gleich Null.

Wir haben nun noch den Fall zu behandeln, wenn zwei der Grössenpaare u, u'; v, v'; w, w' fortwährend Null sind, und also nur um eine Hauptaxe eine Rotation stattfindet.

Wenn ausser u und u' auch v und v' fortwährend Null sind, so reduciren sich die Gleichungen (μ) und (ν) auf

$$(a-b)^2 w = \text{const.} = \tau \qquad (a+b)^2 w' = \text{const.} = \tau'$$

und die ersten drei Differentialgleichungen (α) liefern daher die Gleichungen

$$(1)\quad \begin{aligned} \frac{\tau^2}{(a-b)^3} + \frac{\tau'^2}{(a+b)^3} - \frac{1}{2}\frac{d^2a}{dt^2} &= \varepsilon a A - \frac{\sigma}{a} \\ \frac{\tau^2}{(b-a)^3} + \frac{\tau'^2}{(b+a)^3} - \frac{1}{2}\frac{d^2b}{dt^2} &= \varepsilon b B - \frac{\sigma}{b} \\ -\frac{1}{2}\frac{d^2c}{dt^2} &= \varepsilon c C - \frac{\sigma}{c}, \end{aligned}$$

welche verbunden mit

$$abc = a_0 b_0 c_0$$

die Grössen a, b, c und σ als Functionen der Zeit bestimmen. Das Princip der Erhaltung der lebendigen Kraft giebt für diese Differentialgleichungen das Integral erster Ordnung

$$(2)\quad \frac{1}{4}\left(\left(\frac{da}{dt}\right)^2 + \left(\frac{db}{dt}\right)^2 + \left(\frac{dc}{dt}\right)^2\right) + \frac{\tau^2}{(a-b)^2} + \frac{\tau'^2}{(a+b)^2} = 2\varepsilon H + \text{const.},$$

woraus unmittelbar hervorgeht, dass wenn τ nicht Null ist, die Hauptaxen a und b nie einander gleich werden können.

Ausser den schon von Mac Laurin und Dirichlet untersuchten Fällen, wenn $a = b$, lässt noch der Fall, wenn die Grössen a, b, c constant sind, eine Bestimmung der Bewegung in geschlossenen Ausdrücken zu. In diesem Falle erhält man aus (1) durch Elimination von σ die beiden Gleichungen

$$(3)\quad \begin{aligned} \frac{\tau'^2}{(b+a)^3}+\frac{\tau^2}{(b-a)^3}&=\frac{\varepsilon\pi}{b}\int_0^\infty\frac{ds}{\Delta}\,\frac{(b^2-c^2)\,s}{(b^2+s)(c^2+s)}=K\\ \frac{\tau'^2}{(b+a)^3}-\frac{\tau^2}{(b-a)^3}&=\frac{\varepsilon\pi}{a}\int_0^\infty\frac{ds}{\Delta}\,\frac{(a^2-c^2)\,s}{(a^2+s)(c^2+s)}=L, \end{aligned}$$

worin die Integrale auf der rechten Seite durch K und L bezeichnet werden mögen; sie lassen sich auch in die Form setzen

$$(4)\quad w'^2=\frac{\tau'^2}{(b+a)^4}=\frac{\varepsilon\pi}{2}\int_0^\infty\frac{ds}{\Delta}\left(\frac{s+ab}{(a^2+s)(b^2+s)}-\frac{c^2}{ab\,(c^2+s)}\right)$$

$$(5)\quad w^2=\frac{\tau^2}{(b-a)^4}=\frac{\varepsilon\pi}{2}\int_0^\infty\frac{ds}{\Delta}\left(\frac{s-ab}{(a^2+s)(b^2+s)}+\frac{c^2}{ab\,(c^2+s)}\right).$$

Nehmen wir an, dass b, wie in den früher betrachteten Fällen, die grössere der beiden Axen a und b bezeichne, so liefern diese beiden Gleichungen dann und auch nur dann für τ^2 und τ'^2 positive Werthe, wenn K positiv und abgesehen vom Zeichen grösser als L ist; und es ist klar, dass die erste Bedingung erfüllt ist, so lange $c < b$. Der zweiten Bedingung wird genügt, wenn $c = a$, also $L = 0$ ist, und folglich auch, da K und L sich mit c stetig ändern, innerhalb eines endlichen Gebiets zu beiden Seiten dieses Werthes. Dieses erstreckt sich aber nicht bis zu den Werthen b und 0; denn für $c = b$ würde τ'^2 negativ werden, für ein unendlich kleines c aber τ^2, da dann

$$\frac{K}{c}=\varepsilon\pi\int_0^\infty\frac{ds}{s^{\frac{1}{2}}(1+s)^{\frac{3}{2}}(1+\frac{b^2}{a^2}s)^{\frac{1}{2}}},\qquad \frac{L}{c}=\varepsilon\pi\int_0^\infty\frac{ds}{s^{\frac{1}{2}}(1+s)^{\frac{3}{2}}(1+\frac{a^2}{b^2}s)^{\frac{1}{2}}}$$

und folglich $L > K$ wird. Wächst b, während a und c endlich bleiben, in's Unendliche, so kann L nur dann kleiner als K bleiben, wenn zugleich $a^2 - c^2$ in's Unendliche abnimmt; beide Grenzen für c sind also dann nur unendlich wenig von a verschieden. Wenn dagegen b seiner unteren Grenze a unendlich nahe kommt, so convergirt die obere Grenze für c, wo $\tau'^2 = 0$ wird, gegen a, die untere Grenze aber gegen einen Werth, für welchen das Integral auf der rechten Seite von (5) verschwindet. Zur Bestimmung dieses Werthes erhält man, wenn man $\frac{c}{a} = \sin\psi$ setzt, die Gleichung

$$(-5+2\cos 2\psi+\cos 4\psi)(\pi-2\psi)+10\sin 2\psi+2\sin 4\psi=0,$$

und diese hat zwischen $\psi = 0$ und $\psi = \frac{\pi}{2}$ nur eine Wurzel, welche

$$\frac{c}{a} = 0{,}303327\,..$$

giebt. Für $b = a$ kann freilich c jeden Werth zwischen 0 und b annehmen, da dann τ^2 wegen des Factors $b - a$ immer Null wird. Man erhält dann den von Mac Laurin untersuchten Fall, während sich für $w^2 = w'^2$ die beiden von Jacobi und Dedekind gefundenen Fälle ergeben.

Der eben behandelte Fall fällt für $b = a$ mit dem Falle (I) des vorigen Artikels zusammen und, wenn

$$\frac{w^2}{(b + c + 2a)(b - c + 2a)} = \frac{w'^2}{(b + c - 2a)(b - c - 2a)},$$

mit dem Falle (III). Von den bisher gefundenen vier Fällen, in denen das flüssige Ellipsoid während der Bewegung seine Form nicht ändert, hängen also diese drei Fälle stetig unter einander zusammen, während der Fall (II) isolirt bleibt.

8.

Die Untersuchung, ob ausser diesen vier Fällen noch andere vorhanden sind, in denen die Hauptaxen während der Bewegung constant bleiben, führt auf eine ziemlich weitläufige Rechnung, welche wir nur kurz andeuten wollen, da sie nur ein negatives Resultat liefert.

Aus der Voraussetzung, dass a, b, c constant sind, kann man zunächst leicht folgern, dass σ constant ist, indem man die drei ersten Differentialgleichungen (α), multiplicirt mit a, b, c, zu einander addirt und dann die Integralgleichung I, Art. 4, also den Satz von der Erhaltung der lebendigen Kraft, benutzt.

Durch Differentiation dieser drei Gleichungen erhält man dann ferner, wenn man die Werthe von $\frac{du}{dt}, \frac{du'}{dt}, \ldots, \frac{dw'}{dt}$ aus den sechs letzten Differentialgleichungen (α) einsetzt, die drei Gleichungen

$$(1)\quad \begin{aligned} (b - c)\,u\,(vw - v'w') + (b + c)\,u'\,(v'w - vw') &= 0 \\ (c - a)\,v\,(wu - w'u') + (c + a)\,v'\,(w'u - wu') &= 0 \\ (a - b)\,w\,(uv - u'v') + (a + b)\,w'\,(u'v - uv') &= 0, \end{aligned}$$

von denen eine eine Folge der übrigen ist.

I. Wenn nun keine von den sechs Grössen $u, u', \ldots, w'$ Null ist, folgt aus diesen Gleichungen die Gleichheit der folgenden drei Grössenpaare, deren Werthe wir durch $2a', 2b', 2c'$ bezeichnen wollen:

$$(a - c)\frac{v}{v'} + (a + c)\frac{v'}{v} = (a - b)\frac{w}{w'} + (a + b)\frac{w'}{w} = 2a'$$

$$(b - a)\frac{w}{w'} + (b + a)\frac{w'}{w} = (b - c)\frac{u}{u'} + (b + c)\frac{u'}{u} = 2b'$$

$$(c - b)\frac{u}{u'} + (c + b)\frac{u'}{u} = (c - a)\frac{v}{v'} + (c + a)\frac{v'}{v} = 2c'.$$

Es ergiebt sich dann $a'^2 - b'^2 = a^2 - b^2$, $b'^2 - c'^2 = b^2 - c^2$, so dass wir

$$aa - a'a' = bb - b'b' = cc - c'c' = \theta$$

setzen können, und aus den drei ersten Differentialgleichungen (α)

$$2\pi a' = \text{const.}, \quad 2\chi b' = \text{const.}, \quad 2\varrho c' = \text{const.},$$

wenn wir $vv' + ww'$, $ww' + uu'$, $uu' + vv'$ zur Abkürzung durch π, χ, ϱ bezeichnen. Aus diesen Gleichungen und der aus den Integralgleichungen II und III leicht herzuleitenden Gleichung

$$(a^2 - b^2)(a^2 - c^2)\pi + (b^2 - a^2)(b^2 - c^2)\chi + (c^2 - a^2)(c^2 - b^2)\varrho$$
$$= \tfrac{1}{4}(\omega^2 - \omega_,^2)$$

folgt, wenn nicht $a = b = c$, dass θ und folglich $u, u', \ldots, w'$ constant sein müssen. Es ergiebt sich aber leicht, dass dann die sechs letzten Differentialgleichungen (α) nicht erfüllt werden können; und hierdurch ist, wenn nicht alle drei Axen einander gleich sind, die Unzulässigkeit der Annahme, dass $u, u', \ldots, w'$ sämmtlich von Null verschieden sind, erwiesen.

Die Annahme $a = b = c$ würde auf den Fall einer ruhenden Kugel führen; u', v', w' ergeben sich $= 0$, u, v, w aber bleiben ganz willkürlich, was davon herrührt, dass die Lage der Axen in jedem Augenblicke willkürlich geändert werden kann.

II. Es bleibt also nur die Annahme übrig, dass eine der Grössen $u, u', \ldots, w'$ Null ist, und diese zieht, wie wir gleich sehen werden, immer die früher untersuchte Voraussetzung nach sich, dass eins der drei Grössenpaare u, u'; v, v'; w, w' verschwinde.

1. Wenn eine der Grössen u', v', w', z. B. $u' = 0$ ist, folgen aus (1) die Gleichungen

$$(b - c)uvw = 0, \quad (b - c)uv'w' = 0$$

und diese lassen nur eine von den folgenden Annahmen zu: erstens die früher untersuchte Voraussetzung, zweitens $b = c$, drittens $v = 0$ und $w' = 0$ oder $v' = 0$ und $w = 0$, was nicht wesentlich verschieden ist.

Wenn $b = c$, bleibt u ganz willkürlich und kann also auch $= 0$ gesetzt werden, wodurch der früher untersuchte Fall eintritt.

Wenn $v = 0$ und $w' = 0$, erhält man aus den Differentialgleichungen (α)

$$(b - c - 2a)uv'w = 0, \quad (c + a - 2b)uv'w = 0, \quad (a - b + 2c)uv'w = 0,$$

und, wenn man die erste dieser Gleichungen zur zweiten addirt,

$$-(a + b)uv'w = 0;$$

es muss also ausser den Grössen u', v, w' noch eine der Grössen u, v', w Null sein, wodurch wieder der früher untersuchte Fall eintritt.

2. Wenn endlich eine der Grössen u, v, w, z. B. $u = 0$ ist, folgt aus den Gleichungen (1)

$$u'v'w = 0\,, \quad u'vw' = 0$$

und diese Gleichungen führen entweder zu unserer früheren Voraussetzung, oder zu der Annahme, $u = v' = w' = 0$, welche von der eben untersuchten $u' = v = w' = 0$ nicht wesentlich verschieden ist, oder endlich zu der Annahme $u = v = w = 0$. Unter dieser Voraussetzung aber geben die Differentialgleichungen (α) $v'w' = w'u' = u'v' = 0$, und es müssen also noch zwei von den Grössen u', v', w' Null sein, was wieder den früher behandelten Fall liefert.

Es hat sich also ergeben, dass mit der Beständigkeit der Gestalt nothwendig eine Beständigkeit des Bewegungszustandes verbunden ist d. h., dass allemal, wenn die flüssige Masse fortwährend denselben Körper bildet, auch die relative Bewegung aller Theile dieses Körpers immerfort dieselbe bleibt. Die absolute Bewegung im Raume kann man sich in diesem Falle aus zwei einfacheren zusammengesetzt denken, indem man sich zuerst der flüssigen Masse eine innere Bewegung ertheilt denkt, bei welcher sich die Flüssigkeitstheilchen in ähnlichen, parallelen und auf einem Hauptschnitte senkrechten Ellipsen bewegen, und dann dem ganzen System eine gleichförmige Rotation um eine in diesem Hauptschnitte liegende Axe. Wenn dieser Hauptschnitt, wie oben angenommen, senkrecht zur Hauptaxe a ist, so sind die Cosinus der Winkel zwischen der Umdrehungsaxe und den Hauptaxen $0, \frac{h}{\omega}, \frac{k}{\omega}$ und die Umdrehungszeit $\frac{2\pi}{\sqrt{q^2 + r^2}}$. Ferner sind $0, b\frac{h_{,}}{\omega_{,}}, c\frac{k_{,}}{\omega_{,}}$ die auf die Hauptaxen bezogenen Coordinaten des Endpunkts der augenblicklichen Rotationsaxe, und bei der innern Bewegung sind die elliptischen Bahnen der Flüssigkeitstheilchen der in diesem Punkte an das Ellipsoid gelegten Tangentialebene parallel, so dass ihre Mittelpunkte in dieser Rotationsaxe liegen. Die Theilchen bewegen sich in diesen Bahnen so, dass die nach den Mittelpunkten gezogenen Radienvectoren in gleichen Zeiten gleiche Flächen durchstreichen, und durchlaufen sie in der Zeit $\frac{2\pi}{\sqrt{q_{,}^2 + r_{,}^2}}$.

9.

Wir kehren jetzt zurück zur Betrachtung der Bewegung der flüssigen Masse in dem Falle, wenn u, u'; v, v' fortwährend Null sind und also nur um eine Hauptaxe eine Rotation stattfindet, und bemerken zunächst, dass sich den Gleichungen (1) Art. 7, nach welchen sich die Hauptaxen in diesem Falle ändern, noch eine andere anschaulichere mechanische Bedeutung geben lässt. Man kann sie nämlich betrachten als die Gleichungen für die Bewegung eines materiellen Punktes (a, b, c) von der Masse 1, der gezwungen ist auf einer durch die Gleichung $abc = \text{const.}$ bestimmten Fläche zu bleiben und von Kräften getrieben wird, deren Potentialfunction der Grösse

$$\frac{\tau^2}{(a-b)^2} + \frac{\tau'^2}{(a+b)^2} - 2\varepsilon H$$

dem Werthe nach gleich und dem Zeichen nach entgegengesetzt ist.

Bezeichnen wir diese Grösse mit G, so lassen sich die Gleichungen für beide Bewegungen in die Form setzen:

$$(1) \qquad \frac{d^2a}{dt^2}\,\delta a + \frac{d^2b}{dt^2}\,\delta b + \frac{d^2c}{dt^2}\,\delta c + \delta G = 0$$

für alle unendlich kleinen Werthe von δa, δb, δc, welche der Bedingung $abc = \text{const.}$ genügen; und der Satz von der Erhaltung der mechanischen Kraft giebt

$$\tfrac{1}{2}\left(\left(\frac{da}{dt}\right)^2 + \left(\frac{db}{dt}\right)^2 + \left(\frac{dc}{dt}\right)^2\right) + G = \text{const.},$$

wonach der von der Formänderung der flüssigen Masse unabhängige Theil der mechanischen Kraft $= G$ ist.

Damit a, b, c und folglich Form und Bewegungszustand des flüssigen Ellipsoids constant bleiben, wenn $\frac{da}{dt}$, $\frac{db}{dt}$, $\frac{dc}{dt}$ Null sind, ist es offenbar nothwendig und hinreichend, dass die Variation erster Ordnung der Function G von den veränderlichen Grössen a, b, c, zwischen welchen die Bedingung $abc = \text{const.}$ stattfindet, verschwinde, was auf die Gleichungen (3) oder (4) und (5) des Art. 7 führt. Diese Beständigkeit des Bewegungszustandes wird aber nur eine labile sein, wenn der Werth der Function kein Minimumwerth ist; es lassen sich dann immer beliebig kleine Aenderungen des Zustandes der flüssigen Masse angeben, welche eine völlige Aenderung desselben zur Folge haben.

Die directe Untersuchung der Variation zweiter Ordnung für den Fall, wenn die Variation erster Ordnung der Function G verschwindet, würde sehr verwickelt werden; es lässt sich jedoch die Frage, ob die Function für diesen Fall einen Minimumwerth habe, auf folgendem Wege entscheiden.

Zunächst lässt sich leicht zeigen, dass die Function immer, welche Werthe auch τ^2, τ'^2 und a, b, c haben mögen, für ein System von Werthen der unabhängig veränderlichen Grössen ein Minimum haben müsse; es folgt dies offenbar aus den drei Umständen, dass erstens die Function G für den Grenzfall, wenn die Axen unendlich klein oder unendlich gross werden, sich einem Grenzwerth nähert, der nicht negativ ist, dass zweitens sich immer Werthe von a, b, c angeben lassen, für welche G negativ wird und dass drittens G nie negativ unendlich werden kann. Diese drei Eigenschaften der Function G ergeben sich aber aus bekannten Eigenschaften der Function H. Die Function H erhält ihren grössten Werth in dem Fall, wenn die flüssige Masse die Gestalt einer Kugel annimmt, nämlich den Werth $2\pi\varrho^2$, wenn ϱ den Radius dieser Kugel, also $\sqrt[3]{abc}$ bezeichnet; ferner wird H unendlich klein, wenn eine der Axen unendlich gross und folglich wenigstens Eine andere unendlich klein wird, jedoch so, dass, wenn b in's Unendliche wächst, Hb nicht unendlich klein wird, und folglich in der Function G, wenn nicht zugleich a in's Unendliche wächst, der negative Bestandtheil schliesslich immer den positiven überwiegt.

Wenn τ^2 nicht Null ist, muss schon unter den Werthen von a, b, c, welche der Bedingung $b > a$ genügen, ein Werthensystem enthalten sein, für welches die Function ein Minimum wird; denn dann sind die obigen drei Bedingungen, aus welchen die Existenz eines Minimums folgt, schon für dieses Grössengebiet erfüllt, da G auch für den Grenzfall $a = b$ nicht negativ wird.

Man kann nun ferner untersuchen, wie viele Lösungen die Gleichungen (3) Art. 7 zulassen, welche das Verschwinden der Variation erster Ordnung bedingen. Diese Untersuchung lässt sich leicht führen, wenn man die Werthe der aus ihnen sich ergebenden Ausdrücke für τ^2 und τ'^2 auch für complexe Werthe der Grössen a, b, c in Betracht zieht. Wir können jedoch diese Untersuchung in die gegenwärtige Abhandlung nicht aufnehmen und müssen uns begnügen, das Resultat derselben anzugeben, dessen wir in der Folge bedürfen.

Wenn τ^2 nicht Null ist, lassen die Gleichungen (3) auf jeder Seite von $b = a$ nur Eine Lösung zu; die Variation erster Ordnung verschwindet also auf jeder Seite dieser Gleichung nur für ein Werthensystem, und die Function G muss für dieses ihr Minimum haben, welches wir durch G^* bezeichnen wollen.

Wenn τ^2 Null ist, verschwindet die Variation erster Ordnung immer für $b = a$ und einen Werth von c, der für $\tau'^2 = 0$ gleich a ist und mit wachsendem τ'^2 beständig abnimmt. Die Variation zweiter Ordnung lässt sich für dieses Werthensystem leicht in die Form eines Aggregats von $(\delta a + \delta b)^2$ und $(\delta a - \delta b)^2$ setzen, und hierin ist der Coefficient von $(\delta a + \delta b)^2$ immer positiv, da die Function, wie aus den früheren Untersuchungen bekannt ist, unter allen Werthen, die sie für $b = a$ annehmen kann, hier ihren kleinsten Werth hat.

Der Coefficient von $(\delta a - \delta b)^2$ aber ist

$$\frac{\varepsilon\pi}{2}\int_0^\infty \frac{ds}{\Delta}\left(\frac{s-ab}{(a^2+s)(b^2+s)} + \frac{c^2}{ab(c^2+s)}\right),$$

also nur positiv, wenn $\frac{c}{a} > 0{,}303327\ldots$ und folglich $\tau'^2 < \varepsilon\pi\varrho^4 . 8{,}64004\ldots$, aber negativ, wenn $\frac{c}{a}$ diesen Werth überschreitet.

Die Function G hat also für dieses Werthensystem nur im ersten Falle ein Minimum (G^*), und die Untersuchung der Gleichungen (3) zeigt, dass die Variation erster Ordnung dann nur für dieses Werthensystem verschwindet; im letztern Falle aber hat sie einen Sattelwerth; sie muss dann nothwendig noch für zwei Werthensysteme ein Minimum (G^*) haben, und aus der Untersuchung der Gleichungen (3) folgt, dass die Variation erster Ordnung nur noch für zwei Werthensysteme verschwindet, welche durch Vertauschung von b und a aus einander erhalten werden.

Aus dieser Untersuchung ergiebt sich also, dass in dem schon seit Mac Laurin bekannten Falle der Rotation eines abgeplatteten Umdrehungsellipsoids um seine kleinere Axe die Beständigkeit des Bewegungszustandes nur labil ist, sobald das Verhältniss der kleinern Axe zu den andern kleiner ist als 0,303327 . . .; bei der geringsten Verschiedenheit der beiden andern würde in diesem Falle die flüssige Masse Form und Bewegungszustand völlig ändern und ein fortwährendes Schwanken um den Zustand eintreten, welcher dem Minimum der Function G entspricht. Dieser besteht in einer gleichförmigen Umdrehung eines ungleichaxigen Ellipsoids um seine kleinste Axe verbunden mit einer gleichgerichteten innern Bewegung, bei welcher die Theilchen sich in einander ähnlichen zur Umdrehungsaxe senkrechten Ellipsen bewegen. Die Umlaufszeit ist dabei der Umdrehungszeit gleich, so dass jedes Theilchen schon nach einer halben Umdrehung des Ellipsoids in seine Anfangslage zurückkehrt.

10.

Wenn die mechanische Kraft des Systems,

$$\tfrac{1}{2}\left(\left(\frac{da}{dt}\right)_0^2 + \left(\frac{db}{dt}\right)_0^2 + \left(\frac{dc}{dt}\right)_0^2\right) + G_0 = \Omega,$$

welche offenbar nicht kleiner als G^* sein kann, negativ ist, so kann die Form des Ellipsoids nur innerhalb eines endlichen durch die Ungleichheit $G \leqq \Omega$ begrenzten Gebiets fortwährend schwanken.

Für den Fall, dass $\Omega - G^*$ als unendlich klein betrachtet werden kann, können wir diese Schwankungen leicht untersuchen.

Denken wir uns in der Function G für c seinen Werth aus der Gleichung $abc = a_0 b_0 c_0$ substituirt, so giebt die Gleichung (1) des vorigen Artikels

$$\frac{d^2 a}{dt^2} - \frac{c}{a}\frac{d^2 c}{dt^2} + \frac{\partial G}{\partial a} = 0, \quad \frac{d^2 b}{dt^2} - \frac{c}{b}\frac{d^2 c}{dt^2} + \frac{\partial G}{\partial b} = 0.$$

Die Werthe von a, b, c können nun stets nur unendlich wenig von den Werthen, die dem Minimum von G entsprechen, abweichen, und wenn wir die Abweichungen zur Zeit t mit δa, δb, δc bezeichnen und die Glieder höherer Ordnung vernachlässigen, so erhalten wir zwischen diesen die Gleichungen

$$\frac{\delta a}{a} + \frac{\delta b}{b} + \frac{\delta c}{c} = 0$$

$$(1) \qquad \frac{d^2 \delta a}{dt^2} - \frac{c}{a}\frac{d^2 \delta c}{dt^2} + \frac{\partial^2 G}{\partial a^2}\delta a + \frac{\partial^2 G}{\partial a \partial b}\delta b = 0$$

$$\frac{d^2 \delta b}{dt^2} - \frac{c}{b}\frac{d^2 \delta c}{dt^2} + \frac{\partial^2 G}{\partial b^2}\delta b + \frac{\partial^2 G}{\partial a \partial b}\delta a = 0,$$

welchen man bekanntlich genügen kann, wenn man $\frac{d^2 \delta a}{dt^2} = -\mu\mu\delta a$, $\frac{d^2 \delta b}{dt^2} = -\mu\mu\delta b$, also auch $\frac{d^2 \delta c}{dt^2} = -\mu\mu\delta c$ setzt und dann die Constante $\mu\mu$ so bestimmt, dass Eine eine Folge der übrigen wird. Die letztere Bedingung für $\mu\mu$ kommt mit der Bedingung überein, den Ausdruck zweiten Grades von den Grössen δa, δb

$$2\delta^2 G - \mu\mu(\delta a^2 + \delta b^2 + \delta c^2)$$

zu einem Quadrat eines linearen Ausdrucks von diesen Grössen zu machen; und dieser genügen, da $\delta^2 G$ und $\delta a^2 + \delta b^2 + \delta c^2$ wesentlich positiv sind, immer zwei positive Werthe von $\mu\mu$, welche einander gleich werden, wenn $\delta^2 G$ und $\delta a^2 + \delta b^2 + \delta c^2$ sich nur durch einen constanten Factor unterscheiden. Diese beiden Werthe von $\mu\mu$ geben zwei Lösungen der Differentialgleichungen (1), bei denen sich $\delta a, \delta b, \delta c$ einer periodischen Function der Zeit von der Form $\sin(\mu t + \text{const.})$ proportional ändern, und aus denen sich ihre allgemeine Lösung zusammensetzen lässt.

Jede einzeln genommen liefert periodische unendlich kleine Oscillationen der Gestalt und des Bewegungszustandes. Hieraus würde freilich nur folgen, dass es zwei Arten von Oscillationen giebt, welche sich desto mehr periodischen nähern, je kleiner sie sind; es ergiebt sich jedoch die Existenz von endlichen periodischen Schwingungen aus folgender Betrachtung.

Wenn Ω negativ ist, muss offenbar a einen und denselben Werth mehr als einmal annehmen, und betrachten wir die Bewegung von dem Augenblicke an, wo a einen solchen Werth zum erstenmal annimmt, so wird die Bewegung durch die Anfangswerthe $\frac{da}{dt}$, $\frac{db}{dt}$ und b völlig bestimmt sein; es sind also auch die Werthe, welche diese Grössen erhalten, wenn a später wieder diesen Werth annimmt, Functionen von ihren Anfangswerthen. Diese Functionen wollen wir zusammengenommen durch χ bezeichnen. Die Bewegung wird periodisch sein, wenn ihre Werthe den Anfangswerthen gleich sind. In Folge der Gleichung $abc = \text{const.}$ und des Satzes von der lebendigen Kraft müssen aber, wenn b und $\frac{da}{dt}$ ihre Anfangswerthe wieder annehmen, auch c, $\frac{db}{dt}$ und $\frac{dc}{dt}$ wieder ihren Anfangswerthen gleich werden. Es sind also hierzu nur zwei Bedingungen zu erfüllen; und man kann, indem man die Derivirten der Functionen χ für den Fall unendlich kleiner Schwingungen bildet, zeigen, dass diese Bedingungsgleichungen sich nicht widersprechen und innerhalb eines endlichen Gebiets reelle Wurzeln haben.

Die Grössen a, b, c lassen sich für diesen Fall periodischer Schwingungen als Function der Zeit durch Fourier'sche Reihen ausdrücken, in welchen freilich sämmtliche Constanten, den von Dirichlet behandelten Fall ausgenommen, nur näherungsweise bestimmt werden können. Dieses kann z. B. dadurch geschehen, dass man die oben für den Fall unendlich kleiner Schwingungen gemachte Entwicklung auf Glieder höherer Ordnung ausdehnt.

Es schien uns der Mühe werth, diese Bewegungen, welche den Bewegungen, bei denen Gestalt und Bewegungszustand constant sind, an Einfachheit zunächst stehen, wenigstens einer oberflächlichen Betrachtung zu unterwerfen. Wir wollen nun die Untersuchung, welche wir im vorigen Artikel für den Fall, wenn nur um eine Hauptaxe eine Rotation stattfindet, ausgeführt haben, auf alle der Dirichlet'schen Voraussetzung genügenden Bewegungen ausdehnen.

11.

Um für diesen Zweck die Differentialgleichungen (α) in eine übersichtlichere Form zu bringen, wollen wir statt der Grössen $u, v, \ldots, w'$ die Grössen $g, h, \ldots, k_{,}$ einführen und die Bedeutung von G dahin verallgemeinern, dass wir dadurch den Ausdruck

$$\frac{1}{4}\left\{\begin{array}{l}\left(\frac{g+g_{,}}{b-c}\right)^2+\left(\frac{h+h_{,}}{c-a}\right)^2+\left(\frac{k+k_{,}}{a-b}\right)^2+\\ \left(\frac{g-g_{,}}{b+c}\right)^2+\left(\frac{h-h_{,}}{c+a}\right)^2+\left(\frac{k-k_{,}}{a+b}\right)^2\end{array}\right\}-2\varepsilon\pi\int_0^\infty\frac{a_0b_0c_0\,ds}{\sqrt{(a^2+s)(b^2+s)(c^2+s)}},$$

also auch jetzt den von der Formänderung unabhängigen Theil der mechanischen Kraft bezeichnen.

Es wird dann

$$p = \frac{\partial G}{\partial g},\ q = \frac{\partial G}{\partial h},\ r = \frac{\partial G}{\partial k}$$

$$p_{,} = \frac{\partial G}{\partial g_{,}},\ q_{,} = \frac{\partial G}{\partial h_{,}},\ r_{,} = \frac{\partial G}{\partial k_{,}}$$

und die letzten sechs Differentialgleichungen (α) lassen sich daher in die Form setzen

$$(1)\qquad \begin{aligned} \frac{dg}{dt} &= h\frac{\partial G}{\partial k} - k\frac{\partial G}{\partial h}, & \frac{dg_{,}}{dt} &= h_{,}\frac{\partial G}{\partial k_{,}} - k_{,}\frac{\partial G}{\partial h_{,}} \\ \frac{dh}{dt} &= k\frac{\partial G}{\partial g} - g\frac{\partial G}{\partial k}, & \frac{dh_{,}}{dt} &= k_{,}\frac{\partial G}{\partial g_{,}} - g_{,}\frac{\partial G}{\partial k_{,}} \\ \frac{dk}{dt} &= g\frac{\partial G}{\partial h} - h\frac{\partial G}{\partial g}, & \frac{dk_{,}}{dt} &= g_{,}\frac{\partial G}{\partial h_{,}} - h_{,}\frac{\partial G}{\partial g_{,}}, \end{aligned}$$

während die drei ersten in

$$(2)\quad \frac{d^2a}{dt^2} + \frac{\partial G}{\partial a} - 2\frac{\sigma}{a} = 0,\ \frac{d^2b}{dt^2} + \frac{\partial G}{\partial b} - 2\frac{\sigma}{b} = 0,\ \frac{d^2c}{dt^2} + \frac{\partial G}{\partial c} - 2\frac{\sigma}{c} = 0$$

übergehen. Wir bemerken zugleich, dass aus der Integralgleichung II, wenn $\omega = 0$, drei Integralgleichungen, $g = 0$, $h = 0$, $k = 0$, folgen, d. h., dass diese Grössen immer Null bleiben, wenn sie anfangs Null sind. Dasselbe gilt natürlich auch von den Grössen $g_{,}$, $h_{,}$, $k_{,}$.

Aus den Differentialgleichungen (1) und (2) ist nun leicht ersichtlich, dass das Verschwinden der Variation erster Ordnung der Function G von den neun veränderlichen Grössen $a, b, \ldots, k_{,}$, zwischen welchen die drei Bedingungen

$$abc = \text{const.},\quad g^2 + h^2 + k^2 = \omega^2,\quad g_{,}^2 + h_{,}^2 + k_{,}^2 = \omega_{,}^2$$

stattfinden, nothwendig und hinreichend ist, damit

$$\frac{d^2a}{dt^2},\ \frac{d^2b}{dt^2},\ \frac{d^2c}{dt^2},\ \frac{dg}{dt},\ \ldots,\ \frac{dk_{,}}{dt}$$

Null werden und also Gestalt und Bewegungszustand des Ellipsoids constant bleiben, wenn $\frac{da}{dt}$, $\frac{db}{dt}$, $\frac{dc}{dt}$ Null sind. Die Fälle, in denen dieses stattfindet, haben wir früher vollständig erörtert. Es ergiebt sich nun aber auch hier wieder leicht, dass die Function G wenigstens für Ein System von Werthen der unabhängig veränderlichen Grössen ein Minimum haben müsse, da sie für den alleinigen Grenzfall, wenn die Axen unendlich gross oder unendlich klein werden, gegen einen Grenzwerth convergirt, der nicht negativ ist, und, wie wir schon gesehen haben, immer für gewisse Werthe der unabhängig veränderlichen Grössen negativ wird, ohne je negativ unendlich zu werden. Für den einem solchen Minimum entsprechenden constanten Bewegungszustand folgt aus dem Satz von der Erhaltung der lebendigen Kraft, dass jede der Dirichlet'schen Voraussetzung genügende unendlich kleine Abweichung von demselben nur unendlich kleine Schwankungen zur Folge hat, während in jedem andern Falle die Beständigkeit der Gestalt und des Bewegungszustandes nur labil ist. Die Aufsuchung der einem Minimum von G entsprechenden Bewegungszustände ist nicht bloss für die Bestimmung der möglichen stabilen Formen einer bewegten flüssigen und schweren Masse wichtig, sondern würde auch für die Integration unserer Differentialgleichungen durch unendliche Reihen die Grundlage bilden müssen; wir wollen daher jetzt untersuchen, in welchen von den Fällen, wo ihre Variation erster Ordnung verschwindet, die Function G ein Minimum hat. Aus jedem von den früher gefundenen Fällen, in denen das Ellipsoid seine Form behält, erhält man zwar durch Vertauschung der Axen und Aenderungen in den Zeichen der Grössen $g, h, \ldots, k_,$ mehrere Systeme von Werthen der Grössen $a, b, \ldots, k_,$, welche das Verschwinden der Variation erster Ordnung der Function G bewirken; wir können aber diese hier zusammenfassen, da die Function G für alle denselben Werth hat und in Bezug auf unsere Frage von allen dasselbe gilt.

Ehe wir die einzelnen Fälle betrachten, müssen wir ferner noch bemerken, dass die Untersuchung, wenn ω oder $\omega_,$ Null ist, eine besondere einfachere Gestalt annimmt, indem dann g, h, k oder $g_,, h_,, k_,$ aus der Function G ganz herausfallen. Die frühere Untersuchung der constanten Bewegungszustände giebt nur zwei wesentlich verschiedene Fälle, in denen eine dieser beiden Grössen Null wird. In dem im Art. 6 behandelten Falle kann dies nur eintreten, wenn

$$\frac{w'^2}{w^2} = \frac{(2a-b-c)(2a-b+c)}{(2a+b+c)(2a+b-c)} = \left(\frac{a-b}{a+b}\right)^4,$$

also der Ausdruck

$$(3) \qquad b^2c^2 + a^2b^2 + a^2c^2 - 3a^4,$$

den wir durch E bezeichnen wollen, Null ist; und dann ergiebt sich in der That ω oder $\omega_,$ gleich Null. Die Gleichung $E = 0$ liefert aber nach a aufgelöst nur eine positive Wurzel, die zwischen $\frac{b+c}{2}$ und b liegt, und kann also nur im Falle (I) erfüllt werden. Ausser diesem Falle giebt noch der im Art. 7 untersuchte Fall ω oder $\omega_,$ gleich Null, wenn $\tau^2 = \tau'^2$.

Es lässt sich nun zunächst zeigen, dass in den Fällen (I), (II) und (III) die Function G keinen Minimumwerth haben kann, weil sich immer, während a, b, c constant bleiben, die Grössen $g, h, \ldots, k_,$ so ändern lassen, dass der Werth der Function noch abnimmt. Da

g und $g_{,}$ Null und $h, h_{,}, k, k_{,}$, den Fall $E=0$ ausgenommen, nicht Null sind, so finden zwischen den Variationen dieser Grössen die Bedingungen statt

$$\delta g^2 + 2h\delta h + 2k\delta k = 0, \qquad \delta g_{,}^2 + 2h_{,}\delta h_{,} + 2k_{,}\delta k_{,} = 0$$

und die Variation von G wird

$$\tfrac{1}{4}\left(\left(\frac{\delta g + \delta g_{,}}{b-c}\right)^2 + \left(\frac{\delta g - \delta g_{,}}{b+c}\right)^2\right) + \frac{\partial G}{\partial h}\delta h + \frac{\partial G}{\partial k}\delta k + \frac{\partial G}{\partial h_{,}}\delta h_{,} + \frac{\partial G}{\partial k_{,}}\delta k_{,}$$

oder da

$$\frac{\partial G}{\partial h} : \frac{\partial G}{\partial k} = h : k, \qquad \frac{\partial G}{\partial h_{,}} : \frac{\partial G}{\partial k_{,}} = h_{,} : k_{,}$$

$$(4)\quad \delta G = \tfrac{1}{4}\left(\left(\frac{\delta g + \delta g_{,}}{b-c}\right)^2 + \left(\frac{\delta g - \delta g_{,}}{b+c}\right)^2\right) - \frac{1}{2h}\frac{\partial G}{\partial h}\delta g^2 - \frac{1}{2h_{,}}\frac{\partial G}{\partial h_{,}}\delta g_{,}^2.$$

Bildet man die Determinante dieses Ausdrucks zweiten Grades von δg und $\delta g_{,}$ und substituirt darin die aus Art. 6 (1) sich ergebenden Werthe

$$(5)\quad \begin{aligned} \frac{2h}{q} &= b^2 + c^2 - 2a^2 \pm \sqrt{(4a^2 - (b+c)^2)(4a^2 - (b-c)^2)} \\ \frac{2h_{,}}{q_{,}} &= b^2 + c^2 - 2a^2 \mp \sqrt{(4a^2 - (b+c)^2)(4a^2 - (b-c)^2)} \end{aligned}$$

und folglich $\frac{hh_{,}}{qq_{,}} = E$, so findet sich diese

$$= \frac{3(a^2 - b^2)(a^2 - c^2)}{4E(b^2 - c^2)^2}.$$

Sie ist also positiv im Falle (I), wenn $E < 0$, und im Falle (III), aber negativ im Falle (I), wenn $E = 0$, und im Falle (II). In den beiden ersteren Fällen kann daher der Ausdruck (4) sowohl positive, als negative Werthe annehmen, in den beiden andern aber entweder nur positive, oder nur negative. Er erhält aber für $\delta g_{,} = -\delta g$ den Werth

$$\delta g^2\left(\frac{1}{(b+c)^2} - \frac{b^2 + c^2 - 2a^2}{2E}\right),$$

welcher unter den in diesen Fällen geltenden Voraussetzungen immer negativ ist, wie man leicht sieht, wenn man ihn in die Form setzt

$$-\frac{(b^2 + c^2 - 2a^2)(b^2 + 4bc + c^2 + 2a^2) + (4a^2 - (b+c)^2)(4a^2 - (b-c)^2)}{4(b+c)^2 E}\delta g^2$$

und bemerkt, dass $b^2 + c^2 - 2a^2$ stets positiv ist, wenn $E \geq 0$.

Wenn eine der beiden Grössen ω oder $\omega_{,}$, z. B. $\omega_{,} = 0$ ist, wird die Bedingungsgleichung zwischen $\delta g_{,}, \delta h_{,}, \delta k_{,}$

$$\delta g_{,}^2 + \delta h_{,}^2 + \delta k_{,}^2 = 0;$$

der Ausdruck der Variation von G reducirt sich folglich auf

$$\delta G = \tfrac{1}{2}\left(\frac{b^2+c^2}{(b^2-c^2)^2} - \frac{q}{h}\right)\delta g^2$$

und aus (5) erhält man, da $\frac{2h_{,}}{q_{,}} = 0$,

$$\frac{h}{q} = b^2 + c^2 - 2a^2.$$

Durch Einsetzung dieses Werthes ergiebt sich

$$\delta G = -\frac{(b^2+c^2)(4a^2-(b+c)^2)+(b-c)^2(b^2+4bc+c^2)}{4(b^2-c^2)^2(b^2+c^2-2a^2)}\delta g^2$$

also negativ, da $b^2+c^2-2a^2$ und $4a^2-(b+c)^2$ in diesem Falle positiv sind.

In allen diesen Fällen hat also die Function G keinen Minimumwerth, und wir haben nun nur noch den Fall des Art. 7 zu betrachten, wobei wir den singulären Fall, wo $b = a$ und $\tau'^2 > \varepsilon\pi\varrho^4 \cdot 8{,}64004\ldots$, ganz ausschliessen können. Wenn eine der beiden Grössen ω^2 oder $\omega_{,}^2$ Null ist, liefert dieser Fall für jeden gegebenen Werth der andern Grösse nur Einen constanten Bewegungszustand, für welchen $\tau^2 = \tau'^2$, und die Function G muss dann für diesen ihr Minimum haben. Für je zwei gegebene von Null verschiedene Werthe von ω^2 und $\omega_{,}^2$ aber liefert dieser Fall zwei constante Bewegungszustände der flüssigen Masse, die durch Vertauschung von τ^2 und τ'^2 in einander übergehen; denn man kann, um τ^2 und τ'^2 aus ω^2 und $\omega_{,}^2$ zu bestimmen,

$$\tau = \frac{\omega+\omega_{,}}{2}, \quad \tau' = \frac{\omega-\omega_{,}}{2}$$

setzen und dabei die Zeichen von ω und $\omega_{,}$ beliebig wählen.

Man kann aber leicht zeigen, dass in dem einen Falle, wenn ω und $\omega_{,}$ gleiche Zeichen haben und also τ^2 den grösseren Werth hat, kein Minimum von G stattfindet. Die Bedingungen aus den Variationen der Grössen $g, h, \ldots, k_{,}$ sind jetzt

$$\delta g^2 + \delta h^2 + 2k\delta k = 0, \quad \delta g_{,}^2 + \delta h_{,}^2 + 2k_{,}\delta k_{,} = 0,$$

und die Variation von G wird daher

$$\frac{1}{4}\left\{\begin{matrix}\left(\frac{\delta g+\delta g_{,}}{b-c}\right)^2+\left(\frac{\delta h+\delta h_{,}}{c-a}\right)^2+\\ \left(\frac{\delta g-\delta g_{,}}{b+c}\right)^2+\left(\frac{\delta h-\delta h_{,}}{c+a}\right)^2\end{matrix}\right\} - \frac{1}{4}\left\{\begin{matrix}\left(\frac{1+\frac{\omega_{,}}{\omega}}{(a-b)^2}+\frac{1-\frac{\omega}{\omega}}{(a+b)^2}\right)(\delta g^2+\delta h^2)+\\ \left(\frac{1+\frac{\omega}{\omega_{,}}}{(a-b)^2}+\frac{1-\frac{\omega}{\omega_{,}}}{(a+b)^2}\right)(\delta g_{,}^2+\delta h_{,}^2)\end{matrix}\right\}.$$

Diese aber erhält einen negativen Werth, wenn ω und $\omega_{,}$ gleiche Zeichen haben und $\delta h = \delta h_{,} = 0$, $\delta g_{,} = -\delta g$ angenommen wird; denn es ergiebt sich

$$\delta G = \left\{\frac{1}{(b+c)^2} - \frac{1}{(b+a)^2} + \left(\frac{1}{(b+a)^2} - \frac{1}{(b-a)^2}\right)\frac{(\omega+\omega_{,})^2}{4\omega\omega_{,}}\right\}\delta g^2$$

und hierin ist $\frac{1}{(b+a)^2} < \frac{1}{(b-a)^2}$ und auch $\frac{1}{(b+c)^2} < \frac{1}{(b+a)^2}$, da für $c \leqq a$ nach Art. 7 (3) $\frac{\tau'^2}{(b+a)^3} \geqq \frac{\tau^2}{(b-a)^3}$, folglich $\tau'^2 > \tau^2$ ist und also τ^2 nur grösser als τ'^2 sein kann, wenn $c > a$.

Die Function hat also auch in diesem Falle kein Minimum und muss folglich in dem allein noch übrig bleibenden Falle ihr Minimum haben.

Dieses findet demnach statt für die im Art. 7 betrachtete Bewegung, wenn $\tau^2 \leqq \tau'^2$ (den oben angegebenen singulären Fall ausgenommen); und in diesem Falle würde daher, während in allen andern Fällen die Beständigkeit der Gestalt und des Bewegungszustandes nur labil ist, jede der Dirichlet'schen Voraussetzung genügende unendlich kleine Aenderung in der Gestalt und dem Bewegungszustande der flüssigen Masse nur unendlich kleine Schwankungen zur Folge haben. Hieraus folgt freilich nicht, dass der Zustand der flüssigen Masse in diesem Falle stabil ist. Die Untersuchung, unter welchen Bedingungen dieses stattfindet, würde sich wohl, da sie auf lineare Differentialgleichungen führt, mit bekannten Mitteln ausführen lassen. Wir müssen jedoch auf die Behandlung dieser Frage in dieser Abhandlung verzichten, die nur der weiteren Entwicklung des schönen Gedankens gewidmet ist, mit welchem Dirichlet seine wissenschaftliche Thätigkeit gekrönt hat.

14 *

XI.

Ueber das Verschwinden der Theta-Functionen.

(Aus Borchardt's Journal für reine und angewandte Mathematik, Bd. 65. 1865.)

Die zweite Abtheilung meiner im 54. Bande des mathematischen Journals erschienenen Theorie der Abel'schen Functionen enthält den Beweis eines Satzes über das Verschwinden der ϑ-Functionen, welchen ich sogleich wieder anführen werde, indem ich dabei die in jener Abhandlung angewandten Bezeichnungen als dem Leser bekannt voraussetze. Alles in der Abhandlung noch Folgende enthält kurze Andeutungen über die Anwendung dieses Satzes, welcher bei unserer Methode, die sich auf die Bestimmung der Functionen durch ihre Unstetigkeiten und ihr Unendlichwerden stützt, wie man leicht sieht, die Grundlage der Theorie der Abel'schen Functionen bilden muss. Bei dem Satze selbst und dessen Beweis ist jedoch der Umstand nicht gehörig berücksichtigt worden, dass die ϑ-Function durch die Substitution der Integrale algebraischer Functionen Einer Veränderlichen identisch, d. h. für jeden Werth dieser Veränderlichen, verschwinden kann. Diesem Mangel abzuhelfen ist die folgende kleine Abhandlung bestimmt.

Bei der Darstellung der Untersuchungen über ϑ-Functionen mit einer unbestimmten Anzahl von Variablen macht sich das Bedürfniss einer abkürzenden Bezeichnung einer Reihe, wie

$$v_1, v_2, \ldots, v_m$$

geltend, sobald der Ausdruck von v_ν durch ν complicirt ist. Man könnte dieses Zeichen ganz analog den Summen- und Productenzeichen bilden; eine solche Bezeichnung würde aber zu viel Raum wegnehmen und innerhalb der Functionszeichen unbequem für den Druck sein; ich ziehe es daher vor

$$v_1, v_2, \ldots, v_m \text{ durch } \begin{pmatrix} m \\ \nu \; (v_\nu) \\ 1 \end{pmatrix}$$

zu bezeichnen, also

$$\vartheta(v_1, v_2, \ldots, v_p) \quad \text{durch} \quad \vartheta \begin{pmatrix} p \\ \nu \; (v_\nu) \\ 1 \end{pmatrix}.$$

1.

Wenn man in der Function $\vartheta(v_1, v_2, \ldots, v_p)$ für die p Veränderlichen v die p Integrale $u_1 - e_1, u_2 - e_2, \ldots, u_p - e_p$ algebraischer wie die Fläche T verzweigter Functionen von z substituirt, so erhält man eine Function von z, welche in der ganzen Fläche T ausser den Linien b sich stetig ändert, beim Uebertritt von der negativen auf die positive Seite der Linie b_ν aber den Factor $e^{-u_\nu^+ - u_\nu^- + 2e_\nu}$ erlangt. Wie im §. 22 bewiesen worden ist, wird diese Function, wenn sie nicht für alle Werthe von z verschwindet, nur für p Punkte der Fläche T unendlich klein von der ersten Ordnung. Diese Punkte wurden durch $\eta_1, \eta_2, \ldots, \eta_p$ bezeichnet, und der Werth der Function u_ν im Punkte η_μ durch $\alpha_\nu^{(\mu)}$. Es ergab sich dann nach den $2p$ Modulsystemen der ϑ-Function die Congruenz

$$(1)\quad (e_1, e_2, \ldots, e_p) \equiv \left(\sum_1^p \alpha_1^{(\mu)} + K_1, \sum_1^p \alpha_2^{(\mu)} + K_2, \ldots, \sum_1^p \alpha_p^{(\mu)} + K_p\right),$$

worin die Grössen K von den bis dahin noch willkürlichen additiven Constanten in den Functionen u abhingen, aber von den Grössen e und den Punkten η unabhängig waren.

Führt man die dort angegebene Rechnung aus, so findet sich

$$(2)\qquad 2K_\nu = \sum \frac{1}{\pi i} \int (u_\nu^+ + u_\nu^-)\, du_{\nu'} - \varepsilon_\nu \pi i - \sum_{\mu=1}^{\mu=p} \varepsilon'_\mu a_{\mu,\nu}.$$

In diesem Ausdrucke ist das Integral $\int (u_\nu^+ + u_\nu^-)\, du_{\nu'}$ positiv durch $b_{\nu'}$ auszudehnen, und in der Summe sind für ν' alle Zahlen von 1 bis p ausser ν zu setzen; $\varepsilon_\nu = \pm 1$, je nachdem das Ende von l_ν auf der positiven oder negativen Seite von a_ν liegt, und $\varepsilon'_\nu = \pm 1$, je nachdem dasselbe auf der positiven oder negativen Seite von b_ν liegt. Die Bestimmung der Vorzeichen ist übrigens nur nöthig, wenn die Grössen e nach den in §. 22 gegebenen Gleichungen aus den Unstetigkeiten von $\log \vartheta$ völlig bestimmt werden sollen; die obige Congruenz (1) bleibt richtig, welche Vorzeichen man wählen mag.

Wir behalten zunächst die dort gemachte vereinfachende Voraussetzung bei, dass die additiven Constanten in den Functionen u so bestimmt werden, dass die Grössen K sämmtlich gleich Null sind. Um die so gewonnenen Resultate schliesslich von dieser beschränkenden Voraussetzung zu befreien, hat man offenbar nur nöthig, überall in den ϑ-Functionen zu den Argumenten $-K_1, -K_2, \ldots, -K_p$ hinzuzufügen.

Wenn also die Function $\vartheta(u_1 - e_1, u_2 - e_2, \ldots, u_p - e_p)$ für die p Punkte $\eta_1, \eta_2, \ldots, \eta_p$ verschwindet *und nicht identisch für jeden Werth von z verschwindet,* so ist

$$(e_1, e_2, \ldots, e_p) \equiv \left(\sum_1^p \alpha_1^{(\mu)}, \sum_1^p \alpha_2^{(\mu)}, \ldots, \sum_1^p \alpha_p^{(\mu)}\right).$$

Dieser Satz gilt für ganz beliebige Werthe der Grössen e, und wir haben hieraus, indem wir den Punkt (s, z) mit dem Punkte η_p zusammenfallen liessen, geschlossen, dass

$$\vartheta\left(-\sum_1^{p-1} \alpha_1^{(\mu)}, -\sum_1^{p-1} \alpha_2^{(\mu)}, \ldots, -\sum_1^{p-1} \alpha_p^{(\mu)}\right) = 0,$$

oder da die ϑ-Function gerade ist,

$$\vartheta\left(\sum_1^{p-1} \alpha_1^{(\mu)}, \sum_1^{p-1} \alpha_2^{(\mu)}, \ldots, \sum_1^{p-1} \alpha_p^{(\mu)}\right) = 0,$$

welches auch die Punkte $\eta_1, \eta_2, \ldots, \eta_{p-1}$ seien.

2.

Der Beweis dieses Satzes bedarf jedoch einer Vervollständigung wegen des Umstandes, dass die Function

$$\vartheta(u_1 - e_1, u_2 - e_2, \ldots, u_p - e_p)$$

identisch verschwinden kann (was in der That bei jedem System von gleich verzweigten algebraischen Functionen für gewisse Werthe der Grössen e eintritt).

Wegen dieses Umstandes muss man sich begnügen, zunächst zu zeigen, dass der Satz richtig bleibt, während die Punkte η unabhängig von einander innerhalb endlicher Grenzen ihre Lage ändern. Hieraus folgt dann die allgemeine Richtigkeit des Satzes nach dem Principe, dass eine Function einer complexen Grösse nicht innerhalb eines endlichen Gebiets gleich Null sein kann, ohne überall gleich Null zu sein.

Wenn z gegeben ist, so können die Grössen $e_1, e_2, \ldots, e_p$ immer so gewählt werden, dass

$$\vartheta(u_1 - e_1, u_2 - e_2, \ldots, u_p - e_p)$$

nicht verschwindet; denn sonst müsste die Function $\vartheta(v_1, v_2, \ldots, v_p)$ für jedwede Werthe der Grössen v verschwinden, und folglich müssten in ihrer Entwicklung nach ganzen Potenzen von $e^{2v_1}, e^{2v_2}, \ldots, e^{2v_p}$ sämmtliche Coefficienten gleich Null sein, was nicht der Fall ist. Die Grössen e können sich dann von einander unabhängig innerhalb endlicher Grössengebiete ändern, ohne dass die Function

$$\vartheta(u_1 - e_1, u_2 - e_2, \ldots, u_p - e_p)$$

für diesen Werth von z verschwindet. Oder mit anderen Worten: man kann immer ein Grössengebiet E von $2p$ Dimensionen angeben, innerhalb dessen sich das System der Grössen e bewegen kann, ohne dass die Function

$$\vartheta(u_1 - e_1, u_2 - e_2, \ldots, u_p - e_p)$$

für diesen Werth von z verschwindet. Sie wird also nur für p Lagen von (s, z) unendlich klein von der ersten Ordnung, und bezeichnet man diese Punkte durch $\eta_1, \eta_2, \ldots, \eta_p$, so ist

$$(1) \qquad (e_1, e_2, \ldots, e_p) \equiv \left(\sum_1^p \alpha_1^{(\mu)}, \sum_1^p \alpha_2^{(\mu)}, \ldots, \sum_1^p \alpha_p^{(\mu)}\right).$$

Jeder Bestimmungsweise des Systems der Grössen e innerhalb E oder jedem Punkte von E entspricht dann eine Bestimmungsweise der Punkte η, deren Gesammtheit ein dem Grössengebiete E entsprechendes Grössengebiet H bildet. In Folge der Gleichung (1) entspricht jedem Punkte von H aber auch nur ein Punkt von E; hätte also H nur $2p - 1$, oder weniger Dimensionen, so würde E nicht $2p$ Dimensionen haben können. Es hat folglich H $2p$ Dimensionen. Die Schlüsse, auf welche sich unser Satz stützt, bleiben daher anwendbar für beliebige Lagen der Punkte η innerhalb endlicher Gebiete, und die Gleichung

$$\vartheta\left(-\sum_1^{p-1} \alpha_1^{(\mu)}, -\sum_1^{p-1} \alpha_2^{(\mu)}, \ldots, -\sum_1^{p-1} \alpha_p^{(\mu)}\right) = 0$$

gilt für beliebige Lagen der Punkte $\eta_1, \eta_2, \ldots, \eta_{p-1}$ innerhalb endlicher Gebiete und folglich allgemein.

3.

Hieraus folgt, dass sich das Grössensystem $(e_1, e_2, \ldots, e_p)$ immer und nur auf eine Weise congruent einem Ausdrucke von der Form $\left(\begin{smallmatrix} p \\ \nu \\ 1 \end{smallmatrix}\left(\sum_1^p \alpha_\nu^{(\mu)}\right)\right)$ setzen lässt, wenn $\vartheta\left(\begin{smallmatrix} p \\ \nu \\ 1 \end{smallmatrix}(u_\nu - e_\nu)\right)$ nicht für jeden Werth von z verschwindet; denn liessen sich die Punkte $\eta_1, \eta_2, \ldots, \eta_p$ auf mehr als eine Weise so bestimmen, dass der Congruenz

$$\left(\begin{smallmatrix} p \\ \nu \\ 1 \end{smallmatrix}(e_\nu)\right) \equiv \left(\begin{smallmatrix} p \\ \nu \\ 1 \end{smallmatrix}\left(\sum_1^p \alpha_\nu^{(\mu)}\right)\right)$$

genügt wäre, so würde nach dem eben bewiesenen Satze die Function $\vartheta\left(\begin{smallmatrix} p \\ \nu \\ 1 \end{smallmatrix}(u_\nu - e_\nu)\right)$ für mehr als p Punkte verschwinden, ohne identisch gleich Null zu sein, was unmöglich ist.

Wenn $\vartheta\begin{pmatrix}p\\ \nu\,(u_\nu - e_\nu)\\ 1\end{pmatrix}$ identisch verschwindet, muss man, um $\begin{pmatrix}p\\ \nu\,(e_\nu)\\ 1\end{pmatrix}$ in die obige Form zu setzen,

$$\vartheta\begin{pmatrix}p\\ \nu\,(u_\nu + \alpha_\nu^{(1)} - u_\nu^{(1)} - e_\nu)\\ 1\end{pmatrix}$$

betrachten, und wenn diese Function identisch für jeden Werth z, ζ_1, z_1 verschwindet, die Function

$$\vartheta\begin{pmatrix}p\\ \nu\left(u_\nu + \sum_1^2 \alpha_\nu^{(\mu)} - \sum_1^2 u_\nu^{(\mu)} - e_\nu\right)\\ 1\end{pmatrix}.$$

(1) Wir nehmen an, dass

$$\vartheta\begin{pmatrix}p\\ \nu\left(\sum_1^m \alpha_\nu^{(p+2-\mu)} - \sum_1^{m-1} u_\nu^{(p-\mu)} - e_\nu\right)\\ 1\end{pmatrix}$$

identisch verschwindet,

$$\vartheta\begin{pmatrix}p\\ \nu\left(\sum_1^{m+1} \alpha_\nu^{(p+2-\mu)} - \sum_1^{m} u_\nu^{(p-\mu)} - e_\nu\right)\\ 1\end{pmatrix}$$

aber nicht identisch verschwindet.

Diese letztere Function verschwindet dann, als Function von ζ_{p+1} betrachtet, für $\varepsilon_{p-1}, \varepsilon_{p-2}, \ldots, \varepsilon_{p-m}$, ausserdem also noch für $p-m$ Punkte, und bezeichnet man diese mit $\eta_1, \eta_2, \ldots, \eta_{p-m}$, so ist

$$\begin{pmatrix}p\\ \nu\left(-\sum_{p-m+1}^{p} \alpha_\nu^{(\mu)} + e_\nu\right)\\ 1\end{pmatrix} \equiv \begin{pmatrix}p\\ \nu\left(\sum_1^{p-m} \alpha_\nu^{(\mu)}\right)\\ 1\end{pmatrix}$$

und diese Punkte $\eta_1, \eta_2, \ldots, \eta_{p-m}$ können nur auf eine Weise so bestimmt werden, dass diese Congruenz erfüllt wird, weil sonst die Function für mehr als p Punkte verschwinden würde. Dieselbe Function verschwindet, als Function von z_{p-1} betrachtet, ausser für

$$\eta_{p+1}, \eta_p, \ldots, \eta_{p-m+1}$$

noch für $p-m-1$ Punkte, und bezeichnet man diese durch

$$\varepsilon_1, \varepsilon_2, \ldots, \varepsilon_{p-m-1},$$

so ist

$$\begin{pmatrix}p\\ \nu\left(-\sum_{p-m}^{p-2} u_\nu^{(\mu)} - e_\nu\right)\\ 1\end{pmatrix} \equiv \begin{pmatrix}p\\ \nu\left(\sum_1^{p-m-1} u_\nu^{(\mu)}\right)\\ 1\end{pmatrix},$$

und die Punkte $\varepsilon_1, \varepsilon_2, \ldots, \varepsilon_{p-m-1}$ sind durch diese Congruenz völlig bestimmt.

Unter der gemachten Voraussetzung (1) können also, um den Congruenzen

$$(2)\qquad \begin{pmatrix} p \\ \nu\ (e_\nu) \\ 1 \end{pmatrix} \equiv \begin{pmatrix} p \\ \nu \left(\sum_1^p \alpha_\nu^{(\mu)}\right) \\ 1 \end{pmatrix}$$

und

$$(3)\qquad \begin{pmatrix} p \\ \nu\ (-e_\nu) \\ 1 \end{pmatrix} \equiv \begin{pmatrix} p \\ \nu \left(\sum_1^{p-2} u_\nu^{(\mu)}\right) \\ 1 \end{pmatrix}$$

zu genügen, m von den Punkten η und $m-1$ von den Punkten ε beliebig gewählt werden, dadurch aber sind die übrigen bestimmt. Offenbar gelten diese Sätze auch umgekehrt, d. h. die Function verschwindet, wenn eine dieser Bedingungen erfüllt ist. Wenn also die Congruenz (2) auf mehr als eine Weise lösbar ist, so ist auch die Congruenz (3) lösbar, und wenn von den Punkten η m, aber nicht mehr, beliebig gewählt werden können, so können von den Punkten ε $m-1$ beliebig gewählt werden und dadurch sind die übrigen bestimmt, und umgekehrt.

Auf ganz ähnlichem Wege ergiebt sich, dass, wenn

$$\vartheta \begin{pmatrix} p \\ \nu\ (r_\nu) \\ 1 \end{pmatrix} = 0$$

ist, die Congruenzen

$$(4)\qquad \begin{pmatrix} p \\ \nu\ (r_\nu) \\ 1 \end{pmatrix} \equiv \begin{pmatrix} p \\ \nu \left(\sum_1^{p-1} \alpha_\nu^{(\mu)}\right) \\ 1 \end{pmatrix},$$

$$(5)\qquad \begin{pmatrix} p \\ \nu\ (-r_\nu) \\ 1 \end{pmatrix} \equiv \begin{pmatrix} p \\ \nu \left(\sum_1^{p-1} u_\nu^{(\mu)}\right) \\ 1 \end{pmatrix}$$

immer lösbar sind; und zwar können sowohl von den Punkten η als von den Punkten ε m beliebig gewählt werden, und es sind dadurch die übrigen $p-1-m$ bestimmt, wenn

$$\vartheta \begin{pmatrix} p \\ \nu \left(\sum_1^m u_\nu^{(\mu)} - \sum_1^m \alpha_\nu^{(\mu)} + r_\nu\right) \\ 1 \end{pmatrix}$$

identisch gleich Null ist,

$$\vartheta \begin{pmatrix} p \\ \nu \left(\sum_1^{m+1} u_\nu^{(\mu)} - \sum_1^{m+1} \alpha_\nu^{(\mu)} + r_\nu\right) \\ 1 \end{pmatrix}$$

aber nicht identisch gleich Null ist, wobei der Fall $m=0$ nicht ausgeschlossen ist. Dieser Satz lässt sich auch umkehren. Wenn also von den Punkten η m und nicht mehr beliebig gewählt werden können, so ist die Voraussetzung desselben erfüllt; und es können folglich auch von den Punkten ε m und nicht mehr beliebig gewählt werden.

4.

(1) Bezeichnen wir die Derivirte von
$$\vartheta(v_1, v_2, \ldots, v_p)$$
nach v_ν mit ϑ'_ν, die zweite Derivirte nach v_ν und v_μ mit $\vartheta''_{\nu,\mu}$ u. s. f.,

so sind, wenn
$$\vartheta\left(\overset{p}{\underset{1}{\nu}}\,(u_\nu^{(1)} - \alpha_\nu^{(1)} + r_\nu)\right)$$
identisch für jeden Werth von z_1 und ζ_1 verschwindet, sämmtliche Functionen $\vartheta'\left(\overset{p}{\underset{1}{\nu}}\,(r_\nu)\right)$ gleich Null. In der That geht die Gleichung
$$\vartheta\left(\overset{p}{\underset{1}{\nu}}\,(u_\nu^{(1)} - \alpha_\nu^{(1)} + r_\nu)\right) = 0,$$
wenn s_1 und z_1 unendlich wenig von σ_1 und ζ_1 verschieden sind, über in die Gleichung
$$\sum_1^p \vartheta'_\mu\left(\overset{p}{\underset{1}{\nu}}\,(r_\nu)\right) d\alpha_\mu^{(1)} = 0.$$
Nehmen wir an, dass
$$du_\mu = \frac{\varphi_\mu(s, z)\, dz}{\frac{\partial F}{\partial s}}$$
sei, so verwandelt sich diese Gleichung nach Weglassung des Factors $\dfrac{d\zeta_1}{\frac{\partial F(\sigma_1, \zeta_1)}{\partial \sigma_1}}$ in
$$\sum_1^p \vartheta'_\mu\left(\overset{p}{\underset{1}{\nu}}\,(r_\nu)\right) \varphi_\mu(\sigma_1, \zeta_1) = 0;$$
und da zwischen den Functionen φ keine lineare Gleichung mit constanten Coefficienten stattfindet, so folgt hieraus, dass sämmtliche erste Derivirten von $\vartheta(v_1, v_2, \ldots, v_p)$ für $\overset{p}{\underset{1}{\nu}}\,(v_\nu = r_\nu)$ verschwinden müssen.

Um den umgekehrten Satz zu beweisen, nehmen wir an, dass $\overset{p}{\underset{1}{\nu}}\,(v_\nu = r_\nu)$ und $\overset{p}{\underset{1}{\nu}}\,(v_\nu = t_\nu)$ zwei Werthsysteme seien, für welche die

Function ϑ verschwindet, ohne für $\left(\begin{smallmatrix}p\\ v\\ 1\end{smallmatrix}\right)(v_\nu = u_\nu^{(1)} - \alpha_\nu^{(1)} + r_\nu)$ und $\left(\begin{smallmatrix}p\\ v\\ 1\end{smallmatrix}\right)(v_\nu = u_\nu^{(1)} - \alpha_\nu^{(1)} + t_\nu)$ identisch zu verschwinden, und bilden den Ausdruck

$$(2)\qquad \frac{\vartheta\left(\begin{matrix}p\\ v\,(u_\nu^{(1)} - \alpha_\nu^{(1)} + r_\nu)\\ 1\end{matrix}\right)\vartheta\left(\begin{matrix}p\\ v\,(\alpha_\nu^{(1)} - u_\nu^{(1)} + r_\nu)\\ 1\end{matrix}\right)}{\vartheta\left(\begin{matrix}p\\ v\,(u_\nu^{(1)} - \alpha_\nu^{(1)} + t_\nu)\\ 1\end{matrix}\right)\vartheta\left(\begin{matrix}p\\ v\,(\alpha_\nu^{(1)} - u_\nu^{(1)} + t_\nu)\\ 1\end{matrix}\right)}.$$

Betrachten wir diesen Ausdruck als Function von z_1, so ergiebt sich, dass er eine algebraische Function von z_1 und zwar eine rationale Function von s_1 und z_1 ist, da Nenner und Zähler in T'' stetig sind und an den Querschnitten dieselben Factoren erlangen. Für $z_1 = \zeta_1$ und $s_1 = \sigma_1$ werden Nenner und Zähler unendlich klein von der zweiten Ordnung, so dass die Function endlich bleibt; die übrigen Werthe aber, für welche Nenner oder Zähler verschwinden, sind, wie oben bewiesen, durch die Werthe der Grössen r und der Grössen t völlig bestimmt, also von ζ_1 ganz unabhängig. Da nun eine algebraische Function durch die Werthe, für welche sie Null und unendlich wird, bis auf einen constanten Factor bestimmt ist, so ist der Ausdruck gleich einer rationalen von ζ_1 unabhängigen Function von s_1 und z_1, $\chi(s_1, z_1)$, multiplicirt in eine Constante, d. h. eine von z_1 unabhängige Grösse. Da der Ausdruck symmetrisch in Bezug auf die Grössensysteme (s_1, z_1) und (σ_1, ζ_1) ist, so ist diese Constante gleich $\chi(\sigma_1, \zeta_1)$, multiplicirt in eine auch von ζ_1 unabhängige Grösse A. Setzt man nun

$$\sqrt{A}\,\chi(s, z) = \varrho(s, z),$$

so erhält man für unsern Ausdruck (2) den Werth

$$(3)\qquad \varrho(s_1, z_1)\,\varrho(\sigma_1, \zeta_1),$$

wo $\varrho(s, z)$ eine rationale Function von s und z ist.

Um diese zu bestimmen, hat man nur nöthig $\zeta_1 = z_1$ und $\sigma_1 = s_1$ werden zu lassen; es ergiebt sich dann

$$(\varrho(s_1, z_1))^2 = \left\{\frac{\sum_\mu \vartheta'_\mu\left(\begin{matrix}p\\ v\,(r_\nu)\\ 1\end{matrix}\right) du_\mu^{(1)}}{\sum_\mu \vartheta'_\mu\left(\begin{matrix}p\\ v\,(t_\nu)\\ 1\end{matrix}\right) du_\mu^{(1)}}\right\}^2$$

oder nach Ausziehung der Quadratwurzel und Weghebung des Factors $\dfrac{dz_1}{\dfrac{\partial F(s_1, z_1)}{\partial s_1}}$

$$(4)\qquad \varrho(s_1, z_1) = \pm \frac{\sum\limits_\mu \vartheta'_\mu\left(\begin{matrix}p\\ \nu\,(r_\nu)\\ 1\end{matrix}\right)\varphi_\mu(s_1, z_1)}{\sum\limits_\mu \vartheta'_\mu\left(\begin{matrix}p\\ \nu\,(t_\nu)\\ 1\end{matrix}\right)\varphi_\mu(s_1, z_1)}.$$

Man hat daher aus (3) und (4) die Gleichung

$$(5)\quad \left\{\begin{aligned}&\frac{\vartheta\left(\begin{matrix}p\\ \nu\,(u_\nu^{(1)} - \alpha_\nu^{(1)} + r_\nu)\\ 1\end{matrix}\right)\vartheta\left(\begin{matrix}p\\ \nu\,(\alpha_\nu^{(1)} - u_\nu^{(1)} + r_\nu)\\ 1\end{matrix}\right)}{\vartheta\left(\begin{matrix}p\\ \nu\,(u_\nu^{(1)} - \alpha_\nu^{(1)} + t_\nu)\\ 1\end{matrix}\right)\vartheta\left(\begin{matrix}p\\ \nu\,(\alpha_\nu^{(1)} - u_\nu^{(1)} + t_\nu)\\ 1\end{matrix}\right)}\\ &= \frac{\sum\limits_\mu \vartheta'_\mu\left(\begin{matrix}p\\ \nu\,(r_\nu)\\ 1\end{matrix}\right)\varphi_\mu(s_1, z_1)}{\sum\limits_\mu \vartheta'_\mu\left(\begin{matrix}p\\ \nu\,(t_\nu)\\ 1\end{matrix}\right)\varphi_\mu(s_1, z_1)} \cdot \frac{\sum\limits_\mu \vartheta'_\mu\left(\begin{matrix}p\\ \nu\,(r_\nu)\\ 1\end{matrix}\right)\varphi_\mu(\sigma_1, \zeta_1)}{\sum\limits_\mu \vartheta'_\mu\left(\begin{matrix}p\\ \nu\,(t_\nu)\\ 1\end{matrix}\right)\varphi_\mu(\sigma_1, \zeta_1)}.\end{aligned}\right.$$

Aus dieser Gleichung folgt, dass

$$\vartheta\left(\begin{matrix}p\\ \nu\,(u_\nu^{(1)} - \alpha_\nu^{(1)} + r_\nu)\\ 1\end{matrix}\right)$$

für jeden Werth von z_1 und ζ_1 gleich Null sein muss, wenn die ersten Derivirten der Function $\vartheta(v_1, v_2, \ldots, v_p)$ für $\overset{p}{\underset{1}{\nu}}\,(v_\nu = r_\nu)$ sämmtlich verschwinden.

5.

Wenn

$$(1)\qquad \vartheta\left(\begin{matrix}p\\ \nu\\ 1\end{matrix}\left(\sum_1^m \alpha_\nu^{(\mu)} - \sum_1^m u_\nu^{(\mu)} + r_\nu\right)\right)$$

identisch, d. h. für jedwede Werthe von $\overset{m}{\underset{1}{\mu}}\,(\sigma_\mu, \zeta_\mu)$ und $\overset{m}{\underset{1}{\mu}}\,(s_\mu, z_\mu)$, verschwindet, so findet man auf dem oben angegebenen Wege zunächst, indem man $\zeta_m = z_m$, $\sigma_m = s_m$ werden lässt, dass die ersten Derivirten der Function

$$\vartheta(v_1, v_2, \ldots, v_p) \text{ für } \overset{p}{\underset{1}{\nu}}\left(v_\nu = \sum_1^{m-1} \alpha_\nu^{(\mu)} - \sum_1^{m-1} u_\nu^{(\mu)} + r_\nu\right)$$

sämmtlich verschwinden, dann, indem man $\zeta_{m-1} - z_{m-1}$, $\sigma_{m-1} - s_{m-1}$ unendlich klein werden lässt, dass für

$$\overset{p}{\underset{1}{\nu}}\left(v_\nu = \sum_1^{m-2} \alpha_\nu^{(\mu)} - \sum_1^{m-2} u_\nu^{(\mu)} + r_\nu\right)$$

auch die zweiten Derivirten sämmtlich verschwinden; und offenbar ergiebt sich allgemein, dass die Derivirten $n$ter Ordnung sämmtlich verschwinden für

$$\overset{p}{\underset{1}{\nu}}\left(v_\nu = \sum_1^{m-n} \alpha_\nu^{(\mu)} - \sum_1^{m-n} u_\nu^{(\mu)} + r_\nu\right),$$

welche Werthe auch die Grössen z und die Grössen ζ haben mögen.

Es folgt hieraus, dass unter der gegenwärtigen Voraussetzung (1) für $\overset{p}{\underset{1}{\nu}}(v_\nu = r_\nu)$ die ersten bis $m$ten Derivirten der Function

$$\vartheta(v_1, v_2, \ldots, v_p)$$

sämmtlich gleich Null sind.

Um zu zeigen, dass dieser Satz auch umgekehrt gilt, beweisen wir zunächst, dass wenn

$$\vartheta\left(\overset{p}{\underset{1}{\nu}}\left(\sum_1^{m-1} \alpha_\nu^{(\mu)} - \sum_1^{m-1} u_\nu^{(\mu)} + r_\nu\right)\right)$$

identisch verschwindet und die Grössen $\vartheta^{(m)}\left(\overset{p}{\underset{1}{\nu}}(r_\nu)\right)$ sämmtlich gleich Null sind, auch

$$\vartheta\left(\overset{p}{\underset{1}{\nu}}\left(\sum_1^{m} \alpha_\nu^{(\mu)} - \sum_1^{m} u_\nu^{(\mu)} + r_\nu\right)\right)$$

identisch verschwinden muss und verallgemeinern zu diesem Zwecke die Gleichung §. 4, (5).

Wir nehmen an, dass

$$\vartheta\left(\overset{p}{\underset{1}{\nu}}\left(\sum_1^{m-1} u_\nu^{(\mu)} - \sum_1^{m-1} \alpha_\nu^{(\mu)} + r_\nu\right)\right)$$

identisch verschwinde,

$$\vartheta\left(\overset{p}{\underset{1}{\nu}}\left(\sum_1^{m} u_\nu^{(\mu)} - \sum_1^{m} \alpha_\nu^{(\mu)} + r_\nu\right)\right)$$

aber nicht identisch verschwinde, behalten in Bezug auf die Grössen t die frühere Voraussetzung bei und betrachten den Ausdruck

$$
(2)\quad \frac{\left\{\begin{array}{c}\vartheta\left(\underset{1}{\overset{p}{\nu}}\Big(\sum\limits_1^m u_\nu^{(\mu)}-\sum\limits_1^m \alpha_\nu^{(\mu)}+r_\nu\Big)\right)\vartheta\left(\underset{1}{\overset{p}{\nu}}\Big(\sum\limits_1^m \alpha_\nu^{(\mu)}-\sum\limits_1^m u_\nu^{(\mu)}+r_\nu\Big)\right)\times\\ \prod\limits_{\varrho,\varrho'}\vartheta\left(\underset{1}{\overset{p}{\nu}}\,(u_\nu^{(\varrho)}-u_\nu^{(\varrho')}+t_\nu)\right)\vartheta\left(\underset{1}{\overset{p}{\nu}}\,(\alpha_\nu^{(\varrho)}-\alpha_\nu^{(\varrho')}+t_\nu)\right)\end{array}\right\}}{\left(\prod\limits_1^m\right)^2\vartheta\left(\underset{1}{\overset{p}{\nu}}\,(u_\nu^{(\varrho)}-\alpha_\nu^{(\varrho')}+t_\nu)\right)\vartheta\left(\underset{1}{\overset{p}{\nu}}\,(\alpha_\nu^{(\varrho)}-u_\nu^{(\varrho')}+t_\nu)\right)}
$$

In diesem Ausdrucke sind unter den Productzeichen sowohl für ϱ, als für ϱ' sämmtliche Werthe von 1 bis m zu setzen, im Zähler aber die Fälle, wo $\varrho=\varrho'$ würde, wegzulassen.

Betrachten wir diesen Ausdruck als Function von z_1, so ergiebt sich, dass er an den Querschnitten den Factor 1 erlangt und folglich eine algebraische Function von z_1 ist. Für $z_1=\zeta_\varrho$ und $s_1=\sigma_\varrho$ werden Nenner und Zähler unendlich klein von der zweiten Ordnung, der Bruch bleibt also endlich; die übrigen Werthe aber, für welche Zähler und Nenner verschwinden, sind durch die Grössen $\overset{m}{\underset{2}{\mu}}(s_\mu, z_\mu)$, die Grössen r und die Grössen t, wie oben (§. 3) bewiesen, völlig bestimmt, und folglich von den Grössen ζ ganz unabhängig. Da der Ausdruck nun eine symmetrische Function von den Grössen z ist, so gilt dasselbe für jedes beliebige z_μ: er ist eine algebraische Function von z_μ, und die Werthe dieser Grösse, für welche er unendlich gross oder unendlich klein wird, sind von den Grössen ζ unabhängig. Er ist daher gleich einer von den Grössen ζ unabhängigen algebraischen Function der Grössen z, $\chi(z_1, z_2, \ldots, z_m)$, multiplicirt in einen von den Grössen z unabhängigen Factor. Da er aber ungeändert bleibt, wenn man die Grössen z mit den Grössen ζ vertauscht, so ist dieser Factor gleich $\chi(\zeta_1, \zeta_2, \ldots, \zeta_m)$, multiplicirt mit einer von den Grössen z und den Grössen ζ unabhängigen Constanten A; und wir können daher, wenn wir $\sqrt{A}\,\chi(z_1, z_2, \ldots, z_m)=\psi(z_1, z_2, \ldots, z_m)$ setzen, unserm Ausdrucke (2) die Form

$$
(3)\qquad \psi(z_1, z_2, \ldots, z_m)\,\psi(\zeta_1, \zeta_2, \ldots, \zeta_m)
$$

geben, wo $\psi(z_1, z_2, \ldots, z_m)$ eine algebraische von den Grössen ζ unabhängige Function der Grössen z ist, welche in Folge ihrer Verzweigungsart sich rational in $\overset{m}{\underset{1}{\mu}}(s_\mu, z_\mu)$ ausdrücken lassen muss. Lässt man nun die Punkte η mit den Punkten ε zusammenfallen, so dass die Grössen $\zeta_\mu - z_\mu$ und die Grössen $\sigma_\mu - s_\mu$ sämmtlich unendlich klein werden, so ergiebt sich, wenn man die Derivirten von $\vartheta(v_1, v_2, \ldots, v_p)$ wie oben (§. 4, (1)) bezeichnet,

$$(4)\quad \psi(z_1, z_2, \ldots, z_m) = \pm \frac{\left(\sum_1^p\right)^m \vartheta^{(m)}_{\nu_1, \nu_2, \ldots, \nu_m}\begin{pmatrix}p\\ \varrho\,(r_\varrho)\\ 1\end{pmatrix} du^{(1)}_{\nu_1}\, du^{(2)}_{\nu_2} \ldots du^{(m)}_{\nu_m}}{\prod\limits_{\mu=1}^{\mu=m} \sum\limits_{\nu=1}^{\nu=p} \vartheta'_\nu\begin{pmatrix}p\\ \varrho\,(r_\varrho)\\ 1\end{pmatrix} du^{(\mu)}_\nu},$$

wo die Summationen im Zähler sich auf $\nu_1, \nu_2, \ldots, \nu_m$ beziehen. Es ist kaum nöthig zu bemerken, dass die Wahl des Vorzeichens gleichgültig ist, da sie auf den Werth von $\psi(z_1, z_2, \ldots, z_m)\,\psi(\zeta_1, \zeta_2, \ldots, \zeta_m)$ keinen Einfluss hat, und dass statt der Grössen $du^{(\mu)}_1, du^{(\mu)}_2, \ldots, du^{(\mu)}_p$ auch, im Zähler und Nenner gleichzeitig, die ihnen proportionalen Grössen $\varphi_1(s_\mu, z_\mu), \varphi_2(s_\mu, z_\mu), \ldots, \varphi_p(s_\mu, z_\mu)$ eingeführt werden können.

Aus der in (2), (3) und (4) enthaltenen Gleichung, welche für den Fall bewiesen ist, dass

$$\vartheta\begin{pmatrix}p\\ \nu\\ 1\end{pmatrix}\left(\sum_1^{m-1} u^{(\mu)}_\nu - \sum_1^{m-1} \alpha^{(\mu)}_\nu + r_\nu\right)$$

gleich Null und

$$\vartheta\begin{pmatrix}p\\ \nu\\ 1\end{pmatrix}\left(\sum_1^{m} u^{(\mu)}_\nu - \sum_1^{m} \alpha^{(\mu)}_\nu + r_\nu\right)$$

von Null verschieden ist, folgt, dass

$$\vartheta\begin{pmatrix}p\\ \nu\\ 1\end{pmatrix}\left(\sum_1^{m} u^{(\mu)}_\nu - \sum_1^{m} \alpha^{(\mu)}_\nu + r_\nu\right)$$

nicht von Null verschieden sein kann, wenn die Functionen $\vartheta^{(m)}\begin{pmatrix}p\\ \nu\,(r_\nu)\\ 1\end{pmatrix}$ sämmtlich gleich Null sind.

Wenn also die Functionen $\vartheta^{(m+1)}\begin{pmatrix}p\\ \nu\,(r_\nu)\\ 1\end{pmatrix}$ sämmtlich gleich Null sind, so folgt aus der Gültigkeit der Gleichung

$$\vartheta\begin{pmatrix}p\\ \nu\\ 1\end{pmatrix}\left(\sum_1^{n} u^{(\mu)}_\nu - \sum_1^{n} \alpha^{(\mu)}_\nu + r_\nu\right) = 0$$

für $n = m$ ihre Gültigkeit für $n = m + 1$. Gilt daher die Gleichung für $n = 0$, oder ist $\vartheta\begin{pmatrix}p\\ \nu\,(r_\nu)\\ 1\end{pmatrix} = 0$, und verschwinden die ersten bis

$m$ten Derivirten der Function $\vartheta\begin{pmatrix}p\\ \nu\ (v_\nu)\\ 1\end{pmatrix}$ für $\overset{p}{\underset{1}{\nu}}(v_\nu = r_\nu)$ sämmtlich, die $(m+1)$ten aber nicht sämmtlich, so gilt die Gleichung auch für alle grösseren Werthe von n bis $n = m$, aber nicht für $n = m + 1$; denn aus $\vartheta\begin{pmatrix}p\\ \nu\left(\sum\limits_1^{m+1} u_\nu^{(\mu)} - \sum\limits_1^{m+1} \alpha_\nu^{(\mu)} + r_\nu\right)\\ 1\end{pmatrix} = 0$ würde, wie wir vorher schon gefunden hatten, folgen, dass die Grössen $\vartheta^{(m+1)}\begin{pmatrix}p\\ \nu\ (r_\nu)\\ 1\end{pmatrix}$ sämmtlich verschwinden müssten.

6.

Fassen wir das eben Bewiesene mit dem Früheren zusammen, so erhalten wir folgendes Resultat:

Ist $\vartheta(r_1, r_2, \ldots, r_p) = 0$, so lassen sich $(p-1)$ Punkte $\eta_1, \eta_2, \ldots, \eta_{p-1}$ so bestimmen, dass

$$(r_1, r_2, \ldots, r_p) \equiv \left(\sum_1^{p-1} \alpha_1^{(\mu)},\ \sum_1^{p-1} \alpha_2^{(\mu)},\ \ldots,\ \sum_1^{p-1} \alpha_p^{(\mu)}\right);$$

und umgekehrt.

Wenn ausser der Function $\vartheta(v_1, v_2, \ldots, v_p)$ auch ihre ersten bis $m$ten Derivirten für $v_1 = r_1$, $v_2 = r_2$, $\ldots$, $v_p = r_p$ sämmtlich gleich Null, die $(m+1)$ten aber nicht sämmtlich gleich Null sind, so können m von diesen Punkten η, ohne dass die Grössen r sich ändern, beliebig gewählt werden und dadurch sind die übrigen $p - 1 - m$ völlig bestimmt.

Und umgekehrt:

Wenn m und nicht mehr von den Punkten η, ohne dass sich die Grössen r ändern, beliebig gewählt werden können, so sind ausser der Function $\vartheta(v_1, v_2, \ldots, v_p)$ auch ihre ersten bis $m$ten Derivirten für $v_1 = r_1$, $v_2 = r_2$, $\ldots$, $v_p = r_p$ sämmtlich gleich Null, die $(m+1)$ten aber nicht sämmtlich gleich Null.

Die vollständige Untersuchung aller besondern Fälle, welche bei dem Verschwinden einer ϑ-Function eintreten können, war weniger nöthig wegen der besondern Systeme von gleichverzweigten algebraischen Functionen, für welche diese Fälle eintreten, als vielmehr deshalb, weil ohne diese Untersuchung Lücken in dem Beweise der Sätze entstehen würden, welche auf unsern Satz über das Verschwinden einer ϑ-Function gegründet werden.

Zweite Abtheilung.

XII.

Ueber die Darstellbarkeit einer Function durch eine trigonometrische Reihe.

(Aus dem dreizehnten Bande der Abhandlungen der Königlichen Gesellschaft der Wissenschaften zu Göttingen.)*)

Der folgende Aufsatz über die trigonometrischen Reihen besteht aus zwei wesentlich verschiedenen Theilen. Der erste Theil enthält eine Geschichte der Untersuchungen und Ansichten über die willkürlichen (graphisch gegebenen) Functionen und ihre Darstellbarkeit durch trigonometrische Reihen. Bei ihrer Zusammenstellung war es mir vergönnt, einige Winke des berühmten Mathematikers zu benutzen, welchem man die erste gründliche Arbeit über diesen Gegenstand verdankt. Im zweiten Theile liefere ich über die Darstellbarkeit einer Function durch eine trigonometrische Reihe eine Untersuchung, welche auch die bis jetzt noch unerledigten Fälle umfasst. Es war nöthig, ihr einen kurzen Aufsatz über den Begriff eines bestimmten Integrales und den Umfang seiner Gültigkeit voraufzuschicken.

Geschichte der Frage über die Darstellbarkeit einer willkürlich gegebenen Function durch eine trigonometrische Reihe.

1.

Die von Fourier so genannten trigonometrischen Reihen, d. h. die Reihen von der Form

$$a_1 \sin x + a_2 \sin 2x + a_3 \sin 3x + \cdots$$
$$+ \tfrac{1}{2} b_0 + b_1 \cos x + b_2 \cos 2x + b_3 \cos 3x + \cdots$$

---

*) Diese Abhandlung ist im Jahre 1854 von dem Verfasser behufs seiner Habilitation an der Universität zu Göttingen der philosophischen Facultät eingereicht. Wiewohl der Verfasser ihre Veröffentlichung, wie es scheint, nicht beabsichtigt hat, so wird doch die hiermit erfolgende Herausgabe derselben in gänzlich ungeänderter Form sowohl durch das hohe Interesse des Gegenstandes an sich als durch die in ihr niedergelegte Behandlungsweise der wichtigsten Principien der Infinitesimal-Analysis wohl hinlänglich gerechtfertigt erscheinen.

Braunschweig, im Juli 1867. R. Dedekind.

15*

spielen in demjenigen Theile der Mathematik, wo ganz willkürliche Functionen vorkommen, eine bedeutende Rolle; ja, es lässt sich mit Grund behaupten, dass die wesentlichsten Fortschritte in diesem für die Physik so wichtigen Theile der Mathematik von der klareren Einsicht in die Natur dieser Reihen abhängig gewesen sind. Schon gleich bei den ersten mathematischen Untersuchungen, die auf die Betrachtung willkürlicher Functionen führten, kam die Frage zur Sprache, ob sich eine solche ganz willkürliche Function durch eine Reihe von obiger Form ausdrücken lasse.

Es geschah dies in der Mitte des vorigen Jahrhunderts bei Gelegenheit der Untersuchungen über die schwingenden Saiten, mit welchen sich damals die berühmtesten Mathematiker beschäftigten. Ihre Ansichten über unsern Gegenstand lassen sich nicht wohl darstellen, ohne auf dieses Problem einzugehen.

Unter gewissen Voraussetzungen, die in der Wirklichkeit näherungsweise zutreffen, wird bekanntlich die Form einer gespannten in einer Ebene schwingenden Saite, wenn x die Entfernung eines unbestimmten ihrer Punkte von ihrem Anfangspunkte, y seine Entfernung aus der Ruhelage zur Zeit t bedeutet, durch die partielle Differentialgleichung

$$\frac{\partial^2 y}{\partial t^2} = \alpha\alpha \frac{\partial^2 y}{\partial x^2}$$

bestimmt, wo α von t und bei einer überall gleich dicken Saite von x unabhängig ist.

Der erste, welcher eine allgemeine Lösung dieser Differentialgleichung gab, war d'Alembert.

Er zeigte*), dass jede Function von x und t, welche für y gesetzt, die Gleichung zu einer identischen macht, in der Form

$$f(x + \alpha t) + \varphi(x - \alpha t)$$

enthalten sein müsse, wie sich dies durch Einführung der unabhängig veränderlichen Grössen $x + \alpha t$, $x - \alpha t$ anstatt x, t ergiebt, wodurch

$$\frac{\partial^2 y}{\partial x^2} - \frac{1}{\alpha\alpha}\frac{\partial^2 y}{\partial t^2} \quad \text{in} \quad 4\,\frac{\partial \dfrac{\partial y}{\partial(x+\alpha t)}}{\partial(x-\alpha t)}$$

übergeht.

Ausser dieser partiellen Differentialgleichung, welche sich aus den allgemeinen Bewegungsgesetzen ergiebt, muss nun y noch die Bedingung erfüllen, in den Befestigungspunkten der Saite stets $= 0$ zu sein; man hat also, wenn in dem einen dieser Punkte $x = 0$, in dem andern $x = l$ ist,

*) Mémoires de l'académie de Berlin. 1747. pag. 214.

$$f(\alpha t) = -\varphi(-\alpha t), \quad f(l+\alpha t) = -\varphi(l-\alpha t)$$

und folglich

$$f(z) = -\varphi(-z) = -\varphi(l-(l+z)) = f(2l+z),$$
$$y = f(\alpha t + x) - f(\alpha t - x).$$

Nachdem d'Alembert dies für die allgemeine Lösung des Problems geleistet hatte, beschäftigt er sich in einer Fortsetzung*) seiner Abhandlung mit der Gleichung $f(z) = f(2l+z)$; d. h. er sucht analytische Ausdrücke, welche unverändert bleiben, wenn z um $2l$ wächst.

Es war ein wesentliches Verdienst Euler's, der im folgenden Jahrgange der Berliner Abhandlungen**) eine neue Darstellung dieser d'Alembert'schen Arbeiten gab, dass er das Wesen der Bedingungen, welchen die Function $f(z)$ genügen muss, richtiger erkannte. Er bemerkte, dass der Natur des Problems nach die Bewegung der Saite vollständig bestimmt sei, wenn für irgend einen Zeitpunkt die Form der Saite und die Geschwindigkeit jedes Punktes $\left(\text{also } y \text{ und } \frac{\partial y}{\partial t}\right)$ gegeben seien, und zeigte, dass sich, wenn man diese beiden Functionen sich durch willkürlich gezogene Curven bestimmt denkt, daraus stets durch eine einfache geometrische Construction die d'Alembert'sche Function $f(z)$ finden lässt. In der That, nimmt man an, dass für

$$t = 0, \; y = g(x) \text{ und } \frac{\partial y}{\partial t} = h(x)$$

sei, so erhält man für die Werthe von x zwischen 0 und l

$$f(x) - f(-x) = g(x), \quad f(x) + f(-x) = \frac{1}{\alpha}\int h(x)\,dx$$

und folglich die Function $f(z)$ zwischen $-l$ und l; hieraus aber ergiebt sich ihr Werth für jeden andern Werth von z vermittelst der Gleichung

$$f(z) = f(2l+z).$$

Dies ist in abstracten, aber jetzt allgemein geläufigen Begriffen dargestellt, die Euler'sche Bestimmung der Function $f(z)$.

Gegen diese Ausdehnung seiner Methode durch Euler verwahrte sich indess d'Alembert sofort***), weil seine Methode nothwendig voraussetze, dass y sich in t und x analytisch ausdrücken lasse.

---

*) Ibid. pag. 220.

**) Mémoires de l'académie de Berlin. 1748. pag. 69.

***) Mémoires de l'académie de Berlin. 1750. pag. 358. En effet on ne peut ce me semble exprimer y analytiquement d'une manière plus générale, qu'en la supposant une fonction de t et de x. Mais dans cette supposition on ne trouve la solution du problème que pour les cas où les différentes figures de la corde vibrante peuvent être renfermées dans une seule et même équation.

Ehe eine Antwort Euler's hierauf erfolgte, erschien eine dritte von diesen beiden ganz verschiedene Behandlung dieses Gegenstandes von Daniel Bernoulli*). Schon vor d'Alembert hatte Taylor**) gesehen, dass $\frac{\partial^2 y}{\partial t^2} = \alpha\alpha \frac{\partial^2 y}{\partial x^2}$ und zugleich y für $x = 0$ und für $x = l$ stets gleich 0 sei, wenn man $y = \sin\frac{n\pi x}{l} \cos\frac{n\pi\alpha t}{l}$ und hierin für n eine ganze Zahl setze. Er erklärte hieraus die physikalische Thatsache, dass eine Saite ausser ihrem Grundtone auch den Grundton einer $\frac{1}{2}, \frac{1}{3}, \frac{1}{4}, \ldots$ so langen (übrigens ebenso beschaffenen) Saite geben könne, und hielt seine particuläre Lösung für allgemein, d. h. er glaubte, die Schwingung der Saite würde stets, wenn die ganze Zahl n der Höhe des Tons gemäss bestimmt würde, wenigstens sehr nahe durch die Gleichung ausgedrückt. Die Beobachtung, dass eine Saite ihre verschiedenen Töne gleichzeitig geben könne, führte nun Bernoulli zu der Bemerkung, dass die Saite (der Theorie nach) auch der Gleichung

$$y = \Sigma a_n \sin\frac{n\pi x}{l} \cos\frac{n\pi\alpha}{l}(t - \beta_n)$$

gemäss schwingen könne, und weil sich aus dieser Gleichung alle beobachteten Modificationen der Erscheinung erklären liessen, so hielt er sie für die allgemeinste***). Um diese Ansicht zu stützen, untersuchte er die Schwingungen eines masselosen gespannten Fadens, der in einzelnen Punkten mit endlichen Massen beschwert ist, und zeigte, dass die Schwingungen desselben stets in eine der Zahl der Punkte gleiche Anzahl von solchen Schwingungen zerlegt werden kann, deren jede für alle Massen gleich lange dauert.

Diese Arbeiten Bernoulli's veranlassten einen neuen Aufsatz Euler's, welcher unmittelbar nach ihnen unter den Abhandlungen der Berliner Akademie abgedruckt ist†). Er hält darin d'Alembert gegenüber fest††), dass die Function $f(z)$ eine zwischen den Grenzen $-l$ und l ganz willkürliche sein könne, und bemerkt†††), dass Bernoulli's Lösung (welche er schon früher als eine besondere aufgestellt hatte) dann allgemein sei und zwar nur dann allgemein sei, wenn die Reihe

$$a_1 \sin\frac{x\pi}{l} + a_2 \sin\frac{2x\pi}{l} + \cdots$$

$$+ \tfrac{1}{2} b_0 + b_1 \cos\frac{x\pi}{l} + b_2 \cos\frac{2x\pi}{l} + \cdots$$

---

*) Mémoires de l'académie de Berlin. 1753. p. 147.

**) Taylor de methodo incrementorum.

***) l. c. p. 157. art. XIII.

†) Mémoires de l'académie de Berlin. 1753. p. 196.

††) l. c. p. 214.

†††) l. c. art. III—X.

für die Abscisse x die Ordinate einer zwischen den Abscissen 0 und l ganz willkürlichen Curve darstellen könne. Nun wurde es damals von Niemand bezweifelt, dass alle Umformungen, welche man mit einem analytischen Ausdrucke — er sei endlich oder unendlich — vornehmen könne, für jedwede Werthe der unbestimmten Grössen gültig seien oder doch nur in ganz speciellen Fällen unanwendbar würden. Es schien daher unmöglich, eine algebraische Curve oder überhaupt eine analytisch gegebene nicht periodische Curve durch obigen Ausdruck darzustellen, und Euler glaubte daher, die Frage gegen Bernoulli entscheiden zu müssen.

Der Streit zwischen Euler und d'Alembert war indess noch immer unerledigt. Dies veranlasste einen jungen, damals noch wenig bekannten Mathematiker, Lagrange, die Lösung der Aufgabe auf einem ganz neuen Wege zu versuchen, auf welchem er zu Euler's Resultaten gelangte. Er unternahm es*), die Schwingungen eines masselosen Fadens zu bestimmen, welcher mit einer endlichen unbestimmten Anzahl gleich grosser Massen in gleich grossen Abständen beschwert ist, und untersuchte dann, wie sich diese Schwingungen ändern, wenn die Anzahl der Massen in's Unendliche wächst. Mit welcher Gewandtheit, mit welchem Aufwande analytischer Kunstgriffe er aber auch den ersten Theil dieser Untersuchung durchführte, so liess der Uebergang vom Endlichen zum Unendlichen doch viel zu wünschen übrig, so dass d'Alembert in einer Schrift, welche er an die Spitze seiner opuscules mathématiques stellte, fortfahren konnte, seiner Lösung den Ruhm der grössten Allgemeinheit zu vindiciren. Die Ansichten der damaligen berühmten Mathematiker waren und blieben daher in dieser Sache getheilt; denn auch in spätern Arbeiten behielt jeder im Wesentlichen seinen Standpunkt bei.

Um also schliesslich ihre bei Gelegenheit dieses Problems entwickelten Ansichten über die willkürlichen Functionen und über die Darstellbarkeit derselben durch eine trigonometrische Reihe zusammenzustellen, so hatte Euler zuerst diese Functionen in die Analysis eingeführt und, auf geometrische Anschauung gestützt, die Infinitesimalrechnung auf sie angewandt. Lagrange**) hielt Euler's Resultate (seine geometrische Construction des Schwingungsverlaufs) für richtig; aber ihm genügte die Euler'sche geometrische Behandlung dieser

*) Miscellanea Taurinensia. Tom. I. Recherches sur la nature et la propagation du son.

**) Miscellanea Taurinensia. Tom. II. Pars math. pag. 18.

Functionen nicht. D'Alembert*) dagegen ging auf die Euler'sche Auffassungsweise der Differentialgleichung ein und beschränkte sich, die Richtigkeit seiner Resultate anzufechten, weil man bei ganz willkürlichen Functionen nicht wissen könne, ob ihre Differentialquotienten stetig seien. Was die Bernoulli'sche Lösung betraf, so kamen alle drei darin überein, sie nicht für allgemein zu halten; aber während d'Alembert**), um Bernoulli's Lösung für minder allgemein, als die seinige, erklären zu können, behaupten musste, dass auch eine analytisch gegebene periodische Function sich nicht immer durch eine trigonometrische Reihe darstellen lasse, glaubte Lagrange***) diese Möglichkeit beweisen zu können.

2.

Fast fünfzig Jahre vergingen, ohne dass in der Frage über die analytische Darstellbarkeit willkürlicher Functionen ein wesentlicher Fortschritt gemacht wurde. Da warf eine Bemerkung Fourier's ein neues Licht auf diesen Gegenstand; eine neue Epoche in der Entwicklung dieses Theils der Mathematik begann, die sich bald auch äusserlich in grossartigen Erweiterungen der mathematischen Physik kund that. Fourier bemerkte, dass in der trigonometrischen Reihe

$$f(x) = \begin{cases} \qquad a_1 \sin x + a_2 \sin 2x + \cdots \\ + \frac{1}{2} b_0 + b_1 \cos x + b_2 \cos 2x + \cdots \end{cases}$$

die Coefficienten sich durch die Formeln

$$a_n = \frac{1}{\pi} \int_{-\pi}^{\pi} f(x) \sin nx dx, \quad b_n = \frac{1}{\pi} \int_{-\pi}^{\pi} f(x) \cos nx dx$$

bestimmen lassen. Er sah, dass diese Bestimmungsweise auch anwendbar bleibe, wenn die Function $f(x)$ ganz willkürlich gegeben sei; er setzte für $f(x)$ eine so genannte discontinuirliche Function (die Ordinate einer gebrochenen Linie für die Abscisse x) und erhielt so eine Reihe, welche in der That stets den Werth der Function gab.

Als Fourier in einer seiner ersten Arbeiten über die Wärme, welche er der französischen Akademie vorlegte†), (21. Dec. 1807) zuerst den Satz aussprach, dass eine ganz willkürlich (graphisch) gegebene Function sich durch eine trigonometrische Reihe ausdrücken lasse,

*) Opuscules mathématiques p. d'Alembert. Tome premier. 1761. pag. 16. art. VII—XX.

**) Opuscules mathématiques. Tome I. pag. 42. art. XXIV.

***) Misc. Taur. Tom. III. Pars math. pag. 221. art. XXV.

†) Bulletin des sciences p. la soc. philomatique. Tome I. p. 112.

war diese Behauptung dem greisen Lagrange so unerwartet, dass er ihr auf das Entschiedenste entgegentrat. Es soll*) sich hierüber noch ein Schriftstück im Archiv der Pariser Akademie befinden. Dessenungeachtet verweist**) Poisson überall, wo er sich der trigonometrischen Reihen zur Darstellung willkürlicher Functionen bedient, auf eine Stelle in Lagrange's Arbeiten über die schwingenden Saiten, wo sich diese Darstellungsweise finden soll. Um diese Behauptung, die sich nur aus der bekannten Rivalität zwischen Fourier und Poisson erklären lässt***), zu widerlegen, sehen wir uns genöthigt, noch einmal auf die Abhandlung Lagrange's zurückzukommen; denn über jenen Vorgang in der Akademie findet sich nichts veröffentlicht.

Man findet in der That an der von Poisson citirten Stelle†) die Formel:

$$„y = 2\int Y \sin X\pi\, dX \times \sin x\pi + 2\int Y \sin 2X\pi\, dX \times \sin 2x\pi$$
$$+ 2\int Y \sin 3X\pi\, dX \times \sin 3x\pi + \text{etc.} + 2\int Y \sin nX\pi\, dX \times \sin nx\pi,$$

de sorte que, lorsque $x = X$, on aura $y = Y$, Y étant l'ordonnée qui répond à l'abscisse X."

Diese Formel sieht nun allerdings ganz so aus wie die Fourier'sche Reihe, so dass bei flüchtiger Ansicht eine Verwechselung leicht möglich ist; aber dieser Schein rührt bloss daher, weil Lagrange das Zeichen $\int dX$ anwandte, wo er heute das Zeichen $\Sigma\Delta X$ angewandt haben würde. Sie giebt die Lösung der Aufgabe, die endliche Sinusreihe

$$a_1 \sin x\pi + a_2 \sin 2x\pi + \cdots + a_n \sin nx\pi$$

so zu bestimmen, dass sie für die Werthe

$$\frac{1}{n+1}, \frac{2}{n+1}, \cdots, \frac{n}{n+1}$$

von x, welche Lagrange unbestimmt durch X bezeichnet, gegebene Werthe erhält. Hätte Lagrange in dieser Formel n unendlich gross werden lassen, so wäre er allerdings zu dem Fourier'schen Resultat gelangt. Wenn man aber seine Abhandlung durchliest, so sieht man, dass er weit davon entfernt ist zu glauben, eine ganz willkürliche Function lasse sich wirklich durch eine unendliche Sinusreihe darstellen. Er hatte vielmehr die ganze Arbeit gerade unternommen, weil er glaubte, diese willkürlichen Functionen liessen sich nicht durch eine

*) Nach einer mündlichen Mittheilung des Herrn Professor Dirichlet.

**) Unter Andern in dem verbreiteten Traité de mécanique Nro. 323. p. 638.

***) Der Bericht im bulletin des sciences über die von Fourier der Akademie vorgelegte Abhandlung ist von Poisson.

†) Misc. Taur. Tom. III. Pars math. pag. 261.

Formel ausdrücken, und von der trigonometrischen Reihe glaubte er, dass sie jede analytisch gegebene periodische Function darstellen könne. Freilich erscheint es uns jetzt kaum denkbar, dass Lagrange von seiner Summenformel nicht zur Fourier'schen Reihe gelangt sein sollte; aber dies erklärt sich daraus, dass durch den Streit zwischen Euler und d'Alembert sich bei ihm im Voraus eine bestimmte Ansicht über den einzuschlagenden Weg gebildet hatte. Er glaubte das Schwingungsproblem für eine unbestimmte endliche Anzahl von Massen erst vollständig absolviren zu müssen, bevor er seine Grenzbetrachtungen anwandte. Diese erfordern eine ziemlich ausgedehnte Untersuchung*), welche unnöthig war, wenn er die Fourier'sche Reihe kannte.

Durch Fourier war nun zwar die Natur der trigonometrischen Reihen vollkommen richtig erkannt**); sie wurden seitdem in der mathematischen Physik zur Darstellung willkürlicher Functionen vielfach angewandt, und in jedem einzelnen Falle überzeugte man sich leicht, dass die Fourier'sche Reihe wirklich gegen den Werth der Function convergire; aber es dauerte lange, ehe dieser wichtige Satz allgemein bewiesen wurde.

Der Beweis, welchen Cauchy in einer der Pariser Akademie am 27. Febr. 1826 vorgelesenen Abhandlung gab***), ist unzureichend, wie Dirichlet gezeigt hat†). Cauchy setzt voraus, dass, wenn man in der willkürlich gegebenen periodischen Function $f(x)$ für x ein complexes Argument $x + yi$ setzt, diese Function für jeden Werth von y endlich sei. Dies findet aber nur Statt, wenn die Function gleich einer constanten Grösse ist. Man sieht indess leicht, dass diese Voraussetzung für die ferneren Schlüsse nicht nothwendig ist. Es reicht hin, wenn eine Function $\varphi(x + yi)$ vorhanden ist, welche für alle positiven Werthe von y endlich ist und deren reeller Theil für $y = 0$ der gegebenen periodischen Function $f(x)$ gleich wird. Will man diesen Satz, der in der That richtig ist††), voraussetzen, so führt allerdings der von Cauchy eingeschlagene Weg zum Ziele, wie umgekehrt dieser Satz sich aus der Fourier'schen Reihe ableiten lässt.

---

*) Misc. Taur. Tom. III. Pars math. S. 251.

**) Bulletin d. sc. Tom. I. p. 115. Les coefficients a, a', a'', ..., étant ainsi déterminés etc.

***) Mémoires de l'ac. d. sc. de Paris. Tom. VI. p. 603.

†) Crelle Journal für die Mathematik. Bd. IV. p. 157 & 158.

††) Der Beweis findet sich in der Inauguraldissertation des Verfassers.

3.

Erst im Januar 1829 erschien im Journal von Crelle*) eine Abhandlung von Dirichlet, worin für Functionen, die durchgehends eine Integration zulassen und nicht unendlich viele Maxima und Minima haben, die Frage ihrer Darstellbarkeit durch trigonometrische Reihen in aller Strenge entschieden wurde.

Die Erkenntniss des zur Lösung dieser Aufgabe einzuschlagenden Weges ergab sich ihm aus der Einsicht, dass die unendlichen Reihen in zwei wesentlich verschiedene Klassen zerfallen, je nachdem sie, wenn man sämmtliche Glieder positiv macht, convergent bleiben oder nicht. In den ersteren können die Glieder beliebig versetzt werden, der Werth der letzteren dagegen ist von der Ordnung der Glieder abhängig. In der That, bezeichnet man in einer Reihe zweiter Klasse die positiven Glieder der Reihe nach durch

$$a_1, a_2, a_3, \ldots,$$

die negativen durch

$$-b_1, -b_2, -b_3, \ldots,$$

so ist klar, dass sowohl Σa, als Σb unendlich sein müssen; denn wären beide endlich, so würde die Reihe auch nach Gleichmachung der Zeichen convergiren; wäre aber eine unendlich, so würde die Reihe divergiren. Offenbar kann nun die Reihe durch geeignete Anordnung der Glieder einen beliebig gegebenen Werth C erhalten. Denn nimmt man abwechselnd so lange positive Glieder der Reihe, bis ihr Werth grösser als C wird, und so lange negative, bis ihr Werth kleiner als C wird, so wird die Abweichung von C nie mehr betragen, als der Werth des dem letzten Zeichenwechsel voraufgehenden Gliedes. Da nun sowohl die Grössen a, als die Grössen b mit wachsendem Index zuletzt unendlich klein werden, so werden auch die Abweichungen von C, wenn man in der Reihe nur hinreichend weit fortgeht, beliebig klein werden, d. h. die Reihe wird gegen C convergiren.

Nur auf die Reihen erster Klasse sind die Gesetze endlicher Summen anwendbar; nur sie können wirklich als Inbegriff ihrer Glieder betrachtet werden, die Reihen der zweiten Klasse nicht; ein Umstand, welcher von den Mathematikern des vorigen Jahrhunderts übersehen wurde, hauptsächlich wohl aus dem Grunde, weil die Reihen, welche nach steigenden Potenzen einer veränderlichen Grösse fortschreiten, allgemein zu reden (d. h. einzelne Werthe dieser Grösse ausgenommen), zur ersten Klasse gehören.

---

*) Bd. IV. pag. 157.

Die Fourier'sche Reihe gehört nun offenbar nicht nothwendig zur ersten Klasse; ihre Convergenz konnte also gar nicht, wie Cauchy vergeblich*) versucht hatte, aus dem Gesetze, nach welchem die Glieder abnehmen, abgeleitet werden. Es musste vielmehr gezeigt werden, dass die endliche Reihe

$$\frac{1}{\pi}\int_{-\pi}^{\pi} f(\alpha)\sin\alpha d\alpha \sin x + \frac{1}{\pi}\int_{-\pi}^{\pi} f(\alpha)\sin 2\alpha d\alpha \sin 2x + \cdots$$

$$+ \frac{1}{\pi}\int_{-\pi}^{\pi} f(\alpha)\sin n\alpha d\alpha \sin nx$$

$$+\frac{1}{2\pi}\int_{-\pi}^{\pi} f(\alpha)d\alpha + \frac{1}{\pi}\int_{-\pi}^{\pi} f(\alpha)\cos\alpha d\alpha \cos x + \frac{1}{\pi}\int_{-\pi}^{\pi} f(\alpha)\cos 2\alpha d\alpha \cos 2x + \cdots$$

$$+ \frac{1}{\pi}\int_{-\pi}^{\pi} f(\alpha)\cos n\alpha d\alpha \cos nx,$$

oder, was dasselbe ist, das Integral

$$\frac{1}{2\pi}\int_{-\pi}^{\pi} f(\alpha)\frac{\sin\frac{2n+1}{2}(x-\alpha)}{\sin\frac{x-\alpha}{2}}d\alpha$$

sich, wenn n in's Unendliche wächst, dem Werthe $f(x)$ unendlich annähert.

Dirichlet stützt diesen Beweis auf die beiden Sätze:

1) Wenn $0 < c \overline{\gtrless} \frac{\pi}{2}$, nähert sich $\int_0^c \varphi(\beta)\frac{\sin(2n+1)\beta}{\sin\beta}d\beta$ mit wachsendem n zuletzt unendlich dem Werth $\frac{\pi}{2}\varphi(0)$;

2) wenn $0 < b < c \overline{\gtrless} \frac{\pi}{2}$, nähert sich $\int_b^c \varphi(\beta)\frac{\sin(2n+1)\beta}{\sin\beta}d\beta$ mit wachsendem n zuletzt unendlich dem Werth 0,

vorausgesetzt, dass die Function $\varphi(\beta)$ zwischen den Grenzen dieser Integrale entweder immer abnimmt, oder immer zunimmt.

Mit Hülfe dieser beiden Sätze lässt sich, wenn die Function f nicht unendlich oft vom Zunehmen zum Abnehmen oder vom Abnehmen zum Zunehmen übergeht, das Integral

*) Dirichlet in Crelle's Journal. Bd. IV. pag. 158. Quoi qu'il en soit de cette première observation, . . . à mesure que n croît.

$$\frac{1}{2\pi}\int_{-\pi}^{\pi} f(\alpha)\frac{\sin\frac{2n+1}{2}(x-\alpha)}{\sin\frac{x-\alpha}{2}}\,d\alpha$$

offenbar in eine endliche Anzahl von Gliedern zerlegen, von denen eins*) gegen $\frac{1}{2}f(x+0)$, ein anderes gegen $\frac{1}{2}f(x-0)$, die übrigen aber gegen 0 convergiren, wenn n ins Unendliche wächst.

Hieraus folgt, dass durch eine trigonometrische Reihe jede sich nach dem Intervall 2π periodisch wiederholende Function darstellbar ist, welche

1) durchgehends eine Integration zulässt,

2) nicht unendlich viele Maxima und Minima hat und

3) wo ihr Werth sich sprungweise ändert, den Mittelwerth zwischen den beiderseitigen Grenzwerthen annimmt.

Eine Function, welche die ersten beiden Eigenschaften hat, die dritte aber nicht, kann durch eine trigonometrische Reihe offenbar nicht dargestellt werden; denn die trigonometrische Reihe, die sie ausser den Unstetigkeiten darstellt, würde in den Unstetigkeitspunkten selbst von ihr abweichen. Ob und wann aber eine Function, welche die ersten beiden Bedingungen nicht erfüllt, durch eine trigonometrische Reihe darstellbar sei, bleibt durch diese Untersuchung unentschieden.

Durch die Arbeit Dirichlet's ward einer grossen Menge wichtiger analytischer Untersuchungen eine feste Grundlage gegeben. Es war ihm gelungen, indem er den Punkt, wo Euler irrte, in volles Licht brachte, eine Frage zu erledigen, die so viele ausgezeichnete Mathematiker seit mehr als siebzig Jahren (seit dem Jahre 1753) beschäftigt hatte. In der That für alle Fälle der Natur, um welche es sich allein handelte, war sie vollkommen erledigt, denn so gross auch unsere Unwissenheit darüber ist, wie sich die Kräfte und Zustände der Materie nach Ort und Zeit im Unendlichkleinen ändern, so können wir doch sicher annehmen, dass die Functionen, auf welche sich die Dirichlet'sche Untersuchung nicht erstreckt, in der Natur nicht vorkommen.

Dessenungeachtet scheinen diese von Dirichlet unerledigten Fälle aus einem zweifachen Grunde Beachtung zu verdienen.

---

*) Es ist nicht schwer zu beweisen, dass der Werth einer Function f, welche nicht unendlich viele Maxima und Minima hat, stets, sowohl wenn der Argumentwerth abnehmend, als wenn er zunehmend gleich x wird, entweder festen Grenzwerthen $f(x+0)$ und $f(x-0)$ (nach Dirichlet's Bezeichnung in Dove's Repertorium der Physik. Bd. 1. pag. 170) sich nähern, oder unendlich gross werden müsse. (1)

Erstlich steht, wie Dirichlet selbst am Schlusse seiner Abhandlung bemerkt, dieser Gegenstand mit den Principien der Infinitesimalrechnung in der engsten Verbindung und kann dazu dienen, diese Principien zu grösserer Klarheit und Bestimmtheit zu bringen. In dieser Beziehung hat die Behandlung desselben ein unmittelbares Interesse.

Zweitens aber ist die Anwendbarkeit der Fourier'schen Reihen nicht auf physikalische Untersuchungen beschränkt; sie ist jetzt auch in einem Gebiete der reinen Mathematik, der Zahlentheorie, mit Erfolg angewandt, und hier scheinen gerade diejenigen Functionen, deren Darstellbarkeit durch eine trigonometrische Reihe Dirichlet nicht untersucht hat, von Wichtigkeit zu sein.

Am Schlusse seiner Abhandlung verspricht freilich Dirichlet, später auf diese Fälle zurückzukommen, aber dieses Versprechen ist bis jetzt unerfüllt geblieben. Auch die Arbeiten von Dirksen und Bessel über die Cosinus- und Sinusreihen leisten diese Ergänzung nicht; sie stehen vielmehr der Dirichlet'schen an Strenge und Allgemeinheit nach. Der mit ihr fast ganz gleichzeitige Aufsatz Dirksen's*), welcher offenbar ohne Kenntniss derselben geschrieben ist, schlägt zwar im Allgemeinen einen richtigen Weg ein, enthält aber im Einzelnen einige Ungenauigkeiten. Denn abgesehen davon, dass er in einem speciellen Falle**) für die Summe der Reihe ein falsches Resultat findet, stützt er sich in einer Nebenbetrachtung auf eine nur in besonderen Fällen mögliche Reihenentwicklung***), so dass sein Beweis nur für Functionen mit überall endlichen ersten Differentialquotienten vollständig ist. Bessel†) sucht den Dirichlet'schen Beweis zu vereinfachen. Aber die Aenderungen in diesem Beweise gewähren keine wesentliche Vereinfachung in den Schlüssen, sondern dienen höchstens dazu, ihn in geläufigere Begriffe zu kleiden, während seine Strenge und Allgemeinheit beträchtlich darunter leidet.

Die Frage über die Darstellbarkeit einer Function durch eine trigonometrische Reihe ist also bis jetzt nur unter den beiden Voraussetzungen entschieden, dass die Function durchgehends eine Integration zulässt und nicht unendlich viele Maxima und Minima hat. Wenn die letztere Voraussetzung nicht gemacht wird, so sind die beiden Integraltheoreme Dirichlet's zur Entscheidung der Frage unzulänglich; wenn aber die erstere wegfällt, so ist schon die Fourier'sche Coefficienten-

---

*) Crelle's Journal. Bd. IV. p. 170.

**) l. c. Formel 22.

***) l. c. Art. 3.

†) Schumacher. Astronomische Nachrichten. Nro. 374 (Bd 16. p. 229)

bestimmung nicht anwendbar. Der im Folgenden, wo diese Frage ohne besondere Voraussetzungen über die Natur der Function untersucht werden soll, eingeschlagene Weg ist hierdurch, wie man sehen wird, bedingt; ein so directer Weg, wie der Dirichlet's, ist der Natur der Sache nach nicht möglich.

Ueber den Begriff eines bestimmten Integrals und den Umfang seiner Gültigkeit.

4.

Die Unbestimmtheit, welche noch in einigen Fundamentalpunkten der Lehre von den bestimmten Integralen herrscht, nöthigt uns, Einiges voraufzuschicken über den Begriff eines bestimmten Integrals und den Umfang seiner Gültigkeit.

Also zuerst: Was hat man unter $\int_a^b f(x)\,dx$ zu verstehen?

Um dieses festzusetzen, nehmen wir zwischen a und b der Grösse nach auf einander folgend, eine Reihe von Werthen $x_1, x_2, \ldots, x_{n-1}$ an und bezeichnen der Kürze wegen $x_1 - a$ durch δ_1, $x_2 - x_1$ durch $\delta_2, \ldots, b - x_{n-1}$ durch δ_n und durch ε einen positiven ächten Bruch. Es wird alsdann der Werth der Summe

$$S = \delta_1 f(a + \varepsilon_1 \delta_1) + \delta_2 f(x_1 + \varepsilon_2 \delta_2) + \delta_3 f(x_2 + \varepsilon_3 \delta_3) + \cdots + \delta_n f(x_{n-1} + \varepsilon_n \delta_n)$$

von der Wahl der Intervalle δ und der Grössen ε abhängen. Hat sie nun die Eigenschaft, wie auch δ und ε gewählt werden mögen, sich einer festen Grenze A unendlich zu nähern, sobald sämmtliche δ unendlich klein werden, so heisst dieser Werth $\int_a^b f(x)\,dx$.

Hat sie diese Eigenschaft nicht, so hat $\int_a^b f(x)\,dx$ keine Bedeutung. Man hat jedoch in mehreren Fällen versucht, diesem Zeichen auch dann eine Bedeutung beizulegen, und unter diesen Erweiterungen des Begriffs eines bestimmten Integrals ist eine von allen Mathematikern angenommen. Wenn nämlich die Function $f(x)$ bei Annäherung des Arguments an einen einzelnen Werth c in dem Intervalle (a, b) unendlich gross wird, so kann offenbar die Summe S, welchen Grad von Kleinheit man auch den δ vorschreiben möge, jeden beliebigen

Werth erhalten; sie hat also keinen Grenzwerth, und $\int_a^b f(x)\,dx$ würde nach dem Obigen keine Bedeutung haben. Wenn aber alsdann

$$\int_a^{c-\alpha_1} f(x)\,dx + \int_{c+\alpha_2}^b f(x)\,dx$$

sich, wenn α_1 und α_2 unendlich klein werden, einer festen Grenze nähert, so versteht man unter $\int_a^b f(x)\,dx$ diesen Grenzwerth.

Andere Festsetzungen von Cauchy über den Begriff des bestimmten Integrales in den Fällen, wo es dem Grundbegriffe nach ein solches nicht giebt, mögen für einzelne Klassen von Untersuchungen zweckmässig sein; sie sind indess nicht allgemein eingeführt und dazu, schon wegen ihrer grossen Willkürlichkeit, wohl kaum geeignet.

5.

Untersuchen wir jetzt zweitens den Umfang der Gültigkeit dieses Begriffs oder die Frage: in welchen Fällen lässt eine Function eine Integration zu und in welchen nicht?

Wir betrachten zunächst den Integralbegriff im engern Sinne, d. h. wir setzen voraus, dass die Summe S, wenn sämmtliche δ unendlich klein werden, convergirt. Bezeichnen wir also die grösste Schwankung der Function zwischen a und x_1, d. h. den Unterschied ihres grössten und kleinsten Werthes in diesem Intervalle, durch D_1, zwischen x_1 und x_2 durch $D_2 \ldots$, zwischen x_{n-1} und b durch D_n, so muss

$$\delta_1 D_1 + \delta_2 D_2 + \cdots + \delta_n D_n$$

mit den Grössen δ unendlich klein werden. Wir nehmen ferner an, dass, so lange sämmtliche δ kleiner als d bleiben, der grösste Werth, den diese Summe erhalten kann, Δ sei; Δ wird alsdann eine Function von d sein, welche mit d immer abnimmt und mit dieser Grösse unendlich klein wird. Ist nun die Gesammtgrösse der Intervalle, in welchen die Schwankungen grösser als σ sind, $= s$, so wird der Beitrag dieser Intervalle zur Summe $\delta_1 D_1 + \delta_2 D_2 + \cdots + \delta_n D_n$ offenbar $\geqq \sigma s$. Man hat daher

$$\sigma s \overline{\gtrless} \delta_1 D_1 + \delta_2 D_2 + \cdots + \delta_n D_n \overline{\gtrless} \Delta, \text{ folglich } s \overline{\gtrless} \frac{\Delta}{\sigma}.$$

$\frac{\Delta}{\sigma}$ kann nun, wenn σ gegeben ist, immer durch geeignete Wahl von

d beliebig klein gemacht werden; dasselbe gilt daher von s, und es ergiebt sich also:

Damit die Summe S, wenn sämmtliche δ unendlich klein werden, convergirt, ist ausser der Endlichkeit der Function $f(x)$ noch erforderlich, dass die Gesammtgrösse der Intervalle, in welchen die Schwankungen $> \sigma$ sind, was auch σ sei, durch geeignete Wahl von d beliebig klein gemacht werden kann.

Dieser Satz lässt sich auch umkehren:

Wenn die Function $f(x)$ immer endlich ist, und bei unendlichem Abnehmen sämmtlicher Grössen δ die Gesammtgrösse s der Intervalle, in welchen die Schwankungen der Function $f(x)$ grösser, als eine gegebene Grösse σ, sind, stets zuletzt unendlich klein wird, so convergirt die Summe S, wenn sämmtliche δ unendlich klein werden.

Denn diejenigen Intervalle, in welchen die Schwankungen $> \sigma$ sind, liefern zur Summe $\delta_1 D_1 + \delta_2 D_2 + \cdots + \delta_n D_n$ einen Beitrag, kleiner als s, multiplicirt in die grösste Schwankung der Function zwischen a und b, welche (n. V.) endlich ist; die übrigen Intervalle einen Beitrag $< \sigma(b - a)$. Offenbar kann man nun erst σ beliebig klein annehmen und dann immer noch die Grösse der Intervalle (n. V.) so bestimmen, dass auch s beliebig klein wird, wodurch der Summe $\delta_1 D_1 + \cdots + \delta_n D_n$ jede beliebige Kleinheit gegeben, und folglich der Werth der Summe S in beliebig enge Grenzen eingeschlossen werden kann.

Wir haben also Bedingungen gefunden, welche nothwendig und hinreichend sind, damit die Summe S bei unendlichem Abnehmen der Grössen δ convergire und also im engern Sinne von einem Integrale der Function $f(x)$ zwischen a und b die Rede sein könne. (2)

Wird nun der Integralbegriff wie oben erweitert, so ist offenbar, damit die Integration durchgehends möglich sei, die letzte der beiden gefundenen Bedingungen auch dann noch nothwendig; an die Stelle der Bedingung, dass die Function immer endlich sei, aber tritt die Bedingung, dass die Function nur bei Annäherung des Arguments an einzelne Werthe unendlich werde, und dass sich ein bestimmter Grenzwerth ergebe, wenn die Grenzen der Integration diesen Werthen unendlich genähert werden.

6.

Nachdem wir die Bedingungen für die Möglichkeit eines bestimmten Integrals im Allgemeinen, d. h. ohne besondere Voraussetzungen über die Natur der zu integrirenden Function, untersucht haben, soll nun diese Untersuchung in besonderen Fällen theils angewandt, theils weiter ausgeführt werden, und zwar zunächst für die Functionen, welche zwischen je zwei noch so engen Grenzen unendlich oft unstetig sind.

Da diese Functionen noch nirgends betrachtet sind, wird es gut sein, von einem bestimmten Beispiele auszugehen. Man bezeichne der Kürze wegen durch (x) den Ueberschuss von x über die nächste ganze Zahl, oder, wenn x zwischen zweien in der Mitte liegt und diese Bestimmung zweideutig wird, den Mittelwerth aus den beiden Werthen $\frac{1}{2}$ und $-\frac{1}{2}$, also die Null, ferner durch n eine ganze, durch p eine ungerade Zahl und bilde alsdann die Reihe

$$f(x) = \frac{(x)}{1} + \frac{(2x)}{4} + \frac{(3x)}{9} + \cdots = \sum_{1,\infty} \frac{(nx)}{nn};$$

so convergirt, wie leicht zu sehen, diese Reihe für jeden Werth von x; ihr Werth nähert sich, sowohl, wenn der Argumentwerth stetig abnehmend, als wenn er stetig zunehmend gleich x wird, stets einem festen Grenzwerth, und zwar ist, wenn $x = \frac{p}{2n}$ (wo p, n relative Primzahlen)

$$f(x+0) = f(x) - \frac{1}{2nn}\left(1 + \tfrac{1}{9} + \tfrac{1}{25} + \cdots\right) = f(x) - \frac{\pi\pi}{16nn},$$

$$f(x-0) = f(x) + \frac{1}{2nn}\left(1 + \tfrac{1}{9} + \tfrac{1}{25} + \cdots\right) = f(x) + \frac{\pi\pi}{16nn},$$

sonst aber überall $f(x+0) = f(x)$, $f(x-0) = f(x)$.

Diese Function ist also für jeden rationalen Werth von x, der in den kleinsten Zahlen ausgedrückt ein Bruch mit geradem Nenner ist, unstetig, also zwischen je zwei noch so engen Grenzen unendlich oft, so jedoch, dass die Zahl der Sprünge, welche grösser als eine gegebene Grösse sind, immer endlich ist. Sie lässt durchgehends eine Integration zu. In der That genügen hierzu neben ihrer Endlichkeit die beiden Eigenschaften, dass sie für jeden Werth von x beiderseits einen Grenzwerth $f(x+0)$ und $f(x-0)$ hat, und dass die Zahl der Sprünge, welche grösser oder gleich einer gegebenen Grösse σ sind, stets endlich ist. Denn wenden wir unsere obige Untersuchung an, so lässt sich offenbar in Folge dieser beiden Umstände d stets so klein annehmen, dass in sämmtlichen Intervallen, welche diese Sprünge nicht enthalten, die Schwankungen kleiner als σ sind, und dass die Gesammtgrösse der Intervalle, welche diese Sprünge enthalten, beliebig klein wird.

Es verdient bemerkt zu werden, dass die Functionen, welche nicht unendlich viele Maxima und Minima haben (zu welchen übrigens die eben betrachtete nicht gehört), wo sie nicht unendlich werden, stets diese beiden Eigenschaften besitzen und daher allenthalben, wo sie nicht unendlich werden, eine Integration zulassen, wie sich auch leicht direct zeigen lässt. (³)

Um jetzt den Fall, wo die zu integrirende Function $f(x)$ für einen einzelnen Werth unendlich gross wird, näher in Betracht zu ziehen, nehmen wir an, dass dies für $x = 0$ stattfinde, so dass bei abnehmendem positiven x ihr Werth zuletzt über jede gegebene Grenze wächst. Es lässt sich dann leicht zeigen, dass $x f(x)$ bei abnehmendem x von einer endlichen Grenze a an, nicht fortwährend grösser als eine endliche Grösse c bleiben könne. Denn dann wäre

$$\int_x^a f(x)\,dx > c\int_x^a \frac{dx}{x},$$

also grösser als $c\left(\log\frac{1}{x} - \log\frac{1}{a}\right)$, welche Grösse mit abnehmendem x zuletzt in's Unendliche wächst. Es muss also $x f(x)$, wenn diese Function nicht in der Nähe von $x = 0$ unendlich viele Maxima und Minima hat, nothwendig mit x unendlich klein werden, damit $f(x)$ einer Integration fähig sein könne. Wenn andererseits

$$f(x)\,x^\alpha = \frac{f(x)\,dx\,(1-\alpha)}{d\,(x^{1-\alpha})}$$

bei einem Werth von $\alpha < 1$ mit x unendlich klein wird, so ist klar, dass das Integral bei unendlichem Abnehmen der unteren Grenze convergirt.

Ebenso findet man, dass im Falle der Convergenz des Integrals die Functionen

$$f(x)\,x\log\frac{1}{x} = \frac{f(x)\,dx}{-d\log\log\frac{1}{x}},\; f(x)\,x\log\frac{1}{x}\log\log\frac{1}{x} = \frac{f(x)\,dx}{-d\log\log\log\frac{1}{x}}\,\ldots,$$

$$f(x)\,x\log\frac{1}{x}\log\log\frac{1}{x}\cdots\log^{n-1}\frac{1}{x}\log^n\frac{1}{x} = \frac{f(x)\,dx}{-d\log^{1+n}\frac{1}{x}}$$

nicht bei abnehmendem x von einer endlichen Grenze an fortwährend grösser als eine endliche Grösse bleiben können, und also, wenn sie nicht unendlich viele Maxima und Minima haben, mit x unendlich klein werden müssen; dass dagegen das Integral $\int f(x)\,dx$ bei unendlichem Abnehmen der unteren Grenze convergire, sobald

$$f(x)\,x\log\frac{1}{x}\cdots\log^{n-1}\frac{1}{x}\left(\log^n\frac{1}{x}\right)^\alpha = \frac{f(x)\,dx\,(1-\alpha)}{-d\left(\log^n\frac{1}{x}\right)^{1-\alpha}}$$

für $\alpha > 1$ mit x unendlich klein wird.

16*

Hat aber die Function $f(x)$ unendlich viele Maxima und Minima, so lässt sich über die Ordnung ihres Unendlichwerdens nichts bestimmen. In der That, nehmen wir an, die Function sei ihrem absoluten Werthe nach, wovon die Ordnung des Unendlichwerdens allein abhängt, gegeben, so wird man immer durch geeignete Bestimmung des Zeichens bewirken können, dass das Integral $\int f(x)\,dx$ bei unendlichem Abnehmen der unteren Grenze convergire. Als Beispiel einer solchen Function, welche unendlich wird und zwar so, dass ihre Ordnung (die Ordnung von $\frac{1}{x}$ als Einheit genommen) unendlich gross ist, mag die Function

$$\frac{d\left(x\cos e^{\frac{1}{x}}\right)}{dx} = \cos e^{\frac{1}{x}} + \frac{1}{x}\, e^{\frac{1}{x}} \sin e^{\frac{1}{x}}$$

dienen.

Das möge über diesen im Grunde in ein anderes Gebiet gehörigen Gegenstand genügen; wir gehen jetzt an unsere eigentliche Aufgabe, eine allgemeine Untersuchung über die Darstellbarkeit einer Function durch eine trigonometrische Reihe.

Untersuchung der Darstellbarkeit einer Function durch eine trigonometrische Reihe ohne besondere Voraussetzungen über die Natur der Function.

7.

Die bisherigen Arbeiten über diesen Gegenstand hatten den Zweck, die Fourier'sche Reihe für die in der Natur vorkommenden Fälle zu beweisen; es konnte daher der Beweis für eine ganz willkürlich angenommene Function begonnen, und später der Gang der Function behufs des Beweises willkürlichen Beschränkungen unterworfen werden, wenn sie nur jenen Zweck nicht beeinträchtigten. Für unsern Zweck darf derselbe nur den zur Darstellbarkeit der Function nothwendigen Bedingungen unterworfen werden; es müssen daher zunächst zur Darstellbarkeit nothwendige Bedingungen aufgesucht und aus diesen dann zur Darstellbarkeit hinreichende ausgewählt werden. Während also die bisherigen Arbeiten zeigten: wenn eine Function diese und jene Eigenschaften hat, so ist sie durch die Fourier'sche Reihe darstellbar; müssen wir von der umgekehrten Frage ausgehen: Wenn eine Function durch eine trigonometrische Reihe darstellbar ist, was folgt daraus über ihren Gang, über die Aenderung ihres Werthes bei stetiger Aenderung des Arguments?

Demnach betrachten wir die Reihe

$$\begin{gathered} a_1 \sin x + a_2 \sin 2x + \cdots \\ + \tfrac{1}{2} b_0 + b_1 \cos x + b_2 \cos 2x + \cdots \end{gathered}$$

oder, wenn wir der Kürze wegen

$$\tfrac{1}{2} b_0 = A_0,\ a_1 \sin x + b_1 \cos x = A_1,\ a_2 \sin 2x + b_2 \cos 2x = A_2, \ldots$$

setzen, die Reihe

$$A_0 + A_1 + A_2 + \cdots$$

als gegeben. Wir bezeichnen diesen Ausdruck durch Ω und seinen Werth durch $f(x)$, so dass diese Function nur für diejenigen Werthe von x vorhanden ist, wo die Reihe convergirt.

Zur Convergenz einer Reihe ist nothwendig, dass ihre Glieder zuletzt unendlich klein werden. Wenn die Coefficienten a_n, b_n mit wachsendem n in's Unendliche abnehmen, so werden die Glieder der Reihe Ω für jeden Werth von x zuletzt unendlich klein; andernfalls kann dies nur für besondere Werthe von x stattfinden. Es ist nöthig, beide Fälle getrennt zu behandeln.

8.

Wir setzen also zunächst voraus, dass die Glieder der Reihe Ω für jeden Werth von x zuletzt unendlich klein werden.

Unter dieser Voraussetzung convergirt die Reihe

$$C + C'x + A_0 \frac{xx}{2} - A_1 - \frac{A_2}{4} - \frac{A_3}{9} \cdots = F(x),$$

welche man aus Ω durch zweimalige Integration jedes Gliedes nach x erhält, für jeden Werth von x. Ihr Werth $F(x)$ ändert sich mit x stetig, und diese Function F von x lässt folglich allenthalben eine Integration zu.

Um Beides — die Convergenz der Reihe und die Stetigkeit der Function $F(x)$ — einzusehen, bezeichne man die Summe der Glieder bis $-\frac{A_n}{nn}$ einschliesslich durch N, den Rest der Reihe, d. h. die Reihe

$$-\frac{A_{n+1}}{(n+1)^2} - \frac{A_{n+2}}{(n+2)^2} - \cdots$$

durch R und den grössten Werth von A_m für $m > n$ durch ε. Alsdann bleibt der Werth von R, wie weit man diese Reihe fortsetzen möge, offenbar abgesehen vom Zeichen

$$< \varepsilon \left(\frac{1}{(n+1)^2} + \frac{1}{(n+2)^2} + \cdots \right) < \frac{\varepsilon}{n}$$

und kann also in beliebig kleine Grenzen eingeschlossen werden, wenn man n nur hinreichend gross annimmt; folglich convergirt die Reihe.

Ferner ist die Function $F(x)$ stetig; d. h. ihrer Aenderung kann jede Kleinheit gegeben werden, wenn man der entsprechenden Aenderung von x eine hinreichende Kleinheit vorschreibt. Denn die Aenderung von $F(x)$ setzt sich zusammen aus der Aenderung von R und von N; offenbar kann man nun erst n so gross annehmen, dass R, was auch x sei, und folglich auch die Aenderung von R für jede Aenderung von x beliebig klein wird, und dann die Aenderung von x so klein annehmen, dass auch die Aenderung von N beliebig klein wird.

Es wird gut sein, einige Sätze über diese Function $F(x)$, deren Beweise den Faden der Untersuchung unterbrechen würden, voraufzuschicken.

Lehrsatz 1. Falls die Reihe Ω convergirt, convergirt

$$\frac{F(x+\alpha+\beta)-F(x+\alpha-\beta)-F(x-\alpha+\beta)+F(x-\alpha-\beta)}{4\alpha\beta},$$

wenn α und β so unendlich klein werden, dass ihr Verhältniss endlich bleibt, gegen denselben Werth wie die Reihe.

In der That wird

$$\frac{F(x+\alpha+\beta)-F(x+\alpha-\beta)-F(x-\alpha+\beta)+F(x-\alpha-\beta)}{4\alpha\beta}$$

$$=A_0+A_1\frac{\sin\alpha}{\alpha}\frac{\sin\beta}{\beta}+A_2\frac{\sin 2\alpha}{2\alpha}\frac{\sin 2\beta}{2\beta}+A_3\frac{\sin 3\alpha}{3\alpha}\frac{\sin 3\beta}{3\beta}+\cdots$$

oder, um den einfacheren Fall, wo $\beta=\alpha$, zuerst zu erledigen,

$$\frac{F(x+2\alpha)-2F(x)+F(x-2\alpha)}{4\alpha\alpha}=A_0+A_1\left(\frac{\sin\alpha}{\alpha}\right)^2+A_2\left(\frac{\sin 2\alpha}{2\alpha}\right)^2+\cdots$$

Ist die unendliche Reihe

$$A_0+A_1+A_2+\cdots=f(x),$$

die Reihe

$$A_0+A_1+\cdots+A_{n-1}=f(x)+\varepsilon_n,$$

so muss sich für eine beliebig gegebene Grösse δ ein Werth m von n angeben lassen, so dass, wenn $n>m$, $\varepsilon_n<\delta$ wird. Nehmen wir nun α so klein an, dass $m\alpha<\pi$, setzen wir ferner mittelst der Substitution

$$A_n=\varepsilon_{n+1}-\varepsilon_n,$$

$\sum\limits_{0,\infty}\left(\frac{\sin n\alpha}{n\alpha}\right)^2 A_n$ in die Form

$$f(x)+\sum_{1,\infty}\varepsilon_n\left\{\left(\frac{\sin(n-1)\alpha}{(n-1)\alpha}\right)^2-\left(\frac{\sin n\alpha}{n\alpha}\right)^2\right\},$$

und theilen wir diese letztere unendliche Reihe in drei Theile, indem wir

1) die Glieder vom Index 1 bis m einschliesslich,

2) vom Index $m+1$ bis zur grössten unter $\frac{\pi}{\alpha}$ liegenden ganzen Zahl, welche s sei,

3) von $s+1$ bis unendlich,

zusammenfassen, so besteht der erste Theil aus einer endlichen Anzahl stetig sich ändernder Glieder und kann daher seinem Grenzwerth 0 beliebig genähert werden, wenn man α hinreichend klein werden lässt; der zweite Theil ist, da der Factor von ε_n beständig positiv ist, offenbar abgesehen vom Zeichen

$$< \delta \left\{ \left(\frac{\sin m\alpha}{m\alpha}\right)^2 - \left(\frac{\sin s\alpha}{s\alpha}\right)^2 \right\};$$

um endlich den dritten Theil in Grenzen einzuschliessen, zerlege man das allgemeine Glied in

$$\varepsilon_n \left\{ \left(\frac{\sin(n-1)\alpha}{(n-1)\alpha}\right)^2 - \left(\frac{\sin(n-1)\alpha}{n\alpha}\right)^2 \right\}$$

und

$$\varepsilon_n \left\{ \left(\frac{\sin(n-1)\alpha}{n\alpha}\right)^2 - \left(\frac{\sin n\alpha}{n\alpha}\right)^2 \right\} = -\varepsilon_n \frac{\sin(2n-1)\alpha \sin\alpha}{(n\alpha)^2};$$

so leuchtet ein, dass es

$$< \delta \left\{ \frac{1}{(n-1)^2\alpha\alpha} - \frac{1}{nn\alpha\alpha} \right\} + \delta \frac{1}{nn\alpha}$$

und folglich die Summe von $n = s + 1$ bis $n = \infty$

$$< \delta \left\{ \frac{1}{(s\alpha)^2} + \frac{1}{s\alpha} \right\},$$

welcher Werth für ein unendlich kleines α in

$$\delta \left\{ \frac{1}{\pi\pi} + \frac{1}{\pi} \right\} \text{ übergeht.}$$

Die Reihe

$$\sum \varepsilon_n \left\{ \left(\frac{\sin(n-1)\alpha}{(n-1)\alpha}\right)^2 - \left(\frac{\sin n\alpha}{n\alpha}\right)^2 \right\}$$

nähert sich daher mit abnehmendem α einem Grenzwerth, der nicht grösser als

$$\delta \left\{ 1 + \frac{1}{\pi} + \frac{1}{\pi\pi} \right\}$$

sein kann, also Null sein muss, und folglich convergirt

$$\frac{F(x+2\alpha) - 2F(x) + F(x-2\alpha)}{4\alpha\alpha},$$

welches

$$= f(x) + \sum \varepsilon_n \left\{ \left(\frac{\sin(n-1)\alpha}{(n-1)\alpha}\right)^2 - \left(\frac{\sin n\alpha}{n\alpha}\right)^2 \right\},$$

mit in's Unendliche abnehmendem α gegen $f(x)$, wodurch unser Satz für den Fall $\beta = \alpha$ bewiesen ist.

Um ihn allgemein zu beweisen, sei

$$F(x+\alpha+\beta) - 2F(x) + F(x-\alpha-\beta) = (\alpha+\beta)^2 (f(x) + \delta_1)$$
$$F(x+\alpha-\beta) - 2F(x) + F(x-\alpha+\beta) = (\alpha-\beta)^2 (f(x) + \delta_2),$$

woraus

$$F(x+\alpha+\beta)-F(x+\alpha-\beta)-F(x-\alpha+\beta)+F(x-\alpha-\beta)$$
$$=4\alpha\beta\, f(x)+(\alpha+\beta)^2\delta_1-(\alpha-\beta)^2\delta_2.$$

In Folge des eben Bewiesenen werden nun δ_1 und δ_2 unendlich klein, sobald α und β unendlich klein werden; es wird also auch

$$\frac{(\alpha+\beta)^2}{4\alpha\beta}\delta_1-\frac{(\alpha-\beta)^2}{4\alpha\beta}\delta_2$$

unendlich klein, wenn dabei die Coefficienten von δ_1 und δ_2 nicht unendlich gross werden, was nicht stattfindet, wenn zugleich $\frac{\beta}{\alpha}$ endlich bleibt; und folglich convergirt alsdann

$$\frac{F(x+\alpha+\beta)-F(x+\alpha-\beta)-F(x-\alpha+\beta)+F(x-\alpha-\beta)}{4\alpha\beta}$$

gegen $f(x)$, w. z. b. w.

Lehrsatz 2.

$$\frac{F(x+2\alpha)+F(x-2\alpha)-2F(x)}{2\alpha}$$

wird stets mit α unendlich klein.

Um dieses zu beweisen, theile man die Reihe

$$\sum A_n\left(\frac{\sin n\alpha}{n\alpha}\right)^2$$

in drei Gruppen, von welchen die erste alle Glieder bis zu einem festen Index m enthält, von dem an A_n immer kleiner als ε bleibt, die zweite alle folgenden Glieder, für welche $n\alpha \overline{<}$ als eine feste Grösse c ist, die dritte den Rest der Reihe umfasst. Es ist dann leicht zu sehen, dass, wenn α in's Unendliche abnimmt, die Summe der ersten endlichen Gruppe endlich bleibt, d. h. $<$ eine feste Grösse Q; die der zweiten $<\varepsilon\frac{c}{\alpha}$, die der dritten

$$<\varepsilon\sum_{c<n\alpha}\frac{1}{nn\alpha\alpha}<\frac{\varepsilon}{\alpha c}.$$

Folglich bleibt

$$\frac{F(x+2\alpha)+F(x-2\alpha)-2F(x)}{2\alpha},\ \text{welches} = 2\alpha\sum A_n\left(\frac{\sin n\alpha}{n\alpha}\right)^2,$$
$$<2\left(Q\alpha+\varepsilon\left(c+\frac{1}{c}\right)\right),$$

woraus der z. b. Satz folgt.

Lehrsatz 3. Bezeichnet man durch b und c zwei beliebige Constanten, die grössere durch c, und durch $\lambda(x)$ eine Function, welche nebst ihrem ersten Differentialquotienten zwischen b und c immer stetig ist und an den Grenzen gleich Null wird, und von welcher der zweite Differentialquotient nicht unendlich viele Maxima und Minima hat, so wird das Integral

$$\mu\mu\int_b^c F(x)\cos\mu(x-a)\,\lambda(x)\,dx,$$

wenn μ in's Unendliche wächst, zuletzt kleiner als jede gegebene Grösse.

Setzt man für $F(x)$ seinen Ausdruck durch die Reihe, so erhält man für

$$\mu\mu\int_b^c F(x)\cos\mu(x-a)\,\lambda(x)\,dx$$

die Reihe (Φ)

$$\mu\mu\int_b^c\left(C+C'x+A_0\frac{xx}{2}\right)\cos\mu(x-a)\,\lambda(x)\,dx$$

$$-\sum_{1,\infty}\frac{\mu\mu}{nn}\int_b^c A_n\cos\mu(x-a)\,\lambda(x)\,dx.$$

Nun lässt sich $A_n\cos\mu(x-a)$ offenbar als ein Aggregat von $\cos(\mu+n)(x-a)$, $\sin(\mu+n)(x-a)$, $\cos(\mu-n)(x-a)$, $\sin(\mu-n)(x-a)$ ausdrücken, und bezeichnet man in demselben die Summe der beiden ersten Glieder durch $B_{\mu+n}$, die Summe der beiden letzten Glieder durch $B_{\mu-n}$, so hat man $\cos\mu(x-a)\,A_n = B_{\mu+n}+B_{\mu-n}$,

$$\frac{d^2B_{\mu+n}}{dx^2}=-(\mu+n)^2B_{\mu+n},\quad \frac{d^2B_{\mu-n}}{dx^2}=-(\mu-n)^2B_{\mu-n},$$

und es werden $B_{\mu+n}$ und $B_{\mu-n}$ mit wachsendem n, was auch x sei, zuletzt unendlich klein.

Das allgemeine Glied der Reihe (Φ)

$$-\frac{\mu\mu}{nn}\int_b^c A_n\cos\mu(x-a)\,\lambda(x)\,dx$$

wird daher

$$=\frac{\mu^2}{n^2(\mu+n)^2}\int_b^c\frac{d^2B_{\mu+n}}{dx^2}\lambda(x)\,dx+\frac{\mu^2}{n^2(\mu-n)^2}\int_b^c\frac{d^2B_{\mu-n}}{dx^2}\lambda(x)\,dx$$

oder durch zweimalige partielle Integration, indem man zuerst $\lambda(x)$, dann $\lambda'(x)$ als constant betrachtet,

$$=\frac{\mu^2}{n^2(\mu+n)^2}\int_b^c B_{\mu+n}\lambda''(x)\,dx+\frac{\mu^2}{n^2(\mu-n)^2}\int_b^c B_{\mu-n}\lambda''(x)\,dx,$$

da $\lambda(x)$ und $\lambda'(x)$ und daher auch die aus dem Integralzeichen tretenden Glieder an den Grenzen $=0$ werden.

Man überzeugt sich nun leicht, dass $\int_b^c B_{\mu\pm n}\lambda''(x)\,dx$, wenn μ

in's Unendliche wächst, was auch n sei, unendlich klein wird; denn dieser Ausdruck ist gleich einem Aggregat der Integrale

$$\int_b^c \cos(\mu \pm n)(x-a)\,\lambda''(x)\,dx, \quad \int_b^c \sin(\mu \pm n)(x-a)\,\lambda''(x)\,dx,$$

und wenn $\mu \pm n$ unendlich gross wird, so werden diese Integrale, wenn aber nicht, weil dann n unendlich gross wird, ihre Coefficienten in diesem Ausdrucke unendlich klein.

Zum Beweise unseres Satzes genügt es daher offenbar, wenn von der Summe

$$\sum \frac{\mu^2}{(\mu-n)^2 n^2}$$

über alle ganzen Werthe von n ausgedehnt, welche den Bedingungen $n < -c'$, $c'' < n < \mu - c'''$, $\mu + c^{IV} < n$ genügen, für irgend welche positive Werthe der Grössen c gezeigt wird, dass sie, wenn μ unendlich gross wird, endlich bleibt. Denn abgesehen von den Gliedern, für welche $-c' < n < c''$, $\mu - c''' < n < \mu + c^{IV}$, welche offenbar unendlich klein werden und von endlicher Anzahl sind, bleibt die Reihe (Φ) offenbar kleiner als diese Summe, multiplicirt mit dem grössten Werthe von $\int_b^c B_{\mu \pm n}\lambda''(x)\,dx$, welcher unendlich klein wird.

Nun ist aber, wenn die Grössen $c > 1$ sind, die Summe

$$\sum \frac{\mu^2}{(\mu-n)^2 n^2} = \frac{1}{\mu}\sum \frac{\frac{1}{\mu}}{\left(1-\frac{n}{\mu}\right)^2\left(\frac{n}{\mu}\right)^2},$$

in den obigen Grenzen, kleiner als

$$\frac{1}{\mu}\int \frac{dx}{(1-x)^2 x^2},$$

ausgedehnt von

$$-\infty \text{ bis } -\frac{c'-1}{\mu}, \quad \frac{c''-1}{\mu} \text{ bis } 1-\frac{c'''-1}{\mu}, \quad 1+\frac{c^{IV}-1}{\mu} \text{ bis } \infty;$$

denn zerlegt man das ganze Intervall von $-\infty$ bis $+\infty$ von Null anfangend in Intervalle von der Grösse $\frac{1}{\mu}$, und ersetzt man überall die Function unter dem Integralzeichen durch den kleinsten Werth in jedem Intervall, so erhält man, da diese Function zwischen den Integrationsgrenzen nirgends ein Maximum hat, sämmtliche Glieder der Reihe.

Führt man die Integration aus, so erhält man

$$\frac{1}{\mu}\int \frac{dx}{x^2(1-x)^2} = \frac{1}{\mu}\left(-\frac{1}{x} + \frac{1}{1-x} + 2\log x - 2\log(1-x)\right) + \text{const.}$$

und folglich zwischen den obigen Grenzen einen Werth, der mit μ nicht unendlich gross wird. ([4])

9.

Mit Hülfe dieser Sätze lässt sich über die Darstellbarkeit einer Function durch eine trigonometrische Reihe, deren Glieder für jeden Argumentwerth zuletzt unendlich klein werden, Folgendes feststellen:

I. Wenn eine nach dem Intervall 2π periodisch sich wiederholende Function $f(x)$ durch eine trigonometrische Reihe, deren Glieder für jeden Werth von x zuletzt unendlich klein werden, darstellbar sein soll, so muss es eine stetige Function $F(x)$ geben, von welcher $f(x)$ so abhängt, dass

$$\frac{F(x+\alpha+\beta)-F(x+\alpha-\beta)-F(x-\alpha+\beta)+F(x-\alpha-\beta)}{4\alpha\beta},$$

wenn α und β unendlich klein werden und dabei ihr Verhältniss endlich bleibt, gegen $f(x)$ convergirt.

Es muss ferner

$$\mu\mu\int_b^c F(x)\cos\mu(x-a)\,\lambda(x)\,dx,$$

wenn $\lambda(x)$ und $\lambda'(x)$ an den Grenzen des Integrals $=0$ und zwischen denselben immer stetig sind, und $\lambda''(x)$ nicht unendlich viele Maxima und Minima hat, mit wachsendem μ zuletzt unendlich klein werden.

II. Wenn umgekehrt diese beiden Bedingungen erfüllt sind, so giebt es eine trigonometrische Reihe, in welcher die Coefficienten zuletzt unendlich klein werden, und welche überall, wo sie convergirt, die Function darstellt.

Denn bestimmt man die Grössen C', A_0 so, dass

$$F(x)-C'x-A_0\frac{xx}{2}$$

eine nach dem Intervall 2π periodisch wiederkehrende Function ist und entwickelt diese nach Fourier's Methode in die trigonometrische Reihe

$$C-\frac{A_1}{1}-\frac{A_2}{4}-\frac{A_3}{9}-\cdots,$$

indem man

$$\frac{1}{2\pi}\int_{-\pi}^{\pi}\left(F(t)-C't-A_0\frac{tt}{2}\right)dt=C,$$

$$\frac{1}{\pi}\int_{-\pi}^{\pi}\left(F(t)-C't-A_0\frac{tt}{2}\right)\cos n(x-t)\,dt=-\frac{A_n}{nn}$$

setzt, so muss (n. V.)

$$A_n = -\frac{nn}{\pi}\int_{-\pi}^{\pi}\left(F(t) - C't - A_0\frac{tt}{2}\right)\cos n(x-t)\,dt$$

mit wachsendem n zuletzt unendlich klein werden; woraus nach Satz 1 des vorigen Art. folgt, dass die Reihe

$$A_0 + A_1 + A_2 + \cdots$$

überall, wo sie convergirt, gegen $f(x)$ convergirt. ([5])

III. Es sei $b < x < c$, und $\varrho(t)$ eine solche Function, dass $\varrho(t)$ und $\varrho'(t)$ für $t = b$ und $t = c$ den Werth 0 haben und zwischen diesen Werthen stetig sich ändern, $\varrho''(t)$ nicht unendlich viele Maxima und Minima hat, und dass ferner für $t = x$ $\varrho(t) = 1$, $\varrho'(t) = 0$, $\varrho''(t) = 0$, $\varrho'''(t)$ und $\varrho^{IV}(t)$ aber endlich und stetig sind; so wird der Unterschied zwischen der Reihe

$$A_0 + A_1 + \cdots + A_n$$

und dem Integral

$$\frac{1}{2\pi}\int_b^c F(t)\,\frac{dd\,\dfrac{\sin\frac{2n+1}{2}(x-t)}{\sin\frac{(x-t)}{2}}}{dt^2}\,\varrho(t)\,dt$$

mit wachsendem n zuletzt unendlich klein. Die Reihe

$$A_0 + A_1 + A_2 + \cdots$$

wird daher convergiren oder nicht convergiren, je nachdem

$$\frac{1}{2\pi}\int_b^c F(t)\,\frac{dd\,\dfrac{\sin\frac{2n+1}{2}(x-t)}{\sin\frac{x-t}{2}}}{dt^2}\,\varrho(t)\,dt$$

sich mit wachsendem n zuletzt einer festen Grenze nähert oder dies nicht stattfindet.

In der That wird

$$A_1 + A_2 + \cdots A_n = \frac{1}{\pi}\int_{-\pi}^{\pi}\left(F(t) - C't - A_0\frac{tt}{2}\right)\sum_{1,n} -nn\cos n(x-t)\,dt,$$

oder, da

$$2\sum_{1,n} -nn\cos n(x-t) = 2\sum_{1,n}\frac{d^2\cos n(x-t)}{dt^2} = \frac{dd\,\dfrac{\sin\frac{2n+1}{2}(x-t)}{\sin\frac{x-t}{2}}}{dt^2}$$

ist,

$$= \frac{1}{2\pi}\int_{-\pi}^{\pi}\left(F(t) - C't - A_0\frac{tt}{2}\right)\frac{dd\dfrac{\sin\frac{2n+1}{2}(x-t)}{\sin\frac{x-t}{2}}}{dt^2}\,dt.$$

Nun wird aber nach Satz 3 des vorigen Art.

$$\frac{1}{2\pi}\int_{-\pi}^{\pi}\left(F(t) - C't - A_0\frac{tt}{2}\right)\frac{dd\dfrac{\sin\frac{2n+1}{2}(x-t)}{\sin\frac{x-t}{2}}}{dt^2}\,\lambda(t)\,dt$$

bei unendlichem Zunehmen von n unendlich klein, wenn $\lambda(t)$ nebst ihrem ersten Differentialquotienten stetig ist, $\lambda''(t)$ nicht unendlich viele Maxima und Minima hat, und für $t = x$ $\lambda(t) = 0$, $\lambda'(t) = 0$, $\lambda''(t) = 0$, $\lambda'''(t)$ und $\lambda^{IV}(t)$ aber endlich und stetig sind. ([6])

Setzt man hierin $\lambda(t)$ ausserhalb der Grenzen b, c gleich 1 und zwischen diesen Grenzen $= 1 - \varrho(t)$, was offenbar verstattet ist, so folgt, dass die Differenz zwischen der Reihe $A_1 + \cdots + A_n$ und dem Integral

$$\frac{1}{2\pi}\int_{b}^{c}\left(F(t) - C't - A_0\frac{tt}{2}\right)\frac{dd\dfrac{\sin\frac{2n+1}{2}(x-t)}{\sin\frac{x-t}{2}}}{dt^2}\,\varrho(t)\,dt$$

mit wachsendem n zuletzt unendlich klein wird. Man überzeugt sich aber leicht durch partielle Integration, dass

$$\frac{1}{2\pi}\int_{b}^{c}\left(C't + A^0\frac{tt}{2}\right)\frac{dd\dfrac{\sin\frac{2n+1}{2}(x-t)}{\sin\frac{x-t}{2}}}{dt^2}\,\varrho(t)\,dt,$$

wenn n unendlich gross wird, gegen A_0 convergirt, wodurch man obigen Satz erhält.

10.

Aus dieser Untersuchung hat sich also ergeben, dass, wenn die Coefficienten der Reihe Ω zuletzt unendlich klein werden, dann die Convergenz der Reihe für einen bestimmten Werth von x nur abhängt von dem Verhalten der Function $f(x)$ in unmittelbarer Nähe dieses Werthes.

Ob nun die Coefficienten der Reihe zuletzt unendlich klein werden, wird in vielen Fällen nicht aus ihrem Ausdrucke durch bestimmte Integrale, sondern auf anderm Wege entschieden werden müssen. Es verdient indess ein Fall hervorgehoben zu werden, wo sich dies unmittelbar aus der Natur der Function entscheiden lässt, wenn nämlich die Function $f(x)$ durchgehends endlich bleibt und eine Integration zulässt.

In diesem Falle muss, wenn man das ganze Intervall von $-\pi$ bis π der Reihe nach in Stücke von der Grösse

$$\delta_1, \delta_2, \delta_3, \ldots$$

zerlegt, und durch D_1 die grösste Schwankung der Function im ersten, durch D_2 im zweiten, u. s. w. bezeichnet,

$$\delta_1 D_1 + \delta_2 D_2 + \delta_3 D_3 + \cdots$$

unendlich klein werden, sobald sämmtliche δ unendlich klein werden.

Zerlegt man aber das Integral $\int\limits_{-\pi}^{\pi} f(x) \sin n(x-a)\,dx$, in welcher Form von dem Factor $\frac{1}{\pi}$ abgesehen die Coefficienten der Reihe enthalten sind, oder was dasselbe ist, $\int\limits_{a}^{a+2\pi} f(x) \sin n(x-a)\,dx$ von $x=a$ anfangend in Integrale vom Umfange $\frac{2\pi}{n}$, so liefert jedes derselben zur Summe einen Beitrag kleiner als $\frac{2}{n}$, multiplicirt mit der grössten Schwankung in seinem Intervall, und ihre Summe ist also kleiner als eine Grösse, welche n. V. mit $\frac{2\pi}{n}$ unendlich klein werden muss.

In der That: diese Integrale haben die Form

$$\int\limits_{a+\frac{s}{n}2\pi}^{a+\frac{s+1}{n}2\pi} f(x) \sin n(x-a)\,dx.$$

Der Sinus wird in der ersten Hälfte positiv, in der zweiten negativ. Bezeichnet man also den grössten Werth von $f(x)$ in dem Intervall des Integrals durch M, den kleinsten durch m, so ist einleuchtend, dass man das Integral vergrössert, wenn man in der ersten Hälfte $f(x)$ durch M, in der zweiten durch m ersetzt, dass man aber das Integral verkleinert, wenn man in der ersten Hälfte $f(x)$ durch m und in der zweiten durch M ersetzt. Im ersteren Falle aber erhält man den Werth $\frac{2}{n}(M-m)$, im letzteren $\frac{2}{n}(m-M)$. Es ist daher dies

Integral abgesehen vom Zeichen kleiner als $\frac{2}{n}(M-m)$ und das Integral

$$\int_a^{a+2\pi} f(x) \sin n(x-a)\, dx$$

kleiner als

$$\frac{2}{n}(M_1-m_1)+\frac{2}{n}(M_2-m_2)+\frac{2}{n}(M_3-m_3)+\cdots,$$

wenn man durch M_s den grössten, durch m_s den kleinsten Werth von $f(x)$ im $s$ten Intervall bezeichnet; diese Summe aber muss, wenn $f(x)$ einer Integration fähig ist, unendlich klein werden, sobald n unendlich gross und also der Umfang der Intervalle $\frac{2\pi}{n}$ unendlich klein wird.

In dem vorausgesetzten Falle werden daher die Coefficienten der Reihe unendlich klein.

11.

Es bleibt nun noch der Fall zu untersuchen, wo die Glieder der Reihe Ω für den Argumentwerth x zuletzt unendlich klein werden, ohne dass dies für jeden Argumentwerth stattfindet. Dieser Fall lässt sich auf den vorigen zurückführen.

Wenn man nämlich in den Reihen für den Argumentwerth $x+t$ und $x-t$ die Glieder gleichen Ranges addirt, so erhält man die Reihe

$$2A_0 + 2A_1 \cos t + 2A_2 \cos 2t + \cdots,$$

in welcher die Glieder für jeden Werth von t zuletzt unendlich klein werden und auf welche also die vorige Untersuchung angewandt werden kann.

Bezeichnet man zu diesem Ende den Werth der unendlichen Reihe

$$C + C'x + A_0\frac{xx}{2} + A_0\frac{tt}{2} - A_1\frac{\cos t}{1} - A_2\frac{\cos 2t}{4} - A_3\frac{\cos 3t}{9} - \cdots$$

durch $G(t)$, so dass $\frac{F(x+t)+F(x-t)}{2}$ überall, wo die Reihen für $F(x+t)$ und $F(x-t)$ convergiren, $= G(t)$ ist, so ergiebt sich Folgendes:

I. Wenn die Glieder der Reihe Ω für den Argumentwerth x zuletzt unendlich klein werden, so muss

$$\mu\mu \int_b^c G(t) \cos\mu(t-a)\,\lambda(t)\, dt,$$

wenn λ eine Function wie oben — Art. 9 — bezeichnet, mit wachsendem μ zuletzt unendlich klein werden. Der Werth dieses Integrals setzt sich zusammen aus den beiden Bestandtheilen

$$\mu\mu\int_b^c \frac{F(x+t)}{2}\cos\mu(t-a)\,\lambda(t)\,dt \text{ und } \mu\mu\int_b^c \frac{F(x-t)}{2}\cos\mu(t-a)\,\lambda(t)\,dt,$$

wofern diese Ausdrücke einen Werth haben. Das Unendlichkleinwerden desselben wird daher bewirkt durch das Verhalten der Function F an zwei symmetrisch zu beiden Seiten von x gelegenen Stellen. Es ist aber zu bemerken, dass hier Stellen vorkommen müssen, wo jeder Bestandtheil für sich nicht unendlich klein wird; denn sonst würden die Glieder der Reihe für jeden Argumentwerth zuletzt unendlich klein werden. Es müssen also dann die Beiträge der symmetrisch zu beiden Seiten von x gelegenen Stellen einander aufheben, so dass ihre Summe für ein unendliches μ unendlich klein wird. Hieraus folgt, dass die Reihe Ω nur für solche Werthe der Grösse x convergiren kann, zu welchen die Stellen, wo nicht

$$\mu\mu\int_b^c F(x)\cos\mu(x-a)\,\lambda(x)\,dx$$

für ein unendliches μ unendlich klein wird, symmetrisch liegen. Offenbar kann daher nur dann, wenn die Anzahl dieser Stellen unendlich gross ist, die trigonometrische Reihe mit nicht in's Unendliche abnehmenden Coefficienten für eine unendliche Anzahl von Argumentwerthen convergiren.

Umgekehrt ist

$$A_n = -nn\frac{2}{\pi}\int_0^\pi \left(G(t) - A_0\frac{tt}{2}\right)\cos nt\,dt$$

und wird also mit wachsendem n zuletzt unendlich klein, wenn

$$\mu\mu\int_b^c G(t)\cos\mu(t-a)\,\lambda(t)\,dt$$

für ein unendliches μ immer unendlich klein wird.

II. Wenn die Glieder der Reihe Ω für den Argumentwerth x zuletzt unendlich klein werden, so hängt es nur von dem Gange der Function $G(t)$ für ein unendlich kleines t ab, ob die Reihe convergirt oder nicht, und zwar wird der Unterschied zwischen

$$A_0 + A_1 + \cdots + A_n$$

und dem Integrale

$$\frac{1}{\pi}\int_0^b G(t)\,\frac{dd\dfrac{\sin\frac{2n+1}{2}t}{\sin\frac{t}{2}}}{dt^2}\,\varrho(t)\,dt$$

mit wachsendem n zuletzt unendlich klein, wenn b eine zwischen 0 und π enthaltene noch so kleine Constante und $\varrho(t)$ eine solche Function bezeichnet, dass $\varrho(t)$ und $\varrho'(t)$ immer stetig und für $t = b$ gleich Null sind, $\varrho''(t)$ nicht unendlich viele Maxima und Minima hat, und für $t = 0$, $\varrho(t) = 1$, $\varrho'(t) = 0$, $\varrho''(t) = 0$, $\varrho'''(t)$ und $\varrho''''(t)$ aber endlich und stetig sind.

12.

Die Bedingungen für die Darstellbarkeit einer Function durch eine trigonometrische Reihe können freilich noch etwas beschränkt und dadurch unsere Untersuchungen ohne besondere Voraussetzungen über die Natur der Function noch etwas weiter geführt werden. So z. B. kann in dem zuletzt erhaltenen Satze die Bedingung, dass $\varrho''(0) = 0$ sei, weggelassen werden, wenn man in dem Integrale

$$\frac{1}{\pi}\int_0^b G(t)\,\frac{dd\dfrac{\sin\frac{2n+1}{2}t}{\sin\frac{t}{2}}}{dt^2}\,\varrho(t)\,dt$$

$G(t)$ durch $G(t) - G(0)$ ersetzt. Es wird aber dadurch nichts Wesentliches gewonnen.

Indem wir uns daher zur Betrachtung besonderer Fälle wenden, wollen wir zunächst der Untersuchung für eine Function, welche nicht unendlich viele Maxima und Minima hat, diejenige Vervollständigung zu geben suchen, deren sie nach den Arbeiten Dirichlet's noch fähig ist.

Es ist oben bemerkt, dass eine solche Function allenthalben integrirt werden kann, wo sie nicht unendlich wird, und es ist offenbar, dass dies nur für eine endliche Anzahl von Argumentwerthen eintreten kann. Auch lässt der Beweis Dirichlet's, dass in dem Integralausdrucke für das $n$te Glied der Reihe und für die Summe ihrer n ersten Glieder der Beitrag aller Strecken mit Ausnahme derer, wo die Function unendlich wird, und der dem Argumentwerth der Reihe unendlich nahe liegenden mit wachsendem n zuletzt unendlich klein wird, und dass

$$\int_x^{x+b} f(t)\frac{\sin\frac{2n+1}{2}(x-t)}{\sin\frac{x-t}{2}}\,dt,$$

wenn $0<b<\pi$ und $f(t)$ zwischen den Grenzen des Integrals nicht unendlich wird, für ein unendliches n gegen $\pi f(x+0)$ convergirt, in der That nichts zu wünschen übrig, wenn man die unnöthige Voraussetzung, dass die Function stetig sei, weglässt. Es bleibt also nur noch zu untersuchen, in welchen Fällen in diesen Integralausdrücken der Beitrag der Stellen, wo die Function unendlich wird, mit wachsendem n zuletzt unendlich klein wird. Diese Untersuchung ist noch nicht erledigt; sondern es ist nur gelegentlich von Dirichlet gezeigt, dass dies stattfindet unter der Voraussetzung, dass die darzustellende Function eine Integration zulässt, was nicht nothwendig ist.

Wir haben oben gesehen, dass, wenn die Glieder der Reihe Ω für jeden Werth von x zuletzt unendlich klein werden, die Function $F(x)$, deren zweiter Differentialquotient $f(x)$ ist, endlich und stetig sein muss, und dass

$$\frac{F(x+\alpha)-2F(x)+F(x-\alpha)}{\alpha}$$

mit α stets unendlich klein wird. Wenn nun $F'(x+t)-F'(x-t)$ nicht unendlich viele Maxima und Minima hat, so muss es, wenn t Null wird, gegen einen festen Grenzwerth L convergiren oder unendlich gross werden, und es ist offenbar, dass

$$\frac{1}{\alpha}\int_0^\alpha (F'(x+t)-F'(x-t))\,dt = \frac{F(x+\alpha)-2F(x)+F(x-\alpha)}{\alpha}$$

dann ebenfalls gegen L oder gegen ∞ convergiren muss und daher nur unendlich klein werden kann, wenn $F'(x+t)-F'(x-t)$ gegen Null convergirt. Es muss daher, wenn $f(x)$ für $x=a$ unendlich gross wird, doch immer $f(a+t)+f(a-t)$ bis an $t=0$ integrirt werden können. Dies reicht hin, damit

$$\left(\int_b^{a-\varepsilon}+\int_{a+\varepsilon}^{c}\right)dx\,(f(x)\cos n\,(x-a))$$

mit abnehmendem ε convergire und mit wachsendem n unendlich klein werde. Weil ferner die Function $F(x)$ endlich und stetig ist, so muss $F'(x)$ bis an $x=a$ eine Integration zulassen und $(x-a)F'(x)$ mit $(x-a)$ unendlich klein werden, wenn diese Function nicht unendlich viele Maxima und Minima hat; woraus folgt, dass

$$\frac{d\,(x-a)\,F'(x)}{dx} = (x-a)\,f(x) + F'(x)$$

und also auch $(x-a)f(x)$ bis an $x=a$ integrirt werden kann. Es kann daher auch $\int f(x)\sin n(x-a)\,dx$ bis an $x=a$ integrirt werden, und damit die Coefficienten der Reihe zuletzt unendlich klein werden, ist offenbar nur noch nöthig, dass

$$\int_b^c f(x)\sin n(x-a)\,dx, \text{ wo } b<a<c,$$

mit wachsendem n zuletzt unendlich klein werde. Setzt man

$$f(x)(x-a)=\varphi(x),$$

so ist, wenn diese Function nicht unendlich viele Maxima und Minima hat, für ein unendliches n

$$\int_b^c f(x)\sin n(x-a)\,dx=\int_b^c \frac{\varphi(x)}{x-a}\sin n(x-a)\,dx=\pi\frac{\varphi(a+0)+\varphi(a-0)}{2},$$

wie Dirichlet gezeigt hat. Es muss daher

$$\varphi(a+t)+\varphi(a-t)=f(a+t)\,t-f(a-t)\,t$$

mit t unendlich klein werden, und da

$$f(a+t)+f(a-t)$$

bis an $t=0$ integrirt werden kann und folglich auch

$$f(a+t)\,t+f(a-t)\,t$$

mit t unendlich klein wird, so muss sowohl $f(a+t)\,t$, als $f(a-t)\,t$ mit abnehmendem t zuletzt unendlich klein werden. Von Functionen, welche unendlich viele Maxima und Minima haben, abgesehen, ist es also zur Darstellbarkeit der Function $f(x)$ durch eine trigonometrische Reihe mit in's Unendliche abnehmenden Coefficienten hinreichend und nothwendig, dass, wenn sie für $x=a$ unendlich wird, $f(a+t)\,t$ und $f(a-t)\,t$ mit t unendlich klein werden und $f(a+t)+f(a-t)$ bis an $t=0$ integrirt werden kann.

Durch eine trigonometrische Reihe, deren Coefficienten nicht zuletzt unendlich klein werden, kann eine Function $f(x)$, welche nicht unendlich viele Maxima und Minima hat, da

$$\mu\mu\int_b^c F(x)\cos\mu(x-a)\,\lambda(x)\,dx$$

nur für eine endliche Anzahl von Stellen für ein unendliches μ nicht unendlich klein wird, auch nur für eine endliche Anzahl von Argumentwerthen dargestellt werden, wobei es unnöthig ist länger zu verweilen.

17*

13.

Was die Functionen betrifft, welche unendlich viele Maxima und Minima haben, so ist es wohl nicht überflüssig zu bemerken, dass eine Function $f(x)$, welche unendlich viele Maxima und Minima hat, einer Integration durchgehends fähig sein kann, ohne durch die Fourier'sche Reihe darstellbar zu sein. (7) Dies findet z. B. statt, wenn $f(x)$ zwischen 0 und 2π gleich

$$\frac{d\left(x^\nu \cos \frac{1}{x}\right)}{dx}, \text{ und } 0 < \nu < \tfrac{1}{2}$$

ist. Denn es wird in dem Integral $\int_0^{2\pi} f(x) \cos n(x-a)\, dx$ mit wachsendem n der Beitrag derjenigen Stelle, wo x nahe $= \sqrt{\frac{1}{n}}$ ist, allgemein zu reden, zuletzt unendlich gross, so dass das Verhältniss dieses Integrals zu

$$\tfrac{1}{2} \sin\left(2\sqrt{n} - na + \frac{\pi}{4}\right) \sqrt{\pi n}^{\frac{1-2\nu}{4}}$$

gegen 1 convergirt, wie man auf dem gleich anzugebenden Wege finden wird. Um dabei das Beispiel zu verallgemeinern, wodurch das Wesen der Sache mehr hervortritt, setze man

$$\int f(x)\, dx = \varphi(x) \cos \psi(x)$$

und nehme an, dass $\varphi(x)$ für ein unendlich kleines x unendlich klein und $\psi(x)$ unendlich gross werde, übrigens aber diese Functionen nebst ihren Differentialquotienten stetig seien und nicht unendlich viele Maxima und Minima haben. Es wird dann

$$f(x) = \varphi'(x) \cos \psi(x) - \varphi(x)\, \psi'(x) \sin \psi(x)$$

und

$$\int f(x) \cos n(x-a)\, dx$$

gleich der Summe der vier Integrale

$$\tfrac{1}{2} \int \varphi'(x) \cos(\psi(x) \pm n(x-a))\, dx,$$

$$-\tfrac{1}{2} \int \varphi(x)\, \psi'(x) \sin(\psi(x) \pm n(x-a))\, dx.$$

Man betrachte nun, $\psi(x)$ positiv genommen, das Glied

$$-\tfrac{1}{2} \int \varphi(x)\, \psi'(x) \sin(\psi(x) + n(x-a))\, dx$$

und untersuche in diesem Integrale die Stelle, wo die Zeichenwechsel des Sinus sich am langsamsten folgen. Setzt man

$$\psi(x) + n(x - a) = y,$$

so geschieht dies, wo $\frac{dy}{dx} = 0$ ist, und also,

$$\psi'(\alpha) + n = 0$$

gesetzt, für $x = \alpha$. Man untersuche also das Verhalten des Integrals

$$-\tfrac{1}{2}\int\limits_{\alpha-\varepsilon}^{\alpha+\varepsilon} \varphi(x)\,\psi'(x)\sin y\,dx$$

für den Fall, dass ε für ein unendliches n unendlich klein wird, und führe hiezu y als Variable ein. Setzt man

$$\psi(\alpha) + n(\alpha - a) = \beta,$$

so wird für ein hinreichend kleines ε

$$y = \beta + \psi''(\alpha)\frac{(x-\alpha)^2}{2} + \cdots$$

und zwar ist $\psi''(\alpha)$ positiv, da $\psi(x)$ für ein unendlich kleines x positiv unendlich wird; es wird ferner

$$\frac{dy}{dx} = \psi''(\alpha)(x-\alpha) = \pm\sqrt{2\psi''(\alpha)(y-\beta)},$$

je nachdem $x - \alpha \gtrless 0$, und

$$-\tfrac{1}{2}\int\limits_{\alpha-\varepsilon}^{\alpha+\varepsilon} \varphi(x)\,\psi'(x)\sin y\,dx$$

$$= \tfrac{1}{2}\left(\int\limits_{\beta+\psi''(\alpha)\frac{\varepsilon\varepsilon}{2}}^{\beta} - \int\limits_{\beta}^{\beta+\psi''(\alpha)\frac{\varepsilon\varepsilon}{2}}\right)\left(\sin y\frac{dy}{\sqrt{y-\beta}}\right)\frac{\varphi(\alpha)\,\psi'(\alpha)}{\sqrt{2\psi''(\alpha)}}$$

$$= -\int\limits_{0}^{\psi''(\alpha)\frac{\varepsilon\varepsilon}{2}} \sin(y+\beta)\frac{dy}{\sqrt{y}}\,\frac{\varphi(\alpha)\,\psi'(\alpha)}{\sqrt{2\psi''(\alpha)}}.$$

Lässt man also mit wachsendem n die Grösse ε so abnehmen, dass $\psi''(\alpha)\varepsilon\varepsilon$ unendlich gross wird, so wird, falls

$$\int\limits_0^\infty \sin(y+\beta)\frac{dy}{\sqrt{y}},$$

welches bekanntlich gleich ist $\sin\left(\beta + \frac{\pi}{4}\right)\sqrt{\pi}$, nicht Null ist, von Grössen niederer Ordnung abgesehen

$$-\tfrac{1}{2}\int\limits_{\alpha-\varepsilon}^{\alpha+\varepsilon}\varphi(x)\psi'(x)\sin(\psi(x)+n(x-a))dx = -\sin\left(\beta+\frac{\pi}{4}\right)\frac{\sqrt{\pi}\,\varphi(\alpha)\psi'(\alpha)}{\sqrt{2\psi''(\alpha)}}.$$

Es wird daher, wenn diese Grösse nicht unendlich klein wird, das Verhältniss von

$$\int\limits_0^{2\pi} f(x)\cos n(x-a)\,dx$$

zu dieser Grösse, da dessen übrige Bestandtheile unendlich klein werden, bei unendlichem Zunehmen von n gegen 1 convergiren.

Nimmt man an, dass $\varphi(x)$ und $\psi'(x)$ für ein unendlich kleines x mit Potenzen von x von gleicher Ordnung sind und zwar $\varphi(x)$ mit x^ν und $\psi'(x)$ mit $x^{-\mu-1}$, so dass $\nu > 0$ und $\mu \geqq 0$ sein muss, so wird für ein unendliches n

$$\frac{\varphi(\alpha)\psi'(\alpha)}{\sqrt{2\psi''(\alpha)}}$$

von gleicher Ordnung mit $\alpha^{\nu-\frac{\mu}{2}}$ und daher nicht unendlich klein, wenn $\mu \geqq 2\nu$. Ueberhaupt aber wird, wenn $x\psi'(x)$ oder, was damit identisch ist, wenn $\frac{\psi(x)}{\log x}$ für ein unendlich kleines x unendlich gross ist, sich $\varphi(x)$ immer so annehmen lassen, dass für ein unendlich kleines x $\varphi(x)$ unendlich klein,

$$\varphi(x)\frac{\psi'(x)}{\sqrt{2\psi''(x)}} = \frac{\varphi(x)}{\sqrt{-2\dfrac{d}{dx}\dfrac{1}{\psi'(x)}}} = \frac{\varphi(x)}{\sqrt{-2\lim\dfrac{1}{x\psi'(x)}}}$$

aber unendlich gross wird, und folglich $\int\limits_x f(x)\,dx$ bis an $x=0$ erstreckt werden kann, während

$$\int\limits_0^{2\pi} f(x)\cos n(x-a)\,dx$$

für ein unendliches n nicht unendlich klein wird. Wie man sieht, heben sich in dem Integrale $\int\limits_x f(x)\,dx$ bei unendlichem Abnehmen von x die Zuwachse des Integrals, obwohl ihr Verhältniss zu den Aenderungen von x sehr rasch wächst, wegen des raschen Zeichenwechsels der Function $f(x)$ einander auf; durch das Hinzutreten des Factors $\cos n(x-a)$ aber wird hier bewirkt, dass diese Zuwachse sich summiren.

Ebenso wohl aber, wie hienach für eine Function trotz der durchgängigen Möglichkeit der Integration die Fourier'sche Reihe nicht convergiren und selbst ihr Glied zuletzt unendlich gross werden kann,

— ebenso wohl können trotz der durchgängigen Unmöglichkeit der Integration von $f(x)$ zwischen je zwei noch so nahen Werthen unendlich viele Werthe von x liegen, für welche die Reihe Ω convergirt.

Ein Beispiel liefert, (nx) in der Bedeutung, wie oben (Art. 6.) genommen, die durch die Reihe

$$\sum_{1,\infty} \frac{(nx)}{n}$$

gegebene Function, welche für jeden rationalen Werth von x vorhanden ist und sich durch die trigonometrische Reihe

$$\sum_{1,\infty} \frac{\overset{n}{\Sigma}\theta - (-1)^{\theta}}{n\pi} \sin 2nx\pi, \ (^{8})$$

wo für θ alle Theiler von n zu setzen sind, darstellen lässt, welche aber in keinem noch so kleinen Grösseninterval zwischen endlichen Grenzen enthalten ist und folglich nirgends eine Integration zulässt.

Ein anderes Beispiel erhält man, wenn man in den Reihen

$$\sum_{0,\infty} c_n \cos nnx, \quad \sum_{1,\infty} c_n \sin nnx$$

für $c_0, c_1, c_2, \ldots$ positive Grössen setzt, welche immer abnehmen und zuletzt unendlich klein werden, während $\overset{s}{\underset{1,n}{\Sigma}} c_s$ mit n unendlich gross wird. Denn wenn das Verhältniss von x zu 2π rational und in den kleinsten Zahlen ausgedrückt, ein Bruch mit dem Nenner m ist, so werden offenbar diese Reihen convergiren oder in's Unendliche wachsen, je nachdem

$$\sum_{0,m-1} \cos nnx, \quad \sum_{0,m-1} \sin nnx$$

gleich Null oder nicht gleich Null sind. Beide Fälle aber treten nach einem bekannten Theoreme der Kreistheilung*) zwischen je zwei noch so engen Grenzen für unendlich viele Werthe von x ein.

In einem eben so grossen Umfange kann die Reihe Ω auch convergiren, ohne dass der Werth der Reihe

$$C' + A_0 x - \sum \frac{1}{nn} \frac{dA_n}{dx},$$

welche man durch Integration jedes Gliedes aus Ω erhält, durch ein noch so kleines Grösseninterval integrirt werden könnte.

Wenn man z. B. den Ausdruck

---

*) Disquis. ar. pag. 636 art. 356. (Gauss Werke Bd. I. pag. 442.)

$$\sum_{1,\infty} \frac{1}{n^3}(1-q^n)\log\left(\frac{-\log(1-q^n)}{q^n}\right),$$

wo die Logarithmen so zu nehmen sind, dass sie für $q = 0$ verschwinden, nach steigenden Potenzen von q entwickelt und darin $q = e^{xi}$ setzt, so bildet der imaginäre Theil eine trigonometrische Reihe, welche zweimal nach x differentiirt in jedem Grösseninterval unendlich oft convergirt, während ihr erster Differentialquotient unendlich oft unendlich wird.

In demselben Umfange, d. h. zwischen je zwei noch so nahen Argumentwerthen unendlich oft, kann die trigonometrische Reihe auch selbst dann convergiren, wenn ihre Coefficienten nicht zuletzt unendlich klein werden. Ein einfaches Beispiel einer solchen Reihe bildet die unendliche Reihe $\sum\limits_{1,\infty} \sin(n!\,x\pi)$, wo $n!$, wie gebräuchlich,

$$= 1.2.3\ldots n,$$

welche nicht bloss für jeden rationalen Werth von x convergirt, indem sie sich in eine endliche verwandelt, sondern auch für eine unendliche Anzahl von irrationalen, von denen die einfachsten sind $\sin 1$, $\cos 1$, $\frac{2}{e}$ und deren Vielfache, ungerade Vielfache von e, $\frac{e-\frac{1}{e}}{4}$, u. s. w. (9)

Inhalt.

Anmerkungen.

(1) (Zu Seite 237. Anmerkung.) Nehmen wir an, dass die Function $f(x)$ in dem Intervalle Δ zwischen x und $x_1 > x$ nicht wachse, und bezeichnen wir mit g die obere Grenze der Werthe, die $f(x+\xi)$ für $0 < \xi < \Delta$ annimmt, d. h. einen Werth, der von keinem dieser Functionswerthe überschritten, aber mit jedem beliebigen Grad von Annäherung erreicht wird, so wird $g - f(x+\xi)$ mit wachsendem ξ niemals abnehmen, während es doch beliebig klein werden soll, d. h. es ist $\lim_{\xi=0}(g - f(x+\xi)) = 0$, $g = f(x+0)$. Der Satz, dass ein System reeller Zahlen $\mathfrak{S}$, dessen in endlicher oder unendlicher Zahl vorhandene Individuen s einen endlichen Zahlwerth nicht übersteigen, eine obere Grenze hat, ist wohl zuerst von Weierstrass präcis ausgesprochen und bewiesen (vgl. O. Biermann, Theorie der analytischen Functionen §. 16. Leipzig, Teubner, 1884). Sehr einfach ist der Beweis auf Grund der Anschauungen von Dedekind über Irrationalzahlen (Stetigkeit und irrationale Zahlen, Braunschweig, Vieweg, 1872). Theilt man nämlich die reelle Zahlenreihe in zwei Theile A und B ein, so dass jede Zahl a in A von Zahlen des Systems $\mathfrak{S}$ überschritten, jede Zahl b in B nicht überschritten wird, so werden diese beiden Theile A und B durch eine existirende Zahl g getrennt, der offenbar die charakterischen Merkmale der oberen Grenze von $\mathfrak{S}$ zukommen.

(2) (Zu Seite 241.) Es findet sich hierzu eine fragmentarische handschriftliche Bemerkung von Riemann, die wir folgendermassen herzustellen versuchen, da sie zur Vervollständigung des Beweises nothwendig ist, dass das Verschwinden von Δ mit d auch die für die Convergenz von S ausreichende Bedingung ist. Es könnte scheinen als ob, wenn auch bei zwei verschiedenen Eintheilungen, in denen die Intervalle δ', δ'' kleiner als d und folglich der Unterschied zwischen dem grössten und kleinsten Werthe (oberer und unterer Grenze) der Summe S, die für die beiden Eintheilungen mit S', S'' bezeichnet sei, kleiner als eine gegebene Grösse ε ist, doch die Summen S', S'' selbst um ein endliches Stück auseinander liegen könnten. Um die Unmöglichkeit hiervon einzusehen, bilde man eine dritte Eintheilung δ, der die Summe S entspreche, indem man δ' und δ'' gleichzeitig ausführt. Da nun jedes Element δ' aus einer ganzen Anzahl von Elementen δ besteht, so wird, wenn ein beliebiger Werth von S betrachtet wird, die Summe der diesen Elementen δ entsprechenden Glieder von S zwischen dem grössten und kleinsten Werth des dem Element δ' entsprechenden Gliedes von S' liegen, und folglich auch die ganze Summe S zwischen dem grössten und kleinsten Werth von S' und ebenso auch zwischen dem grössten und kleinsten Werth von S''; folglich können S, S', S'' nicht um mehr als ε von einander verschieden sein.

(3) (Zu Seite 243.) Dass jede endliche Function $f(x)$, die zwischen den Grenzen a und b nicht wächst, und folglich jede Function, die nicht unendlich viele Maxima und Minima hat, einer Integration fähig ist, beweist man so.

Sei

$$a = x_1 < x_2 < x_3 \cdots < x_n = b,$$

$$\delta_1 = x_2 - x_1, \quad \delta_2 = x_3 - x_2, \cdots \delta_{n-1} = x_n - x_{n-1},$$

$$D_1 = f(x_1) - f(x_2), \quad D_2 = f(x_2) - f(x_3), \cdots D_{n-1} = f(x_{n-1}) - f(x_n),$$

$$D_1 + D_2 + \cdots + D_{n-1} = f(a) - f(b).$$

Da nach Voraussetzung $f(x)$ nicht wächst, so sind die Grössen $D_1, D_2, \cdots D_{n-1}$ die grössten Schwankungen in den Intervallen $\delta_1, \delta_2 \ldots, \delta_{n-1}$ und alle positiv oder wenigstens keines von ihnen negativ. Ist m die Anzahl derjenigen Intervalle, in denen $D > \sigma$, so ist $m\sigma < f(a) - f(b)$ oder

$$m < \frac{f(a) - f(b)}{\sigma}.$$

Sind also die sämmtlichen Intervalle δ kleiner als d, so ist die Gesammtgrösse der Intervalle, von denen die grösste Schwankung grösser als σ ist, $< \frac{f(a) - f(b)}{\sigma} d$ und wird also, w. z. b. w., mit d zugleich unendlich klein.

(4) (Zu Seite 251.) Die hier gebrauchten Grössen $B_{\mu \pm n}$ haben den Ausdruck

$$\begin{aligned} B_{\mu+n} &= \tfrac{1}{2} \cos(\mu + n)(x - a)(a_n \sin na + b_n \cos na) \\ &\quad + \tfrac{1}{2} \sin(\mu + n)(x - a)(a_n \cos na - b_n \sin na), \\ B_{\mu-n} &= \tfrac{1}{2} \cos(\mu - n)(x - a)(a_n \sin na + b_n \cos na) \\ &\quad - \tfrac{1}{2} \sin(\mu - n)(x - a)(a_n \cos na - b_n \sin na). \end{aligned}$$

Zur Ergänzung ist noch zu beweisen, dass auch

$$\mu\mu \int_b^c \left(C + C'x + A_0 \frac{xx}{2}\right) \cos\mu(x - a)\, \lambda(x)\, dx$$

den Grenzwerth 0 hat. Dies erreicht man wohl am einfachsten, wenn man

$$\left(C + C'x + A_0 \frac{xx}{2}\right) \cos\mu(x - a) = -\frac{1}{\mu\mu} \frac{d^2 B}{dx^2},$$

$$B = \left(C - \frac{3A_0}{\mu\mu} + C'x + A_0 \frac{xx}{2}\right) \cos\mu(x - a) - 2\left(C' + A_0 x\right) \frac{\sin\mu(x - a)}{\mu}$$

setzt und eine zweimalige partielle Integration anwendet. Dass Integrale wie

$$\int_b^c \cos\mu(x - a)\, \lambda''(x)\, dx, \qquad \int_b^c \sin\mu(x - a)\, \lambda''(x)\, dx$$

mit unendlich wachsendem μ verschwinden, kann man entweder nach der Dirichlet'schen Methode, oder einfacher mittels des du Bois-Reymond'schen Mittelwerthsatzes beweisen, wonach, wenn $\varphi(x)$ eine zwischen den Grenzen b und c nicht wachsende oder nicht abnehmende Function und ξ ein zwischen b und c gelegener Werth ist,

$$\int_b^c f(x)\, \varphi(x)\, dx = \varphi(b) \int_b^\xi f(x)\, dx + \varphi(c) \int_\xi^c f(x)\, dx.$$

(5) (Zu Seite 252.) Die unter II. aufgestellten Sätze bedürfen einer Erläuterung: Da die Function $f(x)$ um 2π periodisch angenommen ist, so muss

$$F(x+2\pi) - F(x) = \varphi(x)$$

die Eigenschaft haben, dass

$$\frac{\varphi(x+\alpha+\beta) - \varphi(x+\alpha-\beta) - \varphi(x-\alpha+\beta) + \varphi(x-\alpha-\beta)}{4\alpha\beta}$$

unter der im Text gemachten Voraussetzung sich mit α und β der Grenze 0 nähert. Es ist daher $\varphi(x)$ eine lineare Function von x, und folglich lassen sich die Constanten C', A_0 so bestimmen, dass

$$\Phi(x) = F(x) - C'x - A_0 \frac{xx}{2}$$

eine um 2π periodische Function von x ist.

Nun ist über die Function $F(x)$ weiter die Voraussetzung gemacht, dass für beliebige Grenzen b, c

$$\mu\mu \int_b^c F(x) \cos\mu(x-a)\,\lambda(x)\,dx$$

mit unendlich wachsendem μ sich der Grenze 0 nähere, wenn $\lambda(x)$ den im Text angegebenen Bedingungen genügt, woraus folgt, dass unter den gleichen Voraussetzungen

$$\mu\mu \int_b^c \Phi(x) \cos\mu(x-a)\,\lambda(x)\,dx$$

sich der Grenze 0 nähert.

Es sei nun $b < -\pi$, $c > \pi$, und man nehme, was zulässig ist, $\lambda(x)$ im Intervall von $-\pi$ bis $+\pi = 1$, so folgt, dass auch:

$$\mu\mu \int_b^{-\pi} \Phi(x) \cos\mu(x-a)\,\lambda(x)\,dx + \mu\mu \int_\pi^c \Phi(x) \cos\mu(x-a)\,\lambda(x)\,dx$$
$$+ \mu\mu \int_{-\pi}^{+\pi} \Phi(x) \cos\mu(x-a)\,dx$$

Null zur Grenze hat. Nun kann man, wenn μ eine ganze Zahl n ist, mit Rücksicht auf die Periodicität von $\Phi(x)$ für diese Summe setzen:

$$nn \int_{b+2\pi}^c \Phi(x) \cos n(x-a)\,\lambda_1(x)\,dx + nn \int_{-\pi}^{+\pi} \Phi(x) \cos n(x-a)\,dx,$$

wenn in dem Intervall von $b+2\pi$ bis π $\lambda_1(x) = \lambda(x-2\pi)$ und in dem Intervall von π bis c $\lambda_1(x) = \lambda(x)$ ist, so dass $\lambda_1(x)$ zwischen den Grenzen $b+2\pi$ und c den Voraussetzungen über die Function $\lambda(x)$ genügt. Demnach hat das erste Glied der obigen Summe für sich den Grenzwerth 0, und folglich ist auch der Grenzwerth von

$$\mu\mu \int_{-\pi}^{+\pi} \Phi(x) \cos\mu(x-a)\,dx$$

gleich Null.

(6) (Zu Seite 253.) Hier scheint für die Function $\lambda(x)$ die Bedingung hinzugefügt werden zu müssen, dass sie sich nach dem Intervall 2π periodisch wiederholt (die mit der nachher gemachten Annahme verträglich ist). In der That würde z. B. das in Rede stehende Integral nicht sich der Grenze 0 nähern, wenn $F(t) - C't - A_0 \frac{tt}{2} =$ const. und $\lambda(t) = (x-t)^3$ gesetzt würde. Dagegen lässt sich unter der Voraussetzung der Periodicität von $\lambda(x)$ das Verschwinden dieses Integrals durch Ausführung der Differentiation

$$\frac{dd \dfrac{\sin \frac{2n+1}{2}(x-t)}{\sin \frac{x-t}{2}}}{dt^2}$$

durch Anwendung des Satzes 3, Art. 8 und eines ähnlichen Verfahrens wie in der Anmerkung (5) leicht darthun.

Gegen die Anmerkungen (5) (6), die in der ersten Auflage dieser Gesammtausgabe die Nummern (1) (2) hatten, hat Ascoli in einer Abhandlung über trigonometrische Reihen (Accademia dei Lincei 1880) verschiedene Bedenken erhoben. Sie sollen gleichwohl hier unverändert bleiben; nur möge Folgendes beigefügt werden.

Der Beweis des Satzes, nach dem die in der Anmerkung (5) mit $\varphi(x)$ bezeichnete Function eine lineare sein muss (für den ich auf eine Abhandlung von G. Cantor in Crelle's Journal Bd. 72, S. 141 verweise), setzt allerdings voraus, dass die Function $f(x)$ für jeden Werth von x existirt (also auch endlich ist). Mir scheinen aber die Nummern I, II des Art. 9 überhaupt nur dann ganz verständlich, wenn diese Existenz vorausgesetzt wird, selbst dann, wenn man wie Ascoli will, die Forderung, durch Hinzufügung eines Ausdrucks $-C'x - A_0 \frac{xx}{2}$ in eine periodische Function verwandelt zu werden, unter die Bedingungen für die Function $F(x)$ mit aufnimmt. Lässt man die Voraussetzung der durchgängigen Existenz von $f(x)$ fallen, so kann es unendlich viele verschiedene Functionen $F(x)$ geben, die sich nicht blos um lineare Ausdrücke von einander unterscheiden. Art. 9, III behält allerdings seine Bedeutung auch dann noch, wenn die durchgehende Existenz von $f(x)$ nicht vorausgesetzt wird, sondern wie in Art. 8 $F(x)$ durch die Reihe $C - \frac{A_1}{1} - \frac{A_2}{4} - \frac{A_3}{9} \ldots$ definirt ist.

Bei der Anmerkung (6) ist zuzugeben, dass es genügt, da die Function $\lambda(t)$ in den Formeln des Textes nur in dem Intervall $-\pi$ bis $+\pi$ vorkommt, nicht die Periodicität von $\lambda(t)$ und $\lambda'(t)$, sondern nur die Formeln $\lambda(\pi) = \lambda(-\pi)$, $\lambda'(\pi) = \lambda'(-\pi)$ vorauszusetzen, also nicht eigentlich die Periodicität, sondern die Möglichkeit der stetigen periodischen Fortsetzung. Da aber die Function $F(t) - C't - \frac{A_0}{2}t^2$ auf Seite 251 durch die Reihe $C - \frac{A_1}{1} - \frac{A_2}{4} - \frac{A_3}{9} \ldots$ und nicht wie Ascoli annimmt, durch $-\frac{A_1}{1} - \frac{A_2}{4} - \frac{A_3}{9} \ldots$ definirt ist, so ist die Annahme des Beispiels, dass $F(t) - c't - \frac{A_0}{2}t^2$ eine von Null verschiedene Constante sei, sehr wohl zulässig.

Auch das Verfahren, das ich nach Analogie der Note (5) zum Beweis des Verschwindens des Integrals

$$\frac{1}{2\pi}\int_{-\pi}^{+\pi}\Phi(t)\,\frac{d\,d\,\dfrac{\sin\frac{2n+1}{2}(x-t)}{\sin\frac{x-t}{2}}}{dt^2}\,\lambda(t)\,dt$$

angewandt habe, muss ich etwas genauer darlegen.

Führt man die Differentiation unter dem Integral aus, so erhält man einen mehrgliedrigen Ausdruck, dessen einer Term, wenn zur Abkürzung $\frac{2n+1}{2}=\mu$ gesetzt wird, lautet

$$-\mu^2\int_{-\pi}^{+\pi}\Phi(t)\,\frac{\lambda(t)}{\sin\frac{x-t}{2}}\sin\mu(x-t)\,dt,$$

oder wenn $\lambda(t)=\lambda_1(t)\sin\frac{x-t}{2}$ und $x=a+\pi$ gesetzt wird,

$$(-1)^n\mu^2\int_{-\pi}^{+\pi}\Phi(t)\,\lambda_1(t)\cos\mu(a-t)\,dt.$$

Man wähle nun b, c so, dass das Intervall von b bis c das Intervall von $-\pi$ bis $+\pi$ einschliesst und bestimme im ersteren Intervall eine Function $\lambda(t)$ so, dass zwischen $-\pi$ und $+\pi$ $\lambda(t)=\lambda_1(t)$, an den Grenzen aber $\lambda(t)$ und $\lambda'(t)$ verschwinden, ferner eine Function $\lambda_2(t)$ in dem Intervall von $b+2\pi$ bis c so, dass zwischen $b+2\pi$ und π $\lambda_2(t)=-\lambda(t-2\pi)$ und zwischen π und c $\lambda_2(t)=\lambda(t)$ wird, was also voraussetzt, dass $\lambda_2(\pi)=-\lambda_1(-\pi)$, $\lambda_2'(\pi)=\lambda_1'(-\pi)$ sei. Dann ergiebt sich wie in der Anmerkung (5)

$$\mu^2\int_{-\pi}^{+\pi}\Phi(t)\,\lambda_1(t)\cos\mu(a-t)\,dt=\mu^2\int_b^c\Phi(t)\,\lambda(t)\cos\mu(a-t)\,dt$$
$$-\mu^2\int_{b+2\pi}^{c}\Phi(t)\,\lambda_2(t)\cos\mu(a-t)\,dt$$

und die beiden Bestandtheile rechts verschwinden nach Satz 3, Art. 8 mit unendlich wachsendem μ. Ebenso verfährt man mit den übrigen Bestandtheilen des vorliegenden Integrals.

(7) (Zu Seite 260.) Es möge hier auf die Arbeiten von P. du Bois-Reymond hingewiesen werden, die nach Riemann die Theorie der trigonometrischen Reihen noch wesentlich gefördert haben. Es ist dort durch Beispiele nachgewiesen, dass es selbst durchaus endliche und stetige Functionen mit unendlich vielen Maxima und Minima giebt, die eine Darstellung durch trigonometrische Reihen nicht gestatten.

(8) (Zu Seite 263.) Das Zeichen $\Sigma^\Theta-(-1)^\Theta$ ist als eine Summe von positiven und negativen Einheiten zu verstehen, so dass jedem geraden Theiler von n ein negatives, jedem ungeraden ein positives Glied entspricht. Man findet

diese Entwicklung (wenn auch auf einem nicht ganz einwurfsfreien Wege), wenn man die Function (x) durch die bekannte Formel

$$-\sum_{1,\infty}^{m}(-1)^m \frac{\sin 2m\pi x}{m\pi}$$

ausdrückt, dies in die Summe $\Sigma\frac{(nx)}{n}$ einsetzt und die Ordnung der Summationen vertauscht.

(9) (Zu Seite 264.) Der Werth $x = \frac{1}{4}\left(e - \frac{1}{e}\right)$ gehört, wie Genochi in einem diese Beispiele betreffenden Aufsatz bemerkt (Intorno ad alcune serie, Torino 1875) nicht zu den Werthen von x, für welche die Reihe $\sum\limits_{1,\infty} \sin(n!\,x\pi)$ convergirt. Aber auch für $x = \frac{1}{2}\left(e - \frac{1}{e}\right)$ ist die Reihe nicht, wie Genochi angiebt, convergent.

XIII.

Ueber die Hypothesen, welche der Geometrie zu Grunde liegen.

(Aus dem dreizehnten Bande der Abhandlungen der Königlichen Gesellschaft der Wissenschaften zu Göttingen.)*)

Plan der Untersuchung.

Bekanntlich setzt die Geometrie sowohl den Begriff des Raumes, als die ersten Grundbegriffe für die Constructionen im Raume als etwas Gegebenes voraus. Sie giebt von ihnen nur Nominaldefinitionen, während die wesentlichen Bestimmungen in Form von Axiomen auftreten. Das Verhältniss dieser Voraussetzungen bleibt dabei im Dunkeln; man sieht weder ein, ob und in wie weit ihre Verbindung nothwendig, noch a priori, ob sie möglich ist.

Diese Dunkelheit wurde auch von Euklid bis auf Legendre, um den berühmtesten neueren Bearbeiter der Geometrie zu nennen, weder von den Mathematikern, noch von den Philosophen, welche sich damit beschäftigten, gehoben. Es hatte dies seinen Grund wohl darin, dass der allgemeine Begriff mehrfach ausgedehnter Grössen, unter welchem die Raumgrössen enthalten sind, ganz unbearbeitet blieb. Ich habe mir daher zunächst die Aufgabe gestellt, den Begriff einer mehrfach ausgedehnten Grösse aus allgemeinen Grössenbegriffen zu construiren. Es wird daraus hervorgehen, dass eine mehrfach ausgedehnte Grösse verschiedener Massverhältnisse fähig ist und der Raum also nur einen besonderen Fall einer dreifach ausgedehnten Grösse bildet. Hiervon aber ist eine nothwendige Folge, dass die Sätze der

*) Diese Abhandlung ist am 10. Juni 1854 von dem Verfasser bei dem zum Zweck seiner Habilitation veranstalteten Colloquium mit der philosophischen Facultät zu Göttingen vorgelesen worden. Hieraus erklärt sich die Form der Darstellung, in welcher die analytischen Untersuchungen nur angedeutet werden konnten; einige Ausführungen derselben findet man in der Beantwortung der Pariser Preisaufgabe nebst den Anmerkungen zu derselben.

Geometrie sich nicht aus allgemeinen Grössenbegriffen ableiten lassen, sondern dass diejenigen Eigenschaften, durch welche sich der Raum von anderen denkbaren dreifach ausgedehnten Grössen unterscheidet, nur aus der Erfahrung entnommen werden können. Hieraus entsteht die Aufgabe, die einfachsten Thatsachen aufzusuchen, aus denen sich die Massverhältnisse des Raumes bestimmen lassen — eine Aufgabe, die der Natur der Sache nach nicht völlig bestimmt ist; denn es lassen sich mehrere Systeme einfacher Thatsachen angeben, welche zur Bestimmung der Massverhältnisse des Raumes hinreichen; am wichtigsten ist für den gegenwärtigen Zweck das von Euklid zu Grunde gelegte. Diese Thatsachen sind wie alle Thatsachen nicht nothwendig, sondern nur von empirischer Gewissheit, sie sind Hypothesen; man kann also ihre Wahrscheinlichkeit, welche innerhalb der Grenzen der Beobachtung allerdings sehr gross ist, untersuchen und hienach über die Zulässigkeit ihrer Ausdehnung jenseits der Grenzen der Beobachtung, sowohl nach der Seite des Unmessbargrossen, als nach der Seite des Unmessbarkleinen urtheilen.

I. Begriff einer $n$fach ausgedehnten Grösse.

Indem ich nun von diesen Aufgaben zunächst die erste, die Entwicklung des Begriffs mehrfach ausgedehnter Grössen, zu lösen versuche, glaube ich um so mehr auf eine nachsichtige Beurtheilung Anspruch machen zu dürfen, da ich in dergleichen Arbeiten philosophischer Natur, wo die Schwierigkeiten mehr in den Begriffen, als in der Construction liegen, wenig geübt bin und ich ausser einigen ganz kurzen Andeutungen, welche Herr Geheimer Hofrath Gauss in der zweiten Abhandlung über die biquadratischen Reste, in den Göttingenschen gelehrten Anzeigen und in seiner Jubiläumsschrift darüber gegeben hat, und einigen philosophischen Untersuchungen Herbart's, durchaus keine Vorarbeiten benutzen konnte.

1.

Grössenbegriffe sind nur da möglich, wo sich ein allgemeiner Begriff vorfindet, der verschiedene Bestimmungsweisen zulässt. Je nachdem unter diesen Bestimmungsweisen von einer zu einer andern ein stetiger Uebergang stattfindet oder nicht, bilden sie eine stetige oder discrete Mannigfaltigkeit; die einzelnen Bestimmungsweisen heissen im erstern Falle Punkte, im letztern Elemente dieser Mannigfaltigkeit. Begriffe, deren Bestimmungsweisen eine discrete Mannigfaltigkeit bilden, sind so häufig, dass sich für beliebig gegebene Dinge wenigstens in den gebildeteren Sprachen immer ein Begriff auffinden lässt, unter welchem sie enthalten sind (und die Mathematiker konnten daher in der Lehre von den discreten Grössen unbedenklich von der Forderung ausgehen, gegebene Dinge als gleichartig zu betrachten), dagegen sind die Veranlassungen zur Bildung von Begriffen, deren Bestimmungsweisen eine stetige Mannigfaltigkeit bilden, im gemeinen Leben so selten, dass die Orte der Sinnengegenstände und die Farben wohl die einzigen einfachen Begriffe sind, deren Bestimmungsweisen eine mehrfach ausgedehnte Mannigfaltigkeit bilden. Häufigere Veranlassung zur Erzeugung und Ausbildung dieser Begriffe findet sich erst in der höhern Mathematik.

Bestimmte, durch ein Merkmal oder eine Grenze unterschiedene Theile einer Mannigfaltigkeit heissen Quanta. Ihre Vergleichung der Quantität nach geschieht bei den discreten Grössen durch Zählung, bei den stetigen durch Messung. Das Messen besteht in einem Aufeinanderlegen der zu vergleichenden Grössen; zum Messen wird also ein Mittel erfordert, die eine Grösse als Massstab für die andere fortzutragen. Fehlt dieses, so kann man zwei Grössen nur vergleichen, wenn die eine ein Theil der andern ist, und auch dann nur das Mehr oder Minder, nicht das Wieviel entscheiden. Die Untersuchungen, welche sich in diesem Falle über sie anstellen lassen, bilden einen allgemeinen von Massbestimmungen unabhängigen Theil der Grössenlehre, wo die Grössen nicht als unabhängig von der Lage existirend und nicht als durch eine Einheit ausdrückbar, sondern als Gebiete in einer Mannigfaltigkeit betrachtet werden. Solche Untersuchungen sind für mehrere Theile der Mathematik, namentlich für die Behandlung der mehrwerthigen analytischen Functionen ein Bedürfniss geworden, und der Mangel derselben ist wohl eine Hauptursache, dass der berühmte Abel'sche Satz und die Leistungen von Lagrange, Pfaff, Jacobi für die allgemeine Theorie der Differentialgleichungen so lange unfruchtbar geblieben sind. Für den gegenwärtigen Zweck genügt es, aus diesem allgemeinen Theile der Lehre von den ausgedehnten Grössen, wo weiter nichts vorausgesetzt wird, als was in dem Begriffe derselben schon enthalten ist, zwei Punkte hervorzuheben, wovon der erste die Erzeugung des Begriffs einer mehrfach ausgedehnten Mannigfaltigkeit, der zweite die Zurückführung der Ortsbestimmungen in einer gegebenen Mannigfaltigkeit auf Quantitätsbestimmungen betrifft und das wesentliche Kennzeichen einer $n$fachen Ausdehnung deutlich machen wird.

2.

Geht man bei einem Begriffe, dessen Bestimmungsweisen eine stetige Mannigfaltigkeit bilden, von einer Bestimmungsweise auf eine bestimmte Art zu einer andern über, so bilden die durchlaufenen Bestimmungsweisen eine einfach ausgedehnte Mannigfaltigkeit, deren wesentliches Kennzeichen ist, dass in ihr von einem Punkte nur nach zwei Seiten, vorwärts oder rückwärts, ein stetiger Fortgang möglich ist. Denkt man sich nun, dass diese Mannigfaltigkeit wieder in eine andere, völlig verschiedene, übergeht, und zwar wieder auf bestimmte Art, d. h. so, dass jeder Punkt in einen bestimmten Punkt der andern übergeht, so bilden sämmtliche so erhaltene Bestimmungsweisen eine zweifach ausgedehnte Mannigfaltigkeit. In ähnlicher Weise erhält man eine dreifach ausgedehnte Mannigfaltigkeit, wenn man sich vorstellt, dass eine zweifach ausgedehnte in eine völlig verschiedene auf bestimmte Art übergeht, und es ist leicht zu sehen, wie man diese Construction fortsetzen kann. Wenn man, anstatt den Begriff als bestimmbar, seinen Gegenstand als veränderlich betrachtet, so kann diese Construction bezeichnet werden als eine Zusammensetzung einer Veränderlichkeit von $n + 1$ Dimensionen aus einer Veränderlichkeit von n Dimensionen und aus einer Veränderlichkeit von Einer Dimension.

3.

Ich werde nun zeigen, wie man umgekehrt eine Veränderlichkeit, deren Gebiet gegeben ist, in eine Veränderlichkeit von einer Dimension und eine Veränderlichkeit von weniger Dimensionen zerlegen kann. Zu diesem Ende denke man sich ein veränderliches Stück einer Mannigfaltigkeit von Einer Dimension — von einem festen Anfangspunkte an gerechnet, so dass die Werthe desselben unter einander vergleichbar sind —, welches für jeden Punkt der gegebenen Mannigfaltigkeit einen bestimmten mit ihm stetig sich ändernden Werth hat, oder mit andern Worten, man nehme innerhalb der gegebenen Mannigfaltigkeit eine stetige Function des Orts an, und zwar eine solche Function, welche nicht längs eines Theils dieser Mannigfaltigkeit constant ist. Jedes System von Punkten, wo die Function einen constanten Werth hat, bildet dann eine stetige Mannigfaltigkeit von weniger Dimensionen, als die gegebene. Diese Mannigfaltigkeiten gehen bei Aenderung der Function stetig in einander über; man wird daher annehmen können, dass aus einer von ihnen die übrigen hervorgehen, und es wird dies, allgemein zu reden, so geschehen können, dass jeder Punkt in einen bestimmten Punkt der andern übergeht; die Ausnahmsfälle, deren

18*

Untersuchung wichtig ist, können hier unberücksichtigt bleiben. Hierdurch wird die Ortsbestimmung in der gegebenen Mannigfaltigkeit zurückgeführt auf eine Grössenbestimmung und auf eine Ortsbestimmung in einer minderfach ausgedehnten Mannigfaltigkeit. Es ist nun leicht zu zeigen, dass diese Mannigfaltigkeit $n - 1$ Dimensionen hat, wenn die gegebene Mannigfaltigkeit eine $n$fach ausgedehnte ist. Durch $n$malige Wiederholung dieses Verfahrens wird daher die Ortsbestimmung in einer $n$fach ausgedehnten Mannigfaltigkeit auf n Grössenbestimmungen, und also die Ortsbestimmung in einer gegebenen Mannigfaltigkeit, wenn dieses möglich ist, auf eine endliche Anzahl von Quantitätsbestimmungen zurückgeführt. Es giebt indess auch Mannigfaltigkeiten, in welchen die Ortsbestimmung nicht eine endliche Zahl, sondern entweder eine unendliche Reihe oder eine stetige Mannigfaltigkeit von Grössenbestimmungen erfordert. Solche Mannigfaltigkeiten bilden z. B. die möglichen Bestimmungen einer Function für ein gegebenes Gebiet, die möglichen Gestalten ein erräumlichen Figur u. s. w.

II. Massverhältnisse, deren eine Mannigfaltigkeit von n Dimensionen fähig ist, unter der Voraussetzung, dass die Linien unabhängig von der Lage eine Länge besitzen, also jede Linie durch jede messbar ist.

Es folgt nun, nachdem der Begriff einer $n$fach ausgedehnten Mannigfaltigkeit construirt und als wesentliches Kennzeichen derselben gefunden worden ist, dass sich die Ortsbestimmung in derselben auf n Grössenbestimmungen zurückführen lässt, als zweite der oben gestellten Aufgaben eine Untersuchung über die Massverhältnisse, deren eine solche Mannigfaltigkeit fähig ist, und über die Bedingungen, welche zur Bestimmung dieser Massverhältnisse hinreichen. Diese Massverhältnisse lassen sich nur in abstracten Grössenbegriffen untersuchen und im Zusammenhange nur durch Formeln darstellen; unter gewissen Voraussetzungen kann man sie indess in Verhältnisse zerlegen, welche einzeln genommen einer geometrischen Darstellung fähig sind, und hiedurch wird es möglich, die Resultate der Rechnung geometrisch auszudrücken. Es wird daher, um festen Boden zu gewinnen, zwar eine abstracte Untersuchung in Formeln nicht zu vermeiden sein, die Resultate derselben aber werden sich im geometrischen Gewande darstellen lassen. Zu Beidem sind die Grundlagen enthalten in der berühmten Abhandlung des Herrn Geheimen Hofraths Gauss über die krummen Flächen.

1.

Massbestimmungen erfordern eine Unabhängigkeit der Grössen vom Ort, die in mehr als einer Weise stattfinden kann; die zunächst sich darbietende Annahme, welche ich hier verfolgen will, ist wohl die, dass die Länge der Linien unabhängig von der Lage sei, also jede Linie durch jede messbar sei. Wird die Ortsbestimmung auf Grössenbestimmungen zurückgeführt, also die Lage eines Punktes in der gegebenen $n$fach ausgedehnten Mannigfaltigkeit durch n veränderliche Grössen x_1, x_2, x_3, und so fort bis x_n ausgedrückt, so wird die Bestimmung einer Linie darauf hinauskommen, dass die Grössen x als Functionen Einer Veränderlichen gegeben werden. Die Aufgabe ist dann, für die Länge der Linien einen mathematischen Ausdruck aufzustellen, zu welchem Zwecke die Grössen x als in Einheiten ausdrückbar betrachtet werden müssen. Ich werde diese Aufgabe nur unter gewissen Beschränkungen behandeln und beschränke mich erstlich auf solche Linien, in welchen die Verhältnisse zwischen den Grössen dx — den zusammengehörigen Aenderungen der Grössen x — sich stetig ändern; man kann dann die Linien in Elemente zerlegt denken, innerhalb deren die Verhältnisse der Grössen dx als constant betrachtet werden dürfen, und die Aufgabe kommt dann darauf zurück, für jeden Punkt einen allgemeinen Ausdruck des von ihm ausgehenden Linienelements ds aufzustellen, welcher also die Grössen x und die Grössen dx enthalten wird. Ich nehme nun zweitens an, dass die Länge des Linienelements, von Grössen zweiter Ordnung abgesehen, ungeändert bleibt, wenn sämmtliche Punkte desselben dieselbe unendlich kleine Ortsänderung erleiden, worin zugleich enthalten ist, dass, wenn sämmtliche Grössen dx in demselben Verhältnisse wachsen, das Linienelement sich ebenfalls in diesem Verhältnisse ändert. Unter diesen Annahmen wird das Linienelement eine beliebige homogene Function ersten Grades der Grössen dx sein können, welche ungeändert bleibt, wenn sämmtliche Grössen dx ihr Zeichen ändern, und worin die willkürlichen Constanten stetige Functionen der Grössen x sind. Um die einfachsten Fälle zu finden, suche ich zunächst einen Ausdruck für die $(n-1)$fach ausgedehnten Mannigfaltigkeiten, welche vom Anfangspunkte des Linienelements überall gleich weit abstehen, d. h. ich suche eine stetige Function des Orts, welche sie von einander unterscheidet. Diese wird vom Anfangspunkt aus nach allen Seiten entweder ab- oder zunehmen müssen; ich will annehmen, dass sie nach allen Seiten zunimmt und also in dem Punkte ein Minimum hat. Es muss dann, wenn ihre ersten und zweiten Differentialquotienten endlich sind, das Differential erster Ordnung verschwinden und das zweiter Ordnung darf nie negativ werden; ich nehme an, dass es immer positiv bleibt. Dieser Differentialausdruck zweiter Ordnung bleibt alsdann constant, wenn ds constant bleibt, und wächst im quadratischen Verhältnisse, wenn die Grössen dx und also auch ds sich sämmtlich in demselben Verhältnisse ändern; er ist also $=$ const. ds^2 und folglich ist $ds =$ der Quadratwurzel aus einer immer positiven ganzen homogenen Function zweiten Grades der Grössen dx, in welcher die Coefficienten stetige Functionen der Grössen x sind. Für den Raum wird, wenn man die Lage der Punkte durch rechtwinklige Coordinaten ausdrückt, $ds = \sqrt{\Sigma(dx)^2}$; der Raum ist also unter diesem einfachsten Falle enthalten. Der nächst einfache Fall würde wohl die Mannigfaltigkeiten umfassen, in welchen sich das Linienelement durch die vierte Wurzel aus einem Differentialausdrucke vierten Grades ausdrücken lässt. Die Untersuchung dieser allgemeinern Gattung würde zwar keine wesentlich andere Principien erfordern, aber ziemlich zeitraubend sein und verhältnissmässig auf die Lehre vom Raume wenig neues Licht werfen, zumal da sich die Resultate nicht geometrisch ausdrücken lassen; ich beschränke mich daher auf die Mannigfaltigkeiten, wo das Linienelement durch die Quadratwurzel aus einem Differentialausdruck zweiten Grades ausgedrückt wird. Man kann einen solchen Ausdruck in einen andern ähnlichen transformiren, indem man für die n unabhängigen Veränderlichen Functionen von n neuen unabhängigen Veränderlichen setzt. Auf diesem Wege wird man aber nicht jeden Ausdruck in jeden transformiren können; denn der Ausdruck enthält $n\frac{n+1}{2}$ Coefficienten, welche willkürliche Functionen der unabhängigen Veränderlichen sind; durch Einführung neuer Veränderlicher wird man aber nur n Relationen genügen und also nur n der Coefficienten gegebenen Grössen gleich machen können. Es sind dann die übrigen $n\frac{n-1}{2}$ durch die Natur der darzustellenden Mannigfaltigkeit schon völlig bestimmt, und zur Bestimmung ihrer Massverhältnisse also $n\frac{n-1}{2}$ Functionen des Orts erforderlich. Die Mannigfaltigkeiten, in welchen sich, wie in der Ebene und im Raume, das Linienelement auf die Form $\sqrt{\Sigma dx^2}$ bringen lässt, bilden daher nur einen besondern Fall der hier zu untersuchenden Mannigfaltigkeiten; sie verdienen wohl einen besonderen Namen, und ich will also diese Mannigfaltigkeiten, in welchen sich das Quadrat des Linienelements auf die Summe der Quadrate von selbständigen Differentialien bringen lässt, eben nennen. Um nun die wesentlichen Verschiedenheiten sämmtlicher in der vorausgesetzten Form darstellbarer Mannigfaltigkeiten übersehen zu können, ist es nöthig, die von der Darstellungsweise herrührenden zu beseitigen, was durch Wahl der veränderlichen Grössen nach einem bestimmten Princip erreicht wird.

2.

Zu diesem Ende denke man sich von einem beliebigen Punkte aus das System der von ihm ausgehenden kürzesten Linien construirt; die Lage eines unbestimmten Punktes wird dann bestimmt werden können durch die Anfangsrichtung der kürzesten Linie, in welcher er liegt, und durch seine Entfernung in derselben vom Anfangspunkte und kann daher durch die Verhältnisse der Grössen dx^0, d. h. der Grössen dx im Anfang dieser kürzesten Linie und durch die Länge s dieser Linie ausgedrückt werden. Man führe nun statt dx^0 solche aus ihnen gebildete lineare Ausdrücke $d\alpha$ ein, dass der Anfangswerth des Quadrats des Linienelements gleich der Summe der Quadrate dieser Ausdrücke wird, so dass die unabhängigen Variabeln sind: die Grösse s und die Verhältnisse der Grössen $d\alpha$; und setze schliesslich statt $d\alpha$ solche ihnen proportionale Grössen $x_1, x_2, \ldots, x_n$, dass die Quadratsumme $= s^2$ wird. Führt man diese Grössen ein, so wird für unendlich kleine Werthe von x das Quadrat des Linienelements $= \Sigma dx^2$, das Glied der nächsten Ordnung in demselben aber gleich einem homogenen Ausdruck zweiten Grades der $n\frac{n-1}{2}$ Grössen $(x_1\,dx_2 - x_2\,dx_1)$, $(x_1\,dx_3 - x_3\,dx_1)$, ..., also eine unendlich kleine Grösse von der vierten Dimension, so dass man eine endliche Grösse erhält, wenn man sie durch das Quadrat des unendlich kleinen Dreiecks dividirt, in dessen Eckpunkten die Werthe der Veränderlichen sind $(0, 0, 0, \ldots)$, $(x_1, x_2, x_3, \ldots)$, $(dx_1, dx_2, dx_3, \ldots)$. Diese Grösse behält denselben Werth, so lange die Grössen x und dx in denselben binären Linearformen enthalten sind, oder so lange die beiden kürzesten Linien von den Werthen 0 bis zu den Werthen x und von den Werthen 0 bis zu den Werthen dx in demselben Flächenelement bleiben, und hängt also nur von Ort und Richtung desselben ab. Sie wird offenbar $= 0$, wenn die dargestellte Mannigfaltigkeit eben, d. h. das Quadrat des Linienelements auf Σdx^2 reducirbar ist, und kann daher als das Mass der in diesem Punkte in dieser Flächenrichtung stattfindenden Abweichung der Mannigfaltigkeit von der Ebenheit angesehen werden. Multiplicirt mit $-\frac{3}{4}$ wird sie der Grösse gleich, welche Herr Geheimer Hofrath Gauss das Krümmungsmass einer Fläche genannt hat. Zur Bestimmung der Massverhältnisse einer $n$fach ausgedehnten in der vorausgesetzten Form darstellbaren Mannigfaltigkeit wurden vorhin $n\frac{n-1}{2}$ Functionen des Orts nöthig gefunden;

wenn also das Krümmungsmass in jedem Punkte in $n\frac{n-1}{2}$ Flächenrichtungen gegeben wird, so werden daraus die Massverhältnisse der Mannigfaltigkeit sich bestimmen lassen, wofern nur zwischen diesen Werthen keine identischen Relationen stattfinden, was in der That, allgemein zu reden, nicht der Fall ist. Die Massverhältnisse dieser Mannigfaltigkeiten, wo das Linienelement durch die Quadratwurzel aus einem Differentialausdruck zweiten Grades dargestellt wird, lassen sich so auf eine von der Wahl der veränderlichen Grössen völlig unabhängige Weise ausdrücken. Ein ganz ähnlicher Weg lässt sich zu diesem Ziele auch bei den Mannigfaltigkeiten einschlagen, in welchen das Linienelement durch einen weniger einfachen Ausdruck, z. B. durch die vierte Wurzel aus einem Differentialausdruck vierten Grades, ausgedrückt wird. Es würde sich dann das Linienelement, allgemein zu reden, nicht mehr auf die Form der Quadratwurzel aus einer Quadratsumme von Differentialausdrücken bringen lassen und also in dem Ausdrucke für das Quadrat des Linienelements die Abweichung von der Ebenheit eine unendlich kleine Grösse von der zweiten Dimension sein, während sie bei jenen Mannigfaltigkeiten eine unendlich kleine Grösse von der vierten Dimension war. Diese Eigenthümlichkeit der letztern Mannigfaltigkeiten kann daher wohl Ebenheit in den kleinsten Theilen genannt werden. Die für den jetzigen Zweck wichtigste Eigenthümlichkeit dieser Mannigfaltigkeiten, derentwegen sie hier allein untersucht worden sind, ist aber die, dass sich die Verhältnisse der zweifach ausgedehnten geometrisch durch Flächen darstellen und die der mehrfach ausgedehnten auf die der in ihnen enthaltenen Flächen zurückführen lassen, was jetzt noch einer kurzen Erörterung bedarf.

3.

In die Auffassung der Flächen mischt sich neben den inneren Massverhältnissen, bei welchen nur die Länge der Wege in ihnen in Betracht kommt, immer auch ihre Lage zu ausser ihnen gelegenen Punkten. Man kann aber von den äussern Verhältnissen abstrahiren, indem man solche Veränderungen mit ihnen vornimmt, bei denen die Länge der Linien in ihnen ungeändert bleibt, d. h. sie sich beliebig — ohne Dehnung — gebogen denkt, und alle so auseinander entstehenden Flächen als gleichartig betrachtet. Es gelten also z. B. beliebige cylindrische oder conische Flächen einer Ebene gleich, weil sie sich durch blosse Biegung aus ihr bilden lassen, wobei die innern Massverhältnisse bleiben, und sämmtliche Sätze über dieselben — also die ganze Planimetrie — ihre Gültigkeit behalten; dagegen gelten sie als wesentlich verschieden von der Kugel, welche sich nicht ohne Dehnung in eine Ebene verwandeln lässt. Nach der vorigen Untersuchung werden in jedem Punkte die innern Massverhältnisse einer zweifach ausgedehnten Grösse, wenn sich das Linienelement durch die Quadratwurzel aus einem Differentialausdruck zweiten Grades ausdrücken lässt, wie dies bei den Flächen der Fall ist, charakterisirt durch das Krümmungsmass. Dieser Grösse lässt sich nun bei den Flächen die anschauliche Bedeutung geben, dass sie das Product aus den beiden Krümmungen der Fläche in diesem Punkte ist, oder auch, dass das Product derselben in ein unendlich kleines aus kürzesten Linien gebildetes Dreieck gleich ist dem halben Ueberschusse seiner Winkelsumme über zwei Rechte in Theilen des Halbmessers. Die erste Definition würde den Satz voraussetzen, dass das Product der beiden Krümmungshalbmesser bei der blossen Biegung einer Fläche ungeändert bleibt, die zweite, dass an demselben Orte der Ueberschuss der Winkelsumme eines unendlich kleinen Dreiecks über zwei Rechte seinem Inhalte proportional ist. Um dem Krümmungsmass einer $n$fach ausgedehnten Mannigfaltigkeit in einem gegebenen Punkte und einer gegebenen durch ihn gelegten Flächenrichtung eine greifbare Bedeutung zu geben, muss man davon ausgehen, dass eine von einem Punkte ausgehende kürzeste Linie völlig bestimmt ist, wenn ihre Anfangsrichtung gegeben ist. Hienach wird man eine bestimmte Fläche erhalten, wenn man sämmtliche von dem gegebenen Punkte ausgehenden und in dem gegebenen Flächenelement liegenden Anfangsrichtungen zu kürzesten Linien verlängert, und diese Fläche hat in dem gegebenen Punkte ein bestimmtes Krümmungsmass, welches zugleich das Krümmungsmass der $n$fach ausgedehnten Mannigfaltigkeit in dem gegebenen Punkte und der gegebenen Flächenrichtung ist.

4.

Es sind nun noch, ehe die Anwendung auf den Raum gemacht wird, einige Betrachtungen über die ebenen Mannigfaltigkeiten im Allgemeinen nöthig, d. h. über diejenigen, in welchen das Quadrat des Linienelements durch eine Quadratsumme vollständiger Differentialien darstellbar ist.

In einer ebenen $n$fach ausgedehnten Mannigfaltigkeit ist das Krümmungsmass in jedem Punkte in jeder Richtung Null; es reicht aber nach der frühern Untersuchung, um die Massverhältnisse zu bestimmen, hin zu wissen, dass es in jedem Punkte in $n\frac{n-1}{2}$ Flächenrichtungen, deren Krümmungsmasse von einander unabhängig sind,

Null sei. Die Mannigfaltigkeiten, deren Krümmungsmass überall $= 0$ ist, lassen sich betrachten als ein besonderer Fall derjenigen Mannigfaltigkeiten, deren Krümmungsmass allenthalben constant ist. Der gemeinsame Charakter dieser Mannigfaltigkeiten, deren Krümmungsmass constant ist, kann auch so ausgedrückt werden, dass sich die Figuren in ihnen ohne Dehnung bewegen lassen. Denn offenbar würden die Figuren in ihnen nicht beliebig verschiebbar und drehbar sein können, wenn nicht in jedem Punkte in allen Richtungen das Krümmungsmass dasselbe wäre. Andererseits aber sind durch das Krümmungsmass die Massverhältnisse der Mannigfaltigkeit vollständig bestimmt; es sind daher um einen Punkt nach allen Richtungen die Massverhältnisse genau dieselben, wie um einen andern, und also von ihm aus dieselben Constructionen ausführbar, und folglich kann in den Mannigfaltigkeiten mit constantem Krümmungsmass den Figuren jede beliebige Lage gegeben werden. Die Massverhältnisse dieser Mannigfaltigkeiten hängen nur von dem Werthe des Krümmungsmasses ab, und in Bezug auf die analytische Darstellung mag bemerkt werden, dass, wenn man diesen Werth durch α bezeichnet, dem Ausdruck für das Linienelement die Form

$$\frac{1}{1+\frac{\alpha}{4}\Sigma x^2}\sqrt{\Sigma dx^2}$$

gegeben werden kann.

5.

Zur geometrischen Erläuterung kann die Betrachtung der Flächen mit constantem Krümmungsmass dienen. Es ist leicht zu sehen, dass sich die Flächen, deren Krümmungsmass positiv ist, immer auf eine Kugel, deren Radius gleich 1 dividirt durch die Wurzel aus dem Krümmungsmass ist, wickeln lassen werden; um aber die ganze Mannigfaltigkeit dieser Flächen zu übersehen, gebe man einer derselben die Gestalt einer Kugel und den übrigen die Gestalt von Umdrehungsflächen, welche sie im Aequator berühren. Die Flächen mit grösserem Krümmungsmass, als diese Kugel, werden dann die Kugel von innen berühren und eine Gestalt annehmen, wie der äussere der Axe abgewandte Theil der Oberfläche eines Ringes; sie würden sich auf Zonen von Kugeln mit kleinerem Halbmesser wickeln lassen, aber mehr als einmal herumreichen. Die Flächen mit kleinerem positiven Krümmungsmass wird man erhalten, wenn man aus Kugelflächen mit grösserem Radius ein von zwei grössten Halbkreisen begrenztes Stück ausschneidet und die Schnittlinien zusammenfügt. Die Fläche mit dem Krümmungsmass Null wird eine auf dem Aequator stehende Cylinderfläche sein; die Flächen mit negativem Krümmungsmass aber werden diesen Cylinder von aussen berühren und wie der innere der Axe zugewandte Theil der Oberfläche eines Ringes geformt sein. Denkt man sich diese Flächen als Ort für in ihnen bewegliche Flächenstücke, wie den Raum als Ort für Körper, so sind in allen diesen Flächen die Flächenstücke ohne Dehnung beweglich. Die Flächen mit positivem Krümmungsmass lassen sich stets so formen, dass die Flächenstücke auch ohne Biegung beliebig bewegt werden können, nämlich zu Kugelflächen, die mit negativem aber nicht. Ausser dieser Unabhängigkeit der Flächenstücke vom Ort findet bei der Fläche mit dem Krümmungsmass Null auch eine Unabhängigkeit der Richtung vom Ort statt, welche bei den übrigen Flächen nicht stattfindet.

III. Anwendung auf den Raum.

1.

Nach diesen Untersuchungen über die Bestimmung der Massverhältnisse einer $n$fach ausgedehnten Grösse lassen sich nun die Bedingungen angeben, welche zur Bestimmung der Massverhältnisse des Raumes hinreichend und nothwendig sind, wenn Unabhängigkeit der Linien von der Lage und Darstellbarkeit des Linienelements durch die Quadratwurzel aus einem Differentialausdrucke zweiten Grades, also Ebenheit in den kleinsten Theilen vorausgesetzt wird.

Sie lassen sich erstens so ausdrücken, dass das Krümmungsmass in jedem Punkte in drei Flächenrichtungen $= 0$ ist, und es sind daher die Massverhältnisse des Raumes bestimmt, wenn die Winkelsumme im Dreieck allenthalben gleich zwei Rechten ist.

Setzt man aber zweitens, wie Euklid, nicht bloss eine von der Lage unabhängige Existenz der Linien, sondern auch der Körper voraus, so folgt, dass das Krümmungsmass allenthalben constant ist, und es ist dann in allen Dreiecken die Winkelsumme bestimmt, wenn sie in Einem bestimmt ist.

Endlich könnte man drittens, anstatt die Länge der Linien als unabhängig von Ort und Richtung anzunehmen, auch eine Unabhängigkeit ihrer Länge und Richtung vom Ort voraussetzen. Nach dieser Auffassung sind die Ortsänderungen oder Ortsverschiedenheiten complexe in drei unabhängige Einheiten ausdrückbare Grössen.

2.

Im Laufe der bisherigen Betrachtungen wurden zunächst die Ausdehnungs- oder Gebietsverhältnisse von den Massverhältnissen gesondert, und gefunden, dass bei denselben Ausdehnungsverhältnissen verschiedene Massverhältnisse denkbar sind; es wurden dann die Systeme einfacher Massbestimmungen aufgesucht, durch welche die Massverhältnisse des Raumes völlig bestimmt sind und von welchen alle Sätze über dieselben eine nothwendige Folge sind; es bleibt nun die Frage zu erörtern, wie, in welchem Grade und in welchem Umfange diese Voraussetzungen durch die Erfahrung verbürgt werden. In dieser Beziehung findet zwischen den blossen Ausdehnungsverhältnissen und den Massverhältnissen eine wesentliche Verschiedenheit statt, insofern bei erstern, wo die möglichen Fälle eine discrete Mannigfaltigkeit bilden, die Aussagen der Erfahrung zwar nie völlig gewiss, aber nicht ungenau sind, während bei letztern, wo die möglichen Fälle eine stetige Mannigfaltigkeit bilden, jede Bestimmung aus der Erfahrung immer ungenau bleibt — es mag die Wahrscheinlichkeit, dass sie nahe richtig ist, noch so gross sein. Dieser Umstand wird wichtig bei der Ausdehnung dieser empirischen Bestimmungen über die Grenzen der Beobachtung in's Unmessbargrosse und Unmessbarkleine; denn die letztern können offenbar jenseits der Grenzen der Beobachtung immer ungenauer werden, die ersteren aber nicht.

Bei der Ausdehnung der Raumconstructionen in's Unmessbargrosse ist Unbegrenztheit und Unendlichkeit zu scheiden; jene gehört zu den Ausdehnungsverhältnissen, diese zu den Massverhältnissen. Dass der Raum eine unbegrenzte dreifach ausgedehnte Mannigfaltigkeit sei, ist eine Voraussetzung, welche bei jeder Auffassung der Aussenwelt angewandt wird, nach welcher in jedem Augenblicke das Gebiet der wirklichen Wahrnehmungen ergänzt und die möglichen Orte eines gesuchten Gegenstandes construirt werden und welche sich bei diesen Anwendungen fortwährend bestätigt. Die Unbegrenztheit des Raumes besitzt daher eine grössere empirische Gewissheit, als irgend eine äussere Erfahrung. Hieraus folgt aber die Unendlichkeit keineswegs; vielmehr würde der Raum, wenn man Unabhängigkeit der Körper vom Ort voraussetzt, ihm also ein constantes Krümmungsmass zuschreibt, nothwendig endlich sein, so bald dieses Krümmungsmass einen noch so kleinen positiven Werth hätte. Man würde, wenn man die in einem Flächenelement liegenden Anfangsrichtungen zu kürzesten Linien verlängert, eine unbegrenzte Fläche mit constantem positiven Krümmungsmass, also eine Fläche erhalten, welche in einer ebenen dreifach ausgedehnten Mannigfaltigkeit die Gestalt einer Kugelfläche annehmen würde und welche folglich endlich ist.

3.

Die Fragen über das Unmessbargrosse sind für die Naturerklärung müssige Fragen. Anders verhält es sich aber mit den Fragen über das Unmessbarkleine. Auf der Genauigkeit, mit welcher wir die Erscheinungen in's Unendlichkleine verfolgen, beruht wesentlich die Erkenntniss ihres Causalzusammenhangs. Die Fortschritte der letzten Jahrhunderte in der Erkenntniss der mechanischen Natur sind fast allein bedingt durch die Genauigkeit der Construction, welche durch die Erfindung der Analysis des Unendlichen und die von Archimed, Galiläi und Newton aufgefundenen einfachen Grundbegriffe, deren sich die heutige Physik bedient, möglich geworden ist. In den Naturwissenschaften aber, wo die einfachen Grundbegriffe zu solchen Constructionen bis jetzt fehlen, verfolgt man, um den Causalzusammenhang zu erkennen, die Erscheinungen in's räumlich Kleine, so weit es das Mikroskop nur gestattet. Die Fragen über die Massverhältnisse des Raumes im Unmessbarkleinen gehören also nicht zu den müssigen.

Setzt man voraus, dass die Körper unabhängig vom Ort existiren, so ist das Krümmungsmass überall constant, und es folgt dann aus den astronomischen Messungen, dass es nicht von Null verschieden sein kann; jedenfalls müsste sein reciprocer Werth eine Fläche sein, gegen welche das unsern Teleskopen zugängliche Gebiet verschwinden müsste. Wenn aber eine solche Unabhängigkeit der Körper vom Ort nicht stattfindet, so kann man aus den Massverhältnissen im Grossen nicht auf die im Unendlichkleinen schliessen; es kann dann in jedem Punkte das Krümmungsmass in drei Richtungen einen beliebigen Werth haben, wenn nur die ganze Krümmung jedes messbaren Raumtheils nicht merklich von Null verschieden ist; noch complicirtere Verhältnisse können eintreten, wenn die vorausgesetzte Darstellbarkeit eines Linienelements durch die Quadratwurzel aus einem Differentialausdruck zweiten Grades nicht stattfindet. Nun scheinen aber die empirischen Begriffe, in welchen die räumlichen Massbestimmungen gegründet sind, der Begriff des festen Körpers und des Lichtstrahls, im Unendlichkleinen ihre Gültigkeit zu verlieren; es ist also sehr wohl denkbar, dass die Massverhältnisse des Raumes im Unendlichkleinen den Voraussetzungen der Geometrie nicht gemäss sind, und dies würde man in der That annehmen müssen, sobald sich dadurch die Erscheinungen auf einfachere Weise erklären liessen.

Die Frage über die Gültigkeit der Voraussetzungen der Geometrie im Unendlichkleinen hängt zusammen mit der Frage nach dem innern Grunde der Massverhältnisse des Raumes. Bei dieser Frage, welche wohl noch zur Lehre vom Raume gerechnet werden darf, kommt die obige Bemerkung zur Anwendung, dass bei einer discreten Mannigfaltigkeit das Princip der Massverhältnisse schon in dem Begriffe dieser Mannigfaltigkeit enthalten ist, bei einer stetigen aber anders woher hinzukommen muss. Es muss also entweder das dem Raume zu Grunde liegende Wirkliche eine discrete Mannigfaltigkeit bilden, oder der Grund der Massverhältnisse ausserhalb, in darauf wirkenden bindenden Kräften, gesucht werden.

Die Entscheidung dieser Fragen kann nur gefunden werden, indem man von der bisherigen durch die Erfahrung bewährten Auffassung der Erscheinungen, wozu Newton den Grund gelegt, ausgeht und diese durch Thatsachen, die sich aus ihr nicht erklären lassen, getrieben allmählich umarbeitet; solche Untersuchungen, welche, wie die hier geführte, von allgemeinen Begriffen ausgehen, können nur dazu dienen, dass diese Arbeit nicht durch die Beschränktheit der Begriffe gehindert und der Fortschritt im Erkennen des Zusammenhangs der Dinge nicht durch überlieferte Vorurtheile gehemmt wird.

Es führt dies hinüber in das Gebiet einer andern Wissenschaft, in das Gebiet der Physik, welches wohl die Natur der heutigen Veranlassung nicht zu betreten erlaubt.

Uebersicht.

*) Art. I. bildet zugleich die Vorarbeit für Beiträge zur analysis situs.

---

*) Die Untersuchung über die möglichen Massbestimmungen einer n fach ausgedehnten Mannigfaltigkeit ist sehr unvollständig, indess für den gegenwärtigen Zweck wohl ausreichend.

**) Der §. 3 des Art. III bedarf noch einer Umarbeitung und weiteren Ausführung. (Bemerkungen von Riemann.)

XIV.

Ein Beitrag zur Elektrodynamik.

(Aus Poggendorff's Annalen der Physik und Chemie, Bd. CXXXI.)

Der Königlichen Societät erlaube ich mir eine Bemerkung mitzutheilen, welche die Theorie der Elektricität und des Magnetismus mit der des Lichts und der strahlenden Wärme in einen nahen Zusammenhang bringt. Ich habe gefunden, dass die elektrodynamischen Wirkungen galvanischer Ströme sich erklären lassen, wenn man annimmt, dass die Wirkung einer elektrischen Masse auf die übrigen nicht momentan geschieht, sondern sich mit einer constanten (der Lichtgeschwindigkeit innerhalb der Grenzen der Beobachtungsfehler gleichen) Geschwindigkeit zu ihnen fortpflanzt. Die Differentialgleichung für die Fortpflanzung der elektrischen Kraft wird bei dieser Annahme dieselbe, wie die für die Fortpflanzung des Lichts und der strahlenden Wärme.

Es seien S und S' zwei von constanten galvanischen Strömen durchflossene und gegen einander nicht bewegte Leiter, ε sei ein elektrisches Massentheilchen im Leiter S, welches sich zur Zeit t im Punkte (x, y, z) befinde, ε' ein elektrisches Massentheilchen von S' und befinde sich zur Zeit t im Punkte (x', y', z'). Ueber die Bewegung der elektrischen Massentheilchen, welche in jedem Leitertheilchen für die positiv und negativ elektrischen entgegengesetzt ist, mache ich die Voraussetzung, dass sie in jedem Augenblicke so vertheilt sind, dass die Summen

$$\Sigma \varepsilon f(x, y, z), \quad \Sigma \varepsilon' f(x', y', z'),$$

über sämmtliche Massentheilchen der Leiter ausgedehnt gegen dieselben Summen, wenn sie nur über die positiv elektrischen oder nur über die negativ elektrischen Massentheilchen ausgedehnt werden, vernachlässigt werden dürfen, sobald die Function f und ihre Differentialquotienten stetig sind.

Diese Voraussetzung kann auf sehr mannigfaltige Weise erfüllt werden. Nimmt man z. B. an, dass die Leiter in den kleinsten Theilen krystallinisch sind, so dass sich dieselbe relative Vertheilung der

Elektricitäten in bestimmten gegen die Dimensionen der Leiter unendlich kleinen Abständen periodisch wiederholt, so sind, wenn β die Länge einer solchen Periode bezeichnet, jene Summen unendlich klein, wie $c\beta^n$, wenn f und ihre Derivirten bis zur $(n-1)$ten Ordnung stetig sind, und unendlich klein wie $e^{-\frac{c}{\beta}}$, wenn sie sämmtlich stetig sind.

Erfahrungsmässiges Gesetz der elektrodynamischen Wirkungen.

Sind die specifischen Stromintensitäten nach mechanischem Mass zur Zeit t im Punkte (x, y, z) parallel den drei Axen u, v, w, und im Punkte (x', y', z') u', v', w', und bezeichnet r die Entfernung beider Punkte, c die von Kohlrausch und Weber bestimmte Constante, so ist der Erfahrung nach das Potential der von S auf S' ausgeübten Kräfte

$$-\frac{2}{cc}\int\int\frac{uu'+vv'+ww'}{r}\,dS\,dS',$$

dieses Integral über sämmtliche Elemente dS und dS' der Leiter S und S' ausgedehnt. Führt man statt der specifischen Stromintensitäten die Producte aus den Geschwindigkeiten in die specifischen Dichtigkeiten und dann für die Producte aus diesen in die Volumelemente die in ihnen enthaltenen Massen ein, so geht dieser Ausdruck über in

$$\Sigma\Sigma\frac{\varepsilon\varepsilon'}{cc}\,\frac{1}{r}\,\frac{dd'(r^2)}{dt\,dt},$$

wenn die Aenderung von r^2 während der Zeit dt, welche von der Bewegung von ε herrührt, durch d, und die von der Bewegung von ε' herrührende durch d' bezeichnet wird.

Dieser Ausdruck kann durch Hinwegnahme von

$$\frac{d\Sigma\Sigma\frac{\varepsilon\varepsilon'}{cc}\,\frac{1}{r}\,\frac{d'(r^2)}{dt}}{dt},$$

welches durch die Summirung nach ε verschwindet, in

$$-\Sigma\Sigma\frac{\varepsilon\varepsilon'}{cc}\,\frac{d\left(\frac{1}{r}\right)}{dt}\,\frac{d'(r^2)}{dt}$$

und dieses wieder durch Addition von

$$\frac{d'\Sigma\Sigma\frac{\varepsilon\varepsilon'}{cc}\,rr\,\frac{d\left(\frac{1}{r}\right)}{dt}}{dt},$$

welches durch die Summation nach ε' Null wird, in

$$\Sigma\Sigma\varepsilon\varepsilon'\frac{rr}{cc}\frac{dd'\left(\frac{1}{r}\right)}{dt\,dt}$$

verwandelt werden.

Ableitung dieses Gesetzes aus der neuen Theorie.

Nach der bisherigen Annahme über die elektrostatische Wirkung wird die Potentialfunction U beliebig vertheilter elektrischer Massen, wenn ϱ ihre Dichtigkeit im Punkte (x, y, z) bezeichnet, durch die Bedingung

$$\frac{\partial^2 U}{\partial x^2}+\frac{\partial^2 U}{\partial y^2}+\frac{\partial^2 U}{\partial z^2}-4\pi\varrho=0,$$

und durch die Bedingung, dass U stetig und in unendlicher Entfernung von wirkenden Massen constant sei, bestimmt. Ein particulares Integral der Gleichung

$$\frac{\partial^2 U}{\partial x^2}+\frac{\partial^2 U}{\partial y^2}+\frac{\partial^2 U}{\partial z^2}=0,$$

welches überall ausser dem Punkte (x', y', z') stetig bleibt, ist

$$\frac{f(t)}{r}$$

und diese Function bildet die vom Punkte (x', y', z') aus erzeugte Potentialfunction, wenn sich in demselben zur Zeit t die Masse $-f(t)$ befindet.

Statt dessen nehme ich nun an, dass die Potentialfunction U durch die Bedingung

$$\frac{\partial^2 U}{\partial t^2}-\alpha\alpha\left(\frac{\partial^2 U}{\partial x^2}+\frac{\partial^2 U}{\partial y^2}+\frac{\partial^2 U}{\partial z^2}\right)+\alpha\alpha 4\pi\varrho=0$$

bestimmt wird, so dass die vom Punkte (x', y', z') aus erzeugte Potentialfunction, wenn sich in demselben zur Zeit t die Masse $-f(t)$ befindet,

$$=\frac{f\left(t-\frac{r}{\alpha}\right)}{r}$$

wird.

Bezeichnet man die Coordinaten der Masse ε zur Zeit t durch x_t, y_t, z_t, und die der Masse ε' zur Zeit t' durch $x'_{t'}$, $y'_{t'}$, $z'_{t'}$, und setzt zur Abkürzung

$$\left((x_t-x'_{t'})^2+(y_t-y'_{t'})^2+(z_t-z'_{t'})^2\right)^{-\frac{1}{2}}=\frac{1}{r(t,t')}=F(t,t'),$$

so wird nach dieser Annahme das Potential von ε auf ε' zur Zeit t

$$=-\varepsilon\varepsilon' F\left(t-\frac{r}{\alpha},\, t\right).$$

Das Potential der von sämmtlichen Massen ε des Leiters S auf die Massen ε' des Leiters S' von der Zeit 0 bis zur Zeit t ausgeübten Kräfte wird daher

$$P = -\int_0^t \Sigma\Sigma\varepsilon\varepsilon' F\left(t - \frac{r}{\alpha}, \tau\right) d\tau,$$

die Summen über sämmtliche Massen beider Leiter ausgedehnt.

Da die Bewegung für entgegengesetzt elektrische Massen in jedem Leitertheilchen entgegengesetzt ist, so erlangt die Function $F(t, t')$ durch die Derivation nach t die Eigenschaft, mit ε, und durch die Derivation nach t' die Eigenschaft, mit ε' ihr Zeichen zu ändern. Bei der vorausgesetzten Vertheilung der Elektricitäten wird daher, wenn man die Derivationen nach t durch obere und nach t' durch untere Accente bezeichnet, $\Sigma\Sigma\varepsilon\varepsilon' F^{(n)}_{n'}(\tau, \tau)$, über sämmtliche elektrische Massen ausgedehnt, nur dann nicht unendlich klein gegen die über die elektrischen Massen einer Art erstreckte Summe, wenn n und n' beide ungerade sind.

Man nehme nun an, dass die elektrischen Massen während der Fortpflanzungszeit der Kraft von einem Leiter zum anderen nur einen sehr kleinen Weg zurücklegen, und betrachte die Wirkung während eines Zeitraums, gegen welchen die Fortpflanzungszeit verschwindet. In dem Ausdrucke von P kann man dann zunächst

$$F\left(\tau - \frac{r}{\alpha}, \tau\right)$$

durch

$$F\left(\tau - \frac{r}{\alpha}, \tau\right) - F(\tau, \tau) = -\int_0^{\frac{r}{\alpha}} F'(\tau - \sigma, \tau)\, d\sigma$$

ersetzen, da $\Sigma\Sigma\varepsilon\varepsilon' F(\tau, \tau)$ vernachlässigt werden darf. Man erhält dadurch

$$P = \int_0^t d\tau\, \Sigma\Sigma\varepsilon\varepsilon' \int_0^{\frac{r}{\alpha}} F'(\tau - \sigma, \tau)\, d\sigma,$$

oder wenn man die Ordnung der Integrationen umkehrt und $\tau + \sigma$ für τ setzt,

$$P = \Sigma\Sigma\varepsilon\varepsilon' \int_0^{\frac{r}{\alpha}} d\sigma \int_{-\sigma}^{t-\sigma} d\tau\, F'(\tau, \tau + \sigma).$$

Verwandelt man die Grenzen des innern Integrals in 0 und t, so wird dadurch an der obern Grenze der Ausdruck

19*

$$H(t) = \Sigma\Sigma\varepsilon\varepsilon' \int_0^{\frac{r}{\alpha}} d\sigma \int_{-\sigma}^{0} d\tau F'(t+\tau,\ t+\tau+\sigma)$$

hinzugefügt, und an der untern Grenze der Werth dieses Ausdrucks für $t = 0$ hinweggenommen. Man hat also

$$P = \int_0^t d\tau \Sigma\Sigma\varepsilon\varepsilon' \int_0^{\frac{r}{\alpha}} d\sigma F'(\tau,\ \tau+\sigma) - H(t) + H(0).$$

In diesem Ausdruck kann man $F'(\tau, \tau+\sigma)$ durch $F'(\tau, \tau+\sigma) - F'(\tau, \tau)$ ersetzen, da

$$\Sigma\Sigma\varepsilon\varepsilon' \frac{r}{\alpha} F'(\tau,\ \tau)$$

vernachlässigt werden darf. Man erhält dadurch als Factor von $\varepsilon\varepsilon'$ einen Ausdruck, der sowohl mit ε als mit ε' sein Zeichen ändert, so dass sich bei den Summationen die Glieder nicht gegen einander aufheben, und unendlich kleine Bruchtheile der einzelnen Glieder vernachlässigt werden dürfen. Es ergiebt sich daher, indem man

$$F'(\tau,\ \tau+\sigma) - F'(\tau,\ \tau) \text{ durch } \sigma \frac{d d'\left(\frac{1}{r}\right)}{d\tau\, d\tau}$$

ersetzt und die Integration nach σ ausführt, bis auf einen zu vernachlässigenden Bruchtheil

$$P = \int_0^t \Sigma\Sigma\varepsilon\varepsilon' \frac{rr}{2\alpha\alpha} \frac{d d'\left(\frac{1}{r}\right)}{d\tau\, d\tau} d\tau - H(t) + H(0).$$

Es ist leicht zu sehen, dass $H(t)$ und $H(0)$ vernachlässigt werden dürfen; denn es ist

$$F'(t+\tau,\ t+\tau+\sigma) = \frac{d\left(\frac{1}{r}\right)}{dt} + \frac{d^2\left(\frac{1}{r}\right)}{dt^2}\tau + \frac{d d'\left(\frac{1}{r}\right)}{dt\, dt}(\tau+\sigma) + \cdots,$$

folglich:

$$H(t) = \Sigma\Sigma\varepsilon\varepsilon'\left(\frac{rr}{2\alpha\alpha}\frac{d\left(\frac{1}{r}\right)}{dt} - \frac{r^3}{6\alpha^3}\frac{d^2\left(\frac{1}{r}\right)}{dt^2} + \frac{r^3}{6\alpha^3}\frac{d d'\left(\frac{1}{r}\right)}{dt\, dt} + \cdots\right).$$

Hierin aber ist nur das erste Glied des Factors von $\varepsilon\varepsilon'$ mit dem Factor in dem ersten Bestandtheile von P von gleicher Ordnung, und dieses liefert wegen der Summation nach ε' nur einen zu vernachlässigenden Bruchtheil desselben.

Der Werth von P, welcher sich aus unserer Theorie ergiebt, stimmt mit dem erfahrungsmässigen

$$P = \int_0^t \Sigma\Sigma\varepsilon\varepsilon' \frac{rr}{cc} \frac{dd'\left(\frac{1}{r}\right)}{d\tau\, d\tau} d\tau$$

überein, wenn man $\alpha\alpha = \frac{1}{2}cc$ annimmt.

Nach der Bestimmung von Weber und Kohlrausch ist

$$c = 439450 \cdot 10^6 \frac{\text{Millimeter}}{\text{Secunde}},$$

woraus sich α zu 41949 geographischen Meilen in der Secunde ergiebt, während für die Lichtgeschwindigkeit von Busch aus Bradley's Aberrationsbeobachtungen 41994 Meilen, und von Fizeau durch directe Messung 41882 Meilen gefunden worden sind.

Dieser Aufsatz wurde von Riemann der Königl. Gesellschaft der Wissenschaften zu Göttingen am 10. Februar 1858 überreicht, wie aus einer dem Titel des Manuscriptes hinzugefügten Bemerkung des damaligen Secretärs der Gesellschaft hervorgeht, später aber wieder zurückgezogen. Nachdem der Aufsatz nach Riemann's Tode veröffentlicht worden war, wurde er durch Clausius (Poggendorff's Annalen Bd. CXXXV p. 606) einer Kritik unterworfen, deren wesentlichster Einwand in Folgendem besteht:

Nach den Voraussetzungen hat die Summe:

$$P = -\int_0^t \Sigma\Sigma\varepsilon\varepsilon' F\left(\tau - \frac{r}{\alpha}, \tau\right) d\tau$$

einen verschwindend kleinen Werth. Die Operation, vermöge deren später dafür ein nicht verschwindend kleiner Werth gefunden wird, muss daher einen Irrthum enthalten, den Clausius in der Ausführung einer unberechtigten Umkehrung der Integrationsfolge findet.

Der Einwand scheint mir begründet und ich bin mit Clausius der Meinung, dass Riemann sich denselben selbst gemacht und deshalb die Arbeit vor der Publication zurückgezogen hat.

Obwohl damit der wesentlichste Inhalt der Riemann'schen Deduction dahinfallen würde, habe ich mich doch zur Aufnahme dieses Aufsatzes in die vorliegende Sammlung entschlossen, weil ich nicht zu entscheiden wagte, ob er nicht doch noch Keime zu weiteren fruchtbaren Gedanken über diese höchst interessante Frage enthält. W.

XV.

Beweis des Satzes, dass eine einwerthige mehr als $2n$ fach periodische Function von n Veränderlichen unmöglich ist.

(Auszug aus einem Schreiben Riemann's an Herrn Weierstrass.)

(Aus Borchardt's Journal für reine und angewandte Mathematik, Bd. 71.)

... Den Beweis des Satzes, auf welchen Sie neulich die Unterhaltung lenkten, dass eine einwerthige mehr als $2n$ fach periodische Function von n Veränderlichen unmöglich ist, habe ich im Gespräch wohl nicht ganz klar ausgedrückt, auch nur die Grundgedanken angegeben; ich theile ihn Ihnen daher hier noch einmal mit.

Es sei f eine $2n$ fach periodische Function von n Veränderlichen $x_1, x_2, \ldots, x_n$ und — ich darf wohl meine Ihnen bekannten Benennungen gebrauchen — der Periodicitätsmodul von x_ν für die μ te Periode a^ν_μ. Es lassen sich dann bekanntlich die Grössen x in die Form

$$x_\nu = \sum_{\mu=1}^{\mu=2n} a^\nu_\mu \xi_\mu \quad \text{für } \nu = 1, 2, \ldots, n$$

setzen*), so dass die Grössen ξ reell sind. Lässt man nun die Grössen ξ die Werthe von 0 bis 1 mit Ausschluss eines von diesen Grenzwerthen durchlaufen, so hat das dadurch entstehende $2n$ fach ausgedehnte Grössengebiet die Eigenschaft, dass jedes System von Werthen der n Veränderlichen einem und nur einem Werthsysteme innerhalb dieses Grössengebiets nach den $2n$ Modulsystemen congruent ist. Ich werde, um mich später kürzer ausdrücken zu können, dieses Gebiet „das bei diesen $2n$ Modulsystemen periodisch sich wiederholende Grössengebiet“ nennen.

Hat die Function nun noch ein $(2n+1)$ tes Modulsystem, welches sich nicht aus den $2n$ ersten Modulsystemen zusammensetzen lässt, so

---

*) Dies ist nicht immer der Fall, sondern nur, wenn die $2n$ Gleichungen, durch welche die Grössen ξ bestimmt werden, von einander unabhängig sind; die Ausnahmen sind aber leicht zu behandeln.

kann man die einem Grössensysteme nach diesem Modulsysteme congruenten Grössensysteme auf innerhalb dieses Gebiets liegende nach den $2n$ ersten Modulsystemen ihnen congruente zurückführen und dadurch offenbar beliebig viele innerhalb dieses Gebiets liegende und nach den $2n+1$ Modulsystemen einander congruente Grössensysteme erhalten, wenn nicht zwei von den nach dem $(2n+1)$ten Modulsysteme congruente Grössensysteme auch nach den $2n$ ersten Modulsystemen congruent sind. In diesem Falle würden zwischen den $2n+1$ Modulsystemen n Gleichungen von der Form

$$\sum_{\mu=1}^{\mu=2n+1} a_\mu^\nu m_\mu = 0,$$

worin die Grössen m ganze Zahlen wären, stattfinden, und folglich, wie ich später zeigen werde, die $2n+1$ Modulsysteme sich aus $2n$ Modulsystemen zusammensetzen lassen.

Man theile nun für jede der Grössen ξ die Strecke von 0 bis 1 in q gleiche Theile, wodurch das bei den $2n$ ersten Modulsystemen periodisch wiederkehrende Gebiet in q^{2n} Gebiete zerfällt, in deren jedem sich die Grössen ξ nur um $\frac{1}{q}$ ändern. Offenbar müssen dann von mehr als q^{2n} nach den $2n+1$ Modulsystemen einander congruenten und in jenem Gebiete liegenden Grössensystemen nothwendig zwei in dasselbe Theilgebiet fallen, so dass sich die Werthe derselben Grösse ξ in beiden keinenfalls um mehr als $\frac{1}{q}$ von einander unterscheiden. Die Function bleibt also dann ungeändert, während keine der Grössen ξ um mehr als $\frac{1}{q}$ geändert wird, und ist folglich, da q beliebig gross genommen werden kann, wenn sie stetig ist, eine Function von weniger als n linearen Ausdrücken der Grössen x.

Es ist nun noch zu zeigen, dass sich $2n+1$ Modulsysteme, zwischen denen die n Gleichungen

$$\sum_{\mu=1}^{\mu=2n+1} a_\mu^\nu m_\mu = 0$$

stattfinden, aus $2n$ Modulsystemen zusammensetzen lassen.

Man kann zunächst leicht beweisen, dass sich zu einem Modulsysteme

$$\sum_{\mu=1}^{\mu=2n} a_\mu^\nu m_\mu = b_1^\nu,$$

worin die Grössen m ganze Zahlen ohne gemeinschaftlichen Theiler sind, immer $2n-1$ andere Modulsysteme $b_2, b_3, \ldots, b_{2n}$ so finden lassen, dass Congruenz nach den Modulsystemen a mit Congruenz nach den Modulsystemen b identisch ist. Es seien θ_1 der grösste gemeinschaftliche Theiler von m_1 und m_2 und α, β zwei der Gleichung

$$\beta m_1 - \alpha m_2 = \theta_1$$

genügende ganze Zahlen. Setzt man dann

$$a_1^{\nu} m_1 + a_2^{\nu} m_2 = c_1^{\nu} \theta_1$$

und

$$\alpha a_1^{\nu} + \beta a_2^{\nu} = b_{2n}^{\nu},$$

so hat man

$$a_1^{\nu} = \beta c_1^{\nu} - \frac{m_2}{\theta_1} b_{2n}^{\nu}, \quad a_2^{\nu} = -\alpha c_1^{\nu} + \frac{m_1}{\theta_1} b_{2n}^{\nu}.$$

Es lassen sich also auch umgekehrt die Modulsysteme a_1 und a_2 aus den Modulsystemen b_{2n} und c_1 zusammensetzen, und folglich ist Congruenz nach jenen mit Congruenz nach diesen gleichbedeutend. Man kann daher die Modulsysteme a_1 und a_2 durch die Modulsysteme c_1 und b_{2n} ersetzen. Auf dieselbe Weise kann man nun, wenn θ_2 der grösste gemeinschaftliche Theiler von θ_1 und m_2 ist, die Modulsysteme c_1 und a_3 durch das Modulsystem

$$\frac{1}{\theta_2}(\theta_1 c_1^{\nu} + m_3 a_3^{\nu}) = c_2^{\nu}$$

und durch ein Modulsystem b_{2n-1} ersetzen. Durch Fortsetzung dieses Verfahrens erhält man offenbar den zu beweisenden Satz. Der Inhalt des periodisch sich wiederholenden Gebiets ist für die neuen Modulsysteme b derselbe wie für die alten.

Mit Hülfe dieses Satzes lassen sich in den n Gleichungen

$$\sum_1^{2n+1} a_{\mu}^{\nu} m_{\mu} = 0$$

die $2n$ ersten Modulsysteme so durch $2n$ neue $b_1, b_2, \ldots, b_{2n}$ ersetzen, dass diese Gleichungen die Form

$$p b_1^{\nu} - q a_{2n+1}^{\nu} = 0$$

annehmen, worin p und q ganze Zahlen ohne gemeinschaftlichen Theiler sind. Sind nun γ, δ zwei der Gleichung

$$p\delta + q\gamma = 1$$

genügende ganze Zahlen, so lassen sich offenbar die beiden Modulsysteme b_1 und a_{2n+1} durch das eine Modulsystem

$$\gamma b_1^{\nu} + \delta a_{2n+1}^{\nu} = \frac{a_{2n+1}^{\nu}}{p} = \frac{b_1^{\nu}}{q}$$

ersetzen. Sämmtliche Modulsysteme, welche sich aus den Modulsystemen

$a_1, a_2, \ldots, a_{2n+1}$ zusammensetzen lassen, können also auch aus den $2n$ Modulsystemen $\frac{b_1}{q}, b_2, b_3, \ldots, b_{2n}$ zusammengesetzt werden, und umgekehrt. Der Inhalt des periodisch wiederkehrenden Gebiets beträgt für diese $2n$ Modulsysteme nur $\frac{1}{q}$ von dem für die $2n$ ersten Modulsysteme a. Hat die Function nun ausser diesen Modulsystemen noch ein durch ähnliche ganzzahlige Gleichungen mit ihnen verbundenes, so lassen sich wieder $2n$ neue Modulsysteme finden, aus welchen sich alle diese Modulsysteme zusammensetzen lassen, und der Inhalt des periodisch sich wiederholenden Gebiets wird dabei wieder auf einen aliquoten Theil reducirt. Wenn dieses Gebiet unendlich klein wird, so wird die Function eine Function von weniger als n linearen Ausdrücken der Veränderlichen und zwar von $n-1$ oder $n-2$ oder $n-m$, jenachdem nur eine, oder zwei oder m Dimensionen dieses Grössengebiets unendlich klein werden. Soll dies aber nicht eintreten, so muss die Operation schliesslich abbrechen, und man wird also zu $2n$ Modulsystemen gelangen, aus welchen sich sämmtliche Modulsysteme der Function zusammensetzen lassen.

Göttingen, den 26ten October 1859.

XVI.

Estratto di una lettera scritta in lingua Italiana il dì 21 Gennaio 1864 al Sig. Professore Enrico Betti.

(Annali di Matematica, Ser. 1, T. VII.)

Carissimo Amico

... Per trovare l'attrazione di un cilindro omogeneo retto ellisoidale qualunque, io considero, introducendo coordinate rettangolari x, y, z, il cilindro infinito limitato della diseguaglianza:

$$1 - \frac{x^2}{a^2} - \frac{y^2}{b^2} > 0$$

ripieno di massa di densità costante $+1$, se $z < 0$, e di densità -1, se $z > 0$. Allora se poniamo, come è solito, il potenziale nel punto x, y, z eguale a V e

$$\frac{\partial V}{\partial x} = X, \quad \frac{\partial V}{\partial y} = Y, \quad \frac{\partial V}{\partial z} = Z,$$

si ha per $z = 0$, $V = 0$, $X = 0$, $Y = 0$.

Z è eguale al potenziale dell' ellisse:

$$1 - \frac{x^2}{a^2} - \frac{y^2}{b^2} > 0$$

colla densità 2, e si trova col metodo di Dirichlet, se denotiamo con σ la radice maggiore dell' equazione:

$$1 - \frac{x^2}{a^2 + s} - \frac{y^2}{b^2 + s} - \frac{z^2}{s} = F = 0,$$

e

$$\sqrt{\left(1 + \frac{s}{a^2}\right)\left(1 + \frac{s}{b^2}\right) s}$$

con D:

$$4 \int_\sigma^\infty \frac{\sqrt{F}\, ds}{D}.$$

X ed Y si possono determinare dalle equazioni:

$$\frac{\partial X}{\partial z} = \frac{\partial Z}{\partial x}, \quad \frac{\partial Y}{\partial z} = \frac{\partial Z}{\partial y}$$

e dalle condizioni:

$$X = 0, \; Y = 0$$

per $z = 0$.

Per effettuare questa determinazione conviene di sostituire invece di $4\int\limits_{\sigma}^{\infty}$, $2\int\limits_{\infty}^{\infty}$ esteso per il contorno intero di un pezzo del Piano degli s, che contiene il valore σ senza contenere verun altro valore di diramazione o di discontinuità della funzione sotto il segno integrale. Se denotiamo le radici di $F = 0$ in ordine di grandezza con σ, σ', σ'' questi valori sono tutti reali e in ordine di grandezza:

$$\sigma, 0, \sigma', -b^2, \sigma'', -a^2,$$

in modo che:

$$\sigma > 0 > \sigma' > -b^2 > \sigma'' > -a^2.$$

Posto

$$F = t - \frac{z^2}{s}$$

viene

$$Z = 2\int\limits_{\infty}^{\infty} \frac{\sqrt{ts - z^2}}{D\sqrt{s}}\, ds,$$

$$\frac{\partial X}{\partial z} = \frac{\partial Z}{\partial x} = \int\limits_{\infty}^{\infty} \frac{s\frac{\partial t}{\partial x}(ts - z^2)^{-\frac{1}{2}}}{D\sqrt{s}}\, ds;$$

ma:

$$\int\limits_0^z (ts - z^2)^{-\frac{1}{2}} dz = \int\limits_0^{\frac{z}{\sqrt{ts}}} (1 - \xi^2)^{-\frac{1}{2}} d\xi = \int\limits_0^{\frac{z}{\sqrt{ts}}} \left(\frac{1}{\xi^2} - 1\right)^{-\frac{1}{2}} d\log\xi,$$

e:

$$\frac{s\frac{\partial t}{\partial x}ds}{D\sqrt{s}} = -2abx(a^2 + s)^{-\frac{3}{2}}(b^2 + s)^{-\frac{1}{2}} ds = \frac{4abx}{b^2 - a^2}\, d\sqrt{\frac{b^2 + s}{a^2 + s}}.$$

Dunque si trova per integrazione parziale:

$$X = \frac{2abxz}{b^2 - a^2}\int\limits_{\infty}^{\infty} \sqrt{\frac{b^2 + s}{a^2 + s}}(ts - z^2)^{-\frac{1}{2}}\, d\log ts.$$

Se si prende la via dell' integrazione come nella espressione di Z il valore dell' integrale sodisfa sempre alla condizione:

$$\frac{\partial X}{\partial z} = \frac{\partial Z}{\partial x};$$

ma può differire di funzioni di x e di y, la funzione sotto segno integrale essendo discontinua anche per $t = 0$. Dunque occorre una determinazione olteriore della via dell' integrazione.

Nella espressione di $\frac{\partial X}{\partial z} = \frac{\partial Z}{\partial x}$ la funzione sotto segno integrale è continua per $s = 0$; dunque il pezzo del piano degli s, per il cui contorno l'integrale è esteso, deve contenere $s = \sigma$ e può contenere o no $s = 0$, ma nessuno altro dei valori sopra notati. Nella espressione di X questo pezzo deve essere determinato in modo che X sia $= 0$ per $z = 0$; e affinchè ciò avvenga, dovendo contenere $s = \sigma$, deve anche contenere la maggiore radice di $ts = 0$ (la quale è la maggiore radice di $t = 0$, se

$$1 - \frac{x^2}{a^2} - \frac{y^2}{b^2} < 0,$$

ed è $= 0$, se:

$$1 - \frac{x^2}{a^2} - \frac{y^2}{b^2} > 0)$$

ma nessun altra radice di $ts = 0$. Perchè per $z = 0$ le radici di $F = 0$ coincidono colle radici di $ts = 0$, e se la via dell' integrazione passasse tra due valori di discontinuità che coincidono per $z = 0$, doverebbe per $z = 0$ passare per questo valore in modo che l'integrale nella espressione di X diverrebbe infinito ed il valore nonostante il fattore z rimarrebbe finito. --

Vostro aff^mo Amico Riemann.

XVII.

Ueber die Fläche vom kleinsten Inhalt bei gegebener Begrenzung. *)

1.

Eine Fläche lässt sich im Sinne der analytischen Geometrie darstellen, indem man die rechtwinkligen Coordinaten x, y, z eines in ihr beweglichen Punktes als eindeutige Functionen von zwei unabhängigen veränderlichen Grössen p und q angiebt. Nehmen dann p und q bestimmte constante Werthe an, so entspricht dieser einen Combination immer nur ein einziger Punkt der Fläche. Die unabhängigen Variabeln p und q können in sehr mannigfacher Weise gewählt werden. Für eine einfach zusammenhängende Fläche geschieht dies zweckmässig wie folgt. Man lässt die Fläche längs der ganzen Begrenzung abnehmen um einen Flächenstreifen, dessen Breite überall unendlich klein in derselben Ordnung ist. Durch Wiederholung dieses Verfahrens wird die Fläche fortwährend verkleinert, bis sie in einen Punkt übergeht. Die hierbei der Reihe nach auftretenden Begrenzungscurven sind in sich zurücklaufende, von einander getrennte Linien. Man kann sie dadurch unterscheiden, dass man in jeder von ihnen der Grösse p einen besondern constanten Werth beilegt, der um ein Unendlichkleines zu- oder abnimmt, je nachdem man zu der benachbarten umschliessenden oder umschlossenen Curve übergeht. Die Function p hat dann einen constanten Maximalwerth in der Begrenzung der Fläche und einen Minimalwerth in dem einen Punkte im Innern, in welchen die

*) Dieser Abhandlung liegt ein Manuscript Riemann's zu Grunde, welches nach der eigenen Aeusserung des Verfassers in den Jahren 1860 und 1861 entstanden ist. Dieses Manuscript, welches in gedrängter Kürze nur die Formeln und keinen Text enthält, wurde mir von Riemann im April 1866 zur Bearbeitung anvertraut. Es ist daraus die Abhandlung hervorgegangen, welche ich am 6. Januar 1867 der Königlichen Gesellschaft der Wissenschaften zu Göttingen eingereicht habe, und welche im 13. Band der Abhandlungen dieser Gesellschaft abgedruckt ist. Diese Abhandlung kommt hier in sorgfältiger Ueberarbeitung zum zweiten Male zum Abdruck. K. Hattendorff.

allmählich abnehmende Fläche zuletzt zusammenschrumpft. Den Uebergang von einer Begrenzung der abnehmenden Fläche zur nächsten kann man dadurch hergestellt denken, dass man jeden Punkt der Curve (p) in einen bestimmten unendlich nahen Punkt der Curve $(p+dp)$ übergehen lässt. Die Wege der einzelnen Punkte bilden dann ein zweites System von Curven, die von dem Punkte des Minimalwerthes von p strahlenförmig nach der Begrenzung der Fläche verlaufen. In jeder dieser Curven legt man q einen besondern constanten Werth bei, der in einer beliebig gewählten Anfangscurve am kleinsten ist und von da beim Uebergange von einer Curve des zweiten Systems zur andern stetig wächst, wenn man zum Zweck des Ueberganges irgend eine Curve (p) in bestimmter Richtung durchläuft. Beim Uebergange von der letzten Curve (q) zur Anfangscurve ändert sich q sprungweise um eine endliche Constante.

Um eine mehrfach zusammenhängende Fläche ebenso zu behandeln, kann man sie zuvor durch Querschnitte in eine einfach zusammenhängende zerlegen.

Irgend ein Punkt der Fläche lässt sich hiernach als Durchschnitt einer bestimmten Curve des Systems (p) mit einer bestimmten Curve des Systems (q) auffassen. Die in dem Punkte (p, q) errichtete Normale verläuft von der Fläche aus in zwei entgegengesetzten Richtungen, der positiven und der negativen. Zu ihrer Unterscheidung hat man über die gegenseitige Lage der wachsenden positiven Normale, der wachsenden p und der wachsenden q eine Bestimmung zu treffen. Ist nichts anderes festgesetzt, so möge, von der positiven x-Axe aus gesehen, die positive y-Axe auf dem kürzesten Wege in die positive z-Axe übergeführt werden durch eine Drehung von rechts nach links. Und die Richtung der wachsenden positiven Normale liege zu den Richtungen der wachsenden p und der wachsenden q, wie die positive x-Axe zur positiven y-Axe und zur positiven z-Axe. Die Seite der Fläche, auf welcher die positive Normale liegt, soll die positive Seite der Fläche genannt werden.

2.

Ueber das Gebiet der Fläche sei ein Integral zu erstrecken, dessen Element gleich ist dem Element $dp\,dq$ multiplicirt in eine Functionaldeterminante, also

$$\int\int\left(\frac{\partial f}{\partial p}\frac{\partial g}{\partial q}-\frac{\partial f}{\partial q}\frac{\partial g}{\partial p}\right)dp\,dq,$$

wofür zur Abkürzung geschrieben werden soll

$$\int\int(df\,dg).$$

Denkt man sich f und g als unabhängige Variable eingeführt, so geht das Integral über in $\int\int df\, dg$, und es lässt sich die Integration nach f oder nach g ausführen. Die wirkliche Einsetzung von f und g als unabhängigen Variabeln verursacht aber Schwierigkeiten oder wenigstens weitläufige Unterscheidungen, wenn dieselbe Werthecombination von f und g in mehreren Punkten der Fläche oder in einer Linie vorhanden ist. Sie ist ganz unmöglich, wenn f und g complex sind.

Es ist daher zweckmässig, zur Ausführung der Integration nach f oder g das Verfahren von Jacobi (Crelle's Journal Bd. 27 p. 208) anzuwenden, bei welchem p und q als unabhängige Variable beibehalten werden. Um in Beziehung auf f zu integriren, hat man die Functionaldeterminante in die Form zu bringen

$$\frac{\partial\left(f\frac{\partial g}{\partial q}\right)}{\partial p}-\frac{\partial\left(f\frac{\partial g}{\partial p}\right)}{\partial q}$$

und erhält zunächst

$$\int\frac{\partial\left(f\frac{\partial g}{\partial p}\right)}{\partial q}\,dq=0,$$

weil die Integration durch eine in sich zurücklaufende Linie erstreckt wird. Dagegen ist

$$\int\frac{\partial\left(f\frac{\partial g}{\partial q}\right)}{\partial p}\,dp$$

in der Richtung der wachsenden p zu nehmen, d. h. von dem Minimalpunkte im Innern durch eine Curve (q) bis zur Begrenzung. Man erhält $f\frac{\partial g}{\partial q}$ und zwar den Werth, den dieser Ausdruck in der Begrenzung annimmt, da an der untern Grenze des Integrals $\frac{\partial g}{\partial q}=0$ ist. Folglich wird

$$\int\int(df\,dg)=\int f\frac{\partial g}{\partial q}\,dq=\int f\,dg$$

und das einfache Integral rechts ist in der Richtung der wachsenden q durch die Begrenzung erstreckt. Andererseits hat man nach der eingeführten Bezeichnung $(df\,dg)=-(dg\,df)$, und daher

$$\int\int(df\,dg)=-\int\int(dg\,df)=-\int g\,df,$$

wobei das einfache Integral rechts ebenfalls in der Richtung der wachsenden q durch die Begrenzung der Fläche zu nehmen ist.

3.

Die Fläche, deren Punkte durch die Curvensysteme (p), (q) festgelegt sind, soll in der folgenden Weise auf einer Kugel vom Radius 1 abgebildet werden. Im Punkte (p, q) der Fläche, dessen rechtwinklige Coordinaten x, y, z sind, ziehe man die positive Normale und lege zu ihr eine Parallele durch den Mittelpunkt der Kugel. Der Endpunkt dieser Parallelen auf der Kugeloberfläche ist die Abbildung des Punktes (x, y, z). Durchläuft der Punkt (x, y, z) auf der stetig gekrümmten Fläche eine zusammenhängende Linie, so wird auch die Abbildung derselben auf der Kugel eine zusammenhängende Linie sein. Auf dieselbe Weise erhält man als Abbildung eines Flächenstücks ein Flächenstück, als Abbildung der ganzen Fläche eine Fläche, welche die Kugel oder einen Theil derselben einfach oder mehrfach bedeckt.

Der Punkt auf der Kugel, welcher die Richtung der positiven x-Axe angiebt, werde zum Pol gewählt und der Anfangsmeridian durch den Punkt gelegt, welcher der positiven y-Axe entspricht. Die Abbildung des Punktes (x, y, z) wird dann auf der Kugel festgelegt durch ihre Poldistanz r und den Winkel φ, welchen ihr Meridian mit dem Anfangsmeridian einschliesst. Für das Vorzeichen von φ gilt die Bestimmung, dass der der positiven z-Axe entsprechende Punkt die Coordinaten $r = \frac{\pi}{2}$, $\varphi = + \frac{\pi}{2}$ haben soll.

4.

Hiernach erhält man als Differential-Gleichung der Fläche

$$(1) \qquad \cos r\, dx + \sin r \cos\varphi\, dy + \sin r \sin\varphi\, dz = 0.$$

Sind y und z die unabhängigen Variabeln, so ergeben sich für r und φ die Gleichungen

$$\cos r = \frac{1}{\pm\sqrt{1 + \left(\frac{\partial x}{\partial y}\right)^2 + \left(\frac{\partial x}{\partial z}\right)^2}},$$

$$\sin r \cos\varphi = \frac{\frac{\partial x}{\partial y}}{\mp\sqrt{1 + \left(\frac{\partial x}{\partial y}\right)^2 + \left(\frac{\partial x}{\partial z}\right)^2}},$$

$$\sin r \sin\varphi = \frac{\frac{\partial x}{\partial z}}{\mp\sqrt{1 + \left(\frac{\partial x}{\partial y}\right)^2 + \left(\frac{\partial x}{\partial z}\right)^2}},$$

in welchen gleichzeitig entweder die oberen oder die unteren Vorzeichen gelten.

Ein Parallelogramm auf der positiven Seite der Fläche, begrenzt von den Curven (p) und $(p + dp)$, (q) und $(q + dq)$, projicirt sich auf der yz-Ebene in einem Flächenelemente, dessen Inhalt gleich dem absoluten Werthe von $(dy\,dz)$ ist. Das Vorzeichen dieser Functionaldeterminante ist verschieden, je nachdem die im Punkte (p, q) errichtete positive Normale mit der positiven x-Axe einen spitzen oder stumpfen Winkel einschliesst. In dem ersten Falle liegen nämlich die Projectionen von dp und dq in der yz-Ebene ebenso zu einander wie die positive y-Axe zur positiven z-Axe, im zweiten Falle umgekehrt. Daher ist die Functionaldeterminante im ersten Falle positiv, im zweiten negativ. Und der Ausdruck

$$\frac{1}{\cos r}(dy\,dz)$$

ist immer positiv. Er giebt den Inhalt des unendlich kleinen Parallelogramms auf der Fläche. Um also den Inhalt der Fläche selbst zu erhalten, hat man das Doppelintegral

$$S = \int\int \frac{1}{\cos r}(dy\,dz)$$

über die ganze Fläche zu erstrecken.

Soll dieser Inhalt ein Minimum sein, so ist die erste Variation des Doppelintegrals $= 0$ zu setzen. Man erhält

$$\int\int \frac{\frac{\partial x}{\partial y}\frac{\partial \delta x}{\partial y} + \frac{\partial x}{\partial z}\frac{\partial \delta x}{\partial z}}{\pm\sqrt{1 + \left(\frac{\partial x}{\partial y}\right)^2 + \left(\frac{\partial x}{\partial z}\right)^2}}(dy\,dz) = 0,$$

und es gilt das obere oder das untere Zeichen vor der Wurzel, je nachdem $(dy\,dz)$ positiv oder negativ ist. Die linke Seite lässt sich schreiben

$$\int\int \frac{\partial}{\partial y}(-\sin r \cos \varphi\, \delta x)(dy\,dz)$$

$$+ \int\int \frac{\partial}{\partial z}(-\sin r \sin \varphi\, \delta x)(dy\,dz)$$

$$- \int\int \delta x \frac{\partial}{\partial y}(-\sin r \cos \varphi)(dy\,dz)$$

$$- \int\int \delta x \frac{\partial}{\partial z}(-\sin r \sin \varphi)(dy\,dz).$$

Die beiden ersten Integrale reduciren sich auf einfache Integrale, die in der Richtung der wachsenden q durch die Begrenzung der Fläche zu nehmen sind, nämlich

$$\int \delta x(-\sin r \cos \varphi\, dz + \sin r \sin \varphi\, dy).$$

Der Werth ist $=0$, da in der Begrenzung $\delta x = 0$ ist. Die Bedingung des Minimum lautet also

$$\iint \delta x \left(\frac{\partial (\sin r \cos \varphi)}{\partial y} + \frac{\partial (\sin r \sin \varphi)}{\partial z} \right) (dy\, dz) = 0.$$

Sie wird erfüllt, wenn

(2) $$-\sin r \sin \varphi\, dy + \sin r \cos \varphi\, dz = d\mathfrak{x}$$

ein vollständiges Differential ist.

5.

Die Coordinaten r und φ auf der Kugel lassen sich ersetzen durch eine complexe Grösse $\eta = \operatorname{tg} \frac{r}{2} e^{\varphi i}$, deren geometrische Bedeutung leicht zu erkennen ist. Legt man nämlich an die Kugel im Pol eine Tangentialebene, deren positive Seite von der Kugel abgekehrt ist, und zieht vom Gegenpol eine Gerade durch den Punkt (r, φ), so trifft diese die Tangentialebene in einem Punkte, der die complexe Grösse 2η repräsentirt. Dem Pol entspricht $\eta = 0$, dem Gegenpol $\eta = \infty$. Für die Punkte, welche die Richtungen der positiven y- und der positiven z-Axe angeben, ist $\eta = +1$ und resp. $= +i$.

Führt man noch die complexen Grössen

$$\eta' = \operatorname{tg} \frac{r}{2} e^{-\varphi i}, \quad s = y + zi, \quad s' = y - zi$$

ein, so gehen die Gleichungen (1) und (2) über in folgende:

(1*) $$(1 - \eta\eta')\, dx + \eta'\, ds + \eta\, ds' = 0,$$

(2*) $$(1 + \eta\eta')\, d\mathfrak{x} i - \eta'\, ds + \eta\, ds' = 0.$$

Diese lassen sich durch Addition und Subtraction verbinden. Dabei werde

$$x + \mathfrak{x} i = 2X, \quad x - \mathfrak{x} i = 2X'$$

gesetzt, so dass umgekehrt $x = X + X'$ ist. Das Problem findet dann seinen analytischen Ausdruck in den beiden Gleichungen

(3) $$ds - \eta\, dX + \frac{1}{\eta'}\, dX' = 0,$$

(4) $$ds' + \frac{1}{\eta}\, dX - \eta'\, dX' = 0.$$

Betrachtet man X und X' als unabhängige Variable und stellt die Bedingungen dafür auf, das ds und ds' vollständige Differentiale sind, so findet sich

$$\frac{\partial \eta}{\partial X'} = 0, \quad \frac{\partial \eta'}{\partial X} = 0,$$

d. h. es ist η nur von X, η' nur von X' abhängig, und deshalb umgekehrt X eine Function nur von η, X' eine Function nur von η'.

Hiernach ist die Aufgabe darauf zurückgeführt, η als Function der complexen Variabeln X oder umgekehrt X als Function der complexen Variabeln η so zu bestimmen, dass zugleich den Grenzbedingungen Genüge geleistet werde. Kennt man η als Function von X, so ergiebt sich daraus η', indem man in dem Ausdrucke von η jede complexe Zahl in die conjugirte verwandelt. Alsdann hat man nur noch die Gleichungen (3) und (4) zu integriren, um die Ausdrücke für s und s' zu erlangen. Aus diesen erhält man endlich durch Elimination von $\mathfrak{x}$ eine Gleichung zwischen x, y, z, die Gleichung der Minimalfläche.

6.

Sind die Gleichungen (3) und (4) integrirt, so lässt sich auch der Inhalt der Minimalfläche selbst leicht angeben, nämlich

$$S = \int\int \frac{1}{\cos r}(dy\,dz) = \int\int \frac{1+\eta\eta'}{1-\eta\eta'}(dy\,dz).$$

Die Functionaldeterminante $(dy\,dz)$ formt sich in folgender Weise um

$$(dy\,dz) = \left(\frac{\partial y}{\partial s}\frac{\partial z}{\partial s'} - \frac{\partial y}{\partial s'}\frac{\partial z}{\partial s}\right)(ds\,ds')$$
$$= \frac{i}{2}(ds\,ds')$$
$$= \frac{i}{2}\left(\eta\eta' - \frac{1}{\eta\eta'}\right)\frac{\partial x}{\partial \eta}\frac{\partial x}{\partial \eta'}(d\eta\,d\eta').$$

Danach erhält man

$$2iS = \int\int\left(2+\eta\eta'+\frac{1}{\eta\eta'}\right)\frac{\partial x}{\partial \eta}\frac{\partial x}{\partial \eta'}(d\eta\,d\eta')$$
$$= \int\int\left(2\frac{\partial x}{\partial \eta}\frac{\partial x}{\partial \eta'} + \frac{\partial s}{\partial \eta}\frac{\partial s'}{\partial \eta'} + \frac{\partial s}{\partial \eta'}\frac{\partial s'}{\partial \eta}\right)(d\eta\,d\eta')$$
$$= 2\int\int\left(\frac{\partial x}{\partial \eta}\frac{\partial x}{\partial \eta'} + \frac{\partial y}{\partial \eta}\frac{\partial y}{\partial \eta'} + \frac{\partial z}{\partial \eta}\frac{\partial z}{\partial \eta'}\right)(d\eta\,d\eta').$$

Zur weiteren Umformung dieses Ausdruckes kann man y aus Y und Y', z aus Z und Z' ebenso zusammensetzen wie x aus X und X', so dass die Gleichungen gelten

$$X = \int\frac{\partial x}{\partial \eta}d\eta,\quad X' = \int\frac{\partial x}{\partial \eta'}d\eta',$$
$$Y = \int\frac{\partial y}{\partial \eta}d\eta,\quad Y' = \int\frac{\partial y}{\partial \eta'}d\eta',$$
$$Z = \int\frac{\partial z}{\partial \eta}d\eta,\quad Z' = \int\frac{\partial z}{\partial \eta'}d\eta'.$$
$$x = X + X',\quad \mathfrak{x}i = X - X',$$
$$y = Y + Y',\quad \mathfrak{y}i = Y - Y',$$
$$z = Z + Z',\quad \mathfrak{z}i = Z - Z'.\ (^1)$$

20*

Alsdann erhält man schliesslich

$$(5)\qquad S = -i\int\int[(dX\,dX') + (dY\,dY') + (dZ\,dZ')]$$
$$= \tfrac{1}{2}\int\int[(dx\,d\mathfrak{x}) + (dy\,d\mathfrak{y}) + (dz\,d\mathfrak{z})].$$

7.

Die Minimalfläche und ihre Abbildungen auf der Kugel wie in den Ebenen, deren Punkte resp. die complexen Grössen η, X, Y, Z repräsentiren, sind einander in den kleinsten Theilen ähnlich. Man erkennt dies sofort, wenn man das Quadrat des Linearelementes in diesen Flächen ausdrückt. Dasselbe ist

auf der Kugel $\quad \sin r^2 d\log\eta\, d\log\eta'$,

in der Ebene der η $\quad d\eta\, d\eta'$

in der Ebene der X $\quad \frac{\partial x}{\partial\eta}\frac{\partial x}{\partial\eta'}d\eta\, d\eta'$,

in der Ebene der Y $\quad \frac{\partial y}{\partial\eta}\frac{\partial y}{\partial\eta'}d\eta\, d\eta'$,

in der Ebene der Z $\quad \frac{\partial z}{\partial\eta}\frac{\partial z}{\partial\eta'}d\eta\, d\eta'$,

in der Minimalfläche selbst

$$dx^2 + dy^2 + dz^2 = (dX + dX')^2 + (dY + dY')^2 + (dZ + dZ')^2$$
$$= 2(dX\,dX' + dY\,dY' + dZ\,dZ')$$
$$= 2\left(\frac{\partial x}{\partial\eta}\frac{\partial x}{\partial\eta'} + \frac{\partial y}{\partial\eta}\frac{\partial y}{\partial\eta'} + \frac{\partial z}{\partial\eta}\frac{\partial z}{\partial\eta'}\right)d\eta\, d\eta'.$$

Es ist nämlich nach den Gleichungen (3) und (4), wenn man darin η und η' als unabhängige Variable ansieht:

$$\eta\frac{dX}{d\eta} = \frac{\partial s}{\partial\eta} = -\eta^2\frac{\partial s'}{\partial\eta},$$
$$\eta'\frac{dX'}{d\eta'} = \frac{\partial s'}{\partial\eta'} = -\eta'^2\frac{\partial s}{\partial\eta'}$$

und deshalb

$$dX^2 + dY^2 + dZ^2 = 0,$$
$$dX'^2 + dY'^2 + dZ'^2 = 0.$$

Das Verhältniss von irgend zwei der obigen Quadrate von Linearelementen ist unabhängig von $d\eta$ und $d\eta'$, d. h. von der Richtung des Elementes, und darin beruht die in den kleinsten Theilen ähnliche Abbildung. Da die Linearvergrösserung bei der Abbildung in irgend einem Punkte nach allen Richtungen dieselbe ist, so erhält man die Flächenvergrösserung gleich dem Quadrat der Linearvergrösserung. Das Quadrat des Linearelementes in der Minimalfläche ist aber gleich der doppelten Summe der Quadrate der entsprechenden Linearelemente in den Ebenen der X, der Y und der Z. Daher ist auch das Flächenelement in der Minimalfläche gleich der doppelten Summe der entsprechenden Flächenelemente in jenen Ebenen. Dasselbe gilt von der ganzen Fläche und ihren Abbildungen in den Ebenen der X, Y, Z.

8.

Eine wichtige Folgerung lässt sich noch aus dem Satze von der Aehnlichkeit in den kleinsten Theilen ziehen, wenn man eine neue complexe Variable η_1 dadurch einführt, dass man auf der Kugel den Pol in einen beliebigen Punkt ($\eta = \alpha$) verlegt und den Anfangsmeridian beliebig wählt. Hat dann η_1 für das neue Coordinatensystem dieselbe Bedeutung wie η für das alte, so kann man jetzt ein unendlich kleines Dreieck auf der Kugel sowohl in der Ebene der η als in der der η_1 abbilden. Die beiden Bilder sind dann auch Abbildungen von einander und in den kleinsten Theilen ähnlich. Für den Fall der directen Aehnlichkeit ergiebt sich ohne Weiteres, dass $\frac{d\eta_1}{d\eta}$ unabhängig ist von der Richtung der Verschiebung von η, d. h. dass η_1 eine Function der complexen Variabeln η ist. Den Fall der inversen (symmetrischen) Aehnlichkeit kann man auf den vorigen zurückführen, indem man statt η_1 die conjugirte complexe Grösse nimmt. Um nun η_1 als Function von η auszudrücken, hat man zu beachten, dass $\eta_1 = 0$ ist in dem einen Punkte der Kugel, für welchen $\eta = \alpha$, und $\eta_1 = \infty$ in dem diametral gegenüberliegenden Punkte, d. h. für $\eta = -\frac{1}{\alpha'}$. Danach ergiebt sich $\eta_1 = c\frac{\eta - \alpha}{1 + \alpha'\eta}$. Zur Bestimmung der Constanten c dient die Bemerkung, dass, wenn $\eta_1 = \beta$ ist für $\eta = 0$, daraus $\eta_1 = -\frac{1}{\beta'}$ gefunden wird für $\eta = \infty$. Es ist also $\beta = -c\alpha$ und $-\frac{1}{\beta'} = \frac{c}{\alpha'}$, d. h. $\beta = -\frac{\alpha}{c'}$. Hieraus ergiebt sich $cc' = 1$ und daher $c = e^{\theta i}$ für ein reelles θ. Die Grössen α und θ können beliebige Werthe erhalten: α hängt von der Lage des neuen Pols, θ von der Lage des neuen Anfangsmeridians ab. Diesem neuen Coordinatensystem auf der Kugel entsprechen die Richtungen der Axen eines neuen rechtwinkligen Systems. Es mögen in dem neuen System x_1, s_1, s_1' dasselbe bezeichnen wie x, s, s' in dem alten. Dann erlangt man die Transformationsformeln

$$\eta_1 = \frac{\eta - \alpha}{1 + \alpha'\eta} e^{\theta i},$$

$$(6) \qquad \begin{aligned} (1 + \alpha\alpha')x_1 &= (1 - \alpha\alpha')x + \alpha' s + \alpha s', \\ (1 + \alpha\alpha')s_1 e^{-\theta i} &= -2\alpha x + s - \alpha^2 s', \\ (1 + \alpha\alpha')s_1' e^{\theta i} &= -2\alpha' x - \alpha'^2 s + s'. \end{aligned}$$

9.

Aus den Transformationsformeln (6) berechnen wir

$$\left(\frac{d\eta_1}{d\eta}\right)^2 \frac{\partial x_1}{\partial \eta_1} = \frac{\eta_1}{\eta} \frac{\partial x}{\partial \eta}$$

oder

$$(d \log \eta_1)^2 \frac{dx_1}{\partial \log \eta_1} = (d \log \eta)^2 \frac{\partial x}{\partial \log \eta}.$$

Hiernach empfiehlt es sich, eine neue complexe Grösse u einzuführen, welche durch die Gleichung definirt wird

$$(7) \qquad u = \int \sqrt{i \frac{\partial x}{\partial \log \eta}}\, d \log \eta,$$

und die von der Lage des Coordinatensystems (x, y, z) unabhängig ist. Gelingt es dann, u als Function von η zu bestimmen, so erhält man

$$(8) \qquad x = -i \int \left(\frac{du}{d \log \eta}\right)^2 d \log \eta + i \int \left(\frac{du'}{d \log \eta'}\right)^2 d \log \eta'.$$

x ist der Abstand des zu η gehörigen Punktes der Minimalfläche von einer Ebene, die durch den Anfangspunkt der Coordinaten rechtwinklig zur Richtung $\eta = 0$ gelegt ist. Man erhält den Abstand desselben Punktes der Minimalfläche von einer durch den Anfangspunkt der Coordinaten gelegten Ebene, die rechtwinklig auf der Richtung $\eta = \alpha$ steht, indem man in (8) $\frac{\eta - \alpha}{1 + \alpha'\eta} e^{\theta i}$ statt η setzt. Speciell also für $\alpha = 1$ und $\alpha = i$

$$(9) \qquad \begin{aligned} y = &-\frac{i}{2} \int \left(\frac{du}{d \log \eta}\right)^2 \left(\eta - \frac{1}{\eta}\right) d \log \eta \\ &+ \frac{i}{2} \int \left(\frac{du'}{d \log \eta'}\right)^2 \left(\eta' - \frac{1}{\eta'}\right) d \log \eta'. \end{aligned}$$

$$(10) \qquad \begin{aligned} z = &-\frac{1}{2} \int \left(\frac{du}{d \log \eta}\right)^2 \left(\eta + \frac{1}{\eta}\right) d \log \eta \\ &- \frac{1}{2} \int \left(\frac{du'}{d \log \eta'}\right)^2 \left(\eta' + \frac{1}{\eta'}\right) d \log \eta'. \end{aligned}$$

10.

Die Grösse u ist als Function von η zu bestimmen, d. h. als einwerthige Function des Ortes in derjenigen Fläche, welche, über die η-Ebene ausgebreitet, die Minimalfläche in den kleinsten Theilen ähnlich abbildet. Daher kommt es vor allen Dingen auf die Unstetigkeiten und Verzweigungen in dieser Abbildung an. Bei der Untersuchung derselben hat man Punkte im Innern der Fläche von Begrenzungspunkten zu unterscheiden.

Handelt es sich um einen Punkt im Innern der Minimalfläche, so lege man in ihn den Anfangspunkt des Coordinatensystems (x, y, z), die Axe der positiven x in die positive Normale, folglich die yz-Ebene tangential. Dann fehlen in der Entwicklung von x das freie Glied und die in y und z multiplicirten Glieder. Durch geeignet gewählte Richtung der y-Axe und der z-Axe kann man auch das in yz multiplicirte Glied verschwinden lassen. Die partielle Differentialgleichung der Minimalfläche reducirt sich unter dieser Voraussetzung für unendlich kleine Werthe von y und z auf $\frac{\partial^2 x}{\partial y^2} + \frac{\partial^2 x}{\partial z^2} = 0$. Das Krümmungsmass ist also negativ, die Haupt-Krümmungsradien sind einander entgegengesetzt gleich. Die Tangentialebene theilt die Fläche in vier Quadranten, wenn die Krümmungshalbmesser nicht ∞ sind. Diese Quadranten liegen abwechselnd über und unter der Tangentialebene. Beginnt die Entwicklung von x erst mit den Gliedern $n$ter Ordnung $(n > 2)$, so sind die Krümmungsradien ∞, und die Tangentialebene theilt die Fläche in $2n$ Sectoren, die abwechselnd über und unter jener Ebene liegen und von den Krümmungslinien halbirt werden. (²)

Will man nun X als Function der complexen Variabeln Y ansehen, so ergiebt sich in dem Falle der vier Sectoren

$$\log X = 2 \log Y + \text{funct. cont.},$$

in dem Falle der $2n$ Sectoren

$$\log X = n \log Y + \text{f. c.}$$

Und da nach (8) und (9) $\frac{dX}{dY} = \frac{-2\eta}{1 - \eta\eta}$ ist, so beginnt die Entwicklung von η im ersten Falle mit der ersten, im zweiten mit der $(n-1)$ten Potenz von Y. Umgekehrt wird also, wenn Y als Function von η angesehen werden soll, die Entwicklung im ersten Falle nach ganzen Potenzen von η, im zweiten nach ganzen Potenzen von $\eta^{\frac{1}{n-1}}$ fortschreiten. D. h. die Abbildung auf der η-Ebene hat an der betreffenden Stelle keinen oder einen $(n-2)$fachen Verzweigungspunkt, je nachdem der erste oder der zweite Fall eintritt.

Was u betrifft, so ergiebt sich $\frac{du}{d\log Y} = \frac{du}{d\log\eta}\frac{d\log\eta}{d\log Y}$, also mit Hülfe der Gleichung (9)

$$\left(\frac{du}{d\log Y}\right)^2 = -2i\frac{dY}{d\eta}\frac{\eta^2}{1-\eta^2}\left(\frac{d\eta}{dY}\right)^2\frac{Y^2}{\eta^2}.$$

Demnach ist in einem $(n-2)$fachen Verzweigungspunkte der Abbildung auf der η-Ebene

$$\log\frac{du}{d\log Y} = \frac{n}{2}\log Y + \text{f. c.}$$

oder

$$\log\frac{du}{dY} = \left(\frac{n}{2}-1\right)\log Y + \text{f. c.}$$

11.

Die weitere Untersuchung soll zunächst auf den Fall beschränkt werden, dass die gegebene Begrenzung aus geraden Linien besteht. Dann lässt sich die Abbildung der Begrenzung auf der η-Ebene wirklich herstellen. Die in irgend welchen Punkten einer geraden Begrenzungslinie errichteten Normalen liegen in parallelen Ebenen, und daher ist die Abbildung auf der Kugel ein Bogen eines grössten Kreises.

Um einen Punkt im Innern einer geraden Begrenzungslinie zu untersuchen, legt man wie vorher in ihn den Anfangspunkt der Coordinaten, die positive x-Axe in die positive Normale. Dann fällt die ganze Begrenzungslinie in die yz-Ebene. Der reelle Theil von X ist demnach in der ganzen Begrenzungslinie $= 0$. Geht man also durch das Innere der Minimalfläche um den Anfangspunkt der Coordinaten herum von einem vorangehenden bis zu einem nachfolgenden Begrenzungspunkte, so muss dabei der Arcus von X sich ändern um $n\pi$, ein ganzes Vielfaches von π. Der Arcus von Y ändert sich gleichzeitig um π. Man hat also, wie vorher

$$\begin{aligned}\log X &= n\log Y + \text{f. c.}\\ \log\eta &= (n-1)\log Y + \text{f. c.}\\ \log\frac{du}{dY} &= \left(\frac{n}{2}-1\right)\log Y + \text{f. c.}\end{aligned}$$

Dem betrachteten Begrenzungspunkte entspricht ein $(n-2)$facher Verzweigungspunkt in der Abbildung auf der η-Ebene. In dieser Abbildung macht das auf den Punkt folgende Begrenzungsstück mit dem ihm vorhergehenden den Winkel $(n-1)\pi$.

12.

Bei dem Uebergange von einer Begrenzungslinie zur folgenden hat man zwei Fälle zu unterscheiden. Entweder treffen sie zusammen in einem im Endlichen liegenden Schnittpunkte, oder sie erstrecken sich ins Unendliche.

Im ersten Falle sei $\alpha\pi$ der im Innern der Minimalfläche liegende Winkel der beiden Begrenzungslinien. Legt man den Anfangspunkt der Coordinaten in den zu untersuchenden Eckpunkt, die positive x-Axe in die positive Normale, so ist in beiden Begrenzungslinien der reelle Theil von $X = 0$. Beim Uebergange von der ersten Begrenzungslinie zur folgenden ändert sich also der Arcus von X um $m\pi$, ein ganzes Vielfaches von π, der Arcus von Y um $\alpha\pi$. Man hat daher

$$\frac{\alpha}{m}\log X = \log Y + \text{f. c.}$$

$$\left(1 - \frac{\alpha}{m}\right)\log X = \log \eta + \text{f. c.}$$

$$\log\frac{du}{dY} = \left(\frac{m}{2\alpha} - 1\right)\log Y + \text{f. c.}$$

Erstreckt sich die Fläche zwischen zwei auf einander folgenden Begrenzungsgeraden ins Unendliche, so lege man die positive x-Axe in ihre kürzeste Verbindungslinie, parallel der positiven Normalen im Unendlichen. Die Länge der kürzesten Verbindungslinie sei A, und $\alpha\pi$ der Winkel, welchen die Projection der Minimalfläche in der yz-Ebene ausfüllt. Dann bleiben die reellen Theile von X und $i \log\eta$ im Unendlichen endlich und stetig und nehmen in den begrenzenden Geraden constante Werthe an. Hieraus ergiebt sich (für $y = \infty, z = \infty$)

$$X = -\frac{Ai}{2\alpha\pi}\log\eta + \text{f. c.}$$

$$u = \sqrt{\frac{A}{2\alpha\pi}}\log\eta + \text{f. c.}$$

$$Y = -\frac{Ai}{4\alpha\pi}\,\frac{1}{\eta} + \text{f. c.} \quad (^3)$$

Legt man die x_1-Axe eines Coordinatensystems in eine begrenzende Gerade, die x_2-Axe eines andern Systems in die zweite begrenzende Gerade u. s. f., so ist in der ersten Linie $\log\eta_1$, in der zweiten $\log\eta_2$ u. s. f. rein imaginär, da die Normale zu der betreffenden Axe der x_1, der x_2 u. s. f. senkrecht steht. Es ist also $i\frac{\partial x_1}{\partial \log\eta_1}$ in der ersten Begrenzungslinie reell, $i\frac{\partial x_2}{\partial\log\eta_2}$ in der zweiten u. s. f. Da aber auch für ein beliebiges Coordinatensystem (x, y, z) immer

$$\sqrt{i\frac{\partial x}{\partial\log\eta}}\,d\log\eta = \sqrt{i\frac{\partial x_1}{\partial\log\eta_1}}\,d\log\eta_1 = \sqrt{i\frac{\partial x_2}{\partial\log\eta_2}}\,d\log\eta_2 \ldots$$

ist, so findet sich, dass in jeder geraden Begrenzungslinie

$$du = \sqrt{i \frac{\partial x}{\partial \log \eta}} d \log \eta$$

entweder reelle oder rein imaginäre Werthe besitzt.

13.

Die Minimalfläche ist bestimmt, sobald man eine der Grössen u, η, X, Y, Z durch eine der übrigen ausgedrückt hat. Dies gelingt in vielen Fällen. Besondere Beachtung verdienen darunter diejenigen, in welchen $\frac{du}{d \log \eta}$ eine algebraische Function von η ist. Dazu ist nöthig und hinreichend, dass die Abbildung auf der Kugel und ihre symmetrischen und congruenten Fortsetzungen eine geschlossene Fläche bilden, welche die ganze Kugel einfach oder mehrfach bedeckt.

Im Allgemeinen aber wird es schwierig sein, direct eine der Grössen u, η, X, Y, Z durch eine der übrigen auszudrücken. Statt dessen kann man aber auch jede von ihnen als Function einer neuen zweckmässig gewählten unabhängigen Variabeln bestimmen. Wir führen eine solche unabhängige Variable t ein, dass die Abbildung der Fläche auf der t-Ebene die halbe unendliche Ebene einfach bedeckt, und zwar diejenige Hälfte, für welche der imaginäre Theil von t positiv ist. In der That ist es immer möglich, t als Function von u (oder von irgend einer der übrigen Grössen η, X, Y, Z) in der Fläche so zu bestimmen, dass der imaginäre Theil in der Begrenzung $= 0$ ist, und dass sie in einem beliebigen Begrenzungspunkte ($u = b$) unendlich von der ersten Ordnung wird, d. h.

$$t = \frac{\text{const.}}{u - b} + \text{f. c.} \qquad (u = b).$$

Der Arcus des Factors von $\frac{1}{u - b}$ ist durch die Bedingung bestimmt, dass der imaginäre Theil von t in der Begrenzung $= 0$, im Innern der Fläche positiv sein soll. Es bleibt also in dem Ausdrucke von t nur der Modul dieses Factors und eine additive Constante willkürlich.

Es sei $t = a_1, a_2, \ldots$, für die Verzweigungspunkte im Innern der Abbildung auf der η-Ebene, $t = b_1, b_2, \ldots$ für die Verzweigungspunkte in der Begrenzung, die nicht Eckpunkte sind, $t = c_1, c_2, \ldots$ für die Eckpunkte, $t = e_1, e_2, \ldots$ für die ins Unendliche sich erstreckenden Sectoren. Wir wollen der Einfachheit wegen voraussetzen, dass die sämmtlichen Grössen a, b, c, e im endlichen Gebiete der t-Ebene liegen.

Dann hat man

$$\text{für } t = a \quad \log\frac{du}{dt} = \left(\frac{n}{2} - 1\right)\log(t - a) + \text{f. c.},$$

$$\text{„} \quad t = b \quad \log\frac{du}{dt} = \left(\frac{n}{2} - 1\right)\log(t - b) + \text{f. c.},$$

$$\text{„} \quad t = c \quad \log\frac{du}{dt} = \left(\frac{m}{2} - 1\right)\log(t - c) + \text{f. c.},$$

$$\text{„} \quad t = e \quad u = \sqrt{\frac{A\alpha}{2\pi}}\log(t - e) + \text{f. c.}$$

Man kann die Untersuchung auf den Fall $n = 3$, $m = 1$ beschränken, d. h. auf einfache Verzweigungspunkte, und den allgemeinen Fall aus diesem dadurch ableiten, dass man mehrere einfache Verzweigungspunkte zusammenfallen lässt.

Um den Ausdruck für $\frac{du}{dt}$ zu bilden, hat man zu beachten, dass längs der Begrenzung dt reell, du entweder reell oder rein imaginär ist. Demnach ist $\left(\frac{du}{dt}\right)^2$ reell, wenn t reell ist. Diese Function kann man über die Linie der reellen Werthe von t hinüber stetig fortsetzen, indem man die Bestimmung trifft, dass für conjugirte Werthe t und t' der Variabeln auch die Function conjugirte Werthe haben soll. Alsdann ist $\left(\frac{du}{dt}\right)^2$ für die ganze t-Ebene bestimmt und zeigt sich einwerthig.

Es seien a_1', a_2', ... die conjugirten Werthe zu a_1, a_2, ..., und das Product $(t - a_1)(t - a_2)$ ... werde mit $\Pi(t - a)$ bezeichnet Alsdann ist

$$(11) \qquad u = \text{const.} + \int\sqrt{\frac{\Pi(t-a)\,\Pi(t-a')\,\Pi(t-b)}{\Pi(t-c)}}\,\frac{\text{const.}\,dt}{\Pi(t-e)}.$$

Die Constanten a, b, c etc. müssen so bestimmt werden, dass für

$$t = e \quad u = \sqrt{\frac{A\alpha}{2\pi}}\log(t - e) + \text{f. c.}$$

wird. Damit u für alle Werthe von t ausser a, b, c, e endlich und stetig bleibe, muss für die Anzahl dieser letztgenannten Werthe eine Relation bestehen. Es muss die Differenz der Anzahl der Eckpunkte und der in der Begrenzung liegenden Verzweigungspunkte um 4 grösser sein als die doppelte Differenz der Anzahl der innern Verzweigungspunkte und der ins Unendliche verlaufenden Sectoren. Setzt man zur Abkürzung

$$\Pi(t - a)\,\Pi(t - a')\,\Pi(t - b) = \varphi(t),$$

$$\Pi(t - c)\,\Pi(t - e)^2 = \chi(t),$$

d. h.

$$\frac{du}{dt} = \text{const.}\sqrt{\frac{\varphi(t)}{\chi(t)}},$$

so ist die ganze Function $\varphi(t)$ vom Grade $\nu - 4$, wenn $\chi(t)$ vom Grade ν ist. Hier bedeutet ν die Anzahl der Eckpunkte vermehrt um die doppelte Anzahl der ins Unendliche verlaufenden Sectoren.

14.

Es ist noch η als Function von t auszudrücken. Direct gelangt man dazu nur in den einfachsten Fällen. Im Allgemeinen ist der folgende Weg einzuschlagen. Es sei v eine noch näher zu bestimmende Function von t, die als bekannt vorausgesetzt wird. In den Gleichungen (8), (9), (10) kommt es wesentlich an auf $\frac{du}{d\log\eta}$, wofür man auch schreiben kann $\frac{du}{dv}\frac{dv}{d\log\eta}$. Der letzte Factor lässt sich ansehen als Product der beiden Factoren

$$(12) \qquad k_1 = \sqrt{\frac{dv}{d\eta}}, \quad k_2 = \eta\sqrt{\frac{dv}{d\eta}},$$

die der Differentialgleichung erster Ordnung genügen

$$(13) \qquad k_1\frac{dk_2}{dv} - k_2\frac{dk_1}{dv} = 1,$$

sowie der Differentialgleichung zweiter Ordnung

$$(14) \qquad \frac{1}{k_1}\frac{d^2k_1}{dv^2} = \frac{1}{k_2}\frac{d^2k_2}{dv^2}.$$

Gelingt es also, die eine oder die andere Seite dieser letzten Gleichung als Function von t auszudrücken, so lässt sich eine homogene lineäre Differentialgleichung zweiter Ordnung herstellen, von welcher k_1 und k_2 particuläre Integrale sind. Es sei k das vollständige Integral. Wir ersetzen $\frac{d^2k}{dv^2}$ durch das ihm gleichbedeutende

$$\frac{\frac{dv}{dt}\frac{d^2k}{dt^2} - \frac{dk}{dt}\frac{d^2v}{dt^2}}{\left(\frac{dv}{dt}\right)^3}$$

und erhalten für k die Differentialgleichung

$$(15) \qquad \frac{dv}{dt}\frac{d^2k}{dt^2} - \frac{d^2v}{dt^2}\frac{dk}{dt} - \left(\frac{dv}{dt}\right)^3\left\{\frac{1}{k_1}\frac{d^2k_1}{dv^2}\right\}k = 0.$$

Von der Gleichung (15) seien zwei von einander unabhängige particuläre Integrale K_1 und K_2 gefunden, deren Quotient $K_2 : K_1 = H$

ein von Bögen grösster Kreise begrenztes Abbild der positiven t-Halbebene auf der Kugelfläche liefert. Dasselbe leistet dann jeder Ausdruck von der Form

$$\eta = e^{\theta i} \frac{H - \alpha}{1 + \alpha' H}, \tag{16}$$

worin θ reell und α, α' conjugirte complexe Grössen sind.

Die Function v ist so zu wählen, dass für endliche Werthe von t die Unstetigkeiten von $\frac{1}{k}\frac{d^2k}{dv^2}$ nicht ausserhalb der Punkte a, a', b, c, e liegen.

Setzt man

$$\frac{dv}{dt} = \frac{1}{\sqrt{\varphi(t)\,\chi(t)}} = \frac{1}{\sqrt{f(t)}}, \tag{17}$$

so wird die Function $\frac{1}{k}\frac{d^2k}{dv^2}$ im Endlichen unstetig nur für die Punkte a, a', b, c, und zwar für jeden unendlich in erster Ordnung. Man erhält nämlich für $t = c$

$$v - v_c = \frac{2\sqrt{t - c}}{\sqrt{f'(c)}}$$

$$\eta - \eta_c = \text{const.}\,(t - c)^\gamma .$$

Folglich:

$$k_1 = \sqrt{\frac{dv}{d\eta}} = \text{const.}\,(v - v_c)^{\frac{1}{2} - \gamma}$$

und hieraus:

$$\frac{1}{k}\frac{d^2k}{dv^2} = \frac{1}{4}\,\frac{(\gamma\gamma - \frac{1}{4})\,f'(c)}{t - c} .$$

Entsprechende Ausdrücke erhält man für $t = a$, a', b, in denen c resp. durch a, a', b, und γ durch 2 zu ersetzen ist.

Eine ähnliche Betrachtung lehrt, dass für $t = e$ die Function $\frac{1}{k}\frac{d^2k}{dv^2}$ stetig bleibt.

Für $t = \infty$ ergiebt sich

$$\frac{1}{k}\frac{d^2k}{dv^2} = \left(-\frac{\nu}{2} + 2\right)\left(\frac{\nu}{2} - 1\right) t^{2\nu - 6} .$$

Demnach lautet der Ausdruck für $\frac{1}{k}\frac{d^2k}{dv^2}$ wie folgt:

$$\frac{1}{k}\frac{d^2k}{dv^2} = \frac{1}{4}\sum \frac{(\gamma\gamma - \frac{1}{4})\,f'(g)}{(t - g)} + F(t) .$$

Die Summe bezieht sich auf alle Punkte $g = a$, a', b, c, und bei a, a', b ist 2 statt γ zu setzen. $F(t)$ ist eine ganze Function vom Grade $(2\nu - 6)$, in der die ersten beiden Coefficienten sich folgendermassen bestimmen. Man bringe dv in die Form

$$dv = \frac{t^{-\nu+4}\frac{dt}{tt}}{\sqrt{f(t)\,t^{-2\nu+4}}} = t^{-\nu+4}\,dv_1$$

oder kürzer $= \alpha\, dv_1$.

Dann ergiebt sich durch Differentiation

$$\frac{d^2}{dv^2}\left[\left(\frac{d\eta}{dv}\right)^{-\frac{1}{2}}\right] = \alpha^{-\frac{3}{2}}\frac{d^2}{dv_1^2}\left[\left(\frac{d\eta}{dv_1}\right)^{-\frac{1}{2}}\right] + \left(\frac{d\eta}{dv_1}\right)^{-\frac{1}{2}}\frac{d^2(\alpha^{\frac{1}{2}})}{dv^2},$$

folglich

$$\left(\frac{d\eta}{dv}\right)^{\frac{1}{2}}\frac{d^2}{dv^2}\left[\left(\frac{d\eta}{dv}\right)^{-\frac{1}{2}}\right] = \alpha^{-2}\left(\frac{d\eta}{dv_1}\right)^{\frac{1}{2}}\frac{d^2}{dv_1^2}\left[\left(\frac{d\eta}{dv_1}\right)^{-\frac{1}{2}}\right] + \alpha^{-\frac{1}{2}}\frac{d^2(\alpha^{\frac{1}{2}})}{dv^2},$$

oder

$$\left(\frac{d\eta}{dv_1}\right)^{\frac{1}{2}}\frac{d^2}{dv_1^2}\left[\left(\frac{d\eta}{dv_1}\right)^{-\frac{1}{2}}\right] = t^{-2\nu+8}\,\frac{1}{k}\frac{d^2k}{dv^2} - \alpha^{\frac{3}{2}}\frac{d^2(\alpha^{\frac{1}{2}})}{dv^2},$$

oder

$$\left(\frac{d\eta}{dv_1}\right)^{\frac{1}{2}}\frac{d^2}{dv_1^2}\left[\left(\frac{d\eta}{dv_1}\right)^{-\frac{1}{2}}\right] = t^{-2\nu+8}\,\Sigma\,\tfrac{1}{4}\,\frac{(\gamma\gamma-\frac{1}{4})\,f'(g)}{t-g}$$
$$+\, t^{-2\nu+8}\,F(t) - \alpha^{\frac{3}{2}}\frac{d^2(\alpha^{\frac{1}{2}})}{dv^2}.$$

Die Function auf der linken Seite ist endlich für $t = \infty$. Folglich hat man rechts in der Entwicklung von $t^{-2\nu+8}\,F(t)$ und von $\alpha^{\frac{3}{2}}\frac{d^2(\alpha^{\frac{1}{2}})}{dv^2}$ die Coefficienten von t^2 und resp. von t einander gleich zu setzen. Die Entwickelung von $\alpha^{\frac{3}{2}}\frac{d^2(\alpha^{\frac{1}{2}})}{dv^2}$ giebt nach einfacher Rechnung

$$\alpha^{\frac{3}{2}}\frac{d^2(\alpha^{\frac{1}{2}})}{dv^2} = \tfrac{1}{2}\left(-\frac{\nu}{2}+2\right)t^{-\nu+5}\,\frac{d\left(t^{-\nu+2}\,f(t)\right)}{dt}.$$

Hiernach bleiben in $F(t)$ noch $2\nu - 7$ unbestimmte Coefficienten. Es ist aber wichtig zu bemerken, dass dieselben reell sein müssen Denn wir haben in §. 12 gefunden, dass du reell oder rein imaginär ist in allen geraden Begrenzungslinien der Minimalfläche und folglich auch an jeder Stelle in der Begrenzung der Abbildungen. Vermöge der Gleichung (17) gilt dasselbe von dv. Daraus lässt sich beweisen, dass für reelle Werthe von t die Function $\frac{1}{k}\frac{d^2k}{dv^2}$ nothwendigerweise reelle Werthe besitzt.

Um diesen Beweis zu führen, betrachten wir die Abbildung auf der Kugel vom Radius 1 und nehmen irgend einen Theil der Begrenzung, also den Bogen eines gewissen grössten Kreises. Im Pole dieses grössten Kreises legen wir die Tangential-Ebene an und bezeichnen sie als die Ebene der η_1. Dann lassen sich die constanten Grössen α_1, α'_1, θ_1 so bestimmen, dass

$$\eta_1 = e^{\theta_1 i}\frac{H-\alpha_1}{1+\alpha'_1 H}$$

ist, und wir erhalten zwei Functionen $k'_1 = \sqrt{\frac{dv}{d\eta_1}}$ und $k'_2 = \eta_1\sqrt{\frac{dv}{d\eta_1}}$, die particuläre Integrale der Differentialgleichung (15) sind. Folglich haben wir

$$\frac{1}{k}\frac{d^2k}{dv^2} = \frac{1}{k_1}\frac{d^2k'_1}{dv^2}.$$

Der eben betrachtete Theil der Begrenzung bildet sich in der η_1-Ebene ab durch die Gleichung

$$\eta_1 = e^{\varphi_1 i},$$

und wenn man dies in k'_1 einführt, so erkennt man leicht, dass in dem fraglichen Begrenzungstheile $\frac{1}{k'_1}\frac{d^2k'_1}{dv^2}$ reell ausfällt. Folglich gilt dasselbe von $\frac{1}{k}\frac{d^2k}{dv^2}$, und da diese Betrachtung für jedes einzelne Begrenzungsstück angestellt werden kann, so ist $\frac{1}{k}\frac{d^2k}{dv^2}$ reell in der ganzen Begrenzung.

Nun fällt aber bei einem reellen oder rein imaginären dv die Function $\frac{1}{k'_1}\frac{d^2k'_1}{dv^2}$ auch dann reell aus, wenn man allgemeiner

$$\eta_1 = \varrho_1 e^{\varphi_1 i}$$

setzt und den Modul ϱ_1 constant nimmt. Damit also die Axe der reellen t sich auf der Kugel vom Radius 1 wirklich in Bögen grösster Kreise abbilde, muss für jeden Begrenzungstheil $\varrho_1 = 1$ sein. Dies liefert ebenso viele Bedingungsgleichungen, als einzelne Begrenzungslinien gegeben sind.

Bei dieser Untersuchung ist, wie schon im vorigen Paragraphen, vorausgesetzt, dass die Werthe a, b, c, e sämmtlich endlich seien. Trifft dies nicht zu, so bedarf die Betrachtung einer geringen Modification.

Anmerkung. Die Aufgabe ist hiermit vollständig formulirt. Im einzelnen Falle kommt es nur darauf an, die Differentialgleichung (15) wirklich aufzustellen und zu integriren. Uebrigens ist es nicht unwichtig, zu bemerken, dass die Anzahl der in der Lösung auftretenden willkürlichen reellen Constanten ebenso gross ist wie die Anzahl der Bedingungsgleichungen, welche vermöge der Natur der Aufgabe und vermöge der Daten des Problems erfüllt sein müssen. Wir bezeichnen die Anzahl der Punkte a, b, c, e resp. mit A, B, C, E und beachten, dass $2A + B + 4 = C + 2E = \nu$ ist. In der Differentialgleichung (15) treten $2A + B + 4C + 5E - 10$ willkürliche reelle Constanten auf, nämlich: die

Winkel γ, deren Anzahl C ist; die $2\nu - 7$ Constanten der Function $F(t)$; die reellen Grössen b, c, e, von denen man dreien beliebige Werthe geben kann, indem man für t eine lineare Substitution mit reellen Coefficienten macht; die reellen und imaginären Theile der Grössen a. Zu diesen willkürlichen Constanten kommen bei der Integration noch 10 hinzu, nämlich, wenn $\eta = \frac{\alpha k_1 + \beta k_2}{\gamma k_1 + \delta k_2}$ ist, die drei complexen Verhältnisse $\alpha : \beta : \gamma : \delta$, die für 6 reelle Constanten zu zählen sind, ein (reeller oder rein imaginärer) Factor von du, und je eine additive reelle Constante in den Ausdrücken für x, y, z. Diese Constanten müssen aber noch Bedingungsgleichungen unterworfen werden, die erfüllt sein müssen, wenn unsere Formeln wirklich eine Minimalfläche darstellen sollen. Von diesen Bedingungsgleichungen sind $2A + B$ den Punkten a, a', b entsprechend, die aussagen, dass in den in der Umgebung dieser Punkte gültigen Entwicklungen der Lösungen der Differentialgleichung (15) keine Logarithmen auftreten (vergl. Anmerkung (4)), und $C + E$, die besagen, dass die zwischen den einzelnen Punkten c, e gelegenen Stücke der Axe der reellen t sich auf der Kugel mit dem Radius 1 in $C + E$ Bögen grösster Kreise abbilden. Sonach ist die Anzahl der in der Lösung übrig bleibenden unbestimmten Constanten $3C + 4E$.

Die Daten des Problems bestehen in den Coordinaten der Eckpunkte, und in den Winkeln, die die Richtungen der ins Unendliche verlaufenden Begrenzungslinien festlegen. Diese Daten sprechen sich in $3C + 4E$ Gleichungen aus, zu deren Erfüllung man eine ebenso grosse Zahl verfügbarer Constanten hat. ([4])

Beispiele.

15.

Die Begrenzung bestehe aus zwei unendlichen geraden Linien, die nicht in einer Ebene liegen. Ihre kürzeste Verbindungslinie habe die Länge A, und es sei $\alpha\pi$ der Winkel, welchen die Projection der Fläche auf der rechtwinklig gegen jene Verbindungslinie gelegten Ebene ausfüllt.

Nimmt man die kürzeste Verbindungslinie zur x-Axe, so hat in jeder der beiden Begrenzungsgeraden x einen constanten Werth. Ebenso ist φ in jeder der beiden Begrenzungsgeraden constant. In unendlicher Entfernung ist die positive Normale für den einen Sector parallel der positiven, für den andern Sector parallel der negativen x-Axe. Die Begrenzung bildet sich auf der Kugel in zwei grössten Kreisen ab, die durch die Pole $\eta = 0$ und $\eta = \infty$ gehen und den Winkel $\alpha\pi$ einschliessen.

Hiernach hat man

$$X = -\frac{iA}{2\alpha\pi}\log\eta$$

$$s = -\frac{iA}{2\alpha\pi}\left(\eta - \frac{1}{\eta'}\right)$$

$$s' = -\frac{iA}{2\alpha\pi}\left(\frac{1}{\eta} - \eta'\right),$$

folglich

$$(a)\qquad \begin{aligned} x &= -i\frac{A}{2\alpha\pi}\log\left(\frac{\eta}{\eta'}\right) \\ &= -i\frac{A}{2\alpha\pi}\log\left(-\frac{s}{s'}\right), \end{aligned}$$

worin man die Gleichung der Schraubenfläche erkennt.

16.

Die Begrenzung bestehe aus drei geraden Linien, von denen zwei sich schneiden und die dritte zur Ebene der beiden ersten parallel läuft.

Legt man den Anfangspunkt der Coordinaten in den Schnittpunkt der beiden ersten Geraden, die positive x-Axe in die negative Normale, so bildet jener Schnittpunkt auf der Kugel sich ab im Punkte $\eta = \infty$. Die Abbildung der beiden ersten Geraden sind grösste Halbkreise, die von $\eta = \infty$ bis $\eta = 0$ laufen. Ihr Winkel sei $\alpha\pi$. Die Abbildung der dritten Linie ist der Bogen eines grössten Kreises, der von $\eta = 0$ ausgeht, an einer gewissen Stelle umkehrt und in sich selbst bis zum Punkte $\eta = 0$ zurückläuft. Dieser Bogen bilde mit den beiden ersten grössten Halbkreisen die Winkel $-\beta\pi$ und $\gamma\pi$, so dass β und γ absolute Zahlen sind und $\beta + \gamma = \alpha$ sich ergiebt. Um die Abbildung auf der halben t-Ebene zu erhalten, setzen wir fest, dass $t = \infty$ sein soll für $\eta = \infty$, dass dem unendlichen Sector zwischen der ersten und dritten Linie $t = b$, dem unendlichen Sector zwischen der zweiten und dritten Linie $t = c$, dem Umkehrpunkte der Normalen auf der dritten Linie $t = a$ entsprechen soll. Dabei sind a, b, c reell und $c > a > b$. Diesen Bestimmungen entspricht $\eta = (t-b)^\beta (t-c)^\gamma$. Der Werth a hängt von b und c ab. Man hat nämlich

$$\frac{d\log\eta}{dt} = \frac{\beta(t-c)+\gamma(t-b)}{(t-b)(t-c)}$$

und dieses muss für den Umkehrpunkt $= 0$ sein, also $a = \dfrac{c\beta + b\gamma}{\beta+\gamma}$. Man hat weiter nach Art. 12 und 13

$$du = \sqrt{\frac{A(c-b)(\beta+\gamma)}{2\pi}}\,\frac{(t-a)^{\frac{1}{2}}\,dt}{(t-b)(t-c)},$$

oder wenn man $c - b = \dfrac{2\pi}{A}$ annimmt

$$du = \sqrt{\beta+\gamma}\,\frac{(t-a)^{\frac{1}{2}}\,dt}{(t-b)(t-c)},$$

$$\frac{du}{d\log\eta} = \frac{1}{\sqrt{(\beta+\gamma)(t-a)}},$$

$$\left(\frac{du}{d\log\eta}\right)^2 d\log\eta = \frac{dt}{(t-b)(t-c)}.$$

Folglich

$$x = -i\int\frac{dt}{(t-b)(t-c)} + i\int\frac{dt'}{(t'-b)(t'-c)},$$

$$y = -\frac{i}{2}\int\frac{(t-b)^{\beta}(t-c)^{\gamma} - (t-b)^{-\beta}(t-c)^{-\gamma}}{(t-b)(t-c)}dt$$

$$(b)\qquad + \frac{i}{2}\int\frac{(t'-b)^{\beta}(t'-c)^{\gamma} - (t'-c)^{-\beta}(t'-c)^{-\gamma}}{(t'-b)(t'-c)}dt',$$

$$z = -\tfrac{1}{2}\int\frac{(t-b)^{\beta}(t-c)^{\gamma} + (t-b)^{-\beta}(t-c)^{-\gamma}}{(t-b)(t-c)}dt$$

$$-\tfrac{1}{2}\int\frac{(t'-b)^{\beta}(t'-c)^{\gamma} + (t'-b)^{-\beta}(t'-c)^{-\gamma}}{(t'-b)(t'-c)}dt'.$$

17.

Die Begrenzung bestehe aus drei einander kreuzenden geraden Linien, deren kürzeste Abstände A, B, C sein mögen. Zwischen je zwei begrenzenden Linien erstreckt sich die Fläche ins Unendliche. Es seien $\alpha\pi$, $\beta\pi$, $\gamma\pi$ die Winkel der Richtungen, in welchen die Grenzlinien des ersten, des zweiten, des dritten Sectors ins Unendliche verlaufen. Setzt man fest, dass für die drei Sectoren der Minimalfläche im Unendlichen die Grösse t resp. $= 0, \infty, 1$ sein soll, so erhält man

$$\frac{du}{dt} = \frac{\sqrt{\varphi(t)}}{t(1-t)}.$$

$\varphi(t)$ ist eine ganze Function zweiten Grades. Ihre Coefficienten bestimmen sich daraus, dass

für $t = 0$ $$\frac{du}{d\log t} = \sqrt{\frac{A\alpha}{2\pi}}$$

für $t = \infty$ $$\frac{du}{d\log t} = \sqrt{\frac{B\beta}{2\pi}}$$

für $t = 1$ $$\frac{du}{d\log(1-t)} = \sqrt{\frac{C\gamma}{2\pi}}$$

sein muss.

Danach ergiebt sich

$$\varphi(t) = \frac{A\alpha}{2\pi}(1-t) + \frac{C\gamma}{2\pi}t - \frac{B\beta}{2\pi}t(1-t).$$

Je nachdem die Wurzeln der Gleichung $\varphi(t) = 0$ imaginär oder reell sind, hat die Abbildung auf der Kugel einen Verzweigungspunkt im Innern oder zwei Umkehrpunkte der Normalen auf der Begrenzung.

Die Functionen $k_1 = \sqrt{\frac{dv}{d\eta}}$ und $k_2 = \eta\sqrt{\frac{dv}{d\eta}}$ werden nur für die drei Sectoren unstetig, wenn man $\frac{dv}{d\eta} = \varphi(t)$ nimmt. Und zwar ist die Unstetigkeit von k_1 der Art, dass

für $t = 0$ $\qquad t^{-\frac{1}{2}+\frac{\alpha}{2}} k_1$,

für $t = \infty$ $\qquad t^{-\frac{3}{2}-\frac{\beta}{2}} k_1$,

für $t = 1$ $\qquad (1-t)^{-\frac{1}{2}+\frac{\gamma}{2}} k_1$

einändrig und verschieden von 0 und ∞ wird. k_1 und k_2 sind particuläre Integrale einer homogenen linearen Differentialgleichung zweiter Ordnung, die sich ergiebt, wenn man $\frac{1}{k}\frac{d^2k}{dv^2}$ aus seinen Unstetigkeiten als Function von t darstellt und t statt v als unabhängige Variable in $\frac{d^2k}{dv^2}$ einführt. Hat man das particuläre Integral k_1 gefunden, so ergiebt sich k_2 aus der Differentialgleichung erster Ordnung

$$(c) \qquad k_1 \frac{dk_2}{dt} - k_2 \frac{dk_1}{dt} = \varphi(t).$$

Das vollständige Integral der homogenen linearen Differentialgleichung zweiter Ordnung werde mit

$$(d) \qquad k = Q\begin{Bmatrix} \frac{1}{2}-\frac{\alpha}{2} & -\frac{3}{2}-\frac{\beta}{2} & \frac{1}{2}-\frac{\gamma}{2} & \\ & & & t \\ \frac{1}{2}+\frac{\alpha}{2} & -\frac{3}{2}+\frac{\beta}{2} & \frac{1}{2}+\frac{\gamma}{2} & \end{Bmatrix}$$

bezeichnet. Diese Function genügt wesentlich denselben Bedingungen, die in der Abhandlung über die Gauss'sche Reihe $F(\alpha, \beta, \gamma, x)$ als Definition der P-Function ausgesprochen sind*). Sie weicht von der P-Function darin ab, dass die Summe der Exponenten -1 ist, nicht $+1$ wie bei P.

Man kann die Function Q mit Hülfe einer Function P und ihrer ersten Derivirten ausdrücken. Zunächst ist nämlich

$$k = t^{\frac{1}{2}-\frac{\alpha}{2}}(1-t)^{\frac{1}{2}-\frac{\gamma}{2}} Q\begin{Bmatrix} 0 & \frac{-\alpha-\beta-\gamma-1}{2} & 0 & \\ & & & t \\ \alpha & \frac{-\alpha+\beta-\gamma-1}{2} & \gamma & \end{Bmatrix}.$$

*) Beiträge zur Theorie der durch die Gauss'sche Reihe $F(\alpha, \beta, \gamma, x)$ darstellbaren Functionen. (S. 67 dieser Sammlung.)

21*

Setzt man nun

$$\sigma = P\begin{Bmatrix} 0 & \frac{-\alpha-\beta-\gamma+1}{2} & 0 & \\ \alpha & \frac{-\alpha+\beta-\gamma+1}{2} & \gamma & t \end{Bmatrix},$$

so lassen sich die Constanten a, b, c so bestimmen, dass

$$(e) \qquad k = t^{\frac{1}{2}-\frac{\alpha}{2}}(1-t)^{\frac{1}{2}-\frac{\gamma}{2}}\left((a+bt)\sigma + ct(1-t)\frac{d\sigma}{dt}\right)$$

wird. In der That hat man nur diesen Ausdruck in die Differentialgleichung (c) einzusetzen und die Differentialgleichung zweiter Ordnung für σ zu beachten, um zu der Gleichung zu gelangen

$$\varphi(t) = t^{1-\alpha}(1-t)^{1-\gamma}\left(\sigma_1 \frac{d\sigma_2}{dt} - \sigma_2 \frac{d\sigma_1}{dt}\right)F(t),$$

$$F(t) = a(a+c\alpha)(1-t) + (a+b)(a+b-c\gamma)t$$
$$- t(1-t)\left(b - \frac{\alpha+\beta+\gamma-1}{2}c\right)\left(b - \frac{\alpha-\beta+\gamma-1}{2}c\right).$$

Vermöge der Eigenschaften der Function σ kann man setzen

$$t^{1-\alpha}(1-t)^{1-\gamma}\left(\sigma_1 \frac{d\sigma_2}{dt} - \sigma_2 \frac{d\sigma_1}{dt}\right) = 1,$$

und folglich muss $F(t) = \varphi(t)$ sein. Hieraus ergeben sich drei Bedingungsgleichungen für a, b, c, die eine sehr einfache Form annehmen, wenn man

$$a + \frac{\alpha}{2}c = p, \quad b - \frac{\alpha+\gamma-1}{2}c = q, \quad a + b - \frac{\gamma}{2}c = -r$$

setzt. Die Bedingungsgleichungen lauten dann

$$pp - \alpha\alpha(p+q+r)^2 = \frac{A\alpha}{2\pi},$$
$$qq - \beta\beta(p+q+r)^2 = \frac{B\beta}{2\pi},$$
$$rr - \gamma\gamma(p+q+r)^2 = \frac{C\gamma}{2\pi}.$$

Mit Hülfe der Function

$$\lambda = P\begin{Bmatrix} -\frac{\alpha}{2} & -\frac{\beta}{2} & \frac{1}{2}-\frac{\gamma}{2} & \\ \frac{\alpha}{2} & \frac{\beta}{2} & \frac{1}{2}+\frac{\gamma}{2} & t \end{Bmatrix},$$

deren Zweige λ_1 und λ_2 der Differentialgleichung genügen

$$\lambda_1 \frac{d\lambda_2}{d\log t} - \lambda_2 \frac{d\lambda_1}{d\log t} = 1,$$

kann man k noch einfacher ausdrücken, nämlich

$$(f) \qquad k = t^{\frac{1}{2}}\left((p+qt)\lambda + ct(1-t)\frac{d\lambda}{dt}\right).$$

Es würde nicht schwer sein, die einzelnen Zweige der Function k in der Form von bestimmten Integralen herzustellen. Der Weg dazu ist in Art. 7 der Abhandlung über die Function P vorgezeichnet.

In dem besondern Falle, dass die drei begrenzenden geraden Linien den Coordinatenaxen parallel laufen, ist $\alpha = \beta = \gamma = \frac{1}{2}$. Dann erhält man

$$\lambda = P\begin{pmatrix} -\frac{1}{4} & -\frac{1}{4} & \frac{1}{4} & \\ \frac{1}{4} & \frac{1}{4} & \frac{3}{4} & t \end{pmatrix} = \left(\frac{t-1}{t}\right)^{\frac{1}{4}} P\begin{pmatrix} 0 & -\frac{1}{4} & 0 & \\ \frac{1}{2} & \frac{1}{4} & \frac{1}{2} & t\end{pmatrix}.$$

Der Zweig λ_1 dieser Function ist

$$= \left(\frac{t-1}{t}\right)^{\frac{1}{4}} \sqrt{t^{\frac{1}{2}} + (t-1)^{\frac{1}{2}}}\ \text{const.},$$

und daraus ergiebt sich

$$k_1 = \sqrt{2}\, t^{\frac{1}{4}}(t-1)^{\frac{1}{4}} \sqrt{t^{\frac{1}{2}} + (t-1)^{\frac{1}{2}}} \left\{p + qt - \frac{c}{4} - \frac{c}{4}\sqrt{t(t-1)}\right\},$$

$$k_2 = -\sqrt{2}\, t^{\frac{1}{4}}(t-1)^{\frac{1}{4}} \sqrt{t^{\frac{1}{2}} - (t-1)^{\frac{1}{2}}} \left\{p + qt - \frac{c}{4} + \frac{c}{4}\sqrt{t(t-1)}\right\}.$$

Mit Hülfe dieser beiden Functionen lassen sich dX, dY, dZ folgendermassen ausdrücken

$$dX = -ik_1k_2\frac{dt}{t^2(1-t)^2},$$

$$dY = -\frac{i}{2}(k_2^2 - k_1^2)\frac{dt}{t^2(1-t)^2},$$

$$dZ = -\frac{1}{2}(k_2^2 + k_1^2)\frac{dt}{t^2(1-t)^2}.$$

$$iX = (p+q-r)^2\sqrt{\frac{t}{t-1}} + (-p+q+r)^2\sqrt{\frac{t-1}{t}}$$
$$+ \tfrac{1}{2}(p+3q+r)(p-q+r)\log\frac{t^{\frac{1}{2}} + (t-1)^{\frac{1}{2}}}{t^{\frac{1}{2}} - (t-1)^{\frac{1}{2}}},$$

$$(g) \qquad iY = -(p-q+r)^2 t^{\frac{1}{2}} - (-p+q+r)^2 t^{-\frac{1}{2}}$$
$$- \tfrac{1}{2}(p+q+3r)(p+q-r)\log\frac{1+t^{\frac{1}{2}}}{1-t^{\frac{1}{2}}},$$

$$iZ = (p-q+r)^2(1-t)^{\frac{1}{2}} + (p+q-r)^2(1-t)^{-\frac{1}{2}}$$
$$+ \tfrac{1}{2}(3p+q+r)(-p+q+r)\log\frac{1+\sqrt{1-t}}{1-\sqrt{1-t}}.$$

Wenn p, q, r reell sind, so geben die doppelten Coefficienten von i in den drei Grössen rechts die rechtwinkligen Coordinaten eines Punktes der Fläche.

18.

Die Begrenzung bestehe aus vier sich schneidenden geraden Linien, die man erhält, wenn von den Kanten eines beliebigen Tetraeders zwei nicht zusammenstossende weggelassen werden. Die Abbildung auf der Kugeloberfläche ist ein sphärisches Viereck, dessen Winkel $\alpha\pi$, $\beta\pi$, $\gamma\pi$, $\delta\pi$ sein mögen. Es ergiebt sich

$$du = \frac{C\,dt}{\sqrt{(t-a)(t-b)(t-c)(t-d)}} = \frac{C\,dt}{\sqrt{\Delta(t)}},$$

wenn die reellen Werthe $t = a, b, c, d$ die Punkte der t-Ebene bezeichnen, in welchen sich die Eckpunkte des Vierecks abbilden.

Soll die in §. 14 entwickelte Methode zur Bestimmung von η angewandt werden, so hat man hier speciell $\varphi(t) = 1$, $\chi(t) = \Delta(t)$, folglich $v = \frac{u}{C}$ und

$$k_1 = \sqrt{\frac{dv}{d\eta}}, \quad k_2 = \eta\sqrt{\frac{dv}{d\eta}}.$$

Die Functionen k_1 und k_2 genügen der Differentialgleichung

$$k_1\frac{dk_2}{dv} - k_2\frac{dk_1}{dv} = 1$$

und sind particuläre Integrale der Differentialgleichung zweiter Ordnung

$$\frac{4}{k}\frac{d^2k}{dv^2} = \frac{(\alpha\alpha - \frac{1}{4})\Delta'(a)}{t-a} + \frac{(\beta\beta - \frac{1}{4})\Delta'(b)}{t-b} + \frac{(\gamma\gamma - \frac{1}{4})\Delta'(c)}{t-c} + \frac{(\delta\delta - \frac{1}{4})\Delta'(d)}{t-d} + h.$$

Die Function $F(t)$ des §. 14 ist hier vom zweiten Grade, aber die Coefficienten von t^2 und von t sind gleich Null, also h eine Constante. In der letzten Gleichung hat man auf der linken Seite t als unabhängige Variable einzuführen und erhält

$$(h) \qquad \frac{4}{k}\left(\Delta(t)\frac{d^2k}{dt^2} + \tfrac{1}{2}\Delta'(t)\frac{dk}{dt}\right)$$
$$= \frac{(\alpha\alpha - \frac{1}{4})\Delta'(a)}{t-a} + \frac{(\beta\beta - \frac{1}{4})\Delta'(b)}{t-b} + \frac{(\gamma\gamma - \frac{1}{4})\Delta'(c)}{t-c} + \frac{(\delta\delta - \frac{1}{4})\Delta'(d)}{t-d} + h$$

als die Differentialgleichung zweiter Ordnung, welcher k Genüge leisten muss.

Sind x, y, z als Functionen von t wirklich ausgedrückt, so treten in der Lösung noch 16 unbestimmte reelle Constanten auf, nämlich die vier Grössen a, b, c, d, von denen wie oben drei beliebig angenommen werden können, die vier Grössen $\alpha, \beta, \gamma, \delta$, die Grösse h, ferner 6 reelle Constanten in dem Ausdrucke für η, ein constanter Factor in du und je eine additive Constante in x, y, z. Zur Bestimmung dieser 16 Grössen sind 16 Bedingungsgleichungen vorhanden, nämlich 4 Gleichungen, welche ausdrücken, dass die vier Begrenzungslinien in der Ebene der η sich auf der Kugel in grössten Kreisen abbilden, und 12 Gleichungen, welche aussagen, dass x, y, z in den 4 Eckpunkten gegebene Werthe haben.

In dem speciellen Falle eines regulären Tetraeders ist die Abbildung auf der Kugel ein regelmässiges Viereck, in welchem jeder Winkel $= \frac{2}{3}\pi$. Die Diagonalen halbiren sich und stehen rechtwinklig auf einander. Die den Eckpunkten diametral gegenüberliegenden Punkte der Kugeloberfläche sind die Ecken eines congruenten Vierecks. Zwischen beiden liegen vier dem ursprünglichen ebenfalls congruente Vierecke, die je zwei Eckpunkte mit dem ursprünglichen, zwei mit dem gegenüberliegenden gemein haben. Diese sechs Vierecke füllen die Kugeloberfläche einfach aus. Es wird also $\frac{du}{d \log \eta}$ eine algebraische Function von η sein.

Man kann die gesuchte Minimalfläche über ihre ursprüngliche Begrenzung dadurch stetig fortsetzen, dass man sie um jede ihrer Grenzlinien als Drehungsaxe um 180^0 dreht. Längs einer solchen Grenzlinie haben dann die ursprüngliche Fläche und die Fortsetzung gemeinschaftliche Normalen. Wiederholt man die Construction an den neuen Flächentheilen, so lässt sich die ursprüngliche Fläche beliebig weit fortsetzen. Welche Fortsetzung man aber auch betrachte, immer bildet sie sich auf der Kugel in einem der sechs congruenten Vierecke ab. Und zwar haben die Abbildungen von zwei Flächentheilen eine Seite gemein oder sie liegen einander gegenüber, je nachdem die Flächentheile selbst in einer Grenzlinie an einander stossen oder an gegenüberliegenden Grenzlinien eines mittleren Flächentheils gelegen sind. In dem letzteren Falle können die betreffenden Flächentheile durch parallele Verschiebung zur Deckung gebracht werden. Daher muss $\left(\frac{du}{d \log \eta}\right)^2$ unverändert bleiben, wenn η mit $-\frac{1}{\eta}$ vertauscht wird.

Legt man den Pol ($\eta = 0$) in den Mittelpunkt eines Vierecks, den Anfangsmeridian durch die Mitte einer Seite, so ist für die Eckpunkte dieses Vierecks

$$\eta = \operatorname{tg} \frac{c}{2} e^{\pm \frac{\pi i}{4}}, \quad \operatorname{tg} \frac{c}{2} c^{\pm \frac{3 \pi i}{4}}$$

und

$$\operatorname{tg} \frac{c}{2} = \frac{\sqrt{3} - 1}{\sqrt{2}}.$$

Punkte, denen entgegengesetzte Werthe von η angehören, haben dieselbe x-Coordinate. Es muss also $\left(\frac{du}{d\log\eta}\right)^2$ bei der Vertauschung von η mit $-\eta$ unverändert bleiben. Hiernach erhält man

$$\left(\frac{du}{d\log\eta}\right)^2 = \frac{C_1}{\sqrt{\eta^4+\eta^{-4}+14}}.$$

Die Constante C_1 muss reell sein, damit du^2 in der Begrenzung reelle Werthe besitze.

Zu demselben Resultate gelangt man auf dem folgenden Wege. Die Substitution

$$\left\{\frac{\eta^2+\eta^{-2}-2\sqrt{3}i}{\eta^2+\eta^{-2}+2\sqrt{3}i}\right\}^3 = \left(\frac{t^2-1}{t^2+1}\right)^2$$

liefert auf der t-Ebene eine Abbildung, die von einer geschlossenen überall stetig gekrümmten Linie begrenzt wird. Die Rechnung zeigt, dass $d\log t$ in der Begrenzung rein imaginär ist. Folglich ist die Abbildung der Begrenzung in der t-Ebene ein Kreis um den Mittelpunkt $t=0$. Der Radius dieses Kreises ist $=1$. Den Eckpunkten

$$\eta = \pm\,\mathrm{tg}\frac{c}{2}\,e^{\frac{\pi i}{4}}$$

entspricht $t=\pm 1$, den Eckpunkten

$$\eta = \pm\,\mathrm{tg}\frac{c}{2}\,e^{\frac{-\pi i}{4}}$$

entspricht $t=\pm i$. Geht man an irgend einer dieser vier Stellen durch das Innere der Minimalfläche von einer Grenzlinie zur folgenden, so ändert sich dabei der Arcus von dt um π. Daher kann man, wie in §. 13, auch hier setzen

$$\frac{du}{dt} = \frac{C_2}{\sqrt{(t^2-1)(t^2+1)}},$$

und es muss C_2^2 rein imaginär sein, damit du^2 in der Begrenzung reell ausfalle. Es findet sich $C_1 = 3\sqrt{3}C_2^2 i$.

Dieser Ausdruck stimmt mit dem vorher aufgestellten für $\left(\frac{du}{d\log\eta}\right)^2$ Zur weitern Vereinfachung nehme man

$$\left(\frac{t^2-1}{t^2+1}\right)^2 = \omega^3, \quad \eta^2+\eta^{-2} = 2\lambda$$

und beachte, dass

$$\left(\frac{du}{d\log\eta}\right)^2 d\log\eta = \left(\frac{du}{d\lambda}\right)^2 \frac{d\lambda}{d\log\eta}\,d\lambda.$$

Dann ergiebt eine sehr einfache Rechnung

$$X = -i\int\left(\frac{du}{d\log\eta}\right)^2 d\log\eta = C\int\frac{d\omega}{\sqrt{\omega(1-\varrho\omega)(1-\varrho^2\omega)}},$$

$$(i)\quad Y = -\frac{i}{2}\int\left(\frac{du}{d\log\eta}\right)^2\left(\eta-\frac{1}{\eta}\right)d\log\eta = C\varrho^2\int\frac{d\omega}{\sqrt{\omega(1-\omega)(1-\varrho^2\omega)}},$$

$$Z = -\frac{1}{2}\int\left(\frac{du}{d\log\eta}\right)^2\left(\eta+\frac{1}{\eta}\right)d\log\eta = C\varrho\int\frac{d\omega}{\sqrt{\omega(1-\omega)(1-\varrho\omega)}},$$

wenn $\varrho = -\frac{1}{2}(1-i\sqrt{3})$ eine dritte Wurzel der Einheit bezeichnet. Die reelle Constante $C = \frac{1}{8}C_1$ bestimmt sich aus der gegebenen Länge der Tetraederkanten.

19.

Endlich soll noch die Aufgabe der Minimalfläche für den Fall behandelt werden, dass die Begrenzung aus zwei beliebigen Kreisen besteht, die in parallelen Ebenen liegen. Dann kennt man die Richtung der Normalen in der Begrenzung nicht. Daher lässt sich diese auch nicht auf der Kugel abbilden. Man gelangt aber zur Lösung der Aufgabe durch die Annahme, dass alle zu den Ebenen der Grenzkreise parallel gelegten ebenen Schnitte Kreise seien. Und es wird sich zeigen, dass unter dieser Annahme der Minimalbedingung Genüge geleistet werden kann.

Legt man die x-Axe rechtwinklig gegen die Ebenen der Grenzkreise, so ist die Gleichung der Schnittcurve in einer parallelen Ebene

$$(k)\qquad F = y^2 + z^2 + 2\alpha y + 2\beta z + \gamma = 0,$$

und α, β, γ sind als Functionen von x zu bestimmen. Zur Abkürzung werde

$$\sqrt{\left(\frac{\partial F}{\partial x}\right)^2 + \left(\frac{\partial F}{\partial y}\right)^2 + \left(\frac{\partial F}{\partial z}\right)^2} = \frac{1}{n}$$

gesetzt, so dass

$$\cos r = n\frac{\partial F}{\partial x},\quad \sin r\cos\varphi = n\frac{\partial F}{\partial y},\quad \sin r\sin\varphi = n\frac{\partial F}{\partial z}$$

ist. Dann lässt sich die Bedingung des Minimum in die Form bringen

$$\frac{\partial\left(n\frac{\partial F}{\partial x}\right)}{\partial x} + \frac{\partial\left(n\frac{\partial F}{\partial y}\right)}{\partial y} + \frac{\partial\left(n\frac{\partial F}{\partial z}\right)}{\partial z} = 0$$

oder nach Ausführung der Differentiation

$$4\frac{\partial^2 F}{\partial x^2}(F+\alpha^2+\beta^2-\gamma) + 4\frac{\partial F}{\partial x}\frac{\partial F}{\partial x} - 4\frac{\partial F}{\partial x}\frac{\partial}{\partial x}(F+\alpha^2+\beta^2-\gamma)$$
$$+ 4\cdot 2(F+\alpha^2+\beta^2-\gamma) = 0.$$

Schreibt man $\alpha^2+\beta^2-\gamma = -q$ und beachtet, dass $F = 0$ ist, so geht die letzte Gleichung über in

$$(l) \qquad q\frac{\partial^2 F}{\partial x^2} - \frac{\partial F}{\partial x}\frac{\partial q}{\partial x} + 2q = 0$$

und giebt nach einmaliger Integration

$$\frac{1}{q}\frac{\partial F}{\partial x} + 2\int\frac{dx}{q} + \text{const.} = 0.$$

Die Integrationsconstante ist von x unabhängig. Nimmt man andererseits $\int\frac{dx}{q}$ unabhängig von y und z, so muss die Integrationsconstante eine lineäre Function von y und z sein, weil $\frac{1}{q}\frac{\partial F}{\partial x}$ eine solche ist. Man hat also

$$\frac{1}{q}\frac{\partial F}{\partial x} + 2\int\frac{dx}{q} + 2ay + 2bz + \text{const.} = 0.$$

Vergleicht man damit das Resultat der directen Differentiation von F, nämlich

$$\frac{\partial F}{\partial x} = 2y\frac{d\alpha}{dx} + 2z\frac{d\beta}{dx} + \frac{d\gamma}{dx},$$

so ergiebt sich

$$\frac{d\alpha}{dx} = -aq, \quad \frac{d\beta}{dx} = -bq$$

und wenn man $\int q\,dx = m$ setzt:

$$\alpha = -am + d, \quad \beta = -bm + e.$$

Hiernach hat man

$$\frac{\partial F}{\partial x} = -2aqy - 2bqz + \frac{d\gamma}{dx},$$

$$\frac{\partial^2 F}{\partial x^2} = -2ay\frac{dq}{dx} - 2bz\frac{dq}{dx} + \frac{d^2\gamma}{dx^2},$$

und diese Ausdrücke sind in die Gleichung (l) einzuführen. Nach gehöriger Hebung erhält man

$$q\frac{d^2\gamma}{dx^2} - \frac{dq}{dx}\frac{d\gamma}{dx} + 2q = 0,$$

eine Gleichung, die sich weiter vereinfacht, wenn man beachtet, dass

$$\gamma = q + \alpha^2 + \beta^2 = q + f(m) = \frac{dm}{dx} + f(m),$$

$$f(m) = (a^2 + b^2)m^2 - 2(ad + be)m + d^2 + e^2.$$

Nimmt man hieraus $\frac{d\gamma}{dx}$ und $\frac{d^2\gamma}{dx^2}$, so geht die Differentialgleichung, welche die Bedingung des Minimum ausdrückt, über in folgende:

$$(m) \qquad q\frac{d^2 q}{dx^2} - \left(\frac{dq}{dx}\right)^2 + 2q + 2(a^2 + b^2)q^3 = 0.$$

Zur Ausführung der Integration setze man $\frac{dq}{dx} = p$ und betrachte

q als unabhängige Variable. Dadurch erhält man für p^2 als Function von q eine lineäre Differentialgleichung erster Ordnung, nämlich

$$\frac{1}{2} q \frac{d(p^2)}{dq} - p^2 + 2q + 2(a^2 + b^2) q^3 = 0$$

oder

$$\frac{q^2 d(p^2) - p^2 d(q^2)}{q^4} = -\left(\frac{4}{q^2} + 4(a^2 + b^2)\right) dq.$$

Das Integral lautet

$$(n) \qquad \frac{p^2}{q^2} = \frac{4}{q} - 4(a^2 + b^2) q + 8c.$$

Darin ist für p wieder $\frac{dq}{dx}$ zu setzen, wodurch man erhält

$$dx = \frac{dq}{2\sqrt{q + 2cq^2 - (a^2 + b^2) q^3}},$$

$$dm = \frac{q\,dq}{2\sqrt{q + 2cq^2 - (a^2 + b^2) q^3}}.$$

Also ergiebt sich

$$x = \int \frac{dq}{2\sqrt{q + 2cq^2 - (a^2 + b^2) q^3}},$$

$$(o) \qquad m = \int \frac{q\,dq}{2\sqrt{q + 2cq^2 - (a^2 + b^2) q^3}},$$

$$y = am - d + \sqrt{-q}\cos\psi,$$

$$z = bm - e + \sqrt{-q}\sin\psi.$$

Man hat demnach x, y, z als Functionen von zwei reellen Variabeln q und ψ ausgedrückt. Die Ausdrücke sind, abgesehen von algebraischen Gliedern, elliptische Integrale mit der obern Grenze q. Nach der oben entwickelten allgemeinen Methode hätte man x, y, z erhalten als Summen von zwei conjugirten Functionen zweier conjugirter complexer Variabeln. Danach liegt die Vermuthung nahe, dass diese complexen Ausdrücke mit Hülfe der Additionstheoreme der elliptischen Functionen sich je in einen einzigen Integralausdruck mit der Variabeln q zusammenziehen lassen.

Und dies ist leicht zu bestätigen. Man hat nämlich aus den Formeln für die Richtungscoordinaten r und φ der Normalen

$$\frac{\eta}{\eta'} = e^{2\varphi i} = \frac{\frac{\partial F}{\partial y} + \frac{\partial F}{\partial z} i}{\frac{\partial F}{\partial y} - \frac{\partial F}{\partial z} i} = \frac{y + zi + \alpha + \beta i}{y - zi + \alpha - \beta i} = e^{2\psi i}.$$

Verbindet man damit die Definitionsgleichung von q, nämlich:

$$(y + zi + \alpha + \beta i)(y - zi + \alpha - \beta i) = -q,$$

so ergiebt sich

$$(y + zi) + (\alpha + \beta i) = (-q)^{\frac{1}{2}} \eta^{\frac{1}{2}} \eta'^{-\frac{1}{2}},$$
$$(y - zi) + (\alpha - \beta i) = (-q)^{\frac{1}{2}} \eta^{-\frac{1}{2}} \eta'^{\frac{1}{2}}.$$

Ferner hat man

$$\operatorname{cotg} r = \frac{\frac{\partial F}{\partial x}}{\sqrt{\left(\frac{\partial F}{\partial y}\right)^2 + \left(\frac{\partial F}{\partial z}\right)^2}} = \frac{1}{2\sqrt{-q}} \{p - 2aq(y + \alpha) - 2bq(z + \beta)\}$$

oder

$$\frac{1}{\sqrt{\eta\eta'}} - \sqrt{\eta\eta'} = \frac{\cos\frac{r^2}{2} - \sin\frac{r^2}{2}}{\sin\frac{r}{2}\cos\frac{r}{2}} = \frac{1}{\sqrt{-q}} \{p - 2aq(y + \alpha) - 2bq(z + \beta)\}.$$

Auf der rechten Seite sind für $y + \alpha$ und $z + \beta$ die eben gefundenen Ausdrücke in η und η' einzuführen. Dadurch geht die Gleichung über in folgende:

$$\frac{p}{q} = (-q)^{\frac{1}{2}} \left[(a + bi)\left(\frac{\eta'}{\eta}\right)^{\frac{1}{2}} + (a - bi)\left(\frac{\eta}{\eta'}\right)^{\frac{1}{2}}\right] + (-q)^{-\frac{1}{2}}\left(\sqrt{\eta\eta'} - \frac{1}{\sqrt{\eta\eta'}}\right).$$

Quadrirt man beide Seiten dieser Gleichung und setzt für $\frac{p^2}{q^2}$ seinen Werth aus (n), so ergiebt sich nach gehöriger Reduction

$$(p) \quad \begin{aligned} &(-q)\left[(a + bi)\left(\frac{\eta'}{\eta}\right)^{\frac{1}{2}} - (a - bi)\left(\frac{\eta}{\eta'}\right)^{\frac{1}{2}}\right]^2 + \frac{1}{(-q)}\left[\sqrt{\eta\eta'} + \frac{1}{\sqrt{\eta\eta'}}\right]^2 \\ &= 8c - 2(a + bi)\left(\eta' - \frac{1}{\eta}\right) - 2(a - bi)\left(\eta - \frac{1}{\eta'}\right). \end{aligned}$$

Die so gefundene Gleichung, welche den Zusammenhang von q, η, η' angiebt, kann man als Integral einer Differentialgleichung für η und η' ansehen und q als Integrationsconstante auffassen. Die Differentialgleichung ergiebt sich durch unmittelbare Differentiation in folgender Form

$$\begin{aligned} 0 = \frac{d\eta}{\eta}&\left[\frac{1}{\sqrt{-q}}\left(\sqrt{\eta\eta'} + \frac{1}{\sqrt{\eta\eta'}}\right)\right. \\ &\left. - \sqrt{-q}\left((a + bi)\left(\frac{\eta'}{\eta}\right)^{\frac{1}{2}} - (a - bi)\left(\frac{\eta}{\eta'}\right)^{\frac{1}{2}}\right)\right] \\ + \frac{d\eta'}{\eta'}&\left[\frac{1}{\sqrt{-q}}\left(\sqrt{\eta\eta'} + \frac{1}{\sqrt{\eta\eta'}}\right)\right. \\ &\left. + \sqrt{-q}\left((a + bi)\left(\frac{\eta'}{\eta}\right)^{\frac{1}{2}} - (a - bi)\left(\frac{\eta}{\eta'}\right)^{\frac{1}{2}}\right)\right]. \end{aligned}$$

Mit Hülfe der primitiven Gleichung (p) lassen sich aber die Factoren von $\frac{d\eta}{\eta}$ und $\frac{d\eta'}{\eta'}$ anders ausdrücken. Man braucht nur die linke Seite von (p) in zweifacher Weise zu einem vollständigen Quadrat zu ergänzen, indem man das fehlende doppelte Product das eine mal positiv, das andere mal negativ hinzufügt. Dadurch erhält man

$$\frac{1}{\sqrt{-q}}\left(\sqrt{\eta\eta'}+\frac{1}{\sqrt{\eta\eta'}}\right)+\sqrt{-q}\left((a+bi)\sqrt{\frac{\eta'}{\eta}}-(a-bi)\sqrt{\frac{\eta}{\eta'}}\right)$$
$$=\pm 2\sqrt{\left[2c+(a+bi)\frac{1}{\eta}-(a-bi)\eta\right]},$$
$$\frac{1}{\sqrt{-q}}\left(\sqrt{\eta\eta'}+\frac{1}{\sqrt{\eta\eta'}}\right)-\sqrt{-q}\left((a+bi)\sqrt{\frac{\eta'}{\eta}}-(a-bi)\sqrt{\frac{\eta}{\eta'}}\right)$$
$$=\pm 2\sqrt{\left[2c+(a-bi)\frac{1}{\eta'}-(a+bi)\eta'\right]}.$$

Nimmt man die Quadratwurzeln mit gleichen Vorzeichen, so geht die Differentialgleichung über in

$$(q)\qquad 0=\frac{d\eta}{2\eta\sqrt{2c+(a+bi)\frac{1}{\eta}-(a-bi)\eta}}+\frac{d\eta'}{2\eta'\sqrt{2c+(a-bi)\frac{1}{\eta'}-(a+bi)\eta'}}.$$

Ihr Integral in algebraischer Form ist in der Gleichung (p) ausgesprochen oder, was auf dasselbe hinauskommt, in den beiden Gleichungen

$$(r)\qquad \begin{aligned}\frac{1}{\sqrt{-q}}(1+\eta\eta') &= \sqrt{\eta'[(a+bi)+2c\eta-(a-bi)\eta^2]}\\ &\quad+\sqrt{\eta[(a-bi)+2c\eta'-(a+bi)\eta'^2]},\\ \sqrt{-q}\left((a+bi)\eta'-(a-bi)\eta\right) &= \sqrt{\eta'[(a+bi)+2c\eta-(a-bi)\eta^2]}\\ &\quad-\sqrt{\eta[(a-bi)+2c\eta'-(a+bi)\eta'^2]}.\end{aligned}$$

In transcendenter Form lautet das Integral

$$(s)\qquad \text{const.}=\int\frac{d\eta}{2\sqrt{\eta[(a+bi)+2c\eta-(a-bi)\eta^2]}}+\int\frac{d\eta'}{2\sqrt{\eta'[(a-bi)+2c\eta'-(a+bi)\eta'^2]}},$$

und die Integrationsconstante lässt sich ausdrücken

$$\text{const.}=\int\frac{dq}{2\sqrt{q[1+2cq-(a^2+b^2)q^2]}},$$

was aus der Gleichung (r) leicht hervorgeht, wenn man η oder η' constant und zwar $=0$ nimmt. Man erkennt darin das Additionstheorem der elliptischen Integrale erster Gattung.

Anmerkungen.

Die erste Ausgabe der Abhandlung über Flächen kleinsten Inhalts durch Hattendorff in den Abhandlungen der Gesellschaft der Wissenschaften zu Göttingen vom Jahre 1867 war eingeleitet durch eine historische Betrachtung, die bereits in der ersten Auflage dieser Gesammtausgabe als nicht von Riemann herrührend in Uebereinstimmung mit dem leider früh verstorbenen Hattendorff unterdrückt wurde. Sie ist auch in der zweiten Auflage nicht mit aufgenommen. Zu erwähnen ist aber, dass ungefähr gleichzeitig mit Riemann Weierstrass Untersuchungen über die Flächen vom kleinsten Inhalt angestellt hat, deren Resultate in den Monatsberichten der Berliner Akademie vom October und December 1866 zuerst veröffentlicht sind. Die Weierstrass'schen Arbeiten haben den Anstoss gegeben zu den weitergehenden Untersuchungen von H. A. Schwarz, von denen die erste Mittheilung im Monatsberichte der Berliner Akademie vom April 1865 gemacht ist. Die ausführliche Veröffentlichung der gekrönten Preisschrift „Bestimmung einer speciellen Minimalfläche" erschien im Jahre 1871. Darin ist neben Anderem das in Art. 18 der Riemann'schen Abhandlung behandelte Problem der durch ein regelmässiges räumliches Viereck begrenzten Minimalfläche bis zur wirklichen Aufstellung einer Gleichung zwischen den Coordinaten x, y, z der Fläche durchgeführt. Zu erwähnen ist noch die an Riemann direct anknüpfende, im Jahre 1867 von der philosophischen Facultät zu Göttingen gekrönte Preisschrift von Arthur Schondorff „Ueber die Minimalfläche, deren Begrenzung von einem doppelt-gleichschenkligen räumlichen Viereck gebildet wird".

Die Riemann'sche Abhandlung ist hier, mit wenigen nothwendigen Aenderungen, in der letzten Hattendorff'schen Bearbeitung abgedruckt. Einige Erläuterungen und Zusätze gebe ich in den nachstehenden Anmerkungen, wobei ich Mittheilungen und Winke von H. A. Schwarz mit Dank benutzt habe.

(1) (Zu Seite 307.) Es ist hierbei zu beachten, dass nach (3) und (4)

$$2\frac{dy}{d\eta}=\left(\eta-\frac{1}{\eta}\right)\frac{dX}{d\eta},\quad 2i\frac{dz}{d\eta}=\left(\eta+\frac{1}{\eta}\right)\frac{dX}{d\eta}$$

Functionen von η allein sind, und dass also auch Y, Z als Functionen von η allein betrachtet werden können. Y', Z' sind dann die conjugierten Functionen, die nur von η' abhängen.

(2) (Zu Seite 311.) Für unendlich kleine Werthe von η (also auch von r) ergiebt sich aus (1) und (2)

$$\frac{dx}{dy}=-\sin r\,\cos\varphi,\quad \frac{d\mathfrak{x}}{dy}=-\sin r\,\sin\varphi,$$

$$\frac{dx}{dz}=-\sin r\,\sin\varphi,\quad \frac{d\mathfrak{x}}{dz}=\sin r\,\cos\varphi,$$

also

$$\frac{dx}{dy} = -\frac{d\mathfrak{x}}{dz}, \quad \frac{dx}{dz} = \frac{d\mathfrak{x}}{dy},$$

$$\frac{d^2x}{dy^2} + \frac{d^2x}{dz^2} = 0.$$

Hieraus folgt, dass $2X = x + i\mathfrak{x}$ eine Function von $y - iz$ ist; also ist auch $2Y$ eine Function von $y - iz$. Da nun y der reelle Theil von $2Y$ ist, so ergiebt sich für unendlich kleine η, wenn eine rein imaginäre additive Constante bei Y geeignet bestimmt wird,

$$2Y = y - iz.$$

Wird nun auch die rein imaginäre additive Constante bei X so bestimmt, dass X mit η verschwindet, so ergeben sich die weiterhin benutzten Entwicklungen.

(3) (Zu Seite 313.) Wenn der Winkel $\alpha = 0$ und also zwei Begrenzungsgerade einander parallel werden, so treten an Stelle dieser Entwickelungen die folgenden:

$$Y = -\frac{iA}{2\pi} \log \eta + \text{f. c.},$$

$$\left(\frac{du}{d\eta}\right)^2 = -\frac{A}{\pi\eta} + \text{f. c.},$$

$$X = -\frac{iA}{\pi}\eta + \text{f. c.}$$

(4) (Zu Seite 320.) Der Schlüssel zu Art. 14 ist in den Entwicklungen des Fragments XXV zu suchen. Es handelt sich bei der Bestimmung von η als Function von t um die conforme Abbildung einer von Kreisbogen begrenzten Figur in der η-Ebene auf die positive t-Halbebene.

Setzt man

(1) $$y_1 = \sqrt{\frac{dt}{d\eta}}, \quad y_2 = \eta\sqrt{\frac{dt}{d\eta}},$$

so ist nach dem genannten Fragment

$$\frac{1}{y_1}\frac{d^2y_1}{dt^2} = \frac{1}{y_2}\frac{d^2y_2}{dt^2} = \sigma$$

eine rationale Function von t, die für reelle Werthe von t reelle Werthe hat, und y_1, y_2 sind zwei particulare Lösungen der linearen Differentialgleichung

(2) $$\frac{d^2y}{dt^2} = \sigma y;$$

η ist der Quotient zweier Particularlösungen dieser Gleichung. Man kann diese Gleichung dadurch transformiren, dass man y_1, y_2 mit einem und demselben Factor multiplicirt, ohne ihm dadurch die Eigenschaft zu nehmen, dass der Quotient zweier Particularlösungen die Function η giebt. Setzt man, indem man unter f zunächst eine willkürliche Function von t versteht,

(3) $$k = yf^{-\frac{1}{4}},$$

so erhält man für k die Differentialgleichung

(4) $$f\frac{d^2k}{dt^2} + \frac{1}{2}f'(t)\frac{dk}{dt} = k\,\Phi(t),$$

worin

$$\Phi(t) = \sigma f - \frac{1}{16 f}[4 f f''(t) - 3 f'(t)^2], \tag{5}$$

und wenn also f eine rationale Function von t ist, so gilt das gleiche von Φ.

Die Formeln des Art. 14 erhält man, wenn man unter $f(t)$ die ganze rationale Function $(2\nu - 4)^{\text{ten}}$ Grades

$$f(t) = \Pi(t-a)\,\Pi(t-a')\,\Pi(t-b)\,\Pi(t-c)\,\Pi(t-e)^2$$

versteht, und die Betrachtung der Unstetigkeiten ergiebt

$$\Phi(t) = \frac{1}{4}\,\Sigma\,\frac{\left(\gamma\gamma - \frac{1}{4}\right) f'(g)}{t-g} + F(t), \tag{6}$$

wenn $F(t)$ eine ganze rationale Function vom Grade $2\nu - 6$ mit reellen Coefficienten ist. Um auf andere Weise als im Text die Coefficienten der beiden höchsten Potenzen in der Function $F(t)$ zu finden, beachte man, dass, wenn $t = \infty$ ein gewöhnlicher Punkt der Fläche ist, die Entwicklung von $\frac{d\eta}{dt}$ nach fallenden Potenzen von t mit t^{-2} anfängt, und dass folglich die Entwicklung k_1 mit $t^{-\frac{\nu}{2}+2}$ beginnt.

Es muss sich also die Differentialgleichung (4) durch eine Reihe von folgender Form integriren lassen

$$k = \sum_{0,\infty}^{i} c_i\, t^{-\frac{\nu}{2}+2-i}$$

und dies hat man in (4) einzusetzen, um Recursionsformeln zur successiven Berechnung der Coefficienten c_i zu erhalten. Setzt man

$$\Phi(t) = \sum^{i} h_i\, t^{2\nu-6-i},$$

$$f(t) = \sum^{i} a_i\, t^{2\nu-4-i},$$

so erhält man aus (4)

$$\sum a_i t^{-i} \sum c_i\left(2 - \frac{\nu}{2} - i\right)\left(1 - \frac{\nu}{2} - i\right) t^{-i}$$

$$+ \frac{1}{2} \sum a_i (2\nu - 4 - i) t^{-i} \sum c_i \left(2 - \frac{\nu}{2} - i\right) t^{-i}$$

$$= \sum c_i t^{-i} \sum h_i t^{-i}.$$

Die Gleichsetzung der von t unabhängigen Glieder ergiebt

$$h_0 = \left(2 - \frac{\nu}{2}\right)\left(\frac{\nu}{2} - 1\right)$$

und die Vergleichung der Glieder mit t^{-1}

$$h_1 = a_1\left(1 - \frac{\nu}{4}\right)(\nu - 3).$$

c_0 und c_1 können nicht bestimmt werden und die Vergleichung der höheren Glieder ergiebt die Coefficienten $c_2, c_3, \ldots$

Auf ganz ähnliche Weise kann man auch die in der Anmerkung zu Art. 14 erwähnten, den Punkten a, a', b entsprechenden Bedingungsgleichungen erhalten.

Setzt man nämlich $\tau = t - a,\ t - a',\ t - b$, so muss sich die Differentialgleichung (4) durch eine Reihe der Form

$$k = \sum_{0,\infty}^{s} c_s \tau^{-\frac{3}{4}+s}$$

integriren lassen. Ist nun

$$\Phi = \sum l_s \tau^{s-1},\quad f = \sum a_s \tau^{s+1},$$

so ergiebt sich aus der Differentialgleichung (4)

$$(7)\quad \sum a_s \tau^s \sum c_s \left(s - \frac{3}{4}\right)\left(s - \frac{7}{4}\right)\tau^s + \frac{1}{2}\sum a_s (s+1)\tau^s \sum c_s \left(s - \frac{3}{4}\right)\tau^s$$
$$= \sum c_s \tau^s \sum l_s \tau^s.$$

Die Vergleichung der von τ unabhängigen Glieder giebt in Uebereinstimmung mit der Formel (6)

$$l_0 = \frac{15}{16}\alpha_0,$$

und die beiden nächsten Potenzen von τ ergeben

$$c_1\left(l_0 + \frac{7}{16}\alpha_0\right) + c_0\left(l_1 - \frac{9}{16}\alpha_1\right) = 0$$

$$c_1\left(l_1 - \frac{1}{16}\alpha_1\right) + c_0\left(l_2 - \frac{3}{16}\alpha_2\right) = 0,$$

woraus durch Elimination von c_0, c_1 eine Relation zwischen l_0, l_1, l_2 folgt. c_2 kann aus (7) nicht bestimmt werden. Die höheren Glieder geben die Bestimmung der Coefficienten $c_3, c_4 \ldots$

XVIII.

Mechanik des Ohres.

(Aus Henle und Pfeuffer's Zeitschrift für rationelle Medicin, dritte Reihe, Bd. 29.)*)

1. Ueber die in der Physiologie der feineren Sinnesorgane anzuwendende Methode.

Für die Physiologie eines Sinnesorganes sind ausser den allgemeinen Naturgesetzen zwei besondere Grundlagen nöthig, eine psychophysische, die erfahrungsgemässe Feststellung der Leistungen des Organes, und eine anatomische, die Erforschung seines Baues.

Es sind demnach zwei Wege möglich, um zur Kenntniss seiner Functionen zu gelangen. Man kann entweder vom Baue des Organes ausgehen und hieraus die Gesetze der Wechselwirkung seiner Theile und den Erfolg äusserer Einwirkungen zu bestimmen suchen,

oder man kann von den Leistungen des Organes ausgehen und diese zu erklären versuchen.

Bei dem ersten Wege schliesst man von gegebenen Ursachen auf die Wirkungen, bei dem zweiten sucht man zu gegebenen Wirkungen die Ursachen.

Man kann mit Newton und Herbart den ersten Weg den synthetischen, den zweiten den analytischen nennen.

Synthetischer Weg.

Der erste Weg liegt dem Anatomen am nächsten. Mit der Untersuchung der einzelnen Bestandtheile des Organs beschäftigt, fühlt er

*) Der grosse Mathematiker, den ein früher Tod unserer Hochschule und der Wissenschaft entriss, beschäftigte sich, angeregt durch die von Helmholtz begründete neue Lehre von den Tonempfindungen, in seinen letzten Lebensmonaten mit der Theorie des Gehörorgans. Was sich darüber aufgezeichnet in seinen Papieren vorfand und hier mitgetheilt wird, berührt allerdings nur einen kleinen und minder wesentlichen Theil der Aufgabe; doch rechtfertigt sich ohne Zweifel die Veröffentlichung dieses Fragments durch die Bedeutung des Verfassers und durch den Werth seiner Aussprüche, wie seines Beispiels für die methodische Behandlung des Gegenstandes. Den ersten Abschnitt und den grössten Theil des zweiten hat der Verf. in Reinschrift hinterlassen; der Schluss des zweiten, vom letzten Absatze auf S. 348 an, wurde aus zerstreuten Blättern und Sätzen, in welchen R. seine ersten Entwürfe niederzulegen pflegte, zusammengestellt. Die Bemerkung, in welcher er sich gegen die Helmholtz'sche Theorie von den Bewegungen des Ohres erklärt, würde erst durch seine eigene Ausführung verständlich geworden sein; Riemann's gesprächsweise Aeusserungen lassen vermuthen, dass die Verschiedenheit der beiderseitigen Ansichten erst bei dem Problem der Uebertragung der Schallschwingungen auf die Organe der Schnecke hervorgetreten sein würde, und dass R. das dabei zu lösende mathematische Problem als ein hydraulisches aufgefasst habe. Schering. Henle.

sich veranlasst, bei jedem einzelnen Theile zu fragen, welchen Einfluss er auf die Thätigkeit des Organs haben möge. Dieser Weg würde auch in der Physiologie der Sinnesorgane mit demselben Erfolg eingeschlagen werden können, wie in der Physiologie der Bewegungsorgane, wenn die physikalischen Eigenschaften der einzelnen Theile sich bestimmen liessen. Die Bestimmung dieser Eigenschaften aus den Beobachtungen bleibt aber bei mikroskopischen Objecten immer mehr oder weniger ungewiss und jedenfalls im höchsten Grade ungenau.

Man ist daher zu einer Ergänzung nach Gründen der Analogie oder Teleologie genöthigt, wobei die grösste Willkür unvermeidlich ist, und aus diesem Grunde führt das synthetische Verfahren in der Physiologie der Sinnesorgane selten zu richtigen und jedenfalls nicht zu sichern Ergebnissen.

Analytischer Weg.

Bei dem zweiten Wege sucht man zu den Leistungen des Organes die Erklärung.

Das Geschäft zerfällt in drei Theile.

1. Das Aufsuchen einer Hypothese, welche zur Erklärung der Leistungen genügt.

2. Die Untersuchung, in wie weit sie zur Erklärung nothwendig ist.

3. Die Vergleichung mit der Erfahrung, um sie zu bestätigen oder zu berichtigen.

I. Man muss das Instrument gleichsam nacherfinden und in so fern die Leistungen des Organs als Zweck, seine Schöpfung als Mittel zu diesem Zweck betrachten. Aber der Zweck ist kein vermutheter, sondern ein durch die Erfahrung gegebener, und wenn man von der Herstellung des Organs absieht, kann der Begriff der Endursachen ganz ausser dem Spiele bleiben.

Zu den thatsächlichen Leistungen des Organs sucht man in dem Baue des Organs die Erklärung. Bei dem Aufsuchen dieser Erklärung hat man zuvörderst die Aufgabe des Organs zu analysiren; hieraus werden sich eine Reihe von secundären Aufgaben ergeben, und erst nachdem man sich überzeugt hat, dass sie gelöst sein müssen, sucht man die Art und Weise, wie sie gelöst sind, aus dem Baue des Organs zu schliessen.

II. Nachdem aber eine Vorstellung gewonnen worden ist, welche zur Erklärung des Organs ausreicht, darf man nicht unterlassen zu untersuchen, in wie weit sie zur Erklärung nothwendig ist. Man muss sorgfältig unterscheiden, welche Voraussetzungen unbedingt oder vielmehr in Folge unbezweifelter Naturgesetze nothwendig sind, und

22*

welche Vorstellungsarten vielleicht durch andere ersetzt werden können, das ganz willkürlich Hinzugedachte aber ausscheiden. Nur auf diese Weise können die nachtheiligen Folgen der Benutzung von Analogien bei dem Aufsuchen der Erklärung beseitigt werden, und auf diese Weise wird auch die Prüfung der Erklärung an der Erfahrung (durch Aufstellung von zu beantwortenden Fragen) wesentlich erleichtert.

III. Zur Prüfung der Erklärung an der Erfahrung können theils die Folgerungen dienen, die sich aus ihr für die Leistungen des Organs ergeben, theils die bei dieser Erklärung vorauszusetzenden physikalischen Eigenschaften der Bestandtheile des Organs. Was die Leistungen des Organs betrifft, so ist eine genaue Vergleichung mit der Erfahrung äusserst schwierig, und man muss die Prüfung der Theorie meist auf die Frage beschränken, ob kein Ergebniss eines Versuchs oder einer Beobachtung ihr widerspricht. Was dagegen die Folgerungen über die physikalischen Eigenschaften der Bestandtheile betrifft, so können diese von allgemeiner Tragweite sein und zu Fortschritten in der Erkenntniss der Naturgesetze Anlass geben, wie dies z. B. bei dem Aufsuchen der Erklärung der Achromasie des Auges durch Euler der Fall war.

Für die beiden eben einander gegenübergestellten Forschungsweisen gelten übrigens die Bezeichnungen synthetisch und analytisch nur a potiori. Genau genommen ist weder eine rein synthetische, noch eine rein analytische Forschung möglich. Denn jede Synthese stützt sich auf das Ergebniss einer vorausgehenden Analyse und jede Analyse bedarf zu ihrer Bestätigung oder Berichtigung durch die Erfahrung der nachfolgenden Synthese. Bei dem ersten Verfahren bilden die allgemeinen Bewegungsgesetze das vorausgesetzte Ergebniss einer früheren Analyse.

Das erste vorzugsweise synthetische Verfahren ist für die Theorie der feineren Sinnesorgane deshalb zu verwerfen, weil die Voraussetzungen für die Anwendbarkeit des Verfahrens zu unvollständig erfüllt sind, die Ergänzung der Voraussetzungen durch Analogie und Teleologie hier aber völlig willkürlich bleibt.

Bei dem zweiten vorzugsweise analytischen Verfahren kann die Hülfe der Teleologie und Analogie zwar auch nicht ganz entbehrt, wohl aber bei ihrer Benutzung die Willkürlichkeit vermieden werden, indem man

1) die Anwendung der Teleologie auf die Frage beschränkt, durch welche Mittel die thatsächlichen Leistungen des Organs ausgeführt werden, nicht aber bei den einzelnen Bestandtheilen des Organs die Frage nach dem Nutzen aufwirft;

2) die Anwendung von Analogien (das „Dichten von Hypothesen“) sich zwar nicht, wie Newton will, gänzlich versagt, aber hinterher die Bedingungen, die zur Erklärung der Leistungen des Organs erfüllt sein müssen, heraushebt, und die zur Erklärung nicht nöthigen Vorstellungen, welche durch Benutzung der Analogie herbeigeführt worden sind, davon absondert.

Nach diesen Principien müssen nun für unsern Zweck zuvörderst die Leistungen des Gehörorgans festgestellt werden. Mit welcher Schärfe, Feinheit und Treue das Ohr die Wahrnehmung des Schalles, seines Klanges und Tones, seiner Stärke und Richtung vermittelt, dieses muss durch Beobachtung und Versuch so genau, wie irgend möglich, bestimmt werden.

Ich setze diese Thatsachen als bekannt voraus. In dem Buche „die Lehre von den Tonempfindungen als physiologische Grundlage für die Theorie der Musik“ von Helmholtz, findet man die Fortschritte zusammengestellt, welche in der so äusserst schwierigen Ermittelung der Thatsachen, die die Wahrnehmung der Töne betreffen, in neuester Zeit gemacht worden sind und zwar vorzüglich von Helmholtz selbst.

Da ich den Folgerungen, welche Helmholtz aus den Versuchen und Beobachtungen zieht, entgegen zu treten vielfach genöthigt bin, so glaube ich um so mehr gleich hier aussprechen zu müssen, wie sehr ich die grossen Verdienste seiner Arbeiten über unsern Gegenstand anerkenne. Sie sind aber meiner Ansicht nach nicht in seinen Theorien von den Bewegungen des Ohres zu suchen, sondern in der Verbesserung der erfahrungsmässigen Grundlage für die Theorie dieser Bewegungen.

Ebenso muss ich auch den Bau des Ohres hier als bekannt voraussetzen, und bitte den geneigten Leser, nöthigenfalls ein mit Abbildungen versehenes Handbuch der Anatomie zur Hülfe zu nehmen. Die Ergebnisse der neuesten Forschungen über den Bau der Schnecke und des Ohres überhaupt findet man dargestellt in der vor Kurzem erschienenen dritten Lieferung des zweiten Bandes von Henle's Handbuch der Anatomie des Menschen.

Ich betrachte es hier allein als meine Aufgabe, jene psychophysischen Thatsachen aus diesen anatomischen Thatsachen zu erklären.

Die Theile des Ohres, die für unsern Zweck in Betracht kommen, sind die Paukenhöhle und das Labyrinth, welches aus dem Vorhofe, den Bogengängen und der Schnecke besteht. Wir verfahren nun so, dass wir zunächst aus dem Baue dieser Theile zu schliessen suchen, was jeder derselben zu den Leistungen des Ohres beitragen möge, dann aber bei jedem einzelnen Theile wieder von der durch ihn zu lösenden

Aufgabe ausgehen und zunächst die Bedingungen aufsuchen, deren Erfüllung zu einer genügenden Lösung der Aufgabe erforderlich ist.

2. Paukenhöhle.

Man hat längst erkannt, dass der Apparat in der Paukenhöhle die Wirkung hat, den Druck der Luft auf das Labyrinthwasser verstärkt zu übertragen.

Nach den oben entwickelten Principien müssen wir nun aus den in der Erfahrung gegebenen Leistungen des Organs die Bedingungen ableiten, welche bei dieser Uebertragung erfüllt werden müssen. Es ergeben sich diese vorzüglich aus der Feinheit des Ohres in der Wahrnehmung des Klanges und aus der grossen Schärfe, welche das Ohr, zumal das unverkümmerte Ohr des Wilden und des Wüstenbewohners, besitzt. Versteht man unter Klang die Beschaffenheit des Schalles, welche von Stärke und Richtung desselben unabhängig ist, so wird diese offenbar durch den Apparat völlig treu mitgetheilt, wenn er die Druckänderung der Luft in jedem Augenblick in constantem Verhältniss vergrössert auf das Labyrinthwasser überträgt.

Es ist unverfänglich, dies als Zweck des Apparats anzusehen, wenn man nur dabei nicht unterlässt, zugleich aus den Leistungen des Ohres zu bestimmen, wie weit man durch die Erfahrung berechtigt d. h. genöthigt ist, die wirkliche Erfüllung dieses Zwecks vorauszusetzen.

Wir wollen dies sogleich thun, vorher jedoch für die Beschaffenheit der Druckänderung, von welcher der Klang abhängt, einen mathematischen Ausdruck suchen. Die Curve, welche die Geschwindigkeit der Druckänderung als Function der Zeit darstellt, bestimmt die Schallwelle vollständig bis auf ihre Richtung, also auch Stärke und Klang des Schalles. Nimmt man nun statt dieser Geschwindigkeit den Logarithmus von dieser Geschwindigkeit, oder wenn man lieber will, von deren Quadrat, so erhält man eine Curve, deren Form von Richtung und Stärke des Schalles unabhängig ist, die aber den Klang vollständig bestimmt und daher „Klangcurve" heissen möge.

Löste der Apparat seine Aufgabe vollkommen, so würden die Klangcurven des Labyrinthwassers mit den Klangcurven der Luft völlig übereinstimmen. Durch die Feinheit des Ohres in der Wahrnehmung des Klanges halten wir uns nun zu der Annahme berechtigt, dass die Klangcurve durch die Uebertragung nur sehr wenig geändert werde und also das Verhältniss zwischen den gleichzeitigen Druckänderungen der Luft und des Labyrinthwassers während eines Schalles sehr nahe constant bleibe.

Eine langsame Veränderlichkeit dieses Verhältnisses ist damit sehr wohl vereinbar und wahrscheinlich. Sie würde nur eine Veränderlichkeit des Ohres in der Schätzung der Schallstärke zur Folge haben, deren Annahme die Erfahrung durchaus nicht verbietet. Würde die Klangcurve merklich geändert, so scheint eine solche Feinheit des Gehörs, wie sie sich z. B. in der Wahrnehmung geringer Verschiedenheiten der Aussprache zeigt, mir kaum denkbar. Die unmittelbare Beurtheilung der Feinheit der Klangwahrnehmungen und besonders die Schätzung der den Klangverschiedenheiten entsprechenden Verschiedenheiten der Klangcurve bleibt freilich immer sehr subjectiv.

Die Verschiedenheit des Klanges dient uns aber auch, die Entfernung der Schallquelle zu schätzen. Von dieser Klangverschiedenheit können wir die mechanische Ursache, die Veränderung der Klangcurve bei der Fortpflanzung des Schalles in der Luft durch Rechnung bestimmen.

Wir können indess dies hier nicht weiter verfolgen und wollen von dem Uebertragungsapparat nur fordern, dass er keine groben Entstellungen des Klanges bewirke, obgleich wir glauben, dass seine Treue viel grösser ist, als man gewöhnlich annimmt.

I. Der Apparat in der Paukenhöhle (im unverkümmerten Zustande) ist ein mechanischer Apparat von einer Empfindlichkeit, die Alles, was wir von Empfindlichkeit mechanischer Apparate kennen, himmelweit hinter sich lässt.

In der That ist es durchaus nicht unwahrscheinlich, dass durch denselben Schallbewegungen treu mitgetheilt werden, die so klein sind, dass sie mit dem Mikroskop nicht wahrgenommen werden könnten.

Die mechanische Kraft der schwächsten Schälle, welche das Ohr noch wahrnimmt, lässt sich freilich kaum direct schätzen; aber man kann mit Hülfe des Gesetzes, nach welchem die Stärke des Schalles bei seiner Verbreitung in der Luft abnimmt, zeigen, dass das Ohr Schälle wahrnimmt, deren mechanische Kraft Millionen Mal kleiner ist, als die der Schälle von gewöhnlicher Stärke.

In Ermangelung anderer von Fehlerquellen freier Beobachtungen berufe ich mich auf die Angabe von Nicholson, nach welcher das Rufen der Schildwachen von Portsmouth 4 bis 5 englische Meilen weit zu Ride auf der Insel Wight bei Nacht deutlich gehört wird. Wenn man erwägt, welche Vorrichtungen Colladon nöthig hatte, um die Verbreitung des Schalles im Wasser wahrzunehmen, so wird man zugeben, dass von einer erheblichen Verstärkung des Schalles durch Fortpflanzung im Wasser nicht die Rede sein kann und dass hier in der That die mechanische Kraft des Schalles umgekehrt proportional dem Quadrat der Entfernung und wahrscheinlich noch schneller abnimmt. Da die Entfernung von 4 bis 5 Meilen etwa 2000 Mal so gross ist als die Entfernung von 8 bis 10 Fuss, so ist die mechanische Kraft der das Trommelfell treffenden Schallwellen hier vier Millionen Mal kleiner, als in der Entfernung von 8 bis 10 Fuss von der Schildwache und die Bewegungen sind 2000 Mal kleiner. Man muss zugeben, dass bei den Schall-Empfindungen durchaus nichts von Verhältnissen, wie 1 zu 1000 Millionen oder 1 zu Tausend bemerkt wird. Nach den neueren Untersuchungen über das Verhältniss der psychischen Schätzung der Schallstärken zum physischen oder mechanischen Mass der Schallstärke bildet dies jedoch durchaus keinen Einwand gegen die eben erhaltenen Resultate. Wahrscheinlich ist dies Abhängigkeitsverhältniss gerade so, wie das unserer Schätzung der Lichtstärke oder Grösse der Fixsterne zu der mechanischen Kraft des uns von ihnen zugesandten Lichtes. Hier hat man bekanntlich aus den Stern-Aichungen geschlossen, dass die mechanische Kraft des Lichtes im geometrischen Verhältnisse abnimmt, wenn die Grösse des Fixsternes in arithmetischer Reihe steigt.

Theilte man dem analog die Schälle, von denen von gewöhnlicher Stärke bis zu den eben noch wahrnehmbaren, in Schälle von der ersten bis zur achten Grösse, so würde die mechanische Kraft für die Schälle zweiter Grösse etwa $^1/_{10}$, für die dritter $^1/_{100}$, ..., für die achter $^1/_{10,000000}$, den zehn Millionten Theil so gross sein, als für die Schälle erster Grösse, und die Weite der Bewegungen würde für die Schälle erster, dritter, fünfter, siebenter Grösse sich wie $1 : {}^1/_{10} : {}^1/_{100} : {}^1/_{1000}$ verhalten.

Ich habe oben bei der Betrachtung der das Ohr treffenden Schallwellen vor dem Trommelfell Halt gemacht, weil Einige eine Dämpfung der stärkeren Schälle (durch Spannung des Trommelfells?) annehmen. Ich muss jedoch gestehen, dass mir diese Meinung als eine völlig willkürliche Vermuthung erscheint. Es mögen allerdings, wenn ein starker Knall die Membranen des Labyrinths zu verletzen droht, Schutzvorrichtungen wirksam werden; aber ich finde in der Beschaffenheit der Gehörseindrücke durchaus nichts Analoges mit dem Beleuchtungsgrad des Gesichtsfeldes beim Auge, und wüsste durchaus nicht, was eine fortwährend veränderliche Reflexthätigkeit des M. tensor tympani für das genaue Auffassen eines Musikstücks nützen sollte. Meiner Ansicht nach hat man durchaus keinen Grund, bei dem Schalle in 10 Fuss Entfernung von der Schildwache ein anderes Verhältniss zwischen den Bewegungen der Luft vor dem Trommelfell und den Bewegungen der Steigbügelplatte anzunehmen, als in der Entfernung von 20,000 Fuss; aber selbst wenn man eine ziemlich starke Veränderlichkeit der Spannung des Trommelfells annimmt, werden unsere Schlüsse dadurch nicht beeinträchtigt. Wenn nun die Bewegungen der Steigbügelplatte in der Entfernung von 10 Fuss von der Schildwache wahrscheinlich zu den eben mit blossen Augen noch wahrnehmbaren gehören, so werden die Bewegungen in der Entfernung von 20,000 Fuss bei einer 2000 fachen Vergrösserung eben wahrnehmbar sein.

II. Soll der Paukenapparat so kleine Bewegungen treu mittheilen, wie er es der Erfahrung nach thut, so müssen die festen Körper, aus denen er besteht, an den Stellen, wo sie auf einander wirken sollen, völlig genau auf einander schliessen; denn offenbar kann ein Körper einem anderen eine Bewegung nicht mittheilen, sobald er um mehr als die Weite der Bewegung von ihm absteht.

Es wird ferner nur ein kleiner Theil der mechanischen Kraft der Schallbewegung durch anderweitige Arbeit, wie Spannung von Gelenkkapseln und Membranen, für das Labyrinth verloren gehen dürfen.

Ein solcher Verlust wird vermieden durch die äusserst geringe Breite des freien Randes der Membran des Vorhofsfensters. Wäre dieser Rand breiter, so würden die Schwingungen der Steigbügelplatte beinahe ganz durch Schwingungen dieses Randes ausgeglichen werden, und auf die Membranen der Schnecke und des Schneckenfensters nur eine geringe Wirkung stattfinden.

Die Wirkung dieses Membranenrandes auf die Steigbügelplatte wird wegen der geringen Breite des Randes für die verschiedenen Lagen der Steigbügelplatte während der Schallbewegung sehr verschieden sein. Man muss daher, wenn sie den Klang nicht entstellen soll, annehmen, dass die Elasticität der Membran sehr gering ist, und die Steigbügelplatte nicht durch sie, sondern durch andere Kräfte in die richtige Gleichgewichtslage gebracht wird.

III. Da die Theile des Paukenapparates, um die erfahrungsgemässe Schärfe des Ohres möglich zu machen, fortwährend mit mehr als mikroskopischer Genauigkeit in einander greifen müssen, so scheinen Correctionsvorrichtungen wegen der Ausdehnung und Zusammenziehung der Körper durch die Wärme durchaus unentbehrlich. Die Temperaturänderungen mögen innerhalb der Paukenhöhle nur sehr klein sein; dass sie aber stattfinden, ist nicht zu bezweifeln. Für die Temperaturvertheilung im menschlichen Körper gilt, wenn die äussere Temperatur hinreichend lange constant gewesen ist, nahe das Gesetz, dass der Abstand der Temperatur an einer beliebigen Stelle des Körpers von der Hirntemperatur proportional ist dem Abstande der äusseren Temperatur von der Hirntemperatur. Dieses Gesetz ergiebt sich aus dem Newton'schen und der Voraussetzung, dass der Wärmeleitungscoefficient und die specifische Wärme innerhalb der in Betracht kommenden Temperaturen constant sei, eine Voraussetzung, die wahrscheinlich nahe erfüllt ist. Man kann durch dieses Gesetz aus dem Abstande der Temperatur der Paukenhöhle von der Hirntemperatur auf die Temperaturänderungen schliessen. Wenn sich nun auch der Temperaturunterschied zwischen Paukenhöhle und Hirn nicht bestimmen lässt, so kann man doch aus mehreren Gründen, aus den Communicationen mit der äusseren Luft durch den äusseren Gehörgang und die Tuba, auch wohl aus der Art und Weise der Blutversorgung der Paukenhöhle, mit grosser Wahrscheinlichkeit schliessen, dass ein merklicher Temperaturunterschied stattfindet.

Dagegen hat der Pyramidenknochen, weil er den Can. caroticus enthält, wahrscheinlich sehr nahe die Temperatur des Hirns, und wir müssen daher annehmen, dass die innere Auskleidung der Paukenhöhle ein sehr schlechter Wärmeleiter und Strahler ist.

Von den übrigen die Paukenhöhle umgebenden Knochen lässt sich freilich wohl nicht behaupten, dass sie eine so hohe Temperatur besitzen, wie das Hirn oder die Pyramide. Doch enthalten sie bedeutende Wärmequellen in Blutleitern, grossen Arterien und Venen und sind, wie die Pyramide, durch Schleimhaut und Periost gegen die Ausstrahlung in die Paukenhöhle geschützt. Wir dürfen daher annehmen, dass ihre Temperatur merklich höher ist als die der Paukenhöhle.

Wenn nun die äussere Temperatur sinkt, so wird nach dem oben angeführten Gesetze der Abstand von der Hirntemperatur allenthalben im Körper in demselben Verhältniss (auf das Doppelte) steigen, die Paukenhöhle wird sich in Folge dessen merklich, die umgebenden Knochen nur sehr wenig abkühlen, und die Gehörknöchelchen werden sich merklich zusammenziehen, während die Wände der Paukenhöhle fast ungeändert bleiben.

Viel mehr als dieses, dass die Gehörknöchelchen sich beim Sinken der äusseren Temperatur viel stärker abkühlen und zusammenziehen, als die Wände der Paukenhöhle, dürfte sich über den Einfluss der Temperatur auf den Paukenapparat bei unserer gänzlichen Unbekanntschaft mit den thermischen Eigenschaften seiner Bestandtheile nicht feststellen lassen.

IV. Ich werde nun zunächst die Veränderungen zu bestimmen suchen, welche bei einem Sinken der äusseren Temperatur in der Lage der Gehörknöchelchen eintreten, damit alle zur Berührung bestimmten Theile des Apparates fortfahren, genau auf einander zu schliessen. Der Theil des Gehörknöchelsystems, der am unveränderlichsten mit der Wand der Paukenhöhle verbunden ist, ist das Ambos-Paukengelenk. Durch Abkühlung werden alle Entfernungen in festen Körpern kleiner, also auch die Entfernung des Ambos-Steigbügelgelenks von dieser Gelenkfläche. Vom Hammer ist wahrscheinlich das obere Griffende derjenige Theil, welcher, wenigstens parallel dem Paukenfellring, die geringsten Verschiebungen zulässt. Da nun bei der Abkühlung die Entfernung des Ambos-Paukengelenks von dem am unveränderlichsten befestigten Punkt des oberen Hammergriffs im Paukenfell nahe ungeändert bleibt, die Entfernungen dieser Punkte vom Ambos-Hammergelenk aber beide abnehmen, so muss sich am Ambos-Hammergelenk der Winkel zwischen den nach diesen Punkten gehenden Linien etwas weiter öffnen.

Bei diesen beiden Aenderungen in der Lage der Gehörknöchelchen wird der Hammer ein wenig in der Richtung vorn-median-hinten und gleichzeitig (um das Gelenkknöpfchen des Amboses in seiner Höhe zu erhalten) sehr wenig in der Richtung vorn-oben-hinten gedreht. Der lange Fortsatz des Hammers würde dabei in der Fissur nach oben und medianwärts bewegt werden, wenn er gegen Griff und Kopf des Hammers eine und dieselbe Lage behielte. Durch die Wirkung der Abkühlung wird er aber stärker gekrümmt und dem Hammergriff genähert, so dass er sich während der Temperaturänderung wahrscheinlich nur allmählich ein wenig aus der Fissur herausbewegt.

V. Wir haben eben die Bedingungen aufgestellt, denen die Lage der Gehörknöchelchen wahrscheinlich genügt, damit sie fortwährend genau auf einander schliessen und dabei weder im Rande der Vorhofsmembran, noch im Paukenfell eine merklich ungleichmässige Spannung erzeugen. Wir fragen nun nach den M i t t e l n, durch welche den Gehörknöchelchen jederzeit die richtige Lage gegeben und gesichert wird. (Es wird dies meist durch einander entgegengesetzte Kräfte geschehen, welche bei der richtigen Lage des Knöchelchens sich das Gleichgewicht halten und es, wenn es aus ihr entfernt würde, in sie zurücktreiben würden.)

Es ist klar, dass diese in den beiden die Lage der Gehörknöchelchen regulirenden Muskeln, in den Gelenkkapseln, Ligamenten, den Schleimhautfalten und den beiden Membranen, mit denen die Gehörknöchelchen verwachsen sind, gesucht werden müssten. Bei diesem Aufsuchen der Ursachen einer bestimmten Wirkung auf die Gehörknöchelchen ergeben sich jedoch, namentlich wenn man die Schleimhautfalten mit in Betracht zieht, oft mehrere Wege zur Erzielung der Wirkung als möglich. Um aus diesen verschiedenen Möglichkeiten die wahrscheinlichste herauszufinden, ist es vor allen Dingen nöthig, sich durch anatomische Untersuchungen an frischen Präparaten ein ungefähres Urtheil über die Elasticität und Spannung der Bänder, Häute etc. zu verschaffen, was mir unmöglich ist. Man darf jedoch auch hoffen, durch sorgfältige Entwicklung der Consequenzen der verschiedenen

Hypothesen bei den falschen auf Unwahrscheinlichkeiten zu stossen und diese so zu excludiren.

Es ist für unsere jetzige Untersuchung zweckmässig, zu unterscheiden zwischen dem lauschenden, zum genauen Hören adaptirten Ohr und dem nicht lauschenden Ohr, und für bestimmte Fragen zwischen dem Ohr des Neugeborenen und des Erwachsenen. Wir machen die Unterscheidung zwischen dem lauschenden und nicht lauschenden Ohr, wenn die Steigbügelplatte durch den Zug des M. tensor tympani ein wenig gegen das Labyrinthwasser gedrückt wird, so dass der Druck im Labyrinthwasser ein wenig stärker ist als in der Luft der Paukenhöhle; es werden dabei die Theile der festen Körper, deren Berührung gesichert werden soll, ein wenig gegen einander gedrückt. Diejenigen nun, welche eine solche fortwährende Spannung des Apparates (das Paukenfell etwa ausgenommen) für unwahrscheinlich halten, mögen annehmen, dass bei den Temperaturänderungen die Gehörknöchelchen durch die Wirkung der Haft- und Gelenkbänder und die allmähliche Aenderung der Contraction der Muskeln ihre Lage ändern, ohne gegen einander gedrückt zu werden, weil wir gefunden haben, dass nur dann das genaue Ineinandergreifen aller Theile des Apparats gesichert ist.

Es bleibt dann unsere Untersuchung für das lauschende, zum genauen Hören absichtlich vorgerichtete Ohr giltig, während daneben doch immer die Möglichkeit bestehen bleibt, dass das Ohr (des Wachenden?) fortwährend, wenn auch vielleicht in geringerem Grade, adaptirt ist.

Der Gehörknöchelapparat besteht aus einem aus zwei Theilen (Hammer und Ambos) zusammengesetzten, um eine Axe drehbaren Körper und aus einem mit diesem Körper articulirenden, auf das Wasser des Vorhofsfensters drückenden Stempel (dem Steigbügel). Das eine Ende der Umdrehungsaxe, der kurze Fortsatz des Amboses, ist mittelst des Ambos-Paukengelenks an der hintern Wand der Paukenhöhle befestigt, das andere Ende, der lange Fortsatz des Hammers, ragt, nur von Weichtheilen umgeben, in eine Spalte zwischen dem vordern obern Ende des Paukenfellrings und dem Felsenbein und legt sich in eine Furche dieses Ringes. (Wenigstens ist es so beim Ohr des Neugeborenen.)

Die Bestimmung der relativen Lage der Gehörknöchelchen gegen die Paukenhöhle wird sehr erleichtert durch das Verfahren von Henle, die Paukenhöhle sich so gedreht zu denken, dass die Umdrehungsaxe horizontal von hinten nach vorn geht und das Vorhofsfenster vertical steht.

Wird der Stiel des Hammers durch Steigerung des Druckes der Luft auf das mit ihm verwachsene Trommelfell nach innen getrieben, so wird die Basis des Steigbügels gegen die Membran des (ovalen)

Vorhofsfensters gedrückt, der Druck im Labyrinthwasser gesteigert und dadurch die Membran des (runden) Schneckenfensters nach aussen getrieben.

Damit der Apparat die kleinsten Druckänderungen der Luft, in stets gleichem Verhältniss vergrössert, dem Labyrinthwasser mittheilen könne, ist es vor allen Dingen nöthig, dass der Druck des Steigbügels stets in völlig gleicher Weise auf das Labyrinthwasser wirke. Zu diesem Ende muss

1) der Druck der Basis stets Eine und dieselbe Fläche treffen und die Richtung der Bewegung unveränderlich sein;

2) es dürfen keine Anheftungen des Steigbügels an die Wand des Vorhofsfensters stattfinden, wenigsteus keine solchen, die irgend einen merklichen Einfluss auf seine Lage und Bewegung ausüben könnten;

3) der Steigbügel darf nie aufhören, gegen die Membran des Vorhofsfensters zu drücken.

Wie man bei einiger Ueberlegung leicht finden wird, würden die Druckänderungen der Luft entweder gar nicht oder nach völlig veränderten Gesetzen auf das Labyrinthwasser wirken, sobald Eine dieser Bedingungen verletzt würde.

Um die Erfüllung der 3. Bedingung zu sichern, muss durch den M. tensor tympani, welcher den Hammerstiel nach innen zieht, der Druck gegen die Membran des Vorhofsfensters stets auf einer solchen Höhe erhalten werden, dass er die grössten, beim Hören zu erwartenden Druckänderungen beträchtlich übertrifft. Wahrscheinlich wird am Schnecken- oder Vorhofsfenster eine Wirkung dieses Druckes, sei es die Spannung oder Krümmung (Ausdehnung, Formänderung) der Membran empfunden und durch den M. tensor tympani der für das genaue Hören günstigste Druck hergestellt.

Der Druck hängt nur von der Lage des Hammerstiels ab, und um die erforderliche Einstellung dieses Stiels zu bewirken, muss der Zug des Muskels gerade so stark sein, dass er der Wirkung der Spannung des Paukenfells bei dieser Einstellung das Gleichgewicht hält. Ob die Spannung des Paukenfells dabei grösser oder kleiner ist, darauf kommt gar nichts an; nur muss sie, wie wir jetzt zeigen wollen, so gross bleiben, dass nur ein sehr kleiner Theil der mechanischen Kraft der das Ohr treffenden Wellen an die Luft im Innern der Paukenhöhle verloren geht.

Wenn eine in freier Luft ausgespannte Membran von einer Schallwelle getroffen wird, so entstehen eine Schwingung der Membran, eine zurückgeworfene Luftwelle und eine weitergehende (gebrochene) Luftwelle. Wie sich die mechanische Kraft der Schallwelle auf diese drei Wirkungen vertheilt, hängt von der Spannung der Membran ab. Ist diese Spannung sehr gering, so sind die beiden ersten Wirkungen sehr schwach, und es geht die Schallwelle fast unverändert weiter. Ist dagegen die Membran so stark gespannt, dass ihre Bewegungen nur sehr klein sind gegen die Schwingungen der Lufttheilchen in der auf sie treffenden Schallwelle, so kann sie der Luft auf der hintern Seite nur sehr kleine Bewegungen mittheilen und folglich auch ihren Druck nur wenig verändern, und es wird fast die ganze Druckänderung auf der vordern Seite zur Spannung der Membran verwandt. Ausserdem aber entsteht, wenn die Membran in freier Luft ausgespannt ist, eine zurückgeworfene Welle.

Die Lage des Linsenbeines gegen das Vorhofsfenster kann also nicht unverändert bleiben; aber es kann durch Drehung des Amboses um seinen Befestigungspunkt (das Paukengelenk) bewirkt werden, dass das Linsenbein sich nur parallel der Längsaxe des Vorhofsfensters verschiebt, und also nur in dieser Richtung eine Drehung des Steigbügels um das Centrum der Ambosgelenkfläche nöthig ist, um die Steigbügelplatte an ihrem Platze zu erhalten. Da nun nur für diese Richtung eine Vorrichtung (der M. stapedius) vorhanden ist, den Steigbügel um das Ambosgelenkknöpfchen willkürlich zu drehen, für die darauf senkrechte aber nicht, so darf man wohl vermuthen, dass die letztere Vorrichtung eben dadurch überflüssig gemacht worden ist, dass das Ambosgelenkknöpfchen fortwährend in derselben Höhe erhalten wird.

VI. Dem Zuge der Sehne des M. tensor tympani wird zum Theil das Gleichgewicht gehalten durch die Befestigung des Hammergriffs im Paukenfell und des Paukenfells im Sulcus tympanicus. Die Anheftung des Paukenfells an dem Hammergriff reicht aber (nach v. Tröltsch und Gerlach) nur wenig höher, als der Insertionspunkt der Sehne, und ihr Endpunkt liegt selbst schon höher als die Endigungen des Sulcus tympanicus.

Offenbar kann also die Befestigung des Paukenfells im S. t. dem M. tensor tympani allein nicht das Gleichgewicht halten. Zum Gleichgewicht des Hammers ist vielmehr erforderlich, dass auf den oberhalb des Insertionspunkts gelegenen Theil ein gleich grosses entgegengesetzt gerichtetes Drehungsmoment wirke, wie auf den unterhalb gelegenen Griff. Man kann diese zur Herstellung des Gleichgewichts nöthige Kraft suchen

1) entweder in der Verbindung des Paukenfells mit den oberflächlichen Schichten der Haut des äusseren Gehörgangs,

2) oder in der Wirkung der hinteren Paukenfelltasche,

3) oder vielleicht in dem Zusammenwirken der Anheftungen des Hammerkopfes an die Paukenhöhlenwand durch den Ambos einerseits und anderseits durch das Lig. superius Arnoldi. Diese Anheftungen bilden einen etwa gegen die Spitze des kurzen Fortsatzes gerichteten Winkel und drücken, wenn sie gespannt sind, diese Spitze gegen das Paukenfell.

Dritte Abtheilung.

XIX.

Versuch einer allgemeinen Auffassung der Integration und Differentiation.*)

In dem folgenden Aufsatze ist der Versuch gemacht, ein Verfahren aufzustellen, mittelst dessen man aus einer gegebenen Function einer Veränderlichen eine andere Function derselben Veränderlichen ableiten könne, deren Abhängigkeit von jener ursprünglichen sich durch eine Zahl ausdrücken lässt und die für den Fall, dass diese Zahl eine ganze positive, negative oder null ist, bezüglich mit den Differentialquotienten, Integralen und der ursprünglichen Function übereinstimmt. Die Resultate der Differential- und Integral-Rechnung werden zwar als Grundlage hier vorausgesetzt, aber nicht in der Weise, dass diejenigen derselben, die für alle Differentiale und Integrale, deren Ordnung durch eine ganze Zahl ausgedrückt wird, gelten, auch auf die gebrochenen Ordnungen ausgedehnt würden; sondern sie sollen nur einerseits zur Begründung des oben angedeuteten Verfahrens benutzt werden und andrerseits als Wegweiser dienen dasselbe zu finden.

Zu diesem letzteren Zwecke wollen wir einmal die Reihe der Differentialquotienten etwas näher betrachten. Es ist klar, dass man hierbei nicht von der gewöhnlichen Definition derselben ausgehen kann, die sich auf ihr recurrentes Bildungsgesetz gründet, da man ja durch dasselbe unmöglich auf andere Glieder der Reihe, als auf solche, die ganzen Indices entsprechen, gelangen kann; man muss sich also nach

*) Diese Abhandlung trägt im Manuscript das Datum 14. Jan. 1847 und stammt also aus Riemann's Studienzeit. Riemann dachte ohne Zweifel nicht an ihre Veröffentlichung, auch stützt sich die Betrachtung auf Grundlagen, deren Haltbarkeit er in späteren Jahren nicht mehr anerkannt haben würde. Immerhin ist die Arbeit für Riemann's Entwicklungsgang charakteristisch, und die Resultate sind bemerkenswerth genug, um die Aufnahme in diese Sammlung zu rechtfertigen. Nachträglich hat die Aufnahme noch eine Rechtfertigung gefunden durch das Interesse, das Cayley dieser Arbeit Riemann's schenkte. (Vgl. Note on Riemann's paper „Versuch . . .". Mathematische Annalen Bd. 16, wo Cayley auf eine verwandte Untersuchung von sich selbst hinweist: „On a doubly infinite Series", Quart. Journ. 1. VI. p. 45—47.)

einer independenten Bestimmung derselben umsehen. Ein Mittel dazu bietet uns die Entwicklung der Function, welche aus der ursprünglichen durch Vermehrung der Veränderlichen um einen beliebigen Zuwachs entsteht, nach ganzen positiven Potenzen dieses Zuwachses dar. Denn da die bekannte Entwicklung

$$(1)\qquad z_{(x+h)} = \sum_{p=0}^{p=\infty} \frac{1}{1\,.\,2\ldots p}\,\frac{d^p z}{dx^p}\,h^p$$

(wo $z_{(x+h)}$ das bedeutet, was aus $z_{(x)}$ wird, wenn man darin statt x $x+h$ setzt) für jeden beliebigen Werth von h gültig ist, so müssen die Coefficienten in derselben einen ganz bestimmten Werth haben; man kann dieselben also zur Definition der Differentialquotienten verwenden. Demgemäss stellen wir folgende Definition auf: der $n$te Differentialquotient der Function $z_{(x)}$ ist gleich dem Coefficienten von h^n in der Entwicklung von $z_{(x+h)}$ nach ganzen positiven Potenzen von h, multiplicirt in einen nach x constanten, nur von n abhängigen Factor, nämlich in $1\,.\,2\ldots n$. Diese Betrachtungsweise der Differentialquotienten führt sehr leicht zur Feststellung einer allgemeinen Operation, in welcher die Differentiation und Integration enthalten ist und welche wir (da die Bezeichnung und Benennung derselben als die Grenze des Quotienten verschwindender Grössen bei dieser Betrachtungsweise keinen Sinn hat) durch ∂_x^ν bezeichnen und nach dem Vorgange von Lagrange in der Benennung „fonctions dérivées" Ableitung benennen wollen.

Wir verstehen nämlich unter $\partial_x^\nu z$ oder unter dem Ausdruck „νte Ableitung von $z_{(x)}$ nach x" den Coefficienten von h^ν in einer nach Potenzen von h, deren Exponenten um eine ganze Zahl von einander abstehen, rückwärts und vorwärts ins Unendliche fortlaufenden Entwicklung von $z_{(x+h)}$, multiplicirt in einen nach x constanten, nur von ν abhängigen Factor, d. h. wir definiren $\partial_x^\nu z$ durch die Gleichung

$$(2)\qquad z_{(x+h)} = \sum_{\nu=-\infty}^{\nu=+\infty} k_\nu\,\partial_x^\nu z\,h^\nu.$$

In dieser Definition muss nun natürlich der von ν allein abhängige Factor k_ν so bestimmt werden, dass für den Fall, dass die Exponenten von h ganze Zahlen sind, die Reihe (2) in die (1) übergeht, weil nur dann die Differentialquotienten wirklich als besondere Fälle in den Ableitungen enthalten sind; sollte dies nicht möglich sein, so wäre diese Definition unserm Zwecke, eine Operation, welche die Differentiation als besondern Fall in sich schliesst, festzustellen, nicht entsprechend, und wir müssten uns also nach einem anderen Wege, ihn zu erreichen, umsehen.

Bevor wir aber diesen Factor zu bestimmen suchen, wollen wir erst Einiges über die Reihen von der angegebenen Form vorausschicken, da sie, wie man sieht, die Grundlagen dieses ganzen Versuchs einer Theorie der Ableitungen bilden.

Man hat wohl die Behauptung aufgestellt, man könne auf die Reihen im Allgemeinen gar keine sicheren Schlüsse gründen, sondern nur unter der Bedingung, dass man den darin vorkommenden Grössen solche Zahlenwerthe beilege, dass die Reihe convergire, d. h. dass sich ihr (wenigstens genäherter) Werth durch eine wirkliche Ziffernaddition finden lasse. Nun können wir aber, wenn, wie hier immer vorausgesetzt wird, die Coefficienten einem bestimmten Gesetze gehorchen, jeden einzelnen Theil derselben genau angeben; sie ist folglich eine in allen ihren Theilen genau begrenzte, also bestimmte Grösse; und ich sehe darin, dass der Mechanismus der Ziffernaddition nicht ausreicht, diesen ihren bestimmten Werth zu finden, keinen Grund, warum wir nicht die Gesetze, die für die Zahlengrössen als solche erwiesen sind, auf sie anwenden und die Resultate, die wir dadurch erhalten, als richtig ansehen sollten.

Um an einem Beispiele zu zeigen, dass man für eine Reihe von der Form (2) wirklich einen Werth finden kann, wollen wir durch ein Verfahren, das in vielen Fällen für diesen Zweck anwendbar ist, die Function x^μ in eine nach gebrochnen Potenzen von $(x-b)$ fortlaufende Reihe entwickeln, eine Entwicklung, deren wir ohnehin im Lauf der Untersuchung bedürfen.

Die Reihe, die x^μ gleich sein soll und die wir der Kürze wegen durch z bezeichnen, sei

$$\sum_{\alpha=-\infty}^{\alpha=\infty} c_\alpha (x-b)^\alpha.$$

Wenn $z = x^\mu$, so ist

$$\frac{dz}{dx} = \mu x^{\mu-1},$$

folglich

$$\mu z - x\frac{dz}{dx} = 0;$$

es muss also auch

$$\sum \Big[(\mu-\alpha)c_\alpha - b(\alpha+1)c_{\alpha+1}\Big](x-b)^\alpha = 0$$

sein. Dieser Bedingung ist offenbar Genüge geleistet, sobald

$$(\mu-\alpha)c_\alpha - b(\alpha+1)c_{\alpha+1} = 0.$$

Nun sind aber alle Ausdrücke, welche dieser Differentialgleichung genügen, in den verschiedenen Werthen von kx^μ enthalten, es muss

23*

also die Reihe z, in der das Gesetz

$$(\mu - \alpha) c_\alpha - b(\alpha + 1) c_{\alpha+1} = 0$$

stattfindet, nothwendig einem derselben gleich sein; um diesen zu finden, machen wir

$$\ldots\ldots c_{\alpha-1}(x - b)^{\alpha-1} + c_\alpha (x - b)^\alpha = p,$$
$$p' = c_{\alpha+1}(x - b)^{\alpha+1} + c_{\alpha+2}(x - b)^{\alpha+2} \ldots\ldots,$$

also

$$p + p' = z = kx^\mu;$$

folglich

$$\mu p - x\frac{dp}{dx} = (\mu - \alpha) c_\alpha (x - b)^\alpha = X, \quad \mu p' - x\frac{dp'}{dx} = - X.$$

Diese Differentialgleichungen haben zum allgemeinen Integral

$$-\int X x^{-\mu-1} dx + k_1 = p x^{-\mu} = c_\alpha (x - b)^\alpha x^{-\mu};$$
$$+ c_{\alpha-1}(x - b)^{\alpha-1} x^{-\mu} \ldots\ldots\ldots$$
$$\int X x^{-\mu-1} dx + k_2 = p' x^{-\mu} = c_{\alpha+1}(x - b)^{\alpha+1} x^{-\mu}$$
$$+ c_{\alpha+2}(x - b)^{\alpha+2} x^{-\mu} \ldots\ldots$$

Substituirt man hierin für X seinen Werth und $\frac{b}{y}$ für x, so erhält man

$$p x^{-\mu} = c_\alpha (\mu - \alpha) b^{\alpha-\mu} \int y^{\mu-\alpha-1}(1 - y)^\alpha dy + k_1$$
$$= c_\alpha b^{\alpha-\mu}(1 - y)^\alpha y^{\mu-\alpha} + c_{\alpha-1} b^{\alpha-1-\mu}(1 - y)^{\alpha-1} y^{\mu-\alpha+1} + \ldots,$$

$$p' x^{-\mu} = - c_\alpha (\mu - \alpha) b^{\alpha-\mu} \int y^{\mu-\alpha-1}(1 - y)^\alpha dy + k_2$$
$$= c_{\alpha+1} b^{\alpha+1-\mu}(1 - y)^{\alpha+1} y^{\mu-\alpha-1}$$
$$+ c_{\alpha+2} b^{\alpha+2-\mu}(1 - y)^{\alpha+2} y^{\mu-\alpha-2} + \ldots$$

In dem Falle, dass $\mu > \alpha > -1$, verschwinden nun offenbar die Ausdrücke rechts bezüglich für $y = 0$ und $y = 1$, und die beiden Integrale werden ihnen also, das erste von 0 bis y, das zweite von 1 bis y genommen, genau gleich sein, wenn dieselben zwischen diesen Grenzen continuirlich sind. Es könnte scheinen, als ob diese Bedingung verletzt wäre, so bald einige oder alle Glieder einer Reihe ins Positive oder Negative über alle Grenzen hinaus wachsen; daraus würde aber, da sich dieselben gegenseitig aufheben können, nur folgen, dass sich durch eine wirkliche Addition ein bestimmter Werth für die Reihe nicht finden lässt. Da wir nun den Schluss, als ob die Reihe in einem solchen Falle überhaupt keinen bestimmten Werth habe, nach dem Obigen nicht zugeben, so können wir die Continuität oder Discontinuität der Reihen $px^{-\mu}$ und $p'x^{-\mu}$ nur durch die Betrachtung der ihnen gleichen Integrale erfahren*). Bekanntlich kann nun aber ein Ausdruck nur discontinuirlich werden, wenn sein Differential unendlich wird; der Ausdruck $(1-y)^{\mu-\alpha-1}y^\alpha$ hat aber für alle endlichen Werthe von y einen endlichen Werth, wenn die Exponenten $\mu-\alpha-1$ und α positiv sind; die Integrale ändern sich also dann stetig, und aus der Betrachtung der singulären Integrale für $y=1$ und $y=0$ ersieht man, dass dies auch noch stattfindet, so lange beide Exponenten grösser als -1 bleiben. Es ist demnach für den Fall, dass $\mu > \alpha > -1$ und y endlich ist**),

$$k = zx^{-\mu} = px^{-\mu} + p'x^{-\mu} = (\mu-\alpha)\,c_\alpha b^{\alpha-\mu}\int_0^1 (1-y)^{\mu-\alpha-1}y^\alpha\,dy$$

$$= c_\alpha\, b^{\alpha-\mu}\frac{\Pi(\alpha)\,\Pi(\mu-\alpha)}{\Pi(\mu)}$$

(wo Π das bekannte bestimmte Integral bezeichnet). Dies Resultat gilt, wie bemerkt, nur, wenn $\mu > \alpha > -1$; es lässt sich aber auf alle Werthe von μ und α ausdehnen, wenn man das Π einer negativen Zahl (wie im Lauf dieser Untersuchung immer angenommen werden soll) als durch das Gesetz $\Pi(n) = \frac{1}{n+1}\Pi(n+1)$ aus den positiven abgeleitet definirt. Denn erstens muss es nach dem Gesetz, welches angenommener Massen zwischen den Coefficienten der Reihe stattfindet, für jeden Werth von α gelten, wenn nur einer derselben $\lesseqgtr {\mu \atop -1}$ ist; es ist also, wenn μ positiv ist,

$$kx^\mu = \sum_{\alpha=-\infty}^{\alpha=\infty} k\,\frac{\Pi(\mu)}{\Pi(\alpha)\,\Pi(\mu-\alpha)}\,b^{\mu-\alpha}(x-b)^\alpha$$

oder

$$\frac{x^\mu}{\Pi(\mu)} = \sum_{\alpha=-\infty}^{\alpha=\infty}\frac{b^{\mu-\alpha}}{\Pi(\mu-\alpha)}\,\frac{(x-b)^\alpha}{\Pi(\alpha)};$$

daraus aber erhält man durch $n$malige Differentiation nach x

$$\frac{x^{\mu-n}}{\Pi(\mu-n)} = \sum\frac{b^{\mu-\alpha}}{\Pi(\mu-\alpha)}\,\frac{(x-b)^{\alpha-n}}{\Pi(\alpha-n)},$$

wodurch das Gesetz auch für negative Werthe von μ erwiesen ist.

---

*) Behandelt man die Integrale vor der Substitution von $\frac{b}{y}$ statt x, so werden sie für $x=0$ discontinuirlich. Man erkennt aber auch unter dieser Form leicht, dass die ihnen zugehörigen Constanten für positive und negative Werthe von x dieselben Werthe haben müssen, da der Werth der Integrale bei dem Uebergange des x von $+\infty$ zu $-\infty$ sich stetig ändert.

**) Für den Fall, dass $y=\pm\infty$, also $x=0$, ist der Werth beider Integrale ∞; folglich $k=\infty-\infty$, d. h. beliebig, was offenbar aus der blossen Betrachtung dieses Falles hervorgeht.

Es ist also ganz allgemein

$$(3)\qquad \frac{x^\mu}{\Pi(\mu)} = \sum_{\alpha=-\infty}^{\alpha=\infty} \frac{b^{\mu-\alpha}}{\Pi(\mu-\alpha)} \frac{(x-b)^\alpha}{\Pi(\alpha)}.$$

Bemerkenswerth ist es, dass man durch diese Formel eine Reihe für x^μ nicht erhält, wenn μ eine negative ganze Zahl ist, da der Ausdruck links dann 0 wird, worauf wir später zurückkommen werden. Man sieht auch, dass es Reihen von dieser Form giebt, die der Null oder einer Constanten, für jeden Werth von x, gleich sind.

Nach dieser Protestation gegen das Verdammungsurtheil, welches man den divergirenden Reihen gesprochen hat, wollen wir jetzt den eingeschlagenen Weg zur Feststellung des Begriffs der Ableitungen weiter verfolgen. Man sieht, dass der Zweck, den wir uns gesetzt haben, dass nämlich die Differentiation als besonderer Fall in der Ableitung enthalten sein soll, erfüllt ist, so bald nur die Function k_ν für alle ganzen positiven Werthe von $\nu = \frac{1}{1\,.\,2\ldots\nu}$ und für alle ganzen negativen Werthe $= 0$ ist; denn dann geht die Reihe (2) in die Reihe (1) über; dieser Bedingung kann aber offenbar durch unendlich viele verschiedene Functionen von ν genügt werden; man kann ferner durchaus nicht annehmen, dass es nur Eine Entwicklung derselben Function nach denselben Potenzen von h gebe, d. h. dass nur Ein System von Coefficienten einer Reihe von einer bestimmten Form einen bestimmten Werth gebe; man muss vielmehr unendlich viele verschiedene Systeme als möglich voraussetzen; wir haben also, unbeschadet unseres Zweckes, sowohl unter den verschiedenen möglichen Functionen von ν für k_ν als unter verschiedenen möglichen Systemen von Coefficienten die Wahl, und es ist offenbar am zweckmässigsten, diese Wahl womöglich so zu treffen, dass die Ableitungen noch mehreren Gesetzen gehorchen, die bei einer andern Wahl nur für Ableitungen mit ganzen Indices gültig sein würden.

Hierzu dienen folgende Betrachtungen.

Da der Ausdruck $\Sigma k_\nu \partial_x^\nu z\, h^\nu$ alle in dieser Form möglichen Entwicklungen $z_{(x+h)}$ umfassen soll, so muss

$$\frac{d\,\Sigma k_\nu \partial_x^\nu z h^\nu}{dh} = \Sigma k_\nu \nu \partial_x^\nu z\, h^{\nu-1}$$

alle in dieser Form möglichen Entwicklungen von $\frac{dz_{(x+h)}}{dh}$ umfassen, und ebenso

$$\frac{d\,\Sigma k_\nu \partial_x^\nu z\, h^\nu}{dx} = \Sigma k_\nu \frac{d\partial_x^\nu z}{dx} h^\nu$$

alle Entwicklungen dieser Form von $\frac{dz_{(x+h)}}{dx}$. Bekanntlich sind nun $\frac{dz_{(x+h)}}{dh}$ und $\frac{dz_{(x+h)}}{dx}$ identisch; beide Ausdrücke umfassen also genau dieselben Reihen; es müssen also auch $k_{\nu+1}(\nu+1)\,\partial_x^{\nu+1}z$ und $k_\nu \frac{d\partial_x^\nu z}{dx}$ genau dieselben Werthe haben, d. h. sie sind einander gleich; setzt man nun $k_{\nu+1}(\nu+1) = k_\nu$, was der obigen Hauptbedingung offenbar nicht widerspricht, da für ganze Werthe von ν vermöge derselben dies Gesetz stattfinden muss, so erreicht man dadurch, dass auch für die Ableitungen mit gebrochenen Indices

$$\partial_x^{\nu+1}z = \frac{d\partial_x^\nu z}{dx}$$

ist und folglich allgemein, wenn n eine ganze Zahl ist,

$$\partial_x^{\nu+n}z = \frac{d^n\partial_x^\nu z}{dx^n}. \tag{4}$$

Aus dem angenommenen Gesetze für k_ν folgt, dass

$$\Pi(\nu)k_\nu = \Pi(\nu+1)\,k_{(\nu+1)}$$

ist, es hat also die Function $\Pi(\nu)k_\nu$, die wir durch l_ν bezeichnen wollen, für alle Werthe von ν, die um ganze Zahlen von einander abstehen, stets denselben Werth. Wir können daher für die zweckmässigste Wahl der Function l_ν nicht mehr aus der Betrachtung einer einzelnen Entwicklungsform, sondern nur aus der Combination verschiedener Schlüsse ziehen; demgemäss wollen wir versuchen, ob wir sie so wählen können, dass $\partial_x^\nu\partial_x^\mu z = \partial_x^{\nu+\mu}z$ ist.

Lässt man zu diesem Zwecke x in der Formel (2) noch einmal wachsen, und bezeichnet man diesen Zuwachs durch k, so ist

$$(\alpha)\,..\,z_{(x+h+k)} = \sum_{\mu=-\infty}^{\mu=\infty}\;\sum_{\nu=-\infty}^{\nu=\infty} l_\mu l_\nu\,\partial_x^\mu\partial_x^\nu z\,\frac{k^\mu}{\Pi(\mu)}\,\frac{h^\nu}{\Pi(\nu)}$$

und dieser Ausdruck bezeichnet alle nach denselben Potenzen von h und k möglichen Entwicklungen von $z_{(x+h+k)}$. Es ist aber auch

$$(\beta)\,..\,z_{(x+h+k)} = \sum_{\mu+\nu=-\infty}^{\mu+\nu=\infty} l_{(\mu+\nu)}\,\partial_x^{\mu+\nu}z\,\frac{(h+k)^{\mu+\nu}}{\Pi(\mu+\nu)}$$

$$= \sum_{\mu=-\infty}^{\mu=\infty}\;\sum_{\nu=-\infty}^{\nu=\infty} l_{(\mu+\nu)}\,\partial_x^{\mu+\nu}z\,\frac{h^\nu k^\mu}{\Pi(\nu)\,\Pi(\mu)} \quad \text{[vermöge (3)]}.$$

Nun bezeichnet der letzte Ausdruck (β) zwar nicht alle möglichen Entwicklungen dieser Form von $z_{(x+h+k)}$, da die Gleichung (3) nur

Eine Entwicklung von $\frac{(h+k)^{\mu+\nu}}{\Pi(\mu+\nu)}$ giebt, ohne dass dies die einzig mögliche zu sein brauchte; es müssen aber alle in ihm enthaltenen Entwicklungen auch in (α) enthalten sein; stellt man also für die Function l das Gesetz $l_{(\mu+\nu)} = l_\mu l_\nu$ auf, so werden alle Werthe von $\partial_x^{\mu+\nu} z$ auch Werthe von $\partial_x^\mu \partial_x^\nu z$ sein, obgleich der letzte Ausdruck auch noch andere Werthe haben kann.

Es ist also

(5) $$\partial_x^\mu \partial_x^\nu z = \partial_x^{\mu+\nu} z$$

unter der ausgesprochenen Beschränkung.

Aus $l_{(\mu+\nu)} = l_{(\mu)} l_{(\nu)}$ folgt aber

$$l_{(\mu+\nu+\pi)} = l_{(\mu+\nu)} l_\pi = l_\mu l_\nu l_\pi$$

und allgemein, dass das Product der l verschiedener Zahlen gleich ist dem l ihrer Summe, oder wenn man die einzelnen Factoren einander gleich setzt $l_{(m\nu)} = l_{(\nu)}^m$, so oft m eine ganze Zahl ist; bezeichnet man nun $\frac{m\nu}{n}$ durch π, so ist

$$l_{m\nu} = l_{n\pi} = l_\nu^m = l_\pi^n \text{ oder } l_{\left(\frac{m}{n}\nu\right)} = l_\nu^{\frac{m}{n}}.$$

Das Gesetz $l_{\mu\nu} = l_\nu^\mu$ ist also für alle rationalen Werthe von μ, und folglich (nach dem bekannten Gesetz der Interpolation) allgemein gültig. Da nun für ganze Werthe von ν $l_\nu = 1$ sein muss, so ist $l_\nu = 1^\nu$.

Sollen demnach die Gesetze (4) und (5) für die Ableitungen im Allgemeinen gelten, und die Differentiation in der Ableitung als besonderer Fall enthalten sein, so müssen wir die Ableitungen unter denjenigen Functionen von x wählen, die der Gleichung

$$z_{(x+h)} = \sum \frac{1^\nu h^\nu}{\Pi(\nu)} \partial_x^\nu z = \sum \frac{h^\nu}{\Pi(\nu)} \partial_x^\nu z$$

genügen. Diese Wahl wird am zweckmässigsten auf diejenigen unter ihnen fallen, welche am geschmeidigsten für die Rechnung sind; versucht man aber die Entwicklung einiger Functionen von $x+h$ in Reihen, die nach gebrochenen Potenzen von h fortlaufen, so wird man sehen, dass am leichstesten und einfachsten Entwicklungen in solche Reihen sind, in denen der Coefficient von $\frac{h^{\nu+1}}{\Pi(\nu+1)}$ das Differential des Coefficienten von $\frac{h^\nu}{\Pi(\nu)}$ ist: wir wollen also obige Begrenzung der Ableitungen dahin beschränken, dass das Zeichen $\partial_x^\nu z$ den Coefficienten von $\frac{h^\nu}{\Pi(\nu)}$ nicht in allen möglichen Entwicklungen von $z_{(x+h)}$ bezeichnen soll, sondern nur in solchen, in denen der Coefficient von $\frac{h^{\nu+1}}{\Pi(\nu+1)}$ das Differential des Coefficienten von $\frac{h^\nu}{\Pi(\nu)}$ ist*).

Hieraus folgt zunächst, dass Ein Werth von $\partial_x^\nu z$ nur einer Entwicklung angehören kann; denn gesetzt, ein Werth von $\partial_x^\nu z$, p_ν, gehörte zwei Entwicklungen, a und b, an, so müssten diese beiden Entwicklungen in allen folgenden Gliedern übereinstimmen, da diese durch Differentiation aus p_ν entstehen. Bezeichnen wir nun die vorhergehenden Glieder in a durch $p_{\nu-1}, p_{\nu-2} \ldots$, in b durch $q_{\nu-1}, q_{\nu-2} \ldots$, so müssen $p_{\nu-1}$ und $q_{\nu-1}$ beide zum Differential p_ν haben; sie können also nur um eine Constante verschieden sein, d. h.

$$q_{\nu-1} = p_{\nu-1} + K_1,$$

ebenso muss

$$q_{\nu-2} = p_{\nu-2} + K_1 x + K_2, \quad q_{\nu-3} = p_{\nu-3} + K_1 \frac{x^2}{\Pi(2)} + K_2 x + K_3$$

sein. Die Entwicklung b ist also

$$= a + \sum_{m=\infty}^{m=1} K_m \sum_{n=0}^{n=\infty} \frac{x^n}{\Pi(n)} \frac{h^{\nu-n-m}}{\Pi(\nu-n-m)} = a + \sum_{m=\infty}^{m=1} K_m \frac{(x+h)^{\nu-m}}{\Pi(\nu-m)};$$

nun soll aber für alle Werthe von $(x+h)$ $a = b$ sein, was bekanntlich nur stattfinden kann, wenn alle Constanten null sind; dann aber sind beide Entwicklungen identisch.

Ist p_ν ein Werth von $\partial_x^\nu z$, so ist $p_\nu + K \frac{x^{-\nu-n}}{\Pi(-\nu-n)}$ (wo n positiv und ganz und K eine endliche Constante ist) ebenfalls ein Werth desselben; denn die Reihe

$$\sum \left(p_\nu + K \frac{x^{-\nu-n}}{\Pi(-\nu-n)}\right) \frac{h^\nu}{\Pi(\nu)} = \sum p_\nu \frac{h^\nu}{\Pi(\nu)} + K \frac{(x+h)^{-n}}{\Pi(-n)}$$

$$= \sum p_\nu \frac{h^\nu}{\Pi(\nu)} = z_{(x+h)},$$

und es findet in ihr das Gesetz statt

$$\frac{d\left(p_\nu + K \frac{x^{-\nu-n}}{\Pi(\nu-n)}\right)}{dx} = p_{\nu+1} + K \frac{x^{-\nu-n-1}}{\Pi(-\nu-n-1)}.$$

---

*) Aus (4) folgt zwar, dass wenn $\sum \partial_x^\nu z \frac{h^\nu}{\Pi(\nu)}$ eine Entwicklung von $z_{(x+h)}$ ist, $\sum \frac{d\,\partial_x^\nu z}{dx} \frac{h^{\nu+1}}{\Pi(\nu+1)}$ ebenfalls eine Entwicklung von $z_{(x+h)}$ ist, aber nicht dass diese beiden Entwicklungen identisch sind. Durch die gemachte Annahme erreicht man auch, dass die Ableitungen mit ganzen negativen Indices, die nach dem Bisherigen noch gar keinen Sinn hatten, mit den Integralen zusammenfallen, wie weiter unten bewiesen werden wird.

Den Inbegriff aller Werthe von $\partial_x^\nu z$, die sich durch Addition von Ausdrücken von der Form $K\frac{x^{-\nu-n}}{\Pi(-\nu-n)}$ aus einander ableiten lassen, wollen wir ein **System** von Werthen nennen; es sind also alle Werthe von $\partial_x^\nu z$, die demselben Systeme angehören, in dem Ausdruck

$$\text{(6)}\qquad p_\nu + \sum_{n=\infty}^{n=1} K_n \frac{x^{-\nu-n}}{\Pi(-\nu-n)}$$

enthalten (wo K_n endliche Constanten bedeuten).

Wir wollen nun einen Werth von $\partial_x^\nu z$ zu bestimmen suchen. Bekanntlich ist

$$z_{(x)} = z_{(k)} + \left(\frac{dz}{dx}\right)_{(k)}(x-k) + \left(\frac{d^2 z}{dx^2}\right)_{(k)}\frac{(x-k)^2}{1\,.\,2} + \cdots,$$

sobald $z_{(x)}$ zwischen den Grenzen x und k continuirlich ist; setzt man hierin $x+h$ für x und entwickelt die Glieder der Reihe mittels (3) nach Potenzen von h, so erhält man

$$z_{(x+h)} = \sum_{\mu=-\infty}^{\mu=\infty}\frac{h^\mu}{\Pi(\mu)}\left(z_{(k)}\frac{(x-k)^{-\mu}}{\Pi(-\mu)} + \left(\frac{dz}{dx}\right)_{(k)}\frac{(x-k)^{-\mu+1}}{\Pi(-\mu+1)}\right.$$
$$\left. + \left(\frac{d^2z}{dx^2}\right)_{(k)}\frac{(x-k)^{-\mu+2}}{\Pi(-\mu+2)} + \cdots\right)$$

und in dieser Reihe ist der Coefficient von $\frac{h^\mu}{\Pi(\mu)}$ das Differential des Coefficienten von $\frac{h^{\mu-1}}{\Pi(\mu-1)}$; er ist folglich ein Werth von $\partial_x^\mu z$, den wir durch p_μ bezeichnen wollen. Differentiirt man nach k, so erhält man

$$\frac{dp_\mu}{dk} = -z_{(k)}\frac{(x-k)^{-\mu-1}}{\Pi(-\mu-1)},\ \text{folglich}\ p_\mu = \int -z_{(k)}\frac{(x-k)^{-\mu-1}}{\Pi(-\mu-1)}\,dk.$$

Nun verschwinden alle Glieder der obigen Reihe für $k=x$; das Integral wird also von k bis x genommen $=p_\mu$ sein, wenn es zwischen den Grenzen continuirlich ist; dies ist aber, da z zwischen den Grenzen x und k continuirlich sein soll und $-\mu-1 > -1$, offenbar der Fall und es ist also

$$\text{(7)}\qquad \int_x^k - z_{(k)}\frac{(x-k)^{-\mu-1}}{\Pi(-\mu-1)}\,dk = \frac{1}{\Pi(-\mu-1)}\int_k^x (x-t)^{-\mu-1}z_{(t)}\,dt$$

ein Werth von $\partial_x^\mu z$, sobald z zwischen den Grenzen x und k continuirlich und μ negativ ist. Der derselben Entwicklung angehörige Werth von $\partial_x^{\mu-n}z$ ist gleich

$$\frac{1}{\Pi(-\mu+n-1)}\int_k^x (x-t)^{-\mu+n-1}z_{(t)}\,dt.$$

Man sieht leicht, dass, je nachdem man dem k verschiedene Werthe giebt, verschiedene Entwicklungen von $z_{(x+h)}$ daraus hervorgehen, aber alle diese Entwicklungen gehören demselben Systeme an. Denn aus dem Werth

$$\frac{1}{\Pi(-\mu-1)}\int_k^x (x-t)^{-\mu-1} z_{(t)}\, dt$$

geht offenbar

$$\frac{1}{\Pi(-\mu-1)}\int_{k_1}^x (x-t)^{-\mu-1} z_{(t)}\, dt$$

hervor durch Addition von

$$\frac{1}{\Pi(-\mu-1)}\int_{k_1}^k (x-t)^{-\mu-1} z_{(t)}\, dt = \sum_{n=0}^{n=\infty} \frac{x^{-\mu-1-n}}{\Pi(-\mu-1-n)}\int_{k_1}^k \frac{(-t)^n}{\Pi(n)} z_{(t)}\, dt;$$

da nun z zwischen x und k_1 und also auch zwischen k und k_1 continuirlich ist, so sind alle jene Integrale endliche und zwar nach x constante Grössen. Man wird demnach durch das angewandte Verfahren stets auf dasselbe System von Werthen gelangen; beschränken wir also den Begriff der Ableitungen auf dies System von Werthen, so haben wir die Bestimmung derselben auf bekannte Werthe zurückgeführt und werden mittels dieser Definition die Eigenschaften derselben und ihre Werthe für bestimmte Functionen ableiten können.

Es ist demnach

$$1. \qquad \partial_x^\nu z = \frac{1}{\Pi(-\nu-1)}\int_k^x (x-t)^{-\nu-1} z_{(t)}\, dt + \sum_{n=\infty}^{n=1} K_n \frac{x^{-\nu-n}}{\Pi(-n-\nu)},$$

wenn K_n endliche willkürliche Constanten sind*), ν negativ, und z zwischen den Grenzen x und k continuirlich ist; für einen Werth von ν aber, der $\overline{\gtrless} 0$ ist, bezeichnet $\partial_x^\nu z$ dasjenige, was aus $\partial_x^{\nu-m} z$ (wo $m > \nu$) durch $m$malige Differentiation nach x hervorgeht**), ein Werth, welcher stets auch der Gleichung

---

*) Alle diese willkürlichen Functionen wollen wir durch φ_ν bezeichnen; wir machen zugleich darauf aufmerksam, dass (wenn n positiv und ganz) jede Function φ_ν auch eine Function $\varphi_{\nu-n}$ ist.

**) Die Definition

$$\partial_x^\nu z = \sum_{n=0}^{n=\infty} \left(\frac{d^n z_{(x)}}{dx^n}\right)_k \frac{(x-k)^{n-\nu}}{\Pi(n-\nu)} + \varphi_\nu,$$

welche mit der gegebenen identisch ist, würde zwar für alle Werthe von ν gelten; wir haben ihr aber die gewählte ihrer grösseren Geschmeidigkeit wegen vorgezogen.

$$2. \quad z_{(x+h)} = \sum_{n=\infty}^{n=1} \frac{h^{\nu-n}}{\Pi(\nu-n)} \int^{(n)} \partial_x^\nu z\, dx^n + \frac{h^\nu}{\Pi(n)} \partial_x^\nu z + \sum_{n=1}^{n=\infty} \frac{h^{\nu+n}}{\Pi(\nu+n)} \frac{d^n \partial_x^\nu z}{dx^n}$$

genügen muss*). Hieraus folgt

$$3. \quad \partial_x^{-m} z = \int_k^{x\,(m)} z_{(t)}\, dt^m + \sum_{n=m}^{n=1} K_n \frac{x^{-n+m}}{\Pi(-n+m)}$$

und

$$4. \quad \partial_x^0 z = z$$

$$5. \quad \partial_x^m z = \frac{d^m z}{dx^m},$$

ferner

$$6. \quad \partial_x^\mu \partial_x^\nu z = \partial_x^{\nu+\mu} z + \varphi_\mu .$$

Jeder Werth von $\partial_x^{\nu+\mu} z$ ist also auch ein Werth von $\partial_x^\mu \partial_x^\nu z$.

Das Umgekehrte findet aber nur statt, wenn μ eine ganze positive oder ν eine ganze negative Zahl ist. In diesem Falle sind also beide Ausdrücke identisch. Aus der Definition folgt noch (wenn c eine Constante bedeutet)

$$7. \quad \partial_x^\nu (p+q) = \partial_x^\nu p + \partial_x^\nu q$$

$$8. \quad \partial_x^\nu (cp) = c\partial_x^\nu p$$

$$9. \quad \partial_{x+c}^\nu z = \partial_x^\nu z$$

$$10. \quad \partial_{cx}^\nu z = \partial_x^\nu z c^{-\nu}.$$

Zwei Werthe von $\partial_x^\nu z$ und $\partial_x^\mu z$, in denen die Constanten K, K_1, etc. sämmtlich einander gleich sind, sollen correspondirende Werthe heissen. Alle derselben Entwicklung von $z_{(x+h)}$ angehörigen Werthe sind correspondirende.

Wir wollen nun zu der Bestimmung der Ableitungen bestimmter Functionen von x übergehen. Dabei kann es natürlich nur darauf ankommen, einen Werth Einer Ableitung zu finden, da sich aus diesem ihr allgemeiner Werth durch Addition der Function φ sofort ergiebt, und zwar wird dieser Werth, wenn die Umformung des Ausdrucks 1. überhaupt etwas nützen soll, ein einfacherer, als dieser Ausdruck, also eine explicite Function von x in endlicher Form sein

*) Ob die obige Formel 1. alle Werthe enthält, die dieser Gleichung genügen, hängt offenbar davon ab, ob die Functionen φ_ν die einzigen sind, welche, statt $\partial_x^\nu z$ substituirt, die Reihe 2. zu Null machen. Nun lässt sich zwar ohne Schwierigkeit zeigen, dass keine algebraische Function von x, die nicht in φ_ν enthalten ist, dies leistet; ob aber überhaupt keine Function dieser Bedingung genügt, darüber konnte ich bis jetzt zu keinem Resultat gelangen.

müssen. Diese Umformung wird also im Allgemeinen darin bestehen, dass man das x aus dem Integralzeichen herauszuschaffen sucht.

Betrachten wir nun zuerst die Function x^μ.

Ist μ positiv, so ist x^μ für alle Werthe von x continuirlich; es wird also

$$\frac{1}{\Pi(-\nu-1)}\int_0^x (x-t)^{-\nu-1}t^\mu dt$$

immer ein Werth von $\partial_x^\nu(x^\mu)$ sein; dies Integral ist aber

$$=\frac{1}{\Pi(-\nu-1)}\int_0^1 x^{\mu-\nu}(1-y)^{-\nu-1}y^\mu dy=\frac{\Pi(\mu)}{\Pi(\mu-\varrho)}x^{\mu-\nu}.$$

Da das $m$te Differential hiervon $\frac{\Pi(\mu)}{\Pi(\mu-\nu-m)}x^{\mu-\nu-m}=\partial_x^{\nu+m}(x^\mu)$ ist, (4), so ist für jeden Werth von ν

$$\partial_x^\nu(x^\mu)=\frac{\Pi(\mu)}{\Pi(\mu-\nu)}x^{\mu-\nu}+\varphi_\nu.$$

Ist μ negativ, so ist x^μ für $x=0$ discontinuirlich, für alle andern Werthe aber continuirlich; in dem Ausdrucke 1. müssen also x und k stets gleiches Zeichen haben. Nun erhält man aber durch $m$malige partielle Integration

$$\frac{1}{\Pi(-\nu-1)}\int_k^x (x-t)^{-\nu-1}t^\mu dt$$

$$=\frac{\Pi(\mu)}{\Pi(-\nu-1-m)\,\Pi(\mu+m)}\int_k^x (x-t)^{-\nu-1-m}t^{\mu+m}dt+\varphi_\nu,$$

so lange $-\nu-m>0$ ist, wodurch sich also, wenn $-\nu>-\mu$ ist, diejenigen Integrale, worin $\mu<-1$ ist, auf solche zurückführen lassen, in denen der Exponent von $t \gtreqless -1$ ist; ist er >-1, so gehört

$$\int_0^k (x-t)^{-\nu-1-m}t^{\mu+m}dt$$

zu den Functionen φ_ν, und es ist also

$$\frac{\Pi(\mu)}{\Pi(-\nu-1-m)\,\Pi(\mu+m)}\int_0^x (x-t)^{-\nu-1-m}t^{\mu+m}dt=\frac{\Pi(\mu)}{\Pi(\mu-\nu)}x^{\mu-\nu}$$

ein Werth von $\partial_x^\nu(x^\mu)$, wenn $-\nu>-\mu$, welches Resultat nach dem Gesetze $\partial_x^{\nu+1}z=\frac{d\,\partial_x^\nu z}{dx}$ für jedes ν gelten muss.

Ist aber $\mu+m=-1$, so ist

$$\int_k^x (x-t)^{-\nu-1-m} t^{\mu+m} dt = \log x\, x^{\mu-\nu} - \log k\, x^{\mu-\nu} + \int_k^x \frac{(x-t)^{\mu-\nu} - x^{\mu-\nu}}{t} dt$$

$$= \log x\, x^{\mu-\nu} + \int_0^x \frac{(x-t)^{\mu-\nu} - x^{\mu-\nu}}{t} dt + \varphi_\nu$$

$$= \log x\, x^{\mu-\nu} + x^{\mu-\nu} \int_0^1 \frac{y^{\mu-\nu} - y}{1-y} dt$$

$$= \log x\, x^{\mu-\nu} - (\Psi(\mu-\nu) - \Psi(0))\, x^{\mu-\nu}.$$

Verallgemeinert man auch das hieraus erhaltene Resultat durch Differentiation, so hat man folgende Werthe für $\partial_x^\nu(x^\mu)$,

11. $$\partial_x^\nu(x^\mu) = \frac{\Pi(\mu)}{\Pi(\mu-\nu)} x^{\mu-\nu},$$

wenn μ nicht eine negative ganze Zahl ist;

12. $$\partial_x^\nu(x^\mu) = \frac{\Pi(\mu)}{\Pi(-1)} \frac{1}{\Pi(\mu-\nu)} \left[\log x\, x^{\mu-\nu} - (\Psi(\mu-\nu) - \Psi(0)) x^{\mu-\nu}\right],$$

wennn μ eine ganze negative Zahl ist.

Es ist zu bemerken, dass aus der Formel 12. die Formel 11. hervorgeht, sobald man nur die Constanten, die für diesen Fall $\frac{\infty}{\infty}$ werden, einer geeigneten Behandlung unterwirft, was auch in dem Fall geschehen muss, wo $(\mu-\nu)$ und μ beide ganze negative Zahlen sind. Man übersieht leicht, dass die aus diesen Formeln für verschiedene Werthe von ν hervorgehenden Werthe correspondirende sind; dies ist auch der Grund, warum wir in 12. nicht, wie wir es für den Fall $\mu =$ einer negativen ganzen Zahl konnten, den blos $x^{\mu-\nu}$ enthaltenden Theil in die Function φ_ν einschlossen.

Wendet man ein ähnliches Verfahren auf e^x an, so erhält man

13. $$\partial_x^\nu(e^x) = \frac{1}{\Pi(-\nu-1)} \int_{-\infty}^x e^t (x-t)^{-\nu-1} dt = \frac{1}{\Pi(-\nu-1)} e^x \int_0^\infty e^{-y} y^{-\nu-1} dy = e^x.$$

Die Ableitungen von $\log x$ ergeben sich durch dieselbe Methode, noch leichter aber und zwar sogleich für alle Werthe von ν aus 6. und 12.

14. $$\partial_x^\nu(\log x) = \partial_x^\nu \partial_x^{-1} x^{-1} = \frac{1}{\Pi(-\nu)} \left(\log x\, x^{-\nu} - [\Psi(-\nu) - \Psi(0)] x^{-\nu}\right).$$

Durch Anwendung der Regeln 7 bis 10 findet man aus 13. und 14. mit der grössten Leichtigkeit auch die Ableitungen von $\sin x$, $\cos x$, $\operatorname{tg} x$ und arc $(\operatorname{tg} = x)$.

Schliesslich bemerken wir noch, dass sich die aufgestellte Theorie mit derselben Sicherheit auch auf den Fall ausdehnen lässt, wo man den in Rede stehenden Grössen imaginäre Werthe beilegt.

XX.

Neue Theorie des Rückstandes in electrischen Bindungsapparaten.*)

1.

Vorbemerkung.

Herrn Professor Kohlrausch ist es gelungen, die Bildung des Rückstandes in electrischen Bindungsapparaten scharfen Messungen zu unterwerfen und darauf eine den Beobachtungen genügende Theorie dieser Erscheinung zu gründen, welche in Poggendorff's Annalen**) veröffentlicht worden ist. Die Genauigkeit dieser Messungen reizte mich, ein aus andern Gründen wahrscheinliches Gesetz für die Bewegungen der Electricität an denselben zu prüfen; in der Form, welche ihm für diesen Zweck gegeben wurde, ist es auf die Bewegungen der Electricität in allen ponderabeln Körpern anwendbar, jedoch nur unter der Voraussetzung, dass die in Betracht kommenden ponderabeln Körper gegen einander ruhen und keine merklichen thermischen und magnetischen- (oder voltainductorischen) Wirkungen und Einflüsse stattfinden. Behufs unbeschränkter Anwendbarkeit bedarf es noch einer Umarbeit und Ergänzung, mit welcher ich mich an einem andern Orte beschäftigen werde.

Im folgenden Aufsatze, welcher einem Schreiben an Herrn Professor Kohlrausch entnommen ist, ist diese neue Theorie des electrischen Rückstandes indess nicht selbstständig, sondern im Anschlusse an seine Theorie entwickelt worden; ich war bestrebt, jene Theorie, nicht geradeswegs die Erscheinungen auf sie zurückzuführen. Ich habe daher die von Herrn Professor Kohlrausch in seiner Abhandlung gebrauchten

*) Die hier mitgetheilte Abhandlung stammt aus dem Jahre 1854; ihre Veröffentlichung unterblieb wahrscheinlich, weil der Verfasser nicht gern auf eine ihm angerathene Abänderung derselben eingehen wollte.

**) Bd. 91. pag. 56.

Begriffe: electrisches Moment der isolirenden Wand, Spannung, Gesammtladung, disponible Ladung, Rückstand, überall durch die hier zu Grunde gelegten Begriffe ausgedrückt und auch sonst in mancher Hinsicht die dortige Betrachtungsweise berücksichtigt.

2.

Das der Rechnung zu Grunde gelegte Gesetz.

Es bezeichne t die Zeit, x, y, z rechtwinklige Coordinaten, ϱ die Dichtigkeit der Spannungselectricität zur Zeit t im Punkte (x, y, z), u den 4πten Theil des (Gauss'schen) Potentials aller wirkenden electrischen Massen im Punkte (x, y, z) zur Zeit t, also die Grösse

$$\frac{1}{4\pi}\int\frac{\varrho'\,dx'\,dy'\,dz'}{\sqrt{(x-x')^2+(y-y')^2+(z-z')^2}},$$

wenn $\varrho'\,dx'\,dy'\,dz'$ die Spannungselectricität des Elements $dx'\,dy'\,dz'$ zur Zeit t bedeutet. Man hat dann

$$\frac{\partial^2 u}{\partial x^2}+\frac{\partial^2 u}{\partial y^2}+\frac{\partial^2 u}{dz^2}=-\varrho.$$

Die hier anzuwendenden Gesetze für die Bewegungen der Electricität im Innern eines homogenen ponderabeln Körpers unter den erwähnten Umständen sind nun folgende:

I. Die electromotorische Kraft im Punkte (x, y, z) zur Zeit t setzt sich zusammen aus zwei Bestandtheilen, aus einem dem Coulombschen Gesetz gemässen, dessen Componenten proportional

$$-\frac{\partial u}{\partial x},\ -\frac{\partial u}{\partial y},\ -\frac{\partial u}{\partial z}$$

sind, und einem andern, dessen Componenten proportional sind

$$-\frac{\partial \varrho}{\partial x},\ -\frac{\partial \varrho}{\partial y},\ -\frac{\partial \varrho}{\partial z},$$

so dass ihre Componenten gleichgesetzt werden können

$$-\frac{\partial u}{\partial x}-\beta\beta\frac{\partial \varrho}{\partial x},\ -\frac{\partial u}{\partial y}-\beta\beta\frac{\partial \varrho}{\partial y},\ -\frac{\partial u}{\partial z}-\beta\beta\frac{\partial \varrho}{\partial z},$$

wo $\beta\beta$ nur von der Natur des ponderabeln Körpers abhängt.

II. Die Stromintensität ist der electromotorischen Kraft proportional, also

$$-\frac{\partial u}{\partial x}-\beta\beta\frac{\partial \varrho}{\partial x}=\alpha\xi,\ -\frac{\partial u}{\partial y}-\beta\beta\frac{\partial \varrho}{\partial y}=\alpha\eta,\ -\frac{\partial u}{\partial z}-\beta\beta\frac{\partial \varrho}{\partial z}=\alpha\zeta,$$

wenn α eine von der Natur des ponderabeln Körpers abhängige Constante und ξ, η, ζ die Componenten der Stromintensität sind.

Mit Zuziehung der phoronomischen Gleichung

$$\frac{\partial \varrho}{\partial t} + \frac{\partial \xi}{\partial x} + \frac{\partial \eta}{\partial y} + \frac{\partial \zeta}{\partial z} = 0$$

erhält man daher für u die Gleichungen

$$\frac{\partial^2 u}{\partial x^2} + \frac{\partial^2 u}{\partial y^2} + \frac{\partial^2 u}{\partial z^2} = -\varrho$$

und

$$\alpha \frac{\partial \varrho}{\partial t} + \varrho - \beta\beta\left(\frac{\partial^2 \varrho}{\partial x^2} + \frac{\partial^2 \varrho}{\partial y^2} + \frac{\partial^2 \varrho}{\partial z^2}\right) = 0\,^{*)}$$

oder, wenn man die Länge β und die Zeit α zur Einheit nimmt,

$$\frac{\partial \varrho}{\partial t} + \varrho - \left(\frac{\partial^2 \varrho}{\partial x^2} + \frac{\partial^2 \varrho}{\partial y^2} + \frac{\partial^2 \varrho}{\partial z^2}\right) = 0.$$

Dies giebt für u eine partielle Differentialgleichung, welche in Bezug auf t vom ersten, in Bezug auf die Raumcoordinaten vom vierten Grade ist, und um von einem bestimmten Zeitpunkte an u allenthalben im Innern des ponderabeln Körpers zu bestimmen, werden ausser dieser Gleichung noch eine Bedingung in jedem Punkte desselben für die Anfangszeit und für die Folge in jedem Oberflächenpunkte zwei Bedingungen erforderlich sein.

---

*) Hiernach sind die Gleichungen für das Gleichgewicht (in einem electrisirten isolirten Leiter)

$$-\frac{\partial u}{\partial x} - \beta\beta\frac{\partial \varrho}{\partial x} = 0,\ -\frac{\partial u}{\partial y} - \beta\beta\frac{\partial \varrho}{\partial y} = 0,\ -\frac{\partial u}{\partial z} - \beta\beta\frac{\partial \varrho}{\partial z} = 0,$$

oder

$$u - \beta\beta\left(\frac{\partial^2 u}{\partial x^2} + \frac{\partial^2 u}{\partial y^2} + \frac{\partial^2 u}{\partial z^2}\right) = \text{const.},$$

für die Stromausgleichung oder das bewegliche Gleichgewicht im Schliessungsbogen constanter Ketten

$$\frac{\partial \varrho}{\partial t} = 0$$

oder

$$\varrho - \beta\beta\left(\frac{\partial^2 \varrho}{\partial x^2} + \frac{\partial^2 \varrho}{\partial y^2} + \frac{\partial^2 \varrho}{\partial z^2}\right) = 0.$$

Wenn die Länge β gegen die Dimensionen des Körpers sehr klein ist, so nimmt u — const. im ersteren Falle, und ϱ im zweiten von der Oberfläche ab sehr schnell ab und ist im Innern allenthalben sehr klein, und zwar ändern sich die Grössen mit dem Abstande p von der Oberfläche, so lange deren Krümmungshalbmesser gegen β sehr gross bleibt, nahe wie $e^{-\frac{p}{\beta}}$. Dieser Fall wird bei den metallischen Leitern angenommen werden müssen.

3.

Plausible Auffassung dieses Gesetzes.

Das Bewegungsgesetz der Electricität ist unter voriger Nummer durch Begriffe, welche jetzt in der Lehre von der Electricität gebräuchlich sind, ausgedrückt worden. Diese Auffassung desselben ist jedoch einer Umarbeitung fähig, durch welche, wie es scheint, ein etwas treueres und vollständigeres Bild des wirklichen Zusammenhangs gewonnen wird.

Statt eine Ursache anzunehmen, welche im Punkte (x, y, z) die positive Electricität in den Richtungen der drei Axen mit den Kräften

$$-\beta\beta\frac{\partial\varrho}{\partial x},\ -\beta\beta\frac{\partial\varrho}{\partial y},\ -\beta\beta\frac{\partial\varrho}{\partial z}$$

und die negative mit den entgegengesetzten treibt, kann man auch eine Ursache annehmen, welche im Punkte (x, y, z) die positive Electricität mit der Intensität $\beta\beta\varrho$ zu vermindern und die negative zu vermehren strebt, und diese Ursache kann man in einem Widerstreben des Ponderabile gegen das Enthalten von Spannungselectricität oder den electrischen Zustand suchen.

Ebenso kann man auch die electromotorische Kraft, deren Componenten

$$-\frac{\partial u}{\partial x},\ -\frac{\partial u}{\partial y},\ -\frac{\partial u}{\partial z}$$

sind, durch eine Ursache von der Intensität u im Punkte (x, y, z) ersetzen, welche die Dichtigkeit der Electricität gleichen Zeichens zu vermindern und die der entgegengesetzten zu vermehren strebt.

Es ist aber dann, um der Grösse ϱ eine reelle Bedeutung zu geben, nicht nöthig zweierlei Electricitäten anzunehmen und $\varrho\, dx\, dy\, dz$ als den Ueberschuss der positiven Electricität des Elements $dx\, dy\, dz$ über die negative zu betrachten, sondern man kann im Wesentlichen zu der Franklin'schen Auffassung der electrischen Erscheinungen zurückkehren, am einfachsten wohl durch folgende Annahme:

Das Ponderabile, welches Sitz der Electricität ist, erfüllt den Raum stetig*) und mit gleichmässiger electrischer Capacität, welche seinem Leitungswiderstande umgekehrt proportional ist, und von welcher die Dichtigkeit der wirklich in ihm enthaltenen Electricität immer nur um einen unmerklich kleinen Bruchtheil abweicht. Bei überschüssiger oder fehlender Electricität (positiver oder negativer Spannungselectricität) geräth das Ponderabile in einen positiv oder negativ electrischen Zustand, vermöge dessen es die Dichtigkeit der in ihm enthaltenen Electricität zu vermindern oder zu vermehren strebt und zwar mit einem Drucke, welcher gleich ist der Dichtigkeit seiner Spannungselectricität, ϱ, multiplicirt in einen von der Natur des Ponderabile abhängigen Factor (seine antelectrische Kraft). Ihrerseits geräth bei auftretender Spannungselectricität

*) Auf einem andern Blatt findet sich hierzu folgende Bemerkung: Insofern dies Ponderabile (Kupfer, Glas) als Sitz der Electricität betrachtet und ihm eine bestimmte electrische Capacität und ein bestimmter Leitungswiderstand beigelegt wird, muss als von ihm eingenommener Raum der ganze Raum, in welchem sich die specifische Eigenthümlichkeit desselben geltend macht, nicht etwa der Ort von Kupfer- oder Glasmoleculen angesehen werden.

die Electricität in einen Zustand, Spannung, vermöge dessen sie ihre Dichtigkeit zu vermindern (oder bei negativer Spannung zu vermehren) strebt und dessen Grösse u in jedem Augenblicke abhängt von sämmtlichen Massen Spannungselectricität nach der Formel

$$u = \frac{1}{4\pi}\int \frac{\varrho'\, dx'\, dy'\, dz'}{\sqrt{(x-x')^2+(y-y')^2+(z-z')^2}}$$

oder auch vermittelst des Gesetzes

$$\frac{\partial^2 u}{\partial x^2}+\frac{\partial^2 u}{\partial y^2}+\frac{\partial^2 u}{\partial z^2} = -\varrho$$

und der Bedingung, dass u in unendlicher Entfernung von Spannungselectricität unendlich klein bleibt. Die Electricität bewegt sich gegen die ponderabeln Körper mit einer Geschwindigkeit, welche in jedem Augenblicke der aus diesen Ursachen hervorgehenden electromotorischen Kraft gleich ist.

Uebrigens müssen diese Bewegungsgesetze der Electricität, wenn deren Verhältniss zu Wärme und Magnetismus in Rechnung gezogen werden soll, vorbemerktermassen selbst noch abgeändert und umgeformt werden, und dann wird eine veränderte Auffassung dieser Erscheinungen nöthig.*)

4.

Behandlung des Problems der Rückstandsbildung. Ausdruck der zu bestimmenden Grössen durch das Potential.

Indem ich mich nun zur Untersuchung der Rückstandsbildung wende, beschäftige ich mich zunächst damit, die zu bestimmenden Grössen durch das Potential, oder vielmehr, was die Rechnung vereinfacht, durch die ihm proportionale Function u auszudrücken. Zu grösserer Bequemlichkeit für die an abstracte Grössenbetrachtung minder gewöhnten Physiker habe ich das Potential als das Maass einer Ursache, Spannung, betrachtet, welche die Dichtigkeit der Electricität im Punkte (x, y, z) zu vermindern strebt, und diese im Punkte $(x, y, z) = u$, also die Componenten der durch sie bewirkten electromotorischen Kraft

$$= -\frac{\partial u}{\partial x}, -\frac{\partial u}{\partial y}, -\frac{\partial u}{\partial z}$$

gesetzt. Man muss dann als Spannungseinheit die im Innern einer Kugel vom Radius 1 durch auf der Oberfläche vertheilte Electricität von der Dichtigkeit 1 entstehende Spannung annehmen oder als Einheit der electromotorischen Kräfte die von der Masse 4π in der Ent-

*) Dieser ganze Artikel ist im Manuscript durchgestrichen, wahrscheinlich nur aus dem Grunde, weil der Verfasser durch die Eigenthümlichkeit der hier vorgetragenen Auffassung, welche auf das Innigste mit seinen naturphilosophischen Principien zusammenhängt, bei den Physikern damals Anstoss zu erregen befürchtete.

24*

fernungseinheit erzeugte. Zur Vereinfachung der Rechnung ist ferner als Zeiteinheit α, als Längeneinheit β eingeführt worden; macht man die Einheit der electromotorischen Kräfte auf die hier angenommene Weise von der electrischen Masseneinheit abhängig, so sind α und $\beta\beta$ die Maasse für den Leitungswiderstand $\left(=\frac{\text{electromotorische Kraft}}{\text{Stromintensität}}\right)$ und die antelectrische Kraft $\left(=\frac{\text{Druck des Ponderabile}}{\text{Dichtigkeit der Spannungselectricität}}\right)$ des ponderabeln Sitzes.

Zur Discussion der vorliegenden Beobachtungen genügt die Lösung der Aufgabe: die Aenderungen der Spannungselectricität im Innern einer überall gleich dicken homogenen Wand zu bestimmen, wenn die Oberflächen mit vollkommenen Leitern belegt sind, gleiche Mengen entgegengesetzter Electricität empfangen und keine electromotorische Kraft besitzen (keine Contactwirkung in ihnen stattfindet), und ihre Dimensionen gegen die Dicke der Wand als unendlich gross betrachtet werden dürfen (d. h. der Einfluss des Randes und der Krümmung vernachlässigt werden darf).

Legt man den Anfangspunkt der Coordinaten in die Mitte der Wand, die x-Axe auf ihre Oberflächen senkrecht und bezeichnet ihre halbe Dicke durch a, so wird der Ausdruck für die Wand $a > x > -a$, u eine blosse Function von x und

$$\varrho = -\frac{\partial^2 u}{\partial x^2},$$

folglich

$$\int_{x'}^{x''} \varrho\, \partial x = \left(\frac{\partial u}{\partial x}\right)_{x'} - \left(\frac{\partial u}{\partial x}\right)_{x''}.$$

Die zwischen zwei Werthen von x über der Flächeneinheit enthaltene Electricitätsmenge ist also, geometrisch ausgedrückt, gleich der Differenz zwischen den Tangenten der Neigungen der Spannungscurve, d. h. der Curve, deren Ordinate für die Abscisse x gleich u ist; diese Curve ist gerade, wo keine Spannungselectricität vorhanden ist, nach oben (oder für Orte mit grösseren Ordinaten) convex, wo positive, nach unten, wo negative stetig vertheilt ist, und gebrochen für einen Werth von x, bei welchem eine endliche Menge angehäuft ist.

Die durch eine Ladung erzeugte oder durch eine Entladung vernichtete Spannung wird daher stets dargestellt durch eine Curve von der Form A, d. h. ist sie in den Belegungen u_a, u_{-a} und folglich in der Mitte

$$\frac{u_a + u_{-a}}{2} = u_0,$$

so ist sie im Innern

$$= u_0 + \frac{x}{a}(u_a - u_0).$$

Durch das Eindringen der Electricität ins Innere erhält die Spannungscurve die Form *B*. Für die Flächeneinheit ist die Gesammtmenge der geschiedenen Electricitäten gleich der Tangente ihrer Neigung in der Mitte

$$\left(\frac{\partial u}{\partial x}\right)_0,$$

das electrische Moment

$$\int_{-a}^{+a} \varrho x \, \partial x = u_a - u_{-a} - a\left(\left(\frac{\partial u}{\partial x}\right)_a + \left(\frac{\partial u}{\partial x}\right)_{-a}\right) = u_a - u_{-a},$$

also gleich der Spannungsdifferenz der Oberflächen.

Durch eine Entladung wird die Spannung in den Belegungen aufgehoben. Die vernichtete Spannung ist daher in den Belegungen $= u_a, u_{-a}$, im Innern

$$= u_0 + \frac{x}{a}(u_a - u_0),$$

die disponible Ladung für die Flächeneinheit

$$= \frac{1}{a}(u_a - u_0),$$

die bleibende Spannung im Innern

$$= u - u_0 - \frac{x}{a}(u_a - u_0),$$

und für die Flächeneinheit der verborgene Rückstand

$$= \left(\frac{\partial u}{\partial x}\right)_0 - \frac{1}{a}(u_a - u_0),$$

die der Oberfläche $(x = a)$ durch die Entladung mitgetheilte Electricitätsmenge

$$= -\frac{1}{a}(u_a - u_0).$$

A *B* *C* *D*

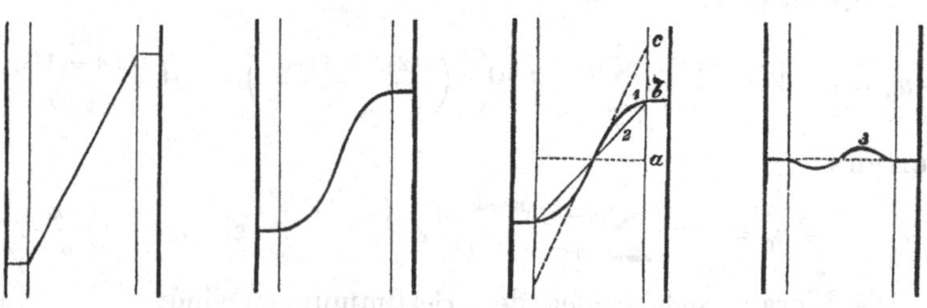

1) Spannungscurve der Gesammtladung
2) „ der disponiblen Ladung
3) „ des Rückstandes.
Gesammtladung: $= ac$, disponible Ladung: ab, Rückstand: $= bc$.

5.

Lösung der Aufgabe im einfachsten Falle, wo kein Ab- und Zufluss durch die Oberflächen stattfindet.

Nach dieser Uebersicht und geometrischen Darstellung der gesuchten Grössen gehe ich zu ihrer Bestimmung durch Rechnung nach dem angegebenen Gesetze über. Ich behandle zunächst den Fall, wo anfangs im Innern keine freie Electricität vorhanden ist, und den Oberflächen auf der Flächeneinheit die Masseneinheit mitgetheilt wird, später aber kein Ab- und Zufluss durch die Oberflächen stattfindet.

Die Bedingungen zur Bestimmung von u sind:

$$\text{für } t>0,\ a>x>-a \qquad \frac{\partial^2 u}{\partial x^2}=-\varrho,\quad \frac{\partial\varrho}{\partial t}+\varrho-\frac{\partial^2\varrho}{\partial x^2}=0$$

$$t=0,\ a>x>-a \qquad \frac{\partial u}{\partial x}=1$$

$$t>0,\ x=\pm a \qquad \frac{\partial u}{\partial x}=0,\quad \frac{\partial u}{\partial x}+\frac{\partial\varrho}{\partial x}=0,$$

welche letzteren ausdrücken, dass in den Oberflächen sowohl die Electricitätsmengen, als der Durchfluss, und folglich die electromotorische Kraft $=0$ sein soll.

Diesen Bedingungen genügen zwei Ausdrücke, der eine für kleine, der andere für grosse Werthe von t brauchbar.

Setzt man zur Abkürzung

$$\int_\lambda^\infty e^{-\lambda\lambda}\,d\lambda=\varphi(\lambda)$$

und

$$\int_\lambda^\infty \varphi(\lambda)\,d\lambda=\tfrac{1}{2}e^{-\lambda\lambda}-\lambda\varphi(\lambda)=\psi(\lambda),$$

so genügt erstens

$$u-u_0=e^{-t}\left[x+\frac{4\sqrt{t}}{\sqrt{\pi}}\sum_{1,\infty}^{n}(-1)^n\left(\psi\left(\frac{a(2n-1)-x}{2\sqrt{t}}\right)-\psi\left(\frac{a(2n-1)+x}{2\sqrt{t}}\right)\right)\right],$$

zweitens

$$u-u_0=e^{-t}\sum\frac{(-1)^{n-1}\,2a}{\pi\pi(n-\frac{1}{2})^2}\,e^{-(n-\frac{1}{2})^2\frac{\pi\pi}{aa}t}\sin(n-\tfrac{1}{2})\frac{x\pi}{a}.$$

Die hieraus sich ergebenden Bestimmungen sind:
für die Vertheilung der Electricität*)

*) Vergl. Jacobi. Fundamenta nova theoriae functionum ellipticarum. §§. 61, 63.

$$\varrho = -\frac{\partial^2 u}{\partial x^2} = \frac{e^{-t}}{\sqrt{\pi t}} \sum (-1)^{n-1} \left(e^{-\frac{(a(2n-1)-x)^2}{4t}} - e^{-\frac{(a(2n-1)+x)^2}{4t}} \right)$$

$$= \frac{2e^{-t}}{a} \sum (-1)^{n-1} e^{-(n-\frac{1}{2})^2 \frac{\pi\pi}{aa} t} \sin (n - \tfrac{1}{2}) \frac{x\pi}{a},$$

für die Gesammtladung

$$Q_t^* = \left(\frac{\partial u}{\partial x}\right)_0 = e^{-t} \left(1 + \frac{4}{\sqrt{\pi}} \sum (-1)^n \varphi\left(\frac{(n-\frac{1}{2})a}{\sqrt{t}}\right)\right)$$

$$= e^{-t} \sum \frac{(-1)^{n-1} 2}{(n-\frac{1}{2})\pi} e^{-(n-\frac{1}{2})^2 \frac{\pi\pi}{aa} t},$$

für die disponible Ladung

$$L_t^* = \frac{u_a - u_{-a}}{2a} = e^{-t} \left\{1 - \frac{2\sqrt{t}}{a\sqrt{\pi}} \left(1 + 4 \sum (-1)^n \psi\left(\frac{an}{\sqrt{t}}\right)\right)\right\}$$

$$= e^{-t} \sum \frac{2}{\pi\pi (n-\frac{1}{2})^2} e^{-(n-\frac{1}{2})^2 \frac{\pi\pi}{aa} t},$$

für den Rückstand

$$r_t^* = \left(\frac{\partial u}{\partial x}\right)_0 - \frac{u_a - u_{-a}}{2a}$$

$$= \frac{2\sqrt{t}e^{-t}}{a\sqrt{\pi}} \left\{1 + 4 \sum (-1)^n \left(\psi\left(\frac{an}{\sqrt{t}}\right) + \frac{a}{2\sqrt{t}} \varphi\left(\frac{(n-\frac{1}{2})a}{\sqrt{t}}\right)\right)\right\}$$

$$= e^{-t} \sum \frac{2}{\pi (n-\frac{1}{2})} \left((-1)^{n-1} - \frac{1}{\pi (n-\frac{1}{2})}\right) e^{-(n-\frac{1}{2})^2 \frac{\pi\pi}{aa} t}.$$

6.

Zurückführung der allgemeinen Aufgabe auf diesen einfachsten Fall.

Um auf diesen einfachsten Fall den Fall zurückzuführen, wo Ab- und Zufluss durch die Oberflächen stattfindet, bezeichne $\chi(t)$ den Ausdruck für die Spannungsdifferenz $u - u_0$ zur Zeit t in diesem einfachsten Falle; für negative Werthe von t sei $\chi(t) = 0$.

Soll nun die Spannung bestimmt werden, welche entsteht, wenn den Oberflächen $(x = \pm a)$ zur Zeit 0 die Mengen $\pm \mu$, darauf zur Zeit t' die Mengen $\pm \mu'$, zur Zeit t'' die Mengen $\pm \mu''$, ... mitgetheilt werden, so hat man

$$u - u_0 = \mu\chi(t) + \mu'\chi(t - t') + \mu''\chi(t - t'') + \cdots;$$

denn dieser Werth genügt sämmtlichen zu seiner Bestimmung gegebenen Bedingungen.

Findet ein stetiger Ab- und Zufluss von Electricität statt, so wird

$$u - u_0 = \int_0^t \chi(t - \tau) \frac{d\mu}{d\tau} d\tau,$$

wenn $\pm \frac{d\mu}{d\tau}$ die im Zeitelement $d\tau$ durch die Oberfläche $(x = \pm a)$ nach Innen strömende Electricitätsmenge bezeichnet.

Beide Ausdrücke kann man zusammenfassen in dem Ausdruck

$$u - u_0 = \int_0^t \chi(t-\tau)\, d\mu,$$

wenn man durch $\pm d\mu$ die im Zeitelement $d\tau$ auf der Oberfläche $(x = \pm a)$ hinzukommende Electricitätsmenge bezeichnet, wo diese dann einen endlichen Werth hat oder $d\tau$ proportional ist, je nachdem eine plötzliche Ladung oder Entladung, oder ein stetiger Ab- oder Zufluss stattfindet.

Aus diesem Ausdrucke für die Spannung folgt

$$Q_t = \int_0^t Q^*_{t-\tau}\, d\mu, \quad L_t = \int_0^t L^*_{t-\tau}\, d\mu, \quad r_t = \int_0^t r^*_{t-\tau}\, d\mu.$$

In diesen Formeln sind die Zeiten in Theilen von α, die Längen in Theilen von β ausgedrückt; um bekannte Maasse einzuführen, hat man nur a und x durch $\frac{a}{\beta}$, $\frac{x}{\beta}$; t und τ durch $\frac{t}{\alpha}$, $\frac{\tau}{\alpha}$ zu ersetzen.

7.

Vergleichung der Rechnung mit den Beobachtungen.

Um nun die erhaltenen Formeln mit dem wirklichen Verlaufe der Rückstandsbildung zu vergleichen, wie er durch die in Poggendorff's Annalen veröffentlichten Messungen des Herrn Professor Kohlrausch mit so grosser Genauigkeit festgestellt worden ist, geht man wohl am zweckmässigsten von der Thatsache aus, dass die Ladungscurve einer Parabel nahe kommt mit allmählich abnehmendem Parameter, d. h. dass die Grösse $\frac{L_0 - L_t}{\sqrt{t}}$ langsam abnimmt.

Zufolge der für L_t abgeleiteten Formel ist $L_0 - L_t$ für sehr kleine Werthe von t proportional $\sqrt{t}$ und zwar

$$\frac{L_0 - L_t}{\sqrt{t}} = L_0 \frac{2}{\sqrt{\pi}} \sqrt{\frac{\beta\beta}{a a \alpha}}.$$

Zufolge der Messungen muss man annehmen, dass diese Proportionalität näherungsweise noch während der Beobachtungen stattfindet.

Man wird daher die Zeit $\frac{aa}{\beta\beta}\alpha$ in roher Annäherung aus den Beobachtungen bestimmen können, und dann ist in der That

$$\frac{L_0^* - e^{\frac{t}{\alpha}} L_t^*}{\sqrt{t}} =$$

$$L_0^* \frac{2}{\sqrt{\pi}} \sqrt{\frac{\beta\beta}{a a \alpha}} \left(1 - 4\psi\left(\sqrt{\frac{a a \alpha}{\beta\beta t}}\right) + 4\psi\left(2\sqrt{\frac{a a \alpha}{\beta\beta t}}\right) - 4\psi\left(3\sqrt{\frac{a a \alpha}{\beta\beta t}}\right) + \cdots\right)$$

eine Function, welche mit wachsendem t langsam abnimmt. Nichtsdestoweniger würde $\frac{L_0 - L_t}{\sqrt{t}}$ mit wachsendem t zunehmen, wenn man $\frac{1}{\alpha}$ einen merklichen Werth beilegte. Dasselbe scheint sich auch zu ergeben, wenn man einen beträchtlichen Verlust durch die Luft annimmt, wenigstens wenn man dafür das Coulomb'sche Gesetz zu Grunde legt.

Man wird daher für die erste Bearbeitung der Beobachtungen die Zeit α (d. h. den Leitungswiderstand des Glases für die dem Coulombschen Gesetz gemässen electromotorischen Kräfte) unendlich gross annehmen, den Verlust durch die Luft vernachlässigen und sich zunächst darauf beschränken müssen, zu untersuchen, in wie weit sich durch gehörige Bestimmung von $\frac{aa}{\beta\beta}\alpha$ den Beobachtungen genügen lässt.

Sobald man sich überzeugt hat, dass die Voraussetzungen der Rechnung näherungsweise richtig sind, ist eine schärfere Vergleichung der Rechnung mit den Beobachtungen verlorene Arbeit, wenn man nicht die Gelegenheit hat, die Quellen der Differenzen zwischen Rechnung und Beobachtung an der Hand der Erfahrung aufzusuchen, um die wegen der Abweichungen von den Voraussetzungen der Rechnung nöthigen Correctionen anzubringen. Da mir nun zu einem experimentellen Studium des Gegenstandes die Mittel fehlen, so musste ich von einer weiteren Verfolgung desselben vorläufig abstehen.

8.

Verhältniss dieses Problems zur Electrometrie und zur Theorie verwandter Erscheinungen.

Die Grösse $\frac{\beta\beta}{aa\alpha}$, bei der Flasche b etwa $\frac{1}{2000}$, giebt den Quotienten $\frac{\text{antelectrische Kraft}}{\text{Leitungswiderstand}}$ des Glases der Flasche in absolutem Maass, wenn als Längeneinheit die Flaschendicke, als Zeiteinheit die Secunde angenommen wird. Für diese Bestimmung ist es gleichgültig, wie man die Einheit der electromotorischen Kräfte von der Einheit der electrischen Massen abhängig macht; die Constanten α und $\beta\beta$ würden aber den Leitungswiderstand und die antelectrische Kraft in einem andern Maasse als dem Weber'schen geben, wo die Einheit der electromotorischen Kräfte durch die dem Ampère'schen Gesetz gemässen Wirkungen der Masseneinheit festgesetzt wird.

Zur Vergleichung des hier untersuchten Falles mit den Erscheinungen an guten Leitern kann die Betrachtung des Beharrungszustandes bei constant erhaltener Spannungsdifferenz der Oberflächen (oder constantem Zufluss) dienen. Für diesen ist

die Dichtigkeit im Innern: $\varrho = -\frac{\partial^2 u}{\partial x^2} = e^x - e^{-x}$,

die Spannung: $u = u_0 - e^x + e^{-x} + x(e^a + e^{-a})$,

die Spannungsdifferenz der Oberflächen:

$$u_a - u_{-a} = 2(a(e^a + e^{-a}) - (e^a - e^{-a})),$$

die Gesammtladung: $\left(\frac{\partial u}{\partial x}\right)_0 = e^a + e^{-a} - 2$,

der Rückstand: $\left(\frac{\partial u}{\partial x}\right)_0 - \frac{u_a - u_{-a}}{2a} = \frac{e^a - e^{-a}}{a} - 2$,

die in der Zeiteinheit durchfliessende Menge:

$$= \left(\frac{\partial u}{\partial x} + \frac{\partial \varrho}{\partial x}\right) = -(e^a + e^{-a}),$$

oder gleich proportionalen Grössen, wobei zur Vereinfachung, wie oben, als Zeiteinheit α, als Längeneinheit β, als Spannungseinheit die Spannung im Innern einer Kugel vom Radius 1 bei auf der Oberfläche vertheilter Electricität von der Dichtigkeit 1 angenommen ist.

Besonders wichtig scheint mir die Prüfung des vermutheten Gesetzes und eventualiter die Bestimmung der Constanten α und β bei den Gasen zu sein. Die Beobachtungen von Riess*) und Kohlrausch**), nach welchen für den Electricitätsverlust an die Luft in einem geschlossenen Raume das Gesetz Coulomb's nicht gilt, können vielleicht als Ausgangspunkt für diese Untersuchung dienen und es wäre für dieselben wohl zunächst ein System von Messungen über den Electricitätsverlust im Innern eines einigermassen regelmässigen geschlossenen Raumes zu wünschen.

---

*) Pogg. Ann. Bd. 71. pag. 359.

**) Pogg. Ann. Bd. 72. pag. 374.

XXI.

Zwei allgemeine Sätze über lineare Differentialgleichungen mit algebraischen Coefficienten.

(20. Febr. 1857.)

Bekanntlich lässt sich jede Lösung einer linearen homogenen Differentialgleichung $n$ter Ordnung in n von einander unabhängige particulare Lösungen linear mit constanten Coefficienten ausdrücken. Sind die Coefficienten der Differentialgleichung rationale Functionen der unabhängigen Veränderlichen x, so wird jeder Zweig der, allgemein zu reden, vielwerthigen Functionen, welche ihr genügen, sich linear mit constanten Coefficienten in n für jeden Werth von x eindeutig bestimmte Functionen ausdrücken lassen, welche freilich dann längs eines gewissen Liniensystems unstetig sein müssen. Sind die Coefficienten aber algebraische Functionen von x, welche sich rational in x und eine μ-werthige algebraische Function von x ausdrücken lassen, so gehört zu jedem Zweig dieser μ-werthigen Function eine Gruppe von n von einander unabhängigen particularen Lösungen, so dass in diesem Falle jeder Zweig einer Lösung der Differentialgleichung als ein linearer Ausdruck von höchstens μn eindeutigen Functionen sich darstellen lässt, welcher aber von ihnen immer nur n einer Gruppe angehörige enthalten wird. Aus diesen Vorbemerkungen wird man, da sich jede nicht homogene lineare Differentialgleichung leicht in eine homogene von der nächst höhern Ordnung verwandeln lässt, ersehen, dass die folgenden Sätze alle linearen Differentialgleichungen mit algebraischen Coefficienten umfassen.

Es seien $y_1, y_2, \ldots, y_n$ Functionen von x, welche für alle complexen Werthe dieser Grösse einändrig und endlich sind, ausser für $a, b, c, \ldots, g$, und welche durch einen Umlauf des x um einen dieser Verzweigungswerthe in lineare Functionen mit constanten Coefficienten von ihren früheren Werthen übergehen.

Zu ihrer näheren Bestimmung scheide man die Gesammtheit der complexen Werthe in zwei Gebiete durch eine in sich zurücklaufende

Linie, die der Reihe nach durch sämmtliche Verzweigungswerthe $(g, \ldots, c, b, a)$ geht, so dass in jedem dieser Gebiete die Functionen völlig gesondert und stetig verlaufen, und betrachte die Werthe der Functionen in dem auf der positiven Seite dieser Linie liegenden Gebiete als gegeben. Durch einen positiven Umlauf des x um a gehe nun y_1 in $\sum_{i=1}^{i=n} A_i^{(1)} y_i$; y_2 in $\Sigma A_i^{(2)} y_i, \ldots$; y_n in $\Sigma A_i^{(n)} y_i$ über und ähnlich durch einen positiven Umlauf um b y_ν in $\Sigma B_i^{(\nu)} y_i$, etc., durch einen positiven Umlauf um g y_ν in $\Sigma G_i^{(\nu)} y_i$.

Bezeichnet man nun zur Abkürzung das System der n Werthe $(y_1, y_2, \ldots, y_n)$ durch (y), das System der nn Coefficienten

$$\begin{matrix} A_1^{(1)} & A_2^{(1)} & \ldots & A_n^{(1)} \\ A_1^{(2)} & A_2^{(2)} & \ldots & A_n^{(2)} \\ . & . & . & . \\ A_1^{(n)} & A_2^{(n)} & \ldots & A_n^{(n)} \end{matrix}$$

durch (A), das System der B durch $(B), \ldots$, der G durch (G), und die aus (y) mittelst des Coefficientensystems (A) gebildeten Werthe $\Sigma A_i^{(1)} y_i, \Sigma A_i^{(2)} y_i, \ldots, \Sigma A_i^{(n)} y_i$ durch $(A)(y_1, y_2, .., y_n) = (A)(y)$, so findet zwischen diesen Coefficientensystemen die Gleichung

$$(1) \qquad (G)(F) \ldots (B)(A) = (0)$$

statt, wenn man durch (0) ein Coefficientensystem bezeichnet, das nichts ändert, oder in welchem die Coefficienten der abwärts nach rechts gehenden Diagonale $= 1$ und alle übrigen $= 0$ sind. In der That, durchläuft x die ganze Grenzlinie so, dass es sich von einem Verzweigungswerth zum folgenden auf der positiven Seite bewegt, dann aber jedesmal um diesen Verzweigungswerth positiv herum, so gehen die Functionen (y) nach und nach in $(G)(y)$, $(G)(F)(y)$, schliesslich in $(G)(F) .. (B)(A)(y)$ über. Es hat aber denselben Erfolg, wenn x die negative Seite der Grenzlinie oder die ganze Begrenzung des negativerseits liegenden Gebiets durchläuft, wobei $(y_1, y_2, .., y_n)$ ihre früheren Werthe wieder annehmen müssen, da sie in diesem Gebiet allenthalben einändrig sind.

Ein System von n Functionen, welches die eben angegebenen Eigenschaften hat, werde durch

$$Q\begin{pmatrix} a & b & c & \ldots & g & \\ A & B & C & \ldots & G & x \end{pmatrix}$$

bezeichnet.

Man betrachte nun als zu einer Klasse gehörig sämmtliche Systeme, für welche die Verzweigungswerthe und die um sie stattfindenden

Substitutionen gegebene der Gleichung (1) genügende Werthe haben, was, wie sich bald ergeben wird, für unendlich viele Systeme der Fall ist. Nach einem leicht zu beweisenden, von Jacobi vielfach angewandten Satze lässt sich jede Substitution, allgemein zu reden, in drei Substitutionen zerlegen, von denen die letzte die inverse der ersten ist, und in der mittleren die Coefficienten ausser der Diagonale sämmtlich $= 0$ sind, so dass durch sie jede von den Grössen, auf welche sie angewandt wird, nur einen Factor erhält. Es lässt sich also z. B.

$$(A) = (\alpha) \begin{Bmatrix} \lambda_1, 0 \,..\, 0 \\ 0, \lambda_2 \,..\, 0 \\ . \quad . \quad . \quad . \\ 0, 0 \,..\, \lambda_n \end{Bmatrix} (\alpha)^{-1}$$

setzen, wenn $(\alpha)^{-1}$ die inverse Substitution von (α) bezeichnet. Die Grössen λ werden dabei die n Wurzeln einer durch (A) völlig bestimmten Gleichung $n$ten Grades. Für den Fall, dass diese Gleichung gleiche Wurzeln hätte, müsste man der mittleren Substitution eine etwas abgeänderte Form geben; wir wollen aber zur Vereinfachung diesen Fall vorläufig ausschliessen und annehmen, dass er bei der Zerlegung der Substitutionen $(A), (B), \ldots, (G)$ nicht eintritt. Die Substitution (α) kann in

$$(\alpha) \begin{Bmatrix} l_1, 0, \,..\, 0 \\ 0, l_2, \,..\, 0 \\ . \quad . \quad . \quad . \\ 0, 0, \,..\, l_n \end{Bmatrix}$$

durch Hinzufügung einer nur multiplicirenden Substitution verwandelt werden; in dieser Form aber sind, wie die Gleichungen, durch welche sie bestimmt wird, zeigen, alle möglichen Werthe derselben enthalten.

Durch einen positiven Umlauf des x um a gehen die Werthe der Functionen y aus $(p_1, p_2, \ldots, p_n)$ in $(A)(p)$ über. Die Werthe der durch die Substitution $(\alpha)^{-1}$ aus (y) gebildeten Functionen

$$(z_1, z_2, \ldots, z_n) = (\alpha)^{-1}(y)$$

gehen daher aus $(\alpha)^{-1}(p)$ in

$$(\alpha)^{-1}(A)(p) = \begin{Bmatrix} \lambda_1, 0, \,..\, 0 \\ 0, \lambda_2, \,..\, 0 \\ . \quad . \quad . \quad . \\ 0, 0, \,..\, \lambda_n \end{Bmatrix} (\alpha)^{-1}(p)$$

über, oder $(z_1, z_2, \ldots, z_n)$ in $(\lambda_1 z_1, \lambda_2 z_2, \ldots, \lambda_n z_n)$.

Wenn eine Function z durch einen positiven Umlauf des x um a den constanten Factor λ erhält, so kann sie durch Multiplication mit einer Potenz von $(x - a)$ in eine Function verwandelt werden, die in der Umgebung von a einändrig ist. In der That erhält $(x - a)^{\mu}$ durch einen positiven Umlauf des x um a den Factor $e^{\mu 2\pi i}$; bestimmt man also μ so, dass $e^{\mu 2\pi i} = \lambda$, oder setzt man $\mu = \frac{\log \lambda}{2\pi i}$, so wird $z(x-a)^{-\mu}$ eine für $x = a$ einändrige Function. Diese Function lässt sich also nach ganzen Potenzen von $(x-a)$ entwickeln, und z selbst nach Potenzen, die sich von μ um ganze Zahlen unterscheiden.

Demnach sind $z_1, z_2, .., z_n$ nach Potenzen von $x - a$ entwickelbar, deren Exponenten in der Form

$$\frac{\log \lambda_1}{2\pi i} + m, \quad \frac{\log \lambda_2}{2\pi i} + m, \ldots, \quad \frac{\log \lambda_n}{2\pi i} + m$$

enthalten sind, wenn m eine ganze Zahl bedeutet. Wir wollen nun annehmen, dass die Functionen y nirgends unendlich von unendlich grosser Ordnung werden, so dass diese Reihen auf der Seite der fallenden Potenzen abbrechen müssen, und bezeichnen durch $\mu_1, \mu_2, .., \mu_n$ die niedrigsten Potenzen in diesen Reihen, so dass

$$z_1(x-a)^{-\mu_1}, \ldots, z_n(x-a)^{-\mu_n}$$

endliche von 0 verschiedene Werthe haben. Offenbar kann die Differenz zweier von den Grössen $\mu_1, \mu_2, .., \mu_n$ nie eine ganze Zahl sein, da die Werthe der Grössen $\lambda_1, \lambda_2, .., \lambda_n$ sämmtlich von einander verschieden sind; dagegen werden die Werthe der entsprechenden Exponenten bei zwei zu derselben Klasse gehörigen Systemen sich nur um ganze Zahlen unterscheiden können, da die Grössen $\lambda_1, \lambda_2, .., \lambda_n$ durch (A) völlig bestimmt sind. Diese Exponenten können dazu dienen, die verschiedenen Functionensysteme derselben Klasse von einander zu unterscheiden, oder doch sie zu gruppiren, und es genügt, wenn sie bekannt sind, statt (A) die Substitution (α) anzugeben, da die Grössen $\lambda_1, \lambda_2, .., \lambda_n$ schon durch sie bestimmt sind: wir werden uns daher zur genaueren Charakteristik des Systems $(y_1, y_2, .., y_n)$ des Ausdrucks

$$Q\left\{\begin{matrix} a & b & \ldots & g \\ (\alpha) & (\beta) & \ldots & (\vartheta) \\ \mu_1 & \nu_1 & \ldots & \varrho_1 \\ \cdot & \cdot & \cdot & \cdot \\ \mu_n & \nu_n & \ldots & \varrho_n \end{matrix} \quad x\right\}$$

bedienen, in welchem die Grössen der übrigen Verticalreihen für die Verzweigungswerthe $b, .., g$ die analoge Bedeutung haben sollen, wie die der ersten für a. Es liegt dabei auf der Hand, dass jedes System als ein specieller Fall eines andern betrachtet werden kann, in welchem die entsprechenden Exponenten zum Theil oder sämmtlich niedriger sind.

Es ist nun nicht schwer zu beweisen, dass zwischen je $n+1$ Systemen, die derselben Klasse angehören, eine lineare homogene Gleichung mit ganzen Functionen von x als Coefficienten stattfindet. Wir unterscheiden die entsprechenden Grössen in diesen $n+1$ Systemen durch obere Indices. Nehmen wir an, dass zwischen ihnen die n Gleichungen stattfinden:

$$
(2)\quad
\begin{array}{l}
a_0 y_1 + a_1 y_1^{(1)} + \cdots + a_n y_1^{(n)} = 0 \\
a_0 y_2 + a_1 y_2^{(1)} + \cdots + a_n y_2^{(n)} = 0 \\
\cdots\cdots\cdots\cdots \\
a_0 y_n + a_1 y_n^{(1)} + \cdots + a_n y_n^{(n)} = 0,
\end{array}
$$

so müssen die Grössen $a_0, a_1, .., a_n$ proportional sein den Determinanten der Systeme, welche man erhält, wenn man in dem Systeme der $n(n+1)$ Grössen y der Reihe nach die 1te, 2te, .., ($n+1$te) Verticalreihe weglässt. Eine solche Determinante $\Sigma \pm y_1^{(1)} y_2^{(2)} .. y_n^{(n)}$ erhält durch einen positiven Umlauf des x um a den Factor Det. (A) und kann für $x=a$ nicht unendlich von unendlich grosser Ordnung werden; sie lässt sich also nach um 1 steigenden Potenzen von $x-a$ entwickeln. Um den niedrigsten Exponenten in dieser Entwicklung zu bestimmen, kann diese Determinante in die Form gesetzt werden

$$\text{Det.}\,(\alpha)\, \Sigma \pm z_1^{(1)} z_2^{(2)} .. z_n^{(n)}.$$

In letzterer Determinante ist das erste Glied

$$z_1^{(1)} z_2^{(2)} .. z_n^{(n)} = (x-a)^{\mu_1^{(1)} + \mu_2^{(2)} + \cdots + \mu_n^{(n)}}$$

multiplicirt in eine Function, die für $x=a$ einen endlichen und von 0 verschiedenen Werth hat. Der niedrigste Exponent in der Entwicklung dieses Gliedes nach Potenzen von $(x-a)$ ist daher

$$= \mu_1^{(1)} + \mu_2^{(2)} + \cdots + \mu_n^{(n)}$$

und hieraus erhält man durch Permutation der oberen Indices die niedrigsten Exponenten in den Entwicklungen der übrigen Glieder. Offenbar ist der gesuchte Exponent, allgemein zu reden, gleich dem kleinsten von diesen Werthen und jedenfalls nicht kleiner. Bezeichnen wir den kleinsten dieser Werthe durch $\bar{\mu}$, den ähnlichen Werth für den zweiten Verzweigungswerth durch $\bar{\nu}, \ldots,$ für den letzten durch $\bar{\varrho}$, so ist

$$\Sigma \pm y_1^{(1)} y_2^{(2)} .. y_n^{(n)} (x-a)^{-\bar{\mu}} (x-b)^{-\bar{\nu}} .. (x-g)^{-\bar{\varrho}}$$

eine Function von x, welche für alle endlichen complexen Werthe einändrig und endlich bleibt und für $x=\infty$ unendlich gross höchstens von der Ordnung $-(\bar{\mu}+\bar{\nu}+\cdots+\bar{\varrho})$ wird, folglich eine ganze Function höchstens vom Grade $-(\bar{\mu}+\bar{\nu}+\cdots+\bar{\varrho})$. Diese Grösse muss daher, wenn die Function nicht identisch verschwindet, eine ganze, nicht negative Zahl sein.

Die partiellen Determinanten, welchen die Grössen $a_0, a_1, .., a_n$ proportional sind, verhalten sich demnach wie ganze Functionen, multiplicirt mit Potenzen von $x - a$, $x - b$, .., $x - g$, deren Exponenten in den verschiedenen Determinanten sich um ganze Zahlen unterscheiden. Die Grössen $a_0, a_1, .., a_n$ verhalten sich daher selbst wie ganze Functionen und können in den Gleichungen (2) durch diese ersetzt werden, wodurch man den zu beweisenden Satz erhält.

Die Derivirten der Functionen $y_1, y_2, .., y_n$ nach x bilden offenbar ein derselben Klasse angehöriges System, denn die Differentialquotienten der Functionen $(A)(y_1, y_2, .., y_n)$, in welche $(y_1, y_2, .. y_n)$ durch einen positiven Umlauf des x um a übergehen, sind

$$= (A)\left(\frac{dy_1}{dx}, \frac{dy_2}{dx}, .., \frac{dy_n}{dx}\right),$$

da die Coefficienten in (A) constant sind. Durch diese Bemerkung erhält man aus dem eben bewiesenen Satz die beiden Corollare:

„Die Functionen y eines Systems genügen einer Differentialgleichung $n$ter Ordnung, deren Coefficienten ganze Functionen von x sind."

und:

„Jedes derselben Klasse angehörige System lässt sich in diese Functionen und ihre $n - 1$ ersten Differentialquotienten linear mit rationalen Coefficienten ausdrücken."

Mit Hülfe des letzteren lässt sich ein allgemeiner Ausdruck für sämmtliche Systeme einer Klasse bilden, aus welchem man sofort sehen würde, dass die Anzahl sämmtlicher Systeme, wie oben behauptet, unendlich ist; es soll indess hier nur angewandt werden zur Aufsuchung aller Systeme, in welchen nicht bloss die Substitutionen, sondern auch die Exponenten dieselben sind. Für ein beliebiges System $Y_1, Y_2, ..., Y_n$ mit denselben Substitutionen und denselben Exponenten wie $y_1, y_2, .., y_n$ hat man nach demselben, wenn man die Derivirten nach Lagrange bezeichnet, n lineäre Gleichungen von der Form:

$$\begin{aligned} c_0 Y_1 &= b_0 y_1 + b_1 y_1' + \cdots + b_{n-1} y_1^{(n-1)} \\ c_0 Y_2 &= b_0 y_2 + b_1 y_2' + \cdots + b_{n-1} y_2^{(n-1)} \\ &\cdots\cdots\cdots\cdots \\ c_0 Y_n &= b_0 y_n + b_1 y_n' + \cdots + b_{n-1} y_n^{(n-1)}, \end{aligned}$$

wobei die Coefficienten ganze Functionen von x sind. Die Function c_0 hängt nur von den Functionen y ab, und für den Grad der Functionen b ergiebt sich ein endliches Maximum, so dass sie nur eine endliche Anzahl von Coefficienten haben. Damit umgekehrt die aus diesen Gleichungen sich ergebenden Functionen $Y_1, Y_2, .., Y_n$ die verlangten Eigenschaften haben, müssen diese Coefficienten so beschaffen sein, dass für die Verzweigungswerthe ihre Exponenten nicht niedriger sind als die der Functionen y und dass sie für alle anderen Werthe von x endlich bleiben. Diese Bedingungen liefern für die Coefficienten der Potenzen von x in den Functionen b ein System linearer homogener Gleichungen. Die Auflösung dieser Gleichungen ergiebt, wenn sie zur Bestimmung der Coefficienten hinreichen, als allgemeinsten Werth der Functionen (Y) den Werth const.(y), wenn dies nicht der Fall ist aber einen Ausdruck von der Form:

$$Y_1 = ky_1 + k_1 Y_1^{(1)} + \cdot\cdot + k_m Y_1^{(m)}$$

$$\cdot \quad \cdot \quad \cdot \quad \cdot \quad \cdot \quad \cdot \quad \cdot \quad \cdot \quad \cdot \quad \cdot \quad \cdot \quad \cdot$$

$$Y_n = ky_n + k_1 Y_n^{(1)} + \cdot\ + k_m Y_n^{(m)}$$

mit den willkürlichen Constanten $k, k_1, \ldots, k_m$. Von diesen willkürlichen Constanten kann man eine nach der andern als Function der übrigen so bestimmen, dass das Anfangsglied in der Entwicklung einer der Functionen $(\alpha)^{-1}(Y), (\beta)^{-1}(Y), \ldots, (\vartheta)^{-1}(Y)$ Null wird, wodurch die Exponentensumme jedesmal wenigstens um eine Einheit erhöht wird, so dass schliesslich die Exponentensumme wenigstens um m erhöht und die Anzahl der willkürlichen Constanten um ebenso viel vermindert ist. Auf diese Weise kann man aus jedem Systeme von n Functionen ein anderes mit höheren Exponenten ableiten, welches durch die Substitutionen und die Exponenten in seiner Charakteristik bis auf einen allen Functionen gemeinschaftlichen constanten Factor völlig bestimmt ist. Es werde nun auch dieser Factor dadurch bestimmt, dass man den Coefficienten der niedrigsten Potenz von $x - a$ in der Entwicklung der ersten von den Functionen $(\alpha)^{-1}(y)$ gleich 1 setzt, so dass die Functionen y eindeutig bestimmt sind.*)

Man hat dann nur nöthig scharf aufzufassen, wie sich der Verlauf dieser Functionen mit der Lage eines der Verzweigungswerthe, z. B. a ändert, um zu dem Satz zu gelangen, dass die Grössen y ein ähnliches System von Functionen wie von x auch von a bilden mit den Verzweigungswerthen $b, c, d, \ldots, g, x$ und Substitutionen, die aus $(A), (B), \ldots, (F)$ zusammengesetzt sind. Für den Fall, dass es unmöglich ist, die Functionen mit a so zu än-

*) Bis hierher reicht ein vollständig ausgearbeitetes Manuscript Riemann's. Da wo die kleingedruckten Worte beginnen, steht am Rande die Bemerkung „von hier an nicht richtig". Ich glaubte aber trotzdem nicht, diese Stelle ganz unterdrücken zu dürfen, weil sie doch die Keime zu einer Weiterentwicklung der darin angedeuteten wichtigen Theorie enthält. — Auf einigen Blättern, welche Entwürfe zu der vorstehenden Abhandlung enthalten, finden sich die Grundzüge zu einer Weiterführung der vorstehenden Untersuchungen, die ich im Nachfolgenden in möglichst unveränderter Form mittheile. W.

dern, dass sämmtliche Substitutionen constant bleiben, — weil die Anzahl der in ihnen enthaltenen willkürlichen Constanten geringer ist als die Anzahl der hierfür zu erfüllenden Bedingungen —, kann man das System als einen besonderen Fall eines Systems mit niedrigeren Exponenten betrachten, in welchem für diese speciellen Werthe von $a, b, \ldots, g$ die Coefficienten einiger Anfangsglieder in den Reihen für $(\alpha)^{-1}(y), (\beta)^{-1}(y), \ldots, (\vartheta)^{-1}(y)$ verschwinden.

In Folge dieses Satzes bilden die Grössen $y_1, y_2, \ldots, y_n$ Functionen von p Veränderlichen $a, b, \ldots, g, x$, welche, wenn sämmtliche veränderliche Grössen wieder ihre früheren Werthe annehmen, entweder die früheren Werthe wieder erhalten, oder in lineare Ausdrücke ihrer früheren Werthe übergehen, mit einem constanten Coefficientensystem, das aus den $p-2$ beliebig gegebenen Systemen $(A), (B), (C), \ldots, (F)$ irgendwie zusammengesetzt ist.

Auf eine weitere Untersuchung dieser Functionen von mehreren Veränderlichen und der Hülfsmittel, welche der letzte Satz für die Integration linearer Differentialgleichungen bietet, muss ich für jetzt verzichten und bemerke nur noch, dass ein Integral einer algebraischen Function als ein specieller Fall der hier behandelten Functionen betrachtet werden kann, und dass man durch Anwendung dieser Principien auf ein solches Integral auf Functionen geführt wird, welche die allgemeinen ϑ-Reihen mit beliebigen Periodicitätsmoduln darstellen.

Bestimmung der Form der Differentialgleichung.

Es wird die nächste Aufgabe der auf diese Principien zu gründenden Theorie der linearen Differentialgleichungen sein, die einfachsten Systeme jeder Klasse aufzusuchen, und zu diesem Ende zunächst die Form der Differentialgleichung näher zu bestimmen. Verstehen wir unter den obigen Functionen $y^{(1)}, y^{(2)}, \ldots, y^{(n)}$ jetzt, wie Lagrange, die successiven Derivirten der Function y, so werden die Gleichungen (2) die Differentialgleichung, welcher sie genügen, darstellen. Der Grad der ganzen Functionen, welche für die Coefficienten gesetzt werden können, bestimmt sich folgendermassen: durch jede Differentiation nach x werden sämmtliche Exponenten der Charakteristik, vorausgesetzt dass keiner eine ganze Zahl ist, um die Einheit erniedrigt. Es bleibt daher:

$$\sum \pm (y_1 y_2^{(1)} \ldots y_n^{(n-1)}) (x-a)^{-\overline{\mu}} (x-b)^{-\overline{\nu}} \ldots (x-g)^{-\overline{\varrho}} = X_0$$

allenthalben endlich und einändrig, wenn man

$$\overline{\mu} = \Sigma_i \mu_i - \frac{n \,.\, n-1}{2}; \; \overline{\nu} = \Sigma_i \nu_i - \frac{n \,.\, n-1}{2}; \ldots; \overline{\varrho} = \Sigma_i \varrho_i - \frac{n \,.\, n-1}{2}$$

setzt. Für $x = \infty$ wird, da die Functionen y endlich und einändrig bleiben, $\Sigma \pm y_1 y_2^{(1)} \ldots y_n^{(n-1)}$ unendlich klein von der Ordnung: $n(n-1)$. Der Grad der ganzen Function X_0 ist daher

$$r = (m-2)\frac{n \,.\, n-1}{2} - s,$$

wenn m die Anzahl der Verzweigungswerthe und s die Summe der Exponenten in der Charakteristik bezeichnet.

Wenn in dem System der $n \,.\, n+1$ Grössen y statt der letzten Verticalreihe die $(n+1-t)$te weggelassen wird, so muss die aus ihnen gebildete Determinante allgemein zu reden mit um t höheren Potenzen von $x-a$, $x-b, \ldots, x-g$ multiplicirt werden und wird dadurch eine ganze Function vom Grade $r+(m-1)t$ [nur für $t=n$ ist dieser Grad $r+(m-2)n$].

Die Differentialgleichung lässt sich daher, wenn man das Product $(x-a)(x-b)\ldots(x-g)$ durch ω bezeichnet in die Form:

$$X_n y + \omega X_{n-1} y' + \cdots \omega^n X_0 y^{(n)} = 0$$

setzen, so dass die Grössen X_t ganze rationale Functionen vom Grade $r+(m-1)t$ sind. [X_n vom Grade $r+(m-2)n$.]

Man untersuche jetzt, welchen Bedingungen die Coefficienten dieser Functionen genügen müssen, damit nur für die Werthe $a, b, \ldots, g$ eine Verzweigung eintritt und die Unstetigkeitsexponenten für sie die gegebenen Werthe haben. Eine Verzweigung findet so lange und nur so lange nicht statt, als sich alle Lösungen der Differentialgleichung nach ganzen Potenzen der Aenderung von x entwickeln lassen, oder so lange die Entwicklung von y nach dem Mac-Laurin'schen Satz n willkürliche Constanten enthält. Dies ist immer der Fall, wenn a_n von 0 verschieden ist. Man hat daher nur den Fall $a_n = 0$ zu untersuchen. Setzt man die Differentialgleichung in die Form:

$$b_0 y + b_1 (x-a) y' + b_2 (x-a)^2 y'' + \cdots + b_n (x-a)^n y^{(n)} = 0,$$

so müssen, damit um $x = a$ die Function y den vorgeschriebenen Charakter hat, $\mu_1, \mu_2, \ldots, \mu_n$ sämmtlich Wurzeln der Gleichung

$$b_0 + b_1 \mu + \cdots + b_n \mu(\mu-1)\ldots(\mu-n+1) = 0$$

sein. Dieses liefert n Bedingungen für die Functionen X und erfordert überdies, da alle Grössen μ endlich und unter einander ungleich sind, dass b_n für $x=a$ nicht 0 sei. Aehnliches gilt für die übrigen Wurzeln $b, c, \ldots, g$ von $\omega = 0$. Es kann sonach $X_0 = 0$ mit $\omega = 0$ keine Wurzel gemeinschaftlich haben.

Ist nun (für eine Wurzel von $X_0 = 0$) $a_n = 0$, a_{n-1} aber von 0 verschieden, so können (für diese) $y, y', \ldots, y^{(n-2)}$ willkürlich angenommen werden, dann aber ist $y^{(n-1)}$ durch die Differentialgleichung

$$a_n y^{(n)} + a_{n-1} y^{(n-1)} + \cdots + a_0 y = 0$$

bestimmt, so dass $n-1$ willkürliche Constanten in den $n-1$ ersten Gliedern der Mac-Laurin'schen Reihe auftreten, die letzte Constante aber frühestens im $(n+1)$ten. Man nehme an, dass sie zuerst im $(n+h)$ten erscheine.

25*

Eliminirt man dann aber in der $h$ten Derivirten der Differentialgleichung:

$$a_n y^{(n+h)} + (h a'_n + a_{n-1}) y^{(n+h-1)} + \cdots = 0$$

die Grössen $y^{(n+h-2)}, \ldots, y^{(n-1)}$ mittelst der vorhergehenden Derivirten und der Differentialgleichung selbst, so müssen die Coefficienten von $y^{(n+h-1)}$, $y^{(n-2)}$, $y^{(n-3)}, \ldots, y$ sämmtlich verschwinden, da diese Grössen von einander unabhängig sind. Man erhält also

$$h a'_n + a_{n-1} = 0,$$

also a'_n von 0 verschieden und ausserdem noch $n - 1$ Gleichungen, und es ergeben sich n Bedingungsgleichungen für die Coefficienten der Functionen X.

Man setze nun zweitens voraus, dass a_n und a_{n-1} gleichzeitig verschwinden, a_{n-2} aber endlich bleibt, so dass die $n - 2$ ersten Glieder der Mac-Laurin'schen Reihe $n - 2$ willkürliche Constanten enthalten, und nehme an, dass die folgende im $(n + h - 1)$ten, die letzte im $(n + h' - 1)$ten zuerst auftrete. Alsdann ergeben sich, damit $y^{(n+h-2)}$ und $y^{(n+h'-2)}$ von den Werthen der niedrigeren Differentialquotienten unabhängig werden, die Gleichungen:

$$a'_n = 0, \quad \frac{h \,.\, h-1}{2} a''_n + h a'_{n-1} + a_{n-2} = 0,$$

$$\frac{h' \,.\, h'-1}{2} a''_n + h' a'_{n-1} + a_{n-2} = 0,$$

also a''_n und a'_{n-1} von Null verschieden, und ausserdem $2n - 3$ Gleichungen. Es werden also zwei Linearfactoren von $a_n = 0$ und man erhält $2n$ Bedingungen für die Functionen X.

Auf ähnliche Art findet man für den Fall wenn a_n, a_{n-1}, a_{n-2} gleichzeitig verschwinden, a_{n-3} aber endlich bleibt, und die drei letzten willkürlichen Constanten zuerst im $(n + h - 2)$ten, $(n + h' - 2)$ten, $(n + h'' - 2)$ten Gliede auftreten, die Bedingungen:

$$a'_n = 0, \quad a''_n = 0, \quad a'_{n-1} = 0,$$

$$\frac{h.h-1.h-2}{1.2.3} a'''_n + \frac{h \,.\, h-1}{1.2} a''_{n-1} + h a'_{n-2} + a_{n-3} = 0$$

für h, h', h'' und ausserdem noch $3n - 6$ Gleichungen, so dass a_n drei und nur drei gleiche Wurzeln hat, und $3n$ Bedingungen erfüllt werden müssen. Durch Verallgemeinerung dieser Schlüsse ergiebt sich offenbar, dass jeder Linearfactor von X_0 n Bedingungen zwischen den Functionen X zur Folge hat*).

*) Ueber das Verhalten der Differentialgleichung für unendliche Werthe von x findet sich im Riemann'schen Manuscript nichts; die Abzählung der Constanten ist nur angedeutet; das Folgende ist daher so gut als möglich vom Herausgeber

Wir wollen nun annehmen, dass einer der singulären Punkte, etwa g im Unendlichen liegt und mit ω die Function $(m-1)$ten Grades

$$\omega = (x-a)(x-b)\cdots$$

bezeichnen.

Die aus der Matrix

$$\begin{matrix} y_1, & y_1' \ldots & y_1^{(n)} \\ y_2, & y_2' \ldots & y_2^{(n)} \\ \cdot & \cdot \quad \cdot & \cdot \\ y_n, & y_n' \ldots & y_n^{(n)} \end{matrix}$$

gebildeten n-reihigen Determinanten sollen mit $\Delta_0, \Delta_1, \ldots, \Delta_n$ bezeichnet sein, so dass $y_1, y_2, \ldots, y_n$ particulare Lösungen der Differentialgleichung

$$y\Delta_0 + y'\Delta_1 + y''\Delta_2 + \ldots + y^{(n)}\Delta_n = 0$$

sind. Die Function

$$\Delta_k (x-a)^{-\Sigma\mu} (x-b)^{-\Sigma\nu} \ldots \omega^{-k+\frac{n.n+1}{2}} = X_{n-k}$$

ist dann, wie schon oben bemerkt, eine ganze rationale Function von x, deren Grad sich aus der Betrachtung des singulären Punktes $x = \infty$ ergiebt, nämlich, wenn mit r_t der Grad von X_t bezeichnet wird,

$$r_t = r + (m-2)t,$$

worin

$$r = (m-2)\frac{n.n-1}{2} - s$$

der Grad von X_0 und

$$s = \Sigma\mu + \Sigma\nu + \cdots + \Sigma\varrho$$

eine ganze Zahl ist.

Die Differentialgleichung für y lässt sich nun in die Form setzen

$$\omega^n X_0 y^{(n)} + \omega^{n-1} X_1 y^{(n-1)} + \ldots + \omega X_{n-1} y' + X_n y = 0$$

und wegen der r Nullpunkte von X_0, die nicht zu den singulären gehören sollen, müssen nach dem Obigen rn Bedingungen zwischen den in dieser Differentialgleichung enthaltenen Constanten stattfinden.

Es bleiben sonach in der Differentialgleichung an verfügbaren Constanten (da ein Coefficient $= 1$ gesetzt werden darf)

$$\sum (r_t + 1) - 1 - rn = r + n + (m-2)\frac{n.n+1}{2}$$

oder für r seinen Werth gesetzt

---

ergänzt. Es ist bereits in der ersten Auflage bemerkt, dass es eine wesentliche Vereinfachung zur Folge hat, wenn man einen der Unstetigkeitspunkte ins Unendliche verlegt. Bei dieser Vereinfachung, die hier durchgeführt ist, wird zugleich ein Irrthum vermieden, der bei der Constantenzählung in der ersten Auflage enthalten war, auf den mich Herr Dr. Hilbert aufmerksam gemacht hat. W.

$$-s+(m-2)n^2+n$$

und in einem beliebigen System von n particularen Integralen $y_1, y_2 \ldots y_n$, wobei noch n^2 Integrationsconstanten hinzutreten,

$$-s+(m-1)n^2+n$$

unbestimmte Constanten.

Die Zahl der Coefficienten in den Substitutionen (A), $(B) \ldots (G)$ beträgt mn^2 und so viele Bedingungen würden also erfüllt werden müssen, wenn diese Substitutionen beliebig vorgeschrieben sind. Nun sind aber diese Substitutionen an die Bedingung (1) gebunden, so dass n^2 von den erwähnten Bedingungen eine identische Folge der übrigen sind. Es bleiben daher $(m-1)n^2$ Bedingungen übrig und die Anzahl der nun noch verfügbaren Constanten beträgt $n-s$. Diese Zahl muss mindestens $=1$ sein, da ein gemeinschaftlicher Factor bei allen y willkürlich bleiben muss und daraus folgt

$$s \overline{\gtrless} n-1.$$

XXII.

Commentatio mathematica, qua respondere tentatur quaestioni ab Illma Academia Parisiensi propositae:

„Trouver quel doit être l'état calorifique d'un corps solide homogène indéfini pour qu'un système de courbes isothermes, à un instant donné, restent isothermes après un temps quelconque, de telle sorte que la température d'un point puisse s'exprimer en fonction du temps et de deux autres variables indépendantes." *)

Et his principiis via sternitur ad majora.

1.

Quaestionem ab ill^{ma} Academia propositam ita tractabimus, ut primum quaestionem generaliorem solvamus:

> quales esse debeant proprietates corporis motum caloris determinantes et distributio caloris, ut detur systema linearum quae semper isothermae maneant,

deinde

> ex solutione generali hujus problematis eos casus seligamus, in quibus proprietates illae evadant ubique eaedem, sive corpus sit homogeneum.

Pars prima.

2.

Priorem quaestionem ut aggrediamur, considerandus est motus caloris in corpore qualicunque. Si u denotat temperaturam tempore

*) Diese Beantwortung der von der Pariser Akademie im Jahre 1858 gestellten und 1868 zurückgezogenen Preisaufgabe wurde von Riemann am 1. Juli 1861 der Akademie eingereicht. Der Preis wurde derselben nicht zuerkannt, weil die Wege, auf denen die Resultate gefunden wurden, nicht vollständig angegeben sind. Von der Ausführung einer beabsichtigten ausführlicheren Bearbeitung des Gegenstandes wurde Riemann durch seinen Gesundheitszustand abgehalten.

t in puncto (x_1, x_2, x_3) aequationem generalem, secundum quam haec functio u variatur, hujus esse formae constat,

$$\text{(I)}\qquad \frac{\partial\left(a_{1,1}\frac{\partial u}{\partial x_1}+a_{1,2}\frac{\partial u}{\partial x_2}+a_{1,3}\frac{\partial u}{\partial x_3}\right)}{\partial x_1} + \frac{\partial\left(a_{2,1}\frac{\partial u}{\partial x_1}+a_{2,2}\frac{\partial u}{\partial x_2}+a_{2,3}\frac{\partial u}{\partial x_3}\right)}{\partial x_2} + \frac{\partial\left(a_{3,1}\frac{\partial u}{\partial x_1}+a_{3,2}\frac{\partial u}{\partial x_2}+a_{3,3}\frac{\partial u}{\partial x_3}\right)}{\partial x_3} = h\frac{\partial u}{\partial t}.$$

Qua in aequatione quantitates a conductibilitates resultantes, h calorem specificum pro unitate voluminis, sive productum ex calore specifico in densitatem designant et tanquam functiones pro lubitu datae ipsarum x_1, x_2, x_3 spectantur. Disquisitionem nostram ad eum casum restringimus, in quo conductibilitas eadem est in binis directionibus oppositis ideoque inter quantitates a relatio

$$a_{\iota,\iota'} = a_{\iota',\iota}$$

intercedit. Praeterea quum calor a loco calidiore in frigidiorem migret necesse est, ut forma secundi gradus

$$\begin{pmatrix} a_{1,1}, & a_{2,2}, & a_{3,3} \\ a_{2,3}, & a_{3,1}, & a_{1,2} \end{pmatrix}$$

sit positiva.

3.

Iam in aequatione (I) in locos coordinatarum rectangularium x_1, x_2, x_3 tres variabiles independentes quaslibet novas s_1, s_2, s_3 introducamus.

Haec transformatio aequationis (I) facillime inde peti potest, quod haec aequatio conditio est necessaria et sufficiens, ut, designante δu variationem quamcunque infinite parvam ipsius u, integrale

$$(A)\qquad \delta\int\int\int\sum_{\iota,\iota'} a_{\iota,\iota'}\frac{\partial u}{\partial x_\iota}\frac{\partial u}{\partial x_{\iota'}}dx_1\,dx_2\,dx_3 + \int\int\int 2h\frac{\partial u}{\partial t}\delta u dx_1 dx_2 dx_3$$

per corpus extensum, solum a valore variationis δu in superficie pendeat. Introductis novis variabilibus haec expressio (A) transibit in

$$(B)\qquad \delta\int\int\int\sum_{\iota,\iota'} b_{\iota,\iota'}\frac{\partial u}{\partial s_\iota}\frac{\partial u}{\partial s_{\iota'}}ds_1\,ds_2\,ds_3 + \int\int\int 2k\frac{\partial u}{\partial t}\delta u\,ds_1\,ds_2\,ds_3$$

posito brevitatis causa

$$\frac{\sum_{\iota,\iota'} a_{\iota,\iota'}\frac{\partial s_\mu}{\partial x_\iota}\frac{\partial s_\nu}{\partial x_{\iota'}}}{\sum\pm\frac{\partial s_1}{\partial x_1}\frac{\partial s_2}{\partial x_2}\frac{\partial s_3}{\partial x_3}} = b_{\mu,\nu}, \qquad \frac{h}{\sum\pm\frac{\partial s_1}{\partial x_1}\frac{\partial s_2}{\partial x_2}\frac{\partial s_3}{\partial x_3}} = k.$$

Quodsi formarum secundi gradus

$$(1)\quad \begin{pmatrix} a_{1,1}, & a_{2,2}, & a_{3,3} \\ a_{2,3}, & a_{3,1}, & a_{1,2} \end{pmatrix} \qquad (2)\quad \begin{pmatrix} b_{1,1}, & b_{2,2}, & b_{3,3} \\ b_{2,3}, & b_{3,1}, & b_{1,2} \end{pmatrix}$$

determinantes sunt A, B et formae adjunctae

$$(3)\quad \begin{pmatrix} \alpha_{1,1}, & \alpha_{2,2}, & \alpha_{3,3} \\ \alpha_{2,3}, & \alpha_{3,1}, & \alpha_{1,2} \end{pmatrix} \qquad (4)\quad \begin{pmatrix} \beta_{1,1}, & \beta_{2,2}, & \beta_{3,3} \\ \beta_{2,3}, & \beta_{3,1}, & \beta_{1,2} \end{pmatrix}$$

invenietur

$$A = B \sum \pm \frac{\partial s_1}{\partial x_1} \frac{\partial s_2}{\partial x_2} \frac{\partial s_3}{\partial x_3}$$

et

$$\beta_{\mu,\nu} = \sum_{\iota,\iota'} \alpha_{\iota,\iota'} \frac{\partial x_\iota}{\partial s_\mu} \frac{\partial x_{\iota'}}{\partial s_\nu}$$

ideoque

$$\sum_{\iota,\iota'} \alpha_{\iota,\iota'}\, dx_\iota\, dx_{\iota'} = \sum_{\iota,\iota'} \beta_{\iota,\iota'}\, ds_\iota\, ds_{\iota'}$$

et

$$\frac{h}{A} = \frac{k}{B}.$$

Unde facile perspicitur transformationem aequationis (I) reduci posse ad transformationem expressionis $\sum\limits_{\iota,\iota'} \alpha_{\iota,\iota'}\, dx_\iota\, dx_{\iota'}$.

Quae quum ita sint, problema nostrum generale hoc modo solvere possumus, ut primum quaeramus, quales esse debeant functiones $b_{\iota,\iota'}$ et k ipsarum s_1, s_2, s_3, ut u ab una harum quantitatum non pendere possit. Qua quaestione soluta expressio $\Sigma \beta_{\iota,\iota'}\, ds_\iota\, ds_{\iota'}$ formari poterit. Tum ut, datis valoribus quantitatum $a_{\iota,\iota}$ et quantitatis h, inveniamus, num u functio temporis et duarum tantum variabilium fieri possit et quibusnam in casibus, quaerendum est, an expressio illa $\Sigma \beta_{\iota,\iota'}\, ds_\iota\, ds_{\iota'}$ in formam datam transformari possit; et hanc quaestionem infra videbimus eadem fere methodo tractari posse, qua Gauss in theoria superficierum curvarum usus est.

4.

Primum igitur quaeramus, quales esse debeant functiones $b_{\iota,\iota'}$ et k ipsarum s_1, s_2, s_3, ut u ab una harum quantitatum non pendere possit. Ut denotationem simpliciorem reddamus, quantitates s_1, s_2, s_3 per α, β, γ designemus et formam (2) per

$$\begin{pmatrix} a, & b, & c \\ a', & b', & c' \end{pmatrix}$$

si u a γ non pendet, aequatio differerentialis erit formae

$$\text{(II)}\quad a\frac{\partial^2 u}{\partial \alpha^2} + 2c'\frac{\partial^2 u}{\partial \alpha\, \partial \beta} + b\frac{\partial^2 u}{\partial \beta^2} + e\frac{\partial u}{\partial \alpha} + f\frac{\partial u}{\partial \beta} - k\frac{\partial u}{\partial t} = F = 0$$

posito

$$\frac{\partial a}{\partial \alpha} + \frac{\partial c'}{\partial \beta} + \frac{\partial b'}{\partial \gamma} = e, \quad \frac{\partial b}{\partial \beta} + \frac{\partial c'}{\partial \alpha} + \frac{\partial a'}{\partial \gamma} = f.$$

Tribuendo ipsi γ valores determinatos diversos ex aequatione (II) inter sex quotientes differentiales ipsius u obtinebuntur aequationes diversae, quarum coefficientes a γ non pendent. Quodsi ex his aequationibus m sunt a se independentes

$$F_1 = 0, \; F_2 = 0, \ldots, \; F_m = 0,$$

ita ut caeterae omnes ex iis sequantur, aequatio $F = 0$ necesse est pro quovis ipsius γ valore ex his m aequationibus fluat, unde F formae esse debet

$$c_1 F_1 + c_2 F_2 + \cdots + c_m F_m,$$

qua in expressione solae quantitates c a γ pendent.

Iam casus singulos, quando m est $1, 2, 3, 4$ paulo accuratius examinemus simulque aequationes a γ independentes, in quas aequatio $F = 0$ dissolvitur, in formas simpliciores redigere curemus.

Casus primus, $m = 1$.

Si $m = 1$, in aequatione (II) rationes coefficientium a γ non pendebunt. At introducendo in locum ipsius γ novam variabilem $\int k\, d\gamma$ semper effici potest, ut k fiat $= 1$, quo pacto coefficientes omnes a γ evadent independentes. Porro introducendo in locos ipsarum α, β novas variabiles semper effici potest, ut a et b evanescant. Hoc enim eveniet, si expressio $b\, d\alpha^2 + 2c'\, d\alpha\, d\beta + a\, d\beta^2$ (quae quadratum expressionis differentialis linearis esse nequit, si (2) est forma positiva) in formam $m\, d\alpha'\, d\beta'$ redigitur et quantitates α', β' tanquam variabiles independentes sumuntur.

Aequatio igitur differentialis (II) hoc in casu in formam

$$2c' \frac{\partial^2 u}{\partial \alpha \partial \beta} + e \frac{\partial u}{\partial \alpha} + f \frac{\partial u}{\partial \beta} = \frac{\partial u}{\partial t}$$

redigi potest et in forma (2) a, b tum erunt $= 0$, a' et b' functiones lineares ipsius γ, et c' a γ independens. Caeterum patet temperaturam in hoc casu semper a γ independentem manere, si temperatura initialis sit functio quaelibet solarum α et β.

Casus secundus, $m = 2$.

Si aequatio (II) in duas aequationes a γ independentes discinditur, ope alterius $\frac{\partial u}{\partial t}$ ex altera ejici potest. Brevitatis causa haec ita exhibeatur

(1) $$\Delta u = 0,$$

illa

$$(2) \qquad \Lambda u = \frac{\partial u}{\partial t},$$

denotantibus Δ et Λ expressiones characteristicas ex ∂_α et ∂_β conflatas.

Aequationem priorem facile perspicitur mutatis variabilibus independentibus ita transformari posse ut sit Δ

$$\text{vel} = \partial_\alpha \partial_\beta + e\partial_\alpha + f\partial_\beta$$

$$\text{vel} = \partial_\alpha^2 + e\partial_\alpha + f\partial_\beta$$

$$\text{vel} = \partial_\alpha,$$

valoribus $e = 0$, $f = 0$ non exclusis.

Quoniam sit

$$0 = \partial_t \Delta u = \Delta \partial_t u = \Delta \Lambda u,$$

ex his duabus aequationibus (1) et (2) sequitur

$$(3) \qquad \Delta \Lambda u = 0.$$

Iam duo distinguendi sunt casus, prout haec aequatio (3) vel ex aequatione (1) fluat, (α), sive sit

$$\Delta \Lambda = \Theta \Delta$$

denotante Θ novam expressionem characteristicam, vel non fluat, (β), novamque aequationem a Δu independentem sistat.

Casum priorem (α) ut saltem pro una forma ipsius Δ perscrutemur, supponamus

$$\Delta = \partial_\alpha \partial_\beta + e\partial_\alpha + f\partial_\beta.$$

Tum $\Delta \Lambda u$ ope aequationis $\Delta u = 0$ ad expressionem reduci potest, quae solas derivationes secundum alteram utram variabilem contineat et coefficientes omnes cifrae aequales habere debeat. Ponamus, quum terminus $\partial_\alpha \partial_\beta$ continens ope aequationis $\Delta u = 0$ ejici possit,

$$\Lambda = a\partial_\alpha^2 + b\partial_\beta^2 + c\partial_\alpha + d\partial_\beta$$

formemusque expressionem

$$\Delta \Lambda - \Lambda \Delta.$$

In hac expressione quum coefficientes ipsarum ∂_α^3, ∂_β^3 evanescere debeant, invenitur $\frac{\partial a}{\partial \beta} = 0$, $\frac{\partial b}{\partial \alpha} = 0$, unde si casus speciales $a = 0$, $b = 0$ excluduntur, mutatis variabilibus independentibus effici potest, ut sit $a = b = 1$. Tum autem invenitur ponendo coefficientes ipsarum ∂_α^2, ∂_β^2 in expressione reducta $\Delta \Lambda$ cifrae aequales

$$\frac{\partial c}{\partial \beta} = 2\frac{\partial e}{\partial \alpha}, \quad \frac{\partial d}{\partial \alpha} = 2\frac{\partial f}{\partial \beta},$$

unde poni potest

$$\varDelta = \partial_\alpha \partial_\beta + \frac{\partial m}{\partial \beta} \partial_\alpha + \frac{\partial n}{\partial \alpha} \partial_\beta$$

$$\varLambda = \partial_\alpha^2 + \partial_\beta^2 + 2 \frac{\partial m}{\partial \alpha} \partial_\alpha + 2 \frac{\partial n}{\partial \beta} \partial_\beta$$

denotantibus m, n functiones ipsarum α, β, quae jam duabus aequationibus differentialibus sufficere debent, ut coefficientes ipsarum ∂_α, ∂_β in expressione reducta $\varDelta \varLambda$ evanescant.

Prorsus simili modo in reliquis casibus specialibus formae simplicissimae ipsarum $\varDelta$ et $\varLambda$ inveniuntur conditioni

$$\varDelta \varLambda = \Theta \varDelta$$

satisfacientes. Sed huic disquisitioni prolixiori quam difficiliori hic non immoramur.

Caeterum patet in hoc casu temperaturam semper a γ independentem manere, si temperatura initialis est functio quaelibet ipsarum α et β aequationi $\varDelta u = 0$ satisfaciens; sequitur enim ex aequationibus

$$\varDelta u = 0$$

$$\varLambda u = \frac{\partial u}{\partial t}$$

$0 = \Theta \varDelta u = \varDelta \varLambda u = \varDelta \partial_t u = \frac{\partial \varDelta u}{\partial t}$ et proin aequatio $\varDelta u = 0$ subsistere pergit, si initio valet et functio u secundum aequationem $\varLambda u = \frac{\partial u}{\partial t}$ variatur. Tum autem satisfit legi motus caloris sive aequationi $F = 0$.

5.

Restat casus specialis alter (β) quando $\varDelta \varLambda u = 0$ a $\varDelta u = 0$ est independens. Ut simul et casus sequentes $m = 3$, $m = 4$ amplectemur, suppositionem generaliorem examinemus, praeter aequationem $\varDelta u = 0$ haberi aequationem differentialem quamlibet linearem $\Theta u = 0$, ipsum $\frac{\partial u}{\partial t}$ non continentem et a $\varDelta u = 0$ independentem.

Si $\varDelta$ est formae $\partial_\alpha \partial_\beta + e \partial_\alpha + f \partial_\beta$, ope aequationis $\varDelta u = 0$ expressio Θ a derivationibus secundum ambas variabiles liberari potest.

Iam duo distinguendi sunt casus.

Si ex expressione Θ omnes quotientes differentiales secundum alteram utram variabilem ex. gr. secundum β simul excidunt, obtinetur aequatio differentialis solos quotientes differentiales secundum α continens formae

(1) $$\sum_\nu a_\nu \frac{\partial^\nu u}{\partial \alpha^\nu} = 0,$$

sin minus, semper elici poterit aequatio differentialis formae

(2) $$\sum_\nu a_\nu \frac{\partial^\nu u}{\partial t^\nu} = 0$$

sive solos quotientes differentiales secundum t continens.

Nam in hoc casu expressiones $\varDelta u, \varDelta^2 u, \varDelta^3 u, ..$, quibus quotientes differentiales ipsius u secundum t aequales sunt, ope aequationum $\varDelta u = 0, \Theta u = 0$ semper ita transformari possunt, ut solos quotientes differentiales secundum alteram utram variabilem contineant eosque non altiores quam Θu. Quorum numerus quum sit finitus, eliminando aequationem formae (2) obtineri posse manifestum est. Coefficientes a_ν utriusque aequationis sunt functiones ipsarum α, β.

Observare conveniet, alteram utram harum aequationum semper valere etiamsi $\varDelta$ non sit formae $\partial_\alpha \partial_\beta + e\partial_\alpha + f\partial_\beta$. Casus specialis, quando $\varDelta = \partial_\alpha^2 + e\partial_\alpha + f\partial_\beta$ ad utrumque casum referri potest, quum ope aequationis $\varDelta u = 0$ tum ex Θu, tum ex $\varDelta u$ omnes derivationes secundum β ejici possint, quo facto aequatio utriusque formae facile obtinetur. Si $f = 0$, hic casus sicuti casus $\varDelta = \partial_\alpha$ ad casum priorem referendus est.

Iam casum posteriorem accuratius perscrutemur.

Solutionem generalem aequationis

$$\sum_\nu a_\nu \frac{\partial^\nu u}{\partial t^\nu} = 0$$

e terminis formae $f(t)e^{\lambda t}$ conflatam esse constat, denotante $f(t)$ functionem integram ipsius t et λ quantitatem a t non pendentem, facileque perspicitur hos terminos singulos aequationi (I) satisfacere debere. Iam demonstrabimus fieri non posse, ut sit λ functio ipsarum x_1, x_2, x_3.

Sit kt^n terminus summus functionis $f(t)$ distinguanturque duo casus.

1⁰. Quando λ aut realis est aut formae $\mu + \nu i$ et μ, ν functiones unius variabilis realis α ipsarum x_1, x_2, x_3, substituendo $u = f(t)e^{\lambda t}$ in parte laeva aequationis (I) coefficiens ipsius $t^{n+2}e^{\lambda t}$ invenitur

$$= k\left(\frac{\partial \lambda}{\partial \alpha}\right)^2 \sum_{\iota, \iota'} a_{\iota,\iota'} \frac{\partial \alpha}{\partial x_\iota}\frac{\partial \alpha}{\partial x_{\iota'}}.$$

Sed haec quantitas evanescere nequit, nisi

$$\frac{\partial \alpha}{\partial x_1} = \frac{\partial \alpha}{\partial x_2} = \frac{\partial \alpha}{\partial x_3} = 0$$

sive $\alpha = \text{const.}$, quum forma

$$\begin{pmatrix} a_{1,1}, & a_{2,2}, & a_{3,3} \\ a_{2,3}, & a_{3,1}, & a_{1,2} \end{pmatrix}$$

ut supra monuimus, sit forma positiva.

2°. Quando λ est formae $\mu + \nu i$ et μ, ν sunt functiones independentes ipsarum x_1, x_2, x_3, quantitates $\mu + \nu i$ et $\mu - \nu i$ pro variabilibus independentibus α et β sumi poterunt continebitque ipsum u praeter terminum $f(t)e^{\alpha t}$ etiam terminum complexum conjugatum $\varphi(t)e^{\beta t}$. Quodsi

$$\Delta u = a\frac{\partial^2 u}{\partial \alpha^2} + b\frac{\partial^2 u}{\partial \alpha \partial \beta} + c\frac{\partial^2 u}{\partial \beta^2} + e\frac{\partial u}{\partial \alpha} + f\frac{\partial u}{\partial \beta}$$

est, ex aequatione $\Delta u = 0$ substituendo $u = f(t)e^{\alpha t}$ et aequando coefficientem ipsius $t^{n+2}e^{\alpha t}$ cifrae, obtinetur $a = 0$ et perinde $c = 0$ substituendo $u = \varphi(t)e^{\beta t}$. Unde ope aequationis $\Delta u = 0$ aequatio $\Delta u = \frac{\partial u}{\partial t}$ ita transformari potest, ut solos quotientes differentiales secundum alteram utram variabilem contineat. Sed substituendo

$$u = f(t)e^{\alpha t}, \quad u = \varphi(t)e^{\beta t}$$

coefficiens summi cujusque horum quotientium differentialium invenitur $= 0$, unde et hi quotientes differentiales ex aequatione $\Delta u = \frac{\partial u}{\partial t}$ omnes excidere debent, q. e. a., quum u ex hyp. non sit constans.

In casu igitur posteriori functio u componitur e numero finito terminorum formae $f(t)e^{\lambda t}$, in quibus λ est constans et $f(t)$ functio integra ipsius t.

In casu priori quando habetur aequatio formae

$$(1) \qquad \sum a_\nu \frac{\partial^\nu u}{\partial \alpha^\nu} = 0,$$

functio u erit formae

$$u = \sum_\nu q_\nu p_\nu,$$

denotantibus $p_1, p_2, \ldots$ solutiones particulares aequationis (1) et $q_1, q_2, \ldots$ constantes arbitrarias sive functiones solarum β et t. Quodsi haec expressio in aequatione

$$\Delta u = \frac{\partial u}{\partial t}$$

substituitur, obtinetur aequatio formae

$$\sum PQ = 0,$$

in qua quantitates Q sunt quotientes differentiales ipsarum q ideoque functiones solarum β et t, quantitates P autem functiones solarum α et β. At tali aequationi supra vidimus, si ex n terminis componatur, subjacere μ aequationes lineares inter functiones Q et $n - \mu$ aequationes inter functiones P, quarum coefficientes sint functiones solius β, denotante μ quempiam numerorum $0, 1, 2, \ldots, n$. Obtinebuntur igitur expressiones ipsarum $\frac{\partial q}{\partial t}$ per quotientes differentiales ipsarum q secundum β ab ipsa α liberae.

Iam casus singulos problematis nostri ad hunc casum pertinentes perlustremus.

Quando $m = 2$ et Δ est formae $\partial_\alpha \partial_\beta + e\partial_\alpha + f\partial_\beta$, aequatio reducta $\Delta \Lambda u = 0$, si a quotientibus differentialibus secundum β libera evadit, formam induet:

$$\frac{\partial^3 u}{\partial \alpha^3} + r\frac{\partial^2 u}{\partial \alpha^2} + s\frac{\partial u}{\partial \alpha} = 0,$$

unde u erit formae

$$ap + bq + c,$$

denotantibus a, b, c functiones solarum β et t, p et q autem functiones solarum α et β. Iam in locum ipsius α variabilis independens q introduci potest. Quo pacto obtinetur

$$u = ap + b\alpha + c,$$

ubi jam sola p est functio ambarum variabilium α et β. Substituendo hanc expressionem in aequationibus

$$\Delta u = 0, \qquad \Lambda u = \frac{\partial u}{\partial t}$$

coefficientium formae facile eruuntur.

Restat casus quando jam una aequationum, in quas aequatio $F = 0$ discinditur, formam (1) habet, ideoque formam

$$r\frac{\partial^2 u}{\partial \alpha^2} + s\frac{\partial u}{\partial \alpha} = 0.$$

Tum erit $u = ap + b$, denotantibus a et b functiones solarum β et t et p functionem solarum α et β. Si in locum ipsius α variabilis independens p introducitur, prodibit

$$u = a\alpha + b, \qquad \frac{\partial^2 u}{\partial \alpha^2} = 0.$$

Invenimus igitur, si m sit $= 2$ sive aequatio $F = 0$ in duas aequationes

$$\Delta u = 0$$

$$\Lambda u = \frac{\partial u}{\partial t}$$

dissolvatur, esse aut $\Delta \Lambda = \Theta \Delta$, aut functionem u compositam esse e numero finito terminorum formae $f(t)e^{\lambda t}$, in quibus λ constans et $f(t)$ functio integra ipsius t est, aut formam induere

$$\varphi(\beta, t)\,\chi(\alpha, \beta) + \alpha\varphi_1(\beta, t) + \varphi_2(\beta, t),$$

si $m = 3$, functionem u aut esse e numero finito terminorum $f(t)e^{\lambda t}$ conflatam aut formae

$$\varphi(\beta, t)\alpha + \varphi_1(\beta, t).$$

Casus denique $m = 4$ nullo negotio penitus absolvi potest.

Si enim praeter aequationem $\Delta u = \frac{\partial u}{\partial t}$ habentur tres aequationes inter

$$\frac{\partial^2 u}{\partial \alpha^2}, \quad \frac{\partial^2 u}{\partial \alpha \partial \beta}, \quad \frac{\partial^2 u}{\partial \beta^2}, \quad \frac{\partial u}{\partial \alpha}, \quad \frac{\partial u}{\partial \beta},$$

aut prodibit aequatio formae

$$r \frac{\partial u}{\partial \alpha} + s \frac{\partial u}{\partial \beta} = 0$$

et proin variabiles independentes ita eligere licebit, ut u fiat functio unius tantum variabilis, aut

$$\frac{\partial^2 u}{\partial \alpha^2}, \quad \frac{\partial^2 u}{\partial \alpha \partial \beta}, \quad \frac{\partial^2 u}{\partial \beta^2},$$

ideoque etiam Δu, $\Delta^2 u$, $\Delta^3 u$ per $\frac{\partial u}{\partial \alpha}$, $\frac{\partial u}{\partial \beta}$ exprimi poterunt. Tum autem emerget aequatio formae

$$a \frac{\partial^3 u}{\partial t^3} + b \frac{\partial^2 u}{\partial t^2} + c \frac{\partial u}{\partial t} = 0,$$

unde u habebit formam

$$p e^{\lambda t} + q e^{\mu t} + r \text{ vel } (p + qt) e^{\lambda t} + r$$

constatque per praecedentia λ et μ esse constantes.

Iam sumta p pro variabili independente α et substitutis his expressionibus in aequatione $\Delta u = \frac{\partial u}{\partial t}$ invenitur fieri non posse, ut q sit functio ipsius α, siquidem λ et μ sint inaequales. Ergo p et q vice variabilium independentium fungi possunt. Praeterea ex aequatione $\Delta u = \frac{\partial u}{\partial t}$ invenitur $r = \text{const.}$

In hoc igitur casu u aut est functio ipsius t et unius tantum variabilis, aut alteram utram formarum

$$\alpha e^{\lambda t} + \beta e^{\mu t} + \text{const.}, \quad (\alpha + \beta t) e^{\lambda t} + \text{const.}$$

induet, valore $\mu = 0$ non excluso.

Postquam formae quas functio u induere potest inventae sunt, aequationes $F_\nu = 0$, quas brevitati consulentes perscribere noluimus, facillimae sunt formatu. Unde in singulis quibusque casibus et forma

$$\begin{pmatrix} b_{1,1}, & b_{2,2}, & b_{3,3} \\ b_{2,3}, & b_{3,1}, & b_{1,2} \end{pmatrix}$$

et forma adjuncta

$$\begin{pmatrix} \beta_{1,1}, & \beta_{2,2}, & \beta_{3,3} \\ \beta_{2,3}, & \beta_{3,1}, & \beta_{1,2} \end{pmatrix}$$

innotescet. Si jam in expressionibus $\Sigma \beta_{\iota,\iota'} ds_\iota ds_{\iota'}$ in locos quantitatum s_1, s_2, s_3 functiones quaelibet ipsarum x_1, x_2, x_3 substituuntur, manifesto obtinebuntur casus omnes, in quibus u functio temporis et duarum tantum variabilium fieri possit. Unde quaestio prior soluta erit.

Superest ut quaeramus, quando expressio $\Sigma \beta_{\iota,\iota'} ds_\iota ds_{\iota'}$ in formam datam $\Sigma \alpha_{\iota,\iota'} dx\, dx_{\iota'}$ transformari possit.

Pars secunda.

De transformatione expressionis $\sum\limits_{\iota,\iota'} b_{\iota,\iota'} ds_\iota ds_{\iota'}$ in formam datam $\sum\limits_{\iota,\iota'} a_{\iota,\iota'} dx_\iota dx_{\iota'}$.

Quum quaestio ab Illma Academia ad corpora homogenea restricta sit, in quibus conductibilitates resultantes sint constantes, evolvamus primum conditiones, ut expressio $\sum\limits_{\iota,\iota'} b_{\iota,\iota'} ds_\iota ds_{\iota'}$, aequando quantitates s functionibus ipsarum x, in formam $\sum\limits_{\iota,\iota'} a_{\iota,\iota'} dx_\iota dx_{\iota'}$, constantibus coefficientibus $a_{\iota,\iota'}$ affectam transformari possit. Deinde de transformatione in formam quamlibet datam pauca adjiciemus.

Expressionem $\sum\limits_{\iota,\iota'} a_{\iota,\iota'} dx_\iota dx_{\iota'}$, si est, id quod supponimus, forma positiva ipsarum dx, semper in formam $\sum\limits_\iota dx_\iota^2$ redigi posse constat. Unde si $\sum\limits_{\iota,\iota'} b_{\iota,\iota'} ds_\iota ds_{\iota'}$ in formam $\sum\limits_{\iota,\iota'} a_{\iota,\iota'} dx_\iota dx_{\iota'}$ transformari potest, redigi etiam potest in formam $\sum\limits_\iota dx_\iota^2$ et vice versa. Quaeramus igitur, quando in formam $\sum\limits_\iota dx_\iota^2$ transformari possit.

Sit determinans $\Sigma \pm b_{1,1} b_{2,2} \ldots b_{n,n} = B$ et determinantes partiales $= \beta_{\iota,\iota'}$; quo pacto erit $\sum\limits_\iota \beta_{\iota,\iota'} b_{\iota,\iota'} = B$ et $\sum\limits_\iota \beta_{\iota,\iota'} b_{\iota,\iota''} = 0$, si $\iota' \gtrless \iota''$.

Si $\sum\limits_{\iota,\iota'} b_{\iota,\iota'} ds_\iota ds_{\iota'} = \sum\limits_\iota dx_\iota^2$ pro valoribus quibuslibet ipsarum dx, substituendo $d + \delta$ pro d invenitur etiam $\sum\limits_{\iota,\iota'} b_{\iota,\iota'} ds_\iota \delta s_{\iota'} = \Sigma dx_\iota \delta x_\iota$ pro valoribus quibuslibet ipsarum dx et δx.

Hinc si quantitates ds_ι per dx_ι et quantitates δx_ι per quantitates δs_ι exprimuntur, sequitur

$$\frac{\partial x_{\nu'}}{\partial s_\nu} = \sum_\iota b_{\nu,\iota} \frac{\partial s_\iota}{\partial x_{\nu'}} \tag{1}$$

et proinde

$$\frac{\partial s_\iota}{\partial x_{\nu'}} = \sum_\nu \frac{\beta_{\nu,\iota}}{B} \frac{\partial x_{\nu'}}{\partial s_\nu}. \tag{2}$$

Unde porro deducitur, quoniam sit

$$\sum_\nu \frac{\partial s_\iota}{\partial x_\nu} \frac{\partial x_\nu}{\partial s_\iota} = 1 \text{ et } \sum_\nu \frac{\partial s_\iota}{\partial x_\nu} \frac{\partial x_\nu}{\partial s_{\iota'}} = 0, \text{ si } \iota \gtrless \iota',$$

(3) $$\sum_\nu \frac{\partial x_\nu}{\partial s_\iota}\frac{\partial x_\nu}{\partial s_{\iota'}} = b_{\iota,\iota'},\qquad (4)\ \sum_\nu \frac{\partial s_\iota}{\partial x_\nu}\frac{\partial s_{\iota'}}{\partial x_\nu} = \frac{\beta_{\iota,\iota'}}{B}$$

et differentiando formulam (3)

(4) $$\sum_\nu \frac{\partial^2 x_\nu}{\partial s_\iota \partial s_{\iota''}}\frac{\partial x_\nu}{\partial s_{\iota'}} + \sum_\nu \frac{\partial^2 x_\nu}{\partial s_{\iota'} \partial s_{\iota''}}\frac{\partial x_\nu}{\partial s_\iota} = \frac{\partial b_{\iota,\iota}}{\partial s_{\iota''}}.$$

Iam ex his ipsarum

$$\frac{\partial b_{\iota,\iota'}}{\partial s_{\iota''}},\quad \frac{\partial b_{\iota,\iota''}}{\partial s_{\iota'}},\quad \frac{\partial b_{\iota',\iota''}}{\partial s_\iota}$$

expressionibus eruitur

(5) $$2\sum_\nu \frac{\partial^2 x_\nu}{\partial s_{\iota'} \partial s_{\iota''}}\frac{\partial x_\nu}{\partial s_\iota} = \frac{\partial b_{\iota,\iota'}}{\partial s_{\iota''}} + \frac{\partial b_{\iota,\iota''}}{\partial s_{\iota'}} - \frac{\partial b_{\iota',\iota''}}{\partial s_\iota}$$

et si haec quantitas per $p_{\iota,\iota',\iota''}$ designatur

(6) $$2\frac{\partial^2 x_\nu}{\partial s_{\iota'} \partial s_{\iota''}} = \sum_\iota \frac{\partial s_\iota}{\partial x_\nu} p_{\iota,\iota',\iota''}.$$

Quantitatibus $p_{\iota,\iota',\iota''}$ iterum differentiatis obtinetur

$$\frac{\partial p_{\iota,\iota',\iota''}}{\partial s_{\iota'''}} - \frac{\partial p_{\iota,\iota',\iota'''}}{\partial s_{\iota''}} = 2\sum_\nu \frac{\partial^2 x_\nu}{\partial s_{\iota'} \partial s_{\iota''}}\frac{\partial^2 x_\nu}{\partial s_\iota \partial s_{\iota'''}} - 2\sum_\nu \frac{\partial^2 x_\nu}{\partial s_{\iota'} \partial s_{\iota'''}}\frac{\partial^2 x_\nu}{\partial s_\iota \partial s_{\iota''}},$$

unde tandem prodit, substitutis valoribus modo inventis (6) et (4)

(I) $$\frac{\partial^2 b_{\iota,\iota''}}{\partial s_{\iota'} \partial s_{\iota'''}} + \frac{\partial^2 b_{\iota',\iota'''}}{\partial s_\iota \partial s_{\iota''}} - \frac{\partial^2 b_{\iota,\iota'''}}{\partial s_{\iota'} \partial s_{\iota''}} - \frac{\partial^2 b_{\iota',\iota''}}{\partial s_\iota \partial s_{\iota'''}} + \frac{1}{2}\sum_{\nu,\nu'} (p_{\nu,\iota',\iota'''}\, p_{\nu',\iota,\iota''} - p_{\nu,\iota,\iota'''}\, p_{\nu',\iota',\iota''}) \frac{\beta_{\nu,\nu'}}{B} = 0.$$

Hujus modi igitur aequationibus functiones b satisfaciant necesse est, quando $\sum_{\iota,\iota'} b_{\iota,\iota'}\, ds_\iota\, ds_{\iota'}$ in formam $\sum_\iota dx_\iota^2$ transformari potest: partes laevas harum aequationum designabimus per

$$(\iota\,\iota',\ \iota''\,\iota''').$$

Ut indoles harum aequationum melius perspiciatur, formetur expressio

$$\delta\delta \sum b_{\iota,\iota'}\, ds_\iota\, ds_{\iota'} - 2 d\delta \sum b_{\iota,\iota'}\, ds_\iota\, \delta s_{\iota'} + dd \sum b_{\iota,\iota'}\, \delta s_\iota\, \delta s_{\iota'}$$

determinatis variationibus secundi ordinis d^2, $d\delta$, δ^2 ita, ut sit

$$\delta' \sum b_{\iota,\iota'}\, ds_\iota\, ds_{\iota'} - \delta \sum b_{\iota,\iota'}\, ds_\iota\, \delta' s_{\iota'} - d \sum b_{\iota,\iota'}\, \delta s_\iota\, \delta' s_{\iota'} = 0$$

$$\delta' \sum b_{\iota,\iota'}\, ds_\iota\, ds_{\iota'} - 2d \sum b_{\iota,\iota'}\, ds_\iota\, \delta' s_{\iota'} = 0$$

$$\delta' \sum b_{\iota,\iota'}\, \delta s_\iota\, \delta s_{\iota'} - 2\delta \sum b_{\iota,\iota'}\, \delta s_\iota\, \delta' s_{\iota'} = 0,$$

denotante δ' variationem quamcunque. Quo pacto haec expressio invenietur

$$\text{(II)}\quad = \sum (\iota\iota', \iota''\iota''') (ds_\iota\, \delta s_{\iota'} - ds_{\iota'}\, \delta s_\iota)(ds_{\iota''}\, \delta s_{\iota'''} - ds_{\iota'''}\, \delta s_{\iota''}).$$

Iam ex hac formatione hujus expressionis sponte patet, mutatis variabilibus independentibus transmutari eam in expressionem a nova forma ipsius $\Sigma b_{\iota,\iota'}\, ds_\iota\, ds_{\iota'}$ eadem lege dependentem. At si quantitates b sunt constantes, omnes coefficientes expressionis (II) cifrae aequales evadunt. Unde si $\Sigma b_{\iota,\iota'}\, ds_\iota\, ds_{\iota'}$ in expressionem similem constantibus coefficientibus affectam transformari potest, expressio (II) identice evanescat necesse est.

Perinde patet, si expressio (II) non evanescat, expressionem

$$\text{(III)}\qquad -\tfrac{1}{2}\,\frac{\sum (\iota\iota', \iota''\iota''')(ds_\iota\,\delta s_{\iota'} - ds_{\iota'}\,\delta s_\iota)(ds_{\iota''}\,\delta s_{\iota'''} - ds_{\iota'''}\,\delta s_{\iota''})}{\sum b_{\iota,\iota'}\, ds_\iota\, ds_{\iota'} \sum b_{\iota,\iota'}\, \delta s_\iota\, \delta s_{\iota'} - \left(\sum b_{\iota,\iota'}\, ds_\iota\, \delta s_{\iota'}\right)^2}$$

mutatis variabilibus independentibus non mutari, insuperque immutatam manere, si in locos variationum ds_ι, δs_ι expressiones ipsarum lineares quaelibet independentes $\alpha ds_\iota + \beta \delta s_\iota$, $\gamma ds_\iota + \delta \delta s_\iota$ substituantur. Valores autem maximi et minimi hujus functionis (III) ipsarum ds_ι, δs_ι neque a forma expressionis $\Sigma b_{\iota,\iota'}\, ds_\iota\, ds_{\iota'}$ neque a valoribus variationum ds_ι, δs_ι pendebunt, unde ex his valoribus dignosci poterit, an duae hujusmodi expressiones in se transformari possint.

Disquisitiones haece interpretatione quadam geometrica illustrari possunt, quae quamquam conceptibus inusitatis nitatur, tamen obiter eam addigitavisse juvabit.

Expressio $\sqrt{\Sigma b_{\iota,\iota'}\, ds_\iota\, ds_{\iota'}}$ spectari potest tanquam elementum lineare in spatio generaliore n dimensionum nostrum intuitum transcendente. Quodsi in hoc spatio a puncto $(s_1, s_2, \ldots s_n)$ ducantur omnes lineae brevissimae, in quarum elementis initialibus variationes ipsarum s sunt ut $\alpha ds_1 + \beta \delta s_1 : \alpha ds_2 + \beta \delta s_2 : \ldots : \alpha ds_n + \beta \delta s_n$, denotantibus α et β quantitates quaslibet, hae lineae superficiem constituent, quam in spatium vulgare nostro intuitui subjectum evolvere licet. Quo pacto expressio (III) erit mensura curvaturae hujus superficiei in puncto $(s_1, s_2, \ldots, s_n)$ (1).

Si jam ad casum $n = 3$ redimus, expressio (II) est forma secundi gradus ipsarum

$$ds_2\,\delta s_3 - ds_3\,\delta s_2,\quad ds_3\,\delta s_1 - ds_1\,\delta s_3,\quad ds_1\,\delta s_2 - ds_2\,\delta s_1,$$

unde in hoc casu sex obtinemus aequationes, quibus functiones b satisfacere debent, ut $\Sigma b_{\iota,\iota'}\, ds_\iota\, ds_{\iota'}$ in formam constantibus coefficien-

26*

tibus gaudentem transformari possit. Nec difficile, ope notionum modo traditarum, est demonstratu, has sex conditiones, ut hoc fieri possit, sufficere. Observandum tamen est ternas tantum esse a se independentes.

Iam ut quaestionem ab Illma Academia propositam persolvamus, in his sex aequationibus formae functionum b, methodo supra exposita inventae, sunt substituendae, quo pacto omnes casus invenientur, in quibus temperatura u in corporibus homogeneis functio temporis et duarum tantum variabilium fieri possit.

Sed angustia temporis non permisit hos calculos perscribere. Contenti igitur esse debemus, postquam methodos quibus usi sumus exposuimus, solutiones singulas quaestionis propositae enumerasse.

Si brevitatis causa casum simplicissimum, quando temperatura u secundum legem

$$\text{(I)} \qquad \frac{\partial^2 u}{\partial x_1^2} + \frac{\partial^2 u}{\partial x_2^2} + \frac{\partial^2 u}{\partial x_3^2} = aa\frac{\partial u}{\partial t}$$

variatur, solum respicimus, ad quem casus reliquos facile reduci posse constat: casus $m = 1$ tum tantum evenire potest, quando u est constans aut in lineis rectis parallelis, aut in circulis helicibusve, ita ut coordinatis rectangularibus z, $r\cos\varphi$, $r\sin\varphi$ rite electis, poni possit $\alpha = r$, $\beta = z + \varphi\,.\,\text{const.}$

Casus $m = 2$ locum inveniet si $u = f(\alpha) + \varphi(\beta)$, casus $m = 3$ si $u = \alpha e^{\lambda t} + f(\beta)$, denotante λ constantem realem, casus denique $m = 4$, ut jam supra invenimus, si u est aut $= \alpha e^{\lambda t} + \beta e^{\mu t} + \text{const.}$, aut $= (\alpha + \beta t)e^{\lambda t} + \text{const.}$, aut $= f(\alpha)$.

Iam ut formae functionis u penitus innotescant, annotari tantum opus est, temperaturam u, nisi sit formae $\alpha e^{\lambda t}$, tum tantum functionem temporis et unius variabilis esse posse, quando sit constans aut in planis parallelis, aut in cylindris eadem axi gaudentibus, aut in sphaeris concentricis. Si u est formae $\alpha e^{\lambda t}$, ex aequatione differentiali (I) sequitur

$$\frac{\partial^2 \alpha}{\partial x_1^2} + \frac{\partial^2 \alpha}{\partial x_2^2} + \frac{\partial^2 \alpha}{\partial x_3^2} = \lambda aa\alpha$$

et perinde in casu quarto substituendo valores ipsius u in aequatione differentiali (I), functiones α et β facile determinantur, dummodo animadvertas, in hoc casu $\alpha e^{\lambda t}$ et $\beta e^{\mu t}$ esse posse quantitates complexas conjugatas. (²)

Anmerkungen.

(1) (Zu Seite 403.) Diese Untersuchungen enthalten die analytischen Ausführungen zu den in der Abhandlung „Ueber die Hypothesen, welche der Geometrie zu Grunde liegen" (S. 272) angedeuteten Resultaten. Die Frage ist die nach den Bedingungen der Transformirbarkeit eines Differentialausdrucks zweiter Ordnung in einen andern, insbesondere einen mit constanten Coefficienten. Diese Frage ist seit dem ersten Erscheinen der genannten Riemann'schen Abhandlung eingehend von Christoffel und Lipschitz untersucht worden, die auf verschiedenen Wegen zu den gleichen Resultaten wie Riemann gelangen (Crelle's Journal Bd. 70, 71, 72, 82). Später hat auch R. Beez sich mit dem Gegenstande beschäftigt (Schlömilch's Zeitschrift Bd. 20, 21, 24). Gegen die Bemerkungen, die in der ersten Auflage dieser Ausgabe auf Grund einer älteren (ungedruckten) Untersuchung von R. Dedekind von mir lediglich in der Absicht beigefügt waren, dem Leser die Ausführung der von Riemann gegebenen Rechnungsvorschrift zu erleichtern, sind in der letztgenannten Arbeit Bedenken vorgebracht, die wohl nur in der etwas zu kurzen Ausdrucksweise dieser Bemerkungen ihren Grund haben können. Sie sollen daher hier mit etwas grösserer Ausführlichkeit wiederholt werden.

Es sei das Quadrat des Linienelements im Raume von n Dimensionen

$$ds^2 = \sum_{\iota, \iota'} b_{\iota, \iota'}\, ds_\iota\, ds_{\iota'}.$$

Dann ergeben sich zur Bestimmung der kürzesten Linien die Differentialgleichungen

$$(1) \qquad d \sum_{\iota} b_{\iota, \mu} \frac{ds_\iota}{dr} = \tfrac{1}{2}\, dr \sum_{\iota, \iota'} \frac{\partial b_{\iota, \iota'}}{\partial s_\mu} \frac{ds_\iota}{dr} \frac{ds_{\iota'}}{dr}$$

und

$$\sum_{\iota, \iota'} b_{\iota, \iota'} \frac{ds_\iota}{dr} \frac{ds_{\iota'}}{dr} = 1,$$

wenn

$$r = \int \sqrt{\sum_{\iota, \iota'} b_{\iota, \iota'}\, ds_\iota\, ds_{\iota'}}$$

die Länge der kürzesten Linie selbst von einem willkürlichen festen Punkt 0 bis zu einem variablen Punkt bedeutet.

Der Punkt 0 sei der, in dessen Nachbarschaft das Verhalten des Raumes von n Dimensionen untersucht werden soll. Man denke sich von ihm aus in allen Richtungen kürzeste Linien gezogen und führe nun ein System neuer Variablen ein vermittelst der Substitution

$$x_1 = rc_1, \quad x_2 = rc_2, \; \ldots, \quad x_n = rc_n,$$

worin die Grössen c_ι die Bedeutung haben:

$$c_\iota = \left(\frac{ds_\iota}{dr}\right)_0,$$

so dass zwischen ihnen die Relation besteht:

$$\sum_{\iota,\iota'} b^{(0)}_{\iota,\iota'} c_\iota c_{\iota'} = 1,$$

und dass sie längs einer jeden, vom Punkt 0 auslaufenden kürzesten Linie constant sind. Die c_ι treten als Integrationsconstanten der Differentialgleichungen (1) auf, und um die Variabeln x_ι als Functionen der ursprünglichen Variabeln s_ι darzustellen, muss natürlich die vollständige Integration dieser Differentialgleichungen vorausgesetzt werden.

Das Charakteristische dieser neuen Variabeln, die man „Centralcoordinaten eines veränderlichen Punktes m in Bezug auf den Punkt 0" nennen kann, besteht darin, dass sie im Punkt 0 verschwinden, und dass ihre Werthe beim Fortschreiten längs einer kürzesten Linie der Länge r dieser kürzesten Linie proportional wachsen. Diese Eigenschaften bleiben erhalten, wenn statt $x_1, x_2, \ldots, x_n$ ein System von n von einander unabhängigen linearen homogenen Functionen mit constanten Coefficienten von diesen Variabeln eingeführt wird. Dadurch kann man erreichen, dass, wie Riemann, in der Abhandlung Hypothesen der Geometrie II, 2, S. 279, verlangt, $r^2 = \Sigma x_\iota^2$ wird. Dies ist aber ganz unwesentlich und soll hier nicht weiter berücksichtigt werden.

Ist nun, in den neuen Variabeln ausgedrückt, das Quadrat des Linienelements

$$ds^2 = \sum_{\iota,\iota'} a_{\iota,\iota'} dx_\iota dx_{\iota'},$$

so folgt leicht, indem man längs einer von 0 auslaufenden kürzesten Linie fortschreitet, also $ds^2 = dr^2$ setzt,

$$\sum_{\iota,\iota'} a_{\iota,\iota'} c_\iota c_{\iota'} = \sum_{\iota,\iota'} a^{(0)}_{\iota,\iota'} c_\iota c_{\iota'} = 1. \tag{2}$$

Drückt man die Differentialgleichungen der kürzesten Linien in den neuen Variabeln aus, so ergiebt sich für die vom Punkt 0 auslaufenden kürzesten Linien

$$d \sum_\iota a_{\mu,\iota} c_\iota = \tfrac{1}{2} dr \sum_{\iota,\iota'} \frac{\partial a_{\iota,\iota'}}{\partial x_\mu} c_\iota c_{\iota'},$$

woraus folgt

$$\sum_{\iota,\iota'} p_{\mu,\iota,\iota'} x_\iota x_{\iota'} = 0, \tag{3}$$

wenn zur Abkürzung gesetzt ist (S. 402)

$$p_{\mu,\iota,\iota'} = \frac{\partial a_{\iota,\mu}}{\partial x_{\iota'}} + \frac{\partial a_{\iota',\mu}}{\partial x_\iota} - \frac{\partial a_{\iota,\iota'}}{\partial x_\mu}.$$

Die Gleichung (3) lässt sich auch so schreiben:

$$\sum_{\iota,\iota'} \frac{\partial a_{\iota,\iota'}}{\partial x_\mu} x_\iota x_{\iota'} = 2 \sum_{\iota,\iota'} \frac{\partial a_{\iota,\mu}}{\partial x_{\iota'}} x_\iota x_{\iota'}. \tag{3'}$$

Setzen wir nun zur Abkürzung

$$\omega_\mu = \sum_\iota a_{\mu,\iota} x_\iota; \quad \frac{\partial \omega_\mu}{\partial x_\nu} = a_{\mu,\nu} + \sum_\iota \frac{\partial a_{\mu,\iota}}{\partial x_\nu} x_\iota,$$

so lässt sich die Gleichung (3') schreiben:

$$\omega_\mu + \sum_\iota \frac{\partial \omega_\iota}{\partial x_\mu} x_\iota = 2 \sum_\iota \frac{\partial \omega_\mu}{\partial x_\iota} x_\iota.$$

Setzt man ferner

$$2\omega = \sum_\iota \omega_\iota x_\iota; \quad 2\frac{\partial \omega}{\partial x_\mu} = \omega_\mu + \sum_\iota \frac{\partial \omega_\iota}{\partial x_\mu} x_\iota,$$

so folgt hieraus:

$$\frac{\partial \omega}{\partial x_\mu} = \sum_\iota \frac{\partial \omega_\mu}{\partial x_\iota} x_\iota; \quad \frac{\partial^2 \omega}{\partial x_\mu \partial x_\nu} = \frac{\partial \omega_\mu}{\partial x_\nu} + \sum_\iota \frac{\partial^2 \omega_\mu}{\partial x_\iota \partial x_\nu} x_\iota,$$

und hieraus:

$$\frac{\partial \omega_\mu}{\partial x_\nu} - \frac{\partial \omega_\nu}{\partial x_\mu} + \sum_\iota \frac{\partial}{\partial x_\iota}\left(\frac{\partial \omega_\mu}{\partial x_\nu} - \frac{\partial \omega_\nu}{\partial x_\mu}\right) x_\iota = 0,$$

woraus hervorgeht, dass die $\frac{\partial \omega_\mu}{\partial x_\nu} - \frac{\partial \omega_\nu}{\partial x_\mu}$ homogene Functionen der (-1)ten Ordnung sind. Bezeichnen wir eine solche Function mit $f(x_1, x_2, \ldots x_n)$, so hat man

$$f(tx_1, tx_2, \ldots tx_n) = t^{-1} f(x_1, x_2, \ldots x_n).$$

Setzt man daher voraus, dass die Coefficienten $a_{\iota,\iota'}$ und ihre Ableitungen im Punkte 0 bestimmte endliche Werthe haben, so folgt, wenn man $t = 0$ setzt, dass die Function f identisch verschwinden muss, dass also $\frac{\partial \omega_\mu}{\partial x_\nu} = \frac{\partial \omega_\nu}{\partial x_\mu}$ ist. Es ist also auch

$$\sum_\iota \frac{\partial a_{\mu,\iota}}{\partial x_\nu} x_\iota = \sum_\iota \frac{\partial a_{\nu,\iota}}{\partial x_\mu} x_\iota,$$

und daraus ergiebt sich mit Hülfe von (3'):

$$\sum_{\iota,\iota'} \frac{\partial a_{\mu,\iota}}{\partial x_{\iota'}} x_\iota x_{\iota'} = \sum_{\iota,\iota'} \frac{\partial a_{\iota,\iota'}}{\partial x_\mu} x_\iota x_{\iota'} = 0,$$

und durch Integration der Differentialgleichungen der kürzesten Linie:

$$\sum_\iota a_{\mu,\iota} c_\iota = \sum_\iota a^{(0)}_{\mu,\iota} c_\iota, \tag{4}$$

oder nach Multiplication mit r

$$\sum_\iota a_{\mu,\iota} x_\iota = \sum_\iota a^{(0)}_{\mu,\iota} x_\iota.$$

Dies alles sind identische Gleichungen, d. h. sie gelten für jedes Werthsystem der unabhängigen Variabeln x_ι.

Bedeuten nun $t_{\iota,\iota'} = t_{\iota',\iota}$ irgend welche Functionen von $x_1, x_2, \ldots, x_n$, welche mit ihren Ableitungen bis zur dritten Ordnung einschliesslich im Punkt 0 bestimmte endliche Werthe haben, und besteht die identische Gleichung

$$\sum_{\iota,\iota'} t_{\iota,\iota'} x_\iota x_{\iota'} = 0,$$

so folgen daraus, wenn man dreimal differentiirt, und nach der Differentiation $x_\iota = 0$ setzt, die für den Punkt 0 gültigen Gleichungen:

$$t_{\iota,\iota'} = 0; \qquad \frac{\partial t_{\iota,\iota'}}{\partial x_{\iota''}} + \frac{\partial t_{\iota',\iota''}}{\partial x_\iota} + \frac{\partial t_{\iota,\iota''}}{\partial x_{\iota'}} = 0.$$

Setzt man hierin $t_{\iota,\iota'} = p_{\mu,\iota,\iota'}$, so ergiebt sich für den Punkt 0

$$p_{\iota,\iota',\iota''} = 0; \qquad \frac{\partial p_{\iota,\iota',\iota''}}{\partial x_{\iota'''}} + \frac{\partial p_{\iota,\iota'',\iota'''}}{\partial x_{\iota'}} + \frac{\partial p_{\iota,\iota',\iota'''}}{\partial x_{\iota''}} = 0.$$

Aus der ersten derselben erhält man durch Addition von $p_{\iota',\iota,\iota''} = 0$

$$(5) \qquad \frac{\partial a_{\iota,\iota'}}{\partial x_{\iota''}} = 0, \quad \text{im Punkt } 0,$$

aus der zweiten

$$2\left(\frac{\partial^2 a_{\iota,\iota'}}{\partial x_{\iota''}\partial x_{\iota'''}} + \frac{\partial^2 a_{\iota,\iota''}}{\partial x_{\iota'''}\partial x_{\iota'}} + \frac{\partial^2 a_{\iota,\iota'''}}{\partial x_{\iota'}\partial x_{\iota''}}\right) = \frac{\partial^2 a_{\iota'',\iota'''}}{\partial x_\iota \partial x_{\iota'}} + \frac{\partial^2 a_{\iota''',\iota'}}{\partial x_\iota \partial x_{\iota''}} + \frac{\partial^2 a_{\iota',\iota''}}{\partial x_\iota \partial x_{\iota'''}}.$$

Vertauscht man hierin ι und ι', addirt und bezeichnet mit S die Summe der sechs Derivirten von der Form $\frac{\partial^2 a_{\iota,\iota'}}{\partial x_{\iota''}\partial x_{\iota'''}}$, so folgt

$$S = 3\left(\frac{\partial^2 a_{\iota'',\iota'''}}{\partial x_\iota \partial x_{\iota'}} - \frac{\partial^2 a_{\iota,\iota'}}{\partial x_{\iota''}\partial x_{\iota'''}}\right),$$

und da S sich nicht ändert, wenn man ι'', ι''' mit ι, ι' vertauscht:

$$(6) \qquad \frac{\partial^2 a_{\iota'',\iota'''}}{\partial x_\iota \partial x_{\iota'}} = \frac{\partial^2 a_{\iota,\iota'}}{\partial x_{\iota''}\partial x_{\iota'''}},$$

$$(7) \quad \frac{\partial^2 a_{\iota,\iota'}}{\partial x_{\iota''}\partial x_{\iota'''}} + \frac{\partial^2 a_{\iota,\iota''}}{\partial x_{\iota'''}\partial x_{\iota'}} + \frac{\partial^2 a_{\iota,\iota'''}}{\partial x_{\iota'}\partial x_{\iota''}} = \frac{\partial^2 a_{\iota'',\iota'''}}{\partial x_\iota \partial x_{\iota'}} + \frac{\partial^2 a_{\iota''',\iota'}}{\partial x_\iota \partial x_{\iota''}} + \frac{\partial^2 a_{\iota',\iota''}}{\partial x_\iota \partial x_{\iota'''}} = 0,$$

im Punkt 0.

Wir verstehen nun unter $a_{\iota,\iota'}$, $\frac{\partial a_{\iota,\iota'}}{\partial x_{\iota''}}$, $\frac{\partial^2 a_{\iota,\iota'}}{\partial x_{\iota''}\partial x_{\iota'''}}$ die Werthe dieser Grössen im Punkt 0. Unter dieser Voraussetzung haben wir für ein vom Punkt 0 auslaufendes Linienelement ds_0

$$ds_0^2 = \sum_{\iota,\iota'} a_{\iota,\iota'}\, dx_\iota\, dx_{\iota'}$$

und für ein von einem unendlich benachbarten Punkt mit den (unendlich kleinen) Coordinaten $x_1, x_2, .., x_n$ auslaufendes Linienelement ds bis zu den Gliedern zweiter Ordnung einschliesslich:

$$ds^2 = \sum_{\iota,\iota'} a_{\iota,\iota'}\, dx_\iota\, dx_{\iota'} + \sum_{\iota,\iota',\iota''} \frac{\partial a_{\iota,\iota'}}{\partial x_{\iota''}} x_{\iota''}\, dx_\iota\, dx_{\iota'}$$

$$+ \tfrac{1}{2} \sum_{\iota,\iota',\iota'',\iota'''} \frac{\partial^2 a_{\iota,\iota'}}{\partial x_{\iota''}\partial x_{\iota'''}} x_{\iota''} x_{\iota'''}\, dx_\iota\, dx_{\iota'}.$$

Hierin verschwindet nach (5) das zweite Glied und das dritte

$$\Theta = \tfrac{1}{2}\sum_{\iota,\iota',\iota'',\iota'''} \frac{\partial^2 a_{\iota,\iota'}}{\partial x_{\iota''}\,\partial x_{\iota'''}}\, x_{\iota''}\, x_{\iota'''}\, dx_\iota\, dx_{\iota'}$$

ist der Ausdruck für die Abweichung des vorliegenden Raumes von n Dimensionen von der Ebenheit in der der durch x_ι, dx_ι bestimmten Flächenrichtung; denn mit Hilfe von (6) und (7) kann man diesem eine Form geben, aus der ersichtlich ist, dass er nur von den Verbindungen $x_\iota\, dx_{\iota'} - x_{\iota'}\, dx_\iota$ abhängt. Man schreibe nämlich durch Vertauschung der Indices Θ in folgenden vier Formen

$$\begin{aligned}\Theta &= \tfrac{1}{2}\sum \frac{\partial^2 a_{\iota,\iota'}}{\partial x_{\iota''}\,\partial x_{\iota'''}}\, x_{\iota''}\, x_{\iota'''}\, dx_\iota\, dx_{\iota'}\\ &= \tfrac{1}{2}\sum \frac{\partial^2 a_{\iota',\iota''}}{\partial x_{\iota}\,\partial x_{\iota'''}}\, x_{\iota}\, x_{\iota'''}\, dx_{\iota'}\, dx_{\iota''}\\ &= \tfrac{1}{2}\sum \frac{\partial^2 a_{\iota,\iota'''}}{\partial x_{\iota'}\,\partial x_{\iota''}}\, x_{\iota'}\, x_{\iota''}\, dx_\iota\, dx_{\iota'''}\\ &= \tfrac{1}{2}\sum \frac{\partial^2 a_{\iota'',\iota'''}}{\partial x_{\iota}\,\partial x_{\iota'}}\, x_{\iota}\, x_{\iota'}\, dx_{\iota''}\, dx_{\iota'''}.\end{aligned}$$

Auf den vierten dieser Ausdrücke wenden wir (6) an und auf den zweiten und dritten (6) und (7), wodurch sich nach einer nochmaligen Vertauschung der Indices ergiebt

$$\begin{aligned}\Theta &= \tfrac{1}{2}\sum \frac{\partial^2 a_{\iota,\iota'}}{\partial x_{\iota''}\,\partial x_{\iota'''}}\, x_{\iota''}\, x_{\iota'''}\, dx_\iota\, dx_{\iota'}\\ \tfrac{1}{2}\Theta &= -\tfrac{1}{2}\sum \frac{\partial^2 a_{\iota,\iota'}}{\partial x_{\iota''}\,\partial x_{\iota'''}}\, x_{\iota}\, x_{\iota'''}\, dx_{\iota'}\, dx_{\iota''}\\ \tfrac{1}{2}\Theta &= -\tfrac{1}{2}\sum \frac{\partial^2 a_{\iota,\iota'}}{\partial x_{\iota''}\,\partial x_{\iota'''}}\, x_{\iota'}\, x_{\iota''}\, dx_\iota\, dx_{\iota'''}\\ \Theta &= \tfrac{1}{2}\sum \frac{\partial^2 a_{\iota,\iota'}}{\partial x_{\iota''}\,\partial x_{\iota'''}}\, x_{\iota}\, x_{\iota'}\, dx_{\iota''}\, dx_{\iota'''}.\end{aligned}$$

Addirt man diese vier Gleichungen, so folgt

$$(8)\qquad \Theta = \tfrac{1}{6}\sum_{\iota,\iota'';\,\iota',\iota'''} \frac{\partial^2 a_{\iota,\iota'}}{\partial x_{\iota''}\,\partial x_{\iota'''}} (x_\iota\, dx_{\iota''} - x_{\iota''}\, dx_\iota)(x_{\iota'}\, dx_{\iota'''} - x_{\iota'''}\, dx_{\iota'}).$$

Dieser Ausdruck für Θ ist aber nur unter der Voraussetzung abgeleitet, dass die Variabeln x_ι die besondere Bedeutung der Centralcoordinaten haben. Es ist nun noch die Aufgabe, ihn auf beliebige Coordinaten zu transformiren. Dies geschieht nach Riemann's Vorschrift dadurch, dass man ihn in eine Form bringt, deren Unabhängigkeit von den benutzten Variabeln in die Augen fällt.

Wir setzen zunächst unter Beibehaltung der Centralcoordinaten an Stelle der unendlich kleinen Coordinaten $x_1, x_2, \ldots, x_n$ die ihnen proportionalen Differentiale $\delta x_1, \delta x_2, \ldots, \delta x_n$, also

(9) $$\Theta = \tfrac{1}{2} \sum \frac{\partial^2 a_{\iota,\iota'}}{\partial x_{\iota''} \partial x_{\iota'''}} dx_\iota \, dx_{\iota'} \, \delta x_{\iota''} \, \delta x_{\iota'''}.$$

Wir wählen die sonst ganz willkürlichen Differentiale dx_ι, δx_ι so dass

(10) $$dd x_\iota = 0, \quad d\delta x_\iota = 0, \quad \delta d x_\iota = 0, \quad \delta\delta x_\iota = 0,$$

was z. B. durch constante dx_ι, δx_ι erreicht wird, und was zur Folge hat, dass d und δ vertauschbar sind, d. h. dass für jede beliebige Ortsfunction φ

(I) $$d\delta\varphi = \delta d\varphi.$$

Unter dieser Voraussetzung kann man aus (5), (6), (7) die Formel ableiten

$$dd \sum_{\iota,\iota'} a_{\iota,\iota'} \delta x_\iota \delta x_{\iota'} = \delta\delta \sum_{\iota,\iota'} a_{\iota,\iota'} dx_\iota dx_{\iota'} = -2\, d\delta \sum_{\iota,\iota'} a_{\iota,\iota'} dx_\iota \delta x_{\iota'}$$

und mit ihrer Hilfe

(II) $$\Theta = \tfrac{1}{2}\, dd \sum_{\iota,\iota'} a_{\iota,\iota'} \delta x_\iota \delta x_{\iota'}$$

$$= \tfrac{1}{6}\left\{ dd \sum_{\iota,\iota'} a_{\iota,\iota'} \delta x_\iota \delta x_{\iota'} - 2\, d\delta \sum_{\iota,\iota'} a_{\iota,\iota'} dx_\iota \delta x_{\iota'} + \delta\delta \sum_{\iota,\iota'} a_{\iota,\iota'} dx_\iota dx_{\iota'} \right\}.$$

Bedeutet δ' eine willkürliche, nur mit d und δ vertauschbare Variation, so ergeben sich aus (5) und (10) die Gleichungen

$$\delta' \sum_{\iota,\iota'} a_{\iota,\iota'} dx_\iota \delta x_{\iota'} = \sum_{\iota,\iota'} a_{\iota,\iota'} d\delta' x_\iota \delta x_{\iota'} + \sum_{\iota,\iota'} a_{\iota,\iota'} dx_\iota \delta\delta' x_{\iota'},$$

$$d \sum_{\iota,\iota'} a_{\iota,\iota'} \delta' x_\iota \delta x_{\iota'} = \sum_{\iota,\iota'} a_{\iota,\iota'} d\delta' x_\iota \delta x_{\iota'},$$

$$\delta \sum_{\iota,\iota'} a_{\iota,\iota'} dx_\iota \delta' x_{\iota'} = \sum_{\iota,\iota'} a_{\iota,\iota'} dx_\iota \delta\delta' x_{\iota'},$$

woraus folgt:

(III) $$\delta' \sum_{\iota,\iota'} a_{\iota,\iota'} dx_\iota \delta x_{\iota'} - d \sum_{\iota,\iota'} a_{\iota,\iota'} \delta' x_\iota \delta x_{\iota'} - \delta \sum_{\iota,\iota'} a_{\iota,\iota'} dx_\iota \delta' x_{\iota'} = 0,$$

und wenn man $d = \delta$ setzt:

(IV) $$\delta' \sum_{\iota,\iota'} a_{\iota,\iota'} dx_\iota dx_{\iota'} - 2d \sum_{\iota,\iota'} a_{\iota,\iota'} dx_\iota \delta' x_{\iota'} = 0$$

(V) $$\delta' \sum_{\iota,\iota'} a_{\iota,\iota'} \delta x_\iota \delta x_{\iota'} - 2\delta \sum_{\iota,\iota'} a_{\iota,\iota'} \delta x_\iota \delta' x_{\iota'} = 0.$$

Wenn nun an Stelle der Variabeln x_ι andere Variabeln s_ι, die Functionen von ihnen sind, eingeführt werden, so ergiebt sich für ganz beliebige Differentiale d, δ eine Umformung

$$\sum_{\iota,\iota'} a_{\iota,\iota'} dx_\iota \delta x_{\iota'} = \sum_{\iota,\iota'} b_{\iota,\iota'} ds_\iota \delta s_{\iota'}$$

und man erhält also den umgeformten Ausdruck von Θ, indem man in (II) $b_{\iota,\iota'}$, s_ι an Stelle von $a_{\iota,\iota'}$, x_ι setzt, oder mit andern Worten, indem man in (II) unter den x_ι nicht mehr die Centralcoordinaten, sondern beliebige Coordinaten versteht. Freilich werden die Bedingungen (5), (6), (7), (10) dann nicht mehr gültig sein, wohl aber werden die Bedingungen (I), (III), (IV), (V) für alle Systeme von Coordinaten befriedigt sein, wenn sie es für eines, z. B. das der Centralcoordinaten, sind. Wenn wir also bei der weiteren Umformung von (II) von keinen andern als den Relationen (I), (III), (IV), (V) Gebrauch machen, so werden die Resultate für beliebige Variabeln gültig sein. Die Rechnung ist nun, wenn auch etwas lang, doch ganz ohne Schwierigkeiten. Berechnet man die rechte Seite von (II), so heben sich allein schon durch die Vertauschbarkeit der Differentiale die Differentiale dritter Ordnung fort. Die Differentiale zweiter Ordnung kann man mit Hilfe der aus (III), (IV), (V) folgenden Gleichungen

$$2\sum_{\iota} a_{\iota,\iota'}\, dd x_\iota = -\sum_{\iota,\iota'} p_{\nu,\iota,\iota'}\, dx_\iota\, dx_{\iota'},$$

$$2\sum_{\iota} a_{\iota,\iota'}\, d\delta x_\iota = -\sum_{\iota,\iota'} p_{\nu,\iota,\iota'}\, dx_\iota\, \delta x_{\iota'},$$

$$2\sum_{\iota} a_{\iota,\iota'}\, \delta\delta x_\iota = -\sum_{\iota,\iota'} p_{\nu,\iota,\iota'}\, \delta x_\iota\, \delta x_{\iota'},$$

worin $p_{\nu,\iota,\iota'}$ wie auf Seite 402 die Bedeutung

$$p_{\nu,\iota,\iota'} = \frac{\partial a_{\nu,\iota}}{\partial x_{\iota'}} + \frac{\partial a_{\nu,\iota'}}{\partial x_\iota} - \frac{\partial a_{\iota,\iota'}}{\partial x_\nu}$$

hat, herausschaffen, und so erhält man den Ausdruck

$$dd\sum_{\iota,\iota'} a_{\iota,\iota'}\,\delta x_\iota\,\delta x_{\iota'} - 2d\delta\sum_{\iota,\iota'} a_{\iota,\iota'}\,dx_\iota\,\delta x_{\iota'} + \delta\delta\sum_{\iota,\iota'} a_{\iota,\iota'}\,dx_\iota\,dx_{\iota'}$$

$$= \sum_{\iota\iota',\iota''\iota'''} (\iota\iota',\iota''\iota''')\,(dx_\iota\,\delta x_{\iota'} - \delta x_\iota\,dx_{\iota'})\,(dx_{\iota''}\,\delta x_{\iota'''} - \delta x_{\iota''}\,dx_{\iota'''}),$$

wenn $(\iota\iota', \iota''\iota''')$ dieselbe Bedeutung hat, wie im **Riemann**'schen Text (S. 402), und die Summe so zu nehmen ist, dass von zwei Paaren von Indices ι, ι' und ι', ι und ebenso von zwei Paaren ι'', ι''' und ι''', ι'' nur je das eine beizuhalten ist.

Aus diesem Ausdruck erhalten wir nun das Krümmungsmaass unseres allgemeinen Raumes. Es seien nämlich

$$ds = \sqrt{\sum_{\iota,\iota'} a_{\iota,\iota'}\,dx_\iota dx_{\iota'}}, \quad \delta s = \sqrt{\sum_{\iota,\iota'} a_{\iota,\iota'}\,\delta x_\iota \delta x_{\iota'}}$$

zwei Linienelemente in demselben, und

$$\frac{\sum_{\iota,\iota'} a_{\iota,\iota'}\,dx_\iota\,\delta x_{\iota'}}{ds\,\delta s} = \cos\vartheta$$

der Cosinus des Winkels, den sie einschliessen.

Der Flächeninhalt des von ihnen gebildeten unendlich kleinen Dreiecks ist dann

$$\Delta = \tfrac{1}{2}\, ds\,\delta s \sin\vartheta$$

und es ergiebt sich

$$4\Delta^2 = \sum_{\iota,\iota'} a_{\iota,\iota'}\,dx_\iota\,dx_{\iota'} \sum_{\iota,\iota'} a_{\iota,\iota'}\,\delta x_\iota\,\delta x_{\iota'} - \Big(\sum_{\iota,\iota'} a_{\iota,\iota'}\,dx_\iota\,\delta x_{\iota'}\Big)^2$$

$$= \sum_{\iota\iota',\iota''\iota'''} (a_{\iota,\iota''}\,a_{\iota',\iota'''} - a_{\iota',\iota''}\,a_{\iota,\iota'''})\,(dx_\iota\,\delta x_{\iota'} - \delta x_\iota\,dx_{\iota'})\,(dx_{\iota''}\,\delta x_{\iota'''} - \delta x_{\iota''}\,dx_{\iota'''}),$$

$$-\tfrac{3}{8}\frac{dd\sum_{\iota,\iota'} a_{\iota,\iota'}\,\delta x_\iota\,\delta x_\iota}{\Delta^2}$$

$$=-\tfrac{1}{2}\frac{dd\sum_{\iota,\iota'} a_{\iota,\iota'}\,\delta x_\iota\,\delta x_{\iota'}-2d\delta\sum_{\iota,\iota'} a_{\iota,\iota'}\,dx_\iota\,\delta x_{\iota'}+\delta\delta\sum_{\iota,\iota'} a_{\iota,\iota'}\,dx_\iota\,dx_{\iota'}}{\sum_{\iota,\iota'} a_{\iota,\iota'}\,dx_\iota\,dx_{\iota'}\sum_{\iota,\iota'} a_{\iota,\iota'}\,\delta x_\iota\,\delta x_{\iota'}-\left(\sum_{\iota,\iota'} a_{\iota,\iota'}\,dx_\iota\,\delta x_{\iota'}\right)^2}$$

$$=-\tfrac{1}{2}\frac{\sum_{\iota\iota',\,\iota''\iota'''}(\iota\iota',\,\iota''\iota''')\,(dx_\iota\,\delta x_{\iota'}-\delta x_\iota\,dx_{\iota'})\,(dx_{\iota''}\,\delta x_{\iota'''}-\delta x_{\iota''}\,dx_{\iota'''})}{\sum_{\iota\iota',\,\iota''\iota'''}(a_{\iota,\iota''}a_{\iota',\iota'''}-a_{\iota,\iota'''}a_{\iota',\iota''})\,(dx_\iota\,\delta x_{\iota'}-\delta x_\iota\,dx_{\iota'})\,(dx_{\iota''}\,\delta x_{\iota'''}-\delta x_{\iota''}\,dx_{\iota'''})}.$$

Es ist nun noch nachzuweisen, dass dieser Ausdruck mit dem übereinstimmt, den Gauss für das Krümmungsmaass einer Fläche aufstellt, wenn wir eine Fläche betrachten, welche von solchen kürzesten Linien gebildet wird, in deren Anfangselementen die Variationen der x sich verhalten wie

$$\alpha dx_1+\beta\delta x_1:\alpha dx_2+\beta\delta x_2:\ldots:\alpha dx_n+\beta\delta x_n,$$

wenn α und β beliebige Grössen bedeuten.

Wir setzen wie oben $x_\iota = rc_\iota$, so dass die c_ι in jeder vom Punkt 0 auslaufenden kürzesten Linie constant sind, und r die Länge dieser kürzesten Linie bis zu einem unbestimmten Punkt bedeutet. Dann ist, wie oben gezeigt,

$$\sum_{\iota,\iota'} a_{\iota,\iota'}\,c_\iota\,c_{\iota'}=\sum_{\iota,\iota'} a^{(0)}_{\iota,\iota'}\,c_\iota\,c_{\iota'}=1.$$

Legen wir nun zwei feste Systeme der Grössen c_ι zu Grunde, $c_\iota^{(0)}$ und c_i' und betrachten ein veränderliches System

$$c_\iota=\alpha c_\iota^{(0)}+\beta c_\iota', \tag{11}$$

so haben wir hiernach:

$$\alpha^2+2\alpha\beta\cos(r^{(0)},r')+\beta^2=1,$$

wodurch die Grössen c_ι in Functionen einer einzigen Variabeln übergehen, für welche wir den Winkel φ nehmen können, den das Anfangselement von r mit dem Anfangselement von $r^{(0)}$ bildet, und der sich aus dem Ausdruck ergiebt

$$\cos\varphi=\sum_{\iota,\iota'} a^{(0)}_{\iota,\iota'}\,c_\iota\,c^{(0)}_{\iota'}.$$

Wenn sich nun die Grössen r, c_ι um die unendlich kleinen Grössen dr, dc_ι ändern, welche der Bedingung genügen:

$$\sum_{\iota,\iota'} a^{(0)}_{\iota,\iota'}\,c_\iota\,dc_{\iota'}=0,$$

so ergiebt sich mit Hülfe der Gleichungen (4)

$$\sum_{\iota,\iota'} a_{\iota,\iota'}\,c_\iota\,dc_{\iota'}=\sum_{\iota,\iota'} a^{(0)}_{\iota,\iota'}\,c_\iota\,dc_{\iota'}=0. \tag{12}$$

Ferner haben wir

$$dx_\iota = r dc_\iota + c_\iota dr,$$

also:

$$ds^2 = \sum_{\iota,\iota'} a_{\iota,\iota'} dx_\iota dx_{\iota'} = dr^2 + r^2 \sum_{\iota,\iota'} a_{\iota,\iota'} dc_\iota dc_{\iota'} = dr^2 + r^2 \mu d\varphi^2,$$

wenn zur Abkürzung

$$\sum_{\iota,\iota'} a_{\iota,\iota'} dc_\iota dc_{\iota'} = \mu d\varphi^2$$

gesetzt wird.

Nun haben wir aber:

$$(13)\qquad \cos\varphi = \sum_{\iota,\iota'} a^{(0)}_{\iota,\iota'} c_\iota c^{(0)}_{\iota'}, \quad -\sin\varphi d\varphi = \sum_{\iota,\iota'} a^{(0)}_{\iota,\iota'} c^{(0)}_\iota dc_{\iota'},$$

und aus (11) folgt ein Ausdruck von der Form

$$dc_\iota = a c^{(0)}_\iota + b c_\iota; \quad a = \beta d\alpha - \alpha d\beta, \quad b = d\beta,$$

also aus (12) und (13)

$$-\sin\varphi d\varphi = a + b\cos\varphi,$$
$$0 = a\cos\varphi + b.$$

Hieraus durch Elimination von a und b:

$$\sin\varphi\, dc_\iota = d\varphi\left(c_\iota \cos\varphi - c^{(0)}_\iota\right).$$

Daraus folgt weiter

$$d\varphi^2 = \sum_{\iota,\iota'} a^{(0)}_{\iota,\iota'} dc_\iota dc_{\iota'}$$

und mithin

$$(14)\qquad \mu = \frac{\sum_{\iota,\iota'} a_{\iota,\iota'} dc_\iota dc_{\iota'}}{\sum_{\iota,\iota'} a^{(0)}_{\iota,\iota'} dc_\iota dc_{\iota'}}.$$

Bezeichnen wir diesen Ausdruck durch $\frac{m^2}{r^2}$, so erhalten wir die Form, welche Gauss dem Linienelement auf einer beliebigen Fläche gegeben hat, nämlich:

$$ds^2 = dr^2 + m^2 d\varphi^2$$

(Disquisitiones generales circa superficies curvas art. 19) und für das Krümmungsmaass ergiebt sich

$$k = -\frac{1}{m}\frac{\partial^2 m}{\partial r^2}.$$

Ist nun die Oberfläche im Punkt $r = 0$ stetig gekrümmt, so ist in diesem Punkt

$$m = 0, \quad \frac{\partial m}{\partial r} = 1, \quad \frac{\partial^2 m}{\partial r^2} = 0,$$

und daher in diesem Punkt

$$k = -\frac{\partial^3 m}{\partial r^3}.$$

Für die Function μ ergiebt sich hieraus für denselben Punkt

$$\mu = 1, \quad \frac{\partial \mu}{\partial r} = 0, \quad k = -\tfrac{3}{2}\frac{\partial^2 \mu}{\partial r^2}.$$

Die beiden ersten dieser Gleichungen sind in Folge von (14), (5) befriedigt; aus der dritten ergiebt sich

$$k = -\tfrac{3}{2}\frac{\sum\limits_{\iota\iota', \iota''\iota'''}\left(\frac{\partial^2 a_{\iota,\iota'}}{\partial x_{\iota''}\,\partial x_{\iota'''}}\right)_0 c_{\iota''}\,c_{\iota'''}\,dc_\iota\,dc_{\iota'}}{\sum\limits_{\iota,\iota'} a^{(0)}_{\iota,\iota'}\,dc_\iota\,dc_{\iota'}},$$

was mit dem oben gefundenen Ausdruck übereinstimmt.

Construirt man die vom Punkt 0 auslaufenden kürzesten Linien, deren Anfangsrichtung durch die Gleichungen (11) bestimmt sind, so erhält man eine Fläche im transcendenten Raume. Die Coordinaten eines Punktes dieser Fläche lassen sich durch zwei unabhängige Variabeln ausdrücken, und wenn diese mit p, q bezeichnet werden, so ergiebt sich für das Quadrat des Linienelementes auf dieser Fläche ein Ausdruck der Form

$$ds = E dp^2 + 2F dp dq + G dq^2,$$

worin E, F, G Functionen von p und q sind. Nimmt man für x, y, z ein System particularer Lösungen der simultanen partiellen Differentialgleichungen

$$\left(\frac{\partial x}{\partial p}\right)^2 + \left(\frac{\partial y}{\partial p}\right)^2 + \left(\frac{\partial z}{\partial p}\right)^2 = E$$

$$\frac{\partial x}{\partial p}\frac{\partial x}{\partial q} + \frac{\partial y}{\partial p}\frac{\partial y}{\partial q} + \frac{\partial z}{\partial p}\frac{\partial z}{\partial q} = F$$

$$\left(\frac{\partial x}{\partial q}\right)^2 + \left(\frac{\partial y}{\partial q}\right)^2 + \left(\frac{\partial z}{\partial q}\right)^2 = G,$$

so wird

$$ds^2 = dx^2 + dy^2 + dz^2,$$

und wenn man x, y, z als Coordinaten eines Punktes in unserem Raume auffasst, so erhält man eine Fläche, auf die nach Riemann's Ausdruck die Fläche im transcendenten Raume abgewickelt d. h. ohne Aenderung des Linienelementes Punkt für Punkt bezogen werden kann.

Man kann aus diesen Formeln leicht den Ausdruck für das Linienelement unter Voraussetzung eines constanten Krümmungsmaasses ableiten, der auf Seite 282 angegeben ist. Wenn nämlich k den constanten Werth α hat, so ergiebt sich

$$m = \frac{\sin\sqrt{\alpha}\,r}{\sqrt{\alpha}},$$

und wenn man für die c_ι solche lineare Verbindungen von ihnen eingeführt annimmt, dass

$$\Sigma c_\iota^2 = 1$$

wird, also

$$d\varphi^2 = \Sigma dc_\iota^2,$$

so ergiebt sich für ds^2

$$ds^2 = dr^2 + \frac{\sin^2\sqrt{\alpha}\,r}{\alpha}\,\Sigma dc_\iota^2.$$

Setzt man also (was als Specialfall die stereographische Projection der Kugelfläche auf die Ebene enthält)

$$x_\iota = \frac{2c_\iota}{\sqrt{\alpha}} \operatorname{tang} \frac{\sqrt{\alpha}\, r}{2}, \qquad \sum x_\iota^2 = \frac{4}{\alpha} \operatorname{tg}^2 \frac{\sqrt{\alpha}}{2} r,$$

so folgt

$$\sum dx_\iota^2 = \frac{dr^2}{\cos^4 \frac{\sqrt{\alpha}}{2} r} + \frac{4}{\alpha} \operatorname{tg}^2 \frac{\sqrt{\alpha}}{2} r. \sum dc_\iota^2$$

und

$$ds = \cos^2 \frac{\sqrt{\alpha}}{2} r \sqrt{\sum dx_\iota^2}$$

$$= \frac{1}{1 + \frac{\alpha}{4} \sum x_\iota^2} \sqrt{\sum dx_\iota^2}.$$

(2) (Zu Seite 404). Die vollständige Verification der hier aufgestellten Schlussresultate scheint noch verwickelte Rechnungen zu erfordern, die ich aus den sehr unvollständigen vorhandenen Bruchstücken nur zum Theil herstellen konnte. Was sich daraus entziffern liess, theile ich hier mit in der Hoffnung, dass es bei einem erneuten Versuch, die Resultate vollständig herzuleiten, als Grundlage dienen könne.

Wir beantworten zunächst die Frage, in welchen Fällen die Temperatur ausser von der Zeit nur von Einer Veränderlichen abhängt. In diesen Fällen hat die Differentialgleichung, nach welcher die Bewegung der Wärme geschieht, die Form

$$(1) \qquad a \frac{\partial^2 u}{\partial \alpha^2} + b \frac{\partial u}{\partial \alpha} = \frac{\partial u}{\partial t}.$$

Wenn nun die Coefficienten a, b nicht Functionen der einzigen Variabeln α sind, so zerfällt diese Differentialgleichung in die beiden folgenden:

$$a' \frac{\partial^2 u}{\partial \alpha^2} + b' \frac{\partial u}{\partial \alpha} = \frac{\partial u}{\partial t}, \qquad a'' \frac{\partial^2 u}{\partial \alpha^2} + b'' \frac{\partial u}{\partial \alpha} = 0,$$

worin a', b', a'', b'' nur von α abhängen.

Durch Einführung einer neuen Variablen an Stelle von α lässt sich die zweite dieser Gleichungen in die Form $\frac{\partial^2 u}{\partial \alpha^2} = 0$ bringen, so dass u die Form erhält $u_1 \alpha + u_2$, wenn u_1, u_2 Functionen der Zeit allein sind. Die erste der obigen Gleichungen nimmt dann die Gestalt an

$$(c\alpha + c_1) \frac{\partial u}{\partial \alpha} = \frac{\partial u}{\partial t},$$

worin c, c_1 Constanten sind. Daraus folgt nun weiter

$$cu_1 = \frac{\partial u_1}{\partial t}, \qquad 0 = \frac{\partial u_2}{\partial t},$$

also hat u die Form $\alpha e^{\lambda t} + \text{const.}$

Wenn aber in der Differentialgleichung (1) die Coefficienten a, b schon Functionen von α allein sind, so können wir unbeschadet der Allgemeinheit $b = 0$ annehmen (durch Einführung einer neuen Variablen für α), und da die Differentialgleichung (1) durch Transformation aus der Gleichung

$$\frac{\partial^2 u}{\partial x^2} + \frac{\partial^2 u}{\partial y^2} + \frac{\partial^2 u}{\partial z^2} = \frac{\partial u}{\partial t}$$

hervorgegangen sein muss, so kommt unsere Aufgabe auf die folgende zurück:

Es sollen alle Functionen α der Coordinaten x, y, z gefunden werden, die den beiden Differentialgleichungen

$$\Delta = \frac{\partial^2 \alpha}{\partial x^2} + \frac{\partial^2 \alpha}{\partial y^2} + \frac{\partial^2 \alpha}{\partial z^2} = 0, \quad D = \left(\frac{\partial \alpha}{\partial x}\right)^2 + \left(\frac{\partial \alpha}{\partial y}\right)^2 + \left(\frac{\partial \alpha}{\partial z}\right)^2 = f(\alpha)$$

zugleich genügen.

Wir setzen zur Abkürzung:

$$\frac{\partial \alpha}{\partial x} = p, \quad \frac{\partial \alpha}{\partial y} = q, \quad \frac{\partial \alpha}{\partial z} = r, \quad p^2 + q^2 + r^2 = m,$$

und haben nun vier Fälle zu unterscheiden:

1. Wenn p, q, r von einander unabhängige Functionen der Coordinaten x, y, z sind, so ist α eine Function von m, $\varphi(m)$, und wir können p, q, r als unabhängige Variable an Stelle von x, y, z einführen. Setzen wir

$$s = \alpha - px - qy - rz, \quad ds = -x dp - y dq - z dr,$$

so folgt:

$$x = -\frac{\partial s}{\partial p}, \quad y = -\frac{\partial s}{\partial q}, \quad z = -\frac{\partial s}{\partial r},$$

$$\alpha = s - p\frac{\partial s}{\partial p} - q\frac{\partial s}{\partial q} - r\frac{\partial s}{\partial r} = \varphi(m).$$

Setzt man

$$s = \psi(m) + t$$

und bestimmt die Function $\psi(m)$ aus der Differentialgleichung

$$\psi(m) - 2m\psi'(m) = \varphi(m),$$

so ergiebt sich für t die partielle Differentialgleichung erster Ordnung

$$t - p\frac{\partial t}{\partial p} - q\frac{\partial t}{\partial q} - r\frac{\partial t}{\partial r} = 0,$$

deren allgemeine Lösung ist:

$$t = p\chi\left(\frac{q}{p}, \frac{r}{p}\right) = p\chi(\beta, \gamma),$$

wenn χ eine willkürliche Function bedeutet und zur Abkürzung

$$\beta = \frac{q}{p}, \quad \gamma = \frac{r}{p}$$

gesetzt wird.

Wir haben also

$$-x = \frac{\partial s}{\partial p} = 2p\psi'(m) + \chi - \beta\chi'(\beta) - \gamma\chi'(\gamma)$$

$$(2) \qquad -y = \frac{\partial s}{\partial q} = 2q\psi'(m) + \chi'(\beta)$$

$$-z = \frac{\partial s}{\partial r} = 2r\psi'(m) + \chi'(\gamma).$$

Nun folgt aus der Gleichung

$$\Delta = \frac{\partial p}{\partial x} + \frac{\partial q}{\partial y} + \frac{\partial r}{\partial z} = 0$$

durch Einführung von p, q, r als unabhängige Variable

$$\frac{\partial y}{\partial q}\frac{\partial z}{\partial r} - \frac{\partial z}{\partial q}\frac{\partial y}{\partial r} + \frac{\partial z}{\partial r}\frac{\partial x}{\partial p} - \frac{\partial x}{\partial r}\frac{\partial z}{\partial p} + \frac{\partial x}{\partial p}\frac{\partial y}{\partial q} - \frac{\partial y}{\partial p}\frac{\partial x}{\partial q} = 0,$$

oder durch Substitution von (2)

$$m\left(12\psi'(m)^2 + 16m\psi'(m)\psi''(m)\right)$$

$$+\sqrt{m}\left(4\psi'(m)+4m\psi''(m)\right)\sqrt{1+\beta^2+\gamma^2}\;\left\{(\beta^2+1)\frac{\partial^2\chi}{\partial\beta^2}+2\beta\gamma\frac{\partial^2\chi}{\partial\beta\partial\gamma}+(\gamma^2+1)\frac{\partial^2\chi}{\partial\gamma^2}\right\}$$

$$+ (1+\beta^2+\gamma^2)^2\left(\frac{\partial^2\chi}{\partial\beta^2}\frac{\partial^2\chi}{\partial\gamma^2}-\left(\frac{\partial^2\chi}{\partial\beta\partial\gamma}\right)^2\right) = 0,$$

und da m, β, γ von einander unabhängige Variable sind, so spaltet sich diese Gleichung in die drei folgenden:

$$(3)\qquad \frac{\partial^2\chi}{\partial\beta^2}\frac{\partial^2\chi}{\partial\gamma^2}-\left(\frac{\partial^2\chi}{\partial\beta\partial\gamma}\right)^2 = \frac{k}{(1+\beta^2+\gamma^2)^2},$$

$$(4)\qquad (\beta^2+1)\frac{\partial^2\chi}{\partial\beta^2}+2\beta\gamma\frac{\partial^2\chi}{\partial\beta\partial\gamma}+(\gamma^2+1)\frac{\partial^2\chi}{\partial\gamma^2} = \frac{k_1}{\sqrt{1+\beta^2+\gamma^2}},$$

$$(5)\quad m\left(12\psi'(m)^2+16m\psi'(m)\psi''(m)\right)+k_1\sqrt{m}\left(4\psi'(m)+4m\psi''(m)\right)+k=0,$$

worin k, k_1 unbestimmte Constanten bedeuten. Führt man an Stelle der Function χ eine neue Function χ_1 ein durch die Gleichung

$$\chi = \tfrac{1}{2}k_1\sqrt{1+\beta^2+\gamma^2}+\chi_1,$$

so gehen die Gleichungen (3), (4) in folgende über:

$$(6)\qquad \frac{\partial^2\chi_1}{\partial\beta^2}\frac{\partial^2\chi_1}{\partial\gamma^2}-\left(\frac{\partial^2\chi_1}{\partial\beta\partial\gamma}\right)^2 = \frac{k'}{(1+\beta^2+\gamma^2)^2},$$

$$(7)\qquad (\beta^2+1)\frac{\partial^2\chi_1}{\partial\beta^2}+2\beta\gamma\frac{\partial^2\chi_1}{\partial\beta\partial\gamma}+(\gamma^2+1)\frac{\partial^2\chi_1}{\partial\gamma^2} = 0.$$

Diese Gleichungen können aber nur dann zusammen bestehen, wenn χ_1 eine lineare Function von β, γ, und folglich $k' = 0$ ist; denn betrachten wir

$$\chi_1 - \beta\frac{\partial\chi_1}{\partial\beta} - \gamma\frac{\partial\chi_1}{\partial\gamma},\quad \frac{\partial\chi_1}{\partial\beta},\quad \frac{\partial\chi_1}{\partial\gamma}$$

als rechtwinklige Coordinaten, so ist (6) die Differentialgleichung einer Fläche mit constantem Krümmungsmaass, (7) die einer Minimalfläche, zwei Eigenschaften, die bekanntlich nur bei der Ebene zusammentreffen.

Hieraus ergiebt sich, wenn a, b, c Constanten bedeuten, für χ ein Ausdruck von der Form:

$$\chi = a + b\beta + c\gamma + \tfrac{1}{2}k_1\sqrt{1+\beta^2+\gamma^2},$$

und die Gleichungen (2) gehen in folgende über:

$$x + a = -\frac{\frac{1}{2}k_1 + 2\sqrt{m}\psi'(m)}{\sqrt{1+\beta^2+\gamma^2}},$$

$$y + b = -\frac{\left(\frac{1}{2}k_1 + 2\sqrt{m}\psi'(m)\right)\beta}{\sqrt{1+\beta^2+\gamma^2}},$$

$$z + c = -\frac{\left(\frac{1}{2}k_1 + 2\sqrt{m}\psi'(m)\right)\gamma}{\sqrt{1+\beta^2+\gamma^2}},$$

$$(x+a)^2+(y+b)^2+(z+c)^2 = \left(\tfrac{1}{2}k_1 + 2\sqrt{m}\psi'(m)\right)^2,$$

woraus folgt, dass die Flächen α = const. oder m = const. concentrische Kugeln sind.

2. Wenn zwischen den Variablen p, q, r eine von den Coordinaten x, y, z freie Gleichung besteht, so kann r als Function von p, q angesehen werden, und wir haben

$$dr = a\,dp + b\,dq,$$

wenn

$$a = \frac{\partial r}{\partial p}, \quad b = \frac{\partial r}{\partial q}, \quad \frac{\partial a}{\partial q} = \frac{\partial b}{\partial p}$$

gesetzt wird. Hieraus folgt:

$$\frac{\partial p}{\partial z} = a\frac{\partial p}{\partial x} + b\frac{\partial p}{\partial y}, \quad \frac{\partial q}{\partial z} = a\frac{\partial q}{\partial x} + b\frac{\partial q}{\partial y}, \quad \frac{\partial r}{\partial z} = a\frac{\partial r}{\partial x} + b\frac{\partial r}{\partial y}.$$

Wenn nun nicht

$$p^2 + q^2 + r^2 = \text{const.} \tag{8}$$

ist, so wird α von denselben beiden Variablen abhängen wie p, q, r, und daraus geht hervor:

$$r = ap + bq,$$

und durch Differentiation:

$$p\frac{\partial a}{\partial p} + q\frac{\partial b}{\partial p} = 0; \quad p\frac{\partial a}{\partial q} + q\frac{\partial b}{\partial q} = 0,$$

$$\frac{\partial a}{\partial p}\frac{\partial b}{\partial q} - \frac{\partial a}{\partial q}\frac{\partial b}{\partial p} = 0. \tag{9}$$

Setzen wir nun, wie vorhin, auch in dem Fall, wo die Gleichung (8) besteht,

$$s = \alpha - xp - yq - zr,$$

$$ds = -x\,dp - y\,dq - z\,dr = -(x + az)\,dp - (y + bz)\,dq,$$

so folgt, dass auch s nur von p, q abhängt, und es ergiebt sich

$$\frac{\partial s}{\partial p} = -(x + az), \quad \frac{\partial s}{\partial q} = -(y + bz). \tag{10}$$

Führt man nun in der Gleichung

$$\frac{\partial p}{\partial x} + \frac{\partial q}{\partial y} + \frac{\partial r}{\partial z} = 0$$

p, q, z als unabhängige Variable ein, so folgt

$$\frac{\partial x}{\partial p} + \frac{\partial y}{\partial q} - a\left(\frac{\partial y}{\partial q}\frac{\partial x}{\partial z} - \frac{\partial x}{\partial q}\frac{\partial y}{\partial z}\right) - b\left(\frac{\partial x}{\partial p}\frac{\partial y}{\partial z} - \frac{\partial y}{\partial p}\frac{\partial x}{\partial z}\right) = 0,$$

und daraus mit Hülfe von (10)

$$z\left\{\frac{\partial a}{\partial p}(1 + b^2) - ab\left(\frac{\partial a}{\partial q} + \frac{\partial b}{\partial p}\right) + \frac{\partial b}{\partial q}(1 + a^2)\right\}$$
$$+ \frac{\partial^2 s}{\partial p^2}(1 + b^2) - 2ab\frac{\partial^2 s}{\partial p\,\partial q} + \frac{\partial^2 s}{\partial q^2}(1 + a^2) = 0.$$

Da nun a, b, s von z unabhängig sind, so zerfällt diese Gleichung in die beiden folgenden:

$$\frac{\partial^2 s}{\partial p^2}(1 + b^2) - 2ab\frac{\partial^2 s}{\partial p\,\partial q} + \frac{\partial^2 s}{\partial q^2}(1 + a^2) = 0 \tag{11}$$

$$\frac{\partial a}{\partial p}(1 + b^2) - ab\left(\frac{\partial a}{\partial q} + \frac{\partial b}{\partial p}\right) + \frac{\partial b}{\partial q}(1 + a^2) = 0. \tag{12}$$

Betrachten wir nun p, q, r als rechtwinklige Coordinaten, so ist (12) die Differentialgleichung einer Minimalfläche, welche nach (8) oder (9) zugleich eine Kugel oder eine in die Ebene abwickelbare Fläche sein müsste. Dies kann nur vereinigt sein, wenn die Fläche eine Ebene ist, und daher a, b Constanten sind, die man bei passender Bestimmung der Richtung der z-Axe gleich Null annehmen kann. Demnach ergiebt sich aus (11)

$$(13)\qquad \frac{\partial^2 s}{\partial p^2}+\frac{\partial^2 s}{\partial q^2}=0,$$

und ferner wie im ersten Fall

$$s=\psi(m)+p\chi\left(\frac{q}{p}\right),$$

$$m=p^2+q^2,\ r=0,$$

$$-x=\frac{\partial s}{\partial p}=\psi'(m)\,2p+\chi(\beta)-\beta\chi'(\beta),$$

$$-y=\frac{\partial s}{\partial q}=\psi'(m)\,2q+\chi'(\beta),$$

wenn $\beta=\frac{q}{p}$ gesetzt wird.

Aus (13) folgt daher

$$\sqrt{m}\left(4\psi'(m)+4m\psi''(m)\right)+(1+\beta^2)^{\frac{3}{2}}\chi''(\beta)=0,$$

eine Gleichung, die in die beiden folgenden zerfällt:

$$\sqrt{m}\left(4\psi'(m)+4m\psi''(m)\right)=-k,$$

$$\chi''(\beta)=\frac{k}{\sqrt{1+\beta^2}^{3}},$$

worin k constant ist. Die Integration dieser letzteren Gleichung ergiebt, wenn a, b willkürliche Constanten sind,

$$\chi(\beta)=k\sqrt{1+\beta^2}+a+b\beta.$$

Demnach haben wir

$$x+a=-\frac{2\psi'(m)\sqrt{m}+k}{\sqrt{1+\beta^2}},$$

$$y+b=-\frac{\left(2\psi'(m)\sqrt{m}+k\right)\beta}{\sqrt{1+\beta^2}},$$

$$(x+a)^2+(y+b)^2=\left(2\psi'(m)\sqrt{m}+k\right)^2.$$

Die isothermen Flächen sind daher in diesem Fall Cylinder mit kreisförmigem Querschnitt und gemeinschaftlicher Axe.

Der dritte Fall, in dem p, q, r Functionen einer und derselben Variablen sind, kann nicht vorkommen. Ist nämlich

$$p=\psi_1(\mu),\qquad q=\psi_2(\mu),\qquad r=\psi_3(\mu),$$

so folgt aus den Gleichungen

$$\frac{\partial q}{\partial z}=\frac{\partial r}{\partial y},\quad \frac{\partial r}{\partial x}=\frac{\partial p}{\partial z},\quad \frac{\partial p}{\partial y}=\frac{\partial q}{\partial x}:$$

$$\psi_1'(\mu):\psi_2'(\mu):\psi_3'(\mu)=\frac{\partial\mu}{\partial x}:\frac{\partial\mu}{\partial y}:\frac{\partial\mu}{\partial z}$$

27*

und die Gleichung $\Delta = 0$ liefert

$$\psi_1'(\mu)\frac{\partial \mu}{\partial x} + \psi_2'(\mu)\frac{\partial \mu}{\partial y} + \psi_3'(\mu)\frac{\partial \mu}{\partial z} = 0,$$

was sich offenbar widerspricht.

Es bleibt also nur der vierte Fall, in dem p, q, r constant sind, und daher die Schaar der isothermen Flächen aus parallelen Ebenen besteht.

Von der allgemeineren Frage, wann die Temperatur ausser von der Zeit nur von zwei Variablen abhängig ist, lässt sich der erste Fall, der im Text durch $m = 1$ charakterisirt ist, in folgender Weise beantworten.

Wir haben in diesem Fall die quadratische Form

$$\begin{pmatrix} 0, & 0, & c \\ a', & b', & c' \end{pmatrix}$$

in der a', b' lineare Functionen von γ sind, während c' von γ unabhängig ist. Ferner ist die Determinante

$$\begin{vmatrix} 0, & c', & b' \\ c', & 0, & a' \\ b', & a', & c \end{vmatrix} = 2a'b'c' - cc'c'$$

constant. Die adjungirte Form zu dieser ist

$$-(a'd\alpha + b'd\beta - c'd\gamma)^2 + 2(2a'b' - cc')\,d\alpha\, d\beta,$$

in der $2a'b' - cc'$ von γ unabhängig ist.

Nun können wir durch Einführung einer neuen Variablen an Stelle von γ, welche eine lineare Function von γ ist, diese Form in die einfachere transformiren:

$$(a\,d\alpha + c\,d\gamma)^2 + 2m\,d\alpha\,d\beta,$$

in der a eine lineare Function von γ, c und m von γ unabhängig sind. Es sind nun die Fälle aufzufinden, in welchen diese Form in eine andere mit constanten Coefficienten, oder speciell in die Form $dx^2 + dy^2 + dz^2$ transformirbar ist.

Zu dem Ende bilden wir die Gleichungen $(\iota\iota', \iota''\iota''') = 0$ (S. 402), welche in diesem Fall die Gestalt annehmen:

$$(1,1) \qquad m\frac{\partial^2 c}{\partial \beta^2} - \frac{\partial c}{\partial \beta}\frac{\partial m}{\partial \beta} = 0,$$

$$(2,2) \qquad mc\left(\frac{\partial^2 c}{\partial \alpha^2} - \frac{\partial^2 a}{\partial \alpha\,\partial \gamma}\right) + \left(\frac{\partial a}{\partial \gamma} - \frac{\partial c}{\partial \alpha}\right)\left(c\frac{\partial m}{\partial \alpha} + m\frac{\partial a}{\partial \gamma}\right) = 0,$$

$$(3,3) \qquad 2mc\left(\frac{\partial^2 a^2}{\partial \beta^2} - 2\frac{\partial^2 m}{\partial \alpha \partial \beta}\right) + 4c\frac{\partial m}{\partial \beta}\left(\frac{\partial m}{\partial \alpha} - a\frac{\partial a}{\partial \beta}\right) - \frac{m}{c}\left(\frac{\partial ac}{\partial \beta}\right)^2 = 0,$$

$$2mc\left(\frac{\partial^2 a^2}{\partial \beta\,\partial \gamma} - \frac{\partial^2 ac}{\partial \alpha\,\partial \beta}\right) + 4m\frac{\partial c}{\partial \beta}\left(a\frac{\partial c}{\partial \alpha} - a\frac{\partial a}{\partial \gamma} + c\frac{\partial a}{\partial \alpha}\right)$$

$$(2,3) \qquad + 2c\left(c\frac{\partial a}{\partial \beta} - a\frac{\partial c}{\partial \beta}\right)\left(\frac{\partial m}{\partial \alpha} - a\frac{\partial a}{\partial \beta}\right) - 2m\frac{\partial c}{\partial \alpha}\frac{\partial ac}{\partial \beta}$$

$$+ a\frac{\partial ac}{\partial \beta}\left(c\frac{\partial a}{\partial \beta} - a\frac{\partial c}{\partial \beta}\right) = 0,$$

$$(3,1)\qquad 2mc\frac{\partial^2 ac}{\partial\beta^2}-2c\frac{\partial ac}{\partial\beta}\frac{\partial m}{\partial\beta}-2m\frac{\partial c}{\partial\beta}\frac{\partial ac}{\partial\beta}=0,$$

$$(1,2)\qquad 2m\left(2c\frac{\partial^2 c}{\partial\alpha\partial\beta}-\frac{\partial^2 ac}{\partial\beta\partial\gamma}\right)+\left(c\frac{\partial a}{\partial\beta}-a\frac{\partial c}{\partial\beta}\right)^2=0.$$

Aus (1, 2) folgt, dass $c\frac{\partial a}{\partial\beta}-a\frac{\partial c}{\partial\beta}$, also auch $\frac{\partial\frac{a}{c}}{\partial\beta}$ von γ unabhängig ist; setzt man daher $a=a_1+\gamma a_2$, so folgt, dass a_2 von der Form ist $cf(\alpha)$, und $f(\alpha)$ von β unabhängig.

Wir haben daher

$$(a\,d\alpha+c\,d\gamma)^2+2m\,d\alpha\,d\beta=\left(a_1\,d\alpha+c\,(f(\alpha)\,d\alpha+d\gamma)\right)^2+2m\,d\alpha\,d\beta;$$

führt man also statt γ eine neue Variable $\gamma+\int f(\alpha)\,d\alpha$ ein, so geht die quadratische Form in eine andere von derselben Gestalt über, in der nur a von γ unabhängig ist. Bei dieser Annahme erhält die Gleichung (2, 2) die Form

$$m\frac{\partial^2 c}{\partial\alpha^2}-\frac{\partial c}{\partial\alpha}\frac{\partial m}{\partial\alpha}=0,$$

woraus in Verbindung mit (1, 1) hervorgeht:

$$\frac{\partial\log\frac{\partial c}{\partial\alpha}}{\partial\alpha}=\frac{\partial\log m}{\partial\alpha},\qquad \frac{\partial\log\frac{\partial c}{\partial\beta}}{\partial\beta}=\frac{\partial\log m}{\partial\beta},$$

und daraus

$$\frac{\partial c}{\partial\alpha}=m\varphi(\beta),\qquad \frac{\partial c}{\partial\beta}=m\psi(\alpha).$$

Es sind nun drei Fälle zu unterscheiden.

1) wenn $\varphi(\beta)=\psi(\alpha)=0$ ist, so ist $c=$ const. und aus (1, 2) folgt $\frac{\partial a}{\partial\beta}=0$. Führt man also an Stelle von γ eine neue Variable $c\gamma+\int a\,d\alpha$ ein, so erreicht man, dass in der quadratischen Form $a=0$, $c=1$ wird, und aus (3, 3) folgt dann

$$\frac{\partial^2\log m}{\partial\alpha\,\partial\beta}=0,\qquad 2m=\chi(\alpha)\vartheta(\beta).$$

Führt man daher an Stelle von α, β die Variablen $\int\chi(\alpha)\,d\alpha$, $\int\vartheta(\beta)\,d\beta$ ein, so erhält man die quadratische Form

$$d\gamma^2+d\alpha\,d\beta,$$

welche durch die Substitution $\alpha=x+iy$, $\beta=x-iy$, $\gamma=z$ übergeht in

$$dx^2+dy^2+dz^2.$$

Die isothermen Curven $\alpha=$ const., $\beta=$ const. sind also in diesem Fall parallele gerade Linien.

2) Wenn $\varphi(\beta)=0$, $\psi(\alpha)$ nicht $=0$ ist, so ist c von α unabhängig, und aus (1,2) folgt, dass $\frac{a}{c}$ von β unabhängig ist. Auf ähnliche Weise, wie oben erreicht man nun, dass a verschwindet, und ferner ergiebt sich

$$\frac{1}{\psi(\alpha)}\frac{\partial c}{\partial\beta}=m,$$

wodurch die Gleichungen (1, 1) ... (1, 2) sämmtlich befriedigt sind. Führt man

$\int \frac{2\,d\alpha}{\psi(\alpha)}$, c als neue Variable an Stelle von α, β ein, so erhält man die quadratische Form $\beta^2 d\gamma^2 + d\alpha\, d\beta$, welche in $dx^2 + dy^2 + dz^2$ übergeht durch die Substitution

$$x + iy = \beta, \quad x - iy = \alpha - \beta\gamma^2, \quad z = \beta\gamma.$$

Hieraus kann man aber mittelst der Gleichungen $\alpha = \text{const.}$, $\beta = \text{const.}$ keine reellen Curven erhalten. Der Fall $\psi(\alpha) = 0$, $\varphi(\beta)$ nicht $= 0$ ist von diesem nicht wesentlich verschieden.

3) Wenn weder $\psi(\alpha)$ noch $\varphi(\beta)$ verschwindet, so führe man für α, β die neuen Variablen $\int \frac{d\alpha}{\psi(\alpha)}$, $\int \frac{d\beta}{\varphi(\beta)}$ ein, wodurch man erreicht, dass

$$\frac{\partial c}{\partial \alpha} = m, \quad \frac{\partial c}{\partial \beta} = m, \quad \frac{\partial c}{\partial \alpha} - \frac{\partial c}{\partial \beta} = 0,$$

also $c = f(\alpha + \beta)$, $m = f'(\alpha + \beta)$ wird.

Nun folgt aus (1, 3)

$$\frac{\partial \log \frac{\partial a c}{\partial \beta}}{\partial \beta} = \frac{\partial \log c m}{\partial \beta},$$

und daraus durch Integration

$$ac = f^2 \varphi(\alpha) + \psi(\alpha);$$

durch Einführung der Variabeln $\gamma + \int \varphi(\alpha) d\alpha$ statt γ erreicht man, dass $\varphi(\alpha) = 0$ und mithin $ac = \psi(\alpha)$ wird. Dann folgt aus (1, 2):

$$\frac{f^3 f''}{f'} = -\psi(\alpha)^2.$$

Da nun die eine Seite dieser Gleichung nur von α, die andere nur von $\alpha + \beta$ abhängt, so muss jede derselben einer Constanten k^2 gleich sein, woraus sich für die Function f die Differentialgleichung zweiter Ordnung ergiebt:

$$f'' - \frac{k^2 f'}{f^3} = 0,$$

wonach die Gleichungen (1, 1)..(1, 2) alle befriedigt sind. Die einmalige Integration dieser Gleichung ergiebt, wenn k_1 eine neue Constante bedeutet:

$$2f' = k_1^2 - \frac{k^2}{f^2}.$$

Setzen wir nun $\alpha = x + iy$, $\beta = x - iy$, und führen für γ eine neue Variable $\gamma - ik \int \frac{dx}{f^2}$ ein, so erhalten wir

$$(c\,d\gamma + a\,d\alpha)^2 + 2m\,d\alpha\,d\beta = \left(f d\gamma + \frac{k}{f} dy\right)^2 + 2f'(dx^2 + dy^2)$$
$$= f^2 d\gamma^2 + 2k\,d\gamma\,dy + 2f'\,dx^2 + k_1^2\,dy^2.$$

Setzen wir ferner

$$2f'\,dx^2 = \frac{df^2}{2f'} = \frac{f^2 df^2}{k_1^2 f^2 - k^2} = d\xi^2,$$

woraus folgt

$$\xi = \frac{1}{k_1^2}\sqrt{k_1^2 f^2 - k^2}, \qquad f^2 = k_1^2 \xi^2 + \frac{k^2}{k_1^2},$$

so geht unsere quadratische Form über in

$$\left(\frac{k}{k_1}\,d\gamma + k_1\,dy\right)^2 + k_1^2\xi^2 d\gamma^2 + d\xi^2.$$

Beziehen wir dieselbe auf Polarcoordinaten, indem wir setzen:

$$\xi = r,\quad k_1\gamma = \varphi,\quad k_1 y + \frac{k}{k_1}\gamma = z,$$

so nimmt sie die Form an:

$$dr^2 + r^2 d\varphi^2 + dz^2.$$

Die Curven $\alpha = \text{const.}$, $\beta = \text{const.}$ werden daher

$$r = \text{const.},\qquad z - \frac{k}{k_1^2}\varphi = \text{const.},$$

worin k auch $= 0$ sein kann, also Schraubenlinien oder Kreise.

In dem Specialfall $k_1 = 0$ erhalten wir $\xi = \dfrac{if^2}{2k}$ und die quadratische Form wird

$$-2ki\,\xi\,d\gamma^2 + 2k\,d\gamma\,dy + d\xi^2,$$

oder indem wir an Stelle von ξ, $\dfrac{2ky}{\sqrt{-2ki}}$, $\sqrt{-2ki}\,\gamma$ wieder α, β, γ schreiben:

$$\alpha\,d\gamma^2 + d\beta\,d\gamma + d\alpha^2,$$

welche in die Form $dx^2 + dy^2 + dz^2$ übergeht durch die Substitution

$$\begin{aligned} x + iy &= \beta + \alpha\gamma - \tfrac{1}{12}\gamma^3, \\ x - iy &= \gamma, \\ z &= \alpha - \tfrac{1}{4}\gamma^2; \end{aligned}$$

aber den hieraus sich ergebenden Gleichungen

$$\begin{gathered} z + \tfrac{1}{4}(x - iy)^2 = \alpha = \text{const.}, \\ (x + iy) - \alpha(x - iy) + \tfrac{1}{12}(x - iy)^3 = \beta = \text{const.} \end{gathered}$$

entsprechen keine reellen Curven.

In den übrigen Fällen ist es mir nicht gelungen, die Rechnung vollständig durchzuführen.

W.

XXIII.

Sullo svolgimento del quoziente di due serie ipergeometriche in frazione continua infinita. *)

I.

Avendo una frazione continua infinita della forma

$$a + \cfrac{b_1 x}{1 + \cfrac{b_2 x}{1 + \cfrac{b_3 x}{1 + \cdots}}},$$

che per valori di x abbastanza piccoli converge e rappresenta la funzione $f(x)$, si vede facilmente, che la ridotta m^{esima} è uguale al quoziente $\frac{p_m}{q_m}$ di due funzioni intere p_m e q_m, i cui gradi sono ambedue n, se $m = 2n + 1$, e n e $n - 1$, se $m = 2n$. La differenza tra la ridotta e la funzione $f(x)$, se x è infinitesimo, è infinitesima dell' ordine m^{esimo}. Ma affinchè questo avvenga, debbono essere sodisfatte tante condizioni, quante sono le quantità arbitrarie contenute nella funzione fratta uguale alla ridotta.

Dunque la ridotta m^{esima} può determinarsi mediante la condizione di coincidere nei primi m termini dello svolgimento secondo le potenze di x colla funzione da svolgere e mediante i gradi del numeratore e del denominatore, che sono per $m = 2n + 1$ ambedue n, e n e $n - 1$ per $m = 2n$.

II.

Questo modo di determinare la ridotta conduce immediatamente all' espressione della ridotta, quando si tratta di svolgere il quoziente delle serie ipergeometriche

$$P^{\alpha}\begin{pmatrix}\alpha & \beta & \gamma \\ \alpha' & \beta' & \gamma'\end{pmatrix} x\Bigg) = P \text{ e } P^{\alpha}\begin{pmatrix}\alpha & \beta + 1 & \gamma \\ \alpha' - 1 & \beta' & \gamma'\end{pmatrix} x\Bigg) = Q,$$

*) Die Bearbeitung dieses Fragments, dessen Entstehung in den October 1863 fällt, rührt von H. A. Schwarz her.

ove si faccia uso delle proprietà caratteristiche esposte nella memoria [Beiträge zur Theorie der durch die Gauss'sche Reihe $F(\alpha, \beta, \gamma, x)$ darstellbaren Functionen].

Infatti, poichè per x infinitesimo $\frac{P}{Q} - \frac{p_m}{q_m}$ divieni infinitesimo dell' ordine m e Qq_m dell' ordine α, l'espressione $q_m P - p_m Q$ diviene infinitesima dell' ordine $m + \alpha$, e si dimostra facilmente, che questa espressione ha tutte le proprietà caratteristiche di una funzione sviluppabile in serie ipergeometrica in modo che si abbia

$$(1)\quad \begin{aligned} & q_{2n+1} P - p_{2n+1} Q \\ &= P\begin{pmatrix}\alpha + 2n + 1 & \beta - n & \gamma \\ \alpha' - 1 & \beta' - n & \gamma'\end{pmatrix} x \Big) = x^n P\begin{pmatrix}\alpha + n + 1 & \beta & \gamma \\ \alpha' - n - 1 & \beta' & \gamma'\end{pmatrix} x\Big) = x^n P_{n+1} \\ & q_{2n} P - p_{2n} Q = P\begin{pmatrix}\alpha + 2n & \beta + 1 - n & \gamma \\ \alpha' - 1 & \beta' - n & \gamma'\end{pmatrix} x\Big) = x^n Q_n \end{aligned}$$

dove P_n, Q_n denotano ciò che divengono P, Q, quando si mutano α, α' in $\alpha + n$, $\alpha' - n$. Ora, se facciamo variare continuamente x e le funzioni di x, in modo che l'indice del valore complesso x percorra un giro intorno l'indice di 1, q_m, p_m riprendono gli stessi valori, mentre P, Q, P_n, Q_n si convertono in altri rami di queste funzioni.

Dunque: se designiamo con P', Q', P'_n, Q'_n altri rami corrispondenti di queste funzioni, abbiamo anche

$$(2)\quad \begin{aligned} q_{2n+1} P' - p_{2n+1} Q' &= x^n P'_{n+1} \\ q_{2n} P' - p_{2n} Q' &= x^n Q'_n . \end{aligned}$$

Dalle equazioni (1) e (2) s'ottiene:

$$\frac{p_{2n+1}}{q_{2n+1}} = \frac{PP'_{n+1} - P'P_{n+1}}{QP'_{n+1} - Q'P_{n+1}}, \quad \frac{p_{2n}}{q_{2n}} = \frac{PQ'_n - P'Q_n}{QQ'_n - Q'Q_n}.$$

Dunque, per trovare per quali valori di x, $\frac{p_{2n}}{q_{2n}}$ e $\frac{p_{2n+1}}{q_{2n+1}}$ convergano verso $\frac{P}{Q}$, basta ricercare quando $\frac{P_n}{P'_n}$ e $\frac{Q_n}{Q'_n}$ col crescere indefinito di n convergano verso zero.

[III.]

A questo scopo conviene introdurre l'espressioni di P_n e Q_n per integrali definiti. Ponendo

$$\begin{aligned} [-\alpha' - \beta' - \gamma' &= a \\ -\alpha' - \beta - \gamma &= b \\ -\alpha - \beta' - \gamma &= c] \end{aligned}$$

può esprimersi

$$P_n \text{ per } \left[x^{\alpha+n}(1-x)^\gamma \int_0^1 s^{a+n}(1-s)^{b+n}(1-xs)^{c-n}\,ds\right]$$

e

$$Q_n \text{ per } \left[x^{\alpha+n}(1-x)^\gamma \int_0^1 s^{a+1+n}(1-s)^{b+n}(1-xs)^{c-n}\,ds\right].$$

Per avere il valore generale delle funzioni P_n, Q_n bisognerebbe moltiplicare gli integrali per fattori costanti, ma possiamo sostituire nelle equazioni (1) gli integrali comprendendo i fattori costanti nelle funzioni intere p_m, q_m. Quanto ai valori delle funzioni sotto il segno integrale, è indifferente qualunque valore si prenda, purchè si prendano per s^a, $(1-s)^b$, $(1-xs)^c$ gli stessi valori in ogni integrale.

[Nun bleiben die Ausdrücke für $\frac{p_m}{q_m}$ auch unverändert, wenn für P', Q', P'_n, Q'_n dieselben linearen Verbindungen dieser Grössen und der Grössen $P, Q, P_n, Q_n : AP + BP', AQ + BQ', AP_n + BP'_n, AQ_n + BQ'_n$ gesetzt werden, wo A und B zwei Constanten bezeichnen, von welchen B nicht gleich Null ist. Solche correspondirende Functionen ergeben sich, wenn die obigen Integrale anstatt von 0 bis 1 von irgend einem der vier Werthe $0, 1, \frac{1}{x}, \infty$ zu irgend einem dieser vier Werthe und zwar alle auf demselben Wege erstreckt werden.]

Dunque si possono prendere per P'_n, Q'_n gli stessi integrali estesi da uno ad uno intorno di $\frac{1}{x}$.

Gli integrali [durch welche der letzten Annahme zufolge P_n, Q_n, P'_n, Q'_n ausgedrückt sind, ändern bei einer continuirlichen Variation des Weges der Integration zwischen den angegebenen Grenzen ihren Werth nicht] purchè il cammino d'integrazione non oltrepassi l'indice di $\frac{1}{x}$, e possiamo disporre del cammino dell' integrazione in modo che si possa più facilmente trovare il limite verso il quale converge il valore dell' integrale col crescere di n.

A questo scopo $\frac{s(1-s)}{1-xs}\ldots$

[Hier bricht der Text ab. Es lassen sich aber aus einigen Handzeichnungen und Formeln die Schlüsse, deren Riemann sich bedient hat, etwa in folgender Weise herstellen.

Man setze:]

$$\frac{s(1-s)}{1-xs} = e^{f(s)}$$

[und betrachte in der Ebene der complexen Grösse s die Curven, längs denen der Modul von $e^{f(s)}$ einen constanten Werth hat. Für sehr kleine Werthe dieses Moduls umgeben diese Curven die Punkte 0 und 1 nahezu wie concentrische Kreise mit kleinen Radien. Für sehr grosse Werthe des Moduls umgeben diese Curven den Punkt $s = \frac{1}{x}$ und den Punkt $s = \infty$. In beiden Fällen bestehen die Curven also aus zwei getrennten Theilen. Lässt man den Modul von kleinen Werthen an wachsen, so werden die getrennten Theile, welche die Punkte 0 und 1 umgeben und demselben Werthe des Moduls entsprechen, einander immer näher rücken, bis sie nur eine Curve bilden, welche einen Doppelpunkt hat. Für diesen Doppelpunkt muss $f'(s)$ gleich Null sein. Eine ähnliche Betrachtung findet statt, wenn man den erwähnten Modul von sehr grossen Werthen an abnehmen lässt.

Es ergeben sich folgende Gleichungen:]

$$f(s) = \log(1-s) - \log\left(\frac{1}{s} - x\right),$$

$$f'(s) = -\frac{1}{1-s} + \frac{1}{\frac{1}{s} - x}\,\frac{1}{ss} = \frac{1 - 2s + xs^2}{s(1-s)(1-xs)}.$$

[Für $f'(s) = 0$ ist also]

$$1-2s+xs^2=0,\quad s(1-xs)=1-s,\quad 1-2s+s^2=(1-x)s^2=(1-s)^2$$

$$\frac{1}{s} - 1 = \sqrt{1-x} = 1 - xs$$

$$\frac{1-s}{1-xs} = s.$$

[Es werde nun mit $\sqrt{1-x}$ derjenige Werth der Quadratwurzel bezeichnet, dessen reeller Bestandtheil positiv ist, wobei der Fall, dass x reell und $\geqq 1$ ist, von der Betrachtung ausgeschlossen wird. Ferner mögen σ, σ' die beiden Wurzeln der quadratischen Gleichung

$$1 - 2s + xs^2 = 0,$$

$$\sigma = \frac{1}{1+\sqrt{1-x}},\quad \sigma' = \frac{1}{1-\sqrt{1-x}}$$

bezeichnen, so dass der Modul von σ kleiner ist als der Modul von σ'.

Dann ist

$$e^{f(\sigma)} = \sigma^2 = \left(\frac{1}{1+\sqrt{1-x}}\right)^2,\quad e^{f(\sigma')} = \sigma'^2 = \left(\frac{1}{1-\sqrt{1-x}}\right)^2.$$

Man denke sich nun den Punkt $s = 0$ mit dem Punkte $s = 1$ so durch eine Linie verbunden, dass dieselbe den Punkt $s = \sigma$ enthält und dass bei dem Fortschreiten auf dieser Linie der Modul von $e^{f(s)}$ auf dem Wege von $s = 0$ bis $s = \sigma$ beständig im Zunehmen, auf dem

Wege von $s = \sigma$ bis $s = 1$ aber beständig im Abnehmen begriffen ist. Eine solche Linie kann als Integrationsweg für die von $s = 0$ bis $s = 1$ zu erstreckenden Integrale dienen, durch welche die Functionen P_n, Q_n ausgedrückt werden.

Für diejenigen Integrale hingegen, welche an die Stelle der Functionen P'_n, Q'_n gesetzt werden, kann ein Integrationsweg dienen, welcher vom Punkte $s = 1$ zunächst nach dem Punkte $s = \sigma'$ führt, von dort nach dem Punkte $s = 1$ zurückführt und hierbei den Punkt $s = \frac{1}{x}$ umschliesst. Dieser Integrationsweg kann so gewählt werden, dass der Modul von $e^{f(s)}$ sein Maximum auf dieser Linie nur im Punkte $s = \sigma'$ erreicht.

In den nachstehenden Figuren, zu denen sich Entwürfe von Riemann's Hand vorgefunden haben, sind die Integrationswege durch punktirte Linien angedeutet.

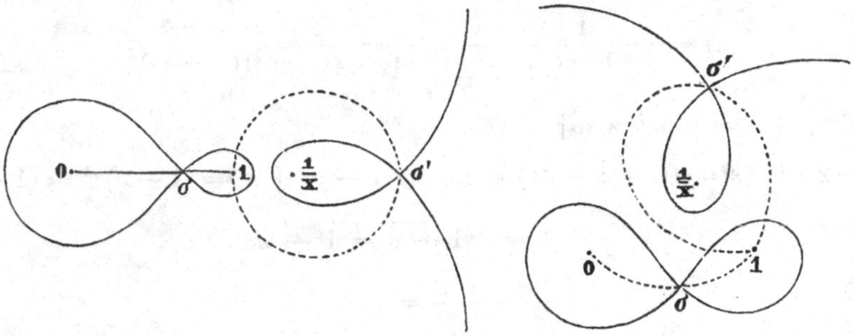

Es handelt sich nun darum, einen Ausdruck zu finden, welcher den Werth des Integrals

$$\int_0^1 s^{a+n}(1-s)^{b+n}(1-xs)^{c-n}\,ds$$

für unendlich grosse Werthe von n asymptotisch darstellt.

Man setze

$$s^a(1-s)^b(1-xs)^c = \varphi(s),$$

so ist zu berechnen $\int_0^1 e^{nf(s)}\varphi(s)\,ds$ für $n = \infty$.

Diejenigen Theile des Integrationsweges, welche nicht in der Nähe des singulären Werthes $s = \sigma$ liegen, ergeben zu dem Werthe des Integrales einen Beitrag, welcher für unendlich grosse Werthe von n nicht allein unendlich klein wird, sondern auch — weil der reelle Bestandtheil von $n(f(\sigma) - f(s))$ unter den angegebenen Voraussetzungen über jedes Maass hinaus wächst — unendlich klein wird im Verhältniss zu dem Theile des Integrals, welches sich auf einen in der Nähe des Werthes $s = \sigma$ liegenden Theil des Integrationsweges bezieht. Aus diesem Grunde genügt es zur Auffindung eines für $\lim n = \infty$ geltenden asymptotischen Ausdruckes für das erwähnte Integral, die Summation auf einen in der Nähe des Werthes $s = \sigma$ liegenden Theil des Integrationsweges zu beschränken. Man setze daher, mit h eine Grösse bezeichnend, deren Modul nur kleine Werthe annehmen soll:]

$$s = \sigma + h$$

$$f(s) = f(\sigma) + \tfrac{1}{2} f''(\sigma) h^2 + (h^3)$$

$$nf(s) = nf(\sigma) + n\frac{f''(\sigma)}{2} h^2 + n(h^3)$$

$$-n\frac{f''(\sigma)}{2} h^2 = z^2$$

$$dh = \frac{dz}{\sqrt{-n\frac{f''(\sigma)}{2}}}$$

$$e^{nf(s)} = e^{nf(\sigma)} e^{-z^2 + \left(\frac{z^3}{\sqrt{n}}\right)}$$

$$e^{nf(s)} \varphi(s)\, ds = e^{nf(\sigma)} \varphi\left(\sigma + \frac{z}{\sqrt{-n\frac{f''(\sigma)}{2}}}\right) e^{-z^2} \frac{dz}{\sqrt{-n\frac{f''(\sigma)}{2}}}.$$

[Wird nun der in der Nähe des Punktes $s = \sigma$ liegende Theil des Integrationsweges geradlinig angenommen und zwar so, dass der von den beiden Tangenten der Curve

$$\operatorname{mod} e^{f(s)} = \operatorname{mod} e^{f(\sigma)}$$

im Punkte $s = \sigma$ gebildete rechte Winkel durch denselben halbirt wird, so convergiren für $\lim n = \infty$ die Grenzen der auf die Variable z sich beziehenden Integration beziehlich gegen die Werthe $-\infty$ und $+\infty$, und es ist daher der Beitrag, den die in der Nähe des Werthes $s = \sigma$ liegenden Elemente des betrachteten Integrales für sehr grosse Werthe von n zu dem Werthe des Integrals ergeben, asymptotisch gleich

$$\frac{e^{nf(\sigma)}\varphi(\sigma)}{\sqrt{-n\frac{f''(\sigma)}{2}}} \int_{-\infty}^{+\infty} e^{-z^2} dz = \sqrt{\frac{\pi}{-\frac{f''(\sigma)}{2}}}\, \frac{e^{nf(\sigma)}}{\sqrt{n}}\, \varphi(\sigma).$$

Nun ist

$$e^{nf(\sigma)} = \sigma^{2n} = \left(\frac{1}{1+\sqrt{1-x}}\right)^{2n}$$

$$-\frac{f''(\sigma)}{2} = \frac{1}{\sigma(1-\sigma)} = \frac{1}{\sigma^2\sqrt{1-x}}$$

$$\varphi(\sigma) = \sigma^{a+b}(1-x)^{\frac{b+c}{2}}.$$

Es ist demnach der asymptotische Werth von $\int_0^1 e^{nf(s)}\varphi(s)\,ds$ gleich

$$\frac{\sqrt{\pi}}{\sqrt{n}}\left(\frac{1}{1+\sqrt{1-x}}\right)^{2n+a+b+1}(1-x)^{\frac{b+c}{2}+\frac{1}{4}}.$$

Durch analoge Schlüsse wird der asymptotische Werth von $\int_1^1 e^{nf(s)}\varphi(s)\,ds$ als

$$\frac{\sqrt{\pi}}{\sqrt{n}}\left(\frac{1}{1-\sqrt{1-x}}\right)^{2n+a+b+1}(1-x)^{\frac{b+c}{2}+\frac{1}{4}}$$

gefunden.

Unter den angegebenen Voraussetzungen ergiebt sich also für den Quotienten $P_n : P'_n$ der asymptotische Werth:]

$$\left(\frac{1-\sqrt{1-x}}{1+\sqrt{1-x}}\right)^{2n+a+b+1}$$

[Für alle Werthe von x, mit Ausnahme derjenigen, welche reell und grösser als 1 sind, sowie mit Ausnahme des Werthes $x = 1$, convergirt daher der Quotient $P_n : P'_n$ mit unendlich zunehmendem n gegen Null.

Dasselbe gilt, wenn a in $a + 1$ verwandelt wird, von dem Quotienten $Q_n : Q'_n$.

Hiermit ist bewiesen, dass die Näherungswerthe des Kettenbruches von der in I. angegebenen Form, in welchen der Quotient

$$\frac{P^{\alpha}\begin{pmatrix}\alpha & \beta & \gamma & \\ \alpha' & \beta' & \gamma' & x\end{pmatrix}}{P^{\alpha}\begin{pmatrix}\alpha & \beta+1 & \gamma & \\ \alpha'-1 & \beta' & \gamma' & x\end{pmatrix}}$$

entwickelt werden kann, für alle Werthe von x, welche nicht reell und $\geqq 1$ sind, mit wachsendem Index gegen den Werth dieses Quotienten convergiren.]

XXIV.

Ueber das Potential eines Ringes.

Um die Wirkung eines beliebigen Körpers, dessen Theile eine Anziehung oder Abstossung umgekehrt proportional dem Quadrate der Entfernung ausüben, für jeden Punkt ausserhalb dieses Körpers zu bestimmen, hat man bekanntlich eine Function V der rechtwinkligen Coordinaten x, y, z dieses Punktes zu suchen, welche den Namen des Potentials oder der Potentialfunction der wirkenden Massen führt und deren Differentialquotienten $\frac{\partial V}{\partial x}$, $\frac{\partial V}{\partial y}$, $\frac{\partial V}{\partial z}$ den Componenten der beschleunigenden Kraft im Punkte x, y, z gleich oder entgegengesetzt sind, je nachdem die Masseneinheit eine gleiche um die Längeneinheit entfernte Masse mit der Einheit der Kraft anzieht oder abstösst. Zur Bestimmung dieser Function, welche der Bedingung

$$(1) \qquad \frac{\partial^2 V}{\partial x^2} + \frac{\partial^2 V}{\partial y^2} + \frac{\partial^2 V}{\partial z^2} = 0$$

genügen muss, ist es hinreichend, wenn in jedem Punkte der Oberfläche des Körpers noch eine Bedingung gegeben ist, und es bietet sich die Aufgabe häufig in der Form dar, dass nicht die Vertheilung der Massen im Körper, sondern gewisse Bedingungen, denen ihre Wirkung in der Oberfläche genügen soll, gegeben sind, z. B. dass V einer willkürlich gegebenen Function gleich werden soll, also in jedem Punkte der Oberfläche die ihr parallele Componente gegeben ist, oder dass in jedem Punkte in Einer gegebenen Richtung die Componente einen gegebenen Werth erhalten soll. Das Verfahren, um diese Aufgabe zu lösen, besteht bekanntlich darin, dass man aus particularen Lösungen der Differentialgleichung (1)

$$Q_1, Q_2, \ldots, Q_n, \ldots$$

einen allgemeinen Ausdruck

$$a_1 Q_1 + a_2 Q_2 + \cdots + a_n Q_n + \cdots = R$$

mit den willkürlichen Constanten $a_1, a_2, \ldots, a_n, \ldots$ zusammensetzt, welcher ebenfalls der Differentialgleichung (1) genügt, und dann diese

Constanten so bestimmt, dass die Grenzbedingungen erfüllt werden. Die Ausdrücke R convergiren im Allgemeinen nur für gewisse Werthe der Coordinaten x, y, z, so dass für jeden bestimmten Ausdruck der ganze unendliche Raum durch eine Fläche s in zwei Theile zerfällt, in deren einem dieser Ausdruck convergirt, während er in dem andern, allgemein zu reden, (d. h. von einzelnen Punkten und Linien abgesehen) divergirt. So z. B. wird der Ausdruck

$$\sum a_n e^{z\sqrt{\alpha_n^2+\beta_n^2}} \cos\alpha_n x \cos\beta_n y$$

für eine bestimmte auf der z-Axe senkrechte Ebene zu convergiren aufhören. Führt man statt x, y, z Polarcoordinaten ein und entwickelt V nach Potenzen des Radiusvectors, wo dann bekanntlich die Coefficienten der $n$ten Potenz sich aus den Kugelfunctionen $n$ter Ordnung, multiplicirt mit willkürlichen Constanten, zusammensetzen, so erhält man eine Reihe, welche für eine bestimmte Kugelfläche, die den Pol zum Mittelpunkt hat, zu convergiren aufhört. Es ist nun beachtenswerth, dass einer bestimmten Form der Entwicklung R schon eine bestimmte Schaar von Grenzflächen der Convergenz entspricht (im ersteren Falle eine Schaar paralleler Ebenen, im zweiten eine Schaar concentrischer Kugelflächen), während es von den Werthen der Coefficienten abhängt, für welche Fläche dieser Schaar die Divergenz eintritt.

Offenbar muss nun der Ausdruck R für das ganze Gebiet, wo die Function V bestimmt werden soll, convergiren, weil man nur dann diesen Ausdruck in die Grenzbedingungen einsetzen kann, um die willkürlichen Constanten in ihm zu bestimmen. Andererseits aber lässt sich leicht zeigen, dass ein Ausdruck, welcher der Differentialgleichung (1) genügt, nur da, wo er zu convergiren aufhört, eine willkürlich gegebene Function darstellen kann. Folglich muss die Form des Ausdrucks R so bestimmt werden, dass die Oberfläche des Körpers eine der ihm angehörenden Grenzflächen der Convergenz ist.

Es soll zunächst für einen Ring mit kreisförmigem Querschnitte diese Aufgabe gelöst werden, was für manche physikalische Untersuchungen nicht unerwünscht sein dürfte.

1.

Legt man die z-Axe in die Axe des Ringes und den Anfangspunkt der Coordinaten in den Mittelpunkt des Ringes, so erhält die Gleichung der Ringoberfläche die Form

$$(\sqrt{x^2+y^2} \pm a)^2 + z^2 = c^2.$$

Ich suche zunächst statt x, y, z solche Variabeln einzuführen, dass eine derselben in der Oberfläche des Ringes einen constanten Werth erhält und zugleich die Differentialgleichung (1) eine möglichst einfache Form behält.

Führt man in der (x, y)-Ebene Polarcoordinaten ein, indem man

$$x = r\cos\varphi, \quad y = r\sin\varphi$$

setzt, so wird die Differentialgleichung (1)

$$\text{(I)} \qquad \frac{\partial^2 V}{\partial r^2} + \frac{\partial V}{r\partial r} + \frac{\partial^2 V}{rr\partial\varphi^2} + \frac{\partial^2 V}{\partial z^2} = 0,$$

die Grenzgleichung von φ unabhängig, nämlich

$$(r+a)^2 + z^2 = c^2$$

und

$$(r-a)^2 + z^2 = c^2,$$

also in der (r, z)-Ebene die Grenze durch zwei mit dem Radius c um die Punkte $(-a, 0)$ und $(a, 0)$ beschriebenen Kreise gebildet.

Ich führe nun statt r und z zwei neue Veränderliche ϱ und ψ ein, indem ich für $r + zi$ eine Function einer complexen Grösse $\varrho e^{\psi i}$ setze,

$$r + zi = f(\varrho e^{\psi i}),$$

und die Grösse $\varrho e^{\psi i}$ als Function von $r + zi$ so bestimme, dass ihr Modul ϱ in jedem der beiden Grenzkreise einen constanten Werth erhält und sie ausserhalb der beiden Kreise allenthalben stetig und endlich bleibt.

Diesen Bedingungen wird genügt, wenn man

$$r + zi = \frac{\beta + \gamma\varrho e^{\psi i}}{1 + \varrho e^{\psi i}}$$

und

$$\beta = -\gamma = \sqrt{aa - cc}$$

setzt; denn es wird dann

$$a + r + zi = \frac{(a+\beta) + (a+\gamma)\varrho e^{\psi i}}{1 + \varrho \varepsilon^{\psi i}}$$

$$(a + r + zi)(a + r - zi) = \frac{\dfrac{a+\beta}{(a+\gamma)\varrho} + e^{\psi i}}{1 + \varrho e^{\psi i}} \; \frac{\dfrac{a+\beta}{(a+\gamma)\varrho} + e^{-\psi i}}{1 + \varrho e^{-\psi i}} (a+\gamma)^2 \varrho^2.$$

Diese Grösse wird von ψ unabhängig, wenn

$$\frac{a+\beta}{(a+\gamma)\varrho} = \varrho,$$

und zwar

$$= (a+\gamma)^2 \varrho^2 = (a+\beta)(a+\gamma).$$

Ebenso wird die Grösse

$$(-a + r + zi)(-a + r - zi)$$

von ψ unabhängig und zwar

$$= (-a+\beta)(-a+\gamma),$$

wenn

$$\varrho\varrho = \frac{-a+\beta}{-a+\gamma}.$$

Es entsprechen also den Werthen

$$\varrho\varrho = \frac{a+\beta}{a+\gamma}, \quad \varrho\varrho = \frac{-a+\beta}{-a+\gamma}$$

zwei um die Punkte $(-a, 0)$, $(a, 0)$ mit den Radien

$$\sqrt{(a+\beta)(a+\gamma)}, \quad \sqrt{(-a+\beta)(-a+\gamma)}$$

beschriebene Kreise. Sollen beide Radien $= c$ werden, so muss

$$(a+\beta)(a+\gamma) - (-a+\beta)(-a+\gamma) = 2a(\beta+\gamma) = 0,$$

also $\gamma = -\beta$, $aa - \beta\beta = cc$, also $\beta = \sqrt{aa - cc}$ sein.

2.

Die Umformung der Differentialgleichung (1) kann dadurch erleichtert werden, dass man $V = r^\mu U$ setzt, wodurch

$$\frac{\partial^2 V}{\partial r^2} + \frac{\partial V}{r\partial r} = r^\mu \frac{\partial^2 U}{\partial r^2} + 2\mu r^{\mu-1}\frac{\partial U}{\partial r} + \mu(\mu-1) r^{\mu-2} U$$

$$+ r^{\mu-1}\frac{\partial U}{\partial r} + \mu r^{\mu-2} U$$

$$= r^\mu \frac{\partial^2 U}{\partial r^2} + (2\mu+1) r^{\mu-1}\frac{\partial U}{\partial r} + \mu\mu r^{\mu-2} U,$$

und μ so annimmt, dass das zweite Glied wegfällt, also $\mu = -\frac{1}{2}$. Die Differentialgleichung (I) wird dann

$$rr\left(\frac{\partial^2 U}{\partial r^2} + \frac{\partial^2 U}{\partial z^2}\right) + \frac{\partial^2 U}{\partial \varphi^2} + \tfrac{1}{4} U = 0.$$

Bezeichnet man nun der Kürze wegen die complexen Grössen $r + zi$ durch y und $\varrho e^{\psi i}$ durch η und die conjugirten Grössen durch y' und η', so erhält man

$$r = \frac{y+y'}{2}, \quad zi = \frac{y-y'}{2},$$

$$\frac{\partial U}{\partial y} = \frac{1}{2}\left(\frac{\partial U}{\partial r} - \frac{\partial U}{\partial z} i\right), \quad \frac{\partial^2 U}{\partial y \partial y'} = \frac{1}{4}\left(\frac{\partial^2 U}{\partial r^2} + \frac{\partial^2 U}{\partial z^2}\right),$$

folglich

$$rr\left(\frac{\partial^2 U}{\partial r^2} + \frac{\partial^2 U}{\partial z^2}\right) = (y+y')^2 \frac{\partial^2 U}{\partial y \partial y'};$$

ferner

$$y = \beta\frac{1-\eta}{1+\eta}, \quad y' = \beta\frac{1-\eta'}{1+\eta'}, \quad y + y' = 2\beta\frac{1-\eta\eta'}{(1+\eta)(1+\eta')},$$

$$y = \beta\left(-1 + \frac{2}{1+\eta}\right), \quad dy = -2\beta\frac{d\eta}{(1+\eta)^2}, \quad dy' = -2\beta\frac{d\eta'}{(1+\eta')^2},$$

$$(y+y')^2 \frac{\partial^2 U}{\partial y \partial y'} = (1-\eta\eta')^2 \frac{\partial^2 U}{\partial \eta \partial \eta'} = \frac{(1-\eta\eta')^2}{\eta\eta'} \frac{\partial^2 U}{\partial \log\eta \, \partial \log\eta'},$$

oder (da $\eta\eta' = \varrho^2$, $\log\eta = \log\varrho + \psi i$, $\log\eta' = \log\varrho - \psi i$)

$$= \frac{(1-\varrho^2)^2}{\varrho^2} \tfrac{1}{4} \left(\frac{\partial^2 U}{\partial \log\varrho^2} + \frac{\partial^2 U}{\partial \psi^2} \right).$$

Die partielle Differentialgleichung wird also

$$\left(\frac{\varrho - \frac{1}{\varrho}}{2} \right)^2 \left(\frac{\partial^2 U}{\partial \log\varrho^2} + \frac{\partial^2 U}{\partial \psi^2} \right) + \frac{\partial^2 U}{\partial \varphi^2} + \tfrac{1}{4} U = 0.$$

3.

Es ist jetzt leicht, U in eine Reihe von particularen Integralen dieser Differentialgleichung zu entwickeln, welche gleichzeitig für alle Werthe von φ und ψ convergirt oder divergirt. Zu dem Ende hat man nur diesen particularen Integralen die Form zu geben

$$\genfrac{}{}{0pt}{}{\cos}{\sin} m\psi \, \genfrac{}{}{0pt}{}{\cos}{\sin} n\varphi,$$

multiplicirt in eine Function P von ϱ, welche der Differentialgleichung

$$\text{(II)} \qquad \left(\frac{\varrho - \frac{1}{\varrho}}{2} \right)^2 \left(\frac{d^2 P}{d \log\varrho^2} - mmP \right) - (nn - \tfrac{1}{4}) P = 0$$

genügt. Die Bestimmung der willkürlichen Constanten ergiebt sich dann durch die Fourier'sche Reihe.

Setzt man

$$\frac{\varrho - \frac{1}{\varrho}}{2} = t,$$

so wird

$$\frac{dP}{d\log\varrho} = \frac{dP}{dt} \frac{\varrho + \frac{1}{\varrho}}{2},$$

$$\frac{d^2 P}{d\log\varrho^2} = \left(\frac{\varrho + \frac{1}{\varrho}}{2} \right)^2 \frac{d^2 P}{dt^2} + \frac{\varrho - \frac{1}{\varrho}}{2} \frac{dP}{dt} = (tt+1) \frac{d^2 P}{dt^2} + t \frac{dP}{dt},$$

und die Differentialgleichung (II) geht über in

$$tt(tt+1) \frac{d^2 P}{dt^2} + t^3 \frac{dP}{dt} - (mmtt + nn - \tfrac{1}{4}) P = 0.$$

Diese Differentialgleichung enthält nur Glieder von zwei verschiedenen Dimensionen in Bezug auf t und lässt sich folglich nach dem seit Euler bekannten Verfahren durch hypergeometrische Reihen integriren. Die Lösung lässt sich auf sehr mannigfaltige Art durch andere hypergeometrische Reihen ausdrücken, nämlich durch solche,

28*

deren viertes Element den Werth oder den reciproken Werth folgender neun Grössen hat,

$$-\left(\frac{\varrho+\frac{1}{\varrho}}{2}\right)^2,\ \left(\frac{\varrho+\frac{1}{\varrho}}{2}\right)^2,\ \left(\frac{1-\varrho\varrho}{1+\varrho\varrho}\right)^2;\quad \varrho\varrho,\ 1-\varrho\varrho,\ 1-\frac{1}{\varrho\varrho};$$

$$\left(\frac{1-\varrho}{1+\varrho}\right)^2,\ -\frac{(1-\varrho)^2}{4\varrho},\ \frac{(1+\varrho)^2}{4\varrho},$$

und zwar giebt es nach jeder dieser achtzehn Grössen vier verschiedene Entwicklungen, welche der Differentialgleichung genügen, von denen indess je zwei dieselbe particulare Lösung darstellen. Im Allgemeinen wird man nach der kleinsten dieser Grössen entwickeln. Entwickelt man nach einer solchen, welche für $\varrho = 1$ verschwindet, so zeigt sich, dass von den beiden particularen Lösungen die eine für $\varrho = 1$ unendlich wird. Da V endlich bleiben soll, so muss in dem Werth von P der Coefficient dieser particularen Lösung verschwinden und P der für $\varrho = 1$ endlich bleibenden proportional sein. Von den verschiedenen Ausdrücken derselben will ich Einen anzuführen mich begnügen und durch $P^{n,m}$ bezeichnen, nämlich

$$P^{n,m} = (1-\varrho\varrho)^{n+\frac{1}{2}}\varrho^{\pm m} F(n \pm m + \tfrac{1}{2},\ n+\tfrac{1}{2},\ 2n+1,\ 1-\varrho\varrho).$$

Da sich in den Werthen der $P^{n,m}$ die ersten drei Elemente der hypergeometrischen Reihen nur durch ganze Zahlen unterscheiden, so lassen sich alle $P^{n,m}$ linear in zwei derselben $P^{0,0}$, $P^{0,1}$ ausdrücken (Comm. Gott. rec. Vol. II*),) welche ganze elliptische Integrale erster und zweiter Gattung sind**) und vielleicht am bequemsten nach dem Princip des arithmetisch-geometrischen Mittels, d. h. durch wiederholte Transformationen zweiter Ordnung, gefunden werden.

---

*) Gauss' Werke Bd. III. S. 131. W.

**) Sämmtliche $P^{n,m}$ lassen sich durch ganze elliptische Integrale im weitern Sinne ausdrücken.

XXV.

Verbreitung der Wärme im Ellipsoid.

Bei dem Problem der Wärmebewegung in einem homogenen isotropen Körper handelt es sich nach der Theorie von Fourier um die Integration der partiellen Differentialgleichung

$$\frac{\partial u}{\partial t} = a^2\left(\frac{\partial^2 u}{\partial x^2} + \frac{\partial^2 u}{\partial y^2} + \frac{\partial^2 u}{\partial z^2}\right), \tag{1}$$

worin a^2 eine positive Constante ist (das Verhältniss der Leitungsfähigkeit zu dem Product aus der Dichtigkeit und der specifischen Wärme). Es ist die Function u so zu bestimmen, dass sie im Innern eines gegebenen Körpers der Differentialgleichung (1) genügt, dass sie für $t = 0$ stetig in eine gegebene Function der Coordinaten (den Anfangszustand) übergeht, und dass sie ausserdem an der Oberfläche noch einer Bedingung genügt, z. B. in eine gegebene Function übergeht.

Handelt es sich um einen von einem Ellipsoid mit den Halbaxen $\sqrt{\alpha}$, $\sqrt{\beta}$, $\sqrt{\gamma}$ begrenzten Körper, so kann man elliptische Coordinate einführen, indem man unter λ, μ, ν die drei Wurzeln der cubischen Gleichung

$$\frac{x^2}{\alpha - \lambda} + \frac{y^2}{\beta - \lambda} + \frac{z^2}{\gamma - \lambda} - 1 \equiv f(\lambda) = 0 \tag{2}$$

versteht, mit der Grenzbestimmung

$$-\infty < \lambda < \gamma < \mu < \beta < \nu < \alpha,$$

so dass an der Oberfläche des gegebenen Ellipsoids $\lambda = 0$ ist.

Die Transformation der Gleichung (1) wird am leichtesten nach der Methode von Jacobi ausgeführt. Man erhält durch Differentiation von (2)

$$\begin{aligned} &\frac{2x}{\alpha - \lambda} + f'(\lambda)\frac{\partial \lambda}{\partial x} = 0 \\ &\frac{2y}{\beta - \lambda} + f'(\lambda)\frac{\partial \lambda}{\partial y} = 0 \\ &\frac{2z}{\gamma - \lambda} + f'(\lambda)\frac{\partial \lambda}{\partial z} = 0 \end{aligned} \tag{3}$$

$$f'(\lambda) = \frac{x^2}{(\alpha - \lambda)^2} + \frac{y^2}{(\beta - \lambda)^2} + \frac{z^2}{(\gamma - \lambda)^2} = \frac{(\lambda - \mu)(\lambda - \nu)}{\theta(\lambda)}, \tag{4}$$

wenn zur Abkürzung

(5) $$(\alpha - \lambda)(\beta - \lambda)(\gamma - \lambda) = \theta(\lambda)$$

gesetzt ist. Ferner aus (3) und (4)

(6) $$\left(\frac{\partial \lambda}{\partial x}\right)^2 + \left(\frac{\partial \lambda}{\partial y}\right)^2 + \left(\frac{\partial \lambda}{\partial z}\right)^2 = \frac{4}{f'(\lambda)}.$$

Darnach erhält man für das Volumelement $d\tau$ in den neuen Coordinaten den Ausdruck

$$d\tau = \frac{1}{8}\sqrt{f'(\lambda)f'(\mu)f'(\nu)}\,d\lambda\,d\mu\,d\nu,$$

und die Umformung des über einen beliebigen Raum erstreckten Integrals

$$\iiint\left(\left(\frac{\partial u}{\partial x}\right)^2 + \left(\frac{\partial u}{\partial y}\right)^2 + \left(\frac{\partial u}{\partial z}\right)^2\right)dx\,dy\,dz$$

$$=\iiint\left(\left(\frac{\partial u}{\partial \lambda}\right)^2\frac{1}{f'(\lambda)}+\left(\frac{\partial u}{\partial \mu}\right)^2\frac{1}{f'(\mu)}+\left(\frac{\partial u}{\partial \nu}\right)^2\frac{1}{f'(\nu)}\right)\frac{1}{2}\sqrt{f'(\lambda)f'(\mu)f'(\nu)}\,d\lambda\,d\mu\,d\nu.$$

Indem man von diesem Integral in beiden Formen die erste Variation bildet, erhält man die gesuchte Umformung

$$\left(\frac{\partial^2 u}{\partial x^2} + \frac{\partial^2 u}{\partial y^2} + \frac{\partial^2 u}{\partial z^2}\right)\frac{1}{4}\sqrt{f'(\lambda)f'(\mu)f'(\nu)}$$

$$= \frac{\partial}{\partial \lambda}\sqrt{\frac{f'(\mu)f'(\nu)}{f'(\lambda)}}\frac{\partial u}{\partial \lambda} + \frac{\partial}{\partial \mu}\sqrt{\frac{f'(\nu)f'(\lambda)}{f'(\mu)}}\frac{\partial u}{\partial \mu} + \frac{\partial}{\partial \nu}\sqrt{\frac{f'(\lambda)f'(\mu)}{f'(\nu)}}\frac{\partial \mu}{\partial \nu},$$

und durch Einführung der Bezeichnung (4), (5) geht die Differentialgleichung (1) in folgende über

(7) $$-(\mu - \nu)(\nu - \lambda)(\lambda - \mu)\frac{\partial u}{\partial t}$$

$$= 4a^2\left\{(\mu - \nu)\sqrt{\theta(\lambda)}\frac{\partial\sqrt{\theta(\lambda)}\frac{\partial u}{\partial \lambda}}{\partial \lambda} + (\nu - \lambda)\sqrt{\theta(\mu)}\frac{\partial\sqrt{\theta(\mu)}\frac{\partial u}{\partial \mu}}{\partial \mu}\right.$$

$$\left.+ (\lambda - \mu)\sqrt{\theta(\nu)}\frac{\partial\sqrt{\theta(\nu)}\frac{\partial u}{\partial \nu}}{\partial \nu}\right\}.$$

Um particulare Lösungen dieser Gleichung aufzusuchen, setze man

(8) $$u = e^{-4a^2g^2t}u_\lambda u_\mu u_\nu,$$

worin g eine willkürliche Constante ist, und nehme u_λ nur von λ, u_μ nur von μ und u_ν nur von ν abhängig an. So ergiebt sich, wenn

(9) $$U_\lambda = \frac{\sqrt{\theta(\lambda)}}{u_\lambda}\frac{d\sqrt{\theta(\lambda)}\frac{du_\lambda}{d\lambda}}{d\lambda}$$

gesetzt wird, so dass U_λ nur von λ abhängig ist, und U_μ, U_ν die entsprechende Bedeutung haben

(10) $$g^2(\mu-\nu)(\nu-\lambda)(\lambda-\mu) = (\mu-\nu)U_\lambda + (\nu-\lambda)U_\mu + (\lambda-\mu)U_\nu.$$

Wenn man diese Gleichung zweimal nach λ differentiirt, so folgt

$$-2g^2 = \frac{d^2 U_\lambda}{d\lambda^2}$$

oder

$$U_\lambda = -g^2\lambda^2 - h\lambda - k$$

und ebenso

$$U_\nu = -g^2\nu^2 - h\nu - k$$

$$U_\mu = -g^2\mu^2 - h\mu - k,$$

wenn h und k willkürliche Constanten sind, die, damit (10) erfüllt sei, in allen drei Formeln die gleichen sein müssen. Es ergiebt sich also aus (9) für u_λ eine lineare Differentialgleichung zweiter Ordnung

$$\sqrt{\theta(\lambda)}\,\frac{d\sqrt{\theta(\lambda)}\frac{du}{d\lambda}}{d\lambda} + (g^2\lambda^2 + h\lambda + k)u = 0$$

oder in rationaler Form

$$(11)\qquad \theta(\lambda)\frac{d^2u}{d\lambda^2} + \frac{1}{2}\theta'(\lambda)\frac{du}{d\lambda} + (g^2\lambda^2 + h\lambda + k)\,u = 0$$

und die gleiche Differentialgleichung ergiebt sich auch für u_μ, u_ν, nur dass die Variable λ durch μ oder ν zu ersetzen ist.*)

*) Dieser Untersuchung liegt ein Blatt aus Riemann's Nachlass zu Grunde, das die Zeitbestimmung Ostern bis Pfingsten 1856 trägt. Die Differentialgleichung (11), auf die hier das Problem zurückgeführt ist, geht in die sogenannte Lamé'sche über, wenn $g = 0$ gesetzt wird. Wir haben hier ein Beispiel einer Differentialgleichung, deren Integral in dem singulären Punkt $\lambda = \infty$ sich, um uns eines neuerdings gebräuchlichen Ausdrucks zu bedienen, nicht regulär verhält. W.

XXVI.

Gleichgewicht der Electricität auf Cylindern mit kreisförmigem Querschnitt und parallelen Axen.

Conforme Abbildung von durch Kreise begrenzten Figuren.*)

Das Problem, die Vertheilung der statischen Electricität oder der Temperatur im stationären Zustand in unendlichen cylindrischen Leitern mit parallelen Erzeugenden zu bestimmen, vorausgesetzt, dass im ersteren Fall die vertheilenden Kräfte, im letzteren die Temperaturen der Oberflächen constant sind längs geraden Linien, die zu den Erzeugenden parallel sind, ist gelöst, sobald eine Lösung der folgenden mathematischen Aufgabe gefunden ist:

In einer ebenen, zusammenhängenden, einfach ausgebreiteten, aber von beliebigen Curven begrenzten Fläche S eine Function u der rechtwinkligen Coordinaten x, y so zu bestimmen, dass sie im Innern der Fläche S der Differentialgleichung genügt:

$$\frac{\partial^2 u}{\partial x^2} + \frac{\partial^2 u}{\partial y^2} = 0$$

und an den Grenzen beliebige vorgeschriebene Werthe annimmt.

Diese Aufgabe lässt sich zunächst auf eine einfachere zurückführen:

Man bestimme eine Function $\zeta = \xi + \eta i$ des complexen Arguments $z = x + yi$, welche an sämmtlichen Grenzcurven von S nur reell ist, in je einem Punkt einer jeden dieser Grenzcurven unendlich von der ersten Ordnung wird, übrigens aber in der ganzen Fläche S endlich und stetig bleibt. Es lässt sich von dieser Function leicht zeigen,

---

*) Von dieser und den folgenden Abhandlungen liegen ausgeführte Manuscripte von Riemann nicht vor. Sie sind aus Blättern zusammengestellt, welche ausser wenigen Andeutungen nur Formeln enthalten.

Der zweite Theil der Ueberschrift bezeichnet wohl besser die allgemeine Bedeutung des Fragmentes, als die in der ersten Auflage allein genannte specielle Anwendung. W.

dass sie jeden beliebigen reellen Werth auf jeder der Grenzcurven ein und nur einmal annimmt, und dass sie im Innern der Fläche S jeden complexen Werth mit positiv imaginärem Theil $n$mal annimmt, wenn n die Anzahl der Grenzcurven von S ist, vorausgesetzt, dass bei einem positiven Umgang um eine der Grenzcurven ζ von $-\infty$ bis $+\infty$ geht. Durch diese Function erhält man auf der obern Hälfte der Ebene, welche die complexe Variable ζ repräsentirt, eine $n$fach ausgebreitete Fläche T, welche ein conformes Abbild der Fläche S liefert, und welche durch die Linien begrenzt ist, die in den n Blättern mit der reellen Axe zusammenfallen. Da die Flächen S und F gleich vielfach zusammenhängend sein müssen, nämlich n-fach, so hat T in seinem Innern $2n-2$ einfache Verzweigungspunkte (vgl. Theorie der Abel-schen Functionen, Art. 7. S. 113) und unsere Aufgabe ist zurückgeführt auf die folgende:

Eine wie T verzweigte Function des complexen Arguments ζ zu finden, deren reeller Theil u im Innern von T stetig ist und an den n Begrenzungslinien beliebige vorgeschriebene Werthe hat.

Kennt man nun eine wie T verzweigte Function $\varpi = h + ig$ von ζ, welche in einem beliebigen Punkt ε im Innern von T logarithmisch unendlich ist, deren imaginärer Theil ig ausser in ε in T stetig ist und an der Grenze von T verschwindet, so hat man nach dem Green-schen Satze (Grundlagen für eine allgemeine Theorie der Functionen einer veränderlichen complexen Grösse Art. 10. S. 18 f.):

$$u_\varepsilon = -\frac{1}{2\pi}\int u \frac{\partial g}{\partial \eta}\, d\xi,$$

wo die Integration über die n Begrenzungslinien von T erstreckt ist.

Die Function g aber lässt sich auf folgende Art bestimmen. Man setze die Fläche T über die ganze Ebene ζ fort, indem man auf der unteren Hälfte (wo ζ einen negativ imaginären Theil besitzt) das Spiegelbild der oberen Hälfte hinzufügt. Dadurch erhält man eine die ganze Ebene ζ $n$fach bedeckende Fläche, welche $4n-4$ einfache Verzweigungspunkte besitzt und welche sonach zu einer Klasse algebraischer Functionen gehört, für welche die Zahl $p = n - 1$ ist. (Theorie der Abel'schen Functionen Art. 7 und 12, S. 113, 119.)

Die Function ig ist nun der imaginäre Theil eines Integrals dritter Gattung, dessen Unstetigkeitspunkte in dem Punkt ε und in dem dazu conjugirten ε' liegen, und dessen Periodicitätsmoduln sämmtlich reell sind. Eine solche Function ist bis auf eine additive Constante völlig bestimmt und unsere Aufgabe ist somit gelöst, sobald es gelungen ist, die Function ζ von z zu finden.

Wir werden diese letztere Aufgabe unter der Voraussetzung weiter behandeln, dass die Begrenzung von S aus n Kreisen gebildet ist. Es können dabei entweder sämmtliche Kreise ausser einander liegen, so dass sich die Fläche S ins Unendliche erstreckt, oder es kann ein Kreis alle übrigen einschliessen, wobei S endlich bleibt. Der eine Fall kann durch Abbildung mittelst reciproker Radien leicht auf den andern zurückgeführt werden.

Ist die Function ζ von z in S bestimmt, so lässt sich dieselbe über die Begrenzung von S stetig fortsetzen, dadurch dass man zu jedem Punkt von S in Bezug auf jeden der Grenzkreise den harmonischen Pol nimmt und in diesem der Function ζ den conjugirt imaginären Werth ertheilt. Dadurch wird das Gebiet S für die Function ζ erweitert, seine Begrenzung besteht aber wieder aus Kreisen, mit denen man ebenso verfahren kann, und diese Operation lässt sich ins Unendliche fortsetzen, wodurch das Gebiet der Function ζ mehr und mehr über die ganze z-Ebene ausgedehnt wird.

Im Folgenden bedienen wir uns, um auszudrücken, dass zwei Grössen a, a' conjugirt imaginär sind, des Zeichens:

$$a \mathrel{=\!\!\!\!\!\mid} a',$$

die dadurch ausgedrückte Verknüpfung zweier Grössen bleibt bestehen, wenn beiderseits conjugirt imaginäre Grössen addirt werden, oder wenn mit solchen multiplicirt oder dividirt wird; auch kann beiderseits die Wurzel gezogen werden, wenn dieselbe richtig erklärt wird.

Ist nun $\zeta \mathrel{=\!\!\!\!\!\mid} \zeta'$ und entsprechen den Werthen ζ, ζ' die Werthe z, z', so ist, wenn r der Radius eines der Grenzkreise von S ist, und z im Mittelpunkt desselben den Werth p hat:

$$\frac{z-p}{r} \mathrel{=\!\!\!\!\!\mid} \frac{r}{z'-p},$$

woraus sich ergiebt:

$$z \mathrel{=\!\!\!\!\!\mid} \frac{az'+b}{cz'+\partial},$$

wenn a, b, c, ∂ Constanten bedeuten. Hieraus:

$$\frac{dz}{d\zeta} \mathrel{=\!\!\!\!\!\mid} \frac{a\partial - bc}{(cz'+\partial)^2}\frac{dz'}{d\zeta'}$$

$$\frac{1}{\sqrt{\dfrac{dz}{d\zeta}}} \mathrel{=\!\!\!\!\!\mid} \frac{1}{\sqrt{a\partial - bc}} \frac{cz'+\partial}{\sqrt{\dfrac{dz'}{d\zeta'}}}$$

$$\frac{z}{\sqrt{\dfrac{dz}{d\zeta}}} \mathrel{=\!\!\!\!\!\mid} \frac{1}{\sqrt{a\partial - bc}} \frac{az'+b}{\sqrt{\dfrac{dz'}{d\zeta'}}}.$$

Setzt man also:

$$\frac{1}{\sqrt{\frac{dz}{d\zeta}}} = y, \quad \frac{z}{\sqrt{\frac{dz}{d\zeta}}} = y_1$$

und bezeichnet die Werthe, welche y, y_1 für ζ' annehmen, mit y', y'_1, so ergiebt sich:

$$(1) \qquad \begin{aligned} & y \mp \frac{cy'_1 + \partial y'}{\sqrt{a\partial - bc}} \\ & y_1 \mp \frac{ay'_1 + by'}{\sqrt{a\partial - bc}}, \end{aligned}$$

woraus:

$$(2) \qquad \begin{aligned} & \frac{d^2y}{d\zeta^2} \mp \frac{c\frac{d^2y'_1}{d\zeta'^2} + \partial\frac{d^2y'}{d\zeta'^2}}{\sqrt{a\partial - bc}} \\ & \frac{d^2y_1}{d\zeta^2} \mp \frac{a\frac{d^2y'_1}{d\zeta'^2} + b\frac{d^2y'}{d\zeta'^2}}{\sqrt{a\partial - bc}}. \end{aligned}$$

Nun folgt aus

$$(3) \qquad z = \frac{y_1}{y}$$

durch Differentiation:

$$y\frac{dy_1}{d\zeta} - y_1\frac{dy}{d\zeta} = 1$$

$$y\frac{d^2y_1}{d\zeta^2} - y_1\frac{d^2y}{d\zeta^2} = 0$$

oder

$$(4) \qquad \frac{1}{y}\frac{d^2y}{d\zeta^2} = \frac{1}{y_1}\frac{d^2y_1}{d\zeta^2}$$

und ebenso:

$$(5) \qquad \frac{1}{y'}\frac{d^2y'}{d\zeta'^2} = \frac{1}{y'_1}\frac{d^2y'_1}{d\zeta'^2}.$$

Hieraus und aus (1), (2) folgt weiter:

$$(6) \qquad \frac{1}{y}\frac{d^2y}{d\zeta^2} = \frac{1}{y_1}\frac{d^2y_1}{d\zeta^2} \mp \frac{1}{y'}\frac{d^2y'}{d\zeta'^2} = \frac{1}{y'_1}\frac{d^2y'_1}{d\zeta_1'^2}.$$

Setzen wir also

$$(7) \qquad \frac{d^2y}{d\zeta^2} = sy,$$

so ist s eine Function von ζ, die für conjugirt imaginäre Werthe von ζ selbst conjugirt imaginäre Werthe erhält, und die sich also nicht ändert, wenn man in der Fläche T und ihrer symmetrischen Fortsetzung auf beliebigem Weg zum Ausgangspunkt zurückkehrt. Mithin ist s eine wie T verzweigte algebraische Function von ζ; y und y_1 sind particuläre Lösungen der linearen Differentialgleichung (7) und z ist das Verhältniss derselben. Nimmt man umgekehrt die algebraische Function s in T beliebig an, jedoch so, dass sie in conjugirten Punkten conjugirt imaginäre Werthe erhält und mithin für reelle Werthe von ζ reell wird, und nimmt irgend zwei particuläre Lösungen von (7), so liefert die Function $z = \frac{y_1}{y}$ ein conformes Abbild der Fläche T, welches durch Kreise begrenzt wird. Die dabei auftretenden unbestimmten Constanten hat man dadurch zu bestimmen, dass dieses Abbild in seinem Innern von singulären Punkten frei und mithin in der z-Ebene einfach ausgebreitet ist, und dass die Grenzkreise gegebene Lagen erhalten.

XXVII.

Beispiele von Flächen kleinsten Inhalts bei gegebener Begrenzung.*)

I.

Es soll die Fläche vom kleinsten Inhalt bestimmt werden, welche begrenzt ist von drei Geraden, die sich in zwei Punkten schneiden, so dass die Fläche zwei Ecken in ihrer Begrenzung und einen ins Unendliche verlaufenden Sector besitzt.

Die Winkel, welche die drei geraden Linien mit einander bilden, seien $\alpha\pi$, $\beta\pi$, $\gamma\pi$. Auf der Kugel wird die gesuchte Fläche abgebildet durch ein sphärisches Dreieck, dessen Winkel $\alpha\pi$, $\beta\pi$, $\gamma\pi$ sind, so dass $\alpha + \beta + \gamma > 1$ ist.

Es mögen mit a, b, c die Punkte bezeichnet werden, welche in der Ebene der complexen Variablen t den beiden Ecken und dem ins Unendliche verlaufenden Sector entsprechen. (Ueber die Fläche vom kleinsten Inhalt, Art. 13, S. 314.) Dann hat man:

$$u = \int \frac{\text{const.}\, dt}{(t-c)\sqrt{(t-a)(t-b)}}$$

oder

$$u = \text{const.} \log \frac{\sqrt{\frac{t-a}{c-a}} - \sqrt{\frac{t-b}{c-b}}}{\sqrt{\frac{t-a}{c-a}} + \sqrt{\frac{t-b}{c-b}}}.$$

Nimmt man, was freisteht, $a = 0$, $b = \infty$, $c = 1$ an, so folgt hieraus:

$$du = \text{const.} \frac{dt}{(1-t)\sqrt{t}}; \quad u = \text{const.} \log \frac{1-\sqrt{t}}{1+\sqrt{t}}$$

---

*) Für das erste dieser Beispiele findet sich auf einem einzelnen Blatt in Riemann's Nachlass das Resultat kurz aber vollständig angegeben. Bezüglich des zweiten liegt nur eine Bemerkung vor, in der nicht mehr als die Möglichkeit der Lösung ausgesprochen ist. Für die Ausführung ist daher der Herausgeber verantwortlich. Einige besondere Fälle des letzteren Problems sind von H. A. Schwarz behandelt. (Bestimmung einer speciellen Minimalfläche. Berlin 1871.)

und die letztere Constante hat den Werth $\sqrt{\frac{\gamma C}{2\pi}}$, wenn C den kürzesten Abstand der beiden einander nicht schneidenden Linien bedeutet.

Setzt man nun nach Art. 14 der genannten Abhandlung (S. 316)

$$k_1 = \sqrt{\frac{du}{d\eta}}, \quad k_2 = \eta \sqrt{\frac{du}{d\eta}},$$

so sind diese Functionen in allen Punkten der t-Ebene ausser 0, ∞, 1 endlich und einändrig, und wenn man das Verhalten dieser Functionen in der Umgebung der singulären Punkte nach der an erwähnter Stelle (S. 317) angegebenen Methode untersucht, so erkennt man, dass k_1, k_2 zwei Zweige der Function

$$P\left\{\begin{matrix} \frac{1}{4}-\frac{\alpha}{2} & \frac{1}{4}-\frac{\beta}{2} & -\frac{\gamma}{2} \\ \frac{1}{4}+\frac{\alpha}{2} & \frac{1}{4}+\frac{\beta}{2} & +\frac{\gamma}{2} \end{matrix}\; t\right\}$$

sind, und für η hat man den Quotienten zweier Zweige dieser Function zu setzen.

II.

Die gesuchte Fläche vom kleinsten Inhalt sei begrenzt von zwei in parallelen Ebenen gelegenen geradlinigen Polygonen ohne einspringende Ecken und mit je einem Umlauf. In diesem Falle wird die Fläche zweifach zusammenhängend sein, und kann erst durch einen Querschnitt in eine einfach zusammenhängende verwandelt werden.

Die Abbildung der Minimalfläche auf der Kugel wird begrenzt sein durch zwei Systeme von Bögen grösster Kreise, deren Ebenen senkrecht stehen auf den Ebenen der Grenzpolygone, und welche demnach in zwei diametral entgegengesetzten Punkten der Kugelfläche zusammenlaufen. Jeder dieser beiden Punkte entspricht den sämmtlichen Ecken der beiden Grenzpolygone. An jeder Polygonseite findet sich Ein Umkehrpunkt der Normale, welcher dem Endpunkt des betreffenden Kreisbogens entspricht. Das Bild der Minimalfläche wird also die Kugelfläche vollständig und einfach bedecken.

Projiciren wir die Kugelfläche auf ihre Tangentialebene in einem der Punkte, in welchem die Begrenzungsbögen zusammenlaufen, so erhalten wir als Bild der Minimalfläche ein Flächenstück H, welches die Ebene der complexen Variablen η völlig ausfüllt, und begrenzt ist einerseits durch ein System geradliniger Strecken, welche sternförmig vom Nullpunkt auslaufen, bis zu gewissen Punkten $C_1, C_2, \ldots, C_n$, andererseits von einem zweiten System geradliniger Strecken, die von gewissen anderen Punkten $C'_1, C'_2, \ldots, C'_m$ nach dem unendlichen fernen

Punkt verlaufen, und deren Verlängerungen daher im 0-Punkt zusammentreffen (wenn n und m die Anzahlen der Ecken der beiden gegebenen Polygone bedeuten).

Diese zweifach zusammenhängende Fläche soll nun in der Ebene einer complexen Variablen t auf eine die obere Halbebene doppelt bedeckende Fläche T_1 abgebildet werden, so dass den beiden Begrenzungen die reellen Werthe von t entsprechen. Diese Fläche muss, damit sie zweifach zusammenhängend sei, zwei Verzweigungspunkte enthalten. Fügen wir zur Fläche T_1 ihr Spiegelbild in Bezug auf die reelle Axe hinzu, so erhalten wir eine die ganze t-Ebene doppelt bedeckende Fläche T, deren vier Verzweigungspunkte conjugirt imaginären Werthen von t entsprechen. Durch Einführung einer neuen Variablen t' an Stelle von t, die mit t durch eine in Bezug auf beide Variable quadratische Gleichung zusammenhängt, lässt sich erreichen, dass die Verzweigungspunkte den Werthen $t' = \pm i, \pm \frac{i}{k}$ entsprechen, worin k reell und < 1 ist, und dass ausserdem einem beliebigen reellen Werth von t ein gegebener reeller Werth von t' in einem der beiden Blätter entspricht.

Wir haben also t als Function der complexen Variablen η so zu bestimmen, dass sie in jedem Punkt der Fläche H einen bestimmten, stetig mit dem Ort veränderlichen, Werth hat, in den beiden Begrenzungen von H reell ist, und in je einem Punkt der beiden Begrenzungslinien unendlich von der ersten Ordnung wird. Setzen wir diese Function über die Begrenzung hinaus dadurch stetig fort, dass wir derselben an symmetrisch zu beiden Seiten einer jeden Begrenzungsstrecke gelegenen Punkten conjugirt imaginäre Werthe ertheilen, so hat, wie man leicht erkennt, die Function $\frac{d \log \eta}{dt}$ für conjugirt imaginäre Werthe von t selbst conjugirt imaginäre Werthe. Sie ist also in der ganzen Fläche T einwerthig und, einzelne Punkte ausgenommen, stetig, muss mithin eine rationale Function von t und

$$\varDelta(t) = \sqrt{(1 + t^2)(1 + k^2 t^2)}$$

sein.

Bezeichnen wir die reellen Werthe von t, welche den Punkten $C_1, C_2, \ldots, C_n, C_1', C_2', \ldots, C_m'$ entsprechen, mit $c_1, c_2, .., c_n, c_1', c_2', .., c_m'$, die gleichfalls reellen Werthe, welche den mit dem Nullpunkte, bezw. unendlich fernen Punkte zusammenfallenden Ecken der Fläche H entsprechen, mit $b_1, b_2, .., b_n, b_1', b_2', .., b_m'$, so muss $\frac{d \log \eta}{dt}$ unendlich klein in der ersten Ordnung werden für

$$t = c_1, c_2, .., c_n, c_1', c_2', .., c_m',$$

unendlich gross in der ersten Ordnung für

$$t = b_1, b_2, \ldots, b_n, b_1', b_2', \ldots, b_m'$$

und in den Verzweigungspunkten

$$t = \pm i, \ \pm \frac{i}{k}.$$

Wir können demnach setzen:

$$\frac{d \log \eta}{dt} = \frac{\varphi(t, \Delta(t))}{\sqrt{(1+t^2)(1+k^2t^2)}},$$

worin φ eine rationale Function von t und $\Delta(t)$ bedeutet, welche unendlich klein wird in den Punkten c, c', unendlich gross in den Punkten b, b', und welche dadurch bis auf einen constanten reellen Factor bestimmt ist. Damit übrigens eine solche Function φ existire, muss eine Bedingungsgleichung zwischen den Punkten c, c', b, b' bestehen, vermöge deren einer dieser Punkte durch die übrigen bestimmt ist. (Theorie der Abel'schen Functionen Art. 8, S. 114.) Ueberdies kann nach dem oben Bemerkten von den Punkten c, c', b, b' einer beliebig angenommen werden. Die zu $\log \eta$ hinzutretende additive Constante ist bestimmt, wenn der zu einem der Punkte c gehörige Werth von η, η_0 gegeben ist, wonach sich ergiebt:

$$\log \eta - \log \eta_0 = \int_c^t \frac{\varphi(t, \Delta(t))\, dt}{\sqrt{(1+t^2)(1+k^2t^2)}}.$$

In diesem Ausdruck bleiben, nachdem η_0 und c festgesetzt sind, noch $2n + 2m$ unbestimmte Constanten, nämlich $2n + 2m - 2$ von den Werthen c, c', b, b', der Modul k und ein reeller constanter Factor in φ.

Für diese Constanten ergeben sich zunächst zwei Bedingungen, welche besagen, dass der reelle Theil des Integrals

$$\int \frac{\varphi(t, \Delta(t))\, dt}{\sqrt{(1+t^2)(1+k^2t^2)}}$$

über eine geschlossene, beide Verzweigungspunkte $i, \frac{i}{k}$ einschliessende Linie verschwinden soll und dass der imaginäre Theil desselben Integrals den Werth $2\pi i$ haben soll. Für die $2n + 2m - 2$ übrig bleibenden Constanten erhält man eine ebenso grosse Zahl von Bedingungen aus der Forderung, dass den Punkten c, c' die gegebenen Punkte C, C' in der η-Ebene entsprechen sollen.

Wir denken uns nun die x-Axe senkrecht gegen die Ebenen der beiden Grenzpolygone gelegt, und untersuchen die Abbildung der Minimalfläche in der Ebene der complexen Variablen X, nachdem dieselbe durch einen von einer Begrenzung zur andern gelegten Schnitt in eine einfach zusammenhängende verwandelt ist. Der reelle Theil von X ist dann in den beiden Begrenzungen und in jedem zu denselben parallelen Schnitt der Fläche constant. Der imaginäre Theil wächst, während man auf einem solchen Schnitt herumgeht, beständig, und zwar im Ganzen um eine constante Grösse. Daraus folgt, dass das Bild unserer Fläche in der X-Ebene von einem Parallelogramm begrenzt ist, welches die Ebene einfach bedeckt, von dem zwei Seiten, welche der Begrenzung der Fläche entsprechen, der imaginären Axe parallel sind. Die beiden andern Seiten, die den Rändern des Querschnitts entsprechen, können zwar krummlinig sein, kommen aber durch eine Verschiebung parallel der imaginären Axe mit einander zur Deckung.

Dieses Parallelogramm muss sich auf die obere Hälfte T_1 der Fläche T so abbilden lassen, dass die beiden der imaginären Axe parallelen Seiten desselben den beiden Rändern von T_1, die beiden anderen Seiten den beiden Ufern eines Querschnitts von T_1 entsprechen. Eine solche Abbildung wird daher vermittelt durch die Function

$$X = iC\int\frac{dt}{\sqrt{(1+t^2)(1+k^2t^2)}} + C',$$

worin die Constante C reell ist, C' beliebig angenommen werden kann, wenn über die Lage des Anfangspunkts auf der x-Axe verfügt wird. Ist h der senkrechte Abstand der beiden parallelen Grenzebenen, so ergiebt sich:

$$h = 4C\int_0^i\frac{i\,dt}{\sqrt{(1+t^2)(1+k^2t^2)}},$$

wodurch die Constante C bestimmt ist.

Hiernach ist die Aufgabe, abgesehen von der Bestimmung der Constanten, gelöst, denn man hat nach den Formeln S. 310

$$Y = \frac{1}{2}\int dX\left(\eta - \frac{1}{\eta}\right)$$

$$Z = -\frac{i}{2}\int dX\left(\eta + \frac{1}{\eta}\right),$$

wodurch die Coordinaten x, y, z der Minimalfläche als Functionen zweier unabhängiger Variablen dargestellt sind.

Für die in η vorkommenden Constanten ergeben sich noch zwei Bedingungen, welche besagen, dass die reellen Theile der Integrale, durch welche Y und Z ausgedrückt sind, über eine den Nullpunkt einschliessende geschlossene Curve in der η-Ebene erstreckt, den Werth 0 haben müssen.

Nimmt man h und die Richtungen der begrenzenden Geraden als gegeben an, so hängen unsere Ausdrücke, abgesehen von den additiven Constanten in X, Y, Z, von $n + m - 2$ unbestimmten Constanten ab, für welche man die Entfernungen der Punkte C, C' vom Nullpunkt in der η-Ebene annehmen kann, zwischen denen nach dem soeben Bemerkten zwei Relationen bestehen müssen. Ebenso gross ist aber auch die Anzahl der Constanten, welche die gegenseitige Lage der Grenzpolygone bestimmen. Man kann nämlich, indem man zwei Polygonseiten zur Fixirung des Coordinaten-Anfangspunkts festhält, jeder der $n + m - 2$ übrigen noch eine Parallelverschiebung in ihrer Ebene ertheilen.

Einfachere Gestalten nehmen die Resultate an, wenn wir gewisse Symmetrieen in den Verhältnissen der begrenzenden Vielecke voraussetzen. Es möge im Folgenden der Fall betrachtet werden, dass die beiden Vielecke regulär seien und die beiden Endflächen einer gerade abgestumpften geraden Pyramide mit regulär-vieleckiger Basis bilden.

Die Umkehrpunkte der Normalen liegen in diesem Fall sämmtlich in den Mittelpunkten der begrenzenden Geraden, und fallen daher paarweise in dieselbe durch die Axe der Pyramide gehende Ebene.

Legen wir die y-Axe senkrecht gegen eine der begrenzenden Geraden, so wird in der η-Ebene ein Punkt C und ein Punkt C' in der reellen Axe liegen, auf welcher sie die Abstände η_0, η_0' vom Nullpunkt haben mögen. Die Punkte C, bezw. C' liegen auf zwei concentrischen Kreisen, auf welchen sie die Ecken je eines regulären Polygons bilden, und zwar so, dass immer ein Punkt C und ein Punkt C' auf demselben Radius-Vector liegt.

Da nun in der Begrenzung der Fläche T ein Punkt beliebig angenommen werden kann, so mag festgesetzt sein, dass dem auf der reellen Axe gelegenen Punkt C der Punkt $t = 0$ in einem der beiden Blätter von T entspreche. Es folgt dann aus der Symmetrie, dass das zwischen C und C' liegende Stück der reellen Axe in der η-Ebene in der Fläche T einer Linie entspricht, welche vom Punkte $t = 0$ im ersten Blatt nach dem Verzweigungspunkt $t = i$, und von da zurück zum Punkte $t = 0$ im zweiten Blatt längs der imaginären Axe verläuft. Demnach hat die Function $\varphi(t, \Delta(t))$ für rein imaginäre Werthe von t selbst rein imaginäre Werthe, und dem Punkte C' entspricht der Werth $t = 0$ im zweiten Blatt.

Nun wird die Fläche H durch die Substitution $\eta\eta' = \eta_0\eta_0'$ auf eine mit H congruente Fläche H' abgebildet in der Weise, dass die Punkte C in die Punkte C' übergehen und umgekehrt (nur in vertauschter Ordnung).

Hieraus ergiebt sich, dass den beiden in der Fläche H gelegenen Punkten η und $\eta' = \frac{\eta_0 \eta'_0}{\eta}$ über einander liegende Punkte in beiden Blättern der Fläche T entsprechen. Und da $d \log \eta + d \log \eta' = 0$ ist, so muss $\varphi(t, \Delta(t))$ in übereinander liegenden Punkten beider Blätter denselben Werth haben, ist also rational in t ausdrückbar und hat zufolge der oben gemachten Bemerkung die Form $t\psi(t^2)$, wenn ψ eine rationale Function bedeutet.

Dies veranlasst uns, die Fläche T auf eine Fläche S abzubilden durch die Substitution:

$$\frac{1 + t^2}{1 + k^2 t^2} = s^2,$$

wonach der oberen Hälfte der Fläche T ein die s-Ebene einfach bedeckendes Blatt entspricht, welches längs der reellen Axe zwischen den Punkten $s = 1$ und $s = \frac{1}{k}$ und zwischen den Punkten $s = -1$, $s = -\frac{1}{k}$ aufgeschlitzt ist. Die Ränder dieser beiden Schlitze entsprechen den Grenzen der Fläche H. Für X ergiebt sich hiernach der Ausdruck

$$X = \frac{h}{4K} \int \frac{ds}{\sqrt{(1 - s^2)(1 - k^2 s^2)}},$$

wenn

$$K = \int_0^1 \frac{ds}{\sqrt{(1 - s^2)(1 - k^2 s^2)}}$$

ist, während sich η als algebraische Function von s darstellen lässt.

Für eine Begrenzung durch Quadrate findet man

$$\eta = c \sqrt{\frac{(1 - ms)(1 - m's)}{(1 + ms)(1 + m's)}},$$

den Ecken des Quadrats in der einen Begrenzung entsprechen die Punkte $s = \frac{1}{m}$, $s = \frac{1}{m'}$ an beiden Rändern des Schlitzes, den Umkehrpunkten der Normalen die Punkte $s = 1$, $s = \frac{1}{k}$ und ein an beiden Rändern des Schlitzes gelegener Punkt $s = \frac{1}{n}$, der aus der Gleichung $\frac{d \log \eta}{ds} = 0$ zu bestimmen ist, und man hat:

$$1 > m > n > m' > k.\text{*)}$$

*) Es lässt sich die vorstehende Betrachtung auf viele Fälle ausdehnen, in denen die beiden Polygone nicht regulär sind. So behält der obige Ausdruck für η seine Gültigkeit für die Begrenzung durch zwei Rechtecke, deren Mittelpunkte

Für die Begrenzung durch gleichseitige Dreiecke ergiebt sich:

$$\eta = c\left(\frac{1-ms}{1+ms}\right)^{\frac{2}{3}}\left(\frac{1-ks}{1+ks}\right)^{\frac{1}{3}}.$$

Um für diesen letzteren Fall die Möglichkeit der Constantenbestimmung zu untersuchen, setze man zunächst $s = \pm 1$, wodurch sich ergiebt:

$$\eta_0 = c\left(\frac{1-m}{1+m}\right)^{\frac{2}{3}}\left(\frac{1-k}{1+k}\right)^{\frac{1}{3}}; \quad \eta_0' = c\left(\frac{1+m}{1-m}\right)^{\frac{2}{3}}\left(\frac{1+k}{1-k}\right)^{\frac{1}{3}},$$

also:

$$c = \sqrt{\eta_0\eta_0'}, \quad \sqrt{\frac{\eta_0}{\eta_0'}} = \left(\frac{1-m}{1+m}\right)^{\frac{2}{3}}\left(\frac{1-k}{1+k}\right)^{\frac{1}{3}}$$

und für den besonderen Fall, dass beide Dreiecke congruent sind,

$$\eta_0\eta_0' = 1, \quad c = 1.$$

Den Ecken des Dreiecks in der einen Begrenzung entsprechen die Punkte $s = \frac{1}{m}$ an beiden Rändern des Schlitzes und der Punkt $\frac{1}{k}$, so dass $k < m < 1$ sein muss. Der erste Umkehrpunkt der Normalen findet statt für $s = 1$, die beiden andern entsprechen einem Punkte $s = \frac{1}{n}$ an beiden Rändern des Schlitzes, so dass

$$k < n < m$$

sein muss. Für n erhält man zunächst aus der Gleichung $\frac{d \log \eta}{ds} = 0$ die Bestimmung:

$$n^2 = \frac{km(m+2k)}{2m+k},$$

woraus für jedes Werthsystem von k, m, welches der Bedingung

$$0 < k < m < 1$$

genügt, ein Werth von n hervorgeht, welcher zwischen k und m liegt.

Man erhält aber zwischen m, n, k noch eine zweite Gleichung, welche ausdrückt, dass für $s = \frac{1}{n}$ $\eta^3 = \eta_0^3$ werden soll. Diese Gleichung ist:

$$\left(\frac{1-m}{1+m}\right)^2 \frac{1-k}{1+k} = \left(\frac{n-m}{n+m}\right)^2 \frac{n-k}{n+k},$$

und wenn man aus diesen beiden Gleichungen n eliminirt, so erhält man folgende Relation zwischen k und m:

$$k\left(\frac{1+m^2+2mk}{k(1+m^2)+2m}\right)^2 = m\left(\frac{2k+m}{k+2m}\right)^3,$$

aus welcher k durch m zu bestimmen ist.

---

in einer zu ihrer Ebene senkrechten Linie liegen, vorausgesetzt, dass der Modul von $\eta\eta'$ für die Umkehrpunkte der Normalen denselben Werth hat. Dies findet z. B. statt, wenn beide Rechtecke congruent sind.

Für $k = 0$ ist die linke Seite dieser Gleichung Null, die rechte $\frac{m}{8}$, für $k = m$ ist der Unterschied zwischen linker und rechter Seite

$$\frac{(1-m^2)^3}{m(3+m^2)^2}$$

also positiv für $m < 1$. Es existirt daher zu jedem Werth von m, der kleiner als 1 ist, eine ungerade Anzahl von Werthen von $k < m$. Da sich nun ferner leicht ergiebt, dass die Function

$$\log k \frac{(1+m^2+2mk)^2(k+2m)^3}{(k(1+m^2)+2m)^2(2k+m)^3}$$

zwischen $k = 0$ und $k = m$ nur Ein Maximum hat, so folgt, dass für jedes $m < 1$ Ein und nur Ein unseren Bedingungen genügender Werth von k gefunden werden kann, und darnach ergiebt sich auch nur Ein zugehöriger Werth von n. Für die beiden Grenzen $m = 0$ und $m = 1$ erhält man $k = n = m$.

Für die Functionen X, Y, Z finden sich hiernach, wenn man über die additiven Constanten verfügt, die Ausdrücke:

$$X = \frac{h}{4K} \int_1^s \frac{ds}{\sqrt{(1-s^2)(1-k^2s^2)}}$$

$$Y = \frac{h}{8K} \int_1^s \frac{ds}{\sqrt{(1-s^2)(1-k^2s^2)}} \left(\eta - \frac{1}{\eta}\right)$$

$$Z = -\frac{ih}{8K} \int_1^s \frac{ds}{\sqrt{(1-s^2)(1-k^2s^2)}} \left(\eta + \frac{1}{\eta}\right).$$

Die beiden noch übrigen Constanten m und $\sqrt{\eta_0 \eta_0'}$ bestimmt man aus den gegebenen Längen der Dreieckseiten. Bezeichnen wir diese mit a und b, so ergiebt sich:

$$a = \frac{ih}{2K} \int_1^{\frac{1}{m}} \frac{ds}{\sqrt{(1-s^2)(1-k^2s^2)}} \left(\eta + \frac{1}{\eta}\right)$$

$$b = \frac{ih}{2K} \int_1^{\frac{1}{m}} \frac{ds}{\sqrt{(1-s^2)(1-k^2s^2)}} \left(\frac{\eta}{\eta_0 \eta_0'} + \frac{\eta_0 \eta_0'}{\eta}\right).$$

In dem besonderen Fall $a = b$ ist $\eta_0 \eta_0' = 1$ und es bleibt zur Bestimmung der Constanten m die eine transcendente Gleichung

$$\frac{a}{h} = \frac{i}{2K} \int_1^{\frac{1}{m}} \frac{ds}{\sqrt{(1-s^2)(1-k^2s^2)}} \left(\eta + \frac{1}{\eta}\right).$$

Lässt man in dem Ausdruck zur Rechten m von 0 bis 1 gehen, so behält derselbe positive Werthe, wird aber an beiden Grenzen unendlich gross. Er muss also für einen zwischenliegenden Werth von m ein Minimum haben. Daraus folgt, dass es für das Verhältniss $\frac{a}{h}$ eine untere Grenze giebt, jenseits der die Aufgabe keine Lösung mehr hat, während für jeden Werth von $\frac{a}{h}$, der über dieser Grenze liegt, zwei Werthe von m, also zwei Lösungen der Aufgabe existiren. Es ist anzunehmen, dass nur der kleinere der beiden Werthe von m einem wirklichen Minimum des Flächeninhalts entspricht.

XXVIII.

Fragmente über die Grenzfälle der elliptischen Modulfunctionen.

I.

Additamentum ad $\S^{\text{um}}$ 40.

[Jacobi, Fundamenta nova theoriae functionum ellipticarum.]

Formulae in hoc §° propositae in eo casu, ubi modulus ipsius q unitatem aequat, consideratione satis dignae videntur, quippe quae functiones unius variabilis pro quovis argumenti valore discontinuas praebeant.

Series quidem propositae magna ex parte pro modulo ipsius q unitati aequali non convergunt, sed integrando series convergentes inde derivari possunt; itaque primo integralia formularum 1—7 proponamus

$$(48)\quad \int_0 (\log k - \log 4\sqrt{q})\frac{dq}{q} = -4\log(1+q) + \frac{4}{4}\log(1+q^2) - \frac{4}{9}\log(1+q^3) + \frac{4}{16}\log(1+q^4) - \cdots$$

$$(49)\quad \int_0 -\log k' \frac{dq}{q} = 4\log\frac{1+q}{1-q} + \frac{4}{9}\log\frac{1+q^3}{1-q^3} + \frac{4}{25}\log\frac{1+q^5}{1-q^5} + \cdots$$

$$(50)\quad \int_0 \log\frac{2K}{\pi}\frac{dq}{q} = 4\log(1+q) + \frac{4}{9}\log(1+q^3) + \frac{4}{25}\log(1+q^5) + \cdots$$

$$(51)\quad \int_0 \left(\frac{2K}{\pi} - 1\right)\frac{dq}{q} = -4\log(1-q) + \frac{4}{3}\log(1-q^3) - \frac{4}{5}\log(1-q^5) + \cdots$$
$$= +2i\log\frac{1-qi}{1+qi} + \frac{2i}{2}\log\frac{1-q^2i}{1+q^2i} + \frac{2i}{3}\log\frac{1-q^3i}{1+q^3i} + \cdots$$

$$(52)\quad \int_0 \frac{2kK}{\pi}\frac{dq}{q} = 4\log\frac{1+\sqrt{q}}{1-\sqrt{q}} - \frac{4}{3}\log\frac{1+\sqrt{q^3}}{1-\sqrt{q^3}} + \frac{4}{5}\log\frac{1+\sqrt{q^5}}{1-\sqrt{q^5}} + \cdots$$
$$= 4i\log\frac{1-\sqrt{q}i}{1+\sqrt{q}i} + \frac{4i}{3}\log\frac{1-\sqrt{q^3}i}{1+\sqrt{q^3}i} + \frac{4i}{5}\log\frac{1-\sqrt{q^5}i}{1+\sqrt{q^5}i} + \cdots$$

$$(53)\quad \int_0 \left(\frac{2k'K}{\pi} - 1\right)\frac{dq}{q} = -4\log(1+q) + \frac{4}{3}\log(1+q^3) - \frac{4}{5}\log(1+q^5) + \cdots$$
$$= -2i\log\frac{1-qi}{1+qi} + \frac{2i}{2}\log\frac{1-q^2i}{1+q^2i} - \frac{2i}{3}\log\frac{1-q^3i}{1+q^3i} + \cdots$$

$$(54)\quad \int\limits_0 \left(\frac{2\sqrt{k'}K}{\pi}-1\right)\frac{dq}{q} = -\tfrac{4}{2}\log(1+q^2)+\tfrac{4}{6}\log(1+q^6)$$

$$-\tfrac{4}{10}\log(1+q^{10})+\tfrac{4}{14}\log(1+q^{14})-\cdots$$

$$= -\frac{2i}{2}\log\frac{1-q^2 i}{1+q^2 i}+\frac{2i}{4}\log\frac{1-q^4 i}{1+q^4 i}$$

$$-\frac{2i}{6}\log\frac{1-q^6 i}{1+q^6 i}+\frac{2i}{8}\log\frac{1-q^8 i}{1+q^8 i}-\cdots,$$

ubi logarithmos ita sumendos esse manifestum est, ut evanescant posito $q=0$.

Functiones eaedem ad dignitates ipsius q evolutae adhibitis Cl[i] Jacobi denotationibus hoc modo repraesentantur

$$(55)\quad \int\limits_0 (\log k-\log 4\sqrt{q})\frac{dq}{q} = -4\sum\frac{\varphi(p)}{p^2}\Big(q^p-\frac{3}{4}q^{2p}-\frac{3}{16}q^{4p}$$

$$-\frac{3}{64}q^{8p}-\frac{3}{256}q^{16p}-\cdots\Big)$$

$$(56)\quad \int\limits_0 -\log k'\frac{dq}{q} = 8\sum\frac{\varphi(p)}{p^2}q^p$$

$$(57)\quad \int\limits_0 \log\frac{2K}{\pi}\frac{dq}{q} = 4\sum\frac{\varphi(p)}{p^2}\Big(q^p-\frac{1}{2}q^{2p}-\frac{1}{4}q^{4p}-\frac{1}{8}q^{8p}-\frac{1}{16}q^{16p}-\cdots\Big)$$

$$(58)\quad \int\limits_0 \left(\frac{2K}{\pi}-1\right)\frac{dq}{q} = 4\sum\frac{\psi(n)q^{2^l(4m-1)^2 n}}{2^l(4m-1)^2 n}$$

$$(59)\quad \int\limits_0 \frac{2kK}{\pi}\frac{dq}{q} = 8\sum\frac{\psi(n)q^{\frac{(4m-1)^2 n}{2}}}{(4m-1)^2 n}$$

$$(60)\quad \int\limits_0 \left(\frac{2k'K}{\pi}-1\right)\frac{dq}{q} = -4\sum\frac{\psi(n)q^{(4m-1)^2 n}}{(4m-1)^2 n}$$

$$+4\sum\frac{\psi(n)q^{2^{l+1}(4m-1)^2 n}}{2^{l+1}(4m-1)^2 n}$$

$$(61)\quad \int\limits_0 \left(\frac{2\sqrt{k'}K}{\pi}-1\right)\frac{dq}{q} = -4\sum\frac{\psi(n)q^{2(4m-1)^2 n}}{2(4m-1)^2 n}$$

$$+4\sum\frac{\psi(n)q^{2^{l+2}(4m-1)^2 n}}{2^{l+2}(4m-1)^2 n}.$$

Accuratiori functionum propositarum disquisitioni tanquam lemma antemittimus theorema sequens generale.

Si series

$$a_0+a_1+a_2+\cdots$$

eo quo scripsimus ordine summata summam habet convergentem, functio ipsius r hac serie

$$a_0 + a_1 r + a_2 r^2 + \cdots$$

expressa, convergente r versus limitem 1, convergit versus valorem eundem.

Hinc facile deducitur.

Si functio $f(q)$ complexae quantitatis q pro modulis ipsius q unitate minoribus exhibeatur per seriem

$$a_0 + a_1 q + a_2 q^2 + \cdots$$

hanc seriem pro valore q_0 cujus modulus sit unitas, si habeat summam, exprimere valorem eum, quem functio $f(q)$ nanciscatur convergente q versus q_0 ita, ut modulus tantum mutetur, i. e. secundum notam repraesentationem geometricam, appropinquante puncto, per quod quantitas q repraesentatur, in linea ad limitem spatii, pro quo functio est data, normali.

Quamobrem hos tantum valores functionum propositarum hic respicimus, etiamsi evolutiones 48—54 latius pateant.

Sit brevitatis gratia (x) aut absolute minima quantitatum a quantitate x numero integro distantium, aut, si x ex numero integro et fractione $\frac{1}{2}$ composita est, $= 0$, porro $E(x)$ numerus integer maximus non major quam x: obtinemus e 48, attribuendo ipsi q valorem $q_0 = e^{xi}$

$$(62)\quad \int_0^{e^{xi}} (\log k - \log 4\sqrt{q}) \frac{dq}{q}$$

$$= -2\log 4\cos\frac{x^2}{2} + \frac{2}{4}\log 4\cos\frac{2x^2}{2} - \frac{2}{9}\log 4\cos\frac{3x^2}{2} + \frac{2}{16}\log 4\cos\frac{4x^2}{2} - \cdots$$

$$-4\pi i\left(\frac{x}{2\pi}\right) + \frac{4\pi i}{4}\left(\frac{2x}{2\pi}\right) - \frac{4\pi i}{9}\left(\frac{3x}{2\pi}\right) + \frac{4\pi i}{16}\left(\frac{4x}{2\pi}\right) - \cdots$$

$$= 2\sum \frac{(-1)^n \log 4\cos\frac{nx^2}{2}}{nn}\left[+ 4\pi i \sum \frac{(-1)^n}{nn}\left(\frac{nx}{2\pi}\right)\right].$$

Pars imaginaria hujus seriei convergit, quicumque est valor ipsius x, pars realis, si $\frac{x}{2\pi}$ est numerus surdus, non convergit, sin minus, denotando literis m, n numeros integros inter se primos, et ponendo $\frac{x}{2\pi} = \frac{m}{n}$ ita exhiberi potest:

1^0 si n impar, aequalis fit,

$$\frac{\pi^2}{n^2}\sum_{1,n-1}^{s}\frac{(-1)^s\cos\frac{\pi s}{n}}{\sin\frac{\pi s^2}{n}}\log 4\cos\frac{s m \pi^2}{n}-\frac{\pi^2}{6n^2}\log 4,$$

2^0 si n est par, designante p numerum imparem

$$=\frac{\pi^2}{n^2}\sum_{1,\frac{n}{2}-1}^{s}\frac{2(-1)^s\log 4\cos\frac{s m\pi^2}{n}}{\sin\pi\frac{s^2}{n}}+\frac{\pi^2}{3n^2}\log 4$$

$$+\frac{2\pi^2}{n^2}(-1)^{\frac{n}{2}}\left(\log\frac{q_0-q}{q_0+q}+\log n+\frac{8}{\pi^2}\sum\frac{\log p}{p^2}\right),$$

quae formula manifesto ita est intelligenda, functionem propositam, subtracta functione

$$\frac{2\pi^2}{n^2}(-1)^{\frac{n}{2}}\log\frac{q_0-q}{q_0+q},$$

si convergat q modo supra stabilito versus limitem q_0, convergere versus limitem finitum, ejusque valorem assignat.

Perinde obtinetur

$$(63)\quad \int_0^{e^{xi}}-\log k'\frac{dq}{q}=-2\log\operatorname{tg}\frac{x^2}{2}-\frac{2}{9}\operatorname{tg}\frac{3x^2}{2}-\frac{2}{25}\log\operatorname{tg}\frac{5x^2}{2}-\cdots$$

$$+4\pi i\left(\left(\frac{x}{2\pi}\right)-\left(\frac{x}{2\pi}+\frac{1}{2}\right)\right)+\frac{4\pi i}{9}\left(\left(\frac{3x}{2\pi}\right)-\left(\frac{3x}{2\pi}+\frac{1}{2}\right)\right)$$

$$+\frac{4\pi i}{25}\left(\left(\frac{5x}{2\pi}\right)-\left(\frac{5x}{2\pi}+\frac{1}{2}\right)\right)+\cdots$$

$$=-\sum_{-\infty,\infty}\frac{\log\operatorname{tg}\frac{px^2}{2}}{p^2}+\quad\left[4\pi i\sum_{1,\infty}\frac{1}{p^2}\left(\left(\frac{px}{2\pi}\right)-\left(\frac{px}{2\pi}+\frac{1}{2}\right)\right)\right]$$

$$(64)\quad \int_0^{e^{xi}}\log\frac{2K}{\pi}\frac{dq}{q}=2\log 4\cos\frac{x^2}{2}+\frac{2}{9}\log 4\cos\frac{3x^2}{2}+\cdots$$

$$+4\pi i\left(\frac{x}{2\pi}\right)+\frac{4\pi i}{9}\left(\frac{3x}{2\pi}\right)+\frac{4\pi i}{25}\left(\frac{5x}{2\pi}\right)+\cdots$$

$$=\sum_{-\infty,\infty}\frac{\log 4\cos\frac{px^2}{2}}{p^2}\left[+4\pi i\sum_{1,\infty}\frac{1}{p^2}\left(\frac{px}{2\pi}\right)\right]$$

$$(65)\quad \int_0^{e^{xi}}\left(\frac{2K}{\pi}-1\right)\frac{dq}{q}=-2\log 4\sin\frac{x^2}{2}+\frac{2}{3}\log 4\sin\frac{3x^2}{2}$$

$$-\frac{2}{5}\log 4\sin\frac{5x^2}{2}+\cdots$$

$$-4\pi i\left(\frac{x}{2\pi}+\frac{1}{2}\right)+\frac{4\pi i}{3}\left(\frac{3x}{2\pi}+\frac{1}{2}\right)-\cdots$$

$$=i\log\operatorname{tg}\left(\frac{2x+\pi}{4}\right)^2+\frac{i}{2}\log\operatorname{tg}\left(\frac{4x+\pi}{4}\right)^2+\frac{i}{3}\log\operatorname{tg}\left(\frac{6x+\pi}{4}\right)^2+\cdots$$

$$+2\pi\left(\left(\frac{x}{2\pi}+\frac{1}{4}\right)-\left(\frac{x}{2\pi}+\frac{3}{4}\right)\right)+\frac{2\pi}{2}\left(\left(\frac{2x}{2\pi}+\frac{1}{4}\right)-\left(\frac{2x}{2\pi}+\frac{3}{4}\right)\right)$$

$$+\frac{2\pi}{3}\left(\left(\frac{3x}{2\pi}+\frac{1}{4}\right)-\left(\frac{3x}{2\pi}+\frac{3}{4}\right)\right)+\cdots$$

$$(66)\quad \int_0^{e^{xi}}\frac{2kK}{\pi}\frac{dq}{q}=-2\log\operatorname{tg}\frac{x^2}{4}+\frac{2}{3}\log\operatorname{tg}\frac{3x^2}{4}-\frac{2}{5}\log\operatorname{tg}\frac{5x^2}{4}+\cdots$$

$$+4\pi i\left(\left(\frac{x}{4\pi}\right)-\left(\frac{x}{4\pi}+\frac{1}{2}\right)\right)-\frac{4\pi i}{3}\left(\left(\frac{3x}{4\pi}\right)-\left(\frac{3x}{4\pi}+\frac{1}{2}\right)\right)+\cdots$$

$$=2i\log\operatorname{tg}\left(\frac{x+\pi}{4}\right)^2+\frac{2i}{3}\log\operatorname{tg}\left(\frac{3x+\pi}{4}\right)^2$$

$$+\frac{2i}{5}\log\operatorname{tg}\left(\frac{5x+\pi}{4}\right)^2+\cdots$$

$$+4\pi\left(\left(\frac{x}{4\pi}+\frac{1}{4}\right)-\left(\frac{x}{4\pi}+\frac{3}{4}\right)\right)+\frac{4\pi}{3}\left(\left(\frac{3x}{4\pi}+\frac{1}{4}\right)-\left(\frac{3x}{4\pi}+\frac{3}{4}\right)\right)+\cdots$$

$$(67)\quad \int_0^{e^{xi}}\left(\frac{2k'K}{\pi}-1\right)\frac{dq}{q}=-2\log 4\cos\frac{x^2}{2}+\frac{2}{3}\log 4\cos\frac{3x^2}{2}$$

$$-\frac{2}{5}\log 4\cos\frac{5x^2}{2}+\cdots$$

$$-4\pi i\left(\frac{x}{2\pi}\right)+\frac{4\pi i}{3}\left(\frac{3x}{2\pi}\right)-\frac{4\pi i}{5}\left(\frac{5x}{2\pi}\right)+\cdots$$

$$=-i\log\operatorname{tg}\left(\frac{2x+\pi}{4}\right)^2+\frac{i}{2}\log\operatorname{tg}\left(\frac{4x+\pi}{4}\right)^2$$

$$-\frac{i}{3}\log\operatorname{tg}\left(\frac{6x+\pi}{4}\right)^2+\cdots$$

$$-2\pi\left(\left(\frac{x}{2\pi}+\frac{1}{4}\right)-\left(\frac{x}{2\pi}+\frac{3}{4}\right)\right)$$

$$+\frac{2\pi}{2}\left(\left(\frac{2x}{2\pi}+\frac{1}{4}\right)-\left(\frac{2x}{2\pi}+\frac{3}{4}\right)\right)-\cdots$$

$$(68)\quad \int_0^{e^{xi}}\left(\frac{2\sqrt{k'}K}{\pi}-1\right)\frac{dq}{q}=-\log 4\cos x^2+\frac{1}{3}\log 4\cos 3x^2$$

$$-\frac{1}{5}\log 4\cos 5x^2+\cdots$$

$$-2\pi i\left(\frac{x}{\pi}\right)+\frac{2\pi i}{3}\left(\frac{3x}{\pi}\right)-\frac{2\pi i}{5}\left(\frac{5x}{\pi}\right)+\cdots$$

$$=-\frac{i}{2}\log\operatorname{tg}\left(x+\frac{\pi}{4}\right)^2+\frac{i}{4}\log\operatorname{tg}\left(2x+\frac{\pi}{4}\right)^2$$

$$-\frac{i}{6}\log\operatorname{tg}\left(3x+\frac{\pi}{4}\right)^2+\cdots$$

$$-\pi\left(\left(\frac{x}{\pi}+\frac{1}{4}\right)-\left(\frac{x}{\pi}+\frac{3}{4}\right)\right)+\frac{\pi}{2}\left(\left(\frac{2x}{\pi}+\frac{1}{4}\right)-\left(\frac{2x}{\pi}+\frac{3}{4}\right)\right)$$
$$-\frac{\pi}{3}\left(\left(\frac{3x}{\pi}+\frac{1}{4}\right)-\left(\frac{3x}{\pi}+\frac{3}{4}\right)\right)+\cdots$$

Posito $x=\frac{m}{n}2\pi$ fit pars imaginaria formulae 65

1° si n est numerus par

$$=\sum_{0,\infty}^{s}-4\pi i\sum_{1,n-1}^{p}\frac{(-1)^{\frac{p-1}{2}}}{p+ns}\left(\frac{pm}{n}+\frac{1}{2}\right)(-1)^{\frac{ns}{2}},$$

2° si n est numerus impar

$$=\sum_{0,\infty}^{s}-4\pi i\sum_{1,2n-1}^{p}(-1)^{\frac{p-1}{2}}\frac{1}{p+2ns}\left(\frac{pm}{n}+\frac{1}{2}\right)(-1)^{s},$$

quam patet habere valorem finitum, nisi n est $\equiv 0$ mod·4.

Convergentia summae

$$a_0+a_1+a_2+a_3\ldots..$$

postulat, ut data quantitate quamvis parva ε assignari possit terminus a_n, a quo summa usque ad terminum quemvis a_m extensa nanciscatur valorem absolutum ipso ε minorem. Iam posito brevitatis gratia

$$\varepsilon_{n+1}=a_{n+1}$$
$$\varepsilon_{n+2}=a_{n+1}+a_{n+2}$$
$$\varepsilon_{n+3}=a_{n+1}+a_{n+2}+a_{n+3}$$
$$\ldots\ldots\ldots\ldots\ldots\ldots$$

functio

$$f(r)=a_0+a_1r+a_2r^2+\cdots$$

facile sub hac forma exhibetur

$$=a_0+a_1r+a_2r^2+\cdots+a_nr^n+\varepsilon_{n+1}r^{n+1}+(\varepsilon_{n+2}-\varepsilon_{n+1})r^{n+2}$$
$$+(\varepsilon_{n+3}-\varepsilon_{n+2})r^{n+3}+\cdots$$
$$=a_0+a_1r+a_2r^2+\cdots+a_nr^n+\varepsilon_{n+1}(r^{n+1}-r^{n+2})$$
$$+\varepsilon_{n+2}(r^{n+2}-r^{n+3})+\cdots$$

Unde patet convergente r versus limitem 1 functionem $f(r)$ tandem quavis quantitate minus a valore seriei

$$a_0+a_1+a_2\ldots$$

distare. Summa terminorum altioris gradus quam n, quum sint ε_{n+1}, ε_{n+2},.. ex hyp. omnes omisso signo $<\varepsilon$, differentiaeque $r^{n+1}-r^{n+2}$.. omnes positivae, manifesto evadit quantitate absoluta

$$<\varepsilon(r^{n+1}-r^{n+2})+\varepsilon(r^{n+2}-r^{n+3})+\cdots$$
$$<\varepsilon r^{n+1},$$

summa autem terminorum non altioris gradus quam n est functio algebraica ipsius r, quam constat appropinquando r unitati summae

$$a_0 + a_1 + a_2 + \cdots + a_n$$

quantumvis appropinquari posse; unde patet appropinquando r unitati differentiam functionis $f(r)$ a valore seriei

$$a_0 + a_1 + \cdots$$

infra quantitatem quamvis datam descendere.

Ex hoc theoremate, quod Cl° Abel tribuendum esse Cl^us^ Dirichlet modo (1852 Sept. 14) quum antecedentia jam essent scripta monuit, facile deducitur . . . .

II.

$$\log k = \log 4\sqrt[4]{q} + \sum (-1)^n \frac{4}{n}\frac{q^n}{1+q^n}, \quad q = e^{xi}.$$

1) $x = \frac{2m}{n}\pi$, n ungerade.

$$\log k = i\left(\frac{x}{2} + \sum (-1)^s \frac{2}{s} \operatorname{tg} s\frac{x}{2}\right)$$

$$= i\left(\frac{x}{2} + \sum_{0,\infty}^{t} \sum_{1,2n}^{s} (-1)^s \frac{2}{2nt+s} \operatorname{tg}\frac{sm}{n}\pi\right)$$

$$= i\frac{x}{2} + 2i\int_0^1 \sum_{1,2n}^{s} (-1)^s \operatorname{tg}\frac{sm}{n}\pi \frac{x^{s-1}dx}{1-x^{2n}}$$

$$= i\frac{x}{2} + 2\int_0^1 \sum_{1,2n}^{s} (-1)^s \frac{\alpha^{2sm}-1}{\alpha^{2sm}+1}\frac{1}{2n} \sum_{1,2n}^{t} \frac{\alpha^{-ts}\alpha^t dx}{1-\alpha^t x}, \quad \alpha = e^{\frac{2\pi i}{2n}},$$

$$= i\frac{x}{2} + \frac{1}{2n}\int_0^1 \sum_{1,2n}^{t} \frac{\alpha^t dx}{1-\alpha^t x} 2 \sum_{1,n-1}^{\sigma} \sum_{1,2n}^{s} (-1)^{s+\sigma-1} \alpha^{s(2m\sigma-t)},$$

$$\frac{1}{1+r\alpha^{2sm}} = \sum \frac{(-1)^\sigma \alpha^{2s\sigma m} r^\sigma}{1-r^{2n}} = -\frac{1}{2n} \sum_{0,2n-1} (-1)^\sigma \sigma \alpha^{2s\sigma m}$$

$$= \frac{1}{2} \sum_{0,n-1} (-1)^\sigma \alpha^{2s\sigma m},$$

$$= i\frac{x}{2} + 2 \sum_{1,n-1} \log(1 - \alpha^{n+2m\sigma})(-1)^\sigma$$

$$= i\frac{x}{2} + \sum_{1,n-1} \log \alpha^{2m\sigma} (-1)^\sigma$$

$$= i\frac{x}{2} + 2\pi i\left(\sum_{1,n-1} \frac{2m\sigma}{2n}(-1)^\sigma - \sum_{1,n-1} (-1)^\sigma E\left(\frac{2m\sigma}{2n} + \frac{1}{2}\right)\right)$$

2) $x = \frac{m}{n}\pi$, m, n ungerade.

$$\log k = -\frac{q+q_0}{q-q_0}\frac{3}{2n^2}\sum_{1,\infty}\frac{1}{s^2} - \frac{1}{n}\log\frac{1+q^n}{1-q^n} \qquad \alpha = e^{\frac{2\pi i}{4n}}$$

$$+\frac{x}{2}i + 2\int_0^1 \sum_{1,4n-1}^{s} (-1)^s \frac{x^{s-1}\,dx}{1-x^{4n}} \frac{\alpha^{2ms}-1}{\alpha^{2ms}+1}$$

$$= A + \frac{x}{2}i +$$

$$2\int_0^1 \sum_{1,4n}^{t} \frac{\alpha^t\,dx}{1-\alpha^t x}\frac{1}{4n}\cdot -\frac{1}{2n}\sum_{1,4n-1}^{s}\sum_{0,2n-1}^{\sigma} (-1)^{s+\sigma}\sigma\alpha^{2s\sigma m}(\alpha^{2ms}-1)\alpha^{-st}$$

$$= A + \frac{x}{2}i + 2.2\pi i\sum_{1,n-1}\frac{s}{n}(-1)^s\left(\frac{ms-n}{2n} - E\left(\frac{ms}{2n}\right)\right), \ m\mu \equiv 1 \bmod. 2n,$$

$$= A + \pi i\left(\frac{m-\mu}{2} + \frac{\mu}{2n} + 2\sum_{1,n-1}E\left(\frac{\mu s}{2n}\right)(-1)^s - 2\sum_{1,n-1}E\left(\frac{ms}{2n}\right)(-1)^s\right)$$

---

3) $x = \frac{m}{2n}\pi$, m ungerade.

$$\log k = \frac{q+q_0}{q-q_0}\frac{3}{8n^2}\sum\frac{1}{s^2} + \frac{1}{2n}\log\left(\frac{1+q^{2n}}{1-q^{2n}}\right)$$

$$+\frac{x}{2}i + i\sum^{t}\sum_{1,8n-1}^{s}(-1)^s\frac{2}{8nt+s}\operatorname{tg} s\frac{m}{4n}\pi$$

$$= A + \frac{x}{2}i + 2\int_0^1\sum_{1,8n-1}^{s}\frac{x^{s-1}\,dx}{1-x^{8n}}\frac{\alpha^{2ms}-1}{\alpha^{2ms}+1}(-1)^s \qquad \alpha = e^{\frac{2\pi i}{8n}}$$

$$= A + \frac{x}{2}i +$$

$$2\int_0^1\sum_{1,8n}^{t}\frac{\alpha^t\,dx}{1-\alpha^t x}\frac{1}{8n}\cdot -\frac{1}{4n}\sum_{1,8n-1}^{s}\sum_{0,4n-1}^{\sigma}(-1)^{s+\sigma}\sigma\alpha^{2s\sigma m}(\alpha^{2ms}-1)\alpha^{-st}$$

$$t \equiv 2rm + 4n \bmod. 8n$$

$$= A + \frac{x}{2}i + 2\sum_{1,4n-1}^{r}\log(1-\alpha^{4n+2rm})\frac{1}{8n}\cdot$$

$$\cdot\frac{1}{4n}\left(8n\left((-1)^{r-1}(r-1) - (-1)^r r\right) + 8n(-1)^r(4n-1)\right)$$

$$= A + \frac{x}{2}i + 2\sum_{-2n+1,2n-1}^{s}\log(1-\alpha^{2sm})\frac{-s}{2n}(-1)^s$$

$$= A + \frac{x}{2} i - 4 \sum_{0,2n-1}^{s} \log(-\alpha^{2sm}) \frac{s}{4n} (-1)^s$$

$$= A + \frac{x}{2} i - 4 \sum_{0,2n-1}^{s} \left(\frac{sm}{4n} + \frac{1}{2}\right) \left(\frac{s}{4n}\right) (-1)^s 2\pi i$$

$(x) =$ absolut kleinster Rest von x.

$$-\log k' = 8 \sum \frac{1}{t} \frac{q^t}{1-q^{2t}} = 4i \sum \frac{1}{t \sin tx}, \quad q = e^{xi}.$$

1) $x = \frac{m}{2n}\pi$, m ungerade.

$$-\log k' = 4i \sum_{0,\infty}^{t} \sum_{1,4n-1}^{s} \frac{1}{4nt+s} \frac{1}{\sin \frac{sm\pi}{2n}}$$

$$= 8 \int_0^1 \sum^{s} \frac{x^{s-1}\,dx}{1-x^{4n}} \frac{\alpha^{sm}}{1-\alpha^{2ms}} \qquad \alpha = e^{\frac{2\pi i}{4n}}$$

$$= 8 \int_0^1 \sum_{1,4n}^{t} \frac{\alpha^t dx}{1-\alpha^t x} \frac{1}{4n} \cdot -\frac{1}{2n} \sum_{1,4n-1}^{s} \sum_{0,2n-1}^{\sigma} \sigma \alpha^{ms(2\sigma+1)} \alpha^{-ts}$$

$$\frac{1}{1-r\alpha^{2ms}} = \sum_{0,2n-1}^{\sigma} \frac{r^\sigma \alpha^{2ms\sigma}}{1-r^{2n}}$$

$$\frac{1}{1-\alpha^{2ms}} = -\frac{1}{2n} \sum_{0,2n-1}^{\sigma} \sigma \alpha^{2ms\sigma} = \frac{1}{2} \sum_{0,n-1}^{\sigma} \alpha^{2ms\sigma}$$

$$= \sum_{0,n-1} [\log(1+\alpha^{m(2r+1)}) - \log(1+\alpha^{-m(2r+1)})]$$

$$= -\pi i \left((m-2)n - 4 \sum_{0,n-1}^{s} E\left(\frac{m(2s+1)}{4n}\right)\right)$$

---

2) $x = \frac{m\pi}{n}$, n ungerade. $\qquad \alpha = e^{\frac{2\pi i}{2n}}$

$$-\log k' = -\frac{q+q_0}{q-q_0} \frac{\pi^2}{4n^2} q_0^{-n} + 8 \int_0^1 \sum_{1,2n-1}^{s} \frac{x^{s-1}\,dx}{1-x^{2n}} \frac{\alpha^{ms}}{1-\alpha^{2ms}}$$

$$= A +$$

$$8 \int_0^1 \sum_{1,2n}^{t} \frac{\alpha^t dx}{1-\alpha^t x} \cdot -\frac{1}{2n} \sum_{1,2n-1}^{s} \sum_{0,n-1}^{\sigma} \left(\frac{\sigma - \left(\frac{n-1}{2}\right)}{n}\right) \alpha^{ms(2\sigma+1)} \alpha^{-ts}$$

$$\left.\begin{array}{l} 1)\ t \equiv m(2r+1) \\ 2)\ t \equiv m(2r+1) + n \end{array}\right. \bmod. 2n$$

$$= A + 8 \sum_{0,\,n-1} \log\left(1 - \alpha^{m(2r+1)}\right) \frac{1}{2n} \left(\frac{r - \frac{n-1}{2}}{n}\right) n$$

$$- 8 \sum \log\left(1 - \alpha^{m(2r+1)+n}\right) \frac{1}{2n} \left(\frac{r - \frac{n-1}{2}}{n}\right) n$$

$$= A + 8 \sum_{1,\,\frac{n-1}{2}} \frac{1}{2} \left(\frac{s}{n}\right) \left(\log\left(1 - \alpha^{2ms+mn}\right) - \log\left(1 - \alpha^{-2ms+mn}\right)\right)$$

$$- 4 \sum \left(\frac{s}{n}\right) \left(\log\left(1 - \alpha^{2ms+(m+1)n}\right) - \log\left(1 - \alpha^{-2ms+(m+1)n}\right)\right)$$

$$= A + 8\pi i \sum_{1,\,\frac{n-1}{2}} \left(\frac{s}{n}\right) \left(\left(\frac{2ms + (m+1)n}{2n}\right) - \left(\frac{2ms + mn}{2n}\right)\right)$$

$$= A + 4\pi i \sum \left(\frac{s}{n}\right) \left(\cdots\cdots\right)$$

$$= A + 4\pi i \sum \left(\frac{\mu s}{n}\right) \left(\left(\frac{2s + (m+1)n}{2n}\right) - \left(\frac{2s + mn}{2n}\right)\right),$$

$$m\mu \equiv 1 \bmod. n$$

$$= A + 4\pi i (-1)^{m+1} \sum_{1,\,\frac{n-1}{2}} \left(\frac{\mu s}{n}\right)$$

$$= (-1)^{m+1} \left[\frac{\pi^2}{4n^2} \frac{q + q_0}{q - q_0} + \pi i \left(\frac{n^2 - 1}{2n} \mu - 4 \sum_{1,\,\frac{n-1}{2}} E\left(\frac{\mu s}{n} + \frac{1}{2}\right)\right)\right]$$

$$\log \frac{2K}{\pi} = 4 \sum \frac{q^t}{t(1 + q^t)} = \log\left(\frac{q_0 + q}{q_0 - q}\right) + 4 \sum \frac{1}{t} \left(\frac{q^t}{1 + q^t} - \frac{1}{2} \frac{q^t}{q_0^t}\right)$$

$$= \log \frac{q_0 + q}{q_0 - q} + 2i \sum \frac{1}{t} \operatorname{tg} t \frac{x}{2}$$

1) $x = \frac{2m}{n} \pi$, n ungerade.

$$\alpha = e^{\frac{2\pi}{2n} i}, \quad \frac{1}{1 + r\alpha^{2sm}} = \sum_{0,\,n-1} \frac{(-1)^\sigma r^\sigma \alpha^{2s\sigma m}}{1 + r^n}$$

$$\log \frac{2K}{\pi} = \log \frac{q_0 + q}{q_0 - q} + 2 \sum \sum_{1,\,2n-1}^{s} \frac{1}{2nt + s} \frac{\alpha^{2ms} - 1}{\alpha^{2ms} + 1}$$

$$= \log \frac{q_0 + q}{q_0 - q} + 2 \int_0^1 \sum_{1,\,2n}^{t} \frac{\alpha^t \, dx}{1 - \alpha^t x} \cdot - \frac{1}{2n} \sum^{s} \alpha^{-ts} \sum_{1,\,n-1}^{\sigma} (-1)^\sigma \alpha^{2s\sigma m}$$

$$= \log \frac{q_0 + q}{q_0 - q} + 2 \sum_{1,\,n-1} \log\left(1 - \alpha^{2rm}\right) (-1)^r \frac{1}{2n} n$$

$$- 2 \sum_{1,\,n-1} \log\left(1 - \alpha^{2rm+n}\right) (-1)^r \frac{1}{2n} n$$

$$= A + \frac{1}{2}\sum\left(\frac{rm}{n} + \frac{1}{2}\right)(-1)^r 2\pi i - \frac{1}{2}\sum\left(\frac{rm}{n}\right)(-1)^r 2\pi i$$

$$= \log\frac{q_0 + q}{q_0 - q} + 2\pi i \sum_{1,\frac{n-1}{2}}^{s}\left(\left(s\frac{2m}{n} + \frac{1}{2}\right) - \left(s\frac{2m}{n}\right)\right)$$

---

2) $x = \frac{m}{n}\pi$, n ungerade, m ungerade, $\alpha = e^{\frac{2\pi i}{4n}}$.

$$\log\frac{2K}{\pi} = \frac{q + q_0}{q - q_0}\frac{\pi^2}{4n^2} + \log\frac{q_0 + q}{q_0 - q} + 2\sum\sum_{1,4n-1}^{s}\frac{1}{4nt + s}\frac{\alpha^{2ms} - 1}{\alpha^{2ms} + 1}$$

$$= A +$$

$$2\int_0^1\sum_{1,4n}^{t}\frac{\alpha^t dx}{1 - \alpha^t x}\frac{1}{4n}\cdot - \frac{1}{2n}\sum_{1,4n-1}^{s}\sum_{0,2n-1}^{\sigma}(-1)^\sigma \sigma \alpha^{2s\sigma m}(\alpha^{2ms} - 1)\alpha^{-ts}$$

$$= A + 2\int_0^1\sum_{1,4n}^{t}\frac{\alpha^t dx}{1 - \alpha^t x}\frac{1}{4n}2\sum_{1,4n-1}^{s}\sum_{1,2n-1}^{\sigma}(-1)^\sigma\left(\frac{\sigma - n}{2n}\right)\alpha^{2ms\sigma}\alpha^{-ts}$$

$$\left.\begin{matrix}1)\ t \equiv 2mr \\ 2)\ t \equiv 2mr + 2n\end{matrix}\right. \mod. 4n$$

$$= A - 2\sum_{1,2n-1}\log(1 - \alpha^{2mr})\frac{1}{4n}(-1)^r\left(\frac{r - n}{2n}\right)4n$$

$$+ 2\sum\log(1 - \alpha^{2mr+2n})(-1)^r\left(\frac{r - n}{2n}\right)$$

$$= A - 2\pi i\sum_{1,2n-1}(-1)^r\left(\left(\frac{mr + n}{2n}\right) - \left(\frac{mr}{2n}\right)\right)\left(\frac{r - n}{2n}\right)$$

$$= A - 2\pi i\sum_{1,2n-1}(-1)^r\left(\left(\frac{r + n}{2n}\right) - \left(\frac{r}{2n}\right)\right)\left(\frac{\mu r - n}{2n}\right),$$

$$m\mu \equiv 1 \mod. 2n$$

$$= A + 2\pi i\sum_{1,n-1}(-1)^r\left(\frac{\mu r - n}{2n}\right)$$

---

3) $x = \frac{m}{2n}\pi$, m ungerade.

$$\log\frac{2K}{\pi} = \log\frac{q_0 + q}{q_0 - q} + 2\sum\sum_{1,4n-1}^{s}\frac{1}{4nt + s}\frac{\alpha^{ms} - 1}{\alpha^{ms} + 1} \qquad \alpha = e^{\frac{2\pi i}{4n}}$$

$$= A + 2\int_0^1\sum_{1,2n}^{t}\frac{\alpha^t dx}{1 - \alpha^t x}\frac{1}{4n}2\sum_{1,4n-1}^{s}\sum_{1,4n-1}^{\sigma}(-1)^\sigma\left(\frac{\sigma - 2n}{4n}\right)\alpha^{ms\sigma}\alpha^{-ts}$$

$$= A + 2\pi i\sum_{1,2n-1}(-1)^r\left(\frac{\mu r - 2n}{4n}\right), \quad m\mu \equiv 1 \mod. 4n.$$

Erläuterungen zu den Fragmenten XXVIII.

Von R. Dedekind.

Die Entstehungszeit (September 1852) des ersten der beiden Fragmente macht es wahrscheinlich, dass Riemann darauf ausging, für die Abhandlung über die trigonometrischen Reihen (XII) Beispiele von Functionen zu finden, die unendlich oft in jedem Intervall unstetig werden, und vielleicht sollte die zweite Untersuchung, welche sich auf einem kaum leserlichen Blatte findet, demselben Zwecke dienen. Die hier von Riemann benutzte Methode zur Bestimmung des Verhaltens der in der Theorie der elliptischen Functionen auftretenden Modulfunctionen für den Fall, dass das complexe Periodenverhältniss

$$\omega = \frac{K'i}{K} = \frac{\log q}{\pi i} \tag{1}$$

sich einem rationalen Werthe nähert, gestattet aber zugleich eine sehr interessante Anwendung auf die sogenannte Theorie der unendlich vielen Formen der ϑ-Functionen, nämlich auf die Bestimmung der bei der Transformation erster Ordnung auftretenden Constanten, welche bekanntlich von Jacobi und Hermite auf die Gauss'schen Summen, also auf die Theorie der quadratischen Reste zurückgeführt ist. Die Darstellung dieses Zusammenhangs bildet den Gegenstand der folgenden Erläuterungen.

Den Mittelpunkt der Theorie dieser Modulfunctionen, welche man auch ganz unabhängig von der der elliptischen Functionen aufstellen kann, und welche seit dem Erscheinen der ersten Auflage von Riemann's Werken der Gegenstand zahlreicher Untersuchungen geworden ist, bildet in gewissem Sinne die Function

$$\eta(\omega) = 1^{\frac{\omega}{24}} \Pi(1 - 1^{\omega\nu}) = q^{\frac{1}{12}} \Pi(1 - q^{2\nu}), \tag{2}$$

wo zur Abkürzung

$$e^{2\pi i z} = 1^z, \quad \text{also } q = 1^{\frac{\omega}{2}} \tag{3}$$

gesetzt ist, und wo das Productzeichen sich auf alle natürlichen Zahlen ν erstreckt. Da diese Function der complexen Variablen $\omega = x + yi$, deren Ordinate y stets positiv ist, im Innern des hierdurch begrenzten, einfach zusammenhängenden Gebietes nirgends Null oder unendlich gross wird, so sind auch alle Potenzen von $\eta(\omega)$ mit beliebigen Exponenten, und ebenso $\log\eta(\omega)$ durchaus einwerthige Functionen von ω, sobald ihr Werth an einer bestimmten Stelle festgesetzt ist. Die Function $\log\eta(\omega)$ soll dadurch definirt werden, dass, wenn y über alle Grenzen wächst, also q verschwindet, die Grösse

(4) $$\log\eta(\omega) - \frac{\omega\pi i}{12} = 0$$

wird; dann ist $\log\eta(\omega)$ conjugirt mit $\log\eta(-\omega')$, wo ω', wie immer im Folgenden, die mit ω conjugirte Grösse bedeutet. Nun ist bekanntlich (Fundam. nova §. 36)

$$\eta(2\omega)\,\eta\left(\frac{\omega}{2}\right)\eta\left(\frac{1+\omega}{2}\right) = 1^{\frac{1}{48}}\,\eta(\omega)^3,$$

$$\sqrt[4]{k} = 1^{\frac{1}{48}}\sqrt{2}\,\frac{\eta(2\omega)}{\eta\left(\frac{1+\omega}{2}\right)},$$

$$\sqrt[4]{k'} = 1^{\frac{1}{48}}\,\frac{\eta\left(\frac{\omega}{2}\right)}{\eta\left(\frac{1+\omega}{2}\right)},$$

$$\sqrt{\frac{2K}{\pi}} = 1^{-\frac{1}{24}}\,\frac{\eta\left(\frac{1+\omega}{2}\right)^2}{\eta(\omega)},$$

also nach der obigen Festsetzung:

$$\log\eta(2\omega) + \log\eta\left(\frac{\omega}{2}\right) + \log\eta\left(\frac{1+\omega}{2}\right) = \frac{\pi i}{24} + 3\log\eta(\omega)$$

(5)
$$\log k = \log 4 + \frac{\pi i}{6} + 4\log\eta(2\omega) - 4\log\eta\left(\frac{1+\omega}{2}\right)$$
$$\log k' = \frac{\pi i}{6} + 4\log\eta\left(\frac{\omega}{2}\right) - 4\log\eta\left(\frac{1+\omega}{2}\right)$$
$$\log\frac{2K}{\pi} = -\frac{\pi i}{6} + 4\log\eta\left(\frac{1+\omega}{2}\right) - 2\log\eta(\omega),$$

wo die Logarithmen linker Hand (wie in den Fund. nova §. 40) als einwerthige Functionen von ω so definirt sind, dass die drei Grössen

$$\log k - \log 4 - \frac{\omega\pi i}{2} = \log k - \log 4\sqrt{q},$$

$$\log k' \text{ und } \log\frac{2K}{\pi}$$

mit q unendlich klein werden.

Aus diesem Verhalten der Functionen ergiebt sich nun mit Hülfe der Transformation erster Ordnung der ϑ-Functionen das von Riemann untersuchte Verhalten bei Annäherung von ω an einen reellen

30*

rationalen Werth, wobei q sich zugleich einer bestimmten Einheitswurzel q_0 nähert. Setzt man

$$\vartheta_1(z, \omega) = \sum 1^{(s+\frac{1}{2})^2 \frac{\omega}{2} + (s+\frac{1}{2})(z-\frac{1}{2})}$$

$$= 2\eta(\omega) 1^{\frac{\omega}{12}} \sin z\pi \, \Pi(1 - 1^{\omega\nu+z})(1 - 1^{\omega\nu-z}),$$

wo die Summation auf alle ganzen Zahlen s auszudehnen ist, so wird, wenn man die nach z genommene Derivirte durch einen Accent bezeichnet,

$$\vartheta_1'(0, \omega) = 2\pi\eta(\omega)^3.$$

Sind nun $\alpha, \beta, \gamma, \delta$ vier der Bedingung

(6) $$\alpha\delta - \beta\gamma = 1$$

genügende ganze Zahlen, so ist bekanntlich

$$\vartheta_1\left(z, \frac{\gamma + \delta\omega}{\alpha + \beta\omega}\right) = c\sqrt{\alpha + \beta\omega}\, 1^{\frac{1}{2}\beta(\alpha+\beta\omega)z^2} \vartheta_1\big((\alpha + \beta\omega)z, \omega\big),$$

wo c eine von $\alpha, \beta, \gamma, \delta$ und der Wahl der Quadratwurzel abhängige achte Einheitswurzel bedeutet, deren Bestimmung von Hermite auf die Gauss'schen Summen zurückgeführt ist (Liouville's Journal, Serie II. T. III. 1858). Für $z = 0$ ergiebt sich hieraus

$$\vartheta_1'\left(0, \frac{\gamma + \delta\omega}{\alpha + \beta\omega}\right) = c(\alpha + \beta\omega)^{\frac{3}{2}} \vartheta_1'(0, \omega),$$

also

(7) $$\eta\left(\frac{\gamma + \delta\omega}{\alpha + \beta\omega}\right) = c^{\frac{1}{3}}(\alpha + \beta\omega)^{\frac{1}{2}} \eta(\omega),$$

und aus dieser Transformation von $\eta(\omega)$ ist diejenige von $\log\eta(\omega)$ abzuleiten.

Der Fall $\beta = 0$ erledigt sich unmittelbar durch die Definitionen (2) und (4) von $\eta(\omega)$, $\log\eta(\omega)$ und giebt

(8) $$\log\eta(1 + \omega) = \log\eta(\omega) + \frac{\pi i}{12},$$

oder allgemeiner, wenn n irgend eine ganze Zahl ist,

(9) $$\log\eta(n + \omega) = \log\eta(\omega) + \frac{n\pi i}{12}.$$

Ist aber β von Null verschieden, so wird die Grösse $\mu = -(\alpha + \beta\omega)^2$ nirgends negativ, und man kann folglich $\log\mu$ eindeutig so definiren, dass der imaginäre Bestandtheil stets zwischen $\pm\pi i$ bleibt, und folglich conjugirten Werthen von μ auch conjugirte Werthe von $\log\mu$ entsprechen; dann wird zufolge (7)

(10) $$\log\eta\left(\frac{\gamma + \delta\omega}{\alpha + \beta\omega}\right) = \log\eta(\omega) + \frac{1}{4}\log\left\{-(\alpha + \beta\omega)^2\right\} + (\alpha, \beta, \gamma, \delta)\frac{\pi i}{12},$$

wo $(\alpha, \beta, \gamma, \delta)$ eine durch $\alpha, \beta, \gamma, \delta$ vollständig bestimmte ganze Zahl bedeutet, welche dieselbe bleibt, wenn diese vier Zahlen mit (-1) multiplicirt werden. Die vollständige Bestimmung dieser Zahl leistet offenbar noch sehr viel mehr, als die der obigen Einheitswurzel c, und bildet den eigentlichen Gegenstand der folgenden Untersuchung.

Zunächst lässt sich $(\alpha, \beta, \gamma, \delta)$ auf eine nur von α, β abhängige Zahl zurückführen. Genügen nämlich die Zahlen γ', δ' ebenfalls der Bedingung $\alpha\delta' - \beta\gamma' = 1$, so ist bekanntlich $\gamma' = \gamma + n\alpha$, $\delta' = \delta + n\beta$, wo n jede ganze Zahl bedeutet; mithin wird nach (9)

$$\log \eta\left(\frac{\gamma' + \delta'\omega}{\alpha + \beta\omega}\right) = \log \eta\left(n + \frac{\gamma + \delta\omega}{\alpha + \beta\omega}\right) = \log \eta\left(\frac{\gamma + \delta\omega}{\alpha + \beta\omega}\right) + \frac{n\pi i}{12},$$

und hieraus folgt nach (10), dass

$$(\alpha, \beta, \gamma', \delta') - \frac{\delta'}{\beta} = (\alpha, \beta, \gamma, \delta) - \frac{\delta}{\beta}$$

nur von den beiden Zahlen α, β abhängt; man kann daher

$$(11) \qquad \beta(\alpha, \beta, \gamma, \delta) = \alpha + \delta - 2(\alpha, \beta),$$

also

$$(12) \quad \log \eta\left(\frac{\gamma + \delta\omega}{\alpha + \beta\omega}\right) = \log \eta(\omega) + \frac{1}{4}\log\left\{-(\alpha + \beta\omega)^2\right\} + \frac{\alpha + \delta - 2(\alpha, \beta)}{12\beta}\pi i$$

setzen, wo $2(\alpha, \beta)$ und, wie sich später ergiebt, auch (α, β) selbst eine ganze, lediglich von den beiden relativen Primzahlen α, β abhängende Zahl bedeutet; zugleich ergiebt sich

$$(13) \qquad (-\alpha, -\beta) = -(\alpha, \beta).$$

Ersetzt man ferner alle Glieder der Gleichung (12) durch die zugehörigen conjugirten Grössen, so erhält man nach den obigen Bemerkungen

$$\log \eta\left(-\frac{\gamma + \delta\omega'}{\alpha + \beta\omega'}\right) = \log \eta(-\omega') + \frac{1}{4}\log\left\{-(\alpha + \beta\omega')^2\right\} - \frac{\alpha + \delta - 2(\alpha, \beta)}{12\beta}\pi i,$$

und da die linke Seite nach (12) auch in der Form

$$\log \eta\left(\frac{-\gamma + \delta(-\omega')}{\alpha - \beta(-\omega')}\right) = \log \eta(-\omega') + \frac{1}{4}\log\left\{-(\alpha + \beta\omega')^2\right\} + \frac{\alpha + \delta - 2(\alpha, -\beta)}{12(-\beta)}\pi i$$

dargestellt werden kann, so ergiebt sich

$$(14) \qquad (\alpha, -\beta) = (\alpha, \beta)$$

und zufolge (13) auch

$$(15) \qquad (-\alpha, \beta) = -(\alpha, \beta).$$

Soll ferner der Satz (12) auch noch für den Fall $\beta = 0$, $\alpha = \delta = \pm 1$ gelten, so ist die Definition des Symbols (α, β) durch die Festsetzung

(16) $$(\pm 1, 0) = \pm 1$$

zu vervollständigen, welche auch mit (13), (14), (15) harmonirt.

Aus (15) folgt $(0, \pm 1) = 0$; setzt man daher $\alpha = 0$, $\beta = 1$, $\gamma = -1$, $\delta = 0$, so geht der Satz (12) über in den speciellen Fall der complementären Transformation

(17) $$\log \eta\left(\frac{-1}{\omega}\right) = \log \eta(\omega) + \frac{1}{4}\log(-\omega^2).$$

Ersetzt man nun in dem Satze (12) die Grösse ω durch $1 + \omega$ und durch $\frac{-1}{\omega}$, und drückt die Grössen

$$\log \eta\left(\frac{\gamma + \delta + \delta\omega}{\alpha + \beta + \beta\omega}\right) \quad \text{und} \quad \log \eta\left(\frac{\delta - \gamma\omega}{\beta - \alpha\omega}\right)$$

wieder nach dem Satze (12) durch $\log \eta(\omega)$ aus, so erhält man mit Rücksicht auf (8) und (17) leicht die beiden folgenden, für jedes Paar von relativen Primzahlen α, β geltenden Sätze

(18) $$(\alpha + \beta, \beta) = (\alpha, \beta)$$

(19) $$2\alpha(\alpha, \beta) + 2\beta(\beta, \alpha) = 1 + \alpha^2 + \beta^2 - 3(\alpha\beta),$$

wo $(\alpha\beta)$ den absoluten Werth von $\alpha\beta$ bedeutet. Mit Zuziehung des letzteren Satzes, welcher in naher Beziehung zu dem Reciprocitätssatze in der Theorie der quadratischen Reste steht, kann man der Gleichung (11) auch die Form

(20) $$(\alpha, \beta, \gamma, \delta) = 2\gamma(\alpha, \beta) + 2\delta(\beta, \alpha) - (\alpha\gamma + \beta\delta) \pm 3\alpha\delta$$

geben, wo das Vorzeichen $\pm$ so zu wählen ist, dass $\pm\,\alpha\beta$ der absolute Werth von $\alpha\beta$ wird; hierdurch erscheint die zuerst in (10) auftretende Zahl $(\alpha, \beta, \gamma, \delta)$ wieder in Form einer ganzen Zahl.

Es leuchtet nun ein, dass die beiden Sätze (18) und (19) nicht nur die früheren Eigenschaften (13) bis (16) in sich schliessen, sondern auch ausreichen, um in jedem Falle den Werth des Symbols (α, β) durch eine Kettenbruch-Entwicklung vollständig und zwar als ganze Zahl zu bestimmen. Dies geht schon aus dem Satze

(21) $$(\alpha, \alpha + \beta) = (\alpha, \beta) - (\beta, \alpha) + \beta - \alpha, \quad \text{wenn } \alpha\beta \geqq 0,$$

hervor, welcher leicht aus (18) und (19) abgeleitet wird; und umgekehrt leuchtet ein, dass dieser Satz (21) in Verbindung mit (18), d. h. mit dem Satze

(22) $$(\alpha', \beta) = (\alpha, \beta), \quad \text{wenn } \alpha' \equiv \alpha \,(\text{mod.}\, \beta),$$

ebenfalls die vollständige Bestimmung des Symbols (α, β) enthält und eine sehr bequeme Berechnung einer Tabelle liefert. Es ist endlich sehr zweckmässig, dem Symbol (α, β) auch dann eine bestimmte Bedeutung beizulegen, wenn die ganzen Zahlen α, β nicht relative Primzahlen sind, sondern einen beliebigen (positiven) grössten gemeinsamen Theiler p haben; in diesem Falle setzen wir

$$(23) \qquad (\alpha, \beta) = p\left(\frac{\alpha}{p}, \frac{\beta}{p}\right),$$

weil dann offenbar die beiden Sätze (21), (22) ungeändert bestehen bleiben, während freilich das erste Glied 1 auf der rechten Seite des Satzes (19) durch p^2 zu ersetzen ist; aber in den beiden Sätzen (21), (22) ist jetzt auch ohne Zuziehung von (23) die vollständige Bestimmung von (α, β) enthalten, und sie gelten sogar für den Fall $\alpha = \beta = 0$, wenn

$$(24) \qquad (0, 0) = 0$$

gesetzt wird. Durch diese Erweiterung des Symbols (α, β) gelingt es oft, solche Sätze, die sonst in verschiedene Fälle zerfallen würden, in einem einzigen Ausspruch zu vereinigen (vergl. die in (28), (34) enthaltenen Sätze).

Obgleich nun das Symbol (α, β) durch die Eigenschaften (21), (22) für jedes Paar von ganzen rationalen Zahlen α, β vollständig bestimmt ist, so würde es doch schwer sein, aus ihnen einen allgemeinen Ausdruck für dasselbe abzuleiten. Mit Hülfe der von Riemann in dem zweiten Fragmente angewandten Methode gelingt es aber, einen solchen Ausdruck in Form einer endlichen Summe aufzustellen. Diese Methode besteht in der Untersuchung des Verhaltens der Modulfunctionen, wenn $\omega = x + yi$ sich einem rationalen, in den kleinsten Zahlen ausgedrückten Bruche $\frac{-\alpha}{\beta}$ annähert. Geschieht diese Annäherung in der Weise, dass $\alpha + \beta x$ unendlich klein von höherer Ordnung wird als $\sqrt{y}$, so wird die Ordinate der in dem Satze (12) auftretenden Grösse

$$\omega_1 = \frac{\gamma + \delta\omega}{\alpha + \beta\omega} = \frac{\delta}{\beta} - \frac{1}{\beta(\alpha + \beta\omega)}$$

positiv unendlich gross, mithin nach (4)

$$\log \eta(\omega_1) - \frac{\omega_1 \pi i}{12} = 0,$$

also

$$\log \eta(\omega) + \frac{\pi i}{12\beta(\alpha + \beta\omega)} + \frac{1}{4}\log\left\{-(\alpha + \beta\omega)^2\right\} = \frac{2(\alpha, \beta) - \alpha}{12\beta}\pi i;$$

ersetzt man, um sich der Bezeichnung von Riemann zu nähern, α, β durch $-m$, n, so kann man diesen Satz so aussprechen: nähert sich die Variable $\omega = x + yi$ dem irreducibelen Bruche $m : n$ so an, dass $nx - m$ von höherer Ordnung unendlich klein wird als $\sqrt{y}$, so wird zuletzt

$$(25)\quad \log\eta(\omega) + \frac{\pi i}{12\,n\,(n\omega - m)} + \frac{1}{4}\log\left\{-(n\omega - m)^2\right\} = \frac{m - 2\,(m, n)}{12\,n}\,\pi i.$$

Unterwirft man aber die Annäherung der schärferen Bedingung, dass $nx - m$ von höherer Ordnung unendlich klein wird als y^2, so verschwinden gleichzeitig die imaginären Bestandtheile des zweiten und dritten Gliedes links, und folglich ergiebt sich durch Subtraction der conjugirten Grössen der Annäherungssatz

$$(26)\quad \log\eta(\omega) - \log\eta(-\omega') = \frac{m - 2\,(m, n)}{6\,n}\,\pi i,$$

welcher zufolge der obigen Erweiterung des Symbols (m, n) auch dann gilt, wenn die ganzen Zahlen m, n irgend welchen gemeinsamen Theiler haben.

Bevor wir denselben benutzen, um unsere Aufgabe zu lösen, bemerken wir noch Folgendes. Sind a, ∂ positive ganze Zahlen und c eine beliebige ganze Zahl, und genügt die Annäherung von ω an ihren rationalen Grenzwerth der letzten, schärferen Bedingung, so gilt dasselbe offenbar auch für die Annäherung der Grösse

$$\frac{c + \partial\omega}{a} \text{ an den Werth } \frac{cn + \partial m}{an},$$

und folglich wird gleichzeitig mit (26) auch die Annäherung

$$\log\eta\left(\frac{c + \partial\omega}{a}\right) - \log\eta\left(-\frac{c + \partial\omega'}{a}\right) = \frac{cn + \partial m - 2\,(cn + \partial m, an)}{6\,an}\,\pi i$$

eintreten. Nun besteht, wenn p eine Primzahl ist, der aus der Transformation $p$ter Ordnung oder aus (2) leicht abzuleitende Satz

$$(27)\quad \log\eta(p\omega) + \sum \log\eta\left(\frac{s + \omega}{p}\right) = \frac{(p-1)\,\pi i}{24} + (p+1)\log\eta(\omega),$$

wo s in der Summe die p Zahlen $0, 1, 2 \ldots (p-1)$ zu durchlaufen hat; zieht man hiervon die durch den Uebergang zu den conjugirten Grössen entstehende Gleichung ab, so ergiebt sich durch die Grenzannäherung der Satz

$$(28)\quad p\,(pm, n) + \sum (m + ns, np) = p\,(p+1)\,(m, n),$$

wo s ein beliebiges vollständiges Restsystem (mod. p) durchlaufen muss. Aus dem Satze (27) lassen sich auf verschiedene Weise allgemeinere Sätze ableiten, die für beliebige zusammengesetzte Zahlen p gelten, und aus jedem dieser Sätze entspringt wieder ein ähnlicher Satz über das Symbol (m, n); doch dürfen wir auf diese, an sich sehr interessanten Eigenschaften der Function $\log \eta(\omega)$ und des Symbols (m, n) hier nicht eingehen.

Indem wir uns nun unserer Aufgabe zuwenden, benutzen wir die aus (2) und (4) folgende Darstellung

$$(29) \qquad \log \eta(\omega) = \frac{\omega \pi i}{12} + \sum \log(1 - 1^{\omega\nu}),$$

wo ν alle natürlichen Zahlen durchläuft, und die Logarithmen rechts zugleich mit 1^{ω} verschwinden; es wird daher

$$\log(1 - 1^{\omega\nu}) = -\sum \frac{1^{\omega\nu\mu}}{\mu},$$

wo auch μ alle natürlichen Zahlen durchläuft, und wenn man die Summation nach ν ausführt, so erhält man die Umformung von Jacobi (Fund. nova §. 39)

$$(30) \qquad \log \eta(\omega) = \frac{\omega \pi i}{12} - \sum \frac{1}{\mu} \cdot \frac{1^{\omega\mu}}{1 - 1^{\omega\mu}},$$

mithin

$$\log \eta(\omega) - \log \eta(-\omega') = \frac{(\omega + \omega')\pi i}{12} - \sum \frac{a_\mu}{\mu},$$

wo zur Abkürzung

$$a_\mu = \frac{1}{1 - 1^{\omega\mu}} - \frac{1}{1 - 1^{-\omega'\mu}}$$

gesetzt ist.

Jetzt lassen wir die positive Ordinate y der Grösse $\omega = x + yi$ unendlich klein werden, während die Abscisse x von vornherein den constanten rationalen Werth $m:n$ besitzen soll, wodurch die obige, schärfere Bedingung offenbar erfüllt ist. Die ganzen Zahlen m, n dürfen im Folgenden einen beliebigen gemeinsamen Theiler haben, doch nehmen wir den Nenner n als positiv an. Setzen wir zur Abkürzung

$$1^x = 1^{\frac{m}{n}} = e^{\frac{2m\pi i}{n}} = \theta; \quad 1^{yi} = e^{-2\pi y} = r,$$

so genügt die Constante θ der Bedingung $\theta^n = 1$, und r bedeutet einen variablen positiven echten Bruch, der wachsend sich dem Werthe 1 annähert; zugleich ist

$$a_\mu = \frac{1}{1 - \theta^\mu r^\mu} - \frac{1}{1 - \theta^{-\mu} r^\mu},$$

und es handelt sich um die Bestimmung des Grenzwerthes von

$$\log \eta(\omega) - \log \eta(-\omega') = \frac{m\pi i}{6n} - \sum \frac{a_\mu}{\mu}.$$

Durch Vereinigung von je zwei Zählern a_μ, welche den Zahlen $\mu = sn + \nu$ und $\mu = (s+1)n - \nu$ entsprechen, wo $0 < \nu < \frac{1}{2}n$, ergiebt sich nun leicht, dass der absolute Betrag der Summe

$$A_\mu = a_1 + a_2 + \cdots + a_\mu$$

für alle Werthe von r einschliesslich $r = 1$ unterhalb einer von r und μ unabhängigen, endlichen Constanten bleibt, und hieraus folgt nach einem allgemeinen Satze*), dass die Reihe

$$\sum \frac{a_\mu}{\mu} = \sum A_\mu \left(\frac{1}{\mu} - \frac{1}{\mu+1}\right),$$

wenn ihre Glieder nach wachsenden μ geordnet werden, auch noch für $r = 1$ convergirt und an dieser Stelle stetig ist; mit Rücksicht auf den Satz (26) ergiebt sich daher

$$\frac{(m, n)\pi i}{3n} = \sum \frac{b_\mu}{\mu},$$

wo

$$b_\mu = \lim a_\mu = 0 \text{ oder } = \frac{1}{1-\theta^\mu} - \frac{1}{1-\theta^{-\mu}},$$

je nachdem $\theta^\mu = 1$ ist oder nicht; durch Anwendung der Transformation

$$\frac{1}{1-\theta^\mu} = -\frac{1}{n}\sum \sigma\theta^{\mu\sigma},$$

wo σ die Werthe $1, 2 \ldots (n-1)$ durchläuft, erhält man aber die für alle μ geltende Darstellung

$$b_\mu = \frac{1}{n}\sum \sigma(\theta^{-\mu\sigma} - \theta^{\mu\sigma}),$$

aus welcher sich die Summe unserer unendlichen Reihe auch ohne Benutzung bestimmter Integrale sehr leicht ergiebt.

Ist z irgend ein reeller Werth, so wollen wir den von z um eine ganze Zahl abstehenden, zwischen $\pm\frac{1}{2}$ liegenden Werth der Deutlichkeit halber nicht mit (z), sondern mit $(\!(z)\!)$ bezeichnen; für solche Werthe von z aber, welche in der Mitte zwischen zwei ganzen Zahlen liegen, soll nach Riemann (S. 242 und 457) die hier unstetige periodische Function $(\!(z)\!) = 0$, also gleich dem arithmetischen Mittel aus den beiden unendlich nahe benachbarten Werthen $(\!(z+0)\!) = -\frac{1}{2}$ und $(\!(z-0)\!) = +\frac{1}{2}$ gesetzt werden. Nach einem sehr bekannten

*) Dirichlet, Vorlesungen über Zahlentheorie, Aufl. 2. §. 143.

Satze aus der Theorie der trigonometrischen Reihen, der sich auch unmittelbar aus der Logarithmen-Reihe ergiebt, gilt dann stets die Darstellung

$$2\pi i((z)) = \sum \frac{(-1)^\mu (1^{-z\mu} - 1^{z\mu})}{\mu},$$

wo μ die natürlichen Zahlen wachsend durchläuft, also auch

$$(31)\qquad 2\pi i\left(\left(z - \tfrac{1}{2}\right)\right) = \sum \frac{1^{-z\mu} - 1^{z\mu}}{\mu}.$$

Hieraus folgt

$$\sum \frac{\theta^{-\mu\sigma} - \theta^{\mu\sigma}}{\mu} = 2\pi i\left(\left(\frac{\sigma m}{n} - \frac{1}{2}\right)\right),$$

mithin

$$\frac{(m, n)}{6n} = \sum \frac{\sigma}{n}\left(\left(\frac{\sigma m}{n} - \frac{1}{2}\right)\right);$$

da aber, wie sich durch Verwandlung von σ in $n - \sigma$ ergiebt,

$$\frac{1}{2} \sum \left(\left(\frac{\sigma m}{n} - \frac{1}{2}\right)\right) = 0$$

ist, so erhält man hieraus leicht durch Subtraction den folgenden Ausdruck

$$(32)\qquad (m, n) = 6n \sum \left(\left(\frac{s}{n} - \frac{1}{2}\right)\right)\left(\left(\frac{ms}{n} - \frac{1}{2}\right)\right),$$

wo n positiv angenommen ist, und s ein beliebiges vollständiges Restsystem (mod. n) durchläuft. Dieser Ausdruck für das Symbol (m, n) in Form einer endlichen Summe gestattet noch manche Umformungen und Vereinfachungen, auf welche wir unten noch näher eingehen wollen. Dass derselbe auch dann gilt, wenn die Zahlen m, n einen beliebigen (positiven) gemeinschaftlichen Theiler p haben, lässt sich mit Rücksicht auf (23) nachträglich mit Hülfe des auch sonst wichtigen Satzes

$$(33)\qquad \sum \left(\left(\frac{x + p'}{p} - \frac{1}{2}\right)\right) = \left(\left(x - \frac{1}{2}\right)\right)$$

leicht bestätigen, in welchem x eine beliebige reelle Zahl bedeutet und p' ein vollständiges Restsystem (mod. p) durchläuft.

Machen wir jetzt die Voraussetzung, dass m, n relative Primzahlen sind, und setzen wir zur Abkürzung

$$B = \frac{\pi i}{24\, n\, (n\omega - m)}, \quad C = \frac{1}{4} \log\left\{-(n\omega - m)^2\right\},$$

$$\mu = \frac{1 - (-1)^m}{2}, \quad \nu = \frac{1 - (-1)^n}{2},$$

so ist $(1 - \mu)(1 - \nu) = 0$, $m \equiv \mu$, $n \equiv \nu$ (mod. 2), und aus dem Annäherungs-Satze (25)

$$\log \eta(\omega) = \frac{m - 2\,(m, n)}{12\, n}\, \pi i - 2B - C$$

folgt gleichzeitig

$$\log\eta(2\omega) = \frac{m-(2m,n)}{6n}\pi i - (4-3\nu)B - C + \frac{\nu}{2}\log 2$$

$$\log\eta\left(\frac{\omega}{2}\right) = \frac{m-2(m,2n)}{24n}\pi i - (4-3\mu)B - C + \frac{1-\mu}{2}\log 2$$

$$\log\eta\left(\frac{1+\omega}{2}\right) = \frac{m+n-2(m+n,2n)}{24n}\pi i + (2-3\mu-3\nu)B - C + \frac{\mu+\nu-1}{2}\log 2;$$

die hier auftretenden Symbole sind zufolge (28) durch die stets geltende Relation

$$(34)\qquad 2(2m,n) + (m,2n) + (m+n,2n) = 6(m,n)$$

mit einander verbunden. Gleichzeitig ergeben sich hieraus zufolge (5) die Annäherungen

$$\log k = \frac{3m+2(m+n,2n)-4(2m,n)}{6n}\pi i + (\mu+2\nu-2)(12B-2\log 2)$$

$$(35)\quad \log k' = \frac{(m+n,2n)-(m,2n)}{3n}\pi i + (2\mu+\nu-2)(12B-2\log 2)$$

$$\log\frac{2K}{\pi} = \frac{(m,n)-(m+n,2n)}{3n}\pi i + (1-\mu-\nu)(12B-2\log 2) - 2C.$$

Die Vergleichung dieser Sätze mit den acht Formeln des zweiten Fragmentes ergiebt, dass Riemann auf die Bestimmung der unendlich grossen reellen Bestandtheile, welche in den Gliedern mit B, C enthalten sind, weniger Werth gelegt hat; sie sind zum Theil ungenau dargestellt, zum Theil ganz weggelassen. Auch in den imaginären Bestandtheilen fanden sich (bei der dritten, vierten und fünften Formel) einige kleine Versehen, die sich aber ohne Zwang schon in der ersten Auflage berichtigen liessen, während die reellen Theile auch jetzt ungeändert abgedruckt werden. Dass die Riemann'schen Formeln in den imaginären Bestandtheilen mit den vorstehenden Sätzen (35) übereinstimmen, ist nicht überall auf den ersten Blick zu erkennen, und es würde zu weit führen, diese Uebereinstimmung hier vollständig nachzuweisen; doch wollen wir, weil der Gegenstand wichtig genug ist, zur Erleichterung noch folgende Bemerkungen hinzufügen.

Unter dem Nenner einer rationalen Zahl x verstehen wir immer die kleinste positive ganze Zahl n, für welche das Product nx ebenfalls eine ganze Zahl m wird, und diese nennen wir den Zähler von x. Es giebt dann immer unendlich viele Zahlen x', welche denselben Nenner n haben, und deren Zähler m' der Congruenz $mm' \equiv 1 \pmod{n}$ genügen, und jede solche Zahl x' soll ein Gefährte (socius) von x heissen (vergl. Art. 77 der Disqu. Arithm.). Nennt man zwei Zahlen x, y schlechthin congruent, wenn ihre Differenz eine ganze Zahl ist, und bezeichnet dies durch $x \equiv y$, so entspricht jeder Classe von congruenten Zahlen x eine und nur eine Classe von Zahlen x', und wenn p eine ganze Zahl und zwar relative Primzahl zu n bedeutet, so ist $p(px')' \equiv x$. Setzen wir nun zur Abkürzung

$$D(x) = \frac{(m,n)}{u} = 6\sum\left(\left(\frac{s}{n}-\frac{1}{2}\right)\right)\left(\left(\frac{ms}{n}-\frac{1}{2}\right)\right), \tag{36}$$

so hat diese Function, wie sich aus dem vorstehenden Ausdrucke, oder auch aus (18), (15), (12), (34) leicht ergiebt, die Eigenschaften

$$\begin{aligned} &D(x) = D(x+1) = -D(-x) = D(x'), \\ &D(2x) + D\left(\frac{x}{2}\right) + D\left(\frac{x+1}{2}\right) = 3D(x). \end{aligned} \tag{37}$$

Ersetzt man die in den Riemann'schen Formeln bisweilen benutzte Function $E(x)$, welche die grösste in x enthaltene ganze Zahl bedeutet, durch den Ausdruck

$$E(x) = x - \frac{1}{2} - \left(\left(x - \frac{1}{2}\right)\right), \tag{38}$$

in welchem nur, wenn x selbst eine ganze Zahl ist, statt $E(x)$ wieder das arithmetische Mittel $x - \frac{1}{2}$ aus $E(x+0)$ und $E(x-0)$ zu nehmen ist, so treten in den meisten dieser Formeln zuletzt nur noch Functionen von der Form

$$R(x) = \sum ((\nu x)), \quad S(x) = \sum\left(\left(\nu x - \frac{1}{2}\right)\right) \tag{39}$$

auf, wo die Summationen sich auf alle diejenigen, nicht negativen ganzen Zahlen ν beziehen, welche kleiner als der halbe Nenner von x sind; diese Functionen haben die Eigenschaften

$$\begin{aligned} &R(x) = R(x+1) = -R(-x) \\ &S(x) = S(x+1) = -S(-x) \\ &R(x) - S(x) = R(x') - S(x') = \frac{1}{2}h, \end{aligned} \tag{40}$$

wo h den Ueberschuss der Anzahl der positiven Glieder $((\nu x))$ über die der negativen bedeutet, und stehen in folgenden Beziehungen zu der Function $D(x)$. Allgemein ist nach (36)

$$6S(x') = D(2x) - 2D(x). \tag{41}$$

Hat die Zahl x einen geraden Nenner n, so ist

$$\begin{aligned} &R(x) = -S(x) = \frac{1}{4}h = \frac{1}{3}D(x) - \frac{1}{6}D(2x), \\ &R\left(\frac{x}{2}\right) + R\left(\frac{x+1}{2}\right) = 2R(x). \end{aligned} \tag{42}$$

Hat aber die Zahl x einen ungeraden Nenner n, so zerfallen die Zahlen y, welche der Bedingung $2y \equiv x$ genügen, also $\equiv \frac{1}{2}x$ oder $\equiv \frac{1}{2}(x+1)$ sind, in zwei Classen von Zahlen, von denen diejenigen, welche denselben Nenner n haben, mit x_1, die übrigen mit x_2 bezeichnet werden sollen; die letzteren haben den Nenner $2n$. Dann ist

$$(43) \qquad R(x_2) = R(x) - S(x) = 2R(x) - S(2x)$$

und

$$(44) \qquad \begin{aligned} D(x) &= 6R(x_2) - 4R(x) - 4R(x') \\ D(2x) &= 6R(x_2) - 8R(x) - 2R(x') \\ D(x_1) &= 6R(x_2) - 2R(x) - 8R(x') \\ D(x_2) &= 6R(x_2) - 2R(x) - 2R(x'), \end{aligned}$$

wodurch wieder die obige Bedingung

$$(45) \qquad D(2x) + D(x_1) + D(x_2) = 3D(x)$$

erfüllt wird. Die Uebereinstimmung der drei ersten Darstellungen in (44) ergiebt sich aus den früheren Eigenschaften von $R(x)$ mit Rücksicht auf die Beziehungen

$$x_1 \equiv x_2 + \frac{1}{2} \equiv (2x')'; \quad \left(x+\frac{1}{2}\right)' \equiv (4x)' + \frac{1}{2}; \quad (x_2)' \equiv (x')_2;$$

und umgekehrt ist

$$(46) \qquad \begin{aligned} 6R(x) &= 3D(x) - 2D(2x) - D(x_1) = D(x_2) - D(2x) \\ 6R(x') &= 3D(x) - D(2x) - 2D(x_1) = D(x_2) - D(x_1) \\ 6R(x_2) &= 5D(x) - 2D(2x) - 2D(x_1) = 2D(x_2) - D(x). \end{aligned}$$

Die Herleitung dieser und zahlreicher anderer Relationen, welche alle in naher Beziehung zu der Theorie der quadratischen Reste stehen, müssen wir uns aber für eine andere Gelegenheit versparen.

XXIX.

Fragment aus der Analysis Situs.

Zwei Einstrecke werden derselben oder verschiedenen Gruppen zugerechnet, je nachdem das eine stetig in das andere übergehen kann oder nicht.

Je zwei Einstrecke, welche durch dasselbe Punktepaar begrenzt werden, bilden zusammen ein zusammenhängendes unbegrenztes Einstreck und zwar kann dies die ganze Begrenzung eines Zweistrecks bilden oder nicht, je nachdem sie derselben oder verschiedenen Gruppen angehören.

Ein inneres, zusammenhängendes, unbegrenztes Einstreck kann, einmal genommen, entweder zur ganzen Begrenzung eines innern Zweistrecks ausreichen oder nicht.

Es seien $a_1, a_2, \ldots, a_m$ m innere zusammenhängende unbegrenzte n-Strecke, welche, einmal genommen, weder einzeln noch in Verbindung ein inneres $(n+1)$-Streck vollständig begrenzen können, und $b_1, b_2, \ldots, b_m$ m ebenso beschaffene n-Strecke, deren jedes mit einem oder einigen der a zusammengenommen ein inneres $(n+1)$-Streck vollständig begrenzen kann, so kann jedes innere zusammenhängende n-Streck, welches mit den a die ganze Begrenzung eines inneren $(n+1)$-Strecks bilden kann, dies auch mit den b und umgekehrt.

Bildet irgend ein unbegrenztes inneres n-Streck mit den a zusammengenommen die ganze Begrenzung eines inneren $(n+1)$-Strecks, so können in Folge der Voraussetzungen die a nach und nach eliminirt und durch die b ersetzt werden.

Ein n-Streck A heisst in ein anderes B veränderlich, wenn durch A und durch Stücke von B ein inneres $(n+1)$-Streck vollständig begrenzt werden kann.

Wenn im Innern einer stetig ausgedehnten Mannigfaltigkeit mit Hülfe von m festen, für sich nicht begrenzenden, n-Streckstücken jedes unbegrenzte n-Streck begrenzend ist, so hat diese Mannigfaltigkeit einen $(m+1)$-fachen Zusammenhang $n$ter Dimension.

Eine stetig ausgedehnte zusammenhängende Mannigfaltigkeit heisst einfach zusammenhängend, wenn der Zusammenhang jeder Dimension einfach ist.

Ein Querschnitt einer begrenzten stetig ausgedehnten Mannigfaltigkeit A heisst jede im Innern derselben verlaufende zusammenhängende Mannigfaltigkeit B von weniger Dimensionen, deren Begrenzung ganz in die Begrenzung von A fällt.

Der Zusammenhang eines n-Strecks wird durch jeden einfach zusammenhängenden $(n-m)$-streckigen Querschnitt entweder in der $m$ten Dimension um 1 erniedrigt oder in der $(m-1)$ten Dimension um 1 erhöht.

Der Zusammenhang μter Dimension kann nur geändert werden, indem entweder unbegrenzte nicht begrenzende μ-Strecke in begrenzte oder begrenzende in nicht begrenzende verwandelt werden, ersteres in sofern zur Begrenzung eines μ-Strecks, letzteres in sofern zur Begrenzung eines $(\mu+1)$-Strecks neue Theile hinzukommen.

Abhängigkeit des Zusammenhangs der Begrenzung B einer stetig ausgedehnten Mannigfaltigkeit A von dem Zusammenhang derselben.

Die unbegrenzten innerhalb B nicht begrenzenden Vielstrecke zerfallen in solche, welche innerhalb A nicht begrenzen, und solche, welche innerhalb A begrenzen. Untersuchen wir zunächst, wie der Zusammenhang von B durch einen einfach zusammenhängenden Querschnitt von A geändert wird.

A sei von der $n$ten, der Querschnitt q von der $m$ten Dimension, a eine Hülle eines Punktes von q von der $(n-1-m)$ten Dimension, welche q nicht schneidet, p die Begrenzung von q.

Der Zusammenhang von A wird in der $(n-1-m)$ten Dimension um 1 vermehrt, wenn a innerhalb A' nicht begrenzt, in der $(n-m)$ten Dimension um 1 vermindert, wenn a innerhalb A' begrenzt,

$$A' - A = \binom{m+1}{+1} \text{ wenn } a \text{ innerhalb } A' \text{ nicht begrenzt } (\alpha)$$

$$= \binom{m}{-1} \text{ wenn } a \text{ innerhalb } A' \text{ begrenzt } (\beta)$$

. . . . *)

*) Es finden sich im Manuscript hier noch einige Zeichen, deren Bedeutung und Zusammenhang ich nicht entziffern konnte.

	Aenderung von A	Aenderung von B
I. a innerhalb A' nicht begrenzend a innerhalb B' nicht begrenzend folglich p innerhalb B begrenzend.	$\begin{pmatrix} m+1 \\ +1 \end{pmatrix}$	$\begin{pmatrix} n-m-1 & m \\ +1 & +1 \end{pmatrix}$
II. a innerhalb A' begrenzend a innerhalb B' nicht begrenzend folglich p innerhalb B begrenzend.	$\begin{pmatrix} m \\ -1 \end{pmatrix}$	$\begin{pmatrix} n-m-1 & m \\ +1 & +1 \end{pmatrix}$
III. a innerhalb A' begrenzend a innerhalb B' begrenzend folglich p innerhalb B nicht begrenzend.	$\begin{pmatrix} m \\ -1 \end{pmatrix}$	$\begin{pmatrix} n-m & m-1 \\ -1 & -1 \end{pmatrix}$

Zwei Vielstreckstheile (Raumtheile) heissen zusammenhängend oder einem Stück gehörig, wenn sich von einem inneren Punkt des einen durch das Innere des Vielstrecks (Raumes) eine Linie nach einem inneren Punkt des andern ziehen lässt.

Lehrsätze aus der Theoria Situs.

(1.) Ein Vielstreck von weniger als $n-1$ Dimensionen kann nicht Theile eines n-Strecks von einander scheiden. Ein zusammenhängendes n-Streck hat entweder die Eigenschaft, durch jeden $(n-1)$-streckigen Querschnitt in Stücke zu zerfallen oder nicht. Den Inbegriff der ersteren bezeichnen wir durch a.

Wird ein unter a gehöriges n-Streck durch einen $(n-2)$-streckigen Querschnitt in ein anderes verwandelt, so ist dies zusammenhängend und gehört entweder zu a oder nicht.

Diejenigen n-Strecke a, welche durch jeden $(n-2)$-streckigen Querschnitt unter die Nicht-a versetzt werden, bezeichnen wir durch a_1.

(2.) Wird ein Vielstreck A durch einen μ-streckigen Querschnitt in ein anderes A' verwandelt, so bildet jeder Querschnitt von mehr als $\mu+1$ Dimensionen von A einen Querschnitt von A' und umgekehrt.

Wird eins der n-Strecke a_1 durch einen $(n-3)$-streckigen Querschnitt in ein anderes verwandelt, so gehört dies zu den $a\,(2)$, kann aber entweder zu den a_1 gehören oder nicht.

Diejenigen unter den a_1, welche durch jeden $(n-3)$-streckigen Querschnitt unter die Nicht-a_1 versetzt werden, bezeichnen wir durch a_2.

Fährt man auf diese Weise fort, so erhält man zuletzt eine Kategorie a_{n-2} von n-Strecken, welche diejenigen der a_{n-3} umfasst, die durch jeden einstreckigen (linearen) Querschnitt unter die Nicht-a_{n-3} versetzt werden. Diese n-Strecke a_{n-2} nennen wir einfach zusammenhängend. Die n-Strecke a_μ sind also einfach zusammenhängend, in sofern von Querschnitten von $n-\mu-2$ oder weniger Dimensionen abgesehen wird und sollen bis zur $(n-\mu-2)$ten Dimension einfach zusammenhängend genannt werden*).

Ein n-Streck, welches nicht bis zur $(n-1)$ten Dimension einfach zusammenhängend ist, kann durch einen $(n-1)$-streckigen Querschnitt zerlegt werden, ohne in Stücke zu zerfallen. Das entstandene n-Streck kann, wenn es nicht bis zur $(n-1)$ten Dimension einfach zusammenhängend ist, durch einen ähnlichen Querschnitt weiter zerlegt werden, und offenbar lässt sich dies Verfahren fortsetzen, so lange man nicht zu einem bis zur $(n-1)$ten Dimension einfach zusammenhängenden gelangt ist. Die Anzahl der Querschnitte, durch welche eine solche Zerlegung des n-Strecks in ein bis zur ersten Dimension einfach zusammenhängendes bewerkstelligt wird, kann zwar nach der Wahl derselben verschieden ausfallen, offenbar aber muss sie für eine Gattung von Zerlegungen am kleinsten werden**).

*) In Uebereinstimmung mit dem Folgenden sollten wohl die n-Strecke a_μ als zusammenhängend bis zur $(n-\mu-1)$ten Dimension bezeichnet sein.

**) Zu erwähnen ist zu diesem Fragmente in Aufsatz von Betti (Sopra gli spazi di un numero qualunque di dimensioni, Annali di Matematica ser. 2, vol. IV, 1871) der mir zur Zeit des Erscheinens der ersten Auflage von Riemann's Werken noch nicht bekannt war, und der verwandte Gedanken und Ausführungen enthält.

W.

XXX.

Convergenz der p-fach unendlichen Theta-Reihe.*)

Es kann die Untersuchung der Convergenz einer unendlichen Reihe mit positiven Gliedern immer reducirt werden auf die Untersuchung eines bestimmten Integrals nach folgendem Satz:

Es sei

$$a_1 + a_2 + a_3 + \cdots$$

eine Reihe mit positiven abnehmenden Gliedern, ferner $f(x)$ eine mit wachsendem x abnehmende Function, so ist:

$$f(\alpha) > \int_\alpha^{\alpha+1} f(x)\,dx > f(\alpha + 1)$$

und mithin:

$$f(0) + f(1) + \cdots + f(n) > \int_0^{n+1} f(x)\,dx > f(1) + f(2) + \cdots + f(n+1)$$

Die Reihe

$$f(0) + f(1) + f(2) + \cdots$$

convergirt und divergirt daher gleichzeitig mit dem Integral

$$\int_0^\infty f(x)\,dx.$$

Ist nun $f(n)$ positiv und $a_n < f(n)$, so wird die Reihe:

$$a_1 + a_2 + a_3 + \cdots$$

ebenfalls convergiren, sobald jenes Integral convergirt. Daraus folgt der Satz:

Ist $a_n < f(x)$, sobald $n \geqq x$ ist, so convergirt die Reihe Σa_n, sobald das Integral $\int_0^\infty f(x)\,dx$ convergirt.

---

*) Diese und die folgende Abhandlung sind einer Vorlesung entnommen, welche Riemann in den Jahren 1861 und 1862 gehalten hat. Der Bearbeitung liegt ein von G. Roch geführtes Heft zu Grunde.

31*

Setzt man nun $x = \varphi(y)$, $f(x) = f(\varphi(y)) = F(y)$, so erhält man

$$\int_0^\infty f(x)\,dx = \int F(y)\,\varphi'(y)\,dy.$$

Wenn nun die beiden Variablen x, y gleichzeitig ab- und zunehmen (und zwar bis unendlich), so wird nach den gemachten Voraussetzungen mit wachsendem y $F(y)$ abnehmen, $\varphi(y)$ wachsen. Darnach gehen die oben gefundenen Bedingungen der Convergenz in folgende über:

Die Reihe Σa_n convergirt, wenn für $n \geqq \varphi(y)$ $a_n < F(y)$, oder, was dasselbe ist, wenn für $a_n \geqq F(y)$ $n < \varphi(y)$ ist und das Integral

$$\int_b^\infty F(y)\,\varphi'(y)\,dy$$

convergirt.

Ist nun $a_n > F(y)$, so sind es auch $a_1, a_2, .., a_{n-1}$. Ist also $a_{n+1} < F(y)$, so ist n die Anzahl der Reihenglieder, welche grösser als $F(y)$ sind. Daher lässt sich der Satz auch so ausdrücken:

Sind $F(y)$, $\varphi(y)$ zwei Functionen, von denen die erste mit wachsendem y abnimmt, die zweite (ins Unendliche) zunimmt, und ist die Anzahl der Glieder einer Reihe mit positiven Gliedern, die gleich oder grösser als $F(y)$ sind, kleiner als $\varphi(y)$, so convergirt die Reihe, wenn das Integral $\int_b^\infty F(y)\,\varphi'(y)\,dy$ convergirt.

Es sollen nun solche Functionen für die p-fach unendliche ϑ-Reihe

$$\left(\sum_{-\infty}^{\infty}{}_m\right)^p e^{\sum_1^p{}_\iota \sum_1^p{}_{\iota'} a_{\iota,\iota'} m_\iota m_{\iota'} + 2\sum_1^p{}_\iota m_\iota v_\iota}$$

aufgesucht werden, in der wir, ohne die Allgemeinheit zu beeinträchtigen, zunächst voraussetzen können, die Grössen $a_{\iota,\iota'}$ und v_ι seien reell.

Das allgemeine Glied dieser Reihe:

$$e^{\sum_1^p{}_\iota \sum_1^p{}_{\iota'} a_{\iota,\iota'} m_\iota m_{\iota'} + 2\sum_1^p{}_\iota m_\iota v_\iota}$$

ist grösser als e^{-h^2}, wenn

$$-\sum_1^p{}_\iota \sum_1^p{}_{\iota'} a_{\iota,\iota'} m_\iota m_{\iota'} - 2\sum_1^p{}_\iota m_\iota v_\iota < h^2.$$

Für unsern Zweck kommt es also darauf an, festzustellen, wie viele Combinationen der ganzen Zahlen $m_1, m_2, .., m_p$ dieser Ungleichung genügen.

Zu dem Ende betrachten wir zunächst das mehrfache bestimmte Integral

$$A = \int\int\cdots\int dx_1\,dx_2\,..\,dx_p,$$

dessen Begrenzung gegeben ist durch die Ungleichung

$$-\sum_1^p{}_\iota \sum_1^p{}_{\iota'} a_{\iota,\iota'}\, x_\iota\, x_{\iota'} < 1.$$

Das Integral wird immer, und nur dann einen endlichen Werth haben, wenn die homogene Function zweiten Grades

$$-\sum_1^p{}_\iota \sum_1^p{}_{\iota'} a_{\iota,\iota'}\, x_\iota\, x_{\iota'}$$

in eine Summe von p positiven Quadraten zerlegt werden kann. Denn ist

$$-\sum\sum a_{\iota,\iota'}\, x_\iota\, x_{\iota'} = t_1^2 + t_2^2 + \cdots + t_p^2,$$

so ist die Begrenzung des Integrals bestimmt durch die Ungleichung

$$t_1^2 + t_2^2 + \cdots + t_p^2 < 1$$

und das Integral A wird:

$$A = \int\int\cdots\int \left(\sum \pm \frac{\partial x_1}{\partial t_1}\,\frac{\partial x_2}{\partial t_2}\cdots\frac{\partial x_p}{\partial t_p}\right) dt_1\,dt_2\,...\,dt_p.$$

Die Functionaldeterminante ist eine endliche Constante und von den Variablen t kann keine absolut grösser als 1 werden.

Wären andererseits die t^2 nicht alle positiv, oder würden einige in der transformirten Form fehlen, so würden im Integral A auch unendliche Werthe von t vorkommen und somit A selbst unendlich werden.

Dieses Ergebniss wird in Nichts geändert, wenn wir statt der oben angenommenen Begrenzung des Integrals A die folgende nehmen:

$$-\sum_\iota \sum_{\iota'} a_{\iota,\iota'}\, x_\iota\, x_{\iota'} - 2\sum_\iota \alpha_\iota\, x_\iota < 1,$$

wenn die α_ι beliebige reelle Grössen sind. Betrachten wir nun die Ungleichung

$$-\sum_\iota \sum_{\iota'} a_{\iota,\iota'}\, m_\iota\, m_{\iota'} - 2\sum_\iota v_\iota\, m_\iota < h^2,$$

oder, indem wir $\frac{m_\iota}{h} = x_\iota$ setzen,

$$-\sum_\iota \sum_{\iota'} a_{\iota,\iota'}\, x_\iota\, x_{\iota'} - 2\sum_\iota \frac{v_\iota}{h}\, x_\iota < 1,$$

so folgt zunächst, dass für jedes endliche h nur eine endliche Anzahl von Combinationen der ganzen Zahlen $m_1, m_2, .., m_p$ dieser Ungleichung genügt, denn die x_ι müssen alle innerhalb gewisser endlicher Grenzen bleiben, und innerhalb solcher Grenzen giebt es nur eine endliche Anzahl rationaler Zahlen mit gegebenem Nenner h.

Es sei also $\mathfrak{Z}_h$ die Anzahl der zulässigen Combinationen der Zahlen m.

Betrachtet man nun die über alle diese Combinationen erstreckte Summe

$$\sum_{m_1, m_2, .., m_p} \int\limits_{\frac{m_1}{h}}^{\frac{m_1+1}{h}} dx_1 \int\limits_{\frac{m_2}{h}}^{\frac{m_2+1}{h}} dx_2 \ldots \int\limits_{\frac{m_p}{h}}^{\frac{m_p+1}{h}} dx_p = \frac{\mathfrak{Z}_h}{h^p},$$

so ist dieselbe für jedes endliche h endlich und nähert sich mit unendlich wachsendem h der Grenze A, von der wir nachgewiesen haben, dass sie gleichfalls endlich ist, falls die Function $-\sum_\iota \sum_{\iota'} a_{\iota,\iota'} x_\iota x_{\iota'}$ durch p positive Quadrate darstellbar ist. Setzt man diese Summe daher gleich $A + k$, so ist k eine endliche Grösse, die mit unendlich wachsendem h gegen 0 convergirt. Es ist also

$$\mathfrak{Z}_h = (A + k) h^p,$$

und dies ist die Anzahl n der Glieder der Theta-Reihe, welche $> e^{-h^2}$ sind. Es ist sonach

$$n < (A + K) h^p,$$

worin K eine Constante ist, der man, wenn man nur das h, von dem man ausgeht, gross genug annimmt, einen beliebig kleinen Werth ertheilen kann. Die Functionen $F(y)$, $\varphi(y)$ können also folgendermassen angenommen werden

$$F(y) = e^{-y^2}, \quad \varphi(y) = (A + K) y^p$$

und da das Integral

$$\int\limits_0^\infty e^{-y^2} (A + K) p y^{p-1} dy$$

convergirt, so gilt das gleiche von der ϑ-Reihe unter der angegebenen Voraussetzung. Hieraus schliesst man: Die p-fach unendliche Theta-Reihe convergirt für alle Werthe der Variablen $v_1, v_2, .., v_p$, falls der reelle Theil der quadratischen Form im Exponenten wesentlich negativ ist.

XXXI.

Zur Theorie der Abel'schen Functionen.

Es sei $(e_1, e_2, .., e_p)$ ein Grössensystem, welches die Eigenschaft hat, dass

$$\vartheta(e_1, e_2, .., e_p) = 0$$

ist. Nach Art. 23 der Abhandlung über die Theorie der Abel'schen Functionen (S. 134) lässt sich unter dieser Voraussetzung die Congruenz befriedigen

$$(e_1, e_2, .., e_p) \equiv \left(\sum_1^{p-1} \alpha_1^{(\nu)}, \ldots, \sum_1^{p-1} \alpha_p^{(\nu)}\right) \equiv \left(-\sum_p^{2p-2} \alpha_1^{(\nu)}, \ .., -\sum_p^{2p-2} \alpha_p^{(\nu)}\right)$$

durch gewisse Punkte $\eta_1, \eta_2, .., \eta_{2p-2}$, welche durch eine Gleichung $\varphi = 0$ verknüpft sind. Sind daher u_μ und u'_μ die Werthe, welche die Integrale erster Gattung u_μ für zwei unbestimmte Werthsysteme s, z und s_1, z_1 annehmen, so verschwindet die Function

$$\vartheta(u_1 - u'_1 - e_1, \ldots, u_p - u'_p - e_p)$$

als Function von s, z betrachtet für $(s, z) = (s_1, z_1)$ und in den $p-1$ Punkten $\eta_1, \eta_2, .., \eta_{p-1}$, als Function von s_1, z_1 betrachtet für $(s_1, z_1) = (s, z)$ und in den Punkten $\eta_p, .., \eta_{2p-2}$. Ist also $(f_1, f_2, .., f_p)$ ein Grössensystem von denselben Eigenschaften wie $(e_1, e_2, .., e_p)$, so wird die Function

$$(1) \qquad \frac{\vartheta(u_1 - u'_1 - e_1, ..)\ \vartheta(u_1 - u'_1 + e_1, ..)}{\vartheta(u_1 - u'_1 - f_1, ..)\ \vartheta(u_1 - u'_1 + f_1, ..)},$$

die sowohl in Bezug auf s, z als in Bezug auf s_1, z_1 rational ist, in je einem durch eine Gleichung $\varphi = 0$ verknüpften Punktsystem unendlich gross und unendlich klein von der ersten Ordnung werden, und wird daher darstellbar sein in der Form

$$(2) \qquad \frac{\sum_1^p c_\nu \varphi_\nu(s, z) \quad \sum_1^p c_\nu \varphi_\nu(s_1, z_1)}{\sum_1^p b_\nu \varphi_\nu(s, z) \quad \sum_1^p b_\nu \varphi_\nu(s_1, z_1)},$$

worin die Coefficienten b, c von s, z und s_1, z_1 unabhängig sind.

Wenn nun die Grössensysteme e, f die Eigenschaft haben, dass

$$(3)\qquad \begin{aligned}(e_1, e_2, .., e_p) &\equiv (-e_1, -e_2, .., -e_p)\\ (f_1, f_2, .., f_p) &\equiv (-f_1, -f_2, .., -f_p)\end{aligned}$$

ist, so fallen die Punkte, in denen die Function (1) oder (2) Null resp. unendlich wird, paarweise zusammen und wir erhalten eine Function, welche nur in $p-1$ Punkten unendlich gross und unendlich klein von der zweiten Ordnung wird. Hiernach ist die Function

$$\sqrt{\frac{\sum_1^p c_\nu\,\varphi_\nu(s,z) \quad \sum_1^p c_\nu\,\varphi_\nu(s_1,z_1)}{\sum_1^p b_\nu\,\varphi_\nu(s,z) \quad \sum_1^p b_\nu\,\varphi_\nu(s_1,z_1)}}$$

wie die Fläche T' verzweigt und nimmt beim Ueberschreiten der Querschnitte Factoren an, welche $= \pm 1$ sind. Die auf diese Weise bestimmten Functionen

$$\sqrt{\sum_1^p c_\nu\,\varphi_\nu(s,z)},$$

welche in $p-1$ Punkten unendlich klein in der ersten Ordnung werden, heissen Abel'sche Functionen. Sie entstehen aus den Functionen φ durch paarweises Zusammenfallen der 0-Punkte und Wurzelziehen. Die Anzahl dieser Functionen ist im Allgemeinen eine endliche.

Es verlangt nämlich die Congruenz (3), dass die Grössensysteme e, f von der Form seien

$$\left(\varepsilon_1'\frac{\pi i}{2} + \tfrac{1}{2}\varepsilon_1 a_{1,1} + \cdots + \tfrac{1}{2}\varepsilon_p a_{p,1}, \ldots, \varepsilon_p'\frac{\pi i}{2} + \tfrac{1}{2}\varepsilon_1 a_{1,p} + \cdots + \tfrac{1}{2}\varepsilon_p a_{p,p}\right),$$

worin die ε, ε' ganze Zahlen bedeuten, welche auf ihre kleinsten Reste (modulo 2) reducirt werden können. Die Bedingung $\vartheta(e_1, e_2, .., e_p) = 0$ wird durch ein solches Grössensystem im Allgemeinen nur erfüllt, wenn

$$(4)\qquad \varepsilon_1\varepsilon_1' + \varepsilon_2\varepsilon_2' + \cdots + \varepsilon_p\varepsilon_p' \equiv 1 \pmod 2$$

ist. Solcher Zahlensysteme ε, ε' existiren aber $2^{p-1}(2^p-1)$, und so gross ist daher auch im Allgemeinen die Zahl der Abel'schen Functionen. Der Zahlencomplex

$$\begin{pmatrix}\varepsilon_1, & \varepsilon_2, & .., & \varepsilon_p\\ \varepsilon_1', & \varepsilon_2', & .., & \varepsilon_p'\end{pmatrix}$$

heisst die Charakteristik der Function

$$\sqrt{\sum_1^p c_\nu\,\varphi_\nu(s,z)}$$

und wird mit

$$\left(\sqrt{\sum_1^p c_\nu\,\varphi_\nu(s,z)}\right)$$

bezeichnet. Man nennt die Charakteristik ungerade, wenn die Congruenz (4) erfüllt ist, sonst gerade. Die Anzahl der geraden Charakteristiken beträgt $2^{p-1}(2^p+1)$ und diesen entsprechen im Allgemeinen keine Abel'schen Functionen.

Unter der Summe zweier Charakteristiken versteht man die Charakteristik, welche durch Addition entsprechender Elemente entsteht, wonach die Elemente immer auf 0 oder 1 reducirt werden können. Summe und Differenz zweier Charakteristiken sind daher identisch.

Es soll nun zunächst die Gleichung $F(s, z) = 0$ durch Einführung neuer Variablen in eine symmetrische Form gebracht werden. Ist $p \gtreqless 3$, so existiren mindestens drei von einander linear unabhängige Functionen φ, und man kann daher die Gleichung $F(s, z) = 0$ umformen durch Einführung der Variablen

$$\xi = \frac{\varphi_1}{\varphi_3}, \quad \eta = \frac{\varphi_2}{\varphi_3}$$

(falls zwischen diesen keine identische Gleichung besteht, was im Allgemeinen nicht der Fall ist).

Genügen die Functionen $\varphi_1, \varphi_2, \varphi_3$ nicht besonderen Bedingungen, so gehören zu jedem Werth von ξ $2p-2$ Werthe von η und umgekehrt, da jede der beiden Functionen

$$\varphi_1 - \xi\varphi_3, \quad \varphi_2 - \eta\varphi_3$$

für ein constantes ξ, resp. η in $2p-2$ Punkten verschwindet. Die resultirende Gleichung $F(\xi, \eta) = 0$ ist also in Bezug auf jede der Variablen vom Grade $2p-2$. Da ausserdem dieser Grad erhalten bleiben muss, wenn für ξ, η irgend eine lineare Substitution gemacht wird, so kann in dieser Gleichung kein Glied in Bezug auf ξ, η zusammengenommen die $(2p-2)$te Dimension übersteigen. Die übrigen Functionen φ werden, durch ξ, η ausgedrückt, in Functionen übergehen, in denen kein Glied die $(2p-5)$te Dimension überschreiten kann, wie man daraus erkennt, dass $\int \frac{\varphi}{\frac{\partial F}{\partial \xi}} d\eta$ endlich bleiben muss für unendliche Werthe von ξ und η.

Die Anzahl der Constanten, die in einer solchen Function $(2p-5)$ten Grades vorkommen, ist $= (p-2)(2p-3)$. Bestimmt man r von ihnen so, dass die Functionen φ für die r Werthepaare (γ, δ), wo $\frac{\partial F}{\partial \xi}, \frac{\partial F}{\partial \eta}$ zugleich verschwinden, ebenfalls 0 werden, so müssen p Constanten übrig bleiben, da es p linear unabhängige Integrale erster Gattung giebt. Es ist demnach

$$(p-2)(2p-3)=p+r$$

und folglich:

$$r=2(p-1)(p-3).$$

Zu demselben Ergebniss gelangt man auf folgendem Wege: Die Function $\frac{\partial F}{\partial \xi}$ wird in $(2p-2)(2p-3)$ Punkten unendlich klein von der ersten Ordnung, und diese Zahl ist $= \mathrm{w}+2r$, wenn w die Anzahl der einfachen Verzweigungspunkte ist. Andererseits ist (Theorie der Abel'schen Functionen Art. 7, S. 113)

$$\mathrm{w}=2(n+p-1),\quad n=2p-2,$$

$$\mathrm{w}=2(3p-3),$$

mithin:

$$r=(p-1)(2p-3)-\tfrac{1}{2}\mathrm{w}=2(p-1)(p-3).$$

Werden nun sämmtliche Functionen φ durch ξ, η ausgedrückt, so müssen die beiden Gleichungen:

$$\xi=\frac{\varphi_1}{\varphi_3},\quad \eta=\frac{\varphi_2}{\varphi_3}$$

identisch werden, also:

$$\varphi_1=\xi\varphi_3,\quad \varphi_2=\eta\varphi_3.$$

Es muss mithin eine Function φ_3 geben, die in Bezug auf ξ, η nur von der $(2p-6)$ten Dimension ist. Diese Function φ wird also für $(2p-2)(2p-6)=2r$ der Gleichung $F=0$ genügende Werthepaare von ξ, η verschwinden und wird demnach nur in den r Punktpaaren (γ, δ) gleich Null werden können.

Endlich geht durch Einführung der neuen Variablen $\xi=\frac{x}{z}$, $\eta=\frac{y}{z}$ und Multiplication mit z^{2p-2} die Gleichung $F=0$ in eine homogene Gleichung vom Grade $2p-2$ für die drei Veränderlichen x, y, z über:

$$\overset{2p-2}{F}(x, y, z)=0.$$

Wie wir gesehen haben, ist unter den Functionen φ eine von der $(2p-6)$ten Ordnung in Bezug auf ξ, η; bezeichnen wir diese mit ψ, so ist $\frac{\varphi}{\psi}$ eine für endliche ξ, η immer endliche Function, die für unendliche ξ und η unendlich von der ersten Ordnung wird. Umgekehrt kann jede Function, die diese Eigenschaften hat, in der Form $\frac{\varphi}{\psi}$ dargestellt werden. (Theorie der Abel'schen Functionen Art. 10, S. 118.)

Functionen, die für endliche Werthe von ξ, η endlich bleiben und für unendliche ξ, η unendlich in der zweiten Ordnung werden, sind in der Form darstellbar

$$\frac{f(\xi,\eta)}{\psi},$$

wo $f(\xi, \eta)$ eine ganze Function von der $(2p-4)$ten Dimension in ξ, η ist, die für die r Werthepaare γ, δ verschwinden muss. Die Function $f(\xi, \eta)$ enthält

$$(p-1)(2p-3)-r=3p-3$$

Constanten und kann daher (Abel'sche Functionen Art. 5, S. 107) jede Function von diesen Eigenschaften darstellen. Die Function $f(\xi, \eta)$ wird, ausser in den r Werthepaaren γ, δ, in $4p-4$ Punkten unendlich klein in der ersten Ordnung.

Zu diesen Functionen gehört jede Function zweiten Grades von den $p-1$ Variablen $\frac{\varphi}{\psi}$; eine solche enthält $\frac{p\,.\,p+1}{2}$ Constanten. Da aber die allgemeine Function $\frac{f}{\psi}$ nur $3p-3$ Constanten enthält, so müssen zwischen den $p-1$ Variablen $\frac{\varphi}{\psi}$

$$\frac{p\,.\,p+1}{2}-3p+3=\frac{p-2\,.\,p-3}{2}$$

Gleichungen zweiten Grades bestehen, oder, was dasselbe ist, zwischen den p Functionen φ müssen $\frac{p-2\,.\,p-3}{2}$ homogene Gleichungen zweiten Grades bestehen.*)

Für den Fall $p=3$ ist die Gleichung $F(\xi,\eta)=0$ oder $F(x,y,z)=0$ vom vierten Grad; es ist $r=0$ und die Function ψ reducirt sich auf eine Constante. Keine der Functionen φ kann den ersten Grad übersteigen und der allgemeine Ausdruck dieser Functionen ist

$$\varphi=c\xi+c'\eta+c'',$$

oder, wo es nur auf die Verhältnisse solcher Functionen ankommt,

$$\varphi=cx+c'y+c''z,$$

worin c, c', c'' Constanten sind. Jede Function φ wird in vier Punkten unendlich klein von der ersten Ordnung und es giebt 28 solcher Functionen, deren Nullpunkte paarweise zusammenfallen. Die Quadratwurzeln aus diesen sind die Abel'schen Functionen und wir haben zu untersuchen, wie sich die Charakteristiken diesen 28 Functionen zuordnen.

*) Dieser Abschnitt ist erst in der neuen Auflage hinzugekommen.

Führen wir als Variable x, y, z drei solche Functionen φ ein, welche zweimal unendlich klein in der zweiten Ordnung werden, so dass $\sqrt{x}, \sqrt{y}, \sqrt{z}$ Abel'sche Functionen sind, so hat die daraus hervorgehende Gleichung $F(x,y,z) = 0$ die Eigenschaft, in ein vollständiges Quadrat überzugehen, wenn x oder y oder $z = 0$ gesetzt werden. Es sei daher

$$\begin{aligned} &\text{für } x = 0 : F = (y - \alpha z)^2 (y - \alpha' z)^2 \\ &\text{für } y = 0 : F = (z - \beta x)^2 (z - \beta' x)^2 \\ &\text{für } z = 0 : F = (x - \gamma y)^2 (x - \gamma' y)^2. \end{aligned}$$

Sind nun a, b, c die Coefficienten von x^4, y^4, z^4 in $F(x, y, z)$, so ist:

$$\alpha\alpha' = \pm\sqrt{\frac{c}{b}}, \quad \beta\beta' = \pm\sqrt{\frac{a}{c}}, \quad \gamma\gamma' = \pm\sqrt{\frac{b}{a}}$$

und folglich:

(5) $$\alpha\alpha'\beta\beta'\gamma\gamma' = \pm 1.$$

Kennt man daher die Grössen $\alpha, \alpha', \beta, \beta', \gamma, \gamma'$, so kann man alle Glieder der Function $F(x, y, z)$ bilden, welche nicht das Product xyz enthalten, und F enthält ausserdem nur noch ein Glied $xyzt$, worin t eine lineare homogene Function von x, y, z ist.

Wenn nun in der Gleichung (5) das obere Zeichen gilt, so kann man den ersteren Theil von F immer darstellen als das Quadrat einer homogenen Function zweiten Grades f von x, y, z. Denn setzen wir

$$f = a_{1,1}x^2 + a_{2,2}y^2 + a_{3,3}z^2 + 2a_{2,3}yz + 2a_{3,1}zx + 2a_{1,2}xy,$$

so ergeben sich zur Bestimmung der Coefficienten $a_{i,k}$ die Gleichungen:

$$\begin{aligned} \alpha\alpha' &= \frac{a_{3,3}}{a_{2,2}}, & \alpha + \alpha' &= -2\frac{a_{2,3}}{a_{2,2}}, \\ \beta\beta' &= \frac{a_{1,1}}{a_{3,3}}, & \beta + \beta' &= -2\frac{a_{3,1}}{a_{3,3}}, \\ \gamma\gamma' &= \frac{a_{2,2}}{a_{1,1}}, & \gamma + \gamma' &= -2\frac{a_{1,2}}{a_{1,1}}, \end{aligned}$$

welche immer befriedigt werden können, wenn $\alpha\alpha'\beta\beta'\gamma\gamma' = 1$ ist. Unter dieser Voraussetzung geht also $F = 0$ über in

(6) $$f^2 - xyzt = 0.$$

Setzt man $t = 0$, so erhält man aus $f^2 = 0$ wieder zwei Paare einander gleicher Wurzeln und demnach ist auch $\sqrt{t}$ eine Abel'sche Function und zwar eine solche, dass $\sqrt{xyzt}$ eine rationale Function von x, y, z ist. Sind daher (a) (b) (c) (d) die Charakteristiken von $\sqrt{x}, \sqrt{y}, \sqrt{z}; \sqrt{t}$, so muss

$$(a + b + c + d) = \begin{pmatrix} 0\,0\,0 \\ 0\,0\,0 \end{pmatrix}$$

oder

$$(d) = (a + b + c)$$

sein. Es muss also die Summe der Charakteristiken der drei Functionen $\sqrt{x}, \sqrt{y}, \sqrt{z}$ eine ungerade Charakteristik sein.

Ist umgekehrt diese Voraussetzung erfüllt, und ist $\sqrt{t}$ diejenige Abel'sche Function, die zu der Charakteristik $(a + b + c)$ gehört, so ist $\sqrt{xyzt}$ eine Function, die beim Ueberschreiten der Querschnitte sich stetig ändert und mithin rational durch x, y, z darstellbar ist, diese Function kann aber den zweiten Grad nicht übersteigen, und daher ergiebt sich auch immer unter dieser Voraussetzung eine Gleichung von der Form (6). Diese Gleichung kann nicht identisch sein, wenn $\sqrt{x}, \sqrt{y}, \sqrt{z}, \sqrt{t}$ verschiedene Abel'sche Functionen sind.

Da es 28 Abel'sche Functionen giebt, so kann die Gleichung $F = 0$ auf mehrere Arten in die Form (6) gebracht werden. Wir wollen zunächst untersuchen, ob das Paar Abel'scher Functionen $\sqrt{z}, \sqrt{t}$ durch ein anderes Paar $\sqrt{p}, \sqrt{q}$ ersetzt werden kann.

Es möge also $F = 0$ durch Einführung von x, y, p, q in die Form gebracht werden:

$$\psi^2 - xypq = 0;$$

dann muss, wenn ein constanter Factor passend bestimmt wird, die identische Gleichung bestehen:

$$f^2 - xyzt = \psi^2 - xypq$$

oder:

$$(f - \psi)(f + \psi) = xy(zt - pq).$$

Es muss demnach $f - \psi$ oder $f + \psi$ durch xy theilbar sein und kann sich, da beide vom zweiten Grade sind, nur um einen constanten Factor davon unterscheiden. Sei demnach

$$(7)\qquad \begin{aligned} \psi - f &= \alpha xy, \\ \alpha(\psi + f) &= -zt + pq, \end{aligned}$$

woraus:

$$(8)\qquad \begin{aligned} \psi &= \alpha xy + f, \\ 2\alpha f + \alpha^2 xy + zt &= pq. \end{aligned}$$

Die linke Seite dieser letzteren Gleichung muss also in zwei lineare Factoren zerfallen; denken wir uns diese Function entwickelt in der Form

$$a_{1,1}x^2 + a_{2,2}y^2 + a_{3,3}z^2 + 2a_{2,3}yz + 2a_{3,1}zx + 2a_{1,2}xy,$$

so sind die Coefficienten $a_{i,k}$ Functionen zweiten Grades von α; da aber die Determinante

$$\sum \pm a_{1,1}a_{2,2}a_{3,3}$$

verschwinden muss, so erhält man eine Gleichung 6ten Grades für α, von der leicht einzusehen ist, dass sie die Wurzeln $\alpha = 0$ und $\alpha = \infty$ hat, entsprechend den beiden Zerlegungen zt und xy.

Es bleibt also eine Gleichung vierten Grades übrig, deren Wurzeln vier Functionenpaare p, q liefern, welche die verlangte Eigenschaft haben.

Aus der zweiten Gleichung (8) folgt noch mit Hülfe von (6)

$$pqzt = z^2t^2 + 2\alpha fzt + \alpha^2 f^2 = (zt + \alpha f)^2,$$

so dass man die gewünschte Form der Gleichung $F = 0$ auch durch die Functionen p, q, z, t herstellen kann. Gehen wir demnach von zwei beliebigen Abel'schen Functionen $\sqrt{x}$, $\sqrt{y}$ aus, so erhalten wir 6 Paare solcher Functionen:

$$\sqrt{xy},\ \sqrt{zt},\ \sqrt{p_1q_1},\ \sqrt{p_2q_2},\ \sqrt{p_3q_3},\ \sqrt{p_4q_4},$$

welche die Eigenschaft haben, dass durch je zwei derselben die Gleichung $F = 0$ auf die Form gebracht wird:

$$f^2 - xyzt = 0.$$

Diese 6 Functionen müssen beim Ueberschreiten der Querschnitte dieselben Factoren annehmen, da sonst nicht das Product von zweien derselben rational sein könnte. Solche 6 Producte von je zwei Abel-schen Functionen nennen wir zu einer Gruppe gehörig. Da die Factorensysteme an den Querschnitten für Producte von Abel'schen Functionen durch die Summen der Charakteristiken bestimmt sind, so folgt, dass die Charakteristiken aller Paare einer Gruppe dieselbe Summe ergeben müssen, welche die Gruppencharakteristik heisst.

Aus den Gleichungen (8) und (6) ergiebt sich noch

$$2f = \frac{pq - zt}{\alpha} - \alpha xy = 2\sqrt{xy}\sqrt{zt},$$

woraus:

$$pq = \alpha^2 xy + 2\alpha\sqrt{xy}\sqrt{zt} + zt$$

oder:

$$\text{(9)} \qquad \sqrt{pq} = \sqrt{zt} + \alpha\sqrt{xy},$$

woraus man den Schluss zieht, dass jedes Product einer Gruppe linear durch zwei Producte derselben Gruppe ausgedrückt werden kann.

Ordnet man sämmtliche 28 Abel'sche Functionen zu Paaren, so erhält man $\frac{28.27}{2} = 6.63$ Paare, welche zu 6 und 6 in 63 Gruppen zerfallen. Jede der von $\begin{pmatrix}0\,0\,0\\0\,0\,0\end{pmatrix}$ verschiedenen 63 Charakteristiken kann Gruppencharakteristik sein.

Um die Charakteristiken der 6 Paare einer Gruppe zu erhalten, hat man daher die betreffende Gruppencharakteristik auf 6 Arten in zwei ungerade Charakteristiken zu zerlegen. Als Beispiel hierfür diene die Gruppe mit der Gruppencharakteristik $\binom{001}{000}$:

$$\binom{001}{000}=\binom{101}{100}+\binom{100}{100}=\binom{011}{010}+\binom{010}{010}=\binom{111}{100}+\binom{110}{100}$$
$$=\binom{111}{010}+\binom{110}{010}=\binom{011}{110}+\binom{010}{110}=\binom{101}{110}+\binom{100}{110}.$$

Wenn drei Paare Abel'scher Functionen bekannt sind, so erhält man die übrigen Paare derselben Gruppe durch Auflösung einer cubischen Gleichung, und man kann mit ihrer Hülfe sämmtliche übrigen Abel'schen Functionen mit ihren Charakteristiken bestimmen.

Um dies durchzuführen, nehmen wir an, es seien $\sqrt{x\xi}, \sqrt{y\eta}, \sqrt{z\zeta}$ drei Paare einer Gruppe, so dass ξ, η, ζ als lineare homogene Functionen von x, y, z gegeben sind.

Durch passende Bestimmung constanter Factoren kann die Gleichung (9) in der Form angenommen werden:

(10) $$\sqrt{x\xi}+\sqrt{y\eta}+\sqrt{z\zeta}=0,$$

woraus sich ergiebt:

$$z\zeta=x\xi+y\eta+2\sqrt{x\xi y\eta}$$

oder

(11) $$4x\xi y\eta=(z\zeta-x\xi-y\eta)^2,$$

so dass

(12) $$f=z\zeta-x\xi-y\eta$$

wird.

Um alle in die Gruppe $\sqrt{x\xi}, \sqrt{y\eta}$ gehörigen Paare zu finden, hat man nach dem Obigen eine biquadratische Gleichung zu lösen, von der aber eine Wurzel, dem Paare $\sqrt{z\zeta}$ entsprechend, bereits bekannt ist. Die Rechnung wird daher symmetrischer, wenn man zunächst die Paare der Gruppe $\sqrt{x\eta}$, in welche auch das Paar $\sqrt{y\xi}$ gehört, aufsucht.

Ist $\sqrt{pq}$ ein weiteres unbekanntes Paar dieser Gruppe, so hat man neben der Gleichung (11) eine mit ihr identische:

(13) $$4y\xi pq=\varphi^2,$$

wenn (nach 8)

$$\varphi=f+2\lambda y\xi,$$

worin λ eine noch unbekannte Constante bedeutet. Hieraus erhält man mittelst (11) und (12)

$$\varphi^2=4\lambda y\xi\left(x\xi+y\eta-z\zeta+\frac{x\eta}{\lambda}+\lambda y\xi\right),$$

und demnach ist (von dem Factor λ abgesehen)

$$pq=x\xi+y\eta-z\zeta+\frac{x\eta}{\lambda}+\lambda y\xi$$
$$=\left(\xi+\frac{\eta}{\lambda}\right)(x+\lambda y)-z\zeta;$$

für $x + \lambda y = 0$ und $z = 0$ muss eine der beiden Functionen p, q, etwa p verschwinden, woraus, wenn μ einen weiteren unbekannten Coefficienten bedeutet, folgt:

$$(14)\qquad \begin{aligned} p &= x + \lambda y + \mu z, \\ pq &= p\left(\xi + \frac{\eta}{\lambda}\right) - \mu z\left(\xi + \frac{\eta}{\lambda} + \frac{\zeta}{\mu}\right), \end{aligned}$$

und hieraus weiter, da p und z nicht identisch sind,

$$(15)\qquad \xi + \frac{\eta}{\lambda} + \frac{\zeta}{\mu} = -a^2 p,$$

also mit Hülfe von (13):

$$ax + a\lambda y + a\mu z + \frac{\xi}{a} + \frac{\eta}{\lambda a} + \frac{\zeta}{\mu a} = 0,$$

oder indem man λa, μa durch b, c ersetzt:

$$(16)\qquad ax + by + cz + \frac{\xi}{a} + \frac{\eta}{b} + \frac{\zeta}{c} = 0,$$

wonach man, da es auf einen constanten Factor bei p und q nicht ankommt, erhält:

$$\begin{aligned} p &= ax + by + cz = -\left(\frac{\xi}{a} + \frac{\eta}{b} + \frac{\zeta}{c}\right), \\ q &= \frac{\xi}{a} + \frac{\eta}{b} + cz = -\left(ax + by + \frac{\zeta}{c}\right). \end{aligned}$$

Da es vier Paare p, q giebt, so müssen sich vier Systeme a, b, c bestimmen lassen.

Um hierzu zu gelangen berücksichtige man, dass zwischen den 6 Functionen x, y, z, ξ, η, ζ drei homogene lineare Gleichungen bestehen, die wir durch $u_1 = 0$, $u_2 = 0$, $u_3 = 0$ bezeichnen. Wir leiten hieraus mit den unbestimmten Coefficienten l_1, l_2, l_3 eine lineare Combination her:

$$l_1 u_1 + l_2 u_2 + l_3 u_3 = \alpha x + \beta y + \gamma z + \alpha' \xi + \beta' \eta + \gamma' \zeta = 0,$$

worin α, β, γ, α', β', γ' lineare homogene Ausdrücke in l_1, l_2, l_3 sind. Diese Relation wird die Form (16) haben, wenn die Bedingungen erfüllt sind:

$$\alpha\alpha' = \beta\beta' = \gamma\gamma',$$

woraus man vier Werthsysteme für die Verhältnisse $l_1 : l_2 : l_3$ erhält.

Man gelangt am elegantesten zum Ziel, wenn man sich die Functionen ξ, η, ζ durch drei Gleichungen von der Form gegeben denkt:

$$(17)\qquad \begin{aligned} x + y + z + \xi + \eta + \zeta &= 0, \\ \alpha x + \beta y + \gamma z + \frac{\xi}{\alpha} + \frac{\eta}{\beta} + \frac{\zeta}{\gamma} &= 0, \\ \alpha' x + \beta' y + \gamma' z + \frac{\xi}{\alpha'} + \frac{\eta}{\beta'} + \frac{\zeta}{\gamma'} &= 0. \end{aligned}$$

Dass die Coefficienten in den ersten dieser Gleichungen die Werthe 1 haben, kann man durch Hinzufügung constanter Factoren zu x, y, z, ξ, η, ζ bewirken, wobei zugleich die Gleichung (10) ihre Form nicht ändert.

Aus den Gleichungen (17) muss als identische Folge eine vierte von der gleichen Form sich ergeben:

$$(18)\qquad \alpha'' x + \beta'' y + \gamma'' z + \frac{\xi}{\alpha''} + \frac{\eta}{\beta''} + \frac{\zeta}{\gamma''} = 0.$$

Um also α'', β'', γ'' zu erhalten, hat man die Coefficienten λ, λ', λ'' aus folgenden Gleichungen zu bestimmen:

$$(19)\qquad \begin{aligned} \lambda''\alpha'' &= \lambda'\alpha' + \lambda\alpha + 1, & \frac{\lambda''}{\alpha''} &= \frac{\lambda'}{\alpha'} + \frac{\lambda}{\alpha} + 1, \\ \lambda''\beta'' &= \lambda'\beta' + \lambda\beta + 1, & \frac{\lambda''}{\beta''} &= \frac{\lambda'}{\beta'} + \frac{\lambda}{\beta} + 1, \\ \lambda''\gamma'' &= \lambda'\gamma' + \lambda\gamma + 1, & \frac{\lambda''}{\gamma''} &= \frac{\lambda'}{\gamma'} + \frac{\lambda}{\gamma} + 1. \end{aligned}$$

Durch Multiplication zweier entsprechender von diesen Gleichungen ergiebt sich

$$(20)\qquad \begin{aligned} \lambda''^2 &= \lambda'^2 + \lambda^2 + \lambda\lambda'\left(\frac{\alpha}{\alpha'} + \frac{\alpha'}{\alpha}\right) + \lambda\left(\alpha + \frac{1}{\alpha}\right) + \lambda'\left(\alpha' + \frac{1}{\alpha'}\right) + 1, \\ \lambda''^2 &= \lambda'^2 + \lambda^2 + \lambda\lambda'\left(\frac{\beta}{\beta'} + \frac{\beta'}{\beta}\right) + \lambda\left(\beta + \frac{1}{\beta}\right) + \lambda'\left(\beta' + \frac{1}{\beta'}\right) + 1, \\ \lambda''^2 &= \lambda'^2 + \lambda^2 + \lambda\lambda'\left(\frac{\gamma}{\gamma'} + \frac{\gamma'}{\gamma}\right) + \lambda\left(\gamma + \frac{1}{\gamma}\right) + \lambda'\left(\gamma' + \frac{1}{\gamma'}\right) + 1. \end{aligned}$$

Eliminirt man aus je zweien derselben λ'', so ergeben sich für $\frac{1}{\lambda}$, $\frac{1}{\lambda'}$ die folgenden beiden linearen Gleichungen:

$$\begin{aligned} 0 &= \frac{1}{\lambda'}\left(\alpha + \frac{1}{\alpha} - \beta - \frac{1}{\beta}\right) + \frac{1}{\lambda}\left(\alpha' + \frac{1}{\alpha'} - \beta' - \frac{1}{\beta'}\right) \\ &\qquad + \left(\frac{\alpha'}{\alpha} + \frac{\alpha}{\alpha'} - \frac{\beta'}{\beta} - \frac{\beta}{\beta'}\right), \\ 0 &= \frac{1}{\lambda'}\left(\alpha + \frac{1}{\alpha} - \gamma - \frac{1}{\gamma}\right) + \frac{1}{\lambda}\left(\alpha' + \frac{1}{\alpha'} - \gamma' - \frac{1}{\gamma'}\right) \\ &\qquad + \left(\frac{\alpha'}{\alpha} + \frac{\alpha}{\alpha'} - \frac{\gamma'}{\gamma} - \frac{\gamma}{\gamma'}\right), \end{aligned}$$

woraus λ, λ' eindeutig berechnet werden können.

Aus einer der Gleichungen (20) erhält man λ'' abgesehen vom Vorzeichen und aus (19) endlich α'', β'', γ'' ebenfalls bis auf das allen gemeinschaftliche Vorzeichen, welches der Natur der Sache nach unbestimmt bleibt*).

---

*) Setzt man zur Abkürzung:

$$\begin{vmatrix} 1, & 1, & 1 \\ \alpha, & \beta, & \gamma \\ \alpha', & \beta', & \gamma' \end{vmatrix} = (\alpha, \beta, \gamma), \qquad \begin{vmatrix} 1, & 1, & 1 \\ \frac{1}{\alpha}, & \beta, & \gamma \\ \frac{1}{\alpha'}, & \beta', & \gamma' \end{vmatrix} = \left(\frac{1}{\alpha}, \beta, \gamma\right) \text{ etc.},$$

Hat man auf diese Weise α'', β'', γ'', so erhält man in der Gruppe $\sqrt{x\eta}$, $\sqrt{y\xi}$ die folgenden vier Paare Abel'scher Functionen:

$$\sqrt{x+y+z}, \qquad \sqrt{\xi+\eta+z}$$

$$\sqrt{\alpha x+\beta y+\gamma z}, \qquad \sqrt{\frac{\xi}{\alpha}+\frac{\eta}{\beta}+\gamma z}$$

$$\sqrt{\alpha' x+\beta' y+\gamma' z}, \qquad \sqrt{\frac{\xi}{\alpha'}+\frac{\eta}{\beta'}+\gamma' z}$$

$$\sqrt{\alpha'' x+\beta'' y+\gamma'' z}, \qquad \sqrt{\frac{\xi}{\alpha''}+\frac{\eta}{\beta''}+\gamma'' z}.$$

Auf die gleiche Weise ergeben sich in der Gruppe $\sqrt{x\zeta}$, $\sqrt{z\xi}$ die Paare:

$$\sqrt{x+y+z}, \qquad \sqrt{\xi+y+\zeta}$$

$$\sqrt{\alpha x+\beta y+\gamma z}, \qquad \sqrt{\frac{\xi}{\alpha}+\beta y+\frac{\zeta}{\gamma}}$$

$$\sqrt{\alpha' x+\beta' y+\gamma' z}, \qquad \sqrt{\frac{\xi}{\alpha'}+\beta' y+\frac{\zeta}{\gamma'}}$$

$$\sqrt{\alpha'' x+\beta'' y+\gamma'' z}, \qquad \sqrt{\frac{\xi}{\alpha''}+\beta'' y+\frac{\zeta}{\gamma''}}$$

und in der Gruppe $\sqrt{y\zeta}$, $\sqrt{z\eta}$ die Paare:

$$\sqrt{x+y+z}, \qquad \sqrt{x+\eta+\zeta}$$

$$\sqrt{\alpha x+\beta y+\gamma z}, \qquad \sqrt{\alpha x+\frac{\eta}{\beta}+\frac{\zeta}{\gamma}}$$

$$\sqrt{\alpha' x+\beta' y+\gamma' z}, \qquad \sqrt{\alpha' x+\frac{\eta}{\beta'}+\frac{\zeta}{\gamma'}}$$

$$\sqrt{\alpha'' x+\beta'' y+\gamma'' z}, \qquad \sqrt{\alpha'' x+\frac{\eta}{\beta''}+\frac{\zeta}{\gamma''}},$$

so dass ausser den gegebenen 6 Abel'schen Functionen 16 weitere bestimmt sind. Um die Charakteristiken derselben zu erhalten, hat man nur zu beachten, dass die drei hier betrachteten Gruppen vier Abel'sche Functionen gemeinschaftlich enthalten. Bildet man also die entsprechenden Gruppen der Charakteristiken, so müssen diese vier Charakteristiken gemeinschaftlich haben und diese hat man den Functionen

$$\sqrt{x+y+z},\ \sqrt{\alpha x+\beta y+\gamma z},\ \sqrt{\alpha' x+\beta' y+\gamma' z},\ \sqrt{\alpha'' x+\beta'' y+\gamma'' z}$$

---

so kann man α'', β'', γ'' aus den Gleichungen

$$\alpha\,\alpha'\,\alpha''\,.\,\beta\,\beta'\,\beta''=(\alpha,\beta,\gamma)\left(\alpha,\beta,\frac{1}{\gamma}\right):\left(\frac{1}{\alpha},\frac{1}{\beta},\gamma\right)\left(\frac{1}{\alpha},\frac{1}{\beta},\frac{1}{\gamma}\right)$$

$$\alpha\,\alpha'\,\alpha'':\beta\,\beta'\,\beta''=\left(\alpha,\frac{1}{\beta},\gamma\right)\left(\alpha,\frac{1}{\beta},\frac{1}{\gamma}\right):\left(\frac{1}{\alpha},\beta,\gamma\right)\left(\frac{1}{\alpha},\beta,\frac{1}{\gamma}\right)$$

und den analogen Gleichungen bestimmen.

in einer beliebigen Weise zuzuordnen. Die Charakteristiken der übrigen Abel'schen Functionen sind dadurch vollständig bestimmt, weil sie mit diesen in den drei Gruppen in derselben Weise gepaart auftreten müssen, wie die entsprechenden Abel'schen Functionen. Diese Charakteristiken lassen sich in folgender Weise symmetrisch darstellen.

Es seien die Charakteristiken der Gruppen $\sqrt{y\zeta}$, $\sqrt{z\xi}$, $\sqrt{x\eta}$ resp. mit (p), (q), (r) bezeichnet, ferner mit (d), (e), (f), (g) die Charakteristiken der vier Functionen

$$\sqrt{x+y+z},\ \sqrt{\alpha x+\beta y+\gamma z},\ \sqrt{\alpha' x+\beta' y+\gamma' z},\ \sqrt{\alpha'' x+\beta'' y+\gamma'' z}$$

und mit $(n+p)$ die von $\sqrt{x}$. Hiernach erhält man folgende Ausdrücke für die Charakteristiken:

$$(\sqrt{x})=(n+p),\qquad (\sqrt{y})=(n+q),\qquad (\sqrt{z})=(n+r)$$
$$(\sqrt{\xi})=(n+q+r),\ (\sqrt{\eta})=(n+r+p),\ (\sqrt{\zeta})=(n+p+q)$$

(21)
$$\begin{aligned}
&(\sqrt{x+y+z}) &&=(d), && (\sqrt{x+\eta+\zeta}) &&=(p+d),\\
&(\sqrt{\alpha x+\beta y+\gamma z}) &&=(e), && \left(\sqrt{\alpha x+\tfrac{\eta}{\beta}+\tfrac{\zeta}{\gamma}}\right) &&=(p+e)\\
&(\sqrt{\alpha' x+\beta' y+\gamma' z}) &&=(f), && \left(\sqrt{\alpha' x+\tfrac{\eta}{\beta'}+\tfrac{\zeta}{\gamma'}}\right) &&=(p+f),\\
&(\sqrt{\alpha'' x+\beta'' y+\gamma'' z}) &&=(g), && \left(\sqrt{\alpha'' x+\tfrac{\eta}{\beta''}+\tfrac{\zeta}{\gamma''}}\right) &&=(p+g),\\
&(\sqrt{\xi+y+\zeta}) &&=(q+d), && (\sqrt{\xi+\eta+z}) &&=(r+d),\\
&\left(\sqrt{\tfrac{\xi}{\alpha}+\beta y+\tfrac{\zeta}{\gamma}}\right) &&=(q+e), && \left(\sqrt{\tfrac{\xi}{\alpha}+\tfrac{\eta}{\beta}+\gamma z}\right) &&=(r+e),\\
&\left(\sqrt{\tfrac{\xi}{\alpha'}+\beta' y+\tfrac{\zeta}{\gamma'}}\right) &&=(q+f), && \left(\sqrt{\tfrac{\xi}{\alpha'}+\tfrac{\eta}{\beta'}+\gamma' z}\right) &&=(r+f),\\
&\left(\sqrt{\tfrac{\xi}{\alpha''}+\beta'' y+\tfrac{\zeta}{\gamma''}}\right) &&=(q+g), && \left(\sqrt{\tfrac{\xi}{\alpha''}+\tfrac{\eta}{\beta''}+\gamma'' z}\right) &&=(r+g).
\end{aligned}$$

Nehmen wir beispielsweise an:

$$(\sqrt{x})=\begin{pmatrix}1\,0\,1\\1\,0\,0\end{pmatrix},\quad (\sqrt{y})=\begin{pmatrix}1\,1\,1\\1\,0\,0\end{pmatrix},\quad (\sqrt{z})=\begin{pmatrix}1\,0\,1\\1\,1\,0\end{pmatrix},$$
$$(\sqrt{\xi})=\begin{pmatrix}1\,0\,0\\1\,0\,0\end{pmatrix},\quad (\sqrt{\eta})=\begin{pmatrix}1\,1\,0\\1\,0\,0\end{pmatrix},\quad (\sqrt{\zeta})=\begin{pmatrix}1\,0\,0\\1\,1\,0\end{pmatrix},$$

was statthaft ist, weil hiernach $\sqrt{x\xi}$, $\sqrt{y\eta}$, $\sqrt{z\zeta}$ in dieselbe Gruppe $\begin{pmatrix}0\,0\,1\\0\,0\,0\end{pmatrix}$ gehören, so folgt:

$$(p)=\begin{pmatrix}0\,1\,1\\0\,1\,0\end{pmatrix},\quad (q)=\begin{pmatrix}0\,0\,1\\0\,1\,0\end{pmatrix},\quad (r)=\begin{pmatrix}0\,1\,1\\0\,0\,0\end{pmatrix},\quad (n)=\begin{pmatrix}1\,1\,0\\1\,1\,0\end{pmatrix}.$$

32*

Die vollständigen Gruppen (p), (q) sind

$$\binom{011}{010}=\binom{100}{110}+\binom{111}{100}=\binom{101}{110}+\binom{110}{100}=\binom{010}{011}+\binom{001}{001}$$
$$=\binom{110}{011}+\binom{101}{001}=\binom{111}{111}+\binom{100}{101}=\binom{010}{111}+\binom{001}{101},$$
$$\binom{001}{010}=\binom{100}{110}+\binom{101}{100}=\binom{101}{110}+\binom{100}{100}=\binom{010}{011}+\binom{011}{001}$$
$$=\binom{110}{011}+\binom{111}{001}=\binom{111}{111}+\binom{110}{101}=\binom{010}{111}+\binom{011}{101},$$

woraus man erhält:

$$(d)=\binom{010}{011},\quad (e)=\binom{110}{011},\quad (f)=\binom{111}{111},\quad (g)=\binom{010}{111},$$

und die Charakteristiken der in (21) zusammengestellten Functionen sind, in der gleichen Reihenfolge geschrieben:

$$\binom{101}{100},\ \binom{111}{100},\ \binom{101}{110},$$
$$\binom{100}{100},\ \binom{110}{100},\ \binom{100}{110},$$
$$\binom{010}{011},\ \binom{001}{001},\ \binom{011}{001},\ \binom{001}{011},$$
$$\binom{110}{011},\ \binom{101}{001},\ \binom{111}{001},\ \binom{101}{011},$$
$$\binom{111}{111},\ \binom{100}{101},\ \binom{110}{101},\ \binom{100}{111},$$
$$\binom{010}{111},\ \binom{001}{101},\ \binom{011}{101},\ \binom{001}{111}.$$

Es gilt nun von drei Abel'schen Functionen einer Gruppe, von denen keine zwei einem Paare angehören, der Satz, dass die Summe ihrer Charakteristiken immer eine gerade Charakteristik ist; denn betrachten wir z. B. die drei Functionen $\sqrt{x}$, $\sqrt{y}$, $\sqrt{z}$ und drücken ξ, η, ζ linear durch x, y, z aus, so kann die Gleichung (10) in der Form angenommen werden:

$$\sqrt{x(ax+by+cz)}+\sqrt{y(a'x+b'y+c'z)}+\sqrt{z(a''x+b''y+c''z)}=0.$$

Setzen wir hierin der Reihe nach $x=0$, $y=0$, $z=0$, so erhalten wir für die Producte der Wurzeln der quadratischen Gleichungen, die sich für das Verhältniss der beiden andern Variablen ergeben, die Werthe:

$$-\frac{c''}{b'},\quad -\frac{a}{c''},\quad -\frac{b'}{a},$$

deren Product $=-1$ ist. Dies aber ist nach S. 492, 493 das Kriterium dafür, dass die Summe der Charakteristiken der Functionen $\sqrt{x}$, $\sqrt{y}$, $\sqrt{z}$ eine gerade Charakteristik sei.

Gestützt auf diesen Satz kann man beweisen, dass die 16 Abel-schen Functionen, die wir oben bestimmt haben, verschieden sind von den 12 in der Gruppe $\sqrt{x\xi}$ vorkommenden Functionen. Denn ist $\sqrt{pq}$ ein in die Gruppe $\sqrt{x\xi}$ gehöriges Paar, so sind die Charakteristiken

$$(\sqrt{x})+(\sqrt{\xi})+(\sqrt{p}),\quad (\sqrt{y})+(\sqrt{\eta})+(\sqrt{p}),\quad (\sqrt{z})+(\sqrt{\zeta})+(\sqrt{p})$$

ungerade und es kann nach dem soeben bewiesenen Satze $\sqrt{p}$ in keiner der drei Gruppen

$$(\sqrt{x\eta})=(\sqrt{y\xi}),\quad (\sqrt{x\zeta})=(\sqrt{z\xi}),\quad (\sqrt{y\zeta})=(\sqrt{z\eta})$$

vorkommen.

Die 16 oben bestimmten Functionen liefern daher alle Abel'schen Functionen, die nicht in der Gruppe $\sqrt{x\xi}$ enthalten sind, und wenn wir die noch fehlenden 6 Functionen dieser Gruppe aufsuchen, so sind damit sämmtliche 28 Abel'sche Functionen bestimmt.

Um diese zu erhalten setzen wir

$$t=x+y+z,\quad u=\xi+\eta+z,$$

und gehen aus von der Gleichung:

$$\sqrt{tu}=\sqrt{x\eta}+\sqrt{y\xi}, \tag{22}$$

welche sich leicht aus (10) und (17) ergiebt. Wir setzen die Functionen

$$t,\ x,\ y,\ u,\ \eta,\ \xi$$

an Stelle von

$$x,\ y,\ z,\ \xi,\ \eta,\ \zeta$$

in der vorigen Betrachtung, und erhalten zunächst zwischen diesen Variablen die Gleichung:

$$t-x-y-u+\eta+\xi=0, \tag{23}$$

neben welcher noch drei andere bestehen müssen von der Form

$$at+bx+cy+a'u+b'\eta+c'\xi=0 \tag{24}$$

mit der Bedingung

$$aa'=bb'=cc'.$$

An Stelle der Gruppen $(p+q+r)$, (p), (q), (r) treten jetzt die folgenden:

$$\begin{aligned}
&(\sqrt{tu})=(\sqrt{x\eta})=(\sqrt{y\xi})=(r),\\
&(\sqrt{x\xi})=(\sqrt{y\eta})=(\sqrt{z\zeta})=(p+q+r),\\
&(\sqrt{t\xi})=(\sqrt{uy})\qquad\quad\ =(n+d+q+r),\\
&(\sqrt{t\eta})=(\sqrt{ux})\qquad\quad\ =(n+d+p+r).
\end{aligned} \tag{25}$$

In der ersten dieser Gruppen, in (r), kommen folgende Paare von Charakteristiken vor:

$$\begin{aligned}
(r)&=(n+p)+(n+r+p)=(n+q)+(n+r+q)\\
&=(d)+(r+d)=(e)+(r+e)=(f)+(r+f)=(g)+(r+g),
\end{aligned}$$

und aus der Gleichung (23) erhalten wir folgende Abel'sche Functionen:

$$\sqrt{t-x-y}=\sqrt{z},\quad \sqrt{t+\eta+\xi}=\sqrt{-\zeta},$$
$$\sqrt{-u-x+\xi}=\sqrt{\xi+y+\zeta},\ \sqrt{-u+\eta-y}=\sqrt{x+\eta+\zeta},$$

deren Charakteristiken sind:

$$(n+r),\quad (n+p+q),\quad (q+d),\quad (p+d),$$

die sich in folgender Weise in die drei letzten Gruppen (25) vertheilen:

$$(p+q+r)=(n+r)+(n+p+q),$$
$$(n+d+q+r)=(n+r)+(q+d),$$
$$(n+d+p+r)=(n+r)+(p+d).$$

Die Charakteristiken der noch nicht bestimmten Abel'schen Functionen müssen nun, wie oben bewiesen, in der Gruppe $(p+q+r)$ enthalten sein. Bezeichnen wir daher diese Charakteristiken mit (k_1), (k_1'), (k_1''), (k_2), (k_2'), (k_2''), so muss sich ergeben:

$$(p+q+r)=(k_1+k_2)=(k_1'+k_2')=(k_1''+k_2'')$$

und diese Charakteristiken kommen nicht in der Gruppe (r) vor.

Die Vergleichung der Gruppen (25) mit den Gruppen $(p+q+r)$, (p), (q), (r) lehrt nun aber, dass in denselben sämmtliche ungerade Charakteristiken überhaupt vorkommen müssen, und ferner, dass die drei noch übrigen Paare der Gruppen $(p+q+r)$, $(n+d+q+r)$, $(n+d+p+r)$ je eine Charakteristik gemein haben müssen.

Nun kommt die Charakteristik $(q+e)$ weder in der Gruppe (r) noch in $(p+q+r)$ vor, und daraus folgt, dass man (k_1) so auswählen kann, dass entweder

$$(k_1+q+e)=(n+d+q+r)$$

oder

$$(k_1+q+e)=(n+d+p+r).$$

Aus ersterer Annahme würde folgen:

$$(k_1)=(n+r+d+e).$$

Dies aber ist nicht möglich, denn wir haben in der Gruppe (p) die Paare:

$$(n+r),\ (n+r+p)$$
$$(d),\ (d+p)$$
$$(e),\ (e+p)$$

und daher ist nach dem oben (S. 500) bewiesenen Satz

$$(n+r+d+e)$$

gerade. Demnach ergiebt sich

$$(k_1)=(n+d+e+p+q+r),$$

und hieraus:

$$k_2=(n+d+e).$$

Ebenso schliesst man:

$$(k_1') = (n + d + f + p + q + r), \quad (k_2') = (n + d + f),$$
$$(k_1'') = (n + d + g + p + q + r), \quad (k_2'') = (n + d + g),$$

und es enthält die Gruppe $(n + d + p + r)$ die Paare:

$$(k_1), (q + e); \quad (k_1'), (q + f); \quad (k_1''), (q + g),$$

woraus für die Gruppe $(n + d + q + r)$ die Paare folgen:

$$(k_1), (p + e); \quad (k_1'), (p + f); \quad (k_1''), (p + g).$$

Nach den Resultaten der früheren Betrachtung ergeben sich aus einer Gleichung von der Form (24) die vier Abel'schen Functionen:

$$\sqrt{at + bx + cy} = \sqrt{-(a'u + b'\eta + c'\xi)},$$
$$\sqrt{a'u + bx + cy} = \sqrt{-(at + b'\eta + c'\xi)},$$
$$\sqrt{at + b'\eta + cy} = \sqrt{-(a'u + bx + c'\xi)},$$
$$\sqrt{at + bx + c'\xi} = \sqrt{-(a'u + b'\eta + cy)},$$

deren Charakteristiken resp. sind:

$$(k_1), (k_2), (p + e), (q + e),$$

und unsere Aufgabe ist daher gelöst, wenn es gelungen ist, die Coefficienten a, b, c, a', b', c' zu bestimmen.

Nun ist aber die Function, deren Charakteristik $(p + e)$ ist, oben bereits bestimmt; sie ist:

$$\sqrt{\alpha x + \frac{\eta}{\beta} + \frac{\xi}{\gamma}}$$

und wenn wir

$$v = \alpha x + \frac{\eta}{\beta} + \frac{\xi}{\gamma} = -\left(\frac{\xi}{\alpha} + \beta y + \gamma z\right)$$

setzen, so können wir die Coefficienten a, b, c, a', b', c' dadurch bestimmen, dass wir v in folgender zweifachen Form darstellen:

$$v = at + b'\eta + cy = -a'u - bx - c'\xi.$$

Dies erreichen wir auf folgende Weise: mittelst

$$u = \xi + \eta + z = -x - y - \zeta$$

eliminiren wir aus den beiden Ausdrücken von v die Variablen z und ζ, wodurch sich ergiebt:

$$v + \frac{u}{\gamma} = x\left(\alpha - \frac{1}{\gamma}\right) + \frac{\eta}{\beta} - \frac{y}{\gamma}$$
$$v + \gamma u = -\xi\left(\frac{1}{\alpha} - \gamma\right) + \gamma\eta - \beta y.$$

Indem man hieraus η und y eliminirt, folgt:

$$v = u\frac{\beta - \gamma}{1 - \beta\gamma} + x\frac{\beta(1 - \alpha\gamma)}{1 - \beta\gamma} - \frac{\xi}{\alpha}\frac{1 - \alpha\gamma}{1 - \beta\gamma},$$

und auf die gleiche Weise:

$$v = t\frac{1-\alpha\gamma}{\alpha-\gamma} + \frac{\eta}{\beta}\frac{\beta-\gamma}{\alpha-\gamma} - y\frac{\alpha(\beta-\gamma)}{\alpha-\gamma}$$

woraus sich ergiebt:

$$\begin{aligned} a &= \frac{1-\alpha\gamma}{\alpha-\gamma}, & a' &= -\frac{\beta-\gamma}{1-\beta\gamma}, \\ b &= -\frac{\beta(1-\alpha\gamma)}{1-\beta\gamma}, & b' &= \frac{1}{\beta}\frac{\beta-\gamma}{\alpha-\gamma}, \\ c &= -\frac{\alpha(\beta-\gamma)}{\alpha-\gamma}, & c' &= \frac{1}{\alpha}\frac{1-\alpha\gamma}{1-\beta\gamma}. \end{aligned}$$

Hiernach lassen sich die beiden Abel'schen Functionen

$$\sqrt{at+bx+cy}, \quad \sqrt{a'u+bx+cy}$$

bilden. Ersetzt man darin t und u durch ihre Ausdrücke in x, y, z, ξ, η, ζ, so ergeben sich nach Unterdrückung constanter Factoren für die Function, die zur Charakteristik (k_1) gehört, die beiden Ausdrücke:

$$\sqrt{\frac{x}{1-\beta\gamma}+\frac{y}{1-\gamma\alpha}+\frac{z}{1-\alpha\beta}}, \quad \sqrt{\frac{\xi}{\alpha(\gamma-\beta)}+\frac{\eta}{\beta(\gamma-\alpha)}+\frac{z}{1-\alpha\beta}},$$

und für die zur Charakteristik (k_2) gehörige Function:

$$\sqrt{\frac{\xi}{\alpha(1-\beta\gamma)}+\frac{y}{\beta(1-\gamma\alpha)}+\frac{\zeta}{\gamma(1-\alpha\beta)}}, \quad \sqrt{\frac{x}{\gamma-\beta}+\frac{y}{\gamma-\alpha}+\frac{\zeta}{\gamma(1-\alpha\beta)}}.$$

Die zu den Charakteristiken (k_1'), (k_2'); (k_1''), (k_2'') gehörigen Functionen ergeben sich hieraus sofort dadurch, dass man α, β, γ durch α', β', γ' resp. α'', β'', γ'' ersetzt, womit sämmtliche Abel'sche Functionen nebst ihren Charakteristiken bestimmt sind. Die Charakteristiken (k_1), (k_2), (k_1'), (k_2'), (k_1''), (k_2'') würden sich bei dem oben gewählten Beispiel folgendermaassen gestalten:

$$(k_1) = \begin{pmatrix}0\,1\,1\\1\,1\,0\end{pmatrix}, \quad (k_1') = \begin{pmatrix}0\,1\,0\\0\,1\,0\end{pmatrix}, \quad (k_1'') = \begin{pmatrix}1\,1\,1\\0\,1\,0\end{pmatrix},$$

$$(k_2) = \begin{pmatrix}0\,1\,0\\1\,1\,0\end{pmatrix}, \quad (k_2') = \begin{pmatrix}0\,1\,1\\0\,1\,0\end{pmatrix}, \quad (k_2'') = \begin{pmatrix}1\,1\,0\\0\,1\,0\end{pmatrix}.$$

Da nun, wie oben gezeigt, α'', β'', γ'' durch α, β, γ, α', β', γ' ausgedrückt werden können, so sind hiernach sämmtliche Abel'sche Functionen mit allen ihren algebraischen Beziehungen ausgedrückt durch $3p-3=6$ Constanten, welche man als die Moduln der Classe für den Fall $p=3$ ansehen kann.

Anhang.

Fragmente philosophischen Inhalts.

Die philosophischen Speculationen, deren Ergebnisse, so weit sie sich aus dem Nachlass zusammenstellen lassen, hier mitgetheilt sind, haben Riemann einen grossen Theil seines Lebens hindurch begleitet. Ueber die Zeit der Entstehung der einzelnen Bruchstücke lässt sich schwer etwas Sicheres feststellen. Die vorhandenen Entwürfe sind weit entfernt von einer zusammenhängenden, zur Publication bereiten Ausarbeitung, wenn auch manche Stellen darauf deuten, dass Riemann zu gewissen Zeiten eine solche beabsichtigt hat; sie genügen allenfalls, um den Standpunkt Riemann's zu den psychologischen und naturphilosophischen Fragen im Allgemeinen zu charakterisiren, und den Gang anzudeuten, den seine Untersuchungen genommen haben, leider aber fehlt fast jede Ausführung ins Einzelne. Welchen Werth Riemann selbst diesen Arbeiten beigelegt hat, ergiebt sich aus folgender Notiz:

„Die Arbeiten, welche mich jetzt vorzüglich beschäftigen, sind

1. In ähnlicher Weise wie dies bereits bei den algebraischen Functionen, den Exponential- oder Kreisfunctionen, den elliptischen und Abel'schen Functionen mit so grossem Erfolge geschehen ist, das Imaginäre in die Theorie anderer transcendenter Functionen einzuführen; ich habe dazu in meiner Inauguraldissertation die nothwendigsten allgemeinen Vorarbeiten geliefert. (Vgl. diese Dissertation Art. 20.)

2. In Verbindung damit stehen neue Methoden zur Integration partieller Differentialgleichungen, welche ich bereits auf mehrere physikalische Gegenstände mit Erfolg angewandt habe.

3. Meine Hauptarbeit betrifft eine neue Auffassung der bekannten Naturgesetze — Ausdruck derselben mittelst anderer Grundbegriffe — wodurch die Benutzung der experimentellen Data über die Wechselwirkung zwischen Wärme, Licht, Magnetismus und Electricität zur Erforschung ihres Zusammenhangs möglich wurde. Ich wurde dazu hauptsächlich durch das Studium der Werke Newton's, Euler's und — andererseits — Herbart's geführt. Was letzteren betrifft, so konnte ich mich den frühesten Untersuchungen Herbart's, deren Re-

sultate in seinen Promotions- und Habilitationsthesen (vom 22. u. 23. October 1802) ausgesprochen sind, fast völlig anschliessen, musste aber von dem späteren Gange seiner Speculation in einem wesentlichen Punkte abweichen, wodurch eine Verschiedenheit in Bezug auf seine Naturphilosophie und diejenigen Sätze der Psychologie, welche deren Verbindung mit der Naturphilosophie betreffen, bedingt ist."

Ferner an einer andern Stelle zu genauerer Bezeichnung des Standpunktes:

„Der Verfasser ist Herbartianer in Psychologie und Erkenntnisstheorie (Methodologie und Eidolologie), Herbart's Naturphilosophie und den darauf bezüglichen metaphysischen Disciplinen (Ontologie und Synechologie) kann er meistens nicht sich anschliessen."

Die drei unter dem gemeinsamen Titel „III. Naturphilosophie" vereinigten Fragmente haben in dieser zweiten Auflage eine Umstellung erfahren. Die Nummer 2 der ersten Auflage ist mit Nr. 3 vertauscht worden. Nach einer durch innere Gründe gut unterstützten Vermuthung des Herrn Dr. Isenkrahe in Bonn ist es nämlich der mit der Ueberschrift „Gravitation und Licht" bezeichnete Aufsatz, auf den sich die im Lebenslauf mitgetheilte Stelle eines Briefes von Riemann vom 28. Dec. 1853 bezieht, wonach Riemann eine Veröffentlichung dieser Untersuchungen im Auge hat. Der in ganz anderen Gedankenkreisen sich bewegende Aufsatz „Neue mathematische Principien der Naturphilosophie", mit der Bemerkung „gefunden am 1. März 1853" ist demnach früheren Ursprungs, und die darin ausgesprochene kühne Hypothe des Verschwindens der Materie später von Riemann nicht weiter verfolgt worden.

Nec mea dona tibi studio disperta fideli
Intellecta prius quam sint, contemta relinquas.
Lucretius.

I. Zur Psychologie und Metaphysik.

Mit jedem einfachen Denkact tritt etwas Bleibendes, Substantielles in unsere Seele ein. Dieses Substantielle erscheint uns zwar als eine Einheit, scheint aber (in sofern es der Ausdruck eines räumlich und zeitlich ausgedehnten ist) eine innere Mannigfaltigkeit zu enthalten; ich nenne es daher „Geistesmasse". — Alles Denken ist hiernach Bildung neuer Geistesmassen.

Die in die Seele eintretenden Geistesmassen erscheinen uns als Vorstellungen; ihr verschiedener innerer Zustand bedingt die verschiedene Qualität derselben.

Die sich bildenden Geistesmassen verschmelzen, verbinden oder compliciren sich in bestimmtem Grade, theils unter einander, theils mit älteren Geistesmassen. Die Art und Stärke dieser Verbindungen hängt von Bedingungen ab, die von Herbart nur zum Theil erkannt sind und die ich in der Folge ergänzen werde. Sie beruht hauptsächlich auf der inneren Verwandtschaft der Geistesmassen.

Die Seele ist eine compacte, aufs Engste und auf die mannigfaltigste Weise in sich verbundene Geistesmasse. Sie wächst beständig durch eintretende Geistesmassen, und hierauf beruht ihre Fortbildung.

Die einmal gebildeten Geistesmassen sind unvergänglich, ihre Verbindungen unauflöslich; nur die relative Stärke dieser Verbindungen ändert sich durch das Hinzukommen neuer Geistesmassen.

Die Geistesmassen bedürfen zum Fortbestehen keines materiellen Trägers und üben auf die Erscheinungswelt keine dauernde Wirkung aus. Sie stehen daher in keiner Beziehung zu irgend einem Theile der Materie und haben daher keinen Sitz im Raume.

Dagegen bedarf alles Eintreten, Entstehen, alle Bildung neuer Geistesmassen und alle Vereinigung derselben eines materiellen Trägers. Alles Denken geschieht daher an einem bestimmten Ort.

(Nicht das Behalten unserer Erfahrung, nur das Denken strengt an, und der Kraftaufwand ist, soweit wir dies schätzen können, der geistigen Thätigkeit proportional.)

Jede eintretende Geistesmasse regt alle mit ihr verwandten Geistesmassen an und zwar desto stärker, je geringer die Verschiedenheit ihres inneren Zustandes (Qualität) ist.

Diese Anregung beschränkt sich aber nicht blos auf die verwandten Geistesmassen, sondern erstreckt sich mittelbar auch auf die mit ihnen zusammenhängenden (d. h. in früheren Denkprocessen mit ihnen verbundenen). Wenn also unter den verwandten Geistesmassen ein Theil unter sich zusammenhängt, so werden diese nicht blos unmittelbar, sondern auch mittelbar angeregt und daher verhältnissmässig stärker als die übrigen.

Die Wechselwirkung zweier gleichzeitig sich bildenden Geistesmassen wird bedingt durch einen materiellen Vorgang zwischen den Orten, wo beide gebildet werden. Ebenso treten aus materiellen Ursachen alle sich bildenden Geistesmassen mit unmittelbar vorher gebildeten in unmittelbare Wechselwirkung; mittelbar aber werden alle mit diesen zusammenhängenden älteren Geistesmassen zur Wirksamkeit angeregt, und zwar desto schwächer, je entfernter sie mit ihnen und je weniger sie unter sich zusammenhängen.

Die allgemeinste und einfachste Aeusserung der Wirksamkeit älterer Geistesmassen ist die Reproduction, welche darin besteht, dass die wirkende Geistesmasse eine ihr ähnliche zu erzeugen strebt.

Die Bildung neuer Geistesmassen beruht auf der gemeinschaftlichen Wirkung theils älterer Geistesmassen, theils materieller Ursachen, und zwar hemmt oder begünstigt sich alles gemeinschaftlich Wirkende nach der inneren Ungleichartigkeit oder Gleichartigkeit der Geistesmassen, welche es zu erzeugen strebt.

Die Form der sich bildenden Geistesmasse (oder die Qualität der ihre Bildung begleitenden Vorstellung) hängt ab von der relativen Bewegungsform der Materie, in welcher sie gebildet wird, so dass gleiche Bewegungsform der Materie eine gleiche Form der in ihr gebildeten Geistesmasse bedingt, und umgekehrt gleiche Form der Geistesmasse eine gleiche Bewegungsform der Materie, in welcher sie gebildet ist, voraussetzt.

Sämmtliche gleichzeitig (in unserem Cerebrospinalsystem) sich bildenden Geistesmassen verbinden sich in Folge eines physischen (chemisch-electrischen) Processes zwischen den Orten, wo sie sich bilden.

Jede Geistesmasse strebt eine gleichgeformte Geistesmasse zu erzeugen. Sie strebt also diejenige Bewegungsform der Materie herzustellen, bei welcher sie gebildet ist.

Die Annahme einer Seele als eines einheitlichen Trägers des Bleibenden, welches in den einzelnen Acten des Seelenlebens erzeugt wird (der Vorstellungen), stützt sich

1. auf den engen Zusammenhang und die gegenseitige Durchdringung aller Vorstellungen. Um aber die Verbindung einer bestimmten neuen Vorstellung mit anderen zu erklären, ist die Annahme eines einheitlichen Trägers allein nicht ausreichend; vielmehr muss die Ursache, weshalb sie gerade diese bestimmten Verbindungen in dieser bestimmten Stärke eingeht, in den Vorstellungen, mit welchen sie sich verbindet, gesucht werden. Neben diesen Ursachen aber ist die Annahme eines einheitlichen Trägers aller Vorstellungen überflüssig ....

Wenden wir nun diese Gesetze geistiger Vorgänge, auf welche die Erklärung unserer eigenen inneren Wahrnehmung führt, zur Erklärung der auf der Erde wahrgenommenen Zweckmässigkeit, d. h. zur Erklärung des Daseins und der geschichtlichen Entwicklung an.

Zur Erklärung unseres Seelenlebens mussten wir annehmen, dass die in unseren Nervenprocessen erzeugten Geistesmassen als Theile unserer Seele fortdauern, dass ihr innerer Zusammenhang ungeändert fortbesteht, und sie nur in sofern einer Veränderung unterworfen sind, als sie mit anderen Geistesmassen in Verbindung treten.

Eine unmittelbare Consequenz dieser Erklärungsprincipien ist es dass die Seelen der organischen Wesen, d. h. die während ihres Lebens entstandenen compacten Geistesmassen, auch nach dem Tode fortbestehen. (Ihr isolirtes Fortbestehen genügt nicht.) Um aber die planmässige Entwicklung der organischen Natur, bei welcher offenbar die früher gesammelten Erfahrungen den späteren Schöpfungen zur Grundlage dienten, zu erklären, müssen wir annehmen, dass diese Geistesmassen in eine grössere compacte Geistesmasse, die Erdseele, eintreten und dort nach denselben Gesetzen einem höheren Seelenleben dienen, wie die in unseren Nervenprocessen erzeugten Geistesmassen unserem eigenen Seelenleben.

Wie also z. B. bei dem Sehen einer rothen Fläche die in einer Menge einzelner Primitivfasern erzeugten Geistesmassen zu einer einzigen compacten Geistesmasse sich verbinden, welche gleichzeitig in unserem Denken auftritt, so werden auch die in den verschiedenen Individuen eines Pflanzengeschlechts erzeugten Geistesmassen, welche aus einer klimatisch wenig verschiedenen Gegend der Erdoberfläche in die Erdseele eintreten, zu einem Gesammteindruck sich verbinden. Wie die verschiedenen Sinneswahrnehmungen von demselben Gegenstande sich in unserer Seele zu einem Bilde desselben vereinigen, so werden sämmtliche Pflanzen eines Theils der Erdoberfläche der Erdseele ein bis ins Feinste ausgearbeitetes Bild von dem klimatischen und chemischen Zustande desselben geben. Auf diese Weise erklärt sich, wie aus dem früheren Leben der Erde sich der Plan zu späteren Schöpfungen entwickelt.

Aber nach unseren Erklärungsprincipien bedarf zwar das Fortbestehen vorhandener Geistesmassen keines materiellen Trägers, aber alle Verbindung derselben, wenigstens alle Verbindung verschiedenartiger Geistesmassen kann nur mittelst neuer in einem gemeinschaftlichen Nervenprocesse erzeugter Geistesmassen geschehen.

Aus Gründen, die später entwickelt werden sollen, können wir das Substrat einer geistigen Thätigkeit nur in der ponderablen Materie suchen.

Nun ist es eine Thatsache, dass die starre Erdrinde und alles Ponderable über ihr nicht einem gemeinschaftlichen geistigen Processe dient, sondern die Bewegungen dieser ponderablen Massen aus andern Ursachen erklärt werden müssen.

Hiernach bleibt nur die Annahme übrig, dass die ponderablen Massen innerhalb der erstarrten Erdrinde Träger des Seelenlebens der Erde sind.

Sind diese dazu geeignet? Welches sind die äusseren Bedingungen für die Möglichkeit des Lebensprocesses? Die allgemeinen Erfahrungen über die unserer Beobachtung zugänglichen Lebensprocesse müssen dabei die Grundlage bilden; aber nur in soweit es uns gelingt, sie zu erklären, können wir daraus Schlüsse ziehen, welche auch auf andere Erscheinungskreise anwendbar sind.

Die allgemeinen Erfahrungen über die äusseren Bedingungen des Lebensprocesses in dem uns zugänglichen Erscheinungskreise sind:

1. Je höher und vollständiger entwickelt der Lebensprocess, desto mehr bedürfen die Träger desselben des Schutzes gegen äussere Bewegungsursachen, welche die relative Lage der Theile zu verändern streben.

2. Die uns bekannten physikalischen Processe (Stoffwechsel), welche dem Denkprocesse als Mittel dienen:

a) Absorption von elastischen durch liquide Flüssigkeiten.

b) Endosmose.

c) Bildung und Zersetzung von chemischen Verbindungen.

d) galvanische Ströme.

3. Die Stoffe in den Organismen haben keine erkennbare krystallinische Structur, sie sind theils fest (sehr wenig spröde), theils

gelatinös, theils liquide oder elastische Flüssigkeiten, immer aber porös, d. h. von elastischen Flüssigkeiten merklich durchdringbar.

4. Unter allen chemischen Elementen sind nur die vier sogenannten organischen allgemeine Träger des Lebensprocesses, und von diesen sind wieder ganz bestimmte Verbindungen, die sogenannten organisirenden, Bestandtheile der organischen Körper (Proteinstoffe, Cellulose etc.).

5. Die organischen Verbindungen bestehen nur bis zu einer bestimmten oberen Temperaturgrenze, und nur bis zu einer bestimmten unteren können sie Träger des Lebensprocesses sein.

ad. 1. Veränderungen in der relativen Lage der Theile werden in stufenweise geringerem Grade bewirkt durch mechanische Kräfte, durch Temperaturänderungen, durch Lichtstrahlen; hiernach können wir die Thatsachen, deren allgemeiner Ausdruck unser Satz ist, folgendermassen ordnen:

1. Die Fortpflanzbarkeit der niederen Organismen durch Theilung. Die bei den höheren Thierorganismen allmählich abnehmende Reproductionsfähigkeit.

2. Die Theile der Pflanze sind gegen Temperaturänderungen desto empfindlicher, je intensiver und je höher entwickelt der Lebensprocess in ihnen ist. In den höheren Thierorganismen herrscht, und zwar in den wichtigsten Theilen am vollkommensten, eine fast constante Wärme.

3. Die Theile des Nervensystems, welche selbständiger Denkthätigkeit dienen, sind gegen alle diese Einflüsse möglichst geschützt.

Die zuerst aufgeführte Thatsache hat ihren Grund offenbar darin, dass die relative Lage der Theile desto eher von Vorgängen im Innern der Materie bestimmt werden kann, je weniger sie von äusseren Bewegungsursachen bestimmt wird. Diese Unabhängigkeit von äusseren Bewegungsursachen findet aber innerhalb der Erdrinde in einem weit höheren Grade statt, als es sich durch organische Einrichtungen ausserhalb der Erdrinde irgend erreichen liess.

Unter den folgenden Thatsachen, welche wir im Zusammenhang betrachten, sind die unter 4. und 5. zusammengestellten anscheinend unserer Annahme entgegen; in der That würden sie es sein, wenn diesen von uns wahrgenommenen Bedingungen für die Möglichkeit eines Lebensprocesses eine absolute Gültigkeit beizulegen wäre und nicht bloss eine relative für unsern Erfahrungskreis. Gegen ersteres aber sprechen folgende Gründe:

1. Man müsste alsdann die ganze Natur, mit Ausnahme der Erdoberfläche für todt halten, denn auf allen andern Himmelskörpern

herrschen Wärme- und Druckverhältnisse, unter welchen die organischen Verbindungen nicht bestehen können.

2. Es ist ungereimt, anzunehmen, dass auf der erstarrten Erdrinde Organisches aus Unorganischem entstanden sei. Um das Entstehen der niedersten Organismen auf der Erdrinde zu erklären, muss man schon ein organisirendes Princip, also einen Denkprocess unter Bedingungen annehmen, unter welchen die organischen Verbindungen nicht bestehen konnten.

Wir müssen daher annehmen, dass diese Bedingungen nur für den Lebensprocess unter den jetzigen Verhältnissen auf der Oberfläche der Erde gültig sind, und nur in soweit es uns gelingt, sie zu erklären, können wir daraus die Möglichkeit des Lebensprocesses unter anderen Verhältnissen beurtheilen.

Weshalb also sind nur die vier organischen Elemente allgemeine Träger des Lebensprocesses? Der Grund kann nur in Eigenschaften gesucht werden, durch welche sich diese vier Elemente von allen übrigen unterscheiden.

1. Eine solche allgemeine Eigenschaft dieser vier Elemente findet sich nun darin, dass sie und ihre Verbindungen von allen Stoffen am schwersten und zum Theil bis jetzt gar nicht condensirt werden können.

2. Eine andere gemeinsame Eigenschaft derselben ist die grosse Mannigfaltigkeit ihrer Verbindungen und deren leichte Zersetzbarkeit. Diese Eigenschaft könnte aber ebenso wohl Folge, als Grund ihrer Verwendung zu Lebensprocessen sein.

Dass aber die erstere Eigenschaft, schwer condensirt werden zu können, diese vier Elemente vorzugsweise geeignet macht, Lebensprocessen zu dienen, wird einigermassen schon unmittelbar aus den unter 2. und 3. zusammengestellten thatsächlichen Bedingungen des Lebensprocesses erklärlich, noch mehr aber wenn man die Erscheinungen bei der Condensation der Gase zu liquiden Flüssigkeiten und festen Körpern auf Ursachen zurück zu führen sucht....

Zend-Avesta in der That ein lebendig machendes Wort*), neues Leben schaffend unserem Geiste im Wissen wie im Glauben; denn wie mancher Gedanke, welcher, einst zwar im Entwicklungsgang der Menschheit mächtig wirkend, nur durch Ueberlieferung in uns fortdauerte, ersteht jetzt auf einmal aus seinem Scheintode in reinerer Form zu neuem Leben, neues Leben enthüllend in der Natur. Denn wie unermesslich erweitert sich vor unserm Blick das Leben der Natur,

*) Vgl. Fechner, Zend-Avesta, I, Vorrede S. V.

welches bisher nur auf der Oberfläche der Erde sich ihm kund that, wie unaussprechlich erhabener erscheint es als bisher. Was wir als den Sitz sinn- und bewusstlos wirkender Kräfte betrachteten, das erscheint jetzt als die Werkstatt der höchsten geistigen Thätigkeit. In wunderbarer Weise erfüllt sich, was unser grosser Dichter als das Ziel, welches dem Geist des Forschers vorschwebte, in vorschauender Begeisterung geschildert hat.

Wie Fechner in seiner Nanna die Beseeltheit der Pflanzen darzuthun sucht, so ist der Ausgangspunkt seiner Betrachtungen im Zend-Avesta die Lehre von der Beseeltheit der Gestirne. Die Methode, deren er sich bedient, ist nicht die Abstraction allgemeiner Gesetze durch die Induction und die Anwendung und Prüfung derselben in der Naturerklärung, sondern die Analogie. Er vergleicht die Erde mit unserem eigenen Organismus, von welchem wir wissen, dass er beseelt ist. Er sucht dabei nicht blos einseitig die Aehnlichkeiten auf, sondern lässt auch ebenso sehr den Unähnlichkeiten ihr Recht angedeihen, und kommt so zu dem Resultat, dass alle Aehnlichkeiten darauf hinweisen, dass die Erde ein beseeltes Wesen, alle Unähnlichkeiten aber darauf, dass sie ein weit höher stehendes beseeltes Wesen, als wir, sei. Die überzeugende Kraft dieser Darstellung liegt in ihrer allseitigen Durchführung im Einzelnen. Der Gesammteindruck des vor uns aufgerollten Bildes von dem Leben der Erde muss der Ansicht Evidenz geben und ersetzen, was den einzelnen Schlüssen an Strenge fehlt. Diese Evidenz beruht wesentlich auf der Anschaulichkeit des Bildes, auf seiner grösstmöglichen Ausführung ins Einzelne. Ich würde daher der Fechner'schen Ansicht zu schaden glauben, wenn ich hier den Gang, welchen er in seinem Werke nimmt, im Auszug darzulegen versuchte. Bei der folgenden Besprechung der Fechner-schen Ansichten werde ich also von der Form, in welcher sie vorgetragen sind, absehen und nur das Substantielle derselben ins Auge fassen, und mich dabei auf die erstere Methode, die Abstraction allgemeiner Gesetze durch Induction und ihre Bewährung in der Naturerklärung stützen.

Fragen wir zunächst: woraus schliessen wir die Beseeltheit eines Dinges (das Stattfinden eines fortdauernden einheitlichen Denkprocesses in ihm)? Unserer eigenen Beseeltheit sind wir unmittelbar gewiss, bei Anderen (Menschen und Thieren) schliessen wir sie aus individuellen zweckmässigen Bewegungen.

Ueberall, wo wir wohlgeordnete Zweckmässigkeit auf eine Ursache zurückführen, suchen wir diese Ursache in einem Denkprocesse; eine andere Erklärung haben wir nicht. Das Denken selbst aber kann ich

33*

wenigstens nur für einen Vorgang im Innern der ponderablen Materie halten. Die Unmöglichkeit, das Denken aus räumlichen Bewegungen der Materie zu erklären, wird bei einer unbefangenen Zergliederung der inneren Wahrnehmung wohl Jedermann einleuchten; doch mag die abstracte Möglichkeit einer solchen Erklärung hier zugegeben werden.

Dass auf der Erde Zweckmässigkeit wahrgenommen werde, wird Niemand läugnen. Es fragt sich also: wohin haben wir den Denkprocess, welcher die Ursache dieser Zweckmässigkeit ist, zu verlegen?

Es ist hier nur von bedingten (in begrenzten Zeiten und Räumen stattfindenden) Zwecken die Rede; unbedingte Zwecke finden ihre Erklärung in einem ewigen (nicht in einem Denkprocess erzeugten) Wollen. Die einzige Zweckmässigkeit, deren Ursache wir wahrnehmen, ist die Zweckmässigkeit unserer eigenen Handlungen. Sie entspringt aus dem Wollen der Zwecke und dem Nachdenken über die Mittel.

Finden wir nun einen aus ponderabler Materie bestehenden Körper, in welchem ein System von fortlaufenden Zweck- und Wirkungsbezügen vollkommen zum Abschluss kommt, so können wir zur Erklärung dieser Zweckmässigkeit einen fortwährenden einheitlichen Denkprocess in demselben annehmen; und diese Hypothese wird die wahrscheinlichste sein, wenn 1) die Zweckmässigkeiten nicht schon in Theilen des Körpers zum Abschluss kommen, und 2) kein Grund vorhanden ist, die Ursache derselben in einem grösseren Ganzen, welchem der Körper angehört, zu suchen.

Wenden wir dies auf die in Menschen, Thieren und Pflanzen wahrgenommene Zweckmässigkeit an, so ergiebt sich, dass ein Theil dieser Zweckmässigkeiten aus einem Denkprocess im Innern dieser Körper zu erklären ist, ein anderer Theil, die Zweckmässigkeit des Organismus, aber aus einem Denkprocess in einem grösseren Ganzen.

Die Gründe hierfür sind:

1. Die Zweckmässigkeit der organischen Einrichtungen findet nicht in den einzelnen Organismen ihren Abschluss. Die Gründe für die Einrichtung des menschlichen Organismus sind offenbar in der Beschaffenheit der ganzen Erdoberfläche, die organische Natur mit eingerechnet, zu suchen.

2. Die organischen Bewegungen wiederholen sich unzählbar, theils in verschiedenen Individuen neben einander, theils in dem Leben eines Individuums oder eines Geschlechts nach einander. Für die Zweckmässigkeit, welche in ihnen für sich schon liegt, ist also nicht in jedem Fall eine besondere, sondern eine gemeinsame Ursache anzunehmen.

3. Die organischen Einrichtungen erhalten theils (bei Menschen und Thieren) im Leben der einzelnen Individuen, theils (bei Pflanzen und Embryonen) im Leben der einzelnen Geschlechter keine Fortbildung. Die Ursache ihrer Zweckmässigkeit ist also nicht in einem gleichzeitig fortlaufenden Denkprocess zu suchen.

Nach Abzug dieser (organischen) Zweckmässigkeiten bleibt nun bei Menschen und Thieren anerkannter Maassen, bei Pflanzen nach Fechner's Ansicht, noch ein abgeschlossenes System in einander greifender veränderlicher Zweck- und Wirkungsbezüge übrig; und diese Zweckmässigkeit ist aus einem einheitlichen Denkprocesse in ihnen zu erklären.

Diese Folgerungen aus unseren Principien werden durch unsere innere Wahrnehmung bestätigt.

Nach denselben Principien aber müssen wir die Ursache der in den Organismen wahrgenommenen Zweckmässigkeiten in einem einheitlichen Denkprocesse in der Erde suchen aus folgenden Gründen:

a) Die Zweck- und Wirkungsbezüge in dem organischen Leben auf der Erde zerfallen nicht in einzelne Systeme, sondern es greift Alles in einander. Sie können daher nicht aus mehreren besonderen Denkprocessen in Theilen der Erde erklärt werden.

b) Es ist, so weit unsere Erfahrung reicht, kein Grund vorhanden, die Ursachen dieser Zweckmässigkeiten in einem grösseren Ganzen zu suchen. Alle Organismen sind nur zum Leben auf der Erde bestimmt. Der Zustand der Erdrinde enthält daher sämmtliche (äussere) Gründe ihrer Einrichtung.

c) Sie sind individuell. Nach Allem, was die Erfahrung darüber lehrt, müssen wir annehmen, dass sie sich auf andern Himmelskörpern nicht wiederholen.

d) Sie bleiben nicht während des Lebens der Erde. Es treten vielmehr im Lauf desselben immer neue, vollkommenere Organismen auf. Wir müssen also die Ursache in einem gleichzeitig zu höheren Stufen fortschreitenden Denkprocesse suchen.

Vom Standpunkt der exacten Naturwissenschaft, der Natur-Erklärung aus Ursachen ist also die Annahme einer Erdseele eine Hypothese zur Erklärung des Daseins und der geschichtlichen Entwicklung der organischen Welt.

„Wenn der Leib der niederen Seele stirbt", sagt Fechner, „nimmt die obere Seele sie aus ihrem Anschauungsleben in ihr Erinnerungsleben auf.“ Die Seelen der gestorbenen Geschöpfe sollen also die Elemente bilden für das Seelenleben der Erde.

Die verschiedenen Denkprocesse scheinen sich hauptsächlich zu unterscheiden durch ihren zeitlichen Rhythmus. Wenn die Pflanzen beseelt sind, so müssen Stunden und Tage für sie sein, was für uns Secunden sind; der entsprechende Zeitraum für die Erdseele, wenigstens für ihre Thätigkeit nach aussen, umfasst vielleicht viele Jahrtausende. Soweit die geschichtliche Erinnerung der Menschheit reicht, sind alle Bewegungen der unorganischen Erdrinde wohl noch aus mechanischen Gesetzen zu erklären.

Antinomien.

Thesis.	Antithesis.
Endliches, Vorstellbares.	Unendliches, Begriffssysteme, die an der Grenze des Vorstellbaren liegen.
I.	
Endliche Zeit- und Raumelemente.	Stetiges.
II.	
Freiheit, d. h. nicht das Vermögen, absolut anzufangen, sondern zwischen zwei oder mehreren gegebenen Möglichkeiten zu entscheiden.	Determinismus.
Damit trotz völlig bestimmter Gesetze des Wirkens der Vorstellungen Entscheidung durch Willkür möglich sei, muss man annehmen, dass der psychische Mechanismus selbst die Eigenthümlichkeit hat oder wenigstens in seiner Entwicklung annimmt, die Nothwendigkeit derselben herbeizuführen.	Niemand kann beim Handeln die Ueberzeugung aufgeben, dass die Zukunft durch sein Handeln mitbestimmt wird.
III.	
Ein zeitlich wirkender Gott (Weltregierung).	Ein zeitloser, persönlicher, allwissender, allmächtiger, allgütiger Gott (Vorsehung).

IV.

Thesis.

Unsterblichkeit.

Freiheit ist sehr wohl vereinbar mit strenger Gesetzmässigkeit des Naturlaufs. Aber der Begriff eines zeitlosen Gottes ist daneben nicht haltbar. Es muss vielmehr die Beschränkung, welche Allmacht und Allwissenheit durch die Freiheit der Geschöpfe in der oben festgestellten Bedeutung erleiden, aufgehoben werden durch die Annahme eines zeitlich wirkenden Gottes, eines Lenkers der Herzen und Geschicke der Menschen, der Begriff der Vorsehung muss ergänzt und zum Theil ersetzt werden durch den Begriff der Weltregierung.

Antithesis.

Ein unserer zeitlichen Erscheinung zu Grunde liegendes Ding an sich mit transcendentaler Freiheit, radicalem Bösen, intelligiblem Charakter ausgestattet.

Allgemeines Verhältniss der Begriffssysteme der Thesis und Antithesis.

Die Methode, welche Newton zur Begründung der Infinitesimalrechnung anwandte, und welche seit Anfang dieses Jahrhunderts von den besten Mathematikern als die einzige anerkannt worden ist, welche sichere Resultate liefert, ist die Grenzmethode. Die Methode besteht darin, dass man statt eines stetigen Uebergangs von einem Werth einer Grösse zu einem andern, von einem Orte zu einem andern, oder überhaupt von einer Bestimmungsweise eines Begriffs zu einer andern zunächst einen Uebergang durch eine endliche Anzahl von Zwischenstufen betrachtet und dann die Anzahl dieser Zwischenstufen so wachsen lässt, dass die Abstände zweier aufeinanderfolgender Zwischenstufen sämmtlich ins Unendliche abnehmen.

Die Begriffssysteme der Antithesis sind zwar durch negative Prädicate fest bestimmte Begriffe, aber nicht positiv vorstellbar.

Eben deshalb, weil ein genaues und vollständiges Vorstellen dieser Begriffssysteme unmöglich ist, sind sie der directen Untersuchung und Bearbeitung durch unser Nachdenken unzugänglich. Sie können aber als an der Grenze des Vorstellbaren liegend betrachtet werden, d. h. man kann ein innerhalb des Vorstellbaren liegendes Begriffssystem bilden, welches durch blosse Aenderung der Grössenverhältnisse in das gegebene Begriffssystem übergeht. Von den Grössenverhältnissen abgesehen, bleibt das Begriffssystem bei dem Uebergang zur Grenze ungeändert. In dem Grenzfall selbst aber verlieren einige von den Correlativbegriffen des Systems ihre Vorstellbarkeit, und zwar solche, welche die Beziehung zwischen andern Begriffen vermitteln.

II. Erkenntnisstheoretisches.

Versuch einer Lehre von den Grundbegriffen der Mathematik und Physik als Grundlage für die Naturerklärung.

Naturwissenschaft ist der Versuch, die Natur durch genaue Begriffe aufzufassen.

Nach den Begriffen, durch welche wir die Natur auffassen, werden nicht bloss in jedem Augenblick die Wahrnehmungen ergänzt, sondern auch künftige Wahrnehmungen als nothwendig, oder, insofern das Begriffssystem dazu nicht vollständig genug ist, als wahrscheinlich vorher bestimmt; es bestimmt sich nach ihnen, was „möglich" ist (also auch was „nothwendig" oder wessen Gegentheil unmöglich ist) und es kann der Grad der Möglichkeit (der „Wahrscheinlichkeit") jedes einzelnen nach ihnen möglichen Ereignisses, wenn sie genau genug sind, mathematisch bestimmt werden.

Tritt dasjenige ein, was nach diesen Begriffen nothwendig oder wahrscheinlich ist, so werden sie dadurch bestätigt, und auf dieser Bestätigung durch die Erfahrung beruht das Zutrauen, welches wir ihnen schenken. Geschieht aber Etwas, was nach ihnen nicht erwartet wird, also nach ihnen unmöglich oder unwahrscheinlich ist, so entsteht die Aufgabe, sie so zu ergänzen oder, wenn nöthig, umzuarbeiten, dass nach dem vervollständigten oder verbesserten Begriffssystem das Wahrgenommene aufhört, unmöglich oder unwahrscheinlich zu sein. Die Ergänzung oder Verbesserung des Begriffssystems bildet die „Erklärung" der unerwarteten Wahrnehmung. Durch diesen Process wird unsere Auffassung der Natur allmählich immer vollständiger und richtiger, geht aber zugleich immer mehr hinter die Oberfläche der Erscheinungen zurück.

Die Geschichte der erklärenden Naturwissenschaften, soweit wir sie rückwärts verfolgen können, zeigt, dass dieses in der That der Weg ist, auf welchem unsere Naturerkenntniss fortschreitet. Die Begriffssysteme, welche ihnen jetzt zu Grunde liegen, sind durch allmähliche Umwandlung älterer Begriffssysteme entstanden, und die Gründe, welche zu neuen Erklärungsweisen trieben, lassen sich stets auf Widersprüche oder Unwahrscheinlichkeiten, die sich in den älteren Erklärungsweisen herausstellten, zurückführen.

Die Bildung neuer Begriffe, soweit sie der Beobachtung zugänglich ist, geschieht also durch jenen Process.

Es ist nun von Herbart der Nachweis geliefert worden, dass auch die zur Weltauffassung dienenden Begriffe, deren Entstehung wir weder in der Geschichte, noch in unserer eigenen Entwicklung verfolgen können, weil sie uns unvermerkt mit der Sprache überliefert werden, sämmtlich, in soweit sie mehr sind als blosse Formen der Verbindung der einfachen sinnlichen Vorstellungen, aus dieser Quelle abgeleitet werden können und daher nicht (wie nach Kant die Kategorien) aus einer besonderen aller Erfahrung voraufgehenden Beschaffenheit der menschlichen Seele hergeleitet zu werden brauchen. Dieser Nachweis ihres Ursprungs in der Auffassung des durch die sinnliche Wahrnehmung Gegebenen ist für uns deshalb wichtig, weil nur dadurch ihre Bedeutung in einer für die Naturwissenschaft genügenden Weise festgestellt werden kann....

Nachdem der Begriff für sich bestehender Dinge gebildet worden ist, entsteht nun beim Nachdenken über die Veränderung, welche dem Begriffe des für sich Bestehens widerspricht, die Aufgabe, diesen schon bewährten Begriff so weit als möglich aufrecht zu erhalten. Hieraus entspringen gleichzeitig der Begriff der stetigen Veränderung, und der Begriff der Causalität.

Beobachtet wird nur ein Uebergang eines Dinges aus einem Zustand in einen anderen, oder, allgemeiner zu reden, aus einer Bestimmungsweise in eine andere, ohne dass dabei ein Sprung wahrgenommen wird. Bei der Ergänzung der Wahrnehmungen kann man nun entweder annehmen, dass der Uebergang durch eine sehr grosse aber endliche Anzahl für unsere Sinne unmerklicher Sprünge geschieht, oder dass das Ding durch alle Zwischenstufen aus dem einen Zustand in den andern übergeht. Der stärkste Grund für die letztere Auffassung liegt in der Forderung, den schon bewährten Begriff des für sich Bestehens der Dinge soweit als möglich aufrecht zu erhalten. Freilich ist es nicht möglich, sich einen Uebergang durch alle Zwischenstufen wirklich vorzustellen, was aber, wie bemerkt, genau genommen von allen Begriffen gilt.

Zugleich aber wird nach dem früher gebildeten und in der Erfahrung bewährten Begriffe des für sich Bestehens der Dinge geschlossen, das Ding würde bleiben, was es ist, wenn nichts Anderes hinzukäme. Hierin liegt der Antrieb, zu jeder Veränderung eine Ursache zu suchen.

I. Wann ist unsere Auffassung der Welt wahr?

„Wenn der Zusammenhang unserer Vorstellungen dem Zusammenhange der Dinge entspricht."

Die Elemente unseres Bildes von der Welt sind von den entsprechenden Elementen des abgebildeten Realen gänzlich verschieden. Sie sind etwas in uns; die Elemente des Realen etwas ausser uns. Aber die Verbindungen zwischen den Elementen im Bilde und im Abgebildeten müssen übereinstimmen, wenn das Bild wahr sein soll. Die Wahrheit des Bildes ist unabhängig von dem Grade der Feinheit des Bildes; sie hängt nicht davon ab, ob die Elemente des Bildes grössere oder kleinere Mengen des Realen repräsentiren. Aber die Verbindungen müssen einander entsprechen; es darf nicht im Bilde eine unmittelbare Wirkung zweier Elemente auf einander angenommen werden, wo in der Wirklichkeit nur eine mittelbare stattfindet. In diesem Falle würde das Bild falsch sein und der Berichtigung bedürfen; wird dagegen ein Element des Bildes durch eine Gruppe von feineren Elementen ersetzt, so dass seine Eigenschaften theils aus einfacheren Eigenschaften der feineren Elemente, theils aber aus ihrer Verbindung sich ergeben und also zum Theil begreiflich werden, so wächst dadurch zwar unsere Einsicht in den Zusammenhang der Dinge, aber ohne dass die frühere Auffassung für falsch erklärt werden müsste.

II. Woraus soll der Zusammenhang der Dinge gefunden werden?

„Aus dem Zusammenhange der Erscheinungen."

Die Vorstellung von Sinnendingen in bestimmten räumlichen und zeitlichen Verhältnissen ist dasjenige, was beim absichtlichen Nachdenken über die Natur vorgefunden wird oder für dasselbe gegeben ist. Es ist jedoch bekanntlich die Qualität der Merkmale der Sinnendinge, Farbe, Klang, Ton, Geruch, Geschmack, Wärme oder Kälte, etwas lediglich unserer Empfindung Entnommenes, ausser uns nicht Existirendes.

Dasjenige, woraus der Zusammenhang der Dinge erkannt werden muss, sind also quantitative Verhältnisse, die räumlichen und zeitlichen Verhältnisse der Sinnendinge und die Intensitätsverhältnisse der Merkmale und ihrer Qualitätsunterschiede.

Aus dem Nachdenken über den beobachteten Zusammenhang dieser Grössenverhältnisse muss sich die Erkenntniss des Zusammenhangs der Dinge ergeben.

Causalität.

I. Was ein Agens zu bewirken strebt, muss durch den Begriff des Agens bestimmt sein; seine Action kann von nichts Anderem als von seinem eigenen Wesen abhängen.

II. Dieser Forderung wird genügt, wenn das Agens sich selbst zu erhalten oder herzustellen strebt.

III. Eine solche Action ist aber nicht denkbar, wenn das Agens ein Ding, ein Seiendes ist, sondern nur, wenn es ein Zustand oder ein Verhältniss ist. Findet ein Streben, etwas zu erhalten oder herzustellen Statt, so müssen auch Abweichungen, und zwar in verschiedenen Graden, von diesem Etwas möglich sein; und es wird in der That, in sofern dieser Bestrebung andere Betrebungen widerstreiten, nur möglichst nahe erhalten oder hergestellt werden. Es giebt aber keine Grade des Seins, eine gradweise Verschiedenheit ist nur von Zuständen oder Verhältnissen denkbar. Wenn also ein Agens sich selbst zu erhalten oder herzustellen strebt, so muss es ein Zustand oder ein Verhältniss sein.

IV. Eine solche Action eines Zustandes kann selbstredend nur auf solche Dinge stattfinden, die eines gleichen Zustandes fähig sind. Auf welche von diesen Dingen sie aber stattfindet und ob sie überhaupt stattfindet, kann aus dem Begriff des Agens nicht geschlossen werden.*)

---

*) Diese Sätze gelten nur, wenn einem einfachen Realgrund das Wirken zugeschrieben werden soll.

Wenn zwei Dinge *a* und *b* durch einen äusseren Grund in Verbindung treten, so kann entweder an die Verbindung, das Verbundensein, selbst, oder auch an die Veränderung ihres Grades, eine Folge *c* geknüpft sein. Die einfachste Annahme ist, dass die Folge *c* an das Verbundensein geknüpft ist.

Es ist unnöthig, diese Betrachtungen weiter fortzuführen. Ihr Princip besteht darin, dass man den Satz festhält: „Was ein Agens zu bewirken strebt, muss durch den Begriff des Agens bestimmt sein", diesen Satz aber nicht, wie Leibnitz oder Spinoza auf Wesen mit einer Mannigfaltigkeit von Bestimmungen, sondern auf Realgründe von möglichst grösster Einfachheit anwendet.

Man pflegt im Deutschen sowohl actio als effectus durch Wirkung zu übersetzen. Da das Wort in der letzteren Bedeutung viel häufiger vorkommt, so entsteht leicht eine Undeutlichkeit, wenn man es für actio braucht, wie z. B. bei der gebräuchlichen Uebersetzung von „actio aequalis est reactioni", „principium actionis minimae". Kant sucht sich dadurch zu helfen, dass er neben Wirkung, Wechselwirkung, den lateinischen Ausdruck actio, actio mutua in Klammern hinzufügt. Man könnte vielleicht sagen: „die Kraft ist gleich der Gegenkraft", „Satz vom kleinsten Kraftaufwande". Da aber in der That uns ein einfacher Ausdruck für agere, ein auf etwas Anderes gerichtetes Streben, fehlt, so möge mir der Gebrauch des Fremdworts gestattet sein.

Sehr richtig bemerkt Kant, dass durch die Zergliederung des Begriffs von einem Dinge weder gefunden werden könne, dass es sei, noch dass es die Ursache von etwas Anderem sei, dass also die Begriffe des Seins und der Causalität nicht analytisch seien und nur aus der Erfahrung entnommen werden können. Wenn er aber später sich zu der Annahme genöthigt glaubt, dass der Causalbegriff aus einer aller Erfahrung vorausgehenden Beschaffenheit des erkennenden Subjects stamme, und ihn deshalb zu einer blossen Regel der Zeitfolge stempelt, durch welche in der Erfahrung mit jeder Wahrnehmung als Ursache jede beliebige andere als Wirkung verknüpft werden könnte, so heisst dies das Kind mit dem Bade ausschütten. (Freilich müssen wir die Causalitätsverhältnisse aus der Erfahrung entnehmen; aber wir dürfen nicht darauf verzichten, unsere Auffassung dieser Erfahrungsthatsachen durch Nachdenken zu berichtigen und zu ergänzen.)

Das Wort Hypothese hat jetzt eine etwas andere Bedeutung als bei Newton. Man pflegt jetzt unter Hypothese Alles zu den Erscheinungen Hinzugedachte zu verstehen.

Newton war weit entfernt von dem ungereimten Gedanken, als könne die Erklärung der Erscheinungen durch Abstraction gewonnen werden.

Newton: Et haec de deo; de quo utique ex phaenomenis disserere ad philosophiam experimentalem pertinet. Rationem vero harum Gravitatis proprietatum ex phaenomenis nondum potui deducere, et Hypotheses non fingo. Quicquid enim ex Phaenomenis non deducitur, Hypothesis vocanda est.

Arago, Oeuvres complètes T. 3. 505:

Une fois, une seule fois Laplace s'élança dans la region des conjectures. Sa conception ne fut alors rien moins qu'une cosmogonie.

Laplace auf Napoleon's Frage, weshalb in seiner Méc. cél. der Name Gottes nicht vorkomme: Sire, je n'avais pas besoin de cette hypothèse.

Die Unterscheidung, welche Newton zwischen Bewegungsgesetzen oder Axiomen und Hypothesen macht, scheint mir nicht haltbar. Das Trägheitsgesetz ist die Hypothese: Wenn ein materieller Punkt allein in der Welt vorhanden wäre und sich im Raum mit einer bestimmten Geschwindigkeit bewegte, so würde er diese Geschwindigkeit beständig behalten.

III. Naturphilosophie.

I. Molecularmechanik.

Die freie Bewegung eines Systems materieller Punkte $m_1, m_2 \ldots$ mit den rechtwinkligen Coordinaten $x_1, y_1, z_1;\ x_2, y_2, z_2; \ldots$, auf welche parallel den drei Axen die Kräfte $X_1, Y_1, Z_1;\ X_2, Y_2, Z_2; \ldots$ wirken, geschieht den Gleichungen gemäss:

$$(1) \qquad m_\iota \frac{d^2 x_\iota}{dt^2} = X_\iota, \quad m_\iota \frac{d^2 y_\iota}{dt^2} = Y_\iota, \quad m_\iota \frac{d^2 z_\iota}{dt^2} = Z_\iota.$$

Dies Gesetz kann auch so ausgesprochen werden: die Beschleunigungen bestimmen sich so, dass

$$\sum m_\iota \left(\left(\frac{d^2 x_\iota}{dt^2} - \frac{X_\iota}{m_\iota} \right)^2 + \left(\frac{d^2 y_\iota}{dt^2} - \frac{Y_\iota}{m_\iota} \right)^2 + \left(\frac{d^2 z_\iota}{dt^2} - \frac{Z_\iota}{m_\iota} \right)^2 \right)$$

ein Minimum wird; denn diese Function der Beschleunigungen nimmt ihren kleinsten Werth 0 an, wenn die Beschleunigungen sämmtlich den Gleichungen (1) gemäss bestimmt werden, d. h. die Grössen $\frac{d^2 x_\iota}{dt^2} - \frac{X_\iota}{m_\iota} \ldots$ sämmtlich $= 0$ sind, und sie nimmt auch nur dann einen Minimumwerth an; denn wäre eine dieser Grössen, z. B. $\frac{d^2 x_\iota}{dt^2} - \frac{X_\iota}{m_\iota}$ nicht gleich Null, so könnte man $\frac{d^2 x_\iota}{dt^2}$ immer stetig so ändern, dass der absolute Werth dieser Grösse und folglich ihr Quadrat abnähme. Die Function würde also dann kleiner werden, wenn man zugleich alle übrigen Beschleunigungen ungeändert liesse.

Diese Function der Beschleunigungen unterscheidet sich von

$$\sum m_\iota \left(\left(\frac{d^2 x_\iota}{dt^2} \right)^2 + \left(\frac{d^2 y_\iota}{dt^2} \right)^2 + \left(\frac{d^2 z_\iota}{dt^2} \right)^2 \right)$$
$$- 2 \sum \left(X_\iota \frac{d^2 x_\iota}{dt^2} + Y_\iota \frac{d^2 y_\iota}{dt^2} + Z_\iota \frac{d^2 z_\iota}{dt^2} \right)$$

nur um eine Constante, d. h. eine von den Beschleunigungen unabhängige Grösse.

Wenn die Kräfte nur von Anziehungen und Abstossungen zwischen den Punkten herrühren, welche Functionen der Entfernung sind, und der ιte Punkt und der ι'te Punkt sich in der Entfernung r mit der Kraft $f_{\iota,\iota'}(r)$ abstossen oder mit der Kraft $-f_{\iota,\iota'}(r)$ anziehen, lassen sich bekanntlich die Componenten der Kräfte ausdrücken durch die partiellen Derivirten einer Function von den Coordinaten sämmtlicher Punkte

$$P = \sum_{\iota,\iota'} F_{\iota,\iota'}(r_{\iota,\iota'}),$$

worin $F_{\iota,\iota'}(r)$ eine Function bedeutet, deren Derivirte $f_{\iota,\iota'}(r)$, und für ι und ι' je zwei verschiedene Indices zu setzen sind.

Substituirt man diese Werthe der Componenten

$$X_\iota = \frac{\partial P}{\partial x_\iota}, \quad Y_\iota = \frac{\partial P}{\partial y_\iota}, \quad Z_\iota = \frac{\partial P}{\partial z_\iota}$$

in obiger Function der Beschleunigungen und multiplicirt dieselbe mit $\frac{dt^2}{4}$, wodurch die Lage ihrer Maxima und Minima nicht geändert wird, so erhält man einen Ausdruck, der sich von

$$\tfrac{1}{4}\sum\left(\left(d\frac{dx_\iota}{dt}\right)^2 + \left(d\frac{dy_\iota}{dt}\right)^2 + \left(d\frac{dz_\iota}{dt}\right)^2\right) - P_{(t+dt)}$$

nur um eine von den Beschleunigungen unabhängige Grösse unterscheidet. Wenn die Lage und die Geschwindigkeiten der Punkte zur Zeit t gegeben sind, so bestimmt sich diese Lage zur Zeit $t + dt$ so, dass diese Grösse möglichst klein wird. Es findet demnach ein Streben statt, diese Grösse möglichst klein zu machen.

Dieses Gesetz kann man nun aus Actionen erklären, welche die einzelnen Glieder dieses Ausdrucks möglichst klein zu machen streben, wenn man annimmt, dass einander widerstreitende Bestrebungen sich so ausgleichen, dass die Summe der Grössen, welche die einzelnen Actionen möglichst klein zu erhalten streben, ein Minimum wird.

Nimmt man an, dass die Massen der Punkte $m_1, m_2, \ldots, m_n$ sich verhalten wie die ganzen Zahlen $k_1, k_2, \ldots, k_n$, so dass $m_\iota = k_\iota \mu$, so besteht der Ausdruck, welcher möglichst klein wird, aus der Summe der Grössen

$$\frac{\mu}{4}\left(\left(d\frac{dx_\iota}{dt}\right)^2 + \left(d\frac{dy_\iota}{dt}\right)^2 + \left(d\frac{dz_\iota}{dt}\right)^2\right)$$

für sämmtliche Massentheilchen μ und der Grösse $-P_{t+dt}$. Wenn man also mit Gauss die Grösse

$$\left(d\frac{dx_\iota}{dt}\right)^2 + \left(d\frac{dy_\iota}{dt}\right)^2 + \left(d\frac{dz_\iota}{dt}\right)^2$$

als Maass der Abweichung des Bewegungszustandes der Masse μ zur Zeit $t + dt$ von ihrem Bewegungszustand zur Zeit t betrachtet, so ergiebt die Zerlegung der Gesammtaction in Bezug auf jede Masse eine Action, welche die Abweichung ihres Bewegungszustandes zur Zeit $t + dt$ von ihrem Bewegungszustande zur Zeit t möglichst klein zu machen strebt, oder ein Streben ihres Bewegungszustandes, sich zu erhalten, und ausserdem eine Action, welche die Grösse $-P$ möglichst klein zu erhalten strebt.

Diese letztere Action lässt sich zerlegen in Bestrebungen, die einzelnen Glieder der Summe $\sum_{\iota,\iota'} F_{\iota,\iota'}(r_{\iota,\iota'})$ möglichst klein zu erhalten, d. h. in Anziehungen und Abstossungen zwischen je zwei Punkten, und dies würde zu der gewöhnlichen Erklärung der Bewegungsgesetze aus dem Gesetz der Trägheit und Anziehungen und Abstossungen zurückführen; sie lässt sich aber bei allen uns bekannten Naturkräften auch auf Kräfte, welche zwischen benachbarten Raumelementen thätig sind, zurückführen, wie im folgenden Artikel an der Gravitation erläutert werden soll.

---

2. Neue mathematische Principien der Naturphilosophie.*)

Obgleich die Ueberschrift dieses Aufsatzes bei den meisten Lesern schwerlich ein günstiges Vorurtheil erwecken wird, so schien sie mir doch die Tendenz desselben am besten auszudrücken. Sein Zweck ist, jenseits der von Galiläi und Newton gelegten Grundlagen der Astronomie und Physik ins Innere der Natur zu dringen. Für die Astronomie kann diese Speculation freilich unmittelbar keinen praktischen Nutzen haben, aber ich hoffe, dass dieser Umstand auch in den Augen der Leser dieses Blattes dem Interesse keinen Eintrag thun wird. . . . .

Der Grund der allgemeinen Bewegungsgesetze für Ponderabilien, welche sich im Eingange zu Newton's Principien zusammengestellt finden, liegt in dem inneren Zustande derselben. Versuchen wir aus unserer eigenen inneren Wahrnehmung nach der Analogie auf denselben zu schliessen. Es treten in uns fortwährend neue Vorstellungsmassen auf, welche sehr rasch aus unserm Bewusstsein wieder verschwinden. Wir beobachten eine stetige Thätigkeit unserer Seele. Jedem Act derselben liegt etwas Bleibendes zu Grunde, welches sich bei besonderen Anlässen (durch die Erinnerung) als solches kundgiebt, ohne einen dauernden Einfluss auf die Erscheinungen auszuüben. Es tritt also fortwährend (mit jedem Denkact) etwas Bleibendes in unsere Seele ein, welches aber auf die Erscheinungswelt keinen dauernden

*) Gefunden am 1. März 1853.

Einfluss ausübt. Jedem Act unserer Seele liegt also etwas Bleibendes zu Grunde, welches mit diesem Act in unsere Seele eintritt, aber in demselben Augenblick aus der Erscheinungswelt völlig verschwindet.

Von dieser Thatsache geleitet, mache ich die Hypothese, dass der Weltraum mit einem Stoff erfüllt ist, welcher fortwährend in die ponderablen Atome strömt und dort aus der Erscheinungswelt (Körperwelt) verschwindet.

Beide Hypothesen lassen sich durch die Eine ersetzen, dass in allen ponderablen Atomen beständig Stoff aus der Körperwelt in die Geisteswelt eintritt. Die Ursache, weshalb der Stoff dort verschwindet, ist zu suchen in der unmittelbar vorher dort gebildeten Geistessubstanz, und die ponderablen Körper sind hiernach der Ort, wo die Geisteswelt in die Körperwelt eingreift*).

Die Wirkung der allgemeinen Gravitation, welche nun zunächst aus dieser Hypothese erklärt werden soll, ist bekanntlich in jedem Theil des Raumes völlig bestimmt, wenn die Potentialfunction P sämmtlicher ponderablen Massen für diesen Theil des Raumes gegeben ist, oder was dasselbe ist, eine solche Function P des Ortes, dass die im Innern einer geschlossenen Fläche S enthaltenen ponderablen Massen $\frac{1}{4\pi}\int\frac{\partial P}{\partial p}dS$ sind.

Nimmt man nun an, dass der raumerfüllende Stoff eine incompressible homogene Flüssigkeit ohne Trägheit sei, und dass in jedes ponderable Atom in gleichen Zeiten stets gleiche, seiner Masse proportionale Mengen einströmen, so wird offenbar der Druck, den das ponderable Atom erfährt, (der Geschwindigkeit der Stoffbewegung an dem Orte des Atoms proportional sein(?))

Es kann also die Wirkung der allgemeinen Gravitation auf ein ponderables Atom durch den Druck des raumerfüllenden Stoffes in der unmittelbaren Umgebung desselben ausgedrückt und von demselben abhängig gedacht werden.

Aus unserer Hypothese folgt nothwendig, dass der raumerfüllende Stoff die Schwingungen fortpflanzen muss, welche wir als Licht und Wärme wahrnehmen.

Betrachten wir einen einfach polarisirten Strahl, bezeichnen durch x die Entfernung eines unbestimmten Punktes desselben von einem

---

*) In jedes ponderable Atom tritt in jedem Augenblick eine bestimmte, der Gravitationskraft proportionale Stoffmenge ein und verschwindet dort.

Es ist die Consequenz der auf Herbart'schem Boden stehenden Psychologie, dass nicht der Seele, sondern jeder einzelnen in uns gebildeten Vorstellung Substantialität zukomme.

festen Anfangspunkte, durch y dessen Elongation zur Zeit t, so muss, weil die Fortpflanzungsgeschwindigkeit der Schwingungen im von Ponderabilien freien Raum unter allen Umständen sehr nahe constant (gleich α) ist, die Gleichung:

$$y = f(x + \alpha t) + \varphi(x - \alpha t)$$

wenigstens sehr nahe erfüllt werden.

Wäre sie streng erfüllt, so müsste

$$\frac{\partial y}{\partial t} = \alpha\alpha \int^{t} \frac{\partial^2 y}{\partial x^2}\, d\tau$$

sein; offenbar kann aber unserer Erfahrung auch durch die Gleichung:

$$\frac{\partial y}{\partial t} = \alpha\alpha \int^{t} \frac{\partial^2 y}{\partial x^2}\, \varphi(t - \tau)\, d\tau$$

genügt werden, wenn auch $\varphi(t - \tau)$ nicht für alle positiven Werthe von $t - \tau$ gleich 1 ist (mit wachsendem $t - \tau$ ins Unendliche abnimmt), wofern es nur für einen hinreichend grossen Zeitraum sehr wenig von 1 verschieden bleibt. . . . .

Man drücke die Lage der Stoffpunkte zu einer bestimmten Zeit t durch ein rechtwinkliges Coordinatensystem aus, und es seien die Coordinaten eines unbestimmten Punktes O x, y, z. Aehnlicher Weise seien, ebenfalls in Bezug auf ein rechtwinkliges Coordinatensystem, die Coordinaten des Punktes O' x', y', z'. Es sind dann x', y', z' Functionen von x, y, z und $ds'^2 = dx'^2 + dy'^2 + dz'^2$ wird gleich einem homogenen Ausdruck zweiten Grades von dx, dy, dz. Nach einem bekannten Theorem lassen sich nun die linearen Ausdrücke von dx, dy, dz

$$\alpha_1 dx + \beta_1 dy + \gamma_1 dz = ds_1$$
$$\alpha_2 dx + \beta_2 dy + \gamma_2 dz = ds_2$$
$$\alpha_3 dx + \beta_3 dy + \gamma_3 dz = ds_3$$

stets und nur auf Eine Weise so bestimmen, dass

$$dx'^2 + dy'^2 + dz'^2 = G_1^2\, ds_1^2 + G_2^2\, ds_2^2 + G_3^2\, ds_3^2$$

wird, während

$$ds^2 = dx^2 + dy^2 + dz^2 = ds_1^2 + ds_2^2 + ds_3^2.$$

Die Grössen $G_1 - 1$, $G_2 - 1$, $G_3 - 1$ heissen dann die Hauptdilatationen des Stofftheilchens in O beim Uebergange von der ersteren Form zur letzteren; ich bezeichne sie durch λ_1, λ_2, λ_3.

Ich nehme nun an, dass aus der Verschiedenheit der früheren Formen des Stofftheilchens von seiner Form zur Zeit t eine Kraft resultirt, welche diese zu verändern strebt, dass der Einfluss einer früheren Form (caeteris paribus) desto geringer wird, je länger vor t sie stattfand, und zwar so, dass von einer gewissen Grenze an alle früheren vernachlässigt werden können. Ich nehme ferner an, dass diejenigen Zustände, welche noch einen merklichen Einfluss äussern, so wenig von demjenigen zur Zeit t verschieden sind, dass die Dilatationen als unendlich klein betrachtet werden können. Die Kräfte, welche λ_1, λ_2, λ_3 zu verkleinern streben, können dann als lineare Functionen von λ_1, λ_2, λ_3 angesehen werden; und zwar erhält man wegen der Homogeneität des Aethers für das Gesammtmoment dieser Kräfte (die Kraft, welche λ_1 zu verkleinern strebt, muss eine Function von λ_1, λ_2, λ_3 sein, welche unverändert bleibt, wenn man λ_2 mit λ_3 vertauscht, und die übrigen Kräfte müssen aus ihr hervorgehen, wenn λ_2 mit λ_1, λ_3 mit λ_1 vertauscht wird) folgenden Ausdruck:

$$\delta\lambda_1(a\lambda_1 + b\lambda_2 + b\lambda_3) + \delta\lambda_2(b\lambda_1 + a\lambda_2 + b\lambda_3) + \delta\lambda_3(b\lambda_1 + b\lambda_2 + a\lambda_3)$$

oder mit etwas veränderter Bedeutung der Constanten

$$\begin{aligned}\delta\lambda_1\big(a(\lambda_1 + \lambda_2 + \lambda_3) + b\lambda_1\big) + \delta\lambda_2\big(a(\lambda_1 + \lambda_2 + \lambda_3) + b\lambda_2\big)&\\ + \delta\lambda_3\big(a(\lambda_1 + \lambda_2 + \lambda_3) + b\lambda_3\big)&\\ = \tfrac{1}{2}\,\delta\big(a(\lambda_1 + \lambda_2 + \lambda_3)^2 + b(\lambda_1^2 + \lambda_2^2 + \lambda_3^2)\big).&\end{aligned}$$

Man kann nun das Kraftmoment, welches die Form des unendlich kleinen Stofftheilchens in O zu verändern strebt, als resultirend betrachten aus Kräften, welche die Länge der in O endenden Linienelemente zu verändern streben. Man gelangt dann zu folgendem Wirkungsgesetz: Bezeichnet dV das Volumen eines unendlich kleinen Stofftheilchens in O zur Zeit t, dV' das Volumen desselben Stofftheilchens zur Zeit t', so wird die aus der Verschiedenheit beider Stoffzustände herrührende Kraft, welche ds zu verlängern strebt, durch

$$a\frac{dV - dV'}{dV} + b\frac{ds - ds'}{ds}$$

ausgedrückt.

Der erste Theil dieses Ausdrucks rührt von der Kraft her, mit welcher ein Stofftheilchen einer Volumänderung ohne Formänderung, der zweite von der Kraft, mit welcher ein physisches Linienelement einer Längenänderung widerstrebt.

Es ist nun kein Grund vorhanden, anzunehmen, dass die Wirkungen beider Ursachen nach demselben Gesetz mit der Zeit sich änderten; fassen wir also die Wirkungen sämmtlicher früheren Formen eines Stofftheilchens auf die Aenderung des Linienelements ds zur Zeit t zusammen, so wird der Werth von $\frac{\delta ds}{dt}$, welchen sie zu bewirken streben,

$$= \int_{-\infty}^{t}\frac{dV' - dV}{dV}\psi(t - t')\,\delta t' + \int_{-\infty}^{t}\frac{ds' - ds}{ds}\varphi(t - t')\,\delta t'.$$

34*

Wie müssen nun die Functionen ψ und φ beschaffen sein, damit Gravitation, Licht und strahlende Wärme durch den Raumstoff vermittelt werde?

Die Wirkungen ponderabler Materie auf ponderable Materie sind:

1) Anziehungs- und Abstossungskräfte umgekehrt proportional dem Quadrat der Entfernung.
2) Licht und strahlende Wärme.

Beide Classen von Erscheinungen lassen sich erklären, wenn man annimmt, dass den ganzen unendlichen Raum ein gleichartiger Stoff erfüllt, und jedes Stofftheilchen unmittelbar nur auf seine Umgebung einwirkt.

Das mathematische Gesetz, nach welchem dies geschieht, kann zerfällt gedacht werden

1) in den Widerstand, mit welchem ein Stofftheilchen einer Volumänderung, und
2) in den Widerstand, mit welchem ein physisches Linienelement einer Längenänderung widerstrebt.

Auf dem ersten Theil beruht die Gravitation und die electrostatische Anziehung und Abstossung, auf dem zweiten die Fortpflanzung des Lichts und der Wärme und die electrodynamische oder magnetische Anziehung und Abstossung.

---

3. Gravitation und Licht.

Die Newton'sche Erklärung der Fallbewegungen und der Bewegungen der Himmelskörper besteht in der Annahme folgender Ursachen:

1. Es existirt ein unendlicher Raum mit den Eigenschaften, welche die Geometrie ihm beilegt, und ponderable Körper, welche in ihm ihren Ort nur stetig verändern.

2. In jedem ponderablen Punkte existirt in jedem Augenblicke eine nach Grösse und Richtung bestimmte Ursache, vermöge der er eine bestimmte Bewegung hat (Materie in bestimmtem Bewegungszustande). Das Maass dieser Ursache ist die Geschwindigkeit*).

---

*) Jeder materielle Körper würde, wenn er sich im Raum allein befände, entweder seinen Ort in demselben nicht verändern oder mit unveränderlicher Geschwindigkeit in gerader Linie durch denselben sich bewegen.

Dieses Bewegungsgesetz kann nicht aus dem Princip des zureichenden Grundes erklärt werden. Dass der Körper seine Bewegung fortsetzt, muss eine Ursache haben, welche nur in dem inneren Zustand der Materie gesucht werden kann.

Die hier zu erklärenden Erscheinungen führen noch nicht auf die Annahme verschiedener Massen der ponderablen Körper.

3. In jedem Punkt des Raumes existirt in jedem Augenblicke eine nach Grösse und Richtung bestimmte Ursache (beschleunigende Kraft), welche jedem dort befindlichen ponderablen Punkte eine bestimmte, und zwar allen dieselbe Bewegung mittheilt, die sich mit der Bewegung, die er schon hat, geometrisch zusammensetzt.

4. In jedem ponderablen Punkt existirt eine der Grösse nach bestimmte Ursache (absolute Schwerkraft), vermöge welcher in jedem Punkte des Raumes eine dem Quadrat der Entfernung von diesem ponderablen Punkte umgekehrt und seiner Schwerkraft direct proportionale beschleunigende Kraft stattfindet, die sich mit allen andern dort stattfindenden beschleunigenden Kräften geometrisch zusammensetzt*).

Die nach Grösse und Richtung bestimmte Ursache (beschleunigende Schwerkraft), welche nach 3. in jedem Punkte des Raumes stattfindet, suche ich in der Bewegungsform eines durch den ganzen unendlichen Raum stetig verbreiteten Stoffes, und zwar nehme ich an, dass die Richtung der Bewegung der Richtung der aus ihr zu erklärenden Kraft gleich, und ihre Geschwindigkeit der Grösse der Kraft proportional sei. Dieser Stoff kann also vorgestellt werden als ein physischer Raum, dessen Punkte sich in dem geometrischen bewegen.

Nach dieser Annahme müssen alle von ponderablen Körpern durch den leeren Raum auf ponderable Körper ausgeübte Wirkungen durch diesen Stoff fortgepflanzt werden. Es müssen also auch die Bewegungsformen, in denen das Licht und die Wärme besteht, welche die Himmelskörper einander zusenden, Bewegungsformen dieses Stoffes sein. Diese beiden Erscheinungen, Gravitation und Lichtbewegung durch den leeren Raum, aber sind die einzigen, welche bloss aus Bewegungen dieses Stoffes erklärt werden müssten.

Ich nehme nun an, dass die wirkliche Bewegung des Stoffes im leeren Raum zusammengesetzt ist aus der Bewegung, welche zur Erklärung der Gravitation, und aus der, welche zur Erklärung des Lichtes angenommen werden muss.

Die weitere Entwicklung dieser Hypothese zerfällt in zwei Theile, insofern aufzusuchen sind

---

*) Derselbe ponderable Punkt würde an zwei verschiedenen Orten Bewegungsänderungen erleiden, deren Richtung mit der Richtung der Kräfte zusammenfällt, und deren Grössen sich verhalten wie die Kräfte.

Die Kraft, dividirt durch die Bewegungsänderung, giebt daher bei demselben ponderablen Punkt stets denselben Quotienten. Dieser Quotient ist bei verschiedenen ponderablen Punkten verschieden und heisst ihre Masse.

1. Die Gesetze der Stoffbewegungen, welche zur Erklärung der Erscheinungen angenommen werden müssen.

2. Die Ursachen, aus welchen diese Bewegungen erklärt werden können.

Das erste Geschäft ist ein mathematisches, das zweite ein metaphysisches. In Bezug auf letzteres bemerke ich im Voraus, dass als Ziel desselben nicht die Erklärung aus Ursachen, welche die Entfernung zweier Stoffpunkte zu verändern streben, zu betrachten sein wird. Diese Erklärungsmethode durch Anziehungs- und Abstossungskräfte verdankt ihre allgemeine Anwendung in der Physik nicht einer unmittelbaren Evidenz (besonderen Vernunftgemässheit), noch, von Electricität und Schwere abgesehen, ihrer besonderen Leichtigkeit, sondern vielmehr dem Umstande, dass das Newton'sche Anziehungsgesetz gegen die Meinung des Entdeckers so lange für ein nicht weiter zu erklärendes gegolten hat*).

I. Gesetze der Stoffbewegung, welche nach unserer Annahme die Gravitations- und Lichterscheinungen verursacht.

Indem ich die Lage eines Raumpunktes durch rechtwinklige Coordinaten x_1, x_2, x_3 ausdrücke, bezeichne ich die dort parallel denselben zur Zeit t stattfindenden Geschwindigkeitscomponenten der Bewegung, welche die Gravitationserscheinungen verursacht, durch u_1, u_2, u_3, der Bewegung, welche die Lichterscheinungen verursacht, durch w_1, w_2, w_3, der wirklichen Bewegung durch v_1, v_2, v_3, so dass $v = u + w$. Wie sich aus den Bewegungsgesetzen selbst ergeben wird, behält der Stoff, wenn er in Einem Zeitpunkte überall gleich dicht ist, stets allenthalben dieselbe Dichtigkeit, ich werde diese daher zur Zeit t überall $= 1$ annehmen.

a. Bewegung, welche nur Gravitationserscheinungen verursacht.

Die Schwerkraft ist in jedem Punkte durch die Potentialfunction V bestimmt, deren partielle Differentialquotienten $\frac{\partial V}{\partial x_1}, \frac{\partial V}{\partial x_2}, \frac{\partial V}{\partial x_3}$ die Componenten der Schwerkraft sind, und dieses V ist wieder bestimmt durch folgende Bedingungen (abgesehen von einer hinzufügbaren Constanten):

---

*) Newton says: „That gravity should be innate, inherent, and essential to matter, so that one body may act upon another at a distance through a vacuum, without the mediation of anything else, by and through which their action and force may be conveyed from one to another, is to me so great an absurdity, that I believe no man who has in philosophical matters a competent faculty of thinking can ever fall into it.“ See the third letter to Bentley.

1. $dx_1\,dx_2\,dx_3\left(\frac{\partial^2 V}{\partial x_1^2}+\frac{\partial^2 V}{\partial x_2^2}+\frac{\partial^2 V}{\partial x_3^2}\right)$ ist ausserhalb der anziehenden Körper $= 0$ und hat für jedes ponderable Körperelement einen unveränderlichen Werth. Dieser ist das Product aus -4π in die absolute Grösse der Anziehungskraft, welche nach der Attractionstheorie demselben beigelegt werden muss, und durch dm bezeichnet werden soll.

2. Wenn alle anziehenden Körper sich innerhalb eines endlichen Raumes befinden, sind in unendlicher Entfernung r von einem Punkt dieses Raumes $r\frac{\partial V}{\partial x_1}$, $r\frac{\partial V}{\partial x_2}$, $r\frac{\partial V}{\partial x_3}$ unendlich klein.

Nach unserer Hypothese ist nun $\frac{\partial V}{\partial x} = u$ und folglich

$$dV = u_1\,dx_1 + u_2\,dx_2 + u_3\,dx_3.$$

Dieses schliesst die Bedingungen ein:

$$(1)\qquad \frac{\partial u_2}{\partial x_3}-\frac{\partial u_3}{\partial x_2}=0,\quad \frac{\partial u_3}{\partial x_1}-\frac{\partial u_1}{\partial x_3}=0,\quad \frac{\partial u_1}{\partial x_2}-\frac{\partial u_2}{\partial x_1}=0,$$

$$(2)\qquad \left(\frac{\partial u_1}{\partial x_1}+\frac{\partial u_2}{\partial x_2}+\frac{\partial u_3}{\partial x_3}\right)dx_1\,dx_2\,dx_3 = -4\pi dm,$$

$$(3)\qquad ru_1 = 0,\quad ru_2 = 0,\quad ru_3 = 0,\quad \text{für } r = \infty.$$

Umgekehrt sind auch die Grössen u, wenn sie diesen Bedingungen genügen, den Componenten der Schwerkraft gleich. Denn die Bedingungen (1) enthalten die Möglichkeit einer Function U, von welcher das Differential $dU = u_1\,dx_1 + u_2\,dx_2 + u_3\,dx_3$ und also die Differentialquotienten $\frac{\partial U}{\partial x} = u$, und die übrigen ergeben dann $U = V +$ const.*).

*) Diese Function U ist also durch die Erfahrung (aus den relativen Bewegungen) mittelst der allgemeinen Bewegungsgesetze gegeben, aber nur abgesehen von einer linearen Function der Coordinaten, weil wir nur relative Bewegungen beobachten können.

Die Bestimmung dieser Function gründet sich auf folgenden mathematischen Satz: Eine Function V des Ortes ist innerhalb eines endlichen Raumes bestimmt (abgesehen von einer Constanten), wenn sie nicht längs einer Fläche unstetig sein soll und für alle Elemente desselben $\left(\frac{\partial^2 V}{\partial x_1^2}+\frac{\partial^2 V}{\partial x_2^2}+\frac{\partial^2 V}{\partial x_3^2}\right)dx_1\,dx_2\,dx_3$, an der Grenze entweder V oder deren Differentialquotient für eine Ortsänderung nach Innen senkrecht auf die Begrenzung gegeben ist. Wobei zu bemerken:

1. Wird dieser Differentalquotient im Begrenzungselement ds durch $\frac{\partial V}{\partial p}$ bezeichnet, so muss in letzterem Falle $\int\sum\frac{\partial^2 V}{\partial x^2}dx_1\,dx_2\,dx_3$ durch den ganzen Raum $= -\int\frac{\partial V}{\partial p}ds$ durch dessen Begrenzung sein; übrigens aber können in beiden Fällen sämmtliche Bestimmungsstücke willkürlich angenommen werden und sind daher zur Bestimmung nothwendig.

b. Bewegung, welche nur Lichterscheinungen verursacht.

Die Bewegung, welche im leeren Raum zur Erklärung der Lichterscheinungen angenommen werden muss, kann betrachtet werden (zufolge eines Theorems) als zusammengesetzt aus ebenen Wellen, d. h. aus solchen Bewegungen, wo längs jeder Ebene einer Schaar paralleler Ebenen (Wellenebenen) die Bewegungsform constant ist. Jedes dieser Wellensysteme besteht dann (der Erfahrung nach) aus Bewegungen parallel der Wellenebene, die sich mit einer für alle Bewegungsformen (Arten des Lichts) gleichen constanten Geschwindigkeit c senkrecht zur Wellenebene fortpflanzen.

Sind für ein solches Wellensystem ξ_1, ξ_2, ξ_3 rechtwinklige Coordinaten eines Raumpunktes, die erste senkrecht, die andern parallel zur Wellenebene, $\omega_1, \omega_2, \omega_3$ die ihnen parallelen Geschwindigkeitscomponenten in diesem Punkte zur Zeit t, so hat man:

$$\frac{\partial \omega}{\partial \xi_2} = 0, \quad \frac{\partial \omega}{\partial \xi_3} = 0.$$

Der Erfahrung nach ist erstlich:

$$\omega_1 = 0,$$

zweitens ist die Bewegung zusammengesetzt aus einer nach der positiven und einer nach der negativen Seite der Wellenebene mit der Geschwindigkeit c fortschreitenden Bewegung. Sind ω' die Geschwindigkeitscomponenten der ersteren, ω'' die der letzteren, so bleiben die ω' ungeändert, wenn t um dt und ξ_1 um cdt wächst, die ω'', wenn t um dt und ξ_1 um $-cdt$ wächst, und man hat $\omega = \omega' + \omega''$. Hieraus folgt:

$$\left(\frac{\partial \omega'}{\partial t} + c\frac{\partial \omega'}{\partial \xi_1}\right) dt = 0, \quad \left(\frac{\partial \omega''}{\partial t} - c\frac{\partial \omega''}{\partial \xi_1}\right) dt = 0,$$

$$\frac{\partial^2 \omega'}{\partial t^2} = -c\frac{\partial^2 \omega'}{\partial \xi_1 \partial t} = cc\frac{\partial^2 \omega'}{\partial \xi_1^2}, \quad \frac{\partial^2 \omega''}{\partial t^2} = c\frac{\partial^2 \omega''}{\partial \xi_1 \partial t} = cc\frac{\partial^2 \omega''}{\partial \xi_1^2}$$

also

$$\frac{\partial^2 \omega}{\partial t^2} = cc\frac{\partial^2 \omega}{\partial \xi_1^2}.$$

---

2. Für ein Raumelement, wo $\sum \frac{\partial^2 V}{\partial x^2}$ unendlich gross wird, ist das Product beider durch $-\int \frac{\partial V}{\partial p} ds$ in Bezug auf die Begrenzung dieses Elements zu ersetzen.

3. Wenn nur innerhalb eines endlichen Raumes $\sum \frac{\partial^2 V}{\partial x^2}$ einen von 0 verschiedenen Werth hat, so kann die Grenzbedingung dadurch ersetzt werden, dass in unendlicher Entfernung R von einem Punkte dieses Raumes $R\frac{\partial V}{\partial x}$ unendlich klein sein soll.

Diese Gleichungen geben folgende symmetrische:

$$\frac{\partial \omega_1}{\partial \xi_1} + \frac{\partial \omega_2}{\partial \xi_2} + \frac{\partial \omega_3}{\partial \xi_3} = 0,$$

$$\frac{\partial^2 \omega}{\partial t^2} = cc\left(\frac{\partial^2 \omega}{\partial \xi_1^2} + \frac{\partial^2 \omega}{\partial \xi_2^2} + \frac{\partial^2 \omega}{\partial \xi_3^2}\right),$$

welche, ausgedrückt durch das ursprüngliche Coordinatensystem, in Gleichungen von derselben Form übergehen, d. h. in

$$(1)\qquad \frac{\partial w_1}{\partial x_1} + \frac{\partial w_2}{\partial x_2} + \frac{\partial w_3}{\partial x_3} = 0,$$

$$(2)\qquad \frac{\partial^2 w}{\partial t^2} = cc\left(\frac{\partial^2 w}{\partial x_1^2} + \frac{\partial^2 w}{\partial x_2^2} + \frac{\partial^2 w}{\partial x_3^2}\right).$$

Diese Gleichungen gelten für jede den Punkt (x_1, x_2, x_3) zur Zeit t durchschreitende ebene Welle und folglich auch für die aus allen zusammengesetzte Bewegung.

c. Bewegung, welche beiderlei Erscheinungen verursacht.

Aus den gefundenen Bedingungen für u und w fliessen folgende Bedingungen für v oder Gesetze der Stoffbewegung im leeren Raume:

$$(\mathrm{I})\qquad \frac{\partial v_1}{\partial x_1} + \frac{\partial v_2}{\partial x_2} + \frac{\partial v_3}{\partial x_3} = 0,$$

$$\left(\partial_t^2 - cc(\partial_{x_1}^2 + \partial_{x_2}^2 + \partial_{x_3}^2)\right)\left(\frac{\partial v_2}{\partial x_3} - \frac{\partial v_3}{\partial x_2}\right) = 0$$

$$(\mathrm{II})\qquad \left(\partial_t^2 - cc(\partial_{x_1}^2 + \partial_{x_2}^2 + \partial_{x_3}^2)\right)\left(\frac{\partial v_3}{\partial x_1} - \frac{\partial v_1}{\partial x_3}\right) = 0$$

$$\left(\partial_t^2 - cc(\partial_{x_1}^2 + \partial_{x_2}^2 + \partial_{x_3}^2)\right)\left(\frac{\partial v_1}{\partial x_2} - \frac{\partial v_2}{\partial x_1}\right) = 0,$$

wie sich leicht ergiebt, wenn man die Operationen ausführt.

Diese Gleichungen zeigen, dass die Bewegung eines Stoffpunktes nur abhängt von den Bewegungen in den angrenzenden Raum- und Zeittheilen, und ihre (vollständigen) Ursachen in den Einwirkungen der Umgebung gesucht werden können.

Die Gleichung (I) beweist unsere frühere Behauptung, dass bei der Stoffbewegung die Dichtigkeit ungeändert bleibe; denn

$$\left(\frac{\partial v_1}{\partial x_1} + \frac{\partial v_2}{\partial x_2} + \frac{\partial v_3}{\partial x_3}\right) dx_1\, dx_2\, dx_3\, dt,$$

welches zufolge dieser Gleichung $= 0$ ist, drückt die in das Raumelement $dx_1\, dx_2\, dx_3$ im Zeitelement dt einströmende Stoffmenge aus, und die in ihm enthaltene Stoffmenge bleibt daher constant.

Die Bedingungen (II) sind identisch mit der Bedingung, dass

$$\left(\partial_t^2 - cc(\partial_{x_1}^2 + \partial_{x_2}^2 + \partial_{x_3}^2)\right)(v_1 dx_1 + v_2 dx_2 + v_3 dx_3)$$

gleich einem vollständigen Differential dW sei. Nun ist:

$$\left(\partial_t^2 - cc(\partial_{x_1}^2 + \partial_{x_2}^2 + \partial_{x_3}^2)\right)(w_1 dx_1 + w_2 dx_2 + w_3 dx_3) = 0$$

und folglich

$$dW = \left(\partial_t^2 - cc(\partial_{x_1}^2 + \partial_{x_2}^2 + \partial_{x_3}^2)\right)(u_1 dx_1 + u_2 dx_2 + u_3 dx_3)$$

$$= \left(\partial_t^2 - cc(\partial_{x_1}^2 + \partial_{x_2}^2 + \partial_{x_3}^2)\right) dV$$

oder, da $(\partial_{x_1}^2 + \partial_{x_2}^2 + \partial_{x_3}^2) dV = 0$,

$$= d\frac{\partial^2 V}{\partial t^2}.$$

. . . .

d. Gemeinschaftlicher Ausdruck für die Gesetze der Stoffbewegung und der Einwirkung der Schwerkraft auf die Bewegung der ponderablen Körper.

Die Gesetze dieser Erscheinungen lassen sich zusammenfassen in der Bedingung, dass die Variation des Integrals

$$\tfrac{1}{2}\int\left[\sum\left(\frac{\partial\eta_\iota}{\partial t}\right)^2 - cc\left[\left(\frac{\partial\eta_2}{\partial x_3} - \frac{\partial\eta_3}{\partial x_2}\right)^2 + \left(\frac{\partial\eta_3}{\partial x_1} - \frac{\partial\eta_1}{\partial x_3}\right)^2 + \left(\frac{\partial\eta_1}{\partial x_2} - \frac{\partial\eta_2}{\partial x_1}\right)^2\right]\right] dx_1\, dx_2\, dx_3\, dt$$
$$+ \int V\left(\sum\frac{\partial^2\eta_\iota}{\partial x_\iota \partial t} dx_1\, dx_2\, dx_3 + 4\pi dm\right) dt + 2\pi\int dm \sum\left(\frac{\partial x_\iota}{\partial t}\right)^2 dt$$

unter geeigneten Grenzbedingungen 0 werde.

In diesem Ausdrucke sind die beiden ersten Integrale über den ganzen geometrischen Raum, die letzteren über alle ponderablen Körperelemente auszudehnen, die Coordinaten jedes ponderablen Körperelements aber als Functionen der Zeit, und $\eta_1, \eta_2, \eta_3, V$ als Functionen von x_1, x_2, x_3 und t so zu bestimmen, dass eine den Grenzbedingungen genügende Variation derselben nur eine Variation zweiter Ordnung des Integrals hervorbringt.

Alsdann sind die Grössen $\frac{\partial\eta}{\partial t} (= v)$ gleich den Geschwindigkeitscomponenten der Stoffbewegung, und V gleich dem Potential zur Zeit t im Punkte (x_1, x_2, x_3).

Bernhard Riemann's Lebenslauf.

Die nachfolgende Darstellung von Riemann's Lebenslauf bezweckt keineswegs, die Bedeutung seiner wissenschaftlichen Leistungen und deren Verhältniss zu dem früheren und gegenwärtigen Zustande der Mathematik in's Licht zu stellen, sie ist vielmehr nur für solche Leser bestimmt, welche einige Nachrichten über den Bildungsgang, den Charakter und die äusserlichen Schicksale des grossen Mathematikers zu erhalten wünschen, dessen Werke jetzt zum ersten Male vollständig gesammelt erscheinen.

Georg Friedrich Bernhard Riemann ist am 17. September 1826 in Breselenz, einem Dorfe im Königreich Hannover bei Dannenberg nahe der Elbe, geboren. Sein Vater Friedrich Bernhard Riemann, geboren in Boitzenburg an der Elbe in Mecklenburg, der als Lieutenant unter Wallmoden an den Befreiungskriegen Theil genommen, war dort Prediger und mit Charlotte, der Tochter des Hofrath Ebell aus Hannover verheirathet; er siedelte später mit seiner Familie nach der etwa drei Stunden entfernten Pfarre Quickborn über. Bernhard war das zweite von sechs Kindern. Schon früh wurde seine Lernbegierde durch den Vater geweckt, der ihn bis zum Abgange auf das Gymnasium fast allein unterrichtete. Als Knabe von fünf Jahren interessirte er sich sehr für Geschichte, für Züge aus dem Alterthum, und ganz besonders für das unglückliche Schicksal Polens, welches sein Vater ihm immer von Neuem erzählen musste. Sehr bald aber trat dies in den Hintergrund, und sein entschiedenes Talent für das Rechnen brach sich Bahn; er kannte kein grösseres Vergnügen, als selbst schwierige Exempel zu erfinden und dann seinen Geschwistern aufgeben. Später, vom zehnten Jahre Bernhard's an, liess sich der Vater bei dem Unterrichte der Kinder von dem Lehrer Schulz unterstützen; dieser gab guten Unterricht im Rechnen und in der Geometrie, musste sich jedoch bald sehr anstrengen, seines Schülers rascher, oft besserer Lösung einer Aufgabe zu folgen.

Im Alter von dreizehn und einem halben Jahr wurde Bernhard von dem Vater confirmirt und verliess darauf das elterliche Haus, in welchem ein ernster, frommer Sinn und häuslich angeregtes Leben herrschte. Die Eltern sahen ihre Hauptaufgabe in der Erziehung ihrer Kinder; die innigste Liebe verband Riemann mit seiner Familie und hat sich durch sein ganzes ferneres Leben erhalten; sie spricht sich in seinen Briefen aus, die er an die entfernten Lieben richtet, wo er an Allem, was das Elternhaus betrifft, auch an den kleinsten Vorgängen das lebhafteste Interesse zeigt, und auch sie treulich alle seine Freuden und Leiden theilen lässt.

Zu Ostern 1840 kam Riemann nach Hannover, wo seine Grossmutter lebte, und wo er zwei Jahre — bis zum Tode derselben — die Tertia des Lyceums besuchte. Anfangs hatte er, wie es nach seiner bisherigen Erziehung zu erwarten war, mancherlei Schwierigkeiten zu überwinden, doch werden bald seine Fortschritte in den einzelnen Unterrichtsgegenständen gelobt, und immer ist er ein fleissiger und folgsamer Schüler. Namentlich aus dieser Zeit sind zahlreiche Briefe Riemann's an die geliebten Eltern und Geschwister erhalten, in welchen er, oft mit glücklichem Humor, von den Schulereignissen berichtet. Vorwiegend ist aber die Sehnsucht nach dem Elternhause; wenn die Ferien herannahen, so bittet er inständig um die Erlaubniss, dieselben in Quickborn zubringen zu dürfen, und lange vorher sinnt er auf Mittel, die Reise mit möglichst wenigen Kosten bewerkstelligen zu können; zu den Geburtstagen der Eltern und Geschwister macht er kleine Einkäufe und ist eifrig darauf bedacht, sie damit wirklich zu überraschen. Er lebt in Gedanken noch ganz in dem häuslichen Kreise. Bisweilen klingt aber auch eine wehmüthige Klage durch, wie schwer es ihm werde, mit fremden Menschen zu verkehren, und die Schüchternheit, welche, eine natürliche Folge seines früheren abgeschlossenen Lebens, ihn zu seinem Kummer auch den Lehrern bisweilen in falschem Lichte erscheinen lässt, hat ihn auch später nie gänzlich verlassen und oft angetrieben, sich der Einsamkeit und seiner Gedankenwelt zu überlassen, in welcher er die grösste Kühnheit und Vorurtheilslosigkeit entfaltet hat.

Nach dem Tode der Grossmutter wurde Riemann, wie es scheint auf seinen eignen Wunsch, Ostern 1842 von dem Vater auf das Johanneum zu Lüneburg gebracht, wo er zwei Jahre in Secunda und zwei Jahre in Prima bis zu seinem Abgange nach der Universität blieb. Gleich in die erste Zeit seines dortigen Aufenthaltes fiel der grosse Brand von Hamburg, der tiefen Eindruck auf ihn machte, und über den er ausführlich an seine Eltern berichtete. Die grössere Nähe bei seiner Heimath und die Möglichkeit, die Ferien in Quickborn in seiner Familie zu verleben, trug dazu bei, die fernere Schulzeit zu einer glücklichen für ihn zu machen. Freilich war die Hin- und Herreise, die zum grössten Theil zu Fuss gemacht wurde, mit Anstrengungen verbunden, denen sein Körper nicht immer gewachsen war; schon in dieser Zeit spricht sich in den schönen Briefen seiner Mutter, die er leider bald verlieren sollte, ängstliche Sorge um seine Gesundheit aus, und oft wiederholen sich ihre herzlichen Ermahnungen, zu grosse körperliche Anstrengungen zu vermeiden. Er wohnte später bei dem Gymnasiallehrer Seffer, der sich lebhaft für ihn interessirte, und an dem er, wie aus seinen Briefen hervorgeht, einen väterlichen Freund und Beschützer gefunden hat. Er bekam gute Zeugnisse auch in anderen Fächern, in Mathematik aber immer glänzende, beim Abgange die Eins. Seine grosse Begabung für diese Wissenschaft wurde von dem trefflichen Director Schmalfuss erkannt; dieser lieh ihm mathematische Werke zum Privatstudium und wurde oft überrascht und in Erstaunen gesetzt, wenn Riemann dieselben schon nach wenigen Tagen zurückbrachte und dann in der Unterhaltung zeigte, dass er sie durchgearbeitet und vollständig aufgefasst hatte. Diese neben seinen Schularbeiten betriebenen Studien müssen ihn weit über die Grenzen des Gymnasial-Unterrichtes hinaus in das Gebiet der höheren Mathematik geführt haben; die Bekanntschaft mit der höheren Analysis hat er, soviel bekannt ist, durch das Studium der Euler'schen Werke erworben; auch Legendre's Théorie des Nombres soll er in dieser Zeit gelesen haben.

Im Alter von neunzehn und einem halben Jahr bezog Riemann Ostern 1846 die Universität Göttingen. Der seinem geistlichen Berufe von Herzen ergebene Vater hegte den natürlichen Wunsch, er möge sich der Theologie widmen, und wirklich liess Riemann sich am 25. April als Studiosus der Philologie und Theologie immatriculiren; zu diesem mit seiner deutlich hervorgetretenen Neigung und Begabung für die Mathematik nicht im Einklange stehenden Entschlusse wird vor Allem die Rücksicht auf die Mittellosigkeit der kinderreichen Familie und die Hoffnung beigetragen haben, früher eine Anstellung zu finden und dadurch seinem Vater eine Erleichterung zu gewähren. Neben den philologischen und theologischen Vorlesungen hörte er aber auch mathematische, und zwar gleich im Sommersemester über die numerische Auflösung der Gleichungen bei Stern, und über Erdmagnetismus bei Goldschmidt, sodann im Wintersemester 1846—1847 über die Methode der kleinsten Quadrate bei Gauss, und über bestimmte Integrale bei Stern. Er sah bei dieser fortgesetzten Beschäftigung mit der Mathematik bald ein, dass die Neigung zu derselben zu mächtig in ihm war, und erwirkte von seinem Vater die Erlaubniss, sich ganz seinem Lieblingsstudium widmen zu dürfen.

Obgleich nun Gauss seit fast einem halben Jahrhundert unbestritten den Rang des grössten lebenden Mathematikers einnahm, so beschränkte sich seine zwar sehr anregende Lehrthätigkeit doch nur auf ein kleines Feld, welches mehr der angewandten Mathematik angehörte, und für Riemann war bei dem vorgeschrittenen Standpunkte seines Wissens eine wesentliche Bereicherung desselben und eine Befruchtung mit neuen Ideen damals in Göttingen nicht mehr zu erwarten. Er bezog daher Ostern 1847 die Universität Berlin, wo Jacobi, Lejeune Dirichlet und Steiner durch den Glanz ihrer Entdeckungen, welche sie zum Gegenstande ihrer Vorlesungen machten, zahlreiche Schüler um sich versammelten. Er blieb dort zwei Jahre, bis Ostern 1849, und hörte unter Anderem bei Dirichlet Zahlentheorie, Theorie der bestimmten Integrale und der partiellen Differentialgleichungen, bei Jacobi analytische Mechanik und höhere Algebra. Leider sind nur sehr wenige Briefe aus dieser Zeit erhalten; in einem derselben (vom 29. Nov. 1847) spricht er seine grosse Freude darüber aus, dass Jacobi sich gegen seine anfängliche Absicht noch entschlossen habe, Mechanik vorzutragen. In einen näheren Verkehr mit ihm trat Eisenstein, bei dem er in dem ersten Jahre Theorie der elliptischen Functionen hörte. Riemann hat später erzählt, dass sie auch über die Einführung der complexen Grössen in die Theorie der Functionen mit einander verhandelt haben, aber gänzlich verschiedener Meinung über die hierbei zu Grunde zu legenden Principien gewesen seien; Eisenstein sei bei der formellen Rechnung stehen geblieben, während er selbst in der partiellen Differentialgleichung die wesentliche Definition einer Function von einer complexen Veränderlichen erkannt habe. Wahrscheinlich sind diese, für seine ganze spätere Laufbahn maassgebenden Ideen zuerst in den Herbstferien 1847 gründlich von ihm verarbeitet.

Von dem übrigen Leben Riemann's während seines zweijährigen Aufenthaltes in Berlin ist nur wenig aus den Briefen zu ersehen. Die grossen politischen Ereignisse des Jahres 1848 ergriffen auch ihn mächtig; er war Augenzeuge der März-Revolution und hatte als Mitglied des von den Studenten gebildeten Corps die Wache im königlichen Schlosse vom 24. März Morgens 9 Uhr bis zum folgenden Tage Mittags 1 Uhr.

Ostern 1849 kehrte Riemann, nachdem er noch die Ankunft der Frankfurter Kaiser-Deputation in Berlin erlebt hatte, nach Göttingen zurück. Er besuchte in den drei folgenden Semestern noch einige naturwissenschaftliche und philosophische Vorlesungen, unter anderen mit grösstem Interesse die genialen Vorlesungen über Experimental-Physik von Wilhelm Weber, an welchen er sich später eng anschloss, und der ihm bis zu seinem Tode ein treuer Freund und Rathgeber gewesen ist. In dieser Zeit müssen bei gleichzeitiger Beschäftigung mit philosophischen Studien, welche sich namentlich auf Herbart richteten, die ersten Keime seiner naturphilosophischen Ideen sich entwickelt haben; dies scheint wenigstens, soweit es sich nur um das Streben nach einer einheitlichen Naturauffassung handelt, aus einer Stelle eines Aufsatzes „Ueber Umfang, Anordnung und Methode des naturwissenschaftlichen Unterrichts auf Gymnasien" hervorzugehen, den er im November 1850 als Mitglied des pädagogischen Seminars verfasste, und in welchem er sagt: „So z. B. lässt sich eine vollkommen in sich abgeschlossene mathematische Theorie zusammenstellen, welche von den für die einzelnen Punkte geltenden Elementargesetzen bis zu den Vorgängen in dem uns wirklich gegebenen continuirlich erfüllten Raume fortschreitet, ohne zu scheiden, ob es sich um die Schwerkraft, oder die Electricität, oder den Magnetismus, oder das Gleichgewicht der Wärme handelt." Im Herbst 1850 trat er auch in das kurz vorher gegründete mathematisch-physikalische Seminar ein, welches von den Professoren Weber, Ulrich, Stern und Listing geleitet wurde, und betheiligte sich namentlich an den physikalischen experimentellen Uebungen, obgleich er dadurch von seiner Hauptaufgabe, der Ausarbeitung der Doctordissertation, oft abgezogen wurde. Theils diesem Umstande, theils aber auch der fast ängstlichen Sorgfalt, welche Riemann auf die Ausarbeitung seiner für den Druck bestimmten Schriften verwendete, und die ihn auch später bei der Veröffentlichung seiner Arbeiten wesentlich gehemmt hat, wird es zuzuschreiben sein, dass er seine Abhandlung „Grundlagen für eine allgemeine Theorie der Functionen einer veränderlichen complexen Grösse" erst im November des folgenden Jahres 1851 der philosophischen Facultät einreichen konnte. Dieselbe fand eine sehr anerkennende Beurtheilung von Gauss, welcher Riemann bei dessen Besuch mittheilte, dass er seit Jahren eine Schrift vorbereite, welche denselben Gegenstand behandele, sich aber freilich nicht darauf beschränke. Das Examen war am Mittwoch den 3. December, die öffentliche Disputation und Doctor-Promotion am Dienstag den 16. December. An seinen Vater schreibt er: „Durch meine jetzt vollendete Dissertation glaube ich meine Aussichten bedeutend verbessert zu haben; auch hoffe ich, dass ich mit der Zeit fliessender und rascher schreiben lerne, namentlich wenn ich mehr Umgang suche und auch erst Gelegenheit habe, Vorträge zu halten; ich habe daher jetzt guten Muth." Zugleich entschuldigt er sich in Rücksicht auf die Kosten, die er dem Vater verursacht, dass er sich nicht eifriger um die durch Goldschmidt's Tod erledigte Observatorstelle an der Sternwarte bemüht habe*), und theilt mit, dass seiner Habilitation als Privatdocent nichts im Wege stehe, sobald er die Habilitationsschrift fertig habe. Es scheint schon früh seine Absicht gewesen zu sein, zum Gegenstande derselben die Theorie der trigonometrischen Reihen zu wählen, allein es vergehen bis zu seiner Habilitation doch wieder zwei und ein halbes Jahr.

In den Herbstferien 1852 hielt sich Lejeune Dirichlet, dem er noch von Berlin her wohl bekannt war, eine Zeit lang in Göttingen auf, und Riemann, der eben von Quickborn dorthin zurückgekehrt war, hatte das Glück, ihn fast täglich zu sehen. Gleich bei seinem ersten Besuche in der Krone, wo Dirichlet wohnte, und am folgenden Tage in einer Mittagsgesellschaft bei Sartorius von Waltershausen, in welcher auch die Professoren Dove aus Berlin und Listing gegenwärtig waren, fragte er Dirichlet, den er nächst Gauss als den grössten damals lebenden Mathematiker anerkannte, um Rath wegen seiner Arbeit. „Am andern Morgen — schreibt Riemann an seinen Vater — war Dirichlet etwa zwei Stunden bei mir; er gab mir die Notizen, die ich zu meiner Habilitationschrift bedurfte, so vollständig, dass mir die Arbeit dadurch wesentlich erleichtert ist; ich hätte sonst auf der Bibliothek nach manchen Sachen lange suchen können. Auch meine Dissertation ging er mit mir durch und war überhaupt äusserst freundlich gegen mich, wie ich es bei dem grossen Abstande zwischen mir und ihm kaum erwarten durfte. Ich hoffe, er wird mich auch später nicht vergessen.“ Einige Tage darauf traf auch Wilhelm Weber von der Wiesbadener Naturforscher-Versammlung wieder in Göttingen ein; es wurde in grösserer Gesellschaft ein sehr lohnender Ausflug nach dem einige Stunden entfernten Hohen Hagen gemacht, und am folgenden Tage trafen Dirichlet und Riemann abermals im Weber'schen Hause zusammen. Solche persönliche Anregung war im höchsten Grade wohlthuend für Riemann, und er schreibt selbst hierüber an seinen Vater: „Du siehst, dass ich hier im Ganzen noch nicht sehr häuslich gelebt habe; aber ich bin dafür des Morgens desto fleissiger bei der Arbeit gewesen, und finde, dass ich so weiter gekommen bin, als wenn ich den ganzen Tag hinter meinen Büchern sitze.“

*) Einer Mittheilung von W. Weber zufolge wünschte Gauss selbst nicht, dass Riemann diese Stellung übernähme; er zweifelte zwar nicht an seiner theoretischen und praktischen Befähigung für dieselbe, aber er hatte schon damals eine so hohe Meinung von Riemann's wissenschaftlicher Bedeutung, dass er befürchtete, derselbe möchte durch die mit dieser Stellung verbundenen zeitraubenden und zum Theil untergeordneten Dienstgeschäfte von seinem eigentlichen Arbeitsfelde gar zu sehr abgelenkt werden.

In jenen Tagen schreibt er auch von seiner Habilitation und von dem Anfange seiner Vorlesungen, wie von unmittelbar bevorstehenden Dingen, und er würde gewiss auch viel rascher in seiner äusserlichen Laufbahn fortgeschritten sein, wenn ihm öfter eine solche treibende Anregung zu Theil geworden wäre. Offenbar fällt in den Anfang des Jahres 1853 eine fast ausschliessliche Beschäftigung mit Naturphilosophie; seine neuen Gedanken gewinnen eine feste Gestalt, auf die er nach allen Unterbrechungen stets wieder zurückgekommen ist. Endlich ist auch die Habilitationsschrift fertig, und er schreibt an seinen jüngeren Bruder Wilhelm am 28. December 1853: „Mit meinen Arbeiten steht es jetzt so ziemlich; ich habe Anfangs December meine Habilitationsschrift*) abgeliefert und musste dabei drei Themata zur Probevorlesung vorschlagen, von denen dann die Facultät eines wählt. Die beiden ersten hatte ich fertig und hoffte, dass man eins davon nehmen würde; Gauss aber hatte das dritte**) gewählt, und so bin ich nun wieder etwas in der Klemme, da ich dies noch ausarbeiten muss. Meine andere Untersuchung über den Zusammenhang zwischen Electricität, Galvanismus, Licht und Schwere hatte ich gleich nach Beendigung meiner Habilitationsschrift wieder aufgenommen und bin mit ihr so weit gekommen, dass ich sie in dieser Form unbedenklich veröffentlichen kann. Es ist mir dabei aber zugleich immer gewisser geworden, dass Gauss seit mehreren Jahren auch daran arbeitet, und einigen Freunden, u. A. Weber, die Sache unter dem Siegel der Verschwiegenheit mitgetheilt hat, — Dir kann ich dies wohl schreiben, ohne dass es mir als Anmaassung ausgelegt wird — ich hoffe, dass es nun für mich noch nicht zu spät ist und es anerkannt werden wird, dass ich die Sachen vollkommen selbständig gefunden habe."

Um diese Zeit wurde Riemann im mathematisch-physikalischen Seminar Assistent von W. Weber und hatte als solcher die Uebungen der Neueintretenden zu leiten, auch einige Vorträge zu halten. Ueber den weiteren Fortgang seiner Arbeiten schreibt er am 26. Juni 1854 aus Quickborn seinem Bruder: „Um Weihnachten habe ich Dir von Göttingen aus, wie ich glaube, geschrieben, dass ich meine Habilitationsschrift Anfang December vollendet und an den Decan abgegeben hätte, sowie auch, dass ich bald darauf mich wieder mit meiner Untersuchung über den Zusammenhang der physikalischen Grundgesetze beschäftigte und mich so darin vertiefte, dass ich, als mir das Thema zur Probevorlesung beim Colloquium gestellt war, nicht gleich wieder davon

---

*) Ueber die Darstellbarkeit einer Function durch eine trigonometrische Reihe.
**) Ueber die Hypothesen, welche der Geometrie zu Grunde liegen.

35*

loskommen konnte. Ich ward nun bald darauf krank, theils wohl in Folge zu vielen Grübelns, theils in Folge des vielen Stubensitzens bei dem schlechten Wetter; es stellte sich mein altes Uebel wieder mit grosser Hartnäckigkeit ein und ich kam dabei mit meinen Arbeiten nicht vom Fleck. Erst nach mehreren Wochen, als das Wetter besser wurde und ich wieder mehr Umgang suchte, ging es mit meiner Gesundheit besser. Für den Sommer habe ich nun eine Gartenwohnung gemiethet und habe seitdem gottlob über meine Gesundheit nicht zu klagen gehabt. Nachdem ich etwa vierzehn Tage nach Ostern mit einer andern Arbeit, die ich nicht gut vermeiden konnte, fertig geworden war, ging ich nun eifrig an die Ausarbeitung meiner Probevorlesung und wurde um Pfingsten damit fertig. Ich erreichte es indess nur mit vieler Mühe, dass ich mein Colloquium gleich machen konnte und nicht noch wieder unverrichteter Sache nach Quickborn abreisen musste. Gauss's Gesundheitszustand ist nämlich in der letzten Zeit so schlimm geworden, dass man noch in diesem Jahre seinen Tod fürchtet und er sich zu schwach fühlte, mich zu examiniren. Er wünschte nun, dass ich, weil ich doch erst im nächsten Semester lesen könnte, wenigstens noch bis zum August auf seine Besserung warten möchte. Ich hatte mich schon in das Unvermeidliche gefügt. Da entschloss er sich plötzlich auf mein wiederholtes Bitten, „um die Sache vom Halse los zu werden", am Freitag nach Pfingsten Mittag das Colloquium auf den andern Tag um halb elf anzusetzen und so war ich am Sonnabend um eins glücklich damit fertig. — Lass Dir nun noch in aller Eile erzählen, was es mit der andern Arbeit, die mich um Ostern beschäftigte, für eine Bewandtniss hat. In den Osterferien war Kohlrausch — ein Sohn vom Oberschulrath und Vetter und Schwager von Schmalfuss — der jetzt Professor in Marburg ist, auf vierzehn Tage bei Weber zum Besuch, um mit ihm gemeinschaftlich eine experimentelle Untersuchung über Electricität zu machen, da Weber zu dem einen Theil dieser Untersuchung, Kohlrausch zu dem anderen Theil derselben die Vorarbeiten gemacht und die Apparate erdacht und construirt hatte. Ich nahm an ihren Experimenten Theil und lernte bei dieser Gelegenheit Kohlrausch kennen. Kohlrausch hatte nun einige Zeit vorher sehr genaue Messungen über eine bis dahin unerforschte Erscheinung (den electrischen Rückstand in der Leidener Flasche) gemacht und veröffentlicht und ich hatte durch meine allgemeinen Untersuchungen über den Zusammenhang zwischen Electricität, Licht und Magnetismus die Erklärung davon gefunden. Ich sprach nun mit K. darüber und dies war die Veranlassung, dass ich die Theorie dieser Erscheinung für ihn ausarbeitete und ihm zuschickte. Kohlrausch hat mir nun jetzt sehr freundlich geantwortet, mir angeboten, meine Arbeit an Poggendorff, den Herausgeber der Annalen der Physik und Chemie, in Berlin zum Druck zu schicken, und mich eingeladen, ihn in diesen Herbstferien zu besuchen, um die Sache weiter zu verfolgen. Mir ist diese Sache deshalb wichtig, weil es das erste Mal ist, wo ich meine Arbeiten auf eine vorher noch nicht bekannte Erscheinung anwenden konnte, und ich hoffe, dass die Veröffentlichung dieser Arbeit dazu beitragen wird, meiner grösseren Arbeit eine günstige Aufnahme zu verschaffen. Hier in Quickborn werde ich mich nun wohl theils mit dem Druck dieser Arbeit, da mir die Correcturbogen wahrscheinlich zugeschickt werden, theils mit der Ausarbeitung einer Vorlesung für nächstes Semester beschäftigen müssen."

Zu dem ersten Theile des Briefes ist noch zu bemerken, dass Riemann die Ausarbeitung seiner Probevorlesung über die Hypothesen der Geometrie sich durch sein Streben, allen, auch den nicht mathematisch gebildeten Mitgliedern der Facultät möglichst verständlich zu bleiben, wesentlich erschwert hat; die Abhandlung ist aber hierdurch in der That zu einem bewunderungswürdigen Meisterstück auch in der Darstellung geworden, indem sie ohne Mittheilung der analytischen Untersuchung den Gang derselben so genau angiebt, dass sie nach diesen Vorschriften vollständig hergestellt werden kann. Gauss hatte gegen das übliche Herkommen von den drei vorgeschlagenen Thematen nicht das erste, sondern das dritte gewählt, weil er begierig war zu hören, wie ein so schwieriger Gegenstand von einem so jungen Manne behandelt werden würde; nun setzte ihn die Vorlesung, welche alle seine Erwartungen übertraf, in das grösste Erstaunen, und auf dem Rückwege aus der Facultäts-Sitzung sprach er sich gegen Wilhelm Weber mit höchster Anerkennung und mit einer bei ihm seltenen Erregung über die Tiefe der von Riemann vorgetragenen Gedanken aus.

Nach einem längeren Aufenthalte in Quickborn kehrte Riemann im September nach Göttingen zurück, um an der Naturforscher-Versammlung Theil zu nehmen; auf Weber's und Stern's Aufforderung entschloss er sich, in der mathematisch-physikalisch-astronomischen Section einen Vortrag über die Verbreitung der Electricität in Nichtleitern zu halten. Er schreibt darüber an seinen Vater: „Mein Vortrag kam am Donnerstag an die Reihe, und da für diese Sitzung unserer Section kein anderer angekündigt war, so arbeitete ich die Sache noch den Abend vorher etwas weiter aus, um die gewöhnliche Zeit der Sitzungen einigermaassen auszufüllen. Ich hatte anfangs nur das Gesetz, welches ich mittheilen wollte, kurz angeben wollen, wandte es aber nun noch auf mehrere Erscheinungen an und zeigte die Uebereinstimmung mit der Erfahrung. Mein Vortrag war nun freilich in diesem letzten Theile weniger fliessend, aber ich glaube doch, dass der Eindruck des Ganzen durch Hinzufügung desselben gewonnen hat; ich sprach ungefähr $^5/_4$ Stunden. — Dass ich bei der Versammlung einmal öffentlich gesprochen habe, hat mir wieder etwas mehr Muth zu meiner Vorlesung gemacht; doch habe ich zugleich gesehen, wie gross der Unterschied ist, ob man schon längere Zeit vorher mit seinen Gedanken ins Reine gekommen ist, oder noch unmittelbar vorher daran gearbeitet hat. Ich hoffe in einem halben Jahre schon mit mehr Ruhe an meine Vorlesungen zu denken, und mir nicht wieder meinen Aufenthalt in Quickborn und mein Zusammensein mit Euch so dadurch verleiden zu lassen, wie das letzte Mal.“ Auch mit Kohlrausch war er in Göttingen wieder zusammengetroffen; nach einem weiteren Briefwechsel entschloss sich aber Riemann, auf die Veröffentlichung seines Aufsatzes über den Rückstand in der Leidener Flasche zu verzichten, vermuthlich weil er nicht gern auf eine ihm angerathene Abänderung desselben eingehen wollte. Statt dessen erschien in Poggendorff's Annalen der Aufsatz über die Theorie der Nobili'schen Farbenringe, über welchen er an seine ältere Schwester Ida schreibt: „Es ist dieser Gegenstand deshalb wichtig, weil sich hiernach sehr genaue Messungen anstellen und die Gesetze, nach denen die Electricität sich bewegt, sehr genau daran prüfen lassen.“

In demselben Briefe vom 9. October 1854 schreibt er mit grosser Freude von dem Zustandekommen seiner ersten Vorlesung, zu welcher über sein Erwarten viele Zuhörer, etwa acht, sich gemeldet hatten. Der Gegenstand derselben war die Theorie der partiellen Differentialgleichungen mit Anwendung auf physikalische Probleme; als Vorbild dienten ihm der Hauptsache nach die Vorlesungen, welche Dirichlet unter gleichem Titel in Berlin gehalten hatte. Ueber seinen Vortrag schreibt er am 18. November 1854 seinem Vater: „Mein Leben hat hier jetzt nach und nach eine ziemlich regelmässige und einförmige Gestalt angenommen. Meine Collegia habe ich bis jetzt regelmässig halten können, meine anfängliche Befangenheit hat sich schon ziemlich gelegt und ich gewöhne mich daran, mehr an die Zuhörer, als an mich dabei zu denken, und in ihren Mienen zu lesen, ob ich vorwärts gehen oder die Sache noch weiter auseinander setzen muss.“ Es ist indessen keinem Zweifel unterworfen, dass der mündliche Vortrag ihm in den ersten Jahren seiner akademischen Lehrthätigkeit grosse Schwierigkeiten verursachte. Seine glänzende Denkkraft und vorahnende Phantasie liess ihn meist, was besonders bei zufälligen mündlichen Unterhaltungen über wissenschaftliche Gegenstände zum

Vorschein kam, sehr grosse Schritte nehmen, denen man nicht so leicht folgen konnte, und wenn man ihn zu einer näheren Erörterung einiger Zwischenglieder seiner Schlüsse aufforderte, so konnte er stutzig werden und es verursachte ihm einige Mühe, sich in den langsameren Gedankengang des Anderen zu fügen und dessen Zweifel rasch zu beseitigen. So hat ihn auch bei seinen Vorlesungen die Beobachtung der Mienen seiner Zuhörer, von der er oben schreibt, oft empfindlich gestört, wenn er, bisweilen ganz gegen sein Erwarten, sich genöthigt glaubte, einen für ihn fast selbstverständlichen Punkt noch besonders zu beweisen. Dies hat sich aber nach längerer Uebung verloren, und die verhältnissmässig grosse Zahl seiner Schüler ist nicht blos der Anziehungskraft seines durch die tiefsinnigsten Werke berühmt gewordenen Namens, sondern auch seinem Vortrage zuzuschreiben, auf den er sich stets sehr sorgfältig vorbereitete, und durch welchen es ihm gelang, seine Zuhörer über die grossen Schwierigkeiten hinwegzuführen, die sich dem Eindringen in die von ihm geschaffenen neuen Principien entgegenstellen.

Am 23. Februar 1855 starb Gauss, und bald darauf wurde Lejeune Dirichlet von Berlin nach Göttingen berufen. Bei dieser Gelegenheit wurde von mehreren Seiten, aber vergeblich dahin gewirkt, dass Riemann zum ausserordentlichen Professor ernannt werden möchte; erreicht wurde nur, dass ihm eine Remuneration von jährlich 200 Thaler von der Regierung ausgesetzt wurde; so gering diese Summe war, eine so wichtige Erleichterung gewährte sie Riemann, der in dieser und der nächsten Zeit wohl oft mit düsterem Blick in die Zukunft schaute. Es begann eine Reihe von traurigen Jahren, in denen ihn ein schmerzlicher Schlag nach dem anderen traf. Noch im Jahre 1855 verlor er seinen Vater und eine Schwester, Clara; die alte, so innig geliebte Heimath in Quickborn wurde verlassen, seine drei Schwestern zogen zu dem Bruder Wilhelm nach Bremen, der dort Postsecretair war und von jetzt an die Sorge für die Erhaltung der Familie übernahm.

Riemann wandte sich jetzt mit erneutem Eifer wieder seinen schon in den Jahren 1851 und 1852 begonnenen Untersuchungen über die Theorie der Abel'schen Functionen zu und machte dieselbe zum ersten Male von Michaelis 1855 bis Michaelis 1856 zum Gegenstande seiner Vorlesungen, an denen drei Zuhörer, Schering, Bjerknes und sein College Dedekind Theil nahmen. Im Sommer 1856 wurde er zum Assessor der mathematischen Classe der Göttinger Gesellschaft der Wissenschaften ernannt; als solcher überreichte er am 2. November seine Abhandlung über die Gauss'sche Reihe und schrieb an demselben

Tage seinem Bruder: „Auch hoffe ich, dass meine Arbeiten mir Früchte tragen sollen. Meine Abhandlung ist, wie ich Dir schon schrieb, jetzt zum Druck fertig, und vielleicht wird sie die Societät in ihren Schriften drucken lassen, allerdings eine grosse Ehre, da diese in den letzten 50 Jahren nur mathematische Abhandlungen von Gauss enthalten haben. Die mathematische Section der Societät, bestehend aus Weber, Ulrich und Dirichlet wird wenigstens nach Weber's Aeusserungen wohl auf den Druck meiner Abhandlung antragen. — Mit meinen Vorlesungen, d. h. mit dem Besuch derselben, bin ich ziemlich zufrieden, besonders bei der geringen Zahl der neu angekommenen Studenten. Es sind gar keine Mathematiker unter diesen und das ist auch wohl der Grund, dass Dedekind und Westphal ihre Privatvorlesungen nicht zu Stande bekommen haben. Die Anzahl meiner Zuhörer betrug nun an den vier Tagen, an denen ich gelesen habe, erst drei, dann vier und die letzten beiden Male fünf; doch war hierunter wohl ein Hospitant. Sehr lieb ist es mir, dass ich diesmal auch einige Zuhörer aus den ersten Semestern habe, nicht wie sonst bloss aus dem sechsten und späteren Semestern, weil ich dies als ein Zeichen betrachte, dass meine Vorlesungen leichter verständlich werden. Bei alledem kann ich noch nicht behaupten, dass meine Vorlesungen zu Stande gekommen sind; denn es hat sich noch Niemand bei mir gemeldet und ist also immer noch möglich, dass meine Herren Zuhörer mich im Stiche lassen. — Meine freie Zeit werde ich von jetzt an ganz auf die Arbeit über die Abel'schen Functionen, von der ich Dir erzählt habe, verwenden. Kurz vor meiner Wiederankunft hier in Göttingen ist auch der Hauptredacteur des mathematischen Journals, der Dr. Borchardt aus Berlin, hier gewesen und hat mir durch Dirichlet und Dedekind die Aufforderung zugehen lassen, ihm doch so bald wie möglich eine Darstellung meiner Untersuchungen über die Abel'schen Functionen, sie sei so roh wie sie wolle, zu schicken. Weierstrass ist jetzt stark im Publiciren, doch enthält das jetzt veröffentlichte Heft, von dem Scherk mir erzählte, nur die ersten Vorbereitungen zu seiner Theorie."

In der That widmete er sich nun mit allen Kräften der Ausarbeitung dieses Werkes, so dass er die ersten drei kleineren Abhandlungen am 18. Mai, die vierte grössere am 2. Juli 1857 im Manuscript nach Berlin abschicken konnte; allein durch die übermässige Anstrengung hatte seine Gesundheit sehr gelitten, und er befand sich am Ende des Sommersemesters in einem Zustande geistiger Abspannung, der seine Stimmung im höchsten Grade verdüsterte. Zur Erfrischung und Stärkung seiner Gesundheit nahm er für einige Wochen seinen Aufenthalt in Harzburg, wohin ihn sein Freund Ritter (damals Lehrer an dem Polytechnicum zu Hannover, jetzt Professor in Aachen) auf einige Tage begleitete, und wohin ihm später sein College Dedekind folgte, mit dem er viele Spaziergänge und auch grössere Ausflüge in den Harz machte. Auf solchen Spaziergängen erheiterte sich seine Stimmung, sein Zutrauen zu Anderen und zu sich selbst wuchs; sein harmloser Scherz und seine rückhaltlose Unterhaltung über wissenschaftliche Gegenstände machten ihn zu dem liebenswürdigsten und anregendsten Gesellschafter. In dieser Zeit wandten sich seine Gedanken wieder der Naturphilosophie zu, und eines Abends nach der Rückkehr von einer anstrengenden Wanderung griff er zu Brewster's Life of Newton, und sprach lange mit Bewunderung über den Brief an Bentley, in welchem Newton selbst die Unmöglichkeit unmittelbarer Fernwirkung behauptet.

Bald nach seiner Rückkehr nach Göttingen wurde er am 9. November 1857 zum ausserordentlichen Professor in der philosophischen Facultät ernannt, und seine Remuneration von 200 Thaler auf 300 Thaler erhöht. Aber fast gleichzeitig erschütterte ihn auf das Tiefste der Tod seines innig geliebten Bruders Wilhelm; er übernimmt nun ganz die Sorge für seine drei noch lebenden Schwestern und dringt inständig darauf, dass sie noch im Laufe des Winters zu ihm nach Göttingen übersiedeln; dies geschah auch im Anfang März 1858, aber erst nachdem ihnen die jüngste Schwester, Marie, noch durch den Tod entrissen war. Nach so vielen Schicksalsschlägen trug das Zusammenleben mit den Schwestern wesentlich zur Besserung seiner tief niedergedrückten Gemüthsstimmung bei, und die Anerkennung, welche von nun an, wenn auch langsam, seinen Werken auch in weiteren Kreisen zu Theil wurde, hob allmählich sein gesunkenes Selbstvertrauen und liess ihn frischen Muth zu neuen Arbeiten finden. Schon vorher hatte er den später viel besprochenen Aufsatz „Ein Beitrag zur Electrodynamik“ verfasst, über welchen er seiner Schwester Ida schreibt: „Meine Entdeckung über den Zusammenhang zwischen Electricität und Licht habe ich hier der Königl. Societät übergeben. Nach manchen Aeusserungen, die ich darüber vernommen, muss ich schliessen, dass Gauss eine andere von der meinigen verschiedene Theorie dieses Zusammenhangs aufgestellt und seinen nächsten Bekannten mitgetheilt hat. Ich bin aber völlig überzeugt, dass die meinige die richtige ist und in ein paar Jahren allgemein als solche anerkannt werden wird.“ Er hat bekanntlich diese Arbeit bald wieder zurückgezogen und auch später nicht veröffentlicht, wahrscheinlich weil er selbst mit der in ihr enthaltenen Ableitung nicht mehr zufrieden war.

In den Herbstferien 1858 machte er die Bekanntschaft der italienischen Mathematiker Brioschi, Betti und Casorati, welche damals eine Reise durch Deutschland machten und auch einige Tage in Göttingen verweilten; diese Verbindung sollte später in Italien wieder angeknüpft werden.

In diese Zeit fiel die Erkrankung Dirichlet's, welcher seinen langen Leiden am 5. Mai 1859 erlag. Er hatte von Anfang an das lebhafteste persönliche Interesse für Riemann empfunden und bei allen Gelegenheiten bethätigt, wo er auf eine Verbesserung der äusserlichen Verhältnisse Riemann's hinwirken konnte. Inzwischen war des Letzteren wissenschaftliche Bedeutung so allgemein anerkannt, dass die Regierung nach Dirichlet's Tode von der Berufung eines auswärtigen Mathematikers absah; Ostern 1859 wurde für Riemann eine Wohnung in der Sternwarte eingeräumt, am 30. Juli wurde er zum ordentlichen Professor ernannt und im December einstimmig zum ordentlichen Mitgliede der Gesellschaft der Wissenschaften erwählt. Schon vorher, am 11. August, hatte die Berliner Akademie der Wissenschaften ihn zum correspondirenden Mitgliede in der physikalisch-mathematischen Classe ernannt, und dies veranlasste ihn, im September in Dedekind's Gesellschaft nach Berlin zu reisen, wo er von den dortigen Gelehrten, Kummer, Borchardt, Kronecker, Weierstrass mit Auszeichnung und grosser Herzlichkeit aufgenommen wurde. Eine Folge seiner Ernennung, welcher später, im März 1866, die Wahl zum auswärtigen Mitgliede gefolgt ist,*) und dieses Besuchs war es, dass er im October seine Abhandlung über die Häufigkeit der Primzahlen der Berliner Akademie einreichte und einen, nach seinem Tode veröffentlichten Brief über die vielfach periodischen Functionen an Weierstrass richtete.

Einen Monat später übergab er der Göttinger Gesellschaft der Wissenschaften seine Abhandlung über die Fortpflanzung ebener Luftwellen von endlicher Schwingungsweite.

In den Osterferien 1860 machte er eine Reise nach Paris, wo er sich vom 26. März ab einen Monat aufhielt; leider war das Wetter sehr rauh und unfreundlich, noch in der letzten Woche gab es mehrere Tage hinter einander Schnee und Hagel, so dass die Besichtigung von Merkwürdigkeiten oft geradezu unmöglich war. Dagegen war er sehr

*) Bezüglich der äusserlichen Auszeichnungen, deren Riemann theilhaftig geworden ist, mag hier noch bemerkt werden, dass die Bayerische Akademie der Wissenschaften ihn am 28. November 1859 zum correspondirenden, am 28. November 1863 zum ordentlichen Mitgliede, ferner dass die Pariser Akademie ihn am 19. März 1866 zu ihrem correspondirenden Mitgliede ernannte; ebenso wurde er am 14. Juni 1866, kurz vor seinem Tode, von der Londoner Royal Society zu deren auswärtigem Mitgliede erwählt.

zufrieden mit der freundlichen Aufnahme von Seiten der Pariser Gelehrten Serret, Bertrand, Hermite, Puiseux und Briot, bei welchem er einen Tag auf dem Lande in Chatenay mit Bouquet sehr angenehm verlebte.

In demselben Jahre vollendete er seine Abhandlung über die Bewegung eines flüssigen Ellipsoides und wendete sich der Bearbeitung der von der Pariser Akademie gestellten Preisaufgabe über die Theorie der Wärmeleitung zu, für welche er durch seine Untersuchungen über die Hypothesen der Geometrie schon früher die Grundlagen gewonnen hatte. Im Juni 1861 sandte er seine in lateinischer Sprache abgefasste Lösung unter dem Motto „Et his principiis via sternitur ad majora" ein; dieselbe errang indessen den Preis nicht, weil es ihm an Zeit gefehlt hatte, die zur Durchführung nöthige Rechnung vollständig mitzutheilen.

Das in den letzten Jahren ungetrübte, glückliche Leben, dessen Riemann sich erfreuen durfte, erreichte seinen Höhepunkt, als er sich am 3. Juni 1862 mit Fräulein Elise Koch aus Körchow in Mecklenburg-Schwerin, einer Freundin seiner Schwestern verheirathete; es war ihr beschieden, die bevorstehenden Jahre des Leidens mit ihm zu theilen und durch unermüdliche Liebe zu verschönern. Schon im Juli desselben Jahres befiel ihn eine Brustfellentzündung, von welcher er scheinbar zwar sich rasch erholte, welche aber doch den Keim zu einer Lungenkrankheit zurückliess, die sein frühes Ende herbeiführen sollte. Als ihm von den Aerzten ein längerer Aufenthalt im Süden zur Heilung angerathen war, gelang es der dringenden Verwendung von Wilhelm Weber und Sartorius von Waltershausen, von der Regierung nicht nur den erforderlichen Urlaub, sondern auch eine ausreichende Unterstützung zu einer Reise nach Italien für ihn auszuwirken, welche er im November 1862 antrat. Durch Sartorius von Waltershausen auf das Wärmste empfohlen, fand er das freundlichste Entgegenkommen in der Familie des Consuls Jäger in Messina, auf deren Villa in der Vorstadt Gazzi er den Winter verlebte. Sein Befinden besserte sich rasch, und er konnte Ausflüge nach Taormina, Catania und Syracus unternehmen. Auf der Rückreise, welche er am 19. März 1863 antrat, besuchte er Palermo, Neapel, Rom, Livorno, Pisa, Florenz, Bologna, Mailand; bei längerem Aufenthalte in diesen Städten, deren Kunstschätze und Alterthümer sein grösstes Interesse erweckten, machte er zugleich Bekanntschaft mit den bedeutendsten Gelehrten Italiens, und namentlich schloss er sich mit inniger Freundschaft an Professor Enrico Betti in Pisa an, den er schon im Jahre 1858 in Göttingen kennen gelernt hatte. Ueberhaupt bildet der mehrjährige Aufenthalt Riemann's in Italien, so traurig die nächste Veranlassung desselben auch war, einen wahren Lichtpunkt in seinem Leben; nicht allein, dass ihn das Schauen aller Herrlichkeit dieses entzückenden Landes, von Natur und Kunst, unendlich beglückte, er fühlte sich dort auch als freier Mensch dem Menschen gegenüber, ohne alle die hemmenden Rücksichten, die er in Göttingen auf Schritt und Tritt nehmen zu müssen meinte; dies Alles und der wohlthätige Einfluss des herrlichen Klimas auf seine Gesundheit stimmte ihn oft recht froh und heiter und liess ihn dort viele glückliche Tage verleben.

Mit den besten Hoffnungen verliess er das ihm so lieb gewordene Italien, allein er zog sich auf dem Uebergange über den Splügen, wo er unvorsichtiger Weise eine Strecke lang zu Fuss durch den Schnee ging, eine heftige Erkältung zu, und nach der Ankunft in Göttingen, welche am 17. Juni erfolgte, war sein Befinden fortwährend so schlecht, dass er sich sehr bald zu einer zweiten Reise nach Italien entschliessen musste, welche er am 21. August 1863 antrat. Er wandte sich zunächst nach Meran, Venedig, Florenz, dann nach Pisa, wo ihm am 22. December 1863 eine Tochter geboren wurde, welche nach seiner älteren Schwester den Namen Ida erhielt. Unglücklicher Weise war der Winter so kalt, dass der Arno zufror. Im Mai 1864 bezog er eine Villa vor Pisa; hier verlor er Ende August seine jüngere Schwester, Helene; er selbst wurde von der Gelbsucht befallen, welche auch eine Verschlimmerung seines Brustleidens zur Folge hatte. Eine Berufung nach Pisa an Stelle von Professor Mosotti, welche schon im Jahre 1863 durch Vermittlung von Betti an ihn ergangen war, hatte er theils auf den Rath seiner Göttinger Freunde, hauptsächlich aber wohl aus dem Grunde abgelehnt, weil er die mit der ihm angetragenen Stellung verbundenen Pflichten bei seinem angegriffenen Gesundheitszustande nicht vollständig erfüllen zu können befürchtete und deshalb sich ausser Stande fühlte, die Annahme des Rufes vor sich zu verantworten. Dasselbe Pflichtgefühl erweckte den dringenden Wunsch in ihm, nach Göttingen zurückzukehren und sich wieder seinem Lehramte zu widmen, und nur auf die ernsten Vorstellungen der Aerzte und seiner Freunde entschloss er sich dazu, auch den folgenden Winter in Italien zuzubringen, welchen er zu Pisa in angenehmem geselligen und wissenschaftlichen Verkehr mit den dortigen Gelehrten Betti, Felici, Novi, Villari, Tassinari, Beltrami verlebte; in jener Zeit arbeitete er auch an seiner Abhandlung über das Verschwinden der Theta-Functionen. Den Mai und Juni 1865 brachte er bei schlechtem Befinden in Livorno, den Juli und August am Lago Maggiore, den September in Pegli bei Genua zu, wo durch ein gastrisches Fieber eine bedeutende Verschlimmerung seines Zustandes eintrat.

Unter diesen Umständen konnte Riemann seinem immer lebhafteren Wunsche, nach Göttingen zurückzukehren, nicht länger widerstehen; er langte am 3. October an und verlebte daselbst den Winter bei erträglich gutem Befinden, welches ihm meistens gestattete, einige Stunden täglich zu arbeiten. Er vollendete die Abhandlung über das Verschwinden der Theta-Functionen und übertrug seinem früheren Schüler Hattendorff die Ausarbeitung der Abhandlung über die Minimalflächen; er sprach auch öfter den Wunsch aus, vor seinem Ende noch über einige seiner unvollendeten Arbeiten mit Dedekind zu sprechen, fühlte sich aber stets zu schwach und angegriffen, um denselben zu einem Besuche in Göttingen zu veranlassen. In den letzten Monaten beschäftigte er sich mit der Ausarbeitung einer Abhandlung über die Mechanik des Ohres, welche leider nicht vollendet und nur als Fragment nach seinem Tode von Henle und Schering herausgegeben ist.

Die Vollendung dieser Abhandlung sowie einiger anderen Arbeiten lag ihm sehr am Herzen, und er hoffte durch einen Aufenthalt von einigen Monaten am Lago Maggiore, wohin ihn ausserdem grosse Sehnsucht nach dem ihm so lieb gewordenen Lande trieb, die dazu erforderlichen Kräfte noch sammeln zu können. So entschloss er sich am 15. Juni 1866, in den ersten Kriegstagen, zu seiner dritten Reise nach Italien; dieselbe wurde schon in Cassel unterbrochen, weil die Eisenbahn zerstört war, doch gelangte er mit Fuhrwerk glücklich bis Giessen, von wo die Weiterreise keine ferneren Hindernisse fand. Am 28. Juni traf er am Lago Maggiore ein, wo er in der Villa Pisoni in Selasca bei Intra wohnte. Rasch nahmen seine Kräfte ab, und er selbst fühlte mit voller Klarheit sein Ende herannahen; aber noch am Tage vor seinem Tode arbeitete er, unter einem Feigenbaum ruhend und von grosser Freude über den Anblick der herrlichen Landschaft erfüllt, an seinem letzten, leider unvollendet gebliebenen Werke. Sein Ende war ein sehr sanftes, ohne Kampf und Todesschauer; es schien, als ob er mit Interesse dem Scheiden der Seele vom Körper folgte; seine Gattin musste ihm Brod und Wein reichen, er trug ihr Grüsse an die Lieben daheim auf und sagte ihr: küsse unser Kind. Sie betete das Vater Unser mit ihm, er konnte nicht mehr sprechen; bei den Worten „Vergieb uns unsere Schuld" richtete er gläubig das Auge nach oben; sie fühlte seine Hand in der ihrigen kälter werden, und nach einigen Athemzügen hatte sein reines, edeles Herz zu schlagen aufgehört. Der fromme Sinn, der im Vaterhaus gepflanzt war, blieb ihm durch das ganze Leben, und er diente, wenn auch nicht in derselben Form, treu seinem Gott; mit der grössten Pietät vermied er, Andere in ihrem Glauben zu stören; die tägliche Selbstprüfung vor dem Angesichte Gottes war, nach seinem eigenen Ausspruche, für ihn eine Hauptsache in der Religion.

Er ruht auf dem Kirchhofe zu Biganzolo, wohin Selasca eingepfarrt ist. Sein Grabstein trägt die Inschrift:

Hier ruhet in Gott
GEORG FRIEDRICH BERNHARD RIEMANN, Prof. zu Göttingen,
geb. in Breselenz 17. Sept. 1826, gest. in Selasca 20. Juli 1866.
Denen die Gott lieben müssen alle Dinge zum Besten dienen. *)

*) Der Grabstein, der ihm von italienischen Freunden und Fachgenossen gewidmet war, ist bei einer Verlegung des Friedhofes beseitigt worden.

BERNHARD RIEMANN'S
GESAMMELTE
MATHEMATISCHE WERKE.

NACHTRÄGE

HERAUSGEGEBEN VON

M. NOETHER UND W. WIRTINGER.

MIT 9 FIGUREN IM TEXT.

LEIPZIG,
DRUCK UND VERLAG VON B. G. TEUBNER.
1902.

Vorrede.

In den seit dem Erscheinen der zweiten Auflage von Riemanns Werken nunmehr verflossenen zehn Jahren ist für die Hauptgebiete seiner Tätigkeit, die Theorien der Abelschen Funktionen und der linearen Differentialgleichungen, neues Material, und zwar vorwiegend in der Form von Nachschriften seiner *Vorlesungen*, zum Vorschein gekommen*), welches zeigt oder bestätigt, daß Riemann in seinen Vorlesungen erheblich weiter gegangen ist als in seinen Veröffentlichungen. Dieses Material allgemein zugänglich zu machen, ist der Zweck unserer Publikation der „Nachträge zu Riemanns Ges. Math. Werken".

Für die *Abelschen Funktionen* ist hierbei zunächst an die Wintervorlesung von 1861/62 gedacht. Diese war als Fortsetzung der Sommervorlesung „Über die Funktionen einer veränderlichen komplexen Größe, insbesondere elliptische und Abelsche" **) angekündigt und sollte dreistündig insbesondere***) „die allgemeine Theorie der Integrale algebraischer Differentialien" entwickeln. Auf sie führen eine ganze Reihe neuer und wichtiger Begriffe und Betrachtungsweisen in der Theorie der Theta- und der algebraischen Funktionen zurück, und sind als solche zerstreut in Abhandlungen, besonders von Roch und Prym, eingeführt und seitdem viel benutzt worden, ohne in den Werken Riemanns selbst bisher eine Stelle gefunden zu haben. Nur die Untersuchung über die Konvergenz der Thetareihe ist aus einem Rochschen Hefte in die Werke (XXX der 2., XXIX der 1. Aufl.) aufgenommen; und ebenso die Ausführungen, welche Riemann über die Funktionen im Fall $p = 3$ im Februar 1862 vorgetragen hat (XXXI, bezw. XXX),

*) Vgl. für einen Teil desselben: F. Klein, in den Göttinger Nachrichten, math.-phys. Klasse, 1897, Heft 2 und Geschäftl. Mitt. 1898, Heft 1.

**) Aus dieser Vorlesung ist der Teil über elliptische Funktionen von Herrn H. Stahl, Teubner 1899, herausgegeben (irrtümlich dabei dem W.-S. 1861/62 zugeschrieben). Das in Göttingen liegende Hattendorffsche Heft bezieht sich wesentlich auf diese Sommervorlesung 1861.

***) Nach dem in Akt 19_5 der Göttinger Riemann-Manuskripte im Entwurf enthaltenen Vorlesungsanschlag.

a*

nach demselben Heft, das aber für diesen Teil eine Bearbeitung einer anderen Nachschrift, wohl eines Stückes der Prymschen, darstellt. Der letzte Teil der Vorlesung hat sich hauptsächlich auf die algebraische Darstellung von Thetaquotienten für $p = 3$ und für den allgemeinen hyperelliptischen Fall bezogen und wurde, täglich gehalten und in die Zeit vom 3. bis 11. März zusammengedrängt, zuletzt nur noch in großen Zügen und ohne Ausführung der Rechnungen vorgetragen.

Eine Herausgabe auch dieses interessanten Schlußteils wird durch die Nachschrift des Herrn F. Prym, die bis zum 8. März reicht, und durch ein auch die beiden letzten Tage umfassendes Heft von B. Minnigerode ermöglicht. Letzteres Heft ist eine mit Bleistift ausgeführte, fast wörtliche Nachschrift der Vorlesung, die sogar das Datum jedes Vortrags enthält*); es konnte noch genügend entziffert werden und bildet die Grundlage der Herausgabe, während das Prymsche zur Kontrolle verglichen wurde. Diese Märzvorträge**) werden hier (unter I) möglichst im Wortlaut veröffentlicht; zur Vollständigkeit wird zugleich eine Übersicht über die Wintervorlesung überhaupt, sowie eine authentische Darstellung der bisher nur zitatweise bekannten originalen Kapitel gegeben, endlich sind auch einige kurze Zusätze zu dem von Weber veröffentlichten Teil aufgenommen.

Die Anmerkungen zu dieser Bearbeitung, zu welchen auch die Göttinger Manuskripte herangezogen worden sind, haben besonders den Zweck, auf den Zusammenhang der Vorlesung mit der späteren Litteratur, sei es daß diese an die Vorlesung anschließt, sei es daß sie einzelne Resultate selbständig wiederfindet, hinzuweisen.

Daß Herr Prof. Prym und Frau Professor Minnigerode, letztere durch gütige Vermittlung der Herren Prym und Stahl, bereitwilligst die Freundlichkeit hatten, die Hefte dem Herausgeber zur Veröffentlichung zu überlassen, verpflichtet denselben zum wärmsten Danke.

---

*) Durch die mitangegebenen Wochentage konnten die meist irrig bezeichneten Datumszahlen richtig gestellt werden. Hiermit, und nach einer gef. Angabe von Herrn Prym, ist auch die Festlegung der ganzen Vorlesung auf W.-S. 1861/62 gesichert. Die Verlegung dieser Vorträge auf Sommer 1862 — Prym im Vorwort zu seinen „Untersuchungen über die Riemannsche Thetaformel und die Riemannsche Charakteristiken-Theorie" (Teubner 1882); Stahl im Vorwort zu seinem oben zitierten Buche, und bei anderen — beruht auf einem Verwechseln der Zeit der Ausarbeitung einiger Bogen des Prymschen Heftes mit der der Nachschrift. Das Minnigerodesche Heft ist nun bei den Göttinger Papieren deponiert worden.

**) Auf einige der in denselben gemachten Fortschritte Riemanns hat schon Herr H. Stahl im Vorwort zu seiner „Theorie der Abelschen Funktionen" (Teubner 1896) hingewiesen, sowie der Bearbeiter dieser Herausgabe in Bd. 8, Heft 1 des Jahresber. der Deutschen Math.-Vereinigung.

Die *Theorie der linearen Differentialgleichungen und der hypergeometrischen Reihe* hat Riemann in zwei Vorlesungen, beide unter dem Titel: „Die Funktionen einer veränderlichen komplexen Größe, insbesondere hypergeometrische Reihen und verwandte Transcendenten", behandelt, das erstemal dreistündig im Wintersemester 1856/57, das zweitemal vierstündig im Wintersemester 1858/59.

Von der Vorlesung von 1856/57 liegt eine etwa bis zu den Entwicklungen des Fragmentes XXIII der Gesammelten Werke reichende Nachschrift von E. Schering vor, aus welcher jedoch nur ein kurzer Abschnitt, der sich in der späteren Vorlesung nicht findet, aufgenommen wurde. Diese Nachschrift befindet sich als Akt Nr. 37 der Riemann-Papiere — zusammen mit derjenigen der Vorlesung über Abelsche Funktionen 1855/56 — auf der Göttinger Universitätsbibliothek.

Von der zweiten im Wintersemester 1858/59 gehaltenen Vorlesung existiert eine von Herrn Professor W. v. Bezold angefertigte, unmittelbare stenographische Nachschrift, welche als Akt Nr. 29 der Riemann-Papiere ebendort liegt. Das Heft trägt die spätere Aufschrift: „B. Riemanns Vorlesungen über die hypergeometrische Reihe, S.-S. 1859", wobei aber die Datierung wohl irrtümlich ist*).

Dieses Heft läßt zwar überall die Gedanken Riemanns und mit Ausnahme einiger Stellen auch den Gang der Rechnung unzweideutig erkennen, bedurfte aber für den Druck natürlich einer redaktionellen Überarbeitung. Die Herausgabe beschränkte sich auf zwei Teile der Vorlesung, in welchen die neuen Gedanken Riemanns besonders hervortreten, zumal da der übrige Inhalt, soweit er Riemann eigentümlich ist, von ihm selbst oder aus seinem Nachlaß bereits publiziert ist.

Der erste der hier mitgeteilten Abschnitte handelt von der Herleitung der Eigenschaften der P-Funktion aus ihrem Ausdruck durch ein bestimmtes Integral, sowie von ihrem Verhalten im Falle des Auftretens einer ganzzahligen Exponentendifferenz und bildet so eine Ergänzung zu Abhandlung IV der Ges. Werke.

Der zweite Teil jedoch hat durchaus selbständige Bedeutung und behandelt die Transcendenten, welche aus der Umkehrung des Integralquotienten einer linearen Differentialgleichung zweiter Ordnung, insbesondere derjenigen der hypergeometrischen Reihe entstehen. Er bringt ferner allgemeine Bemerkungen zur Integration nicht homogener Gleichungen und der dabei auftretenden Transcendenten, endlich die Durchführung dieser Gedanken an dem elliptischen Integral erster Gattung und seinen Perioden.

*) Vgl. das Vorlesungsverzeichnis am Schlusse dieser „Nachträge".

Bei der erneuten Durchsicht der auf diese beiden Gebiete sich beziehenden Papiere Riemanns haben wir noch Einiges von allgemeinem Interesse vorgefunden, das wir in mehreren Zusätzen ebenfalls hier mitteilen. Als Schluß geben wir einen kurzen Bericht über die von uns benutzten Göttinger Manuskripte und eine Übersicht über die von Riemann angekündigten Vorlesungen.

Es ist selbstverständlich, daß durch die Feststellung einer Reihe von Gedanken, welche Riemann für sich oder vor einem kleinen Kreis von Zuhörern entwickelte, die Verdienste derjenigen nicht beeinträchtigt werden, ja eher in höherem Lichte erscheinen, welche später dieselben Probleme unabhängig erfaßt und ihnen durch eingehende Bearbeitung die gebührende Stellung in der heutigen Mathematik verschafft haben. Aber die Tatsache, daß diese Fragestellungen und Methoden dem ursprünglichen Riemannschen Gedankenkreis angehören, beansprucht ein ähnliches historisches Interesse, wie die andere, daß Gauß lange vor Abel und Jacobi im Besitz wesentlicher Teile der Theorie der elliptischen Funktionen war. Riemann selbst hatte — nach dem Entwurf*) eines Begleitbriefes von November 1865 zur Sendung seiner Abhandlung „Über das Verschwinden der Thetafunktionen" (Werke XI) — den Plan gefaßt, während seines Aufenthaltes in Italien seine Untersuchungen über Abelsche Funktionen als Fortsetzung der ersten Abhandlung (Werke VI) im Zusammenhang auszuarbeiten, denselben aber aufgeben müssen: meist zu schwach zum Arbeiten, sei es ihm nur bei größter Hitze im Juli 1864 zu Pisa gelungen, jene Abhandlung niederzuschreiben. Unsere jetzige Veröffentlichung kann wohl, soweit sie die Abelschen Funktionen berührt, die Absichten Riemanns aufklären.

Die Anregung zur Herausgabe dieser „Nachträge" ging von Noether aus, der auch die Stücke I, IV A—D bearbeitete und mit N. zeichnet. Die Stücke II, III, IV E, F sind von Wirtinger bearbeitet, der mit W. zeichnet. Das von den Bearbeitern im Text Hinzugefügte ist, von Unwesentlichem abgesehen, durch eckige Klammern und kleineren Druck kenntlich gemacht. Vor dem Druck ist das Manuskript durch die Hände der Herren Weber und Prym gegangen.

Der kgl. Gesellschaft der Wissenschaften zu Göttingen und dem Kuratorium des Riemannschen Nachlasses, Herrn Direktor Schilling in Bremen und Herrn Professor Weber in Straßburg, haben wir unseren besten Dank auszusprechen für ihr Interesse an der Herausgabe und für die Bereitwilligkeit, mit der sie unseren Zweck förderten.

Erlangen und Innsbruck, im Mai 1902.

M. Noether. W. Wirtinger.

---

*) Akt „Varia 25" der Göttinger Papiere.

Inhalt.

I.

Vorlesungen über die allgemeine Theorie der Integrale algebraischer Differentialien.

(Wintersemester 1861/62.)

Übersicht über die Vorlesungen vom 28. Oktober bis 6. November 1861.

28. Okt., 30. Okt., 1. Nov., 4. Nov. 1861: Konvergenz der p-fach unendlichen Thetareihe [s. Nr. XXX, S. 483—486 der zweiten (Nr. XXIX der ersten) Auflage von Riemann's Ges. Math. Werken]. (1)

6. Nov: Bestimmung der Funktion ϑ durch Periodizitätseigenschaften (nach Art. 17 der Th. A. F.*)).

Prinzip der Zerlegung einer periodischen Funktion. (2)

(8., 11. Nov.):

Aus den Gleichungen (2) und (3) von Art. 17 der Th. A. F. folgt, daß für die $2p$ linear unabhängigen Systeme zusammengehöriger Periodizitätsmoduln der p unabhängigen Größen $v_1, v_2, \cdots, v_p$ sich

$$\log \vartheta(v_1, v_2, \cdots, v_p) + \log \vartheta(v_1 + b_1, v_2 + b_2, \cdots, v_p + b_p),$$

von ganzen Vielfachen von $2\pi i$ abgesehen, bezw. um

$$0, 0, \cdots, 0, \quad -4v_1 - 2b_1 - 2a_{11}, \quad \cdots, \quad -4v_p - 2b_p - 2a_{pp}$$

ändert; also wie eine Funktion

$$\log \vartheta(2v_1 + b_1, \cdots, 2v_p + b_p),$$

aber gebildet mit den Doppelten der ursprünglichen Periodizitätsmoduln πi und $a_{\mu,\nu}$.

Setzt man nun

$$\vartheta(v_1, v_2, \cdots, v_p) \cdot \vartheta(v_1 + b_1, v_2 + b_2, \cdots, v_p + b_p) = f(2v_1, 2v_2, \cdots, 2v_p),$$

so läßt sich diese Funktion nach folgendem Prinzip zerlegen:

Ist $f(u + 2\pi i) = f(u)$, so spaltet sich die Funktion $f(u)$ durch die Formeln

*) Die Abhandlung „Theorie der Abelschen Funktionen", Nr. VI der Werke, wird im Folgenden mit „Th. A. F." zitiert.

$$f(u) = \varphi_1(u) + \varphi_2(u),$$
$$\varphi_1(u) = \tfrac{1}{2}\{f(u) + f(u+\pi i)\}, \quad \varphi_2(u) = \tfrac{1}{2}\{f(u) - f(u+\pi i)\}$$

in zwei Teile, von denen bei Änderung von u um πi der eine den Faktor $+1$, der andere den Faktor -1 erlangt.

Wendet man diese Zerlegung auf das Produkt

$$f(2v_1, 2v_2, \cdots, 2v_p),$$

betrachtet als Funktion von $u = 2v_1$, an, so zerfällt dasselbe in zwei Teile φ_1 und φ_2; jede dieser Funktionen zerlegt sich dann, als Funktion von $2v_2$ betrachtet, wieder in zwei Teile; etc. Im ganzen zerlegt sich also das Produkt $f(2v_1, 2v_2, \cdots, 2v_p)$ in eine Summe von 2^p Funktionen φ, welche alle bei Änderung der $2v_1, 2v_2, \cdots, 2v_p$ um πi nur Faktoren ± 1 annehmen. Es möge für irgend eine dieser Funktionen sein:

$$\varphi(2v_1, 2v_2, \cdots, 2v_\nu + \pi i, \cdots, 2v_p) = e^{\varepsilon_\nu i\pi} \cdot \varphi(2v, \cdots, 2v_\nu, \cdots, 2v_p),$$

wo die $\varepsilon_1, \varepsilon_2, \cdots, \varepsilon_p$ die Werte $\begin{smallmatrix}0\\1\end{smallmatrix}$ vorstellen. Dann hat die Funktion

$$e^{-2\sum\limits_{\nu=1}^{p}\varepsilon_\nu v_\nu} \cdot \varphi(2v_1, \cdots, 2v_p) = \psi(2v_1, \cdots, 2v_p)$$

die Eigenschaft, sich bei Änderung irgend eines der $2v_1, \cdots, 2v_p$ um πi nicht zu ändern, bei gleichzeitiger Änderung der $2v_1, 2v_2, \cdots, 2v_p$ bezüglich um

$$2a_{1,\mu},\ 2a_{2,\mu},\ \cdots,\ 2a_{p,\mu}$$

aber den Faktor

$$e^{-4v_\mu - 2b_\mu - 2\sum\limits_{\nu}\varepsilon_\nu a_{\nu,\mu} - 2a_{\mu,\mu}}$$

anzunehmen. D. h. die Funktion $\psi(2v_1, \cdots, 2v_p)$ ist bis auf einen konstanten Faktor definiert als eine Funktion ϑ, gebildet mit den Argumenten:

$$2v_1 + b_1 + \sum_\nu \varepsilon_\nu a_{\nu,1},\quad 2v_2 + b_2 + \sum_\nu \varepsilon_\nu a_{\nu,2},\quad \cdots,\quad 2v_p + b_p + \sum_\nu \varepsilon_\nu a_{\nu,p},$$

und mit den Periodizitätsmoduln

$$2a_{1,\mu},\ 2a_{2,\mu},\ \cdots,\ 2a_{p,\mu} \qquad (\mu = 1, 2, \cdots, p).$$

Der konstante Faktor kann von den b abhängen. Man erhält also durch das Prinzip das Produkt

$$\vartheta(v_1, v_2, \cdots, v_p) \cdot \vartheta(v_1 + b_1, v_2 + b_2, \cdots, v_p + b_p)$$

als Summe von 2^p ϑ-Funktionen, je multipliziert mit Faktoren der Form $e^{2\sum\limits_\nu \varepsilon_\nu v_\nu}$, und mit noch zu bestimmenden konstanten Koeffizienten.

Das Zerlegungsprinzip läßt sich auf das Produkt von n Faktoren:

$$\prod_{m=1}^{m=n} \vartheta(v_1 + b_1^{(m)}, v_2 + b_2^{(m)}, \cdots, v_p + b_p^{(m)}) = f(nv_1, nv_2, \cdots, nv_p)$$

ausdehnen. Das Produkt ändert sich nicht, wenn v_ν um πi, nv_ν also um $n\pi i$ zunimmt, und nimmt für die zusammengehörigen Änderungen

$$a_{1,\mu}, \quad a_{2,\mu}, \quad \cdots, \quad a_{p,\mu}$$

der $v_1, v_2, \cdots, v_p$ den Faktor

$$e^{-2nv_\mu - 2\sum_m b_\mu^{(m)} - na_{\mu,\mu}}$$

an; es verhält sich wie eine Funktion

$$\vartheta\left(\cdots, nv_\mu + \sum_m b_\mu^{(m)}, \cdots\right),$$

gebildet mit den n-fachen der ursprünglichen Periodizitätsmoduln πi und $a_{\mu,\nu}$.

Hat man nun eine Funktion $f(u)$ von der Eigenschaft, daß

$$f(u + n\pi i) = f(u)$$

ist, so läßt sich dieselbe in eine Summe von n Funktionen $\varphi_m(u)$ zerlegen, von denen jede bei Änderung von u um πi nur einen konstanten Faktor annimmt, der eine n^{te} Wurzel der Einheit wird.

Denn sei

$$\varphi(u + \pi i) = \alpha\varphi(u), \quad \varphi(u + n\pi i) = \varphi(u),$$

so wird zunächst

$$\alpha^n = 1;$$

sei dann α eine primitive n^{te} Wurzel von 1, und

$$\varphi_m(u + \pi i) = \alpha^{m-1}\varphi_m(u),$$

so setze man:

$$f(u) = \sum_{m=1}^{m=n} \varphi_m(u).$$

Hieraus wird

$$f(u + \varkappa\pi i) = \sum_m \alpha^{\varkappa(m-1)}\varphi_m(u) \qquad (\varkappa = 0, 1, \cdots, n-1)$$

und diese n Gleichungen ergeben die n Funktionen $\varphi_m(u)$ in der Form:

$$\varphi_m(u) = \frac{1}{n}\sum_{\varkappa=0}^{\varkappa=n-1} \alpha^{-\varkappa(m-1)} f(u + \varkappa\pi i) \qquad (m = 1, 2, \cdots, n).$$

Indem man diese Zerlegung auf das Produkt

$$f(nv_1, nv_2, \cdots, nv_p)$$

1*

successiv als Funktion von $u = nv_1, nv_2, \cdots, nv_p$ betrachtet, anwendet, zerlegt sich dasselbe in eine Summe von n^p Funktionen φ, welche alle bei Änderung irgend einer der Größen nv_ν um πi nur Faktoren annehmen, die n^{te} Wurzeln der Einheit sind. Sei für eine dieser Funktionen:

$$\varphi(nv_1, nv_2, \cdots, nv_\nu + \pi i, \cdots, nv_p) = e^{\frac{2\varepsilon_\nu i\pi}{n}} \varphi(nv_1, \cdots, nv_\nu, \cdots, nv_p),$$

wo die ε_ν die Werte $0, 1, \cdots, n-1$ vorstellen; und sei

$$\varphi(nv_1, \cdots, nv_p) = e^{2\sum\limits_{\nu=1}^{p}\varepsilon_\nu v_\nu} \psi(nv_1, \cdots, nv_p),$$

so ändert sich $\psi(nv_1, \cdots, nv_p)$ bei Änderung irgend eines der nv_ν um πi nicht mehr, nimmt aber bei gleichzeitiger Änderung der nv_1, $nv_2, \cdots, nv_p$ bezüglich um

$$na_{1,\mu}, \quad na_{2,\mu}, \quad \cdots, \quad na_{p,\mu},$$

da die φ sich hierbei wie das Produkt f selbst verhalten, den Faktor

$$e^{-2nv_\mu - 2\sum\limits_m b_\mu^{(m)} - 2\sum\limits_\nu \varepsilon_\nu a_{\nu,\mu} - na_{\mu,\mu}}$$

an. D. h. die Funktion $\psi(nv_1, nv_2, \cdots, nv_p)$ ist bis auf einen konstanten Faktor definiert als eine Funktion ϑ, gebildet mit den Argumenten

$$nv_1 + \sum_m b_1^{(m)} + \sum_\nu \varepsilon_\nu a_{\nu,1}, \quad \cdots, \quad nv_p + \sum_m b_p^{(m)} + \sum_\nu \varepsilon_\nu a_{\nu,p},$$

mit den Perioden πi, und mit den Periodizitätsmoduln

$$na_{1,\mu}, \quad na_{2,\mu}, \quad \cdots, \quad na_{p,\mu} \qquad (\mu = 1, 2, \cdots, p).$$

Die konstanten, noch zu bestimmenden Koeffizienten in dem Summenausdruck des Produkts durch die $n^p \cdot \vartheta$-Funktionen werden von den $b^{(m)}$ abhängen.

Auf diesem Wege ergibt sich eine Menge von Relationen zwischen Thetareihen. Mit ihrer Hilfe beweist man für $p = 1$, daß der Quotient zweier Thetareihen eine elliptische Funktion ist, d. h. der betreffenden Differentialgleichung genügt, und so hat Jacobi die Theorie der elliptischen Funktionen behandelt. Einen analogen Weg ging Göpel für $p = 2$; außerdem gab er noch eine Tafel aller möglichen Thetarelationen bis zu einem gewissen Umfang hin. Für $p = 3$ würde das Verfahren ohne Hinzunahme algebraischer Prinzipien nicht zum Ziele führen.

Übersicht über die Vorlesungen vom 13. November 1861 bis 24. Januar 1862.

13.—27. Nov. 1861 (³): Wiederholung aus dem Kolleg des Sommersemesters 1861 über Abelsche Funktionen (aus allgemeiner Funktionentheorie).

2.—11. Dez.: Algebraisches (Art. 6—12 der Th. A. F.).

13.—20. Dez.: Über die Thetafunktion (Art. 17—22 der Th. A. F.).

6. Jan. 1862: Die ersten beiden Absätze von Art. 15 der Th. A. F., mit Anwendung auf die Argumente der Thetafunktion; Bestimmung der immer endlich bleibenden Normalintegrale, und deren Einführung in die Thetafunktion.

8.—13. Jan.: Art. 23 der Th. A. F. (mit Art. 16 und 5).

15.—17. Jan.: Art. 24 der Th. A. F. Zum Beweis des Satzes: „daß ein beliebig gegebenes Größensystem $(e_1, \cdots, e_p)$ nur Einem Größensystem von der Form $\left(\sum\limits_1^p \alpha_1^{(\nu)}, \cdots, \sum\limits_1^p \alpha_p^{(\nu)}\right)$ kongruent gesetzt werden kann, oder aber unendlich vielen", wird hier zuerst gezeigt, daß, wenn noch ein zweites kongruentes Größensystem $\left(\sum\limits_1^p \beta_1^{(\nu)}, \cdots, \sum\limits_1^p \beta_p^{(\nu)}\right)$ vorhanden ist, eine rationale Funktion ξ von (s, z) existiert, welche in den p zu den Integralen $\alpha^{(\nu)}$ gehörigen Punkten unendlich groß von der ersten Ordnung, in den p zu den $\beta^{(\nu)}$ gehörigen Punkten unendlich klein von der ersten Ordnung wird. Dies geschieht durch Darstellung von $\log \xi$ als Summe von Integralen dritter und erster Gattung. Hieraus wird dann der Satz über das identische Verschwinden von $\vartheta(u_1 - e_1, \cdots)$ geschlossen.

Statt Art. 25 der Th. A. F. wird nur die Bemerkung gegeben:

„Die nicht immer endlich bleibenden Integrale algebraischer Funktionen lassen sich durch Thetafunktionen ausdrücken, und hieraus lassen sich Relationen zwischen den Integralen herleiten, die sonst schwierig zu finden sind. Hierin besteht der Nutzen dieser Ausdrücke."

17.—22. Jan.: Ausdrücke algebraischer Funktionen von z durch Quotienten zweier Produkte von gleichvielen Funktionen $\vartheta(u_1 - e_1, \cdots)$, multipliziert mit Potenzen der Größen e^u (Art. 26 der Th. A. F.). (4)

24. Jan.: Quotient zweier Thetafunktionen (der Quotient in Art. 27 der Th. A. F., soweit er als Funktion von (s, z) betrachtet ist).

Die 2^{2p} Thetareihen. (5)

(24., 27. Jan. 1862:)

Das im Zähler des Ausdrucks (Art. 27 der Th. A. F.)

$$\frac{\vartheta\left(v_1 - g_1 \pi i - \sum\limits_\nu h_\nu a_{1,\nu}, \cdots\right)}{\vartheta(v_1, \cdots, v_p)} e^{-2\sum\limits_\nu h_\nu v_\nu}$$

vorkommende Produkt kann, wenn die h gebrochene Zahlen vorstellen, als allgemeine ϑ-Reihe dargestellt werden, in der die Summationsindices nicht ganze, sondern gebrochene Zahlen durchlaufen.

Der Exponent des allgemeinen Gliedes des Zählers

$$\left(\sum_1^p\right)^2 a_{\mu,\mu'} m_\mu m_{\mu'} + 2\sum_1^p \left(v_\mu - g_\mu \pi i - \sum_1^p h_\nu a_{\nu,\mu}\right) m_\mu - 2\sum_1^p h_\nu v_\nu$$

geht nämlich durch Zufügung der Konstanten

$$\left(\sum_1^p\right)^2 a_{\mu,\mu'} h_\mu h_{\mu'} + 2\sum_1^p g_\mu h_\mu \pi i$$

über in

$$\left(\sum_1^p\right)^2 a_{\mu,\mu'}(m_\mu - h_\mu)(m_{\mu'} - h_{\mu'}) + 2\sum_1^p (m_\mu - h_\mu)(v_\mu - g_\mu \pi i);$$

daher

$$e^{\left(\sum_1^p\right)^2 a_{\mu,\mu'} h_\mu h_{\mu'} + 2\sum_1^p g_\mu h_\mu \pi i - 2\sum_1^p h_\nu v_\nu} \cdot \vartheta\Bigl(v_1 - g_1 \pi i - \sum_\nu h_\nu a_{1,\nu}, \cdots\Bigr) =$$

$$= \left(\sum_{-\infty}^{+\infty}\right)^p_{m_1, m_2, \cdots, m_p} e^{\left(\sum_1^p\right)^2 a_{\mu,\mu'}(m_\mu - h_\mu)(m_{\mu'} - h_{\mu'}) + 2\sum_1^p (m_\mu - h_\mu)(v_\mu - g_\mu \pi i)}$$

Diese Reihe bleibt ungeändert, wenn die h um ganze Zahlen geändert werden, und nimmt, von dem konstanten Faktor $e^{2\sum g_\mu h_\mu \pi i}$ herrührend, den Faktor $e^{2 h_\mu g'_\mu \pi i}$ an, wenn g_μ um die ganze Zahl g'_μ geändert wird.

Wir betrachten diese Reihen im einfachsten Fall, wo die g, h Vielfache von $\frac{1}{2}$ sind, Reihen, welche bei der Darstellung von Quadratwurzeln aus rationalen Funktionen von (s, z) gebraucht werden. Eine solche Reihe bleibt bis aufs Vorzeichen ungeändert, wenn auch die g_μ um ganze Zahlen geändert werden. Setzt man daher ([6])

$$h_\mu = \frac{\varepsilon_\mu}{2}, \quad g_\mu = \frac{\varepsilon'_\mu}{2},$$

so erhält man eine Reihe, welche, bis aufs Vorzeichen, dadurch charakterisiert ist, daß man für die ε_μ, ε'_μ nur die Zahlen 0 und 1 einsetzt, welchen sie mod. 2 kongruent sind.

Die Reihe selbst entsteht aus der ursprünglichen Thetareihe:

$$\vartheta(u_1, \cdots, u_p) = \left(\sum\right)^p_{n_1, \cdots, n_p} e^{\left(\sum\right)^2 a_{\mu,\mu'} n_\mu n_{\mu'} + 2\sum n_\mu u_\mu},$$

indem man

$$n_\mu = m_\mu - \frac{\varepsilon_\mu}{2}, \quad u_\mu = v_\mu - \frac{\varepsilon'_\mu}{2}\pi i$$

substituiert, also den Index n_μ alle ganzen Zahlen oder halben ungeraden Zahlen durchlaufen läßt, je nachdem $\varepsilon_\mu = 0$ oder 1 ist. Wir bezeichnen sie durch

$$\vartheta\binom{\varepsilon}{\varepsilon'}(v)=\vartheta\begin{pmatrix}\varepsilon_1, \varepsilon_2, \cdots, \varepsilon_p\\ \varepsilon_1', \varepsilon_2', \cdots, \varepsilon_p'\end{pmatrix}(v_1, v_2, \cdots, v_p)$$

$$=\Bigg(\sum_{-\infty}^{+\infty}\Bigg)^p_{m_1,\cdots,m_p} e^{\left(\sum\limits_1^p\right)^2 a_{\mu,\mu'}\left(m_\mu-\frac{\varepsilon_\mu}{1}\right)\left(m_{\mu'}-\frac{\varepsilon_{\mu'}}{2}\right)+2\sum\limits_1^p\left(m_\mu-\frac{\varepsilon_\mu}{2}\right)\left(v_\mu-\frac{\varepsilon_\mu'}{2}\pi i\right)},$$

nämlich als *Thetareihe mit der Charakteristik* $\binom{\varepsilon}{\varepsilon'}=\begin{pmatrix}\varepsilon_1, \varepsilon_2, \cdots, \varepsilon_p\\ \varepsilon_1', \varepsilon_2', \cdots, \varepsilon_p'\end{pmatrix}$.

Die ursprüngliche Reihe hat also die Charakteristik $\begin{pmatrix}0, 0, \cdots, 0\\ 0, 0, \cdots, 0\end{pmatrix}$.

Die Anzahl aller dieser Thetareihen beträgt 2^{2p}, da jedes der $2p$ Elemente der Charakteristik die Werte 0 und 1 annehmen kann. Die ursprüngliche Thetareihe ist eine gerade Funktion. Um zu sehen, welche der übrigen gerade oder ungerade Funktionen sind, verwandle man zunächst in der obigen Reihe die $m_\mu-\frac{\varepsilon_\mu}{2}$ bezw. in $-m_\mu+\frac{\varepsilon_\mu}{2}$, wodurch der Wert der Reihe ungeändert bleibt; ersetzt man dann die v_μ durch die $-v_\mu$, so erhält man nach Multiplikation mit $e^{\sum \varepsilon_\mu \varepsilon_\mu' \pi i}$ wieder die ursprüngliche Reihe; also

$$(-1)^{\sum\limits_1^p \varepsilon_\mu \varepsilon_\mu'}\,\vartheta\begin{pmatrix}\varepsilon_1, \varepsilon_2, \cdots, \varepsilon_p\\ \varepsilon_1', \varepsilon_2', \cdots, \varepsilon_p'\end{pmatrix}(-v_1, -v_2, \cdots, -v_p)$$

$$=\vartheta\begin{pmatrix}\varepsilon_1, \varepsilon_2, \cdots, \varepsilon_p\\ \varepsilon_1', \varepsilon_2', \cdots, \varepsilon_p'\end{pmatrix}(v_1, v_2, \cdots, v_p),$$

d. h.: die Thetareihe ist eine gerade oder ungerade Funktion ihrer Argumente, je nachdem ihre Charakteristik $\binom{\varepsilon}{\varepsilon'}=\begin{pmatrix}\varepsilon_1, \varepsilon_2, \cdots, \varepsilon_p\\ \varepsilon_1', \varepsilon_2', \cdots, \varepsilon_p'\end{pmatrix}$ „gerade“ oder „ungerade“, nämlich je nachdem

$$\sum_\mu \varepsilon_\mu \varepsilon_\mu' \equiv 0, \quad \text{oder} \quad \equiv 1 \pmod{2}.$$

In letzterem Fall geht die Entwicklung nur nach ungeraden Potenzen der v, in ersterem nur nach geraden Potenzen der v. Die ungeraden Funktionen verschwinden für die Nullwerte der Argumente, die geraden im allgemeinen nicht, sondern nur bei speziellen Werten der $a_{\mu,\mu'}$.

Um die Anzahl α_p der geraden, und β_p der ungeraden Charakteristiken zu bestimmen, beachte man, daß man jene Charakteristiken aus den α_{p-1} geraden und β_{p-1} ungeraden Charakteristiken, welche aus $p-1$ Gliedern $\genfrac{}{}{0pt}{}{\varepsilon_\mu}{\varepsilon_\mu'}$ bestehen, durch Vorsetzen eines Gliedes einer der vier Arten

$$\begin{matrix} 0 & 0 & 1 & 1 \\ 0, & 1, & 0, & 1 \end{matrix}$$

hervorgehen lassen kann, wobei nur die letztere Zufügung den Charakter des Geraden oder Ungeraden ändert. So erhält man

$$\alpha_p = 3\alpha_{p-1} + \beta_{p-1},$$
$$\beta_p = 3\beta_{p-1} + \alpha_{p-1};$$

hieraus, da $\alpha_1 = 3$, $\beta_1 = 1$:

$$\alpha_p + \beta_p = 4(\alpha_{p-1} + \beta_{p-1}) = 2^{2p},$$
$$\alpha_p - \beta_p = 2(\alpha_{p-1} + \beta_{p-1}) = 2^p,$$

und somit

$$\alpha_p = 2^{p-1}(2^p + 1), \qquad \beta_p = 2^{p-1}(2^p - 1).$$

Die Abelschen Funktionen.(7)

(27., 29., 31. Januar, 3. Februar:)

Da

$$\vartheta\binom{\varepsilon}{\varepsilon'}(v) = \vartheta\binom{\varepsilon_1, \cdots, \varepsilon_p}{\varepsilon_1', \cdots, \varepsilon_p'}(v_1, \cdots, v_p)$$
$$= e^{\frac{1}{4}\left(\sum\right)^2 a_{\mu,\mu'}\varepsilon_\mu\varepsilon_{\mu'} + \frac{1}{2}\sum \varepsilon_\mu\varepsilon_\mu' \pi i - \sum \varepsilon_\nu v_\nu} \cdot \vartheta\left(v_1 - \frac{\varepsilon_1'}{2}\pi i - \sum \frac{\varepsilon_\nu}{2} a_{\nu,1}, \cdots\right)$$

ist, so wird, sobald $\vartheta\binom{\varepsilon}{\varepsilon'}(0, 0, \cdots, 0) = 0$, auch

$$\vartheta\left(-\frac{\varepsilon_1'}{2}\pi i - \sum \frac{\varepsilon_\nu}{2} a_{\nu,1}, \cdots\right) = 0. \tag{1}$$

Dies tritt für ungerade Charakteristiken $\binom{\varepsilon}{\varepsilon'}$ immer, und im allgemeinen nur für ungerade Charakteristiken, ein. Sind nun u_μ und u_μ' die Werte, welche das Integral erster Gattung u_μ für zwei unbestimmte Wertsysteme (s, z) und (s_1, z_1) annimmt, $\alpha_\mu^{(\nu)}$ der Wert von u_μ für $(s, z) = (\sigma_\nu, \zeta_\nu)$, $a_{\mu,\mu'}$ der Periodizitätsmodul der Funktion u_μ an dem Schnitt $b_{\mu'}$, so lassen sich, sobald die Gleichung (1) erfüllt ist, nach Art. 23 der Th. A. F. die $p - 1$ Punkte (σ_ν, ζ_ν) so bestimmen, daß die Kongruenzen

$$\left(\frac{\varepsilon_1'}{2}\pi i + \sum \frac{\varepsilon_\nu}{2} a_{\nu,1}, \cdots, \frac{\varepsilon_p'}{2}\pi i + \sum \frac{\varepsilon_\nu}{2} a_{\nu,p}\right) \equiv \left(\sum_1^{p-1} \alpha_1^{(\nu)}, \cdots, \sum_1^{p-1} \alpha_p^{(\nu)}\right) \tag{2}$$

nach den $2p$ Modulsystemen der Funktionen u bestehen; daher verschwindet die Funktion

$$\vartheta\binom{\varepsilon_1, \cdots, \varepsilon_p}{\varepsilon_1', \cdots, \varepsilon_p'}(u_1 - u_1', \cdots, u_p - u_p'),$$

als Funktion von (s, z) betrachtet, wenn sie als solche nicht identisch verschwindet, für $(s, z) = (s_1, z_1)$ und für die $p - 1$ Punkte (σ_ν, ζ_ν).

Aus den Gleichungen (2) folgt

$$(3)\qquad \left(2\sum_1^{p-1}\alpha_1^{(\nu)},\cdots,2\sum_1^{p-1}\alpha_p^{(\nu)}\right)\equiv(0,\cdots,0).$$

Die $p-1$ Größenpaare (σ_ν, ζ_ν), jedes doppelt genommen, bilden also (Art. 23 der Th. A. F.) $2p-2$ durch eine Gleichung

$$\varphi = c_1\varphi_1 + c_2\varphi_2 + \cdots + c_p\varphi_p = 0$$

verknüpfte Wertepaare; d. h. man kann die $p-1$ Konstanten $c_1 : c_2 : \cdots : c_p$ so bestimmen, daß die $2p-2$ Nullpunkte des Ausdrucks $c_1\varphi_1 + \cdots + c_p\varphi_p$ paarweise zusammenfallen, bez. in die (σ_ν, ζ_ν), die Funktion φ also für die $p-1$ Wertsysteme (σ_ν, ζ_ν) unendlich klein von der zweiten Ordnung wird. Während die Anzahl der willkürlichen Konstanten in φ nur die Möglichkeit der algebraischen Aufgabe, die $2p-2$ Nullpunkte einer Funktion φ paarweise zusammenfallen zu lassen, aufzeigt, können wir nun schließen, daß die Aufgabe im allgemeinen, den ungeraden Charakteristiken entsprechend, $2^{p-1}(2^p-1)$ Lösungen zuläßt. Denn diese Aufgabe führt auch umgekehrt auf (3), also auf (2), und von da auf (1). Die Ausnahmefälle, in welchen mehr Lösungen existieren, schließen wir vorläufig aus.

Man bilde nun, unter Einführung einer zweiten ungeraden Charakteristik

$$\binom{\eta}{\eta'} = \binom{\eta_1, \eta_2, \cdots, \eta_p}{\eta_1', \eta_2', \cdots, \eta_p'},$$

den Quotienten

$$(4)\qquad r = \frac{\vartheta\binom{\varepsilon}{\varepsilon'}(u_1-u_1', \cdots, u_p-u_p')}{\vartheta\binom{\eta}{\eta'}(u_1-u_1', \cdots, u_p-u_p')},$$

so wird derselbe, als Funktion von (s, z), da er an den Querschnitten nur die Faktoren ± 1 annimmt, nämlich an a_ν den Faktor $e^{-(\varepsilon_\nu-\eta_\nu)\pi i}$, an b_ν den Faktor $e^{(\varepsilon_\nu'-\eta_\nu')\pi i}$, nach Art. 27 der Th. A. F. die Quadratwurzel aus einer rationalen Funktion von s und z. r wird ferner unendlich klein von der ersten Ordnung in den $p-1$ Punkten (σ_ν, ζ_ν), in welchen der Zähler, als Funktion von (s, z), außer in (s_1, z_1), verschwindet, und in welchen eine Funktion φ je von der zweiten Ordnung unendlich klein wird; und r wird unendlich groß von der ersten Ordnung in den $p-1$ Punkten $(\sigma_\nu', \zeta_\nu')$, in welchen der Nenner, als Funktion von (s, z), außer in (s_1, z_1), verschwindet, und in welchen ebenfalls eine Funktion φ je von der zweiten Ordnung unendlich klein wird. Bezeichnet man diese beiden Funktionen mit $\varphi(s, z)$ und mit $\psi(s, z)$, so wird also:

$$r = B \cdot \sqrt{\frac{\varphi(s, z)}{\psi(s, z)}},$$

wo B eine von (s_1, z_1) abhängige Konstante ist.

Um diese Konstante weiter zu bestimmen, beachte man, daß durch Vertauschen von (s, z) mit (s_1, z_1) die beiden ϑ-Funktionen nur ihr Vorzeichen, der Quotient r sich also gar nicht ändert. Daher wird

$$(4') \qquad r = A \cdot \sqrt{\frac{\varphi(s, z)}{\psi(s, z)}} \cdot \sqrt{\frac{\varphi(s_1, z_1)}{\psi(s_1, z_1)}},$$

wo A von (s, z) und (s_1, z_1) unabhängig ist.

Der Quotient $\sqrt{\frac{\varphi(s, z)}{\psi(s, z)}}$ ist, nach seinem Ausdrucke (4), eindeutig in T' und wird in je $p-1$ Punkten von T unendlich klein, bezw. unendlich groß von der ersten Ordnung; bei Überschreiten der Querschnitte nimmt er die Faktoren ± 1 an. Die Funktionen

$$\sqrt{\varphi(s, z)},$$

welchen die ungeraden ϑ-Funktionen proportional sind, nennen wir *Abelsche Funktionen* *).

Die Abelschen Funktionen sind durch (4), (4') den ungeraden ϑ-Funktionen in T' [aber in einer mit der Fläche T' sich ändernden Weise] einzeln eindeutig zugeordnet; und zwar auf doppelte Weise:

einmal [direkt], indem eine Abelsche Funktion $\sqrt{\varphi(s, z)}$ existiert, die in denselben $p-1$ Punkten verschwindet, in denen auch

$$\vartheta\binom{\varepsilon}{\varepsilon'}(u_1 - u_1', \cdots, u_p - u_p')$$

als Funktion von (s, z), außer in (s_1, z_1), verschwindet — eine Eigenschaft, die mit dem Bestehen der Kongruenzen (2) gleichbedeutend ist. Dieser Abelschen Funktion $\sqrt{\varphi(s, z)}$ schreiben wir daher ebenfalls die Charakteristik

$$(\sqrt{\varphi}) = \begin{pmatrix} \varepsilon_1, \cdots, \varepsilon_p \\ \varepsilon_1', \cdots, \varepsilon_p' \end{pmatrix}$$

zu;

sodann [indirekt], indem der Quotient *zweier* Abelschen Funktionen $\sqrt{\frac{\varphi(s, z)}{\psi(s, z)}}$, welche zu den Charakteristiken $\binom{\varepsilon}{\varepsilon'}$ und $\binom{\eta}{\eta'}$ gehören, am Querschnitte a_ν den Faktor $(-1)^{\varepsilon_\nu - \eta_\nu}$, an b_ν den Faktor $(-1)^{\varepsilon_\nu' - \eta_\nu'}$ annimmt, wie der Quotient (4) aus den beiden entsprechenden ϑ-Funktionen, und sich im übrigen in T' stetig ändert. Diese Eigenschaft

*) Führt man an Stelle von s und z andere Variable rational ein, so erhält eine Abelsche Funktion einen Faktor, der eine rationale Funktion von s und z ist; das Verhältnis zweier solcher Funktionen bleibt ungeändert.

kann man auch, unter Einführung einzelner Buchstaben für die Charakteristiken, so ausdrücken, daß man, wenn

$$(a) = \begin{pmatrix} \varepsilon_1, \cdots, \varepsilon_p \\ \varepsilon_1', \cdots, \varepsilon_p' \end{pmatrix} = (\sqrt{\varphi})$$

$$(b) = \begin{pmatrix} \eta_1, \cdots, \eta_p \\ \eta_1', \cdots, \eta_p' \end{pmatrix} = (\sqrt{\psi})$$

die Charakteristiken sind, zu denen nach der ersten Zuordnung bezw. $\sqrt{\varphi}$ und $\sqrt{\psi}$ gehören,

$$(a+b) \equiv \begin{pmatrix} \varepsilon_1 + \eta_1, \cdots, \varepsilon_p + \eta_p \\ \varepsilon_1' + \eta_1', \cdots, \varepsilon_p' + \eta_p' \end{pmatrix} \equiv (a-b) \pmod{2}$$

setzt, also

$$(2a) \equiv \begin{pmatrix} 0, \cdots, 0 \\ 0, \cdots, 0 \end{pmatrix}, \qquad (2b) \equiv \begin{pmatrix} 0, \cdots, 0 \\ 0, \cdots, 0 \end{pmatrix},$$

und die Charakteristik $(a+b)$ der Funktion $\sqrt{\frac{\varphi}{\psi}}$ zuschreibt, deren Faktorensystem an den Querschnitten a_ν und b_ν sich bestimmt durch

$$(-1)^{\varepsilon_\nu + \eta_\nu}, \quad \text{bezw.} \quad (-1)^{\varepsilon_\nu' + \eta_\nu'}.$$

Dieselbe Charakteristik hat dann auch $\sqrt{\varphi \cdot \psi} = \psi \sqrt{\frac{\varphi}{\psi}}$, da ψ an den Querschnitten nur die Faktoren $+1$ erhält. Bei *einer* Abelschen Funktion kann man noch nicht von bestimmten Faktoren reden, die sie an den Querschnitten annimmt, da sie auch im Unendlichen verzweigt ist, jene Faktoren also vom Wege abhängen.

Aufstellung der Ausdrücke der Abelschen Funktionen für die einfachsten Fälle.

1. Hyperelliptische Funktion.(8)

(3. Februar:)

Es ist zweckmäßig, die Gleichung zwischen s und z, $F(s,z) = 0$, durch Einführung rationaler Funktionen σ, ζ von (s, z) zuerst in eine einfache Form $F_1(\sigma, \zeta) = 0$ zu transformieren.

Was zunächst die Wahl von ζ betrifft, so führen wir, wenn eine Funktion ζ existiert, die nur für zwei Punkte vor T unendlich von der ersten Ordnung wird, d. h. im Falle der *hyperelliptischen Funktion*, diese ein.

Sei dann σ irgend eine andere rationale Funktion von (s, z), welche nur nicht für solche zwei Punkte, in denen ζ denselben Wert annimmt, ebenfalls denselben Wert erhält, also keine rationale Funktion von ζ allein sei. Wenn σ in m Punkten von T unendlich von der ersten Ordnung wird, so wird die transformierte Gleichung von der Form

$$\overset{2}{F_1}(\sigma, \overset{m}{\zeta}) = 0,$$

die φ werden dann in σ vom 0ten, in ζ vom $(m-2)^{\text{ten}}$ Grad, also ganze Funktionen von ζ allein, vom $(m-2)^{\text{ten}}$ Grade: $\overset{m-2}{\varphi}(\zeta)$.

Da jede Funktion, die für p oder weniger Werte unendlich wird, gleich dem Quotienten zweier Funktionen φ wird, hier also rational in ζ, so wird man für σ niedrigstens eine Funktion wählen, die für $p+1$ Werte unendlich von der ersten Ordnung wird, wobei die $p+1$ Punkte beliebig gewählt werden können [nur nicht so, daß in p der $p+1$ Punkte eine Funktion φ verschwindet]. Die Gleichung zwischen σ und ζ wird dann von der Form $F_1(\overset{2}{\sigma}, \overset{p+1}{\zeta}) = 0$, und die φ werden Funktionen $\overset{p-1}{\varphi}(\zeta)$.

Sei

$$F_1(\sigma, \zeta) = a_0\sigma^2 + 2a_1\sigma + a_2 = 0,$$

wo die a ganze Funktionen $(p+1)^{\text{ten}}$ Grades von ζ sind. Dann wird

$$\frac{1}{2}\frac{\partial F_1}{\partial \sigma} = a_0\sigma + a_1 = \sqrt{a_1{}^2 - a_0 a_2},$$

und irgend ein endlich bleibendes Integral wird die Form haben:

$$\int \frac{\overset{p-1}{\varphi}(\zeta)\, d\zeta}{2\sqrt{a_1{}^2 - a_0 a_2}},$$

wo $\sqrt{a_1{}^2 - a_0 a_2}$ die Quadratwurzel aus einem Ausdruck $(2p+2)^{\text{ten}}$ Grades in ζ wird: ein „hyperelliptisches Integral". Als Verzweigungspunkte der über der ζ-Ebene ausgebreiteten Fläche T hat man, wenn $a_1{}^2 - a_0 a_2 = 0$ nur einfache Wurzeln hat, die $w = 2p+2$ Nullpunkte von $a_1{}^2 - a_0 a_2 = 0$; entsprechend der Formel $w = 2n + 2(p-1)$ für $n = 2$. Zugleich sieht man, daß, wegen $w = 2m(n-1) - 2r$, $n = 2$, $m = p+1$, auch $r = 0$ sein muß, wenn die endlichen Integrale wirklich zu einer $\overline{2p+1}$-fach zusammenhängenden Fläche gehören sollen. Andernfalls würde, wenn zwei Verzweigungspunkte sich aufhebend zusammenfielen, ein rationaler linearer Faktor aus der Quadratwurzel heraustreten, $\overset{p-1}{\varphi}(\zeta)$ müßte denselben enthalten, und das p würde um eine Einheit erniedrigt.

Bei der Transformation auf die einfachste Form werden im hyperelliptischen Fall die Beziehungen zwischen den Abelschen Funktionen zwar einfach, aber die Symmetrie geht verloren; es soll daher zweckmäßigerweise dieser Fall erst später weiter behandelt werden. Wenn $p = 1$, so wählt man für ζ und σ zwei beliebige verschiedene Funktionen, die in je zwei Punkten unendlich von der ersten Ordnung werden; wenn $p = 2$, für ζ den Quotienten aus den beiden allein existierenden Funktionen φ, der in zwei Punkten ∞^1 wird, für σ eine weitere Funktion, die in drei Punkten ∞^1 wird. Wir wenden uns dem einfachsten Falle zu, in dem keine Funktion existiert, die in nur zwei Punkten unendlich wird, zu dem *allgemeinen* Fall $p = 3$.

2. Allgemeiner Fall $p = 3$.

5. Februar 1862: Aufstellung der homogenen Gleichung $\overset{2p-2}{F}(x, y, z) = 0$ für den nicht-hyperelliptischen Fall $p \geqq 3$ (s. Werke, „Zur Theorie der Abelschen Funktionen für den Fall $p = 3$", XXXI, S. 489—490; 1. Aufl. XXX, S. 458—459).

7.—26. Febr.: Der allgemeine Fall $p = 3$. Von der homogenen Relation vierten Grades zwischen den Quadraten dreier Abelschen Funktionen $\sqrt{\varphi}$ ausgehend, werden die 28 Abelschen Funktionen und eine Zuordnung derselben zu den 28 ungeraden Theta-Charakteristiken aufgestellt (s. Werke XXXI, S. 491—504; 1. Aufl. XXX, S. 459—472).

Hierbei sind nur folgende zwei Zusätze nachzutragen: (9)

Zusatz zu Werke XXXI, S. 496, Formeln (16), (17) (1. Aufl. XXX, S. 464—465). *(17. Febr.:)*

Wir wollen den umgekehrten Satz beweisen, daß, wenn zwischen den sechs Quadraten von Abelschen Funktionen eine Gleichung (16) existiert, dann $\sqrt{pq}$, wo p, q auf S. 496 (1. Aufl. S. 464) je in doppelter Weise angeschrieben sind, ein zur Gruppe $\sqrt{x\eta}$ gehöriges Produkt Abelscher Funktionen ist.

Indem man zuerst $ax, by, cz, \frac{\xi}{a}, \frac{\eta}{b}, \frac{\zeta}{c}$ bezw. durch $x, y, z, \xi, \eta, \zeta$ ersetzt, ändert sich die Relation

$$\sqrt{x\xi} + \sqrt{y\eta} + \sqrt{z\zeta} = 0 \tag{10}$$

nicht. Wir nehmen daher zu (10) statt (16) die Relation

$$x + y + z + \xi + \eta + \zeta = 0.$$

Indem man den hieraus gewonnenen Wert von ζ in (10), oder

$$z\zeta = x\xi + y\eta + 2\sqrt{x\xi y\eta},$$

substituiert, erhält man

$$(z + x + y)(z + \xi + \eta) = x\eta + y\xi - 2\sqrt{x\xi y\eta}$$

d. h.

$$\pm\sqrt{(z + x + y)(z + \xi + \eta)} - \sqrt{x\eta} + \sqrt{y\xi} = 0,$$

was die Umkehrung aussagt. Diese einfache algebraische Bemerkung reicht zur Aufstellung aller Relationen zwischen den Abelschen Funktionen für $p = 3$ hin.

Bemerkung ([10]) zu Werke XXXI, S. 503, Z. 7 v. o. (1. Aufl. XXX, S. 471, Z. 16 v. o.).

(24. Febr.:)

Ebenso hat man für die Gruppe $(\sqrt{x\xi}) = (p + q + r)$ formal noch die drei Zerlegungen:

$$(n+e+f+p+q+r),\ (n+e+f);$$
$$(n+e+g+p+q+r),\ (n+e+g);$$
$$(n+f+g+p+q+r),\ (n+f+g),$$

welche aber, da es nur 6 Zerlegungen der Gruppe gibt, mit drei der früheren übereinstimmen müssen. Daraus folgt, daß zwischen den eingeführten 7 Charakteristiken d, e, f, g, p, q, r eine lineare Relation bestehen muß; nämlich die Gruppe

$$(d+e+f+g+p+q+r)$$

ist die ausgeschlossene Gruppe

$$\begin{pmatrix} 0 & 0 & 0 \\ 0 & 0 & 0 \end{pmatrix}.$$

Setzt man

$$n + d',\ n + e',\ n + f',\ n + g'$$

für d, e, f, g, wobei also d', e', f', g' Gruppencharakteristiken werden, so enthalten die Ausdrücke für die in (21) vorkommenden 22 Charakteristiken, sowie die der 6 Charakteristiken $(k_1), (k_2), \cdots, (k_2'')$, alle die Charakteristik (n) *explicite*; daher fällt aus den Ausdrücken der durch Summierung *irgend* zweier von ihnen gebildeten Gruppencharakteristiken dann das (n) ganz heraus. Man kann sonach alle existierenden $2^6 - 1 = 63$ Gruppencharakteristiken linear zusammensetzen aus den 6 Gruppencharakteristiken

$$d', e', f', p, q, r$$

in der Form

$$\alpha_1 d' + \alpha_2 e' + \alpha_3 f' + \alpha_4 p + \alpha_5 q + \alpha_6 r,$$

wo die α_i die Werte 0 oder 1 haben, ohne alle zu gleicher Zeit 0 zu sein; und da solcher Kombinationen überhaupt nur 63 existieren, so sind die erhaltenen Kombinationen alle von einander verschieden. Solche 6 Gruppencharakteristiken d', e', f', p, q, r sind daher linear-unabhängig.

Hieraus ergibt sich weiter, daß man alle 2^6 Charakteristiken von Thetafunktionen erhält, wenn man (n) selbst nimmt, und außerdem alle, welche aus den ebengenannten $2^6 - 1$ Kombinationen von Gruppencharakteristiken durch Addition von (n) entstehen.

Hat man so (n) mit α der Gruppencharakteristiken d', e', f', p, q, r verbunden, so ist, nach den in (21) und für die (k) gegebenen Ausdrücken, eine solche Kombination eine *ungerade* Charakteristik, wenn $\alpha = 1$ oder 2 ist, oder auch $= 5$ oder 6, welch letzteres aus dem ersteren auch daraus folgt, daß die Kombinationen zu 6 oder 5 vermöge der identischen Relation zwischen d', e', f', g', p, q, r bezw. in solche zu 1 oder 2 zwischen 6 anderen dieser Größen übergehen. Dies gibt die 28 ungeraden Charakteristiken. Für $\alpha = 0, 3, 4$ erhält man also die 36 *geraden* Charakteristiken.

Dieser Satz ist sehr wichtig, um die Abelschen Funktionen in Gruppen anzuordnen; und sein Analogon gilt für beliebiges p.

Die quadratischen Relationen zwischen den p Funktionen φ, insbesondere für $p = 4$.(11)

(28. Febr.):

Zuerst der in der zweiten Auflage zugesetzte Abschnitt XXXI, S. 490—491: über Funktionen, die für endliche Werte von ξ, η [ξ und η sind solche Quotienten von Funktionen φ, die in denselben $2p-2$ Punkten je ∞^1 werden] endlich bleiben und für unendliche ξ, η unendlich in der zweiten Ordnung werden; für die Gleichung $\overset{2p-2}{F}(\xi, \eta) = 0$.

Dann folgende Fortsetzung:

Diese Untersuchung läßt sich verallgemeinern. Eine Funktion, die für endliche Werte von ξ, η endlich bleibt und für unendliche ξ, η unendlich von der m^{ten} Ordnung wird, wird für $2m(p-1)$ Wertepaare von ξ, η unendlich klein von der ersten Ordnung, und enthält daher (Th. A. F. Art. 5) für $m > 1$

$$(2m-1)\ (p-1)$$

Konstanten . . .

[Dies ist so zu ergänzen:

Sie ist daher in der Form

$$\frac{f(\xi, \eta)}{\psi}$$

darstellbar, wo $f(\xi, \eta)$ eine ganze Funktion von der $(2p+m-6)^{\text{ten}}$ Dimension in ξ, η ist, die für die $r = 2(p-1)(p-3)$ Wertepaare (γ, δ), in denen allein die Funktion $(2p-6)^{\text{ter}}$ Dimension, ψ verschwindet, ebenfalls verschwindet. Denn jene Funktion muß, nachdem man (Th. A. F. Art. 8)

$$\overset{2p+m-6}{f}(\xi, \eta) + \overset{m-4}{\varrho}(\xi, \eta) \cdot \overset{2p-2}{F}(\xi, \eta)$$

für $f(\xi, \eta)$ gesetzt und die $\frac{1}{2}(m-3)(m-2)$ Koeffizienten von ϱ willkürlich angenommen hat, noch

$$\tfrac{1}{2}(2p+m-5)(2p+m-4) - \tfrac{1}{2}(m-3)(m-2) - r = (2m-1)(p-1)$$

willkürliche Konstanten enthalten.

Zu diesen Funktionen gehört jede ganze Funktion m^{ten} Grades von den $p-1$ Variablen $\frac{\varphi}{\psi}$; eine solche enthält $\frac{p(p+1)\cdots(p+m-1)}{1\cdot 2\cdots m}$ Konstanten.

Da aber $\frac{f}{\psi}$ nur $(2m-1)(p-1)$ Konstanten enthält, so müssen zwischen den p Funktionen φ [wenigstens]

$$\frac{p(p+1)\cdots(p+m-1)}{1\cdot 2\cdots m}-(2m-1)(p-1)$$

homogene Relationen m^{ten} Grades bestehen.] (12)

Für $p=2$ und 3 existieren keine Gleichungen zweiten Grades zwischen den φ.

[Abgesehen von dem hyperelliptischen Fall bei $p=3$. (13)]

Für $p=4$ findet im allgemeinen *eine* homogene Gleichung zweiten Grades zwischen den vier Funktionen φ statt. Eine homogene Funktion zweiten Grades von 4 Größen läßt sich aber immer als Summe von höchstens 4 Quadraten linearer Kombinationen dieser Größen darstellen. Sei also

$$\text{(A)}\qquad y_1^2+y_2^2+y_3^2+y_4^2=0$$

die eine existierende Gleichung zweiten Grades, wobei die y_i lineare Ausdrücke in den φ sind. Wir nehmen je zwei Quadrate zusammen:

$$y_1+y_2i=z_1,\quad y_3+y_4i=z_2,\quad y_1-y_2i=z_3,\quad -y_3+y_4i=z_4,$$

und haben

$$z_1z_3=z_2z_4,$$

wo auch die z_i lineare Ausdrücke in den den φ sind.

Hieraus würde nur folgen, daß, wenn $z_2=0$ ist, auch z_1, oder z_3, gleich 0 sein muß; und man kann nun, da die z_i je für $2p-2=6$ Werte zu Null werden, verschiedene Annahmen machen.

a) Die allgemeine Verteilung der 6 Nullwerte von z_2 ist die, daß für drei der Werte z_1, für die drei übrigen z_3 verschwindet. Dann werden

z_1 und z_2 für drei Werte gleichzeitig zu 0,

z_3 „ z_2 „ „ „ „ „ „;

z_1 „ z_4 „ „ „ „ „ „;

z_3 „ z_4 „ „ „ „ „ „.

Die beiden Funktionen

$$s=\frac{z_2}{z_3}=\frac{z_1}{z_4},\qquad z=\frac{z_2}{z_1}=\frac{z_3}{z_4}$$

werden also nur für je drei Werte unendlich von der ersten Ordnung, und die Gleichung zwischen s, z wird zu

$$F(\overset{3}{s},\overset{3}{z})=0,$$

als einfachste Form der Gleichung unter den gegebenen Annahmen.

Die zugehörigen Funktionen φ werden zu

$$c_0 sz + c_1 s + c_2 z + c_3.$$

[Vermöge einer Transformation

$$sz : s : z : 1 = z_2 : z_1 : z_3 : z_4$$

geht $F(s, z) = 0$ in eine homogene Relation dritter Dimension zwischen z_1, z_2, z_3, z_4 über, welche, nach Zufügung eines Ausdrucks der Form

$$(a_1 z_1 + a_2 z_2 + a_3 z_3 + a_4 z_4)(z_1 z_3 - z_2 z_4)$$

die allgemeinste ihrer Art ist. Die 9 Moduln ergeben sich, wenn man s durch eine lineare Funktion von s, und z durch eine solche von z, mit willkürlichen Konstanten, ersetzt.]

b) Es mögen von den sechs Nullwerten von z_2 vier solche von z_1 sein. Dann würden:

z_1	und	z_2	für	4	Werte	gleichzeitig zu	0,
z_3	„	z_2	„	2	„	„ „	0,
z_1	„	z_4	„	2	„	„ „	0,
z_3	„	z_4	„	4	„	„ „	0.

Die beiden obigen Funktionen s und z würden bezw. 4-mal, 2-mal unendlich von der ersten Ordnung, und die einfachste Gleichung würde

$$F(\overset{2}{s}, \overset{4}{z}) = 0.$$

[Diese Gleichung ist nun entweder:

α) irreduktibel; dann gehört sie nicht mehr zu $p = 4$, sondern zum hyperelliptischen Falle von $p = 3$, wobei sich auch $sz : s : z : 1$ nicht mehr wie φ-Funktionen verhalten. Die Annahme (A), b) ist dann also unstatthaft. Oder:

β) reduktibel; $F(\overset{2}{s}, \overset{4}{z})$ wird ein vollständiges Quadrat einer Funktion $\Phi(\overset{1}{s}, \overset{2}{z})$. Alsdann definieren die beiden Gleichungen

$$z_1 z_3 - z_2 z_4 = 0, \quad \Phi = 0$$

nicht mehr die algebraische Klasse; und letztere Gleichung läßt sich mittels ersterer unter Wegschaffen eines linearen Faktors z_4 auf die Form

$$z_3(a_1 z_1 + a_2 z_2 + a_3 z_3 + a_4 z_4) + z_4(a_5 z_1 + a_6 z_4) = 0$$

bringen, sodaß noch eine zweite quadratische Relation, und damit auch eine dritte, zwischen den vier Funktionen φ besteht: man hat den hyperelliptischen Fall $p = 4$.]

c) Wenn von sechs Nullwerten von z_2 fünf solche von z_1 wären, so würde für den sechsten z_3 zu Null, und die Gleichung würde

$$F(\overset{1}{s}, \overset{5}{z}) = 0$$

[eine zu $p = 0$ gehörige Gleichung, so daß auch diese Annahme (A), c) unstatthaft ist].

Man hat nun weiter den Fall zu untersuchen, daß die homogene Funktion zweiten Grades der vier Größen φ sich auf nur drei Quadrate reduziert:

(B) $$y_1{}^2 + y_2{}^2 + y_3{}^2 = 0,$$

[oder für

$$y_1 + y_2 i = z_1, \quad y_1 - y_2 i = z_3, \quad y_3 i = z_2$$

die Relation

$$z_1 z_3 = z_2^2.$$

In diesem Falle gibt die Substition

$$s = \frac{z_2}{z_3} = \frac{z_1}{z_2}, \quad z = \frac{z_2}{z_1} = \frac{z_3}{z_2}$$

schon eine Relation $sz - 1 = 0$ zwischen s und z; die algebraische Klasse kann aber nicht durch diese Relation zwischen s und z definiert werden, sondern man wird für die in der quadratischen Relation nicht vorkommende vierte der Funktionen φ eine neue Variable einführen, etwa mittels

$$\sigma = \frac{z_4}{z_2}.$$

Nach der Gleichung $z_1 z_3 - z_2^2 = 0$ kann man nun zweierlei Annahmen machen:

a) In dreien der 6 Nullpunkte von z_2 verschwindet z_1 je in zweiter Ordnung. Dann verschwindet in den drei übrigen Nullpunkten von z_2 die Funktion z_3 je in zweiter Ordnung. In drei Punkten, für welche $z = \frac{z_3}{z_2}$ einen gegebenen Wert (s also den reziproken Wert) annimmt, hat σ drei verschiedene Werte; für gegebenes $\sigma + az$, bei beliebigem Wert von a, nimmt z sechs Werte an. Daher wird die Gleichung zwischen σ und z von der Form

$$F(\overset{3}{\sigma}, \overset{6}{z}) = 0,$$

worin aber auch die Gesamtdimension in σ, z nur bis auf den Grad 6 ansteigen darf. Da ferner für die Verhältnisse der vier Funktionen φ wird:

$$z_1 : z_2 : z_3 : z_4 = s : 1 : z : \sigma = 1 : z : z^2 : \sigma z,$$

σ also in der Gleichung $F(\overset{3}{\sigma}, \overset{6}{z}) = 0$ nur in der Verbindung σz vorkommt, so ergibt sich für diese Gleichung die Form:

$$F(\sigma, z) \equiv \sigma^3 z^3 + \sigma^2 z^2 f(\overset{2}{z}) + \sigma z f(\overset{4}{z}) + f(\overset{6}{z}) = 0.$$

Unter Einführung der Größen z_i liefert diese Gleichung eine zu $z_1 z_3 - z_2^2 = 0$ hinzutretende homogene Relation dritter Dimension zwischen z_1, z_2, z_3, z_4.

Dabei kann auch die Gleichung $F(\overset{3}{\sigma}, \overset{6}{z}) = 0$ nicht reduktibel sein, weil F andernfalls die dritte Potenz eines Ausdrucks $\sigma z + \frac{1}{3} f(\overset{2}{z})$ werden müßte, eine Relation $\sigma z + \frac{1}{3} f(\overset{2}{z}) = 0$, d. h. eine lineare Relation zwischen den φ-Funktionen z_i aber nicht existiert.

Die acht Moduln dieser algebraischen Klasse ergeben sich aus den 15 Konstanten von $F = 0$, indem man zunächst σz durch $(a\sigma + bz + c)(z + d)$, mit beliebigen Konstanten a, b, c, d ersetzt, dann auch z selbst durch eine beliebige gebrochene lineare Funktion von z.

b) Von den sechs Nullpunkten $\alpha_1, \alpha_2, \beta_1, \beta_2, \gamma_1, \gamma_2$ von z_2 wird in zweien, α_1, α_2, auch z_1 zu 0^2, in zwei weiteren, β_1, β_2, auch z_3 zu 0^2, in den beiden letzten, γ_1, γ_2, sowohl z_1 als z_3 zu 0^1.

Die Funktion $s = \frac{z_2}{z_3} = \frac{z_1}{z_2}$ nimmt dann irgend einen gegebenen Wert nur an zwei Stellen an. Man hat also wieder einen hyperelliptischen Fall. Hat nun $\sigma = \frac{z_4}{z_2}$ an solchen zwei Stellen verschiedene Werte, ist also die Gleichung

$$F(\overset{2}{\sigma}, \overset{6}{s}) = 0$$

irreduktibel, so könnte σ nicht der Quotient zweier zugehöriger Funktionen φ sein, entgegen der Voraussetzung. $F(\sigma, s)$ muß daher ein vollständiges Quadrat sein; und σ nimmt für die zwei Punkte, in denen s einen gegebenen Wert annimmt, auch nur einen Wert an. Indem man z_4 durch $z_4 + \lambda z_3$ ersetzt, kann man dann bewirken, daß σ in den beiden Punkten α_1, α_2 verschwindet. Dann nimmt für gegebenes $\sigma + as$, bei beliebigem a, s nur noch zwei verschiedene Werte an, und es wird F das Quadrat einer Funktion $\Phi(\overset{1}{\sigma}, \overset{2}{s})$, wo

$$\Phi(\overset{1}{\sigma}, \overset{2}{s}) \equiv \sigma \overset{1}{\Phi}(s) + \overset{2}{\Phi}(s) = 0\,.$$

Dies gibt, in den z_i geschrieben, eine zweite homogene quadratische Relation:

$$z_4 \Phi(z_1^1, z_2) + \Phi(z_1^2, z_2) = 0,$$

welche, mit $z_1 z_3 - z_2{}^2 = 0$ zusammengenommen, noch eine dritte solche bestimmt. Die drei Relationen bestimmen die algebraische Klasse nicht, stellen vielmehr im z_i-Raum nur eine, doppelt zu nehmende, Raumkurve dritter Ordnung dar. Man kommt so wieder auf den Fall (A), b), β.([14])]

Auf diese Weise läßt sich die Gleichung für $p = 4$ in allen Fällen auf die einfachste Form reduzieren. Das Verfahren ist auch auf $p > 4$ leicht ausdehnbar. Es läßt sich nämlich zeigen, daß sich aus

$$\tfrac{1}{2}(p-2)(p-3)$$

homogenen Funktionen zweiten Grades zwischen p Veränderlichen immer, und für $p > 4$ auf verschiedene Weisen, ein Aggregat kombinieren lasse, das gleich einer Summe von höchstens vier Quadraten linearer Ausdrücke der Veränderlichen ist. Man kann so z. B. die Kriterien erhalten, daß algebraische Funktionen auf hyperelliptische Integrale führen.

Die linearen Relationen zwischen je p, zur selben Gruppe gehörigen Produkten zweier Abelschen Funktionen.

(28. Febr., 3., 4. März:)

Wir gebrauchen für beliebiges p nun die Bezeichnung

$$x_1 = \frac{\varphi_1}{\psi},\ x_2 = \frac{\varphi_2}{\psi},\ \cdots,\ x_p = \frac{\varphi_p}{\psi},$$

wo x_1, x_2 die Stelle der ξ, η von S. 15 vertreten, also eine Gleichung der Form $F(\overset{2p-2}{x_1, x_2}) = 0$ existiert, und wo ψ, in x_1, x_2 ausgedrückt, die dortige φ-Funktion ψ von der $(2p-6)^{\text{ten}}$ Ordnung in Bezug auf die Variablen x_1, x_2 vorstellt.

2*

Wir betrachten ein Produkt aus zwei Abelschen Funktionen

$$\sigma = \sqrt{\xi\eta},$$

wo also ξ und η solche ganze lineare homogene Funktionen von $x_1, x_2, \cdots, x_p$ sind, welche für je $p-1$ Stellen von $F = 0$ unendlich klein von der zweiten Ordnung werden.

Verwandelt man die ursprüngliche Fläche T durch Querschnitte in die einfach zusammenhängende Fläche T', so wird die Funktion $\sigma = \sqrt{\xi\eta}$, stetig durch T' fortgesetzt, allenthalben nur einen bestimmten Wert annehmen, nachdem das Vorzeichen von σ in *einem* Punkte willkürlich festgesetzt ist. Denn σ wird, wo es unendlich klein oder unendlich groß wird, dies überall nur von der ersten Ordnung, ohne Verzweigung; man kann auch sagen: über jeden innerhalb T' verlaufenden geschlossenen Weg ausgedehnt, gibt das Integral $\int d \log \sigma$ einen Wert $2\pi i \cdot k$, wo k eine ganze Zahl ist. Diese Unendlichkeitstellen von σ sind die $2p-2$ festen Stellen, in welchen $x_1, \cdots, x_p$ zu gleicher Zeit je ∞^1 werden.

In der Fläche T ist σ ebenfalls unverzweigt, aber zweiwertig. Beim Überschreiten eines Querschnittes von T' kann σ nur denselben oder den entgegengesetzten Wert annehmen; sodaß σ an dem Querschnittsystem von T' ein bestimmtes Faktorensystem ± 1 besitzt. Dasselbe ist, wenn die Charakteristiken der beiden Abelschen Funktionen $(a) = (\sqrt{\xi})$, $(b) = (\sqrt{\eta})$ einzeln gegeben sind, nach Seite 11 aus der Gruppencharakteristik $(a+b)$ bestimmt. Wir nennen nun zwei Produkte $\sigma = \sqrt{\xi\eta}$, $\sigma' = \sqrt{\xi'\eta'}$ von je zwei Abelschen Funktionen *zur selben Gruppe gehörig*, wenn sie an dem Querschnittsystem *dasselbe* Faktorensystem annehmen. Unser Ziel ist zu beweisen:

(A) *daß zwischen je p solchen Produkten von je zwei Abelschen Funktionen, die zu derselben Gruppe gehören, eine lineare homogene Relation stattfindet.*

Erster Beweis. Da die Anzahl aller Abelschen Funktionen $\sqrt{\xi}$ im allgemeinen gleich $2^{p-1}(2^p-1)$ ist, so ist die Anzahl aller Produkte zu zwei, von einander verschiedenen:

$$\tfrac{1}{2} \cdot 2^{p-1}(2^p-1) \cdot [2^{p-1}(2^p-1)-1] = 2^{p-2}(2^{p-1}-1)(2^{2p}-1).$$

Überhaupt gibt es $2^{2p}-1$ Faktorensysteme ± 1 oder Gruppencharakteristiken; nimmt man nun an, daß zu jeder Gruppe gleichviel Produkte gehören — eine Annahme, deren Richtigkeit wir später erkennen werden (15) —, so folgt für die Anzahl der Produkte einer Gruppe:

$$2^{p-2}(2^{p-1}-1).$$

Ein solches Produkt sei $\sqrt{\xi\eta}$. Wir wollen nun den allgemeinen Ausdruck einer Funktion σ' bilden, welche mit $\sqrt{\xi\eta}$ zu derselben Gruppe gehört, also dasselbe Faktorensystem besitzt und zugleich in denselben $2p-2$ Punkten zu ∞^1 wird, wie $\sqrt{\xi\eta}$.

Die Funktion $\sigma'\cdot\sqrt{\xi\eta}$ wird dann an allen Querschnitten die Faktoren $+1$ annehmen, also rational in den Variablen x_1, x_2 sein. Da sie ferner nur für unendliche x_1, x_2 unendlich, und zwar von der zweiten Ordnung, wird, so wird nach dem früheren (S. 15):

$$\sigma'\cdot\sqrt{\xi\eta} = \frac{\overset{2p-4}{f(x_1, x_2)}}{\underset{}{\overset{2p-6}{\psi(x_1, x_2)}}},$$

wo $f(x_1, x_2)$ noch $3(p-1)$ willkürliche Konstanten linear und homogen enthält. Damit σ' endlich bleibt für $\xi = 0$ und $\eta = 0$, muß $f(x_1, x_2)$ für die je $p-1$ Nullpunkte von $\sqrt{\xi}$ und $\sqrt{\eta}$ verschwinden, was $2(p-1)$ lineare Bedingungsgleichungen für die Konstanten von $f(x_1, x_2)$ gibt. Es bleiben dann in $f(x_1, x_2)$ noch $p-1$ Konstanten willkürlich. σ' enthält somit $p-1$ willkürliche Konstanten in linearer homogener Weise.

Daher läßt sich auch jedes zur Gruppe $\sqrt{\xi\eta}$ gehörige Produkt zweier Abelscher Funktionen, als Funktion σ', durch $p-1$ spezielle dieser Funktionen σ' linear und homogen ausdrücken; d. h. zwischen je p solcher zu einer Gruppe gehörigen Produkte existiert eine lineare homogene Gleichung mit konstanten Koeffizienten, von der Form:

$$\sqrt{\xi_1\eta_1} + \sqrt{\xi_2\eta_2} + \cdots + \sqrt{\xi_p\eta_p} = 0,$$

q. e. d.

Dieser Beweis kann aber insofern nicht als streng und allgemein angesehen werden, als er nur auf Konstantenzählung beruht, ohne daß die $2(p-1)$ Bedingungsgleichungen, die zwischen den Koeffizienten bestehen, untersucht worden sind. (16)

Zweiter Beweis. Der strenge Beweis des analogen Satzes:

(B) *daß zwischen je $p+1$ Quadraten von Abelschen Funktionen eine lineare homogene Relation stattfindet,*

beruht auf der Eigenschaft der Abelschen Funktionen, daß ihre Quadrate Funktionen φ sind, von denen Th. A. F. Art. 4 mittels des Dirichletschen Prinzips allgemein bewiesen war, daß es nur p linear unabhängige gibt. Einen analogen, auf den Periodizitätseigenschaften der Integrale über Abelsche Funktionen beruhenden Beweis des Satzes (A) wollen wir hier andeuten.

Seien $\varphi_\mu(s, z)$, $\varphi_\nu(s, z)$ zwei solche Funktionen φ, die für je $p-1$ Wertsysteme (s, z) von $F(s, z) = 0$ unendlich klein von der zweiten Ordnung werden, so betrachten wir das Integral

$$v = \int \frac{\sqrt{\varphi_\mu(s,z)\,\varphi_\nu(s,z)}\,dz}{\frac{\partial F}{\partial s}}.$$

Dieser Ausdruck ist ein immer endlich bleibendes Integral, ist in der Fläche T' eindeutig und stetig, und zu beiden Seiten der Querschnitte ist [von der Gruppe, zu der $\sqrt{\varphi_\mu \varphi_\nu}$ gehört, abhängig]

für einige Querschnitte $\alpha)\ v^+ = v^- + \text{const.}$

für die übrigen ($\geqq 1$) Querschnitte $\beta)\ v^+ = -v^- + \text{const.}$

So wie es für die endlichen Integrale w, für welche an allen Querschnitten die Beziehung α) gilt, geschehen, läßt sich nun ableiten, daß alle Funktionen v', welche in T' eindeutig und stetig sind und an den Querschnitten genau dieselben Beziehungen α), β) haben, wie v, von $p-1$ willkürlichen Konstanten linear abhängen. Man braucht nur zu zeigen, daß der reelle Teil von v' durch die vorgeschriebenen Unstetigkeiten α), β) hier völlig bestimmt(17) ist, und dann, daß jedes v' durch $p-1$ unter ihnen linear ausdrückbar ist. Daraus folgt dann der Satz (A).(18)

Die in eine Relation

a) $\sqrt{\xi_1\eta_1} + \sqrt{\xi_2\eta_2} + \cdots + \sqrt{\xi_p\eta_p} = 0$

eingehenden Ausdrücke ξ_i, η_i sind lineare Funktionen von $x_1, x_2, \cdots, x_p$. Man nehme nun $p-2$ von einander unabhängige Relationen der Art a), so stellt dies zwischen den p Größen $x_1, x_2, \cdots, x_p$ $p-2$ unabhängige Gleichungen vor. Eliminiert man also aus denselben die $p-3$ Größen $x_4, \cdots, x_p$, so bleibt nur *eine* homogene Gleichung zwischen den drei Veränderlichen x_1, x_2, x_3 übrig, welche mit der ursprünglichen Gleichung $\overset{2p-2}{F}(x_1, x_2, x_3) = 0$ übereinstimmen muß. Die Gleichung $F(x_1, x_2, x_3)$ ist also ersetzbar durch $p-2$ Gleichungen der Form a); daher muß auch jede algebraische Gleichung $F(s, z) = 0$ für eine $\overline{2p+1}$-fach zusammenhängende algebraische Funktion s von z ersetzbar sein durch ein System von $p-2$ Gleichungen zwischen p Veränderlichen. Da aus diesen auch alle algebraischen Relationen zwischen den Abelschen Funktionen folgen müssen, so muß aus jenen $p-2$ Gleichungen auch algebraisch herzuleiten sein, daß zwischen je p zu einer Gruppe gehörigen Produkten eine Relation der Art a) besteht.

Somit sind die Konstanten in den $p-2$ Relationen nicht unabhängig; sie müssen vielmehr eben derart bestimmt werden, daß aus den $p-2$ Gleichungen der Form a) alle übrigen von derselben Form folgen. Man wird sich dabei der *beiden* Sätze (A) und (B) bedienen;

und diese beiden Sätze müßten auch ausreichen, um alle Relationen zwischen Abelschen Funktionen zu finden, wenn man noch deren Beziehungen zu den Thetacharakteristiken und die Sätze über den Zusammenhang der Charakteristiken benutzte, um zu untersuchen, welche Produkte zu derselben Gruppe gehören.

Die Konstanten in den $p-2$ Gleichungen müssen sich dabei so einrichten lassen, daß die Koeffizienten sämtlicher Quadrate von Abelschen Funktionen sich rational in $3p-3$ Größen ausdrücken, den $3p-3$ Moduln der Klasse; wie wir es für $p=3$ durch die sechs Größen $\alpha, \beta, \gamma, \alpha', \beta', \gamma'$ getan haben.

So hat man für $p=4$ zwei Gleichungen zwischen je vier Produkten; und man wird diese so wählen, daß in den beiden Gleichungen dieselben acht Abelschen Funktionen vorkommen. ([19])

Algebraische Ausdrücke von einfachen Thetaquotienten. ([20])
(4. März:)

Um das Ziel: *die Konstanten in den Ausdrücken aller Abelschen Funktionen durch die Thetafunktionen für die Nullwerte der Argumente zu bestimmen,* zu erreichen, ist es zweckmäßig, mehr zu benutzen, als bloß die Beziehung der Abelschen Funktionen zu den Thetaquotienten (S. 10), also bloß die Charakteristikentheorie; wir wollen vielmehr die Quotienten von Thetafunktionen, deren Argumente nicht, wie bei jenen Funktionen, nur von zwei Punkten von T' abhängen, sondern beliebige Werte haben, algebraisch ausdrücken. Wir geben die Rechnung allgemein für beliebiges p, wenn sie sich auch nur für den Fall zu Ende führen läßt, daß man die *Fundamentalgleichungen* zwischen den Abelschen Funktionen schon kennt, wie bei $p=3$.

Zum Ausdruck des Quotienten zweier einfacher Thetafunktionen soll (Th. A. F. Art. 27) eine algebraische Funktion σ gebildet werden, welche an den Querschnitten von T' dieselben Faktoren annimmt, wie $\sqrt{\xi\eta}$, wo $\sqrt{\xi}$ und $\sqrt{\eta}$ zwei Abelsche Funktionen sind, und welche für p Punkte von T' unendlich von der ersten Ordnung wird.

Unter den Bezeichnungen des vorigen Abschnittes bilde man zwei verschiedene Funktionen

$$\frac{\overset{2p-4}{f}(x_1, x_2)}{\underset{2p-6}{\psi}(x_1, x_2)}, \qquad \frac{\overset{2p-4}{f_1}(x_1, x_2)}{\underset{2p-6}{\psi}(x_1, x_2)},$$

die beide je $3(p-1)$ willkürliche Konstanten enthalten und für je $2(2p-2)$ Punkte unendlich klein von der ersten Ordnung werden. Je $p-1$ dieser Konstanten sollen so bestimmt werden, daß $f(x_1, x_2)$ für die $p-1$ Nullwerte von $\sqrt{\xi}$, $f_1(x_1, x_2)$ für die $p-1$ Nullwerte von $\sqrt{\eta}$ verschwindet, wonach f und f_1 die Form erhalten:

$$(1)\qquad \begin{cases} f(x_1, x_2) = c_1 \Pi_1 + c_2 \Pi_2 + \cdots + c_{2p-2} \Pi_{2p-2}, \\ f_1(x_1, x_2) = c_1' X_1 + c_2' X_2 + \cdots + c_{2p-2}' X_{2p-2}, \end{cases}$$

wo die c und c' willkürliche Konstanten sind und die Π, bezw. X, voneinander unabhängige Funktionen vorstellen, die für die Nullwerte von $\sqrt{\xi}$, bezw. $\sqrt{\eta}$, verschwinden.

Die in T' eindeutige Funktion

$$(2)\qquad \sigma = \frac{\sqrt{\eta} \cdot f(x_1, x_2)}{\sqrt{\xi} \cdot f_1(x_1, x_2)}$$

wird dann noch für $3(p-1)$ Punkte zu 0^1, für $3(p-1)$ Punkte zu ∞^1, und verhält sich an den Querschnitten wie $\sqrt{\xi\eta}$.

In σ bestimme man nun weiter die noch willkürlichen $2(p-1)$ Konstanten von f_1 so, daß f_1 für p willkürlich gegebene Punkte β zu Null wird; f_1 verschwindet dann in noch $2p-3$ weiteren Punkten α, von denen noch $p-3$ willkürlich sind. Die $2(p-1)$ noch willkürlichen Konstanten von f bestimme man alsdann so, daß f für die $2p-3$ Punkte α ebenfalls verschwindet, wodurch die p letzten Nullpunkte γ von f mitbestimmt sind.

Alsdann läßt sich σ als Quotient zweier Thetafunktionen darstellen. Seien die Werte des Integrals u_μ für die p Punkte β_ν mit $\beta_\mu^{(\nu)}$, für die p Punkte γ_ν mit $\gamma_\mu^{(\nu)}$ bezeichnet. Wir betrachten den Quotienten

$$(3)\qquad r = \frac{\vartheta\left(u_1 - \sum_1^p \gamma_1^{(\nu)}, \ldots\right)}{\vartheta\left(u_1 - \sum_1^p \beta_1^{(\nu)}, \ldots\right)}$$

und führen in die in den Argumenten vorkommenden Summen die Werte der Integrale u_μ in den übrigen Punkten, in denen f und f_1 verschwinden, ein. Seien die Werte von u_μ in den $2p-3$ Punkten $\alpha_\varkappa$, in welchen $f(x_1, x_2)$ und $f_1(x_1, x_2)$ gleichzeitig verschwinden, mit

$$u_\mu^{(\varkappa)}, \qquad (\varkappa = 1, 2, \cdots, 2p-3)$$

bezeichnet; in den $p-1$ Nullwerten von $f(x_1, x_2)$ und $\sqrt{\xi}$ mit

$$\xi_\mu^{(\lambda)}, \qquad (\lambda = 1, 2, \cdots, p-1)$$

in den $p-1$ Nullwerten von $f_1(x_1, x_2)$ und $\sqrt{\eta}$ mit

$$\eta_\mu^{(\lambda)}. \qquad (\lambda = 1, 2, \cdots, p-1)$$

Wenn dann $\sqrt{\xi}$ und $\sqrt{\eta}$ bezüglich zu den Charakteristiken

$$\begin{pmatrix} \xi_1, \xi_2, \cdots, \xi_p \\ \xi_1', \xi_2', \cdots, \xi_p' \end{pmatrix} = (a), \qquad \begin{pmatrix} \eta_1, \eta_2, \cdots, \eta_p \\ \eta_1', \eta_2', \cdots, \eta_p' \end{pmatrix} = (b)$$

gehören, so kann man setzen ((2), S. 8):

$$\left(\sum_{\lambda=1}^{p-1} \xi_1^{(\lambda)}, \cdots\right) \equiv \left(\frac{\xi_1'}{2}\pi i + \sum_1^p \frac{\xi_\nu}{2} a_{\nu,1}, \cdots\right) \equiv ((a)_1, \cdots),$$

$$\left(\sum_{\lambda=1}^{p-1} \eta_1^{(\lambda)}, \cdots\right) \equiv \left(\frac{\eta_1'}{2}\pi i + \sum_1^p \frac{\eta_\nu}{2} a_{\nu,1}, \cdots\right) \equiv ((b)_1, \cdots),$$

und hat also, nach dem Abelschen Theorem:

$$\sum_{\nu=1}^{p} \gamma_\mu^{(\nu)} + \sum_{\varkappa=1}^{2p-3} u_\mu^{(\varkappa)} + (a)_\mu \equiv 0,$$

$$\sum_{\nu=1}^{p} \beta_\mu^{(\nu)} + \sum_{\varkappa=1}^{2p-3} u_\mu^{(\varkappa)} + (b)_\mu \equiv 0;$$

denn der erstere Ausdruck, der sich auf die $4(p-1)$ Punkte bezieht, in denen $\frac{f(x_1, x_2)}{\psi(x_1, x_2)}$ zu Null wird, ist kongruent der Summe, ausgedehnt über die $2(p-1)$ je doppelt zu rechnenden Wertesysteme, in denen x_1 und x_2 zugleich zu ∞^1 werden und die durch eine Funktion φ verknüpft sind (Th. A. F. Art. 23); während sich der zweite Ausdruck ebenso auf die $4(p-1)$ Nullpunkte von $\frac{f_1}{\psi}$ bezieht.

Hiernach wird

$$(4) \qquad r = \frac{\vartheta\left(u_1 + \sum_1^{2p-3} u_1^{(\varkappa)} + (a)_1, \cdots\right)}{\vartheta\left(u_1 + \sum_1^{2p-3} u_1^{(\varkappa)} + (b)_1, \cdots\right)}.$$

Um den algebraischen Ausdruck für σ zu bilden, setze man auch in (1) die Koordinaten der $2p-3$ gleichzeitigen Nullpunkte $\alpha_1, \alpha_2, \cdots, \alpha_{2p-3}$ von $f(x_1, x_2)$ und $f_1(x_1, x_2)$ ein und bestimme hieraus die Verhältnisse der c und der c'. Seien die Werte bez. von Π_i und X_i in $\alpha_\varkappa$ bezeichnet mit

$$\Pi_i^{(\varkappa)}, \quad X_i^{(\varkappa)},$$

so wird, bis auf einen konstanten Faktor,

$$f = \sum \pm \Pi_1 \Pi_2^{(1)} \cdots \Pi_{2p-2}^{(2p-3)}, \quad f_1 = \sum \pm X_1 X_2^{(1)} \cdots X_{2p-2}^{(2p-3)},$$

und somit (nach Th. A. F. Art. 27):

$$B \cdot \sqrt{\frac{\eta}{\xi}} \cdot \frac{\sum \pm \Pi_1 \Pi_2^{(1)} \cdots \Pi_{2p-2}^{(2p-3)}}{\sum \pm X_1 X_2^{(2)} \cdots X_{2p-2}^{(2p-3)}}$$

$$= \frac{\vartheta\left(u_1 + \sum_1^{2p-3} u_1^{(\varkappa)} + (a)_1, \cdots\right)}{\vartheta\left(u_1 + \sum_1^{2p-3} u_1^{(\varkappa)} + (b)_1, \cdots\right)} e^{\sum_1^p (\xi_\mu - \eta_\mu)\left(u_\mu + \sum_1^{2p-3} u_\mu^{(\varkappa)}\right)}$$

$$= C \cdot \frac{\vartheta(a)\left(u_1 + \sum_1^{2p-3} u_1^{(\varkappa)}, \cdots\right)}{\vartheta(b)\left(u_1 + \sum_1^{2p-3} u_1^{(\varkappa)}, \cdots\right)}.$$

Die hier eintretenden Konstanten B, C sind von dem Wertsystem (x_1, x_2), das in Π_1 und X_1 und in den Grenzen der $u_1, u_2, \cdots, u_p$ vorkommt, unabhängig. Zugleich ist der Determinantenquotient der linken und der Thetaquotient der rechten Seite symmetrisch in den Wertsystemen, die sich auf die $2p-2$ Punkte (x_1, x_2), $\alpha_1, \alpha_2, \cdots, \alpha_{2p-3}$ beziehen. Ersetzt man daher den Punkt (x_1, x_2) durch den beliebigen Punkt α_0, das zugehörige Integral u_μ durch $u_\mu^{(0)}$, so kann man schreiben:

$$(5)\quad \frac{\vartheta(a)\left(\sum_{i=0}^{2p-3} u_1^{(i)}, \cdots\right)}{\vartheta(b)\left(\sum_{i=0}^{2p-3} u_1^{(i)}, \cdots\right)} = A \cdot \sqrt{\frac{\eta^{(0)}\eta^{(1)} \cdots \eta^{(2p-3)}}{\xi^{(0)}\xi^{(1)} \cdots \xi^{(2p-3)}}} \cdot \frac{\sum \pm \Pi_1^{(0)} \Pi_2^{(1)} \cdots \Pi_{2p-2}^{(2p-3)}}{\sum \pm X_1^{(0)} X_2^{(1)} \cdots X_{2p-2}^{(2p-3)}},$$

wo $\sqrt{\xi^{(i)}}$, $\sqrt{\eta^{(i)}}$ die Werte bezüglich von $\sqrt{\xi}$, $\sqrt{\eta}$ im Punkte α_i sind, und wo nun der Faktor A unabhängig wird von sämtlichen $2p-2$ Punkten α_i, für deren Wertsysteme die in den Argumenten der Thetafunktionen vorkommenden Integralsummen gebildet sind.

Um die Konstante A zu bestimmen, beachte man, daß Argumente von Thetafunktionen, welche aus Summen über $2p-2$ Integrale mit beliebigen Grenzen bestehen, ganz allgemeine sind. Spezialisiert man diese Argumente, indem man $p-1$ der Grenzen, $\alpha_{p-1}, \cdots, \alpha_{2p-3}$, in die Nullpunkte einer Abelschen Funktion von der Charakteristik (c) legt, so kommt in der Formel (5) links ein Ausdruck der Form

$$(6)\quad \frac{\vartheta(a+c)\left(\sum_{\nu=0}^{p-2} u_1^{(\nu)}, \cdots\right)}{\vartheta(b+c)\left(\sum_{\nu=0}^{p-2} u_1^{(\nu)}, \cdots\right)}$$

zu stehen, wo nun die von nur $p-1$ Punkten abhängenden Argumente nicht mehr willkürliche Werte haben. Man sieht überhaupt, daß solche

Quotienten nur dann einen einfachen algebraischen Ausdruck erhalten können, wenn die Anzahl der Integrale in den Integralsummen der Argumente ein Vielfaches von $p-1$ ist; denn nach der Art, wie die unteren Grenzen in Art. 22, 23 der Th. A. F. bestimmt waren, wird die Summe der Integrale, ausgedehnt über $2(p-1)$ durch eine φ verknüpfte Punkte, kongruent Null.

Die Bestimmung der Konstanten A läßt sich nun weiter ähnlich vereinfachen, wie es von Jacobi in den Fundamenta (Art. 36) für die elliptischen Funktionen geschehen ist. Bei geeigneter Wahl von (c) ist es möglich, in (5) eine zweite Substitution zu machen, derart daß der *inverse* Ausdruck des obigen (6) resultiert. Das Produkt der beiden Ausdrücke liefert dann A^2, ausgedrückt durch die Klassenmoduln. ([21])

[Sei nämlich die Charakteristik (c) in der Gruppe $(a+b)$ enthalten, d. h. $(a+b+c)$, wie (c), eine ungerade Charakteristik; so setze man auch für die $p-1$ Punkte $\alpha_{p-1}, \cdots, \alpha_{2p-3}$ die $p-1$ Nullpunkte der zur Charakteristik $(a+b+c)$ gehörigen Abelschen Funktion. Die linke Seite der ursprünglichen Formel nimmt dann die verlangte Form an:

$$\frac{\vartheta(b+c)\left(\sum_{\nu=0}^{p-2} u_1^{(\nu)}, \cdots\right)}{\vartheta(a+c)\left(\sum_{\nu=0}^{p-2} u_1^{(\nu)}, \cdots\right)}. \tag{7}$$

Man findet hieraus, außer A^2, auch die Quotienten der geraden Thetafunktionen, für die Nullwerte der Argumente, ausgedrückt durch die Klassenmoduln, indem man in (6) für die Punkte $\alpha_0, \cdots, \alpha_{p-2}$ die $p-1$ Nullpunkte einer Abelschen Funktion von solcher Charakteristik (d) setzt, daß die beiden Charakteristiken $(a+c+d)$, $(b+c+d)$ gerade werden.]

Geht man insbesondere für $p=3$ von der früheren Gleichungsform (Werke, XXXI, S. 492; 1. Aufl. XXX, S. 460)

$$F \equiv \Phi^2 - xyzt = 0 \tag{8}$$

aus, wo Φ eine beliebige homogene Funktion zweiten Grades von x, y, z ist, und nimmt $\sqrt{x}$ und $\sqrt{y}$, mit den Charakteristiken (a), (b), für die beiden in der Formel (5) vorkommenden Abelschen Funktionen $\sqrt{\xi}$ und $\sqrt{\eta}$, so soll für das in (2) vorkommende $f(x_1, x_2)$ ein homogener Ausdruck zweiten Grades in x, y, z gesetzt werden, der für $x=0$, $\Phi(x, y, z)=0$ verschwindet, also

$$f \equiv c_1\Phi + c_2x^2 + c_3xy + c_4xz,$$

und analog

$$f_1 \equiv c_1'\Phi + c_2'y^2 + c_3'yx + c_4'yz;$$

wonach, wenn die Werte von $\Phi(x, y, z)$, x, y, z in den vier beliebigen Punkten α_i bezw. mit $\Phi^{(i)}$, x_i, y_i, z_i bezeichnet werden:

$$(9)\qquad \frac{\vartheta(a)\left(\sum_{i=0}^{3} u_1^{(i)}, \cdots\right)}{\vartheta(b)\left(\sum_{i=0}^{3} u_1^{(i)}, \cdots\right)} = A\sqrt{\frac{y_0\,y_1\,y_2\,y_3}{x_0\,x_1\,x_2\,x_3}} \cdot \frac{\begin{vmatrix} \Phi^{(0)} & x_0^{\,2} & x_0\,y_0 & x_0\,z_0 \\ \cdot & \cdot & \cdot & \cdot \\ \cdot & \cdot & \cdot & \cdot \\ \Phi^{(3)} & x_3^{\,2} & x_3\,y_3 & x_3\,z_3 \end{vmatrix}}{\begin{vmatrix} \Phi^{(0)} & y_0^{\,2} & y_0\,x_0 & y_0\,z_0 \\ \cdot & \cdot & \cdot & \cdot \\ \cdot & \cdot & \cdot & \cdot \\ \Phi^{(3)} & y_3^{\,2} & y_3\,x_3 & y_3\,z_3 \end{vmatrix}}.$$

Hier kann man nun für $(c) = \binom{\varepsilon^{(c)}}{\varepsilon'^{(c)}}$ einmal die Charakteristik von $\sqrt{z}$ wählen, α_2, α_3 als die Verschwindungspunkte von $\sqrt{z}$; dann wird

$$\Phi^{(2)} = 0, \quad \Phi^{(3)} = 0, \quad z_2 = 0, \quad z_3 = 0;$$

der Zähler des Determinantenquotienten zu

$$x_2 x_3 (x_2 y_3 - x_3 y_2)\ (\Phi^{(0)} \cdot x_1 z_1 - \Phi^{(1)} \cdot x_0 z_0),$$

der Nenner zu

$$-\,y_2 y_3 (x_2 y_3 - x_3 y_2)\ (\Phi^{(0)} \cdot y_1 z_1 - \Phi^{(1)} \cdot y_0 z_0).$$

Daher:

$$(10)\qquad \frac{\vartheta(a)\,(u_1^{(0)} + u_1^{(1)} - (c)_1, \cdots)}{\vartheta(b)\,(u_1^{(0)} + u_1^{(1)} - (c)_1, \cdots)} = -A\sqrt{\frac{y_0\,y_1}{x_0\,x_1}} \cdot \sqrt{\frac{x_2\,x_3}{y_2\,y_3}} \cdot \frac{\Phi^{(0)} \cdot x_1\,z_1 - \Phi^{(1)} \cdot x_0\,z_0}{\Phi^{(0)} \cdot y_1\,z_1 - \Phi^{(1)} \cdot y_0\,z_0}.$$

[Da

$$\vartheta\binom{\varepsilon}{\varepsilon'}(v_1 - (c)_1, \cdots)$$

$$= e^{-\frac{1}{4}\left(\sum\right)^2 a_{\mu,\mu'} - \frac{1}{2}\sum \varepsilon_\mu^{(c)}\left(\varepsilon'_\mu + \varepsilon'^{(c)}_\mu\right)\pi i + \sum \varepsilon_\nu^{(c)} v_\nu} \cdot \vartheta\binom{\varepsilon + \varepsilon^{(c)}}{\varepsilon' + \varepsilon'^{(c)}}(v_1, \cdots),$$

so wird die linke Seite zu

$$(10')\qquad e^{-\frac{1}{2}\pi i \sum \varepsilon_\mu^{(c)} \varepsilon'^{(a-b)}_\mu} \cdot \frac{\vartheta(a+c)\,(u_1^{(0)} + u_1^{(1)}, \cdots)}{\vartheta(b+c)\,(u_1^{(0)} + u_1^{(1)}, \cdots)}.$$

Man wird zweitens, wenn (c) zu $\sqrt{z}$ gehörte, in (9) für α_2, α_3 die Nullpunkte $\alpha^{(2)}$, $\alpha^{(3)}$ von $\sqrt{t}$, mit der Charakteristik

$$(a + b + c) = \binom{\varepsilon^{(a+b+c)}}{\varepsilon'^{(a+b+c)}}$$

wählen, und hat dann, wenn

$$t = lx + my + nz,$$

wo l, m, n von den Klassenmoduln abhängen:

$$\Phi^{(2)} = 0, \quad \Phi^{(3)} = 0, \quad t_2 = lx^{(2)} + my^{(2)} + nz^{(2)} = 0,$$
$$t_3 = lx^{(3)} + my^{(3)} + nz^{(3)} = 0.$$

Somit wird der Zähler des Determinantenquotienten von (9) zu

$$\frac{1}{n}\, x^{(2)} x^{(3)} (x^{(2)} y^{(3)} - x^{(3)} y^{(2)}) \, (\Phi^{(0)} \cdot x_1 t_1 - \Phi^{(1)} \cdot x_0 t_0),$$

der Nenner zu

$$-\frac{1}{n}\, y^{(2)} y^{(3)} (x^{(2)} y^{(3)} - x^{(3)} y^{(2)}) \, (\Phi^{(0)} \cdot y_1 t_1 - \Phi^{(1)} \cdot y_0 t_0);$$

daher

$$(11)\quad \begin{aligned} &\frac{\vartheta(a)\,(u_1^{(0)} + u_1^{(1)} - (a+b+c)_1, \cdots)}{\vartheta(b)\,(u_1^{(0)} + u_1^{(1)} - (a+b+c)_1, \cdots)} \\ &= -A \sqrt{\frac{y_0 y_1}{x_0 x_1}} \sqrt{\frac{x^{(2)} x^{(3)}}{y^{(2)} y^{(3)}}} \cdot \frac{\Phi^{(0)} \cdot x_1 t_1 - \Phi^{(1)} \cdot x_0 t_0}{\Phi^{(0)} \cdot y_1 t_1 - \Phi^{(1)} \cdot y_0 t_0}. \end{aligned}$$

Da

$$\vartheta(2a+b)(v) = e^{\pi i \sum \varepsilon_\mu^{(b)} \varepsilon_\mu'^{(a)}} \cdot \vartheta(b)(v),$$

so wird die linke Seite zu

$$(11')\quad e^{\frac{1}{2}\pi i \sum \left(\varepsilon_\mu^{(b+c-a)} \varepsilon_\mu'^{(a)} - \varepsilon_\mu^{(a+c-b)} \varepsilon_\mu'^{(b)}\right)} \cdot \frac{\vartheta(b+c)\,(u_1^{(0)} + u_1^{(1)}, \cdots)}{\vartheta(a+c)\,(u_1^{(0)} + u_1^{(1)}, \cdots)}.$$

Multipliziert man die beiden Formeln (10′), (11′) miteinander und beachtet, daß

$$\frac{\Phi}{xz} = \frac{yt}{\Phi}, \quad \frac{\Phi}{yz} = \frac{xt}{\Phi},$$

so ergibt sich

$$(12)\quad A^2 = e^{-\frac{1}{2}\pi i \sum \varepsilon_\mu^{(a-b)} \varepsilon_\mu'^{(a+b)}} \cdot \sqrt{\frac{y_2 y_3 y^{(2)} y^{(3)}}{x_2 x_3 x^{(2)} x^{(3)}}}.$$

Benutzt man noch die Gleichungen:

$$h_1 \sqrt{xy} + h_2 \sqrt{zt} + h_3 \sqrt{pq} = 0,$$
$$\Phi = \frac{h_3{}^2 pq - h_1{}^2 xy - h_2{}^2 zt}{2 h_1 h_2},$$
$$p = l_1 x + m_1 y + n_1 z, \quad q = l_2 x + m_2 y + n_2 z,$$

so wird für $z = 0$, $\Phi = 0$:

$$h_3{}^2 p_2 q_2 - h_1{}^2 x_2 y_2 = 0, \; h_3{}^2 p_3 q_3 - h_1{}^2 x_3 y_3 = 0, \; x_3 y_3 p_2 q_2 - x_2 y_2 p_3 q_3 = 0,$$
$$p_2 = l_1 x_2 + m_1 y_2, \; q_2 = l_2 x_2 + m_2 y_2, \; p_3 = l_1 x_3 + m_1 y_3, \; q_3 = l_2 x_3 + m_2 y_3,$$

woraus

$$\frac{y_2}{x_2} \cdot \frac{y_3}{x_3} = \frac{l_1}{m_1} \cdot \frac{l_2}{m_2};$$

und ebenso für $t = 0$, $\Phi = 0$:

$$\frac{y^{(2)} y^{(3)}}{x^{(2)} x^{(3)}} = \frac{(l_1 n - l n_1)(l_2 n - l n_2)}{(m_1 n - m n_1)(m_2 n - m n_2)}.$$

Daher, in Funktion der Klassenmoduln:

$$(12') \quad A^2 = e^{-\frac{1}{2}\pi i \sum \varepsilon_\mu^{(a-b)} \cdot \varepsilon_\mu'^{(a+b)}} \cdot \sqrt{\frac{l_1 l_2}{m_1 m_2} \cdot \frac{(l_1 n - l n_1)(l_2 n - l n_2)}{(m_1 n - m n_1)(m_2 n - m n_2)}}.$$

Man ersetze weiter in der Formel (10), (10′) die Punkte α_0, α_1 durch die beiden Nullpunkte der Abelschen Funktion $\sqrt{p}$, mit Charakteristik (d), wobei, nach der Relation

$$h_1 \sqrt{xy} + h_2 \sqrt{zt} + h_3 \sqrt{pq} = 0,$$

die Charakteristiken $(a + c + d)$, $(b + c + d)$ gerade sind (Werke, XXXI, S. 500; 1. Aufl. XXX, S. 468–469). In dem algebraischen Ausdruck der Formel (10) hat man dann aus $p = 0$:

$$h_1^2 xy - h_2^2 zt = 0, \quad \Phi = -\frac{h_1}{h_2} xy,$$

somit mittels $p = 0$:

$$\frac{y_0}{x_0} \cdot \frac{y_1}{x_1} = \frac{l_1}{m_1} \cdot \frac{l n_1 - l_1 n}{m n_1 - m_1 n}, \quad \frac{y_0 z_1 - y_1 z_0}{x_0 z_1 - x_1 z_0} = -\frac{l_1}{m_1},$$

und, wie oben:

$$\frac{y_2 y_3}{x_2 x_3} = \frac{l_1 l_2}{m_1 m_2}.$$

Daher:

$$(13) \quad e^{-\frac{1}{2}\pi i \sum \varepsilon_\mu^{(c+d)} \varepsilon_\mu'^{(a-b)}} \cdot \frac{\vartheta(a + c + d)(0, 0, 0)}{\vartheta(b + c + d)(0, 0, 0)} = A \sqrt{\frac{m_2}{l_2} \cdot \frac{m n_1 - m_1 n}{l n_1 - l_1 n}},$$

oder:

$$(14) \quad e^{-\frac{1}{2}\pi i \sum \varepsilon_\mu^{(c+d)} \varepsilon_\mu'^{(a-b)} + \frac{1}{4}\pi i \sum \varepsilon_\mu^{(a-b)} \varepsilon_\mu'^{(a+b)}} \cdot \frac{\vartheta(a + c + d)(0, 0, 0)}{\vartheta(b + c + d)(0, 0, 0)}$$
$$= \sqrt[4]{\frac{l_1 m_2}{l_2 m_1} \cdot \frac{(m n_1 - m_1 n)(l n_2 - l_2 n)}{(l n_1 - l_1 n)(m n_2 - m_2 n)}};$$

so daß diese vierte Wurzel durch die Thetamoduln eindeutig bestimmt ist.] (22)

Ausdrücke der Klassenmoduln bei $p = 3$ durch Thetaquotienten für die Nullwerte der Argumente.

(5., 6. März:)

Zunächst beweisen wir einen allgemeinen *Satz* (s. „Werke", XXXI, S. 487; 1. Aufl. XXX, S. 456):

Man hat [mit den Bezeichnungen der eben angeführten Arbeit, (1), (2)]:

$$\frac{\vartheta(u_1 - u_1' - e_1, \cdots)\, \vartheta(u_1 - u_1' + e_1, \cdots)}{\vartheta(u_1 - u_1' - f_1, \cdots)\, \vartheta(u_1 - u_1' + f_1, \cdots)} = \frac{\sum_1^p c_\nu \varphi_\nu(s, z) \sum_1^p c_\nu \varphi_\nu(s_1, z_1)}{\sum_1^p b_\nu \varphi_\nu(s, z) \sum_1^p b_\nu \varphi_\nu(s_1, z_1)},$$

wo

$$\vartheta(e_1, \cdots) = 0, \quad \vartheta(f_1, \cdots) = 0,$$

$$(e_1, \cdots) \equiv \left(\sum_1^{p-1} \alpha_1^{(\nu)}, \cdots\right) \equiv \left(-\sum_p^{2p-2} \alpha_1^{(\nu)}, \cdots\right),$$

die Summen ausgedehnt über die $2p-2$ Punkte $\eta_1, \eta_2, \cdots, \eta_{2p-2}$, welche durch die Gleichung

$$\sum_1^p c_\nu \varphi_\nu(s, z) = 0$$

verknüpft sind. In $\eta_1, \cdots, \eta_{p-1}$ verschwindet, außer in (s_1, z_1), die Funktion $\vartheta(u_1 - u_1' - e_1, \cdots)$, als Funktion von s, z betrachtet. Analog für den Nenner.

Unter $\varphi_1(s, z), \cdots, \varphi_p(s, z)$ sollen nun diejenigen Funktionen $\varphi(s, z)$ verstanden werden, welche in den Normalintegralen

$$u_\nu = \int \frac{\varphi_\nu(s, z)\, dz}{F'(s)} \qquad (\nu = 1, 2, \cdots, p)$$

selbst vorkommen, wodurch die $\varphi_\nu(s, z)$ völlig bestimmt sind. Um alsdann die Verhältnisse der Konstanten c, b, welche von den (s, z) und (s_1, z_1) unabhängig sind, zu bestimmen, nehme man $(s, z) = (s_1, z_1)$, wonach die beiden Faktoren der linken Seite zunächst unter der Form $\frac{0}{0}$ erscheinen. Durch Differentiation von Zähler und Nenner der beiden Faktoren nach z ergibt sich aber, wenn man setzt

$$\frac{\partial \vartheta(v_1, \cdots)}{\partial v_\nu} = \vartheta_\nu'(v_1, \cdots)$$

und beachtet, daß $\vartheta(v_1, \cdots)$ eine gerade, $\vartheta_\nu'(v_1, \cdots)$ eine ungerade Funktion ist:

$$\frac{\left[\sum_1^p \vartheta_\nu'(e_1, \cdots)\, \varphi_\nu(s_1, z_1)\right]^2}{\left[\sum_1^p \vartheta_\nu'(f_1, \cdots)\, \varphi_\nu(s_1, z_1)\right]^2} = \frac{\left[\sum_1^p c_\nu \varphi_\nu(s_1, z_1)\right]^2}{\left[\sum_1^p b_\nu \varphi_\nu(s_1, z_1)\right]^2};$$

und da es auf einen allen c und b gemeinsamen Faktor nicht ankommt, kann man also setzen:

$$\begin{aligned} c_\nu &= \vartheta_\nu'(e_1, \cdots), \\ b_\nu &= \vartheta_\nu'(f_1, \cdots). \end{aligned} \qquad (23)$$

Zur Anwendung des Satzes auf die Abelschen Funktionen setzen wir:

$$(e_1, \cdots) \equiv \left(-\frac{\varepsilon_1'}{2}\pi i - \sum \frac{\varepsilon_\nu}{2} a_{\nu 1}, \cdots\right),$$

$$(f_1, \cdots) \equiv \left(-\frac{\eta_1'}{2}\pi i - \sum \frac{\eta_\nu}{2} a_{\nu 1}, \cdots\right),$$

und nehmen

$$(a) = \binom{\varepsilon_1, \cdots, \varepsilon_p}{\varepsilon_1', \cdots, \varepsilon_p'}, \quad (b) = \binom{\eta_1, \cdots, \eta_p}{\eta_1', \cdots, \eta_p'}$$

als ungerade Charakteristiken, so wird

$$\vartheta(e_1, \cdots) = 0, \quad \vartheta(f_1, \cdots) = 0,$$
$$(e_1, \cdots) \equiv (-e_1, \cdots), \quad (f_1, \cdots) \equiv (-f_1, \cdots),$$

und es folgt wieder die Formel (4), (4'), S. 9, 10, nur mit Konstantenbestimmung in den φ. Es wird:

$$\frac{\vartheta(a)(u_1 - u_1', \cdots)}{\vartheta(b)(u_1 - u_1', \cdots)} = \sqrt{\frac{\varphi_a(s, z)}{\varphi_b(s, z)} \cdot \frac{\varphi_a(s_1, z_1)}{\varphi_b(s_1, z_1)}},$$

wo

$$\sqrt{\varphi_a(s, z)} = \sqrt{\sum_1^p \vartheta_\nu'(a)(0, \cdots)\, \varphi_\nu(s, z)}$$

$$\sqrt{\varphi_b(s, z)} = \sqrt{\sum_1^p \vartheta_\nu'(b)(0, \cdots)\, \varphi_\nu(s, z)}$$

die Abelschen Funktionen von den Charakteristiken (a), (b) sind. Die in diese Ausdrücke eingehenden Konstanten werden, nach S. 7:

$$\vartheta_\nu'(a)(0, \cdots)$$
$$= \left(\sum_{-\infty}^{+\infty}\right)^p_{m_1, \cdots, m_p} 2\left(m_\nu - \frac{\varepsilon_\nu}{2}\right)(-1)^{\sum_1^p \left(m_\mu - \frac{\varepsilon_\mu}{2}\right)\varepsilon_\mu'} \cdot e^{\left(\sum_1^p\right)^2 a_{\mu,\mu'}\left(m_\mu - \frac{\varepsilon_\mu}{2}\right)\left(m_{\mu'} - \frac{\varepsilon_{\mu'}}{2}\right)}$$

Es sollen nun für $p = 3$, nach dem am Anfang des vorigen Abschnittes angegebenen Ziele, umgekehrt wie dort, die algebraischen Moduln α, β, γ, α', β', γ' durch die Thetamoduln bestimmt, also jene sechs Größen durch Thetaquotienten für die Nullwerte der Argumente, mit gegebenen Thetamoduln, ausgedrückt werden.

Wir gehen hier von den früher gegebenen Entwicklungen und Bezeichnungen aus (Werke XXXI, S. 495—504; 1. Aufl. XXX, S. 463—472), insbesondere von der dortigen Formel (10):

$$\sqrt{x\xi} + \sqrt{y\eta} + \sqrt{z\zeta} = 0.$$

Von den 28 Abelschen Funktionen stehen 22 in (21), l. c.; die sechs letzten sind die S. 503—4 (1. Aufl. S. 470—1) mit (k_1), (k_2); (k_1'), (k_2'); (k_1''), (k_2'') bezeichneten. Die Moduln α, β, γ, α', β', γ' sind die in den Formeln (17) vorkommenden Größen. Um sie zu bestimmen, drücken wir erst die Quadrate

$$\varphi_{n+p},\ \varphi_{n+q},\ \varphi_{n+r},\ \varphi_{n+q+r},\ \cdots$$

der Abelschen Funktionen, die bezw. zu den Charakteristiken

$$(n+p),\ (n+q),\ (n+r),\ (n+q+r),\cdots$$

gehören, durch diejenigen φ aus, welche in den Normalintegralen u_1, u_2, u_3 vorkommen. Seien diese letzteren φ bezw. mit x', y', z' bezeichnet, so wird, wenn man zur Abkürzung

$$\vartheta_\nu'(a)(0,\cdots) = \vartheta_\nu'(a)$$

schreibt:

$$\varphi_{n+p} = \vartheta_1'(n+p)\cdot x' + \vartheta_2'(n+p)\cdot y' + \vartheta_3'(n+p)\cdot z'$$
$$\varphi_{n+q} = \vartheta_1'(n+q)\cdot x' + \vartheta_2'(n+q)\cdot y' + \vartheta_3'(n+q)\cdot z'$$
$$\varphi_{n+r} = \vartheta_1'(n+r)\cdot x' + \vartheta_2'(n+r)\cdot y' + \vartheta_3'(n+r)\cdot z'$$

und

$$\varphi_{n+q+r} = \vartheta_1'(n+q+r)\cdot x' + \vartheta_2'(n+q+r)\cdot y' + \vartheta_3'(n+q+r)\cdot z'$$
$$\varphi_{n+r+p} = \vartheta_1'(n+r+p)\cdot x' + \vartheta_2'(n+r+p)\cdot y' + \vartheta_3'(n+r+p)\cdot z'$$
$$\varphi_{n+p+q} = \vartheta_1'(n+p+q)\cdot x' + \vartheta_2'(n+p+q)\cdot y' + \vartheta_3'(n+p+q)\cdot z'.$$

Aus diesen beiden Systemen berechnen wir φ_d, von der Charakteristik (d), doppelt, indem wir vermöge

$$\varphi_d = \vartheta_1'(d)\cdot x' + \vartheta_2'(d)\cdot y' + \vartheta_3'(d)\cdot z'$$

jeweils x', y', z' eliminieren. Wir führen zu dem Zwecke allgemein die Bezeichnung ein:

$$\begin{vmatrix} \vartheta_1'(a) & \vartheta_2'(a) & \vartheta_3'(a) \\ \vartheta_1'(b) & \vartheta_2'(b) & \vartheta_3'(b) \\ \vartheta_1'(c) & \vartheta_2'(c) & \vartheta_3'(c) \end{vmatrix} = (a, b, c),$$

wo a, b, c irgend drei ungerade Charakteristiken vorstellen, und erhalten:

$$\varphi_d = \frac{1}{(n+p,\,n+q,\,n+r)}\Big\{(d,\,n+q,\,n+r)\,\varphi_{n+p} + (n+p,\,d,\,n+r)\,\varphi_{n+q} + (n+p,\,n+q,\,d)\,\varphi_{n+r}\Big\}$$
$$= \frac{1}{(n+q+r,\,n+r+p,\,n+p+q)}\Big\{(d,\,n+r+p,\,n+p+q)\,\varphi_{n+q+r} + (n+q+r,\,d,\,n+p+q)\,\varphi_{n+r+p} + (n+q+r,\,n+r+p,\,d)\,\varphi_{n+p+q}\Big\}.$$

Will man, daß die zu

$$(n+p),\ (n+q),\ (n+r),\ (n+q+r),\ (n+r+p),\ (n+p+q),\ (d)$$

gehörigen Abelschen Funktionen von der in (21), l. c. angegebenen Form

$$\sqrt{x},\quad \sqrt{y},\quad \sqrt{z},\quad \sqrt{\xi},\quad \sqrt{\eta},\quad \sqrt{\zeta},\quad \sqrt{x+y+z} = \sqrt{-\xi-\eta-\zeta}$$

werden, so setze man

$$x = \frac{(d, n+q, n+r)}{(n+p, n+q, n+r)} \varphi_{n+p}, \quad y = \frac{(n+p, d, n+r)}{(n+p, n+q, n+r)} \varphi_{n+q},$$

$$z = \frac{(n+p, n+q, d)}{(n+p, n+q, n+r)} \varphi_{n+r},$$

$$-\xi = \frac{(d, n+r+p, n+p+q)}{(n+q+r, n+r+p, n+p+q)} \varphi_{n+q+r},$$

$$-\eta = \frac{(n+q+r, d, n+p+q)}{(n+q+r, n+r+p, n+p+q)} \varphi_{n+r+p},$$

$$-\zeta = \frac{(n+q+r, n+r+p, d)}{(n+q+r, n+r+p, n+p+q)} \varphi_{n+p+q}.$$

Vertauscht man hier überall (d) mit (e), so gehen

$$x, y, z, \quad \xi, \eta, \zeta$$

bezw. über in

$$\varkappa\alpha x, \varkappa\beta y, \varkappa\gamma z, \quad \frac{\varkappa\xi}{\alpha}, \frac{\varkappa\eta}{\beta}, \frac{\varkappa\zeta}{\gamma},$$

wonach durch Division $\varkappa\alpha$ und $\frac{\varkappa}{\alpha}$ folgen, und hieraus:

$$\alpha = \sqrt{\frac{(e, n+q, n+r)(d, n+r+p, n+p+q)}{(d, n+q, n+r)(e, n+r+p, n+p+q)}};$$

und analog β und γ, indem man p mit q, bezw. r vertauscht. Vertauscht man ferner e mit f, bezw. g, so ergeben sich auch

$$\varkappa', \alpha', \beta', \gamma', \quad \text{bezw.} \quad \varkappa'', \alpha'', \beta'', \gamma''.$$

Die Determinanten, die in diesen Ausdrücken vorkommen, haben alle die Eigenschaft, daß die Summe der in jede derselben eingehenden ungeraden Charakteristiken eine gerade Charakteristik ist, (24) da diese Summen die Formen

$$n, \; n+p+q+r, \; q+r+d = n+q+r+d' = n+p+e'+f'+g'$$

haben, also n mit 0, 3, oder 4 der Charakteristiken

$$p, q, r, d', e', f', g'$$

verbunden ist (s. S. 15).

Die noch ziemlich kompliziert gebauten Ausdrücke für α etc. kann man vereinfachen, wenn man bemerkt, daß jede Determinante (a, b, c), für welche die Summe der drei ungeraden Charakteristiken (a), (b), (c) eine gerade Charakteristik ist, sich als Produkt von 5 geraden Thetafunktionen für die Nullwerte der Argumente darstellen läßt, wie wir später durch Entwicklung nach Potenzen der $e^{a_{\mu,\mu'}}$ nachweisen werden (25) — Formeln, aus denen sich überhaupt alle Relationen zwischen den geraden ϑ und den Differentialquotienten der ungeraden ϑ, für die Nullwerthe der Argumente, ergeben. So folgt

$$\alpha = j \cdot \frac{\vartheta(n+p+d+f)\cdot\vartheta(n+p+d+g)}{\vartheta(n+p+e+f)\cdot\vartheta(n+p+e+g)},$$

[wo j eine numerische Konstante ist];
und entsprechend $\beta, \gamma, \alpha', \cdots$

Hyperelliptischer Fall.

1. Die Abelschen Funktionen und ihre Charakteristiken.

(6., 7. März:)

Die dem hyperelliptischen Fall $[p > 1]$ zu Grunde zu legende Gleichung nehmen wir (s. S. 12) in der Normalform an:

$$F(\overset{2}{s}, \overset{p+1}{z}) \equiv a_0 s^2 + 2a_1 s + a_2 = 0,$$

wo a_0, a_1, a_2 ganze Funktionen $(p+1)^{\text{ten}}$ Grades sind.

Die Integrale erster Gattung werden, wenn s $\overline{2p+1}$-fach zusammenhängend sein soll:

$$w = \int \frac{\overset{p-1}{\varphi(z)}\, dz}{\sqrt{\overset{2p+2}{\Pi(z-a)}}},$$

wo

$$\overset{2p+2}{\prod}(z-a) = 4\,(a_1^2 - a_0 a_2)$$

ein Produkt von $2(p+1)$ verschiedenen Faktoren der Art $z - a$ ist.

Die Abelschen Funktionen, welche in je $p-1$ Punkten unendlich klein von der ersten Ordnung werden, sind hier leicht zu bestimmen. Zunächst werden sie, wenn mit $c_1, c_2, \cdots, c_{p-1}$ die 0^1 Punkte einer Abelschen Funktion $\sqrt{\varphi_c}$ bezeichnet werden, von der Form

$$\sqrt{\varphi_c} = \sqrt{\overset{p-1}{\prod}(z-c)};$$

und hierbei müssen — da φ_c nur für $c_1, \cdots, c_{p-1}$, und zwar je in zweiter Ordnung, verschwindet, $z-c$ aber in c in erster oder zweiter Ordnung, je nachdem c von einem der Verzweigungspunkte a verschieden ist, oder mit einem solchen zusammenfällt — diejenigen Faktoren $z-c$, für welche c mit keinem der Punkte a zusammenfällt, zweimal vorkommen. Es wird daher

$$(1)\qquad \sqrt{\varphi_c} = \sqrt{\overset{p-1-2m}{\prod}(z-a)} \cdot \overset{m}{f(z)}. \qquad (m=0,1,\cdots)$$

Um die Charakteristiken dieser Funktionen zu bestimmen, haben wir zunächst, wenn $\sqrt{\varphi_c}$ zur Charakteristik

$$(c) = \begin{pmatrix} \varepsilon_1^c, \cdots, \varepsilon_p^c \\ \varepsilon_1'^c, \cdots, \varepsilon_p'^c \end{pmatrix}$$

gehört, sei es im allgemeinen für ungerade (c), sei es im speziellen Falle für gerade (c):

$$(2)\qquad \left(\sum_1^{p-1} \alpha_1^{(\nu)}, \cdots\right) \equiv \left(-\frac{\varepsilon_1'^c}{2}\pi i - \sum_1^p \frac{\varepsilon_\nu^c}{2} a_{\nu,1}, \cdots\right),$$

die Summen links ausgedehnt über die $p-1$ Nullpunkte von $\sqrt{\varphi_c}$; und da dann

$$\vartheta(c)(0, \cdots) = 0$$

wird, so verschwindet die Funktion

$$(3)\qquad \vartheta(c)(u_1 - u_1', \cdots),$$

als Funktion von (s, z), wenn sie nicht identisch verschwindet, für (s_1, z_1) und für jene $p-1$ Nullpunkte.

Denn wir haben bewiesen (Th. A. F. Art. 4 und 15), daß, wenn $e_1, \cdots, e_p$ beliebig gegebene Größen sind, man $2p$ reelle Größen g_ν, h_ν so bestimmen kann, daß

$$e_\nu = g_\nu \pi i + \sum_{\mu=1}^p h_\mu a_{\nu,\mu}. \qquad (\nu = 1, 2, \cdots, p)$$

In der That, wenn $a_{\mu,\mu'} = p_{\mu,\mu'} + i q_{\mu,\mu'}$, so verlangt dies, daß die Determinante der $p_{\mu,\mu'}$ von Null verschieden ist, was der Fall ist, weil $\sum p_{\mu,\mu'} x_\mu x_{\mu'}$ eine wesentlich negative quadratische Form sein soll (Th. A. F. Art. 18). Wenden wir dies auf obige Summen

$$e_\nu = 2\sum_1^{p-1} \alpha^{(\nu)}$$

an, so müssen die g_ν, h_ν ganze Zahlen werden, woraus wieder, aber nun für alle, auch die speziellsten Fälle, die Relation (2) resultiert. Sie liefert die zur Funktion $\sqrt{\varphi_c}$ gehörige Charakteristik $\begin{pmatrix} \varepsilon_1^c, \cdots, \varepsilon_p^c \\ \varepsilon_1'^c, \cdots, \varepsilon_p'^c \end{pmatrix}$, in der die $\varepsilon, \varepsilon'$ etwa mod. 2 auf 0, 1 reduziert genommen werden können.

Wir haben ferner die S. 10 gegebene Definition der dem *Quotienten* zweier Abelschen Funktionen zuzuschreibenden Gruppencharakteristik auch auf unsere speziellen Fälle auszudehnen.

Nach Th. A. F. Art. 26 läßt sich eine beliebige algebraische Funktion von s, z, die in T', stetig fortgesetzt, allenthalben eindeutig ist und bei Überschreiten der Querschnitte nur Faktoren vom Modul 1 erlangt, als Quotient von Thetaprodukten ausdrücken. Hat man eine solche Funktion, die in m Punkten (s_ν, z_ν) zu 0^1, in m Punkten (σ_ν, ζ_ν) zu ∞^1 wird, und bezeichnet man die Integrale u_μ über die ersteren

Punkte mit $\gamma_\mu^{(\nu)}$, über die letzteren mit $\beta_\mu^{(\nu)}$, so wird

$$\sum_\nu \gamma_\mu^{(\nu)} - \sum_\nu \beta_\mu^{(\nu)} \equiv g_\mu \pi i + \sum_{\nu=1}^{p} a_{\nu,\mu} h_\nu,$$

wo g_μ, h_ν rationale Zahlen sind.

Wenn insbesondere diese Zahlen g_μ, h_ν nur ganze Zahlen werden, also wenn die Kongruenzen

$$\sum_{\nu=1}^{m} u_\mu^{(\nu)} \equiv \sum_{\nu=1}^{m} \beta_\mu^{(\nu)}$$

sich durch Werte $(s_\nu z_\nu)$ erfüllen lassen, die von den Grenzen (σ_ν, ζ_ν) der $\beta_\mu^{(\nu)}$ verschieden sind, so muß die Funktion, welche in den ersteren m Punkten zu 0^1, in den letzteren m Punkten zu ∞^1 wird, eine rationale Funktion von s, z sein. Ist sie der Quotient zweier Abelschen Funktionen (1), so wird ihre Gruppencharakteristik zu $\begin{pmatrix}0 \ldots 0\\ 0 \ldots 0\end{pmatrix}$ (s. S. 10). Ändert man daher in (1) nur die Koeffizienten von $\overset{m}{f}(z)$, unter Beibehaltung des Faktors $\sqrt{\prod^{p-1-2m}(z-a)}$, so kommt man zu zwei Funktionen $\sqrt{\varphi_c}$, $\sqrt{\varphi_c'}$ von derselben Charakteristik (c). Und die einer bestimmten Charakteristik (c) entsprechenden Abelschen Funktionen werden so viele willkürliche Konstanten enthalten, als in $\overset{m}{f}(z)$ vorkommen, nämlich $m+1$.

Ist die Funktion überhaupt der Quotient zweier Abelschen Funktionen

$$\sqrt{\frac{\varphi_c}{\varphi_d}},$$

so wird

$$g_\mu = \tfrac{1}{2}\left(\varepsilon_\mu'^{c} + \varepsilon_\mu'^{d}\right), \quad h_\mu = \tfrac{1}{2}\left(\varepsilon_\mu^{c} + \varepsilon_\mu^{d}\right).$$

Die Faktoren, welche $\sqrt{\frac{\varphi_c}{\varphi_d}}$ an den Querschnitten a_μ, bezw. b_μ erlangt, werden $(-1)^{\varepsilon_\mu^c + \varepsilon_\mu^d}$, bezw. $(-1)^{\varepsilon_\mu'^c + \varepsilon_\mu'^d}$; und die Gruppencharakteristik des Quotienten wird $\begin{pmatrix}\varepsilon_1^c + \varepsilon_1^d, \cdots, \varepsilon_p^c + \varepsilon_p^d\\ \varepsilon_1'^c + \varepsilon_1'^d, \cdots, \varepsilon_p'^c + \varepsilon_p'^d\end{pmatrix}$.

Man erhält daher so viele wesentlich verschiedene Abelsche Funktionen, mit verschiedenen Charakteristiken, als Ausdrücke $\sqrt{\prod^{p-1-2m}(z-a)}$ $(m = 0, 1, \cdots)$ existieren. Denn bei gleichen Charakteristiken müßte der Quotient rational sein, während niemals der Quotient von irgend

$p-1$ oder weniger Faktoren der Art $\sqrt{z-a}$ rational ist, sondern erst das Produkt der $2p+2$ verschiedenen Faktoren $\sqrt{\prod^{2p+2}(z-a)}$.

Obwohl wir bei diesen Zuordnungen der Abelschen Funktionen zu den Charakteristiken eine bestimmte Zerlegung der Fläche T zu Grunde legen mußten, braucht doch diese Zerlegung nicht ausgeführt zu werden, insofern die Resultate unabhängig von ihr sind.

Fortsetzung: 2. Anzahl der Abelschen Funktionen.

(7., 8. März:)

Zählen wir die den verschiedenen Fällen $m = 0, 1, 2, \cdots, \frac{p-2}{2}$, bez. $\frac{p-1}{2}$ entsprechenden Abelschen Funktionen im hyperelliptischen Fall an

$$\sqrt{\prod^{p-1-2m}(z-a)}$$

((1), S. 35) ab.

1) $m = 2n$, $p-1-4n \geqq 0$.

Man hat

$$\frac{(2p+2)!}{(p-1-4n)!\,(p+3+4n)!}$$

Anordnungen, durch Zerlegung von $2p+2$ Faktoren in je $p-1-4n$ und $p+3+4n$; und ebenso viele Abelsche Funktionen, von verschiedenen Charakteristiken, je mit der Konstantenzahl $2n+1$.

Zur Summation Z dieser Charakteristiken für $n = 0, 1, 2, \cdots$, $n \leqq \frac{p-1}{4}$ bildet man aus dem binomischen Satze:

$$x^{-(p-1)}(1+x)^{2p+2} = \sum_{\nu=0}^{2p+2} x^{p+3-\nu} \cdot \frac{(2p+2)!}{\nu!\,(2p+2-\nu)!}$$

und summiert beide Seiten über $x = +1, -1, +i, -i$. Dabei heben sich rechts alle Glieder gegenseitig weg, in welchen der Exponent von x nicht durch 4 teilbar ist, und die rechte Seite wird für $\nu = p-1-4n$ zu:

$$4\sum_{\nu} \frac{(2p+2)!}{\nu!\,(2p+2-\nu)!} = 8\sum_{n=0}^{n \leqq \frac{p-1}{4}} \frac{(2p+2)!}{(p-1-4n)!\,(p+3+4n)!},$$

die linke Seite zu

$$\sum_{\substack{x=1,-1\\ i,-i}} x^{-(p-1)}(1+x)^{2p+2} = 2^{p+2}(2^p-1).$$

Daher wird

$$Z = \sum_{n=0}^{n \gtreqless \frac{p-1}{4}} \frac{(2p+2)!}{(p-1-4n)!\,(p+3+4n)!} = 2^{p-1}(2^p-1),$$

also gleich der Anzahl β_p aller ungeraden Charakteristiken.

Sobald also noch ungerade m zulässig sind, was für $p \geqq 3$ der Fall ist, muß es noch ebensoviele Abelsche Funktionen mit *geraden* Charakteristiken — entsprechend geraden Thetafunktionen, die für die Nullwerte der Argumente verschwinden — geben, als Zerlegungen Z' von $2p+2$ Faktoren in je $p-3-4n$ und $p+5+4n$, für $n = 0, 1, \cdots, \gtreqless \frac{p-3}{4}$.

2) $m = 2n+1,\ p-3-4n \geqq 0,\ n = 0, 1, \cdots, \gtreqless \frac{p-3}{4}$.

[Man erhält im ganzen, durch analoge Rechnung, wie in 1):

$$Z' = \sum_{n=0}^{n \gtreqless \frac{p-3}{4}} \frac{(2p+2)!}{(p-3-4n)!\,(p+5+4n)!} = 2^{p-1}(2^p+1) - \frac{1}{2}\frac{(2p+2)!}{(p+1)!\,(p+1)!}$$

verschiedene Charakteristiken, je zu Abelschen Funktionen mit der Konstantenzahl $2n+2$ gehörig.]

Es ist $Z' = 1$ für $p = 3$; $Z' = 10$ für $p = 4$; $Z' = 66$ für $p = 5$. Ebensoviele gerade Thetafunktionen verschwinden für die Nullwerte der Argumente. Für $p = 3$ stellt dies eine, für $p = 4$ aber, da die hyperelliptische Funktion $p = 4$ noch 7 algebraische Moduln enthält, nicht 10, sondern nur 3 Relationen zwischen den Moduln der Thetafunktion vor.

Aus dem Umstande, daß es ebensoviel $[\beta_p]$ Abelsche Funktionen mit ungerader Charakteristik gibt, als Kombinationen Z von Produkten $\sqrt{\prod^{p-1-2m}(z-a)}$ mit geradem m, und ebensoviele $[\alpha_p - \frac{1}{2}(2p+2)_{p+1}]$ Abelsche Funktionen mit gerader Charakteristik, als Kombinationen Z' von Produkten $\sqrt{\prod^{p-1-2m}(z-a)}$ mit ungeradem m, läßt sich vermuten, *daß den*

geraden, bezw. ungeraden m

die Abelschen Funktionen mit

ungerader, bezw. gerader Charakteristik

entsprechen mögen. Wir setzen diesen Satz, den wir später (s. Fortsetzung 7) vollständig beweisen werden, zunächst voraus.

Fortsetzung: 3. Relationen zwischen den Charakteristiken der Abelschen Funktionen.

(8. März:)

Die $2p+2$ Verzweigungspunkte a seien bezeichnet mit

$$a_0, a_1, a_2, \cdots, a_{2p+1}.$$

Die Charakteristik der Abelschen Funktion

$$\sqrt{(z-a_0)^{p-1}}$$

sei

$$(n) = \begin{pmatrix} \varepsilon_1^n, \cdots, \varepsilon_p^n \\ \varepsilon_1'^n, \cdots, \varepsilon_p'^n \end{pmatrix},$$

wobei

$$\left(\tfrac{1}{2}\,\varepsilon_1'^n \pi i + \tfrac{1}{2}\sum_\mu \varepsilon_\mu^n a_{\mu,1}, \cdots\right) \equiv \left((p-1)\,u_1(a_0), \cdots\right),$$

wenn $u_\mu(a)$ der Wert von u_μ im Punkte a ist.

Wir schreiben dann der Funktion

$$\sqrt{\frac{z-a_\nu}{z-a_0}}$$

die Gruppencharakteristik (a_ν) zu, indem entweder ihr Faktorensystem an den Querschnitten bestimmt wird, oder

$$\left(\tfrac{1}{2}\,\varepsilon_1'^{a_\nu} + \tfrac{1}{2}\sum \varepsilon_\mu^{a_\nu} a_{\mu,1}, \cdots\right) \equiv \left(u_1(a_\nu) - u_1(a_0), \cdots\right)$$

sei; beidemal ist die Zuordnung für eine bestimmte Zerschneidung von T gefunden.

Da das Produkt von $2p+1$ verschiedenen Faktoren

$$\sqrt{\frac{\overset{2p+1}{\Pi}(z-a_\nu)}{(z-a_0)^{2p+1}}} \qquad (\nu = 1, 2, \cdots, 2p+1)$$

eine rationale Funktion von s, z wird, und da die Charakteristik desselben die Summe der Charakteristiken der einzelnen Faktoren ist, so hat man zwischen den Charakteristiken $(a_1), \cdots, (a_{2p+1})$ die identische Relation:

$$(a_1) + (a_2) + \cdots + (a_{2p+1}) \equiv (0),$$

d. h. (a_{2p+1}) ist durch die $2p$ ersteren Charakteristiken bestimmt. Dagegen findet zwischen diesen selbst keine lineare Identität statt, da keines der Produkte, aus irgend $\varkappa$ verschiedenen der $2p$ ersten Faktoren zusammengesetzt, eine rationale Funktion sein kann.

Aus der linearen Unabhängigkeit der Charakteristiken

$$(a_1), (a_2), \cdots, (a_{2p})$$

folgt, daß irgend zwei Charakteristiken, welche sich aus ihnen durch

Addition zusammensetzen, nur dann einander gleich sind, wenn sie in den $(a_1), \cdots, (a_{2p})$ denselben Ausdruck erhalten. Bildet man aus denselben alle Kombinationen

$$\alpha_1 \cdot (a_1) + \alpha_2 \cdot (a_2) + \cdots + \alpha_{2p} \cdot (a_{2p}),$$

wo die α nur die Werte 0 und 1 erhalten, so erhält man 2^{2p} von einander verschiedene Ausdrücke, und also auch 2^{2p} verschiedene Charakteristiken, wenn man (0) einschließt. Und da es nur ebensoviele Charakteristiken gibt, so lassen sich alle Gruppencharakteristiken aus $(a_1), (a_2), \cdots, (a_{2p})$ zusammensetzen; auch (0) eingeschlossen, wenn man $\alpha_1 = \alpha_2 = \cdots = \alpha_{2p} = 0$ setzt.

Addiert man weiter die Charakteristik (n) zu allen diesen Gruppencharakteristiken, (0) eingeschlossen, so erhält man wieder alle 2^{2p} Charakteristiken, da aus $(na) = (nb)$ auch $(a) = (b)$ folgt. Wir drücken daher alle Charakteristiken in der Form aus

$$(n) + \sum (a_\nu),$$

unter Σ irgend welche Summen der (a_ν) $(\nu = 1, 2, \cdots, 2p)$ verstanden.

Wenn man nun beachtet, daß der Quotient

$$\frac{f(z) \sqrt[m]{\Pi^{p-1-2m} (z - a_\nu)}}{\sqrt{(z - a_0)^{p-1}}} = \frac{f(z)}{(z - a_0)^m} \sqrt[m]{\frac{\Pi^{p-1-2m} (z - a_\nu)}{(z - a_0)^{p-1-2m}}}$$

die Gruppencharakteristik

$$\sum^{p-1-2m} (a_\nu), \quad \text{bezw.} \quad \sum^{p-2-2m} (a_\nu)$$

hat, je nachdem a_0 unter den a_ν des Zählers nicht vorkommt, oder ja, so folgt:

die Charakteristik von

$$f(z) \sqrt[m]{\prod^{p-1-2m} (z - a_\nu)}$$

ist

$$(n) + \sum^{p-1-2m} (a_\nu), \quad \text{bezw.} \quad (n) + \sum^{p-2-2m} (a_\nu),$$

je nachdem a_0 unter den a_ν nicht oder ja vorkommt.

Setzt man nun den am Schluß des vorigen Abschnittes (S. 39) vermuteten Satz als richtig voraus, so folgt weiter:

Die *ungeraden* Charakteristiken werden von den Formen

$$(n) + \sum^{p-1-4m} (a_\nu), \quad (n) + \sum^{p-2-4m} (a_\nu),$$

wobei sich ν auf die Zahlen $1, 2, \cdots, 2p$ bezieht.

Da dasselbe auch bei Hinzunahme von a_{2p+1} gelten muß, so erhält man weiter, indem man (a_{2p+1}) durch $(a_1) + (a_2) + \cdots + (a_{2p})$ ersetzt:

Auch die Charakteristiken von den Formen

$$(n)+\sum^{p+2+4m}(a_\nu),\quad (n)+\sum^{p+3+4m}(a_\nu),$$

wobei sich ν ebenfalls auf die Zahlen $1, 2, \cdots, 2p$ bezieht, sind *ungerade*;

d. h. *alle aus* (n) *und den* $(a_1), \cdots, (a_{2p})$ *zusammengesetzten Charakteristiken sind ungerade, sobald die Anzahl dieser* $(a_\nu) \equiv p-1$ *oder* $p-2$ *(mod. 4) ist.*

Die übrigen Kombinationen müssen dann die *geraden* Charakteristiken liefern; diese werden also von den Formen

$$(n)+\sum^{p\pm 4m}(a_\nu),\quad (n)+\sum^{p+1\pm 4m}(a_\nu);$$

d. h. *alle aus* (n) *und den* $(a_1), \cdots, (a_{2p})$ *zusammengesetzten Charakteristiken sind gerade, sobald die Anzahl dieser* $(a_\nu) \equiv p$ *oder* $p+1$ *(mod. 4) ist.*

In unserem hyperelliptischen Falle existiert auch unter den letzteren Formen von geraden Charakteristiken eine Reihe von Abelschen Funktionen, nämlich diejenigen, für welche die Summen die Formen annehmen:

$$(n)+\sum^{p-3-4m}(a_\nu),\quad (n)+\sum^{p-4-4m}(a_\nu),$$

$$(n)+\sum^{p+4+4m}(a_\nu),\quad (n)+\sum^{p+5+4m}(a_\nu),$$

$$\text{für } m \geqq 0.$$

Es bleiben daher noch die Formen, welche auch in unserem Falle keinen Abelschen Funktionen entsprechen:

$$(n)+\sum^{p}(a_\nu),\quad (n)+\sum^{p+1}(a_\nu);$$

und dieses sind daher, unabhängig von dem oben vorausgesetzten Satze, jedenfalls gerade Charakteristiken. In unserm Falle können denselben keine Thetafunktionen entsprechen, welche für die Nullwerte der Argumente verschwinden; und umgekehrt entsprechen hier solchen Funktionen nur Charakteristiken der letzten beiden Formen.

Fortsetzung: 4. Ausdrücke von Quotienten Abelscher Funktionen durch Thetaquotienten.

(8. März:)

Betrachten wir die Thetafunktionen zunächst im Falle der Abelschen Funktionen, in dem $m > 0$ ist (s. (1) S. 35). Die Charakteristik einer solchen Thetafunktion sei (q).

Für $m > 0$ *muß* $\vartheta(q)(u_1 - u_1', \cdots)$ *identisch verschwinden für jedes* (s, z).

Denn sei

$$\vartheta(q)(u_1 - u_1', \cdots) = c\vartheta(u_1 - u_1' - \sum_\nu u_1^{(\nu)}, \cdots) \cdot e^{-\sum_\mu \varepsilon_\mu^q (u_\mu - u'_\mu)},$$

wo

$$\sum_\nu u_\mu^{(\nu)} \equiv \frac{1}{2} \varepsilon_\mu'^q \pi i + \frac{1}{2} \sum_{\mu'} \varepsilon_{\mu'}^q a_{\mu,\mu'} \equiv e_\mu, \qquad (\mu=1, \cdots, p)$$

und $\sum_\nu$ ausgedehnt wird über die $p-1$ Punkte, für welche die (q) zugeordnete Abelsche Funktion verschwindet. Da für $m > 0$ *verschiedene* Systeme von Summen von $p-1$ Integralen existieren, denen die e_μ kongruent gesetzt werden können, so muß $\vartheta(q)(u_1 - u_1', \cdots)$ nach der ersten Formel identisch verschwinden für jedes (s, z).

Für $m > 0$ *verschwinden ferner auch die p Funktionen* $\vartheta'_\mu(e_1, \cdots, e_p)$.

Denn

$$\sum_{\mu=1}^{p} \vartheta'_\mu(q)(u_1 - u_1', \cdots) \frac{du_\mu}{dz}$$

wird dann für $(s, z) = (s_1, z_1)$ ebenfalls zu Null, also auch die Koeffizienten $\vartheta'_\mu(q)(0, \cdots)$, weil zwischen den $\frac{du_\mu}{dz}$ $(\mu = 1, 2, \cdots, p)$ keine lineare homogene Relation mit konstanten Koeffizienten stattfindet.

Umgekehrt: *Wenn sowohl* $\vartheta(e_1, \cdots) = 0$, *als die* $\vartheta'_\mu(e_1, \cdots) = 0$ $(\mu = 1, 2, \cdots, p)$ *sind, so muß die Funktion* $\vartheta(u_1 - u_1' - e_1, \cdots)$ *identisch für jedes* (s, z) *verschwinden.*

Denn da, nach dem früheren (S. 30, 31), für $\vartheta(e_1, \cdots) = 0$, $\vartheta(f_1, \cdots) = 0$:

$$\frac{\vartheta(u_1 - u_1' - e_1, \cdots)\,\vartheta(u_1 - u_1' + e_1, \cdots)}{\vartheta(u_1 - u_1' - f_1, \cdots)\,\vartheta(u_1 - u_1' + f_1, \cdots)} = \frac{\sum_\mu \vartheta'_\mu(e)\varphi_\mu(s, z) \cdot \sum_\mu \vartheta'_\mu(e)\varphi_\mu(s_1, z_1)}{\sum_\mu \vartheta'_\mu(f)\varphi_\mu(s, z) \cdot \sum_\mu \vartheta'_\mu(f)\varphi_\mu(s_1, z_1)},$$

so folgt aus $\vartheta'_\mu(e) = 0$ $(\mu = 1, \cdots, p)$ und zwar ohne Hinzunahme von $\vartheta'_\mu(f) = 0$, daß $\vartheta(u_1 - u_1' \pm e_1, \cdots)$ für jedes (s, z) identisch gleich Null sei; die beiden Ausdrücke $\vartheta(u_1 - u_1' - e_1, \cdots)$ und $\vartheta(u_1 - u_1' + e_1, \cdots)$ verschwinden aber gleichzeitig identisch, oder nicht [da ein solcher Ausdruck, wenn als Funktion von (s, z), auch als Funktion von (s_1, z_1) identisch verschwindet].

Hiernach bedingen sich die beiden Eigenschaften:

1) $\vartheta(u_1 - u_1' - e_1, \cdots)$ verschwindet identisch für jedes (s, z);

2) $\vartheta(e_1, \cdots) = 0, \quad \vartheta'_\mu(e_1, \cdots) = 0 \qquad (\mu=1, 2, \cdots, p)$

gegenseitig; und dann lassen sich die Kongruenzen

$$(e_1, \cdots) \equiv \left(\sum_{\nu=1}^{p-1} u_1^{(\nu)}, \cdots\right)$$

auf verschiedene Weisen erfüllen. Hieraus folgt:

Für $m > 0$ *müssen alle Größen* $\vartheta'_\mu(q)$ *gleich Null sein. Wenn* $\vartheta(q) = 0$ *und alle* $\vartheta'_\mu(q) = 0$ *sind, so hat man verschiedene Integralsysteme für die e, also für den Faktor* $\overset{m}{f(z)}$ *der zugehörigen Abelschen Funktion* ((1), S. 35) *mindestens zwei Konstanten, d. h.* $m > 0$.

Beachtet man nun weiter, daß bei gerader Charakteristik (q) alle $\vartheta'_\mu(q)$ immer gleich Null sind, so ergibt sich:

Ist $\vartheta(q) = 0$ *und* (q) *gerade, so muß die zugehörige Abelsche Funktion mindestens zwei willkürliche Konstanten enthalten, also* $m > 0$ *sein.*

Und hieraus weiter:

Dem Fall $m = 0$ *können nur Abelsche Funktionen mit ungerader Charakteristik und ungerade Thetafunktionen entsprechen.*

Die früher gegebene algebraische Darstellung einfacher Thetaquotienten (S. 9, 10 (4), (4') und S. 32) als Quotient zweier Abelschen Funktionen, nämlich

$$\frac{\vartheta(a)(u_1 - u_1', \cdots)}{\vartheta(b)(u_1 - u_1', \cdots)} = \sqrt{\frac{\varphi_a(s, z) \cdot \varphi_a(s_1, z_1)}{\varphi_b(s, z) \cdot \varphi_b(s_1, z_1)}},$$

ist nur anwendbar, wenn die beiden Thetafunktionen des Quotienten nicht identisch verschwinden; somit nur entsprechend solchen Abelschen Funktionen $\sqrt{\varphi_a}$, $\sqrt{\varphi_b}$, welche zu $m = 0$ gehören, also jedenfalls nur für ungerade Charakteristiken (a), (b).

Ist $m > 0$, so wäre

$$\frac{\overset{m}{f(z)} \sqrt{\overset{p-1-2m}{\Pi}(z - a_\nu)}}{\sqrt{(z - a_0)^{p-1}}}$$

als Quotient von Thetareihen auszudrücken. Tut man dies durch einen einfachen Thetaquotienten, so verschwindet der Zähler identisch in (s, z), und man muß dann, bei $m = 1$, dafür erste Derivierte nach irgend einem der Argumente u nehmen; zwischen den Derivierten existieren dabei lineare Relationen. Und ebenso muß man bei $m > 1$ auch auf die höheren Derivierten übergehen — was wir jetzt nicht weiter verfolgen können. Dabei würde sich auch die *allgemeine* Gültigkeit des oben vorausgesetzten Satzes (S. 39, 41) ergeben, analog wie oben für $m = 0$.([26]) Bisher ist von diesem Satze nur fest bewiesen, daß [was für $p = 3$ genügen würde] die Charakteristiken der Formen

$$(n)+\sum^{p}(a_\nu),\quad (n)+\sum^{p+1}(a_\nu)\quad \text{gerade},$$

$$(n)+\sum^{p-1}(a_\nu),\ (n)+\sum^{p-2}(a_\nu),\ (n)+\sum^{p+2}(a_\nu),\ (n)+\sum^{p+3}(a_\nu)\ \text{ungerade}$$

sind. Wir werden später den vollständigen Beweis des Satzes auf anderm Wege erbringen (s. Fortsetzung 7). Jetzt wenden wir uns den Quotienten aus geraden, nicht identisch verschwindenden $\vartheta(q)(0,\cdots)$ zu [Spezialisierung von obigen Abschnitten, S. 23—35].([27])

Fortsetzung: 5. Spezielle Thetaquotienten.

(10. März:)

Sei $m=0$, also eine ungerade Charakteristik (q) betrachtet, für welche $\vartheta(q)(u_1-u_1',\cdots)$ nicht identisch in (s,z) verschwindet. Wir bezeichnen mit

$$b_1, b_2, \cdots, b_{p-1}$$

irgend $p-1$ verschiedene der $2p+2$ Verzweigungspunkte a; mit

$$c_1, c_2, \cdots, c_{p-1}$$

irgend $p-1$ andere, von einander verschiedene, dieser Punkte a. Dann haben wir aus dem früheren allgemeinen Satze über die Quotienten von Thetas (S. 9, 10):

$$A\sqrt{\frac{\overset{p-1}{\Pi}(z-b_\nu)\,\overset{p-1}{\Pi}(z_1-b_\nu)}{\overset{p-1}{\Pi}(z-c_\nu)\,\overset{p-1}{\Pi}(z_1-c_\nu)}}$$

$$=\frac{\vartheta\left(u_1-u_1'-\sum\limits_\nu u_1(b_\nu),\cdots\right)}{\vartheta\left(u_1-u_1'-\sum\limits_\nu u_1(c_\nu),\cdots\right)}\,e^{-\sum\limits_\mu\left(\varepsilon_\mu^{(n+\Sigma b_\nu)}-\varepsilon_\mu^{(n+\Sigma c_\nu)}\right)(u_\mu-u_\mu')},$$

wo $u_\mu(b_\nu)$ der Wert von u_μ in b_ν ist, und wo

$$\sum_\nu u_\mu(b_\nu)=\frac{1}{2}\,\varepsilon_\mu^{(n+\Sigma b_\nu)}\pi i+\frac{1}{2}\sum_{\mu'}\varepsilon_{\mu'}^{(n+\Sigma b_\nu)}a_{\mu,\mu'},$$

$$\sum_\nu u_\mu(c_\nu)=\frac{1}{2}\,\varepsilon_\mu^{(n+\Sigma c_\nu)}\pi i+\frac{1}{2}\sum_{\mu'}\varepsilon_{\mu'}^{(n+\Sigma c_\nu)}a_{\mu,\mu'}.$$

Seien ferner

$$\alpha,\ \beta,\ \gamma,\ \delta$$

die vier noch übrigen Verzweigungspunkte a. Setzen wir z und z_1 gleich irgend zwei verschiedenen dieser vier Größen, und zwar

$$1)\quad z=\alpha,\ z_1=\beta;\qquad 2)\quad z=\gamma,\ z_1=\delta,$$

so wird

$$
1)\quad A\sqrt{\frac{\Pi(\alpha-b_\nu)\,\Pi(\beta-b_\nu)}{\Pi(\alpha-c_\nu)\,\Pi(\beta-c_\nu)}} = \frac{\vartheta\left(u_1(\alpha)-u_1(\beta)-\sum\limits_\nu u_1(b_\nu),\cdots\right)}{\vartheta\left(u_1(\alpha)-u_1(\beta)-\sum\limits_\nu u_1(c_\nu),\cdots\right)}\, e^{-\sum\limits_\mu \varepsilon_\mu^{(\Sigma b_\nu-\Sigma c_\nu)}\left(u_\mu(\alpha)-u_\mu(\beta)\right)}
$$

$$
2)\quad A\sqrt{\frac{\Pi(\gamma-b_\nu)\,\Pi(\delta-b_\nu)}{\Pi(\gamma-c_\nu)\,\Pi(\delta-c_\nu)}} = \frac{\vartheta\left(u_1(\gamma)-u_1(\delta)-\sum\limits_\nu u_1(b_\nu),\cdots\right)}{\vartheta\left(u_1(\gamma)-u_1(\delta)-\sum\limits_\nu u_1(c_\nu),\cdots\right)}\, e^{-\sum\limits_\mu \varepsilon_\mu^{(\Sigma b_\nu-\Sigma c_\nu)}\left(u_\mu(\gamma)-u_\mu(\delta)\right)}
$$

Aber hier wird die Thetareihe im Zähler des einen Ausdrucks jedesmal im wesentlichen gleich der Thetareihe im Nenner des anderen Ausdrucks; wie früher ergibt sich also durch Multiplikation A^2, und durch Division der Wert des Quadrates eines nicht verschwindenden Thetaquotienten für die Nullwerte der Argumente; wobei man für diese Thetafunktionen beliebige solche gerade Charakteristiken, zu denen überhaupt für die Nullwerte nicht verschwindende Thetafunktionen gehören, erhält.

Durch Multiplikation wird, bis auf einen Exponentialfaktor $\varkappa'$:

$$
A = \varkappa' \sqrt[4]{\frac{\Pi(\alpha-c_\nu)\,\Pi(\beta-c_\nu)\,\Pi(\gamma-c_\nu)\,\Pi(\delta-c_\nu)}{\Pi(\alpha-b_\nu)\,\Pi(\beta-b_\nu)\,\Pi(\gamma-b_\nu)\,\Pi(\delta-b_\nu)}}.
$$

Zur Division sei

$$
u_\mu(a_\nu)-u_\mu(a_0) = \frac{1}{2}\,\varepsilon_\mu^{\prime a_\nu}\pi i + \frac{1}{2}\sum_{\mu'} \varepsilon_{\mu'}^{a_\nu} a_{\mu,\mu'},
$$

gehörig zur Gruppencharakteristik (a_ν) von $\sqrt{\frac{z-a_\nu}{z-a_0}}$. Also wird

$$
u_\mu(\alpha)-u_\mu(\beta) = \frac{1}{2}\,\varepsilon_\mu^{\prime(\alpha)-(\beta)}\pi i + \frac{1}{2}\sum_{\mu'} \varepsilon_{\mu'}^{(\alpha)-(\beta)} a_{\mu,\mu'}
$$

und die identische Relation

$$
(a_1)+(a_2)\cdots+(a_{2p+1}) \equiv (0)
$$

zu

$$
\Sigma(b_\nu)+\Sigma(c_\nu)+(\alpha)+(\beta)+(\gamma)+(\delta) \equiv 0 \pmod{2},
$$

wo die Gruppencharakteristiken $(\alpha), \cdots$ zu $\sqrt{\frac{z-\alpha}{z-a_0}}, \cdots$ gehören, und wo auf der linken Seite unter den $2p+2$ Gruppencharakteristiken auch $\binom{0,\cdots,0}{0,\cdots,0}$ vorkommt, entsprechend $\sqrt{\frac{z-a_0}{z-a_0}}$. Durch Division folgt daher, da:

$$(n) + (\alpha) - (\beta) - \Sigma(b_\nu) \equiv (n) + (\gamma) - (\delta) - \Sigma(c_\nu) \pmod{2}$$

wird, die Formel:

$$\frac{\vartheta(n+\alpha-\beta+\Sigma b_\nu)}{\vartheta(n+\alpha-\beta+\Sigma c_\nu)} = \varkappa_1 \sqrt[4]{\frac{\Pi(\alpha-b_\nu)\,\Pi(\beta-b_\nu)\,\Pi(\gamma-c_\nu)\,\Pi(\delta-c_\nu)}{\Pi(\alpha-c_\nu)\,\Pi(\beta-c_\nu)\,\Pi(\gamma-b_\nu)\,\Pi(\delta-b_\nu)}},$$

in der $\varkappa_1$ ein Exponentialfaktor ist.

Diese Darstellung genügt, um durch Vertauschungen und Produktbildungen alle Quotienten der Form

$$\sqrt[4]{\frac{(a-b)(c-d)}{(a-c)(b-d)}},$$

wo a, b, c, d irgend vier verschiedene aus den $2p+2$ Verzweigungswerten vorstellen, durch Thetaquotienten für die Nullwerte der Argumente auszudrücken. Denkt man noch eine lineare gebrochene Substitution zwischen z und z' ausgeführt, wobei der letztere Quotient in

$$\sqrt[4]{\frac{(a'-b')(c'-d')}{(a'-c')(b'-d')}}$$

übergehe, und nimmt drei der Größen a', b', c', d' als $0, 1, \infty$ an, so erhält man die Ausdrücke für die Moduln der hyperelliptischen Funktion.

[Ausgerechnet wird, mit Hilfe der Definition von $\vartheta\begin{pmatrix}\varepsilon\\ \varepsilon'\end{pmatrix}(v)$ (Seite 8)

$$\varkappa'^2 = \varkappa^2 j,$$

$$\varkappa_1 = \sqrt{j}\cdot e^{\frac{1}{2}\pi i \sum\limits_{\mu} \varepsilon_\mu^{(\alpha)-(\beta)} \cdot \varepsilon_\mu'^{\,\Sigma(b_\nu)-\Sigma(c_\nu)}},$$

$$\varkappa^2 = e^{-\frac{1}{2}\left(\sum\limits_{\mu,\mu'}\right)^2 a_{\mu,\mu'}\,\varepsilon_\mu^{(n+\Sigma b_\nu)}\cdot\varepsilon_{\mu'}^{(n+\Sigma b_\nu)} + \frac{1}{2}\left(\sum\limits_{\mu,\mu'}\right)^2 a_{\mu,\mu'}\,\varepsilon_\mu^{(n+\Sigma c_\nu)}\cdot\varepsilon_{\mu'}^{(n+\Sigma c_\nu)}},$$

$$j = e^{\frac{1}{2}\pi i \sum\limits_{\mu} \varepsilon_\mu^{(\alpha-\beta+\gamma-\delta)}\cdot\varepsilon_\mu'^{\,(\alpha-\beta+\gamma-\delta-2\Sigma c_\nu-2n)}}.]$$

Fortsetzung: 6. Thetaquotienten mit beliebigen Argumenten.

(10. März:)

Seien $(s_1, z_1), (s_2, z_2), \cdots, (s_p, z_p)$ irgend p Punkte von $F(s, z) = 0$, und $u_\mu^{(1)}, u_\mu^{(2)}, \cdots, u_\mu^{(p)}$ die zugehörigen Werte von u_μ. a, b seien irgend zwei Verzweigungspunkte. So kann man den Quotienten

$$\frac{\vartheta\left(\sum\limits_{\nu=1}^{p} u_1^{(\nu)} - u_1(a), \cdots\right)}{\vartheta\left(\sum\limits_{\nu=1}^{p} u_1^{(\nu)} - u_1(b), \cdots\right)}\, e^{-\sum\limits_{\nu,\mu} \varepsilon_\mu^{(a)-(b)} u_\mu^{(\nu)}},$$

wo

$$u_\mu(a) - u_\mu(b) = \frac{1}{2}\,\varepsilon_\mu'^{(a)-(b)}\cdot\pi i + \frac{1}{2}\sum_{\mu'} \varepsilon_{\mu'}^{(a)-(b)}\, a_{\mu,\mu'},$$

algebraisch ausdrücken durch die Werte $(s_1, z_1), \cdots, (s_p, z_p)$.

Als Funktion von (s_1, z_1) verschwindet der Zähler dieses Ausdrucks in a und in den $p-1$ Punkten $(s_2', z_2'), \cdots, (s_p', z_p')$, für welche

$$\sum_{\nu=2}^{p} u_\mu'^{(\nu)} \equiv -\sum_{\nu=2}^{p} u_\mu^{(\nu)}.$$

Die Punkte $(s_2, z_2), \cdots, (s_p, z_p), (s_2', z_2'), \cdots, (s_p', z_p')$ sind mit einander durch eine Funktion φ verknüpft; daher wird in unserem hyperelliptischen Falle $z_\nu' = z_\nu$, während s_ν' die von s_ν verschiedene Wurzel von $F(s, z_\nu) = 0$ wird. Ebenso verschwindet der Nenner des Quotienten, als Funktion von (s_1, z_1), in b und denselben $p-1$ Punkten (s_ν', z_ν'). Der Quotient wird daher zu

$$A\sqrt{\frac{z_1 - a}{z_1 - b}}$$

und wegen der Symmetrie in den p Punkten (s_μ, z_μ) zu

$$B\sqrt{\frac{\prod\limits_{\nu=1}^{p}(z_\nu - a)}{\prod\limits_{\nu=1}^{p}(z_\nu - b)}},$$

wo B von den z_ν unabhängig wird und nach der früheren Methode zu bestimmen ist. Zu dem Zwecke teile man hier die $2p+2$ Verzweigungspunkte in drei Gruppen von einander verschiedener:

$$a, b; \quad c_1, \cdots, c_p; \quad d_1, \cdots, d_p;$$

indem man für die z_ν einmal die c_ν, dann die d_ν einsetzt, erhält man

$$B\sqrt{\frac{\prod(c_\nu - a)}{\prod(c_\nu - b)}} = \frac{\vartheta\left(\sum\limits_\nu u_1(c_\nu) - u_1(a), \cdots\right)}{\vartheta\left(\sum\limits_\nu u_1(c_\nu) - u_1(b), \cdots\right)} e^{-\sum\limits_{\nu,\mu} \varepsilon_\mu^{(a)-(b)} u_\mu(c_\nu)},$$

$$B\sqrt{\frac{\prod(d_\nu - a)}{\prod(d_\nu - b)}} = \frac{\vartheta\left(\sum\limits_\nu u_1(d_\nu) - u_1(a), \cdots\right)}{\vartheta\left(\sum\limits_\nu u_1(d_\nu) - u_1(b), \cdots\right)} e^{-\sum\limits_{\nu,\mu} \varepsilon_\mu^{(a)-(b)} u_\mu(d_\nu)};$$

und da

$$\sum_\nu u_\mu(c_\nu) + \sum_\nu u_\mu(d_\nu) + u_\mu(a) + u_\mu(b) \equiv 0 \text{ (mod. Perioden)},$$

so wird durch Multiplikation B algebraisch erhalten in der Form:

$$B = h\sqrt[4]{\frac{\prod\limits_{b'}(b - b')}{\prod\limits_{a'}(a - a')}},$$

wo unter a' alle Verzweigungspunkte außer a selbst, unter b' alle solche außer b selbst verstanden sind, h ein Exponentialfaktor [der noch die Moduln enthält].

Die hier vorkommenden Größen der Art

$$\frac{\sqrt{\prod_{\nu=1}^{p}(z_\nu - a)}}{\sqrt[4]{\prod_{a'}(a - a')}}$$

sind diejenigen, welche Weierstraß vorzugsweise „Abelsche Funktionen" nennt („Zur Theorie der Abelschen Funktionen", Formel (2), Crelles J., Bd. 47). Es verhalten sich nämlich, bei festen $z_1, \cdots, z_p$, diese Ausdrücke wie die entsprechenden Thetafunktionen

$$\vartheta\left(\sum_{\nu=1}^{p} u_1^{(\nu)} - u_1(a), \cdots\right),$$

bis auf Exponentialfaktoren; um diese letzteren auszurechnen und zu beseitigen, müßte man die Charakteristiken der Thetafunktionen einführen und hierzu die Integrale alle von dem festen Verzweigungspunkte a_0 an nehmen, für welchen dem Ausdruck $\sqrt{(z - a_0)^{p-1}}$ die Charakteristik (n) zugelegt wurde (S. 40). Der Quotient, von dem wir ausgingen (S. 47), erhielte dann die Form

$$\frac{\vartheta(n+a)\left(\sum_{\nu=1}^{p}[u_1^{(\nu)} - u_1(a_0)], \cdots\right)}{\vartheta(n+b)\left(\sum_{\nu=1}^{p}[u_1^{(\nu)} - u_1(a_0)], \cdots\right)}.$$

Übrigens gibt auch Weierstraß die mit vierten Wurzeln der Einheit zusammenhängenden Faktoren nicht näher an, sondern läßt sie noch unbestimmt, wird sie aber wohl später hinzufügen. Ferner war beim hyperelliptischen Fall, den er allein behandelt, kaum Veranlassung, die vollständigen Ausdrücke für alle $\overset{m}{f}(z) \prod^{p-1-2m}(z - a)$ einzuführen.

Auf den allgemeinen, nicht-hyperelliptischen, Fall lassen sich die Weierstraßschen Formeln nicht verallgemeinern. Dann lassen sich die Thetaquotienten nicht als Produkte von Funktionen der einzelnen Variabeln, sondern nur als Quotienten von Determinanten aus Funktionen von je einer Variabeln darstellen, also durch viel kompliziertere Ausdrücke. Diese letzteren einzelnen Funktionen von einer Variabeln zeichnen sich alsdann schon so aus, daß eine besondere Benennung nötig wird; und wir haben sie früher (also in anderem Sinne als dem Weierstraßschen) „Abelsche Funktionen" genannt.

Wir haben auch noch die Konstanten in den Thetarelationen vollständig zu bestimmen; und gerade hierbei wird die Betrachtung der *hyperelliptischen* Funktionen von wesentlichem Nutzen sein. Insbesondere haben wir im allgemeinen Falle $p=3$ die Relationen zwischen den $\vartheta'_\mu(0,\cdots)$ und den $\vartheta(0,\cdots)$ (S. 34—35) übersichtlich zu entwickeln.

Fortsetzung: 7. Beweis des vorausgesetzten Satzes (S. 39).

(11. März:)

Zur Ausfüllung der bei dem Satze (S. 39) gelassenen Lücke sollen die Charakteristiken mit Bezug auf eine *gegebene* Querschnittzerlegung für den hyperelliptischen Fall wirklich bestimmt werden.

Als bestimmte Zerlegung der die z-Ebene zweifach bedeckenden Fläche T, mit den Verzweigungspunkten

$$a_0, a_1, \cdots, a_{2p+1},$$

nehmen wir folgende: man verbinde die Punkte in der genannten Ordnung, zuletzt auch a_{2p+1} durch das Unendliche mit a_0, durch eine Linie. Auf beiden Seiten der Linie sind die Blätter von T unverzweigt; die Verbindung wechselt bei jedem Verzweigungswerte. Abwechselnd findet also Kreuzung der Blätter statt, so etwa zwischen $a_1-a_2, a_3-a_4, \cdots, a_{2p+1}-a_0$, während zwischen $a_2-a_3, a_4-a_5, \cdots, a_0-a_1$ keine Kreuzung vorhanden ist. Zur Zerlegung von T in eine einfach zusammenhängende Fläche T' seien die Querschnitte

$$a_1', \cdots, a_p', \quad b_1', \quad b_2', \cdots, b_p'$$

bezw. um

$$a_1-a_2, \cdots, a_{2p-1}-a_{2p},$$

$$a_2-a_3-\cdots-a_{2p+1}, \quad a_4-a_5-\cdots-a_{2p+1}, \cdots, a_{2p}-a_{2p+1}$$

gezogen.

Wir benutzen zunächst die Definition der Gruppencharakteristiken durch Integralsummen:

$$u_\mu(a_\nu)-u_\mu(a_0)=\frac{1}{2}\,\varepsilon_\mu'^{a_\nu}\pi i+\frac{1}{2}\sum_{\mu'}\varepsilon_{\mu,\mu'}^{a_\nu}a_{\mu,\mu'}.$$

Wendet man diese Definition auf ein beliebiges Integral erster Gattung

$$w=\alpha_1u_1+\alpha_2u_2+\cdots+\alpha_pu_p+\text{const.}$$

an, so wird

$$w(a_\nu)-w(a_0)=\frac{1}{2}\sum_\mu\varepsilon_\mu'^{\nu}k^{(\mu)}+\frac{1}{2}\sum_\mu\varepsilon_\mu^{\nu}l^{(\mu)},$$

wo die $\varepsilon_\mu^\nu, \varepsilon_\mu'^\nu$ ganze Zahlen sind und wo die $k^{(\mu)}, l^{(\mu)}$ die Periodizitätsmoduln von w am Querschnitte a'_μ, bezw. b'_μ vorstellen.

Um die Wertänderung eines Integrals w auf einem in T' laufenden Weg zwischen zwei Punkten von T' zu erhalten, kann man auch einen nicht in T' verlaufenden Weg zwischen denselben Punkten wählen, wenn man dabei die sprunghaften Änderungen an den Querschnitten mitnimmt. Insbesondere drückt sich so der Wert des Integrals zwischen zwei Verzweigungspunkten a_0 und a_ν, auf einem in T' verlaufenden Wege, aus als der negativ genommene Wert desselben Integrals auf demselben Wege, aber je im anderen Blatt von T durchlaufen. Auf letzterem Wege liefert jede Überschreitung eines Querschnittes von T' den bezüglichen Periodizitätsmodul als Beitrag zum Integral. Führt man dies für die einzelnen Integrale $u_1, \cdots, u_p$ aus, so ergibt sich für die Wege von a_0 bis $a_{2\nu-1}$, bezw. $a_{2\nu}$:

$$\text{Charakteristik } (a_{2\nu-1}) = \left(\binom{1}{0}^{\nu-1} \begin{matrix}0\\1\end{matrix} \binom{0}{0}^{p-\nu}\right),$$

$$\text{"} \qquad (a_{2\nu}) = \left(\binom{1}{0}^{\nu-1} \begin{matrix}1\\1\end{matrix} \binom{0}{0}^{p-\nu}\right),$$

wo $\binom{1}{0}^{\nu-1}$ die $(\nu-1)$-malige Wiederholung von $\begin{matrix}1\\0\end{matrix}$ bedeutet.([28])

Ganz dasselbe erhält man, wenn man die Definition der Gruppencharakteristiken durch Querschnittsfaktoren benutzt.

Ist nun der zu beweisende Satz richtig, so muß eine Charakteristik (n) existieren, derart daß

$$(n) + \sum^{p+m} (a_\nu)$$

gerade ist für $m \equiv 0$ oder 1, ungerade für $m \equiv 2, 3 \pmod{4}$.

Wir nehmen an, der Lehrsatz sei bewiesen für Charakteristiken aus bloß p Gliedern, und beweisen ihn dann für solche aus $p+1$ Gliedern. Für $p = 1$, wo $(a_1) = \binom{0}{1}$, $(a_2) = \binom{1}{1}$, $(n) = \binom{1}{1}$, gilt aber der Satz. Die p-gliedrigen Charakteristiken setzen wir aus

$$(n);\ (a_1), (a_2), \cdots, (a_{2p}),$$

die $(p+1)$-gliedrigen entsprechend aus

$$(n');\ (a_1'), (a_2'), \cdots, (a_{2p+2}')$$

zusammen. Dabei sollen die $2p+2$ Charakteristiken (a') aus den $2p$ Charakteristiken (a) entstehen, indem man

1) vor alle (a) das Glied $\begin{matrix}1\\0\end{matrix}$ setzt,

2) die zwei Charakteristiken $\left(\begin{matrix}0\\1\end{matrix} \binom{0}{0}^{p}\right)$, $\left(\begin{matrix}1\\1\end{matrix} \binom{0}{0}^{p}\right)$ hinzunimmt.

Das gesuchte (n') ist dann, wie wir zeigen wollen, von der Form anzunehmen:

$$(n') = \left(\begin{matrix}\varepsilon\\\varepsilon'\end{matrix} n\right).$$

Ist nämlich zunächst

$$(a') = \binom{1}{0}a,$$

so wird $\sum\limits^{p}(a') = \left(\begin{smallmatrix} p \\ 0 \end{smallmatrix} \sum\limits^{p} a\right)$, und

$$(n') + \sum^{p}(a') = \left(\begin{smallmatrix} \varepsilon + p \\ \varepsilon' \end{smallmatrix} (n + \sum^{p} a)\right);$$

da aber, nach Annahme,

$$(n) + \sum^{p}(a) \equiv 0 \pmod{2},$$

so wird, wie es sein soll:

$$(n') + \sum^{p}(a') \equiv 1 \pmod{2},$$

sobald $\varepsilon + p$ und ε' beide $\equiv 1 \pmod{2}$ genommen werden. Wir nehmen also

$$(n') = \left(\begin{smallmatrix} p+1 \\ 1 \end{smallmatrix} n\right).$$

Benutzt man nun dieses (n') für alle möglichen Kombinationen der (a'), so gilt der Satz. In der Tat: für die Frage, ob

$$(n') + \sum^{p+1+m}(a') \;\begin{matrix}\text{gerade,}\\ \text{ungerade,}\end{matrix}\quad \text{wenn } m \equiv \begin{matrix} 0,1 \\ 2,3 \end{matrix} \pmod{4},$$

sind vier Fälle zu betrachten:

1) die (a') der Summe sind alle von der Form $\binom{1}{0}a$;

2) eines der (a') der Summe hat die Form $\left(\begin{smallmatrix} 0 \\ 1 \end{smallmatrix} \binom{0}{0}^p\right)$;

3) eines der (a') hat die Form $\left(\begin{smallmatrix} 1 \\ 1 \end{smallmatrix} \binom{0}{0}^p\right)$;

4) zwei der (a') sollen von den letzteren beiden Formen sein.

Im Fall 1) wird

$$(n') + \sum^{p+1+m}(a') = \left(\begin{smallmatrix} p+1+p+1+m \\ 1 \end{smallmatrix} (n + \sum^{p+1+m} a)\right) \equiv \left(\begin{smallmatrix} m \\ 1 \end{smallmatrix} (n + \sum^{p+1+m} a)\right),$$

und der Satz ist für alle Werte von m erfüllt; in den Fällen 2), 3), 4) wird bezw.

$$(n') + \sum^{p+m}(a') + \left(\begin{smallmatrix} 0 \\ 1 \end{smallmatrix} \binom{0}{0}^p\right) \equiv \left(\begin{smallmatrix} m+1 \\ 0 \end{smallmatrix} (n + \sum^{p+m} a)\right),$$

$$(n') + \sum^{p+m}(a') + \left(\begin{smallmatrix} 1 \\ 1 \end{smallmatrix} \binom{0}{0}^p\right) \equiv \left(\begin{smallmatrix} m \\ 0 \end{smallmatrix} (n + \sum^{p+m} a)\right),$$

$$(n') + \sum^{p+m-1}(a') + \left(\begin{smallmatrix} 0 \\ 1 \end{smallmatrix} \binom{0}{0}^p\right) + \left(\begin{smallmatrix} 1 \\ 1 \end{smallmatrix} \binom{0}{0}^p\right) \equiv \left(\begin{smallmatrix} m+1 \\ 1 \end{smallmatrix} (n + \sum^{p+m-1} a)\right),$$

und auch hier ist der Satz für alle m erfüllt. Daher gilt der Satz für $p+1$. Nach dem Gesetz, nach dem (n') aus (n) gebildet wurde, wird zugleich

$$(n) = \begin{pmatrix} p, & p-1, & \cdots, & 1 \\ 1, & 1, & \cdots, & 1 \end{pmatrix},$$

mit abwechselnden Gliedern $\begin{smallmatrix}0\\1\end{smallmatrix}$ und $\begin{smallmatrix}1\\1\end{smallmatrix}$, dem Schlußglied $\begin{smallmatrix}1\\1\end{smallmatrix}$; so z. B. für $p=3$ und 4:

$$(n) = \begin{pmatrix} 1 & 0 & 1 \\ 1 & 1 & 1 \end{pmatrix}, \text{ bezw. } \begin{pmatrix} 0 & 1 & 0 & 1 \\ 1 & 1 & 1 & 1 \end{pmatrix}.$$

Zur Auffindung dieses bestimmten Ausdrucks (n) brauchte man übrigens gar nicht auf die Integrale zurückzugehen, da leicht zu zeigen ist, daß (n) durch seine früher genannten Eigenschaften schon völlig gegeben ist.(29) Die Folge ist, daß diese Systeme von Charakteristiken nicht nur für die hyperelliptischen, sondern für die *allgemeinen Abelschen Funktionen* verwendbar sind. So haben wir für $p=3$ solche sechs Gruppencharakteristiken $(a_1), \cdots, (a_6)$, nämlich

$$(p), (q), (r), (d'), (e'), (f')$$

$$[\text{mit } (g') \equiv (p)+(q)+(r)+(d')+(e')+(f')]$$

aufgestellt, daß alle Gruppencharakteristiken sich aus ihnen zusammensetzen lassen; und dann wurde (n) so bestimmt, daß die Charakteristiken

$$(n)+\sum^{1}(a_\nu),\ (n)+\sum^{2}(a_\nu),\ (n)+\sum^{5}(a_\nu),\ (n)+\sum^{6}(a_\nu) \quad \text{ungerade,}$$

$$(n),\ (n)+\sum^{3}(a_\nu),\ (n)+\sum^{4}(a_\nu) \quad \text{gerade}$$

waren. Dies war früher durch *Induktion* [aus den Gruppen von Paaren Abelscher Funktionen] gefunden; zugleich waren die den Gruppencharakteristiken zugeordneten halben Perioden auch ihrem Werte nach durch Integralsummen völlig bestimmt (S. 13—15, 27—30).

Fortsetzung: 8. Ergänzung der allgemeinen Entwicklungen bei $p=3$ durch die für den hyperelliptischen Fall geltenden.

(11. März:)

Wir betrachten den hyperelliptischen Fall $p=3$:

$$w = \int \frac{\overset{2}{\varphi}(z)\,dz}{\sqrt{\{(z-a)(z-b)(z-c)(z-d)(z-e)(z-f)(z-g)(z-h)\}}};$$

mit den Abelschen Funktionen $\sqrt{(z-a)(z-b)}$, wo für a, b irgend zwei verschiedene von den acht Verzweigungspunkten zu nehmen sind, und $f(\overset{1}{z})$. Den ersteren 28 Funktionen entsprechen die 28 ungeraden Charakteristiken, der letzteren aber eine gerade Charakteristik und eine gerade Thetafunktion, die für die Nullwerte der Argumente verschwindet. Unter den 36 geraden Thetafunktionen werden also in unserm Falle für die Nullwerte der Argumente eine verschwinden, die übrigen von Null verschieden sein.

Umgekehrt: wenn eine der 36 geraden Thetafunktionen für die Nullwerte der Argumente verschwindet, so wird durch diese Thetafunktionen das Umkehrproblem der hyperelliptischen Integrale gelöst. Sei nämlich, für (n) gerade,

$$\vartheta(n)(0, 0, 0) = 0;$$

so muß

$$\vartheta(u_1 - u_1' - e_1, \cdots),$$

wo

$$e_\mu = \frac{1}{2}\sum \varepsilon_\mu'^n \pi i + \frac{1}{2}\sum_{\mu'} \varepsilon_{\mu'}^n a_{\mu,\mu'},$$

so verschwinden für $(s, z) = (s_1, z_1)$, daß die Kongruenzen

$$(e_1, \cdots) \equiv \left(\sum_{\nu=1}^{2} u_1^{(\nu)}, \cdots\right)$$

auf zwei, und damit auf unendlich viele Weisen, erfüllt werden können (s. S. 43). Es existiert also eine Funktion, die für zwei Werte unendlich groß und unendlich klein wird: was eben der hyperelliptische Fall ist. Dieser Fall ist also für $p = 3$ notwendige und hinreichende Bedingung, daß eine gerade Thetafunktion für die Nullwerte der Argumente zu Null wird.

Die Funktion, welche in je zwei Punkten 0^1 und ∞^1 wird, wäre

$$\frac{\vartheta_1'(n)(u_1 - u_1', \cdots)}{\vartheta_2'(n)(u_1 - u_1', \cdots)}. \; (^{30})$$

Für den hyperelliptischen Fall $p = 3$ zerfallen die 63 „Gruppen" von Paaren Abelscher Funktionen in zwei Kategorien:

a) Produkte von zwei eigentlichen Abelschen Funktionen, von der Form $\sqrt{(z-a)(z-b) \times (z-c)(z-d)}$, wo a, b, c, d alle von einander verschieden sind;

b) $(z - \alpha)\sqrt{(z-a)(z-b)}$, wo a, b von einander verschieden sind.

In beiden Fällen bestimmen sich die sechs Zerlegungen jeder Gruppe leicht. Bei a), indem man einmal das Produkt von vier linearen Faktoren dreimal in Paare teilt, und ebenso das zur selben Gruppencharakteristik gehörige Produkt der vier übrigen linearen Faktoren: $\sqrt{(z-e)(z-f)(z-g)(z-h)}$; bei b), indem man die sechs Paare

$\sqrt{(z-a)(z-c)} \times \sqrt{(z-b)(z-c)}$, $\sqrt{(z-a)(z-d)} \times \sqrt{(z-b)(z-d)}$, $\cdots$, $\sqrt{(z-a)(z-h)} \times \sqrt{(z-b)(z-h)}$ bildet. Zu b) muß man hier noch

$$(z-\alpha) \times \sqrt{(z-a)(z-b)}$$

hinzunehmen, als Produkt einer ungeraden Abelschen Funktion mit einer zur geraden Charakteristik (n) gehörigen, noch zwei willkürliche Konstanten enthaltenden Abelschen Funktion $\beta\,(z-\alpha)$.

Sei nun

$$\vartheta\,(n)\,(0, 0, 0) = 0.$$

Wir fragen: welche Relation existiert zwischen den Charakteristiken zweier ungeraden Abelschen Funktionen, damit sie einen Faktor der Art $\sqrt{z-a}$ gemeinschaftlich haben?

Seien die Charakteristiken derselben (k) und (l). Dann muß in der Gruppe $(k) + (l)$ nach b) die gerade Abelsche Funktion, die zu (n) gehört, vorkommen, so daß der andere Faktor die Charakteristik $(n) + (k) + (l)$ haben wird. Also wird $(n) + (k) + (l)$ eine ungerade Charakteristik. Und umgekehrt: wenn $(n) + (k) + (l)$ ungerade ist, so haben (k) und (l) die verlangte Eigenschaft.

Drei ungerade Charakteristiken seien $(k), (l), (m)$. Die Bedingung, daß sie zu je zwei einen gemeinsamen Faktor haben, ist also, daß

$$(k') = (n) + (l) + (m),\ (l') = (n) + (k) + (m),\ (m') = (n) + (k) + (l),$$

wobei

$$(k') + (l') + (m') \equiv (n) \pmod{2}$$

wird, alle ungerade seien.

Entweder haben dann $(k), (l), (m)$

1) alle drei denselben Faktor, die Funktionen sind also von der Form

$$\sqrt{\varphi_k} = \sqrt{(z-d)(z-a)},\quad \sqrt{\varphi_l} = \sqrt{(z-d)(z-b)},$$
$$\sqrt{\varphi_m} = \sqrt{(z-d)(z-c)};$$

oder

2) die gemeinsamen Faktoren sind verschieden, die Funktionen werden von der Form

$$\sqrt{\varphi_k} = \sqrt{(z-b)(z-c)},\quad \sqrt{\varphi_l} = \sqrt{(z-a)(z-c)},$$
$$\sqrt{\varphi_m} = \sqrt{(z-a)(z-b)},$$

und es wird

$$(n) + (k) + (l) \equiv (m) \equiv (m'),\ \text{u. s. w.};$$

d. h. $(k'), (l'), (m')$ werden bezw. mit $(k), (l), (m)$ identisch oder nicht, je nachdem man im Fall 2) oder Fall 1) ist.

Im Fall 1) muß die Determinante

$$\begin{vmatrix} \vartheta_1'(k) & \vartheta_2'(k) & \vartheta_3'(k) \\ \vartheta_1'(l) & \vartheta_2'(l) & \vartheta_3'(l) \\ \vartheta_1'(m) & \vartheta_2'(m) & \vartheta_3'(m) \end{vmatrix} = (k, l, m) = 0$$

sein [da zwischen $\varphi_k, \varphi_l, \varphi_m$ dann eine lineare homogene Beziehung stattfindet]. Daraus folgt:

Die Determinante (k, l, m) verschwindet, wenn $\vartheta(k' + l' + m')(0,0,0) = 0$ ist, wo

$(k') + (l') \equiv (k) + (l)$, $(k') + (m') \equiv (k) + (m)$, $(l') + (m') \equiv (l) + (m)$, *und (k'), (l'), (m') bezw. von (k), (l), (m) verschieden sind.*

Um daher alle Fälle zu erhalten, in welchen $(k, l, m) = 0$ ist, hat man von den drei Gruppen

$$(k) + (l), \quad (k) + (m), \quad (l) + (m)$$

je alle fünf weiteren Zerlegungen zu bilden. Von irgend einer dieser Zerlegungen, etwa

$$(k) + (l) \equiv (k') + (l')$$

wird *eine* Charakteristik (bezw. Abelsche Funktion) (k') in einer Zerlegung der Gruppe $(k) + (m)$ vorkommen:

$$(k) + (m) \equiv (k') + (m'),$$

die andere Charakteristik (l') in einer Zerlegung der dritten Gruppe $(l) + (m)$:

$$(l) + (m) \equiv (l') + (m'),$$

so daß man auf diese Weise drei Abelsche Funktionen mit Charakteristiken (k'), (l'), (m') erhält, deren Summe $\equiv (n')$ sei.

So ergeben sich, den fünf Zerlegungen einer dieser drei Gruppen $(k) + (l)$, $(k) + (m)$, $(l) + (m)$ entsprechend, fünf Thetafunktionen, von der Eigenschaft, daß das Verschwinden irgend einer derselben für die Nullwerte der Argumente eine hinreichende Bedingung dafür ist, daß die Determinante (k, l, m) verschwindet:

$$\vartheta(n_1), \ \vartheta(n_2), \ \cdots, \ \vartheta(n_5),$$

wo

$$(n_1) \equiv (k_1) + (l_1) + (m_1), \ \cdots, \ (n_5) \equiv (k_5) + (l_5) + (m_5),$$

und (k_ν), (l_ν), (m_ν) eines der eben gefundenen fünf Systeme (k'), (l'), (m') vorstellt.

Von diesen Bedingungen ist auch keine eine Folge der übrigen; und bildet man

$$\frac{(k,l,m)}{\prod_{\nu=1}^{5} \vartheta(k_\nu + l_\nu + m_\nu)(0,0,0)},$$

so erhält man eine Funktion der $a_{\mu,\mu'}$, die für alle Wertsysteme der Thetamoduln endlich bleibt, also eine numerische Größe sein muß. Zum Beweis hat man für den allgemeinen Fall $p = 3$ zu zeigen, daß dieser Ausdruck eine algebraische Funktion der sechs Klassenmoduln $\alpha, \beta, \gamma, \alpha', \beta', \gamma'$ ist und für alle Werte derselben endlich bleibt, also auch von diesen, daher auch von den sechs Thetamoduln, unabhängig wird. — Durch Entwicklung nach den Potenzen der $e^{a_{\mu,\mu'}}$ und Vergleichung der ersten Glieder erhält man dann leicht den Zahlenwert, $= \pm 1$. — Um zu zeigen, daß der Quotient von den sechs Klassenmoduln algebraisch abhängt, muß man zeigen, daß derselbe von der Querschnittzerlegung der Fläche T unabhängig ist. Dies geschieht, indem man statt der Thetaargumente lineare Funktionen dieser Größen nimmt, derart, daß das Periodizitätsmodulsystem dieselbe Form behält; also durch lineare Periodentransformation der Theta, die durch eine Reihe von Vertauschungen der Querschnitte erzielt werden kann (vgl. Meissel, Cr. J. 48).

In der Beziehung

$$(k,l,m) = \pm \prod_{\nu=1}^{5} \vartheta(n_\nu)(0,0,0)$$

sind alle Relationen zwischen den $\vartheta'(a)$ und $\vartheta(b)$ enthalten; und die Beziehung wäre auch direkt durch Ausmultiplizieren, mit Hilfe der Theorie der ternären quadratischen Formen, beweisbar, was auch den Faktor ± 1 genauer bestimmte.

Folgerung. Wir benutzen im allgemeinen Fall $p = 3$ wieder die Bezeichnungen (S. 14):

$$(p), (q), (r), \quad (d'), (e'), (f'), (g'),$$

$$(p) + (q) + (r) + (d') + (e') + (f') + (g') = 0;$$

$$(n), (n) + (d') = (d), \ (n) + (e') = (e), \ (n) + (f') = (f), \ (n) + (g') = (g).$$

Man kann leicht die linearen homogenen Relationen zwischen den Quadraten von irgend vier Abelschen Funktionen, von den Charakteristiken

$$(n) + (p), \quad (n) + (q), \quad (n) + (r), \quad (n) + (d'),$$

für welche die Summe je dreier gerade ist, bilden. Denn da

$$\varphi_{n+p} = \vartheta_1'(n+p) \cdot x' + \vartheta_2'(n+p) \cdot y' + \vartheta_3'(n+p) \cdot z'$$

u. s. w. (s. S. 33, wo x', y', z' definiert sind), so braucht man aus den vier Ausdrücken für $\varphi_{n+p}, \varphi_{n+q}, \varphi_{n+r}, \varphi_{n+d'}$ nur x', y', z' zu eliminieren

(S. 33) und die entstehenden Determinantenkoeffizienten der Art (k, l, m) durch Produkte von Thetafunktionen für die Nullwerte auszudrücken. Entwickelt man so, indem man

$$(k) = (n) + (p), \quad (l) = (n) + (q), \quad (m) = (n) + (r)$$

setzt, die Zerlegungen der Gruppen

$$(p) + (q), \quad (p) + (r), \quad (q) + (r),$$

so ergibt sich, außer der Zerlegung $(n + p) + (n + q)$ der ersteren, noch:

$$(p) + (q) \equiv (n + p + r) + (n + q + r)$$
$$\equiv (n + p + d') + (n + q + d') \equiv \cdots \equiv (n + p + g') + (n + q + g'),$$

wonach die fünf Systeme von Charakteristiken (k'), (l), (m') bezw. werden:

1. $(n + q + r)$, $(n + p + r)$, $(n + p + q)$, mit Summe $n_1 = (n)$,
2. $(n + p + d')$, $(n + q + d')$, $(n + r + d')$,
   mit Summe $(n_2) = (n + p + q + r + d') \equiv (e + f + g)$,

. . . .

5. $(n + p + g')$, $(n + q + g')$, $(n + r + g')$,
   mit Summe $(n_5) = (n + p + q + r + g') \equiv (d + e + f)$.

Daher wird

$$(n + p, n + q, n + r)$$
$$= \pm\, \vartheta(n)\, \vartheta(e + f + g)\, \vartheta(d + f + g)\, \vartheta(d + e + g)\, \vartheta(d + e + f),$$

woraus durch Vertauschungen von p, q, r, d', e', f', g' sich die übrigen Determinanten bis aufs Vorzeichen ergeben.

Die so gefundene Relation zwischen $\varphi_{n+p}, \varphi_{n+q}, \varphi_{n+r}, \varphi_{n+d'}$ muß identisch werden, wenn die φ_{n+p} u. s. w. wieder durch ihre Ausdrücke in x', y', z' ersetzt werden; aber die hierzu nur nötigen Relationen zwischen den *Verhältnissen* von Determinanten der Form (k, l, m) und den Quotienten von Thetaprodukten für die Nullwerte sind schon durch das *Additionstheorem* leicht zu beweisen, nach dem von Jacobi und Rosenhain für $p = 1$, bezw. 2 gegebenen Verfahren. Man hat nur das Additionstheorem selbst durch einfache Rechnung an den Thetareihen herzustellen. Daraus folgen dann schon die früher (S. 34, 35) gegebenen vollständigen Ausdrücke der Klassenmoduln durch die Thetaprodukte.

Von diesem Gesichtspunkte aus sind folgende Schriften zu nennen: Preisschrift von Rosenhain, in den Mém. Sav. Étrangers XI, 1851, über die ultraelliptischen Funktionen, auch die erweiterten elliptischen Funktionen umfassend; Göpel, Crelles Journal 35.([31])

Anmerkungen.

(1) (Zu Seite 1.) Die Vorlesung begann mit der Überführung einer quadratischen Form in eine Summe von Quadraten und mit dem bekannten einfachen Beweis des Trägheitsgesetzes der quadratischen Formen. Zu letzterem Beweis machte Riemann die für die Geschichte dieses Gesetzes nicht unwichtige Bemerkung (Minnigerodesches Heft, 30. Okt. 1861): „Der Beweis rührt von Gauß her, aus der Vorlesung über die Methode der kleinsten Quadrate" [von Riemann wohl im Wintersemester 1846/47 gehört]; „in der Vorlesung hat ihn Gauß an die Spitze gestellt, niemals aber in der Abhandlung gebracht, weil er überall die Maxime hat, das Gerüst abzubrechen, nur das Gebäude stehen zu lassen." Vgl. übrigens Gauß, Disquisitiones arithmeticae, Nr. 271.

(2) (Zu Seite 1.) Mitgeteilt aus dem Rochschen und Minnigerodeschen Heft; auch noch in dem Hattendorffschen Heft enthalten. Das Prinzip ist, für $n = 2$, schon von Herrn Prym in dessen „Untersuchungen über die Riemannsche Thetaformel und die Riemannsche Charakteristikentheorie" (Leipzig, Teubner 1882), Abh. I, Art. 2 — als (s. dessen Vorrede) von Riemann herrührend und von demselben in einer Vorlesung als ein für die Theorie der Thetafunktionen fundamentales bezeichnet — mitgeteilt.

(3) (Zu Seite 4.) Die Mitteilungen über die Vorlesungen vom 13. Nov. 1861—24. Jan. 1862 sind den Heften von Prym und Minnigerode entnommen.

(4) (Zu Seite 5.) Cf. G. Rochs Note von 1864 „Über die Doppeltangenten an Kurven vierter Ordnung", Crelles Journal Bd. 66 (1866), S. 97—120. Der erste Paragraph „Riemannsche Sätze; gerade und ungerade ϑ; Begriff der Abelschen Funktionen" dieser Note war im wesentlichen Riemanns Vorlesung von 1861/62 entnommen; dabei ist der unvollständige Beweis Rochs auf S. 99 durch Art. 26 der Th. A. F. zu ersetzen.

(5) (Zu Seite 5.) Rochs Wiedergabe (s. die unter (4) zitierte Note, S. 101—103) ist hier nach den Heften von Roch, Prym und Minnigerode etwas umgestellt. Vgl. Pryms „Neue Theorie der ultraelliptischen Funktionen" von 1863 (Denkschriften der Wiener Akad., Bd. XXIV, 1864; zweite Ausgabe, mit nachträglichen Bemerkungen und neuen Tafeln, Berlin, Mayer u. Müller 1885; sowie Dissertation, Berlin 1863), § 15; ferner dessen „Zur Theorie der Funktionen in einer zweiblättrigen Fläche" (Denkschr. der Schweizerischen Naturf. Ges. Bd. XXII, Zürich 1866; Separatabzüge bei Mayer u. Müller, Berlin), Art. 11, 12, S. 27—30.

(6) (Zu Seite 6.) Die Bezeichnung der Thetafunktion und der Größen ε, ε' ist in völliger Übereinstimmung mit Riemanns Werken, 2. Aufl., XXXI, p. 488 (1. Aufl., XXX, p. 457) und mit Rochs unter (4) angeführter Abhandlung angenommen, während in Riemanns Vorlesung die Größen ε, ε' untereinander

vertauscht waren; sie stimmt mit den Bezeichnungen von Prym (Anm. 5) bis auf die Vorzeichen.

(7) (Zu Seite 8.) Vgl. zu dieser, aus dem Minnigerodeschen Heft gegebenen Darstellung die teilweise davon abweichende in Riemanns Werken, „Zur Theorie der Abelschen Funktionen für den Fall $p=3$“, 2. Aufl., XXXI, S. 487—489 (1. Aufl., XXX, S. 456—458) und in Rochs Aufsatz (s. Anm. (4)), § 1; s. ferner auch Pryms erste Abhandlung (s. Anm. (5)), §§ 16, 17.

(8) (Zu Seite 11.) Diese Einleitung zu der erst vom 7. März 1862 an ausgeführten Behandlung der Abelschen Funktionen im hyperelliptischen Fall ist hier nach dem Minnigerodeschen Hefte wiedergegeben.

(9) (Zu Seite 13.) Seite 13—23 nach den drei Heften.

(10) (Zu Seite 14.) Die „Bemerkung“ fehlt in den beiden Ausgaben von Riemanns Werken. Aber die darin enthaltene Betrachtung ist sehr beachtenswert. Denn sie zeigt noch deutlicher, als schon die S. 10 dieser Nachträge mitgeteilte doppelte Zuordnung der Abelschen Funktionen zu Thetafunktionen, daß Riemann die 2^6-1 Gruppencharakteristiken scharf von den 2^6 Charakteristiken von Thetafunktionen unterschieden hat, indem er *nur* die letzteren in ungerade und gerade einteilte. Die genauere Charakterisierung der 7 Gruppencharakteristiken, mit der Summe 0: d', e', f', g', p, q, r findet sich bei Riemann — wenigstens, was drei derselben p, q, r betrifft (s. XXXI, S. 498 und 500; 1. Aufl., XXX, S. 467, 468) — dahin gegeben: ihre je 6 Zerlegungen in Paare ungerader Charakteristiken haben die Eigenschaft, daß jede Zerlegung der einen Gruppe mit je einer Zerlegung jeder zweiten Gruppe einen Faktor gemein hat; d. h. in der Bezeichnung von Frobenius: diese Gruppencharakteristiken sind paarweise „azygetisch“. Daß Riemann aber hierbei nicht drei der sieben Gruppencharakteristiken bevorzugen wollte, sondern die sieben als gleichartig betrachtete, möchte schon aus der allgemeinen Regel des Textes hervorgehen, nach der aus Verbindung von (n) mit denselben sich die ungeraden, bezw. geraden, Thetacharakteristiken ergeben. Die azygetische Eigenschaft des Gruppencharakteristikensystems hat schon Herr H. Stahl in seiner Note „Beweis eines Satzes von Riemann über ϑ-Charakteristiken“, Crelles J. Bd. 88, als für beliebige p von Riemann angegeben bezeichnet. Dies trifft also mindestens teilweise zu. Vgl. übrigens Anm. (24).

Nach Akt Nr. 19 (Konv. 19_5 d), Bogen 24 der Göttinger Manuskripte) ist die Unterscheidung auf Juli 1861 anzusetzen.

(11) (Zu Seite 15.) Ebenfalls nach den drei Heften. Vgl. hierzu: H. Weber „Über gewisse in der Theorie der Abelschen Funktionen auftretende Ausnahmefälle“, Math. Ann. XIII; L. Kraus „Note über außergewöhnliche Spezialgruppen auf algebraischen Kurven“, ibid. XVI; M. Noether „Über die invariante Darstellung algebraischer Funktionen“, ibid. XVII.

(12) (Zu Seite 16.) Auf einem Blatt der Göttinger Manuskripte („Varia“ Akt 25. Bogen 34, Pisa 1865) bemerkt Riemann, daß die quadratischen Ausdrücke der φ vermöge der $\frac{1}{2}(p-2)(p-3)$ quadratischen Relationen im allgemeinen auf die Form

$$f(\varphi_1, \overset{2}{\varphi_2}, \varphi_3) + \varphi_1 f_1(\varphi_4, \overset{1}{\cdots}, \varphi_p) + \varphi_2 f_2(\varphi_4, \overset{1}{\cdots}, \varphi_p) + \varphi_3 f_3(\varphi_4, \overset{1}{\cdots}, \varphi_p)$$

reduziert werden können.

(13) (Zu Seite 16.) Vgl. etwa die in Anm. (11) zitierten Arbeiten.

(14) (Zu Seite 19.) Nach der Betrachtung des Textes ist die von Herrn Weber,

S. 47 der in Anm. (11) zitierten Note, zu modifizieren. So sind im hyperelliptischen Falle $p=4$ auch dessen Gleichungen (19) und (20) nicht miteinander verträglich.

(15) (Zu Seite 20.) S. den freilich nur für $p=3$ geführten algebraischen Nachweis, Werke 2. Aufl. XXXI (1. Aufl. XXX). Eine allgemein giltige Bestimmung der Anzahl der Zerlegungen einer Gruppencharakteristik in Summen je zweier Thetacharakteristiken findet sich durch den Schluß von p auf $p+1$ auf einem Bogen von Riemanns in Göttingen befindlichen Manuskripten, Akt. Nr. 19 (s. das darin enthaltene Heft „Abelsche Funktionen", Bogen 11):

„Die Anzahl der geraden Charakteristiken ist $\alpha_p = 2^{p-1}(2^p+1)$, der ungeraden $\beta_p = 2^{p-1}(2^p-1)$. Sei ferner angenommen, daß für p die Anzahl der Zerlegungen irgend einer der $2^{2p}-1$ Gruppencharakteristiken $\begin{pmatrix}\varepsilon_1, \cdots, \varepsilon_p\\ \varepsilon_1', \cdots, \varepsilon_p'\end{pmatrix}$ in Paare sei:

von je 2 geraden Charakteristiken: $\gamma_p = 2^{p-2}(2^{p-1}+1) = \alpha_{p-1}$,

„ „ 2 ungeraden „ $\zeta_p = 2^{p-2}(2^{p-1}-1) = \beta_{p-1}$.

Da die Anzahl aller Zerlegungen von $\begin{pmatrix}\varepsilon\\ \varepsilon'\end{pmatrix}$ in Paare $=2^{2p-1}$, so folgt dann, daß die Anzahl der Zerlegungen in Paare von je 1 geraden und 1 ungeraden Charakteristik sei:

$$\delta_p = 2^{2p-1} - \gamma_p - \zeta_p = 2^{2p-2} = \alpha_{p-1} + \beta_{p-1}.$$

Nun hat man aber bei Zufügung einer weiteren Kolonne zu $\begin{pmatrix}\varepsilon\\ \varepsilon'\end{pmatrix}$ Rekursionsformeln, nämlich für die Paarzerlegung

von $\begin{pmatrix}\varepsilon & 0\\ \varepsilon' & 0\end{pmatrix}$: $\quad \gamma_{p+1} = 3\gamma_p + \zeta_p, \quad \zeta_{p+1} = 3\zeta_p + \gamma_p, \quad \delta_{p+1} = 4\delta_p;$

von $\begin{pmatrix}\varepsilon & 0\\ \varepsilon' & 1\end{pmatrix}$ oder $\begin{pmatrix}\varepsilon & 1\\ \varepsilon' & 0\end{pmatrix}$ oder $\begin{pmatrix}\varepsilon & 1\\ \varepsilon' & 1\end{pmatrix}$:

$$\gamma_{p+1} = 2\gamma_p + \delta_p, \quad \zeta_{p+1} = 2\zeta_p + \delta_p, \quad \delta_{p+1} = 2\gamma_p + 2\zeta_p + 2\delta_p;$$

von $\begin{pmatrix}0\cdots 0 & 0\\ 0\cdots 0 & 1\end{pmatrix}$ oder $\begin{pmatrix}0\cdots 0 & 1\\ 0\cdots 0 & 0\end{pmatrix}$ oder $\begin{pmatrix}0\cdots 0 & 1\\ 0\cdots 0 & 1\end{pmatrix}$:

$$\gamma_{p+1} = \alpha_p, \quad \zeta_{p+1} = \beta_p, \quad \delta_{p+1} = 2^{2p} = \alpha_p + \beta_p.$$

Setzt man hier die Werte von $\gamma_p, \zeta_p, \delta_p$, welche für $p=1$ oder 2 direkt zu bestätigen sind, ein, so erhält man dieselben Formeln, für $p+1$ genommen."

Für einen direkten Beweis cf. Pryms in Anm. (2) angeführte Arbeit, Abh. III.

(16) (Zu Seite 21.) In der Einleitung zu seiner Habilitationsschrift „De theoremate quodam circa functiones Abelianas" (Halle, Okt. 1863), welche den vorliegenden Riemannschen Satz (A) behandelt, erwähnt G. Roch, daß Riemann einen abzählenden Beweis gegeben habe, der wegen seiner Abhängigkeit vom Ausdrucke $F(s, z) = 0$ nicht allgemein giltig sei. In der That aber ist dieser Beweis mit leichter Mühe weiter zu führen, indem man nur beachtet, daß die $2p-2$ Punkte, in denen $\sqrt{\xi\eta}$ verschwindet, durch keine Funktion φ verknüpft sein können, wenn $\sqrt{\xi\eta}$ nicht rational werden soll, also den Beweis auf den des Satzes (B) (s. dieselbe Seite) zurückbringt.

(17) (Zu Seite 22.) Riemann hatte durch Versehen gesagt: „bis auf eine additive Konstante bestimmt“; v' ist aber durch die reellen Teile der Periodizitätsmoduln bis auf eine rein imaginäre Konstante bestimmt. Cf. die in Anm. (18) zitierten Arbeiten.

(18) (Zu Seite 22.) Von diesem zweiten, mittels des Dirichletschen Prinzips geführten Beweise des Satzes (A) hat Roch in seiner Anm. (16) genannten Schrift eine Ausführung versucht. Wie Herr Prym („Zur Integration der gleichzeitigen Differentialgleichungen etc.“, Crelles J. 70, 1869 und „Beweis zweier Sätze der Funktionentheorie“, ibid. 71, 1869) bemerkt, hat Roch dabei übersehen, daß die Funktionen v' auch an den Begrenzungslinien c von T' Periodizitätsmoduln haben müssen, und daß infolgedessen die reellen Teile der Periodizitätsmoduln von v' an den Querschnitten a, b nicht völlig willkürlich sind, daß vielmehr zwischen ihnen eine lineare homogene Relation bestehen muß. An Stelle der Untersuchung in den §§ II und III von Rochs Schrift hat daher die von Prym, insbesondere Art. 4 von dessen Aufsatz in Crelles J. 71, zu treten, um zu beweisen, daß der reelle Teil von v' durch die reellen Teile von $2p-1$ der $2p$ Periodizitätsmoduln in den Beziehungen α), β) völlig bestimmt ist. Die weitere Folgerung, daß jede der Funktionen v' durch $p-1$ von ihnen und eine imaginäre Konstante linear und homogen ausdrückbar ist, ist dann bei Roch § IV richtig (nur daß, da dessen Determinante D immer verschwindet, der erste der beiden Fälle dieses § IV wegfällt); aber das Verständnis dieses Satzes wird eben nur durch die Bemerkung Pryms geklärt. Man sehe auch den unten folgenden Bericht über die Fragmente zur Theorie der allgemeinen Thetafunktionen.

(19) (Zu Seite 23.) Am Schluß der Anm. (16) zitierten Schrift bemerkt Roch, daß Riemann sich auch für $p > 3$ mit den $p-2$ Relationen und den in sie eingehenden Moduln in seinen Vorlesungen beschäftigt habe. Tatsächlich aber hat, nach den hierin zuverlässigen Heften, Riemann nur das vorgetragen, was im Texte, S. 15—23, in großem Drucke mitgeteilt ist. Insbesondere hat er die für $p=4$ existierenden beiden unabhängigen Gleichungen zwischen den Produkten je zweier Abelschen Funktionen nicht diskutiert.

Wohl aber finden sich in den Göttinger Papieren, Akt Nr. 19 (Bogen 9—14, 19—28, 33, 35, 44 desjenigen der fünf Konvolute dieses Aktes, das noch besonders mit „Abelsche Funktionen“ überschrieben ist) und Nr. 25 („Varia“, Bogen 2, 10, 19, 22—25, 28), eine Reihe zerstreuter Rechnungen über den Fall $p=4$, die aber alle nicht über die ersten Ansätze hinausreichen. Ein Teil derselben geht von drei Relationen der Form aus:

$$\sqrt{x_1 x_2} + \sqrt{x_3 x_4} + \sqrt{x_5 x_6} + \sqrt{x_7 x_8} = 0$$
$$\alpha_1 \sqrt{x_1 x_3} + \alpha_1' \sqrt{x_2 x_4} + \beta_1 \sqrt{x_5 x_7} + \beta_1' \sqrt{x_6 x_8} = 0$$
$$\alpha_2 \sqrt{x_1 x_4} + \alpha_2' \sqrt{x_2 x_3} + \beta_2 \sqrt{x_5 x_8} + \beta_2' \sqrt{x_6 x_7} = 0,$$

leitet daraus durch Quadrieren und lineare Elimination von $\sqrt{x_1 x_2 x_3 x_4}$ und $\sqrt{x_5 x_6 x_7 x_8}$ die quadratische Gleichung zwischen den φ her und vereinfacht diese durch verschiedenartige Bestimmungen der Konstanten α, β, wie

$$\alpha_1 = \alpha_1' = \mu + \frac{1}{\mu}, \quad \beta_1 = \beta_1' = \lambda + \frac{1}{\lambda}$$
$$\alpha_2 = \alpha_2' = \mu - \frac{1}{\mu}, \quad \beta_2 = \beta_2' = \lambda - \frac{1}{\lambda},$$

oder

$$\alpha_1 = \mu\alpha, \ \alpha_1' = \frac{\mu}{\alpha}, \ \beta_1 = \beta, \ \beta_1' = \frac{1}{\beta}$$

$$\alpha_2 = \nu\gamma, \ \alpha_2' = \frac{\nu}{\gamma}, \ \beta_2 = \delta, \ \beta_2' = \frac{1}{\delta},$$

oder auch

$$\alpha_1 \alpha_1' = \beta_1 \beta_1',$$

bei welch letzterer Annahme sich die quadratische Relation schon aus den beiden ersteren Gleichungen unmittelbar ergibt.

Ein anderer Teil der Rechnungen geht von der Gleichungsform für $p = 4$

$$F(\overset{3}{s}, \overset{3}{z}) = 0$$

aus, nimmt verschiedenartige Normalformen für die vier Funktionen φ an, und sucht vier lineare Funktionen derselben $\varphi_1, \cdots, \varphi_4$ so zu bestimmen, daß eine Relation

$$f^2(\overset{2}{s}, \overset{2}{z}) - \varphi_1 \varphi_2 \varphi_3 \varphi_4 \equiv F(\overset{3}{s}, \overset{3}{z})\, \psi(\overset{1}{s}, \overset{1}{z})$$

besteht, von hier aus aber den Übergang zu jenen Relationen zwischen Wurzelfunktionen zu machen. Als Grundgleichung findet sich auch:

$$(s-z)s^2z^2 + sz[\alpha(s^2-z^2) + \beta z(s-z) + cz^2] + [\gamma(s^3-z^3) + \delta z(s^2-z^2) \\ + \varepsilon z^2(s-z) - 2cz^3] + [\zeta(s^2-z^2) + \eta z(s-z) + cz^2] + \vartheta(s-z) = 0,$$

mit 9 Moduln explicite.

Dazu kommen noch einige Rechnungen, um die allenthalben endlichen Integrale für $p = 4$ aus der Darstellung durch zwei homogene Gleichungen 2. und 3. Grades zwischen vier Variabeln direkt abzuleiten; sowie für $p = 4$ Zerlegungen von Gruppencharakteristiken in Summen von je zwei Charakteristiken.

(20) (Zu Seite 23.) Seite 23—45 nach den Heften von Prym und Minnigerode.

(21) (Zu Seite 27.) Die Einführung von $p+1$ *symmetrisch* eingehenden Grenzen in die Argumente der beiden Thetafunktionen findet sich in F. Pryms Arbeiten (a. a. O.), dann bei H. Stahl: „Über die Behandlung des Jacobischen Umkehrproblems der Abelschen Integrale" (Crelles J. Bd. 89 und Dissertation Berlin 1882); die von $2p-2$ symmetrisch eingehenden Grenzen für $p = 3$ bei H. Weber: „Theorie der Abelschen Funktionen vom Geschlecht 3" (Berlin 1876), für beliebiges p bei M. Noether: „Zum Umkehrproblem in der Theorie der Abelschen Funktionen" (Math. Ann. Bd. 28), und zwar bei beiden für beliebige Charakteristiken (a), (b), während Riemann in seiner Vorlesung die Formel nur für ungerade Charakteristiken aufgestellt hat. Die Verallgemeinerung auf beliebige Vielfache von $2p-2$ findet sich bei F. Klein: „Zur Theorie der Abelschen Funktionen" (Math. Ann. Bd. 36). Die Jacobische Konstantenbestimmungsmethode ist auch an allen diesen Stellen angewendet.

(22) (Zu Seite 30.) Riemann hat in seiner Vorlesung die Rechnung nur bis Formel (10) incl. vorgetragen und dieselbe dann mit der Bemerkung abgebrochen: „Wir können die Rechnung [für $p = 3$] nicht mehr ausführen, weil wir sonst keine Zeit für die hyperelliptischen Funktionen behalten. Man könnte auf diesem Wege die Relationen zwischen allen $\vartheta(0, 0, 0)$ erhalten, wenn man nur erst das ganze System der Quotienten der $\vartheta(0, 0, 0)$ durch die sechs algebraischen Moduln berechnete. Sie ergeben sich übrigens auch auf dem nachher folgenden umgekehrten Wege."

Die weitere Rechnung wurde nach Andeutungen Riemanns in den Göttinger Papieren (in dem obengenannten Akt Nr. 19, Bogen 14, 15, und „Varia" Nr. 25, Bogen 19) ergänzt; sie stimmt im wesentlichen mit der entsprechenden von Weber in dessen Buch, § 24, geführten überein. In Akt 25, Bogen 19, geht Riemann statt von (8) des Textes, von Gleichung (11) der Werke, Nr. XXXI (XXX der 1. Aufl.) aus, ersetzt also x, y, z, t, p, q bezw. durch $x, \xi, y, \eta, z, \zeta$, benutzt die Relationen zwischen diesen in der besonderen Form (17) von XXXI (XXX), und drückt daher A und den Quotienten $\dfrac{\vartheta(a+c+d)(0,0,0)}{\vartheta(b+c+d)(0,0,0)}$ durch die Determinanten (α, β, γ) etc. aus den dortigen Moduln aus.

(23) (Zu Seite 31.) Die Ausdrücke für eine durch $p-1$ Punkte bestimmte φ finden sich bei Riemann in dessen Aufsatz „Über das Verschwinden der Thetafunktionen" (Werke XI), Art. 4 enthalten.

(24) (Zu Seite 34.) Hier bieten sich Riemann zwei 7-Systeme von ungeraden Charakteristiken dar:

$$(n+p),\ (n+q),\ (n+r),\ (d),\ (e),\ (f),\ (g),\ \text{mit Summe } (n),$$
$$(n+p+q),\ (n+p+r),\ (n+q+r),\ (d),\ (e),\ (f),\ (g),$$
$$\text{mit Summe } (n+p+q+r),$$

von der Art, daß die Summe je dreier Charakteristiken eines Systems gerade ist, also sogenannte „vollständige" 7-Systeme (vgl. Webers in Anm. (21) zitierte Schrift).

(25) (Zu Seite 34.) Ein indirekter Beweis ist von Riemann später mittels der Theorie der hyperelliptischen Funktionen angedeutet worden. Siehe S. 53—58. Bezüglich der daraus resultierenden Formel für α vgl. Anm. (31).

(26) (Zu Seite 44.) S. die in Anm. (23) zitierte Abhandlung Riemanns von 1865. Vgl. ferner dazu: Pryms Anm. (5) zitierte Abhandlung von 1866, Art. 12, sowie Webers Anm. (11) zitierte Note aus Math. Ann. XIII (1877).

(27) (Zu Seite 45.) Hier bricht das Prymsche Heft ab. Der Schluß ist nach dem Hefte von Minnigerode mitgeteilt.

(28) (Zu Seite 51.) Vgl. die vollständige Ausführung bei Prym in dessen Anm. (5) zitierten Züricher Abhandlung, Art. 3—6, wo nur für den Punkt a_0 der Punkt $z=\infty$ genommen ist.

(29) (Zu Seite 53.) Vgl. Prym am eben zitierten Orte, Art. 13, und die Vervollständigung dieses Art., wie der Art. 3—6, in der unter Anm. (2) angeführten Arbeit, Abh. IV.

(30) (Zu Seite 54.) In der Tat: da hier

$$\vartheta(n)(u_1-u_1', \cdots)$$

identisch verschwindet für jedes (s, z) und jedes (s_1, z_1), so wird

$$\begin{aligned}\vartheta_1'(n)(u_1-u_1',\cdots)\,\varphi_1(s,z)+\vartheta_2'(n)(u_1-u_1',\cdots)\,\varphi_2(s,z)&\\+\vartheta_3'(n)(u_1-u_1',\cdots)\,\varphi_3(s,z)&=0,\\ \vartheta_1'(n)(u_1-u_1',\cdots)\,\varphi_1(s_1,z_1)+\vartheta_2'(n)(u_1-u_1',\cdots)\,\varphi_2(s_1,z_1)&\\+\vartheta_3'(n)(u_1-u_1',\cdots)\,\varphi_3(s_1,z_1)&=0,\end{aligned}$$

woraus sich der Thetaquotient als ein φ-Quotient berechnet, dessen Zähler und Nenner für zwei feste Punkte (s_1, z_1), (s_1', z_1) zu Null werden.

(31) (Zu Seite 58.) Ein Ausdruck der im Fall p der Funktionaldeterminante (k, l, m) analogen Determinante als Produkt von $p+2$ geraden Thetafunktionen

für die Nullwerte der Argumente existiert für den hyperelliptischen Fall überhaupt, im allgemeinen Fall nur für $p=3$. Außer Jacobi ($p=1$) und Rosenhain ($p=2$), bei welch letzterem die Ableitung der Formel nur angedeutet ist, ist bezüglich der hyperelliptischen Thetareihen Thomae (Crelles J. 71, pag. 218, Formel (14)) anzuführen, welcher die Formel nicht durch direkte Zerlegung, sondern durch Beziehung zu den algebraischen Ausdrücken erhält. Für den hyperelliptischen Fall, und für den allgemeinen Fall $p=3$, hat Frobenius die Relation mittels der partiellen Differentialgleichung für die Thetafunktion direkt abgeleitet (Crelles J. 98). Das Vorzeichen $\pm$ im Ausdruck von (k, l, m) hängt von der Anordnung der Determinante ab.

Die Ableitung der Determinantenverhältnisse aus dem Additionstheorem für $p=3$, und die Berechnung der Klassenmoduln, findet sich in den Schriften von Weber (s. Anm. (21)) und Schottky („Abriß einer Theorie der Abelschen Funktionen von 3 Variabeln", 1880) durchgeführt. Hiernach ergibt sich für ein vollständiges 7-System ungerader Charakteristiken (s. Anm. (24))

$$(a),\ (b),\ (c),\ (d),\ (e),\ (f),\ (g):$$

$$(b, c, d) : -(a, c, d)$$
$$= (-1)^{\sum \varepsilon_\mu^{efg} \varepsilon'^{a}_\mu} \vartheta_{aef}\vartheta_{aeg}\vartheta_{afg} : (-1)^{\sum \varepsilon_\mu^{efg} \varepsilon'^{b}_\mu} \vartheta_{bef}\vartheta_{beg}\vartheta_{bfg},$$

wo zur Abkürzung

$$abc\cdots \quad \text{statt} \quad (a)+(b)+(c)+\cdots$$
$$\vartheta_{abc\cdots} \quad \text{statt} \quad \vartheta(a+b+c+\cdots)(0, 0, 0)$$

gesetzt ist.

Wendet man dies auf die beiden Riemannschen Systeme (Anm. (24)) an, in welchen (a), (b), (c) gleich

$(n+p)$, $(n+q)$, $(n+r)$, bezw. gleich $(n+q+r)$, $(n+r+p)$, $(n+p+q)$,

sind, so folgt für die Größe $\varkappa$ von Seite 34 und den Klassenmodul α von Seite 34—35:

$$\varkappa = \delta \frac{\vartheta_{dfg}}{\vartheta_{efg}}, \quad \text{wo} \quad \delta = e^{\frac{1}{2}\pi i \sum \varepsilon_\mu^{pqr} \varepsilon'^{de}_\mu},$$

$$\alpha = \frac{1}{\delta} \cdot (-1)^{\sum \varepsilon_\mu^{de} \varepsilon'^{nqr}_\mu} \cdot \frac{\vartheta_{npdf}\vartheta_{npdg}}{\vartheta_{npef}\vartheta_{npeg}}.$$

(Vgl. Webers Schrift, pag. 107 (10), (11).)

Daß der Quotient

$$(n+p,\ n+q,\ n+r) : \vartheta_n \vartheta_{efg}\vartheta_{dfg}\vartheta_{deg}\vartheta_{def}$$

von der Querschnittzerlegung der Fläche T unabhängig ist, ergibt sich auch, indem man das erste der Riemannschen vollständigen 7-Systeme durch die Gesamtheit der vollständigen 7-Systeme ersetzt und dabei die Formel für die Determinantenverhältnisse in dieser Anmerkung benutzt.

Die Blätter des Riemannschen Nachlasses in Akt 19 (Heft 19_5) und 25 („Varia") enthalten überall zerstreut eine Menge hierher gehöriger Rechnungen und Formeln, teils auf hyperelliptische Thetafunktionen für die Nullwerte bei allgemeinem p, teils auf den allgemeinen Fall $p=3$ bezüglich. Dieselben sind, wie es scheint, zum Teil aus den algebraischen Ausdrücken der Thetaquotienten, zum Teil aus der allgemeinen „Riemannschen Thetaformel" (vgl. Anm. (2)), die sich Nr. 19, Konv. 19_5, d), Bogen 3' und Nr. 25, Bogen 17 findet, abgeleitet. So gibt Nr. 19_5, b), Bogen 32 (nach Rechnungen, die zu den hier S. 56 bis Schluß mitgeteilten Entwicklungen für $p = 3$ gehören) die Formeln des Additionstheorems zwischen den geraden $\vartheta(a)$ (0, 0, 0)-Produkten und den linear eingehenden Differentialquotienten der ungeraden ϑ (cf. Webers Schrift, p. 42), durch deren Auflösung der Determinantenquotient der letzteren erhalten wird; die entsprechenden Formeln für den hyperelliptischen Fall und $p \geqq 3$: Nr. 19_5, b), Bogen 50; Nr. 25, Blätter 8, 15 (aus Pisa vom 31. Aug. 1864), 21. Für die p-reihigen Determinanten aus Differentialquotienten $\vartheta_i'(\alpha)$ selbst enthält Nr. 25, Bogen 6 Darstellungen als *Summen von Produkten* von je $p+2$ geraden $\vartheta(0)$, für $p = 3, 4, \cdots, 7$; so als einfaches Produkt für $p = 3$, als Summe von 2 Produkten für $p = 4$; die Spezialisierung auf ein einfaches Produkt im hyperelliptischen Fall: Bogen 14, Ansätze auf Bogen 30 (auch Bogen 50, ibid.). Endlich kommen für den allgemeinen Fall $p = 3$ auch dreigliedrige Additionsformeln zwischen Produkten von je 4 geraden $\vartheta(0)$ vor (cf. Webers Schrift, pag. 44): Akt Nr. 19, Konv. 19_5, b), Bogen 34, aus der italienischen Zeit 1862—63 stammend; und 6-gliedrige Relationen zwischen geraden $\vartheta^4(0)$ (cf. Webers Schrift, p. 40) in Akt Nr. 25, Bogen 16; auf Bogen 17 auch 10-gliedrige zwischen $\vartheta^4(0)$ für $p = 4$ (cf. Noether, Math. Ann. 16). Die dabei benutzte Charakteristikentheorie ist in früherer Zeit, für $p = 3$, die Hessesche Darstellung durch 8 Indices von der Summe 0, wobei eine gerade Charakteristik ausgezeichnet ist; später die an den hyperelliptischen Funktionen von Riemann selbst entwickelte (cf. Vorlesung). N.

II.

Die Integrale einer linearen Differentialgleichung zweiter Ordnung in einem Verzweigungspunkt.

(Aus einer Vorlesung Wintersemester 1856/57.)

Ist a ein Verzweigungspunkt der Lösung einer linearen Differentialgleichung zweiter Ordnung und geht, während x sich im positiven Sinn um a bewegt, z_1 über in z_3 und z_2 in z_4, was kurz durch $z_1 \rightarrow z_3$ und $z_2 \rightarrow z_4$ angedeutet werden soll, so ist

$$(1) \qquad \begin{aligned} z_3 &= t z_1 + u z_2 \\ z_4 &= r z_1 + s z_2. \end{aligned}$$

Ist ε irgend eine Konstante, so ist

$$z_1 + \varepsilon z_2 \rightarrow z_3 + \varepsilon z_4.$$

Nun ist

$$(2) \qquad z_3 + \varepsilon z_4 = (t + \varepsilon r) z_1 + (u + \varepsilon s) z_2.$$

Nimmt man ein solches ε, daß

$$(3) \qquad \varepsilon (t + \varepsilon r) = u + \varepsilon s$$

wird, so ist

$$(4) \qquad z_3 + \varepsilon z_4 = (t + \varepsilon r)(z_1 + \varepsilon z_2).$$

Es gibt also ein bestimmtes ε so, daß $z_1 + \varepsilon z_2$ in $(z_1 + \varepsilon z_2) \cdot \text{const.}$ übergeht.

Eine solche Funktion ist auch $(x - a)^\alpha$, welche nach einem positiven Umlauf den Faktor $e^{2\pi i \alpha}$ erlangt. Bestimmt man α so, daß $t + \varepsilon r = e^{2\pi i \alpha}$ wird, so nimmt die Funktion $(z_1 + \varepsilon z_2)(x - a)^{-\alpha}$ wieder denselben Wert an, wenn x einen positiven Umlauf um a macht. Daher ist

$$(5) \qquad (z_1 + \varepsilon z_2) = (x - a)^\alpha \sum_{n=-\infty}^{n=+\infty} a_n (x - a)^n.$$

Ist ε' die andere Wurzel der Gleichung (3), so ist ebenso

5*

(6) $$z_1 + \varepsilon' z_2 = (x-a)^{\alpha'} \sum_{n=-\infty}^{n=+\infty} a'_n (x-a)^n,$$

wo $e^{2\pi i \alpha'} = t + \varepsilon' r$.

Sind ε und ε' nicht einander gleich, so sind die beiden Lösungen $z_1 + \varepsilon z_2 = z^{(\alpha)}$ und $z_1 + \varepsilon' z_2 = z^{(\alpha')}$ voneinander verschieden, also ist jede andere Lösung durch $z^{(\alpha)}$, $z^{(\alpha')}$ linear darstellbar.

Sind aber die Wurzeln der Gleichung (3) einander gleich, so ist

$$-u = r\varepsilon^2, \; -2r\varepsilon = t - s = \frac{2u}{\varepsilon},$$

also

$$z_3 = tz_1 + uz_2 = (t + \varepsilon r) z_1 + \frac{u}{\varepsilon}(z_1 + \varepsilon z_2)$$

und

$$z_3 (x-a)^{-\alpha} e^{-2\pi i \alpha} = z_1 (x-a)^{-\alpha} + (z_1 + \varepsilon z_2) k (x-a)^{-\alpha},$$

wenn $e^{2\pi i \alpha} = t + \varepsilon r$ und $k = \frac{u}{\varepsilon(t + \varepsilon r)}$ gesetzt wird.

Da nun

$$z_1 (x-a)^{-\alpha} \to z_3 (x-a)^{-\alpha} e^{-2\alpha\pi i},$$

so muß

$$z_1 (x-a)^{-\alpha} \to z_1 (x-a)^{-\alpha} + (z_1 + \varepsilon z_2) k (x-a)^{-\alpha}.$$

Da ferner

$$\frac{k}{2\pi i}(x-a)^{-\alpha}(z_1 + \varepsilon z_2)\, l(x-a) \to \frac{k}{2\pi i}(x-a)^{-\alpha}(z_1 + \varepsilon z_2)\, l(x-a) + k(x-a)^{-\alpha}(z_1 + \varepsilon z_2),$$

so muß die Funktion

$$z_1 (x-a)^{-\alpha} - \frac{k}{2\pi i}(x-a)^{-\alpha}(z_1 + \varepsilon z_2)\, l(x-a)$$

bei einem Umlauf von x um a ungeändert bleiben, also sich in der Form $\sum_{-\infty}^{+\infty} b_n (x-a)^n$ darstellen lassen, daher ist

$$z_1 = (x-a)^{\alpha}\, l(x-a) \sum_{-\infty}^{+\infty} a_n (x-a)^n + (x-a)^{\alpha} \sum_{-\infty}^{+\infty} b_n (x-a)^n,$$

wenn

$$z_1 + \varepsilon z_2 = (x-a)^{\alpha} \sum_{-\infty}^{+\infty} a_n (x-a)^n$$

ist.

Anmerkung: Die vorstehenden Ausführungen sind wörtliche Wiedergabe aus einer von E. Schering angefertigten Nachschrift der Riemannschen Vorlesung über Differentialgleichungen im Wintersemester 1856/57 und zwar von Seiten 222, 223 des Heftes. Sie zeigen ebenso wie die in III, A mitgeteilten Formeln, daß Riemann das Auftreten logarithmischer Integrale in der Tat in seinen Publikationen nur aus äußeren Gründen ausgeschlossen hat. Vgl. Werke pag. 69, oben (64 der 1. Aufl.) und pag. 381 (359) ff. W.

III.

Vorlesungen über die hypergeometrische Reihe.

(Wintersemester 1858/59.)

A. Über die Definition der P-Funktion durch bestimmte Integrale.

Wir haben das Resultat erhalten, daß Integrale von der Form

$$\int s^a (1-s)^b (1-xs)^c ds$$

zwischen den Grenzen 0, 1, ∞, x^{-1} genommen auf sehr viele Arten durch hypergeometrische Reihen darstellbar sind, und daher auch einer linearen Differentialgleichung genügen.

Wir wollen nun umgekehrt untersuchen, wie sich ein solches Integral als Funktion von x verhält, und werden direkt zeigen, daß es eine P-Funktion ist.

Betrachten wir nämlich das Integral

$$\int_0^1 s^a (1-s)^b (1-xs)^c ds,$$

so wird die Funktion unter dem Integralzeichen nur unstetig, wenn s einen der Werte 0, ∞, 1, x^{-1} annimmt, sonst ändert sich die Funktion stetig.

Das Integral ist längs der reellen Achse von 0 bis 1 erstreckt, wir können es aber auch auf jedem andern Weg nehmen, wenn dieser nur keinen der Unstetigkeitspunkte mit der Strecke der reellen Zahlen von Null bis 1 einschließt.

Lassen wir daher x^{-1} einen positiven Umlauf um den Punkt 1 machen, so ändert sich das Integral immer stetig, solange x^{-1} nicht durch den Integrationsweg hindurchgeht. Lassen wir also den Integrationsweg immer in geeigneter Weise ausweichen, wenn x^{-1} den Umlauf um 1 macht, so wird auch am Ende des Umlaufes das Integral übergegangen sein in ein anderes, welches von Null ausgehend um x^{-1} herumläuft und dann erst nach 1 zurückkehrt.

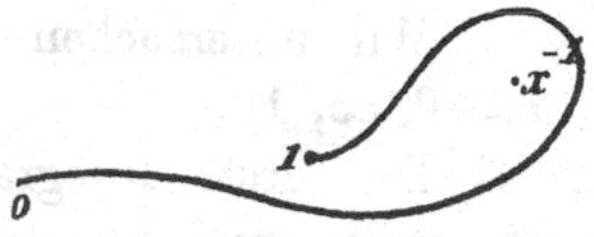

Fig. 1.

Der Faktor $(1-xs)^c$ wird während der Integration von 1 nach x^{-1} einen andern Wert haben, als bei der Integration von x^{-1} nach 1, weil bei Umlaufung von x^{-1} das Argument um $2\pi c$ sich ändert. Ziehen wir daher die beiden Integrale zusammen, so erhalten wir

$$\int_0^1 + (1-e^{2\pi i c})\int_1^{x^{-1}}.$$

Wir sehen also, daß das Integral von Null bis 1 bei einem Umlauf von x^{-1} um den Punkt 1 übergeht in eine lineare Verbindung zweier der 6 Integrale, welche zwischen den Punkten $0, 1, \infty, x^{-1}$ möglich sind. Dasselbe Resultat würden wir bei jedem der 6 andern Integrale und den Verzweigungspunkten $0, \infty, 1$ finden.

Wir werden nun zeigen, daß man die folgenden Gleichungen ansetzen kann:

$$P_\alpha = \text{const.}\int_0^1 x^\alpha(1-x)^\gamma s^{-\alpha'-\beta'-\gamma'}(1-s)^{-\alpha'-\beta-\gamma}(1-xs)^{-\alpha-\beta'-\gamma}\,ds$$

$$P_{\alpha'} = \text{const.}\int_{x^{-1}}^\infty x^\alpha(1-x)^\gamma s^{-\alpha'-\beta'-\gamma'}(1-s)^{-\alpha'-\beta-\gamma}(1-xs)^{-\alpha-\beta'-\gamma}\,ds$$

$$P_\beta = \text{const.}\int_0^{x^{-1}} x^\alpha(1-x)^\gamma s^{-\alpha'-\beta'-\gamma'}(1-s)^{-\alpha'-\beta-\gamma}(1-xs)^{-\alpha-\beta'-\gamma}\,ds$$

$$P_{\beta'} = \text{const.}\int_1^\infty x^\alpha(1-x)^\gamma s^{-\alpha'-\beta'-\gamma'}(1-s)^{-\alpha'-\beta-\gamma}(1-xs)^{-\alpha-\beta'-\gamma}\,ds$$

$$P_\gamma = \text{const.}\int_{-\infty}^0 x^\alpha(1-x)^\gamma s^{-\alpha'-\beta'-\gamma'}(1-s)^{-\alpha'-\beta-\gamma}(1-xs)^{-\alpha-\beta'-\gamma}\,ds$$

$$P_{\gamma'} = \text{const.}\int_1^{x^{-1}} x^\alpha(1-x)^\gamma s^{-\alpha'-\beta'-\gamma'}(1-s)^{-\alpha'-\beta-\gamma}(1-xs)^{-\alpha-\beta'-\gamma}\,ds.$$

Wir untersuchen nämlich, wie sich diese Integrale verhalten für $x = 0, \infty, 1$.

Das erste Integral verhält sich in der Nähe von $x=0$ wie $x^\alpha\cdot\text{const.}$, und um das zweite zu untersuchen braucht man bloß die Substitution $s=(s'x)^{-1}$ zu machen. Die Grenzen gehen dann in 0 und 1 über, und für $x=0$ verhält sich das Integral wie $x^{\alpha'}\cdot\text{const.}$

Das Integral für $P_{\beta'}$ verhält sich im Unendlichen in der Tat wie $x^{-\beta'}$. Das Integral für P_β zeigt aber nach der Substitution $s'=xs$, daß es sich im Unendlichen verhält wie const. $x^{\alpha+\gamma+\alpha'+\beta'+\gamma'-1} = x^{-\beta}$.

Das Integral für P_γ zeigt direkt, daß es sich für $x=1$ verhält wie const. $(1-x)^\gamma$ und das Integral für $P_{\gamma'}$ zeigt nach der Substitution $s = 1 - \frac{x-1}{x} s'$, daß es sich für $x=1$ verhält wie const. $(1-x)^{\gamma'}$.

Jetzt bleibt nur noch zu zeigen, daß sich alle die obigen Integrale immer durch zwei unter ihnen linear ausdrücken lassen.

Wir haben die Funktionen $P_\alpha, P_{\alpha'}, P_\beta, P_{\beta'}, P_\gamma, P_{\gamma'}$ erst bis auf konstante Faktoren bestimmt. Wir bestimmen nun diese konstanten Faktoren im ersten und letzten Paar so, daß wir die Basen der Potenzen für positives reelles x zwischen Null und Eins zwischen den Integrationsgrenzen immer reell und positiv haben.

Integrieren wir dann die Funktion

$$(-s)^a(1-s)^b(1-xs)^c ds$$

um das gesamte Gebiet der Größen mit positivem imaginärem Bestandteil, so ist das Integral Null und wir erhalten

$$\int_{-\infty}^{0} + \int_{0}^{1} + \int_{1}^{x^{-1}} + \int_{x^{-1}}^{\infty} = 0.$$

Drücken wir nun die einzelnen Integrale durch die nach der früheren Bedingung bestimmten $P_\alpha, P_{\alpha'}, \cdots$ etc. aus, so bekommen wir:

$$P_\gamma + e^{-a\pi i} P_\alpha + e^{-(a+b)\pi i} P_{\gamma'} + e^{-(a+b+c)\pi i} P_{\alpha'} = 0,$$

und wenn wir ebenso um das Gebiet der s-Werte mit negativem imaginärem Teil integrieren:

$$P_\gamma + e^{+a\pi i} P_\alpha + e^{(a+b)\pi i} P_{\gamma'} + e^{(a+b+c)\pi i} P_{\alpha'} = 0,$$

wo

$$a = -\alpha' - \beta' - \gamma', \; b = -\alpha' - \beta - \gamma, \; c = -\alpha - \beta' - \gamma$$

gesetzt ist. Multipliziert man die erste Gleichung mit $e^{(\sigma-\alpha')\pi i}$, die zweite mit $e^{-(\sigma-\alpha')\pi i}$ und subtrahiert, so kommt

$$P_\gamma \sin(\sigma-\alpha')\pi + P_\alpha \sin(\sigma+\beta'+\gamma')\pi - P_{\gamma'} \sin(\sigma-\alpha)\pi$$
$$- P_{\alpha'} \sin(\sigma+\beta'+\gamma)\pi = 0.$$

Um aus dieser Formel eine Funktion zu eliminieren, braucht man bloß σ so zu wählen, daß der Faktor dieser Funktion verschwindet, so z. B. $\sigma = \alpha'$ für P_γ oder $\sigma = \alpha$ für $P_{\gamma'}$.

Aus diesen Formeln folgt dann, daß sich in der Tat jedes der 6 Integrale durch irgend zwei andere ausdrücken läßt. Denn es lassen sich die Integrale von $-\infty$ bis Null und von 1 bis x^{-1} ausdrücken durch die Integrale von Null bis 1 und von x^{-1} bis ∞, und für die beiden übrigen Integrale hat man

$$\int_0^{x-1} = \int_0^1 + \int_1^{x-1}$$

$$\int_1^{\infty} = \int_1^{x-1} + \int_{x-1}^{\infty}.$$

Es haben also in der Tat diese Integrale alle Eigenschaften, welche die P-Funktion definieren und zwar liefern sie gerade die Funktionen $P_\alpha, P_{\alpha'}, P_\beta, P_{\beta'}, P_\gamma, P_{\gamma'}$.

Denn sie gehen bei Umläufen um die Verzweigungspunkte in lineare Verbindungen derselben Integrale über, lassen sich durch zwei unter ihnen ausdrücken und zeigen das für die Verzweigungspunkte vorgeschriebene Verhalten.

Führt man zur Abkürzung die Bezeichnung ein:

$$P(a, b, c, x) = \int_0^1 s^a (1-s)^b (1-xs)^c ds,$$

so gibt das obige Verfahren, angewendet auf die Funktion

$$(-s)^a (1-s)^b (1-xs)^c ds,$$

die Relation

$$\sin\pi\sigma \int_{-\infty}^{0} (-s)^a (1-s)^b (1-xs)^c ds + \sin\pi(\sigma + a) \int_0^1 s^a (1-s)^b (1-xs)^c ds$$

$$+ \sin\pi(\sigma + a + b) \int_1^{x-1} s^a (s-1)^b (1-xs)^c ds$$

$$+ \sin\pi(\sigma + a + b + c) \int_{x-1}^{\infty} s^a (s-1)^b (xs-1)^c ds = 0$$

oder wenn man sämtliche Integrale auf die Grenzen 0, 1 transformiert, was im ersten durch die Substitution $s' = \frac{s}{s-1}$, im dritten durch $s' = \frac{x}{1-x}\cdot(s-1)$ und im vierten durch $s' = (xs)^{-1}$ geschieht und $a + b + c + d + 2 = 0$ setzt:

$$\sin\pi\sigma\, P(a, d, c, 1-x) + \sin\pi(\sigma + a)\, P(a, b, c, x)$$

$$+ \sin\pi(\sigma + a + b)\, P\left(b, c, a, \frac{x-1}{x}\right) x^{-b-1} (1-x)^{b+c+1}$$

$$+ \sin\pi(\sigma + a + b + c)\, P(d, c, b, x)\, x^{c+d+1} = 0.$$

Setzt man $\sigma = -a - b$, so erhält man

$$\sin\pi(c+d)\, P(a, d, c, 1-x) = \sin\pi b\, P(a, b, c, x) - \sin\pi c\, P(d, c, b, x)\, x^{c+d+1},$$

und diese Relation gestattet das Integral $P(a, d, c, 1-x)$ durch Potenzreihen nach x darzustellen, was direkt nicht möglich ist. Dabei ist aber vorausgesetzt, daß nicht etwa $c+d$ gleich einer ganzen Zahl wird.

Doch kann man auch in diesem Fall die Darstellung von $P(a, d, c, 1-x)$ finden durch Differentiation der obigen Gleichung. Denken wir uns b und c konstant und a variabel, so ist d auch von a abhängig und wir erhalten

$$\frac{\partial d}{\partial a} = -1.$$

Nach der Differentiation nach a ist dann $a+b+1 = -(c+d+1) = m$ zu setzen. Wir erhalten so:

$$(-1)^m \pi P(a, d, c, 1-x) = \frac{\partial P(d, c, b, x)}{\partial a} \sin \pi b + \frac{\partial P(d, c, b, x)}{\partial d} x^{-m} \sin \pi c \\ + lx \cdot x^{-m} P(d, c, b, x) \sin \pi c$$

und bekommen

$$\frac{\partial P(a, b, c, x)}{\partial a} = \int_0^1 ls \cdot s^a (1-s)^b (1-xs)^c ds$$

$$\frac{\partial P(d, c, b, x)}{\partial d} = \int_0^1 ls \cdot s^d (1-s)^c (1-xs)^b ds.$$

Diese Integrale lassen sich nach Potenzen von x entwickeln, bequemer geht man aber von den Reihenentwicklungen selbst aus.

Es ist

$$\sin \pi b P(a, b, c, x)$$
$$= -\frac{\pi}{\Pi(-1-b)\,\Pi(-1-c)} \sum_0^\infty \frac{\Pi(-1-c+n)\,\Pi(a+n)}{\Pi n\,\Pi(a+b+n+1)} x^n$$

und daher

$$\sin \pi(c+d) P(a, d, c, 1-x)$$
$$= -\frac{\pi}{\Pi(-1-b)\,\Pi(-1-c)} \left(\sum_0^\infty \frac{\Pi(-1-c+n)\,\Pi(a+n)}{\Pi n\,\Pi(a+b+n+1)} x^n \right. \\ \left. - \sum_0^\infty \frac{\Pi(n-1-b)\,\Pi(n+d)}{\Pi(n)\,\Pi(n+c+d+1)} x^{n+c+d+1} \right).$$

Wird hier $a+b+1 = -(c+d+1) = m$ gesetzt, so würden bei positivem m in der zweiten Reihe Π-Funktionen mit negativen ganzen Zahlen als Argument auftreten, solange $n < m$. Diese müssen vorher umgeformt werden, indem man Zähler und Nenner mit $\Pi(-2-n-c-d)$ multipliziert.

Man erhält dann für diese Glieder:

$$\frac{\sin\pi(c+d)}{\pi}\sum_{0}^{m-1}(-1)^n\frac{\Pi(n-1-b)\,\Pi(n+d)\,\Pi(-2-n-c-d)}{\Pi(n)}\,x^{n+c+d+1}.$$

Differenziert man nun nach a, so erhält man

$$(-1)^{m-1}P(a,d,c,1-x)$$

$$=\frac{(-1)^m}{\Pi(-1-b)\,\Pi(-1-c)}\sum_{0}^{m-1}(-1)^n\frac{\Pi(n-1-b)\,\Pi(n+d)\,\Pi(m-n-1)}{\Pi(n)}\,x^{n-m}$$

$$+\frac{1}{\Pi(-1-b)\,\Pi(-1-c)}\sum_{0}^{\infty}\frac{\Pi(-1-c+n)\,\Pi(n+a)}{\Pi(n)\,\Pi(n+m)}\big(\Psi(n+a)-\Psi(n+m)\big)\,x^n$$

$$+\frac{1}{\Pi(-1-b)\,\Pi(-1-c)}\sum_{m}^{\infty}\frac{\Pi(n-1-b)\,\Pi(n+d)}{\Pi(n)\,\Pi(n-m)}\big(\Psi(n+d)-\Psi(n-m)+lx\big)\,x^{n-m}$$

oder nach Reduktion

$$(-1)^{m-1}P(a,d,c,1-x)\,\Pi(a-m)\,\Pi(d+m)$$

$$=\sum_{n=-1}^{n=-m}(-1)^n\frac{\Pi(n+a)\,\Pi(n+m+d)\,\Pi(-n-1)}{\Pi(m+n)}\,x^n$$

$$+\sum_{0}^{\infty}\frac{\Pi(n+a)\,\Pi(n+m+d)}{\Pi n\,\Pi(n+m)}\,x^n\big(\Psi(n+a)+\Psi(n+m+d)-\Psi(n)-\Psi(n+m)+lx\big).$$

Anmerkungen. Diese Abhandlung und die folgende ist der v. Bezoldschen Nachschrift einer Vorlesung über die hypergeometrische Reihe entnommen, über welche (s. auch Vorrede) weiter unten ausführlich berichtet wird. Für die hier behandelte Frage siehe Werke pag. 81 (76 der ersten Aufl.) unten.

Die Behandlung des Grenzfalles $c+d+1=-m$ ist in dieser Nachschrift von dem vorhergehenden durch eine Auseinandersetzung über die Normierung der konstanten Faktoren getrennt, welche aber ebenso wie die Entwicklungen über den Grenzfall in den Rechnungen und zum Teil auch im Text lückenhaft ist. Der letztere wurde daher nach einer Vorlesungspräparation mit dem Datum 12./II. 1857 (Heft 19_2 von Akt 19) gegeben, jedoch die Bezeichnung mit der vorhergehenden in Übereinstimmung gebracht. $\Psi(n)$ ist das Gaußsche Zeichen, dessen Werke III, S. 153.

Zur Behandlung des Ausnahmefalles sei bemerkt, daß er im wesentlichen mit den Nummern 44—47 der von Gauß nachgelassenen Abhandlung über die hypergeometrische Reihe Problem und Methode gemeinsam hat. Für die neuere Litteratur der hier behandelten Fragen vgl. man die Dissertation von Schellenberg, Göttingen 1892.

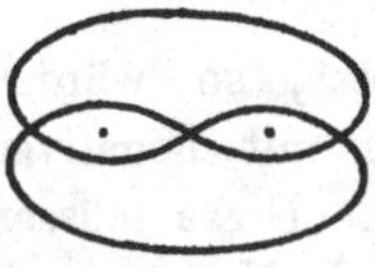

Fig. 2.

Was die Doppelumlaufintegrale betrifft (vgl. die Anmerkung (3) Werke pag. 87 der 2. Aufl.), so ist es vielleicht von Interesse, daß sich in den Riemannschen Papieren im Akt „Varia 28" auf einem einzelnen Blatt ohne jeden Text verschiedene Skizzen zu Integrationswegen, wie sie den kanonischen Querschnitten entsprechen, finden und ebenda auch zweimal die Doppelumlaufkurve gezeichnet ist und zwar in der vorstehenden Gestalt.

Hierher gehört auch noch ein Blatt aus „Varia 26", welches zwar ohne Text ist, jedoch zeigt, daß Riemann bereits das hypergeometrische Integral als absolute Invariante auffaßte.

Es sind die folgenden Formeln:

$$P\,dz = \left(\frac{a-b}{c-d}\right)^{\frac{\gamma+\delta+1}{2}} \left(\frac{a-c}{d-b}\right)^{\frac{\delta+\beta+1}{2}} \left(\frac{a-d}{b-c}\right)^{\frac{\beta+\gamma+1}{2}}$$

$$\cdot\,[(a-b)(c-d)(a-d)(d-b)(a-c)(b-c)]^{1/6}\cdot(z-a)^{\alpha}(z-b)^{\beta}(z-c)^{\gamma}(z-d)^{\delta}\,dz$$

$$\alpha+\beta+\gamma+\delta+2=0$$

$$x=\frac{(a-b)(c-d)}{(c-b)(a-d)}$$

$$\int_a^b P\,dz = x^{\frac{\alpha+\beta+1}{2}+\frac{1}{6}}(1-x)^{\frac{\alpha+\gamma+1}{2}+\frac{1}{6}}\int_0^1 y^{\alpha}(1-y)^{\beta}(1-xy)^{\delta}\,dy$$

$$=\frac{\Pi\alpha\,\Pi\beta}{\Pi(\alpha+\beta+1)}\,x^{\frac{\alpha+\beta+1}{2}+\frac{1}{6}}(1-x)^{\frac{\alpha+\gamma+1}{2}+\frac{1}{6}}F(\alpha+1,-\delta,\alpha+\beta+2,x)$$

$$=\frac{\Pi\alpha\,\Pi\beta}{\Pi(\alpha+\beta+1)}\,x^{\frac{\alpha+\beta+1}{2}+\frac{1}{6}}(1-x)^{\frac{\beta+\delta+1}{2}+\frac{1}{6}}F(\beta+1,-\gamma,\alpha+\beta+2,x)$$

$$\int_c^d P\,dz = x^{\frac{\gamma+\delta+1}{2}+\frac{1}{6}}(1-x)^{\frac{\alpha+\gamma+1}{2}+\frac{1}{6}}\int_0^1 y^{\gamma}(1-y)^{\delta}(1-xy)^{\beta}\,dy$$

$$=\frac{\Pi(\gamma)\,\Pi(\delta)}{\Pi(\gamma+\delta+1)}\,x^{\frac{\gamma+\delta+1}{2}+\frac{1}{6}}(1-x)^{\frac{\delta+\beta+1}{2}+\frac{1}{6}}F(\delta+1,-\beta,\gamma+\delta+2,x)$$

$$=\frac{\Pi(\gamma)\,\Pi(\delta)}{\Pi(\gamma+\delta+1)}\,x^{\frac{\gamma+\delta+1}{2}+\frac{1}{6}}(1-x)^{\frac{\gamma+\alpha+1}{2}+\frac{1}{6}}F(\gamma+1,-\beta,\gamma+\delta+2,x).$$

[Durch Integration längs beider Seiten einer geschlossenen Linie durch a, b, c, d erhält man ähnlich wie im Text die Formel]:

$$0=\sin s\pi P_1+\sin(s+\beta)\pi P_2+\sin(s+\beta+\gamma)\pi P_3+\sin(s+\beta+\gamma+\delta)\pi P_3=0$$

[und hieraus für]

$$\alpha+\beta+1=m=-(\gamma+\delta+1):$$

$$\pi\cos(m-1)\pi P_2=-\sin\alpha\pi\frac{\partial P_1}{\partial m}+\sin\delta\pi\frac{\partial P_3}{\partial m}.$$

Die Worte in eckiger Klammer sind hier hinzugefügt, und in der ersten Formel $1/6$ statt dem, wie das folgende zeigt, nur aus Versehen geschriebenen $1/3$ gesetzt.

W.

B. Über die aus linearen Differentialgleichungen entspringenden Funktionen.

1.

Wir wollen eine Funktion betrachten, welche einer Differentialgleichung genügt

$$a_0 y'' + a_1 y' + a_2 y = 0. \tag{1}$$

Wenn wir zwei partikuläre Lösungen der Differentialgleichung mit Y_1, Y_2 bezeichnen, so muß sich jede Lösung der Differentialgleichung durch Y_1, Y_2 linear und homogen darstellen lassen.

Durchläuft x einen geschlossenen Weg, auf welchem a_0, a_1, a_2 wieder ihre ursprünglichen Werte annehmen, so werden Y_1, Y_2 übergehen in lineare homogene Funktionen der nämlichen Größen mit konstanten Koeffizienten.

Bezeichnen wir nun den Quotienten von Y_1, Y_2 etwa mit z, so wird dieser auf einem solchen Weg übergeführt in

$$z' = \frac{\alpha z + \beta}{\gamma z + \delta}. \tag{2}$$

Betrachten wir umgekehrt x als Funktion von z, so wird die Funktion

$$x = f(z)$$

die Eigenschaft haben, daß

$$f(z) = f\left(\frac{\alpha z + \beta}{\gamma z + \delta}\right).$$

Wenn die Funktion z mehrere Verzweigungsstellen hat, so wird es mehrere solche rationale Transformationen ersten Grades geben, bei denen $f(z)$ ungeändert bleibt, und da durch wiederholte Anwendung mehrerer solcher Transformationen nacheinander wieder eine rationale Transformation ersten Grades entsteht, welche man aus diesen zusammengesetzt nennen kann, so wird $f(z)$ ungeändert bleiben bei den zu Verzweigungsstellen gehörigen und den daraus zusammengesetzten Transformationen.

Nehmen wir nun an, wir hätten eine Funktion, welche die Eigenschaft hat, ungeändert zu bleiben bei gewissen Substitutionen dieser Art und stellen wir uns die Aufgabe, die Differentialgleichung, mit welcher die Funktion zusammenhängt, daraus abzuleiten.

Wenn z in $\frac{\alpha z+\beta}{\gamma z+\delta}$ übergeht, so nimmt $x=f(z)$ wieder denselben Wert an. Wenn wir nach x differenzieren, so geht $\frac{dz}{dx}$ bei Durchlaufung eines geschlossenen Weges von x über in die Derivierte von $\frac{\alpha z+\beta}{\gamma z+\delta}$ nach x, wir haben also

$$\frac{dz'}{dx}=\frac{\alpha\delta-\beta\gamma}{(\gamma z+\delta)^2}\cdot\frac{dz}{dx}.$$

Wir wollen nun voraussetzen, daß $\alpha\delta-\beta\gamma=1$ sei. Wir erhalten dann

$$\left(\frac{dz'}{dx}\right)^{-1/2}=\left(\frac{dz}{dx}\right)^{-1/2}(\gamma z+\delta)$$

$$z'\left(\frac{dz'}{dx}\right)^{-1/2}=\left(\frac{dz}{dx}\right)^{-1/2}(\alpha z+\beta).$$

Es gehen also $\left(\frac{dz}{dx}\right)^{-1/2}$ und $z\left(\frac{dz}{dx}\right)^{-1/2}$ über in lineare Ausdrücke derselben Funktionen.

Setzen wir daher

$$Y_1=\left(\frac{dz}{dx}\right)^{-1/2}$$

$$Y_2=z\left(\frac{dz}{dx}\right)^{-1/2},$$

so sind Y_1, Y_2 zwei partikuläre Lösungen derselben Differentialgleichung zweiter Ordnung, deren Koeffizienten algebraische Funktionen sind.

Wenn also eine Funktion mit einer solchen Eigenschaft gegeben ist, so kann man umgekehrt wieder zur Differentialgleichung übergehen und man wird die Koeffizienten der Differentialgleichung ableiten können, wenn man die Eigenschaften der Funktion x kennt. Man wird daraus die Eigenschaften von Y_1, Y_2 ableiten können und hieraus die Differentialgleichung. Wir verfahren so, daß wir aus Y_1, Y_2 die Ausdrücke bilden $Y_2'Y_1-Y_1'Y_2$, $Y_1''Y_2-Y_2''Y_1$, $Y_2''Y_1'-Y_1''Y_2'$.

Sind diese Funktionen proportional zu a_0, a_1, a_2, so findet die Gleichung

$$a_0y''+a_1y'+a_2y=0$$

statt.

Wir erhalten

$$Y_2'Y_1-Y_1'Y_2=1,\quad Y_1''Y_2-Y_2''Y_1=0,$$

$$Y_2''Y_1'-Y_1''Y_2'=-\left(\frac{dz}{dx}\right)^{1/2}\frac{d^2}{dx^2}\left(\frac{dz}{dx}\right)^{-1/2}.$$

Die Differentialgleichung für Y_1, Y_2 lautet also

$$y'' - \left(\frac{dz}{dx}\right)^{1/2} \frac{d^2}{dx^2} \left(\frac{dz}{dx}\right)^{-1/2} y = 0,$$

und die Funktion z genügt der Differentialgleichung

$$\left(\frac{dz}{dx}\right)^{1/2} \frac{d^2}{dx^2} \left(\frac{dz}{dx}\right)^{-1/2} = -a_2,$$

wo a_2 eine algebraische Funktion von x ist.(1)

Dies ist also der Weg, den man einzuschlagen hat, um die Differentialgleichung abzuleiten, wenn eine Funktion mit der Eigenschaft gegeben ist, daß sie durch rationale Substitutionen ersten Grades ungeändert bleibt. Es lassen sich aber fast immer unmittelbar aus der Aufgabe noch andere Bedingungen herleiten, wodurch sich diese algebraische Funktion bestimmen läßt.

2.

Wir wollen dies anwenden auf die Funktionen, die sich in hypergeometrische Reihen und die damit zusammenhängenden Funktionen entwickeln lassen. Die Funktion, die wir durch $P\begin{pmatrix}\alpha, \beta, \gamma \\ \alpha', \beta', \gamma'\end{pmatrix}, x\Big)$ bezeichnet haben, wollen wir jetzt als Funktion von x durch y bezeichnen und x betrachten als Funktion des Quotienten zweier Partikularlösungen der Differentialgleichung, welcher diese Funktion y genügt. Dann können wir $P^{(\alpha)}$ als die Funktion Y_1 und als die andere Funktion $P^{(\alpha')}$ betrachten.

Wir müssen zunächst untersuchen, welche Änderungen Y_1/Y_2 mit x erfährt. Für $P^{(\alpha)}$ erhalten wir eine Reihe, welche mit x^{α} anfängt und für $P^{(\alpha')}$ eine ähnliche Reihe, welche mit $x^{\alpha'}$ beginnt und nach um 1 steigenden Potenzen von x fortschreitet.

Wenn wir zunächst annehmen, daß α, β, γ; α', β', γ' reell sind und daß die Koeffizienten der Anfangsglieder der Reihen für $P^{(\alpha)}$, $P^{(\alpha')}$ reell sind, dann sind die Koeffizienten aller folgenden Glieder ebenfalls reell, und es sind $P^{(\alpha)}$ und $P^{(\alpha')}$ für ein reelles x zwischen 0 und 1 beide reell und positiv. Daher wird auch $Y_1/Y_2 = z$ reell und positiv sein, während x von 0 nach 1 übergeht. Ist $\alpha > \alpha'$, so wird $z = 0$ für $x = 0$ und für $x = 1$ wird es einen endlichen Wert haben.

Wie verhält sich nun die Funktion für negative Werte von x? Hier wird

$$z = x^{\alpha - \alpha'} Q(x),$$

wo Q der Quotient zweier nach ganzen Potenzen von x fortschreitenden Reihen mit reellen Koeffizienten und für kleine Werte von x positiv ist.

Also wird in der Nähe von $x=0$

$$z = Q \cdot r^{\alpha-\alpha'} e^{(\alpha-\alpha')i\varphi},$$

wo $x = re^{i\varphi}$ gesetzt ist und φ zwischen $-\pi$ und $+\pi$ genommen ist. Geht x in der Nähe der Null von $+r$ nach $-r$ durch Werte mit positivem imaginärem Bestandteil, so wird für $x = -r$

$$z = Q(-r) \cdot r^{\alpha-\alpha'} e^{(\alpha-\alpha')i\pi},$$

also, da für genügend kleines r $Q(-r)$ positiv ist, eine Größe mit dem Argument $(\alpha-\alpha')\pi$.

Es sei zunächst $(\alpha-\alpha') < 1$, dann wird z für negative Werte von x Werte durchlaufen, deren Argument $(\alpha-\alpha')\pi$ ist. Diese Werte liegen daher in der z-Ebene auf einer geraden Linie, welche mit der Achse der reellen z den Winkel $(\alpha-\alpha')\pi$ bildet.

Wir haben noch den Verlauf von z zu untersuchen, wenn x von 1 bis ∞ geht. Wir wissen, daß $P^{(\alpha)}$ und $P^{(\alpha')}$ gleich sind linearen Ausdrücken von $P^{(\gamma)}$, $P^{(\gamma')}$ mit konstanten Koeffizienten, und zwar sind diese Koeffizienten reell. Wenn x größer wird als 1, so ist

$$\frac{P^{(\gamma')}}{P^{(\gamma)}} = (1-x)^{\gamma'-\gamma}(1 + A_1(1-x) + \cdots).$$

Wenn wir für $0 < x < 1$ das Argument von x gleich Null nehmen, so erhalten wir für die Werte von z die Form

$$z = \frac{p + p' e^{(\gamma-\gamma')\pi i}}{q + q' e^{(\gamma-\gamma')\pi i}}$$

und p, p', q, q' bleiben immer reell. Die Werte von z liegen daher auf einem Kreisbogen.

Es fragt sich nur noch, ob z jeden Wert, der innerhalb dieser Figur liegt, einmal und nur einmal annimmt.

Innerhalb dieses Größengebietes ist z eine stetige Funktion von x. Wenn wir umgekehrt x als Funktion von z betrachten, so wird die Derivierte $\frac{dz}{dx}$ immer endlich und stetig bleiben, wenn nicht x eine mehrdeutige Funktion von z ist; und umgekehrt, wenn dieses der Fall wäre, so würde für einen Verzweigungswert dieser Funktion $\frac{dz}{dx} = \infty$ oder $\frac{dz}{dx} = 0$ werden müssen.

Um also zu untersuchen, ob $\frac{dz}{dx}$ immer endlich bleibt, bilden wir

$$\frac{dz}{dx} = \frac{Y_1 Y_2' - Y_2 Y_1'}{Y_2^2}.$$

Nun ist

$$Y_1 Y_2' - Y_2 Y_1' = C x^{\alpha+\alpha'-1}(1-x)^{\gamma+\gamma'-1},$$

und Y_2 nirgends im Innern unendlich. Also kann $\frac{dz}{dx}$ nicht verschwinden, außer in den Stellen 0, 1, ∞. [Es wird aber auch nicht unendlich] und darum ist x innerhalb des von zwei Geraden und dem Kreisbogen begrenzten Gebietes eine eindeutige Funktion von z.(2)

Bei komplizierteren Differentialgleichungen wird im allgemeinen x nicht eine eindeutige Funktion von z werden.

In der Theorie der ganzen elliptischen Integrale hat man auch den Quotienten $\frac{K'}{K}$ als Variable eingeführt, und ähnlich ist es auch bei diesen Funktionen.

3.

Wir bedürfen jetzt der Abbildung der Kugelfläche auf eine Ebene, so daß die kleinsten Teile einander ähnlich werden.(3) Wir führen auf der Kugel vom Radius 1 Polarkoordinaten ein und verstehen unter Θ den Bogen eines größten Kreises durch einen festen Punkt O, von 0 an gezählt, und unter φ den Winkel dieses größten Kreises mit einem festen größten Kreis in O, so daß $\Theta = \text{const.}$ die Gleichung der Parallelkreise und $\varphi = \text{const.}$ die Gleichung der Meridiankurven wird.

Die Koordinaten eines Punktes in der Ebene bezeichnen wir mit u, v und diese werden zufolge der Abbildung Funktionen von Θ, φ.

Das Linienelement auf der Kugelfläche wird

$$d\Theta^2 + \sin\Theta^2 d\varphi$$

und in der Ebene

$$du^2 + dv^2.$$

Das Verhältnis

$$\frac{d\Theta^2 + \sin\Theta^2 d\varphi^2}{du^2 + dv^2} = \frac{(d\Theta + i\sin\Theta d\varphi)(d\Theta - i\sin\Theta d\varphi)}{(du + i\,dv)(du - i\,dv)}$$

soll nun unabhängig von dem Verhältnis $d\Theta : d\varphi$ sein. Daher müssen die Faktoren des Zählers einzeln durch die des Nenners teilbar sein, und zwar können wir immer annehmen, daß $du + idv$ den Faktor $d\Theta + i\sin\Theta d\varphi$ teilt. Denn wir können ja die Koordinaten in der Ebene beliebig annehmen. Würden wir die andere Annahme machen, so würde die Ähnlichkeit die entgegengesetzte sein.

Wenn wir $u + iv = z$ setzen, so ist

$$dz = m\,(d\Theta + i\sin\Theta d\varphi),$$

wo m eine Funktion von Θ und φ bedeutet und so zu wählen ist, daß die rechte Seite ein vollständiges Differential ist. Setzen wir $m = (\sin\Theta)^{-1}$, so bekommen wir

$$z = \log\operatorname{tang}\frac{\Theta}{2} + i\varphi.$$

Die allgemeinste Lösung der Aufgabe bekommen wir, wenn wir eine Funktion der complexen Variablen $\log \operatorname{tang} \frac{\Theta}{2} + i\varphi$ für z nehmen.

Wir setzen $z = \operatorname{tang} \frac{\Theta}{2} e^{i\varphi}$.

Diese Funktion nimmt auf der Kugeloberfläche jeden Wert einmal und nur einmal an, wenn Θ von 0 bis π geht und φ von 0 bis 2π. Für den einen Pol wird dann $z = 0$ und für den andern unendlich. Man kann den Punkt der Kugel, welcher einem Punkt der Ebene entspricht, leicht finden, wenn man sich die Kugel die z-Ebene im Nullpunkt berührend denkt, und dann von diesem aus auf der Kugel den Winkel Θ zählt. Man hat nur den andern Pol mit z zu verbinden und den Schnittpunkt von Pz mit der Kugel aufzusuchen. Zwei Punkten, welche auf der Kugel diametral gegenüber liegen, entsprechen die Werte c und $1/c'$, wenn c und c' konjugierte Größen sind. Geht ein Kreis durch die Punkte a und b, so ist auf diesem Kreis das Argument von $\frac{z-a}{z-b}$ konstant.

4.

Wir haben früher den Quotienten zweier Partikularlösungen $P^{(\alpha)} : P^{(\alpha')}$ durch z bezeichnet und haben untersucht, wie sich z ändert, wenn x die Begrenzung des Gebietes der Größen mit positivem imaginärem Bestandteil durchläuft. Wir erhalten so als Begrenzung des Gebietes für z zwei gerade Linien, welche den Winkel $(\alpha - \alpha')\pi$ miteinander bilden in dem $x = 0$ entsprechenden Punkte, und einen Kreisbogen, welcher mit den beiden Geraden resp. die Winkel $(\beta - \beta')\pi$, $(\gamma - \gamma')\pi$ bildet.

Wir setzen diese drei Winkel als positiv und kleiner als π voraus [Ist dann auch noch ihre Summe größer als π,] so kann man die Übertragung dieser ebenen Figur auf die Kugel immer so einrichten, daß den Begrenzungslinien größte Kreise entsprechen.

Dann wird das Gebiet von z auf der Kugel auf ein sphärisches Dreieck abgebildet, dessen Winkel $(\alpha - \alpha')\pi$, $(\beta - \beta')\pi$, $(\gamma - \gamma')\pi$ sind, und die wir mit $\lambda\pi$, $\mu\pi$, $\nu\pi$ bezeichnen. Betrachten wir die Verteilung der Werte von x auf diesem sphärischen Dreieck, so wird an der Spitze des Winkels $\lambda\pi$: $x = 0$, an der Spitze von $\mu\pi$: $x = \infty$ und an der Spitze von $\nu\pi$: $x = 1$ werden. Denken wir uns die Funktion x fortgesetzt über eine der Begrenzungslinien, so wird, während x die Werte mit negativem imaginärem Bestandteil durchläuft, z die Werte durchlaufen müssen, welche in einem symmetrisch-kongruenten anstoßenden sphärischen Dreieck liegen. Es würden sich so beständig symmetrisch-kongruente sphärische Dreiecke anschließen. Auf diese Weise lassen sich die Werte, welche die Funktion z von x annimmt, wenn diese Funktion beliebig weit fortgesetzt wird, geometrisch darstellen.

5.

Betrachten wir also x als Funktion von z, $x = f(z)$, so wird diese Funktion außer von z nur noch abhängen von den Exponentendifferenzen λ, μ, ν. Denn die Ausdrücke für z bleiben ungeändert, wenn wir y mit einem Ausdruck von der Form $x^\delta (1 - x)^\varepsilon$ multiplizieren. Bezeichnet x_1 eine andere ähnliche Funktion von z mit den Exponentendifferenzen λ_1, μ_1, ν_1, so kann man sich die Frage stellen: *In welchen Fällen findet zwischen x und x_1 eine algebraische Relation statt?*

Wenn wir nun annehmen, daß zwischen x und x_1 eine algebraische Gleichung $F(\overset{m}{x}, \overset{n}{x_1}) = 0$ besteht, so können wir ein Gebiet für z abgrenzen, so daß in diesem Gebiet die Funktionen x und x_1 jedes der Gleichung $F = 0$ genügende Wertepaar einmal und nur einmal annehmen. Nun entsprechen einem bestimmten Werte von x n Werte von x_1, es wird also jeder Wert von x in diesem Gebiete n-mal vorkommen müssen, also das Größengebiet von x die ganze unendliche Ebene n-mal überdecken. Dann aber besteht das Gebiet von z aus n Paaren symmetrisch-kongruenter, sphärischer Dreiecke, mit den Winkeln $\lambda\pi, \mu\pi, \nu\pi$. Ebenso wird aber jeder Wert von x_1 m-mal vorkommen müssen und es muß daher dieselbe Figur sich auch aus m Paaren symmetrisch-kongruenter Dreiecke mit den Winkeln $\lambda_1\pi$, $\mu_1\pi, \nu_1\pi$ zusammensetzen lassen.

Es muß sich also dann ein und dieselbe sphärische Figur sowohl aus n Paaren symmetrisch-kongruenter Dreiecke mit den Winkeln $\lambda\pi$, $\mu\pi, \nu\pi$ zusammensetzen lassen, als auch aus m Paaren solcher Dreiecke mit den Winkeln $\lambda_1\pi, \mu_1\pi, \nu_1\pi$.

Das ist dieselbe Frage, wie die folgende: Wann läßt sich eine Funktion $z(x)$ durch eine algebraische Substitution in eine ähnliche transformieren?([4])

Wir haben nun schon einige solche algebraische Transformationen kennen gelernt und wollen diese jetzt geometrisch deuten.

Es konnte jede der Funktionen $P(\mu, \nu, \frac{1}{2}, x)$, $P(\nu, 2\mu, \nu, x_1)$, $P(\mu, 2\nu, \mu, x_2)$ durch die andern ausgedrückt werden, wobei

$$x = 4x_1(1 - x_1) = \frac{1}{4x_2(1 - x_2)}$$

war.

Wir hätten also ein rechtwinkliges sphärisches Dreieck, in welchem ein Winkel $\mu\pi$, der andere $\nu\pi$ ist.

Wenn wir an dieses längs der Basis ein symmetrisch-kongruentes Dreieck anlegen, so können wir das sphärische Viereck $ABCD$ auch zerlegen in zwei symmetrisch-kongruente Dreiecke mit den Winkeln $2\mu\pi, \nu\pi, \nu\pi$ oder $2\nu\pi, \mu\pi, \mu\pi$.

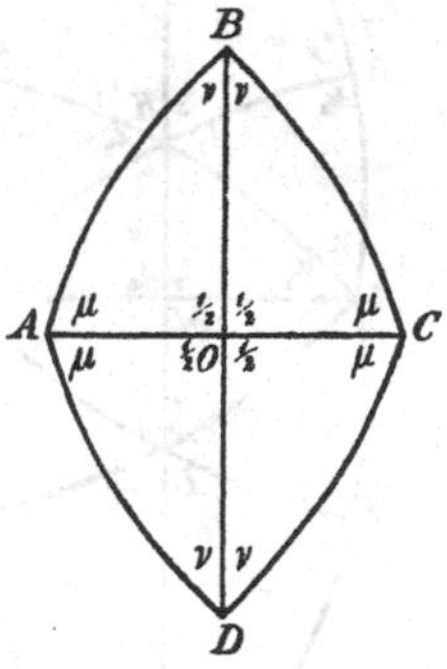

Fig. 3.

Wir können auch leicht die algebraischen Gleichungen zwischen den Funktionen x, x_1, x_2 finden, welche zu den einzelnen Dreiecken gehören, nämlich x zu AOB, x_1 zu ADB und x_2 zu ACB. Nehmen wir an, x erhalte in O den Wert 1, in B den Wert 0 und in C — und daher auch in A — den Wert ∞. Weil nun das Viereck einerseits aus zwei Paaren zu x gehöriger und andrerseits aus einem Paar zu x_1 gehöriger Dreiecke zusammengesetzt ist, so ist x eine rationale Funktion von x_1, welche jeden Wert zweimal annimmt, wenn x_1 alle seine Werte einmal annimmt. Nehmen wir an, x_1 nehme die Werte ∞, 1, 0 an resp. in ADB, so wird x_1 auch in C den Wert ∞ annehmen. Dann wird x nur unendlich, wenn es auch x_1 wird, und ist daher eine ganze rationale Funktion zweiten Grades von x_1, welche für $x_1 = 0, 1$ verschwindet. Daher ist

$$x = cx_1(1 - x_1),$$

wo die Konstante c durch die Bemerkung bestimmt werden kann, daß bei einmaliger Umlaufung des Punktes 0 mit der Variablen z der zugehörige Wert von x_1 einmal umkreist wird, dagegen von x der Wert 1 zweimal. Also verschwindet, wenn x_1 für $z = 0$ den Wert ξ_1 annimmt, auch die Derivierte $\frac{dx}{dx_1}$ für $x_1 = \xi_1$. Dies gibt $\xi_1 = \frac{1}{2}$, $c = 4$. Damit ist die frühere Transformation

$$x = 4x_1(1 - x_1)$$

wiedergewonnen. Ebenso könnte man die Gleichung $x = \frac{1}{4x_2(1 - x_2)}$ erhalten.

Man würde auch auf geometrischem Wege finden, daß, wenn zwei Exponentendifferenzen ganz willkürlich bleiben sollen, keine andern Transformationen möglich sind, indem sich keine andere Figur auf mehr als eine Art aus Paaren symmetrisch-kongruenter Dreiecke zusammensetzen läßt. Für den Fall, daß nur eine Exponentendifferenz willkürlich ist, haben wir zunächst das gleichseitige Dreieck ABC (Fig. 4) mit den Winkeln $\nu\pi$. Zerlegen wir dieses durch die Winkel-

6*

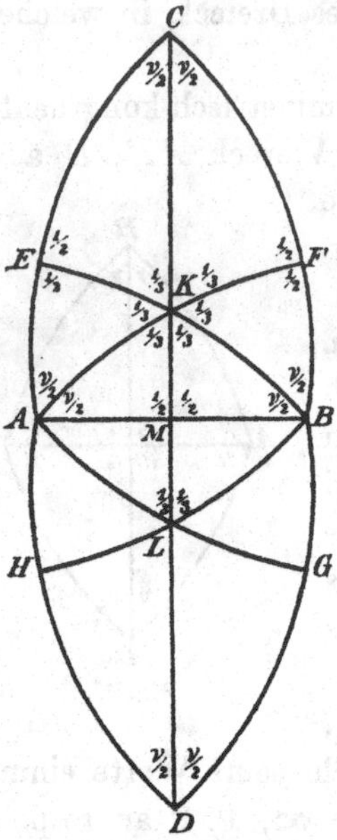

Fig. 4.

halbierenden, so erhalten wir drei Paare symmetrisch-kongruenter Dreiecke mit den Winkeln $\frac{\pi}{2}, \frac{\pi}{3}, \frac{\nu\pi}{2}$, und daher läßt sich die Funktion $P(\nu, \nu, \nu, x)$ durch eine algebraische Transformation in die Funktion

$$P\left(\frac{1}{2}, \frac{1}{3}, \frac{\nu}{2}, x_1\right)$$

überführen oder auch unter Anwendung der vorigen Transformation in die Funktion

$$P\left(\frac{1}{3}, \frac{1}{3}, \nu, x_2\right) \text{ und } P\left(\frac{2}{3}, \frac{\nu}{2}, \frac{\nu}{2}, x_3\right),$$

und auch in

$$P\left(\nu, \frac{\nu}{2}, \frac{1}{2}, x_4\right), \quad P\left(\frac{\nu}{2}, 2\nu, \frac{\nu}{2}, x_5\right).$$

Das rechtwinklig gleichschenklige sphärische Dreieck ABC (Fig. 5) würde zur Funktion

$$P\left(\frac{1}{2}, \nu, \nu, x\right)$$

gehören und die Transformation ergeben in $P(\nu, 2\nu, \nu, x_1)$ und $P\left(\frac{1}{4}, \nu, \frac{1}{2}, x_2\right)$, sowie in $P\left(\frac{1}{4}, 2\nu, \frac{1}{4}, x_3\right)$.

Außer diesen Transformationen, bei denen noch eine Exponentendifferenz willkürlich bleibt, müssen aber noch einige andere stattfinden, bei welchen alle Exponentendifferenzen feste Werte haben. Jeder reguläre Körper muß auf eine solche Transformation führen, denn wir haben ja hier die Zusammensetzung einer und derselben sphärischen Figur aus kongruenten sphärischen Dreiecken. Ist aber diese bekannt, so lassen sich die Transformationen leicht wirklich aufstellen.

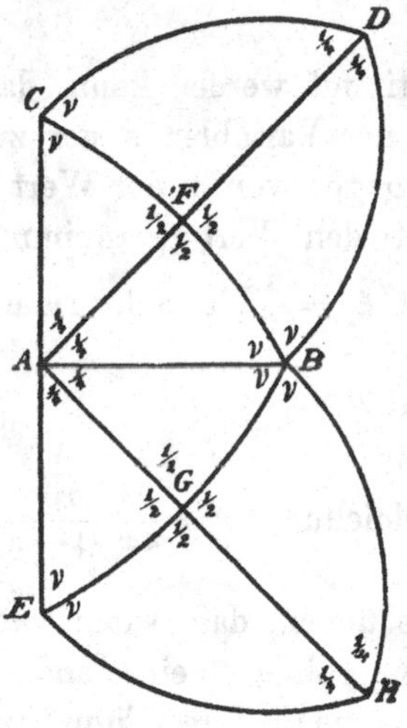

Fig. 5.

Eine besondere Behandlung würde der Fall erfordern, wo eine Exponentendifferenz gleich Null [oder die Summe der drei Winkel $\leqq \pi$ ist].(5) In diesem Falle wird man statt der sphärischen Dreiecke ebene Figuren zu betrachten haben.

6.

Wir wurden auf diese letztere Betrachtung geführt durch die Einführung des Quotienten zweier Partikularlösungen unserer Differentialgleichung oder vielmehr durch Betrachtung des Quotienten als Funktion der unabhängigen Variablen.

Wir müssen nun noch andere Funktionen betrachten, die ebenfalls mit den Lösungen linearer homogener Differentialgleichungen zusammenhängen.

Wir haben bisher nur Differentialgleichungen von der Form behandelt

$$a_0 \frac{d^n y}{dx^n} + a_1 \frac{d^{n-1} y}{dx^{n-1}} + a_2 \frac{d^{n-2} y}{dx^{n-2}} + \cdots + a_n y = 0,$$

wo die $a_0, a_1, a_2, \cdots, a_n$ rationale Funktionen von x waren, und die wesentlichste Eigenschaft der Lösungen war, daß, wenn wir n Partikularlösungen haben, jede andere Lösung ein linearer Ausdruck mit konstanten Koeffizienten eben dieser ist. Daraus folgt, daß, wenn die Koeffizienten und x wieder denselben Wert annehmen, diese Funktionen lineare Funktionen der früheren sein müssen. Wir haben aber den Fall noch nicht behandelt, wo die Differentialgleichung linear ist, aber nicht homogen, so daß die rechte Seite nicht Null ist, sondern eine gegebene Funktion von x. Wir wollen annehmen, wir hätten eine solche Differentialgleichung

$$a_0 \frac{d^n \eta}{d x^n} + a_1 \frac{d^{n-1} \eta}{dx^{n-1}} + a_2 \frac{d^{n-2} \eta}{dx^{n-2}} + \cdots + a_n \eta = C(x).$$

Die Auflösung einer solchen Gleichung läßt sich zurückführen auf die Auflösung einer linearen homogenen Gleichung n^{ter} Ordnung, und zwar gibt es hauptsächlich zwei Methoden, die beide von Lagrange herrühren.

Wenn man die n partikulären Integrale $y_1, y_2, y_3, \cdots, y_n$ der Gleichung für $C(x) = 0$ kennt, so wird, wenn man für y den Ausdruck $C_1 y_1 + C_2 y_2 + C_3 y_3 + \cdots + C_n y_n$ setzt, dieser Ausdruck der ersten Differentialgleichung genügen, wenn die C_i Konstanten sind. Wenn man aber diesen Ausdruck in die zweite Differentialgleichung einführt und die C_i als Funktionen von x betrachtet, so verschwinden die Glieder, welche die C_i selbst enthalten und man hat dann noch einen Ausdruck, der nur die Derivierten der C_i enthält. Diese Differentialgleichung für die Derivierten der C_i läßt sich dann integrieren und η daraus bestimmen. Man bekommt dann die C_i durch bloße Quadraturen, aber es sind mehrere Integrationen nacheinander auszuführen.

Es gibt nun eine andere, ebenfalls von Lagrange herrührende Methode, die bequemer ist. Diese besteht darin, daß man die gegebene Differentialgleichung mit einem unbestimmten Faktor v multipliziert und dann zwischen den Grenzen 0 und x beiderseits integriert. Die einzelnen Glieder der linken Seite sind dann durch partielle Integration so umzuformen, daß in jedem Glied η als Faktor unter dem Integralzeichen erscheint.

Man erhält so bei unbestimmter Integration

$$\int \eta \left(a_n v - \frac{d(a_{n-1}v)}{dx} + \frac{d^2(a_{n-2}v)}{dx^2} - \frac{d^3(a_{n-3}v)}{dx^3} + \cdots\right) dx$$

$$+ \eta \left(a_{n-1} v - \frac{d(a_{n-2}v)}{dx} + \cdots\right) + \frac{d\eta}{dx}\left(a_{n-2} v - \frac{d(a_{n-3}v)}{dx} + \cdots\right)$$

$$+ \cdots + a_0 v \frac{d^{n-1}\eta}{dx^{n-1}} = \int C(x) v\, dx.$$

Wird dann für v eine Lösung der Differentialgleichung (6)

$$a_n v - \frac{d(a_{n-1}v)}{dx} + \frac{d^2(a_{n-2}v)}{dx^2} - \cdots + (-1)^n \frac{d^n(a_0 v)}{dx^n} = 0$$

gesetzt, so fällt das Integral links weg. Bezeichnen wir die n unabhängigen partikulären Lösungen derselben mit $v_1, v_2, v_3, \cdots, v_n$, so können wir für v setzen $c_1 v_1 + c_2 v_2 + \cdots + c_n v_n$ und die Verhältnisse der $c_1, c_2, \cdots, c_n$ so bestimmen, daß, wenn wir die Integration zwischen 0 und x ausführen, an der obern Grenze alle Koeffizienten von η und seinen Derivierten verschwinden bis auf eine. Wir erhalten so η und seine Derivierten ausgedrückt durch einfache Integrale. Was nun die Eigenschaften dieser Funktionen betrifft, so haben wir früher nur bemerkt, daß dieselben sich zurückführen lassen auf die Lösungen einer homogenen Differentialgleichung n^{ter} Ordnung. Wenn η irgend eine Lösung bedeutet, so ist auch $\eta + c_1 y_1 + c_2 y_2 + c_3 y_3 + \cdots + c_n y_n$ eine solche und jede andere ist in dieser Form enthalten, denn der Teil, der von den y herrührt, wird gleich 0 und der von η herührende $= C(x)$. Daraus folgt nun, daß die Funktion η übergeht in $\eta + c_1 y_1 + c_2 y_2 + c_3 y_3 + \cdots + c_n y_n$, wenn x und die Koeffizienten wieder denselben Wert annehmen.

7.

Gehen wir jetzt zu speziellen Fällen über, so haben wir gefunden, daß das Integral

$$\int s^a (1-s)^b (1-xs)^c ds$$

zwischen irgend zwei Werten genommen, für welche die Funktion unter dem Integralzeichen gleich Null wird, als Funktion von x einer Differentialgleichung zweiter Ordnung mit rationalen Koeffizienten in x genügen muß, und zwar folgt dies daraus, daß sich die Werte, in welche das Integral übergeht, wenn x einen der Punkte $0, 1, \infty$ umläuft, homogen und linear mit konstanten Koeffizienten durch zwei unter ihnen ausdrücken ließen. Die Differentialgleichung können wir leicht verifizieren, indem wir das Integral einsetzen. Wenn wir nun links statt des bestimmten Integrals das unbestimmte einsetzen, so läßt sich die Integration auch unbestimmt ausführen, aber das Resultat verschwindet dann nicht an den Grenzen und die rechte Seite wird dann nicht gleich Null.

Es war

$$P\begin{pmatrix} 0 & \infty & 1 & \\ \alpha & \beta & \gamma & x \\ \alpha' & \beta' & \gamma' & \end{pmatrix}$$

$$= \text{const.}\, x^{\alpha}(1-x)^{\gamma}\int s^{-\alpha'-\beta'-\gamma'}(1-s)^{-\alpha'-\beta-\gamma}(1-xs)^{\alpha-\beta-\gamma}\,ds,$$

das Integral genommen zwischen irgend zweien der Werte $0, 1, \infty, x^{-1}$. Wir wollen noch α und γ gleich Null setzen und schreiben

$$y = \int s^{a}(1-s)^{b}(1-xs)^{c}\,ds.$$

Die linke Seite der Differentialgleichung wird dann

$$(1-x)\frac{d^2y}{(d\log x)^2} + (a+b+1-(a-c+1)x)\frac{dy}{d\log x} + c(1+a)xy.$$

Substituieren wir für y die Funktion

$$\eta = \int_0^s s^{a}(1-s)^{b}(1-xs)^{c}\,ds,$$

so wird der obige Ausdruck eine Funktion von s und x, $F(s, x)$. Wenn nun s einen geschlossenen Weg durchläuft, so wird sich η ändern, aber der neue Wert von η wird sich homogen und linear ausdrücken lassen durch das Integral von 0 bis s und Integrale zwischen den Grenzen $0, 1, \infty, x^{-1}$. Da nun die letzteren Integrale den Differentialausdruck zu Null machen, so kann sich $F(s, x)$ nur um einen konstanten Faktor ändern, wenn s einen geschlossenen Weg durchläuft; außerdem muß es für $s = 0, 1, \infty, x^{-1}$ verschwinden bei geeigneter Beschränkung von a, b, c. Dadurch könnte man den Ausdruck direkt bestimmen. Rechnet man denselben durch Einsetzen des Integrals für η aus, so erhält man

$$F(s, x) = cx\int s^{a}(1-s)^{b}(1-xs)^{c-2}\big((a+1)(1-xs)(1-s)$$
$$-(b+1)s(1-xs)-(c-1)s(1-s)x\big)\,ds = cxs^{a+1}(1-s)^{b+1}(1-xs)^{c-1},$$

wenn für die untere Grenze eine Nullstelle der rechten Seite gewählt wird.

Wir erhalten also für das Integral

$$\eta = \int_0^s s^a (1-s)^b (1-xs)^c \, ds$$

die Differentialgleichung

$$(1-x)\frac{d^2\eta}{(d\log x)^2} + (a+b+1-(a-c+1)x)\frac{d\eta}{d\log x} + c(1+a)x\eta$$
$$= cxs^{a+1}(1-s)^{b+1}(1-xs)^{c-1}.$$

8.

Wir wollen annehmen, wir hätten eine Differentialgleichung von der Form

$$f(x)\frac{d^2y}{dx^2} + g(x)\frac{dy}{dx} + h(x)y = 0$$

und wollen versuchen, unsere Differentialgleichung durch ein bestimmtes Integral zu lösen.

Dies gelingt sehr häufig durch den Ansatz(7)

$$y = \int (x-s)^\alpha v \, ds,$$

wobei v eine Funktion von s allein ist, und die Grenzen von x unabhängig sein sollen. Wir substituieren den Ausdruck in die Differentialgleichung und bekommen dann unter dem Integralzeichen

$$v\left(\alpha(\alpha-1)f(x)(x-s)^{\alpha-2} + \alpha g(x)(x-s)^{\alpha-1} + h(x)(x-s)^\alpha\right).$$

Wir können nun $f(x), g(x), h(x)$ nach Potenzen von $(x-s)$ entwickeln, und wenn die Funktionen f, g, h ganze rationale Funktionen sind, so werden wir nur eine endliche Anzahl von Gliedern erhalten von der Form

$$C\varphi(s)(x-s)^{\alpha+h}v.$$

Durch partielle Integration können wir dann den Exponenten von $(x-s)$ beliebig in jedem Glied erhöhen und so erreichen, daß wir unter dem Integralzeichen einen Ausdruck bekommen

$$(x-s)^{\alpha+n}P(v),$$

wo $P(v)=0$ eine homogene lineare Differentialgleichung für v ist, welche zwar noch den Parameter α, aber nicht mehr x enthält.

Die Grenzen müssen dann so gewählt werden, daß der Ausdruck, welcher bei der partiellen Integration heraustritt, an diesen verschwindet.

Wenn wir z. B. setzen

$$f(x) = a_0 + a_1 x + a_2 x^2, \quad g(x) = b_0 + b_1 x, \quad h(x) = c_0,$$

so würde die Entwicklung von $f(x)$ nach Potenzen von $(x-s)$ nur drei Glieder, die von $g(x)$ nur zwei erhalten und der höchste Exponent von $(x-s)$ würde α sein.

Wir würden dann für v die Differentialgleichung erhalten

$$\frac{d^2(vf(s))}{ds^2}+\frac{d}{ds}(v(\alpha-1)f'(s)+g(s))+\left(\frac{1}{2}\alpha(\alpha-1)f''(s)+\alpha g'(s)+c_0\right)v=0,$$

und die Grenzen s_0, s_1 im Integral wären so zu bestimmen, daß

$$\left|\alpha(x-s)^{\alpha-1}\cdot vf(s)+(x-s)^{\alpha}\left(\frac{d(vf(s))}{ds}+v((\alpha-1)f'(s)+g(s))\right)\right|_{s_0}^{s_1}$$

verschwindet.

Ließen wir aber z. B. die obere Grenze veränderlich, so würden wir eine nicht homogene lineare Differentialgleichung erhalten, welcher das Integral

$$\eta=\int_{s_0}^{s}(x-s)^{\alpha}v\,ds$$

genügt.

Wendet man dieses Verfahren auf die Differentialgleichung für

$$y=\int_0^1 s^a(1-s)^b(1-xs)^c ds$$

an, nachdem man für x geschrieben hat x^{-1}, so erhält man wieder die früher abgeleitete Differentialgleichung für

$$\eta=\int_0^s s^a(1-s)^b(1-xs)^c ds.$$

Wenden wir nun diese Betrachtung auf die elliptischen Integrale erster Gattung an.

Man bezeichnet so die Integrale

$$\frac{1}{2}\int(1-x)^{-1/2}(1-k^2x)^{-1/2}x^{-1/2}dx.$$

Sind die Grenzen 0 und 1, so heißt das Integral ein ganzes elliptisches Integral:

$$K=\frac{1}{2}\int_0^1(1-x)^{-1/2}(1-k^2x)^{-1/2}x^{-1/2}dx.$$

Die Differentialgleichung für die ganzen elliptischen Integrale lautet

$$(1-k^2)\frac{d^2K}{(2d\log k)^2}-k^2\frac{dK}{(2d\log k)}-\frac{1}{4}k^2K=0.$$

Wenn wir nun aus dieser Differentialgleichung die für das Integral

$$u=\int_0^x(1-x)^{-1/2}(1-k^2x)^{-1/2}x^{-1/2}dx$$

herleiten, so ergibt sich

$$(1-k^2)\frac{d^2u}{(2d\log k)^2}-k^2\frac{du}{(2d\log k)}-\frac{1}{4}k^2u=-\frac{1}{2}k^2x^{1/2}(1-x)^{1/2}(1-k^2x)^{-3/2}$$

als Differentialgleichung, welcher das unbestimmte elliptische Integral genügt.

Die allgemeine Lösung ist dann

$$u+CK+C'K'.$$

Sehr viele Eigenschaften der ganzen elliptischen Integrale wurden erst gefunden durch die Untersuchung des unbestimmten Integrals, und in der That ist dieses eine sehr einfache Funktion des Parameters x. Ebenso verhält es sich mit dem allgemeineren Integral

$$\eta=\int_0^s s^a(1-s)^b(1-xs)^c ds.$$

Es ist eine viel einfachere Funktion von s wie von x und die bestimmten Integrale zwischen den Grenzen 0 und 1 oder 1 und x^{-1} treten dann bei der Untersuchung des η als Funktion von s auf. Die allgemeine Lösung der Differentialgleichung ist dann

$$\eta+C\int_0^1+C'\int_1^{1/x}.$$

Auf die Differentialgleichungen, welche sich nach der auseinandergesetzten Methode durch bestimmte Integrale lösen lassen, kann man dieselben Bemerkungen anwenden. Aber auch bei solchen, welche sich nicht durch bestimmte Integrale lösen lassen, kann man ähnlich verfahren.

Sei die Differentialgleichung

$$a_0\frac{d^ny}{dx^n}+a_1\frac{d^{n-1}y}{dx^{n-1}}+\cdots+a_ny=0$$

und setzt man in die linke Seite für y eine Funktion von x, welche einen Parameter enthält, so wird die rechte Seite eine Funktion von x und dem Parameter, welche wir mit X bezeichnen. Betrachten wir dann die Differentialgleichung

$$a_0\frac{d^n\eta}{dx^n}+a_1\frac{d^{n-1}\eta}{dx^{n-1}}+a_2\frac{d^{n-2}\eta}{dx^{n-2}}+\cdots+a_n\eta=X,$$

so wird bei passender Wahl von X und dem Parameter sehr häufig η eine viel einfachere Funktion vom Parameter sein als von x. Diese Transcendenten spielen eine sehr wichtige Rolle für die Theorie dieser Differentialgleichungen.

9.

Wir wollen noch die ganzen elliptischen Integrale etwas ausführlicher betrachten und untersuchen, wie sich K und K' ändern, wenn k^2 nach einem Umlauf um den Punkt 1 wieder denselben Wert annimmt. K würde dann übergehen in ein Integral von 0 ausgehend positiv um k^{-2} herum und wieder nach 1 zurück, und wenn wir den letzten Teil dieses Integrationsweges auf das Stück von 1 bis k^{-2} zusammenziehen, so erhalten wir für den neuen Wert von K

$$\int_0^1 \frac{1}{2} x^{-1/2}(1-x)^{-1/2}(1-k^2x)^{-1/2}\,dx$$

$$-2\int_1^{k^{-2}} \frac{1}{2} x^{-1/2}(1-x)^{-1/2}(1-k^2x)^{-1/2}\,dx = K - 2iK'.$$

Das Integral für K' wird dabei gar nicht geändert. Bei einem positiven Umlauf von k^{-2} um den Nullpunkt geht K über in $3K-2iK'$ und iK' in $2K-iK'$. Ein positiver Umlauf um den Punkt ∞, oder was dasselbe ist ein negativer um die Punkte 0, 1, würde K unverändert lassen und iK' überführen in $iK'+2K$.

Die Formeln, welche die Abhängigkeit der ganzen elliptischen Integrale vom Modul k^2 geben, sind von Jacobi in den *Fundamenta nova theoriae functionum ellipticarum* entwickelt worden. Er nahm als Variable $q = e^{-\pi\frac{K'}{K}}$, aber in der Differentialgleichung führte er bereits den Quotienten K'/K, also den Quotienten zweier Partikularlösungen, als Variable ein. Wenn wir nun K'/K als Variable einführen und k^2 als Funktion derselben betrachten wollen,(8) so müssen wir fragen: Wie verhält sich K'/K, wenn k^2 die Werte mit positivem imaginärem Teil durchläuft?

Wenn k^2 von 0 bis 1 geht, so bleibt K'/K reell, und zwar wird es ∞ für k^2 gleich 0 und 0 für $k'^2 = 1-k^2 = 0$, also $k^2 = 1$.

Nun läßt sich K in der Nähe von $k^2 = 0$ nach ganzen positiven Potenzen dieser Größe entwickeln und K' darstellen in der Form

$$-\frac{1}{\pi}\log k^2 - \frac{2}{\pi}(a_0 + a_1k^2 + \cdots).$$

Daraus erkennt man, daß wenn k^2 durch Werte mit positivem imaginärem Teil übergeführt wird in $-k^2$ und dann nach $-\infty$ geht, $\frac{K'}{K}$ Werte annimmt, deren imaginärer Bestandteil beständig gleich $-i$ ist, also die Strecke $0, -\infty$ auf eine zur reellen Achse parallele Gerade durch den Punkt $-i$ abgebildet wird.

Ferner gehen K und K' ineinander über, wenn k^2 und $1-k^2$ miteinander vertauscht werden. Damit folgt dann aus der angegebenen Reihenentwicklung, daß der imaginäre Teil von $\frac{K}{K'}$ konstant, und zwar $+i$ wird, wenn k^2 von 1 bis ∞ geht, die Werte von K'/K also auf einem Halbkreis vom Radius $1/2$ liegen, dessen Mittelpunkt im Punkte $-\frac{1}{2}i$ gelegen ist, und der daher die beiden geraden Linien, nämlich die reelle Achse und die durch den Punkt $-i$ zu ihr gezogene Parallele, berührt. Diese Figur würde uns die Werte veranschaulichen, welche K'/K annimmt, wenn k^2 die Werte mit positivem imaginärem Bestandteil annimmt. Fügen wir dazu das Gebiet der Werte von K'/K, welche den Werten mit negativen imaginären Bestandteilen entsprechen und welches längs der Linie $k^2=0$ bis $k^2=1$ mit dem ersten zusammenhängt, so gibt uns das Innere dieser Figur die Werte, welche $\frac{K'}{K}$ annimmt, wenn k^2 die ganze Ebene durchläuft, ohne jedoch eine der Strecken $0, -\infty$ oder $1, \infty$ zu überschreiten.

Wir können nun auch untersuchen, welche Werte $\frac{K'}{K}$ annimmt, wenn k^2 eine dieser Strecken überschreitet und also z. B. einen positiven Umlauf um den Punkt 1 macht. Dann geht $\frac{K'}{K}$ über in $\frac{K'}{K-2iK'}$, und wir haben nur nachzusehen, welche Größen $\frac{K'}{K-2iK'}$ durchläuft, wenn $\frac{K'}{K}$ die erste Figur durchläuft. Wir würden dann finden, daß dieses Größengebiet ebenfalls von einem Halbkreis, welcher über der Strecke $0, i$ steht und drei kleineren Halbkreisen, von denen einer über $\frac{1}{2}i, i$ und die beiden andern über $\frac{1}{2}i, \frac{1}{3}i$ und $\frac{1}{3}i, 0$ stehen, begrenzt wird.

Dem Werte $k^2=0$ würde jetzt der Wert $\frac{1}{2}i$ entsprechen, dem Werte $k^2=1$ der Wert $\frac{1}{3}i$. Wir würden überhaupt k bestimmen können, wenn $\frac{K'}{K}$ gleich wird $\sqrt{-1}$ multipliziert mit rationalen Zahlen, bloß dadurch, daß wir untersuchen, wie sich die Funktion $\frac{K'}{K}$ ändert, wenn k^2 immer wieder denselben Wert, aber auf verschiedenen Wegen, annimmt.

Wenn wir auf diese Weise die Funktion $\frac{K'}{K}$ verfolgen, so würden wir auch finden, daß, wie weit wir auch die Funktion fortsetzen mögen, $\frac{K'}{K}$ doch jeden Wert nur einmal annimmt, wenn k^2 beliebig oft sich um die Punkte $0, 1, \infty$ herum bewegt. Die Funktion nimmt also jeden komplexen Wert [mit positivem reellem Teil] nur einmal an.

Haben wir nun eine Funktion Y, die nur unstetig und vieldeutig wird für 0, 1, ∞, so können wir in diese Funktion für x setzen $\varphi(z)$, wo $k^2 = \varphi\left(\frac{K'}{K}\right)$ ist. Dann wird Y eine Funktion von z, die für

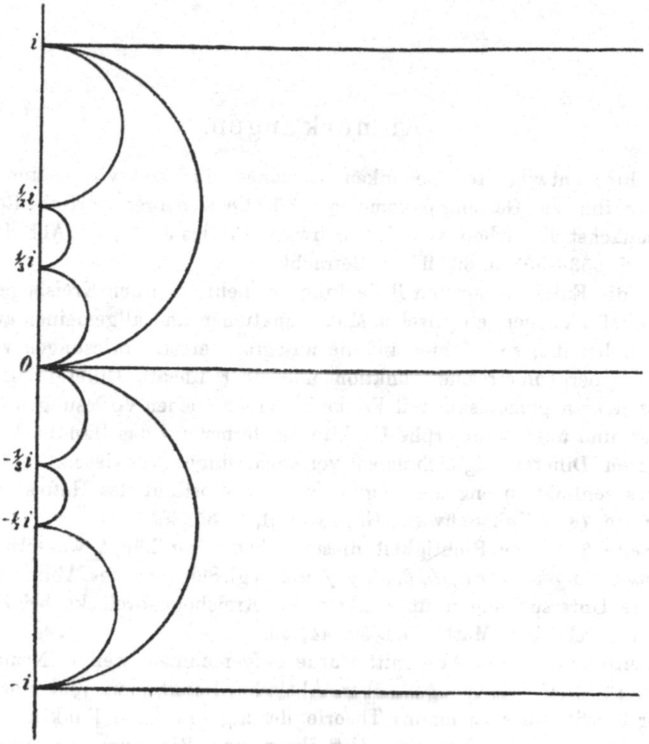

Fig. 6.

jeden Wert von z nur einen bestimmten Wert annimmt. Es würde dann z, wenn x sich z. B. um Null herumbewegt, aus einem Gebiet in ein anderes übergehen. Wir erhalten also Y und beliebige eindeutige Funktionen von Y als eindeutige Funktionen von z, wenn wir für x setzen $\varphi(z)$, wo φ die Funktion ist, welche k^2 [als Funktion von $\frac{K'}{K}$ liefert]. (9)

Anmerkungen.

Die hier entwickelten Gedanken Riemanns sind erst viel später und unabhängig von ihm zur Geltung gekommen. Für die hypergeometrische Reihe kommt hierbei zunächst die Arbeit von H. A. Schwarz, Crelles J. 75 (Ges. Abh. II, S. 211 ff., vgl. auch S. 353—355 u. 363 ff.) in Betracht.

Was die Entwicklung und Bedeutung der Lehre von den Kreisbogendreiecken, den Dreiecksfunktionen, elliptischen Modulfunktionen und allgemeinen automorphen Funktionen betrifft, so sei hier auf die autographierten Vorlesungen von F. Klein über die hypergeometrische Funktion und über lineare Differentialgleichungen, sowie auf dessen gemeinsam mit Fricke herausgegebenen Vorlesungen über Modulfunktionen und über automorphe Funktionen, ferner auf das Handbuch der Theorie der linearen Differentialgleichungen von Schlesinger verwiesen. Die Redaktion des Textes schließt so eng als möglich an den Wortlaut des Heftes an.

(1) (Zu Seite 78.) Vgl. Schwarz, Ges. Abh. II, S. 353 ff.

(2) (Zu Seite 80.) Die Richtigkeit dieser Behauptung hängt wesentlich von den Voraussetzungen über α, α', β, β', γ, γ' ab. Vgl. Schwarz, Ges. Abh. II, S. 221—233. Weitere Untersuchungen über allgemeine Kreisbogendreiecke bei Klein, Math. Ann. 37; Schilling, Math. Ann. 39, 44, 46.

(3) (Zu Seite 80.) Dieser Abschnitt wurde aufgenommen, weil C. Neumann in der Vorrede seiner Vorlesungen über Abelsche Funktionen und auch Klein in seiner Schrift über Riemanns Theorie der algebraischen Funktionen und ihrer Integrale auf eine derartige Mitteilung aus Riemanns Vorlesungen Bezug nehmen.

(4) (Zu Seite 82.) Man sehe hierzu E. Papperitz, Math. Ann. 27. Dort auch weitere Litteraturangaben.

(5) (Zu Seite 84.) Die in eckige Klammern eingeschlossenen Worte sind Zusatz des Herausgebers.

(6) (Zu Seite 86.) Vgl. Schlesinger, Handbuch I, Abschnitt 2, Kap. 3, 4.

(7) (Zu Seite 88.) Vgl. Schlesinger, Handbuch II, Abschnitt 12.

(8) (Zu Seite 91.) Über die weitverzweigte Litteratur der elliptischen Modulfunktionen sehe man Klein-Fricke, Modulfunktionen; Schlesinger, Handbuch II, Abschnitt 13.

(9) (Zu Seite 93.) Zu diesem Theorem s. F. Klein, Math. Ann. 14; E. Papperitz, Math. Ann. 34. Die Litteratur über weitergehende Verwertung und Verallgemeinerung dieses Satzes bei W. Osgood, Encyklop. d. math. Wiss. II B 2, Nr. 27—29.

W.

IV.

Mathematische Noten

(ausgezogen aus dem Nachlaß).

A. Über eine Verallgemeinerung der sechs Gleichungen (19) der Abhandlung Ges. Werke 2. Aufl. XXXI (XXX der 1. Aufl.).

(Aus Akt Nr. 19, Konv. 19_5, d) und Konv. 19_5, b), Bogen 4—6; Akt Nr. 25, Bogen 1, 24.)

Indem sich Riemann eine Abelsche Funktion für $p = 3$ in der Form

$$\sqrt{\alpha x + \alpha' x' + \alpha'' x''}, \quad \text{wo} \quad \alpha \alpha' \alpha'' = 1,$$

geschrieben denkt, nimmt er die 6 Verhältnisse

$$\alpha : \beta : \gamma : \delta, \quad \alpha' : \beta' : \gamma' : \delta'$$

aus den Koeffizienten von 4 Abelschen Funktionen

$$\sqrt{\alpha x + \alpha' x' + \alpha'' x''}, \quad \sqrt{\beta x + \beta' x' + \beta'' x''}, \quad \sqrt{\gamma x + \gamma' x' + \gamma'' x''},$$
$$\sqrt{\delta x + \delta' x' + \delta'' x''}$$

als Klassenmoduln, und stellt bezüglich der 6 Paare von Abelschen Funktionen, welche in einer „Gruppe" enthalten sind, die Aufgabe:

„Wenn die Größen a, b, c, d; a', b', c', d'; a'', b'', c'', d'' beliebig gegeben sind, die Lösungen der 6 Gleichungen

$$(1) \quad \alpha a + \beta b + \gamma c + \delta d = 0, \quad \frac{a}{\alpha} + \frac{b}{\beta} + \frac{c}{\gamma} + \frac{d}{\delta} = 0;$$

$$(2) \quad \alpha' a' + \beta' b' + \gamma' c' + \delta' d' = 0, \quad \frac{a'}{\alpha'} + \frac{b'}{\beta'} + \frac{c'}{\gamma'} + \frac{d'}{\delta'} = 0;$$

$$(3) \quad \alpha\alpha' a'' + \beta\beta' b'' + \gamma\gamma' c'' + \delta\delta' d'' = 0, \quad \frac{a''}{\alpha\alpha'} + \frac{b''}{\beta\beta'} + \frac{c''}{\gamma\gamma'} + \frac{d''}{\delta\delta'} = 0$$

zu finden, d. h. die ihnen genügenden Wertsysteme der 6 Größen

$$\frac{\beta}{\alpha}, \frac{\gamma}{\alpha}, \frac{\delta}{\alpha}; \quad \frac{\beta'}{\alpha'}, \frac{\gamma'}{\alpha'}, \frac{\delta'}{\alpha'}$$

zu bestimmen.

Die Aufgabe hat 6 Lösungssysteme. Um sie zu finden, sei die Bezeichnung eingeführt:

$$(\beta a'b'' - \alpha a''b')\left(\frac{a'b''}{\beta} - \frac{a''b'}{\alpha}\right) \equiv a'^2b''^2 + a''^2b'^2 - a'a''b'b''\left(\frac{\alpha}{\beta} + \frac{\beta}{\alpha}\right)$$
$$= (ab) = (ba), \quad \text{etc.};$$

so ergibt die Elimination von $\alpha', \beta', \gamma', \delta'$ aus (2), (3):

$$\begin{aligned}(4)\quad &(ab)(cd)[(ab)+(cd)-(ad)-(bc)-(ac)-(bd)]\\ &+(ac)(bd)[(ac)+(bd)-(ad)-(bc)-(ab)-(cd)]\\ &+(ad)(bc)[(ad)+(bc)-(ac)-(bd)-(ab)-(cd)]\\ &+(ab)(ac)(ad)+(ba)(bc)(bd)+(ca)(cb)(cd)+(da)(db)(dc)=0.\end{aligned}$$

Aus den Gleichungen (1) folgt

$$a^2 + d^2 + ad\left(\frac{\alpha}{\delta} + \frac{\delta}{\alpha}\right) \equiv b^2 + c^2 + bc\left(\frac{\beta}{\gamma} + \frac{\gamma}{\beta}\right) = r,$$
$$a^2 + c^2 + ac\left(\frac{\alpha}{\gamma} + \frac{\gamma}{\alpha}\right) \equiv b^2 + d^2 + bd\left(\frac{\beta}{\delta} + \frac{\delta}{\beta}\right) = s,$$
$$a^2 + b^2 + ab\left(\frac{\alpha}{\beta} + \frac{\beta}{\alpha}\right) \equiv c^2 + d^2 + cd\left(\frac{\gamma}{\delta} + \frac{\delta}{\gamma}\right) = t$$

Man führe statt $\alpha:\beta:\gamma:\delta$ die Unbekannten r, s, t ein, so folgt aus (1)

$$(5)\qquad r + s + t = a^2 + b^2 + c^2 + d^2;$$

und aus der identischen Relation

$$l^2 + m^2 + n^2 - lmn - 4 = 0$$

zwischen

$$l = \frac{\beta}{\gamma} + \frac{\gamma}{\beta}, \quad m = \frac{\gamma}{\alpha} + \frac{\alpha}{\gamma}, \quad n = \frac{\alpha}{\beta} + \frac{\beta}{\alpha}$$

folgt mit Hilfe von (5)

$$\begin{aligned}(6)\quad &rst - s(a^2-b^2)(c^2-d^2) - t(a^2-c^2)(b^2-d^2) - a^2d^2(a^2+d^2)\\ &- b^2c^2(b^2+c^2) + b^2c^2d^2 + a^2c^2d^2 + a^2b^2d^2 + a^2b^2c^2 = 0.\end{aligned}$$

Da (4), entwickelt, in den Gliedern 3. Dimension nur $r\cdot s\cdot t$ enthält, so erhält man aus (4) mit Hilfe von (6) eine Gleichung 2. Grades in r, s, t; dieser Gleichung, und (5), (6) genügen also 6 Wertsysteme von r, s, t; und jedem derselben entsprechen 2 zueinander reziproke Wertsysteme der Größen $\frac{\beta}{\alpha}, \frac{\gamma}{\alpha}, \frac{\delta}{\alpha}; \frac{\beta'}{\alpha'}, \frac{\gamma'}{\alpha'}, \frac{\delta'}{\alpha'}$."

Um (4) zu erhalten, sei gesetzt:

$$\beta a'b'' - \alpha a''b' = (AB) = -(BA), \quad \frac{a'b''}{\beta} - \frac{a''b'}{\alpha} = (A_1B_1) = -(B_1A_1),$$

wo

$$(AB)(A_1B_1) = (ab),$$

so wird aus (2), (3):

$$\beta'(AB) + \gamma'(AC) + \delta'(AD) = 0, \quad \frac{(A_1B_1)}{\beta'} + \frac{(A_1C_1)}{\gamma'} + \frac{(A_1D_1)}{\delta'} = 0,$$

also

$$(ad)-(ab)-(ac)=\frac{\beta'}{\gamma'}(AB)(A_1C_1)+\frac{\gamma'}{\beta'}(AC)(A_1B_1);\quad\text{etc.}$$

Setzt man

$$(ad)-(ab)-(ac)=l',\ (bd)-(ba)-(bc)=m',\ (cd)-(ca)-(cb)=n',$$
$$(AB)(A_1C_1)=\lambda,\ (AC)(A_1B_1)=\lambda';\ (BC)(B_1A_1)=\mu,\ (BA)(B_1C_1)=\mu';$$
$$(CA)(C_1B_1)=\nu,\ (CB)(C_1A_1)=\nu',$$

also

$$\lambda'\mu'\nu'=\lambda\mu\nu=-(ab)(ac)(bc),$$

und betrachtet die 3 Gleichungen

$$l'=\lambda\frac{\beta'}{\gamma'}+\lambda'\frac{\gamma'}{\beta'},\quad m'=\mu\frac{\gamma'}{\alpha'}+\mu'\frac{\alpha'}{\gamma'},\quad n'=\nu\frac{\alpha'}{\beta'}+\nu'\frac{\beta'}{\alpha'},$$

so hat man die identische Relation

$$l'm'n'-\lambda\mu\nu\left(\frac{l'^2}{\lambda\lambda'}+\frac{m'^2}{\mu\mu'}+\frac{n'^2}{\nu\nu'}-4\right)=0,$$

daher

$$[(ad)-(ab)-(ac)][(bd)-(ba)-(bc)][(cd)-(ca)-(cb)]-4(ab)(ac)(bc)$$
$$+(bc)[(ad)-(ab)-(ac)]^2+(ca)[(bd)-(ba)-(bc)]^2$$
$$+(ab)[(cd)-(ca)-(cb)]=0,$$

was mit Gleichung (4) übereinstimmt. N.

B. Bedingungen für die Klassenmoduln von $p=3$ zur Reduktion auf den Fall $p=2$.

(Aus Akt Nr. 19, Konv. 19_5, b), Bogen 30; Akt Nr. 25, Blatt 18.)

„Die notwendige und hinreichende Bedingung dafür, daß für sämtliche 6 Paare von Abelschen Funktionen *einer* Gruppe die beiden Glieder einander gleich werden (und folglich sich die 6-fach periodischen Thetareihen auf 4-fach periodische reduzieren lassen), ist die, daß eine lineäre Gleichung zwischen drei Gliedern verschiedener Paare einer Gruppe stattfindet“ [d. h. daß sich für die Kurve 4. Ordnung drei Doppeltangenten mit ungeraden Charakteristiken, deren Summe gerade ist, in einem Punkte treffen].

[Je nach der Gruppe hat man für die Moduln folgende Möglichkeiten:]

„(1) $(\alpha,\beta,\gamma)=0$: $\alpha''=\beta''=\gamma''=0$; im ganzen 32 ähnliche Fälle.

(2) $\alpha=\beta$: $\alpha'\beta'=\alpha''\beta''$; „ „ 18 „ „

(3) $$\frac{\alpha+\frac{1}{\alpha}-\beta-\frac{1}{\beta}}{\alpha'+\frac{1}{\alpha'}-\beta'-\frac{1}{\beta'}}=\frac{\alpha+\frac{1}{\alpha}-\gamma-\frac{1}{\gamma}}{\alpha'+\frac{1}{\alpha'}-\gamma'-\frac{1}{\gamma'}}:\ \alpha''=\beta''=\gamma''=1;$$

im ganzen 6 ähnliche Fälle.

(4) $\alpha=\beta,\ \alpha'=\beta',\ \alpha''=\beta''$; im ganzen 6 ähnliche Fälle.

(5) $\alpha=\alpha'=\beta=\beta'=\gamma=\gamma'=1$; 1 Fall.

Wenn man die halbe Gruppe, von der man ausgeht, mit der zuletzt erhaltenen vertauscht, geht (3) in (4) über, (1), (2), (5) in sich selbst.“

Über letzteren Punkt enthält 19_5, b), 30 noch einige Rechnungen.

(Cf. Roch, in Crelles Journ. Bd. 66, S. 111; ferner Cayley in Crelles J. 94, S. 107 ff. (Werke XII, S. 87 ff.), F. Klein in Math. Ann. Bd. 36, S. 59 ff.) N.

C. Die Riemannsche Thetaformel.

(Aus Akt Nr. 19, Konv. 19_5, d); Nr. 25, Bogen 17; Andeutungen in Nr. 19, Konv. 19_5, b), Bogen 33, 34; Nr. 25, Bogen 10, 16.)

Die von Prym („Untersuchungen über die Riemannsche Thetaformel etc.“ Leipzig, Teubner 1882, und Crelles J. Bd. 93) sogenannte „Riemannsche Thetaformel“ findet sich in folgender Gestalt vor:

$$\sum_{\varepsilon}\sum_{\varepsilon'}(-1)^{\sum(\varepsilon_\nu\eta_\nu'+\varepsilon_\nu'\eta_\nu)}\,\vartheta\left(x_\nu'+\varepsilon_\nu'\frac{\pi i}{2}+\sum\varepsilon_\mu\frac{a_{\mu,\nu}}{2}\right)e^{\sum\varepsilon_\nu x_\nu'+\sum\varepsilon_\mu\varepsilon_\nu\frac{a_{\mu,\nu}}{4}}\times(y_\nu')\cdot(z_\nu')\cdot(t_\nu')$$

$$=2^p\cdot\vartheta\left(x_\nu+\eta_\nu'\frac{\pi i}{2}+\sum\eta_\mu\frac{a_{\mu,\nu}}{2}\right)e^{\sum\eta_\nu x_\nu+\sum\eta_\mu\eta_\nu\frac{a_{\mu,\nu}}{4}}\cdot(y_\nu)\cdot(z_\nu)\cdot(t_\nu),$$

wo

$$2x_\nu'=x_\nu+y_\nu+z_\nu+t_\nu,\quad 2y_\nu'=x_\nu+y_\nu-z_\nu-t_\nu,$$
$$2z_\nu'=x_\nu-y_\nu+z_\nu-t_\nu,\quad 2t_\nu'=x_\nu-y_\nu-z_\nu+t_\nu.$$

Nur steht an beiden Orten

$$\sum\varepsilon_\nu^2\frac{a_{\nu,\nu}}{4}\quad\text{statt}\quad\sum\varepsilon_\mu\varepsilon_\nu\frac{a_{\mu,\nu}}{4},$$
$$\sum\eta_\nu^2\frac{a_{\nu,\nu}}{4}\quad\text{statt}\quad\sum\eta_\mu\eta_\nu\frac{a_{\mu,\nu}}{4}.$$

Von hier geht Riemann durch die Substitutionen

$$x_\nu=2s_\nu'+s_\nu,\qquad y_\nu=s_\nu+m_\nu'\frac{\pi i}{2}+\sum m_\mu\frac{a_{\mu,\nu}}{2}.$$

$$z_\nu=s_\nu+n_\nu'\frac{\pi i}{2}+\sum n_\mu\frac{a_{\mu,\nu}}{2},\quad t_\nu=s_\nu-(m_\nu'+n_\nu')\frac{\pi i}{2}-\sum(m_\mu+n_\mu)\frac{a_{\mu,\nu}}{2}$$

weiter (cf. auch Prym, Acta Math. III, Formel (R″)) und zu Additionsformeln für die Nullwerte über. N.

D. Integrale einfacher totaler Differentialien erster Gattung, bezüglich einer algebraischen Fläche.

(Aus Akt Nr. 19, Konv. 19_5, d); Nr. 26, Bogen 1.)

An einigen Stellen der Papiere (Nr. 19_5, b), Bogen 44, 45; Nr. 25, Bogen 27, 30) finden sich Bildungen von Integralen erster Gattung, die zu einer vollständigen *Schnittkurve* zweier algebraischer Flächen, oder zu der Kurve, die aus q Gleichungen mit $q+1$ Variabeln entsteht, gehören; mit Abzählungen über die Zahl der Verzweigungspunkte.

Ebenso findet sich schon (Nr. 25, Bogen 27) der *Begriff eines zu einer algebraischen Fläche $F=0$ gehörigen Doppelintegrals erster Gattung,* mit Normierung für die nicht-homogene und für die homogene Form der Gleichung $F=0$. Dabei ist aber nur an isolierte Doppelpunkte der Fläche gedacht, und irrtümlich angenommen, daß die Zählerfunktion φ des Differentialausdrucks für diese Doppelpunkte verschwinden müsse. Analog (Nr. 19_5, b)) das m-fache Integral 1. Gattung für eine algebraische Gleichung mit $m+1$ Variabeln.

Der Begriff des *totalen einfachen Differentials erster Gattung für eine algebraische Fläche* ist von Riemann gefaßt und in einigen Rechnungen verfolgt worden.

Für die nicht-homogene Gleichungsform

$$F(\overset{m}{x}, \overset{n}{y}, \overset{r}{z}) = 0$$

finden sich die Formeln (Nr. 19_5, d)):

$$du = \frac{\xi dy - \eta dx}{F'(z)} = \frac{\eta dz - \zeta dy}{F'(x)} = \frac{\zeta dx - \xi dz}{F'(y)},$$

wo $\xi = \xi(\overset{m-1}{x}, \overset{n-2}{y}, \overset{r-2}{z})$ etc., und

$$\xi F'(x) + \eta F'(y) + \zeta F'(z) = F \cdot \varphi(\overset{m-2}{x}, \overset{n-2}{y}, \overset{r-2}{z});$$

und aus der Integrabilitätsbedingung:

$$\frac{\partial \xi}{\partial x} + \frac{\partial \eta}{\partial y} + \frac{\partial \zeta}{\partial z} = \varphi,$$

$$\xi F'(x) + \eta F'(y) + \zeta F'(z) = F \cdot \left(\frac{\partial \xi}{\partial x} + \frac{\partial \eta}{\partial y} + \frac{\partial \zeta}{\partial z}\right).$$

Aus der homogenen Form von

$$F(x, \overset{n}{y}, z) = 0,$$

nämlich

$$t^n F\left(\frac{x}{t}, \frac{y}{t}, \frac{z}{t}\right) \equiv f(x, \overset{n}{y}, z, t)$$

wird

7*

$$du = \frac{\xi' dy - \eta' dx}{f'(z)} = \cdots, \quad \xi', \eta', \zeta' \text{ homogen vom Grade } n-2,$$

abgeleitet; und aus dem Verhalten für $t = 0$ wird geschlossen:

$$\xi' = -\psi_4 x + \psi_1 t, \quad \eta' = -\psi_4 y + \psi_2 t, \quad \zeta' = -\psi_4 z + \psi_3 t,$$

und hieraus auf die Form der obigen ξ, η, ζ für die Gleichung $\overset{n}{F}(x, y, z) = 0$:

$$\xi = -\psi_4 x + \psi_1, \quad \eta = -\psi_4 y + \psi_2, \quad \zeta = -\psi_4 z + \psi_3,$$

wo $\psi_1, \psi_2, \psi_3, \psi_4$ vom Grade $n-3$ in x, y, z werden. Ferner die Formeln:

$$\psi_1 f'(x) + \psi_2 f'(y) + \psi_3 f'(z) + \psi_4 f'(t) = f \cdot \varphi,$$

$$\varphi = \frac{\partial \psi_1}{\partial x} + \frac{\partial \psi_2}{\partial y} + \frac{\partial \psi_3}{\partial z} + \frac{\partial \psi_4}{\partial t}.$$

Auch Versuche der Konstantenzählung für die Anzahl der durch diese Relationen hervorgebrachten Bedingungen. Sodann (ibid. und Nr. 26, Bogen 1) Anwendung auf die Bedingungen für vollständige Differentialien, bezüglich einer Gleichung

$$\overset{n}{F}(x_1, x_2, \cdots, x_m) = 0$$

mit mehr als 2 unabhängigen Variabeln.

Endlich wird (Nr. 26, Bogen 1) zur Anwendung eine Fläche

$$F(t, y, z) = 0$$

berechnet, deren Punkte den Punktpaaren einer Kurve mit $p = 2$ zugeordnet sind, vermöge

$$s_1^2 = \overset{6}{f}(x_1), \quad s_2^2 = \overset{6}{f}(x_2),$$

$$t = s_1 + s_2, \quad y = x_1 + x_2, \quad z = x_1 x_2;$$

und dafür werden die beiden Integralsummen u_1, u_2 des Umkehrproblems als zugehörige Integrale erster Gattung totaler Differentialien angegeben.

(Cf. Picard in Journ. de Math., sér. IV, t. 1, 1885.) N.

E. Die Perioden der hyperelliptischen Integrale erster Gattung als Funktionen eines Verzweigungspunktes.

(Akt Nr. 4.)

Die Werte der Funktion $s = \sqrt{(z-\alpha)(z-\beta)(z-\gamma)(z-\delta)(z-x)}$ seien auf der doppelt überdeckten z-Ebene derart ausgebreitet, daß die beiden Blätter längs der Verzweigungsschnitte $\alpha\beta$, $\gamma\delta$, $x\infty$, zusammenhängen Ist dann w ein zur Fläche gehöriges Integral erster Gattung, so sind

$$(1) \qquad y_1 = 2\int_{\infty}^{\alpha} dw, \quad y_2 = 2\int_{\alpha}^{\beta} dw, \quad y_3 = 2\int_{\gamma}^{\delta} dw, \quad y_4 = 2\int_{\delta}^{x} dw$$

die Perioden desselben. Dabei sollen die Integrale im ersten Blatt auf der obern Seite des Verzweigungsschnittes genommen werden.

Wird dann noch gesetzt

$$(2) \qquad u = \int_{\beta}^{\gamma} dw, \quad v = \int_{x}^{\infty} dw,$$

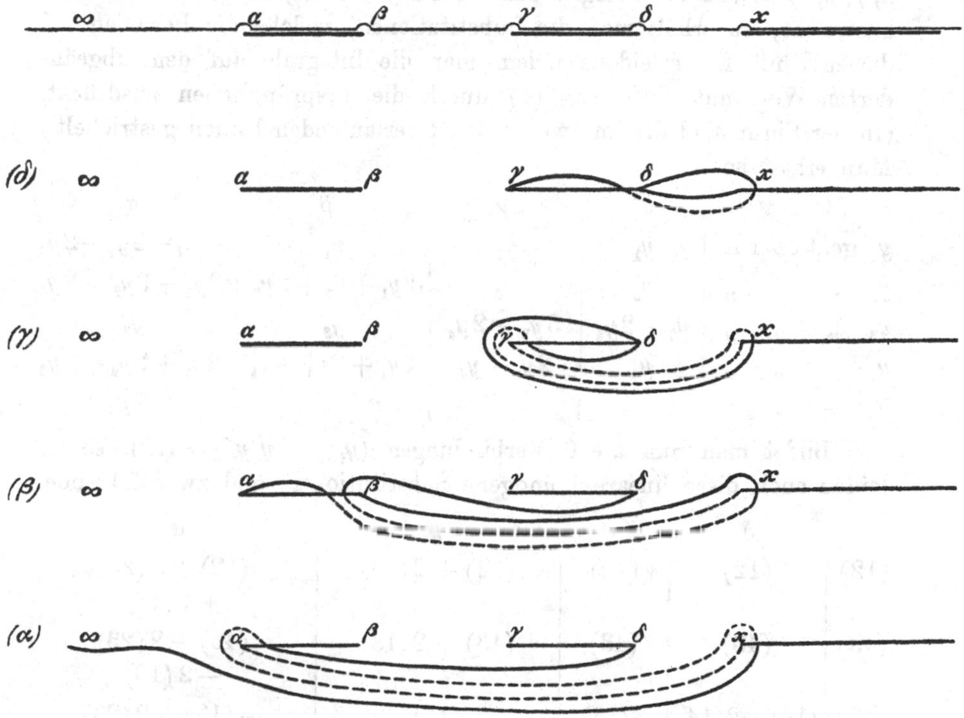

Fig. 7.

so erhält man die Relationen

$$(3) \qquad \begin{aligned} y_1 + y_2 + u + y_3 + y_4 + v &= 0 \\ y_1 - y_2 + u - y_3 + y_4 - v &= 0 \end{aligned}$$

oder

$$(4) \qquad \begin{aligned} u + y_1 + y_4 &= 0 \\ v + y_2 + y_3 &= 0, \end{aligned}$$

indem man einmal an der obern Seite einer von $-\infty$ nach $\alpha\beta\gamma\delta$ und $+\infty$ ziehenden Linie integriert, das andere Mal an der untern Seite derselben Linie.

Setzt man

(5) $$w = \int \frac{(z-x)}{s}\, dz,$$

so wird $\frac{dw}{dx} = -\frac{1}{2}\int \frac{dz}{s}$ das zweite Integral erster Gattung mit den Perioden y_1', y_2', y_3', y_4', und es ist

(6) $$y_1 y_2' - y_2 y_1' + y_3 y_4' - y_4 y_3' = 0.$$

Vollzieht nun x der Reihe nach einen positiven Umlauf um $\delta, \gamma, \beta, \alpha$, so daß der Integrationsweg der y beständig vor dem Punkte x ausweicht, so erhält man die Substitutionen, welche die Perioden bei diesen Umläufen erleiden, indem man die Integrale auf dem abgeänderten Weg mit Hilfe von (4) durch die ursprünglichen ausdrückt. (In der Figur sind die im zweiten Blatt verlaufenden Linien gestrichelt.) Man erhält so

	δ	γ	β	α
y_1 geht über in	y_1	y_1	y_1	$-y_1-2y_2-2y_3$
y_2 „ „ „	y_2	y_2	$2y_1+y_2+2y_3$	$2y_1+3y_2+2y_3$
y_3 „ „ „	y_3-2y_4	$3y_3-2y_4$	y_3	y_3
y_4 „ „ „	y_4	$2y_3-y_4$	$2y_1+2y_3+y_4$	$2y_1+2y_2+2y_3$ $+y_4$

Bildet man nun die 6 Verbindungen $(y_i y_k' - y_k y_i') = (ik)$, so erleiden auch diese lineare homogene Substitutionen, und zwar folgende:

	δ	γ	β	α
(12)	(12)	(12)	(12) + 2 (13)	(12) + 2 (23) + 2 (13)
(43)	(43)	(43)	(43) + 2 (13)	(43) + 2 (23) − 2 (13)
(13)	(13) − 2 (14)	3 (13) − 2 (14)	(13)	− (13) − 2 (23)
(24)	(24)	2 (23) − (24)	(24) + 2 (14) − 2 (12) − 2 (23) + 2 (34)	− 2 (12) − 2 (23) + 2 (14) + 3 (24) + 2 (34)
(14)	(14)	2 (13) − (14)	2 (13) + (14)	2 (12) + 2 (13) − 2 (24) − (14) − 2 (34)
(23)	(23) − 2 (24)	3 (23) − 2 (24)	2 (13) + (23)	2 (13) + 3 (23)

Anmerkung. Das Blatt in Riemanns Nachlaß enthält nur die Formeln mit einigen hier verbesserten Versehen und einer verwischten Bleistiftskizze, aus welcher das Verfahren zu erkennen ist. Die zweite Tabelle ist überdies lückenhaft.

Über den Gegenstand selbst, der erst von Fuchs, Crelles J., Bd. 71 unabhängig wieder aufgenommen wurde, und die Litteratur vgl. man Schlesinger, Handbuch d. Th. d. linearen Differentialgleichungen, § 246—250. Für den Zusammenhang mit Riemanns Untersuchungen über Abelsche Funktionen Th. A. F., Art. 25 (Werke, S. 138 (131 der 1. Aufl.)), sowie den Schluß von Nr. IV, F dieser Nachträge. W.

F. Über die Abbildung der Verzweigungsfläche durch ein Integral erster Gattung.

(Schriftliche Mitteilung Riemanns an Fr. Prym auf eine mündliche Frage.)

Ich habe in meinen Vorlesungen bemerkt, daß man die Zerschneidung der Fläche T durch die p Linien a und b immer so einrichten könne, daß das Bild (S) der Fläche in der w-Ebene aus p Blättern bestehe, deren jedes durch zwei Paare kongruenter Kurven begrenzt ist, und $2p-2$ einfache Verzweigungspunkte habe. Dies Verfahren ist aber nicht in allen Fällen das bequemste und zweckmäßigste, so z. B., wie ich schon sagte, nicht für die Integrale, die ich durch u*) bezeichne, und auch nicht in Ihrem Falle. In diesen beiden Fällen kann man eine einblättrige Fläche (S) erhalten.

Sie wünschen jedoch zu wissen, was aus der obigen p-blättrigen Fläche für $p=2$ in Ihrem speziellen Falle wird.

Dies läßt sich am leichtesten übersehen, wenn man an die Fläche (S) eine kongruente benachbarte Fläche anfügt. In der Figur sind die beiden benachbarten Flächen längs einer Seite der kleineren Parallelogramme aneinander gefügt, so daß diese zusammen ein (blau gezeichnetes) Blatt bilden. Außerdem hat sowohl die Fläche (S), als die ihr kongruente ein anderes Blatt, welches für die eine rot, für die andere schwarz gezeichnet ist. Die Kreuzungslinien zweier Flächen haben die Farben beider.**)

Sie werden nun leicht erkennen, daß man, wenn man zwei Verzweigungspunkte, einen von (S) und einen der benachbarten Fläche, umkreist, erst nach drei Umläufen zum Ausgangspunkt zurückkommt.

Fallen also diese beiden Punkte zusammen, so erhält man einen Punkt, um welchen die Fläche sich dreimal windet.

Ihr Integral kann als ein spezieller Fall angesehen werden von dem Integral

$$w=\int\frac{\varphi(s,z)\,dz}{\dfrac{\partial F}{\partial s}},$$

*) Die transcendent normierten Integrale erster Gattung.

**) In der Figur sind hier die blauen Linien durch Strichelung, die roten durch Strichpunktierung gegeben.

worin φ das Quadrat einer sogenannten Abelschen Funktion, d. h. so beschaffen ist, daß die $2p-2$ Punkte, für welche $\frac{\varphi(s,z)}{\frac{\partial F}{\partial s}}$ unendlich klein von der ersten Ordnung wird, paarweise zusammenfallen.

In diesem Falle kann man diese $p-1$ Punkte zu gemeinschaft-

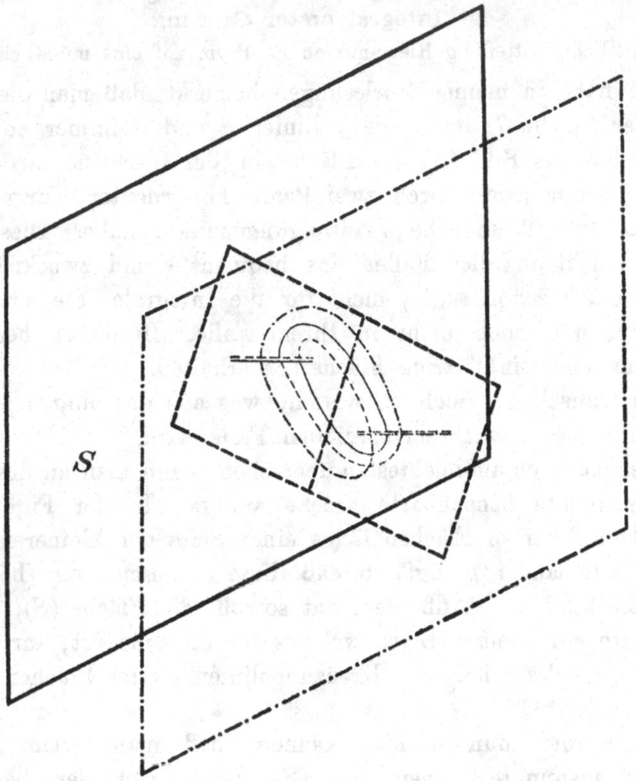

Fig. 8.

lichen Anfangs- und Endpunkten von $p-1$ Paaren der Linien a und b machen.

Die Fläche, welche die Werte von w repräsentiert, wird dann ein Parallelogramm, dessen Seiten die Bilder des p^{ten} Paares (a, b) sind, und aus welchem $p-1$ Parallelogramme ausgeschieden sind, in deren jedem die vier Eckpunkte Bilder Eines Punktes sind, in welchem $\frac{\varphi}{\frac{\partial F}{\partial s}}$ unendlich klein von der zweiten Ordnung wird.

(Für $p=2$ erhalten Sie ein Parallelogramm, aus welchem ein Parallelogramm ausgeschnitten ist.)

Die Betrachtung dieses Falles ist vorteilhaft für die Untersuchung der Differentialgleichungen, welche bei beliebigem p der bekannten Differentialgleichung

$$k(1-k^2)\frac{\partial^2 K}{\partial k^2}+(1-3k^2)\frac{\partial K}{\partial k}=kK$$

entsprechen.

Pisa, 27. März 65. B. R.

Anmerkung. Diese Mitteilung fand sich zunächst in einem Entwurf im Akte 26 („Varia"). Einer gütigen Mitteilung von Herrn F. Prym verdanken wir dann den Text des in seinem Besitz befindlichen Originals und die weitere Nachricht, daß dieser Aufsatz als Antwort auf seine mündliche Anfrage von Riemann niedergeschrieben wurde, als diesem das Sprechen schwer fiel. Die Mitteilung enthält auch die Skizze einer Figur, welche jedoch hier aus rein technischen Gründen etwas abgeändert wurde. Zum Gegenstande vgl. Th. A. F. Art. 12. Ferner F. Klein, Vorlesungen über Riemannsche Flächen, I, S. 60—77 mit weiteren Litteraturangaben. W.

G. Über Thetafunktionen, welche zu besondern Riemannschen Flächen gehören.

Im Akt 19 („Abelsche Funktionen VI"), sowie im Akt 25 („Varia") der Göttinger Papiere finden sich auf einigen Bogen Rechnungen und Andeutungen mit spärlichem Text, welche das im folgenden auseinandergesetzte Problem behandeln. Es sind dies die Bogen 4′, 5′, 6′ von Nr. 19_5, d), von denen 4′ das Datum „Göttingen, Oktober 1862", 5′ das Datum „Göttingen, Januar 1865" trägt. Ferner Bogen 4, 10, 29, 31, 32, 33 von Akt 25. Es sind verschiedene Spezialfälle behandelt, welche jedoch in der Bezeichnung nicht immer deutlich getrennt sind. Auch für die Deutung der Schlußformeln reicht der Text nicht aus, jedoch lassen sie etwa die Richtung erkennen, nach welcher Riemann vorzudringen suchte. Der Ansatz Riemanns gibt übrigens auch einen von den Thetafunktionen unabhängigen Existenzbeweis für die Wurzelfunktionen*).

Man denke sich eine Verzweigungsfläche vom Geschlechte p in der Gestalt eines Systems P von p Parallelogrammen, welche durch $2p-2$ Verzweigungspunkte zu einem Ganzen verbunden sind, gegeben und diese Fläche über a_p hinaus fortgesetzt und λ-mal wiederholt. Die Seite b_p wird dabei λ-mal so lang und die Seiten a_ν, b_ν $(\nu<p)$ vervielfältigen sich λ-mal zu $a_\nu^{(\alpha)}$, $b_\nu^{(\alpha)}$ $(\alpha=1,\cdots,\lambda)$. Man sehe die Figur, zu welcher sich Skizzen auf den erwähnten Blättern finden.

*) Vgl. Anm. (18) zu der in diesen „Nachträgen" unter I publizierten Vorlesung.

Das so entstehende System P' von $\lambda(p-1)+1$ Parallelogrammen mit $\lambda(2p-2)$ Verzweigungspunkten ist vom Geschlechte $\lambda(p-1)+1$ und definiert seinerseits eine Klasse algebraischer Funktionen. Diejenige Funktion erster Gattung auf P', welche am Querschnitt $a_\nu^{(\alpha)}$ den Periodizitätsmodul 1, aber an den übrigen Schnitten a den Periodizitätsmodul 0 hat, sei $w_\nu^{(\alpha)}$. Der Modul von $w_\nu^{(\alpha)}$ am Querschnitt $b_\nu^{(\alpha+\beta)}$, oder von $w_\nu^{(\alpha+\beta)}$ an $b_\nu^{(\alpha)}$, sei $c_{\nu,\nu'}^{(\beta)} = c_{\nu',\nu}^{(-\beta)}$. Die Funktion, welche am Querschnitt a_p den Modul πi, an den übrigen Schnitten a den Modul 0 hat, ist $\frac{1}{\lambda}u_p$, wenn mit u_ν die Funktion erster Gattung des Systems P bezeichnet wird, welche an a_ν den Modul πi, an den übrigen Schnitten a den Modul 0 und am Schnitt b'_μ den Modul $a_{\nu,\mu}$ hat. Am Querschnitt $b_\nu^{(\alpha)}$

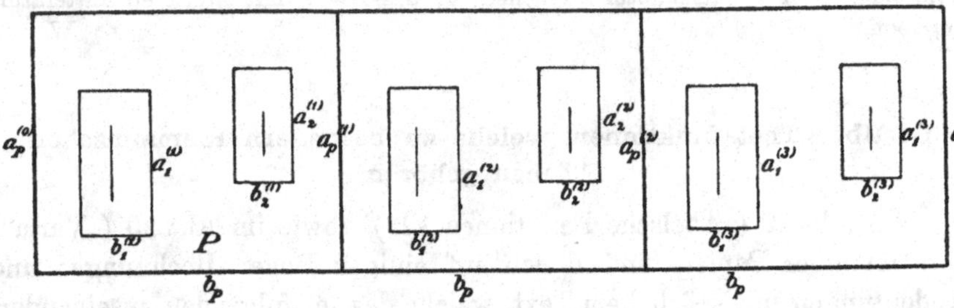

Fig. 9.

hat sie den Modul $\frac{1}{\lambda}a_{\nu,p}$, folglich ist auch der Modul von $w_\nu^{(\alpha)}$ an dem Querschnitt b_p gegeben durch $\frac{1}{\lambda}a_{\nu,p}$. Der Modul von $\frac{1}{\lambda}u_p$ an diesem Querschnitt ist $\frac{1}{\lambda}a_{p,p}$.

Da nun das System P' längs $a_p^{(0)}$ und $a_p^{(\lambda)}$ geschlossen zu denken ist, so bleibt es bei cyklischer Vertauschung der λ Parallelogramme des Systems P' umgeändert. Es folgt dann aus der Betrachtung der Periodeneigenschaften ohne weiteres:

$$\sum_{\alpha=1}^{\lambda} w_\nu^{(\alpha)} = u_\nu.$$

Versteht man unter ε eine primitive Wurzel der Gleichung $\varepsilon^\lambda = 1$ und setzt

$$\sum_{\alpha=1}^{\lambda} w_\nu^{(\alpha)} \varepsilon^{\alpha\varkappa} = v_\nu^{(\varkappa)},$$

so folgt

$$\lambda w_\nu^{(\alpha)} = u_\nu + \sum_{\varkappa=1}^{\lambda-1} v_\nu^{(\varkappa)} \varepsilon^{-\alpha\varkappa}.$$

Dabei haben die $dv_\nu^{(\varkappa)}$ die Eigenschaft, daß sie an entsprechenden Stellen des ersten, zweiten etc. Systems P sich verhalten wie $\varepsilon^{\varkappa} : \varepsilon^{2\varkappa} : \varepsilon^{3\varkappa}$ etc.

Man erhält die Perioden der $v_\nu^{(\varkappa)}$ an den Schnitten $a_\mu^{(\alpha)}$ gleich Null, wenn ν von μ verschieden ist und gleich $\pi i \varepsilon^{\alpha\varkappa}$, wenn $\mu = \nu$ ist. Setzt man ferner

$$\sum_{\alpha=1}^{\lambda} c_{\nu',\nu}^{(\alpha)} \varepsilon^{\alpha\varkappa} = b_{\nu,\nu'}^{(\alpha)},$$

so ist die Periode von $v_\nu^{(\varkappa)}$ am Schnitte $b_{\nu'}^{(\beta)}$ gegeben durch $\varepsilon^{\beta\varkappa} b_{\nu,\nu'}^{(\varkappa)}$.

Nun folgen verschiedene Ansätze und Rechnungen, welche zeigen, daß Riemann mit den Perioden der Größen $w_\nu^{(\alpha)}$ Thetareihen bildete, welche er mit Ω bezeichnet, und ebenso aus den Perioden der $v_\nu^{(\varkappa)}$ und denen der u_ν. Er untersuchte dann das Verhalten dieser drei Arten von Thetafunktionen, wenn einfache Integrale für die Argumente eingeführt werden und deren Beziehungen zueinander. Doch ist ein bestimmtes Resultat nicht erkennbar.

Auf andern Blättern finden sich Ansätze, in denen zuerst das System P über die Linie a_p hinaus einmal, sodann das ganze so entstandene System über b_p hinaus λ-mal wiederholt wird. Es finden sich Rechnungen, welche darauf hinweisen, daß Riemann diese Theta durch Heranziehung von den Integralen $\int d \log \vartheta$ und $\int \log \vartheta\, du$ analogen Integralen auf ihr Verschwinden auf dem System P' untersuchte. Nähere Ausführungen beziehen sich auf $\lambda = 2$, also einmalige Wiederholung der ursprünglichen Fläche. Diese tragen auch das Datum „Göttingen, Oktober 1862“.

Hier bildet er $\vartheta(v_1 - e_1, v_2 - e_2, \cdots, v_{p-1} - e_{p-1})$ und sodann die Integrale $\int d\log\vartheta$, $\int \log\vartheta\, du_\nu$, $\int \log\vartheta\, dv_\nu$ und erhält so, wenn die Werte von v_ν an den $2p-2$ Stellen, für welche $\vartheta = 0$ ist, mit $\beta_\nu^{(\mu)} (\mu = 1, \cdots, 2p-2,\ \nu > 1, \cdots, p-1)$, entsprechend die von u_ν mit $\alpha_\nu^{(\mu)} (\nu = 1, \cdots, p)$ bezeichnet werden:

$$\sum_{\mu=1}^{2p-2} \alpha_\nu^{(\mu)} = (h_\nu' - h_\nu)\pi i + \sum_1^p a_{\nu,\mu}(g_\mu' - g_\mu) - 2a_{\nu,p} g_p,$$

$$\text{(A)} \qquad \frac{1}{2}\sum_1^{2p-2} \beta_\nu^{(\mu)} + \frac{h_\nu + h_\nu'}{2}\pi i + \sum_{\mu=1}^{p} \frac{g_\mu + g_\mu'}{2} b_{\nu,\mu} = r_\nu,$$

$$\sum_1^{2p-2} \alpha_p^{(\mu)} = h_p \pi i + \sum_{\mu=1}^{p-1} a_{p,\mu}(g_\mu' - g_\mu).$$

Es findet sich noch die Notiz:

$$\text{(B)}\quad \begin{array}{l} \text{wenn } \vartheta \text{ gerade } h_p \equiv 0 \bmod 2 \text{ vorzusetzen } \begin{smallmatrix}1\\1\end{smallmatrix} \\ \text{wenn } \vartheta \text{ ungerade } h_p \equiv 1 \bmod 2 \text{ vorzusetzen } \begin{smallmatrix}1\\0\end{smallmatrix} \end{array} \text{ Gruppe } \begin{smallmatrix}0\\1\end{smallmatrix}\begin{pmatrix}0\\0\end{pmatrix}^{p-1},$$

so daß unverkennbar der Plan vorhanden ist, das Verschwinden von $\vartheta(g_h)(v_1 \cdots v_{p-1})$ in Zusammenhang zu bringen mit den Charakteristiken der auf P unverzweigten $\sqrt{\varphi}$. Die übrigen Aufzeichnungen konnte ich nicht in bestimmter Weise deuten.

Am Schlusse finden sich die auch sonst wiederkehrenden Formeln

1) $\dfrac{\Omega(2u_1, 2u_2, \ldots, 2u_p, 0, 0 \cdots 0)}{\vartheta(u_1 \cdots u_p)\,\vartheta\left(u_1, \ldots, u_{p-1}, u_p + \frac{\pi i}{2}\right)}$ unabhängig von den Größen u,

2) $\dfrac{\Omega(0, 0 \cdots 0, 2v_1, 2v_2, \cdots, 2v_{p-1})}{(\Theta(v_1 \cdots v_{p-1}))^2}$ unabhängig von den Größen v,

3) $\dfrac{\Omega(u_\nu - u'_\nu - a_{p,\nu}, v_\nu - v'_\nu - 2e_\nu)}{\Theta(v_\nu - e_\nu)\,\Theta(v'_\nu - e_\nu)}$ unabhängig von den Größen e,

4) $\dfrac{\Omega(u_\nu - u'_\nu - 2e_\nu, v_\nu - v'_\nu)}{\vartheta(u_\nu - u'_\nu - e_\nu)\,\vartheta\left(e_1 \cdots e_{p-1}, e_p + \frac{\pi i}{2}\right)}$ unabhängig von den Größen e, wenn $\vartheta(e_1 \cdots e_p) = 0$,

3*) $\dfrac{\Omega(u_\nu - u'_\nu, 2s_\nu)}{\Theta\left(\frac{v_\nu - v'_\nu}{2} + s_\nu\right)\Theta\left(\frac{v'_\nu - v_\nu}{2} - s_\nu\right)}$ unabhängig von den Größen s.

Hiernach steht es außer Zweifel, daß Riemann ähnliche Untersuchungen, wie sie der Herausgeber im zweiten Teil seines Buches „Untersuchungen über Thetafunktionen“ 1895 angestellt hat, geplant und teilweise durchgeführt hat. Man vergleiche zu den Formeln (A) und (B) die § 40—48 dieser Schrift, wo sich das Ergebnis am Ende von § 48 mit (B) genau deckt.

Die Formeln 1, 2, 3, 4, 3* lassen erkennen, daß Riemann das Zerfallen der — übrigens wechselnd und nirgends vollständig definierten — Funktion Ω nach einer Transformation zweiten Grades in bloß von den v_ν und den u_ν einzeln abhängige Faktoren bereits ins Auge gefaßt hat.

Anmerkung. Auf Bogen 4′, Akt 19_5, d) der Riemann-Papiere stimmt die Tinte des Datums (Göttingen, Oktober 1862) nicht mit der des Textes überein, wohl aber mit Tinte des Textes und Datums (Pisa, Januar 1865) von Bogen 5′. Es scheint also, daß Riemann sich diese Notizen aus Göttingen mitgenommen und in Pisa nachträglich bei der Benutzung datiert hat. Beide Bögen machen einen durchaus zusammengehörigen Eindruck, und stellen sie wohl einen Teil der Untersuchungen über Abelsche Funktionen dar, welche Riemann in Italien auszuarbeiten beabsichtigte. W.

V.

Berichte.

Bericht über das Heft: „Vorlesungen über die hypergeometrische Reihe, S.-S. 1859“

(niedergeschrieben von W. v. Bezold).

Cod. Msc. Riemann 29. Gr. 8. 136 Seiten, in Gabelsberger Stenographie, sogenanntes Pandektenpapier. Die einzelnen Vorlesungen sind nicht äußerlich getrennt und die Trennung nicht mehr festzustellen. Das Heft bezieht sich wahrscheinlich auf die W.-S. 1858/59 gehaltene Vorlesung (vgl. Vorrede dieser „Nachträge“).

S. 1—26 enthält eine ziemlich ausführliche Einleitung über komplexe Größen und Funktionen, Integrale und Integrierbarkeit im allgemeinen, den Cauchyschen Satz und seine Anwendung zu Reihenentwicklungen und Auswertung bestimmter Integrale.

S. 27—35. Die Konvergenz und die gliedweise Integration von Reihen, Potenzreihen, Hinweis auf Briot und Bouquet, Études des fonctions avec des variables imaginaires, J. d. l'école polytechnique, Cah. 36 (1856).

S. 36—42. Das Unendlichwerden der Funktionen, Definition der Ordnung desselben durch $\int d\log y$, die algebraischen Funktionen und ihre Verzweigung.

S. 43—60. Allgemeine Sätze über Verzweigung und lineare Substitutionen, das Funktionensystem $Q\begin{pmatrix} a, b, c \cdots \\ A, B, C \cdots \end{pmatrix} x$. Im wesentlichen der Inhalt des Fragmentes XXI bis etwa S. 385 (363 der 1. Aufl.) der Werke. Eingeschoben ein kurzer Abriß der Determinantentheorie unter Hinweis auf Vandermonde und Cramer.

S. 61. Es werden zunächst nur zwei Verzweigungspunkte angenommen und gezeigt, daß das ganze Funktionensystem Q sich dann zusammensetzen läßt aus Funktionen der Form $(x-a)^{\mu}(x-b)^{-\varkappa-\mu}g_{\varkappa}(x)$, wo $g_{\varkappa}(x)$ eine ganze Funktion $\varkappa^{\text{ten}}$ Grades von x ist.

S. 61—83. Gibt etwa den Inhalt der Abhandlung über die hypergeometrische Reihe (Werke IV). Eingeschoben sind S. 71, 72 die Haupteigenschaften der Eulerschen Integrale und namentlich der Π-Funktion, insbesondere die Darstellung von $\Pi(\mu)$ als Schlingenintegral. (Die Formel

$$\frac{2\pi i}{\Pi(\mu)} = \int_{\infty}^{\infty} e^{-x}(-x)^{-\mu-1}\,dx$$

findet sich bereits in einer Vorlesungspräparation von 1855, Akt 19_3 „Best. Integrale. Funktionentheorie“. Vgl. auch Werke, S. 146 (137 der 1. Aufl.).)

Die in diesen Nachträgen unter III, A mitgeteilten Ausführungen finden sich von S. 75 an.

S. 84—97 enthält die Herleitung des Gaußschen Kettenbruches, insbesondere S. 89—94 die Entwicklungen des Fragmentes, Werke XXIII. (Der Anfang der Untersuchung, einschließlich des Beginnes der Herleitung der asymptotischen Formel, findet sich bereits auf den letzten Seiten und der Innenseite des Einbandes des Scheringschen Heftes über die Vorlesung W.-S. 1856/57, sodaß also diese Entwicklungen spätestens in diese Zeit zu datieren sind. Es sei bei der Gelegenheit bemerkt, daß aus der ganzen Fassung namentlich bei Schering hervorgeht, daß es sich bei der asymptotischen Formel um eine Weiterentwicklung der von Laplace herrührenden Methode zur Gewinnung asymptotischer Ausdrücke handelt. Man vergleiche Théorie analytique des probabilités, livre I, 2. partie. Mit diesen Gedanken stehen auch im Zusammenhang die Entwicklungen im § 13 der Habilitationsschrift [Werke, S. 260 (246)], welchen man übrigens in dieser Zeit auch bei andern Autoren z. B. Hamilton begegnet.)

Der Abschnitt enthält noch Anwendungen der Kettenbruchentwicklungen auf das Wahrscheinlichkeitsintegral und das Integral $\int\limits_y^\infty e^{-t} t^{c-1}\, dt$, sowie Bemerkungen über semikonvergente Reihen und den Integrallogarithmus.

S. 97—106 enthält der Hauptsache nach die Anwendung der allgemeinen Theoreme auf die *functiones contiguas* und eine Andeutung, wie die Kettenbrüche zu benutzen seien zur wirklichen Herstellung der Relationen zwischen diesen.

S. 107 gibt die 24 Ausdrücke der P-Funktion durch die hypergeometrische Reihe und die Konvergenzverhältnisse.

S. 108—114 gibt als Beispiel die Anwendung der vorgetragenen Theorie auf die ganzen elliptischen Integrale, die Kugelfunktionen, die Entwicklungskoeffizienten von $(1 - 2r\cos\varphi + r^2)^{-1/2}$ nach $\cos n\varphi$ durch hypergeometrische Reihen.

S. 114—118 reproduziert den Hauptinhalt der Arbeiten Heines, Crelles J. 32, 34.

S. 118—136 ist im vorstehenden unter III, B wiedergegeben. W.

Bericht über die Akten Nr. 19, 25 (mit 18), 26, 4 des Riemannschen Nachlasses.

Die auf der kgl. Universitätsbibliothek zu Göttingen aufbewahrten Nachlaßpapiere Riemanns, welche zum größeren Teil aus losen Bogen und Blättern bestehen, sind von Herrn Weber behufs Herausgabe der Werke zu Konvoluten zusammengefaßt und benutzt worden. Da auf die Aktenhefte, nun bezeichnet als Nr. 19, 25, 26, 4, in unsern „Nachträgen" wiederholt Bezug genommen ist, und da wir vorstehend einige Riemannsche Untersuchungen aus diesen Papieren mitgeteilt haben, so sei über dieselben hier kurz berichtet, als Ergänzung zu dem bereits in den „Anmerkungen" zu den „Vorlesungen" und „Noten" angeführten.

Akt Nr. 19.

Dieser Akt zerfällt in 5 Hefte, die mit 19_1—19_5 bezeichnet seien.

Heft 19_1: In 4°, „P-Funktion", aus Wintersemester 1856/57. Lose, datierte Vorbereitungen zur Vorlesung und zur Abhandlung, Werke IV.

Heft 19_2: In 4°, „P-Funktion durch bestimmte Integrale", 12. Februar 1857. Nur einige lose Blätter.

Heft 19_3: In 4°, „Bestimmte Integrale. Funktionentheorie“. Teilweise datierte Vorbereitungen zur Vorlesung über Funktionentheorie, Winter 1855/56, den Gang der Abhandlung über Abelsche Funktionen, Werke VI, bis zum Abelschen Theorem gehend. Ferner Blätter zur Vorlesung über die Theorie der Funktionen einer komplexen Größe, Winter 1856/57, ausmündend in Betrachtung von Funktionen, die einer linearen Differentialgleichung 2. Ordnung genügen, wozu Hefte 19_1, 19_2 gehören.

Einige Notizen. 7. Nov. 1855: „In der Mathematik muß man solche Begriffe, wie Stetigkeit, Unendlichkeit, Ähnlichkeit und Unähnlichkeit immer auf Gleichheiten und Ungleichheiten zurückzuführen suchen. Nur dadurch können die Methoden, durch welche man sie der Rechnung (Untersuchung) unterwirft, zur völligen Klarheit gebracht werden. Es werden die Beweise der Fundamentalsätze der Infinitesimalrechnung dadurch, daß man zugleich diese Aufgabe zu lösen hat, etwas umständlicher.“

15. Nov. 1855: „Die Erkenntnis des Umstandes, daß die unendlichen Reihen und die mehrfachen Integrale in zwei Klassen zerfallen [je nachdem der Grenzwert unabhängig von der Anordnung, bezw. von der Art, wie man das Gebiet, wenn es ins Unendliche geht, wachsen läßt; oder nicht], bildet einen Wendepunkt in der Auffassung des Unendlichen in der Mathematik.“

28. Febr. 1856, auf Jacobis Bemerkung über die Umkehrung eines Abelschen Integrals bezüglich: „Vielleicht etwas unvorsichtig, es lasse sich keine mehr als zweifach periodische Funktion von einer Variabeln denken.“

Heft 19_4: In 4°, „Elliptische und Abelsche Funktionen. Funktionentheorie.“ Vorbereitung zur Vorlesung über elliptische Funktionen, von Sommer 1856, an Legendre anknüpfend und bis zur Transformationstheorie und Darstellung durch die Thetafunktionen gehend; sodann Fortsetzung über Abelsche Funktionen, von Sommer 1856. Ferner Manuskriptentwürfe und Abklatsch von Abhandlung VI. Zusatz zum ersten Absatz von XIV. Anfang der Vorlesung von Sommer 1859 über elliptische und Abelsche Funktionen.

Heft 19_5: In 2°, in blauem Umschlag mit Aufschrift „Abelsche Funktionen VI, 19_5“. Dieses Heft zerfällt wieder in vier einzelne Konvolute:

a) Entwurf zu Abhandlung XI „Über das Verschwinden der Thetafunktionen“; der Abhandlung fast wörtlich entsprechend. Mit Briefentwurf an Dedekind, aus Italien 1865. — Einige Seiten aus der algebraischen Theorie von Weierstraß über Integrale erster und zweiter Gattung; sehr wahrscheinlich aus einer Mitteilung von Weierstraß an Riemann*).

b) 51 lose Bogen und Blätter, mit Bleistift nochmals überschrieben: „Abelsche Funktionen“. Dieses Konvolut enthält hauptsächlich Vorbereitungen und Rechnungen zu der hier herausgegebenen Vorlesung von 1861/62, besonders über $p=3$, auch 4; beginnend 1858, wo schon die Gleichungen (17)—(20) von Werke XXXI (XXX der 1. Aufl.) auftreten. Dazu zahlreiche zerstreute Notizen anderer Art. (Dies ist das in den Anmerkungen zitierte Konvolut 19_5, b), Bogen 1—51.)

c) Überschrieben: „Abelsche Funktionen. Entwürfe zu der großen Abhandlung“. Bleistiftentwürfe zu VI.

d) Überschrieben: „ϑ-Funktionen“, innen: „Italien. ϑ-Funktionen“. 6 Bogen, teilweise aus der italienischen Zeit (in den Anmerkungen mit 19_5, d), Bogen $1'$—$6'$ zitiert). N.

---

*) Diese Blätter sind Herrn Mittag-Leffler zur Publikation in den Acta Mathematica übergeben.

Akt Nr. 25, „Varia", mit Akt Nr. 18.

Der Akt Nr. 25 enthält 47 lose Bogen und Blätter und eine Reihe besondere Konvolute. Die Blätter gehören mit Akt 19_5, b) zusammen. Einige der Hefte enthalten Notizen aus der Frühzeit, besonders physikalischen Inhalts. Ferner naturphilosophisch-mechanische Rechnungen: Variationsformeln bei sich zeitlich fortpflanzendem Potential; über Kräfte, die das „Widerstreben eines Raumatoms gegen die Verschmelzung mit einem benachbarten" messen; wobei es sich um die Zurückführung von Fernwirkungen auf Aktionen von zwischenliegenden materiellen Atomen zu handeln scheint. Ferner einige Bogen mit historisch-litterarischen Anmerkungen über Leibniz' Leben und Schriften. Heftchen über Zahlentheorie, Vorlesungsheft über Elastizität und Elektrizität von 1858, Entwürfe zur Habilitationsschrift XII und zum Habilitationsgesuch, mit den [Werke, 2. Aufl. S. 547 (1. Aufl. S. 515) berührten] drei zur Probevorlesung vorgeschlagenen Thematen:

1) Geschichte der Frage über die Darstellbarkeit einer Funktion durch eine trigonometrische Reihe.

2) Über die Auflösung zweier Gleichungen zweiten Grades mit zwei unbekannten Größen.

3) Über die Hypothesen, welche der Geometrie zu Grunde liegen.

Akt Nr. 18, „Naturphilosophisches", gehört eigentlich zu den Heften des Aktes Nr. 25; er enthält auch noch Blätter zu XII der Werke. N.

An einigen Stellen finden sich Rechnungen über das Integral

$$\int e^{-av}\,\vartheta(v-a)^{\alpha}\,\vartheta(v-b)^{\beta}\,\vartheta(v-c)^{\gamma}\,\vartheta(v-d)^{\delta}\,dv,$$

wo ϑ die elliptische Thetafunktion bezeichnet, $\alpha+\beta+\gamma+\delta=0$ und die Integration zwischen singulären Stellen zu verstehen ist. Doch ist ein bestimmtes Resultat nicht erkennbar. W.

Akt Nr. 26, „Varia".

Enthält, außer wenigen Rechnungen — so über die Reihe

$$\varphi(b)=\sum_{-\infty}^{+\infty} e^{an^4+bn^3+cn^2+dn},$$

in der c und d als Funktionen von b angesehen werden —, ein frühes Heft mit einem Aufsatz: „Über den Gang des Potentials auf der Achse einer Franklinschen Tafel mit kreisförmigen Belegungen" und ähnlichem, nach Clausius; ferner ein Heft: „ϑ-Funktionen, Nobilische Ringe, Attraktion des elliptischen Zylinders. Reziprozitätsgesetz". Dann den Vorschlag zu einer von der Fakultät zu stellenden hydrodynamischen Preisfrage; Berichtsentwürfe bez. der Hannoverschen Gradmessungsarbeiten und Arbeiten in Bezug auf die Gestalt der Erde, an denen sich Riemann theoretisch beteiligen will; und die folgenden Thesenentwürfe zur Doktor-Disputation:

1) Es existieren keine magnetischen Fluida.

2) Faradays „Induction in curved lines" ist nicht haltbar.

3) Man kann ohne der Allgemeinheit zu schaden die Differentialrechnung der Analysis vorausschicken.

4) Das Reversionspendel ist nicht das geeignetste Mittel um die Pendellängen zu bestimmen.

5) Die Lehre von der Erhaltung der Kraft ist experimentell noch nicht genügend erwiesen.

6) Der Begriff Spannung ist bisher in der Elektrizitätslehre noch nicht mit der gehörigen Schärfe aufgefaßt worden. N.

Akt Nr. 4: „*P*-Funktionen, Svolgimento XXIII. 4."

Enthält 101 lose Blätter, darunter Entwürfe zu dem Fragment XXIII der Werke von H. Weber, und Korrespondenz, welche sich auf die Herausgabe bezieht. Auf einigen schlecht erhaltenen Blättern finden sich nicht näher zu entziffernde Ansätze und Rechnungen über *P*-Funktionen mit 4 und 5 Verzweigungspunkten. Auf einem Blatt ist die unter IV, E mitgeteilte Untersuchung skizziert. W.

Persönliches.

In den hier besprochenen Papieren Riemanns finden sich mitten unter Rechnungen auf einigen Blättern Zitate aus der antiken und deutschen Litteratur, welche, da er sie bei der Arbeit vor sich hatte, seinen Stimmungen und Anschauungen besonders entsprochen haben dürften. Einige darunter sind recht bezeichnend und wir setzen sie darum her.

1. Non hoc praecipuum amicorum munus est, prosequi defunctum ignavo questu, sed quae voluerit meminisse, quae mandaverit consequi.
   (Tacitus, Annales II. 71.)

2. Wo es die Sache leidet, halte ich es immer für besser, nicht mit dem Anfang anzufangen, der immer das Schwerste ist.
   (Schiller, Briefwechsel mit Goethe vom 5./II. 1796.)
   (Das Original enthält nach „Schwerste" noch die Worte „und Leerste".)

3. Wenn Du Wissenschaft lehrst und sie nicht mit lebender Anmut
   Vorträgst, gehet der Jüngling, der hört, zu dem lieberen Buche.
   Schneller lernt er sie dort und besser, weil er sie froh lernt.
   Aber es kann auch kein Buch den erfreuenden Lehrer verdrängen,
   Der mit Beredtsamkeit sprechend den horchenden Jüngling begeistert.
   Er bereitet sich vor, wie, wer gefällt auf dem Schauplatz.
   Dies hat er oft zwei Stunden gethan, um eine zu lehren.
   (Klopstock, Werke, Epigramm 62.)

4. Sei, wenn neues du wagst, so bestimmt als möglich; doch sei auch
   Völlig gewiss, man seh's schief und erkläre dich falsch.
   Denn du begehst ja nur einmal den schrecklichen Fehler der Neuheit,
   Und kein Leisten ist noch, dem man sie passe, gemacht.
   (Klopstock, Werke, Epigramm 67.)

5. Die Wissenschaft hat dreierlei Thun:
   Suchen, Binden, Gestalten.
   Sie denken, sie könnten lorbeerruhn,
   Wenn sie's mit einem gehalten. (Franz Kugler.)

6. *Ταράσσει τοὺς ἀνθρώπους οὐ τὰ πράγματα ἀλλὰ τὰ περὶ τῶν πραγμάτων δόγματα.* (Epictet, Enchiridion c. 5.)

Das Interesse Riemanns an physiologischer Optik bezeugen zwei von ihm selbst angefertigte Aufnahmen des blinden Fleckes in beiden Augen. W. N.

Verzeichnis der von Riemann angekündigten Vorlesungen.(1)

W.-S. 1854/55: Die Theorie der Integration der partiellen Differentialgleichungen nebst Anwendung derselben auf verschiedene Probleme der Physik.(2)

S.-S. 1855: Bestimmte Integrale. 4 Std. wöch.

W.-S. 1855/56: Die Funktionen einer veränderlichen komplexen Größe, insbesondere elliptische und Abelsche.(3) 3 Std. wöch.

S.-S. 1856: Die mathematische Theorie der Elastizität fester Körper. 4 Std. wöch., morgens um 7 Uhr.

" Auserlesene physikalische Probleme. 2 Std. wöch., unentgeltlich.

W.-S. 1856/57: Die Funktionen einer veränderlichen komplexen Größe, insbesondere hypergeometrische Reihen und verwandte Transcendenten.(4) Freit. von 12—1 Uhr, Sonnab. von 11—1 Uhr.

S.-S. 1857: Die Theorie der elliptischen und Abelschen Funktionen. 5 Std. wöch. um 11 Uhr.

W.-S. 1857/58: Die Theorie der elliptischen und Abelschen Funktionen. 4 Std. wöch. um 8 Uhr.

S.-S. 1858: Die mathematische Theorie der Elektrizität und des Magnetismus.(6) 4 Std. wöch. um 9 Uhr.

" Ausgewählte physikalische Probleme. Mittw. um 9 Uhr öffentlich.

W.-S. 1858/59: Über Funktionen einer veränderlichen Größe, insbesondere über hypergeometrische Reihen und verwandte Transcendenten.(5) 4 Std. wöch. um 10 Uhr.

" Die höhere Mechanik. 4 Std. wöch. um 9 Uhr.

S.-S. 1859: Die mathematische Theorie der Schwere, des Magnetismus und der Elektrizität.(6) Mont., Dienst., Donnerst., Freit. um 9 Uhr.

" Über elliptische Funktionen. Mont., Dienst., Donnerst., Freit. um 5 Uhr.

W.-S. 1859/60: Die mathematische Theorie der Elastizität fester Körper. 4 Std. wöch. um 11 Uhr.

S.-S. 1860: Die mathematische Theorie der Schwere, der Elektrizität und des Magnetismus.(6) Mont., Dienst., Mittw. u. Donnerst. um 9 Uhr.

" Die Methode der kleinsten Quadrate. 2 Std. wöch. um 5 Uhr öffentl.

W.-S. 1860/61: Die Theorie der partiellen Differentialgleichungen mit Anwendung auf physikalische Probleme.(2) Mont., Dienst., Mittw., Donnerst. u. Freit. um 11 Uhr.

S.-S. 1861: Die mathematische Theorie der Schwere, der Elektrizität und des Magnetismus.(6) 5 Std. wöch. um 9 Uhr.

" Über Funktionen einer veränderlichen komplexen Größe, insbesondere elliptische und Abelsche.(7) 4 Std. wöch. um 10 Uhr.

W.-S. 1861/62: Fortsetzung der Vorlesungen über die Theorie der Funktionen einer veränderlichen komplexen Größe.(8) 3 Std. wöch. um 11 Uhr, unentgeltlich.

S.-S. 1862: Die Theorie der partiellen Differentialgleichungen mit Anwendungen auf physikalische Fragen.(2) 5 Std. wöch. um 9 Uhr.

W.-S. 1862/63: Die mathematische Theorie der Schwere, des Magnetismus und der Elektrizität. 5 Std. wöch. um 11 Uhr.

S.-S. 1863: [wie ad S.-S. 1862].

W.-S. 1863/64: Ausgewählte Kapitel der mathematischen Physik.

S.-S. 1864: [wie ad S.-S. 1862].
W.-S. 1864/65, S.-S. 1865, W.-S. 1865/66 (und W.-S. 1866/67): Ankündigung soll nach Rückkehr von der Reise erfolgen.
S.-S. 1866: Ankündigung wird erfolgen, sobald seine Gesundheit Riemann zu lesen erlaubt. (9)

Anmerkungen.

(1) Das Verzeichnis ist aus den „Göttinger Nachrichten", Jahrg. 1854—1866, gezogen.

(2) Auf diese Vorlesung bezieht sich K. Hattendorffs Herausgabe: „Partielle Differentialgleichungen und deren Anwendung auf physikalische Fragen. Vorlesungen von Bernh. Riemann," Braunschweig, Fr. Vieweg u. Sohn, 1869, von der jetzt, statt einer 4. Ausgabe, eine völlige Neugestaltung durch Herrn H. Weber vorliegt. Die Hattendorffsche Nachschrift (vgl. die Vorrede dieses Buches) war die der Vorlesung von W.-S. 1860/61. Das von Riemann herrührende Manuskript der Vorlesung, datiert Michaelis 1854, welches Hattendorff benutzt hat, liegt bei den Göttinger Papieren (vgl. F. Klein in Gött. Nachr. 1897, H. 2, S. 189).

(3) An diese Vorlesung schließt Riemanns Abhandlung über die Theorie der Abelschen Funktionen (Werke VI) an. Nach einer Bemerkung in der Einleitung zu dieser Abhandlung (Werke, S. 102 der 2., S. 95 der 1. Ausgabe) hat sich die Vorlesung noch auf das Sommersemester 1856 ausgedehnt, obwohl für dieses Semester keine Fortsetzung angekündigt war. Auf diese Vorlesung bezieht sich ferner der erste und größere Teil, S. 1—192, des bei den Göttinger Papieren als Akt Nr. 37 liegenden Heftes von E. Schering (vgl. F. Klein in Gött. Nachr., Gesch. Mitteil. 1898, H. 1, S. 18 Anm.). Aus dem ersten Stück des Heftes sei hervorgehoben, daß die Einleitung Begriff und Bedeutung der komplexen Größen eingehend bespricht und daß einige Ausführungen zum Dirichletschen Prinzip gegeben werden, welche in den ersten Versuchen etwas abweichen von der Ausführung in der Abhandlung; aus dem letzten Stück, neben dem von H. Stahl benutzten Teil über elliptische Funktionen (Sommer 1856), eine eingehende Diskussion der Abbildung der zweiblättrigen Riemannschen Fläche durch ein Integral erster Gattung, sowie für diesen nämlichen Fall die Erledigung der algebraischen Darstellung einfacher Thetaquotienten mit vollständiger Konstantenbestimmung. Diese letzteren Diskussionen scheinen nachträgliche Bearbeitungen Scherings zu sein. Eine kürzere Nachschrift der Vorlesung durch Herrn R. Dedekind erwähnt Herr H. Stahl in dem Vorwort zu seinen „Elliptische Funktionen, Vorlesungen von B. Riemann", Leipzig, B. G. Teubner 1899.

(4) An diese Vorlesung schließen IV, XXI und XXIII der Ges. Werke an; ferner II dieser „Nachträge". Auf sie bezieht sich der zweite Teil des in Anm. (3) angeführten Scheringschen Heftes, von S. 193—276. (Vgl. Vorrede und Anm. zu II dieser „Nachträge".)

(5) Zu dieser Vorlesung gehört III, A und III, B dieser „Nachträge". Über die bezügliche v. Bezoldsche Nachschrift, Akt Nr. 29 der Göttinger Papiere, vgl. den besonderen Bericht auf S. 109 und die Vorrede.

(6) Von dieser 1858—1861 viermal angekündigten Vorlesung existiert eine Bearbeitung durch K. Hattendorff: „Schwere, Elektrizität und Magnetismus. Nach den Vorlesungen von B. Riemann", Hannover 1876, C. Rümpler, welche, nach der Vorrede dieser Bearbeitung, auf einer Nachschrift der letzten Vorlesung von Sommer 1861 beruht.

(7) Zu dieser Vorlesung gehört die bei den Göttinger Papieren liegende Nachschrift von K. Hattendorff; einige jetzt nachträglich nach Göttingen abgegebene Bogen beziehen sich auf den Anfang der anschließenden Vorlesung von W.-S. 1861/62. Aus dieser Nachschrift ist das in einer kleineren Anzahl von Exemplaren autographisch vervielfältigte Heft von Herrn F. Prym entstanden, ebenso eine Reihe weiterer noch existierender Vorlesungshefte; das Rochsche Heft (vgl. Ges. Werke, S. 483 (456 der 1. Aufl.)) ist in diesem Teile vielleicht selbständige Nachschrift. Aus dem Hattendorff-Prymschen Hefte, in Verbindung mit dem in (3) angeführten Scheringschen, ist dann das ebenda angeführte Buch von Herrn H. Stahl (vgl. das Vorwort dieses Buches) hervorgegangen.

(8) Aus dieser Vorlesung stammen XXX und XXXI (XXIX u. XXX der 1. Aufl.) der Ges. Werke und I der „Nachträge". Vgl. darüber die Vorrede zu diesen Nachträgen, ebenso über die bezüglichen Nachschriften von Herrn F. Prym und B. Minnigerode, und die Bearbeitung eines Teils derselben durch G. Roch. Diese Vorlesung war zugleich die letzte vollständig gehaltene Vorlesung Riemanns.

(9) Von den angekündigten Vorlesungen S.-S. 1855 (Bestimmte Integrale), S.-S. 1856 und W.-S. 1859/60 (Elastizität fester Körper), S.-S. 1857 und W.-S. 1857/58 (Elliptische und Abelsche Funktionen), W.-S. 1858/59 (Höhere Mechanik), S.-S. 1859 (Elliptische Funktionen), S.-S. 1860 (Methode der kleinsten Quadrate) liegen bis jetzt keine Nachschriften vor. N.

Richard Dedekind

Gesammelte mathematische Werke

Herausgegeben von

Robert Fricke †
in Braunschweig

Emmy Noether
in Göttingen

Öystein Ore
in New Haven

Dritter Band

Druck und Verlag von Friedr. Vieweg & Sohn Akt.-Ges.
Braunschweig 1932

LVII.
Anzeige der ersten Auflage von Riemanns gesammelten Werken.

[Göttingische gelehrte Anzeigen, Jahrgang 1876, S. 961—965.]

Wenn ich infolge einer an mich gerichteten Aufforderung mir erlaube, das Erscheinen dieses Werkes in diesen Blättern anzuzeigen, so geschieht dies nicht in der Absicht, auf den Inhalt desselben näher einzugehen; denn eine solche Anzeige ist schon in vollkommenerer Weise, als es mir gelingen könnte, von dem eigentlichen Herausgeber, meinem hochverehrten Freunde Heinrich Weber in Königsberg, verfaßt und wird demnächst an einem anderen Orte (Repertorium von L. Königsberger und G. Zeuner) veröffentlicht werden. Der Zweck der folgenden Zeilen besteht vielmehr nur darin, einige Mitteilungen über die Entstehung der Herausgabe zu machen, die für die Leser der G. G. A. vielleicht von einigem Interesse sein möchten.

Bald nach dem Tode Riemanns erhielt ich von Frau Prof. Riemann den ehrenvollen Auftrag, den wissenschaftlichen Nachlaß einer Durchsicht zu unterziehen und das zur Publikation Geeignete herauszugeben. Drei Abhandlungen, nämlich die über die trigonometrischen Reihen, über die Hypothesen der Geometrie, und den Beitrag zur Elektrodynamik, fand ich in der saubersten Handschrift fertig vor, und ich beeilte mich dieselben zu veröffentlichen. Das Übrige befand sich mit wenigen Ausnahmen in einem gänzlich ungeordneten Zustande, welcher aus den vielfachen Reisen Riemanns leicht erklärlich war, und es kam vor allen Dingen darauf an, die außerordentliche Menge von einzelnen Blättern, die sich seit Riemanns Studienzeit angesammelt hatten, ihrem Inhalte nach zu prüfen, Zusammengehöriges zu erkennen und zu ordnen. Von der Beschaffenheit dieser vorbereitenden Tätigkeit kann nur der sich eine deutliche Vorstellung machen, der einen Blick in diese Papiere getan hat. Der Mehrzahl nach enthalten sie in vielfachen Wiederholungen die Entwürfe zu den von Riemann selbst publizierten Abhandlungen und Vorbereitungen zu seinen Vorlesungen; außerdem finden sich Exzerpte aus den verschiedensten Werken, Abschriften von solchen Stellen, welche Riemanns Interesse vorzugsweise erregt hatten, ferner Entwürfe zu Briefen; viele Blätter sind mit Formeln ohne jeden erklärenden Text bedeckt, und alle diese Dinge finden sich bisweilen auf einem und demselben Foliobogen vereinigt, der teils von oben nach unten, teils in der entgegengesetzten Richtung beschrieben ist. Unter diesen Umständen waren meine Bemühungen, die Papiere zu ordnen, nur von einem mangelhaften Erfolge begleitet, und obwohl ich Riemanns Werke immer wieder eifrig durchgearbeitet hatte, so konnte ich mir doch nicht verhehlen, daß ich für die Entzifferung des Inhalts mancher Papiere nicht die volle erforderliche Detailkenntnis besaß, da meine eigenen Studien im ganzen einem anderen Gebiete der Mathematik zugewandt waren. Ich begnügte mich daher zunächst, das mir Verständliche in Reinschriften zusammenzustellen, und wollte dazu übergehen, einiges davon, namentlich die Pariser Preisschrift nebst einem Kommentar über die Beziehungen derselben zu der Abhandlung über die Hypothesen der Geometrie, zu veröffentlichen, als ich durch die notwendigen Vorarbeiten für eine zweite Auflage von Dirichlets Zahlentheorie für mehrere Jahre in meinem Vorhaben gestört wurde. Bald nachdem ich mich demselben wieder zugewandt hatte, entstand in Göttingen der neue Gedanke, Riemanns Werke vollständig gesammelt herauszugeben; Clebsch, der Nachfolger Riemanns, hatte, wahrscheinlich durch Wilhelm Weber angeregt, diesen Gedanken mit seiner ganzen Lebhaftigkeit im Frühjahr 1872 erfaßt, und gern ging ich, als er mich Pfingsten besuchte, auf seinen Plan ein, dieser Herausgabe auch den Nachlaß einzuverleiben. Clebsch übernahm auf meinen Wunsch die Hauptleitung des Unternehmens und erhielt alle Papiere nach Göttingen zugeschickt, um sie einer nochmaligen Durchsicht und Prüfung zu unterziehen, die ich aus den obigen Gründen für dringend notwendig hielt; ich selbst konnte mich, da mir bald darauf ein sorgenvolles und meine Kräfte ganz absorbierendes Nebenamt für drei Jahre übertragen wurde, nur noch in geringem Grade an der beabsichtigten Herausgabe beteiligen. Dieselbe versprach rasch vonstatten zu gehen, und der Druck sollte bald begonnen werden, als durch das plötzliche, höchst beklagenswerte Hinscheiden von Clebsch im November

1872 das Unternehmen gänzlich ins Stocken geriet. Nachdem ich eine Zeitlang gar keine Kunde von dem Fortgange desselben erhalten hatte, versuchte ich, einen ausgezeichneten Mathematiker und Freund von Clebsch zu bewegen, an dessen Stelle zu treten; leider war derselbe durch die triftigsten Gründe verhindert, meine Bitte zu erfüllen. So blieb die Sache abermals liegen, da ich selbst infolge meiner Geschäfte außerstande war, die Herausgabe in Angriff zu nehmen. Unter Zustimmung der Frau Prof. Riemann entschloß ich mich endlich im November 1874, Herrn Prof. H. Weber in Zürich, der durch seine Arbeiten sich als einen der tiefsten Kenner der Riemannschen Schöpfungen bewährt hatte, zu bitten, das große Werk ganz allein in seine Hände zu nehmen, und je geringer meine Hoffnung gewesen war, meine Bitte erfüllt zu sehen, um so größer war meine Freude, als derselbe trotz schwerer Bedenken sich bedingungslos bereit erklärte, seine Kräfte ganz diesem Unternehmen zu widmen. Von diesem Augenblicke ab nahm die Angelegenheit den erfreulichsten und raschesten Fortgang. Es handelte sich neben der sorgfältigen Revision der schon publizierten Abhandlungen um eine nochmalige, genaue Prüfung des gesamten Nachlasses; diese mühsame Arbeit ergab außer anderen Erfolgen, deren Aufzählung hier zu weit führen würde, das höchst glückliche Resultat, daß mehrere Bestandteile des Nachlasses, deren Bedeutung mir entgangen oder deren Wert nicht vollständig von mir gewürdigt war, in die Herausgabe aufgenommen oder doch für dieselbe verwertet werden konnten. Es ist daher lediglich das Verdienst des Herrn Prof. Weber, daß das Werk so bald und in solcher Vollständigkeit dem mathematischen Publikum hat übergeben werden können. Meine eigene Mitwirkung hat sich dabei, abgesehen von einigen Kleinigkeiten, nur noch auf die Teilnahme an der Revision der Druckbogen erstreckt.

Braunschweig.

VERHANDLUNGEN

DES DRITTEN INTERNATIONALEN

MATHEMATIKER-KONGRESSES

IN HEIDELBERG VOM 8. BIS 13. AUGUST 1904.

HERAUSGEGEBEN VON DEM SCHRIFTFÜHRER DES KONGRESSES

Dr. A. KRAZER

PROFESSOR AN DER TECHNISCHEN HOCHSCHULE KARLSRUHE I. B.

MIT EINER ANSICHT VON HEIDELBERG IN HELIOGRAVÜRE.

LEIPZIG,

DRUCK UND VERLAG VON B. G. TEUBNER.

1905.

Riemanns Vorlesungen über die hypergeometrische Reihe und ihre Bedeutung.

Vortrag, gehalten in der 3. allgemeinen Sitzung am 13 August

von

W. WIRTINGER aus Wien.

Wenn ich es heute unternehme, vor Ihnen über eine Vorlesung zu sprechen, die nun bald vor 50 Jahren gehalten wurde und noch dazu über einen sehr speziellen Gegenstand, so muß ich fast fürchten in ihren Augen rückständig zu erscheinen. Aber Sie werden vielleicht milder urteilen, wenn ich vorausschicke, daß es sich dabei um die ersten Mitteilungen über Methoden handelt, welche in einem wichtigen und noch lange nicht ausgebauten Teile der heutigen Funktionentheorie erst viel später zur vollen Geltung gekommen sind und deren Tragweite noch nicht erschöpft scheint. Auch handelt es sich dabei nicht so sehr darum, Ausblicke in weite noch unberührte Gebiete zu gewinnen, sondern in ihrer allgemeinen Natur wohlerkannte Erscheinungen im konkreten Fall ins Auge zu fassen und so vielleicht den Zugang zu neuen Problemen zu eröffnen.

Als Riemann an seine Untersuchungen über die hypergeometrische Reihe herantrat, fand er einen großen Vorrat von Beziehungen und Entwicklungen vor, welche bereits Gauß aus der formellen Gestalt der Reihe durch Rechnung entwickelt hatte.

Dieser hatte mit der ihm eigenen Sicherheit des mathematischen Taktes gerade diejenigen Beziehungen und Gesichtspunkte herausgegriffen, welche in der Tat für die Folge maßgebend geworden sind, und ist, wie der zweite, erst nach seinem Tode veröffentlichte Teil seiner Untersuchungen lehrte, dabei von dem Gedanken geleitet worden, mit Hilfe der Differentialgleichung zweiter Ordnung, welcher diese Reihe genügt, sich von der Beschränkung freizumachen, welche die Konvergenz eben dieser Reihe den Formeln des ersten Teiles auferlegte.

E. E. Kummer hatte sodann die Transformationen dieser Reihe gerade von der Differentialgleichung aus einer ungemein eingehenden

Untersuchung unterzogen und eine große Reihe von speziellen Beziehungen zu den elliptischen Integralen und Funktionen dargelegt. Seine Methode stützte sich bereits auf die für die spätere Entwicklung fundamentale Tatsache, daß der Quotient zweier partikulärer Integrale einer linearen Differentialgleichung zweiter Ordnung seinerseits einer nicht mehr linearen Differentialgleichung dritter Ordnung genügt. Im speziellen Fall der Perioden des elliptischen Integrals erster Gattung hatte bereits Jacobi in der Theorie der Modulargleichungen davon Gebrauch gemacht, und diese Differentialgleichung dritter Ordnung für die Legendresche lineare Differentialgleichung der Perioden des elliptischen Integrals erster Gattung aufgestellt. Historisch interessant ist es aber, daß bereits Lagrange bei einer Aufgabe der Kartenprojektion, der konformen Abbildung, auf den einen Teil dieser Formel, den Differentialausdruck, gestoßen war.

Die schöne Abhandlung Jacobis über die Integration der Differentialgleichung der hypergeometrischen Reihe durch bestimmte Integrale wurde erst 1859 nach dessen Tode herausgegeben. Für Riemann und Jacobi erscheint daher als gemeinsame Quelle der Anregung der zweite Band der Institutiones calculi integralis von Euler, sowie einige andere Abhandlungen dieses in seiner Fruchtbarkeit unvergleichlichen Mannes. Nehmen wir dazu noch zwei Arbeiten, eine von Pfaff und eine von Gudermann, welche spezielle Probleme der Transformation dieser Reihen behandeln, so haben wir damit so ziemlich den Vorrat von Methoden und Resultaten charakterisiert, welchen Riemann auf diesem Gebiet vorfand.

Dazu brachte er nun den ihm eigentümlichen Gedanken mit, die Funktionen nicht durch einen bestimmten Ausdruck festzulegen, sondern durch ihre Unstetigkeiten und die Art ihrer Vieldeutigkeit oder, wie wir heute sagen würden, durch Relationen zwischen den verschiedenen analytischen Fortsetzungen, welche derselben Stelle des Gebietes angehören, in welchem die Funktion definiert werden soll. Daß endlich auch die Beschaffenheit des Gebietes selbst nach seinem einfachen oder mehrfachen Zusammenhang, also nach den verschiedenen Arten geschlossener Wege, welche auf demselben möglich sind, wesentlich in Betracht kommt, hatte er schon in seiner Dissertation erkannt. Auch hier hatte er schon angedeutet, daß eine Funktion einer komplexen Veränderlichen nicht gerade durch die Werte an der Begrenzung eines Gebietes, sondern auch durch Relationen zwischen dem reellen und imaginären Teil, ja sogar durch Relationen zwischen diesen Werten an verschiedenen Stellen der Begrenzung ganz oder teilweise bestimmt sein könne.

Dies sind ungefähr die allgemeinen Gedanken und die speziellen Resultate, welche Riemann vorfand, als er im Wintersemester 1856/57 seine erste Vorlesung über diesen Gegenstand unter dem Titel: Die Funktionen einer veränderlichen komplexen Größe, insbesondere hypergeometrische Reihen und verwandte Transzendenten, — drei Stunden wöchentlich — ankündigte und auch hielt.

Erhalten ist uns diese Vorlesung im Umriß durch eine Nachschrift von E. Schering. Daraus entstand dann die Abhandlung von 1857: Beiträge zur Theorie der durch die Gaußsche Reihe $F(\alpha, \beta, \gamma, x)$ darstellbaren Funktionen.

Schon der äußere Anblick unterscheidet diese Arbeit wesentlich von denen seiner Vorgänger. An Stelle der langen und mühsamen Rechnung erscheint hier die Überlegung, allerdings oft nicht weniger schwierig, welche von Resultat zu Resultat führt. An Stelle der Formel mit zunächst beschränktem Geltungsgebiet tritt die Definition einer ganzen Funktionsklasse durch die Forderung an drei Stellen je durch zwei Zweige von bestimmtem Verhalten darstellbar zu sein, und außerdem sollen je drei ihrer Zweige durch eine homogene lineare Relation verbunden sein. Aus dieser Definition fließt dann fast unmittelbar die ganze Kette von Relationen und Transformationen, welche bisher durch Rechnung gefunden waren, und eine Reihe neuer, überdies aber eine tiefere Einsicht in die Natur der untersuchten Funktionsklasse, Dinge, die in einer Versammlung von Mathematikern ausführlich zu beschreiben heute bereits überflüssig sein dürfte. Während nun in der Abhandlung die bestimmten Integrale nur gestreift werden, geht die Vorlesung ausführlich auf sie ein, doch noch immer unter Benützung der Reihenentwicklung als vermittelnden Gliedes. Die Kettenbruchentwicklungen, welche bereits Gauß gegeben hatte, erfahren hier eine neue Darstellung, und der Ansatz zum Konvergenzbeweise derselben wird mit Hilfe asymptotischer Entwicklungen auf Grund eines Gedankens, den Riemann auch in seiner Habilitationsschrift über die trigonometrischen Reihen benützt, unternommen. Die Darlegungen desselben beschließen die Scheringschen Aufzeichnungen auch äußerlich, sie sind auf der innern Seite des Einbandes des Heftes geschrieben und unvollendet. Der wesentliche Inhalt dieser letzten Untersuchung ist in das Fragment XXII der gesammelten Werke übergegangen nach einer späteren Aufzeichnung von 1863. Ihrer Entstehung nach aber reichen diese Ansätze, wie das Scheringsche Heft zeigt, in jene erste Vorlesung über die hypergeometrische Reihe zurück.

Weder die Abhandlung noch diese erste Vorlesung greifen aber die Untersuchung der bestimmten Integrale als Funktionen der außer der Integrationsveränderlichen auftretenden Variablen, oder genauer als Funktionen der singulären Stellen des Integranden, direkt an.

Ferner tritt nirgends die durch den Integralquotienten vermittelte konforme Abbildung auf; es wird noch nicht untersucht, in welcher Beziehung die Gebiete der unabhängigen Variablen und des Quotienten zweier partikulären Integrale zueinander stehen, und damit entfällt auch das Studium dieser Abhängigkeit in der Weise, daß nun die Variable der Differentialgleichung als Funktion des Integralquotienten betrachtet wird.

Alle diese wesentlichen und neuen Gedanken sind erst in der zweiten Vorlesung hinzugekommen, welche Riemann unter demselben Titel im Wintersemester 1858/59, vier Stunden wöchentlich, hielt. Da er selbst darüber nichts publiziert hat, so wären diese Ansätze als Riemann eigentümlich nicht mehr nachzuweisen, wenn nicht ein glücklicher Zufall und die Pietät eines der wenigen noch überlebenden Hörer dieser Vorlesungen uns dieselben aufbewahrt hätte. Allerdings kamen sie erst zu einer Zeit wieder zum Vorschein, wo die Resultate und Probleme längst von anderer Seite wiedergefunden waren. Um so interessanter aber ist es zu sehen, wie die Wissenschaft von selbst in stetiger Entwicklung alle die Methoden und Probleme wieder stellte und ausbildete, welche Jahrzehnte vorher Riemann mit der ihm eigenen schlichten Selbstverständlichkeit seinen Hörern vorgelegt und entwickelt hatte, von denen aber zu dieser Zeit kaum einer in der Lage war, diese Ansätze nach ihrer Bedeutung zu würdigen, geschweige denn sie selbständig weiter zu bilden.

Herr Professor Wilhelm von Bezold, zur Zeit Direktor des kgl. preußischen meteorologischen Institutes in Berlin, hatte diese Vorlesung besucht und aus Achtung vor dem Rufe und Ansehen Riemanns an der Universität sorgfältig in Gabelsbergerscher Stenographie aufgezeichnet, deren Kenntnis er aus seiner Heimat, München, mitbrachte. Dort hatte ja auch deren Erfinder gewirkt. Da er damals am Beginn seiner Studien stand, so konnte er die Tragweite der neuen Gedanken Riemanns nicht sogleich beurteilen — und wie viele Mathematiker hätten es damals gekonnt? Später widmete er sich der Physik und Meteorologie und so geriet denn auch jene Aufzeichnung in Vergessenheit. Erst nach Jahrzehnten, etwa im Anfang der Neunziger Jahre des vorigen Jahrhunderts, kamen ihm diese wieder durch einen Zufall in Erinnerung, und er brachte sie zunächst zur Kenntnis seiner Berliner Kollegen. Besonders Fuchs interessierte sich so sehr für den Inhalt, daß er im Jahre 1894 für seinen eigenen Gebrauch eine Übertragung in Kurrentschrift anfertigen ließ. Die Einordnung und Übertragung des gesamten Riemannschen Nachlasses an die Göttinger Universitätsbibliothek veranlaßte sodann Herrn v. Bezold, diese Aufzeichnungen ebenfalls dorthin zu überweisen. Als dann Herr Nöther den Plan faßte, zu Riemanns Werken Nachträge herauszugeben, wurden auch diejenigen Teile dieser Vorlesung mit einbezogen, welche ihrem Inhalt nach nicht schon anderweitig als dem Riemannschen Gedankenkreise angehörig nachgewiesen waren.

Was nun die Vorlesung selbst betrifft, so beginnt sie mit einer Einleitung in die seither längst zum Gemeingut der Mathematiker gewordene Riemannsche Auffassung des Funktionsbegriffes, geht sodann über auf eine kurze Erläuterung der Verzweigung der algebraischen Funktionen und setzt hierauf sogleich mit den allgemeinen Gedanken des nachgelassenen Fragmentes über lineare Differentialgleichungen ein. Es werden die Elemente der Determinantentheorie, der Zusammensetzung und Reduktion linearer Substitutionen in aller Kürze entwickelt und nun Systeme von Funktionen definiert, welche bei Umläufen um gewisse singuläre Punkte gegebene Substitutionen erleiden. Riemann stellte also seine Hörer ohne jede Rücksicht auf die historische Kontinuität, ohne irgend welche induktive Vorbereitung gleich in den ersten Vorlesungen vor ein Problem von großer Allgemeinheit, welches irgend einen Zusammenhang mit der damals geläufigen Auffassung einer Differentialgleichung durchaus nicht unmittelbar zeigte. Aber noch mehr. Daß überhaupt dieses Problem auch nur in den einfachsten Fällen eine Lösung zuläßt, ist durchaus nicht von vornherein einzusehen, und es brauchte lange Zeit, bis die Schwierigkeiten, welche sich aus einer genaueren Fassung dieses Problems ergeben, erkannt waren. Riemann selbst hatte sie erst teilweise erledigt, soweit wir nach seinem Nachlaß urteilen können. Es bedurfte der ganzen Reihe von Untersuchungen und Entdeckungen auf dem Gebiete der linearen Differentialgleichungen, wie sie an die Namen Fuchs, Klein, Poincaré geknüpft sind, um schließlich die Hilfsmittel bereit zu stellen, mit denen in der letzten Zeit Herr Schlesinger wenigstens einen Teil dieser Fragestellung hat erledigen können. Freilich, sollte es den Bemühungen der Mathematiker gelingen, auf den von Herrn Hilbert betretenen neuen Wegen das Dirichletsche Prinzip nicht nur in dem alten Glanze seiner heuristischen Kraft — denn diesen hat es niemals verloren — sondern auch als Beweismittel im Sinne der heutigen, durch so viele analytischen Erfahrungen bereicherten und darum verschärften Analysis wieder erstehen zu lassen, so ließe sich ein großer, vielleicht der wichtigste Teil der in Betracht kommenden Fälle erledigen.

Für die übrigen Fälle kann vielleicht eine weitere Ausbildung jener Methoden, welche an die Fredholmsche Integralgleichung anknüpfen und die ja ebenfalls mit den alten Aufgaben des Dirichletschen Prinzipes enge zusammenhängen, einst die volle Erledigung bringen. Es ist aber auch kaum ein Zweifel, daß bei dieser Gelegenheit noch manche verborgene Schwierigkeit und manches Problem noch für kommende Geschlechter übrig bleiben wird.

Vor diese Auffassung nun stellte Riemann seine Hörer. Zunächst führte er ihnen ein so definiertes Funktionssystem für nur zwei Verzweigungspunkte vor, um dann sofort in den Inhalt seiner Abhandlung über die hypergeometrische Reihe einzugehen. Schon in den einleitenden Worten zu dieser hatte Riemann eine Behandlung dieser Funktionen von der Darstellung derselben durch bestimmte Integrale ausgehend als gleichberechtigt mit der auf Grundlage der Differentialgleichung entwickelten hingestellt und seine Methode diesen beiden als eine neue gegenübergestellt. Ob die schon erwähnte, von Heine im gleichen Jahr publizierte, nachgelassene Abhandlung Jacobis noch im Laufe der Vorlesung zur Kenntnis Riemanns gekommen ist, kann ich nicht entscheiden. Wohl aber ist zu betonen, daß er bereits in seinen Vorlesungen aus dem Jahre 1855 die Behandlung der Eulerschen Integrale erster und zweiter Art auf Grund von geschlossenen und schleifenförmigen Integrationswegen in den Hauptzügen durchgeführt hatte, in ähnlicher Weise, wie sie später von Hankel unter Berufung auf Riemann in seiner Dissertation gegeben worden ist.

Bisher war es aber nur die Umgestaltung des Integrals durch Abänderung des Integrationsweges zur Vermeidung solcher Stellen, an denen die zu integrierende Funktion eine Integration überhaupt nicht gestattete. Auch wurde gerade dieses Hilfsmittel nicht nach seiner ganzen Tragweite von ihm nachweislich ausgebildet, obgleich einzelne Spuren und Andeutungen nach dieser Richtung hin vorhanden sind. Erst die Herren Camille Jordan, Pochhammer, Nekrassoff haben durch Einführung des Doppelumlaufintegrals den letzten Schritt in dieser Richtung getan, so weit wenigstens als Funktionen von ähnlichem Verhalten in Betracht kommen, wie der Integrand des hypergeometrischen Integrals. Jetzt aber, in der Vorlesung, werden die hypergeometrischen Integrale geradezu daraufhin untersucht, wie sie sich bei geschlossenen Umläufen des Parameters verhalten, und daraus, sowie aus den in sehr durchsichtiger Weise entwickelten linearen Relationen zwischen ihnen — sie ergeben sich einfach durch zwei Randintegrationen — wird gezeigt, daß sie den allgemeinen an eine P-Funktion zu stellenden Forderungen in bestimmter Weise entsprechen. Dieser Gedankengang findet sich später erst bei Fuchs gelegentlich der Untersuchung der

Perioden eines hyperelliptischen Integrals erster Gattung als Funktion eines Verzweigungspunktes und etwas später in dem Werke von Herrn Camille Jordan über Substitutionentheorie und ist an der zuletzt genannten Stelle ohne nähere Angabe Herrn Mathieu zugeschrieben.

Nicht unerwähnt darf ich dabei auch lassen, daß sich im Nachlasse Riemanns ein Blatt vorgefunden hat, welches unter anderm die Figur des Doppelumlaufes zeigt. Doch wäre es nicht unmöglich, daß dieses Blatt erst später hineingekommen ist, da sich keinerlei die Datierung nur einigermaßen ermöglichenden Angaben darauf befinden. Dagegen ist ein anderes Blatt wohl mit Sicherheit Riemann zuzuschreiben, auf welchem die Schreibweise des hypergeometrischen Integrals derart modifiziert ist, daß dasselbe als absolute Invariante, als bloße Funktion des Doppelverhältnisses der vier singulären Stellen des Integranden erscheint.

Die Entwicklungen des folgenden Abschnittes gruppieren sich um den Begriff der Kettenbrüche und deren Beziehungen zur Theorie der benachbarten Funktionen, sind jedoch nicht so gut erhalten, daß es hier, wo es nicht bloß auf allgemeine Fragestellung, sondern auf konkrete Führung der Rechnung ankommt, möglich wäre, den Gedankengang mit voller Sicherheit festzustellen. Eine Untersuchung der Konvergenzverhältnisse und der zur wirklichen Berechnung der Funktion geeigneten Reihen beschließt die allgemeine Theorie, welche nun durch Anwendungen auf elliptische Integrale, Kugelfunktionen und ähnliches erläutert wird.

Interessant ist, daß Riemann die Arbeiten Heines über dessen Verallgemeinerung der hypergeometrischen Reihe in der Vorlesung zwar wiedergegeben hat, jedoch ohne irgendwie zu versuchen, diese Reihe seinem allgemeinen Programm einzuordnen. Dies ist erst später von Thomae geschehen.

Während nun die bisherigen Entwicklungen für die Verfolgung der aus der Abhandlung bekannten Ansätze neue Hilfsmittel geben und dadurch die weitere Entwicklung der Theorie fördern, treten nun für die damalige Zeit ganz neue Fragestellungen ein. An erster Stelle steht die einfache Bemerkung, daß die Integrale einer Differentialgleichung mit analytischen Koeffizienten sich linear und homogen substituieren, wenn die unabhängige Variable einen geschlossenen Weg allgemeiner Art durchläuft, und daß daher umgekehrt die unabhängige Variable als Funktion des Integralquotienten aufgefaßt bei gewissen linear gebrochenen Substitutionen ungeändert bleibt. Die hier so schlicht gebotene Fragestellung ist sogleich in ganzer Allgemeinheit aufgefaßt, ohne Beschränkung auf etwa mögliche eindeutige Umkehrung des

Integralquotienten, eine Beschränkung, welche bei dem ersten Aufwerfen dieser Frage in der Tat nicht nötig erscheint, wenn man sich von vornherein auf den Standpunkt stellt, den Riemann in der Theorie der Abelschen Integrale eingenommen hat, als er die Umkehrung eines einzelnen Integrals erster Gattung unter dem Gesichtspunkt der konformen Abbildung einer Verzweigungsfläche auf ein System von p Parallelogrammen in Betracht zog, und damit die Schwierigkeit vollständig überwand, welche Jacobi dazu veranlaßt hatte, solche Umkehrungsfunktionen für unmöglich zu erklären.

In der Tat ist in der späteren Literatur, und zwar sowohl in den von den Herren H. A. Schwarz und F. Schottky behandelten spezielleren Fällen, als auch in den glänzenden und weitreichenden Abhandlungen des Herrn Poincaré, immer der Fall eindeutiger Umkehrbarkeit besonders in den Vordergrund getreten. Erst der von Herrn Klein eingeführte Begriff des Fundamentalbereiches bringt die Frage wieder auf die allgemeinste Fassung, ein Begriff, den Klein unter ausdrücklicher Bezugnahme auf die von Riemann in der Theorie der Abelschen Funktionen betrachtete Figur von p Parallelogrammen mit $2p-2$ Verzweigungspunkten aufgestellt und diskutiert hat. Seither waren ja namentlich die Bemühungen des letztgenannten Forschers besonders in Vorlesungen dahin gerichtet, die Stellung der eindeutigen Funktionen unter den allgemeinen zu erforschen, eine Frage, die Poincaré von anderer Seite her bearbeitet hatte und die gerade zu den schwierigsten und wichtigsten in der Theorie der automorphen Funktionen gehört. Jene klassische Figur aber von p Parallelogrammen und ihren Wiederholungen ist von Riemann selbst sehr viel eingehender studiert worden, als seine Veröffentlichungen zeigen.

Die Art und Weise, wie wir davon Kenntnis erhalten, zeigt aber auch die persönliche Liebenswürdigkeit Riemanns in schönem Lichte. Als er nämlich im Frühjahr 1865 bereits schwer krank in Pisa Erholung suchte, befragte ihn Herr Prym über einen speziellen Fall dieser Figur. Riemann, dem das Sprechen damals bereits schwer fiel, versprach schriftliche Antwort. Aber er begnügte sich nicht mit einigen flüchtigen Zeilen, sondern wir fanden in seinem Nachlaß einen sorgfältigen Entwurf der Antwort, kannten aber den Anlaß nicht. Als nun das Manuskript unserer Nachträge vor der Drucklegung an Herrn Prym ging, erfuhren wir erst, daß auch die Reinschrift dieses Schreibens noch erhalten sei und im Besitze des genannten Herrn sich befinde. Auch in seinen letzten Untersuchungen über die allgemeinen Thetafunktionen hat Riemann von dieser Figur ausgedehnten Gebrauch gemacht. Am Schlusse der eben erwähnten Mitteilung macht er die Bemerkung, daß eine bestimmt ausgewählte Gestalt dieser Figur bei der Untersuchung der Differentialgleichungen, welchen die Perioden der Abelschen Integrale genügen, gute Dienste leiste. Untersuchungen in dieser Richtung liegen seither weder von Riemann selbst noch von anderer Seite vor, und es ist vorläufig nicht im einzelnen zu sehen, welches etwa der Gedankengang Riemanns hier gewesen sein mag. Man darf es aber wohl als gewiß hinstellen, daß eine Untersuchung dieser Figur und der ihr im Sinne der linearen Periodentransformation äquivalenten, insbesondere die Aufsuchung einer reduzierten Normalform oder Scharen von solchen, welche durch lineare Transformation immer erreichbar sind, unsere Kenntnis von der Natur der transzendenten Moduln eines algebraischen Gebildes und ihres Zusammenhanges mit den algebraischen wesentlich erweitern würde, und die Frage nach den Beziehungen des algebraischen Gebildes zu den Perioden eines bestimmten, passend ausgewählten Integrals erster Gattung der Lösung näher bringen würde, in ähnlicher Weise, wie die auf Dirichlet und seine Theorie der quadratischen Formen zurückgehende Heranziehung des reduzierten Parallelogrammes fast unmittelbar zum Fundamentalbereich der elliptischen Modulfunktionen führt.

Nach dieser Abschweifung lassen Sie mich wieder zum eigentlichen Gegenstande des Vortrages zurückkehren und noch hervorheben, daß auch die unter dem Namen des Schwarzschen Differentialparameters bekannte Differentialinvariante, dieselbe, welcher wir bereits bei Kummer gedachten, gleich zu Beginn der Untersuchung eintritt. Riemann hat ja von diesem Differentialparameter außer in dem hinterlassenen Fragment über die Abbildung eines von Kreisen begrenzten Gebietes auf die Halbebene auch in dem 1860 entstandenen, von Hattendorf bearbeiteten Aufsatz über Minimalflächen Gebrauch gemacht und ihn auf ein Problem angewendet, welches mit den Fragen, worüber hier zu berichten ist, aufs engste zusammenhängt, nämlich auf die konforme Abbildung eines von Bogen größter Kreise auf der Kugel begrenzten Flächenstückes auf die Halbebene. Überhaupt scheinen die Entwicklungen dieses nachgelassenen Stückes in einem gewissen innern Zusammenhang mit der Vorlesung über die hypergeometrische Reihe zu stehen, eine Ansicht, welche sowohl durch innere Gründe, wie Verwendung ähnlicher Hilfsmittel, ja sogar direkt derselben Funktionen, als auch durch den äußeren Umstand gestützt wird, daß das Manuskript in dem der Vorlesung unmittelbar folgenden Jahre entstanden ist.

Eben diese Untersuchung der Umkehrung eines Quotienten zweier partikulärer Integrale der Differentialgleichung unternimmt nun Riemann in der Vorlesung unter der Einschränkung, daß die charakteristischen Exponenten der einzelnen Zweige der P-Funktion reell und so beschaffen sind, daß der Integralquotient an den singulären Stellen endlich bleibt, ferner, daß die Winkel des bei der Abbildung entstehenden Kreisbogendreieckes sämtlich kleiner als π sind. Er zeigt, daß unter diesen Umständen das Gebiet der komplexen Größen mit positivem imaginären Teil auf ein Kreisbogendreieck ohne Verzweigungspunkt im Innern abgebildet wird, welches sich nirgends selbst überdeckt, so daß also die Umkehrungsfunktion innerhalb dieses Gebietes eindeutig ist. Er setzt aber ausdrücklich hinzu, daß bei komplizierteren Differentialgleichungen im allgemeinen dieses Resultat sich nicht ergeben werde.

Auch verweist er ausdrücklich auf das Vorbild der elliptischen Funktionen, wo ja ebenfalls der Quotient zweier Perioden als unabhängige Variable von Jacobi eingeführt worden sei.

Nun wird eine kurze Darstellung der Übertragung der komplexen Variablen durch stereographische Projektion auf die Kugel eingeschaltet, eine Sache, auf welche sich Herr C. Neumann in der ersten Auflage seiner Vorlesungen über die Abelschen Integrale als aus Riemanns Vorlesungen herrührend bezieht. Dadurch wird dann die Untersuchung der Umkehrungsfunktion mit der Geometrie von Kreisbogendreiecken auf der Kugelfläche in Verbindung gesetzt. Es wäre nun hier naheliegend, eine Andeutung zu machen über jene bedeutungsvolle Scheidung der Kreisbogendreiecke in drei Klassen, je nachdem der Schnittpunkt der Ebenen der drei Begrenzungskreise im Innern der Kugel, auf der Kugel oder außerhalb derselben liegt. Diese Unterscheidung, welche erst von Herrn H. A. Schwarz durchgeführt wurde, wird in der Vorlesung nicht ausdrücklich erwähnt, sondern nur der Fall in Betracht gezogen, daß das ebene Kreisbogendreieck sich auf ein sphärisches Dreieck im engeren Sinn des Wortes, also ein von größten Kreisen begrenztes abbilden lasse. Jedoch läßt sich aus der vorliegenden Nachschrift nicht mit Sicherheit entnehmen, daß Riemann diesen Fall als einen speziellen ausdrücklich bezeichnet hätte. Daß ihm jedoch der Sachverhalt nicht gänzlich verborgen sein konnte, geht aus dem später ausführlicher zu besprechenden Fall der elliptischen Modulfunktionen hervor, welchen er genauer ausführte, sowie auch aus der Bemerkung, man müsse ebene Figuren heranziehen, wenn einer der Winkel des Kreisbogendreieckes gleich Null sei. Man wird also nur sagen können, Riemann habe im Falle der Umkehrung des Integralquotienten der hypergeometrischen Reihe die Unterscheidung der elliptischen, hyperbolischen und parabolischen Gruppen wohl implicite gestreift, ohne sie jedoch ausdrücklich zu formulieren.

Damit habe ich auch bereits dadurch, daß ich den Begriff der Gruppe herangezogen habe, angedeutet, daß in demselben Abschnitt Riemann sich die analytische Fortsetzung der Abbildung durch symmetrische Wiederholung des ersten Kreisbogendreieckes vollzogen gedacht hat. Eben dieses Prinzip der Symmetrie findet sich auch in der vorhin erwähnten Abhandlung über Minimalflächen und darauf nimmt auch Herr H. A. Schwarz in seiner Abhandlung Bezug.

So kurz nun auch das Symmetrieprinzip an der erwähnten Stelle der Vorlesungen auseinandergesetzt ist, so wird es doch sogleich für die Beantwortung einer wichtigen Frage verwertet, nämlich: wann zwischen den Umkehrungsfunktionen zweier solcher Integralquotienten eine algebraische Relation bestehe. Die Antwort wird durch die Bemerkung gegeben, daß dann eine und dieselbe sphärische Figur sich auf zwei Arten aus einer geraden Anzahl abwechselnd kongruenter und symmetrischer Dreiecke zusammensetzen lassen muß. Damit ist nicht nur für den vorliegenden speziellen Fall, sondern auch für den ganzen Kreis der in dem Gebiete der automorphen Funktionen auftretenden Transformationsfragen ein Prinzip erkannt, welches nur der Durchführung bedurfte, um in den Hauptzügen die Transformationstheorie dieser Funktionen ebenso übersichtlich zu gestalten wie die der elliptischen Funktionen.

Die spezielle Inbetrachtnahme der vorliegenden Funktionen liefert aber nun Riemann nicht nur die bereits aus der Abhandlung bekannten, zum Teil schon von Kummer gefundenen Transformationen, sondern auch die Einsicht, daß außer diesen auch noch die regulären Körper solche Transformationen liefern müssen, und damit war sowohl die Frage nach den algebraischen Funktionen mit linearen Transformationen in sich, als auch nach den algebraisch integrierbaren Fällen der hypergeometrischen Differentialgleichung und überhaupt nach allen mit den endlichen Gruppen linear gebrochener Substitutionen einer Veränderlichen wenigstens im Keime aufgeworfen und auch die Mittel zu ihrer Lösung gegeben. Man weiß, daß alle diese schönen und fruchtbaren Probleme brach lagen, bis sie von H. A. Schwarz, Fuchs, Camille Jordan, Klein von analytischer, geometrischer und gruppentheoretischer Seite aus nach und nach wieder aufgefunden und erledigt wurden. Daß die in der Riemannschen Vorlesung gebotene Anregung im Gegensatze zur Theorie der Abelschen Funktionen so wenig unmittelbare Wirkung hatte, dürfte in erster Linie daran gelegen sein, daß der Gruppenbegriff damals noch nicht allgemein jene beherrschende und verbindende Stellung einnahm, wie er sie später und wohl unter wesentlicher Mitwirkung des Eindrucks eben der hier genannten Probleme erreichte.

Speziell für die hypergeometrischen Funktionen wurden diese Untersuchungen erst von den Herrn E. Goursat und E. Papperitz wieder aufgenommen, wobei die leitenden Gedanken eben jene Riemannschen waren, ohne daß natürlich ein solcher Zusammenhang stattgefunden hat.

Nach Aufstellung und Erläuterung des eben besprochenen Transformationsproblems wendet sich nun Riemann in einer Einschaltung den nicht homogenen linearen Differentialgleichungen zu, und leitet nach Lagrange die adjungierte Differentialgleichung ab, deren geeignet spezialisierte Lösung dann zur Integration der nicht homogenen Gleichung verwendet wird.

Hieran knüpft Riemann die Bemerkung, daß die Integrale einer nicht homogenen Differentialgleichung bei Umläufen der unabhängigen Variablen um singuläre Stellen sich im allgemeinen bis auf ein lineares Aggregat der Integrale der homogenen Gleichung reproduzieren.

Er stellt nun die nicht homogene Differentialgleichung für das Integral eines hypergeometrischen Differentialausdruckes mit veränderlicher oberer Grenze wirklich auf. Sodann wird die Methode der Eulerschen Integration durch bestimmte Integrale für eine homogene Gleichung zweiter Ordnung auseinandergesetzt, und darauf hingewiesen, daß man so eine nicht homogene Differentialgleichung erhalte, wenn man bei der Integration eine der Grenzen veränderlich läßt. Dieser Sachverhalt wird nun an den elliptischen Integralen erster Gattung erläutert, und gezeigt, wie man die Differentialgleichung für die vollständigen elliptischen Integrale aus der nicht homogenen Differentialgleichung für das Integral erster Gattung erhalten kann.

Dadurch wird Riemann auf einen Gedanken geführt, der, soviel ich weiß, in der Literatur bisher nicht hervorgetreten ist. Er setzt nämlich die Lösung der nicht homogenen Differentialgleichung in Analogie zu dem gewöhnlichen elliptischen Integral und die Lösungen der homogenen Gleichung analog den Perioden des elliptischen Integrals erster Gattung. So, wie sehr viele Eigenschaften der vollständigen elliptischen Integrale erst aus der Betrachtung des unbestimmten Integrals als Funktion der obern Grenze gefunden worden seien, da eben dieses eine sehr einfache Funktion der obern Grenze sei, ebenso sei zu erwarten, daß viele Eigenschaften der vollständigen hypergeometrischen Integrale erst aus der Untersuchung des unbestimmten Integrals eines hypergeometrischen Differentials als Funktion der obern Grenze gefunden werden würden, welches ja in der Tat eine viel einfachere Funktion der obern Grenze sei, als die vollständigen hypergeometrischen Integrale von der unabhängigen Variablen der Differentialgleichung.

Dieser Gedanke wird dann übertragen auf Differentialgleichungen, welche durch bestimmte Integrale sich lösen lassen, und dann weiterhin auf noch allgemeinere Differentialgleichungen, indem sich Riemann in den Differentialausdruck eine passende Funktion der unabhängigen Veränderlichen und eines Parameters eingesetzt denkt, und nun postuliert, die allgemeine Lösung der durch Gleichsetzung des Differentialausdruckes und des Substitutionsresultates erhaltenen nicht homogenen Gleichung als Funktion des Parameters zu untersuchen, wodurch bei passender Wahl der substituierten Funktion dann auch die vollständige Lösung der homogenen Differentialgleichung werde erhalten werden können. Er schließt diese Auseinandersetzung mit der Bemerkung, daß diese Transzendenten eine sehr wichtige Rolle für die Theorie der Differentialgleichungen spielen, und er mag dabei außer an die hypergeometrischen Integrale an die Perioden der Abelschen Integrale gedacht haben, mit deren Differentialgleichungen er sich ja eingehender beschäftigt hatte, wie außer aus dem schon früher erwähnten Schreiben an Herrn Prym und aus der Abhandlung über Abelsche Funktionen auch aus einem nachgelassenen Blatte hervorgeht, auf welchem er die Änderung der Perioden eines hyperelliptischen Integrals erster Gattung als Funktion der Verzweigungspunkte beim Durchlaufen geschlossener Wege seitens der letzteren eingehender untersucht.

Den Schluß der Vorlesung bildet eine Betrachtung der ganzen elliptischen Integrale als Funktionen des Moduls und insbesondere die wirkliche Durchführung der konformen Abbildung des Gebietes für den Modul k^2 durch das Verhältnis der beiden Perioden des elliptischen Integrals erster Gattung. Er gelangt dabei zu jener seither so wohl bekannt gewordenen und so viel studierten Figur des Kreibogenvierecks, welches in der heutigen Ausdrucksweise den Fundamentalbereich für k^2 und der daraus entspringenden Einteilung des Gebietes der komplexen Zahlen mit positivem imaginären Teil bildet. Es ist interessant, zu bemerken, daß in dem gleichen Jahre (1859) die erste ausführlichere Untersuchung der von Jacobi bereits aufgefundenen Ausdrücke für den Legendreschen Modul durch das Periodenverhältnis von Hermite durchgeführt wurde.

Aber Riemann versäumt auch nicht, aus dem Umstand, daß die singulären Werte Null, Eins, Unendlich des Moduls nur an der Grenze des Gebietes des Periodenverhältnisses auftreten, sowie daraus, daß die einzelnen bei analytischer Fortsetzung entstehenden Gebiete des Periodenverhältnisses die Halbebene gerade einfach überdecken, den Schluß zu ziehen, daß jede Funktion, welche nur an den Stellen Null, Eins, Unendlich unstetig oder vieldeutig wird, in eine eindeutige Funktion des Periodenverhältnisses übergeht, wenn die ursprüngliche unabhängige

Variable als das Doppelverhältnis der vier Verzweigungspunkte eines elliptischen Gebildes aufgefaßt wird. Erst zwanzig Jahre später ist Herr Klein bei seinen Untersuchungen über elliptische Modulfunktionen wieder auf diesen Satz geführt worden und hat ihn mit besonderer Betonung der allgemeinen hypergeometrischen Funktion neuerdings ausgesprochen.

Damit also war zum erstenmal an das Problem der eindeutigen Parameterdarstellung herangetreten, welches später Herr Poincaré in so allgemeiner Weise und gerade auf Grund Riemannscher Prinzipien gelöst hat.

Wir sind am Ende der Riemannschen Vorlesung angelangt. Den allgemeinen Gedankengang und die wichtigsten Beziehungen zu den heutigen Fragen haben wir nun besprochen; werfen wir noch einen Blick auf die Methode der Bearbeitung und Darstellung.

Von den allgemeinsten Umrissen einer neuen Funktionsklasse ausgehend, werden die einzelnen Darstellungen einer sehr speziellen Funktion und deren Eigenschaften einer eingehenden Diskussion unterworfen und gerade daraus neue Problemstellungen gewonnen. Im ersten Teile sind es die bestimmten Integrale, welche dem allgemeinen Schema der P-Funktionen eingeordnet werden, im zweiten Teil werden die elliptischen Modulfunktionen und die Integralquotienten der hypergeometrischen Reihe dem allgemeineren Problem der Umkehrung von Integralquotienten linearer Differentialgleichungen zweiter Ordnung eingefügt, und eben dabei ergibt sich einerseits Vertiefung durch Heranziehung der konformen Abbildung, andrerseits der Ausblick auf die Theorie der nicht homogenen Differentialgleichungen, sowie die Möglichkeit der eindeutigen Darstellung weit allgemeinerer Funktionen. Es ist ein beständiges Zusammenwirken von Induktion und Abstraktion, gleich als wenn der am einzelnen geschärfte Blick nun auch im weiteren Gebiete sich zurechtfindet, weil von vornherein die Aufmerksamkeit eine bestimmte Richtung empfangen hat. So tragen namentlich die letzten Abschnitte der Vorlesung das Gepräge unmittelbarer Wiedergabe des soeben Gefundenen, ohne Rücksicht auf die verhältnismäßig geringe Durchbildung der Einzelheiten. Sie zeigen uns Riemann unmittelbar an der Arbeit, ein Beispiel, welches für die großen Mathematiker um die Mitte des 19. Jahrhunderts gewiß nicht häufig ist.

Damit lassen Sie mich den Boden des historischen Berichtes verlassen und zu der Frage übergehen, in welcher Richtung ein weiterer Ausbau der Riemannschen Ideen auf diesem Gebiete etwa noch erfolgen könnte. Es ist ja bekannt, daß schon Kummer am Schlusse seiner Abhandlung eine Reihe erwähnt, welche als Verallgemeinerung der Gaußschen Reihe angesehen werden kann. Herr Thomae hat in verschiedener Richtung die Riemannschen Methoden auf analoge Transzendente angewendet und die Herrn Appell und Goursat haben Funktionen mehrerer Variablen eingeführt, welche schon früher Herr Pochhammer als bestimmte Integrale untersucht hatte, und welche im wesentlichen bestimmte Integrale zwischen Verzweigungspunkten von Funktionen sind, die sich von denen des gewöhnlichen hypergeometrischen Integrals nur durch die größere Anzahl der Faktoren unterscheiden. Solche Reihen hat dann besonders Herr Picard benutzt, um seine allgemeine Theorie der automorphen Funktionen mehrerer Variablen zu erläutern. Er hat bei diesen die Frage nach der eindeutigen Umkehrbarkeit gestellt und erledigt und ist dabei zur Verallgemeinerung der Schwarzschen Resultate bei der Gaußschen Reihe gekommen. Ausführlich hat dann diese letzten Untersuchungen Herr Levavasseur dargestellt. In der allerletzten Zeit hat noch Herr Hilbert den elliptischen Modulfunktionen allgemeinere an die Seite gestellt, welche für Zahlkörper, die mit allen ihren konjugierten reell sind, eine ähnliche Rolle spielen, wie die elliptischen Modulfunktionen für den Körper der ganzen Zahlen.

Aber nicht von diesen weiteren Verallgemeinerungen, von denen manche weit über das Gebiet einer Variablen hinausgreifen, will ich ausführlicher sprechen, sondern von einer andern, welche zwar im engern Kreise sich bewegt, mir aber doch der Aufmerksamkeit wert erscheint, weil sie geeignet ist, die Verbindung herzustellen zwischen den hier berichteten Gedanken Riemanns und jenen, welche aus der Theorie der Abelschen Funktionen stammen, den ausgezeichneten Stellen des algebraischen Gebildes, seinen algebraischen Moduln und den Moduln der zugehörigen Θ-Funktionen.

Zunächst wird man versuchen, die hypergeometrische Funktion dadurch auf das elliptische Gebilde zu übertragen, daß man Integrale von Funktionen betrachtet, welche sich beim Umlauf um singuläre Punkte des Integranden und längs der Querschnitte mit konstanten Faktoren multiplizieren. In der Tat scheint Riemann, wie eine flüchtige Notiz aus seinem Nachlaß berichtet, an eine derartige Verallgemeinerung gedacht zu haben. Will man aber nun diese Integrale, in ähnlicher Weise wie die hypergeometrischen, als Funktionen der einzelnen singulären Stellen des Integranden untersuchen, so stößt man, abgesehen von andern Umständen, vor allem auf die Schwierigkeit, daß diese singulären Stellen nicht unabhängig voneinander veränderlich sind, sondern sowohl untereinander als mit den Multiplikatoren durch gewisse Relationen verknüpft sind. Eben diese Schwierigkeit stellt sich in erhöhtem Maße ein, wenn man statt eines elliptischen Gebildes solche höheren Geschlechtes heranzieht. Aus dieser Schwierigkeit weist nun eine einfache Bemerkung den Ausweg, welche zugleich die wirkliche Darstellung der hypergeometrischen Funktion in dem Gebiete der elliptischen Modulfunktionen leistet. Eine solche Darstellung ist ja bereits von Herrn Papperitz im Anschluß an die Differentialgleichung gegeben worden. Einfacher aber und zur weiteren Verwertung geeigneter erhält man sie aus dem hypergeometrischen Integral, wenn man das durch die vier Verzweigungspunkte des Integranden bestimmte elliptische Gebilde heranzieht. Bei Einführung des zugehörigen Integrals erster Gattung als Integrationsvariable verwandelt sich nämlich das Integral in ein zwischen zwei Halbperioden erstrecktes Integral über ein Produkt von Potenzen der vier gewöhnlichen Jacobischen Θ-Funktionen. In dieser Gestalt ist nun der Satz, mit welchem Riemann seine Vorlesung schloß, in seiner Anwendung auf die hypergeometrische Reihe auch durch eine bestimmte und leicht zu handhabende Formel realisiert, und die ganze Theorie der hypergeometrischen Funktion läßt sich auf Grund des wohlbekannten und durchsichtigen Verhaltens der Θ-Funktionen leicht entwickeln.

Aber dieser einfache Ansatz führt naturgemäß weiter zu allgemeineren Integralen auf dem elliptischen Gebilde. So, wie uns hier Θ, deren Nullstellen Halbperioden sind, entgegentreten und die Integration gerade zwischen Halbperioden geführt wird, so kann man jetzt Integrale über Produkte von Potenzen solcher Θ-Funktionen der Integration zugrunde legen, welche an den n^2 Stellen verschwinden, denen durch n geteilte Perioden entsprechen, also Θ mit $n$tel Charakteristiken, und die Integration selbst wieder zwischen singulären Stellen des Integranden, also $n$tel Perioden, erstrecken.

Die so gewonnenen Integrale lassen sich dann wieder unter zwei Gesichtspunkten betrachten. Einmal erscheinen sie im wesentlichen als eindeutige Funktionen des Periodenverhältnisses am elliptischen Gebilde, also im Bereiche der elliptischen Modulfunktionen, das andere Mal aber als polymorphe Formenschar in ihrer Abhängigkeit von den algebraischen Modulfunktionen, nämlich als Integrale linearer Differentialgleichungen von der Ordnung n^2 mit Koeffizienten, welche Modulfunktionen der Stufe n sind, also bei der Hauptkongruenzuntergruppe modulo n ungeändert bleiben.

Diese Funktionen zeigen in vielen Beziehungen ein der gewöhnlichen hypergeometrischen Reihe analoges Verhalten und erweitern die bei dieser bekannten, merkwürdigen Eigenschaften in eigentümlicher Weise. Um nur eine einzelne derartige Analogie weiter auszuführen, sei daran erinnert, daß die hypergeometrische Funktion bis auf Vertauschungen der Exponenten im wesentlichen ungeändert bleibt, wenn für die unabhängige Variable der Reihe nach die sechs verschiedenen Werte gesetzt werden, welche das Doppelverhältnis von vier Punkten annehmen kann. Bei unsern allgemeineren Funktionen ist nun der Sachverhalt der, daß diese im wesentlichen bis auf Exponentenvertauschungen ungeändert bleiben, wenn auf das zur $n$ten Stufe gehörige algebraische Gebilde eine seiner Transformationen in sich ausgeübt wird. Für die niedersten Stufen, $n = 3$ und $n = 5$, erhält man so Funktionen, für welche die linearen Substitutionen der Tetraeder- und der Ikosaedergruppe dieselbe Bedeutung haben, wie jene ersterwähnten einfacheren linearen Substitutionen der Gruppe, welche die Werte eines Doppelverhältnisses ineinander überführen.

Es ist als sicher zu betrachten, daß eine vollständige Theorie der hier angeführten Funktionen nach Art derjenigen, wie wir sie für die hypergeometrische Funktion besitzen, insbesondere die Untersuchung derjenigen Fälle, in welchen diese Funktionen wieder selbst auf algebraische zurückgeführt werden können, von großem Interesse sein würde, schon deshalb, weil wir an der Hand der eindeutigen Darstellung im Gebiete der elliptischen Modulfunktionen alle Erscheinungen bequem verfolgen und mit den bekannten algebraischen und gruppentheoretischen Verhältnissen in Verbindung bringen können.

Aber unser Ansatz reicht auch noch über das Gebiet der elliptischen Funktionen hinaus, freilich nicht mehr in so ausgedehnter Weise, daß zu jedem algebraischen Gebilde eine ins Unendliche fortlaufende Reihe von derartigen Funktionen, den verschiedenen Werten der Zahl n entsprechend, existiert. In der Tat, wollte man die im vorigen betrachteten Integrale auf dem elliptischen Gebilde in seiner algebraischen Gestalt aufstellen, so würde man sogleich erkennen, daß sie wesentlich an das Vorhandensein von solchen elliptischen Funktionen gebunden sind, deren $n$te Wurzeln am elliptischen Gebilde unverzweigt sind. Solche Funktionen aber gibt es für ein Geschlecht größer als eins nur in ganz speziellen Fällen als wohlcharakterisierte Einzelwesen. Nur wenn $n = 2$ genommen wird, hat man in den von Riemann als Abelsche Funktionen bezeichneten Funktionen ein solches System immer zur Verfügung. Deren Quadrate sind ja nach Riemanns Erklärung proportional denjenigen Differentialen erster Gattung, deren Nullstellen paarweise zusammenfallen, und aufs engste mit den Θ-Funktionen von ungerader Charakteristik verknüpft. Am einfachsten und übersichtlichsten erhält man nun diejenigen Bildungen, welche unseren Ansatz verallgemeinern, wenn man sich homogener Variabler bedient und geradezu die Formen erster Gattung als solche einführt, ein Vorgehen, dessen Vorteile ja Herr Klein schon in so vielen über das algebraische Gebiet hinausliegenden Problemen betont hat. Die in Rede stehenden Bildungen werden dann bestimmte Integrale, bezw. Doppelumlaufintegrale zwischen zwei Nullstellen einer oder zweier verschiedener Abelscher Formen über einen Integranden, welcher ein Produkt von Potenzen der einzelnen Abelschen Formen ist, deren Exponenten zur Summe 1 haben. Als Differential ist dabei die von Klein mit $d\omega$ bezeichnete überall endliche Differentialform von der Dimension -1 zu verwenden.

Die Gesamtheit dieser Integrale mit gleichen Exponentensystemen der Integranden muß nun wieder durch eine endliche Anzahl linear-unabhängiger darstellbar sein und eine ganze Reihe analoger Erscheinungen zeigen wie diejenigen, welche wir auf dem elliptischen Gebilde konstatiert haben, wenn man sie als Funktionen der Moduln des algebraischen Gebildes auffaßt. Insbesondere läßt sich erwarten, daß die Beziehungen zu den Moduln der zugehörigen Θ-Funktionen und derjenigen linearen Periodentransformationen, welche die Charakteristiken der Θ-Funktionen ungeändert lassen, von besonderem Interesse sein werden.

Diese Erwartung erscheint um so berechtigter, als schon der nächstliegende Fall, welcher dem Geschlechte 2 entspricht, in dieser Richtung ein bemerkenswertes Verhalten aufweist. Hier nämlich sind die zu betrachtenden Integrale nicht verschieden von denen, die bei der Integration der Tissot Pochhammerschen Differentialgleichung auftreten. Es sind Integrale zwischen den Verzweigungspunkten eines Produktes von Potenzen von sechs linearen Faktoren. Jeder einzelne solcher verschwindet an einer Verzweigungsstelle des hyperelliptischen Gebildes. Und nun zeigt sich bei genauerer Untersuchung, daß diese Integrale ebenso eindeutige Funktionen der zum hyperelliptischen Gebilde gehörigen drei Thetamoduln sind, wie die gewöhnliche hypergeometrische Funktion eindeutige Funktion des zum elliptischen Gebilde gehörigen Thetamoduls ist. Diese Darstellung läßt sich allerdings nicht so unmittelbar auch formell in Evidenz setzen, wie bei der gewöhnlichen hypergeometrischen Funktion, aber gerade die notwendige Einzeluntersuchung führt auf interessante Eigenheiten der Monodromiegruppe der hyperelliptischen Funktionen, worauf ich jedoch hier ohne weitläufig zu werden nicht eingehen kann.

Aber auch mit den Riemannschen Gedanken über nicht homogene Differentialgleichungen lassen sich diese Ansätze in Beziehung bringen, wenn man statt der bestimmten Integrale die zugehörigen unbestimmten

Integrationen ins Auge faßt. Endlich wird es bereits im elliptischen Fall von Interesse sein, auch die durch die hier betrachteten Integrale vermittelte konforme Abbildung zu studieren.

Mit dem Hinweis auf diese weiteren Probleme lassen Sie mich schließen. Wenn auch die Bearbeitung dieser Funktionen fürs erste dem Gebiete der Einzelforschung angehört, so dürfen wir doch nicht vergessen — und die größten Meister der Wissenschaft haben oft und mit Nachdruck darauf hingewiesen —, daß gerade die Verfolgung der erst nur interessant erscheinenden Einzelfälle unsere Kräfte stärkt, die Durchbildung unserer Methoden erzwingt und dadurch uns erst zu wirklichem Fortschritt ins Allgemeine befähigt. Denn trotz der deduktiven Gestalt, welche wir unsern Resultaten geben, können wir auf den induktiven Weg auf die Dauer so wenig verzichten, wie alle andere menschliche Wissenschaft.

B. Riemann

Über die Hypothesen, welche der Geometrie zu Grunde liegen

Neu herausgegeben und erläutert von

H. Weyl

Dritte Auflage

Vorwort des Herausgebers.

RIEMANNs Probevorlesung „Über die Hypothesen, welche der Geometrie zugrunde liegen", von ihm bei Gelegenheit seiner Habilitation am 10. Juni 1854 vor der Göttinger philosophischen Fakultät gehalten, ist erst nach seinem Tode im 13. Bande der Abhandlungen der Gesellschaft der Wissenschaften zu Göttingen veröffentlicht worden. Nachdem LOBATSCHEFSKIJ und BOLYAI, ohne prinzipiell über die Euklidische Position hinauszukommen, vielmehr im engen Anschluß an das Muster der Euklidischen „Elemente", eine logisch in sich konsequente Geometrie entwickelt hatten, welche auf der Ablehnung statt auf der Annahme des Parallelenpostulats beruhte, wurde in dieser Vorlesung RIEMANNs das Raumproblem von einem neuen und wahrhaft universellen Standpunkt aus aufgerollt. Für die Geometrie geschah hier der gleiche Schritt, den FARADAY und MAXWELL innerhalb der Physik, speziell der Elektrizitätslehre, vollzogen durch den Übergang von der Fernwirkungs- zur Nahewirkungstheorie: das Prinzip, die Welt aus ihrem Verhalten im Unendlichkleinen zu verstehen, gelangt zur Durchführung. Aus dem gleichen erkenntnistheoretischen Motiv entspringen letzten Endes RIEMANNs grandiose Leistungen auf dem Gebiete der analytischen Funktionentheorie wie auch seine physikalischen Spekulationen. Auf ihm beruht so die bei aller Verschiedenheit der von RIEMANN bearbeiteten Sachgebiete ohne weiteres fühlbare Einheit seines Lebenswerkes.

Die Gedanken, welche der große Mathematiker in dem hier von neuem abgedruckten Vortrag entwickelte, sind aber nicht nur für die Geometrie von weittragender Bedeutung geworden, sie besitzen heute eine besondere Aktualität, da durch sie das begriffliche Fundament für die allgemeine Relativitätstheorie gelegt wurde; so wenig auch deren Schöpfer EINSTEIN unmittelbar und bewußt von RIEMANN beeinflußt wurde. Ja, die über das Mathematische hinausgehenden Ausführungen des letzten Absatzes weisen mit überraschender Deutlichkeit — man ist geradezu versucht, von Divination zu sprechen — in die Richtung solcher physikalischen Konsequenzen der RIEMANNschen Raumlehre, wie sie EINSTEINs Gravitationstheorie gezogen hat. Immerhin steht fest, daß von dieser Beziehung zur Gravitation RIEMANN nichts bekannt war; denn seine eigenen Versuche, „den Zusammenhang von Licht, Elektrizität, Magnetismus und Gravitation" zu ergründen, die zeitlich mit der Probevorlesung zusammenfallen, stehen sachlich in keiner Verbindung mit ihr. (Vgl. die Fragmente über Naturphilosophie im Anhang von RIEMANNs Gesammelten mathematischen Werken [2. Aufl., Leipzig 1892, S. 526—538]. — In der Zeit der Habilitation schreibt RIEMANN an seinen Bruder: „Darauf beschäftigte ich mich wieder mit meiner Untersuchung über den Zusammenhang der physikalischen Grundgesetze und vertiefte mich so darin, daß ich, als mir das Thema zur Probevorlesung beim Colloquium gestellt war, nicht gleich wieder davon loskommen konnte." Die beiden Dinge, die damals in seinem Gehirn sich störten, sind jetzt aufs engste miteinander verwachsen.)

Seit der von R. DEDEKIND und H. WEBER besorgten Herausgabe von RIEMANNs Werken ist sein gedankentiefer Habilitationsvortrag allgemein zugänglich. Trotzdem habe ich mich auf Anregung des Verlages gerne bereit gefunden, eine Sonderausgabe zu veranstalten; denn es scheint mir in der Tat erwünscht, daß diese Schrift, auch hinsichtlich der Darstellung ein bewunderungswürdiges Meisterstück, in möglichst viele Hände kommt; sie sollte von allen gelesen werden, die heute der Relativitätstheorie ihr Interesse zuwenden. Ich habe einen Kommentar hinzugefügt, in dem 1. die von RIEMANN nur angedeuteten analytischen Rechnungen durchgeführt sind, 2. auf die wichtigste spätere Literatur über den Gegenstand verwiesen und 3. die Brücke zu der modernen, unter dem Zeichen der Relativitätstheorie sich vollziehenden Entwicklung geschlagen wurde. Um der Leserlichkeit willen ist für den Kommentar ein ebenso großer Druck gewählt worden wie für den Haupttext; ich bitte darin keine Anmaßung des Herausgebers erblicken zu wollen. Demjenigen, der nur die großen Prinzipien kennen lernen, nicht aber die Probleme im Detail studieren will, sei dringend geraten, sich durch die formelreichen Erläuterungen nicht im Genuß der Lektüre stören zu lassen. Die dem Vortrag beigegebene Inhaltsübersicht rührt mitsamt den Fußnoten von RIEMANN her.

Trage die Schrift in der vorliegenden Gestalt, wie sie es schon seit ihrem Hervortreten in reichem Maße getan, auch weiterhin das Ihre dazu bei, das Leben der Idee zu fördern!

Zürich, Mai 1919.

H. Weyl.

In den Anmerkungen sind bei Gelegenheit der 2. und 3. Auflage nur unwesentliche Änderungen vorgenommen.

Zürich, März 1923.

H. Weyl.

Erläuterungen.

1. (Zu Teil I.) In neuerer Zeit ist versucht worden, durch präzise Axiome festzulegen, welche Eigenschaften man allgemein einer stetigen Mannigfaltigkeit zuschreiben muß, damit dieser Begriff ein sicheres Fundament für die mathematische Analyse abgeben kann. Vgl. WEYL, Die Idee der Riemannschen Fläche, Leipzig 1913, Kap. I, § 4; HAUSDORFF, Grundzüge der Mengenlehre, Leipzig 1914, Kap. VII und VIII; für eine genetische Konstruktion durch fortgesetzte Teilung, bei welcher das Kontinuum nicht mehr atomistisch, als ein System einzelner diskreter Elemente aufgefaßt wird: BROUWER, Math. Ann. Bd. 71, 1912, S. 97; WEYL, Über die neue Grundlagenkrise der Mathematik, Mathem. Zeitschr. Bd. 10, S. 77. Als Charakteristikum einer n-dimensionalen Mannigfaltigkeit verwendet man am einfachsten die Forderung, daß sich eine solche (oder wenigstens jedes hinreichend kleine Stück einer solchen) umkehrbar-eindeutig und stetig auf die Wertsysteme von n Koordinaten x_i (stetigen Funktionen des Orts innerhalb der Mannigfaltigkeit) abbilden läßt. Erst wenn die Mannigfaltigkeit auf ein derartiges Koordinatensystem bezogen ist, besteht die Möglichkeit, alle an die Mannigfaltigkeit gebundenen Größen durch Zahlangaben zu charakterisieren. Der Willkürlichkeit des Koordinatensystems ist durch Aufstellung einer „Invariantentheorie" Rechnung zu tragen, und zwar kommt hier die Invarianz gegenüber beliebigen umkehrbar-eindeutigen stetigen Transformationen in Betracht. Vor allem muß von

der Dimensionenzahl selber gezeigt werden, daß sie eine derartige Invariante ist, weil sonst der Dimensionsbegriff ganz in der Luft hängt. Dieser Beweis wurde erbracht von BROUWER (Math. Ann. Bd. 70, 1911, S. 161—165; vgl. dazu auch Math. Ann. Bd. 72, 1912, S. 55—56). Für die weiteren Untersuchungen RIEMANNS über die Maßbestimmung muß freilich vorausgesetzt werden, daß aus der inneren Natur der Mannigfaltigkeit ein solcher Koordinatenbegriff sich ergibt, daß der Zusammenhang zwischen irgend zwei Koordinatensystemen durch Funktionen hergestellt wird, die nicht nur stetig sind, sondern auch stetig differentiierbar und die zu umkehrbar-eindeutigen linearen Beziehungen zwischen den Differentialen der Koordinaten beider Systeme führen; denn sonst könnte von einem Linienelement überhaupt nicht gesprochen werden. In diesem Falle ist die Invarianz der Dimensionszahl eine Selbstverständlichkeit; die Funktionaldeterminante der Koordinatentransformation ist $\neq 0$.

Eine zu der RIEMANNschen analoge, rekurrente Erklärung der Dimensionszahl, die sich enger an die Anschauung anschließt als die „arithmetische" Definition durch die Anzahl der Koordinaten, ist von H. POINCARÉ vorgeschlagen worden (Revue de métaphysique et de morale 1912, S. 486, 487); das Verhältnis dieses (in geeigneter Weise präzisierten) „natürlichen" Dimensionsbegriffs zu dem arithmetischen wurde von BROUWER untersucht (Journal f. d. reine u. angew. Mathematik, Bd. 142, S. 146—152).

2. (Zu Teil II, Absatz 1.) Die Annahme, daß ds^2 eine quadratische Differentialform ist, kommt offenbar darauf hinaus, daß im Unendlichkleinen der Pythagoreische Lehrsatz gelten soll. Es ist diese Annahme nicht nur die einfachste, die möglich ist, sondern sie ist vor allen andern auch in ganz besonderer Weise ausgezeichnet. Geht man mit

Riemann von der Voraussetzung des meßbaren Linienelements aus, so empfängt die Mannigfaltigkeit in einem Punkte P eine Maßbestimmung dadurch, daß jedem Linienelement (mit den Komponenten dx_i) in P eine Maßzahl

$$ds = f_P(dx_1, dx_2, \ldots, dx_n) \tag{1}$$

zugewiesen wird. f_P wird als eine homogene Funktion der ersten Ordnung in dem Sinne vorauszusetzen sein, daß bei Multiplikation der Argumente dx_i mit einem gemeinsamen reellen Proportionalitätsfaktor ϱ die Funktion f_P sich mit $|\varrho|$ multipliziert. Es wird weiter natürlich sein, vorauszusetzen, daß sich die verschiedenen Punkte der Mannigfaltigkeit nicht schon hinsichtlich der in jedem von ihnen herrschenden Maßbestimmung unterscheiden; das formuliert sich analytisch dahin, daß die den verschiedenen Punkten P entsprechenden Funktionen f_P alle aus einer, f, durch lineare Transformation der Variablen hervorgehen. Dies ist der Fall, wenn f_P^2 an jeder Stelle eine positiv-definitive quadratische Form ist:

$$f = \sqrt{(dx_1)^2 + (dx_2)^2 + \ldots + (dx_n)^2}; \tag{2}$$

es ist aber im allgemeinen nicht der Fall, wenn f_P die 4. Wurzel aus einer Form 4. Grades ist mit von Ort zu Ort veränderlichen Koeffizienten. Daher formuliert man das Raumproblem vielleicht besser folgendermaßen: Alle Funktionen, welche aus einer, f, durch lineare Transformation der Variablen hervorgehen, rechne ich zu einer Klasse (f). Jeder solchen Klasse (f) von homogenen Funktionen erster Ordnung entspricht eine besondere Art von Geometrie: in einem metrischen Raum von der Art (f) gehört die Funktion f_P, welche nach (1) an jeder Stelle P des Raumes die Maßzahlen der Linienelemente bestimmt, der Klasse (f) an. Diese Festsetzung ist unabhängig von der Wahl der Koordinaten x_i. Unter diesen Raumarten ist die Pythagoreisch-Riemannsche, die der Funktion (2) entspricht, eine einzige spezielle. Es fragt sich, auf welchen inneren Gründen ihre Vorzugsstellung beruht.

Eine erste befriedigende Antwort auf diese Frage wurde durch Untersuchungen von HELMHOLTZ und LIE gegeben (HELMHOLTZ, Über die Tatsachen, welche der Geometrie zugrunde liegen, Nachr. d. Ges. d. Wissensch. zu Göttingen 1868, S. 193—221; LIE, Über die Grundlagen der Geometrie, Verh. d. Sächs. Ges. d. Wissensch. zu Leipzig, Bd. 42, 1890, S. 284—321). Die n-dimensionale Mannigfaltigkeit besitze infinitesimale Beweglichkeit in dem Sinne, daß ein unendlichkleiner, den Punkt O enthaltender Körper um O frei drehbar ist, derart, daß seine Maßverhältnisse dabei in erster Ordnung ungeändert bleiben und durch solche Drehungen einem Linienelement in O eine beliebige Richtung erteilt werden kann, einem durch dasselbe hindurchgehenden Flächenelement eine beliebige, diese Linienrichtung enthaltende Flächenrichtung, usf. bis zu den Elementen von $(n-1)$ Dimensionen; wenn aber ein solches System inzidenter Richtungselemente der 1. bis $(n-1)$-ten Dimension in O festgehalten wird, lasse jener Körper keine Bewegung um O mehr zu. Die Drehungen werden eine gewisse Gruppe homogener linearer Transformationen der Differentiale dx_i bilden. Und nun ergibt sich, daß diese Gruppe notwendig aus allen linearen Transformationen besteht, die eine gewisse positiv-definite quadratische Form ds^2 in sich überführen. So hat die Forderung der infinitesimalen Beweglichkeit 1. die Tatsache zur Folge, daß sich Linienelemente an der gleichen Stelle messend miteinander vergleichen lassen, und 2. für ihre Maßzahlen ds die Gültigkeit des Pythagoreischen Lehrsatzes.

Eine ganz andere Lösung des Raumproblems, welche der neuen durch die Relativitätstheorie geschaffenen Situation voll Rechnung trägt, rührt von WEYL her. Vgl. darüber den Vortrag „Das Raumproblem“, Jahresbericht der Dtsch.

Math.-Vereinig. 1923, ferner: Mathem. Zeitschr. Bd. 12 (1922), S. 114, und die demnächst bei Julius Springer (Berlin) erscheinenden Vorlesungen über die „Mathematische Analyse des Raumproblems".

Geometrische Untersuchungen in Räumen, die in jedem Punkte eine beliebige Maßbestimmung tragen im Sinne der Gleichung (1), sind neuerdings von P. FINSLER angestellt worden (Über Kurven und Flächen in allgemeinen Räumen, Göttinger Dissertation 1918).

3. (Zu Teil II, Absatz 2.) Hat das Linienelement die Gestalt[1])

$$ds^2 = g_{ik}\, dx_i\, dx_k, \qquad (g_{ki} = g_{ik}) \tag{3}$$

so liefern die klassischen Methoden der Variationsrechnung als Bedingung dafür, daß eine die gegebenen Punkte A, B der Mannigfaltigkeit miteinander verbindende Linie $x_i = x_i(s)$ im Vergleich zu allen, hinreichend benachbarten, von A nach B führenden Linien die kürzeste oder wenigstens eine stationäre Länge besitzt (Verschwinden der ersten Variation) die folgenden Gleichungen

$$\frac{d}{ds}\left(g_{ij}\frac{dx_j}{ds}\right) = \frac{1}{2}\frac{\partial g_{\alpha\beta}}{\partial x_i}\frac{dx_\alpha}{ds}\frac{dx_\beta}{ds}. \tag{4}$$

Dabei ist vorausgesetzt, daß als Parameter s die von einem bestimmten Anfangspunkt gemessene Bogenlänge der Kurve genommen wird oder doch eine Größe, die ihr proportional ist; so daß längs der Kurve (wie übrigens aus (4) folgt)

$$g_{ik}\frac{dx_i}{ds}\frac{dx_k}{ds} \text{ eine Konstante} \tag{5}$$

---

[1]) Über Indizes, die in einem Formelglied doppelt auftreten, wie hier die Indizes i und k, ist stets zu summieren; diese Übereinkunft erspart uns das Hinschreiben vieler Summenzeichen.

ist. Die linke Seite von (4) ist

$$= \frac{\partial g_{i\alpha}}{\partial x_\beta} \frac{dx_\alpha}{ds} \frac{dx_\beta}{ds} + g_{ij} \frac{d^2 x_j}{ds^2}.$$

Man schaffe das erste Glied auf die rechte Seite und führe zur Abkürzung die „Christoffelschen Dreiindizessymbole" ein, d. s. die Größen

$$\frac{1}{2}\left(\frac{\partial g_{i\alpha}}{\partial x_\beta} + \frac{\partial g_{i\beta}}{\partial x_\alpha} - \frac{\partial g_{\alpha\beta}}{\partial x_i}\right) = \Gamma_{i,\alpha\beta}$$

und diejenigen $\Gamma^i_{\alpha\beta}$, die aus ihnen eindeutig nach den Gleichungen

$$\Gamma_{i,\alpha\beta} = g_{ij}\Gamma^j_{\alpha\beta}$$

entspringen. Dann entstehen die folgenden für die „geodätische Linie" charakteristischen Gleichungen

$$(6) \qquad \frac{d^2 x_i}{ds^2} + \Gamma^i_{\alpha\beta} \frac{dx_\alpha}{ds} \frac{dx_\beta}{ds} = 0.$$

Die von RIEMANN zu einem beliebigen Punkte O eingeführten „Zentralkoordinaten", die er mit $x_1, x_2, \ldots, x_n$ bezeichnet, ergeben sich jetzt analytisch folgendermaßen. Es seien zunächst z_i beliebige Koordinaten, die in O verschwinden. Da sich eine positiv-definite quadratische Form durch lineare Transformation immer in die Einheitsform mit den Koeffizienten

$$\delta_{ik} = \begin{cases} 1 \, (i = k) \\ 0 \, (i \neq k) \end{cases}$$

überführen läßt, kann von vornherein vorausgesetzt werden, daß für den Punkt O die Koeffizienten g_{ik} des Linienelements (3) die Werte δ_{ik} annehmen, so daß dort $ds^2 = \Sigma dz_i^2$ wird. Eine der Gleichung (6) genügende geodätische Linie, für welche O der Anfangspunkt ist ($z_i = 0$ für $s = 0$), ist eindeutig bestimmt durch die Anfangswerte der Ableitungen

$$\left(\frac{dz_i}{ds}\right)_0 = \xi^i;$$

ihre Parameterdarstellung laute

$$z_i = \psi_i(s; \xi^1, \xi^2, \ldots, \xi^n).$$

Man erkennt sofort, daß die Funktionen ψ_i nur von den Produkten $s\xi^1$, $s\xi^2, \ldots, s\xi^n$ abhängen:

$$z_i = \varphi_i(s\xi^1, s\xi^2, \ldots, s\xi^n).$$

Die Zentralkoordinaten x_i entstehen dann aus den ursprünglichen z_i durch die Transformation

$$z_i = \varphi_i(x_1, x_2, \ldots, x_n).$$

Sie sind dadurch gekennzeichnet, daß bei ihrer Benutzung die linearen Funktionen

$$x_i = \xi^i s \tag{7}$$

von s für beliebige Konstante ξ^i die Gleichungen (5), (6) befriedigen. Auch für sie ist in $O: ds^2 = \Sigma dx_i^2$. Es wird also, wenn wir den Konstanten ξ^i ein für allemal die Bedingung $\Sigma(\xi^i)^2 = 1$ auferlegen, bei der Substitution (7)

$$g_{ik}\xi^i\xi^k$$

unabhängig von s, und zwar $= 1$, wie sich durch Einsetzen des Wertes $s = 0$ herausstellt; außerdem

$$\Gamma^i_{\alpha\beta}\xi^\alpha\xi^\beta = 0. \tag{8}$$

Somit bestehen identisch in den x die Identitäten

$$(9)\quad g_{ik}x_ix_k = x_i^2, \qquad (8')\quad \Gamma^i_{\alpha\beta}x_\alpha x_\beta = 0,$$

aus denen wir zunächst einige Folgerungen herleiten wollen.

Die Gleichung (8′) kann man schreiben

$$\Gamma_{i,\alpha\beta}x_\alpha x_\beta = 0 \quad \text{oder} \quad (10)\ \left(\frac{\partial g_{i\beta}}{\partial x_\alpha} - \frac{1}{2}\frac{\partial g_{\alpha\beta}}{\partial x_i}\right)x_\alpha x_\beta = 0.$$

Nun ist

$$\frac{\partial g_{i\beta}}{\partial x_\alpha}\cdot x_\beta = \frac{\partial x_i'}{\partial x_\alpha} - g_{i\alpha},$$

wenn

$$x_i' = g_{ij}x_j$$

gesetzt wird; folglich ist die linke Seite von (10)

$$= \left(\frac{\partial x'_i}{\partial x_\alpha} x_\alpha - x'_i\right) - \frac{1}{2}\left(\frac{\partial x'_\alpha}{\partial x_i} x_\alpha - x'_i\right)$$

$$= \frac{\partial x'_i}{\partial x_\alpha} x_\alpha - \frac{1}{2}\left(\frac{\partial x'_\alpha}{\partial x_i} x_\alpha + x'_i\right) = \frac{\partial x'_i}{\partial x_\alpha} x_\alpha - \frac{1}{2}\frac{\partial (x'_\alpha x_\alpha)}{\partial x_i}.$$

Nach (9) aber ist $x'_\alpha x_\alpha = x_\alpha{}^2$, und so kommt schließlich

$$\frac{\partial x'_i}{\partial x_\alpha} x_\alpha - x_i = \frac{\partial (x'_i - x_i)}{\partial x_\alpha} x_\alpha = 0.$$

Bei der Substitution (7) liefert das

$$\frac{d(x'_i - x_i)}{ds} = 0,$$

und da für $s = 0$ die Differenz $x'_i - x_i$ verschwindet, kommen wir zu dem einfachen Resultat, daß identisch in x

$$x'_i = g_{i\alpha} x_\alpha = x_i \tag{11}$$

sein muß. Weiter folgt durch Differentation nach x_k:

$$\frac{\partial g_{i\alpha}}{\partial x_k} \cdot x_\alpha = \delta_{ik} - g_{ik}. \tag{12}$$

Die linke Seite ist demnach symmetrisch in i und k:

$$\frac{\partial g_{i\alpha}}{\partial x_k} \cdot x_\alpha = \frac{\partial g_{k\alpha}}{\partial x_i} \cdot x_\alpha. \tag{13}$$

Multiplikation von (12) mit x_k oder x_i und Summation nach k bzw. i liefert unter nochmaliger Benutzung von (11):

$$\frac{\partial g_{i\alpha}}{\partial x_\beta} x_\alpha x_\beta = 0, \tag{14} \qquad \frac{\partial g_{\alpha\beta}}{\partial x_i} x_\alpha x_\beta = 0. \tag{14'}$$

In dieser Weise läßt sich die ursprüngliche Gleichung (10) in zwei Bestandteile zerspalten.

Jetzt betrachten wir die Potenzentwicklung der Koeffizienten g_{ik} des Linienelements in der Umgebung von O:

$$g_{ik} = \delta_{ik} + c_{ik,\alpha} x_\alpha + c_{ik,\alpha\beta} x_\alpha x_\beta + \dots$$

Dabei sind $c_{ik,\alpha}$ die Werte der 1. Ableitungen $\frac{\partial g_{ik}}{\partial x_\alpha}$, $2c_{ik,\alpha\beta}$ die Werte der 2. Ableitungen $\frac{\partial^2 g_{ik}}{\partial x_\alpha \partial x_\beta}$ im Punkte O. RIEMANN behauptet zunächst, daß hier die linearen Glieder verschwinden. Das folgt aus (14'): setzen wir darin $x_i = \xi^i s$ und löschen den Faktor s^2, so bekommen wir die Identität in s

$$\frac{\partial g_{\alpha\beta}}{\partial x_i} \xi^\alpha \xi^\beta = 0.$$

Sie liefert für $s = 0$ das gewünschte Resultat, daß die Ableitungen $\frac{\partial g_{\alpha\beta}}{\partial x_i}$ in O verschwinden, da ja die ξ beliebige Zahlen sein können. Differentiieren wir jene Gleichung aber zunächst nach s und setzen dann $s = 0$, so erhalten wir die weitere Beziehung

$$c_{\beta\gamma,\alpha i} + c_{\gamma\alpha,\beta i} + c_{\alpha\beta,\gamma i} = 0.$$

Durch dieselbe Behandlung von (14) ergibt sich

$$c_{i\alpha,\beta\gamma} + c_{i\beta,\gamma\alpha} + c_{i\gamma,\alpha\beta} = 0. \tag{15}$$

Vertauschen wir in der letzten Gleichung i mit γ und subtrahieren sie von der oberen, so folgen endlich noch die Symmetriebedingungen

$$c_{ik,\alpha\beta} = c_{\alpha\beta,ik}. \tag{16}$$

In der Potenzentwicklung von ds^2 lauten die Glieder 0-ter Ordnung

$$[0] = \sum dx_i^2;$$

es fehlen die Glieder 1. Ordnung, diejenigen der 2. Ordnung aber fügen sich zusammen zu der Form

$$[2] = c_{ik,\alpha\beta} x_\alpha x_\beta dx_i dx_k. \tag{17}$$

RIEMANN behauptet weiter, daß [2] eine quadratische Form der Größen $x_i dx_k - x_k dx_i$ ist. Benutzen wir für unendlichkleine x_i der Übereinstimmung halber das Zeichen δx_i, so sind diese Größen

$$\delta x_i d x_k - d x_i \delta x_k = \Delta x_{ik} \tag{18}$$

die „Komponenten" des von den beiden Linienelementen mit den Komponenten δx_i bzw. $d x_i$ im Punkte O aufgespannten (parallelogrammartigen) Flächenelements. Eine quadratische Form dieser Flächenvariablen läßt sich auf eine und nur eine Weise in der Gestalt schreiben

$$\Delta\sigma^2 = \frac{1}{4} R_{\alpha\beta,\gamma\delta} \Delta x_{\alpha\beta} \Delta x_{\gamma\delta}, \tag{19}$$

wenn für die Koeffizienten R die Nebenbedingungen hinzugefügt werden:

$$\left\{\begin{aligned} R_{\beta\alpha,\gamma\delta} = - R_{\alpha\beta,\gamma\delta}, \qquad & R_{\alpha\beta,\gamma\delta} = - R_{\alpha\beta,\gamma\delta}; \\ R_{\gamma\delta,\alpha\beta} &= R_{\alpha\beta,\gamma\delta}; \\ R_{i\alpha,\beta\gamma} + R_{i\beta,\gamma\alpha} &+ R_{i\gamma,\alpha\beta} = 0. \end{aligned}\right. \tag{20}$$

Um **[2]** in diese Gestalt zu bringen, haben wir die Relationen (15), (16) nötig; denn nach ihnen können wir $c_{ik,\alpha\beta}$ ersetzen durch

$$\left.\begin{aligned} &\frac{2}{3} c_{ik,\alpha\beta} \\ &+ \frac{1}{3} c_{ik,\alpha\beta} \end{aligned}\right\} = \left\{\begin{aligned} &\frac{1}{3}(c_{ik,\alpha\beta} + c_{\alpha\beta,ik}) \\ &- \frac{1}{3}(c_{i\alpha,\beta k} + c_{i\beta,k\alpha}). \end{aligned}\right.$$

Setzen wir diesen Wert des Koeffizienten $c_{ik,\alpha\beta}$ in (17) ein, so dürfen wir in dem dritten Term $c_{i\alpha,k\beta}$ noch die Indizes i und k vertauschen. Bilden wir also nach (19) die Form $\Delta\sigma^2$ mit folgenden Koeffizienten

$$R_{\alpha\beta,\gamma\delta} = c_{\alpha\gamma,\beta\delta} + c_{\beta\delta,\alpha\gamma} - c_{\alpha\delta,\beta\gamma} - c_{\beta\gamma,\alpha\delta}, \tag{21}$$

welche die sämtlichen Bedingungen (20) erfüllen, so ergibt sich

$$\mathbf{[2]} = -\frac{1}{3} \Delta\sigma^2.$$

In neuerer Zeit hat sich eine sehr natürliche und anschauliche geometrische Auffassung der Riemannschen Krümmung herausgebildet, welche sich der infinitesimalen Parallelverschiebung von Vektoren in einer Riemannschen Mannigfaltigkeit bedient. Die infinitesimale Drehung, welche der Vektorkörper im Punkte O erfahren hat, nachdem er durch Parallelverschiebung um ein Flächenelement in O herumgeführt ist — der Vektor $\mathfrak{x}$ mit den Komponenten ξ^i erfahre dabei den Zuwachs $\Delta\mathfrak{x} = (\Delta\xi^i)$ —, drückt sich durch eine Formel aus:

$$\Delta\xi^i = -\Delta r^i_k \cdot \xi^k;$$

die Δr^i_k sind vom Vektor $\mathfrak{x}$ unabhängig, hängen aber linear ab von den Komponenten Δx_{ik} des umfahrenen Flächenelements:

$$\Delta r^i_k = \frac{1}{2} R^i_{k,\alpha\beta} \Delta x_{\alpha\beta}.$$

Diese Erklärung führt zu den Gleichungen:

$$(22)\qquad R^\alpha_{\beta,\gamma\delta} = \left(\frac{\partial\Gamma^\alpha_{\beta\delta}}{\partial x_\gamma} - \frac{\partial\Gamma^\alpha_{\beta\gamma}}{\partial x_\delta}\right) + (\Gamma^\alpha_{\varrho\delta}\Gamma^\varrho_{\beta\gamma} - \Gamma^\alpha_{\varrho\gamma}\Gamma^\varrho_{\beta\delta}).$$

Infolgedessen ist die Form $\Delta\sigma^2$ mit den Koeffizienten

$$(22')\qquad R_{\alpha\beta,\gamma\delta} = g_{\alpha\varrho} R^\varrho_{\beta,\gamma\delta}$$

eine Invariante. Da ihre Koeffizienten R bei Benutzung der Zentralkoordinaten, für welche die ersten Ableitungen der g_{ik} im betrachteten Punkte O verschwinden, in (21) übergehen, ist sie mit der Riemannschen Krümmungsform identisch. Das Quadrat des Inhalts des von den beiden Linienelementen δ und d aufgespannten unendlichkleinen Parallelogramms Δf^2 (RIEMANN benutzt statt des Parallelogramms das Dreieck) wird ebenfalls durch eine quadratische Form der Variablen (18) gegeben, und zwar ist in beliebigen Koordinaten

$$\Delta f^2 = \frac{1}{4}(g_{\alpha\gamma}g_{\beta\delta} - g_{\alpha\delta}g_{\beta\gamma})\Delta x_{\alpha\beta}\Delta x_{\gamma\delta}.$$

Der nur vom Verhältnis der Δx_{ik} abhängige Quotient $\frac{\Delta\sigma^2}{\Delta f^2}$ ist die Zahl, die man nach RIEMANN als die Krümmung der Mannigfaltigkeit in der vom Flächenelement mit den Komponenten Δx_{ik} eingenommenen Flächenrichtung zu bezeichnen hat. —

Die Riemannsche Krümmungstheorie wurde analytisch zuerst durchgeführt von CHRISTOFFEL und LIPSCHITZ (mehrere Abhandlungen im Journal f. d. reine u. angew. Mathematik, Bd. 70, 71, 72, 82). RIEMANN selbst hatte die betreffenden Rechnungen entwickelt in einer der Pariser Akademie eingereichten, aber nicht gekrönten und daher auch nicht publizierten Arbeit; sie ist durch DEDEKIND und WEBER in den Gesammelten Werken ans Licht gezogen und mit einem ausgezeichneten Kommentar versehen worden. Die Invariantentheorie in einer metrischen Mannigfaltigkeit wurde insbesondere ausgebildet von RICCI und LEVI-CIVITA (vgl. Méthodes de calcul différential absolu, Math. Annalen, Bd. 54, 1901, S. 125—201). Neuerdings sind unter dem Einfluß der Einsteinschen Relativitätstheorie diese Untersuchungen wieder aufgenommen worden; sie führten namentlich zur Aufstellung des fundamentalen Begriffs der infinitesimalen Parallelverschiebung. Vgl. darüber LEVI-CIVITA, Nozione di parallelismo in una varietà qualunque..., Rend. d. Circ. Matem. di Palermo, Bd. 42 (1917); HESSENBERG, Vektorielle Begründung der Differentialgeometrie, Math. Annalen, Bd. 78 (1917); WEYL, Raum, Zeit, Materie, 5. Auflage (Berlin 1923) S. 88ff.; J. A. SCHOUTEN, Die direkte

Analysis zur neueren Relativitätstheorie, Verhand. d. K. Akad. v. Wetensch. te Amsterdam, XII, Nr. 6 (1919).

4. (Zu Teil II, Absatz 3.) Eine metrische Mannigfaltigkeit, deren Maßbestimmung auf einer positiv-definiten quadratischen Differentialform ds^2 beruht, werde als Riemannsche Mannigfaltigkeit bezeichnet. Der Zusammenhang mit der gewöhnlichen Flächentheorie, wie sie von GAUSS begründet wurde, ist dadurch gegeben, daß jede Fläche im dreidimensionalen Euklidischen Raum im festgesetzten Sinne eine (zweidimensionale) Riemannsche Mannigfaltigkeit ist. Dies aber aus dem alleinigen Grunde, weil der Euklidische Raum selbst eine derartige Mannigfaltigkeit ist: allgemein überträgt sich von einer n-dimensionalen Riemannschen Mannigfaltigkeit die Maßbestimmung auf alle in ihr gelegenen m-dimensionalen Mannigfaltigkeiten ($m = 1$ oder $2 \ldots$ oder $n - 1$) in der Weise, daß auch sie eine Riemannsche Metrik tragen. Die Punkte im n-dimensionalen ,,Raum" mögen durch n Koordinaten x_i, die Punkte der m-dimensionalen ,,Fläche" durch m Koordinaten u_k charakterisiert sein. Die Fläche wird durch eine Parameterdarstellung

$$x_i = x_i(u_1 u_2 \ldots u_m) \qquad (i = 1, 2, \ldots, n)$$

beschrieben, die von jedem Flächenpunkt u angibt, in welchen Raumpunkt x er hineinfällt. Setzen wir die daraus sich ergebenden Differentiale

$$dx_i = \frac{\partial x_i}{\partial u_1} du_1 + \frac{\partial x_i}{\partial u_2} du_2 + \ldots + \frac{\partial x_i}{\partial u_m} du_m$$

in die metrische Fundamentalform ds^2 des Raumes ein, so erhalten wir eine definite quadratische Form der du_k als die metrische Fundamentalform (das ,,Linienelement") der Fläche. Während also bei EUKLID der Raum a priori von viel speziellerer Natur angenommen ist als die in ihm möglichen

Flächen, nämlich als eben, hat der Begriff der Riemannschen Mannigfaltigkeit just denjenigen Grad der Allgemeinheit, welcher nötig ist, um diese Diskrepanz völlig zum Verschwinden zu bringen.

Nach GAUSS legt man der Theorie der Flächen

$$x = x(u_1 u_2), \qquad y = y(u_1 u_2), \qquad z = z(u_1 u_2)$$

im dreidimensionalen Euklidischen Raum mit den Cartesischen Koordinaten xyz die folgenden beiden Differentialformen zugrunde:

$$(23) \qquad ds^2 = dx^2 + dy^2 + dz^2 = \sum_{i,k=1}^{2} g_{ik}\, du_i\, du_k,$$

$$-(dx\,dX + dy\,dY + dz\,dZ) = \sum_{ik} G_{ik}\, du_i\, du_k.$$

X, Y, Z sind dabei die Richtungskosinus der Normalen. Zieht man zu den Normalen in sämtlichen Punkten eines unendlichkleinen Flächenstücks do Parallele durch einen festen Raumpunkt, so erfüllen sie einen gewissen räumlichen Winkel $d\omega$. Das Verhältnis $\frac{d\omega}{do}$ ist im Limes, wenn do auf einen Punkt zusammenschrumpft, die Gaußsche Krümmung der Fläche in diesem Punkte. Analytisch wird sie durch den Quotienten aus den Determinanten der beiden Fundamentalformen gegeben:

$$K = \frac{G_{11}G_{22} - G_{12}^2}{g_{11}g_{22} - g_{12}^2}.$$

Daß die Gaußsche Krümmung nur von der Geometrie auf der Fläche abhängt, nicht aber von der Art ihres Eingebettetseins in den Raum, genauer: daß K übereinstimmt mit derjenigen Größe, die nach RIEMANN als Krümmung der mit dem Linienelement (23) ausgestatteten zweidimensionalen metrischen Mannigfaltigkeit zu bezeichnen und aus den Formeln (22) zu berechnen ist, wird in jedem Lehrbuch der Flächentheorie bewiesen (siehe z. B. W. BLASCHKE, Vorlesungen über Differentialgeometrie I, Julius Springer 1921, S. 59 u. S. 96).

Die anschauliche Deutung der Riemannschen Krümmung einer zweidimensionalen Mannigfaltigkeit mit Hilfe eines geodätischen Dreiecks ergibt sich am besten als Spezialfall jener, die sich auf die infinitesimale Parallelverschiebung von Vektoren stützt. Verschiebt man den „Kompaß" der ∞^1 von einem Punkte P der zweidimensionalen Mannigfaltigkeit ausgehenden Richtungen parallel längs einer vom Kompaßzentrum P zu durchlaufenden geschlossenen Kurve $\mathfrak{C}$ auf der Mannigfaltigkeit, so kehrt der Richtungskompaß nicht in seine Ausgangsstellung zurück, sondern hat eine Drehung um einen gewissen Winkel erfahren; dieser ist, wie aus der früher erwähnten natürlichen Definition der Krümmung unmittelbar hervorgeht, gleich dem Integral der Krümmung über das von der Kurve $\mathfrak{C}$ umschlossene Gebiet. Nimmt man für $\mathfrak{C}$ ein geodätisches Dreieck und beachtet, daß die geodätische Linie durch die Eigenschaft gekennzeichnet ist, ihre Richtung ungeändert beizubehalten, so folgt die im Text angegebene, auf GAUSS zurückgehende Deutung.

Daß endlich eine zweidimensionale geodätische Fläche, aufgebaut aus allen geodätischen Linien, die von einem Punkte O in einer bestimmten Flächenrichtung Δ ausgehen, im Punkte O eine Krümmung besitzt, die gleich der Raumkrümmung in der Flächenrichtung Δ ist, beweist man am einfachsten so. Sind x_i Zentralkoordinaten des Raumes, die zu diesem Punkte O gehören, so möge jene geodätische Fläche dadurch charakterisiert sein, daß für ihre Punkte alle Koordinaten außer x_1, x_2 verschwinden. Da die Ableitungen der g_{ik} und somit die Größen $\Gamma^i_{\alpha\beta}$ im Punkte O verschwinden, die g_{ik} aber die besonderen Werte δ_{ik} annehmen, erkennt man sofort aus der Formel (22), daß die

Raumkrümmung $R_{12,12}$ daselbst nur von den (2. Ableitungen der) Koeffizienten g_{11}, g_{12}, g_{22} abhängt, die übrigen g_{ik} aber in ihren Ausdruck nicht eingehen.

5. (Zu Teil II, Absatz 4.) Eine Mannigfaltigkeit besitzt ein Zentrum in O, wenn sie sich mit Hilfe gewisser in O verschwindender Koordinaten x_i so auf einen Cartesischen Bildraum mit der Maßbestimmung

$$ds_0^2 = dx_1^2 + dx_2^2 + \ldots + dx_n^2$$

abbilden läßt, daß das lineare Vergrößerungsverhältnis $\frac{ds}{ds_0}$, Quotient der Länge ds eines Linienelements und der Länge ds_0 des korrespondierenden Linienelements im Cartesischen Bildraum, einen festen Wert hat 1) für alle radial gestellten Linienelemente ds_0 im Bildraum, die sich in der gleichen Entfernung r vom Nullpunkt befinden,

$$(r^2 = x_1^2 + x_2^2 + \ldots + x_n^2)$$

und 2) für alle tangential, senkrecht zu den Radien gestellten Linienelemente ds_0 in dieser Entfernung. Analytisch gibt sich das darin kund, daß ds^2 eine lineare Kombination der orthogonalinvarianten Differentialformen

$$dx_1^2 + dx_2^2 + \ldots + dx_n^2 \quad \text{und} \quad (x_1 dx_1 + x_2 dx_2 + \ldots + x_n dx_n)^2$$

wird:

$$ds^2 = \lambda^2 \sum_i dx_i^2 + l\left(\sum_i x_i dx_i\right)^2;$$

wobei die Koeffizienten λ und l nur von r abhängen. Das tangentiale Vergrößerungsverhältnis ist λ, das radiale h bestimmt sich aus $h^2 = \lambda^2 + l r^2$. Die radiale Maßskala r läßt sich offenbar so einrichten, daß $\lambda = 1$ wird:

$$ds^2 = \sum_i dx_i^2 + l\left(\sum_i x_i dx_i\right)^2. \tag{24}$$

Die x_i sind „modifizierte Zentralkoordinaten" zum Punkte O in dem folgenden Sinne: jeder Strahl

$$x_i = \xi^i r$$

(ξ^i beliebige Konstante von der Quadratsumme 1, r der variable Parameter) ist eine geodätische Linie; aber r ist nicht die auf ihr gemessene Bogenlänge, sondern diese, s, steht zu r in der Beziehung

$$\left(\frac{ds}{dr}\right)^2 = 1 + lr^2 = h^2. \tag{24'}$$

Auf einer n-dimensionalen Kugel vom Radius a im $(n+1)$-dimensionalen Euklidischen Raum mit den Cartesischen Koordinaten $x_0, x_1, \ldots, x_n$ ist

$$\begin{gathered} x_0^2 + x_1^2 + \ldots + x_n^2 = a^2, \\ ds^2 = dx_0^2 + dx_1^2 + \ldots + dx_n^2. \end{gathered} \tag{25}$$

Benutzen wir also $x_1, \ldots, x_n$ als Koordinaten auf der Kugel, so erhalten wir, da auf ihr

$$x_0 dx_0 = -(x_1 dx_1 + \ldots + x_n dx_n),$$
$$dx_0^2 = \frac{(x_1 dx_1 + \ldots + x_n dx_n)^2}{a^2 - r^2}$$

ist, für ihr ds^2 eine Formel (24) mit

$$l = \frac{1}{a^2 - r^2} = \frac{\alpha}{1 - \alpha r^2}. \qquad \left(\alpha = \frac{1}{a^2}.\right)$$

Es ist danach klar, daß Mannigfaltigkeiten, deren Linienelement sich in die Gestalt (24) setzen läßt, worin l die eben angegebene Funktion $\frac{\alpha}{1-\alpha r^2}$ bedeutet, konstante, von Ort und Flächenrichtung unabhängige Krümmung besitzen; diese Behauptung wird natürlich ebensowohl richtig sein, wenn die Konstante α negativ ist, wie im Falle eines positiven α. Die gleich durchzuführende Rechnung wird außerdem zeigen, daß der Wert der Krümmung gleich α ist. Statt dieser Normalform für ds^2, welche der orthogonalen Projektion der Kugel auf den „Äquator" $x_0 = 0$ entspricht, benutzt RIEMANN diejenige, die durch stereographische Projektion zustande kommt. Wir erhalten sie aus der eben angegebenen, wenn wir durch die Transformation

$$x_i = \frac{x_i^*}{1 + \frac{\alpha}{4} r^{*2}} \qquad \left[r^{*2} = \sum_i (x_i^*)^2, \quad i = 1, 2, \ldots, n\right]$$

zu neuen Koordinaten x_i^* übergehen.

Um die Umkehrung zu beweisen[1]), führen wir auf einer beliebigen Mannigfaltigkeit zu einem Punkte O „modifizierte Zentralkoordinaten" x_i ein, wobei eine Funktion l von r willkürlich zugrunde zu legen ist. Sie entstehen aus den in Anm. 3 konstruierten „eigentlichen" Zentralkoordinaten, wenn wir auf den von O ausstrahlenden geodätischen Linien die natürliche Maßskala s durch die aus (24′) sich ergebende modifizierte Skala r ersetzen. Auf die gleiche Weise, wie wir in Anm. 3 die Formeln (8), (13), (11) für die „eigentlichen", der Wahl $l = 0$ entsprechenden Zentralkoordinaten fanden, erhalten wir dann

$$\Gamma^i_{\alpha\beta} \xi^\alpha \xi^\beta = \frac{h'}{h} \xi^i \tag{26}$$

[der Akzent bedeutet die Ableitung nach r; es ist stets $x_i = \xi^i r$ zu setzen, und ξ^i sind beliebige Konstante von der Quadratsumme 1];

$$\frac{\partial g_{i\alpha}}{\partial x_k} \xi^\alpha = \frac{\partial g_{k\alpha}}{\partial x_i} \xi^\alpha, \tag{27}$$

$$\xi_i, \quad \text{d. i.} \quad g_{i\alpha} \xi^\alpha = h^2 \xi^i. \tag{28}$$

Wir fragen: wann ist der Punkt O ein Zentrum dieser Mannigfaltigkeit, genauer: wann bestehen die Gleichungen

$$g_{ik} = \delta_{ik} + l x_i x_k? \tag{29}$$

---

1) Vgl. dazu LIPSCHITZ, Journal für die reine und angewandte Mathematik, Bd. 72; F. SCHUR, Math. Annalen, Bd. 27, S. 537–567; H. WEYL, Nachr. d. Ges. d. Wissensch. zu Göttingen 1921, S. 109.

Die notwendige und hinreichende Bedingung dafür ist offenbar die, daß

$$\frac{d}{dr}(g_{ik} - l x_i x_k) = 0$$

wird, oder

(30) $$\frac{\partial g_{ik}}{\partial x_\alpha} \xi^\alpha = \frac{d}{dr}(l r^2) \cdot \xi^i \xi^k;$$

denn wenn die Differenz $g_{ik} - l x_i x_k$ unabhängig von r ist, so muß sie gleich ihrem Werte für $r = 0$, d. i. $= \delta_{ik}$ sein. Wegen (27) und (28) sind die folgenden Gleichungen der Bedingung (30) äquivalent:

$$\Gamma_{i,k\alpha} \xi^\alpha = h h' \cdot \xi^i \xi^k,$$

ebenso

$$\Gamma^i_{k\alpha} \xi^\alpha = \frac{h'}{h} \xi^i \xi^k.$$

Setze ich demnach

(31) $$\varphi^i_k = \Gamma^i_{k\alpha} \xi^\alpha - \frac{h'}{h} \xi^i \xi^k,$$

so ist das Verschwinden dieser Größen φ^i_k die gesuchte Bedingung für das Bestehen von (29).

Um das Problem mit der Krümmung in Zusammenhang zu bringen, differentiiere man abermals nach r; es kommt

(32) $$\frac{d\varphi^i_k}{dr} = \frac{\partial \Gamma^i_{k\alpha}}{\partial x_\beta} \xi^\alpha \xi^\beta - (\lg h)'' \xi^i \xi^k.$$

Das erste Glied rechts ist ein Bestandteil von

(33) $$R^i_{\alpha k \beta} \xi^\alpha \xi^\beta,$$

wie dem Ausdruck (22) der R zu entnehmen ist. Um (33) zu berechnen, haben wir der Reihe nach zu bilden

$$\frac{\partial \Gamma^i_{\alpha k}}{\partial x_\beta} \xi^\alpha \xi^\beta, \qquad \frac{\partial \Gamma^i_{\alpha\beta}}{\partial x_k} \xi^\alpha \xi^\beta$$

und

(34) $$(\Gamma^i_{\varrho\beta} \Gamma^\varrho_{\alpha k} - \Gamma^i_{\varrho k} \Gamma^\varrho_{\alpha\beta}) \xi^\alpha \xi^\beta.$$

Der erste Term ist nach (32)

$$= \frac{d\varphi_k^i}{dr} + (\lg h)'' \xi^i \xi^k .$$

Um den zweiten zu erhalten, differentiieren wir (26):

$$\Gamma^i_{\alpha\beta} x_\alpha x_\beta = \frac{r h'}{h} x_i$$

nach x_k:

$$\frac{\partial \Gamma^i_{\alpha\beta}}{\partial x_k} x_\alpha x_\beta + 2\,\Gamma^i_{\alpha k} x_\alpha = \frac{x_i x_k}{r} \frac{h'}{h} + x_i x_k (\lg h)'' + \frac{r h'}{h} \delta_{ik}.$$

Drückt man noch $\Gamma^i_{\alpha k}\xi^\alpha$ nach (31) durch φ^i_k aus, so kommt also

$$\frac{\partial \Gamma^i_{\alpha\beta}}{\partial x_k} \xi^\alpha \xi^\beta = \xi^i \xi^k (\lg h)'' + \frac{h'}{r h}(\delta_{ik} - \xi^i \xi^k) - \frac{2}{r} \varphi^i_k,$$

$$\left(\frac{\partial \Gamma^i_{\alpha k}}{\partial x_\beta} - \frac{\partial \Gamma^i_{\alpha\beta}}{\partial x_k}\right) \xi^\alpha \xi^\beta = \left(\frac{d\varphi^i_k}{dr} + \frac{2}{r}\varphi^i_k\right) + \frac{h'}{r h}(\xi^i \xi^k - \delta_{ik}).$$

Das dritte Glied (34) aber lassen wir folgende Wandlungen durchlaufen:

$$\begin{aligned}
&(\Gamma^i_{\varrho\beta}\xi^\beta)(\Gamma^\varrho_{\alpha k}\xi^\alpha) - \Gamma^i_{k\varrho}(\Gamma^\varrho_{\alpha\beta}\xi^\alpha\xi^\beta) \\
&= \Gamma^i_{\varrho\beta}\xi^\beta\left(\varphi^\varrho_k + \frac{h'}{h}\xi^\varrho \xi^k\right) - \Gamma^i_{k\varrho}\cdot\frac{h'}{h}\xi^\varrho \\
&= \Gamma^i_{\varrho\beta}\xi^\beta \varphi^\varrho_k + \frac{h'}{h}\xi^k(\Gamma^i_{\varrho\beta}\xi^\varrho\xi^\beta) - \frac{h'}{h}\left(\varphi^i_k + \frac{h'}{h}\xi^i\xi^k\right) \\
&= \Gamma^i_{\beta\varrho}\xi^\beta \varphi^\varrho_k - \frac{h'}{h}\varphi^i_k .
\end{aligned}$$

Die Endformel lautet demnach, wenn man noch

$$\frac{r^2 \varphi^i_k}{h} = \psi^i_k$$

einführt,

$$(35) \quad -R^i_{\alpha k \beta}\xi^\alpha \xi^\beta = \frac{h}{r^2}\left[\frac{d\psi^i_k}{dr} + \Gamma^i_{\alpha\beta}\xi^\alpha \psi^\beta_k\right] + \frac{h'}{r h}(\xi^i \xi^k - \delta_{ik}).$$

Anderseits ist

(36) $(\delta_{ik} g_{\alpha\beta} - \delta_{i\beta} g_{\alpha k}) \xi^\alpha \xi^\beta = \delta_{ik} h^2 - \xi^i \xi_k = h^2(\delta_{ik} - \xi^i \xi^k)$.

Ist O Zentrum: $\psi^i_k = 0$, so folgt daraus: Die Krümmung der Mannigfaltigkeit in einem beliebigen Punkte P und in einer beliebigen Flächenrichtung daselbst, die den geodätischen Strahl OP enthält, hängt nur von r ab, ist nämlich

$$\frac{h'}{rh} : h^2 = -\frac{1}{2r}\frac{d}{dr}\left(\frac{1}{h^2}\right). \tag{37}$$

[Insbesondere ist die Krümmung in O unabhängig von der Flächenrichtung $= l(0)$.]

Diese Bedingung ist aber auch hinreichend dafür, daß O Zentrum ist; denn nach (35) und (36) ist sie mit der Gleichung

$$\frac{d\psi^i_k}{dr} + \Gamma^i_{\alpha\beta} \xi^\alpha \psi^\beta_k = 0 \tag{38}$$

identisch, und aus ihr folgt $\psi^i_k = 0$. In der Tat: sind C, Γ solche Konstanten, daß etwa für $0 \leqq r \leqq 1$ die Ungleichungen

$$|\Gamma^i_{\alpha\beta}| \leqq \frac{\Gamma}{n^2}, \qquad |\psi^i_k| \leqq C \tag{39}$$

bestehen, so gilt für jede ganze nicht-negative Zahl m

$$|\psi^i_k| \leqq C \cdot \frac{(\Gamma r)^m}{m!}. \tag{40}$$

Beweis durch vollständige Induktion. Die Behauptung trifft nach (39) zu für $m = 0$; der Schluß von m auf $m + 1$ aber vollzieht sich durch die Abschätzung

$$|\psi^i_k| = \left|\int_0^r \Gamma^i_{\alpha\beta} \xi^\alpha \psi^\beta_k \, dr\right| \leqq \frac{C\,\Gamma^{m+1}}{m!} \int_0^r r^m \, dr = C\,\frac{(\Gamma r)^{m+1}}{(m+1)!}.$$

Lassen wir in (40) die ganze Zahl m über alle Grenzen wachsen, so ergibt sich $\psi^i_k = 0$.

Wir machen von unserm Ergebnis die Anwendung auf den besonderen Fall einer Mannigfaltigkeit von der konstanten Krümmung α. Wir wählen

$$l = \frac{\alpha}{1 - \alpha r^2}, \qquad h^2 = 1 + l r^2 = \frac{1}{1 - \alpha r^2};$$

dann bekommt (37) den konstanten Wert α. Führen wir demnach in einem beliebigen Punkt O der Mannigfaltigkeit die zu dieser Funktion l gehörigen modifizierten Zentralkoordinaten ein, so gilt die Gleichung (38), aus der $\psi^i_k = 0$ und schließlich

$$g_{ik} - l x_i x_k = \delta_{ik}$$

folgt. Damit sind wir am Ziel: das Linienelement der Mannigfaltigkeit von der konstanten Krümmung α hat in den gewählten Koordinaten notwendig die Gestalt

$$ds^2 = \sum_i dx_i^2 + \frac{\alpha}{1 - \alpha r^2} (\sum_i x_i dx_i)^2 .$$

Da hierbei das Zentrum O in einen willkürlichen Punkt der Mannigfaltigkeit verlegt werden kann und die Normalform unter Festhaltung des Punktes O auch nicht durch eine beliebige lineare orthogonale Transformation der Koordinaten x_i zerstört wird, zeigt sich, daß eine Mannigfaltigkeit konstanter Krümmung die von RIEMANN behauptete Beweglichkeit in sich besitzt. Sie ist also gewiß in dem Sinne homogen, daß nicht nur alle Punkte auf ihr, sondern auch in jedem Punkte alle Flächenrichtungen gleichberechtigt sind. Umgekehrt muß eine Mannigfaltigkeit mit diesen Homogenitätseigenschaften offenbar konstante Krümmung besitzen. Unter Ausschluß des hinlänglich bekannten Euklidischen Falles $\alpha = 0$ nehmen wir $\alpha = \pm 1$ an. Führen wir im ersten Fall ($\alpha = + 1$) das Verhältnis der vorhin — Formel (25) — benutzten Koordinaten

$$x_0 : x_1 : \ldots : x_n$$

als homogene Koordinaten in der Mannigfaltigkeit ein, so können wir, ohne einer Normierung wie (25) zu bedürfen, für das Linienelement schreiben

$$(41) \qquad ds^2 = \frac{\Omega(x, x)\,\Omega(dx, dx) - \Omega^2(x, dx)}{\Omega^2(x, x)},$$

wo $\Omega(x, y)$ die symmetrische Bilinearform

$$x_0 y_0 + x_1 y_1 + \ldots + x_n y_n$$

bedeutet (die zugehörige quadratische Form $\Omega(x, x)$ gleich

$$x_0^2 + x_1^2 + \ldots + x_n^2$$

ist positiv-definit, vom Trägheitsindex o). Dieses ds^2 hängt in der Tat nur von den Verhältnissen der Koordinaten x in den beiden unendlich benachbarten Punkten ab. Die Bewegungen der Mannigfaltigkeit in sich werden jetzt einfach durch diejenigen linearen Transformationen der homogenen Koordinaten x gegeben, welche die quadratische Gleichung $\Omega(x, x) = 0$ in sich überführen. Analoges gilt für die Mannigfaltigkeiten von der Krümmung — 1; nur ist in der Formel (41) ds^2 durch $-ds^2$ zu ersetzen und unter $\Omega(x, x)$ die quadratische Form

$$x_0^2 - (x_1^2 + \ldots + x_n^2)$$

vom Trägheitsindex n zu verstehen. Auch hat man sich auf solche Werte der Variablen zu beschränken, für die $\Omega > 0$ ist. Allgemeiner kann für Ω eine beliebige nicht-ausgeartete quadratische Form vom Trägheitsindex o oder n genommen werden (denn solche lassen sich linear auf die beiden hier zugrunde gelegten Normalformen transformieren; nur die Werte o und n des Trägheitsindex sind möglich, weil ds^2 definit sein muß). Die geodätischen Linien (Geraden) werden durch lineare Gleichungen zwischen unsern homogenen Koordinaten dargestellt. Wir haben es also mit dem n-dimensionalen Raum der projektiven Geometrie zu tun, der auf Grund eines „Kegelschnitts" $\Omega(x, x) = 0$ mit einer gewissen Maßbestimmung ausgestattet ist (Cayleysche Maßbestimmung). Vgl. darüber CAYLEY, Sixth Memoir upon Quantics, Philosophical Transactions, t. 149 (1859); F. KLEIN, Über die sogenannte Nicht-Euklidische Geometrie, Math. Annalen, Bd. 4 (1871), und die weiteren Abhandlungen von KLEIN in Math. Annalen, Bd. 6 und 37. Die Fälle $\alpha = +1$ und $\alpha = -1$ werden von KLEIN als „elliptische" und „hyperbolische" Geometrie unterschieden, zwischen die sich als Übergangs- und Entartungsfall die Euklidische einschiebt. Die hyperbolische Geometrie ist mit der von LOBATCHEFSKIJ und BOLYAI (um 1830) zuerst systematisch aufgebauten „Nicht-Euklidischen Geometrie" identisch. Die elliptische fällt in einem hinreichend beschränkten Gebiet, wie wir sahen, mit der sphärischen Geometrie zusammen, die auf einer n-dimensionalen Kugel im $(n + 1)$-dimensionalen Euklidischen Raum gilt. Im großen besitzt aber der ihr zugrunde liegende „elliptische Raum" andere Zusammenhangsverhältnisse als die Kugel; er entsteht aus der Kugel, wenn man je zwei diametral einander gegenüberliegende Punkte derselben in einen einzigen Punkt ideell zusammenfallen läßt, oder, was auf dasselbe hinauskommt, an Stelle der Kugelpunkte die durch den Kugelmittelpunkt laufenden Geraden als Elemente verwendet. Über die mit den verschiedenen Maßbestimmungen verträgliche Analysis-situs-Beschaffenheit des Raumes vgl. namentlich KLEIN, Math. Annalen, Bd. 37 (1890), S. 544; KILLING, Math. Annalen, Bd. 39 (1891), S. 257, und: Einführung in die Grundlagen der Geometrie, Paderborn 1893; auch KOEBE, Annali di Matematica, Ser. III, 21, pag. 57, und WEYL, Math. Annalen, Bd. 77, S. 349.

6. (Zu Teil III, Absatz 3.) Das volle Verständnis für die Schlußbemerkungen RIEMANNs über den innern Grund der Maßverhältnisse des Raums ist uns erst durch EINSTEINs

allgemeine Relativitätstheorie erschlossen worden. Sehen wir von der ersten Möglichkeit ab, es könnte „das dem Raum zugrunde liegende Wirkliche eine diskrete Mannigfaltigkeit bilden" (obschon in ihr vielleicht einmal die endgültige Antwort auf das Raumproblem enthalten sein wird), so stellt sich RIEMANN hier im Gegensatz zu der bis dahin von allen Mathematikern und Philosophen vertretenen Meinung, daß die Metrik des Raumes unabhängig von den in ihm sich abspielenden physischen Vorgängen festgelegt sei und das Reale in diesen metrischen Raum wie in eine fertige Mietskaserne einziehe; er behauptet vielmehr, daß der Raum an sich nur eine formlose dreidimensionale Mannigfaltigkeit im Sinne von Teil I des Vortrages ist und erst der den Raum erfüllende materielle Gehalt ihn gestaltet und seine Maßverhältnisse bestimmt. Das „metrische Feld" ist prinzipiell von der gleichen Natur wie etwa das elektromagnetische Feld. — Da der Raum, sofern er Form der Erscheinungen, homogen ist, schien sich mit Notwendigkeit zu ergeben (und von dem alten Standpunkt aus ist diese Konsequenz in der Tat unausweichlich), daß er eine Riemannsche Mannigfaltigkeit von ganz spezieller Art, nämlich von konstanter Krümmung sein müsse. Durch die in der Anm. 2 zitierten Arbeiten von HELMHOLTZ und LIE wurde festgestellt, daß nur in einem solchen Raum ein Körper ohne Änderung seiner Maßverhältnisse diejenige Beweglichkeit besitzt, die aus der Gleichberechtigung aller Orte und Richtungen folgt. Aber diese Folgerung fällt dahin, sobald die Maßbestimmung abhängig gedacht wird von der Verteilung der Materie. Denn die Möglichkeit der Ortsversetzung eines Körpers ohne Maßänderungen in einer beliebigen Riemannschen Mannigfaltigkeit ist zurückgewonnen, wenn der Körper das von ihm erzeugte metrische Feld bei der Bewegung mitnimmt; genau so wie eine Masse, die unter dem Einfluß eines von ihr selbst erzeugten Kraftfeldes eine Gleichgewichtsgestalt angenommen hat, sich deformieren müßte, wenn man das Kraftfeld festhalten und die Masse an eine andere Stelle desselben schieben könnte, in Wahrheit aber ihre Gestalt behält, da sie das von ihr selbst erzeugte Kraftfeld mitnimmt.

In der physischen Welt tritt zu den drei Raumdimensionen als vierte die Zeit hinzu, und die spezielle Relativitätstheorie (EINSTEIN, MINKOWSKI) führte zu der Einsicht, daß diese vierdimensionale Mannigfaltigkeit der Raum-Zeit-Punkte eine Euklidische ist, in der Raum und Zeit nicht ohne Willkür voneinander getrennt werden können; Euklidisch mit der Modifikation jedoch, daß die der Maßbestimmung zugrunde liegende quadratische Form ds^2 nicht positiv-definit ist, sondern vom Trägheitsindex 1. In der allgemeinen Relativitätstheorie vollzog sich der Übergang von EUKLID zu RIEMANN: die Welt ist ein vierdimensionales Kontinuum, in welcher ein von Zustand, Verteilung und Bewegung der Materie abhängiges metrisches Feld herrscht, darstellbar durch eine quadratische Differentialform ds^2 vom Trägheitsindex 1. Aus diesem metrischen Feld entspringen insbesondere die Erscheinungen der Gravitation. So hat RIEMANNS Idee, welche die alte Scheidewand zwischen Geometrie und Physik niederriß, heute durch EINSTEIN ihre glänzende Erfüllung gefunden. Betreffs der Literatur verweist der Herausgeber auf sein Buch „Raum Zeit Materie" (5. Aufl., Berlin 1923).

CARL LUDWIG SIEGEL
GESAMMELTE ABHANDLUNGEN

BAND I

Herausgegeben von
K. Chandrasekharan und H. Maaß

SPRINGER-VERLAG
BERLIN · HEIDELBERG · NEW YORK 1966

18.

Über Riemanns Nachlaß zur analytischen Zahlentheorie

Quellen und Studien zur Geschichte der Mathematik, Astronomie und Physik 2 (1932), 45—80

In einem Briefe an Weierstraß aus dem Jahre 1859 erwähnte Riemann eine neue Entwicklung der Zetafunktion, welche er aber noch nicht genügend vereinfacht hätte, um sie in seiner Arbeit zur Primzahltheorie mitteilen zu können. Nachdem nun H. Weber im Jahre 1876 diese Stelle aus Riemanns Brief in seiner Ausgabe von Riemanns Werken veröffentlicht hatte, konnte man vermuten, daß genaue Durchsicht des auf der Göttinger Universitätsbibliothek befindlichen Riemannschen Nachlasses noch wichtige verborgene Formeln der analytischen Zahlentheorie ans Licht bringen würde.

In der Tat hat dann der Bibliothekar Distel bereits vor einigen Jahrzehnten die in Rede stehende Darstellung der Zetafunktion in Riemanns Papieren aufgefunden. Es handelt sich um eine semikonvergente Entwicklung, die das Verhalten der Funktion $\zeta(s)$ auf der kritischen Geraden $\sigma = \frac{1}{2}$ und allgemeiner in jedem Streifen $\sigma_1 \leq \sigma \leq \sigma_2$ für unendlich groß werdendes s zum Ausdruck bringt. Das Hauptglied dieser Entwicklung haben inzwischen 1920 Hardy und Littlewood unabhängig von Riemann wiederentdeckt, als Spezialfall ihrer „approximate functional equation“; zum Beweise benutzen sie dasselbe Hilfsmittel wie Riemann, nämlich angenäherte Berechnung eines Integrales nach der Sattelpunktmethode. Bei Riemann findet sich aber auch ein Verfahren zur Gewinnung der weiteren Glieder der semikonvergenten Reihe, und zwar beruht dieses auf den schönen Eigenschaften des Integrals

$$\Phi(\tau, u) = \int \frac{e^{\pi i \tau x^2 + 2\pi i u x}}{e^{2\pi i x} - 1}\, dx,$$

die übrigens auch Kronecker und neuerdings Mordell zur elegantesten Herleitung der Reziprozitätsformel der Gaußschen Summen geführt haben.

Im Jahre 1926 bemerkte Bessel-Hagen bei einer erneuten Durchsicht der Riemannschen Notizen eine weitere bisher unbekannte Darstellung der Zetafunktion mit Hilfe bestimmter Integrale; auf diese ist Riemann ebenfalls durch die Eigenschaften von $\Phi(\tau, u)$ geführt worden.

Die beiden Entwicklungen für $\zeta(s)$ dürften das wichtigste aus Riemanns zahlentheoretischem Nachlaß umfassen, soweit es sich nicht auch in seiner gedruckten Abhandlung vorfindet. Ansätze zu einem Beweise der sogenannten „Riemannschen Vermutung" oder auch nur zu einem Beweise für die Existenz unendlich vieler Nullstellen der Zetafunktion auf der kritischen Geraden sind nicht in Riemanns Papieren enthalten. Auf die Behauptung, daß im Intervall $0 < t < T$ asymptotisch $\frac{T}{2\pi}\log\frac{T}{2\pi} - \frac{T}{2\pi}$ reelle Nullstellen von $\zeta\left(\frac{1}{2}+ti\right)$ liegen, ist Riemann wohl durch eine heuristische Überlegung von der semikonvergenten Reihe her geführt worden; doch auch heute ist noch nicht ersichtlich, wie man diese Behauptung beweisen oder widerlegen könnte. Mit Hilfe der semikonvergenten Reihe hat Riemann auch einige reelle Nullstellen von $\zeta\left(\frac{1}{2}+ti\right)$ angenähert berechnet.

In Riemanns Aufzeichnungen zur Theorie der Zetafunktion finden sich nirgendwo druckfertige Stellen; mitunter stehen zusammenhangslose Formeln auf demselben Blatt; häufig ist von Gleichungen nur eine Seite hingeschrieben; stets fehlen Restabschätzungen und Konvergenzuntersuchungen, auch an wesentlichen Punkten. Diese Gründe machten eine freie Bearbeitung des Riemannschen Fragmentes notwendig, wie sie im folgenden ausgeführt werden soll.

Die Legende, Riemann habe die Resultate seiner mathematischen Arbeit durch „große allgemeine" Ideen gefunden, ohne die formalen Hilfsmittel der Analysis zu benötigen, ist wohl jetzt nicht mehr so verbreitet wie zu Kleins Lebzeiten. Wie stark Riemanns analytische Technik war, geht besonders deutlich aus seiner Ableitung und Umformung der semikonvergenten Reihe für $\zeta(s)$ hervor.

§ 1.

Berechnung eines bestimmten Integrales.

Es sei u eine komplexe Variable. Man bilde das Integral

$$(1) \qquad \Phi(u) = \int_{0 \nwarrow 1} \frac{e^{-\pi i x^2 + 2\pi i u x}}{e^{\pi i x} - e^{-\pi i x}}\, dx,$$

erstreckt von ∞ nach ∞ von rechts unten nach links oben längs einer Parallelen zur Winkelhalbierenden des vierten und zweiten Quadranten, welche die reelle Achse zwischen den Punkten 0 und 1 trifft. In Formel (1) ist der Integrationsweg durch das unter dem Integralzeichen stehende Symbol $0 \nwarrow 1$ angedeutet.

Die Funktion $\Phi(u)$ ist ganz. Nach Riemann läßt sie sich in elementarer Weise durch die Exponentialfunktion ausdrücken. Um dies zu beweisen, leitet man unter Benutzung des Cauchyschen Satzes zwei Differenzengleichungen für $\Phi(u)$ ab:

Einerseits ist

$$\Phi(u+1)-\Phi(u)=\int\limits_{0\nwarrow 1} e^{-\pi i x^2}\frac{e^{2\pi i(u+1)x}-e^{2\pi i u x}}{e^{\pi i x}-e^{-\pi i x}}\,dx=\int\limits_{0\nwarrow 1} e^{-\pi i x^2+2\pi i(u+\frac{1}{2})x}\,dx$$

$$=e^{\pi i(u+\frac{1}{2})^2}\int\limits_{0\nwarrow 1} e^{-\pi i(x-u-\frac{1}{2})^2}\,dx=e^{\pi i(u+\frac{1}{2})^2}\int\limits_{0\nwarrow 1} e^{-\pi i x^2}\,dx,$$

also

$$\Phi(u)=\Phi(u+1)-e^{\pi i(u+\frac{1}{2})^2}\int\limits_{0\nwarrow 1} e^{-\pi i x^2}\,dx. \tag{2}$$

Andererseits ist, wenn durch das Symbol $-1\nwarrow 0$ derjenige Integrationsweg angedeutet wird, welcher aus dem bisher benutzten durch Parallelverschiebung um den Vector -1 entsteht,

$$1=\int\limits_{0\nwarrow 1}\frac{e^{-\pi i x^2+2\pi i u x}}{e^{\pi i x}-e^{-\pi i x}}\,dx-\int\limits_{-1\nwarrow 0}\frac{e^{-\pi i x^2+2\pi i u x}}{e^{\pi i x}-e^{-\pi i x}}\,dx, \tag{3}$$

denn der Integrand hat im Pole $x=0$ das Residuum $\frac{1}{2\pi i}$; wegen

$$\int\limits_{-1\nwarrow 0}\frac{e^{-\pi i x^2+2\pi i u x}}{e^{\pi i x}-e^{-\pi i x}}\,dx=\int\limits_{0\nwarrow 1}\frac{e^{-\pi i(x-1)^2+2\pi i u(x-1)}}{e^{\pi i(x-1)}-e^{-\pi i(x-1)}}\,dx$$

$$=e^{-2\pi i u}\int\limits_{0\nwarrow 1}\frac{e^{-\pi i x^2+2\pi i(u+1)x}}{e^{\pi i x}-e^{-\pi i x}}\,dx$$

liefert also (3) die Formel

$$\Phi(u)=e^{-2\pi i u}\,\Phi(u+1)+1. \tag{4}$$

Aus (2) und (4) erhält man zunächst für $u=0$ die bekannte Gleichung

$$\int\limits_{0\nwarrow 1} e^{-\pi i x^2}\,dx=e^{\frac{3\pi i}{4}}$$

und dann durch Elimination von $\Phi(u+1)$ das gesuchte Resultat

$$\int\limits_{0\nwarrow 1}\frac{e^{-\pi i x^2+2\pi i u x}}{e^{\pi i x}-e^{-\pi i x}}\,dx=\frac{1}{1-e^{-2\pi i u}}-\frac{e^{\pi i u^2}}{e^{\pi i u}-e^{-\pi i u}}. \tag{5}$$

Differentiiert man n-mal nach u, so bekommt man die allgemeinere Formel

$$(6)\qquad \int_{0\nwarrow 1} \frac{e^{-\pi i x^2+2\pi i u x}}{e^{\pi i x}-e^{-\pi i x}}\, x^n\, d x=(2 \pi i)^{-n} D^n \frac{e^{\pi i u}-e^{\pi i u^2}}{e^{\pi i u}-e^{-\pi i u}} \qquad (n=0,1,2,\ldots).$$

Für das folgende ist es zweckmäßig, (5) in eine andere Gestalt zu setzen. Man schreibe $2u+\frac{1}{2}$ statt u und multipliziere (5) mit $e^{-2\pi i\left(u+\frac{1}{2}\right)^2+\frac{\pi i}{8}}$; dies liefert die von Riemann gefundene Gleichung

$$\int_{0\nwarrow 1} \frac{e^{\pi i\left\{x^2-2\left(u+\frac{1}{2}-x\right)^2+\frac{1}{8}\right\}}}{e^{2\pi i x}-1}\, d x=\frac{\cos \left(2 \pi u^2+\frac{3 \pi}{8}\right)}{\cos 2 \pi u},$$

die weiterhin eine wichtige Rolle spielen wird.

Das Integral $\Phi(u)$ ist ein Spezialfall des Integrales

$$(7)\qquad \Phi(\tau, u)=\int_{0\nwarrow 1} \frac{e^{\pi i \tau x^2+2 \pi i u x}}{e^{\pi i x}-e^{-\pi i x}}\, d x,$$

das auch zwei Differenzengleichungen genügt. Es ist von **Mordell** näher untersucht worden. Für jeden negativen rationalen Wert von τ gilt eine zu (5) analoge Formel; und hieraus gelangt man durch Spezialisierung von u zum Reziprozitätsgesetz der **Gauß**schen Summen. Die Transformationstheorie der Thetafunktionen hat bereits Riemann in seinen Vorlesungen auf die Eigenschaften von $\Phi(\tau, u)$ gegründet.

§ 2.

Die semikonvergente Entwicklung der Zetafunktion.

Ist der reelle Teil σ der komplexen Variablen $s=\sigma+ti$ größer als 1 und bedeutet m irgendeine natürliche Zahl, so gilt

$$\zeta(s)=\sum_{n=1}^{m} n^{-s}+\frac{1}{\Gamma(s)} \int_0^{\infty} \frac{x^{s-1} e^{-m x}}{e^x-1}\, d x,$$

oder, wenn C_1 eine in positivem Sinn zu durchlaufende Schleife um die negative imaginäre Achse ist,

$$(8)\qquad \zeta(s)=\sum_{n=1}^{m} n^{-s}+\frac{(2 \pi)^s e^{\frac{\pi i s}{2}}}{\Gamma(s)\left(e^{2 \pi i s}-1\right)} \int_{C_1} \frac{x^{s-1} e^{-2 \pi i m x}}{e^{2 \pi i x}-1}\, d x .$$

Diese Formel besteht sogar für beliebige Werte von σ. Fortan sei σ auf ein festes Intervall $\sigma_1 \leq \sigma \leq \sigma_2$ beschränkt, und es sei $t>0$. Um das in (8) auftretende Integral nach der Sattelpunktmethode für $t \rightarrow \infty$ asymptotisch zu berechnen, hat man den Integrationsweg über die Nullstelle von $D \log (x^{s-1}\, e^{-2\pi i m x})$ zu führen. Für diese Nullstelle erhält man aus der Gleichung

$$\frac{s-1}{x} - 2\pi i m = 0$$

den Wert

(9) $$\xi = \frac{s-1}{2\pi i m} = \frac{t}{2\pi m} + \frac{1-\sigma}{2\pi m}\, i.$$

Innerhalb des um ξ mit dem Radius $|\xi|$ geschlagenen Kreises gilt nun eine Entwicklung

$$x^{s-1} e^{-2\pi i m x} = \xi^{s-1} e^{-2\pi i m \xi} e^{(s-1)\left\{-\frac{1}{2}\left(\frac{x-\xi}{\xi}\right)^2 + \frac{1}{3}\left(\frac{x-\xi}{\xi}\right)^3 - \cdots\right\}}$$

$$= \xi^{s-1} e^{-2\pi i m \xi} e^{-\frac{s-1}{2\xi^2}(x-\xi)^2}\{c_0 + c_1(x-\xi) + c_2(x-\xi)^2 + \cdots\};$$

und man wird in der Reihe

$$\xi^{s-1} e^{-2\pi i m \xi} \sum_{n=0}^{\infty} c_n \int \frac{e^{-\frac{s-1}{2\xi^2}(x-\xi)^2}}{e^{2\pi i x} - 1} (x-\xi)^n\, dx$$

eine semikonvergente Entwicklung des Integrales aus (8) vermuten. Die in der Reihe auftretenden Integrale lassen sich nun sämtlich nach Formel (6) von § 1 auswerten, falls $\frac{s-1}{2\xi^2}$ den speziellen Wert πi besitzt. Dies ist bei festem s eine Bedingung für m, die sich im allgemeinen nur angenähert erfüllen läßt, da m eine ganze Zahl ist. Deswegen ersetzt Riemann den Sattelpunkt ξ durch den benachbarten Wert η, der sich aus der Gleichung

$$\frac{t i}{2\eta^2} = \pi i$$

zu

(10) $$\eta = +\sqrt{\frac{t}{2\pi}}$$

ergibt, und bestimmt m nach dem Vorbilde von (9) als größte ganze Zahl unterhalb $\frac{t}{2\pi\eta}$, also

(11) $$m = [\eta].$$

Man führe noch die Abkürzungen

(12) $$\tau = +\sqrt{t} = \eta\sqrt{2\pi}$$

$$\varepsilon = e^{-\frac{\pi i}{4}} = \frac{1-i}{\sqrt{2}}$$

$$g(x) = x^{s-1} \frac{e^{-2\pi i m x}}{e^{2\pi i x} - 1}$$

ein.

Zunächst sei η keine ganze Zahl. Der Integrationsweg C_1 werde durch den Linienzug C_2 ersetzt, bestehend aus den beiden Halbgeraden, die vom Punkte $\eta - \frac{\varepsilon}{2}\eta$ ausgehen und die Punkte η bzw. $-\left(m+\frac{1}{2}\right)$ enthalten. Mit Rücksicht auf die Pole bei $\pm 1, \pm 2, \ldots, \pm m$ liefert der Residuensatz

$$\int_{C_1} g(x)\,dx = (e^{\pi i s}-1)\sum_{n=1}^{m} n^{s-1} + \int_{C_2} g(x)\,dx$$

$$(13)\qquad \zeta(s) = \sum_{n=1}^{m} n^{-s} + \frac{(2\pi)^s}{2\,\Gamma(s)\cos\frac{\pi s}{2}}\sum_{n=1}^{m} n^{s-1} + \frac{(2\pi)^s e^{\frac{\pi i s}{2}}}{\Gamma(s)\,(e^{2\pi i s}-1)}\int_{C_2} g(x)\,dx.$$

Auf dem links gelegenen der beiden geradlinigen Bestandteile von C_2, der C_3 heißen möge, ist nun

$$\operatorname{arc} x \geq \operatorname{arc\,tg}\frac{1}{2\sqrt{2}-1} > (2\sqrt{2}-1)^{-1} - \frac{1}{3}(2\sqrt{2}-1)^{-3} > \frac{1}{2\sqrt{2}} + \frac{1}{8}$$

$$\mathfrak{I}(x) \leq \frac{\eta}{2\sqrt{2}}$$

und folglich nach (10) und (11)

$$|x^{s-1}e^{-2\pi i m x}| \leq |x|^{\sigma-1} e^{-t\left(\frac{1}{2\sqrt{2}}+\frac{1}{8}\right)+\pi m\frac{\eta}{\sqrt{2}}} \leq |x|^{\sigma-1} e^{-\frac{t}{8}}$$

$$(14)\qquad \int_{C_3} g(x)\,dx = O\left(e^{-\frac{t}{9}}\right),$$

gleichmäßig in σ für $\sigma_1 \leq \sigma \leq \sigma_2$.

Auf der rechts gelegenen Halbgeraden von C_2 setze man

$$x = \eta + \varepsilon y \qquad \left(y \geq -\frac{\eta}{2}\right);$$

dann gilt

$$|x^{s-1}e^{-2\pi i m x}| = |x|^{\sigma-1} e^{t\operatorname{arc\,tg}\frac{y}{y+\eta\sqrt{2}} - \pi\sqrt{2}my}.$$

Ist nun sogar $y \geq +\frac{\eta}{2}$, so hat man für hinreichend großes t

$$t\operatorname{arc\,tg}\frac{y}{y+\eta\sqrt{2}} - \pi\sqrt{2}my \leq \frac{ty}{y+\eta\sqrt{2}} - \pi\sqrt{2}my < ty\left(\frac{1}{y+\eta\sqrt{2}} - \frac{\eta-1}{\sqrt{2}\eta^2}\right)$$

$$= \frac{ty}{\eta\sqrt{2}}\left(\frac{1}{\eta} - \frac{y}{y+\eta\sqrt{2}}\right) \leq \frac{t}{2\sqrt{2}}\left(\frac{1}{\eta} - \frac{1}{1+2\sqrt{2}}\right) < -\frac{t}{11};$$

also besteht die Abschätzung

$$(15)\qquad -\int_{\frac{\eta}{2}}^{\infty} g(x)\,\varepsilon\,dy = O\left(e^{-\frac{t}{11}}\right),$$

und zwar wieder gleichmäßig in σ für $\sigma_1 \leq \sigma \leq \sigma_2$. Aus (14) und (15) entnimmt man

$$(16) \qquad \int_{C_2} g(x)\,dx = \int_{\eta+\varepsilon\frac{\eta}{2}}^{\eta-\varepsilon\frac{\eta}{2}} g(x)\,dx + O\left(e^{-\frac{t}{11}}\right).$$

Für die asymptotische Entwicklung des Integrals auf der rechten Seite von (16) geht man von der Identität

$$(17) \quad g(x) = \eta^{s-1} e^{-2\pi i m \eta} \frac{e^{-\pi i (x-\eta)^2 + 2\pi i(\eta - m)(x-\eta)}}{e^{2\pi i x} - 1} e^{(s-1)\log\left(1+\frac{x-\eta}{\eta}\right) - 2\pi i \eta (x-\eta) + \pi i (x-\eta)^2}$$

aus. Der letzte der rechtsstehenden Faktoren läßt sich für $|x-\eta| < \eta$ in eine Reihe nach Potenzen von $x-\eta$ entwickeln, deren Koeffizienten näher untersucht werden sollen. Mit der in (12) erklärten Bedeutung von τ setze man

$$(18) \qquad e^{(s-1)\log\left(1+\frac{z}{\tau}\right) - i\tau z + \frac{i}{2} z^2} = \sum_{n=0}^{\infty} a_n z^n = w(z) \qquad (|z| < \tau).$$

Aus der Differentialgleichung

$$(z+\tau)\frac{dw}{dz} + (1 - \sigma - i z^2)\, w = 0$$

ergibt sich die Rekursionsformel

$$(19) \qquad (n+1)\,\tau\, a_{n+1} = -(n+1-\sigma)\, a_n + i\, a_{n-2} \qquad (n = 2, 3, \ldots),$$

die auch für $n = 0, 1$ richtig ist, falls $a_{-2} = 0$, $a_{-1} = 0$ gesetzt wird. Nimmt man noch die Gleichung $a_0 = 1$ hinzu, so sind $a_1, a_2, \ldots$ vermöge (19) bestimmt; und zwar ist a_n ein Polynom n^{ten} Grades in τ^{-1}, das die Potenzen τ^{-k} für $k = 0, 1, \ldots, n - 2\left[\frac{n}{3}\right] - 1$ nicht enthält. Folglich ist

$$a_n = O\left(t^{-\frac{n}{2} + \left[\frac{n}{3}\right]}\right)$$

gleichmäßig für $\sigma_1 \leq \sigma \leq \sigma_2$, aber nicht etwa gleichmäßig in n.

Um den Rest der Potenzreihe $w(z)$ abzuschätzen, benutze man die Darstellung

$$(20) \qquad r_n(z) = \sum_{k=n}^{\infty} a_k z^k = \frac{1}{2\pi i} \int_C \frac{w(u)\, z^n}{u^n (u-z)}\, du;$$

dabei bedeutet C eine im Konvergenzkreise gelegene Kurve, welche die Punkte 0 und z je einmal positiv umschlingt. Nach (18) ist

$$\log w(u) = (\sigma - 1 + i\tau^2)\log\left(1 + \frac{u}{\tau}\right) - i\tau u + \frac{i}{2} u^2$$
$$= (\sigma - 1)\log\left(1 + \frac{u}{\tau}\right) + i u^2 \sum_{k=1}^{\infty} \frac{(-1)^{k-1}}{k+2}\left(\frac{u}{\tau}\right)^k;$$

also gilt im Kreise $|u| \leq \frac{3}{5}\tau$ die Abschätzung

(21) $$\Re \log w(u) \leq |\sigma - 1| \log \frac{5}{2} + \frac{5}{6} \frac{|u|}{\tau} |u|^2.$$

In (20) sei $|z| \leq \frac{4}{7}\tau$ und C ein Kreis um $u = 0$ mit einem Radius ϱ_n, der zunächst nur der Bedingung

(22) $$\frac{21}{20}|z| \leq \varrho_n \leq \frac{3}{5}\tau$$

unterworfen werde. Aus (20), (21), (22) folgt dann gleichmäßig in σ und n die Abschätzung

(23) $$r_n(z) = O\left(|z|^n \varrho_n^{-n} e^{\frac{5}{6\tau}\varrho_n^3}\right).$$

Die Funktion $\varrho^{-n} e^{\frac{5}{6\tau}\varrho^3}$ von ϱ hat ihr Minimum $\left(\frac{5e}{2n\tau}\right)^{\frac{n}{3}}$ für $\varrho = \left(\frac{2n\tau}{5}\right)^{\frac{1}{3}}$.

Nach (22) ist die Wahl $\varrho_n = \varrho$ zulässig, falls

$$\frac{21}{20}|z| \leq \left(\frac{2n\tau}{5}\right)^{\frac{1}{3}} \leq \frac{3}{5}\tau$$

ist. Folglich gilt

(24) $$r_n(z) = O\left(|z|^n \left(\frac{5e}{2n\tau}\right)^{\frac{n}{3}}\right) \qquad \left(n \leq \frac{27}{50}t,\ |z| \leq \frac{20}{21}\left(\frac{2n\tau}{5}\right)^{\frac{1}{3}}\right).$$

Für $|z| \leq \frac{4}{7}\tau$ ist nach (22) auch die Wahl $\varrho_n = \frac{21}{20}|z|$ zulässig; dann liefert (23) die Relation

(25) $$r_n(z) = O\left(\left(\frac{20}{21}\right)^n e^{\frac{5}{6\tau}\left(\frac{21}{20}|z|\right)^3}\right) = O\left(e^{\frac{14}{29}|z|^2}\right) \qquad \left(|z| \leq \frac{\tau}{2}\right).$$

Nach (17) und (18) ist

(26) $$\int_{\eta+\varepsilon\frac{\eta}{2}}^{\eta-\varepsilon\frac{\eta}{2}} g(x)\,dx = \eta^{s-1} e^{-2\pi i m\eta} \int_{\eta+\varepsilon\frac{\eta}{2}}^{\eta-\varepsilon\frac{\eta}{2}} \frac{e^{-\pi i(x-\eta)^2 + 2\pi i(\eta-m)(x-\eta)}}{e^{2\pi i x}-1} w\left(\sqrt{2\pi}(x-\eta)\right) dx.$$

Um den Fehler zu ermitteln, den man begeht, wenn man in dieser Gleichung $w\left(\sqrt{2\pi}(x-\eta)\right)$ durch die Partialsumme $\sum_{k=0}^{n-1} a_k (2\pi)^{\frac{k}{2}} (x-\eta)^k$ ersetzt, hat man das Integral

(27) $$J_n = \int_{\eta+\varepsilon\frac{\eta}{2}}^{\eta-\varepsilon\frac{\eta}{2}} \frac{e^{-\pi i(x-\eta)^2 + 2\pi i(\eta-m)(x-\eta)}}{e^{2\pi i x}-1} r_n\left(\sqrt{2\pi}(x-\eta)\right) dx$$

zu untersuchen. Fortan sei $n\leq\frac{5}{16}t$. Die Nähe der Pole $x=m$, $m+1$ des Integranden werde dadurch vermieden, daß man den innerhalb des Kreises $|x-m|\leq\frac{1}{2\sqrt{\pi}}$ bzw. $|x-m-1|\leq\frac{1}{2\sqrt{\pi}}$ gelegenen Teil des Integrationsweges durch den zugehörigen Kreisbogen ersetzt. Nach (24) liefert die Integration über den Kreisbogen zu J_n nur den Beitrag $O\left(\left(\frac{5e}{2n\tau}\right)^{\frac{n}{3}}\right)$. Auf dem übrigen Teil des Integrationsweges ist $-\pi i(x-\eta)^2=-\pi|x-\eta|^2$. Man setze

$$\frac{20}{21}\left(\frac{2n\tau}{5}\right)^{\frac{1}{3}}=\lambda$$

und berücksichtige (24) für $|x-\eta|\leq\frac{\lambda}{\sqrt{2\pi}}$, dagegen (25) für $\frac{\lambda}{\sqrt{2\pi}}\leq|x-\eta|\leq\frac{\eta}{2}$; dann folgt

$$J_n=O\left\{\left(\frac{5e}{2n\tau}\right)^{\frac{n}{3}}\int\limits_0^{\lambda}e^{-\frac{1}{2}v^2+\sqrt{2\pi}v}\,v^n\,dv+\int\limits_{\lambda}^{\frac{\tau}{2}}e^{-\frac{1}{58}v^2+\sqrt{2\pi}v}\,dv\right\}$$

$$=O\left\{\left(\frac{5e}{2n\tau}\right)^{\frac{n}{3}}e^{\sqrt{2\pi n}}\,2^{\frac{n}{2}}\,\Gamma\left(\frac{n+1}{2}\right)+e^{-\frac{1}{59}\lambda^2}\right\}=O\left\{\left(\frac{25n}{4et}\right)^{\frac{n}{6}}e^{\sqrt{2\pi n}}+e^{-\frac{1}{59}\lambda^2}\right\}.$$

Eine einfache Rechnung zeigt, daß für $n\leq 2\cdot 10^{-8}t$ das zweite O-Glied vom ersten majorisiert wird. So ergibt sich die Abschätzung

$$J_n=O\left(\left(\frac{3n}{t}\right)^{\frac{n}{6}}\right)\qquad(n\leq 2\cdot 10^{-8}t)\tag{28}$$

gleichmäßig in σ und n.

Aus (16), (18), (26), (27), (28) folgt jetzt

$$\int\limits_{C_2}g(x)\,dx$$

$$=\eta^{s-1}e^{-2\pi i m\eta}\left\{\sum_{k=0}^{n-1}a_k\,(2\pi)^{\frac{k}{2}}\int\limits_{\eta+\varepsilon\frac{\eta}{2}}^{\eta-\varepsilon\frac{\eta}{2}}\frac{e^{-\pi i(x-\eta)^2+2\pi i(\eta-m)(x-\eta)}}{e^{2\pi i x}-1}(x-\eta)^k\,dx+O\left(\left(\frac{3n}{t}\right)^{\frac{n}{6}}\right)\right\}.$$

Integriert man auf der rechten Seite statt von $\eta+\varepsilon\frac{\eta}{2}$ nach $\eta-\varepsilon\frac{\eta}{2}$ über die volle Gerade von $\eta+\varepsilon\infty$ bis $\eta-\varepsilon\infty$, so ändert sich wegen $n\leq 2\cdot 10^{-8}t$ der Wert des Integrales nur um $O\left(e^{-\frac{t}{8}+\pi\eta}\left(\frac{\eta}{2}\right)^k\right)$; andererseits ist nach (24)

$$a_k = (r_k - r_{k+1})\, z^{-k} = O\left(\left(\frac{5e}{2k\tau}\right)^{\frac{k}{3}}\right) \qquad (k=1,2,\ldots,n-1),$$

also

$$\sum_{k=0}^{n-1} |a_k|\, e^{-\frac{t}{8}+\pi\eta}\left(\frac{\tau}{2}\right)^k = O\left(e^{-\frac{t}{8}+\pi\eta}\left(\frac{5et}{16n}\right)^{\frac{n}{3}}\right) = O\left(\left(\frac{3n}{t}\right)^{\frac{n}{6}}\right).$$

Ersetzt man endlich noch die Integrationsvariable x durch $x+m$, so wird

$$(29)\qquad \int\limits_{C_2} g(x)\, dx$$

$$= (-1)^m e^{-\frac{\pi i}{8}} \eta^{s-1} e^{-\pi i \eta^2}\left\{\sum_{k=0}^{n-1} a_k (2\pi)^{\frac{k}{2}} \int\limits_{0\nwarrow 1} \frac{e^{\pi i (x^2 - 2(x+m-\eta)^2 + \frac{1}{8})}}{e^{2\pi i x}-1}(x+m-\eta)^k\, dx + O\left(\left(\frac{3n}{t}\right)^{\frac{n}{6}}\right)\right\}.$$

Nach dem Ergebnis von § 1 hat das Integral

$$(30)\qquad \int\limits_{0\nwarrow 1} \frac{e^{\pi i\left\{x^2 - 2\left(x - \frac{u}{\sqrt{2\pi}} - \frac{1}{2}\right)^2 + \frac{1}{8}\right\}}}{e^{2\pi i x}-1}\, dx = F(u)$$

den Wert

$$F(u) = \frac{\cos\left(u^2 + \frac{3\pi}{8}\right)}{\cos(\sqrt{2\pi}\, u)}.$$

Um auch für $k > 0$ das in (29) rechts auftretende Integral elementar auszudrücken, bildet Riemann aus (30) die Gleichung

$$F(\delta+u)\, e^{iu^2} = \int\limits_{0\nwarrow 1} \frac{e^{\pi i\left\{x^2 - 2\left(x - \frac{\delta}{\sqrt{2\pi}} - \frac{1}{2}\right)^2 + \frac{1}{8}\right\}}}{e^{2\pi i x}-1}\, e^{2\sqrt{2\pi}\, i\left(x - \frac{\delta}{\sqrt{2\pi}} - \frac{1}{2}\right)u}\, dx,$$

aus der durch Entwicklung nach Potenzen von u die Formel

$$(31)\qquad \int\limits_{0\nwarrow 1} \frac{e^{\pi i\left\{x^2 - 2\left(x - \frac{\delta}{\sqrt{2\pi}} - \frac{1}{2}\right)^2 + \frac{1}{8}\right\}}}{e^{2\pi i x}-1}\left(x - \frac{\delta}{\sqrt{2\pi}} - \frac{1}{2}\right)^k dx$$

$$= 2^{-k}(2\pi)^{-\frac{k}{2}} k! \sum_{r=0}^{\left[\frac{k}{2}\right]} \frac{i^{r-k}}{r!\,(k-2r)!} F^{(k-2r)}(\delta) \qquad (k=0,1,2,\ldots)$$

hervorgeht.

Aus (13), (29), (31) folgt jetzt die Entwicklung

$$(32)\qquad \zeta(s) = \sum_{l=1}^{m} l^{-s} + \frac{(2\pi)^s}{2\,\Gamma(s)\cos\frac{\pi s}{2}} \sum_{l=1}^{m} l^{s-1}$$

$$+ (-1)^{m-1} \frac{(2\pi)^{\frac{s+1}{2}}}{\Gamma(s)}\, t^{\frac{s-1}{2}}\, e^{\frac{\pi i s}{2} - \frac{ti}{2} - \frac{\pi i}{8}}\, S$$

mit

$$(33)\qquad S=\sum_{0\leq 2r\leq k\leq n-1}\frac{2^{-k}i^{r-k}k!}{r!(k-2r)!}a_k F^{(k-2r)}(\delta)+O\left(\left(\frac{3n}{t}\right)^{\frac{n}{6}}\right)$$

$$n\leq 2\cdot 10^{-8}t,\quad m=\left[\sqrt{\frac{t}{2\pi}}\right],\quad \delta=\sqrt{t}-\left(m+\frac{1}{2}\right)\sqrt{2\pi},\quad F(u)=\frac{\cos\left(u^2+\frac{3\pi}{8}\right)}{\cos(\sqrt{2\pi}\,u)};$$

und die Koeffizienten a_k sind durch die Rekursionsformel (19) bestimmt. Diese Entwicklung ist semikonvergent, und zwar gleichmäßig für $\sigma_1\leq\sigma\leq\sigma_2$, denn das Restglied in (33) ist ja für jedes feste n gleichmäßig in σ von der Größenordnung $t^{-\frac{n}{6}}$. Von den bekannten semikonvergenten Reihen der Analysis unterscheidet sich (32) durch das Auftreten der ganzen Zahl m, welche bewirkt, daß die einzelnen Glieder der Entwicklung nicht durchweg stetig von t abhängen. Die beim Beweis gemachte Annahme, daß $\sqrt{\frac{t}{2\pi}}$ keine ganze Zahl sei, kann leicht nachträglich eliminiert werden, denn man kann ja in (32) den rechtsseitigen Grenzübergang zu jedem ganzzahligen Werte von $\sqrt{\frac{t}{2\pi}}$ machen.

Wählt man in (33) speziell $n=2\cdot 10^{-8}t$, so ist das Fehlerglied $O(10^{-10^{-8}t})$, strebt also mit wachsendem t exponentiell gegen 0. Für praktische Zwecke ist diese Abschätzung des Fehlergliedes wegen des kleinen Faktors 10^{-8} im Exponenten nicht zu gebrauchen; feinere Abschätzungen zeigen, daß sich 10^{-8} durch eine erheblich größere Zahl ersetzen läßt. Es wäre von Interesse, die genaue Größenordnung des Fehlers als Funktion von n aufzufinden; es ist noch nicht einmal trivial, daß er nicht mit wachsendem n für festes t gegen 0 konvergiert.

Wegen der besonderen Wichtigkeit des Falles $\sigma=\frac{1}{2}$ ist es zweckmäßig, (32) mit der durch

$$(34)\qquad e^{\vartheta i}=\pi^{\frac{1}{4}-\frac{s}{2}}\sqrt{\frac{\Gamma\left(\frac{s}{2}\right)}{\Gamma\left(\frac{1-s}{2}\right)}}$$

definierten Funktion $e^{\vartheta i}$ zu multiplizieren; dabei verstehe man unter ϑ denjenigen in der von 0 nach $-\infty$ und von 1 nach $+\infty$ aufgeschnittenen Ebene eindeutigen Zweig, welcher für $s=\frac{1}{2}$ verschwindet. Auf der kritischen Geraden $\sigma=\frac{1}{2}$ ist dann $\vartheta=\operatorname{arc}\left(\pi^{-\frac{s}{2}}\Gamma\left(\frac{s}{2}\right)\right)$ und $e^{\vartheta i}\zeta(s)$ reell. Nach (32) ist für $\sigma_1\leq\sigma\leq\sigma_2$

$$(35)\qquad e^{\vartheta i}\zeta(s)=2\sum_{l=1}^{m}\frac{\cos\left(\vartheta+i\left(s-\frac{1}{2}\right)\log l\right)}{\sqrt{l}}$$

$$+(-1)^{m-1}\left(\frac{t}{2\pi}\right)^{\frac{\sigma-1}{2}}e^{\left(\frac{t}{2}\log\frac{t}{2\pi}-\frac{t}{2}-\frac{\pi}{8}-\vartheta\right)i}S,$$

wo S durch (33) erklärt ist. Jedes a_k, also auch die endliche Summe bei S, ist ein Polynom in τ^{-1}. Durch Ordnen nach Potenzen von τ^{-1} folgt daher aus (33) für jedes feste n und $t\to\infty$ die Beziehung

$$S=\sum_{k=0}^{n-1}A_k\tau^{-k}+O(\tau^{-n}),$$

wo sich die Koeffizienten $A_0, A_1, \ldots, A_{n-1}$ homogen linear aus endlich vielen der Ableitungen $F(\delta)$, $F'(\delta)$, ... zusammensetzen. Die explizite Berechnung der A_k mit Hilfe von (33) und der Rekursionsformel für die a_k ist ziemlich mühsam; Riemann vereinfacht sie durch folgenden Kunstgriff. Setzt man

$$F(\delta+x)\,e^{ix^2}=\sum_{k=0}^{\infty}b_k x^k,$$

so ist ja

$$(36)\qquad S\sim\sum_{k=0}^{\infty}(2i)^{-k}k!\,a_k b_k$$

die volle semikonvergente Reihe, und die gesuchte Größe A_k ist der Koeffizient von τ^{-k}, der durch Ordnen der Reihe nach Potenzen von τ^{-1} entsteht. Der Ausdruck auf der rechten Seite von (36) ist aber das konstante Glied in der Reihe nach positiven und negativen Potenzen von x, die durch formale Multiplikation der konvergenten Potenzreihe

$$F\left(\delta+\frac{1}{x}\right)e^{ix^{-2}}=\sum_{k=0}^{\infty}b_k x^{-k}$$

mit der divergenten Potenzreihe

$$(37)\qquad y=\sum_{k=0}^{\infty}(2i)^{-k}k!\,a_k x^k$$

herauskommt. Da die feste Potenz τ^{-k} nur in endlich vielen der Koeffizienten $a_0, a_1, a_2, \ldots$ auftritt, so ist auch folgendes Verfahren zur Berechnung von A_k legitim: Man bilde durch formale Multiplikation von $e^{ix^{-2}}$ und y den Ausdruck

$$(38)\qquad z=e^{ix^{-2}}y=\sum_{n=-\infty}^{+\infty}d_n x^n$$

und hieraus durch Ordnen nach Potenzen von τ^{-1} die Reihe $\sum_{k=0}^{\infty} B_k \tau^{-k}$; dann ist A_k das konstante Glied in $F\left(\delta+\frac{1}{x}\right) B_k$. Und da für die Berechnung dieses konstanten Gliedes die in B_k auftretenden negativen Potenzen von x gleichgültig sind, so hat man nur den ganz rationalen Bestandteil von B_k zu bestimmen.

Setzt man zur Abkürzung

$$(2i)^{-k}\, k!\, a_k = c_k \qquad (k=0,1,2,\ldots),$$

so ist nach (19)

$$\tau c_{n+1} = i\,\frac{n+1-\sigma}{2}\, c_n - \frac{n(n-1)}{8}\, c_{n-2} \qquad (n=0,1,2,\ldots)$$

mit $c_{-2}=0$, $c_{-1}=0$, $c_0=1$, und folglich genügt die Potenzreihe (37) formal der Differentialgleichung

$$\tau(y-1) = \frac{i}{2}\, x^{\sigma+1} D\left(x^{1-\sigma} y\right) - \frac{1}{8}\, x^3 D^2\left(x^2 y\right).$$

Daraus folgt als Differentialgleichung für die Reihe (38)

$$\left\{\tau+\frac{1}{2x}+i\left(\frac{\sigma}{2}-\frac{1}{4}\right)x\right\} z+\frac{1}{8}\, x^3 D^2\left(x^2 z\right)=\tau e^{i x^{-2}}. \tag{39}$$

Ist nun, nach Potenzen von τ^{-1} geordnet,

$$z=\sum_{n=0}^{\infty} B_n \tau^{-n},$$

so folgt aus (39)

$$B_0 = e^{i x^{-2}}$$

und die Rekursionsformel

$$B_{n+1}=\left(i\,\frac{1-2\sigma}{4}\, x-\frac{1}{2x}\right) B_n-\frac{1}{8}\, x^3 D^2\left(x^2 B_n\right) \qquad (n=0,1,2,\ldots).$$

Setzt man noch

$$B_n=\sum_{k=-\infty}^{3n} a_k^{(n)} x^k \qquad (n=0,1,2,\ldots),$$

so ist also

$$a_k^{(0)}=0 \qquad (k \neq 0,-2,-4,-6,\ldots)$$

$$a_{-2k}^{(0)}=\frac{i^k}{k!} \qquad (k=0,1,2,3,\ldots)$$

$$a_k^{(n+1)}=i\,\frac{1-2\sigma}{4}\, a_{k-1}^{(n)}-\frac{1}{2}\, a_{k+1}^{(n)}-\frac{(k-1)(k-2)}{8}\, a_{k-3}^{(n)} \tag{40}$$
$$(n=0,1,2,\ldots;\ k=0,\pm 1,\pm 2,\ldots).$$

Mit Hilfe der aus diesen Rekursionsformeln zu berechnenden $a_k^{(n)}$ läßt sich dann A_n explizit angeben, nämlich

$$A_n=\sum_{k=0}^{3n} \frac{a_k^{(n)}}{k!} F^{(k)}(\delta); \tag{41}$$

und es wird

$$S \sim \sum \frac{a_k^{(n)}}{k!} F^{(k)}(\delta)\tau^{-n},$$

wo n die Werte 0, 1, 2, ... und k die Werte 0, 1, ..., $3n$ durchläuft.

Die Rekursionsformel (40) ist am einfachsten für $\sigma = \frac{1}{2}$. Für diesen Spezialfall berechnet man mühelos

$$B_0 = 1 + \cdots$$

$$B_1 = -\frac{1}{2^2} x^3 + \cdots$$

$$B_2 = \frac{5}{2^3} x^6 + \frac{1}{2^3} x^2 + \frac{i}{2^4 \cdot 3} + \cdots$$

$$B_3 = -\frac{5 \cdot 7}{2^3} x^9 - \frac{1}{2} x^5 - \frac{i}{2^6 \cdot 3} x^3 - \frac{1}{2^4} x + \cdots$$

$$B_4 = \frac{5^2 \cdot 7 \cdot 11}{2^5} x^{12} + \frac{7 \cdot 11}{2^4} x^8 + \frac{5i}{2^7 \cdot 3} x^6 + \frac{19}{2^6} x^4 + \frac{i}{3 \cdot 2^7} x^2 + \frac{11 \cdot 13}{2^9 \cdot 3^2} + \cdots;$$

dabei enthalten die nicht hingeschriebenen Summanden nur negative Potenzen von x. Folglich ist für $\sigma = \frac{1}{2}$

$$(42)\quad \left\{\begin{aligned} A_0 &= F(\delta) \\ A_1 &= -\frac{1}{2^3 \cdot 3} F^{(3)}(\delta) \\ A_2 &= \frac{1}{2^7 \cdot 3^2} F^{(6)}(\delta) + \frac{1}{2^4} F^{(2)}(\delta) + \frac{i}{2^4 \cdot 3} F(\delta) \\ A_3 &= -\frac{1}{2^{10} \cdot 3^4} F^{(9)}(\delta) - \frac{1}{2^4 \cdot 3 \cdot 5} F^{(5)}(\delta) - \frac{i}{2^7 \cdot 3^2} F^{(3)}(\delta) - \frac{1}{2^4} F^{(1)}(\delta) \\ A_4 &= \frac{1}{2^{15} \cdot 3^5} F^{(12)}(\delta) + \frac{11}{2^{11} \cdot 3^2 \cdot 5} F^{(8)}(\delta) + \frac{i}{2^{11} \cdot 3^3} F^{(6)}(\delta) \\ &\quad + \frac{19}{2^9 \cdot 3} F^{(4)}(\delta) + \frac{i}{2^8 \cdot 3} F^{(2)}(\delta) + \frac{11 \cdot 13}{2^9 \cdot 3^2} F(\delta); \end{aligned}\right.$$

und damit ist S im Falle $\sigma = \frac{1}{2}$ bis auf einen Fehler der Größenordnung τ^{-5} bestimmt.

Die semikonvergente Entwicklung (35) läßt sich noch etwas vereinfachen, indem man im zweiten Gliede auf der rechten Seite die Größe ϑ mit Hilfe der Stirlingschen Reihe asymptotisch entwickelt. Zu diesem Zwecke betrachtet Riemann die Formel

$$\log \Gamma\left(\frac{1}{4} + \frac{ti}{2}\right)$$

$$= \left(\frac{ti}{2} - \frac{1}{4}\right) \log \frac{ti}{2} - \frac{ti}{2} + \log \sqrt{2\pi} + \frac{1}{4} \int_0^\infty \left(\frac{4e^{3x}}{e^{4x} - 1} - \frac{1}{x} - 1\right) \frac{e^{-2tix}}{x}\, dx \quad (t > 0),$$

die aus der bekannten Binetschen Integraldarstellung von $\log \Gamma(s)$ durch eine einfache Umformung hervorgeht. Wegen der Identität

$$\frac{4e^{3x}}{e^{4x}-1}=\frac{1}{\operatorname{ch} x}+\frac{1}{\operatorname{sh} x}$$

folgt hieraus durch Zerspalten in reellen und imaginären Teil

$$\log\left|\Gamma\left(\frac{1}{4}+\frac{ti}{2}\right)\right|=-\frac{\pi}{4}t-\frac{1}{4}\log\frac{t}{2}+\log\sqrt{2\pi}+\frac{1}{4}\int\limits_0^\infty\left(\frac{1}{\cos x}-1\right)\frac{e^{-2tx}}{x}\,dx$$
$$-\frac{1}{4}\log(1+e^{-2\pi t})$$

$$\operatorname{arc}\Gamma\left(\frac{1}{4}+\frac{ti}{2}\right)=\frac{t}{2}\log\frac{t}{2}-\frac{t}{2}-\frac{\pi}{8}+\frac{1}{4}\int\limits_0^\infty\left(\frac{1}{\sin x}-\frac{1}{x}\right)\frac{e^{-2tx}}{x}\,dx$$
$$+\frac{1}{2}\operatorname{arc}\operatorname{tg} e^{-\pi t},$$

wo die Integrale wegen der Pole bei $k\frac{\pi}{2}$ $(k=1,2,\ldots)$ als Cauchysche Hauptwerte zu verstehen sind. Setzt man

$$\frac{1}{\cos x}=\sum_{n=0}^{\infty}\frac{E_n}{(2n)!}x^{2n} \qquad \left(|x|<\frac{\pi}{2}\right)$$

$$\frac{x}{\sin x}=\sum_{n=0}^{\infty}\frac{F_n}{(2n)!}x^{2n} \qquad (|x|<\pi),$$

so ist $E_0=1$, $E_1=1$, $E_2=5$, $E_3=61$, $F_0=1$, $F_1=\frac{1}{3}$, $F_2=\frac{7}{15}$, $F_3=\frac{31}{21}$ und allgemein

$$E_n-\binom{2n}{2}E_{n-1}+\binom{2n}{4}E_{n-2}-\cdots+(-1)^nE_0=0 \qquad (n=1,2,3,\ldots)$$

$$\binom{2n+1}{1}F_n-\binom{2n+1}{3}F_{n-1}+\binom{2n+1}{5}F_{n-2}-\cdots+(-1)^nF_0=0$$
$$(n=1,2,3,\ldots).$$

Dies liefert in bekannter Weise die semikonvergenten Reihen

$$(43)\qquad \log\left|\Gamma\left(\frac{1}{4}+\frac{ti}{2}\right)\right|\sim-\frac{\pi}{4}t-\frac{1}{4}\log\frac{t}{2}+\log\sqrt{2\pi}+\frac{1}{8}\sum_{n=1}^{\infty}\frac{E_n}{n}(2t)^{-2n}$$

$$\operatorname{arc}\Gamma\left(\frac{1}{4}+\frac{ti}{2}\right)\sim\frac{t}{2}\log\frac{t}{2}-\frac{t}{2}-\frac{\pi}{8}+\frac{1}{8}\sum_{n=1}^{\infty}\frac{F_n}{n(2n-1)}(2t)^{1-2n}.$$

Auf $\sigma=\frac{1}{2}$ ist nun $\vartheta=-\frac{t}{2}\log\pi+\operatorname{arc}\Gamma\left(\frac{1}{4}+\frac{ti}{2}\right)$ und folglich

$$\frac{t}{2}\log\frac{t}{2\pi}-\frac{t}{2}-\frac{\pi}{8}-\vartheta\sim-\frac{1}{8}\sum_{n=1}^{\infty}\frac{F_n}{n(2n-1)}(2t)^{1-2n}$$

$$e^{\left(\frac{t}{2}\log\frac{t}{2\pi}-\frac{t}{2}-\frac{\pi}{8}-\vartheta\right)i}=1-\frac{i}{2^4\cdot 3}t^{-1}-\frac{1}{2^9\cdot 3^2}t^{-2}+O(t^{-3}).$$

Mit Rücksicht auf (42) ergibt sich als definitive Form der semikonvergenten Reihe für $\zeta(s)$ auf $\sigma=\frac{1}{2}$ die Gleichung

$$(44)\qquad e^{\vartheta i}\zeta\left(\frac{1}{2}+ti\right)=2\sum_{n=1}^{m}\frac{\cos(\vartheta-t\log n)}{\sqrt{n}}+(-1)^{m-1}\left(\frac{t}{2\pi}\right)^{-\frac{1}{4}}R$$

mit

$$\vartheta=-\frac{t}{2}\log\pi+\operatorname{arc}\Gamma\left(\frac{1}{4}+\frac{ti}{2}\right)$$

$$m=\left[\sqrt{\frac{t}{2\pi}}\right]$$

$$R\sim C_0+C_1t^{-\frac{1}{2}}+C_2t^{-1}+C_3t^{-\frac{3}{2}}+C_4t^{-2}+\cdots$$

$$(45)\qquad\left\{\begin{aligned}
C_0&=F(\delta)\\
C_1&=-\frac{1}{2^3\cdot3}F^{(3)}(\delta)\\
C_2&=\frac{1}{2^4}F^{(2)}(\delta)+\frac{1}{2^7\cdot3^2}F^{(6)}(\delta)\\
C_3&=-\frac{1}{2^4}F^{(1)}(\delta)-\frac{1}{2^4\cdot3\cdot5}F^{(5)}(\delta)-\frac{1}{2^{10}\cdot3^4}F^{(9)}(\delta)\\
C_4&=\frac{1}{2^5}F(\delta)+\frac{19}{2^9\cdot3}F^{(4)}(\delta)+\frac{11}{2^{11}\cdot3^2\cdot5}F^{(8)}(\delta)+\frac{1}{2^{15}\cdot3^5}F^{(12)}(\delta)
\end{aligned}\right.$$

$$F(x)=\frac{\cos\left(x^2+\frac{3\pi}{8}\right)}{\cos\left(\sqrt{2\pi}\,x\right)}$$

$$\delta=\sqrt{t}-\left(m+\frac{1}{2}\right)\sqrt{2\pi},$$

und so findet sie sich im wesentlichen bei Riemann. Neu hinzugekommen ist im Vorstehenden nur die Restabschätzung.

Läßt man nunmehr die Voraussetzung $\sigma=\frac{1}{2}$ fallen und beschränkt σ nur auf ein Intervall $\sigma_1\le\sigma\le\sigma_2$, so läßt sich trotzdem die semikonvergente Entwicklung (44) verwenden; man hat dann bloß unter t die komplexe Zahl $-i\left(s-\frac{1}{2}\right)$ und unter m die ganze Zahl $\left[\sqrt{\frac{|t|}{2\pi}}\right]$ zu verstehen, während die Bedeutung von ϑ wieder durch (34) festgelegt wird. Die zum Beweise dieser Behauptung notwendigen Ergänzungen lassen sich ohne Schwierigkeit an der vorangehenden Ableitung von (44) anbringen.

Die semikonvergente Reihe R ist eine homogene lineare Verbindung der Größen $F(\delta)$, $F'(\delta)$, $F''(\delta)$, ...; durch Umordnung entsteht aus ihr ein Ausdruck der Gestalt

$$D_0^*F(\delta)+D_1^*F'(\delta)+D_2^*F''(\delta)+\cdots,$$

wo jedes D_n^* eine Potenzreihe in τ^{-1} ist. Diese Potenzreihen sind divergent; es erhebt sich die Frage, ob sie semikonvergente Entwicklungen gewisser analytischer Funktionen D_0, D_1, D_2, ... sind und ob die Reihe

$$(46)\qquad D_0 F(\delta) + D_1 F'(\delta) + D_2 F''(\delta) + \cdots$$

ebenfalls eine semikonvergente Entwicklung von R ist. Auch diese Frage ist von Riemann behandelt worden; und zwar wieder ohne die notwendigen Restabschätzungen. Da aber der Reihe (46) wegen ihres größeren Restgliedes keine solche theoretische und praktische Bedeutung zukommt wie der ursprünglichen semikonvergenten Entwicklung, so ist auch in der nun folgenden Darstellung die ziemlich mühsame Untersuchung des Fehlers fortgelassen; vielleicht tritt so die formale Stärke Riemanns noch deutlicher hervor.

Die Formel (30), die auch in der Gestalt

$$\int\limits_{m \nwarrow m+1} \frac{e^{-\pi i (x-\eta)^2 + 2\pi i (x-\eta)(\eta - m)}}{e^{2\pi i x} - 1}\, dx = F(\delta)\, e^{-\frac{\pi i}{8} - \pi i (\eta - m)^2}$$

geschrieben werden kann, gestattet die Umkehrung

$$(47)\qquad \frac{2}{\sqrt{2\pi}} e^{-\frac{\pi i}{8} - \pi i (\eta - m)^2} \int\limits_{0 \swarrow 1} F(u+\delta)\, e^{i u^2 - 2\sqrt{2\pi}\, i (x-\eta) u}\, du$$

$$= \frac{e^{-\pi i (x-\eta)^2 + 2\pi i (x-\eta)(\eta - m)}}{e^{2\pi i x} - 1},$$

falls $m < \Re(x) < m+1$. Dies ergibt sich entweder durch Anwendung des Fourierschen Satzes oder durch Übergang zu den konjugiert komplexen Größen in (5). Aus (47) folgt

$$(48)\qquad \frac{e^{-2\pi i m x}}{e^{2\pi i x} - 1} = (-1)^m \frac{2}{\sqrt{2\pi}} e^{-\pi i x^2 - \frac{\pi i}{8}} \int\limits_{0 \swarrow 1} F(u+\delta)\, e^{i (u + \tau - \sqrt{2\pi}\, x)^2}\, du,$$

ebenfalls gültig für $m < \Re(x) < m+1$. Es liegt nahe, hierin für $F(u+\delta)$ die Reihe

$$F(\delta) + \frac{F'(\delta)}{1!} u + \frac{F''(\delta)}{2!} u^2 + \cdots$$

einzutragen und den Beitrag zu berechnen, den ein einzelnes Glied dieser Reihe zu dem in (16) auftretenden Integral

$$\int\limits_{\eta + \varepsilon\frac{\eta}{2}}^{\eta - \varepsilon\frac{\eta}{2}} g(x)\, dx = \int\limits_{\eta + \varepsilon\frac{\eta}{2}}^{\eta - \varepsilon\frac{\eta}{2}} x^{s-1} \frac{e^{-2\pi i m x}}{e^{2\pi i x} - 1}\, dx$$

liefert. Auf diese Weise findet man die semikonvergente Entwicklung

$$\int\limits_{C_2} g(x)\,dx \tag{49}$$

$$\sim (-1)^m \frac{2}{\sqrt{2\pi}} e^{\frac{-\pi i}{8}} \sum_{n=0}^{\infty} \frac{F^{(n)}(\delta)}{n!} \int\limits_{m \nwarrow m+1} x^{s-1} e^{-\pi i x^2} \left\{ \int\limits_{0 \swarrow 1} u^n e^{i(u+\tau-\sqrt{2\pi}x)^2} du \right\} dx.$$

Andererseits ist nach (13) und (44)

$$\int\limits_{C_2} g(x)\,dx = (-1)^m \left(\frac{t}{2\pi}\right)^{-\frac{1}{4}} e^{\vartheta i} R\,(1 - e^{\pi i s}). \tag{50}$$

Da nun, wie man leicht erkennt, die in (41) gegebene Darstellung von A_n als homogene lineare Funktion der $F^{(k)}(\delta)$ mit konstanten Koeffizienten nur auf eine Art möglich ist, so folgt aus (49) und (50) die Gleichung

$$n!\,D_n (1 - e^{\pi i s}) \tag{51}$$

$$= \frac{2}{\sqrt{2\pi}} \left(\frac{t}{2\pi}\right)^{\frac{1}{4}} e^{-\vartheta i - \frac{\pi i}{8}} \int\limits_{0 \nwarrow 1} x^{s-1} e^{-\pi i x^2} \left\{ \int\limits_{0 \swarrow 1} u^n e^{i(u+\tau-\sqrt{2\pi}x)^2} du \right\} dx \quad (n = 0, 1, 2, \ldots),$$

also speziell, wenn noch

$$\frac{1}{\sqrt{2\pi}} \left(\frac{t}{2}\right)^{\frac{1}{4}} e^{\frac{\pi}{4} t} \sqrt{\Gamma\left(\frac{1}{4} + \frac{ti}{2}\right) \Gamma\left(\frac{1}{4} - \frac{ti}{2}\right)} = e^{\omega}$$

gesetzt wird,

$$\begin{cases} D_0 = e^{\omega} \\ D_1 = -\tau (e^{\omega} - e^{-\omega}) + \dfrac{\tau e^{\pi i s - \omega}}{1 - e^{\pi i s}} \sim -\tau (e^{\omega} - e^{-\omega}). \end{cases} \tag{52}$$

Für die übrigen D_n läßt sich aus (51) durch partielle Integration eine Rekursionsformel ableiten; diese gewinnt man aber auch auf folgendem Wege ohne neue Rechnung. Nach (36), (37), (38) ist

$$S \sim d_0 F(\delta) + \frac{d_1}{1!} F'(\delta) + \frac{d_2}{2!} F''(\delta) + \cdots,$$

wo die d_n nach (38) und (39) der Rekursionsformel

$$\tau d_n + \frac{1}{2} d_{n+1} + \frac{(n-1)(n-2)}{8} d_{n-3} = 0 \quad (n = 1, 2, 3, \ldots)$$

genügen. Wegen

$$e^{\left(\frac{t}{2} \log \frac{t}{2\pi} - \frac{t}{2} - \frac{\pi}{8} - \vartheta\right) i} S = R$$

besteht also für die D_n die Rekursionsformel

$$D_{n+1} = -\frac{2}{n+1} \tau D_n - \frac{1}{4n(n+1)} D_{n-3} \quad (n = 1, 2, 3, \ldots) \tag{53}$$

mit $D_{-2}=0$, $D_{-1}=0$. Hieraus entnimmt man mit Hilfe von (52) die Werte

$$D_2 = -\tau D_1 \sim \tau^2 (e^{\omega} - e^{-\omega})$$
$$D_3 = -\frac{2}{3}\tau D_2 \sim -\frac{2}{3}\tau^3 (e^{\omega} - e^{-\omega})$$
$$D_4 = -\frac{1}{2}\tau D_3 - \frac{1}{2^4\cdot 3} D_0 \sim \frac{1}{3}\tau^4 (e^{\omega} - e^{-\omega}) - \frac{1}{2^4\cdot 3} e^{\omega}.$$

Die semikonvergenten Entwicklungen von D_0, D_1, ... selber gewinnt man aus (43); nach dieser Formel ist nämlich

$$\omega \sim \frac{1}{8}\sum_{n=1}^{\infty} \frac{E_n}{n}(2t)^{-2n} = \frac{1}{2^5}t^{-2} + \frac{5}{2^8}t^{-4} + \frac{61}{2^9\cdot 3}t^{-6} + \cdots.$$

Setzt man dies in die gefundenen Werte von $D_0, \ldots, D_4$ ein, so folgt

$$(54)\quad \begin{cases} D_0 \sim 1 + \frac{1}{2^5}\tau^{-4} + \frac{41}{2^{11}}\tau^{-8} + \cdots \\ D_1 \sim -\frac{1}{2^4}\tau^{-3} - \frac{5}{2^7}\tau^{-7} + \cdots \\ D_2 \sim \frac{1}{2^4}\tau^{-2} + \frac{5}{2^7}\tau^{-6} + \cdots \\ D_3 \sim -\frac{1}{2^3\cdot 3}\tau^{-1} - \frac{5}{2^6\cdot 3}\tau^{-5} + \cdots \\ D_4 \sim \frac{19}{2^9\cdot 3}\tau^{-4} + \cdots. \end{cases}$$

Aus der Rekursionsformel (53) folgt, daß sämtliche in der semikonvergenten Reihe für D_n auftretenden Potenzexponenten $\equiv n \pmod 4$ sind. Dementsprechend sind die Ordnungen aller in C_n vorkommenden Ableitungen von $F(\delta)$ von der Form $3n-4k$, wie sich an den gefundenen Ausdrücken für C_0, C_1, C_2, C_3, C_4 leicht bestätigen läßt. Schreibt man

$$R \sim \sum b_{kl} F^{(3l-4k)}(\delta)\,\tau^{-l},$$

wo der Summationsbuchstabe k die Werte $0, \ldots, \left[\frac{3l}{4}\right]$ und der Summationsbuchstabe l die Werte $0, 1, \ldots$ durchläuft, so sind durch (45) alle b_{kl} mit $l \leq 4$ bestimmt, während zufolge (54) die Werte b_{00}, b_{34}, b_{68}, b_{23}, b_{57}, b_{12}, b_{46}, b_{01}, b_{35}, b_{24} bekannt sind; man sieht sofort, daß die in (45) und (54) zugleich auftretenden Werte für b_{00}, b_{34}, b_{23}, b_{12}, b_{01}, b_{24} übereinstimmen.

Für die numerische Berechnung der b_{kl} und für praktische Anwendung der semikonvergenten Reihe ist die ursprüngliche nach Potenzen von τ^{-1} geordnete Form vorzuziehen. Die Bestimmung der D_n nach (53) ist nämlich mühsamer als die früher behandelte Bestimmung der C_n; außerdem haben die aufeinanderfolgenden D_n nicht etwa monoton fallende Größenordnung, sondern D_{3n-2}, D_{3n-1}, D_{3n} haben die genauen Größenordnungen $\tau^{-(n+2)}$, $\tau^{-(n+1)}$, τ^{-n}, so daß man also z. B. noch D_5 bis D_{12} berechnen müßte, um nur den früheren Fehler $O(\tau^{-5})$ zu erhalten.

Der Übergang zu den D_n erfolgte mit Hilfe der Formel (48). Versucht man, aus (48) einen exakten Ausdruck für $\zeta(s)$ herzustellen und nicht bloß eine semikonvergente Reihe, so kommt man zu dem Ansatz, der im nächsten Paragraphen besprochen werden soll.

§ 3.

Die Integraldarstellung der Zetafunktion.

Die explizite Bestimmung der Koeffizienten in der semikonvergenten Reihe für $\zeta(s)$ beruhte auf der Formel (5) von § 1. Mit Hilfe dieser Formel hat Riemann einen weiteren recht interessanten Ausdruck für $\zeta(s)$ abgeleitet, welcher anscheinend der Aufmerksamkeit der übrigen Mathematiker bis zum Jahre 1926 entgangen ist.

Es sei zunächst $\sigma < 0$, und es habe u^{-s} in der von 0 nach $-\infty$ aufgeschnittenen u-Ebene den Hauptwert. Man multipliziere (5) mit u^{-s} und integriere über u von 0 nach $e^{\frac{\pi i}{4}}\infty$ längs der Winkelhalbierenden des ersten Quadranten. Nun ist, wenn zur Abkürzung $e^{\frac{\pi i}{4}} = \bar{\varepsilon}$ gesetzt wird,

$$\int_0^{\bar\varepsilon\infty} \frac{u^{-s}}{1-e^{-2\pi i u}}\,du = -\int_0^{\bar\varepsilon\infty} u^{-s} \sum_{n=1}^{\infty} e^{2\pi i n u}\,du = -\sum_{n=1}^{\infty} \int_0^{\bar\varepsilon\infty} u^{-s} e^{2\pi i n u}\,du$$

$$= -\Gamma(1-s) \sum_{n=1}^{\infty} \left(2\pi n e^{\frac{-\pi i}{2}}\right)^{s-1}$$

$$= -(2\pi)^{s-1} e^{\frac{\pi i}{2}(1-s)}\,\Gamma(1-s)\,\zeta(1-s)$$

und

$$\int_0^{\bar\varepsilon\infty} u^{-s}\left(\int_{0\nwarrow 1} \frac{e^{-\pi i x^2 + 2\pi i u x}}{e^{\pi i x} - e^{-\pi i x}}\,dx\right) du = \int_{0\nwarrow 1} \frac{e^{-\pi i x^2}}{e^{\pi i x} - e^{-\pi i x}} \left(\int_0^{\bar\varepsilon\infty} u^{-s} e^{2\pi i u x}\,du\right) dx$$

$$= (2\pi)^{s-1} e^{\frac{\pi i}{2}(1-s)}\,\Gamma(1-s) \int_{0\nwarrow 1} \frac{e^{-\pi i x^2} x^{s-1}}{e^{\pi i x} - e^{-\pi i x}}\,dx,$$

also nach (5)

$$(2\pi)^{s-1} e^{\frac{\pi i}{2}(1-s)}\,\Gamma(1-s)\left\{\zeta(1-s) + \int_{0\nwarrow 1} \frac{x^{s-1} e^{-\pi i x^2}}{e^{\pi i x} - e^{-\pi i x}}\,dx\right\} + \int_0^{\bar\varepsilon\infty} \frac{u^{-s} e^{\pi i u^2}}{e^{\pi i u} - e^{-\pi i u}}\,du = 0. \tag{55}$$

Hier läßt sich das zweite Integral in die Form

$$\frac{1}{e^{\pi i s}-1}\int\limits_{0\swarrow 1}\frac{u^{-s}e^{\pi i u^2}}{e^{\pi i u}-e^{-\pi i u}}\,du$$

setzen, wo der durch das Zeichen $0\swarrow 1$ angedeutete Integrationsweg aus dem des ersten Integrales durch Spiegelung an der reellen Achse entsteht. Multipliziert man (55) mit dem Faktor

$$2^{1-s}\pi^{\frac{1-s}{2}}e^{\frac{\pi i}{2}(s-1)}\frac{\Gamma\left(\frac{1-s}{2}\right)}{\Gamma(1-s)}$$

und berücksichtigt die Relation

$$\frac{2^{-s}\pi^{\frac{1-s}{2}}\Gamma\left(\frac{1-s}{2}\right)}{\sin\frac{\pi s}{2}\,\Gamma(1-s)}=\pi^{-\frac{s}{2}}\Gamma\left(\frac{s}{2}\right),$$

so erhält man die in der ganzen s-Ebene gültige Formel

$$\pi^{-\frac{1-s}{2}}\Gamma\left(\frac{1-s}{2}\right)\zeta(1-s)=\pi^{-\frac{s}{2}}\Gamma\left(\frac{s}{2}\right)\int\limits_{0\swarrow 1}\frac{x^{-s}e^{\pi i x^2}}{e^{\pi i x}-e^{-\pi i x}}\,dx \tag{56}$$

$$+\pi^{-\frac{1-s}{2}}\Gamma\left(\frac{1-s}{2}\right)\int\limits_{0\searrow 1}\frac{x^{s-1}e^{-\pi i x^2}}{e^{\pi i x}-e^{-\pi i x}}\,dx.$$

Riemann schreibt sie nicht ganz in dieser symmetrischen Gestalt; doch scheint die hier gewählte Fassung für die Anwendungen zweckmäßig zu sein. Sie setzt zunächst die Funktionalgleichung für $\zeta(s)$ in Evidenz; denn für $\sigma=\frac{1}{2}$ sind die beiden Summanden auf der rechten Seite konjugiert komplex, also ist $\pi^{-\frac{s}{2}}\Gamma\left(\frac{s}{2}\right)\zeta(s)$ dort reell, und da diese Funktion für $\sigma>1$ reell ist, so gilt nach dem Spiegelungsprinzip die Funktionalgleichung

$$\pi^{-\frac{s}{2}}\Gamma\left(\frac{s}{2}\right)\zeta(s)=\pi^{-\frac{1-s}{2}}\Gamma\left(\frac{1-s}{2}\right)\zeta(1-s) \tag{57}$$

auf $\sigma=\frac{1}{2}$ und folglich allgemein für beliebiges s.

Setzt man noch

$$f(s)=\int\limits_{0\swarrow 1}\frac{x^{-s}e^{\pi i x^2}}{e^{\pi i x}-e^{-\pi i x}}\,dx \tag{58}$$

$$\varphi(s)=2\pi^{-\frac{s}{2}}\Gamma\left(\frac{s}{2}\right)f(s), \tag{59}$$

so gilt nach (56) und (57)

$$\pi^{-\frac{s}{2}}\Gamma\left(\frac{s}{2}\right)\zeta(s)=\Re(\varphi(s)) \qquad \left(\sigma=\tfrac{1}{2}\right); \tag{60}$$

damit ist die Untersuchung von $\zeta(s)$ auf der kritischen Geraden zurückgeführt auf die Untersuchung des reellen Teils von $\varphi(s)$.

§ 4.
Bedeutung der beiden Riemannschen Formeln für die Theorie der Zetafunktion.

Von der semikonvergenten Reihe für $\zeta(s)$ ist das Hauptglied, also bei Zugrundelegung der Gleichung (32) der Ausdruck

$$\sum_{l=1}^{m} l^{-s} + \frac{(2\pi)^s}{\pi} \sin\frac{\pi s}{2}\, \Gamma(1-s) \sum_{l=1}^{m} l^{s-1} \qquad \left(m = \left[\sqrt{\frac{t}{2\pi}}\right]\right),$$

auch von Hardy und Littlewood aufgefunden worden, während sie an Stelle der Riemannschen Entwicklung für S nur eine obere Abschätzung des absoluten Betrages angegeben haben. Sie haben auch noch eine allgemeinere Form des Hauptgliedes entdeckt, nämlich

$$(61) \qquad \sum_{l \le x} l^{-s} + \frac{(2\pi)^s}{\pi} \sin\frac{\pi s}{2}\, \Gamma(1-s) \sum_{l \le y} l^{s-1}$$

mit $xy = \frac{t}{2\pi}$. Diese kommt nicht bei Riemann vor; man kann sich aber ohne größere Schwierigkeit überlegen, daß man den Ausdruck (61) ebenfalls auf dem Riemannschen Wege zu einer vollen semikonvergenten Entwicklung ergänzen kann, und zwar spielt für diese die durch (7) definierte Funktion $\Phi(\tau, u)$ dieselbe Rolle wie die spezielle Funktion $\Phi(-1, u)$ bei Riemann.

Für die Anwendungen, welche Hardy und Littlewood von ihrer Formel gemacht haben, insbesondere für die Abschätzung der Anzahl $N_0(T)$ der im Intervall $0 < t < T$ gelegenen Nullstellen von $\zeta\left(\frac{1}{2} + ti\right)$, liefert die genauere Riemannsche Formel, wie es scheint, kein besseres Resultat. An der eingangs erwähnten Stelle hat allerdings Riemann behauptet, $N_0(T)$ sei asymptotisch gleich $\frac{T}{2\pi} \log \frac{T}{2\pi} - \frac{T}{2\pi}$, also asymptotisch gleich der Anzahl $N(T)$ aller im Streifen $0 < t < T$ gelegenen Nullstellen von $\zeta(s)$, und dies könne man mit Hilfe seiner neuen Entwicklung beweisen; doch aus seinem Nachlaß geht nicht hervor, wie er sich diesen Beweis gedacht hat. In der auf $\sigma = \frac{1}{2}$ gültigen Darstellung

$$(62) \qquad e^{\vartheta i} \zeta\left(\frac{1}{2} + ti\right) = 2 \sum_{n=1}^{m} \frac{\cos(\vartheta - t \log n)}{\sqrt{n}} + O\left(t^{-\frac{1}{4}}\right)$$

$$\vartheta = \frac{t}{2} \log \frac{t}{2\pi} - \frac{t}{2} + O(1)$$

hat das erste Glied der rechtsstehenden trigonometrischen Summe, nämlich $\cos\vartheta$, im Intervall $0<t<T$ tatsächlich asymptotisch $\frac{T}{2\pi}\log\frac{T}{2\pi}-\frac{T}{2\pi}$ Nullstellen; und die Koeffizienten $\frac{1}{\sqrt{1}}, \frac{1}{\sqrt{2}}, \frac{1}{\sqrt{3}}, \ldots$ nehmen monoton ab. Vielleicht glaubte Riemann, diese Bemerkung beim Beweise seiner Behauptung benutzen zu können.

Es ist naheliegend, die genaue Riemannsche Formel für die Abschätzung der Mittelwerte

$$\frac{1}{T}\int_0^T \left|\zeta\left(\frac{1}{2}+ti\right)\right|^{2n} dt \qquad (n=3, 4, \ldots)$$

zu benutzen; diese Mittelwerte stehen ja bekanntlich in enger Beziehung zur sog. Lindelöfschen Vermutung. Aber hier stößt man auf erhebliche Schwierigkeiten arithmetischer Natur, die von den Teileranzahlen der natürlichen Zahlen herrühren.

Für die Aufstellung einer numerischen Tabelle der Zetafunktion, insbesondere für die weitere Berechnung der Nullstellen, ist die semikonvergente Entwicklung von großem Vorteil. Allerdings müßte man für die Zwecke der praktischen Anwendung eine sorgfältigere Abschätzung des Restgliedes heranziehen, als sie in § 2 hergeleitet worden ist. Riemann hat unter Benutzung seiner Formel ziemlich umfangreiche Rechnungen für die Ermittlung positiver Nullstellen von $\zeta\left(\frac{1}{2}+ti\right)$ angestellt. Für die kleinste positive Nullstelle findet er den Wert $\alpha_1=14{,}1386$; Gram hat später den um weniger als 3 Promille verschiedenen Wert 14,1347 berechnet. Eine untere Schranke für α_1 liefert auch die unter Benutzung der Produktdarstellung von $\zeta(s)$ unschwer beweisbare Gleichung

$$\sum_{n=1}^{\infty}\left(\alpha_n^2+\frac{1}{4}\right)^{-1}=1+\frac{1}{2}C-\frac{1}{2}\log\pi-\log 2,$$

wo C die Eulersche Konstante bedeutet und α_n alle in der rechten Halbebene gelegenen Lösungen α von $\zeta\left(\frac{1}{2}+\alpha i\right)=0$ durchläuft. Hieraus erhält Riemann

$$\sum_{n=1}^{\infty}\left(\alpha_n^2+\frac{1}{4}\right)^{-1}=0{,}02309\ 57089\ 66121\ 03381.$$

Für α_3 findet er den Wert 25,31; während Gram hierfür 25,01 angibt.

Die zweite Riemannsche Formel, nämlich die Integraldarstellung von $\zeta(s)$, dürfte vielleicht für die Theorie von größerem Interesse sein. Man wird versuchen, aus (60) einen Aufschluß über die Verteilung der Nullstellen von $\zeta(s)$ auf der kritischen Geraden zu bekommen. Es durchlaufe t wachsend ein Intervall $t_1 \leq t \leq t_2$. Ändert sich auf diesem Wege $\operatorname{arc} \varphi\left(\frac{1}{2}+ti\right)$ um A, wobei die Änderung beim Passieren einer etwaigen auf $\sigma = \frac{1}{2}$ gelegenen Nullstelle von $\varphi(s)$ gleich der mit π multiplizierten Vielfachheit der Nullstelle festgesetzt sei, so ist nach (60) die Anzahl der Nullstellen von $\zeta\left(\frac{1}{2}+ti\right)$ im Intervall $t_1 \leq t \leq t_2$ größer als $\frac{|A|}{\pi} - 1$. Nun ist aber doch

$$\operatorname{arc}\left\{\pi^{-\frac{s}{2}}\Gamma\left(\frac{s}{2}\right)\right\} = \vartheta = \frac{t}{2}\log\frac{t}{2\pi} - \frac{t}{2} + O(1), \tag{63}$$

und folglich wäre nach (59) die Anzahl der im Intervall $0 < t < T$ gelegenen Nullstellen von $\zeta\left(\frac{1}{2}+ti\right)$ asymptotisch mindestens gleich $\frac{T}{2\pi}\log T$, d. h. asymptotisch gleich der Anzahl der im Streifen $0 < t < T$ gelegenen Nullstellen von $\zeta(s)$ überhaupt, falls der Arcus der durch (58) definierten Funktion $f\left(\frac{1}{2}+ti\right)$ für $t \to \infty$ schwächer als $-t\log t$ abnimmt. Für jeden Halbstreifen $\sigma_1 \leq \sigma \leq \sigma_2$, $t > 0$ kann man $f(s)$ nach der Methode von § 2 in eine semikonvergente Reihe entwickeln; doch man erhält als Hauptglied wieder eine Summe von $\left[\sqrt{\frac{t}{2\pi}}\right]$ Summanden, nämlich $\sum_{n=1}^{m} n^{-s}$; und die Untersuchung des Arcus dieser Summe ist ein Problem von genau derselben Schwierigkeit wie die Untersuchung der Nullstellen der in (62) auftretenden Summe, so daß also durch die Einführung von $f(s)$ anscheinend gar nichts gewonnen ist.

Betrachtet man nun das Rechteck mit den Seiten $\sigma = \frac{1}{2}$, $\sigma = 2$, $t = 0$, $t = T$, wobei die obere Seite keine Nullstelle von $f(s)$ enthalte, so ist die Änderung von $\frac{1}{2\pi}\operatorname{arc} f(s)$ beim positiven Umlaufen dieses Rechtecks gleich der Anzahl der Nullstellen von $f(s)$ innerhalb des Rechtecks. Auf der unteren Seite ändert sich $\operatorname{arc} f(s)$ um $O(1)$ und auf der rechten Seite, wie aus der semikonvergenten Reihe folgt, auch nur um $O(1)$. Ferner läßt sich nach den in der Theorie der Zetafunktion üblichen Methoden zeigen, daß die Änderung auf der oberen Seite höchstens $O(\log T)$ ist. Folglich ist bis auf einen Fehler der Größenordnung $\log T$ die Änderung von $\operatorname{arc} f\left(\frac{1}{2}+ti\right)$ im Intervall $0 < t < T$ gleich der mit -2π multiplizierten Anzahl der Nullstellen von $f(s)$ innerhalb des Rechtecks. Damit ist das Problem auf die Untersuchung der Nullstellen der ganzen Transzendenten $f(s)$ reduziert.

Riemann versucht zu einer Aussage über die Nullstellen von $f(s)$ zu kommen, indem er nach (58) den Ausdruck

$$|f(\sigma+ti)|^2=\int_{0\swarrow 1}\int_{0\searrow 1}\frac{x^{-\sigma-ti}\,y^{-\sigma+ti}\,e^{\pi i(x^2-y^2)}}{(e^{\pi ix}-e^{-\pi ix})(e^{\pi iy}-e^{-\pi iy})}\,dx\,dy$$

bildet und das komplexe Doppelintegral durch Einführung neuer Variabeln, Deformation des Integrationsgebietes und Anwendung des Residuensatzes in eine andere Gestalt bringt; das führt jedoch zu keinem brauchbaren Resultat.

Über die Lage der Nullstellen von $f(s)$ ist bisher nur sehr wenig bekannt. Bei Riemann finden sich keine weiteren Andeutungen über diesen Gegenstand; im Rahmen dieser historisch-mathematischen Abhandlung sollen daher die noch folgenden Bemerkungen zur Theorie von $f(s)$ knapp gehalten werden. Sie liefern einen Beweis der Ungleichung

$$N_0(T)>\frac{3}{8\pi}e^{-\frac{3}{2}}T+o(T).$$

Für $f(s)$ läßt sich nach dem Verfahren von § 2 eine semikonvergente Reihe finden; für den vorliegenden Zweck genügt die Kenntnis des Hauptgliedes dieser Reihe. Zunächst soll gezeigt werden, daß im Gebiete $t>0,\ -\sigma\geq t^{\frac{3}{7}}$ die Formel

$$(64)\qquad f(s)\sim e^{\frac{\pi i}{4}\left(s-\frac{7}{2}\right)}\pi^{\frac{s-1}{2}}\sin\frac{\pi s}{2}\,\Gamma\left(\frac{1-s}{2}\right)\frac{\sin\pi\eta}{\cos 2\pi\eta}\qquad (|s|\rightarrow\infty)$$

gilt, wo zur Abkürzung

$$\eta=\sqrt{\frac{s-1}{2\pi i}}\qquad \left(0<\operatorname{arc}\eta<\frac{\pi}{4}\right)$$

gesetzt ist.

Nach (56) ist

$$(65)\qquad f(s)=\pi^{s-\frac{1}{2}}\frac{\Gamma\left(\frac{1-s}{2}\right)}{\Gamma\left(\frac{s}{2}\right)}\left\{\zeta(1-s)-\int_{0\searrow 1}\frac{x^{s-1}e^{-\pi ix^2}}{e^{\pi ix}-e^{-\pi ix}}dx\right\}.$$

Der Sattelpunkt der Funktion $x^{s-1}e^{-\pi ix^2}$ liegt bei $x=\eta$. Man setze

$$\Re(\eta)=\eta_1,\quad \Im(\eta)=\eta_2$$
$$m=[\eta_1+\eta_2]$$
$$z=x-\eta$$
$$w(z)=e^{2\pi i\eta^2\left\{\log\left(1+\frac{z}{\eta}\right)-\frac{z}{\eta}+\frac{1}{2}\left(\frac{z}{\eta}\right)^2\right\}}-1.$$

Für jedes natürliche k gilt nach dem Cauchyschen Satze

$$(66)\qquad \int\limits_{0\searrow 1} \frac{x^{s-1}e^{-\pi i x^2}}{e^{\pi i x}-e^{-\pi i x}}\,dx$$

$$=\sum_{n=1}^{k} n^{s-1}+\eta^{s-1}e^{-\pi i \eta^2}\left\{\int\limits_{k\searrow k+1}\frac{e^{-2\pi i(x-\eta)^2}}{e^{\pi i x}-e^{-\pi i x}}\,dx+\int\limits_{k\searrow k+1}\frac{e^{-2\pi i(x-\eta)^2}}{e^{\pi i x}-e^{-\pi i x}}\,w(z)\,dx\right\}.$$

Verführe man jetzt genau nach der Methode von § 2, so hätte man $k=m$ zu wählen; dann erhielte man aber (64) unmittelbar nur in dem kleineren Gebiete $t>0$, $-\sigma\geq t^{\frac{1}{2}}$, und die Ausdehnung auf das Restgebiet $t^{\frac{1}{2}}>-\sigma\geq t^{\frac{3}{7}}$ erforderte die Beseitigung gewisser Zusatzglieder. Deswegen lasse man k zunächst willkürlich.

Das erste Integral auf der rechten Seite von (66) läßt sich nach dem Riemannschen Verfahren von § 1 berechnen; man erhält

$$(67)\qquad \int\limits_{k\searrow k+1}\frac{e^{-2\pi i(x-\eta)^2}}{e^{\pi i x}-e^{-\pi i x}}\,dx=\frac{\sqrt{2}\,e^{\frac{3\pi i}{8}}\sin\pi\eta+(-1)^{k-1}e^{2\pi i\eta-2\pi i(\eta-k)^2}}{2\cos 2\pi\eta}.$$

Im zweiten Integral lege man den Integrationsweg durch den Sattelpunkt $x=\eta$ und führe ihn parallel zur Winkelhalbierenden des zweiten und vierten Quadranten. Er trifft also die reelle Achse im Punkte $\eta_1+\eta_2$. Um aber die Nähe der Pole $x=m$ und $x=m+1$ zu vermeiden, ersetze man noch die innerhalb der Kreise $|x-m|=\frac{1}{2}$ und $|x-m-1|=\frac{1}{2}$ gelegenen Teile des Integrationsweges durch Bögen dieser Kreise. Macht man die Annahme

$$k=m+r\geq m,$$

so ist

$$(68)\qquad \int\limits_{k\searrow k+1}\frac{e^{-2\pi i(x-\eta)^2}}{e^{\pi i x}-e^{-\pi i x}}\,w(z)\,dx=\sum_{l=1}^{r}(-1)^{m+l-1}e^{-2\pi i(m+l-\eta)^2}w(m+l-\eta)$$
$$+\int\limits_{m\searrow m+1}\frac{e^{-2\pi i(x-\eta)^2}}{e^{\pi i x}-e^{-\pi i x}}\,w(z)\,dx.$$

Für $w(z)$ benötigt man zweierlei Abschätzungen. Die erste bezieht sich auf den Kreis $|z|\leq\frac{1}{2}|\eta|$; in diesem ist nämlich

$$\left|\log\left(1+\frac{z}{\eta}\right)-\frac{z}{\eta}+\frac{1}{2}\left(\frac{z}{\eta}\right)^2\right|$$

$$=\left|\sum_{n=3}^{\infty}\frac{(-1)^{n-1}}{n}\left(\frac{z}{\eta}\right)^n\right|\leq\frac{1}{3}\left|\frac{z}{\eta}\right|^3\frac{1}{1-\left|\frac{z}{\eta}\right|}\leq\frac{2}{3}\left|\frac{z}{\eta}\right|^3$$

und folglich

$$(69)\qquad |w(z)| \leq e^{\frac{4\pi}{3}\left|\frac{z^3}{\eta}\right|} - 1 \qquad \left(|z| \leq \tfrac{1}{2}|\eta|\right).$$

Die zweite bezieht sich auf die außerhalb dieses Kreises gelegenen Teile der Integrationslinie. Setzt man noch $\Re\left(ze^{\frac{\pi i}{4}}\right) = u$, $\Im\left(ze^{\frac{\pi i}{4}}\right) = v$, so ist auf der Integrationslinie $-\frac{1}{2} \leq v \leq +\frac{1}{2}$, und im Falle $|\eta| > 1$ gilt außerhalb des Kreises $|z| = \frac{1}{2}|\eta|$ die Ungleichung

$$\left|\frac{v}{u}\right| < (|\eta|^2 - 1)^{-\frac{1}{2}},$$

also

$$\operatorname{arc}\left(1 + \frac{iv}{u}\right) \to 0 \qquad (|s| \to \infty)$$

und

$$\frac{\pi}{4} - \varepsilon < \left|\operatorname{arc}\frac{z}{\eta}\right| < \frac{3\pi}{4} + \varepsilon,$$

mit $\varepsilon \to 0$ für $|s| \to \infty$. Dann ist aber

$$\left|2\pi i\eta^2\left\{\log\left(1+\frac{z}{\eta}\right) - \frac{z}{\eta} + \frac{1}{2}\left(\frac{z}{\eta}\right)^2\right\}\right| = 2\pi|\eta|^2 \cdot \left|\int_0^{\frac{z}{\eta}} \frac{x^2}{1+x}\,dx\right|$$

$$\leq 2\pi|\eta|^2 \int_0^{\left|\frac{z}{\eta}\right|} \frac{x}{\sin\left(\frac{\pi}{4} - \varepsilon\right)}\,dx = \frac{\pi|z|^2}{\sin\left(\frac{\pi}{4} - \varepsilon\right)} \leq \frac{3}{2}\pi|z|^2$$

und

$$|w(z)| < e^{\frac{3}{2}\pi|z|^2}$$

Ferner ist auf der Integrationslinie

$$|e^{-2\pi i z^2}| = e^{-2\pi(u^2 - v^2)} \leq e^{\pi - 2\pi|z|^2};$$

und daher

$$|e^{-2\pi i z^2} w(z)| \leq \begin{cases} e^{\pi - \frac{\pi}{2}|z|^2} & \left(|z| > \frac{1}{2}|\eta|\right) \\ e^{\pi - 2\pi|z|^2}\left(e^{\frac{4\pi}{3}\left|\frac{z^3}{\eta}\right|} - 1\right) & \left(|z| \leq \frac{1}{2}|\eta|\right). \end{cases}$$

Dies liefert

$$\int_{m \searrow m+1} \frac{e^{-2\pi i(x-\eta)^2}}{e^{\pi i x} - e^{-\pi i x}}\, w(z)\,dx = O\left(e^{-\pi\eta_2}\eta^{-1}\right)$$

und in Verbindung mit (65), (66), (67), (68)

$$(70)\qquad f(s)=\pi^{s-\frac{1}{2}}\frac{\Gamma\left(\frac{1-s}{2}\right)}{\Gamma\left(\frac{s}{2}\right)}\eta^{s-1}e^{-\pi i\eta^2}\left\{e^{\pi i\eta^2}\sum_{n=m+r+1}^{\infty}\left(\frac{n}{\eta}\right)^{s-1}\right.$$

$$-\frac{\sqrt{2}\,e^{\frac{3\pi i}{8}}\sin\pi\eta+(-1)^{m+r-1}e^{2\pi i\eta-2\pi i(\eta-m-r)^2}}{2\cos 2\pi\eta}$$

$$\left.+\sum_{l=1}^{r}(-1)^{m+l}e^{-2\pi i(m+l-\eta)^2}w(m+l-\eta)+O(e^{-\pi\eta_2}\eta^{-1})\right\}.$$

Man hat nun zu zeigen, daß bei geeigneter Wahl von r und für $|s|\to\infty$ im Gebiete $t>0$, $-\sigma\geq t^{\frac{3}{7}}$ der Ausdruck

$$-\frac{\sqrt{2}\,e^{\frac{3\pi i}{8}}\sin\pi\eta}{2\cos 2\pi\eta}$$

von höherer Größenordnung als die übrigen Glieder der geschweiften Klammer ist. Zunächst ist

$$(71)\qquad \left|e^{\pi i\eta^2}\sum_{n=m+r+1}^{\infty}\left(\frac{n}{\eta}\right)^{s-1}\right|<e^{-2\pi\eta_1\eta_2}\,|\eta^{1-s}|\left\{\frac{(m+r+1)^{\sigma}}{-\sigma}+(m+r+1)^{\sigma-1}\right\}$$

$$<e^{-2\pi\eta_1\eta_2+t\operatorname{arc}\eta}\left(\frac{m+r+1}{|\eta|}\right)^{\sigma-1}\left(\frac{m+r+1}{-\sigma}+1\right);$$

wegen

$$(72)\qquad -2\pi\eta_1\eta_2+t\operatorname{arc}\eta<-2\pi\eta_1\eta_2+t\frac{\eta_2}{\eta_1}=-2\pi\frac{\eta_2^3}{\eta_1}<0$$

und

$$\left(\frac{m+1}{|\eta|}\right)^{\sigma-1}<\left(\frac{\eta_1^2+\eta_2^2+2\eta_1\eta_2}{\eta_1^2+\eta_2^2}\right)^{\frac{\sigma-1}{2}}<e^{\frac{\eta_1\eta_2}{\eta_1^2+\eta_2^2}\cdot\frac{\sigma-1}{2}}<e^{\frac{\eta_2}{2\eta_1}\cdot\frac{\sigma-1}{2}}=e^{-\pi\eta_2^2}$$

ist also

$$(73)\qquad \left|e^{\pi i\eta^2}\sum_{n=m+1}^{\infty}\left(\frac{n}{\eta}\right)^{s-1}\right|=O\left(e^{-\pi\eta_2^2}\left(1+\frac{\eta_1}{-\sigma}\right)\right);$$

außerdem gilt

$$(74)\qquad \left|(-1)^{m-1}e^{2\pi i\eta-2\pi i(\eta-m)^2}\right|=e^{-2\pi\eta_2-4\pi(m-\eta_1)\eta_2}<e^{-4\pi\left(\eta_2-\frac{1}{2}\right)\eta_2}.$$

Da nun für das Teilgebiet $t>0$, $-\sigma\geq t^{\frac{5}{8}}$ die Ungleichung

$$\eta_2=\frac{1-\sigma}{4\pi\eta_1}>\frac{1-\sigma}{2}\{2\pi(t+1-\sigma)\}^{-\frac{1}{2}}>\frac{1}{2}t^{\frac{5}{8}}\left\{2\pi\left(t+t^{\frac{5}{8}}\right)\right\}^{-\frac{1}{2}}$$

erfüllt ist und die rechte Seite mit t unendlich wird, so folgt mit Rücksicht auf (73) und (74), daß der Ausdruck in der geschweiften Klammer von (70) in dem eben genannten Teilgebiet für $r=0$ den Wert

$$(75)\qquad -\frac{\sqrt{2}\,e^{\frac{3\pi i}{8}}\sin\pi\eta}{2\cos 2\pi\eta}(1+o(1)) \qquad (|s|\to\infty)$$

besitzt. In dem noch zu behandelnden Teilgebiet $t>0$, $t^{\frac{5}{8}}>-\sigma\geq t^{\frac{3}{7}}$ wähle man

$$r=\left[|\sigma|^{\frac{1}{5}}\right].$$

Dann ist für hinreichend großes t

$$\left(\frac{m+r+1}{|\eta|}\right)^{\sigma-1}<\left(\frac{|\eta|+r}{|\eta|}\right)^{\sigma-1}<e^{\frac{\sigma-1}{2}\cdot\frac{r}{2\eta_1}}=e^{-\pi r\eta_2},$$

also nach (71) und (72)

$$(76)\qquad e^{\pi i\eta^2}\sum_{n=m+r+1}^{\infty}\left(\frac{n}{\eta}\right)^{s-1}=O\left(e^{-\pi r\eta_2}\left(1+\frac{|\eta|}{|\sigma|}\right)\right)=O\left(e^{-\frac{1}{2}t^{\frac{1}{70}}}\right).$$

Für $l=1,\ldots,r$ ist ferner

$$(77)\qquad |m+l-\eta|^2\leq(r+\eta_2)^2+\eta_2^2=O\left(|\sigma|^{\frac{2}{5}}\right)=O\left(t^{\frac{1}{4}}\right),$$

also $m+l-\eta$ für hinreichend großes t im Kreise $|z|\leq\frac{1}{2}|\eta|$ gelegen und (69) für $z=m+l-\eta$ anwendbar; wegen (77) folgt

$$(78)\qquad w(m+l-\eta)=O\left(|\sigma|^{\frac{3}{5}}|\eta|^{-1}\right).$$

Endlich ist noch für $l=1,\ldots,r$

$$(79)\qquad \left|e^{-2\pi i(m+l-\eta)^2}\right|<e^{-4\pi(\eta_2+l-1)\eta_2}\leq e^{-4\pi\eta_2^2}$$

und für hinreichend großes t

$$(80)\qquad \left|e^{2\pi i\eta-2\pi i(m+r-\eta)^2}\right|<e^{-3\pi r\eta_2}=O\left(e^{-t^{\frac{1}{70}}}\right),$$

also nach (78) und (79)

$$(81)\qquad \sum_{l=1}^{r}(-1)^{m+l}e^{-2\pi i(m+l-\eta)^2}w(m+l-\eta)$$

$$=r\,O\left(e^{-4\pi\eta_2^2}|\sigma|^{\frac{3}{5}}|\eta|^{-1}\right)=O\left(e^{-4\pi\eta_2^2}|\sigma|^{\frac{4}{5}}|\eta|^{-1}\right).$$

Berücksichtigt man nun die Ungleichungen

$$|\sin\pi\eta|\geq\operatorname{sh}\pi\eta_2>\pi\eta_2>\frac{|\sigma|}{4|\eta|}$$

$$|\cos 2\pi\eta|\leq\operatorname{ch}2\pi\eta_2<2e^{2\pi\eta_2},$$

so zeigen die Abschätzungen (76), (80), (81), daß auch im Gebiete $t > 0$, $t^{\frac{5}{8}} > -\sigma \geq t^{\frac{3}{7}}$ der Wert in der geschweiften Klammer von (70) durch den Ausdruck (75) dargestellt wird.

Die Behauptung in (64) folgt jetzt durch Anwendung der Stirlingschen Formel.

Man kann übrigens (64) sogar für das größere Gebiet $t > 0$, $-\sigma \geq t^{\varepsilon}$ beweisen, wo ε irgendeine feste positive Zahl bedeutet; doch für das Folgende genügt jeder Wert von ε, der kleiner als $\frac{1}{2}$ ist, also z. B. $\varepsilon = \frac{3}{7}$.

Neben der Formel (64) wird noch eine rohe Abschätzung der Größenordnung von $f(s)$ für festes σ und $t \to \infty$ benötigt. Diese ergibt sich aus der semikonvergenten Entwicklung von $f(s)$ im Gebiete $t > 0$, $-\sigma \leq t^{\frac{3}{7}}$. Ein Blick auf den Beweis von (64) zeigt, daß man bis zur Gleichung (70) die Voraussetzung $-\sigma \geq t^{\frac{3}{7}}$ nur in der schwächeren Form $\sigma < \sigma_0$ benutzt hat, wo σ_0 irgendeine reelle Zahl bedeutet. Es gilt daher, analog zu (70) mit $r = 0$,

$$(82) \qquad f(s) = \pi^{s-\frac{1}{2}} \frac{\Gamma\left(\frac{1-s}{2}\right)}{\Gamma\left(\frac{s}{2}\right)} \left(\zeta(1-s) - \sum_{n=1}^{m} n^{s-1} \right.$$
$$\left. - \eta^{s-1} e^{-\pi i \eta^2} \left\{ \frac{\sqrt{2}\, e^{\frac{3\pi i}{8}} \sin \pi\eta + (-1)^{m-1} e^{2\pi i \eta - 2\pi i (\eta - m)^2}}{2 \cos 2\pi\eta} + O(\eta^{-1}) \right\} \right)$$

mit $\eta = \sqrt{\frac{s-1}{2\pi i}}$, $|\operatorname{arc} \eta| < \frac{\pi}{4}$, $m = [\Re\eta + \Im\eta]$ in der Viertelebene $\sigma < \sigma_0$, $t > 0$. Weitere Glieder der semikonvergenten Reihe lassen sich nach dem Verfahren von § 2 gewinnen, werden aber für den vorliegenden Zweck nicht benötigt.

Eine zweite semikonvergente Entwicklung von $f(s)$, welche für die Viertelebene $\sigma > \sigma_0$, $t > 0$ günstig ist, enthält man, indem man die Sattelpunktmethode nicht auf die durch (65) gelieferte Darstellung von $f(s)$, sondern auf (58) anwendet. Die Rechnung braucht man nicht noch einmal durchzuführen, denn das Integral in (58) entsteht aus dem in (65), wenn zu den konjugiert komplexen Größen übergegangen und σ durch $1-\sigma$ ersetzt wird. Folglich ist

$$(83) \qquad f(s) = \sum_{n=1}^{m_1} n^{-s}$$
$$+ \eta_1^{-s} e^{\pi i \eta_1^2} \left\{ \frac{\sqrt{2}\, e^{-\frac{3\pi i}{8}} \sin \pi\eta_1 + (-1)^{m_1-1} e^{-2\pi i \eta_1 + 2\pi i (\eta_1 - m_1)^2}}{2 \cos 2\pi\eta_1} + O(\eta_1^{-1}) \right\}$$

mit $\eta_1=\sqrt{\frac{s}{2\pi i}}$, $|\operatorname{arc}\eta_1|<\frac{\pi}{4}$, $m_1=[\Re\eta_1-\Im\eta_1]$ in der Viertelebene $\sigma>\sigma_0$, $t>0$. Durch Vergleich von (82) und (83) ergibt sich übrigens die semikonvergente Reihe für $\zeta(s)$ in jedem Halbstreifen $\sigma_1<\sigma<\sigma_2$, $t>0$; diese Ableitung ist vielleicht in bezug auf die notwendigen Abschätzungen etwas einfacher als die von § 2, aber die einzelnen Glieder der Reihe erscheinen hier zunächst in komplizierterer Gestalt.

Aus (83) folgt

$$
(84)\quad \begin{cases}
f(s)=\sum_{n=1}^{m_1} n^{-s}+O\left(\left(\frac{|s|}{2\pi e}\right)^{-\frac{\sigma}{2}}\right) & (\sigma\geq 0,\ t>0)\\
f(s)=O\left(t^{\frac{1}{4}}\right) & (\sigma\geq\frac{1}{2})\\
|f(s)-1|<\frac{3}{4} & (\sigma\geq 2,\ t>t_0),
\end{cases}
$$

und aus (82) folgt

$$
(85)\quad \begin{cases}
f(s)=\pi^{s-\frac{1}{2}}\frac{\Gamma\left(\frac{1-s}{2}\right)}{\Gamma\left(\frac{s}{2}\right)}\left(\zeta(1-s)-\sum_{n=1}^{m} n^{s-1}+O(1)\right) & (\sigma\leq 1,\ t>0)\\
f(s)=\pi^{s-\frac{1}{2}}\frac{\Gamma\left(\frac{1-s}{2}\right)}{\Gamma\left(\frac{s}{2}\right)}O\left(\left(\frac{t}{2\pi}\right)^{\frac{\sigma}{2}}|\sigma|^{-1}\right) & \left(0<-\sigma\leq t^{\frac{3}{7}},\ t>0\right)\\
f(s)=\pi^{s-\frac{1}{2}}\frac{\Gamma\left(\frac{1-s}{2}\right)}{\Gamma\left(\frac{s}{2}\right)}O(\log t) & \left(0\leq-\sigma\leq t^{\frac{3}{7}},\ t>0\right).
\end{cases}
$$

Für das Folgende ist es zweckmäßig, statt $f(s)$ die Funktion

$$
g(s)=\pi^{-\frac{s+1}{2}}e^{-\frac{\pi i s}{4}}\Gamma\left(\frac{s+1}{2}\right)f(s)
$$

einzuführen. Nach (64) ist dann für $t>0$, $-\sigma\geq t^{\frac{3}{7}}$ mit $\eta=\sqrt{\frac{s-1}{2\pi i}}$

$$
(86)\qquad g(s)\sim e^{-\frac{7\pi i}{8}}\operatorname{tg}\frac{\pi s}{2}\,\frac{\sin\pi\eta}{\cos 2\pi\eta}\qquad (|s|\to\infty).
$$

Es soll jetzt der Mittelwert von $|g(s)|^2$ auf jeder Halbgeraden $\sigma=\sigma_0<\frac{1}{2}$, $t\geq 0$ abgeschätzt werden, also der Ausdruck

$$
T^{-1}\int_0^T |g(\sigma+ti)|^2\,dt\qquad (\sigma<\tfrac{1}{2}).
$$

Man könnte dies mit Hilfe der asymptotischen Entwicklung (82) erreichen; am elegantesten wird die Ableitung aber unter Benutzung von (58); danach ist nämlich für $\varepsilon > 0$

$$\int_0^\infty |f(\sigma+ti)|^2 e^{-\varepsilon t}\,dt$$

$$= \int_0^\infty e^{-\varepsilon t}\left\{\int_{0\swarrow 1}\int_{0\searrow 1} \frac{x^{-\sigma-ti}\,y^{-\sigma+ti}\,e^{\pi i(x^2-y^2)}}{(e^{\pi ix}-e^{-\pi ix})(e^{\pi iy}-e^{-\pi iy})}\,dx\,dy\right\}dt,$$

und hier kann man die rechte Seite durch Deformation der Integrationswege, Vertauschung der Integrationsfolge und Anwendung des Residuensatzes umformen. Die Rechnung liefert die Aussage

$$\int_0^\infty |f(\sigma+ti)|^2 e^{-\varepsilon t}\,dt \sim \frac{1}{2\varepsilon}(2\pi\varepsilon)^{\sigma-\frac{1}{2}}\Gamma\left(\frac{1}{2}-\sigma\right),$$

gültig für $\sigma<\frac{1}{2}$ und $\varepsilon\to 0$, und hieraus folgt weiter

$$\int_1^\infty |f(\sigma+ti)|^2\left(\frac{t}{2\pi}\right)^\sigma e^{-\varepsilon t}\,dt \sim \frac{(2\varepsilon)^{-\frac{3}{2}}}{1-2\sigma}.$$

Also ist für jedes feste $\sigma<\frac{1}{2}$

$$\int_1^T |f(\sigma+ti)|^2\left(\frac{t}{2\pi}\right)^\sigma dt \sim \frac{1}{3\sqrt{2\pi}}\cdot\frac{T^{\frac{3}{2}}}{\frac{1}{2}-\sigma}.$$

Nach der Stirlingschen Formel ist aber andererseits

(87) $$|g(s)| \sim \sqrt{2}\,\pi^{-\frac{\sigma}{2}}\left(\frac{t}{2}\right)^{\frac{\sigma}{2}}|f(s)|,$$

und damit ist die gewünschte Formel

$$T^{-1}\int_1^T |g(\sigma+ti)|^2\,dt \sim \frac{1}{3}\sqrt{\frac{2}{\pi}}\,\frac{T^{\frac{1}{2}}}{\frac{1}{2}-\sigma}$$

für festes $\sigma<\frac{1}{2}$ gewonnen. Aus ihr folgt weiter

(88) $$\int_0^T \log|g(\sigma+ti)|\,dt < \frac{T}{2}\log\frac{\sqrt{2}\,T^{\frac{1}{2}}}{3\sqrt{\pi}\left(\frac{1}{2}-\sigma\right)} + o(T) \qquad \left(\sigma<\tfrac{1}{2},\ T\to\infty\right).$$

Für $\sigma=\frac{1}{2}$ läßt sich eine untere Schranke für $\int_0^T \log|g(\sigma+ti)|\,dt$ angeben. Nach (60) ist nämlich auf der kritischen Geraden

$$\left|\pi^{-\frac{s}{2}}\Gamma\left(\frac{s}{2}\right)\zeta(s)\right|\leq\left|2\pi^{-\frac{s}{2}}\Gamma\left(\frac{s}{2}\right)f(s)\right|,$$

also nach (87)

$$|g(s)|\geq(8\pi)^{-\frac{1}{4}}t^{\frac{1}{4}}|\zeta(s)|\,(1+o(1)) \qquad (\sigma=\tfrac{1}{2})$$

$$\text{(89)}\qquad \int_0^T \log\left|g\left(\frac{1}{2}+ti\right)\right|dt>\frac{T}{4}\log T-(\log 8\pi+1)\frac{T}{4}$$
$$+\int_0^T \log\left|\zeta\left(\frac{1}{2}+ti\right)\right|dt+o(T).$$

Für $\sigma\geq 2$ ist endlich nach (87) und (84)

$$\text{(90)}\qquad \int_0^T \log|g(\sigma+ti)|\,dt=\sigma\left(\frac{T}{2}\log\frac{T}{2\pi}-\frac{T}{2}\right)+\frac{T}{2}\log 2+o(T).$$

Nun sei $t_0>0$, $T>t_0$, und die Geraden $t=t_0$, $t=T$ seien frei von Nullstellen der Funktion $g(s)$. Ferner sei $\sigma_0>-T^{\frac{3}{7}}=\sigma_1$. Man betrachte das Rechteck mit den Seiten $\sigma=\sigma_0$, $t=T$, $\sigma=\sigma_1$, $t=t_0$. Auf der linken Seite $\sigma=\sigma_1$, $t_0\leq t\leq T$ liegt für hinreichend großes T nach (64) keine Nullstelle von $g(s)$. Die innerhalb des Rechtecks gelegenen Nullstellen von $g(s)$ verbinde man durch Schnitte, die parallel zur reellen Achse geführt werden, mit der rechten Seite $\sigma=\sigma_0$. In dem zerschnittenen Rechteck ist dann $\log g(s)$ eindeutig; es werde ein Zweig dieser Funktion durch die Forderung $0\leq\operatorname{arc} g(\sigma_1+Ti)<2\pi$ festgelegt. Bekanntlich gilt dann

$$\text{(91)}\qquad 2\pi\sum_{\alpha<\sigma_0}(\sigma_0-\alpha)=\int_{t_0}^T\log|g(\sigma_0+ti)|\,dt-\int_{\sigma_1}^{\sigma_0}\operatorname{arc} g(\sigma+Ti)\,d\sigma$$
$$-\int_{t_0}^T\log|g(\sigma_1+ti)|\,dt+\int_{\sigma_1}^{\sigma_0}\operatorname{arc} g(\sigma+t_0 i)\,d\sigma,$$

wo α die reellen Teile sämtlicher im Rechteck gelegenen Nullstellen von $g(s)$ durchläuft. Das erste Integral läßt sich für $\sigma_0<\frac{1}{2}$ nach oben, für $\sigma_0=\frac{1}{2}$ nach unten und für $\sigma_0\geq 2$ genau abschätzen. Das dritte und das vierte Integral liefern, wie man ohne erhebliche Schwierigkeit nach (86) erkennt, nur einen Betrag von der Größenordnung $T^{\frac{13}{14}}$. Das zweite Integral schließlich läßt sich in der üblichen Weise unter Benutzung von (84) und (85) als $O\left(T^{\frac{6}{7}}\log T\right)$ abschätzen. Folglich ist nach (88)

$$(92)\qquad \sum_{\alpha<\sigma}(\sigma-\alpha)<\frac{T}{8\pi}\log T-\frac{T}{4\pi}\log\left\{3\sqrt{\frac{\pi}{2}}\left(\frac{1}{2}-\sigma\right)\right\}+o(T)\qquad (\sigma<\tfrac{1}{2}).$$

nach (89)

$$(93)\qquad \sum_{\alpha<\frac{1}{2}}\left(\frac{1}{2}-\alpha\right)>\frac{T}{8\pi}\log T-(1+\log 8\pi)\frac{T}{8\pi}+\frac{1}{2\pi}\int_0^T\log\left|\zeta\left(\frac{1}{2}+ti\right)\right|dt+o(T)$$

und nach (90)

$$(94)\qquad \sum_{\alpha}(\sigma-\alpha)=\sigma\left(\frac{T}{4\pi}\log\frac{T}{2\pi}-\frac{T}{4\pi}\right)+\frac{T}{4\pi}\log 2+o(T)\qquad (\sigma\geq 2);$$

in der letzten Gleichung durchläuft α die reellen Teile sämtlicher im Streifen $0<t<T$ gelegenen Nullstellen von $g(s)$. Wird ihre Anzahl mit $N_1(T)$ bezeichnet, so ist folglich auf Grund von (94)

$$(95)\qquad N_1(T)=\frac{T}{4\pi}\log\frac{T}{2\pi}-\frac{T}{4\pi}+o(T).$$

In der oberen Halbebene stimmen die Nullstellen von $g(s)$ mit denen von $f(s)$ überein. Lägen die $N_1(T)$ Nullstellen bis auf $o(T)$ von ihnen sämtlich rechts von $\sigma=\frac{1}{2}$, so wäre die Änderung von $\operatorname{arc} f\left(\frac{1}{2}+ti\right)$ im Intervall $0<t<T$ gleich $-\left(\frac{T}{2}\log\frac{T}{2\pi}-\frac{T}{2}\right)+o(T)$, und man erhielte keine Aussage über die Nullstellen von $\zeta\left(\frac{1}{2}+ti\right)$. Zunächst folgt aber aus (94) weiter

$$\sum_{\alpha}\alpha=-\frac{T}{4\pi}\log 2+o(T);$$

es gibt also sicherlich unendlich viele Nullstellen von $f(s)$, die sogar links von $\sigma=0$ liegen; und aus (92) und (93) erhält man, übrigens unabhängig von (94), durch Subtraktion eine untere Abschätzung für die Anzahl der im Gebiet $\sigma<\frac{1}{2}$, $0<t<T$ gelegenen Nullstellen von $f(s)$. Bezeichnet man diese Anzahl mit $N_2(T)$, so folgt nämlich für jedes $\sigma<\frac{1}{2}$

$$\left(\frac{1}{2}-\sigma\right)N_2(T)>\frac{T}{4\pi}\log\left\{\frac{3}{4}e^{-\frac{1}{2}}\left(\frac{1}{2}-\sigma\right)\right\}+\frac{1}{2\pi}\int_0^T\log\left|\zeta\left(\frac{1}{2}+ti\right)\right|dt+o(T).$$

Diese Abschätzung ist am günstigsten für

$$\sigma=\frac{1}{2}-\frac{4}{3}e^{\frac{3}{2}}$$

und ergibt

$$N_2(T)>\frac{3}{16\pi}e^{-\frac{3}{2}}T+\frac{3}{8\pi}e^{-\frac{3}{2}}\int_0^T\log\left|\zeta\left(\frac{1}{2}+ti\right)\right|dt+o(T).$$

Bekanntlich ist nun, wie ja gerade aus einem Ansatz der Form (91) mit $\zeta(s)$ statt $g(s)$ folgt,

$$\frac{1}{2\pi}\int_0^T \log\left|\zeta\left(\frac{1}{2}+ti\right)\right| dt = \sum_{\alpha_\zeta > \frac{1}{2}} \left(\alpha_\zeta - \frac{1}{2}\right) + O(\log T),$$

wo α_ζ die reellen Teile der im Streifen $0 < t < T$ rechts von der kritischen Geraden gelegenen Nullstellen der Zetafunktion durchläuft. Daraus folgt

$$N_2(T) > \frac{3}{16\pi} e^{-\frac{3}{2}} T + \frac{3}{4} e^{-\frac{3}{2}} \sum_{\alpha_\zeta > \frac{1}{2}} \left(\alpha_\zeta - \frac{1}{2}\right) + o(T). \tag{96}$$

Rechts von $\sigma = \frac{1}{2}$ liegen höchstens $N_1(T) - N_2(T)$ Nullstellen von $f(s)$ innerhalb des Streifens $0 < t < T$, also vermindert sich $\operatorname{arc} f\left(\frac{1}{2}+ti\right)$ im Intervall $0 < t < T$ höchstens um $2\pi(N_1(T) - N_2(T)) + O(\log T)$. Folglich wächst $\operatorname{arc} \varphi\left(\frac{1}{2}+ti\right)$ in diesem Intervall mindestens um

$$\vartheta(T) - 2\pi N_1(T) + 2\pi N_2(T) + O(\log T),$$

und diese Zahl ist nach (63), (95), (96) mindestens gleich $2\pi N_2(T) + o(T)$. Daher gilt für $N_0(T)$, die Anzahl der Nullstellen von $\zeta\left(\frac{1}{2}+ti\right)$ im Intervall $0 < t < T$, die Ungleichung

$$N_0(T) > \frac{3}{8\pi} e^{-\frac{3}{2}} T + \frac{3}{2} e^{-\frac{3}{2}} \sum_{\alpha_\zeta > \frac{1}{2}} \left(\alpha_\zeta - \frac{1}{2}\right) + o(T). \tag{97}$$

Die Dichtigkeit der auf der kritischen Geraden gelegenen Nullstellen von $\zeta(s)$, d. h. die untere Grenze des Verhältnisses $N_0(T) : T$ für $T \to \infty$, ist demnach positiv, und zwar mindestens gleich $\frac{3}{8\pi} e^{-\frac{3}{2}}$, also größer als $\frac{1}{38}$. Sieht man von diesem numerischen Wert ab, so ist der Satz keineswegs neu, sondern bereits 1920 von Hardy und Littlewood auf bedeutend einfachere Weise bewiesen worden. Trotz dieses geringfügigen Ergebnisses kommt vielleicht dem vorliegenden Beweise wegen der dabei zutage getretenen Eigenschaften von $f(s)$ ein gewisser selbständiger Wert zu.

An die Formel (97) läßt sich noch eine Bemerkung knüpfen. Durch die Summe $\sum\left(\alpha_\zeta - \frac{1}{2}\right)$ wird ja gewissermaßen die Falschheit der Riemannschen Vermutung gemessen. Man weiß zwar durch Littlewood, daß diese Summe höchstens $O(T \log\log T)$ ist, kennt aber keine bessere Abschätzung. Ist die Riemannsche Vermutung falsch, so wächst möglicherweise diese Summe stärker an als T; dann würde aber nach (97) auch die Anzahl $N_0(T)$ stärker als T anwachsen, und die Riemannsche

Vermutung könnte nicht „allzu falsch" sein. Bedeutet $\psi(t)$ irgendeine positive Funktion von t, welche schwächer unendlich wird als $\log t$, so folgt noch aus (97), daß in dem schmalen Gebiet $0 \leq \sigma - \frac{1}{2} \leq \frac{\psi(t)}{\log t}$, $2 \leq t \leq T$ mindestens $\frac{3}{4\pi} e^{-\frac{3}{2}} T \psi(T) \bigl(1 + o(1)\bigr)$ Nullstellen von $\zeta(s)$ liegen. Dies ist ein neues Resultat für den Fall, daß $\psi(t)$ auch noch schwächer als $\log \log t$ anwächst. So liegen z. B. in dem Gebiet $0 \leq \sigma - \frac{1}{2} \leq \frac{19}{\log t}$, $2 \leq t \leq T$ mehr als $T + o(T)$ Nullstellen.

Es bleibt die Frage offen, ob man die in (96) gegebene untere Abschätzung von $N_2(T)$ verbessern kann. Für den Beweis der Riemannschen Behauptung, daß $N_0(T)$ asymptotisch gleich $\frac{T}{2\pi} \log \frac{T}{2\pi} - \frac{T}{2\pi}$ ist, genügte es, das Entsprechende für $N_2(T)$ zu zeigen. Dies läßt sich wohl kaum mit den bisher in der Theorie der Zetafunktion benutzten Methoden der Analysis ohne eine wesentlich neue Idee erreichen; und das gilt erst recht von jedem Versuche, die Riemannsche Vermutung zu beweisen.

On Riemann's paper: Ueber die Fortpflanzung ebener Luftwellen von endlicher Schwingungsweite

In this paper Riemann lays the foundations of the theory of propagation of nonlinear and linear waves governed by hyperbolic equations. The concepts introduced here – Riemann invariants, the Riemann initial value problem, jump conditions for nonlinear equations, the Riemann function for linear equations – are still the basic building blocks of the theory today.

Here is a brief review of the contents of the paper: in the introduction, Riemann remarks that almost all previous studies of the gas dynamics concern linearized equations. Although this has been sufficient so far to explain experimental results, future advances in techniques of measurements may make possible the comparison of the exact nonlinear theory developed here with experiments. Until then, the paper remains a contribution to the theory of nonlinear partial differential equations. The rest of the introduction deals with the thermodynamics of ideal gases. Appeal is made to the work of Clausius and Mayer to conclude that all changes are adiabatic, and the equation of state, $p = A\varrho^k$, attributed to Poisson, is derived; entropy and internal energy are not mentioned. Experimental results of Regnault, Joule and W. Thomson indicate the value $k = 1.4101$ for air at 0 °C. Riemann notes the excellent agreement of $c = \sqrt{\partial p/\partial \varrho}$ with measured values of sound speed.

Riemann considers the equations for compressible gas for an arbitrary equation of state $p = \varphi(\varrho)$, $\varphi' > 0$, and derives the constancy of the Riemann invariants r and s along their respective characteristics. Initial value problems are considered where u and ϱ are nonconstant in a finite interval, to the right and left of which u, ϱ have constant values, different on the two sides; throughout Riemann assumes tacitly that initial values uniquely determine the solution. He remarks that the region in which r is variable propagates with velocity $c + u$, and that eventually these two regions separate. After the waves have separated, the solution consists of two simple waves, separating three constant states. If φ is assumed convex, simple waves that are rarefaction waves widen; compression waves narrow, and eventually characteristics in it cross, leading to a breakdown in finite time. Riemann remarks that one can easily study the breakdown of solutions in finite time even when they don't separate into simple waves.

Riemann accepts the breakdown of smooth solutions and the formation of shock waves, and proceeds to derive the jump relations embodying the conservation of mass and momentum; since he allows no changes in entropy, energy is not conserved. This flaw was noted by Rayleigh (1878); the full set of jump relations were supplied by Rankine (1870) and Hugoniot's posthumous publication (1887). At any rate, the pattern for the full equation is similar to what Riemann describes in the isentropic case. In particular, Riemann notes that shocks have to be supersonic with respect to the state in front, subsonic with respect to the state behind, provided pressure is a convex function of ϱ.

Riemann studies the initial value problem where u and ϱ have constant values for $x > 0$ and $x < 0$, generally different. He shows that two waves emerge from the point of discontinuity, and that each could be a shock wave or a rarefaction wave; the four cases are analyzed.

Returning to general solutions, Riemann notes that when $\partial r/\partial x$ and $\partial s/\partial x$ are nonzero, r and s can be introduced as independent variables, and that x and t, as functions of r, s satisfy linear partial differential equations, reducible to a single second order equation. Riemann then observes that one can solve linear partial differential equations subject to boundary conditions analogously to solving linear systems of algebraic equations; one multiples each equation by a factor and sums; the factors have to be so chosen that all but one of the unknowns are eliminated. In the case of partial differential equations the unknowns are the values of the solution; the appropriate factor has to satisfy the adjoint equation and boundary conditions, and instead of summing, one integrates. Thus does Riemann extend the method of Green from the elliptic to the hyperbolic case; his point of view is very bold, almost functional analytic.

When the equation of state is polytropic, the second order equation satisfied by Riemann's function is separable in the coordinates $r+s$ and $r-s$; thus it can be solved by Fourier transform. The resulting triple integral can be reduced to a hypergeometric function. Riemann shows how to deduce this formula directly.

In a summary announcement of these results Riemann remarks that his work clears up questions raised by Challis, Airy, and Stokes; see the discussion in Section 51 of Friedrichs, Courant (1948). He makes two further points, one philosophical and one technical: just as in the theory of linear partial differential equations the most fruitful methods are found not by looking at the general problem but by considering special problems suggested by physics, so in the study of nonlinear partial differential equations it pays to concentrate on special physical problems. He is confident that the methods, concepts, and results of this special study will play a role in solving more general problems.

The technical remark is that in contrast to linear acoustics, the nonlinear theory predicts a change of tone during propagation; he sees difficulty in testing this effect experimentally. He also remarks that his theory is inapplicable to meteorology since atmospheric waves propagate with speeds much less that sound speed. He would have been pleased to know that his theory does apply to a gravity driven model of the atmosphere, see Stoker (1957).

E. Hölder (1981) has given a detailed, up-to-date review of the outgrowth of Riemann's ideas in the theory of hyperbolic equations and the theory of compressible flows, see also Smoller (1982). Here we have room only for a few scattered remarks.

The significance of convexity was elucidated by Bethe (1942) and Weyl (1949); for effects of nonconvexity see Wendroff (1972) and Smith (1979).

Some of the most successful modern methods for computing compressible flows with shocks are based on Riemann's notions. Godunov (1959) has shown how to thread together, by averaging, solutions of Riemann problems to solve piecewise constant initial value problems. Glimm in (1965) has performed the averaging by random sequences and was able to show their almost certain convergence for all time. Liu (1975) proved convergence when the random sequence is replaced by one that is equidistributed. Van Leer (1979), Colella and Woodward (1984) have shown how to modify the method for initial data that are not piecewise constant but piecewise parabolic, for impressive gain in accuracy and resolution.

Riemann's method for solving linear hyperbolic equations has been extended by Hadamard to second order equations in any number of space variables. A modern treatment of these ideas needs the language of Schwartz's theory of distributions, and the machinery of Fourier integral operators, see Hörmander (1985), Melrose (1975) and Taylor (1976).

The extension to more space variable of Riemann's theory of nonlinear hyperbolic equations still has a long way to go in spite of advances such as in Majda (1984) and abundant, successful numerical calculations of flows with shocks. A theory of piecewise constant initial value problems in two-space variables is beginning to emerge.

Riemann's interest in partial differential equations was very deep; so was his concern with fluid dynamics. His last investigation, incomplete at the time of his death, concerned the mechanism whereby the ear perceives sound and discriminates frequencies. According to his editor, Riemann considered the mechanism to be the motion of fluid in the cochlea.

References

1. Bethe, H.: Report on the theory of shock waves for an arbitrary equation of state. U. S. Dept. of Commerce Report No. PB-32189, Clearing-house for Federal Scientific and Technical Information 1942.
2. Colella, P.; Woodward, P. R.: The piecwise parabolic method (PPM) for gas dynamical systems. J. Comp. Phys. **54** (1984), 174–201.
3. Friedrichs, K.; Courant, R.: Supersonic Flow and Shock Waves. Interscience Publishers New York. Pure and Applied Math. **1** (1948), 464.
4. Glimm, J.: Solutions in the large for nonlinear hyperbolic systems of equations. Comm. Pure Appl. Math. **18** (1965), 95–105.
5. Godunov, S. K.: A difference scheme for numerical computation of discontinuous solution of equations fluid dynamics. Mathematicheskii Sbornik (1959) 47, #3, 271–306.
6. Hölder, E.: Historischer Überblick zur mathematischen Theorie von Unstetigkeitswellen seit Riemann und Christoffel. In: E. B. Christoffel, ed. P. L. Butzer, F. Fehér. Basel: Birkhäuser Verlag 1981, 412–434.
7. Hörmander, L.: The analysis of linear partial differential operators III. A series of comprehensive studies in mathematics 274. New York: Springer-Verlag 1985.
8. Hugoniot, H.: Mémoire sur la propagation du mouvement dans un fluide indéfine. J. Math. Pures Appl. **3** (1887), 477–492, and ibid. **4** (1887), 153–167.
9. Liu, T. P.: The Riemann problem for general systems of conservation laws. J. Differential Equations **28** (1975), 218–234.
10. Majda, A.: Compressible fluid flow and systems of Conservation Laws in several space variables. Applied Math. Sciences Vol. 53. New York: Springer-Verlag 1984.

11. Melrose, R.: Microlocal parametrices for diffractive boundary value problems. Duke Math. Journal **42** (1975), 605–635.
12. Rankine, W. J.: On the thermodynamic theory of waves of finite longitudinal disturbances. Philos. Trans. Roy. Soc. London **160** (1870), 277–288.
13. Rayleigh, B.: Theory of Sound. First edition. London Vol. 2, Section 253, 1878, 38–41.
14. Smith, R. G.: The Riemann problem in gas dynamics. Trans. Amer. Math. Soc. **249** (1979), 1–50.
15. Smoller, J.: Shock Waves and Reaction-Diffusion Equations. A series of Comprehensive Studies in Mathematics 258. New York: Springer-Verlag 1982.
16. Stoker, J.: Water Waves the Mathematical Theory with Applications. New York: Interscience Publications 1957.
17. Taylor, M.: Grazing rays and reflection of singularities of solutions to waves equations. Comm. Pure Appl. Math. **29** (1976), 1–38.
18. Van Leer, B.: Towards the ultimate conservation difference scheme. v. a second-order sequel to Godunov's Method. J. of Comp. Phys. **32** (1979), #1, 101–136.
19. Wendroff, B.: The Riemann problem for materials with non convex equations of state, II. General Flow. J. Math. Anal. Appl. **38** (1972), 640–658.
20. Weyl, H.: Shock waves in arbitrary fluids. Comm. Pure Appl. Math. (1949), 103–122.

Peter D. Lax
New York Institute of Mathematics
251 Mercer Street
New York, NY 10012, USA

On Riemann's paper: Ein Beitrag zu den Untersuchungen über die Bewegung eines flüssigen gleichartigen Ellipsoides

The historical background of this paper of Riemann, dealing with the possible states of equilibrium of homogeneous masses with rotations and motions maintaining ellipsoidal figures, is brief. It derives from Newton's first demonstration that the departure of the figure of the earth from a sphere is due to its rotation. By a most ingenious argument, Newton was able to show that a homogeneous body in gravitational equilibrium and in slow rotation must have an ellipticity ε (= equatorial radius − polar radius/the mean radius), which must be related to m (= centrifugal acceleration at the equator/mean gravitational acceleration on the surface) by the simple relation $m = \frac{5}{4}\varepsilon$. Newton's restriction to small rotation was removed by Maclaurin (1742) who showed that gravitational equilibrium is consistent with a homogeneous object assuming oblate spheroidal figures. He delineated what has come to be called the Maclaurin sequence with eccentricities of the principal section of the spheroid varying from 0 to 1. However, the angular velocity of rotation (for a fixed mass) attains a maximum along the sequence.

In „Mécanique Céleste" (1811), Lagrange gave what he considered as a proof of Maclaurin's underlying assumption of symmetry about the axis of rotation. But in 1834 Jacobi noticed a flaw in Lagrange's argument and showed that triaxial figures are indeed possible if the angular momentum of the object exceeds a certain critical value. The sequence of equilibrium figures bifurcating from the Maclaurin sequence that Jacobi established has since come to be called the Jacobi sequence.

The fact that no figures of equilibrium are possible for uniformly rotating bodies when the angular velocity exceeds a certain limit raises the question: what happens when the angular velocity exceeds this limit? Dirichlet addressed himself to this question during the winter of 1856/57; and though he included this topic in his lectures on partial differential equations in July 1857, he did not publish any detailed account of his investigations during his lifetime. Dirichlet's results were collated from some papers he left and were edited for publication by Dedekind (1860). As Riemann wrote, „in his posthumous paper, edited for publication by Dedekind, Dirichlet has opened up, in a most remarkable way, an entirely new avenue for investigations on the motion of a selfgravitating homogeneous ellipsoid. The further development of his beautiful discovery has a particular interest to the mathematician even apart from its relevance to the forms of heavenly bodies which initially instigated these investigations."

The precise problem which Dirichlet considered in his paper is the following: under what conditions can one have a configuration which, at every instant, has an ellipsoidal figure and in which the motion, in an inertial frame, is a linear function of the coordinates? Dirichlet formulated the general equations governing this problem (in a Lagrangian framework) and solved them in detail for the case when the bounding surface is a spheroid of revolution. Dirichlet did not seriously investigate the figures of equilibrium admissible under the general circumstances of his formulation. In the latter context, Dedekind (in an addendum

(1860) to Dirichlet's paper) proved explicitly the following theorem (though, as Riemann remarks, it is already implicit in Dirichlet's equations): *Let a homogeneous ellipsoid with semi-axes a_1, a_2 and a_3 be in gravitational equilibrium with a prevalent motion whose components, resolved along the instantaneous directions of the principal axes of the ellipsoid and in an inertial frame, are given by*

$$\mathbf{U}^{(0)} = \begin{vmatrix} \alpha_{11} & \alpha_{12} & \alpha_{13} \\ \alpha_{21} & \alpha_{22} & \alpha_{23} \\ \alpha_{31} & \alpha_{32} & \alpha_{33} \end{vmatrix} \begin{vmatrix} x_1/a_1 \\ x_2/a_2 \\ x_3/a_3 \end{vmatrix} = \mathbf{A} \begin{vmatrix} x_1/a_1 \\ x_2/a_2 \\ x_3/a_3 \end{vmatrix},$$

then the same ellipsoid will also be a figure of equilibrium if the prevalent motion is that derived from the transposed matrix $\mathbf{A}^{+}$, *i. e.*, $\mathbf{U}^{(0)+}$ *given by*

$$\mathbf{U}^{(0)+} = \begin{vmatrix} \alpha_{11} & \alpha_{21} & \alpha_{31} \\ \alpha_{12} & \alpha_{22} & \alpha_{32} \\ \alpha_{13} & \alpha_{23} & \alpha_{33} \end{vmatrix} \begin{vmatrix} x_1/a_1 \\ x_2/a_2 \\ x_3/a_3 \end{vmatrix} = \mathbf{A}^{+} \begin{vmatrix} x_1/a_1 \\ x_2/a_2 \\ x_3/a_3 \end{vmatrix}.$$

The following analysis of the paper is, apart from minor modifications, that published as a bibliographical note in the chapter on „The Riemann Ellipsoids" in „Ellipsoidal Figures of Equilibrium" (1969), Chapter 7, 184–188.

Riemann's paper „Ein Beitrag zu den Untersuchungen über die Bewegung eines flüssigen gleichartigen Ellipsoides", communicated to the „Königliche Gesellschaft der Wissenschaften zu Göttingen" on December 8, 1860, is remarkable for the wealth of new results it contains and for the breadth of its comprehension of the entire range of problems. In the present writer's view this much neglected paper – it merits less than a sentence in Weber's biographical notice and none in Lewy's; and there are no references to it in any of the writings of Poincaré, Darwin, or Jeans – deserves to be included among the other great papers of Riemann that are well known. Nevertheless, the paper contains some very surprising lapses and some definitely erroneous conclusions. In view of Riemann's unique place in science, a critical appraisal of this paper is perhaps justified.

To place the lapses and the errors in their proper perspective, it is necessary, first, to take measure of the paper's accomplishments.

(i) Dirichlet's problem is formulated in its entire generality and the basic set of nine equations (equivalent to the matrix-equation given below in the next section) is derived; and the integrals of energy, angular momentum, and circulation are isolated.

(ii) Dedekind's theorem is then deduced by what amounts to observing the equivalence of transposing the matrix-equation with interchanging the roles of Ω^* and Λ^*. As Riemann says: „In this remark is contained the reciprocity theorem of Dedekind."

(iii) It is proved that under stationary conditions ellipsoidal figures are possible under precisely two conditions: *either* the vorticity ζ and the angular velocity Ω are parallel, in which case they must lie along a principal axis of the ellipsoid, *or* ζ and Ω are not parallel, in which case they must lie in a principal plane of the ellipsoid. Riemann further recognized that the equilibrium figures one obtains in the two cases are essentially different kinds of objects.

(iv) The analysis of the *S*-type ellipsoids (as we shall call those ellipsoids for which ζ and Ω are parallel) is complete to the extent that the basic equations determining the various parameters are derived and the fact recognized that their domain of occupancy is limited by the Maclaurin sequence and the two self-adjoint sequences. The irrotational sequence is briefly referred to in the context of his considerations of stability.

(v) The specification of the domain of occupancy of the ellipsoids of types I, II, and III – these are Riemann's designations – is exceptionally complete. In particular, it is clearly and explicitly stated that the ellipsoids of type I adjoin the Maclaurin sequence; that the ellipsoids of type II are limited by the requirement that the pressure by positive; and, finally, that one of the boundaries, limiting the domain of the ellipsoids of type III, is a sequence of *S*-type ellipsoids.

(vi) A substantial part of the paper is devoted to a discussion of the time-dependent equations that are applicable to the case when ζ and Ω remain parallel to the a_3-axis (eqs. (244) and (245) in Chap. 7 of Chandrasekhar 1969). In particular, it is shown how in this special case, the equations can be cast in the standard Lagrangian form. And the Lagrangian form of the equations enables a simple demonstration of the stability of the *S*-type ellipsoids under perturbations that are compatible with the restrictive assumptions underlying the equations. This result is equivalent to the stability of the *S*-type ellipsoids to the even second-harmonic modes of oscillation.

(vii) And finally, by a discussion equivalent to that given in Chap. 7, § 53(c) of Chandrasekhar 1969, Riemann establishes (for the first time) the dynamical instability of the Maclaurin spheroids for angular velocities exceeding a certain constant depending on the semi-axes $a_1 = a_2$ and a_3. (But Riemann does not mention the relationship of these considerations to the fact that the self-adjoint sequence $x = a_1 a_2 \zeta / (a_1^2 + a_2^2)\Omega = +1$ bifurcates from the Maclaurin sequence at the same critical point.

These, then, are the positive accomplishments of the paper. Certainly, few papers, if any, that have been written on this subject have comparable content or scope. But where Riemann went wrong was in his general considerations relative to the stability of his ellipsoids. Lebovitz (Astrophys. Journal **145** (1966)) has analyzed these parts of Riemann's paper and located the origin of his errors. The reader should refer to Lebovitz's paper for the analytical details. Here we shall restrict ourselves to bare statements of what Riemann's conclusions were and how they differ from the ones that have been arrived at from a direct determination of the characteristic frequencies of oscillation.

It should first be stated that Riemann's discussion was restricted to perturbations that are linear in the coordinates, i. e. to the onset of instability via modes belonging to the second harmonics. Riemann clearly recognized this restriction; indeed, he refers to the importance of a „more general discussion."

As we have already noted (in remark (vi) above), Riemann's conclusion with respect to the stability of the *S*-type ellipsoids for the even modes of oscillation (which do not perturb the initial directions of the vorticity and the angular velocity) is correct. But his general conclusion was that all *S*-type ellipsoids, in the domain included between the irrotational sequence $x = -2$ and the self-adjoint sequence $x = -1$ where $x = a_1 a_2 \zeta / (a_1^2 + a_2^2)\Omega$, are unstable. This conclusion is incorrect: the *S*-type ellipsoids are unstable only in a smaller domain.

Riemann also concluded that all the ellipsoids of types I, II, and III are unstable. Again, his conclusions with respect to the ellipsoids of types I and III are incorrect: among the ellipsoids of type I there are two distinct domains of stability – a domain adjoining the stable part of the Maclaurin sequence and another domain including disklike objects; and among the ellipsoids of type III, there is a fringe of stable configurations bordering on the locus that these ellipsoids have in common with the *S*-type ellipsoids.

The surprising element in Riemann's errors is that his conclusions are in direct contradiction with some of his principal results; and it is difficult to understand why he failed to notice the contradictions.

Thus, consider his conclusions with respect to the instability of the ellipsoids of types III and *S*. Riemann had explicitly noted that these two types of ellipsoids have a sequence in common. The conclusion that, along this common sequence, the *S*-type ellipsoids *must* be characterized by a neutral mode of oscillation would appear inescapable; and, moreover, that an exchange of stability occurs along the same sequence would appear also very reasonable. How is it that Riemann failed to correlate the existence of a common sequence between the two types of ellipsoids with their stabilities?

Or, consider his conclusion with respect to the instability of *all* ellipsoids of type I. Riemann had explicitly noted that these ellipsoids adjoin the entire Maclaurin sequence; and he had also demonstrated that the Maclaurin spheroids are stable for Ω less than a certain critical value. The conclusion that the known stability along that part of the Maclaurin line *must* extend into the domain of the type I ellipsoids would appear inescapable. How is it that Riemann overlooked this obvious consideration?

To conclude this appraisal of Riemann's great paper, the writers find in its errors – so clearly at variance with some of its major findings – a tragic element. Were they connected in some way with Riemann's anxiety to contribute a suitable memorial to Dirichlet in „respectful gratitude"? We have already quoted the eulogy to Dirichlet with which he began his paper. And the paper ends with this eulogy:

„The investigation of the conditions under which this may happen (i. e. the instability of the ellipsoids may arise) can be carried out by known methods since we shall be led only to linear differential equations. But the investigation of this question is beyond the scope of this paper which is devoted only to a further development of the beautiful ideas with which Dirichlet has crowned his scientific contributions."

We may briefly refer to the following three published accounts of the contributions of Dirichlet, Dedekind, and Riemann:

W. M. Hicks: Recent progress in hydrodynamics. Reports to the British Association (1882), 57–61.

A. Basset: A Treatise on Hydrodynamics. Cambridge, England: Deighton, Bell and Company 1888; reprint ed. New York: Dover Publications 1961.

Sir Horace Lamb: Hydrodynamics. Cambridge, England: Cambridge University Press 1932, 722–723.

Hick's report is of interest as it presents a contemporaneous evaluation; and the enumeration of the results and the enunciation of the theorems of Dirichlet, Dedekind, and Riemann do occupy a central place in this report. Indeed, Hicks's report appears to be the only extant account which includes a statement of Dedekind's „remarkable reciprocal law". But the statement in the report, as to what Riemann's conclusions were concerning the stability of his ellipsoids, is erroneous.

In Chapter 15 of his „Hydrodynamics", Basset attempts to give an adequate account of Dirichlet's and Riemann's investigations. On the formal side, the account is, indeed, adequate; and Dirichlet's investigation bearing on the solutions of the equations referred to in (vi) above is particularly complete. But it must be admitted that in his account of Riemann's work he fails. Thus, while the basic equations and their integrals are derived in detail, there is no reference to Dedekind's theorem or to the fact that two states of motion are compatible with the same evolution of the external figure. Similarly, while Riemann's analysis, pertaining to the domains of occupancy of the ellipsoids of types I, II, and III, is set out in full, there is no reference to the relationships of these ellipsoids to the ellipsoids of type *S* or to the Maclaurin sequence. However, Basset's derivation of Riemann's criterion for the stability of the Maclaurin spheroid is clear and explicit: Riemann's original account is extremely terse.

Lamb's account appears to be a simple abridgement of Basset's (including its deficiencies).

Finally, reference may also be made to the following two papers by Greenhill:

A. G. Greenhill: On the rotation of a liquid ellipsoid about its mean axis. Proc. Camb. Phil. Soc 3 (1879), 233–246.

A. G. Greenhill: On the general motion of a liquid ellipsoid under gravitation of its own parts; continuation of a paper on the rotation of a liquid ellipsoid. Proc. Camb. Phil. Soc. 4 (1880), 4–14.

The first paper contains a somewhat tedious derivation of the equations governing the *S*-type ellipsoids; these equations are then specialized appropriately to define the Jacobi, the Dedekind, and the irrotational sequences. In the second paper, Greenhill derives Riemann's basic equations with his choice of „moving frames". But in neither paper is there any reference to Dedekind's theorem or to its implications for his problems.

Subsequent developments of Riemann's ideas

The underlying mathematical reason that ellipsoids represent possible solutions to the equations describing a self-gravitating fluid of uniform density is that the gravitational force interior to an ellipsoid is a linear function of the cartesian coordinates. The same is also true of the centrifugal force, and consequently of the remaining force, that due to the fluid pressure. The result is that the equations of fluid dynamics can be satisfied if certain relations hold among the coefficients of these linear expressions. These conditions are in the form of ordinary differential equations with respect to time; this represents an enormous simplification in comparison with the original form of the fluid-dynamical equations, which are partial differential equations.

It is this feature of the self-gravitational force that had been exploited in finding the Maclaurin and Jacobi solutions and in Dirichlet's generalization to time-dependent motions which Riemann carried to a natural conclusion in his paper. There were ten coefficients in Riemann's formulation: the three semiaxes a_1, a_2, a_3 of the ellipsoid, three components Ω_1, Ω_2, Ω_3 of the angular velocity of the frame of reference of the principal axes relative to inertial space, three components Λ_1, Λ_2, Λ_3 of linear terms expressing motion relative to the moving frame, and the central pressure p_c. All these are functions of time related through a system of nine differential equations. One relation more is needed to render this system determinate and, in the case considered by Riemann of an incompressible liquid, the relation is that the volume of the ellipsoid remain constant, i. e., $a_1a_2a_3 = \text{const.}$

Riemann's nine equations can be expressed in the form of an equation holding among certain three-by-three matrices. These are

$$\Omega^* = \begin{pmatrix} 0 & \Omega_3 & -\Omega_2 \\ -\Omega_3 & 0 & \Omega_1 \\ \Omega_2 & -\Omega_1 & 0 \end{pmatrix} \qquad \Lambda^* = \begin{pmatrix} 0 & \Lambda_3 & -\Lambda_2 \\ -\Lambda_3 & 0 & \Lambda_1 \\ \Lambda_2 & -\Lambda_1 & 0 \end{pmatrix}$$

$$S = \mathrm{diag}(a_1, a_2, a_3) \qquad \mathbb{A} = \mathrm{diag}(\mathbb{A}_1, \mathbb{A}_2, \mathbb{A}_3),$$

where $\mathbb{A}$ depends only on the semiaxes and reflects the self-gravitational force. In terms of these matrices, Riemann's equations are (Chandrasekhar 1969)

$$D^2S + D(S\Lambda^* - \Omega^*S) + (DS)\Lambda^* - \Omega^*(DS) + S\Lambda^{*2} + \Omega^{*2}S - 2\Omega^*S\Lambda^* = -2\pi G\varrho \mathbb{A}S + (2p_c/\varrho)S^{-1},$$

where $D = \mathrm{d}/\mathrm{d}t$. Riemann's theorem, asserting the existence of two states of fluid motion corresponding to the same ellipsoidal figure, is deducible from this equation by the simple device of taking the transpose of each term. Riemann discovered it in the less transparent context of nine nonlinear differential equations.

The fission theory of binary stars

In 1883, Thomson and Tait, in their famous textbook „Treatise on Natural Philosophy“, introduced the idea of the fission of a single, rotating star or planet as a way of accounting for the striking number of double and multiple objects in the sky. Their reasoning was based on the known properties of the Maclaurin spheroids and Jacobi ellipsoids. It was formulated by Poincaré (1885) and Liapunov (1884, 1908) in a precise mathematical setting that has culminated in the modern discipline of bifurcation theory.

The picture that Poincaré described in his influential memoir of 1885 was as follows. During a phase of slow contraction, the star (say) passes through a series of progressively more flattened Maclaurin spheroids until it reaches a critical spheroid which serves also as a limiting Jacobi ellipsoid, in the limit when the two equatorial semiaxes become equal. Beyond this point of bifurcation the

Maclaurin spheroid becomes unstable provided that viscosity is present (there would otherwise be no instability at this point) and further evolution takes place along the Jacobi family. Poincaré showed that there was a succession of further points of bifurcation along the Jacobi family, associated with disturbances of the surface described by ellipsoidal harmonics of successively higher index, beginning with index three. He concluded with a series of conjectures which, if they could be verified, suggested that, at the third-harmonics point of bifurcation, the Jacobi figure would become unstable (but only if viscosity is present), that the new family branching from this point would be stable, and that it would have a furrow in the middle which would deepen on evolution, resulting finally in a pair of detached masses orbiting one another.

This set of ideas dominated the field for the following decades, and indeed until recently. In the many papers and books published about it, the focus is totally on the rigidly rotating figures of Maclaurin and Jacobi, and Riemann's work is barely mentioned. Poincaré's conjectures were all settled in the negative (the last of them by Cartan in 1924), and the subject was not seriously investigated further until the 1960's.

By then it had long been clear that one of the physical assumptions of the fission theory – that the fluid is viscous – was inappropriate. Relaxing this assumption implies, among other things, that the figures need not rotate rigidly. The reformulation of the theory under the more nearly realistic assumption that the fluid is inviscid leads to an evolution, not along the Jacobi family, but along a family of Riemann ellipsoids (Lebovitz 1972). This evolutionary family encounters first a bifurcation point given by an ellipsoidal harmonic of index four, and appears to avoid the difficulties that led to the abandonment of the older fission theory.

The subject is by no means at an end, but it is at least clear that the rigidly rotating figures of Maclaurin and Jacobi do not provide a satisfactory setting and that, whatever the outcome, the more general Riemann ellipsoids must play a major role.

Tidally distorted ellipsoids

Inasmuch as the key to Riemann's method is the restriction to forces expressible linearly in the cartesian coordinates, one can imagine modifying the equations by the addition of forces conforming to this restriction. One of these is the tidal force due to a second, massive body. The latter, the primary (say), need not be a fluid: it could be a rigid planet attended by a fluid satellite. The tidal force is not in general linear in the coordinates, but in a certain approximation based on retaining the leading terms in a Taylor expansion, it is.

The earliest application of this principle in fact predated Riemann's paper. The French astronomer Roche (1847) considered the configuration of relative equilibrium (in a rotating frame) of a liquid satellite, and discovered figures generalizing the rigidly rotating figures of Maclaurin and Jacobi. These figures can only exist when the distance between the centers of the attracting bodies exceeds a certain minimum value, now called the Roche limit. Roche concluded that a satellite approaching closer to the primary than this limiting distance would be disrupted by its tidal force. The importance of this conclusion for the understanding of planetary systems is evident.

One of the elements needed to reach a deeper understanding is to relax the assumption of rigid rotation; a number of studies with this aim have been carried out in the recent past. Aizenmann (1968) has worked out the steady-state figures for the Roche-Riemann ellipsoids. This is the precise analog of the Roche problem. It provides among other things the modification of the limiting Roche distance due to the presence of the fluid motions allowed by Riemann's formulation. Subsequently Nduka (1971) exploited the fully time-dependent equations to follow the evolution of a liquid satellite in an eccentric orbit which, during some fraction of the orbital period, lies closer than the Roche limit to the primary. As expected, a dramatic lengthening of the satellite's figure takes place in that fraction of the period.

A similar development with a different goal has been carried out by Carter and Luminet (1985; see also Luminet 1985 for a review and bibliography). Here the object is to find the tidal effect of a massive primary – a black hole, perhaps – on the orbit and structure of a star passing nearby on a hyperbolic orbit. The compressibility of the star is important here, and the incompressibility condition is replaced by a gaseous equation of state relating pressure to density. The consistency of such an assumption in the framework of figures of uniform density had long been realized (cf. Pekeris 1938) and had further been applied in the context of ellipsoidal figures (Chandrasekhar and Lebovitz 1962; Lebovitz 1972). The work of Carter and Luminet goes farther in attempting to draw conclusions regarding the evolution of the star as it consumes its nuclear fuel. The essence of the technique, however, remains the linearity of forces, and derives rather directly from Riemann's paper.

Stability in the presence of dissipative mechanisms

As we have stated earlier in analyzing Riemann's paper, it contains a discussion of the stability of the Maclaurin spheroids, and isolates the point where instability sets in by oscillations belonging to the second harmonic. Subsequently, Bryan (1888), by a proper analysis of the normal modes of oscillation, obtained analytical formulae showing where the various modes of oscillation belonging to higher harmonics become unstable.

In rotating systems, it is necessary to distinguish between secular instability, which is stimulated by the operation of a dissipative mechanism, and dynamical instability, which does not depend on the presence of dissipation. We have already referred to the instability of the Maclaurin spheroids beyond the point of bifurcation of the Jacobi ellipsoids, and noted that this instability is realized only if the fluid is viscous (and hence dissipative). This is an example of secular instability. Its operation, clearly explained by Thomson and Tait (1883), was confirmed by Roberts and Stewartson (1963), who found the e-folding time of the unstable mode, following Bryan's procedure. The unstable mode changes the Maclaurin spheroid into a nearby Jacobi ellipsoid.

In an appropriate approximation, the equations of general relativity allow figures that approximate the classical ellipsoids. Those having three unequal axes can only be in a steady state if their figures are at rest in inertial space. Otherwise they dissipate energy by gravitational radiation. The Jacobi figures rotate and hence do not qualify as possible steady states. The Dedekind figures, which are adjoint to the Jacobi figures in the sense of Riemann's theorem, *are* at rest in inertial space. Closely related to this is the discovery by Chandrasekhar (1970) that the Maclaurin spheroids become unstable, in the presence of dissipation by gravitational radiation, at precisely the same point where they become unstable in the presence of viscous dissipation: the point where the Jacobi – and Dedekind – figures branch off. Now the unstable mode changes the Maclaurin spheroid into a nearby Dedekind ellipsoid.

A variety of further developments in astronomy and physics have been made possible by the existence of Riemann's work on ellipsoidal figures. Detweiler and Lindblom (1977, 1981) have shown that the evolutionary trajectories of ellipsoidal figures under the combined operation of viscosity and gravitational radiation depend very sensitively on the relative influences of these two kinds of dissipation. Friedman (1983) has observed, in the context of these figures, that the onset of gravitational instability appears to have a bearing on the shortest periods that occur in pulsars, and Baumgart and Friedman (1986) have shown how to locate explicitly the points of secular instability under gravitational radiation that lie on the Maclaurin family, for figures that are only slightly flattened.

The foregoing brief account of developments in the theory of the classical ellipsoids shows how Riemann's investigations, after a lapse of some one hundred years, occupy a central place in theoretical astrophysics today. The ellipsoidal figures also play a role in modern developments of the liquid-drop model of the nucleus (Swiatecki (1976); Rosensteel (1988)).

References

1. Aizenman, M.: The equilibrium and the stability of the Roche-Riemann ellipsoids. Astroph. Journal **153** (1968), 511.
2. Baumgart, D.; Friedman, J.: Zero-frequency modes of the Maclaurin spheroids. Proc. Roy. Soc. London A **405** (1986), 65–72.
3. Bryan, G. H.: The waves on a rotating liquid spheroid of finite ellipticity. Philos. Transactions **180A** (1888), 187.
4. Cartan, E.: Sur la stabilité ordinaire des ellipsoides de Jacobi. Proc. Int. Math. Congress at Toronto 1924, II, 9 (1928).
5. Carter, B.; Luminet, J. P.: Mechanics of the affine star model. Monthly Notices Roy. Ast. Soc. **212** (1985), 23.
6. Chandrasekhar, S.: The equilibrium and the stability of the Riemann ellipsoids I. Astroph. Journal **142** (1965), 890.
7. Chandrasekhar, S.: The equilibrium and the stability of the Riemann ellipsoids II. Astroph. Journal **145** (1966), 842.
8. Chandrasekhar, S.: Ellipsoidal Figures of Equilibrium. New Haven: Yale University Press 1969.
9. Chandrasekhar, S.: Solutions of two problems in the theory of gravitational radiation. Phys. Rev. Letters **24** (1970), 611.

10. Chandrasekhar, S.; Lebovitz, N.: On the oscillations and the stability of rotating gaseous masses II. The homogeneous compressible model. Astroph. Journal **136** (1962), 1069.
11. Detweiler, S.; Lindblom, L.: On the evolution of the homogeneous ellipsoidal figures. Astroph. Journal **213** (1977), 197.
12. Detweiler, S.: On the evolution of the homogeneous ellipsoidal figures II. Gravitational collapse and gravitational radiation. Astroph. Journal **250** (1981), 739.
13. Friedman, J.: Upper limit on the frequency of pulsars. Phys. Rev. Letters **51** (1983), 11.
14. Lebovitz, N.: On Riemann's criterion for the stability of liquid ellipsoids. Astroph. Journal **145** (1966), 878.
15. Lebovitz, N.: On the fission theory of binary stars. Astroph. Journal **175** (1972), 171.
16. Liapunov, A.: Sur la stabilité des figures ellipsoidales d'équilibre d'un liquide animé d'un mouvement de rotation. Annales de la Facultè des Sciences de Toulouse, 2e ser., VI (1904; originally publ. in Russ. in 1884).
17. Liapunov, A.: Problème de minimum dans une question de stabilité des figures d'équilibre d'une masse fluide en rotation. Memoires de l'Academie des Sciences de St. Petersbourg, VIII ser., XXII, no. 5 (1908).
18. Luminet, J.-P.: Effets de marée: rupture explosive d'étoiles par un trou noir géant. Annales de Physique **10** (1985), 101.
19. Nduka, A.: The Roche problem in an eccentric orbit. Astroph. Journal **170** (1971), 131.
20. Pekeris, C.: Nonradial oscillations of stars. Astroph. Journal **88** (1938), 189.
21. Poincaré, H.: Sur l'equilibre d'une masse fluide animée d'un mouvement de rotation. Acta Math. **VII** (1885), 259.
22. Roche, E.: Mémoire sur la figure d'une masse fluide (soumise à l'attraction d'un point éloigné). Memoires de l'Academie des Sciences de Montpelier 1, 243 and 333 (1847–1850).
23. Rosensteel, G.: Rapidly rotating nuclei as Riemann ellipsoids. Annals of Physics **186** no. 2 (1988), 230.
24. Swiatecki, W. J.: The rotating, charged or gravitating liquid drop and problems in nuclear physics and astronomy. In: Proceedings of the International Colloquium on Drops and Bubbles (ed. Collins, D. J., Plesset, M. S. and Saffran, M. M.: U. S. Govt. Printing Office 1976).
25. Thomson, W.; Tait, P. G.: Treatise on Natural Philosophy. Cambridge: Cambridge University Press 1883.

S. Chandrasekhar
LASR
University of Chicago
933 E 56th Street
Chicago, Il 60637, USA

N. Lebovitz
Department of Mathematics
University of Chicago
5734 University Avenue
Chicago, Il 60637, USA

Nachträge zum Lebenslauf von Bernhard Riemann

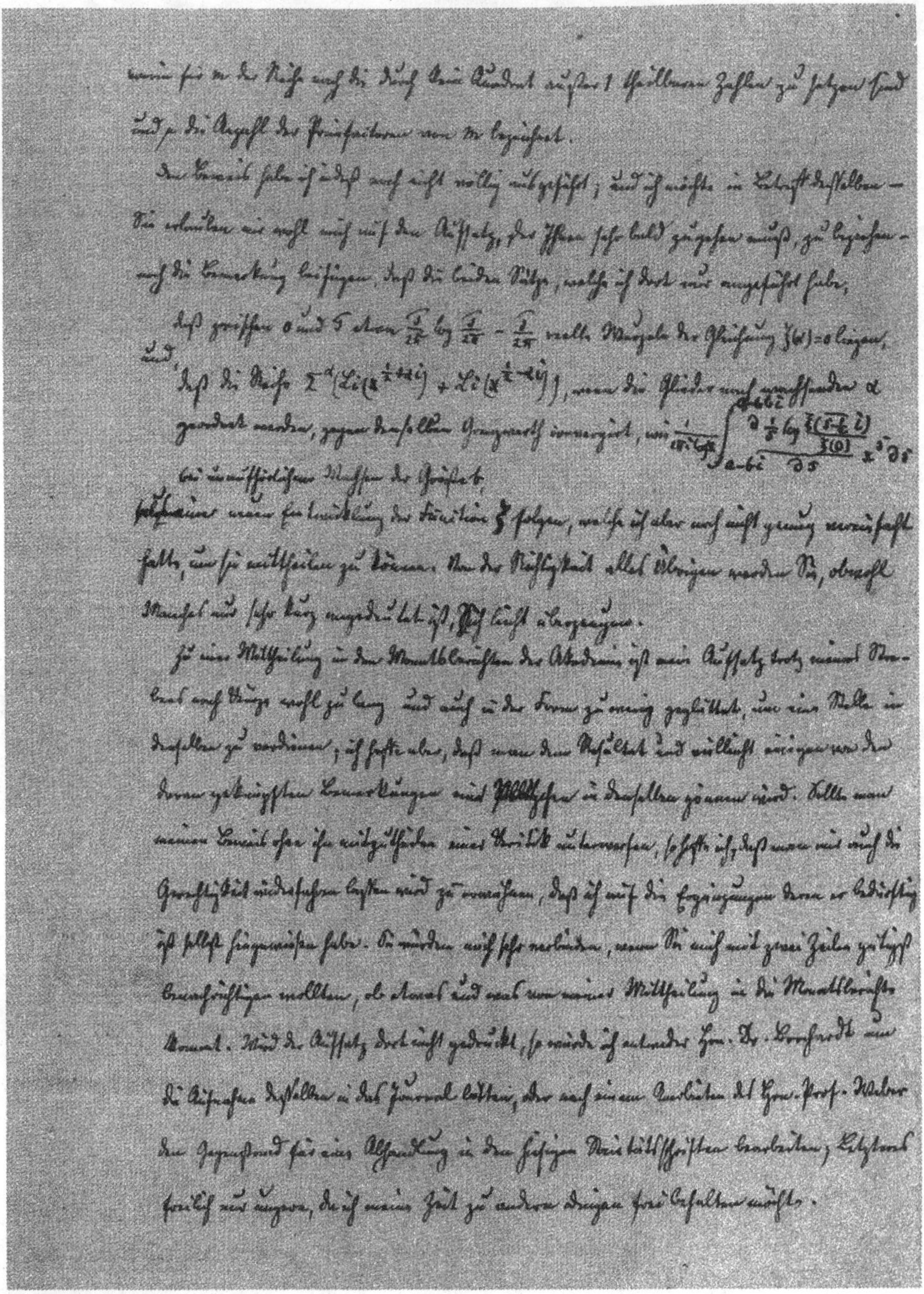

Aus dem Entwurf eines Briefes von B. Riemann an K. Weierstraß (26. Oktober 1859); vgl. auch S. 823–825

Entwurf eines Briefes von B. Riemann an K. Weierstraß (26. Oktober 1859)

Verehrtester Herr Professor,

Zuerst meinen wärmsten Dank für unsere so überaus freundliche Aufnahme in Berlin; alles Gute, welches wir dort genossen haben, und vor Allem der Genuß, welchen mir Ihre Unterhaltung gewährte, werden noch lange in dankbarer Erinnerung bei mir bleiben.

In der seitdem verflossenen Zeit habe ich mich viel mit der Untersuchung über die Häufigkeit der Primzahlen beschäftigt, bin indeß darin noch zu keinem gehörigen Abschluß gekommen. Ohne den Wunsch des Hrn. Dr. Kronecker, diese Untersuchung kennen zu lernen, würde ich mich daher wohl noch nicht entschlossen haben, etwas darüber mitzutheilen. Ich habe es aber nun bei dem nahen Wiederanfange der Vorlesungen, die mich vielleicht ganz an der Fortsetzung dieser Untersuchung verhindern werden, gewagt, der Akademie einen kleinen Aufsatz darüber einzureichen, der Ihnen und Ihren Herren Collegen nächstens zur Beurtheilung vorgelegt werden wird und für den ich mir eine günstige Aufnahme von Ihrer Seite erbitten möchte. Das Resultat meiner Untersuchung läßt sich so zusammenfassen:

Es sei $F(x)$ die Anzahl der Primzahlen, die kleiner als x sind, wenn x nicht gerade einer Primzahl gleich ist, wenn aber x selbst eine Primzahl ist, um $\frac{1}{2}$ größer; und $f(x) = \sum_{n=1}^{n=\infty} \frac{1}{n} F\left(x^{\frac{1}{n}}\right)$. Man bezeichne nun $\sum_{n=1}^{n=\infty} e^{-nn\pi x}$ durch $\psi(x)$, $4\int_1^\infty \frac{d\left(x^{\frac{3}{2}}\psi'(x)\right)}{dx} x^{-\frac{1}{4}} \cos\left(\frac{t}{2}\log x\right) dx$ durch $\xi(t)$ und durch α die Wurzeln der Gleichung $\xi(\alpha) = 0$, welche wahrscheinlich sämmtlich reell sind und deren imaginärer Theil jedenfalls zwischen $\frac{1}{2}$i und $-\frac{1}{2}$i liegt. Es ist dann

$$f(x) = \mathrm{Li}(x) - \sum^\alpha \left(\mathrm{Li}\left(x^{\frac{1}{2}+\alpha i}\right) + \mathrm{Li}\left(x^{\frac{1}{2}-\alpha i}\right)\right) + \int_x^\infty \frac{1}{xx-1} \frac{dx}{x\log x} + \log \xi(0),$$

wenn in $\sum^\alpha$ für α sämmtliche positiven (oder einen positiven reellen Theil enthaltenden) Wurzeln der Gleichung $\xi(\alpha) = 0$, ihrer Größe nach geordnet, gesetzt werden; und $F(x) = \sum (-1)^\mu \frac{1}{m} f\left(x^{\frac{1}{m}}\right)$, worin für m der Reihe nach die durch kein Quadrat außer 1 theilbaren Zahlen zu setzen sind und μ die Anzahl der Primfactoren von m bezeichnet.

Den Beweis habe ich indeß noch nicht völlig ausgeführt; und ich möchte in Betreff desselben – Sie erlauben mir wohl mich auf den Aufsatz, der Ihnen sehr bald zugehen muß, zu beziehen – noch die Bemerkung beifügen, daß die beiden Sätze, welche ich dort nur angeführt habe,

daß zwischen 0 und T etwa $\frac{T}{2\pi}\log\frac{T}{2\pi}-\frac{T}{2\pi}$ reelle Wurzeln der Gleichung $\xi(\alpha)=0$ liegen,

und,

daß die Reihe $\sum^{\alpha}\left(\mathrm{Li}\left(x^{\frac{1}{2}+\alpha i}\right)+\mathrm{Li}\left(x^{\frac{1}{2}-\alpha i}\right)\right)$, wenn die Glieder nach wachsenden α geordnet werden, gegen denselben Grenzwerth convergirt, wie

$$\frac{1}{2\pi i\log x}\int\limits_{a-bi}^{a+bi}\frac{d\frac{1}{s}\log\frac{\xi\left(\left(s-\frac{1}{2}\right)i\right)}{\xi(0)}}{ds}x^s\,ds$$ bei unaufhörlichem Wachsen der Größe b,

aus einer neuen Entwicklung der Function ξ folgen, welche ich aber noch nicht genug vereinfacht hatte, um sie mittheilen zu können. Von der Richtigkeit alles Übrigen werden Sie, obwohl Manches nur sehr kurz angedeutet ist, Sich leicht überzeugen.

Zu einer Mittheilung in den Monatsberichten der Akademie ist mein Aufsatz trotz meines Strebens nach Kürze wohl zu lang und auch in der Form zu wenig geglättet, um eine Stelle in denselben zu verdienen; ich hoffe aber, daß man dem Resultat und vielleicht einigen von den daran geknüpften Bemerkungen ein Plätzchen in denselben gönnen wird. Sollte man meinen Beweis ohne ihn mitzutheilen einer Kritik unterwerfen, so hoffe ich, daß man mir auch die Gerechtigkeit widerfahren lassen wird zu erwähnen, daß ich auf die Ergänzungen deren er bedürftig ist selbst hingewiesen habe. Sie würden mich sehr verbinden, wenn Sie mich mit zwei Zeilen gütigst benachrichtigen wollten, ob etwas und was von meiner Mittheilung in die Monatsberichte kommt. Wird der Aufsatz dort nicht gedruckt, so würde ich entweder Hrn. Dr. Borchardt um die Aufnahme deßelben in das Journal bitten, oder nach einem Anerbieten des Hrn. Prof. Weber den Gegenstand für eine Abhandlung in den hiesigen Societätsschriften bearbeiten; Letzteres freilich nur ungern, da ich meine Zeit zu andern Dingen frei behalten möchte.

Den Beweis des Satzes, auf welchen Sie neulich die Unterhaltung lenkten, daß eine einwerthige mehr als $2n$fach periodische Function von n Veränderlichen unmöglich ist, hatte ich in meiner Vorlesung im Winter $18\frac{55}{56}$ gegeben, habe ihn aber im Gespräch wohl nicht ganz klar ausgedrückt (auch nur die Grundgedanken angegeben) und theile ihn Ihnen daher hier noch einmal mit, mit der Bitte, ihn, wenn er Sie nicht mehr interessirt, zu überschlagen.

Es sei f eine $2n$fach periodische Function von n Variabeln $x_1, x_2, \ldots, x_n$, und – ich darf wohl meine Ihnen bekannten Benennungen gebrauchen – der Periodicitätsmodul von x_ν für die μte Periode a_μ^ν. Es lassen sich dann bekanntlich die Größen x immer in die Form $x_\nu = \sum\limits_{\mu=1}^{\mu=2n} a_\mu^\nu \xi_\mu$ setzen, so daß die Größen ξ reell sind. Läßt man nun die Größen ξ die Werthe von 0 bis 1 mit Ausschluß eines von diesen Grenzwerthen durchlaufen, so hat das dadurch entstehende $2n$fach ausgedehnte Größengebiet die Eigenschaft, das [sic] jedes System von Werthen der n Veränderlichen einem und nur einem Werthensysteme innerhalb dieses Größengebiets nach den $2n$ Modulsystemen congruent ist. Ich werde um mich später kürzer ausdrücken zu können dieses Gebiet „das bei diesen $2n$ Modulsystemen periodisch sich wiederholende Größengebiet" nennen.

Hat die Function nun noch ein $2n + 1^{\text{tes}}$ Modulsystem ...

Anmerkung

Der vorliegende Brief wurde von B. Riemann im Anschluß an seinen Besuch in Berlin im September 1859 verfaßt (zu Riemanns Besuch vgl. diese Werke, S. 586). Riemann schrieb damals auch an verschiedene andere Berliner Mathematiker, wie z. B. L. Kronecker, um ihnen seine berühmte Arbeit „Ueber die Anzahl der Primzahlen unter einer gegebenen Grösse" (vgl. diese Werke, S. 177–187) anzukündigen.

Riemanns Brief an Weierstraß zerfällt in zwei thematisch getrennte Teile. Im ersten, hier erstmals veröffentlichten Teil gibt Riemann einen kurzen Überblick zu der Arbeit über die Primzahlen, wogegen er sich im zweiten der mit Weierstraß in Berlin diskutierten Frage der vielfach periodischen Funktionen zuwendet. Der zweite Teil des Briefes wurde nach Riemanns Tod von Weierstraß im Journal für reine und angewandte Mathematik veröffentlicht und ist anschließend von H. Weber in Riemanns Gesammelte mathematische Werke (vgl. diese Werke, S. 326–329) aufgenommen worden.

Das Original von Riemanns Brief an Weierstraß ist zur Zeit verschollen. In Riemanns Nachlaß in Göttingen (NSUB, Cod. Ms. Riemann 3, Bl. 23–24 et passim) befinden sich aber zu diesem, wie auch zu den meisten anderen Riemann-Briefen, Entwürfe, nach denen die hier wiedergegebene Transkription angefertigt wurde. Für einen Überblick zu Riemanns wissenschaftlichem Briefwechsel vergleiche die hinten wiedergegebenen Ausführungen von E. Neuenschwander (diese Werke, S. 858), der auch eine Gesamtedition des Briefwechsels vorbereitet.

Georg Friedrich Bernhard Riemann

GESAMMELTE
MATHEMATISCHE WERKE

VON

ERNST SCHERING.

HERAUSGEGEBEN

VON

ROBERT HAUSSNER UND KARL SCHERING.

ZWEITER BAND.

BERLIN.
MAYER & MÜLLER.
1909.

XXXXVI.

ZUM GEDÄCHTNISS AN B. RIEMANN*).

Das grosse wissenschaftliche Gebäude der Geometrie, dessen in schon so früher Zeit der menschlichen Cultur gelegter Grund uns durch Euclid in seinen Elementen überbracht ist, sollte nach zweitausendjähriger Arbeit noch eine unerwartete Erweiterung durch die von Gauss entdeckte geometrische Siebenzehntheilung des Kreises erfahren, zu gleicher Zeit aber in den Grundfesten erschüttert werden.

Diese Wissenschaft, die so lange in dem Ansehen gestanden hatte, die sicherste der menschlichen Kenntnisse zu sein und aller Erfahrung entbehren zu können, sie wurde von eben demselben Manne auf ihre richtige Stelle zurückversetzt und als eine Wissenschaft erkannt, die auf einer geringen Zahl von Voraussetzungen sich aufbaut, von Voraussetzungen, die wie bereitwillig sie sich der Erkenntniss als richtig darbieten, immer Annahmen bleiben, selbst wenn wir sie dem Raume anbequemen wollen, welcher die von uns wahrgenommene (Körper) Welt umfasst und der nach den bisherigen feinsten und sorgfältigsten Messungen noch keine Abweichung von denselben erkennen lässt.

---

*) [Diese Rede wurde von Ernst Schering in der öffentlichen Sitzung der Kön. Ges. der Wiss. zu Göttingen am 1. Dezember 1866 gehalten (s. Nachr. v. d. Kön. Ges. d. Wiss. zu Göttingen, 1866, S. 339). Die Absicht, die Rede über Gauss und dann die über Riemann in den Göttinger Abhandlungen zu veröffentlichen (s. S. 161 dieses Bandes), ist nicht zur Ausführung gekommen.

Zum Vergleich sei auch auf: »Bernhard Riemann's Lebenslauf« von R. Dedekind in den von H. Weber 1876 (II. Auflage: 1892) herausgegebenen gesammelten mathematischen Werken B. Riemann's hingewiesen.]

Leider hat Gauss diese seine Forschungen nicht selbst der Oeffentlichkeit übergeben, auch diese wie so viele andere seiner Entdeckungen mussten von Neuem gemacht werden. Sie nun gab Veranlassung, dass schon in jugendlichen Jahren sich Riemann als selbsständigen und unabhängigen Denker erweisen konnte.

Aber auch hier waltet derselbe Unstern für diese Wissenschaft, nicht ihm selbst war es vergönnt, seine dort gesammelten Resultate in abgeschlossener Form der Nachwelt zu überlassen. Wenn nun hier die Entdeckung grossen Theils nur eine Wiederholung von Gauss' Arbeiten bleiben musste, so bildete Riemann's übrige Thätigkeit eine sehr glückliche Weiterführung der Grenzen, vorzugsweise des von Gauss in der reinen Analysis schon so weit erschlossenen Gebietes. Der Wunsch Riemann's, die wissenschaftliche Thätigkeit dieses fast in jeder der auf Grössenbegriffen beruhenden menschlichen Erkenntniss reformatorisch wirkenden Geistes darzustellen in ihrer geschichtlichen Entwickelung, ist ihm von der neidischen Zeit so wenig gegönnt worden wie dem Manne, der sich jahrelang mit demselben Gedanken getragen, Dirichlet, der der erste war, welcher die von Gauss in einem anderen Gebiete gemachten Entdeckungen so sehr zu bereichern wusste.

Sollte es auch nun mir vergönnt sein, diese Aufgabe zu vollenden, so will ich doch, bevor ich mit meinen schwachen Kräften an die geschichtliche Untersuchung der gesammten wissenschaftlichen Wirksamkeit jener übermächtigen Grösse mich wage, jetzt erst mit der Darstellung der Entwickelung derjenigen Lehren beginnen, die von Riemann weiter ausgebildet sind, und werde hiebei besonders die Thätigkeit dieses Mannes, dem ich persönlich so nahe gestanden, Ihnen vorzuführen suchen.

Georg Friedrich Bernhard Riemann, als Predigers Sohn geboren am 17. September 1826 in Breselenz, einem Dorfe (der früher wendischen Elbmarsch) an der Elbgrenze der Lüneburger Heide, erhielt seinen ersten Unterricht vom Vater und zeigte schon damals besonderes Interesse für Lösung von Zahlenaufgaben. In seinem vierzehnten Jahre ging er auf das Lyceum in Hannover, erwarb dort nach Ueberwindung einer Missstimmung, die, durch die Befähigung des Schülers den Lehrer in seinem mathematischen Vortrag berichtigen zu können entstanden war, die besondere Freundschaft dieses Lehrers. Dennoch war es für Riemann sehr günstig, dass er nach zwei

Jahren auf das Johanneum in Lüneburg unter die Leitung des Directors Schmalfuss kam. Dieser beschäftigte ihn nicht nur während der mathematischen Schulunterrichtsstunden mit für ihn besonders gewählten Problemen, sondern gab ihm auch Bücher über Gegenstände der höheren Mathematik zum Selbststudium, die dann immer in unerwartet kurzer Zeit zurückgebracht wurden. So Legendre's Theorie der Zahlen, deren Inhalt er innerhalb einer Woche zu seinem lebenslänglichen Eigenthum machte.

Herr Schmalfuss interessierte sich so lebhaft für ihn, dass er manche jenem sich darbietenden Schwierigkeiten zu beseitigen sich bemühte. Solche ergaben sich aus einem Umstande, der sich auch später in gewissem Grade geltend machte und deshalb hier erwähnt zu werden verdient. Die ungewöhnlich grosse Sorgfalt, die Riemann bei der Aufzeichnung seiner Gedanken übte, die Beseitigung jedes Zweifels an der Richtigkeit seiner Behauptung nach irgend einer Seite hin, die Ueberwindung aller aufzustellenden Bedenken über die Anordnung und Entwickelung seiner Gedanken, nahmen so viel Zeit in Anspruch, dass die von der Schule gesetzten Termine für die Aufsätze nicht innegehalten wurden. Die dadurch eintretenden Uebelstände konnten nicht anders beseitigt werden, als dass einer der Lehrer, Herr Seffer, sich seiner mit persönlicher Aufopferung in der Weise annahm, dass er sich von ihm den Gedankengang mündlich entwickeln liess und die immer von Neuem auftauchenden Zweifel bekämpfen half*).

Herrn Seffer, in dessen Hause Riemann zu jener Zeit wohnte, der auch mein Religionslehrer war, verdanke ich noch diese Bemerkung über seinen Character, an den wir unsern Freund augenblicklich wieder erkennen, er lobt ihn als still, bescheiden und anspruchslos*).

Nachdem so vier Jahre in den beiden obersten Classen des Johanneums zugebracht waren, begab er sich mit den besten Zeugnissen versehen Ostern 1846 auf die Universität Göttingen und liess sich dem Wunsche des Vaters gemäss für Theologie inscribiren. Hier hatte er das Glück Gauss' Vorlesungen zu hören, beschäftigte sich auch vorzugsweise mit dessen Untersuchungen im Gebiete der mathematischen Physik und brachte dadurch dem von Ostern 1847 bis 1849 in Berlin unter Jacobi betriebenen Studium der

*) [Siehe die »Bemerkungen« am Schlusse dieses Bandes.]

elliptischen und Abelschen Functionen einen fruchtbaren Gedanken entgegen. Seiner befreundeten Stellung zu Dirichlet dankt er aus jener Zeit das von diesem in ihm erweckte Interesse für die Fourierschen Reihen und die partiellen Differentialgleichungen.

Das in der bewegten Stadt erlebte politische Jahr 1848 scheint, nach seinen Erzählungen der eigenen Begegnisse, für ihn ausser dem allgemeinen dramatischen Interesse noch ein besonders psychologisches gehabt zu haben durch die Beobachtung des Verhaltens der verschiedenen Charactere gegenüber unerwarteten und erschütternden Ereignissen.

Das besondere Intersse, das sein Vater an der heimathlichen Universität nahm, wurde für ihn Veranlassung Ostern 1849 wieder nach Göttingen zu gehen. Hier beschäftigten ihn nun neben der Ausarbeitung seiner Doctor-Dissertation auch sehr psychologische, metaphysische und pädagogische Studien, die letzteren unter Leitung von Carl Friedrich Hermann.

Riemann's erste Schrift bildet den Vereinigungs-Punkt zweier Disciplinen der Mathematik, die bis dahin einander ganz fremd jede für sich ihrer Ausbildung entgegengewachsen waren. Die eine nimmt ihren Ursprung in den drei Gesetzen, die Kepler aus Tycho de Brahe's und seinen eigenen Beobachtungen der Planeten nach einer Methode abgeleitet hat, die für alle exacten Forschungen mustergültig bleibt. Diese drei Gesetze mit den von Galilei für die Fallbewegungen aufgestellten, vereinigte Newton zu einem allgemeineren auf sämmtliche ponderable Körper sich beziehenden Gesetze. Die hiebei durch feste Begriffsbestimmungen eingeführten Maasse der Kräfte wurden dann von Lagrange nach seinen allgemeinen analytischen Methoden aus der Veränderung einer für jeden Punkt des Raumes gegebenen Grösse, welche später Gauss die Potentialfunction genannt hat, abgeleitet, und dadurch die Probleme der Mechanik des Himmels, welche sich auf die gegenseitige Einwirkung der Himmelskörper beziehen, in eine so allgemeine übersichtliche Form gebracht, dass sich damit die Entdeckungen vorbereiteten, durch welche Laplace sich der Astronomie unvergesslich gemacht hat. Aber auch für die Untersuchung der allgemeinen Eigenschaften der Potentialfunction that derselbe Geometer noch einen wichtigen Schritt, er fand die Bedingungsgleichung, welcher die zweiten Abgeleiteten der Function an jedem von ponderabler Masse nicht erfüllten Raumtheile genügen, und erschloss sich damit die für ihn schon so fruchtbare Quelle zu den analytischen Ausdrücken, die wir seit Gauss mit dem Namen Kugelfunctionen bezeichnen. Die verallgemeinerte Form der Laplaceschen Gleichung, in welcher sie sich so wohl auf leere als mit Masse erfüllte Raumtheile bezieht, stellte Poisson auf und schaffte damit das Hülfsmittel zur Lösung mehrerer wichtigen Probleme der mathematischen Physik, insbesondere der Lehre von der statischen Electricität. Eine ganz besondere Bedeutung gewannen die Eigenschaften der Potentialfunction unter Gauss' Händen, den zu ihrem Studium wohl vorzugsweise seine magnetischen Untersuchungen veranlassten. Nicht nur vervollständigte er die Beweise der schon bekannten Lehrsätze, sondern fügte eine Reihe neuer und sehr allgemeiner Sätze hinzu. Ein häufig benutztes Hülfsmittel gewährte ein ihm eigenthümliches, schon früher bei Gelegenheit der Bestimmung der Anziehung der Ellipsoide zur Ableitung einiger allgemeiner geometrischen Hülfssätze angewandtes, Verfahren der Transformation der über Raumtheile auszudehnenden Integrale. Für die Weiterbildung dieses Zweiges der Mathematik ist die Methode fruchtbringend gewesen, durch welche der auf den Zweck der von Gauss veröffentlichten Abhandlung sich beziehende Hauptlehrsatz bewiesen wird, dass die ausserhalb irgend eines überall einfach zusammenhängenden Raumtheils beliebig gegebenen Massen in Hinsicht ihrer Wirkung auf einen Punkt jenes Raumes durch eine Massenvertheilung an dessen Grenzfläche ersetzt werden kann, und dass diese nur dann, und zwar auch nur in ihrer Gesammtmenge, noch nicht vollständig bestimmt ist, wenn das Raumgebiet die wirkende Masse nicht ganz umgiebt.

Diese hier zum ersten Male in der Wissenschaft auftretende Methode erregte Dirichlet's Interesse so sehr, dass er derselben eine rein analytische Form gab und dem entsprechend als Hauptsatz aufstellte: die vollständige Bestimmung einer Potentialfunktion in einem Raumtheil durch ihre Werthe an der Grenzfläche. Das wesentliche Moment in dem Beweise des Satzes ist die Zurückführung der Bedingung, dass eine Function einer gewissen Art von Differentialgleichungen genügen soll, auf die Bedingung, dass entsprechende Integrale Minimalwerthe annehmen, ein Princip, das bei den Untersuchungen der mathematischen Physik sich zuerst dargeboten, aber in mehreren Disciplinen der Mathematik von solcher fruchtbringenden Bedeutung werden sollte,

47*

dass Riemann ihm einen besonderen Namen, nämlich den des Dirichletschen Princips gegeben hat.

Inzwischen war nun auch die reine Analysis zu einem Punkte vorgeschritten, dass sie davon Gebrauch machen konnte. Nachdem für die Elliptischen Integrale durch Euler der Fundamentalsatz, das Additionstheorem, gefunden war und Legendre darauf ein weitschichtiges Gebäude gegründet hatte, wandte sich Gauss diesem Gebiete zu, untersuchte zuerst die inversen Functionen jener Integrale und zwar zunächst die lemniscatischen Sinus und Cosinus. Nach den unter seinen Handschriften enthaltenen Rechnungen scheint er sogleich das Wesen dieser Functionen in den besonderen Werthen, die sie für bestimmte, sogenannte imaginäre Werthe ihrer Argumente annehmen, erkannt zu haben. Die Bedeutung dieser Entdeckung wurde ihm bald so einleuchtend, dass er den Tag derselben, den 8. Januar 1797, sich aufzeichnete; da er sie aber für sich behielt, ward sie der Wissenschaft nur indirect nützlich. Durch diesen Fall nämlich auf die Wichtigkeit der imaginären Grössen aufmerksam gemacht, wandte er dieselben auch in anderen Gebieten an und noch im October desselben Jahres mit Erfolg auf die algebraischen rationalen Functionen und fand den in seiner Doctordissertation veröffentlichten, ersten strengen Beweis für die Zerlegbarbeit derselben in lineare Factoren. Wenige Jahre später führte er die imaginären Grössen in die Zahlentheorie ein und zeigte, dass nur sie die Hülfsmittel darbieten, welche eine Theorie der cubischen, biquadratischen und höheren Potenzreste ermöglichen. Auf eine vierte Anwendung wurde Gauss durch die bei seiner practischen Beschäftigung mit der Gradmessung sich darbietenden Aufgabe geführt: eine gegebene Fläche auf einer anderen gegebenen Fläche so abzubilden, dass Aehnlichkeit in den kleinsten Theilen Statt findet.

Da Gauss (wie schon bemerkt) seine Entdeckungen über die Elliptischen Functionen nicht veröffentlicht hatte, so mussten sie von Neuem gemacht werden; dies gelang ein viertel Jahrhundert später sowohl Abel als Jacobi, beide führten die Theorie der Integrale algebraischer Functionen so weit, dass auch noch einige Sätze über höhere Integrale als die elliptischen gefunden wurden. Insbesondere gelang es Jacobi's Schülern, Rosenhain

---

*) [Siehe Gauss' Werke, Bd. III, S. 493.]

und Goepel nach seinen Methoden durch Erweiterung der von Jacobi zuerst veröffentlichten und auf Dirichlet's Vorschlag nach ihm benannten einfachen Reihen zu zweifachen Reihen auch noch die Theorie der über den Elliptischen Functionen zunächst stehenden vierfach periodischen Functionen zu erledigen.

Die Beweise der schon zuvor geahnten Gesetze beruhten auf so ausgedehnten Entwickelungen, dass sich das Bedürfniss neuer Beweismethoden geltend machte. Diese aufzufinden ist Riemann's Lebensaufgabe gewesen. Er wandte die imaginären Grössen in einer neuen Art an und bemerkte alsbald, dass die eben erwähnten Functionen, wenn man ihre Argumente aus reellen und imaginären Grössen zusammengesetzte veränderliche Werthe annehmen lässt, sich, allgemein zu reden, in eingegrenzten Gebieten stetig und eindeutig ändern. Auf die Untersuchung der allgemeinen Functionen, welche diese Eigenschaft haben, wandte er nun seine ganze Mühe. Der Umstand, dass der reelle sowohl wie der imaginäre Theil des Werthes der Function als abhängig betrachtet von dem reellen Theil und dem Factor des imaginären Theils des Arguments veränderliche Grössen sind, die einer speziellen Form der Laplaceschen Differentialgleichung für die Potentialfunction genügen, bietet die Möglichkeit dar, die von Gauss und Dirichlet im Gebiete der mathematischen Physik gefundenen Methoden auch hier anzuwenden. Dabei macht sich ein Mangel unsrer Sprache fühlbar, den ich hier nicht unerwähnt lassen kann. Bis zur Zeit hat die menschliche Erkenntniss ausser bei dem Raume und in unvollständigerer Weise etwa bei den Farben niemals Veranlassung gehabt, sich mit Begriffsbestimmungen zu beschäftigen, die sich auf zwei- oder mehrfach ausgedehnte Gebiete beziehen. Treten uns also Untersuchungen entgegen, bei denen wir die Bestimmungen in zwei- oder dreifach ausgedehnten Gebieten nothwendig auszuführen haben, so bleibt uns bis jetzt nichts anderes übrig als die für den Raum üblichen Ausdrucksweisen zu benutzen, wodurch unter anderen häufig der Nachtheil entsteht, dass die Darstellung des Gedankenganges formell an Allgemeinheit einbüsst.

Die von Gauss so vielfach angewandte Betrachtungsweise der complexen Grössen, indem er sie auf eine bestimmte Art durch Punkte einer Euclidischen Ebene darstellt, bietet nicht nur den Vortheil, dass sich eine grosse Zahl von Beziehungen zwischen ebenen Gebilden in sehr durchsichtigen analytischen Formen darstellen lässt, sondern verschafft uns auch durch das sich darauf gründende Verfahren der in den kleinsten Theilen ähnlichen Abbildung zweier Ebenen auf einander ein anschauliches Hülfsmittel, um die das Gesetz der Abbildung bestimmende Function in ihren allgemeinen Eigenschaften zu untersuchen. Schon bei algebraischen Functionen wird es erforderlich nicht nur die Bestimmung der Punkte der einen Ebene im Auge zu haben, die je einem Punkte der anderen Ebene entsprechen, sondern auch und vorzugsweise in Betracht zu ziehen den Zusammenhang zwischen den einzelnen Werthesystemen. Um nun dies anschaulich zu machen, denkt Riemann sich die zu übertragende Ebene, in welcher die Werthe der Funktion sind, als dehnbare mehrfach wiederholte unendlich dünne Scheibe, deren Theile so verschoben und dabei, wenn erforderlich, an gewissen Stellen von einander getrennt und in einer neuen Anordnung wieder verbunden werden, dass nach geeigneter Orientierung dies Gebilde in der Weise auf die andere Ebene gelegt werden kann, dass über jedem Punkte dieser Ebene alle die Punkte zu liegen kommen, welche in dem Gebilde aus den jenem Punkte entsprechenden Punkten der anderen Ebene hervorgegangen sind. Die Gestalt dieser ebenen Flächen bestimmt die wesentlichen Eigenschaften der Function; ihre Untersuchung und insbesondere die der Art ihres Zusammenhanges und der daraus sich ergebenden Zerschneidung in ein einfach zusammenhängendes Flächenstück musste Riemann ausführen, bevor er von dem Dirichletschen Principe eine Anwendung auf die allgemeinen Functionen complex veränderlicher Grössen machen konnte. Die Bestimmung einer Function innerhalb eines Gebietes durch die Werthe ihres positiven Theils hängt dann nur noch von den Unstetigkeitsstellen ab, und bei der Ueberwindung der dadurch entstehenden Schwierigkeiten zeigte sich der ganze Werth von Riemann's Sorgfalt und Bedenklichkeit, denn nicht gering war für ihn die Mühe überall den richtigen Ausdruck für diese complicirten Verhältnisse zu wählen. Ueber diese Arbeit, die er als Doctordissertation der hiesigen philosophischen Facultät eingereicht hat, spricht sich auch Gauss in voller Werthschätzung aus, auch unmittelbar ihm selbst gegenüber, wie aus der folgenden Stelle eines Briefes an den Bruder hervorgeht: »Als ich »bei Gauss war, hatte er meine Abhandlung noch nicht gelesen, sagte mir »aber, dass er seit Jahren eine Schrift vorbereite (und gerade jetzt damit be-

»schäftigt sei), deren Gegenstand derselbe oder doch zum Theil derselbe sei, »wie der von mir behandelte. Er hatte auch wirklich schon in seiner Doctor-»dissertation vor nun 52 Jahren die Absicht angedeutet über diesen Gegen-»stand zu schreiben.« So weit Riemann. Aus Gauss' handschriftlichem Nachlass hatte ich, schon bevor mir diese Aeusserung bekannt war, ersehen, dass er die in der Abhandlung über die Potentialfunctionen in physikalischer Ausdrucksweise dargestellten Methoden auf rein analytischem Wege gefunden und dabei auch die Anwendung auf Functionen complexer Veränderlichen angedeutet hat. Der Fall, dass ein Mann, wie Gauss über eine solche Arbeit als Promotionsschrift zu urtheilen hat, ist ein so seltener, dass die Worte hier wohl einen Platz verdienen: »Die von Herrn Riemann einge-»reichte Schrift legt ein bündiges Zeugniss ab von den gründlichen und tief »eindringenden Studien des Verfassers in demjenigen Gebiete, welchem der »darin behandelte Gegenstand angehört, von einem strebsamen, ächt mathe-»matischen Forschungsgeiste und von einer rühmlichen productiven Selb-»ständigkeit. Der Vortrag ist umsichtig und concis, theilweise selbst elegant: »der grösste Theil der Leser möchte indess wohl in einigen Theilen noch »eine grössere Durchsichtigkeit der Anordnung wünschen. Das Ganze ist »eine gediegene, werthvolle Arbeit, das Maass der Anforderungen, welche »man gewöhnlich an Probeschriften zur Erlangung der Doctorwürde stellt, »nicht bloss erfüllend, sondern weit überragend«. — Man sieht, es ist das eine aufrichtige vollständige Würdigung, nicht etwa beeinflusst durch die angenehme Vorstellung, welche beim Lesen einer guten Arbeit in der Erinnerung der eigenen Production des grösseren Geistes hervorgerufen wird.

Auch durch seine zunächst folgenden Untersuchungen sollte Riemann in eine nähere Beziehung zu Gauss treten. Schon im ersten Studiensemester hatte er sich mit den Fragen über die Bedeutung der Euklidischen Grundsätze der Geometrie beschäftigt, wohl auf Anregung der von Gauss in seinen Abhandlungen über biquadratische Reste gegebenen Darlegung der Begriffsbestimmungen, welche den allgemeinen mehrfach ausgedehnten Gebieten angehören. Selbst auf die Richtung der späteren Studien scheint der dort mit eingefügte Ausspruch nicht ohne Einfluss gewesen zu sein: »Der Unterschied »zwischen rechts und links ist, so bald man vorwärts und rückwärts in »der Ebene, und oben und unten in Beziehung auf die beiden Seiten der

»Ebene einmal (nach Gefallen) festgesetzt hat, in sich völlig bestimmt, wenn »wir gleich unsere Anschauung dieses Unterschiedes anderen nur durch Nach- »weisung an wirklich vorhandenen materiellen Dingen mittheilen können. »Beide Bemerkungen hat schon Kant gemacht, aber man begreift nicht, wie »dieser scharfsinnige Philosoph in der ersteren einen Beweis für seine Meinung, »dass der Raum nur Form unserer äusseren Anschauung sei, zu finden glauben »konnte, da die zweite so klar das Gegentheil, und dass der Raum unabhängig »von unserer Anschauungsart eine reelle Bedeutung haben muss, beweiset« *).

Hieraus schon geht Gauss' Stellung gegenüber der bis dahin gebräuchlichen Ansicht von den Grundsätzen der Geometrie hervor, um so klarer, wenn man noch beachtet, dass durch Kant der Satz, dass wir die Dinge an sich nicht zu erkennen vermögen, seine bleibende Bedeutung errungen hatte. Sehr eingehend hat Gauss sich auch mit dem Studium eines solchen Raumes beschäftigt, für welchen die Euklidischen Grundsätze alle bis auf den berühmten elften erfüllt sind. Ist der uns umgebende Raum wirklich ein solcher, so werden wir, nach unseren bisherigen Erfahrungen bei optischen Beobachtungen zu urtheilen, doch erst dann uns Aussicht machen können, eine positive Bestätigung dafür zu finden, wenn unser Planetensystem solche Wegstrecken im Weltraume zurückgelegt hat, die mit den uns bekannten Entfernungen der Fixsterne vergleichbar sind. Das wird der Grund gewesen sein, weshalb Gauss die von ihm ausgebildete Lehre Astralgeometrie genannt hat**). Veröffentlicht sind von diesen Untersuchungen nur der Inhalt der Disquisitiones generales circa superficies curvas. Dort wird zuerst der Begriff des Krümmungsmaasses der Flächen in die Wissenschaft eingeführt und dann der wichtige Satz aufgestellt, durch den man dasselbe bestimmen kann, ohne über den umgebenden Raum eine andere Voraussetzung zu machen, als dass er überall stetig ist und einfach zusammenhängt. Der Satz ist die Grundlage geworden für die Entwickelungen, welche Riemann in seiner Probevorlesung zur Erwerbung der *venia legendi* der philosophischen Facultät in Gauss' Gegenwart vorgetragen hat. Er stellt zuerst die Begriffe der mehrfach ausgedehnten Grössengebiete fest, zeigt dann in welcher

---

*) [Siehe Gauss' Werke, Bd. II, S. 177.]

**) [Gauss schrieb am 28. November 1846 an Schumacher (s. Briefwechsel, Bd. V, S. 247), dass Schweikart die nicht-euklidische Geometrie Astralgeometrie nannte.]

Weise die Abweichung der Beschaffenheit eines solchen allgemeinen Raumes von einem ebenen Raume durch die Krümmungen der nach verschiedenen Richtungen gelegenen Flächen bestimmt wird. Besonders hebt er noch hervor, wie unsere empirische Kenntniss des die Körperwelt enthaltenden Raumes durchaus keine Schlussfolgerungen gestattet auf Verhältnisse, die erst merklich werden für unmessbar grosse und unmessbar kleine geometrische Gebilde, und macht dabei auf die Verschiedenheit der Begriffe der Unbegrenztheit und der Unendlichkeit aufmerksam. Die durch unsere Nichtkenntniss des unmessbar Kleinen offen gelassene Frage nach der stetigen oder discreten Construction des Raumes wird angedeutet und ebenso der Einfluss, den dieselbe auf unsere durch Newton's Naturphilosophie begründeten Anschauungen von Naturgesetzen ausüben muss. Mit den betreffenden Problemen hat Riemann sich auch eingehend beschäftigt und mir seine Resultate mitgetheilt. Zunächst eliminirt er aus allen Gesetzen für Wechselwirkungen diejenigen Bestimmungsweisen, die sich auf Distanzwirkungen beziehen, weil solche immer abhängig von der Beschaffenheit des umgebenden Raumes sind und deshalb ein darin ausgesprochenes Gesetz schon die nicht mit ausgesprochene Raumconstruction involviret. Für die Wirkung der Massen, der freien Electricität und der geschlossenen galvanischen Ströme erreicht er die nöthige Transformation der bekannten Gesetze, indem er die Kräfte als den physischen Ausdruck gewisser Bewegungsformeln eines den dreifach ausgedehnten Raum im Allgemeinen gleichmässig erfüllenden Mediums betrachtet. Die Punkte des Raumes, an welchen sich die wirkenden Körper befinden, werden dabei als unendlich verdichtete Stellen des Mediums betrachtet oder anschaulicher als Orte, an welchen das Medium aus dem bestimmten dreifach ausgedehnten Raum in den ihn überall umgebenden mehrfach ausgedehnten Raum austritt. Das hierbei angewandte analytische Hülfsmittel kann man nach der jetzt üblichen Bezeichnungsweise als die Pfaffsche Transformation des Ausdrucks der virtuellen Momente der Kräfte bezeichnen. Die Wechselwirkung zwischen ponderablen unvollkommen leitenden Körpern und zwischen der in sie eindringenden Electricität, zu deren Erforschung er durch die neuen Beobachtungen von Kohlrausch veranlasst wurde, führte er, indem er sich der Franklinschen Hypothese anschloss, auf das Bestreben der Körper zurück, in einem bestimmten electrischen Zustande zu verharren.

48

Die aus diesem Princip abgeleiteten Folgerungen sind theilweise in der Göttinger Naturforscher-Versammlung vom Jahre 1854 vorgetragen und in deren Bericht veröffentlicht. — Die durch das Webersche Fundamentalgesetz ermöglichte Zurückführung der Wirkungen galvanischer Ströme auf Wechselwirkungen bewegter electrischer Theilchen erreicht Riemann durch Annahme einer allmähligen Verbreitung der von einem Punkte ausgehenden Kräfte, indem er zeigt, dass so weit Beobachtungen jetzt reichen, alle Erscheinungen genügend genau erklärt werden. Eine Ausarbeitung der Untersuchung hat er der Königl. Gesellschaft der Wissenschaften eingereicht, aber später seine Befriedigung geäussert, dass sie damals nicht gedruckt sei, weil er inzwischen eine Präcisirung seines Gesetzes gefunden, in Folge dessen es gewissen allgemeinen Principien wie die übrigen Fundamental-Gesetze für Kräfte genügt. Die von Cauchy zuletzt bearbeitete Theorie der die Lichterscheinungen darstellende Bewegung des Aethers hat er auf die Minimalbedingung des Werthes eines bestimmten Integrals basirt. Durch Hinzufügung einiger einfachen Glieder zu der in diesem Integral vorkommenden Function giebt er ihm eine solche Gestalt, dass die Minimalbedingung die Gesetze aller der zuvor genannten Kräfte mit umfasst, und zwar in einer Form, die derjenigen des Gaussischen Princips des kleinsten Zwanges analog ist.

Während der Zeit dieser Untersuchungen beschäftigte sich Riemann noch mit einem davon sehr verschiedenen Gegenstande, nämlich der Frage nach der Darstellbarkeit einer Function durch eine Fourier'sche Reihe und benutzte die Arbeit als Probeschrift für die Habilitation. Er widmet der betreffenden Literatur ein eingehendes Studium und bespricht die verschiedenen Beweismethoden mit sorgfältiger Kritik. Der neue Gesichtspunkt ist hier eine Erweiterung des Begriffs des Integrals, so dass er z. B. das Integral von einer solchen Function aufstellt, welche in jedem noch so kleinen Intervall ihres Arguments unendlich oft unstetig wird. Zur Erläuterung stellt er durch sehr einfache Hülfsmittel eine specielle derartige bis dahin noch nirgends betrachtete Function auf, die für jeden rationalen Werth des Arguments einen endlichen Sprung macht. Die durch eine Fouriersche Reihe gegebene Function wird nun nicht nach ihren eigenen Eigenschaften untersucht, sondern nach der viel einfacheren Beschaffenheit einer mit ihr im bestimmten

Zusammenhange stehenden Function, die, wenn das zweite Integral der ursprünglichen Function existirt, damit gleichbedeutend sein würde. Der Gegenstand hatte für Riemann deshalb besonderes Interesse, weil diese Reihen von Dirichlet mit so vielem Glücke bei Beweisen von zahlentheoretischen Sätzen benutzt waren, die in der Lehre der ganzen Zahlen vorkommenden Funktionen aber so hohe Ansprüche an die Zulässigkeit von Unstetigkeiten machen, dass man auf Functionen gefasst sein muss, die noch grössere Complicationen darbieten als die schon angewandten, welche innerhalb endlicher Grenzen unendlich viele Maxima und Minima haben. In der That hat Riemann auf dem Gebiete der Zahlentheorie durch Anwendung seiner allgemeinen analytischen Methoden Früchte geerntet, freilich ohne dabei die von ihm erwiesene Erweiterung der Anwendbarkeit jener Reihen zu bedürfen. Seine Bestimmung der Anzahl der Primzahlen unter einer gegebenen Grösse durch analytische Functionen beruht darauf, dass Reihen von Potenzen rationaler Zahlen als Functionen des complex veränderlichen Exponenten betrachtet werden, und da die Reihen aufhören summirbar zu sein, wenn der Exponent gewisse Grenzen überschreitet, so kam es darauf an, Ausdrücke für dieselbe Function aufzustellen, die auch bei den anderen Werthen des Exponenten eine Bedeutung behalten.

Inzwischen hatte Riemann aber schon (im Jahre 1857) die sich selbst gestellte Hauptaufgabe gelöst, nämlich die Erforschung der Abelschen Functionen. Nichts ist geeigneter, sich die ganze Bedeutung dieser Entdeckungen zu vergegenwärtigen, als die Worte zu wiederholen, mit denen Dirichlet in seiner Gedächtnissrede auf Jacobi das bespricht, um was es sich hier handelt, und zwar bevor die Entdeckungen gemacht waren im Jahre 1852.

Dirichlet erwähnt die Bewunderung, welche Abel durch Aufstellung des nach ihm benannten Theorems hervorgerufen hat, und fügt hinzu: *)

»Jacobi bezeichnet denselben Satz, »»wie er in einfacher Gestalt und »ohne Apparat von Calcul den tiefsten und umfassendsten mathematischen »Gedanken ausspreche, als die grösste mathematische Entdeckung unserer »Zeit, obgleich erst eine künftige, vielleicht späte, grosse Arbeit ihre ganze »Bedeutung aufweisen könne.««

*) [Siehe Abhandl. d. Kön. Akad. d. Wiss. zu Berlin, 1852 und Jacobi's Gesammelte Werke, Bd. I, S. 15, Berlin 1881.]

48*

»Diese Arbeit hat bereits begonnen und Jacobi selbst hat daran den »wesentlichsten Antheil gehabt.

»Der nahe liegende Versuch, die umgekehrten Functionen der Abelschen »Integrale auf dieselbe Weise, wie es bei den elliptischen mit so grossem »Erfolge geschehen war, in die Analysis einzuführen, erwies sich bald als »unausführbar und verwickelte in unauflöslichen Widerspruch, denn Jacobi »erkannte sogleich, dass diese umgekehrten Functionen vier- oder mehrfach »periodisch sein müssten, während doch eine analytische Function, wenn sie »wie die elliptischen und Kreisfunctionen einwerthig und, wo sie nicht un»endlich wird, stetig sein soll, nur zwei Perioden zulässt. Es bedurfte also »hier eines neuen verborgenen Gedankens, wenn das Abelsche Theorem nicht »unfruchtbar bleiben, wenn es die Basis einer grossen analytischen Theorie »werden sollte.

»Nachdem Jacobi mehrere Jahre hindurch den Gegenstand nach allen »Seiten erwogen hatte, fand er endlich die Lösung des Räthsels darin, dass »hier gleichzeitig vier oder mehr Integrale zu betrachten, und aus ihnen »durch Umkehrung zwei oder mehr Functionen von eben so vielen Argu»menten zu bilden sind. Diese Divination machte er in einer Abhandlung »von 10 Seiten bekannt, der zwei Jahre später eine umfangreichere folgte, »in welcher die analytische Natur dieser umgekehrten Functionen im hellsten »Lichte erscheint.

»Gehört auch die später gefundene Darstellung dieser Functionen nicht »Jacobi, sondern zwei jüngeren Mathematikern von ungewöhnlichem Talente, »so muss ich doch auch dieses wichtigen Fortschrittes hier insofern erwähnen, »als Jacobi's Einfluss unverkennbar darin hervortritt. Goepel und Rosen»hain haben beide Jacobi's (später durch seine Vorlesungen bekannt ge»wordene) Behandlungsweise der Theorie der elliptischen Functionen zum »Vorbilde nehmend, ihren schönen Arbeiten die Betrachtung von unendlichen »Reihen zu Grunde gelegt, deren Bildungsgesetz allgemeiner aber von der»selben Art wie das der Reihe ist, durch welche die Jacobische Function »ausgedrückt wird.«

Dirichlet führt hier die Geschichtserzählung bis zu den Arbeiten von Goepel und Rosenhain. Die von ihnen angewandten Methoden haben wir schon zuvor besprochen und erwähnt, dass sich ihre Untersuchungen auf die zweifach unendlichen Reihen beziehen. Hienach fällt die Veröffentlichung von Riemann's Doctordissertation und es sollte ihm selbst vorbehalten bleiben, von seinen neuen Methoden die ersten wichtigen Anwendungen zu machen. Wenn auch inzwischen diejenigen Abelschen Functionen, die den allgemein zweiwerthigen Integralen algebraischer Functionen entsprechen, vollständig explicite dargestellt wurden, so betrat doch der Entdecker, Herr Weierstrass, noch einen eigenen Weg und nahm seinen Ausgangspunkt von einer Bemerkung Abel's, die durch dessen Brief an Legendre bekannt geworden ist und sich auf eine gewisse Darstellungsform der elliptischen Transcendenten bezieht, welche auch Gauss neben seinen anderen Methoden angewandt hat. Herr Weierstrass stützt seine Beweise auf die Möglichkeit der Entwickelung der Functionen in Reihen, die nach Potenzen der Unterschiede des Arguments von bestimmten Grössen fortschreiten, und auf die Verschiedenheit der Formen der Reihen bei verschiedenen Werthen der angewandten bestimmten Grössen. Riemann's Methode umfasst nun nicht nur den ganzen allgemeinen Fall mit derselben Uebersichtlichkeit wie alle bis dahin betrachteten speciellen Fälle, sondern bedarf auch fast gar keiner Rechnung mit Formeln, und ist fast nur eine Entwickelung der Gedanken.

— — —

Gauss' hypergeometrische Reihe. 1857. —

Zwei allgemeine Lehrsätze über lineare Differentialgleichungen mit algebraischen Coëfficienten. —

Ringfunctionen. —

Zweifache Kugelfunctionen. —

Linsenfunctionen. —

Lamé's Ellipsoidfunctionen. —

Theorie der Nobilischen Ringe. 1855. —

Fortpflanzung ebener Luftwellen von endlicher Schwingungsweite. 1860. —

Helmholtz. —

Partielle Differentialgleichungen zweiter Ordnung. —*)

— — —

*) [Aus dem vorhandenen Manuscript ist nicht mehr zu ersehen, ob in der Rede über alle die hier angedeuteten Arbeiten Riemann's gesprochen ist.]

Dirichlet's Theorie der Bewegung eines flüssigen homogenen Ellipsoids war durch seinen Tod unvollständig geblieben. Besonderes Gewicht hatte er in seiner mündlichen Besprechung darauf gelegt, dass er selbständig die drei sehr allgemeinen hydrodynamischen Integrale gefunden habe, welche inzwischen durch Herrn Helmholtz' feine Untersuchungen über die Wirbelbewegung der Flüssigkeiten bekannt wurden, und denen Riemann den sehr angemessenen Namen des Helmholtzschen Princips der Erhaltung der Rotation gegeben hat. Die Andeutung dieser Entdeckung ist in der Berichtigung eines von Lagrange begangenen und darnach in allen Lehrbüchern der Mechanik fortgepflanzten Irrthums niedergelegt, in seiner Vorlesung über partielle Differentialgleichungen aber mit den übrigen Untersuchungen, die sich vorzugsweise auf ein specielles Beispiel beziehen, nicht mit behandelt, wegen der dazu erforderlichen etwas umständlichen Entwickelung. Riemann hat dies Problem von neuem aufgenommen und die Ordnung der noch zur Lösung übrig bleibenden Differentialgleichung um mehrere Einheiten erniedrigt, auch die Integration für eine Reihe specieller Fälle vollständig erledigt und dadurch auch seine Fruchtbarkeit in den auf analytischen Entwickelungen beruhenden Untersuchungen in glänzender Weise an den Tag gelegt.

Noch in den letzten Tagen der ihm gegönnten allzu kurzen Lebensfrist hat ihn ein hiermit scheinbar in geringem Zusammenhange stehendes Problem beschäftigt, die Mechanik des Ohres. Angeregt durch das Studium des classischen Werkes von Helmholtz über Tonempfindungen bemühte er sich, das darin noch unerledigt gelassene mathematische Problem dieses bis jetzt noch räthselvollen Sinnesorgans zu bewältigen. Die Hauptschwierigkeit bestand für ihn in der geringen Kenntniss der anatomischen Verhältnisse, mit aufopfernder Hülfsleistung haben aber die Herren Ober-Medicinalrath Henle und Professor Krause ihn mit dem betreffenden Zweige der Anatomie bekannt zu machen sich bemüht.

Aufgezeichnet hat er zunächst einige Bemerkungen über die bei solchen Untersuchungen anzuwendenden Methoden, wobei er es als besonders wichtig betrachtet, dass von einer bestimmten möglich einfachen Hypothese ausgehend alle Folgerungen derselben gezogen und dann mit Beobachtungen der Natur verglichen werden, eine Operation, die man in gewissem Sinne ein Nacherfinden des von der Natur construirten Mechanismus nennen kann.

In Bezug auf den Gegenstand selbst hat er nur die für sein Problem wichtigen Momente an den Muskeln und Knöchelchen der Paukenhöhle hervorgehoben, und hieraus so wie aus den Aeusserungen über die physikalische Beschaffenheit der Weichtheile, welche die beiden Treppen in der Gehörschnecke trennen, wird man schliessen dürfen, dass er die zu lösende Aufgabe als eine wesentlich der Hydraulik angehörende betrachtet hat*).

Somit glaube ich die Hauptpunkte der mir bekannt gewordenen Arbeiten berührt zu haben, und hier noch auf den bedeutenden Umfang der oben besprochenen und im handschriftlichen Nachlass wohl geordnet sich vorfindenden Abhandlungen aufmerksam machen zu müssen. Zu diesen kommt noch eine Untersuchung aus der Theorie der krummen Flächen hinzu, von welcher er die Formeln selbst aufgeschrieben und mit mündlichen Bemerkungen erläutert hat. Wir können es demnach eine sehr glückliche Idee nennen, die Herr Geheimer Hofrath Weber, der für Riemann stets in väterlicher Freundschaft besorgt gewesen, ausgesprochen hat, nämlich dessen Schriften in einer Gesammtausgabe zu vereinigen.

Solche würde auch noch deshalb von Bedeutung sein, weil für Riemann's wissenschaftliche Richtung, besonders auch die vollkommene Strenge und Evidenz der Methoden und Beweise, durch die er seine Resultate begründet, charakteristisch ist, eine Eigenschaft, welche, wie Herr Kummer bemerkt**), »zwar nur einer im Wesen der Mathematik selbst liegenden Forderung entspricht, aber dessen ungeachtet auch bei den grössten Mathematikern nur selten in vollkommener Reinheit gefunden wird, welche namentlich in dem Gebiete der Analysis erst durch Gauss zur Geltung gekommen, und seitdem noch so wenig Allgemeingut geworden ist, dass selbst Jacobi's Schriften an gewissen Stellen den Mangel derselben zeigen, den dieser auch offen eingestand«.

Vergegenwärtigt man sich, dass ihn seit dem Beginn der Universitätsstudien . . . . ***).

*) [Siehe die »Bemerkungen« am Schlusse dieses Bandes.]

**) [Siehe Abhandl. d. Kön. Akad. d. Wiss. zu Berlin 1860 und Dirichlet's Werke, Band II, S. 342, Berlin 1897.]

***) [Im Manuscript folgt dann der in diesem Bande von S. 166 Z. 17 von oben bis zum Schluss auf S. 168 abgedruckte Text, der deshalb hier fortgelassen werden kann.]

[Mitteilungen über Riemann's letzte Lebensjahre siehe bei den »Bemerkungen« am Schlusse dieses Bandes.]

Vergegenwärtigt man sich, dass ihn seit dem Beginn der Universitätsstudien eine Krankheit verfolgte, die am wenigsten eine bewegungslose allein dem Denken gewidmete Lebensweise duldet; die die Sorgen noch steigern musste, welche sein ungünstiges äusseres Geschick hervorrief, das ihm z. B. erst in seinem zweiunddreissigsten Lebensjahre sichere Existenzmittel als Extraordinarius verschaffte; bedenkt man noch, dass er in sich die Spuren einer anderen Krankheit wahrnahm, welche ihm schon in der Jugend die Mutter geraubt hatte, dann eine Schwester und nach dem Tode des Vaters den damals die Sorgen für die Familie tragenden jüngern Bruder und fast gleichzeitig eine andere Schwester und zuletzt noch kurz vor dem eigenen Tode eine dritte Schwester, so kann man sich nicht ohne schmerzliches Mitleid in die Stimmungen versetzen, die ihn in den wohl seltenen Augenblicken, während welcher er sich nicht mit seinen mathematischen und philosophischen Problemen beschäftigte, beschleichen mussten.

Eine bedeutende Besserung in seiner Gemüthsstimmung trat ein, als seit 1858 die beiden damals noch lebenden Geschwister ihm hier dauernde

Gesellschaft leisteten, und als er später im Jahre 1862 sich zu einer sehr glücklichen Ehe mit Elise Koch verband, die ihm für eine nur so kurze Reihe von Jahren eine Lebensgefährtin sein sollte, welche mit Verständniss und ausgiebiger Geduld die seiner schweren und langwierigen Krankheit entspringenden Eigenheiten wohlthuend zu behandeln verstand. Auch noch dadurch musste sie zur Milderung seiner kummervollen Stimmung beitragen, dass die Trauer, sie zu verlassen, ihn nicht dem Gedanken ganz allein übergab, der so sehr auf ihm lastete, dass es ihm nicht gestattet sein sollte, die begonnenen und die im Geiste schon ans Ziel geführten Arbeiten zur Vollendung zu bringen.

In voller Voraussicht des nahen Todes verlangte er vom Arzte wiederholt und dringend eine Angabe der ihm noch übrig gebliebenen Lebensfrist, um darnach die Arbeit auszuwählen, die in solchem Zeitraume abgeschlossen werden könnte. Am Morgen des 20. Juli früh 7 Uhr verschied er, nachdem er noch Tags zuvor sich mit seinen Untersuchungen über das Gehörorgan beschäftigt und dann seine Umgebung auf die nahe Scheidungsstunde vorbereitet hatte. Es war in Selasca bei Intra am Lago maggiore; schon im vierten Jahre hielt er sich zur Milderung seiner Krankheit in Italien auf. Ermöglicht war ihm dieses durch die Liberalität des Königlichen Curatorium und die theilnahmsvolle Verwendung seiner hiesigen früheren Lehrer; es mag mir gestattet werden, dies hier zu erwähnen, weil Riemann so oft von seiner Pflicht der Dankbarkeit gesprochen, so sehr bedauert hat, ausser Stande zu sein, den Dank durch die That zu erweisen. Auch an die grosse Gastfreundschaft und das Zuvorkommen, welche er in Italien so vielfach erfahren, darf ich wohl erinnern. Nicht nur die Hochachtung für seine wissenschaftliche Bedeutung, wie vor allen bei den Herrn Betti und Felici, giebt sich darin zu erkennen, sondern auch, wie bei dem Herrn Jaeger in Messina und anderen, der Dank gegen den Freund Riemann's*), der den Vulcanen ihres Landes so viel Studien gewidmet und mit seinem geometrischen Netze den Etna umsponnen hatte.

*) [Dieser Freund Riemann's war Sartorius von Waltershausen, Professor der Geologie in Göttingen; geb. 1809, gest. 1876. Ihm hatte Riemann es hauptsächlich zu verdanken, dass die Regierung die Geldmittel zu den Reisen nach Italien zur Verfügung stellte. Empfehlungsbriefe von S. v. Waltershausen trugen wesentlich dazu bei, dass mehrere Familien in Italien Riemann die weitgehendste Gastfreundschaft gewährten.]

Der Aufenthalt in diesem Lande ist durch das Interesse, das er an den Geschichts- und Kunstmonumenten und den landschaftlichen Schönheiten nahm, noch ein wahrer Lichtpunkt für seine Gemüthsstimmung geworden, zu deren Hebung die intime Freundschaft des Herrn Betti und die in dem Anerbieten der durch Mossotti's Tod erledigten Professur*) ausgesprochene Hoffnung auf Besserung seiner Gesundheit auch wesentlich beigetragen hat.

Das Andenken an Riemann bleibt auf immer durch seine wissenschaftlichen Entdeckungen begründet. Seine Schüler erinnern sich mit besonderer dankbarer Liebe der Freigebigkeit in Mittheilungen wichtiger neuer und von ihm selbst gar nicht veröffentlichter Untersuchungen, der Unermüdlichkeit des Lehrers im Bestreben, die ganze Wahrheit des Vorgetragenen zu voller Ueberzeugung des Lernenden zu bringen.

---

*) [Mossotti, Prof. der Mathematik an der Universität zu Pisa, starb am 20. März 1863.]

Georg Friedrich Bernhard Riemann

Brief von G. H. Seffer an E. Schering (23. November 1866)

Hochgeehrter Herr Professor!

Herzlich gern bin ich zwar bereit, Ihnen die gewünschten Notizen über den leider so früh verstorbenen, berühmten Riemann zu geben, so gut ich vermag, fürchte aber, daß sie Ihnen weniger Ausbeute bieten werden, als Sie erwartet haben.

Die Veranlassung, die ihn in mein Haus in Lüneburg brachte (ich meine Ostern 1844), war eben die Eigenthümlichkeit – oder Schwäche – beim Anfertigen schriftlicher Aufsätze, von der er selbst Ihnen gesagt hat. Er konnte mit der Vollendung derselben durchaus nicht fertig werden – u. eben aus dem Ihnen bekannten Grunde. Sie genügten ihm nicht, – bald Zweifel gegen das bereits Niedergeschriebene – bald neue Gedanken, die ihm kamen, u. die dann nothwendig – seiner Meinung nach – noch eingeschaltet werden mußten, dann aber häufig die ganze, ursprüngliche Anlage der Arbeit wieder änderten etc. etc.

So kam es, daß er mit seinen deutschen u. lateinischen Aufsätzen immer im Rückstande blieb u. endlich so sehr darin war, daß die Lehrer-Conferenz den Schulgesetzen gegenüber seinetwegen in Verzweiflung war. Nun kannten wir andern Lehrer ihn wohl als guten Schüler, mein Freund Schmalfuß aber interessierte sich ganz besonders für ihn, eben seinen mathematischen Gaben wegen. Auf Schmalfuß' Bitte nahm ich ihn deshalb gegen ein ermäßigtes Kostgeld zu meinen übrigen Pensionären in mein Haus u. verpflichtete mich gegen die Lehrer-Conferenz, für die prompte Ablieferung seiner Aufsätze von nun an sorgen zu wollen. Diese Verpflichtung habe ich erfüllt, aber freilich auch manchen Abend bis in die Nacht bei ihm gesessen, um den Schluß seines – dem Gedankengange nach mir von ihm bereits mitgetheilten – Aufsatzes abzuwarten, bis dann schließlich regelmäßig doch nichts anderes übrig blieb, als daß er auf mein Verlangen u. seines Sträubens ungeachtet mit einem immerhin noch nicht recht vorbereiteten u. etwas gewaltsamen Schluße endigen mußte.

Ob er damals geringes Interesse für Sprachen gezeigt hat, darüber wird Schmalfuß besser urtheilen können; ich habe ihm nur Unterricht im Hebräischen ertheilt. (Er war ja ursprünglich zum Theologen bestimmt.) Im Hebräischen gehörte er aber, allerdings ohne gerade besondere Gaben dafür zu zeigen, doch zu meinen besten Schülern. Und dabei will ich als curiosum noch mittheilen, u. als solches nicht verschweigen, daß der große Mathematiker auch einen gewissen Antheil hat an der Abfassung meines damals erscheinenden „Elementarbuchs der hebräischen Sprache", das jetzt auf den Gymnasien Deutschlands u. der Schweiz verhältnißmäßig viel gebraucht wird. Ich hatte mir nemlich die Aufgabe gestellt, die Übungsstücke, welche zur Einübung der jedesmal vorhergehenden grammatischen Lehre od. Regel pp. dienen sollen, nur aus Stellen des Alten Testaments zusammenzusetzen, zugleich aber doch dahin zu sehen, daß sie bei dieser Zusammensetzung doch wenigstens möglichst oft auch wieder ein zusammenhängendes Ganze bildeten. Das war denn freilich zu Zeiten eine etwas schwierige Aufgabe, für die sich aber Riemann lebhaft interessierte. Er hat oft Stunden lang gesessen u. mir solches Material zu den Übungsstücken aus dem Alten Testamente zusammengesucht. So kann ich denn allerdings sagen, daß mein hebräisches Elementarbuch mehrere seiner Übungsstücke zum großen Theil dem großen Mathematiker Riemann zu verdanken hat.

Was seine religiöse Richtung betrifft, so war er damals meiner Überzeugung nach fromm kirchlich. (Ich gab auch den Religions-Unterricht in Prima). Später, als er schon Privatdocent war, hat er mir einmahl bei einem Besuche in Göttingen viel von einer philosophischen Arbeit erzählt, die ihn damals beschäftigte, bei der er von irgend einer mathematischen Basis ausgehend schließlich (oder vielleicht auch gelegentlich) dahin kam die biblische Schöpfungsgeschichte u. andere christliche Grundlehren als richtig u. nothwendig zu beweisen. Eben deshalb explicierte er sie mir so lebhaft. Ich muß freilich gestehen, daß ich ihm keineswegs folgen konnte, ja so gut wie gar nichts davon verstand, aber doch die Großartigkeit seiner Ziele bewundern mußte. Er scheint die Arbeit wohl nicht vollendet zu haben; sie hätte Aufsehen erregen müssen.

Im häuslichen Leben bei uns war R. still, bescheiden, anspruchslos, treu der Hausordnung sich fügend. Er hat uns nie zu irgend einem Tadel oder einer Klage über sein Verhalten Anlaß gegeben u. machte uns insofern unsere Aufsichts-Pflicht gar leicht. Im Verkehr namentlich mit Damen war er sehr verlegen u. meiner Frau gegenüber hat er damals seine Befangenheit ganz, glaube ich, bis zuletzt nicht verloren. Ich habe ihn immer lieb gehabt u. behalten.

Mit herzlichem Danke für die freundliche Erinnerung die Sie, verehrter Herr Professor, mir bewahrt haben, empfehle ich mich Ihnen

hochachtungsvoll u. gehorsamst

Hannover den 23. Nov. 1866. Dr. G. H. Seffer.

Brief von C. Schmalfuß an E. Schering (27. November 1866)

Hannover, 27. Novbr. 1866.

Hochgeehrter Herr Professor!

Abgesehen von ein paar Tagen, wo ich wegen eines übrigens unerheblichen Unwohlseins die Feder nicht wohl führen konnte, ist es im Interesse der Sache geschehen, daß ich die Beantwortung Ihrer geehrten Zuschrift bis heute verschoben habe, obwohl ich weiß, daß Ihnen an baldiger Auskunft liegt.

Riemann wurde, nachdem er einige Jahre das hiesige Lyceum besucht hatte, Secundaner auf dem Johanneum in Lüneburg. Von hier aus, wo er schon als guter Mathematiker unter seinen Mitschülern etwas galt, habe ich nur eine characteristische (ein ex ungue leonem) Sache in Erfahrung gebracht: er bespricht als 11 bis 12jähriger Knabe mit Altersgenossen die Weihnachtsgeschenke, die sie ihren Eltern machen wollen. Weil sie Pappen gelernt haben, wollen sie Proben ihrer darin erworbenen Geschicklichkeit geben. Der eine liefert dies, der andere das. Ich, sagt Riemann, habe mir einen immerwährenden Kalender ausgedacht. Er wird verlacht, aber er hat sein Werk vollbracht nicht bloß zum Erstaunen seiner kleinen Freunde, sondern auch zur Verwunderung urtheilsfähiger Erwachsener. Es sei, höre ich, nicht eine mechanische Nachahmung, sondern eine aus eignem Nachdenken hervorgegangene Arbeit gewesen. Mein Gewährsmann ist einer von den kleinen Freunden, jetzt Regierungsassessor Busse.

Die Fassungskraft für mathematische Gegenstände gab sich mir sofort kund; u. es bedurfte bei Riemann nur der Andeutung eines mathematischen Gesetzes, um dasselbe mit den weitesten Consequenzen zur Klarheit u. in feste Form gebracht zu sehen, und zwar in größter Allgemeinheit. Aus pädagogischen oder psychologischen Gründen beschäftigte ich ihn nur mit Elementarmathematik, damit er nicht, zu früh eingeführt in transcendente Kreise, die Form für das Wesentliche nähme, obwohl bei ihm solche Vorsicht wohl nicht erforderlich gewesen wäre. Alles, was ich besitze an Euklidischen Dingen mit den Commentaren von Joannes Hernagius und dem Jesuiten Clavius (Clavig) an bis zu Pfleiderer u. Camerer und Hauber; was ich von der Archimedischen Literatur besaß, Apollonius Pergaeus etcr alles dies las er, und unter dem Lesen ward alles sein sicheres Eigenthum. Newtons Arithmetica universalis u. des Cartesius Geometria interessierten ihn nicht minder; doch bemerke ich, daß, wenn ich in meiner Wahrnehmung nicht geirrt habe, Riemann am wenigsten Interesse an der sog. rechnenden Geometrie fand. (Die mechanische Methode war ihm nicht zusagend.) Was ihn selbst auszeichnete, eine fast unglaubliche Gabe der Anschauung, construierender Phantasie und zugleich der abstrahierendsten Verallgemeinerung, das zog ihn auch im Studium an. Er war noch nicht lange Primaner, als er aus eigner Kraft alles, was die Meyer-Hirschsche Sammlung enthält, durchgearbeitet hatte u. nur ein, ich weiß nicht mehr, welches Gesetz als ihm noch nicht klar bezeichnete. In den ersten Stunden, in denen er ebene Trigonometrie lernte, hatte er schon sämmtliche trigonometrische Aufgaben (im systematischen Sinne) ohne Beihülfe selbst gelöst. Eine mathematische Stunde hat er nie versäumt, wenn er nicht krank war; aber ich verlangte natürlich nicht von ihm, daß er seine Mitschüler bloß begleitete, während er allen voranfliegen konnte; vielmehr sann ich darauf, ihm in jeder Stunde etwas zu bieten, was seinen Kräften angemessen war, u. jedesmal ist er über die Grenze, die ich als seine Schranke u. auch wohl als meine betrachtete, hinausgegangen und brachte regelmäßig eine Fülle von Ergebnissen, die ich nicht in solchem Maße erwartet hatte. Von mathematischem Unterricht ist er nie dispensiert gewesen. Im ersten Jahre seines Primabesuchs (irre ich nicht, so war es Pfingsten) bat er mich um mathematische Lectüre „wenn sie nicht zu leicht wäre, fügte er in seinem bescheidenen Tone hinzu, so wäre es mir recht lieb!" Ich wies ihn an mein Bücherbrett. Da kam er dann mit Legendre Theorie der Zahlen. Versuchen Sie, war meine Antwort, was Sie verstehen. Das war am Freitag Nachmittag. Am Donnerstag darauf brachte er mir das Buch wieder. Wie weit sind Sie darin gekommen? „Das ist ja ein wundervolles Buch; ich weiß es auswendig!" – Bei der Reifeprüfung, bis wohin er das Werk nicht wieder vor Augen gehabt hat, bewies er, daß ihm alles, worauf ich als Examinator mich nicht ohne Mühe vorbereitet hatte, um angemessene Aufgaben nach Legendre zu stellen, geläufig war, als habe er sich speciell auf diesen Prüfungsgegenstand vorgebereitet [sic]. – Zahlentheorie zog ihn besonders an. – Ich hatte mit meinem Buchhändler die Verabredung getroffen, daß er mir womöglich alle in Deutschland erscheinenden mathematischen Werke vorlegen sollte. Da geschah es denn oft, daß er Neues, was characteristisch u. für ihn faßlich war, kennen lernte. Daß er Sachen wie Legendres Geometrie u. eine unzählige Menge von geometrischen Aufgaben aus meiner Bibliothek kennen lernte u. verarbeitete, brauche ich nicht besonders zu erwähnen. Im letzten Jahre nur, wo er lateinische Aufsätze u. deutsche nicht zur rechten Zeit abgeliefert u. mich als Director u. sich als meinen Liebling bloßgestellt hatte, führte ich zu meinem eignen Schmerze die Drohung aus, daß ich eine ziemlich lange Zeit mich gar nicht um seine mathematischen Studien bekümmerte. In der Prüfungscommission, die über Riemanns Censur abzustimmen hatte, konnte ich mit Recht, als ich über seine mathematischen Leistungen mein Urtheil abgeben sollte, mich dahin aussprechen, daß ich Riemann ungleich mehr verdanke, als er mir. Als Nebenarbeit hatte er im letzten Jahre neben anderm die ganze Sphärik für sich gewissermaßen erfunden; denn er kannte die Werke von Pohl u. Schultze etcr zufällig gar nicht u. war ganz, wie ersterer, davon ausgegangen, die ebene Geometrie, so viel [wie] möglich, auf die Kugel zu übertragen. Ich bedauere sehr, daß mir nichts geblieben ist von der Sinnigkeit u. Einfachheit seiner Beweisführungen u. Formelentwicklungen. Schon damals war er ein Mathematiker, neben dessen Vermögen der Lehrer sich arm fühlte. – Seine Abstractionen über die räumlichen Dimensionen fallen nicht in seine Schulzeit, sondern in sein erstes Studienjahr.

Aus persönlicher Bekanntschaft mit Riemann wissen Sie selbst, wie schwer es ihm wurde, in fließendem Vortrage seine Gedanken zu entwickeln. Dazu kam, daß kein Ausdruck ihm genügte, der nicht alles umfaßte, was er bezeichnen sollte, und daß er ungemein zaghaft war, eine Darstellung, die nicht, wie eine allgemeine, alle einzelnen Fälle umfassende, Formel, von untadeliger Präcision war, als richtig anzuerkennen: deshalb schrieb er, deutsch wie lateinisch, unter logischen Wehen u. unter beständigen Hindernissen und verwarf, was er eben nach scharfem Denken gefunden hatte etcr. So kam er schwer zur Abfassung.

Schlecht hat er nie geschrieben, aber auch nie rasch u. mit Leichtigkeit. Zum Verständniß der Schriftsteller besaß er hinreichende grammatische u. sprachliche Kenntniße; im Übersetzen fehlte ihm leichter Fluß u. Gewandtheit; aber bei schweren Stellen war er dem Klügsten gleich und ließ nichts sitzen als unverstanden, gerade weil es schwer war. Daß seine Mitschüler im Sophokles, Thucydides u. Plato, wenn sie eine Stelle nicht zum Verständniß hätten bringen können, ihn zu Rathe gezogen haben, wurde mir in Lüneburg s. Z. erzählt; einer seiner Mitschüler, der hier ist u. über diesen Punkt von mir befragt worden ist, kann dies nicht bestätigen. – Ich für meinen Theil habe es immer für ein großes Glück angesehen, daß ich einen solchen Schüler, wie Riemann, gehabt habe, und bin ihm noch heute für die vielfache Anregung, die er mir gegeben hat, u. für die Freude, die ich an seiner wunderbaren Begabung u. Entwickelung gehabt habe, für meine ganze Lebenszeit dankbar.

Habe ich Ihnen durch vorstehende, nothgedrungen in großer Eile geschriebenen Mittheilungen einen kleinen Dienst geleistet, so bin ich sehr erfreut.

Mit vorzüglicher Hochachtung

ergebenst

C. Schmalfuß.

Note. The collected works of E. Schering contain letters written to Schering by two of Riemann's school teachers, G. H. Seffer and C. Schmalfuß, as well as a letter written by Mrs. Riemann to Schering containing notes on the last years of Riemann's life (cf. Bibliographie: [3.203, pp. 434–447]).

E. Neuenschwander pointed out that the transcriptions contained in Schering's Works (the originals, written in Gothic script, are in the *Niedersächsische Staats- und Universitätsbibliothek* in Göttingen, Cod. Ms. Riemann 35, Bl. 48–54) are not entirely accurate, and that they are also not complete.

The versions of the letters of Seffer and Schmalfuß in this volume are transcriptions from the originals made by Raghavan Narasimhan. They have been checked, and improved in some places, by E. Neuenschwander. It should be added that a new transcription of Mrs. Riemann's letter, with commentary, will appear in a monograph on Riemann now in preparation by E. Neuenschwander.

A few words need to be said about some details in the present transcription. Abbreviations, old fashioned spelling, and some older forms (*nemlich* for nämlich; *einmahl* for einmal) have been left as written. Two mistakes (*vorgebereitet* for vorbereitet in one place and the dropping of *wie* in another) are indicated in the text, the first by [sic], the second by putting *wie* in square brackets. Seffer has written m̅ for mm in many places. Finally, both Seffer and Schmalfuß have written some proper names (but not others) in latin characters; these have not been treated specially in the present transcription.

R. Narasimhan

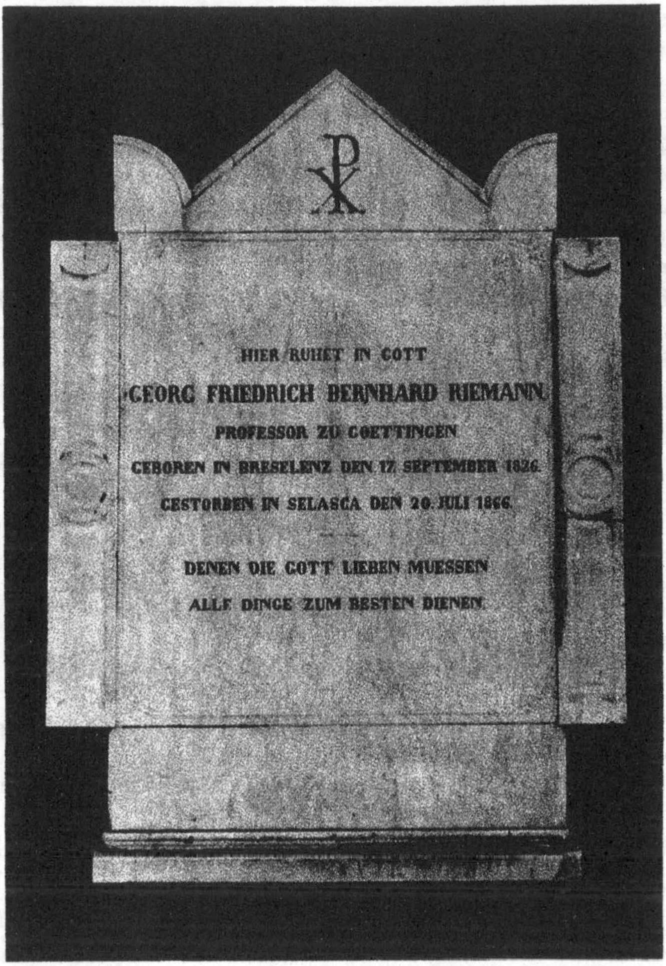

Foto: H. Götze

Dedekind sagt in „Bernhard Riemann's Lebenslauf", der Grabstein sei bei einer Verlegung des Friedhofs beseitigt worden. Die Grabplatte ging indessen nicht verloren; der Besucher findet sie an der inneren Friedhofsmauer rechts hinter dem Eingang zum Friedhof von Selasca als Erinnerung an Riemann über Grab und Zeit hinaus.

HISTORIA MATHEMATICA 15 (1988), 101–113

A Brief Report on a Number of Recently Discovered Sets of Notes on Riemann's Lectures and on the Transmission of the Riemann *Nachlass*

ERWIN NEUENSCHWANDER

Mathematisches Institut, Universität Zürich, Rämistr. 74, 8001 Zürich, Switzerland

The collection of Riemann's mathematical papers preserved in Göttingen University Library since 1895 includes none of Riemann's scientific correspondence nor any of his more personal papers. The present report gives an account of the documents (correspondence, lecture notes, etc.) discovered outside Göttingen in the course of a larger research project on Riemann, and briefly describes the history of the Riemann *Nachlass*. At the same time, readers are kindly requested to inform the author of the whereabouts of any further material relating to Riemann, so that it can be included in the collection of texts and sources currently in preparation. © 1988 Academic Press, Inc.

Die in der Göttinger Universitätsbibliothek seit 1895 aufbewahrte Sammlung von Riemanns mathematischen Papieren umfasst weder Riemanns wissenschaftliche Korrespondenz noch seine persönlicheren Papiere. Der vorliegende Artikel bringt eine Übersicht der im Rahmen eines grösserern Forschungsprojektes ausserhalb von Göttingen neu entdeckten Nachlassteile (Korrespondenz, Vorlesungsnachschriften, etc.) und gibt eine kurze Darstellung der Überlieferung des Gesamtnachlasses. Zugleich wird die Bitte geäussert, dem Autor den Aufbewahrungsort weiterer Riemanniana mitzuteilen, damit diese in der Arbeit befindlichen Text- und Quellensammlung zu Riemann berücksichtigt werden können. © 1988 Academic Press, Inc.

La collection des papiers mathématiques de Riemann conservée à la Bibliothèque de l'Université de Goettingue depuis 1895 ne comprend ni la correspondance scientifique de Riemann ni ses papiers d'ordre privé. Le présent article donne une vue d'ensemble de documents posthumes (correspondance, notes de cours, etc.) découverts hors de Goettingue dans le cadre d'un projet de recherche plus étendu sur Riemann, et décrit brièvement la transmission de la succession Riemann. En même temps, les lecteurs sont priés d'indiquer à l'auteur tout endroit où, à leur connaissance, se trouvent encore des documents concernant Riemann, afin que ceux-ci puissent être inclus dans la collection de textes et de sources actuellement en préparation. © 1988 Academic Press, Inc.

AMS 1980 subject classifications: 01A55, 01A70.

KEY WORDS: B. Riemann, transmission of *Nachlass*, correspondence, lecture notes; K. Weierstrass, lecture notes.

The mathematical papers of Bernhard Riemann (1826–1866) were first studied immediately after his death by a number of leading 19th century scholars such as A. Clebsch, R. Dedekind, and H. Weber in connection with the publication of Riemann's Collected Works [Riemann 1876]. The papers are now kept in the University Library in Göttingen (Niedersächsische Staats- und Universitätsbibliothek Göttingen, abbreviated hereafter *NSUB*), together with numerous sets of

0315-0860/88 $3.00

notes on Riemann's lectures brought together on the initiative of Felix Klein. Since the Riemann collection in Göttingen includes none of Riemann's personal papers (school reports, diplomas, official documents, etc.), nor any of his scientific or private correspondence, the question may be raised as to the transmission of the Riemann *Nachlass* as a whole and whether any of these failing items are extant. An attempt to answer these questions was made as part of a research project on Riemann commenced in 1978 [Neuenschwander 1979, 1980, 1981a, 1981b, 1981c], supported from 1982 to 1986 by the *Stiftung Volkswagenwerk*. In the course of this project, a search was made in almost 100 libraries throughout the German speaking countries and elsewhere for extant manuscripts relating to Riemann. In the present report we propose to describe briefly some of the newly discovered documents, in particular lecture notes and correspondence not included in the Göttingen collection, and furthermore to give an account of the history of the Riemann *Nachlass*. At the same time, we would be grateful to readers for any information concerning the whereabouts of further material relating to Riemann outside the main collections in Göttingen and Berlin, so that it can be included in our edition of letters and documents currently in preparation.

THE TRANSMISSION OF THE RIEMANN *NACHLASS*

The original extent and condition of the Riemann *Nachlass* can be reconstructed relatively accurately from the correspondence and writings of Dedekind (NSUB Göttingen, Cod. Ms. Dedekind 14; [Dedekind 1876]; etc.), and from the editorial papers of H. Weber (NSUB, Cod. Ms. Riemann 1 and 2). According to these sources, following her husband's death, Riemann's wife first handed the mathematical papers over to R. Dedekind (1831–1916), who proceeded to arrange them systematically as far as he could, and posthumously published Riemann's treatise on trigonometric series, his paper on the foundations of geometry, and his contribution to electrodynamics (see [Riemann 1876, 227–293]). In 1872, Riemann's mathematical papers came into the hands of A. Clebsch (1833–1872), Riemann's successor in Göttingen, and after Clebsch's death, through the mediation of Dedekind and Wilhelm Weber, were passed on to Heinrich Weber (1842–1913) in 1874. Weber drew upon them in compiling the edition of Riemann's Collected Works [Riemann 1876] and, after the second edition appeared in 1892, passed them on, with the consent of Riemann's wife, to the Göttingen Society, now Academy of Sciences [1]. From there, the papers were finally given to the University Library in February 1895, where they have remained since [2].

As to Riemann's scientific correspondence, it appears to have first been placed at the disposal of E. Schering (1833–1897), who presented the Riemann Memorial Lecture [Schering 1909 and 1867] to the Göttingen Academy in 1866. In the spring of 1875, after Dedekind had agreed to write a brief biography [Riemann 1876, 539–558] to accompany Riemann's Collected Works, Frau Riemann asked Schering to return her husband's letters, which she then sent on to Dedekind on May 1, 1875. Her accompanying letter, which is now in the Dedekind-Collection in Göttingen, yields important information about the more personal papers Riemann left behind, of which only relatively few have so far been brought to light. According to Frau Riemann's letter (NSUB, Cod. Ms. Dedekind 14, No. 177), the material sent on to Dedekind included Riemann's private correspondence with his parents, brother, and sisters, some letters which had passed between Riemann and his wife, a small black book containing records of Riemann's sojourn in Paris in the spring of 1860, and a large bundle of letters received by Riemann from leading men of his day. From other letters exchanged in connection with the edition of Riemann's Collected Works, it emerges that, at this time, Riemann's own lecture notebooks from his student days in Berlin, and the student enrollment lists later consulted by Klein, were also in Frau Riemann's possession.

Until 1890, Frau Riemann lived in Göttingen, where in 1884 the couple's only daughter, Ida (1863–1929), married Carl David Schilling (1857–1932), the future director of the *Seefahrtschule* in Bremen. Schilling had taken his doctor's degree in 1880 under H. A. Schwarz (1843–1921), who at that time lived next door to Frau Riemann and was on good terms with her [3]. Schilling remained in touch with Schwarz and other Göttingen mathematicians such as Klein even in his later years. Between 1900 and 1909 he published the correspondence between Gauss and Olbers [Schilling 1894–1909, Vol. 2]. Around 1890, Riemann's wife and his only surviving sister, Ida, moved away from Göttingen to live with Dr. Schilling in Bremen, and we may therefore assume that the entire Riemann *Nachlass* also found its way to Bremen, at least as regards those items which did not remain in Weber's or Dedekind's hands. It seems unlikely that any items were lost or sold up to this point, for on July 22, 1892, Schilling wrote to Weber in connection with the planned donation of the mathematical papers to a public institution (NSUB Göttingen, Cod. Ms. Riemann 1.2, fol. 48–49; translated from German): "At first mother could not come to terms with the idea that Riemann's papers should no longer remain in private hands; to her, they are something sacred, and she doesn't like to think of them being made accessible to any student, who would then also be able to read the marginal notes, some of which are purely personal."

While Riemann's mathematical papers were passed on by Weber to the Göttingen Academy of Sciences in the spring of 1895, it appears that some of the more personal documents must have remained in the family's possession. By far the largest known collection of such manuscripts is currently in the Library of the Prussian Cultural Foundation (Staatsbibliothek Preussischer Kulturbesitz) in Berlin, and comprises some 200 letters which had passed between Riemann and various members of his family, as well as a few letters from friends of his. These letters were left by the Bonn mathematician and historian of mathematics Erich Bessel-Hagen (1898–1946) to his brother, Dr. Hermann B. Hagen, who donated them to the Berlin Library in 1966. Unfortunately, a detailed study of Erich Bessel-Hagen's papers has failed to shed any light on the precise circumstances under which these letters came to be in his possession. Inquiries among Bessel-Hagen's relatives and friends, however, suggest that he only acquired them during the Second World War. At any rate, Otto Neugebauer, who in 1926 attended Bessel-Hagen's lectures on Riemann in Göttingen on the occasion of the hundredth anniversary of Riemann's birth, has no knowledge of any such letters having turned up in Göttingen, and Bessel-Hagen's sister, now aged 98, thinks that he bought the letters at an auction or from a dealer, most probably during the war. A comparison of Riemann's family correspondence now in the Berlin Library with those letters referred to by Dedekind in his biography of Riemann [Riemann 1876, 539–558] shows that the Berlin collection is far from complete: of six letters which Dedekind mentions by date, only one original and two excerpts made by Riemann's sister are now to be found in Berlin. Extensive research has since brought to light some further items of Riemann's family correspondence, as well as a number of other documents (school reports, university leaving certificates and attendance records, a diary, correspondence from the university curators, etc.), which are distributed among Carl David Schilling's numerous descendants. Nevertheless, a great part of the family letters and almost all of Riemann's scientific correspondence has not yet been traced.

RIEMANN'S SCIENTIFIC CORRESPONDENCE

At the present time, the clearest picture of Riemann's scientific correspondence can be formed from drafts scattered among his mathematical papers. Some difficulty arises, however, from the fact that Riemann frequently drafted and redrafted his letters on quite different pieces of paper, which are now interspersed among the 4000 or so sheets comprising the Göttingen collection. Outside Göttingen and Berlin, originals of Riemann's letters have so far been located only in London (addressed to Kronecker), Paris (to Élie de Beaumont), Pisa (to Betti), and Zürich (to the ETH). A systematic search through the Göttingen collection, together with the few originals of Riemann's letters discovered to date, yields documentary evidence of some 70 letters written *by* Riemann. An important complement to this list was provided by our recent discovery of a list of letters written *to* Riemann, possibly compiled by Riemann himself, which is now in the possession of his descendants. The latter list mentions a total of 39 letters to Riemann written by 19 different correspondents between June 1854 and February 1866. If we collate the two lists, the following persons emerge as Riemann's academic correspondents [4]:

[H. (?)] Bertram, E. Betti, [W. v.] Bezold, C. W. Borchardt, A. Clebsch, R. Dedekind, P. G. Lejeune Dirichlet, [H.] Durège, J. B. A. L. L. Élie de Beaumont, J. F. Encke, C. F. Gauss, [Ch. L.] Gerling, K. E. Hasse, J. F. L. Hausmann, J. Henle, W. Klinkerfues, R. Kohlrausch, L. Kronecker, E. E. Kummer, W. A. Oeltzen, J. Ch. Poggendorff, F. Prym, E. W. G. v. Quintus-Icilius, A. Ritter, [G.] Roch, A. Sartorius v. Waltershausen, G. H. Stisser, G. A. Thieme, A. Wachsmuth, W. Weber, K. Weierstrass, J. G. Westphal, F. Wöhler, etc.

According to both lists, Riemann's most important correspondent by far was Borchardt, with whom Riemann exchanged letters about the publication of his articles in Crelle's journal, followed by Betti, Kohlrausch, Kronecker, and Wilhelm Weber.

NOTES BASED ON RIEMANN'S LECTURES

The decisive impetus to collect notes based on Riemann's lectures came from Felix Klein (1849–1925). In the summer of 1890, Klein placed a written proposal before the Göttingen Academy of Sciences that surviving sets of notes on Riemann's lecture courses be gathered together, and that the Riemann collection in general be systematically reexamined, with a view to the subsequent publication of the most important items. Unfortunately, Klein's proposal met with opposition at the meeting held on July 5, 1890, and so he withdrew it; nevertheless, it appears likely that Klein pursued his efforts to collect Riemann-related items over the next several years [5]. Thus, as emerges from the correspondence between H. Weber and Schilling (NSUB Göttingen, Cod. Ms. Riemann 1.2), it is partly due to Klein that Riemann's mathematical papers could be handed over to the Göttingen University Library in 1895. In 1896, Klein contacted W. von Bezold (1837–1907), who agreed to give his lecture notes to the Göttingen University Library. At the same time, the Academy purchased a number of Riemann-related items from the estate of K. Hattendorff (1834–1882). In the meetings held on May 29 and July 31, 1897, Klein reported on these acquisitions to the Academy and published his report in the Academy journal [Klein 1897]. A short time afterward, further Riemann-related items were acquired from the Schering estate; Klein mentions this in a footnote at the end of a report on the current state of progress on the publication of the works of Gauss, and expresses his desire to see sets of lecture notes from all of Riemann's courses brought together in the Göttingen library [Klein 1898, 18]. In the end, Klein's efforts and the appeal he made to his contemporaries effected the results he had hoped for: between 1896 and 1902, M. Noether (1844–1921) and W. Wirtinger (1865–1945) combed through the newly collected material and the Riemann collection, and in 1902 published the "Nachträge" (Supplement) [Riemann 1902] to Riemann's Collected Works. Thanks to the efforts of Klein, Noether, and Wirtinger, the Göttingen University Library collection has subsequently expanded and now includes a total of no fewer than 20 different sets of lecture notes from Riemann's courses, taking into account the material in the Dedekind *Nachlass*, which was later deposited there.

As the sets of lecture notes kept in Göttingen are relatively well known and have in many cases already been described or partly published elsewhere (see [Goedecker 1872, 1879; Hattendorff 1869, 1876; Klein 1897, 1898; Neuenschwander 1979, 1980, 1981b, 1981c, 1987; Noether 1900, 1909; Riemann 1876, 1902; Stahl 1896, 1899; Wirtinger 1905]), we shall confine ourselves here to describing those sets of notes to be found outside the Göttingen University Library collection which have come to light as a result of our systematic research conducted between 1978 and 1986. Most of these sets of lecture notes were not previously known to exist and provide a significant addition to our understanding of Riemann's ideas.

We shall first present a list of the titles, locations, and other bibliographical data concerning these manuscripts and then go on to describe each of them in greater detail.

1. *Theorie der Physik, insbesondere Theorie der Elasticität und mechanische Wärmetheorie, vorgetragen von Hrn. Professor Riemann im Wintersemester 1858/59. F. Tietjen. 4/11 G[eorgia] A[ugusta] 1858.* 53 unpaginated leaves. Akademie der Wissenschaften der DDR, Berlin, Nachlass Schwarz, Nr. 749.

2. *Mathematische Theorie der Schwere, der Elektricität und des Magnetismus. Vorlesungen von B. Riemann. Göttingen im Sommer 1861. Ausgearbeitet von Herrn Ed. Schultze.* 220 pages. Akademie der Wissenschaften der DDR, Nachlass Schwarz, Nr. 677.

3. *Theorie der Funktionen einer veränderlichen complexen Größe besonders der Elliptischen und Abelschen von B. Riemann. Göttingen im Sommer 1861. Ausgearbeitet von Herrn Ed. Schultze.* 202 pages. Akademie der Wissenschaften der DDR, Nachlass Schwarz, Nr. 678.

4. *Riemann. Über pfach unendliche ϑReihen. Von G. Roch.* Excerpt from a set of notes by Roch on Riemann's lectures, undated, 16 leaves. Akademie der Wissenschaften der DDR, Nachlass Schwarz, Nr. 681.

5. *Über die hypergeometrische Reihe. Nachschrift eines von Riemann gehaltenen Collegs von Prof. v. Bezold, aus der Gabelsbergerschen Stenographie übertragen von H. Franzen.* 248 numbered pages, plus title page, preface, and a separately numbered supplement. Akademie der Wissenschaften der DDR, Nachlass Schwarz, Nr. 679.

6. *B. Riemann. Ueber die hypergeometrische Reihe. Vorlesung Göttingen Wintersemester 1858/1859. Nachschrift von Prof. v. Bezold. Aus dem Stenogramm übertragen von S. [!] Franzen.* Carbon copy of typewritten transcript, 198 numbered pages. Humboldt-Universität, Berlin (East), Sektion Mathematik, Catalog Number: M.S. W 669/20.

7. *Funktioner af komplexe Variable—Riemann.* Lecture notes by C. A. Bjerknes, 1855/56, 82 pages. The Royal University Library, Oslo, Ms. 4° 2591:37.

8. *Mathematische Theorie der Schwere, der Electricität & des Magnetismus. Vorlesungen von B. Riemann. Göttingen im Sommer 1861. Ausgearbeitet von Hrn. Ed. Schultze.* 220 pages. Mathematisches Institut der Georg-August-Universität, Göttingen.

9. *Riemann. Vorlesungen über Potentiale.* Copy of a set of lecture notes by E. Schultze, two parts with 128 and 148 pages respectively. Deutsche Staatsbibliothek, Berlin (East), Ms. Germ. 8° 1202.

10. *Theorie der Functionen einer veränderl. kompl. Groesse besonders der Elliptischen und Abelschen von B. Riemann. Goettingen, Sommer 1861.* Lecture notes by E. Schultze [?] once in the possession of B. v. Kerékjártó. 127 pages. Rare Book and Manuscript Library, Columbia University, New York, Smith Manuscript/517/1861.

11. *Theorie der Functionen einer complexen Größe. Vorgetragen von Prof. Riemann. Göttingen, Sommer 1861. Winter 1861/62. Friedrich Prym, Doctor phil.* Lithograph: Friedr. Umlauft, Vind. 1865. Two parts with 88 and 23 pages, respectively. Available in: Institut Mittag-Leffler, Djursholm, Sweden, and Math. Library, University of Illinois, Urbana-Champaign, Illinois.

Manuscripts Nos. 1–5 are to be found in the Schwarz *Nachlass* kept by the GDR Academy of Sciences (Akademie der Wissenschaften der DDR, abbreviated hereafter to *AdW der DDR*) in Berlin, which was sorted and cataloged by the archive staff in 1986. This collection also includes a list, compiled by Schwarz, of Riemann's papers (AdW der DDR, Nachl. Schwarz, Nr. 682), and an unspecified excerpt from notes on Riemann's lectures, entitled "Untersuchung der Abel'schen Funktionen für den Fall $p = 3$" (AdW der DDR, Nachl. Schwarz, Nr. 680). The lecture notes in the Schwarz *Nachlass* were, for the most part, copied later by third persons, substantial sections probably being in Schwarz's own hand, and in several cases there are also explanatory marginal notes made by Schwarz himself. In October 1986, when we first examined these lecture notes, the records of borrowers revealed manuscripts Nos. 3 and 4 to be the only ones previously consulted, a situation which had not changed when we returned in April 1987 to reexamine them. Current restrictions on copying some of the manuscripts kept in the GDR have unfortunately made it difficult to carry out exhaustive comparisons with the sets of notes located elsewhere, so that we are presently unable to make a final evaluation of some of these lecture notes.

Manuscript No. 1 was written by the future Berlin astronomer F. Tietjen (1834–1895), who studied in Göttingen during the summer semester of 1858 and the winter semester of 1858/59. It is to be found alongside a number of other manuscripts dating from Tietjen's student days (notes on a lecture course given by Stern and copies of papers by Abel, Gauss, and Malmsten) in a bound volume bearing the title "Mathematik. Wintersemester 1858/59" on the spine. Tietjen's notes are of particular interest, as the only previously known record of the Riemann lecture course in question was a set of relatively brief shorthand notes by Bezold (NSUB Göttingen, Cod. Ms. Riemann 29[b]) entitled "Höhere Mechanik" (Higher Mechanics), and as compared with the lecture courses published by Hattendorff [Hattendorff 1869, 1876], Riemann changed both his choice of material and the order of presentation that semester. According to the record left by Tietjen, for the semester in question Riemann dealt not only with "Höhere Mechanik," as announced in the lecture-list, but also with the theory of electricity, mechanical theory of heat, and the theory of elasticity. It is possible that Riemann decided upon these changes as a result of Dirichlet's falling ill, and it appears that he also delivered Dirichlet's lectures on partial differential equations in his indisposed colleague's place [6].

Manuscript No. 2 is based upon the same lecture course by Riemann as the book [Hattendorff 1876], and covers broadly the same ground. It is a copy of a set of notes by Eduard Schultze, who studied in Göttingen during the winter semester of 1860/61 and the summer semester of 1861, when he also attended Riemann's lectures on function theory (cf. MS No. 3 of our list, as well as Schultze's leaving certificate from the University of Göttingen). From 1866 to 1867, Schultze taught at the Friedrich-Wilhelm-Gymnasium in Berlin, as Schwarz notes on the title page of MS No. 2. Further copies of Schultze's notes are extant in Göttingen (our *Manuscript No. 8*) and Berlin (our *Manuscript No. 9*) and are, as far as we were able to determine, verbatim copies of No. 2. Indeed, the correspondence between Nos. 8 and 2 is so close that identical passages of the text are consistently found on the same pages, with a discrepancy of a few lines at most. In addition, MS No. 8 includes all the marginal notes contained in No. 2, some of them being Schwarz's own, while at the same time containing additional marginal notes on the concordance with the edition by Hattendorff [Hattendorff 1876]. It is reasonable to suppose, therefore, that No. 8 is a later copy of No. 2. Manuscript No. 9, on the other hand, is marked "Aus dem Nachlaß des GR. Bertram" (from privy councillor Bertram's estate), and bears the stamp of the library of the Mathematical Society of the University of Berlin.

Manuscript No. 3 appears, on the basis of the sections we compared, to accord almost completely with MS No. 10, which can therefore most likely also be ascribed to the above-mentioned Schultze. In marginal notes and on separate sheets pasted into MS No. 3, Schwarz has noted deviations both from Prym's lithographed notes (our No. 11) and from a copy of Hattendorff's notes at that time in Weber's possession. From page 116 on, the text of MS No. 3 appears to have been written out by another person. The University Library in Göttingen possesses several other sets of notes on Riemann's summer semester 1861 lectures on function theory, compiled by Abbe (NSUB, Cod. Ms. Riemann 32^c), Hankel (NSUB, Cod. Ms. Riemann 32^g), and Hattendorff (NSUB, Cod. Ms. Riemann 31 and 32); their interdependence was studied in [Neuenschwander 1981b, 240]. For a provisional edition of the first part of Hankel's lecture notes, we refer the reader to [Neuenschwander 1979], and for a more authoritative edition of Riemann's introductory lectures on the general foundations of function theory, based upon all available sets of lecture notes together with Riemann's own preparation notes, to [Neuenschwander 1987].

Manuscript No. 4 is in the same handwriting as the first part of No. 3, and is most likely an excerpt copied by Schwarz out of a set of lecture notes by Gustav Roch (1839–1866). A penciled note in the same handwriting at the top of folio 2 reads: "G. Roch's Ausarbeitung nach Riemann's Vorlesung" (G. Roch's notes based on Riemann's lectures). It is possible that the unspecified excerpt mentioned above (AdW der DDR, Nachl. Schwarz, Nr. 680) is also based on Roch's lecture notes, from which the two fragments XXX and XXXI, published by Weber in Riemann's Collected Works [Riemann 1876, 483–504], are taken; these fragments correspond closely to the two excerpts mentioned here. Regarding Roch's original notes, and a copy of certain parts of them for F. Casorati, see [Neuenschwander 1978, 40, 63].

Manuscript No. 5 is a revised transcription of Bezold's shorthand notes (Cod. Ms. Riemann 29), which are now in the Göttingen University Library. It was compiled at Schwarz's suggestion by H. Franzen between August 1892 and June 1894, when Bezold's original notes were still in Berlin. According to the foreword provided by Franzen, pages 1–160 are a revised version based on Bezold's shorthand manuscript, and pages 161–248 a verbatim transcription of it. Franzen states that it proved necessary to revise the text due to numerous shortcomings in

Bezold's shorthand script, but he reproduced the original text of the passages he altered in a separate booklet, entitled "Nachträgliche Bemerkungen" (Supplement), which he included with his revised version.

Manuscript No. 6 is, as far as we were able to ascertain by comparing individual pages, for the most part a verbatim typewritten copy of No. 5. It bears the comment: "15.12.26. Geschenkt von Prof. Bieberbach" (15.12.26. Presented by Prof. Bieberbach), and the stamp of the Mathematical Seminar of the University of Berlin. According to Mr. Hadan, long-standing chief librarian of the Zweigstelle Mathematik of the Library of the Humboldt-University, Berlin (East), this manuscript has not been consulted by any borrowers from outside the University for more than 15 years.

Bezold's original shorthand notes (NSUB Göttingen, Cod. Ms. Riemann 29) already aroused great interest in the 19th century, and were consulted and transcribed by both H. A. Schwarz and L. Fuchs [7]. As can be gathered from letters written by Max Noether and Frau Riemann, this soon led to a dispute over publication rights for the original notes, and as a result Bezold was happy to hand over both the manuscript itself and the publication rights to Göttingen in 1897. The notes were then studied by Wirtinger, who published excerpts from them in the Supplement to Riemann's Collected Works [Riemann 1902, 69–94] and subsequently devoted a lecture to them [Wirtinger 1905].

Manuscript No. 7 is a set of notes compiled by the Norwegian mathematician C. A. Bjerknes (1825–1903), who studied in Göttingen and Paris from 1855 to 1857 and attended Riemann's lectures on function theory in the winter semester of 1855/56 and in the summer semester of 1856 [8]. Bjerknes' notes are written in German, with marginal annotations in Norwegian summarizing the main points; they present a welcome addition to the notes on the same lectures compiled by Schering (NSUB Göttingen, Cod. Ms. Riemann 37), and to Riemann's own treatise on the theory of Abelian functions [Riemann 1876, 88–144], which was based on these courses. Apart from Riemann's lectures, Bjerknes also attended lectures given by Dirichlet, Stern, and Dedekind during his time in Göttingen. Bjerknes' *Nachlass* also includes notes on some of these lectures, as we were able to ascertain from photocopies kindly provided by the Royal University Library in Oslo.

Manuscript No. 10 bears the names B. Kerékjártó (1898–1946) and D. E. Smith (1860–1944) on a flyleaf. On the same sheet, the latter has written: "Student's copy of Riemann's lectures at Göttingen, 1861. David Eugene Smith—The student was Bêla von Kerékjártó. His son (?) was at one time Privatdozent at Szeged, then Ujpest, and later at Göttingen. He wrote numerous monographs." In fact, this information given by Smith regarding the authorship of the notes seems extremely questionable to us, since there is no student by the name of Kerékjártó to be found in the Göttingen matriculation register [Ebel 1974]. Moreover, a comparison with the other sets of notes on Riemann's lectures on function theory reveals that those passages of MS No. 10 we have examined are, for the most part, identical with the corresponding passages of MS No. 3. We therefore regard it as more likely that the name of Kerékjártó on the flyleaf is to be interpreted as an indication of ownership, and that the notes themselves were compiled by the above-mentioned Schultze. In fact, an examination of the handwriting and a consideration of the numerous crossings-out in MS No. 10, sometimes even involving the deletion of whole sections, make it probable that No. 10 might actually be Schultze's original notes on the lecture course.

Manuscript No. 11 comprises a set of lithographed notes compiled by F. Prym (1841–1915), a small number of copies of which he distributed among his personal acquaintances [Riemann 1902, 116; Stahl 1896, foreword]. It contains two separately numbered parts, the first roughly covering the lectures Riemann gave in the summer semester of 1861, from which the sets of notes mentioned in our commentary on MS No. 3 also derive; the second part is devoted to the continuation of the lectures in the winter semester of 1861/62. The first part of Prym's lithographed notes bears on page 69 the comment "finis: 5. Mai 1862. Nachm. 5 Uhr." (completed: May 5, 1862, 5 P.M.), and ends with the note: "finis 18./5. 62". In compiling this part, Prym relied on the lecture notes taken down by Hattendorff (NSUB Göttingen, Cod. Ms. Riemann 31 and 32), since he was still studying in Heidelberg in the summer semester of 1861 (cf. Prym's statements contained in letters dating from the year 1898 in NSUB, Cod. Ms. Klein 11, Nos. 388 and 1097). The second part of Prym's lithographed compilation is considerably less extensive than the notes he took himself during Riemann's lectures on function theory in the winter semester of 1861/62, or those taken by Minnigerode (NSUB, Cod. Ms. Riemann 38), which Noether and Wirtinger drew upon for their edition of extracts from this lecture course [Riemann 1902, 1–66].

Finally, we should like to refer to two little-known excerpts from Riemann's lectures, which were published by E. Goedecker [1872, 1879] and which are not mentioned in Riemann's Collected Works [Riemann 1876, 1902]. These are concerned with problems that Riemann dealt with, according to Goedecker, toward the end of his series of lectures in the winter semester of 1860/61, namely on the distribution of heat within a sphere and of the movement of a circular ring in an infinite and incompressible fluid.

Furthermore, it would appear that the editors of the Supplement to Riemann's Collected Works [Riemann 1902] had no access to the lecture notes taken by Dedekind, now available in the Göttingen University Library (NSUB, Cod. Ms. Dedekind I, 13–16). These refer to Riemann's lectures on partial differential equations (WS 1854/55), definite integrals (SS 1855), hypergeometric series (WS 1856/57), and elliptic and Abelian functions (WS 1857/58). At the same time, we take the opportunity in note [9] of citing a number of what we believe to be hitherto unknown sets of notes on lectures given by Riemann's great rival, Karl Weierstrass (1815–1897), which were discovered in the course of our present research.

NOTES

1. *Akademie der Wissenschaften in Göttingen*, which bore the name *Gesellschaft der Wissenschaften zu Göttingen* until October 1940.

2. Regarding this donation see, in addition to the sources mentioned earlier, especially Archiv der Akademie der Wissenschaften in Göttingen, Scient. 116, as well as Nachrichten von der Königl. Gesellschaft der Wissenschaften zu Göttingen. Geschäftliche Mittheilungen aus dem Jahre 1894, Göttingen 1895, p. 2 and Chronik der Georg-Augusts-Universität zu Göttingen für das Rechnungsjahr 1894–95, Göttingen 1895, pp. 12–13 and 18.

3. From approx. 1877–1892, Schwarz lived at Weender Chaussee 17A (the street name was changed during the course of these years to Bertheaustr., and the house number subsequently from 17A to 3), while Frau Riemann lived with her daughter and Riemann's only surviving sister, Ida, at Weender Chaussee 17 (see the official Göttingen directory of addresses, published every 2–3 years). On September 5, 1890, Frau Riemann moved to Bremen, apparently together with Riemann's sister, Ida (see the official residents' register of the city of Göttingen, and the Göttingen and Bremen directories of addresses). In view of the fact that Schilling lived in Professor Schwarz's house during 1879 and 1880, it is quite possible that he already got to know Riemann's daughter during his student days. Regarding Schwarz's cordial relationship with both Frau Riemann and Schilling, see [Neuenschwander 1981b, note 48]. For further information concerning Schilling, see [Mücke 1969], as well as the numerous letters written by Schilling to be found in Klein's and Schwarz's papers.

4. The Christian names of the correspondents are missing in the second list. In those cases where these cannot be unmistakably ascertained on the basis of the letters preserved or other documents, they have been indicated in square brackets in the following list.

5. Regarding Klein's proposal and his subsequent endeavors in this matter, see Archiv d. Akad. d. Wiss. in Göttingen, Scient. 116 and Chron. 4. 6, as well as Klein's own records in NSUB Göttingen, Cod. Ms. Klein 22 L: 3. fol. 9^v. Further information concerning the acquisition and editing of these Riemann-related items may be found in the articles mentioned in the bibliography, as well as in the "Chronik der Georg-Augusts-Universität", the "Nachrichten von der Königl. Gesellschaft der Wissenschaften zu Göttingen. Geschäftliche Mittheilungen", and Klein's own correspondence.

6. There is various evidence to support this conclusion, including a set of lecture notes by Nägelsbach in Göttingen entitled "Partielle Differentialgleichungen nach Lejeune Dirichlet vorgetragen von Professor Riemann in Göttingen. H. Naegelsbach, Wintersemester 1858/59" (Partial Differential Equations as developed by Lejeune Dirichlet, delivered by Professor Riemann in Göttingen. H. Naegelsbach, winter semester 1858/59) (NSUB, Cod. Ms. Riemann 41). Furthermore, a comparison of leaving certificates reveals extraordinarily wide variations in the wording of the titles of the lecture courses for the semester in question, which reflect the above-mentioned changes. From the sets of notes still in existence, we can see that, contrary to the assumption made by Noether [1909, 25], Riemann gave two different lecture courses on physics that semester. According to a handwritten notice by Riemann in the *Nachlass* (NSUB, Cod. Ms. Riemann 2, fol. 41^r), the exact titles of the three lecture courses Riemann finally offered that semester were as follows:

1) Integration der partiellen Differentialgleichungen mit Anwendungen auf physikalische Fragen. Mon. Dienst. Donn. u. Freit. 12-1. Uhr.

2) Theoretische Physik, insbesondere Theorie der Elasticität und mechanische Wärmetheorie an denselben Wochentagen 9-10 Uhr. Anfang d. 1. Nov.

3) Über Functionen einer veränderlichen complexen Größe, insbesondere über hypergeometrische Reihen und verwandte Transzendenten, an denselben Tagen 4-5 Uhr. Anfang d. 26. October.

7. Regarding the transcription produced for Schwarz, see our commentary on MS No. 5; regarding that produced for Fuchs, see [Wirtinger 1905, 124]. For the dispute between Fuchs and Schwarz, and for an account of the donation of the original manuscript to Göttingen, see NSUB Göttingen, Cod. Ms. Klein 11, Nos. 127 and 528, and Klein 8, Nos. 87–90, respectively. Wirtinger's claim [1905, 124] that Fuchs had the manuscript transcribed as early as 1894 would appear to conflict with statements made by Bezold in letters to Klein that Fuchs had the manuscript at his disposal from approximately May 1896 to July 1897, in order to have it transcribed before it was passed on to Göttingen.

8. We are indebted to Jan-Erik Roos for bringing the existence of these lecture notes to our attention. In July 1987 the Library staff discovered a second manuscript bearing the title "ϑFunktioner

Riemann" on the spine, which seems to be based on the continuation of Riemann's lectures in the summer semester 1856.

9. More than 10 such sets of lecture notes, as well as seminar papers and notes on lectures delivered by other Berlin mathematicians are to be found in the *Nachlass* of the mathematician V. Dantscher (1847–1921) in the Graz University Library; according to information received from the library, no publications have appeared to date regarding this material. Dantscher was a professor at the University of Graz, and in 1908 published a book on Weierstrass' theory of irrational numbers, entitled "Vorlesungen über die Weierstrasssche Theorie der irrationalen Zahlen". Further substantial collections of notes on Weierstrass' lectures (comprising 5 or more sets of lecture notes in each case) which are not listed at all (or only in part) in the relevant literature are to be found in the library of the Mathematical Institute of the University of Göttingen; in the Aussenstelle Sektion Mathematik of the library of the Karl-Marx-University, Leipzig; in the various departments of the Humboldt-University, Berlin (East); in the Deutsche Staatsbibliothek, Berlin (East); in the library of the Mathematical Institute of the University of Giessen; in the library of the Sektion Mathematik of the University of Halle-Wittenberg; and in the manuscript department of the ETH Library, Zürich. Smaller collections or individual sets of notes which, as far as we were able to ascertain, had hitherto remained undiscovered, are to be found in the library of the Fachbereich Mathematik of the Technische Universität in Berlin (West); in the Mathematical Institute of the University and in the University Archives, Bonn; in the University of Chicago Library; in the Hessische Landes- und Hochschulbibliothek, Darmstadt; in the library of the Mathematical Institute of the University of Erlangen-Nuremberg; in the University Library of the Technische Universität, Hanover; in the Mathematical Institute of the University and in the University Library, Vienna; in the University Library, Wrocław (PL); as well as in the possession of the author, who will be pleased to provide more detailed information regarding the individual manuscripts.

REFERENCES

Dedekind, R. 1876. Notice of Riemann's Collected Works. *Göttingische gelehrte Anzeigen* 1876, vol. 2, 961–965.

Ebel, W. 1974. *Die Matrikel der Georg-August-Universität zu Göttingen. 1837–1900*. Hildesheim: Lax.

Goedecker, E. 1872. Die Vertheilung der Wärme in der Kugel. Nach dem Vortrage von B. Riemann bearbeitet von E. Gödecker. *Programm des Johanneums zu Lüneburg*. Ostern 1872. Lüneburg 3–16.

——— 1879. Die Bewegung eines kreisförmigen Ringes in einer unendlichen und incompressibeln Flüssigkeit. Nach dem Vortrage von B. Riemann, bearbeitet von E. Goedecker. Programm: *Gymnasium und Realschule erster Ordnung zu Göttingen*, 2–22.

Hattendorff, K. 1869. *Partielle Differentialgleichungen und deren Anwendung auf physikalische Fragen. Vorlesungen von Bernhard Riemann. Für den Druck bearbeitet und herausgegeben von K. Hattendorff*. First edition. Braunschweig: Vieweg.

——— 1876. *Schwere, Elektricität und Magnetismus. Nach den Vorlesungen von Bernhard Riemann bearbeitet von Karl Hattendorff*. First edition. Hannover: Rümpler.

Klein, F. 1897. Erwerbung neuer, auf Bernhard Riemann bezüglicher Manuscripte. *Nachrichten von der Königl. Gesellschaft der Wissenschaften zu Göttingen. Mathematisch-physikalische Klasse aus dem Jahre 1897*, 189–190.

——— 1898. Ueber den Stand der Herausgabe von Gauß' Werken. *Nachrichten von der Königl. Gesellschaft der Wissenschaften zu Göttingen. Geschäftliche Mittheilungen*, 13–18.

Mücke, E. 1969. Schilling, Carl David. In *Bremische Biographie. 1912–1962*, pp. 443–444. Bremen: Hauschild.

Neuenschwander, E. 1978. Der Nachlaß von Casorati (1835–1890) in Pavia. *Archive for History of Exact Sciences* **19**, 1–89.

——— 1979. *B. Riemann. Theorie complexer Functionen. Vorlesungsnachschrift von H. Hankel.* Preprint for lectures: Department of the History of Science, Harvard University.

——— 1980. Riemann und das "Weierstraßsche" Prinzip der analytischen Fortsetzung durch Potenzreihen. *Jahresbericht der Deutschen Mathematiker-Vereinigung* **82,** 1–11.

——— 1981a. Lettres de Bernhard Riemann à sa famille. *Cahiers du Séminaire d'Histoire des Mathématiques* **2,** 85–131.

——— 1981b. Über die Wechselwirkungen zwischen der französischen Schule, Riemann und Weierstraß. Eine Übersicht mit zwei Quellenstudien. *Archive for History of Exact Sciences* **24,** 221–255.

——— 1981c. Studies in the History of Complex Function Theory II: Interactions among the French School, Riemann, and Weierstrass. *Bulletin of the American Mathematical Society* **5,** 87–105.

——— 1987. *Riemanns Vorlesungen zur Funktionentheorie.* Allgemeiner Teil. Preprint Nr. 1086. September 1987. Technische Hochschule Darmstadt, Fachbereich Mathematik.

Noether, M. 1900. Über Riemann's Vorlesungen von 1861–62 über Abel'sche Functionen. *Jahresbericht der Deutschen Mathematiker-Vereinigung* **8,** 177–178.

——— 1909. Uebermittelung von Nachschriften Riemann'scher Vorlesungen. *Nachrichten von der Königlichen Gesellschaft der Wissenschaften zu Göttingen. Geschäftliche Mitteilungen,* 23–25.

Riemann, B. 1876. *Gesammelte mathematische Werke und wissenschaftlicher Nachlass.* Herausgegeben unter Mitwirkung von Richard Dedekind von Heinrich Weber. Leipzig: Teubner. Second edition: Leipzig, 1892. Reprinting of the second edition, including the supplement [Riemann 1902]: New York, Dover, 1953. Unless otherwise noted, all quotations from Riemann's works are taken from the second edition.

——— 1902. *Gesammelte mathematische Werke. Nachträge.* Herausgegeben von M. Noether und W. Wirtinger. Leipzig: Teubner. Reprinted: New York, Dover, 1953.

Schering, E. 1867. Bernhard Riemann zum Gedächtniss. *Nachrichten von der K. Gesellschaft der Wissenschaften und der Georg-Augusts-Universität aus dem Jahre 1867.* Göttingen, 305–314. Reprinted with annotations in *Gesammelte Mathematische Werke von Ernst Schering. Herausgegeben von Robert Haussner und Karl Schering,* Vol. 2, pp. 161–168 and 425–428. Berlin: Mayer & Müller, 1909.

——— 1909. Zum Gedächtniss an B. Riemann. In *Gesammelte Mathematische Werke von Ernst Schering,* Vol. 2, pp. 367–383. Annotations: pp. 434–447. Berlin: Mayer & Müller.

Schilling, C. 1894–1909. *Wilhelm Olbers. Sein Leben und seine Werke. Im Auftrage der Nachkommen herausgegeben von Dr. C. Schilling,* 2 vols. Berlin: Springer

Stahl, H. 1896. *Theorie der Abel'schen Functionen.* Leipzig: Teubner.

——— 1899. *Elliptische Functionen. Vorlesungen von Bernhard Riemann.* Mit Zusätzen herausgegeben von Hermann Stahl. Leipzig: Teubner.

Wirtinger, W. 1905. Riemanns Vorlesungen über die hypergeometrische Reihe und ihre Bedeutung. In *Verhandlungen des dritten internationalen Mathematiker-Kongresses,* pp. 121–139. Leipzig: Teubner.

POSTSCRIPT

In the summer of 1989, just before this article was reprinted, Erich Bessel-Hagen's sister discovered two letters sent to him by Riemann's son-in-law Carl David Schilling. These show that Riemann's more personal papers were at the *Seefahrtschule* in Bremen before 1926 and were then sent for examination partly to Conrad Müller (1878–1953) and partly to Erich Bessel-Hagen. For a brief description of these papers, see the report of Müller in *Jahresbericht der Deutschen Mathematiker-Vereinigung* 31 (1922), 2. Abteilung, p. 108–109.

Bibliographie

1. Verzeichnis der Reprintvorlagen

[1.1] Riemann, B.: Gesammelte mathematische Werke und wissenschaftlicher Nachlass. Herausgegeben unter Mitwirkung von R. Dedekind von H. Weber. 2. Auflage. Leipzig: Teubner-Verlag 1892.

[1.2] Riemann, B.: Gesammelte mathematische Werke. Nachträge. Herausgegeben von M. Noether und W. Wirtinger. Leipzig: Teubner-Verlag 1902.

[1.3] Dedekind, R.: Gesammelte mathematische Werke. 3. Band. Herausgegeben von R. Fricke, E. Noether, Ö. Ore. Braunschweig: Vieweg 1932.

[1.4] Verhandlungen des dritten Internationalen Mathematiker-Kongresses in Heidelberg vom 8. bis 13. August 1904. Herausgegeben von A. Krazer. Leipzig: Teubner-Verlag 1905.

[1.5] Riemann, B.: Über die Hypothesen, welche der Geometrie zu Grunde liegen. Neu herausgegeben und erläutert von H. Weyl. 3. Auflage. Berlin: Springer-Verlag 1923.

[1.6] Siegel, C. L.: Gesammelte Abhandlungen. Band I. Herausgegeben von K. Chandrasekharan und H. Maaß. Berlin, Heidelberg, New York: Springer-Verlag 1966.

[1.7] Schering, E.: Gesammelte Mathematische Werke. 2. Band. Herausgegeben von R. Haussner und K. Schering. Berlin: Mayer & Müller 1909.

[1.8] Neuenschwander, E.: A brief report on a number of recently discovered sets of notes on Riemann's lectures and on the transmission of the Riemann Nachlass. Historia Mathematica 15 (1988), 101–113.

2. Arbeiten bis 1891

Die folgende Bibliographie versucht, den Einfluß der Ideen Bernhard Riemanns auf seine Zeitgenossen und auf die folgende Generation von Mathematikern zu verdeutlichen. Zu diesem Zweck wird eine möglichst umfassende Übersicht aller Arbeiten gegeben, in denen in irgendeiner Weise auf Riemann explizit Bezug genommen wird, beginnend mit den ersten Reaktionen auf Riemanns Aufsätze bis hin zum Jahre 1891 (d. h. 25 Jahre nach seinem Tode).

Die Zusammenstellung beruht auf der systematischen Durchsicht einer Reihe von Journalen („Journal für die reine und angewandte Mathematik", „Acta Mathematica", „Mathematische Annalen", „Zeitschrift für Mathematik und Physik", „Nachrichten von der Königlichen Gesellschaft der Wissenschaften zu Göttingen", „Berichte über die Verhandlungen der Königlichen Sächsischen Gesellschaft der Wissenschaften zu Leipzig" u. a.) sowie des „Jahrbuches über Fortschritte der Mathematik". Sie kann natürlich keinen vollständigen Überblick über den Einfluß des Riemannschen Schaffens bis 1891 geben, zum einen, weil Vollständigkeit verständlicherweise nicht erreichbar ist, zum anderen, weil spätere Autoren sich oft nicht mehr unmittelbar auf Riemann bezogen haben, sondern bereits auf seine Nachfolger. So referieren beispielsweise viele der späteren Arbeiten über Differentialgleichungen im Komplexen nur noch die Resultate von Fuchs, obwohl Fuchs selbst direkt von Riemann angeregt war und das auch gebührend betont hat. All diesen indirekten Einflüssen nachzugehen, hätte jedoch den vorgesehenen Rahmen gesprengt. Trotzdem hoffe ich, daß die Bibliographie für künftige Riemann-Forschungen von Nutzen sein wird.

[2.1] Amstein, H.: Fonctions abéliennes du genre 3; un cas particulier. Bull. de la Soc. Vaudoise des Sciences Naturelles **24** (1888), No. 99; **25** (1890), No. 101.

[2.2] Appell, P.: Intégration de certaines équations différentielles à l'aide des fonctions Θ. C. R. **90** (1880), 1207–1210.

[2.3] Appell, P.: Sur une classe de fonctions dont les logarithmes sont les sommes d'intégrales abéliennes de première et de troisième espèce. C. R. **92** (1881), 960–962.

[2.4] Appell, P.: Sur quelques applications de la fonction $Z(x, y, z)$ à la physique mathématique. Acta Math. **8** (1886), 265–294.

[2.5] Appell, P.: Développements en séries trigonométriques de certaines fonctions périodiques vérifiant l'équation $\Delta F = 0$. J. de Math. (4) **3** (1887), 5–52.

[2.6] Appell, P.: Sur les intégrales de fonctions à multiplicateurs et leur application au développement des fonctions abéliennes en séries trigonométriques. Acta Math. **13** (1890), 273–447.

[2.7] Appell, P.: Sur les fonctions périodiques de deux variables. J. de Math. (4) **7** (1891), 157–219.

[2.8] Ascoli, G.: Ueber trigonometrische Reihen. Math. Ann. **6** (1873), 231–240.

[2.9] Ascoli, G.: Sulla serie di Fourier. Annali di Mat. (2) **6** (1873–75), 21–71; 298–351.

[2.10] Ascoli, G.: Sulla serie $\sum_n A_n X_n$. Annali di Mat. (2) **7** (1875–76), 258–344.

[2.11] Ascoli, G.: Le curve limite di una varietà data di curve. Memorie della Accademia Reale dei Lincei (3) **18** (1884), 521–586.

[2.12] Ascoli, G.: Integrazione dell' equazione differenziale $\Delta^2 u = 0$ in alcune aree piane assai semplici. Rendiconti Reale Istituto Lombardo di scienze e lettere (2) **18** (1885), 252–258. Derselbe Bd. enthält weitere Arbeiten des Verf. zu dieser Thematik auf den Seiten 279–284; 349–356; 390–395; 440–450; 474–481; 546–551; 599–610; 617–629; 718–732; 783–798; 806–816.

[2.13] Ascoli; G.: Integration der Differentialgleichung $\Delta^2 u = 0$ in einer beliebigen Riemannschen Fläche. Stockh. Akad. 1888.

[2.14] Auerbach, F.: Die theoretische Hydrodynamik. Nach dem Gange der Entwickelung in der neuesten Zeit in Kürze dargestellt. Braunschweig 1881.

[2.15] Basset, A. B.: On the motion of a liquid ellipsoid under the influence of its own attraction. London Math. Soc. Proceedings **17** (1886), 255–262.

[2.16] Becker, J. C.: Die Grundlagen der Geometrie. Schlömilch **20** (1875), 445–456.

[2.17] Becker, J. C.: Lehrbuch der Elementargeometrie für den Schulgebrauch. Drittes Buch. Stereometrie, sphärische Trigonometrie und Kegelschnitte. Berlin 1879.

[2.18] Beez, R.: Ueber das Krümmungsmaass von Mannigfaltigkeiten. Math. Ann. **7** (1874), 387–395.

[2.19] Beez, R.: Zur Theorie des Krümmungsmaasses von Mannigfaltigkeiten höherer Ordnung. Schlömilch **20** (1875), 423–444; **21** (1876), 373–401.

[2.20] Beez, R.: Ueber das Riemannsche Krümmungsmaass höherer Mannigfaltigkeiten. Schlömilch **24** (1879), 1–17; 65–82.

[2.21] Beltrami, E.: Sulle proprietà generali delle superficie d'area minima. Memorie dell' Accademia delle Scienze dell' Istituto di Bologna (2), **7** (1867), 412–481.

[2.22] Beltrami, E.: Teoria fondamentale degli spazii di curvatura costante. Annali di Mat. (2), **2** (1868), 232–255.

[2.23] Beltrami, E.: Sulla teorica generale dei parametri differenziali. Memorie dell' Accademia delle Scienze dell' Istituto di Bologna (2), **8** (1868), 551–590.

[2.24] Beltrami, E.: Richerche sulla cinematica dei fluidi. Memorie dell' Accademia delle Scienze dell' Istituto di Bologna (3), **1** (1871), 431–476; **2** (1872), 381–437; **3** (1873), 349–407; **5** (1874), 443–484.

[2.25] Beltrami, E.: Formules fondamentales de cinématique dans les espaces de courbure constante. Bulletin des sciences mathématiques et astronomiques **11** (1876), 233–240.

[2.26] Beltrami, E.: Intorno ad alcune proposizione di Clausius nella teoria del potenziale. Rendiconti del Reale Istituto Lombardo (2), **11** (1878), 13–27.

[2.27] Betti, E.: Fondamenti di una teorica generale delle funzioni di una variabile complessa. (Uebersetzung der Dissertation von Riemann.) Annali di Mat. (1), **2** (1859), 288–304; 337–356.

[2.28] Betti, E.: La teoria delle funzioni ellitiche. Annali di Mat. (1), **3** (1859), 65–159, 298–310; **4** (1860), 26–45, 57–70, 297–336.

[2.29] Betti, E.: Sopra propagazione delle onde piane di un gaz. Annali di Mat. (1), **3** (1860), 232–241.

[2.30] Betti, E.: Sopra le funzioni algebriche di una variabile complessa. Annali delle Univ. Toscane 7 (1862), 101–130.

[2.31] Betti, E.: Sopra la elettrodinamica. Nuovo Cimento (1), **27** (1868), 402–407.

[2.32] Betti, E.: Sopra la distribuzione delle correnti elettriche in uno lastra rettangolare. Nuovo Cimento (2), **3** (1870).

[2.33] Betti, E.: Sopra gli spazi di un numero qualunque di dimensioni. Annali di Mat. (2), **4** (1871), 140–158.

[2.34] Betti, E.: Sopra una estensione dei principii generali della dinamica. Atti della Reale Accademia dei Lincei (3), **2** (1877–78), 32–34.

[2.35] Betti, E.: Sopra i moti che conservano la figura ellissoidale a una massa fluida eterogenea. Annali di Mat. (2), **10** (1880–82), 173–187.

[2.36] Bobek, K.: Ueber das Maximalgeschlecht von algebraischen Raumcurven gegebener Ordnung. Sitzungsber. der math.-naturwiss. Klasse der Kaiserlichen Akademie der Wiss. zu Wien **93** (1886), 13–27.

[2.37] du Bois-Reymond, P.: Beiträge zur Integration der partiellen Differentialgleichungen mit drei Variabelen. Leipzig 1864.

[2.38] du Bois-Reymond, P.: Ueber die Fourierschen Reihen. Göttinger Nachr. 1873, 571–584.

[2.39] du Bois-Reymond, P.: Ueber die veränderte Form der Bedingung für die Integrierbarkeit einer Function. Crelle **79** (1874), 259–263.

[2.40] du Bois-Reymond, P.: Allgemeine Lehrsätze über den Gültigkeitsbereich der Integralformeln, die zur Darstellung willkürlicher Functionen dienen. Crelle **79** (1875), 38–66.

[2.41] du Bois-Reymond, P.: Versuch einer Classification der willkürlichen Functionen reeller Argumente nach ihren Aenderungen in den kleinsten Intervallen. Crelle **79** (1875), 21–37.

[2.42] du Bois-Reymond, P.: Beweis, dass die Coefficienten der trigonometrischen Reihe $f(x) = \sum (a_p \cos px + b_p \sin px)$ die Werthe … haben, jedesmal, wenn diese Integrale endlich und bestimmt sind. Abh. der Königl. Bayrischen Akademie der Wiss. zu München, Zweite Klasse **7** (1876), 119–166.

[2.43] du Bois-Reymond, P.: Ueber die Paradoxen des Infinitärcalcüls. Math. Ann. **11** (1877), 149–167.

[2.44] du Bois-Reymond, P.: Notiz über die Convergenz von Integralen mit nicht verschwindendem Argument. Math. Ann. **13** (1878), 251–254.

[2.45] du Bois-Reymond, P.: Bemerkungen über $\Delta z = 0$. Crelle **103** (1888), 204–229.

[2.46] du Bois-Reymond, P.: Ueber lineare partielle Differentialgleichungen 2. Ordnung. Crelle **104** (1889), 241–301.

[2.47] Boltzmann, L.: Zur Geschichte des Problems der Fortpflanzung ebener Luftwellen von endlicher Schwingungsweite. Schlömilch **21** (1876), 452.

[2.48] Bonsdorff, E. V.: Den geometriska theorie för complexa functioner. Diss. Helsingfors 1870.

[2.49] Bortolotti, E.: Alcune osservazioni sulla definizione di connessione. Rendiconti delle sessioni dell' Accademia della scienze dell' Istituto di Bologna 1889–1890, 132–155.

[2.50] Braun, W.: Ueber Lissajou's Curven. Math. Ann. **8** (1875), 567–573.

[2.51] Brill, A. v.: Ueber diejenigen Curven, deren Coordinaten sich als hyperelliptische Functionen eines Parameters darstellen lassen. Crelle **65** (1866), 269–283.

[2.52] Brill, A. v.: Note bezüglich der Zahl der Moduln einer Classe von algebraischen Gleichungen. Math. Ann. **1** (1869), 401–406. **2** (1870), 471–475.

[2.53] Brill, A. v.: Ueber zwei Berührungsprobleme. Math. Ann. **4** (1871), 527–549.

[2.54] Brill, A. v.: Ueber Entsprechen von Punktsystemen auf einer Curve. Math. Ann. **6** (1873), 33–65.

[2.55] Brill, A. v.; Noether, M.: Ueber die algebraischen Functionen und ihre Anwendung in der Geometrie. Math. Ann. **7** (1874), 269–310. Göttinger Nachr. 1873, 116–132.

[2.56] Brill, A. v.: Bemerkungen über pseudosphärische Mannigfaltigkeiten von drei Dimensionen. Math. Ann. **26** (1886), 300–303.

[2.57] Brill, A. v.: Ueber algebraische Correspondenzen. Math. Ann. **36** (1890), 321–360.

[2.58] Briot, C.: Théorie des fonctions abéliennes. Paris 1879.

[2.59] Budde, E.: Ueber die Grundgleichungen der stationären Induction durch rotierende Magnete, und über eine neue Klasse von Inductionserscheinungen. Annalen der Physik und Chemie **30** (1887), 358–389.

[2.60] Budde, E.: Mittel zur praktischen Entscheidung zwischen den elektrodynamischen Punktgesetzen von Weber, Riemann und Clausius. Annalen der Physik und Chemie **30** (1887), 100–156.

[2.61] Burkhardt, H.: Beiträge zur Theorie der hyperelliptischen Sigmafunctionen. Math. Ann. **32** (1888), 381–442.

[2.62] Burkhardt, H.: Grundzüge einer allgemeinen Systematik der hyperelliptischen Functionen I. Ordnung. (Nach Vorlesungen von Felix Klein.) Math. Ann. **35** (1890), 198–296.

[2.63] Burnside, W.: On a certain Riemann's surface. London Math. Soc. Proceedings **22** (1891), 410–416.

[2.64] Cantor, G.: Ueber einen die trigonometrischen Reihen betreffenden Lehrsatz. Crelle **72** (1870), 130–138.

[2.65] Cantor, G.: Beweis, dass eine für jeden reellen Werth von x durch eine trigonometrische Reihe gegebene Function $f(x)$ sich nur auf eine einzige Weise in dieser Form darstellen lässt. Crelle **72** (1870), 139–142.

[2.66] Cantor, G.: Notiz zu dem Aufsatze: Beweis, dass eine für jeden reellen Werth von x ... Crelle **73** (1871), 294–296.

[2.67] Cantor, G.: Ueber die Ausdehnung eines Satzes aus der Theorie der trigonometrischen Reihen. Math. Ann. **5** (1872), 123–133.

[2.68] Cantor, G.: Ein Beitrag zur Mannigfaltigkeitslehre. Crelle **84** (1877), 242–258.

[2.69] Cantor, G.: Zur Theorie der zahlentheoretischen Functionen. Göttinger Nachr. 1880, 161–169; Math. Ann. **16** (1880), 583–588.

[2.70] Cantor, G.: Ueber ein neues und allgemeines Condensationsprincip der Singularitäten von Functionen. Math. Ann. **19** (1882), 588–594.

[2.71] Cantor, G.: Ueber unendliche, lineare Punktmannichfaltigkeiten. Teil 5. Math. Ann. **21** (1883), 545–591.

[2.72] Capelli, A.: Sopra la teoria Riemanniana delle funzioni Abeliane. Rendiconti dell' Accademia delle scienze fisiche e matematiche (2), **3** (1889), 236–242.

[2.73] Casorati, F.: Teorica delle funzioni di variabili complesse. Bd. 1. Pavia 1868.

[2.74] Casorati, F.; Cremona, L.: Considerazioni intorno al numero dei moduli delle equazioni e delle curve algebriche di un dato genere. Rendiconti d. Ist. Lomb. (2), **2** (1869).

[2.75] Casorati, F.: Sopra un recentissimo scritto del sig. Stickelberger. Annali di Mat. (2), **10** (1880–82), 154–157.

[2.76] Casorati, F.: Sopra le conpures del sig. Hermite, i Querschnitte e le superficie di Riemann, ed i concetti d'integrazione si reale che complessa. Annali di Mat. (2), **15** (1887), 223–234; **16** (1888–89), 1–20.

[2.77] Caspary, F.: Ueber das Additionstheorem der Thetafunctionen mehrerer Argumente. Crelle **97** (1884), 165–171.

[2.78] Castelnuovo, G.: Alcune osservazione sopra le serie irrazionali di gruppi di punti appartenenti ad una curva algebrica. Atti della Reale Accademia dei Lincei (4), 7_2 (1891), 294–299.

[2.79] Cayley, A.: Note on the theory of Invariants. Math. Ann. **3** (1871), 268–271.

[2.80] Cayley, A.: Note on Riemann's paper „Versuch einer allgemeinen Auffassung der Integration und der Differentiation" Werke pp. 331–344. Math. Ann. **16** (1880), 81–82.

[2.81] Cayley, A.: On orthomorphosis. Quarterly Journal of pure and applied Mathematics **25** (1891), 203–226.

[2.82] Cayley, A.: On some problems of orthomorphosis. Crelle **107** (1891), 262–277.

[2.83] Cesàro, E.: Eventualités de la division arithmétiques. Annali di Mat. (2), **13** (1885), 269–290.

[2.84] Christoffel, E. B.: Sul problema delle temperature stazionarie e la rappresentazione di una data superficie. Annali di Mat. (2), **1** (1867–68), 89-103.

[2.85] Christoffel, E. B.: Sopra un problema proposta da Dirichlet. Annali di Mat. (2), **4** (1870), 1–10.

[2.86] Christoffel, E. B.: Ueber die Abbildung einer einblättrigen, einfach zusammenhängenden, ebenen Fläche auf einem Kreise. Göttinger Nachr. 1870, 283–298.

[2.87] Christoffel, E. B.: Ueber die Abbildung einer n-blättrigen, einfach zusammenhängenden, ebenen Fläche auf einem Kreise. Göttinger Nachr. 1870, 359–369.

[2.88] Christoffel, E. B.: Ueber die Integration von zwei partiellen Differentialgleichungen. Göttinger Nachr. 1871, 435–453.

[2.89] Christoffel, E. B.: Untersuchungen über die mit dem Fortbestehen linearer partieller Differentialgleichungen verträglichen Unstetigkeiten. Annali di Mat. (2), **8** (1877), 81–113.

[2.90] Christoffel, E. B.: Ueber die kanonische Form der Riemannschen Integrale erster Gattung. Annali di Mat (2), **9** (1878–79), 240–301.

[2.91] Christoffel, E. B.: Algebraischer Beweis des Satzes von der Anzahl der linear unabhängigen Integrale erster Gattung. Annali di Mat. (2), **10** (1880–82), 81–100.

[2.92] Clausius, R.: Ueber die Ableitung eines neuen elektrodynamischen Grundgesetzes. Crelle **82** (1877), 85–130.

[2.93] Clausius, R.: Ueber einige neue von Herrn Zöllner gegen meine elektrodynamischen Betrachtungen erhobenen Einwände. Annalen der Physik und Chemie (2), **4** (1878), 217–226.

[2.94] Clebsch, A.: Ueber die Anwendung der Abelschen Functionen in der Geometrie. Crelle **63** (1864), 189–243.

[2.95] Clebsch, A.: Ueber die Singularitäten algebraischer Curven. Crelle **64** (1865), 98–100.

[2.96] Clebsch, A.: Ueber diejenigen Curven, deren Coordinaten sich als elliptische Functionen eines Parameters darstellen lassen. Crelle **64** (1865), 210–270.

[2.97] Clebsch, A.; Gordan, P.: Theorie der Abelschen Funktionen. Leipzig 1866.

[2.98] Clebsch, A.: Note sur les surfaces algébriques. C. R. **67** (1868), 1238.

[2.99] Clebsch, A.: Ueber den Zusammenhang einer Classe von Flächenabbildungen mit der Zweitheilung der Abelschen Functionen. Math. Ann. **3** (1870), 45–75.

[2.100] Clebsch, A.: Zur Theorie der Riemann'schen Fläche. Math. Ann. 6 (1873), 216–230.

[2.101] Clebsch, A.: Ueber ein neues Grundgebilde der analytischen Geometrie der Ebene. Math. Ann. **6** (1873), 203–215.

[2.102] Clebsch, A.: Vorlesungen über Geometrie. Hrsg. von F. Lindemann. Leipzig 1875.

[2.103] Clifford, W.: On the canonical form and dissection of a Riemann's surface. London Math. Soc. Proceedings **8** (1877), 292–304.

[2.104] Craig, Th.: Note on Abel's theorem. London Math. Soc. Proceedings **13** (1881), 89–92.

[2.105] Dalwigk, F. v.: Beiträge zur Theorie der Thetafunctionen von p Variablen. Nova Acta Leopoldina **57** (1891), 221–263.

[2.106] Darboux, G.: Mémoire sur les fonctions discontinues. Annales de l'Ecole Normale (2), **4** (1875), 57–112.

[2.107] Darboux, G.: Sur une équation linéaire aux dérivées partielles. C. R. **95** (1882), 69–72.

[2.108] Dedekind, R.: Schreiben an Herrn Borchardt über die Theorie der elliptischen Modulfunctionen. Crelle **83** (1877), 265–292.

[2.109] Dedekind, R.; Weber, H.: Theorie der algebraischen Functionen einer Veränderlichen. Crelle **92** (1882), 181–290.

[2.110] Dickstein, S.: Bericht über die Arbeiten aus dem Gebiete der polydimensionalen Geometrie. Prace mat. fiz. **1** (1888), 129–136 (Polnisch).

[2.111] Dini, U.: Sopra le funzioni di una variabile complessa. Annali di Mat. (2), **4** (1870–71), 159–174.

[2.112] Dini, U.: Sopra alcune formole generali della teoria delle superficie e loro applicazione. Annali di Mat. (2), **4** (1870–71), 175–206.

[2.113] Dini, U.: Sulla unicità degli sviluppi delle funzioni di una variabile in serie di funzioni X_n. Annali di Mat. (2) **6** (1873–75), 216–225.

[2.114] Dini, U.: Sulla funzione potenziale dell' ellisse e dell' ellissoide. Atti della R. Accademia dei Lincei (2), **2** (1875), 689–707.

[2.115] Dini, U.: Sulla rappresentazione geografica di una superficie su di un' altra. Annali di Mat. (2), **8** (1877), 161–187.

[2.116] Dini, U.: Fondamenti per la teorica delle funzioni di variabili reali. Pisa 1878.

[2.117] Dini, U.: Serie di Fourier e altre rappresentazioni analitiche delle funzioni di una variabile reale. Pisa 1880.

[2.118] Donadt, O.: Das mathematische Raumproblem und die geometrischen Axiome. Leipzig 1881.

[2.119] Durège, H.: Theorie der elliptischen Functionen. Leipzig 1861.

[2.120] Durège, H.: Elemente der Theorie der Functionen einer complexen veränderlichen Grösse. Leipzig 1864[1], 1873[2], 1882[3].

[2.121] Durège, H.: Zur Analysis situs Riemann'scher Flächen. Sitzungsberichte der math.-naturwiss. Klasse der Kaiserlichen Akademie der Wiss. zu Wien. Zweite Abteilung **69** (1874), 115–120.

[2.122] Dyck, W.: Ueber Aufstellung und Untersuchung von Gruppe und Irrationalität regulärer Riemann'scher Flächen. Math. Ann. **17** (1880), 473–509.

[2.123] Dyck, W.: Notiz über eine reguläre Riemann'sche Fläche vom Geschlechte drei und die zugehörige „Normalcurve" vierter Ordnung. Math. Ann. **17** (1880), 510–516.

[2.124] Dyck, W.: Versuch einer übersichtlichen Darstellung der Riemann'schen Fläche, welche der Galois'schen Resolvente der Modulargleichung für Primzahltransformation der elliptischen Functionen entspricht. Math. Ann. **18** (1881), 507–527.

[2.125] Dyck, W.: Gruppentheoretische Studien. Math. Ann. **20** (1882), 1–44.

[2.126] Dyck, W.: Beiträge zur Analysis situs. Leipz. Ber. **37** (1885), 314–325; **38** (1886), 53–69; **39** (1887), 40–52.

[2.127] Dyck, W.: Beiträge zur Analysis situs. Math. Ann. **32** (1888), 457–512; **37** (1890), 273–316.

[2.128] Elliot, M.: Détermination du nombre des intégrales abéliennes de première espèce. Annales de l'Ecole Normale (2), **5** (1876), 399–444.

[2.129] Elliot, M.: Sur la transformation des intégrales Abéliennes. Annales de l'Ecole Normale (2), **9** (1880), 167–187.

[2.130] Elliot, M.: Géneralisation de deux théorèmes sur les fonctions Θ. C. R. **90** (1880), 352–354.

[2.131] Elliot, M.: Sur le problème de l'inversion. C. R. **90** (1880), 1466–1468.

[2.132] Emmanuel, D.: Etude des intégrales abéliennes de troisième espèce. Annales de l'Ecole Normale (2), **8** (1879), 299–326.

[2.133] Enneper, A.: Elliptische Functionen. Theorie und Geschichte. Halle 1876[1], 1889[2].

[2.134] Erdmann, B.: Die Axiome der Geometrie. Eine philosophische Untersuchung der Riemann-Helmholtz'schen Raumtheorie. Leipzig 1877.

[2.135] Figueiredo, H. M.: Superficies de Riemann. Coimbra 1887.

[2.136] Fischer, O.: Note über conforme Abbildung sphärischer Dreiecke durch algebraische Functionen. Leipz. Ber. **36** (1884), 17–31.

[2.137] Frakkers, V. C. L. M. E.: Ondoorloopendheid onder het integralteeken. Diss. Leiden 1879.

[2.138] Fricke, R.: Ueber die Substitutionsgruppen, welche zu den aus dem Legendreschen Integralmodul $k^2(\omega)$ gezogenen Wurzeln gehören. Math. Ann. **28** (1887), 99–118.

[2.139] Frischauf, J.: Ueber Riemann's punctirt unstetige Function. Schlömilch **34** (1889), 193–198.

[2.140] Frobenius, G.: Ueber den Begriff der Irreductibilität in der Theorie der linearen Differentialgleichungen. Crelle **76** (1873), 236–270.

[2.141] Frobenius, G.: Ueber das Additionstheorem der Thetafunctionen mehrerer Variabeln. Crelle **89** (1880), 185–220.

[2.142] Frobenius, G.: Ueber die Grundlagen der Theorie der Jacobischen Functionen. Crelle **97** (1884), 16–48; 188–223.

[2.143] Frobenius, G.: Ueber die constanten Factoren der Thetareihen. Crelle **98** (1885), 244–263.

[2.144] Frobenius, G.: Ueber das Verschwinden der geraden Thetafunctionen. Göttinger Nachr. 1888, 67–74.

[2.145] Frobenius, G.: Ueber die Jacobischen Functionen dreier Variabeln. Crelle **105** (1889), 35–100.

[2.146] Fröhlich, J.: Bemerkungen zu den elektrodynamischen Grundgesetzen von Clausius, Riemann und Weber. Annalen der Physik und Chemie (2), **9** (1880), 261–287.

[2.147] Fuchs, L.: Zur Theorie der linearen Differentialgleichungen mit veränderlichen Coefficienten. Crelle **66** (1866), 121–160; **68** (1868), 354–385.

[2.148] Fuchs, L.: Die Periodicitätsmoduln der hyperelliptischen Integrale als Functionen eines Parameters aufgefasst. Crelle **71** (1870), 91–127.

[2.149] Fuchs, L.: Ueber die Form der Argumente der Thetafunctionen und über die Bestimmung von $\vartheta(0, 0, \ldots 0)$ als Function der Klassenmoduln. Crelle **73** (1871), 305–323.

[2.150] Fuchs, L.: Ueber die linearen Differentialgleichungen, welchen die Periodicitätsmoduln der Abelschen Integrale genügen, und über verschiedene Arten von Differentialgleichungen für $\vartheta(0, 0, \ldots 0)$. Crelle **73** (1871), 324–339.

[2.151] Fuchs, L.: Ueber die Darstellung der Functionen complexer Variablen, insbesondere der Integrale linearer Differentialgleichungen. Crelle **75** (1873), 177–223; **76** (1873), 175–176.

[2.152] Fuchs, L.: Ueber lineare homogene Differentialgleichungen, zwischen deren Integralen homogene Relationen höheren als ersten Grades bestehen. Acta Math. **1** (1882), 321–362.

[2.153] Fuchs, L.: Ueber diejenigen algebraischen Gebilde, welche eine Involution zulassen. Sitzungsber. der Königl.-preussischen Akademie der Wiss. zu Berlin 1886, 797–804.

[2.154] Fuchs, L.: Ueber eine Klasse linearer Differentialgleichungen zweiter Ordnung. Crelle **100** (1887), 189–200.

[2.155] Gierster, J.: Ueber Relationen zwischen Klassenzahlen binärer quadratischer Formen von negativer Determinante. Math. Ann. **21** (1883), 1–50.

[2.156] Giese, W.: Ueber den Verlauf der Rückstandsbildung in Leidener Flaschen bei constanter Potentialdifferenz der Bewegung. Annalen der Physik und Chemie (2), **9** (1880), 161–208.

[2.157] Gilbert, P.: Sur le potentiel. Annales de la société scientifique de Bruxelles 7, A (1883), 67–68.

[2.158] Glaisher, J.: Factor table for the sixth million containing the least factor of every number not divisible by two, three or five between five million and six million. London 1883.

[2.159] Gödecker, E.: Die Bewegung eines kreisförmigen Ringes in einer unendlichen incompressiblen Flüssigkeit. Nach dem Vortrage von B. Riemann bearbeitet. Preisschrift Göttingen 1879.

[2.160] Gordan, P.: Beziehungen zwischen Theta-Producten. Crelle **66** (1866), 185–192.

[2.161] Gordan, P.: Ueber die Invarianten binärer Formen bei höheren Transformationen. Crelle **71** (1870), 164–194.

[2.162] Gosiewski, W.: Ueber die Prinzipien einer absoluten Theorie der materiellen Erscheinungen im Allgemeinen. Denkschriften der Pariser Gesellschaft der exakten Wissenschaften, Paris 1878 (Polnisch).

[2.163] Gosiewski, W.: Differentiation und Integration reeller Funktionen einer reellen veränderlichen Grösse. Denkschriften der Pariser Gesellschaft der exakten Wissenschaften, Paris 1881 (Polnisch).

[2.164] Goursat, E.: Extension du problème de Riemann à des fonctions hypergéométriques de deux variables. C. R. **90** (1882), 903–904; 1044–1047.

[2.165] Goursat, E.: Sur les fonctions d'une variable analogues aux fonctions hypergéométriques. Annales de l'Ecole Normale (3) **3** (1886), 107–136.

[2.166] Graf, J. H.: Beiträge zur Theorie der Riemann'schen Flächen. Diss. Bern 1878.

[2.167] Gram, J. P.: Undersøgelser angaaende Maengden af Primtal under en given Graense. Kjöbenhavn Skrift. (6) **2** (1884), 185–308.

[2.168] Grandi, A.: Di una formola nota che si puo dedurre da un theorema di Cauchy. Giornale di Matematiche **8** (1869), 374–375.

[2.169] Grassmann, H.: Zur Elektrodynamik. Crelle **83** (1877), 57–64.

[2.170] Greenhill, A. G.: On the rotation of a liquid ellipsoid about its mean axis. Proceedings of the Cambridge Philosophical Society **3** (1879), 233–276.

[2.171] Greenhill, A. G.: On the rotation of a liquid ellipsoid about an axis, not a principal axis, but lying in a principal plane. Proceedings of the Cambridge Philosophical Society **4** (1882), 208–222.

[2.172] Halphén, G. H.: Sur l'approximation des sommes de fonctions numériques. C. R. **96** (1883), 634–637.

[2.173] Hankel, H.: Zur allgemeinen Theorie der Bewegung der Flüssigkeiten. Leipzig 1861.

[2.174] Hankel, H.: Die Euler'schen Integrale bei unbeschränkter Variabilität des Argumentes. Schlömilch **9** (1864), 1–21.

[2.175] Hankel, H.: Vorlesungen über die complexen Zahlen und ihre Functionen. 1. Theil. Leipzig 1867.

[2.176] Hankel, H.: Die Cylinderfunctionen erster und zweiter Art. Math. Ann. **1** (1869), 467–501.

[2.177] Hankel, H.: Untersuchungen über die unendlich oft oscillirenden und unstetigen Functionen. Ein Beitrag zur Feststellung des Begriffs der Function überhaupt.

Universitätsprogramm Tübingen 1870. Wiederabdruck: Math. Ann. **20** (1882), 63–112.

[2.178] Harnack, A.: Ueber die Verwertung der elliptischen Functionen für die Geometrie der Curven dritten Grades. Math. Ann. **9** (1876), 1–54.

[2.179] Harnack, A.: Ueber eine Behandlungsweise der algebraischen Differentiale in homogenen Koordinaten. Math. Ann. **9** (1876), 371–424.

[2.180] Harnack, A.: Vereinfachung der Beweise in der Theorie der Fourier'schen Reihe. Math. Ann. **19** (1882), 235–279.

[2.181] Harnack, A.: Anwendung der Fourier'schen Reihe auf die Theorie der Functionen einer complexen Veränderlichen. Math. Ann. **21** (1883), 305–326.

[2.182] Harnack, A.: Die allgemeinen Sätze über den Zusammenhang der Functionen einer reellen Variabelen mit ihren Ableitungen. II. Math. Ann. **24** (1884), 217–252.

[2.183] Harnack, A.: Existenzbeweise zur Theorie des Potentials. Leipz. Ber. **38** (1886), 144–169.

[2.184] Harnack, A.: Existenzbeweise zur Theorie des Potentials. Math. Ann. **35** (1890), 19–40.

[2.185] Hattendorff, K.: Schwere, Electricität und Magnetismus. Nach den Vorlesungen von Bernhard Riemann bearbeitet. Hannover 1876.

[2.186] Heffter, L.: Ueber das Problem der Nachbargebiete. Math. Ann. **38** (1891), 477–508.

[2.187] Heine, E.: Ueber trigonometrische Reihen. Crelle **71** (1870), 353–365.

[2.188] Heine, E.: Ueber einige Voraussetzungen beim Beweise des Dirichletschen Princips. Math. Ann. **4** (1871), 626–632.

[2.189] Heine, E.: Ueber die constante elektrische Strömung in ebenen Platten. Crelle **79** (1875), 1–16.

[2.190] Heine, E.: Handbuch der Kugelfunctionen. Theorie und Anwendungen. Bd. 1. Berlin 1878².

[2.191] Helm, G.: Zu Riemann's Gravitationstheorie. Schlömilch **23** (1878), 261–263.

[2.192] Helmholtz, H.: Ueber Integrale der hydrodynamischen Gleichungen, welche den Wirbelbewegungen entsprechen. Crelle **55** (1858), 25–55.

[2.193] Helmholtz, H.: Ueber die Thatsachen, welche der Geometrie zum Grunde liegen. Göttinger Nachr. 1868, 193–221.

[2.194] Helmholtz, H.: Ueber discontinuirliche Flüssigkeitsbewegungen. Monatsber. der Berliner Akademie der Wiss. 1868, 215–228.

[2.195] Henrici, O.: Theory of functions. Nature **43** (1891), 321–323; 349–352.

[2.196] Hentschel, O.: Ueber einige conforme Abbildungen. Schlömilch **17** (1872), 39–65.

[2.197] Hermite, Ch.: Sur quelques points de la théorie des fonctions. Crelle **91** (1881), 54–78.

[2.198] Hermite, Ch.: Note au sujet de la communication de M. Stieltjes „sur une fonction uniforme". C. R. **101** (1885), 112–115.

[2.199] Herrmann, O.: Geometrische Untersuchungen über den Verlauf der elliptischen Transcendenten im complexen Gebiete. Schlömilch **28** (1883), 193–210.

[2.200] Herz, N.: Beweis des Riemann'schen Satzes über algebraische Functionen. Archiv der Mathematik und Physik **68** (1882), 14–18.

[2.201] Heun, K.: Zur Theorie der mehrwertigen, mehrfach lineär verknüpften Functionen. Acta Math. **11** (1887–88), 97–118.

[2.202] Heun, K.: Ueber Euler's homogenen linearen Multiplicator zur Integration der regulären linearen Differentialgleichungen zweiter Ordnung. Math. Ann. **31** (1888), 363–373.

[2.203] Heun, K.: Bemerkungen zur Theorie der mehrfach lineär verknüpften Functionen. Acta Math. **12** (1889), 103–108.

[2.204] Heun, K.: Beiträge zur Theorie der Lamé'schen Functionen. Math. Ann. **33** (1889), 180–196.

[2.205] Heun, K.: Zur Theorie der Riemann'schen Functionen zweiter Ordnung mit vier Verzweigungspunkten. Math. Ann. **33** (1889), 161–179.

[2.206] Hicks, W. M.: On toroidal functions. Philos. Transactions **171** (1882), 609–652.

[2.207] Hofmann, F.: Methodik der stetigen Deformation von zweiblättrigen Riemannschen Flächen. Halle 1887.

[2.208] Hölder, O.: Zur Theorie der trigonometrischen Reihen. Math. Ann. **24** (1884), 181–216.

[2.209] Holzmüller, G.: Vollständige Durchführung einer isogonalen Verwandtschaft, die durch eine gebrochene Function zweiten Grades repräsentiert wird. Math. Ann. **18** (1881), 289–318.

[2.210] Holzmüller, G.: Einführung in die Theorie der isogonalen Verwandtschaften und der conformen Abbildungen, verbunden mit Anwendungen auf mathematische Physik. Leipzig 1882.

[2.211] Horn, I.: Ueber ein System linearer partieller Differentialgleichungen. Acta Math. **12** (1889), 113–175.

[2.212] Hossenfelder, E.: Ueber die Integration einer linearen Differentialgleichung n^{ter} Ordnung. Math. Ann. **4** (1871), 195–212.

[2.213] Houël, J.: Théorie élémentaire des quantités complexes. IIIième partie: Théorie des fonctions elliptiques. Paris 1871.

[2.214] Humbert, G.: Application de la théorie des fonctions fuchsiennes à l'étude des courbes algébriques. J. de Math. (4), **2** (1886), 239–329.

[2.215] Hurwitz, A.: Ueber eine Reihe neuer Functionen, welche die absoluten Invarianten gewisser Gruppen ganzzahliger linearer Transformationen bilden. Math. Ann. **20** (1882), 125–134.

[2.216] Hurwitz, A.: Einige Eigenschaften der Dirichlet'schen Functionen $F(s) = \sum \left(\frac{D}{n}\right) \frac{1}{n^s}$, die bei der Bestimmung der Klassenanzahl binärer quadratischer Formen auftreten. Schlömilch **27** (1882), 86–101.

[2.217] Hurwitz, A.: Ueber die Perioden solcher eindeutiger, $2n$-fach periodischer Functionen, welche im Endlichen überall den Charakter rationaler Functionen besitzen und reell sind für reelle Werte ihrer n Argumente. Crelle **94** (1883), 1–20.

[2.218] Hurwitz, A.: Ueber die Klassenzahlrelationen und Modularkorrespondenzen primzahliger Stufe. Leipz. Ber. **37** (1885), 222–240.

[2.219] Hurwitz, A.: Ueber Relationen zwischen Classenanzahlen binärer quadratischer Formen von negativer Determinante. Math. Ann. **25** (1885), 157–196.

[2.220] Hurwitz, A.: Ueber algebraische Correspondenzen und das verallgemeinerte Correspondenzprincip. Math. Ann. **28** (1887), 561–585.

[2.221] Hurwitz, A.: Ueber diejenigen algebraischen Gebilde, welche eindeutige Transformationen in sich zulassen. Math. Ann. **32** (1888), 290–308.

[2.222] Hurwitz, A.: Ueber Riemann'sche Flächen mit gegebenen Verzweigungspunkten. Math. Ann. **39** (1891), 1–61.

[2.223] Jearisch, R.: Allgemeine Integration der Elasticitätsgleichungen für die Schwingungen und das Gleichgewicht isotroper Rotationskörper. Crelle **104** (1889), 177–210.

[2.224] Jensen, J. L. W. V.: Sur la fonction $\zeta(s)$ de Riemann. C. R. **109** (1887), 1156–1159.

[2.225] Jonquières, E. de: Mémoire sur les contacts multiples d'ordre quelconque des courbes de degré r, qui satisfont à des conditions données, avec une courbe fixe du degré m; suivi de quelques réflexions sur la solution d'un grand nombre de questions concernant les propriétés projectives des courbes et des surfaces algébriques. Crelle **66** (1866), 289–321.

[2.226] Jonquière, A.: Ueber eine Verallgemeinerung der Bernoulli'schen Functionen und ihren Zusammenhang mit der verallgemeinerten Riemann'schen Reihe. Bihang till Kongl. Svenska Vetenskaps-Akademiens Förhandlingar **16** (1891), I, 6.

[2.227] Jordan, C.: Mémoire sur les caractéristiques des fonctions Θ. Journal de l'Ecole Polytechnique **28** (1879), 35–64.

[2.228] Kapteyn, J. C.: Onderzoek der trillende platte vliezen. Diss. Utrecht 1875.

[2.229] Kasten, H.: Zur Theorie der dreiblättrigen Riemann'schen Fläche. Diss. Göttingen 1877.

[2.230] Kiepert, L.: Ueber die Transformation der elliptischen Functionen bei zusammengesetztem Transformationsgrade. Math. Ann. **32** (1888), 1–135.

[2.231] Killing, W.: Ueber zwei Raumformen mit konstanter positiver Krümmung. Crelle **86** (1879), 72–83.

[2.232] Killing, W.: Die Rechnung in den Nicht-Euklidischen Raumformen. Crelle **89** (1880), 265–287.

[2.233] Killing, W.: Die Mechanik in den Nicht-Euklidischen Raumformen. Crelle **98** (1885), 1–48.

[2.234] Killing, W.: Die nichteuklidischen Raumformen in analytischer Behandlung. Leipzig 1885.

[2.235] Killing, W.: Erweiterung des Begriffes der Invarianten von Transformationsgruppen. Math. Ann. **35** (1890), 423–432.

[2.236] Klein, F.: Ueber die sogenannte Nicht-Euklidische Geometrie. Göttinger Nachr. 1871, 419–433. Math. Ann. **4** (1871), 573–625; **6** (1873), 112–145.

[2.237] Klein, F.: Ueber Flächen dritter Ordnung. Math. Ann. **6** (1873), 551–581.

[2.238] Klein, F.: Uebertragung des Pascal'schen Satzes auf Raumgeometrie. Erlanger Berichte 1873.

[2.239] Klein, F.: Bemerkungen über den Zusammenhang der Flächen. Math. Ann. **7** (1874), 549–557.

[2.240] Klein, F.: Ueber eine neue Art der Riemannschen Flächen. Math. Ann. **7** (1874), 558–566; **10** (1876), 398–416.

[2.241] Klein, F.: Weitere Mittheilungen über eine neue Art von Riemannschen Flächen. Erlanger Berichte 1874.

[2.242] Klein, F.: Ueber binäre Formen mit linearen Transformationen in sich selbst. Math. Ann. **9** (1876), 183–208.

[2.243] Klein, F.: Ueber den Zusammenhang der Flächen. Math. Ann. **9** (1876), 476–482.

[2.244] Klein, F.: Ueber den Verlauf der Abel'schen Integrale bei den Curven vierten Grades. Math. Ann. **10** (1876), 365–397; **11** (1877), 293–305.

[2.245] Klein, F.: Ueber die Transformation der elliptischen Functionen und die Auflösung der Gleichungen fünften Grades. Math. Ann. **14** (1878), 111–172. Auszüge daraus in: London Math. Soc. Proceedings **9** (1878), 123–126.

[2.246] Klein, F.: Ueber die Transformation siebenter Ordnung der elliptischen Functionen. Math. Ann. **14** (1879), 428–471.

[2.247] Klein, F.: Ueber die Erniedrigung der Modulargleichungen. Math. Ann. **14** (1879), 417–427.

[2.248] Klein, F.: Ueber die Auflösung gewisser Gleichungen vom siebenten und achten Grade. Math. Ann. **15** (1879), 251–262.

[2.249] Klein, F.: Ueber die Transformation elfter Ordnung der elliptischen Functionen. Math. Ann. **15** (1879), 533–555.

[2.250] Klein, F.: Ueber gewisse Theilwerthe der Thetafunctionen. Math. Ann. **17** (1880), 565–574.

[2.251] Klein, F.: Ueber Riemann's Theorie der algebraischen Functionen und ihrer Integrale. Leipzig 1882.

[2.252] Klein, F.: Ueber eindeutige Functionen mit linearen Transformationen in sich. Math. Ann. **19** (1882), 565–568; **20** (1882), 49–51.

[2.253] Klein, F.: Neue Beiträge zur Riemann'schen Functionentheorie. Math. Ann. **21** (1883), 141–218.

[2.254] Klein, F.: Eine Uebertragung des Pascalschen Satzes auf Raumgeometrie. Math. Ann. **22** (1883), 246–248.

[2.255] Klein, F.: Ueber den allgemeinen Functionsbegriff und dessen Darstellung durch eine willkürliche Curve. Math. Ann. **22** (1883), 249–259.

[2.256] Klein, F.: Ueber gewisse Differentialgleichungen dritter Ordnung. Math. Ann. **23** (1884), 587–596.

[2.257] Klein, F.: Vorlesungen über das Ikosaeder. Leipzig 1884.

[2.258] Klein, F.: Neue Untersuchungen im Gebiete der elliptischen Functionen. Math. Ann. **26** (1886), 455–464.

[2.259] Klein, F.: Formes principales sur les surfaces de Riemann. C.R. **108** (1889), 134–136.

[2.260] Klein, F.: Des fonctions thêta sur la surface générale de Riemann. C.R. **108** (1889), 277–280.

[2.261] Klein, F.: Zur Theorie der Abelschen Functionen. Göttinger Nachr. 1889, 179–191; 376–380.

[2.262] Klein, F.: Vorlesungen über die elliptischen Modulfunctionen. Ausgearbeitet und vervollständigt von R. Fricke. Bd. 1. Leipzig 1890; Bd. 2. Leipzig 1892.

[2.263] Klein, F.: Zur Nicht-Euklidischen Geometrie. Math. Ann. **37** (1890), 544–572.

[2.264] Klein, F.: Zur Theorie der Abel'schen Functionen. Math. Ann. **36** (1890), 1–83.

[2.265] Klein, F.: Ueber Normierung der linearen Differentialgleichungen zweiter Ordnung. Math. Ann. **38** (1891), 144–152.

[2.266] Kneser, A.: Zur Theorie der algebraischen Functionen. Math. Ann. **29** (1887), 171–186.

[2.267] Königsberger, L.: Die Transformation, die Multiplikation und die Modulargleichungen der elliptischen Functionen. Leipzig 1868.

[2.268] Königsberger, L.: Vorlesungen über die Theorie der elliptischen Functionen, nebst einer Einleitung in die allgemeine Functionenlehre. 2 Bände. Leipzig 1874.

[2.269] Königsberger, L.: Beziehungen zwischen den Periodicitätsmoduln zweier hyperelliptischer Integrale. Göttinger Nachr. 1875, 327–333.

[2.270] Königsberger, L.: Ueber die allgemeinsten Beziehungen zwischen hyperelliptischen Integralen. Crelle **81** (1876), 193–216.

[2.271] Königsberger, L.: Vorlesungen über die Theorie der hyperelliptischen Integrale. Leipzig 1878.

[2.272] Königsberger, L.: Ueber die Erweiterung des Jacobischen Transformationsprincips. Crelle **87** (1879), 173–189.

[2.273] Königsberger, L.: Ueber die Reduktion Abelscher Integrale auf niedere Integralformen, speciell auf elliptische Integrale. Crelle **89** (1880), 89–126.

[2.274] Königsberger, L.: Allgemeine Untersuchungen aus der Theorie der Differentialgleichungen. Leipzig 1882.

[2.275] Königsberger, L.: Ueber Eigenschaften der durch Quadraturen algebraischer Functionen darstellbaren Integrale linearer nicht homogener Differentialgleichungen. Crelle **99** (1886), 10–87.

[2.276] Krazer, A.: Theorie der zweifach unendlichen Thetareihen auf Grund der Riemann'schen Thetaformel. Leipzig 1882.

[2.277] Krazer, A.; Prym, F.: Ueber die Verallgemeinerung der Riemann'schen Thetaformel. Acta Math. **3** (1883), 240–276.

[2.278] Krazer, A.: Ueber Thetafunctionen, deren Charakteristiken aus Dritteln ganzer Zahlen gebildet sind. Math. Ann. **22** (1883), 416–449.

[2.279] Krey, H.: Einige Anwendungen eines functionentheoretischen Satzes. Schlömilch **26** (1881), 357–376.

[2.280] Krieg v. Hochfelden, F.: Ueber die durch den Integralausdruck $\varphi(t) = \int_S \frac{R_1(z, w)}{R_2(z, w) - t}\,dz$ dargestellten Functionen, wobei $R_1(z, w)$ und $R_2(z, w)$ algebraische Functionen einer und derselben Riemann'schen Fläche sind. Sitzungsberichte der mathematisch-naturwissenschaftlichen Klasse der Kaiserlichen Akademie zu Wien **94** (1886), 1–23.

[2.281] Kronecker, L.: Ueber die Discriminante algebraischer Functionen einer Variabelen. Crelle **91** (1881), 301–334.

[2.282] Laurent, H.: Traité d'analyse. Tome 4. Calcul intégral. Théorie des fonctions algébriques et de leurs intégrales. Paris 1889.

[2.283] Lerch, M.: Ueber ein bestimmtes Integral. Prager Berichte 1886, 588–604 (Tschechisch).

[2.284] Lerch, M.: Note sur la fonction $K(w, x, s) = \sum_{k=0}^{\infty} \frac{e^{k\pi i x}}{(w+k)^s}$. Acta Math. **11** (1887–88), 19–24.

[2.285] Levy, H.: Sur la cinématique des figures continues sur les surfaces courbes et en général dans les variétés planes ou courbes. C. R. **86** (1878), 812–816.

[2.286] Levy, H.: Sur les conditions que doit remplir un espace pour qu'on y puisse déplacer un système invariable à partir d'une quelconque des ses positions dans une ou pleusiers directions. C. R. **86** (1878), 875–878.

[2.287] Lévy, M.: Sur les mouvement d'un système de deux particules de matière pondérable électrisées et sur l'intégration d'une classe d'équations à dérivées partielles. C. R. **95** (1882), 986–988.

[2.288] Lévy, M.: Sur l'application des lois électrodynamiques au mouvement des planètes. C. R. **110** (1890), 545–551.

[2.289] Lévy, M.: Sur les diverses théories de l'électricité. C. R. **110** (1890), 741–742.

[2.290] Lie, S.: Ueber diejenige Theorie eines Raumes mit beliebig vielen Dimensionen, die der Krümmungstheorie des gewöhnlichen Raumes entspricht. Göttinger Nachr. 1871, 191–209.

[2.291] Lie, S.: Zur Theorie eines Raumes von *n* Dimensionen. Göttinger Nachr. 1871, 535–557.

[2.292] Lie, S.: Beiträge zur Theorie der Minimalflächen. Math. Ann. **14** (1879), 331–416.

[2.293] Lie, S.: Theorie der Transformationsgruppen I. Math. Ann. **16** (1880), 441–528.

[2.294] Lie, S.: Bemerkungen zu v. Helmholtz' Arbeit über die Thatsachen, die der Geometrie zu Grunde liegen. Leipz. Ber. **38** (1886), 337–342.

[2.295] Lie, S.: Ueber die Grundlagen der Geometrie. Leipz. Ber. **42** (1890), 284–321; 355–418.

[2.296] Lie, S.: Die linearen homogenen Differentialgleichungen. Leipz. Ber. **43** (1891), 253–270.

[2.297] Liman, O.: Die Bewegung zweier materieller Punkte unter Zugrundelegung des Riemann'schen elektrodynamischen Gesetzes. Diss. Halle 1886.

[2.298] Lindemann, F.: Ueber unendlich kleine Bewegungen und über Kraftsysteme bei allgemeiner projectivischer Massbestimmung. Math. Ann. **7** (1874), 56–143.

[2.299] Lindemann, F.: Extrait d'une lettre, concernant l'application des intégrales abéliennes à la géométrie des courbes planes, adressée à M. Hermite. Crelle **84** (1878), 294–305.

[2.300] Lindemann, F.: Untersuchungen über den Riemann-Rochschen Satz. Leipzig 1879.

[2.301] Lindemann, F.: Entwicklung der Functionen einer complexen Variabeln nach Lamé'schen Functionen und nach Zugeordneten der Kugelfunctionen. Math. Ann. **19** (1882), 323–386.

[2.302] Lippich, F.: Untersuchung über den Zusammenhang der Flächen im Sinne Riemanns. Math. Ann. **7** (1874), 212–229.

[2.303] Lippich, F.: Bemerkung zu einem Satze aus Riemann's Theorie einer veränderlichen complexen Grösse. Sitzungsber. der math.-naturwiss. Klasse der Kaiserlichen Akademie der Wiss. zu Wien. **69** (1874), 91–99.

[2.304] Lippich, F.: Zur Theorie der Polyeder. Sitzungsber. der math.-naturwiss. Klasse der Kaiserlichen Akademie der Wiss. zu Wien **84** (1881), 20–29.

[2.305] Lipschitz, R.: Untersuchungen über die Anwendung eines Abbildungsprincips auf die Theorie der Gravitation. Crelle **61** (1863), 22–65.

[2.306] Lipschitz, R.: Disamina della possibilità d'integrare completamente un dato sistema di equazioni differenziali ordinare. Annali di Mat. (2), **2** (1868–69), 288–302.

[2.307] Lipschitz, R.: Untersuchungen in Betreff der ganzen homogenen Functionen von *n* Differentialen. Crelle **70** (1869), 71–102.

[2.308] Lipschitz, R.: Beiträge zu der Theorie der Umkehrung eines Functionensystems. Göttinger Nachr. 1870, 439–477.

[2.309] Lipschitz, R.: Fortgesetzte Untersuchungen in Betreff der ganzen homogenen Functionen von *n* Differentialen. Crelle **72** (1870), 1–56.

[2.310] Lipschitz, R.: Sopra la teoria della inversione di un sistema di funzioni. Annali di Mat. (2), **4** (1870–71), 239–259.

[2.311] Lipschitz, R.: Ausdehnung der Theorie der Minimalflächen. Crelle **78** (1874), 1–45.

[2.312] Lipschitz, R.: Reduction der Bewegung eines flüssigen homogenen Ellipsoids auf das Variationsproblem eines einfachen Integrals, und die Bestimmung der Bewegung für den Grenzfall eines unendlichen elliptischen Cylinders. Crelle **78** (1874), 245–272.

[2.313] Lipschitz, R.: Beiträge zur Theorie der Krümmung. Crelle **81** (1876), 230–242.

[2.314] Lipschitz, R.: Bemerkungen zu dem Princip des kleinsten Zwanges. Crelle **82** (1877), 316–342.

[2.315] Lipschitz, R.: Beiträge zu der Kenntnis der Bernoullischen Zahlen. Crelle **96** (1884), 1–16.

[2.316] Lipschitz, R.: Beitrag zu der Theorie der Bewegung einer elastischen Flüssigkeit. Crelle **100** (1887), 89–120.

[2.317] Lipschitz, R.: Untersuchung der Eigenschaften einer Gattung von unendlichen Reihen. Crelle **105** (1889), 127–156.

[2.318] Lorberg, H.: Zur Theorie der magnetelektrischen Induction. Annalen der Physik und Chemie **36** (1889), 672–692.

[2.319] Lorenz, L.: Analytiske Undersögelser over Primtalmängderne. Schriften der Kopenhagener Akademie (6) **5** (1891), 427–450.

[2.320] Loschmidt, J.: Ableitung des Potentials bewegter elektrischer Massen aus dem Potential für den Ruhezustand. Schlömilch 14 (1869), 141–147.

[2.321] Lüroth, J.: Note über Verzweigungsschnitte in einer Riemann'schen Fläche. Math. Ann. **4** (1871), 181–184.

[2.322] Lüroth, J.: Ueber die kanonischen Perioden der Abel'schen Integrale. Abhandlungen der Kgl. Bairischen Ges. der Wiss. zu München **16** (1887), 199–241.

[2.323] Mansion, P.: Résumé du cours d'analyse infinitésimale de l'université de Gand. Gand 1877.

[2.324] Marie, M.: Des résidus relatifs aux asymptotes. Classification des quadratrices des courbes algébriques. C. R. **83** (1873), 943–947.

[2.325] Mathieu, E.: Cours de physique mathématique. Paris 1873.

[2.326] Mertens, F.: Ueber die Convergenz einer aus Primzahlpotenzen gebildeten unendlichen Reihe. Göttinger Nachr. 1887, 265–269.

[2.327] Meyer, F.: Ausdehnung eines Dirichletschen Verfahrens auf die Transformation von Differentialausdrücken, wie $\frac{\partial X}{\partial x} + \frac{\partial Y}{\partial y} + \frac{\partial Z}{\partial z}$ in allgemeine krummlinige Koordinaten. Math. Ann. **26** (1886), 509–515.

[2.328] Meyer, G. F.: Notiz über zwei in der Wärmetheorie auftretende bestimmte Integrale. Math. Ann. **3** (1871), 157–160.

[2.329] Meyer, H.: Ueber die von Herrn Guébhard vorgeschlagene Methode der Darstellung aequipotentialer Linien. Göttinger Nachr. 1882, 666–676.

[2.330] Meyer, O. E.: Zur Theorie der inneren Reibung. Crelle **78** (1874), 130–136; **80** (1875), 315–316.

[2.331] Michaelis, G. J.: Opmerkingen over de theorien van Weber, Riemann en Clausius der electrodynamische verschijnselen. Nieuw Archief voor wiskunde **4** (1878), 151–181.

[2.332] Mittag-Leffler, G.: Nagra Foljdsatser ur Cauchys theorem om rötter. Oefversigt af Kongl. Svenks Wetenskabs Akademiens Forhandlingar, Stockholm 1874.

[2.333] Mittag-Leffler, G.: Beweis für den Cauchy'schen Satz. Göttinger Nachr. 1875, 65–73.

[2.334] Mlodzieiowski, B. K.: Ueber mehrfach ausgedehnte Mannigfaltigkeiten. Moskauer Nachrichten, Phys.-Math. Abt. B **8** (1889), 1–155 (Russisch).

[2.335] Morera, G.: Ueber die Integration der vollständigen Differentiale. Math. Ann. **27** (1886), 403–411.

[2.336] Nekrassoff, P. A.: Ueber lineare Differentialgleichungen, welche mittelst bestimmter Integrale integrirt werden. Math. Ann. **38** (1891), 509–560.

[2.337] Netto, E.: Beitrag zur Mannigfaltigkeitslehre. Crelle **86** (1879), 263–268.

[2.338] Neumann, C.: Die Umkehrung der Abelschen Integrale. Halle 1863.

[2.339] Neumann, C.: Vorlesungen über Riemann's Theorie der Abelschen Integrale. Leipzig 1865[1], 1884[2].

[2.340] Neumann, C.: Das Dirichlet'sche Princip in seiner Anwendung auf die Riemannschen Flächen. Leipzig 1865.

[2.341] Neumann, C.: Kurzer Abriss einer Theorie der Kugelfunctionen und Ultrakugelfunctionen. Schlömilch **12** (1867), 97–122.

[2.342] Neumann, C.: Die Principien der Elektrodynamik. Tübingen 1868. Wiederabdruck: Math. Ann. **17** (1880), 400–434.

[2.343] Neumann, C.: Notiz über die elliptischen und hyperelliptischen Integrale. Math. Ann. **3** (1871), 611–630.

[2.344] Neumann, C.: Elektrodynamische Untersuchungen mit besonderer Rücksicht auf das Princip der Energie. Leipz. Ber. **23** (1871), 386–449.

[2.345] Neumann, C.: Vorläufige Conjectur über die Ursachen der thermoelektrischen Ströme. Leipz. Ber. **24** (1872), 49–64.

[2.346] Neumann, C.: Zur Theorie des logarithmischen und des Newton'schen Potentials. Math. Ann. **11** (1877), 558–566.

[2.347] Neumann, C.: Untersuchungen über das logarithmische und Newton'sche Potential. Leipzig 1877.

[2.348] Neumann, C.: Ueber eine neue und einfache Methode zur Untersuchung der Stetigkeit, respective Unstetigkeit mehrdeutiger Functionen. Leipz. Ber. **35** (1883), 85–98.

[2.349] Neumann, C.: Ueber das Verschwinden der Thetafunctionen. Leipz. Ber. **35** (1883), 99–122.

[2.350] Neumann, C.: Ueber die Stetigkeit mehrdeutiger Functionen. Leipz. Ber. **40** (1888), 120–123.

[2.351] Neumann, C.: Ueber stationäre elektrische Flächenströme. Leipz. Ber. **43** (1891), 571–574.

[2.352] Newcomb, S.: Elementary theorems relating to the geometry of a space of three dimensions and of uniform positive curvature in the fourth dimension. Crelle **83** (1877), 293–299.

[2.353] Niewenglowski: Exposition de la méthode de Riemann pour la détermination des surfaces minima de contour donné. Annales de l'Ecole Normale (2), **9** (1880), 227–301.

[2.354] Noether, M.: Zur Theorie der algebraischen Functionen mehrerer complexen Variabeln. Göttinger Nachr. 1869, 298.

[2.355] Noether, M.: Ueber die algebraischen Functionen einer und zweier Variabeln. Göttinger Nachr. 1871, 267–278.

[2.356] Noether, M: Zwei neue Kriterien des eindeutigen Entsprechens algebraischer Flächen. Göttinger Nachr. 1873, 248–254.

[2.357] Noether, M.: Zur Theorie des eindeutigen Entsprechens algebraischer Gebilde von beliebig vielen Dimensionen. Math. Ann. **2** (1870), 293–316; **8** (1875), 495–533.

[2.358] Noether, M.: Zur Theorie der Thetafunctionen von vier Argumenten. Math. Ann. **14** (1879), 248–293.

[2.359] Noether, M.: Ueber die Schnittpunktsysteme einer algebraischen Curve mit nichtadjungierten Curven. Math. Ann. **15** (1879), 507–528.

[2.360] Noether, M.: Zur Theorie der Thetafunctionen von beliebig vielen Argumenten. Math. Ann. **16** (1880), 270–344.

[2.361] Noether, M.: Ueber die invariante Darstellung algebraischer Functionen. Math. Ann. **17** (1880), 263–284.

[2.362] Noether, M.: Zur Grundlegung der Theorie der algebraischen Raumcurven. Crelle **93** (1882), 271–318.

[2.363] Noether, M.: Ueber einen Satz aus der Theorie der algebraischen Functionen. Crelle **92** (1882), 301–303.

[2.364] Noether, M.: Beweis und Erweiterung eines algebraisch-functionentheoretischen Satzes des Herrn Weierstrass. Crelle **97** (1884), 224–229.

[2.365] Noether, M.: Extension du théorème de Riemann-Roch aux surfaces algébriques. C. R. **103** (1886), 734–737.

[2.366] Noether, M.: Ueber die reductiblen algebraischen Curven. Acta Math. **8** (1886), 161–192.

[2.367] Noether, M.: Zum Umkehrproblem in der Theorie der Abel'schen Functionen. Math. Ann. **28** (1887), 354–380.

[2.368] Noether, M.: Zur Theorie der Abel'schen Differentialausdrücke und Functionen. Math. Ann. **37** (1890), 417–460; 467–499.

[2.369] Oppermann, L.: Om vor Kundskat om Primtallenes Mongde mellem givne Grändser. Oversigt over Videnskabs Selskabet Forhandlingar 1882, 169–179.

[2.370] Ovidio, H. d': Les fonctions métriquer fondamentales dans un espace de plusiers dimensions et de courbure constante. Math. Ann. **12** (1877), 403–418.

[2.371] Padova, E.: Sul moto di un ellissoide fluido ed omogeneo. Tesi. Annali di Sc. Norm. Pisa 1868–69.

[2.372] Paolis, R. de: Teoria dei gruppi geometrici e delle corrispondenze che si possono stabilire tra i loro elementi. Memorie della Società Italiana delle Scienze detta dei XL. (3), **7** (1890).

[2.373] Papperitz, E.: Zur algebraischen Transformation der hypergeometrischen Functionen. Leipz. Ber. **37** (1885), 60–69.

[2.374] Papperitz, E.: Ueber verwandte *s*-Functionen. Math. Ann. **25** (1885), 212–221; **26** (1886), 97–105.

[2.375] Papperitz, E.: Untersuchungen über die algebraische Transformation der hypergeometrischen Functionen. Math. Ann. **27** (1886), 315–356.

[2.376] Papperitz, E.: Ueber die Darstellung der hypergeometrischen Transcendenten durch eindeutige Functionen. Math. Ann. **34** (1889), 247–296.

[2.377] Pascal, E.: Sullo sviluppo delle funzioni σ abeliane dispari di genere 3. Annali di Mat. (2), **17** (1889–90), 81–111.

[2.378] Pascal, E.: Sulle formole di ricorrenza per lo sviluppo delle σ abeliane dispar a tre argomenti. Annali di Mat. (2), **17** (1889–90), 197–224.

[2.379] Pascal, E.: Sulla teoria delle funzioni σ iperellittiche pari e dispari di genere 3. Annali di Mat. (2), **17** (1889–90), 257–305.

[2.380] Pascal, E.: Sulla teoria delle funzioni σ abeliane pari a tre argomenti. Annali di Mat. (2), **18** (1890), 1–58.

[2.381] Pascal, E.: Sopra le funzioni iperellittiche di 1ª. specie (I^{ter} Stufe) per $p = 2$. Annali di Mat. (2), **18** (1890), 131–164.

[2.382] Pascal, E.: Sulle sestiche di contatto alla superficie di Kummer. Annali di Mat. (2), **19** (1891–92), 159–176.

[2.383] Pasch, M.: Ueber einige Punkte der Functionentheorie. Math. Ann. **30** (1887), 132–154.

[2.384] Phragmén, E.: Remarques sur la théorie de la représentation conforme. Acta Math. **14** (1890–91), 225–232.

[2.385] Phragmén, E.: Sur le logarithme intégral et la fonction $f(x)$ de Riemann. Oefversigt af Kongl. Svenska Vetenskaps-Akademiens Förhandlingar **48** (1891), 599–616.

[2.386] Phragmén, E.: Ueber die Berechnung der einzelnen Glieder der Riemann'schen Primzahlformel. Oefversigt af Kongl. Svenska Vetenskaps-Akademiens Förhandlingar **48** (1891), 721–744.

[2.387] Picard, E.: Sur une extension aux fonctions de deux variables du problème de Riemann relatif aux fonctions hypergéométriques. C. R. **91** (1880), 1267–1269.

[2.388] Pincherle, S.: Sur certaines opérations fonctionelles représentées par des intégrales définies. Acta Math. **10** (1887), 153–182.

[2.389] Pochhammer, L.: Ueber hypergeometrische Functionen n-ter Ordnung. Crelle **71** (1870), 316–352.

[2.390] Pochhammer, L.: Notiz über die Abbildung der Kreisbogen-Polygone. Crelle **76** (1873), 170–174.

[2.391] Pochhammer, L.: Ueber ein Integral mit doppeltem Umlauf. Math. Ann. **35** (1890), 470–494.

[2.392] Poincaré, H.; Picard, E.: Sur un théorème de Riemann relatif aux fonctions de n variables indépendantes admettant $2n$ systèmes de périodes. C. R. **97** (1883), 1284–1287.

[2.393] Poincaré, H.: Sur les groupes des équations linéaires. Acta Math. **4** (1884), 201–312.

[2.394] Poincaré, H.: Mémoire sur le fonctions zétafuchsiennes. Acta Math. **5** (1884), 209–278.

[2.395] Poincaré, H.: Sur un théorème de M. Fuchs. Acta Math. **7** (1885), 1–32.

[2.396] Poincaré, H.: Sur les hypothèses fondamentales de la géométrie. S. M. F. Bull. **15** (1887), 203–216.

[2.397] Poincaré, H.: Sur les équations aux dérivées partielles de la physique mathématique. American Journal of Mathematics **12** (1890), 211–294.

[2.398] Pokrowski, P. M.: Theorie der ultraelliptischen Funktionen erster Klasse. Moskau 1887 (Russisch).

[2.399] Posse, K. A.: Ueber die Thetafunktion von zwei Veränderlichen und über das Problem von Jacobi. Diss. Petersburg 1882 (Russisch).

[2.400] Pringsheim, A.: Zur Theorie der hyperelliptischen Functionen, insbesondere derjenigen dritter Ordnung ($\varrho = 4$). Math. Ann. **12** (1877), 435–475.

[2.401] Pringsheim, A.: Ueber die Werthveränderungen bedingt convergenter Reihen und Producte. Math. Ann. **22** (1883), 455–503.

[2.402] Pringsheim, A.: Ueber einen Fundamentalsatz aus der Theorie der elliptischen Functionen. Math. Ann. **27** (1886), 151–157.

[2.403] Pringsheim, A.: Zur Theorie der bestimmten Integrale und der unendlichen Reihen. Math. Ann. **37** (1890), 591–604.

[2.404] Prym, F.: Neue Theorie der ultraelliptischen Functionen. Leipzig 1865^1, 1885^2.

[2.405] Prym, F.: Zur Theorie der Functionen in einer zweiblättrigen Fläche. Zürich 1866.

[2.406] Prym, F.: Zur Integration der gleichzeitigen Differentialgleichungen $\frac{du}{dx} = \frac{dv}{dy}$, $\frac{du}{dy} = -\frac{dv}{dx}$. Crelle **70** (1869), 354–362.

[2.407] Prym, F.: Beweis zweier Sätze der Functionentheorie. Crelle **71** (1870), 223–236.

[2.408] Prym, F.: Zur Integration der Differentialgleichung $\frac{\partial^2 u}{\partial x^2} + \frac{\partial^2 u}{\partial y^2} = 0$. Crelle **73** (1871), 340–364.

[2.409] Prym, F.: Beweis eines Riemannschen Satzes. Crelle **83** (1877), 251–261.

[2.410] Prym, F.: Kurze Ableitung der Riemannschen Thetaformel. Crelle **93** (1882), 124–131.

[2.411] Prym, F.: Untersuchungen über die Riemann'sche Thetaformel und die Riemann'sche Charakteristikentheorie. Leipzig 1882.

[2.412] Prym, F.: Ein neuer Beweis für die Riemann'sche Thetaformel. Acta Math. **3** (1883), 201–215.

[2.413] Radicke: Ueber die mathematische Darstellung der Riemannschen *P*-Function. Preisschrift des Gymnasiums zu Bromberg 1875.

[2.414] Radicke, A.: Ueber die Fundamentalwerthe des allgemeinen hypergeometrischen Integrals. Schlömilch **22** (1877), 87–99.

[2.415] Raffy, L.: Détermination du genre d'une courbe algébrique. Math. Ann. **23** (1884), 527–538.

[2.416] Reye, Th.: Ueber lineare Mannigfaltigkeiten projectiver Ebenenbüschel und collinearer Bündel oder Räume. IV. Crelle **107** (1891), 162–178.

[2.417] Ricci, G.: Principii di una teoria delle forme differenziali quadratiche. Annali di Mat. (2), **12** (1883–84), 135–167.

[2.418] Riemann, J.: Sur le problème de Dirichlet. Annales de l'Ecole Normale (3), 5 (1888), 327–410.

[2.419] Rink, H. J.: Ueber einige Abel'sche Integrale erster Gattung. Schlömilch **29** (1884), 272–283.

[2.420] Roch, G.: Anwendung der Potentialausdrücke auf die Theorie der molecularphysikalischen Fernwirkungen. Diss. Göttingen 1862.

[2.421] Roch, G.: Anwendung der Potentialausdrücke auf die Theorie der molecularphysikalischen Fernewirkungen und der Bewegung der Electricität in Leitern. Crelle **61** (1863), 283–308.

[2.422] Roch, G.: Ueber Functionen complexer Grössen. Schlömilch **8** (1863), 12–26; 183–203; **10** (1865), 169–194.

[2.423] Roch, G.: Ueber die Ausdrücke elliptischer Integrale 2. und 3. Gattung durch Thetafunctionen. Schlömilch **10** (1865), 317–320.

[2.424] Roch, G.: Ueber die Anzahl der willkürlichen Constanten in algebraischen Functionen. Crelle **64** (1865), 372–376.

[2.425] Roch, G.: Ueber die dritte Gattung der Abelschen Integrale erster Ordnung. Crelle **65** (1866), 42–51.

[2.426] Roch, G.: Ueber die Doppeltangenten an Curven vierter Ordnung. Crelle **66** (1866), 97–120.

[2.427] Roch, G.: Ueber Integrale zweiter Gattung und die Werthermittelung der ϑ-Functionen. Schlömilch **11** (1866), 53–63.

[2.428] Roch, G.: Ueber specielle vierfach periodische Functionen. Schlömilch **11** (1866), 463–474.

[2.429] Roch, G.: Ueber Theta-Functionen vielfacher Argumente. Crelle **66** (1866), 177–184.

[2.430] Roch, G.: Ueber Abelsche Integrale dritter Gattung. Crelle **68** (1868), 170–175.

[2.431] Rohn, K.: Transformation der hyperelliptischen Functionen $p=2$ und ihre Bedeutung für die Kummer'sche Fläche. Math. Ann. **15** (1879), 315–354.

[2.432] Rosanes, J.: Ueber die neusten Untersuchungen in Betreff unserer Anschauung vom Raume. Breslau 1871.

[2.433] Runge, C.: Entwicklung der Wurzeln einer algebraischen Gleichung in Summen von rationalen Functionen der Coefficienten. Acta Math. **6** (1885), 305–318.

[2.434] Scheeffer, L.: Allgemeine Untersuchungen über Rectification der Curven. Acta Math. **5** (1884), 49–82.

[2.435] Scheibner, W.: Ueber periodische Functionen. Leipz. Ber. **14** (1862), 64–135.

[2.436] Scheibner, W.: Zur Reduction elliptischer, hyperelliptischer und Abel'scher Integrale. Das Abel'sche Theorem für einfache und Doppelintegrale. Math. Ann. **34** (1889), 473–493.

[2.437] Schering, E.: Linien, Flächen und höhere Gebilde in mehrfach ausgedehnten Gaussischen und Riemannschen Räumen. Göttinger Nachr. 1873, 13–21.

[2.438] Schering, E.: Die Schwerkraft in mehrfach ausgedehnten Gaussischen und Riemannschen Räumen. Göttinger Nachr. 1873, 149–159.

[2.439] Schering, E.: Die Hamilton-Jacobische Theorie für Kräfte, deren Maass von der Bewegung der Körper abhängt. Göttinger Nachr. 1873, 744–753.

[2.440] Schering, K.: Zur Theorie des Borchardtschen arithmetisch-geometrischen Mittels aus vier Elementen. Crelle **85** (1878), 115–170.

[2.441] Schläfli, L.: Ueber die partielle Differentialgleichung $\frac{\partial w}{\partial t} = \frac{\partial^2 w}{\partial x^2}$. Crelle **72** (1870), 263–284.

[2.442] Schläfli, L.: Nota alla Memoria del sig. Beltrami, „Sugli spazii di curvatura costante". Annali di Mat. (2), **5** (1871–73), 178–193.

[2.443] Schläfli, L.: Quand' è che dalla superficie generale di terz' ordine si stacca una parte che non sia realmente segata da ogni piano reale? Annali di Mat. (2), 5 (1871–73), 289–296.

[2.444] Schläfli, L.: Ueber die Gauss'sche hypergeometrische Reihe. Math. Ann. **3** (1871), 286–295.

[2.445] Schläfli, L.: Ueber die linearen Relationen zwischen den $2p$ Kreiswegen erster Art und den $2p$ zweiter Art in der Theorie der Abel'schen Functionen der Herren Clebsch und Gordan. Crelle **76** (1873), 149–155.

[2.446] Schläfli, L.: Ueber die allgemeine Möglichkeit der conformen Abbildung einer von Geraden begrenzten Figur in einer Halbebene. Crelle **78** (1874), 63–81.

[2.447] Schlesinger, L.: Zur Theorie der Fuchsschen Functionen. Crelle **105** (1889), 181–232.

[2.448] Schlömilch, O.: Ueber bedingt-convergirende Reihen. Schlömilch **18** (1873), 520–522.

[2.449] Schottky, F.: Abriss einer Theorie der Abel'schen Functionen von drei Variabeln. Leipzig 1880.

[2.450] Schottky, F.: Ueber eine specielle Function, welche bei einer bestimmten linearen Transformation ihres Arguments unverändert bleibt. Crelle **101** (1887), 227–272.

[2.451] Schottky, F.: Theorie der elliptisch-hyperelliptischen Functionen von vier Argumenten. Crelle **108** (1891), 147–178; 193–255.

[2.452] Schwarz, H. A.: De superficiebus in planum explicabilibus primorum septem ordinum. Crelle **64** (1865), 1–16.

[2.453] Schwarz, H. A.: Ueber die geradlinigen Flächen fünften Grades. Crelle **67** (1867), 23–57.

[2.454] Schwarz, H. A.: Ueber einige Abbildungsaufgaben. Crelle **70** (1869), 105–120.

[2.455] Schwarz, H. A.: Conforme Abbildung der Oberfläche eines Tetraeders auf die Oberfläche einer Kugel. Crelle **70** (1869), 121–136.

[2.456] Schwarz, H. A.: Ueber die Integration der partiellen Differentialgleichung $\frac{\partial^2 u}{\partial x^2} + \frac{\partial^2 u}{\partial y^2} = 0$ für die Fläche eines Kreises. Vierteljahresschrift der Naturforschenden Gesellschaft Zürich **15** (1870), 113–128.

[2.457] Schwarz, H. A.: Ueber einen Grenzübergang durch alternirendes Verfahren. Vierteljahresschrift der Naturforschenden Gesellschaft Zürich **15** (1870), 272–286.

[2.458] Schwarz, H. A.: Ueber die Integration der partiellen Differentialgleichung $\frac{d^2 u}{dx^2} + \frac{d^2 u}{dy^2} = 0$ unter vorgeschriebenen Grenz- und Unstetigkeitsbedingungen. Monatsberichte der Berliner Akademie 1870, 767–795.

[2.459] Schwarz, H. A.: Fortgesetzte Untersuchungen über specielle Minimalflächen. Monatsberichte der Berliner Akademie 1872, 3–27.

[2.460] Schwarz, H. A.: Beitrag zur Untersuchung der zweiten Variation des Flächeninhalts von Minimalflächen im Allgemeinen und von Theilen der Schraubenfläche im Besonderen. Monatsberichte der Berliner Akademie 1872, 718–736.

[2.461] Schwarz, H. A.: Zur Integration der partiellen Differentialgleichung $\frac{\partial^2 u}{\partial x^2} + \frac{\partial^2 u}{\partial y^2} = 0$. Crelle **74** (1872), 218–253.

[2.462] Schwarz, H. A.: Ueber diejenigen Fälle, in welchen die Gauss'sche hypergeometrische Reihe eine algebraische Function ihres vierten Elements darstellt. Crelle **75** (1873), 292–335.

[2.463] Schwarz, H. A.: Miscellen aus dem Gebiete der Minimalflächen. Vierteljahresschrift der Naturforschenden Gesellschaft Zürich **19** (1874), 243–271. Wiederabdruck mit Abänderungen: Crelle **80** (1875), 280–300.

[2.464] Schwarz, H. A.: Ueber diejenigen algebraischen Gleichungen zwischen zwei veränderlichen Grössen, welche eine Schaar rationaler eindeutig umkehrbarer Transformationen in sich selbst zulassen. Crelle **87** (1879), 139–145.

[2.465] Schwarz, H. A.: Ueber einige nicht algebraische Minimalflächen, welche eine Schaar algebraischer Curven enthalten. Crelle **87** (1879), 146–160.

[2.466] Schubert, H.: Ueber die Erhaltung des Geschlechts bei zwei ein-eindeutig auf einander bezogenen Plancurven. Math. Ann. **16** (1880), 180–182.

[2.467] Schumann, A.: Ein Beweis des Additionstheorems für die hyperelliptischen Integrale. Math. Ann. **7** (1874), 623–634.

[2.468] Schur, F.: Ueber die Deformation der Räume constanten Riemann'schen Krümmungsmaasses. Math. Ann. **27** (1886), 163–176.

[2.469] Schur, F.: Ueber den Zusammenhang der Räume constanten Riemann'schen Krümmungsmaasses mit den projectiven Räumen. Math. Ann. **27** (1886), 537–567.

[2.470] Schur, F.: Ueber die Deformation eines dreidimensionalen Raumes in einem ebenen vierdimensionalen Raume. Math. Ann. **28** (1887), 343–353.

[2.471] Serret, J. A.: Lehrbuch der Differential- und Integralrechnung. Deutsche Bearbeitung von A. Harnack. 3 Bände. Leipzig 1884–85.

[2.472] Simon, M.: Zu den Grundlagen der nicht-euklidischen Geometrie. Preisschrift (Nr. 512) des Lyceums Strassburg i. E. 1891.

[2.473] Smith, H. J. S.: On some discontinuous series considered by Riemann. The Messenger of Mathematics (2), **11** (1881), 1–11.

[2.474] Stahl, H.: Das Additionstheorem der ϑ-Functionen mit p Argumenten. Crelle **88** (1880), 117–130.

[2.475] Stahl, H.: Beweis eines Satzes von Riemann über ϑ-Charakteristiken. Crelle **88** (1880), 273–276.

[2.476] Stahl, H.: Zur Lösung des Jacobischen Umkehrproblems. Crelle **89** (1880), 170–184.

[2.477] Staude, O.: Geometrische Deutung der Additionstheoreme der hyperelliptischen Integrale und Functionen 1. Ordnung im System der confocalen Flächen 2. Grades. Math. Ann. **22** (1883), 1–69; 145–176.

[2.478] Staude, O.: Ueber die Parameterdarstellung der Verhältnisse der Thetafunctionen zweier Veränderlicher. Math. Ann. **24** (1884), 281–312.

[2.479] Staude, O.: Ueber die algebraischen Charakteristiken der hyperelliptischen Thetafunctionen. Math. Ann. **25** (1885), 363–418.

[2.480] Stephen Smith, H. J.: On the integration of discontinuous functions. London Math. Soc. Proceedings **6** (1875), 140–153.

[2.481] Stephen Smith, H. J.: On the higher singularities of plane curves. London Math. Soc. Proceedings **6** (1876), 153–182.

[2.482] Stickelberger, L.: Zur Theorie der linearen Differentialgleichungen. Leipzig 1881.

[2.483] Stieltjes, T. J.: Sur une fonction uniforme. C. R. **101** (1885), 153–154.

[2.484] Stolz, O.: Ueber unendliche Doppelreihen. Math. Ann. **24** (1884), 157–171.

[2.485] Streintz, H.: Die physikalischen Grundlagen der Mechanik. Leipzig 1883.

[2.486] Study, E.: Complexe Zahlen und Transformationsgruppen. Leipz. Ber. **41** (1889), 177–228.

[2.487] Study, E.: Ein Reciprocitätsgesetz in der Theorie der algebraischen Functionen. Leipz. Ber. **42** (1890), 153–171.

[2.488] Thomae, J.: Ueber die elliptische Constante $\vartheta(0)$. Schlömilch **11** (1866), 247–248.

[2.489] Thomae, J.: Bestimmung von $d\lg\vartheta(0,0,\ldots,0)$ durch die Classenmoduln. Crelle **66** (1866), 92–96.

[2.490] Thomae, J.: De propositione quadam Riemanniana ex analysis situs. Berlin 1867.

[2.491] Thomae, J.: Einige Sätze aus der Analysis situs Riemann'scher Flächen. Schlömilch **12** (1867), 361–374.

[2.492] Thomae, J.: Beiträge zur Theorie der durch die Heinesche Reihe $1+\frac{1-q^a}{1-q}\,\frac{1-q^b}{1-q^c}\,x+\frac{1-q^a}{1-q}\,\frac{1-q^{a+1}}{1-q^2}\,\frac{1-q^b}{1-q^c}\,\frac{1-q^{b+1}}{1-q^{c+1}}\,x^2+\ldots$ darstellbaren Functionen. Crelle **70** (1869), 258–281.

[2.493] Thomae, J.: Beitrag zur Theorie der Function $P\begin{pmatrix}\alpha,\beta,\gamma, & x\\ \alpha',\beta',\gamma', & \end{pmatrix}$. Schlömilch **14** (1869), 48–61.

[2.494] Thomae, J.: Die Rekursionsformel $(B+An)\zeta(n)+(B'+A'n)\zeta(n+1)+(B''+A''n)\zeta(n+2)=0$. Schlömilch **14** (1869), 351–367.

[2.495] Thomae, J.: Abriss einer Theorie der complexen Functionen und der Thetafunctionen einer Veränderlichen. Halle 1870[1], 1889[3].

[2.496] Thomae, J.: Beitrag zur Bestimmung von $\vartheta(0,0,\ldots,0)$ durch die Klassenmoduln algebraischer Funktionen. Crelle **71** (1870), 201–222.

[2.497] Thomae, J.: Integration der Differenzengleichung $(n+\chi+1)(n+\lambda+1)\Delta^2\zeta(n)+(a+bn)\Delta\zeta(n)+c\,\zeta(n)=0$. Schlömilch **16** (1871), 146–158.

[2.498] Thomae J.: Les séries Heinéennes supérieures, ou les séries $F(a,\,a',\,\ldots,\,a^{(h)},\,b',\,\ldots,\,b^{(h)},\,q,\,x)$. Annali di Mat. (2), **4** (1871), 105–138.

[2.499] Thomae, J.: Darstellung des Quotienten zweier Thetafunctionen, deren Argumente sich um Drittel ganzer Periodicitätsmoduln unterscheiden, durch algebraische Functionen. Math. Ann. **6** (1873), 603–612.

[2.500] Thomae, J.: Beitrag zur Theorie der Abel'schen Functionen. Crelle **75** (1873), 224–254.

[2.501] Thomae, J.: Eine Abbildungsaufgabe. Schlömilch **18** (1873), 401–406.

[2.502] Thomae, J.: Herleitung einer integrablen Differentialgleichung mittelst der Liouvilleschen Methode der Differentiation mit beliebigem Zeiger. Göttinger Nachr. 1874, 249–283.

[2.503] Thomae, J.: Integration einer linearen Differentialgleichung zweiter Ordnung durch Gauss'sche Reihen. Schlömilch **19** (1874), 273–285.

[2.504] Thomae, J.: Einleitung in die Theorie der bestimmten Integrale. Halle 1875.

[2.505] Thomae, J.: Sammlung von Formeln, welche bei Anwendung der elliptischen und Rosenhain'schen Functionen gebraucht werden. Halle 1876.

[2.506] Thomae, J.: Zur Definition des bestimmten Integrals durch den Grenzwerth einer Summe. Schlömilch **21** (1876), 224–227.

[2.507] Thomae, J.: Ueber eine specielle Klasse Abel'scher Functionen. Halle 1877.

[2.508] Thomae, J.: Ueber Functionen, welche durch Reihen von der Form

$$1+\frac{p}{1}\frac{p'}{q'}\frac{p''}{q''}+\frac{p}{1}\frac{p+1}{2}\frac{p'}{q'}\frac{p'+1}{q'+1}\frac{p''}{q''}\frac{p''+1}{q''+1}+\ldots$$ dargestelltwerden. Crelle **87** (1879), 26–73.

[2.509] Thomae, J.: Convergenz der Thetareihen. Schlömilch **25** (1880), 43–44.

[2.510] Thomae, J.: Elementare Theorie der analytischen Functionen einer complexen Veränderlichen. Halle 1880.

[2.511] Thomae, J.: Ueber die algebraischen Functionen, welche zu gegebenen Riemannschen Flächen gehören. Math. Ann. **18** (1881), 443–447.

[2.512] Thomae, J.: Ueber specielle elliptische Functionen. Schlömilch **27** (1882), 181–189.

[2.513] Thomae, J.: Ueber Integrale zweiter Gattung. Crelle **93** (1882), 69–80.

[2.514] Thomae, J.: Bemerkung über die Gauss'sche Reihe. Göttinger Nachr. 1884, 493–496.

[2.515] Thomae, J.: Bemerkungen über Thetafunctionen vom Geschlecht 3. Leipz. Ber. **39** (1887), 100–111.

[2.516] Thomae, J.: Ueber Curven, deren Punkten mehrere Parameterwerthe entsprechen. Leipz. Ber. **41** (1889), 365–377.

[2.517] Thomae, J.: Einige Beziehungen zwischen höheren hypergeometrischen Reihen. Leipz. Ber. **43** (1891), 459–480.

[2.518] Thomé, L. W.: Zur Theorie der linearen Differentialgleichungen. Crelle **87** (1879), 222–349.

[2.519] Thomé, L. W.: Ueber eine Anwendung der Theorie der linearen Differentialgleichungen zur Bestimmung des Geschlechts einer beliebigen algebraischen Function. Crelle **108** (1891), 335–341.

[2.520] Tilly, M. de: Essai sur les principes fondamentaux de la géométrie et de la mécanique. Mémoires de la Société des sciences physiques et naturelles à Bordeaux (2), 3 (1879), 1–190.

[2.521] Tognoli, O.: Le funzioni algebriche studiate geometricamente. Giornale di matematiche ad uso degli studenti delle università italiane **22** (1884), 308–333; **23** (1885), 247–262; 345–365.

[2.522] Tonelli, A.: Zur Lehre vom Zusammenhange. Göttinger Nachr. 1875, 387–390.

[2.523] Tonelli, A.: Ueber die Potentialfunction in einem mehrfach ausgedehnten Raume. Göttinger Nachr. 1875, 521–552.

[2.524] Tonelli, A.: Sopra un teorema della teorica delle funzioni. Annali di Mat. (2), **9** (1878–79), 173–192.

[2.525] Tonelli, A.: Il teorema di Cauchy per le funzioni a più valori. Atti della Reale Accademia dei Lincei (4), **1** (1885), 785–790.

[2.526] Torelli, G.: Estensione d'un teorema di Riemann relativo al quoziente degl' integrali ellitici completi di 1ª specie. Rendiconti dell' Accademia delle scienze fisiche e matematiche (2), **4** (1890), 238–244.

[2.527] Veltmann, W.: Die Bestimmung einer Function auf einer Kreisfläche aus gegebenen Randbedingungen. Schlömilch **26** (1881), 1–14.

[2.528] Veltmann, W.: Ueber die Anordnung unendlich vieler Singularitäten einer Function. Schlömilch **27** (1882), 176–179.

[2.529] Veronese, G.: Behandlung der projectivischen Verhältnisse der Räume von verschiedenen Dimensionen durch das Princip des Projicirens und Schneidens. Math. Ann. **19** (1882), 161–234.

[2.530] Vivanti, G.: Richerche sulle funzioni uniformi d'un punto analitico. Giornale di matematiche ad uso degli studenti delle università italiane **25** (1887), 54–72; 232–256.

[2.531] Voigt, W.: Theorie des leuchtenden Punktes. Crelle **89** (1880), 288–321.

[2.532] Voigt, W.: Zur Theorie der Flüssigkeitsstrahlen. Göttinger Nachr. 1885, 281–306; Math. Ann. **28** (1887), 14–33.

[2.533] Volterra, V.: Sui principii del calcolo integrali. Giornale di matematiche ad uso degli studenti delle università italiane **19** (1881), 333–372.

[2.534] Volterra, V.: Sopra alcune condizioni caratteristiche delle funzioni di una variabile complessa. Annali di Mat. (2), **11** (1882–83), 1–55.

[2.535] Volterra, V.: Sopra una estensione della teoria di Riemann sulle funzioni di variabili complesse. Atti della Reale Accademia dei Lincei (4), $\mathbf{3}_2$ (1887), 281–287.

[2.536] Voss, A.: Zur Theorie der Transformation quadratischer Differentialausdrücke und der Krümmung höherer Mannigfaltigkeiten. Math. Ann. **16** (1880), 129–179.

[2.537] Voss, A.: Zur Theorie des Riemann'schen Krümmungsmaasses. Math. Ann. **16** (1880), 571–582.

[2.538] Weber, H.: Ueber das Additionstheorem der Abel'schen Functionen. Crelle **70** (1869), 193–211.

[2.539] Weber, H.: Zur Theorie der Umkehrung der Abel'schen Integrale. Crelle **70** (1869), 314–345.

[2.540] Weber, H.: Ueber die Integration der partiellen Differentialgleichung $\frac{\partial^2 u}{\partial x^2} + \frac{\partial^2 u}{\partial y^2} + k^2 u = 0$. Math. Ann. **1** (1869), 1–36.

[2.541] Weber, H.: Note über ein Problem der Abbildung. Math. Ann. **2** (1870), 140–142.

[2.542] Weber, H.: Note zu Riemann's Beweis des Dirichlet'schen Princips. Crelle **71** (1870), 29–39.

[2.543] Weber, H.: Ueber die Bessel'schen Functionen und ihre Anwendung auf die Theorie der elektrischen Ströme. Crelle **75** (1873), 75–105.

[2.544] Weber, H.: Ueber die stationären Strömungen der Electricität in Cylindern. Crelle **76** (1873), 1–20.

[2.545] Weber, H.: Zur Theorie der Transformation algebraischer Functionen. Crelle **76** (1873), 345–348.

[2.546] Weber, H.: Neuer Beweis des Abel'schen Theorems. Math. Ann. **8** (1875), 49–53.

[2.547] Weber, H.: Theorie der Abel'schen Functionen vom Geschlecht 3. Preisschrift Berlin 1876.

[2.548] Weber, H.: Ueber die Transcendenten zweiter und dritter Gattung bei den hyperelliptischen Functionen erster Ordnung. Crelle **82** (1877), 131–144.

[2.549] Weber, H.: Zur Geschichte des Problems der Fortpflanzung ebener Luftwellen von endlicher Schwingungsweite. Schlömilch **22** (1877), Hl. A. 71.

[2.550] Weber, H.: Ueber gewisse in der Theorie der Abel'schen Functionen auftretende Ausnahmefälle. Math. Ann. **13** (1878), 35–48.

[2.551] Weber, H.: Ein Beitrag zu Poincarés Theorie der Fuchs'schen Functionen. Göttinger Nachr. 1886, 359–370.

[2.552] Weber, H.: Ueber stationäre Strömung der Electricität in Platten. Göttinger Nachr. 1889, 93–101.

[2.553] Wedekind, L.: Beiträge zur geometrischen Interpretation binärer Formen. Math. Ann. **9** (1876), 209–217.

[2.554] Weichold, G.: Ueber symmetrische Riemann'sche Flächen und die Periodicitätsmoduln der zugehörigen Abel'schen Normalintegrale erster Gattung. Schlömilch **28** (1883), 321–351.

[2.555] Weierstrass, K.: Ueber die Flächen, deren mittlere Krümmung überall gleich Null ist. Monatsberichte der Berliner Akademie 1866, 612–625; 855–856.

[2.556] Weierstrass, K.: Ueber die allgemeinsten eindeutigen und $2n$ fach periodischen Functionen von n Veränderlichen. Monatsberichte der Berliner Akademie 1869, 853–857.

[2.557] Weierstrass, K.: Zur Functionenlehre. Monatsberichte der Berliner Akademie 1880, 719–743.

[2.558] Weingarten, J.: Ueber die Eigenschaften des Linienelementes der Flächen von constantem Krümmungsmass. Crelle **94** (1883), 181–202.

[2.559] Weiss, W.: Ueber einen Beweis der Zeuthenschen Verallgemeinerung des Satzes von der Erhaltung des Geschlechts. Math. Ann. **29** (1887), 382–385.

[2.560] Wiltheiss, E.: Ueber die partiellen Differentialgleichungen zwischen den Ableitungen der hyperelliptischen Thetafunctionen nach den Parametern und nach den Argumenten. Crelle **99** (1886), 236–257.

[2.561] Wiltheiss, E.: Die partiellen Differentialgleichungen der hyperelliptischen Thetafunctionen. Math. Ann. **33** (1889), 267–290.

[2.562] Zaremba, S.: Note concernant l'intégration d'une équation aux dérivées partielles. Annales de l'Ecole Normale (3), **7** (1890), 135–142.

[2.563] Zeuthen, H. G.: Nouvelle démonstration de théorèmes sur des séries de points correspondants sur deux courbes. Math. Ann. **3** (1871), 150–156.

Verwendete Abkürzungen

Acta Math.: Acta Mathematica
Annali di Mat.: Annali di Matematica pura ed applicata (Brioschi)
C. R.: Comptes Rendus hebdomadaires des séances de l'Académie des Sciences
Göttinger Nachr.: Nachrichten von der Königlichen Gesellschaft der Wissenschaften zu Göttingen
J. de Math.: Journal des Mathématiques pures et appliquées
Crelle: Journal für die reine und angewandte Mathematik
Math. Ann.: Mathematische Annalen
Leipz. Ber.: Berichte über die Verhandlungen der Königlich Sächsischen Gesellschaft der Wissenschaften zu Leipzig
Schlömilch: Zeitschrift für Mathematik und Physik

Leipzig, Januar 1988

Walter Purkert
Karl-Marx-Universität
Sektion Mathematik
Karl-Marx-Platz
DDR-7010 Leipzig

3. Secondary Literature on B. Riemann

The following contribution is a compilation of the most important publications about the life and work of Bernhard Riemann. It is the result of an examination of the historical sections of the „Mathematical Reviews" and the „Zentralblatt für Mathematik", the author's own collection of literature and some selected bibliographies and biographies. In the short time available for the compilation of this bibliography, it was unfortunately not always possible to refer directly to the original literature, and the contributions of Purkert and Neuenschwander had to be developed independently of each other. It was therefore decided to include the older literature only in part in the present bibliography in order to avoid overlaps with Purkert's contribution, and to record some publications according to the data in the review journals. However, the source used is given at the end of each entry, if it was not catalogued according to the original, or if the bibliographical information was given in abbreviated form. This allows the reader easy access to more specific information about the publications listed, without him having actually to examine them himself (#MR 83h:76001 means „reviewed in Mathematical Reviews, vol. 83h, review no. 76001"; #Zbl. 270, 123 stands for „Zentralblatt für Mathematik, vol. 270, p. 123").

The following contribution does not and cannot provide an exhaustive compilation of the literature on Riemann, since, due to his immense importance, Riemann is mentioned in virtually every mathematical or historical survey. Moreover, this is the first attempt at a systematic listing of the secondary literature on Riemann, which has only been catalogued very sketchily up till now. Nevertheless I hope that I have succeeded in putting together at least the most significant publications about Riemann. An enlarged version of this bibliography giving the locations of all relevant reviews will appear in the collection of sources and texts about Riemann currently in preparation by Neuenschwander. Any additional information from readers would thus be very welcome.

[3.1] Abikoff, W.: The uniformization theorem. The American Mathematical Monthly **88** (1981), 574–592.

[3.2] Ahlfors, L. V.: Development of the theory of conformal mapping and Riemann surfaces through a century. In: Contributions to the theory of Riemann surfaces. Centennial celebration of Riemann's dissertation. Annals of Mathematics Studies, No. 30. Princeton 1953, 3–13.

[3.3] Ahlfors, L. V.; Sario, L.: Riemann surfaces. Princeton Mathematical Series, No. 26. Princeton 1960, xi, 382 p.

[3.4] Ahrens, W.: Mathematiker-Anekdoten. Mathematische Bibliothek, Bd. 18. Leipzig/Berlin 1916, 56 S. Zweite, stark veränderte Auflage: Leipzig/Berlin 1920, 42 S.

[3.5] Alling, N. L.: Real elliptic curves. North-Holland Mathematics Studies, vol. 54. Amsterdam/New York/Oxford 1981, xi, 349 p.

[3.6] Ayoub, R.: Euler and the zeta function. The American Mathematical Monthly **81** (1974), 1067–1086.

[3.7] Becker, O.: Grundlagen der Mathematik in geschichtlicher Entwicklung. Freiburg/München 1954, xi, 422 S.

[3.8] Bell, E. T.: Men of mathematics. London 1937, 653 p. French translation: Paris 1939.

[3.9] Bell, E. T.: The development of mathematics. New York/London 1940, xiii, 583 p. Second edition: New York/London 1945, xiii, 637 p.

[3.10] Beltrami, E.: Riemann's Italian tomb. The Mathematical Intelligencer **9** (1987), no. 3, 54–55.

[3.11] Bieberbach, L.: Theorie der gewöhnlichen Differentialgleichungen auf funktionentheoretischer Grundlage dargestellt. Grundlehren der mathematischen Wissenschaften, Bd. 66. Berlin/Göttingen/Heidelberg 1953, ix, 338 p.

[3.12] Biermann, K.-R.: Vorschläge zur Wahl von Mathematikern in die Berliner Akademie. Ein Beitrag zur Gelehrten- und Mathematikgeschichte des 19. Jahrhunderts. Abh. Deutsch. Akad. Wiss. Berlin, Kl. Math. Phys. Techn. 1960, Nr. 3, 75 S. # Zbl. 94, 4.

[3.13] Biermann, K.-R.: Zu Dirichlets geplantem Nachruf auf Gauß. NTM **8** (1971), Heft 1, 9–12.

[3.14] Birkhoff, G. (ed.): A source book in classical analysis. Source Books in the History of the Sciences. Cambridge Mass. 1973, xii, 470 p. # Zbl. 275.01009.

[3.15] Böhm, J.; Reichardt, H. (Hrsg.): C. F. Gauß/B. Riemann/H. Minkowski. Gaußsche Flächentheorie, Riemannsche Räume und Minkowski-Welt. Teubner-Archiv zur Mathematik, Bd. 1. Leipzig 1984, 155 S.

[3.16] Bollinger, M.: Geschichtliche Entwicklung des Homologiebegriffs. Archive for History of Exact Sciences **9** (1972/73), 94–170.

[3.17] Bottazzini, U.: Riemanns Einfluß auf E. Betti und F. Casorati. Archive for History of Exact Sciences **18** (1977/78), 27–37.

[3.18] Bottazzini, U.: Le funzioni a periodi multipli nella corrispondenza tra Hermite e Casorati. Archive for History of Exact Sciences **18** (1977/78), 39–88.

[3.19] Bottazzini, U.: Il calcolo sublime: storia dell'analisi matematica da Euler a Weierstrass. Torino 1981, 269 p. Revised and enlarged English version: New York/Berlin/Heidelberg/London/Paris/Tokyo 1986.

[3.20] Bottazzini, U.: Enrico Betti e la formazione della Scuola Matematica Pisana. In: Atti del Convegno „La Storia delle Matematiche in Italia". Cagliari 1983, 229–276.

[3.21] Bottazzini, U.: Funzioni complesse e varietà multidimensionali: globale e locale nella matematica di B. Riemann. In: Scienza e Filosofia. Saggi in onore di Ludovico Geymonat. Milano 1985, 554–573.

[3.22] Bourbaki, N.: Éléments d'histoire des mathématiques. Paris 1960, 277 p. Italian translation: Milano 1963. German translation: Göttingen 1971.

[3.23] Boyer, C. B.: A history of mathematics. New York/London/Sydney 1968, xv, 717 p.

[3.24] Brill, A.; Noether, M.: Die Entwicklung der Theorie der algebraischen Functionen in älterer und neuerer Zeit. Jahresbericht der Deutschen Mathematiker-Vereinigung **3** (1894), 107–566.

[3.25] Bühler, W. K.: The hypergeometric function – a biographical sketch. The Mathematical Intelligencer **7** (1985), no. 2, 35–40.

[3.26] Burkhardt, H.: Bernhard Riemann. Vortrag, bei der am 20. Juli 1891 vom mathematischen Verein zu Göttingen veranstalteten Feier der 25. Wiederkehr seines Todestags. Göttingen 1892, 12 S.

[3.27] Burkhardt, H.: Entwicklungen nach oscillirenden Functionen und Integration der Differentialgleichungen der mathematischen Physik. Jahresbericht der Deutschen Mathematiker-Vereinigung **10.2** (1908), xii, 1804 S.

[3.28] Butzer, P. L. (ed.); Fehér, F. (ed.): E. B. Christoffel. The influence of his work on mathematics and the physical sciences. Basel/Boston Mass./Stuttgart 1981, xxv, 761 p.

[3.29] Butzer, P. L.; Stark, E. L.: „Riemann's example" of a continuous nondifferentiable function in the light of two letters (1865) of Christoffel to Prym. Bulletin de la Société Mathématique de Belgique **38** (1986), 45–73.

[3.30] Cantor, [M.]: Georg Friedrich Bernhard Riemann. In: Allgemeine Deutsche Biographie, Bd. 28. Leipzig 1889, 555–559.

[3.31] Casorati, F.: Teorica delle funzioni di variabili complesse. Pavia 1868, xxx, 471 p.

[3.32] Castellet, M. (ed.): El desenvolupament de las matemàtiques al segle XIX. Arxius de la Seccio de Ciènces, vol. 75. Barcelona 1984, 231 p. (Catalan). #MR 86j:01031.

[3.33] Catalogue of scientific papers (1800–1900). Compiled by the Royal Society of London, 19 vols. London/Cambridge 1867–1925.

[3.34] Châtelet, G.: Sur une petite phrase de Riemann. Analytiques **3** (1979), 67–75.

[3.35] Chee, P. S.: Famous problems. I. The Riemann hypothesis. Menemui Mat. **4** (1982), no. 3, 99–113. #MR 84g:01034.

[3.36] Chudnovsky, D. V. (ed.); Chudnovsky, G. V. (ed.): The Riemann problem, complete integrability and arithmetic applications. Proceedings of a Seminar held at the Institut des Hautes Études Scientifiques, Bures-sur-Yvette and at Columbia University, New York, 1979–1980. Lecture Notes in Mathematics, vol. 925. Berlin/New York 1982, vi, 373 p. #MR 84i:14001.

[3.37] Clebsch, A.; Gordan, P.: Theorie der Abelschen Functionen. Leipzig 1866, xiii, 333 S.

[3.38] Conforto, F.: Per il centenario della dissertazione di Bernhard Riemann. Experientia **7** (1951), 476–477.

[3.39] Coolidge, J. L.: A history of geometrical methods. Oxford 1940, xviii, 451 p.

[3.40] Courant, R.: Bernhard Riemann und die Mathematik der letzten hundert Jahre. Die Naturwissenschaften **14** (1926), 813–818, 1265–1277. Russian translation: Fiz.-mat. Spisanie **19** (1976), 198–207. # Zbl. 357.01020. Bulgarian translation: Fiz.-Mat. Spis. B"lgar. Akad. Nauk **19** (52) (1976), 198–207, **20** (53) (1977), 19–35. #MR 58.15942 a and b.

[3.41] Courant, R.: Dirichlet's principle, conformal mapping, and minimal surfaces, with an appendix by M. Schiffer. New York/London 1950, xiii, 330 p.

[3.42] Coxeter, H. S. M.: The space-time continuum. Historia Mathematica **2** (1975), 289–298.

[3.43] Dalen, D. van; Monna, A. F.: Sets and integration. An outline of the development. Groningen 1972, viii, 162 p.

[3.44] Dauben, J. W. (ed.): The history of mathematics from antiquity to the present. A selective bibliography. New York/London 1985, xxxix, 467 p.

[3.45] Davis, P. J.; Hersh, R.: The mathematical experience. Boston/Basel/Stuttgart 1980, xix, 440 p.

[3.46] Dieudonné, J.: The historical development of algebraic geometry. The American Mathematical Monthly **79** (1972), 827–866.

[3.47] Dieudonné, J.: Cours de géométrie algébrique; vol. 1. Aperçu historique sur le développement de la géométrie algébrique. Paris 1974, 234 p. English translation: Belmont Calif. 1985.

[3.48] Dieudonné, J. (ed.): Abrégé d'histoire des mathématiques 1700–1900, 2 vols. Paris 1978, x + 392, vii + 469 p. German translation: Braunschweig/Wiesbaden 1985.

[3.49] Dieudonné, J.: History of functional analysis. North-Holland Mathematics Studies, vol. 49. Amsterdam/New York/Oxford 1981, vi, 312 p.

[3.50] Dieudonné, J.: La découverte des fonctions fuchsiennes. In: Actualités mathématiques. Actes du VIe congrès du regroupement des mathématiciens d'expression latine. Luxembourg, 7–12 septembre 1981. Paris 1982, 3–23.

[3.51] Dinghas, A.: Vorlesungen über Funktionentheorie. Grundlehren der mathematischen Wissenschaften, Bd. 110. Berlin/Göttingen/Heidelberg 1961, xv, 403 S.

[3.52] Dobrovol'skiĭ, V. A.: Sur l'histoire de la classification des points singuliers des équations différentielles. Revue Histoire Sci. Appl. **25** (1972), 3–11. # Zbl. 237.01016.

[3.53] Dobrovol'skiĭ, V. A.: Aus der Geschichte des Riemannschen Problems. Math. Balkanica **3** (1973), 88–97 (Russisch). # Zbl. 288.01015.

[3.54] Dombrowski, P.: Differentialgeometrie – 150 Jahre nach den „Disquisitiones generales circa superficies curvas" von Carl Friedrich Gauß. Abhandlungen der Braunschweigischen Wissenschaftlichen Gesellschaft **27** (1977), 63–102.

[3.55] Drenckhahn, F.: Bernhard Riemann. Das Weltall **26** (1926/27), 140–144.

[3.56] Du Bois-Reymond, P.: Zur Geschichte der trigonometrischen Reihen. Eine Entgegnung. Tübingen [1878], 62 S.

[3.57] Dugac, P.: Richard Dedekind et les fondements des mathématiques. Collection des Travaux de l'Académie internationale d'Histoire des Sciences, No. 24. Paris 1976, 334 p.

[3.58] Dugac, P.: Des fonctions comme expressions analytiques aux fonctions représentables analytiquement. In: Mathematical perspectives. New York/London 1981, 13–36. # MR 83b:01038.

[3.59] Durège, H.: Elemente der Theorie der Functionen einer complexen veränderlichen Grösse. Mit besonderer Berücksichtigung der Schöpfungen Riemanns. Leipzig 1864, xii, 228 S. English translation from the fourth German edition: Philadelphia 1896.

[3.60] Dyck, W. v.: Gedächtnisrede auf Joseph Fraunhofer, Bernhard Riemann und Felix Klein. Die Naturwissenschaften **14** (1926), 1039–1043.

[3.61] Edwards, C. H., Jr.: The historical development of the calculus. New York/Heidelberg/Berlin 1979, xii, 351 p.

[3.62] Edwards, H. M.: Riemann's zeta function. New York/London 1974, xiii, 315 p.

[3.63] Efimow, N. W.: Höhere Geometrie. Hochschulbücher für Mathematik, Bd. 51. Berlin 1960, viii, 556 S.

[3.64] Ehlers, J.: Christoffel's work on the equivalence problem for Riemannian spaces and its importance for modern field theories of physics. In: E. B. Christoffel (Aachen/Monschau, 1979). Basel 1981, 526–542. # MR 83h:01041.

[3.65] Ehl'natanov, B. A.: Short outline of the history of the development of the sieve of Eratosthenes. Istor.-Mat. Issled. **27** (1983), 238–259 (Russian). # Zbl. 525.01005.

[3.66] Encyklopädie der mathematischen Wissenschaften mit Einschluss ihrer Anwendungen. Herausgegeben im Auftrage der Akademien der Wissenschaften zu Göttingen, Leipzig, München und Wien, sowie unter Mitwirkung zahlreicher Fachgenossen, 6 Bde. in 23 Teilbänden. Leipzig 1898–1935.

[3.67] Enriques, F.: Le matematiche nella storia e nella cultura. Bologna 1938, 339 p.

[3.68] Erdmann, B.: Die Axiome der Geometrie. Eine philosophische Untersuchung der Riemann-Helmholtz'schen Raumtheorie. Leipzig 1877, x, 174 S.

[3.69] Erugin, N. P.: The Riemann problem. Minsk 1982, 336 p. (Russian). # MR 84h:34015.

[3.70] Faber, G.: Mathematik. In: Geist und Gestalt. Biographische Beiträge zur Geschichte der Bayerischen Akademie der Wissenschaften vornehmlich im zweiten Jahrhundert ihres Bestehens, Bd. 2, Naturwissenschaften. München 1959, 1–45.

[3.71] Freudenthal, H.: Poincaré et les fonctions automorphes. In: Le livre du centenaire de la naissance de Henri Poincaré 1854–1954. Paris 1955, 212–219.

[3.72] Freudenthal, H.: Neuere Fassungen des Riemann-Helmholtz-Lieschen Raumproblems. Mathematische Zeitschrift **63** (1955/56), 374–405.

[3.73] Freudenthal, H.: Die Grundlagen der Geometrie um die Wende des 19. Jahrhunderts. Math.-phys. Semesterber. **7** (1960), 2–25, # Zbl. 104, 146.

[3.74] Freudenthal, H.: The main trends in the foundations of geometry in the 19th century. In: Logic, Methodology and Philosophy of Science. Proceedings of the 1960 International Congress. Stanford 1962, 613–621.

[3.75] Freudenthal, H.: Riemann, Georg Friedrich Bernhard. In: Dictionary of Scientific Biography, vol. 11. New York 1975, 447–456.

[3.76] Freudenthal, H. (Hrsg.): Raumtheorie. Wege der Forschung, Bd. 270. Darmstadt 1978, vi, 408 S.

[3.77] Gahov, F. D.: Boundary value problems; third edition, revised and augmented. Moscow 1977, 640 p. (Russian). # MR 58.6270.

[3.78] Gårding, L.: The Dirichlet problem. The Mathematical Intelligencer **2** (1979/80), 43–53.

[3.79] Gergely, E.: B. Riemanns „Über die Hypothesen, welche der Geometrie zugrunde liegen." Studien und Kommentare. Bucureşti 1963, 73 S. (Rumänisch). # Zbl. 133, 137.

[3.80] Gericke, H.: Gauss und die Grundlagen der Geometrie. In: Carl Friedrich Gauß (1777–1855). München 1981, 113–141. # MR 84j:01005.

[3.81] Giedymin, J.: On the origin and significance of Poincaré's conventionalism. Studies in History and Philosophy of Science **8** (1977), 271–301.

[3.82] Goedecker, E.: Die Vertheilung der Wärme in der Kugel. Nach dem Vortrage von B. Riemann, bearbeitet von E. Gödecker. Programm des Johanneums zu Lüneburg. Lüneburg 1872, 3–16.

[3.83] Goedecker, E.: Die Bewegung eines kreisförmigen Ringes in einer unendlichen und incompressibeln Flüssigkeit. Nach dem Vortrage von B. Riemann, bearbeitet von E. Goedecker. Programm: Gymnasium und Realschule erster Ordnung zu Göttingen. Göttingen 1879, 1–22.

[3.84] Goldstein, L. J.: A history of the prime number theorem. The American Mathematical Monthly **80** (1973), 599–615.

[3.85] Gonczarow, W. L.: On the scientific papers of Riemann. Wiadom Mat. **2** (1959), 155–196 (Polish). # MR 23.A38.

[3.86] Goulet, J.: The Dirichlet problem: A mathematical development. Pi Mu Epsilon Journal **7** (1979–1984), 502–511.

[3.87] Grattan-Guinness, I.: The development of the foundations of mathematical analysis from Euler to Riemann. Cambridge Mass./London 1970, xiii, 186 p.

[3.88] Grattan-Guinness, I. (ed.): From the calculus to set theory, 1630–1910. An introductory history. London 1980, 306 p.

[3.89] Gray, J.: Non-Euclidean geometry – a re-interpretation. Historia Mathematica **6** (1979), 236–258.

[3.90] Gray, J.: Ideas of space. Euclidean, non-Euclidean, and relativistic. Oxford 1979, xi, 224 p.

[3.91] Gray, J.: The three supplements to Poincaré's prize essay of 1880 on Fuchsian functions and differential equations. Archives Internationales d'Histoire des Sciences **32** (1982), 221–235.

[3.92] Gray, J.: Linear differential equations and group theory from Riemann to Poincaré. Boston/Basel/Stuttgart 1986, xxv, 460 p.

[3.93] Haantjes, J.: Über einige Grundbegriffe aus der Geometrie. Euclides **23** (1948), 258–270 (Holländisch). # Zbl. 32, 51.

[3.94] Hancock, H.: The historical development of Abelian functions up to the time of Riemann. Report of the sixty-seventh meeting of the British Association for the Advancement of Science. London 1898, 246–286.

[3.95] Hattendorff, K.: Partielle Differentialgleichungen und deren Anwendung auf physikalische Fragen. Vorlesungen von Bernhard Riemann. Für den Druck bearbeitet und herausgegeben von K. Hattendorff. Braunschweig 1869, xiv, 315 S.; 3. Auflage: Braunschweig 1882; later completely revised and considerably enlarged editions by H. Weber.

[3.96] Hattendorff, K.: Schwere, Elektricität und Magnetismus. Nach den Vorlesungen von Bernhard Riemann bearbeitet von Karl Hattendorff. Hannover 1876, x, 358 S.

[3.97] Haupt, O.: Über die Entwicklung des Integralbegriffes seit Riemann. Schr. Forschungsinst. Math. **1** (1957), 303–317. # MR 18, 881.

[3.98] Hawkins, T.: Lebesgue's theory of integration. Its origins and development. Madison/London 1970, xv, 227 p.

[3.99] Hawkins, T.: Non-Euclidean geometry and Weierstrassian mathematics: the background to Killing's work on Lie algebras. Historia Mathematica **7** (1980), 289–342.

[3.100] Hilbert, D.: Über das Dirichlet'sche Princip. Jahresbericht der Deutschen Mathematiker-Vereinigung **8** (1900), 184–188 = Gesammelte Abhandlungen, Bd. 3, 10–14.

[3.101] Hölder, E.: Historischer Überblick zur mathematischen Theorie von Unstetigkeitswellen seit Riemann und Christoffel. In: E. B. Christoffel (Aachen/Monschau, 1979). Basel 1981, 412–434. # MR 83h:76001.

[3.102] Hon, Y. K.: Georg Friedrich Bernhard Riemann. Bull. Malaysian Math. Soc. **6** (1975), no. 2, 1–6. # MR 55.5355.

[3.103] Hurwitz, A.: Über die Entwickelung der allgemeinen Theorie der analytischen Funktionen in neuerer Zeit. In: Verhandlungen des ersten internationalen Mathematiker-Kongresses in Zürich vom 9. bis 11. August 1897. Leipzig 1898, 91–112.

[3.104] Hurwitz, A.; Courant, R.: Vorlesungen über allgemeine Funktionentheorie und elliptische Funktionen von Adolf Hurwitz herausgegeben und ergänzt durch einen Abschnitt über geometrische Funktionentheorie von R. Courant. Grundlehren der mathematischen Wissenschaften, Bd. 3. Berlin 1922, xi, 399 S.; 3. Auflage: Berlin 1929, xii, 534 S.

[3.105] Israel, G.; Nurzia L.: The Poincaré-Volterra theorem: a significant event in the history of the theory of analytic functions. Historia Mathematica **11** (1984), 161–192.

[3.106] Jaggi, M. P.: The visionary ideas of Bernhard Riemann. Physics Today **20.12** (1967), 42–45.

[3.107] Jammer, M.: Concepts of space. The history of theories of space in physics. Cambridge Mass. 1954, xvi, 196 p. German translation: Darmstadt 1980.

[3.108] Johnson, D. M.: The problem of the invariance of dimension in the growth of modern topology, part I. Archive for History of Exact Sciences **20** (1979), 97–188.

[3.109] Jourdain, P. E. B.: The development of the theory of transfinite numbers. Archiv der Mathematik und Physik, Dritte Reihe, Bd. **10** (1906), 254–281.

[3.110] Juškevič, A. P.; Demidov, S. S.: Bernhard Riemann: on the 150th anniversary of his birth. Mat. v Škole 1977, no. 4, 76–80 (Russian). # MR 58.4943.

[3.111] Katz, V. J.: The history of differential forms from Clairaut to Poincaré. Historia Mathematica **8** (1981), 161–188.

[3.112] Kellogg, O. D.: Foundations of potential theory. New York 1929, ix, 384 p.

[3.113] Klein, F.: Ueber Riemann's Theorie der algebraischen Functionen und ihrer Integrale. Eine Ergänzung der gewöhnlichen Darstellungen. Leipzig 1882, viii, 82 S. = Gesammelte mathematische Abhandlungen, Bd. 3, 499–573.

[3.114] Klein, F.: Riemann und seine Bedeutung für die Entwicklung der modernen Mathematik. Jahresbericht der Deutschen Mathematiker-Vereinigung **4** (1894/95), 71–87 = Gesammelte mathematische Abhandlungen, Bd. 3, 482–497 [reprinted in several other places]. English translation: Bulletin of the American Mathematical Society **1** (1895), 165–180. Italian translation: Annali di matematica pura ed applicata (2) **23** (1895), 209–224.

[3.115] Klein, F.: Erwerbung neuer, auf Bernhard Riemann bezüglicher Manuscripte. Nachrichten von der Königl. Gesellschaft der Wissenschaften zu Göttingen, Mathematisch-physikalische Klasse. Jahrgang 1897, 189–190.

[3.116] Klein, F.: Ueber den Stand der Herausgabe von Gauß' Werken. Nachrichten von der Königl. Gesellschaft der Wissenschaften zu Göttingen, Geschäftliche Mittheilungen aus dem Jahre 1898, 13–18.

[3.117] Klein, F.: Gesammelte mathematische Abhandlungen, Bd. 1–3. Berlin 1921–23. Reprint: Berlin/Heidelberg/New York 1973.

[3.118] Klein, F.: Vorlesungen über die Entwicklung der Mathematik im 19. Jahrhundert, Teile 1 und 2. Grundlehren der mathematischen Wissenschaften, Bde. 24 und 25. Berlin 1926–27. Reprint: Berlin/Heidelberg/New York 1979. English translation: Brookline Mass. 1979.

[3.119] Klein, F.: Riemannsche Flächen. Vorlesungen, gehalten in Göttingen 1891/92. Herausgegeben und kommentiert von G. Eisenreich und W. Purkert. Teubner-Archiv zur Mathematik, Bd. 5. Leipzig 1986, 284 S.

[3.120] Klein, F.: Funktionentheorie in geometrischer Behandlungsweise. Vorlesung, gehalten in Leipzig 1880/81. Mit zwei Originalarbeiten von F. Klein aus dem Jahre 1882. Herausgegeben, bearbeitet und kommentiert von F. König. Geleitwort: F. Hirzebruch. Teubner-Archiv zur Mathematik, Bd. 7. Leipzig 1987, 296 S.

[3.121] Klemmt, H.-J.: Asymptotische Entwicklungen für kanonische Weierstraßprodukte und Riemanns Überlegungen zur Nullstellenanzahl der Zetafunktion. Nachrichten der Akademie der Wissenschaften in Göttingen aus dem Jahre 1982, Mathematisch-Physikalische Klasse, 29–52.

[3.122] Kline, M.: Mathematical thought from ancient to modern times. New York 1972, xvii, 1238 p.

[3.123] Klingenberg, W.: Die Bedeutung von Gauss für die Entwicklung der Geometrie. Abhandlungen der Akademie der Wissenschaften der DDR, Abteilung Mathematik, Naturwissenschaften, Technik, Jahrgang 1978, Nr. 3N, 59–64.

[3.124] Knobloch, E.: Von Riemann zu Lebesgue – zur Entwicklung der Integrationstheorie. Historia Mathematica **10** (1983), 318–343.

[3.125] Knus, M.-A.: Dedekind und das Polytechnikum in Zürich. Abhandlungen der Braunschweigischen Wissenschaftlichen Gesellschaft **33** (1982), 43–60.

[3.126] Koch, H.: Die Rolle der Zetafunktionen in der Zahlentheorie von Euler bis zur Gegenwart. Abhandlungen der Akademie der Wissenschaften der DDR, Abteilung Mathematik, Naturwissenschaften, Technik, Jahrgang 1985, Nr. 1N, 120–124.

[3.127] Koenigsberger, L.: Mein Leben. Heidelberg 1919, 217 S.

[3.128] Kolmogorov, A. N. (ed.); Yushkevich, A. P. (ed.): Mathematics of the XIXth century. Geometry. Theory of analytic functions. Moscow 1981, 270 p. (Russian). # Zbl. 492.00001.

[3.129] Koshiba, Y.: B. Riemann: Über die Anzahl der Primzahlen unter einer gegebenen Grösse. Sci. Rep. Kagoshima Univ. **24** (1975), 1–8 (Japanisch. Deutsche Zusammenfassung). # Zbl. 318.01011.

[3.130] Köthe, G.: Bernhard Riemann 1826–1866. In: Die grossen Deutschen, Bd. 3. Berlin 1956, 395–405.

[3.131] Kramer, E. E.: The nature and growth of modern mathematics. New York 1970, xxiv, 758 p.; paperback printing, with corrections: Princeton 1982.

[3.132] Krazer, A.: Zum Gedächtnis an Friedrich Prym. Verhandlungen der physik.-med. Gesellschaft zu Würzburg, Neue Folge, Bd. **44** (1917), 167–171.

[3.133] Kritzinger, H. H.: Die Überwelt des Geistigen und Bernhard Riemann. Metaphysik. Zeitschrift für Jenseitsforschung **4** (1961), 101–103.

[3.134] Kulczycki, S.: On Riemann's habilitational adress. Wiadom. Mat. (2) **1** (1955/56), 180–193 (Polish). # MR 21.4876.

[3.135] Kuranskiĭ, E. (ed.): Albert Einstein and the theory of gravitation. Moscow 1979, 592 p. (Russian). # MR 82a:83002.

[3.136] Lampariello, G.: B. Riemanns physikalisches Denken. Schr. Forschungsinst. Math. **1** (1957), 222–234. # MR 18, 860.

[3.137] Lanczos, C.: Space through the ages. The evolution of geometrical ideas from Pythagoras to Hilbert and Einstein. London/New York 1970, x, 320 p.

[3.138] Landau, E.: Handbuch der Lehre von der Verteilung der Primzahlen, 2 Bde. Leipzig/Berlin 1909, xviii, ix, 961 S.

[3.139] Le Lionnais, F. (ed.): Les grands courants de la pensée mathématique. Cahiers du Sud 1948, 533 p.

[3.140] Lichnerowicz, A.: Géométrie et physique. In: Proceedings of the International Meeting on Geometry and Physics, Florence, October 12–15, 1982. Bologna 1983, 1–9.

[3.141] Livanova, A.: Drei Schicksale. Das Begreifen der Welt. Moskau 1969, 352 S. (Russisch). # Zbl. 205, 296.

[3.142] Lorey, W.: Das Studium der Mathematik an den deutschen Universitäten seit Anfang des 19. Jahrhunderts. Abhandlungen über den mathematischen Unterricht in Deutschland, Bd. 3, Heft 9. Leipzig/Berlin 1916, xii, 431 S.

[3.143] Loria, G.: Commemorazione del compianto Socio prof. Placido Tardy. Atti della Reale Accademia dei Lincei, Serie quinta, Rendiconti, Classe di scienze fisiche, matematiche e naturali, vol. **24** (1915), 505–531.

[3.144] Loria, G.: Il passato e il presente delle principali teorie geometriche. Storia e bibliografia, 4. ediz. total. rifatta. Padova 1931, xxiii, 467 p. # Zbl. 1, 322.

[3.145] Luther, W.: The differentiability of Fourier gap series and „Riemann's example" of a continuous, nondifferentiable function. Journal of Approximation Theory **48** (1986), 303–321.

[3.146] Maier, W.: Vom Erbe Bernhard Riemanns. S.-ber. Sächs. Akad. Wiss. Leipzig, math.-naturw. Kl. 111, Nr. 1, 13 S., 1975. # Zbl. 323.01021.

[3.147] Mainzer, K.: Geschichte der Geometrie. Mannheim/Wien/Zürich 1980, 232 S.

[3.148] Markuševič, A. I.: Skizzen zur Geschichte der Theorie der analytischen Funktionen. Moskau/Leningrad 1951, 127 S. (Russisch). # Zbl. 45, 346. Enlarged German edition: Berlin 1955.

[3.149] Markuševič, A. I.: Some questions in the history of the theory of analytic functions in the nineteenth century. Proceedings of the International Congress of Mathematicians. Helsinki 1978; vol. 2. Helsinki 1980, 1015–1020 (Russian). English translation: Transl., II. Ser., Am. Math. Soc. **117** (1981), 47–52. # Zbl. 474.01007.

[3.150] Markuševič, A. I.: Some questions concerning the history of the theory of analytic functions in the nineteenth century. Istor.-Mat. Issled. **25** (1980), 52–70, 378 (Russian). # MR 83d:01036.

[3.151] Mawhin, J.: Présences des sommes de Riemann dans l'évolution du calcul intégral. Cahiers du Séminaire d'Histoire des Mathématiques **4** (1983), 117–147.

[3.152] May, K. O.: Bibliography and research manual of the history of mathematics. Toronto/Buffalo 1973, ix, 818 p.

[3.153] Medvedev, F. A.: On Riemann's proof of a condition for the integrability of functions. History and methodology of the natural sciences, No. 25 (1980), 113–114 (Russian. English summary). # MR 83m:26002.

[3.154] Meschkowski, H.: Problemgeschichte der neueren Mathematik (1800–1950). Mannheim/Wien/Zürich 1978, 314 S.

[3.155] Mira Fernandes, A. de: An ephemeris. On the centenary of the geometry of Riemann. Univ. Lisboa, Revista Fac. Ci. A. (2) **5** (1956), 329–342 (Portuguese). # MR 19, 108.

[3.156] Monastyrsky, M.: Riemann, topology, and physics. Boston/Basel/Stuttgart 1987, xiii, 158 p.

[3.157] Monastyrsky, M.: Excerpts from „Riemann, topology, and physics". The Mathematical Intelligencer **9** (1987), no. 2, 46–52.

[3.158] Monna, A. F.: The concept of function in the 19th and 20th centuries, in particular with regard to the discussions between Baire, Borel and Lebesgue. Archive for History of Exact Sciences **9** (1972/73), 57–84.

[3.159] Monna, A. F.: Dirichlet's principle a mathematical comedy of errors and its influence on the development of analysis. Utrecht 1975, vii, 138 p.

[3.160] Müller, R.: Aus den Ahnentafeln deutscher Mathematiker. Familie und Volk **4** (1955), 7–10, 41–46, 92–97, 141–145, 172–174, 209–214.

[3.161] Naas, J.; Schröder, K. (Hrsg.): Der Begriff des Raumes in der Geometrie – Bericht von der Riemann-Tagung des Forschungsinstituts für Mathematik. Schriftenreihe des Forschungsinstituts für Mathematik bei der Deutschen Akademie der Wissenschaften zu Berlin, Heft 1. Berlin 1957, 317 S.

[3.162] Netuka, I.; Veselý, J.: Bernhard Riemann [on the occasion of the 150th anniversary of his birth]. Pokroky Mat. Fyz. Astronom. **21** (1976), no. 3, 143–149 (Czech). # MR 58.10200.

[3.163] Neuenschwander, E.: Der Nachlaß von Casorati (1835–1890) in Pavia. Archive for History of Exact Sciences **19** (1978), 1–89.

[3.164] Neuenschwander, E.: Riemann's example of a continuous, ‚nondifferentiable' function. The Mathematical Intelligencer **1** (1978), 40–44. Addendum to this article in: Neuenschwander, AHES **24** (1981), p. 234, note 42.

[3.165] Neuenschwander, E.: Riemann und das „Weierstraßsche" Prinzip der analytischen Fortsetzung durch Potenzreihen. Jahresbericht der Deutschen Mathematiker-Vereinigung **82** (1980), 1–11.

[3.166] Neuenschwander, E.: Lettres de Bernhard Riemann à sa famille. Cahiers du Séminaire d'Histoire des Mathématiques **2** (1981), 85–131.

[3.167] Neuenschwander, E.: Über die Wechselwirkungen zwischen der französischen Schule, Riemann und Weierstraß. Eine Übersicht mit zwei Quellenstudien. Archive for History of Exact Sciences **24** (1981), 221–255.

[3.168] Neuenschwander, E.: Studies in the history of complex function theory II: Interactions among the French school, Riemann, and Weierstrass. Bulletin of the American Mathematical Society, New Ser. **5** (1981), 87–105.

[3.169] Neuenschwander, E.: Riemanns Vorlesungen zur Funktionentheorie. Allgemeiner Teil. Preprint Nr. 1086, September 1987. Technische Hochschule Darmstadt, Fachbereich Mathematik.

[3.170] Neuenschwander, E.: A brief report on a number of recently discovered sets of notes on Riemann's lectures and on the transmission of the Riemann Nachlass. Historia Mathematica **15** (1988), 101–113.

[3.171] Neumann, C.: Vorlesungen über Riemann's Theorie der Abel'schen Integrale. Leipzig 1865, xiv, 514 S. Zweite vollständig umgearbeitete und wesentlich vermehrte Auflage: Leipzig 1884, xiv, 472 S.

[3.172] Neumann, C.: Das Dirichlet'sche Princip in seiner Anwendung auf die Riemann'schen Flächen. Leipzig 1865, 80 S.

[3.173] Nevanlinna, R.: Über die Riemannsche Grundlegung einer allgemeinen Mannigfaltigkeitslehre. Ajatus **35** (1973), 246–260. # MR 58.27032.

[3.174] Nikiforovskij, V. A.: The way to the integral. Moskva 1985, 192 p. (Russian). # Zbl. 577.01001.

[3.175] Noether, M.: Zu F. Klein's Schrift „Ueber Riemann's Theorie der algebraischen Functionen". Zeitschrift für Mathematik und Physik **27** (1882), Historisch-literarische Abtheilung, 201–206.

[3.176] Noether, M.: Über Riemann's Vorlesungen von 1861–62 über Abel'sche Functionen. Jahresbericht der Deutschen Mathematiker-Vereinigung **8** (1900), 177–178.

[3.177] Noether, M.: Uebermittelung von Nachschriften Riemann'scher Vorlesungen. Nachrichten von der Königlichen Gesellschaft der Wissenschaften zu Göttingen. Geschäftliche Mitteilungen 1909, 23–25.

[3.178] Nurzia, L.: Relazioni tra le concezioni geometriche di Federigo Enriques e la matematica intuizionista tedesca. Physis **21** (1979), 157–193.

[3.179] Paplauskas, A. B.: Aus der Geschichte des Lokalisationsprinzips der trigonometrischen Reihen. Trudy Inst. Istor. Estest. Tehn. **34** (1960), 323–342 (Russisch). # Zbl. 134, 6.

[3.180] Paplauskas, A. B.: Problem of uniqueness in the theory of trigonometric series. Istor.-Mat. Issled. **14** (1961), 181–210 (Russian). # MR 33.4556.

[3.181] Parrini, P.: Fisica e geometria dall'ottocento a oggi. Storia della Scienza, vol. 14. Torino 1979, 252 p. # MR 86i:01063.

[3.182] Pârvu, I.: Riemann vs. Kant: a case study for a new historiography of the philosophy of science. Noesis **6** (1980), 179–191.

[3.183] Petrova, S. S.: Das Dirichletsche Prinzip in den Arbeiten Riemanns. Istoriko-mat. Issledovanija **16** (1965), 295–310 (Russisch). # Zbl. 263.01023.

[3.184] Petrova, S. S.: The Dirichlet principle. History Methodology Natur. Sci., No. 5 (1966), Math., 200–218 (Russian). # MR 34.1146.

[3.185] Poggendorff, J. C.: Biographisch-literarisches Handwörterbuch zur Geschichte der exacten Wissenschaften. Leipzig/Berlin 1863ff.

[3.186] Pont, J.-C.: La topologie algébrique des origines à Poincaré. Paris 1974, x, 197 p.

[3.187] Popova, N. Ya.: On the formulation of the Riemann problem. Istor.-Mat. Issled. **29** (1985), 102–112, 346 (Russian). # MR 87c:01017.

[3.188] Portnoy, E.: Riemann's contribution to differential geometry. Historia Mathematica **9** (1982), 1–18.

[3.189] Prachar, K.: Primzahlverteilung. Grundlehren der mathematischen Wissenschaften, Bd. 91. Berlin/Göttingen/Heidelberg 1957, x, 415 S.

[3.190] Prasad, G.: Some great mathematicians of the nineteenth century: their lives and their works, vol. 1. Benares 1933, xv, 347 p.

[3.191] Predvoditelev, A. S.: Riemannian manifolds and the equations of mathematical physics. History and methodology of the natural sciences, No. 26 (1981), 13–33 (Russian. English summary). # MR 84b:01030.

[3.192] Prym, F.: Neue Theorie der ultraelliptischen Functionen. Wien 1864, 104 S. Zweite Ausgabe mit nachträglichen Bemerkungen und neuen Tafeln: Berlin 1885, 117 S.

[3.193] Prym, F.: Untersuchungen über die Riemann'sche Thetaformel und die Riemann'sche Charakteristikentheorie. Leipzig 1882, viii, 111 S.

[3.194] Reich, K.: Die Geschichte der Differentialgeometrie von Gauß bis Riemann (1828–1868). Archive for History of Exact Sciences **11** (1973), 273–382.

[3.195] Reichardt, H.: Gauß und die nicht-euklidische Geometrie. Leipzig 1976, 116 S.

[3.196] Reichardt, H.: Gauß und die Anfänge der nicht-euklidischen Geometrie. Mit Originalarbeiten von J. Bolyai, N. I. Lobatschewski und F. Klein. Teubner-Archiv zur Mathematik, Bd. 4. Leipzig 1985, 248 S.

[3.197] Reventós, A.: From Riemann to the present. Butl. Sec. Mat. Soc. Catalana Ciènc. Fís. Quím. Mat. 1983, no. 14, 125–163 (Catalan). # MR 85m:01050.

[3.198] Richards, J. L.: The evolution of empiricism: Hermann von Helmholtz and the foundations of geometry. The British Journal for the Philosophy of Science **28** (1977), 235–253.

[3.199] Ross, B.: The development of fractional calculus 1695–1900. Historia Mathematica **4** (1977), 75–89.

[3.200] Rybnikov, K. A.: Geschichte der Mathematik. II, Moskau 1963, 335 S. (Russisch). # Zbl. 121, 244.

[3.201] Scharlau, W. (ed.): Richard Dedekind: 1831–1981. Eine Würdigung zu seinem 150. Geburtstag. Braunschweig/Wiesbaden 1981, vi, 146 S.

[3.202] Schering, E.: Bernhard Riemann zum Gedächtniss. Nachrichten von der Königl. Gesellschaft der Wissenschaften und der Georg-Augusts-Universität zu Göttingen aus dem Jahre 1867, 305–314. Reprinted with additional notes in: Gesammelte Mathematische Werke von Ernst Schering, Bd. 2. Berlin 1909, 161–168, 425–428.

[3.203] Schering, E.: Zum Gedächtniss an B. Riemann. In: Gesammelte Mathematische Werke von Ernst Schering, Bd. 2. Berlin 1909, 367–383, 434–447.

[3.204] Schlesinger, L.: Bericht über die Entwickelung der Theorie der linearen Differentialgleichungen seit 1865. Jahresbericht der Deutschen Mathematiker-Vereinigung **18** (1909), 133–266.

[3.205] Scholz, E.: Geschichte des Mannigfaltigkeitsbegriffs von Riemann bis Poincaré. Boston Mass. 1980, 430 S.

[3.206] Scholz, E.: Herbart's influence on Bernhard Riemann. Historia Mathematica **9** (1982), 413–440.

[3.207] Scholz, E.: Riemanns Studien der Philosophie J. F. Herbarts. Dijalektika **17** (1982), 69–81.

[3.208] Scholz, E.: Riemanns frühe Notizen zum Mannigfaltigkeitsbegriff und zu den Grundlagen der Geometrie. Archive for History of Exact Sciences **27** (1982), 213–232.

[3.209] Schröder, K.: Riemanns Habilitationsvortrag und seine Auswirkungen in Mathematik und Physik – ein historischer Überblick. Schr. Forschungsinst. Math **1** (1957), 14–26. # MR 18, 860.

[3.210] Segal, S. L.: Riemann's example of a continuous ‚nondifferentiable' function continued. The Mathematical Intelligencer **1** (1978), 81–82.

[3.211] Siegel, C. L.: Über Riemanns Nachlaß zur analytischen Zahlentheorie. Quellen und Studien zur Geschichte der Mathematik, Astronomie und Physik, Abteilung B: Studien, Bd. 2 (1933), 45–80 = Gesammelte Abhandlungen, Bd. 1, 275–310.

[3.212] Simonart, F.: Sur les transformations ponctuelles et leurs applications géométriques. II. La représentation conforme. Ann. Soc. sci. Brux. A **51** (1931), 49–72. # Zbl. 2, 195.

[3.213] Sinclair, A.: On development of the Riemann mapping theorem and related results. The Mathematical Scientist **6** (1981), 27–34.

[3.214] Sion, M.: A brief history of the integral to 1900. Southeast Asian Bull. Math. **6** (1982), no. 2, 61–73. # MR 84g:01008.

[3.215] Sjöstedt, C. E.: Le axiome de paralleles de Euclides a Hilbert. Un probleme cardinal in le evolution del geometrie. Excerptes in facsimile ex le principal ovres original e traduction in le lingue international auxiliari Interlingue. Introduction e commentarie de C. E. Sjöstedt. Stockholm 1968, xxviii, 954 p. (Interlingue). # Zbl. 176, 271.

[3.216] Skuratovs'kiĭ, M. V.: The development of the fundamental identity of the theory of prime numbers. Narisi Ĭstor. Prirodoznav. ĭ Tehn. Vyp. **21** (1975), 36–41, 110 (Ukrainian). # MR 58.21186.

[3.217] Smeur, A. J. E. M.: Georg Friedrich Bernhard Riemann. Euclides **41** (1965/1966), 298 (Dutch).

[3.218] Sommerfeld, A.: Klein, Riemann und die mathematische Physik. Die Naturwissenschaften **7** (1919), 300–303.

[3.219] Speiser, A.: Naturphilosophische Untersuchungen von Euler und Riemann. Journal für die reine und angewandte Mathematik **157** (1926/27), 105–114.

[3.220] Stahl, H.: Theorie der Abel'schen Functionen. Leipzig 1896, x, 354 S.

[3.221] Stahl, H.: Elliptische Functionen. Vorlesungen von Bernhard Riemann. Mit Zusätzen herausgegeben von Hermann Stahl. Leipzig 1899, viii, 144 S.

[3.222] Stahl, H.: Bemerkungen zu Bernhard Riemanns Vorlesungen über elliptische Funktionen. Zeitschrift für Mathematik und Physik **45** (1900), 216–228.

[3.223] Stanton, R. J. (ed.); Wells, R. O., Jr. (ed.): History of analysis. Rice University Studies, vol. 64, nos. 2 & 3. Houston 1978, iii, 228 p.

[3.224] Strobl, W.: Über die Beziehungen zwischen der Dedekindschen Zahlentheorie und der Theorie der algebraischen Funktionen von Dedekind und Weber. Abhandlungen der Braunschweigischen Wissenschaftlichen Gesellschaft **33** (1982), 225–246.

[3.225] Strubecker, K.: Erläuterungen zur Habilitationsvorlesung von B. Riemann. Physikalische Blätter **10** (1954), 307–313.

[3.226] Strubecker, K. (Hrsg.): Geometrie. Wege der Forschung, Bd. 177. Darmstadt 1972, vi, 448 S.

[3.227] Strubecker, K.: Bernhard Riemann. In: Die Grossen der Weltgeschichte, Bd. 8. Zürich 1977, 472–495.

[3.228] Struik, D. J.: Über die Entwicklung der Differentialgeometrie. Jahresbericht der Deutschen Mathematiker-Vereinigung **34** (1926), 14–25.

[3.229] Struik, D. J.: Outline of a history of differential geometry. Isis **19** (1933), 92–120, **20** (1933), 161–191.

[3.230] Teichmüller, O.: Cauchy, Riemann, Weierstraß und die Anfänge der Funktionentheorie. Deutsche Mathematik **4** (1939), 115–116.

[3.231] Tietze, H.: Gelöste und ungelöste mathematische Probleme aus alter und neuer Zeit. Vierzehn Vorlesungen für Laien und für Freunde der Mathematik, 2 Bde. München 1949, xviii, 256 S., 303 S. Zweite durchgearbeitete Auflage: München 1959.

[3.232] Titchmarsh, E. C.: The theory of the Riemann zeta-function. Oxford 1951, vi, 346 p.

[3.233] Tobias, W.: Grenzen der Philosophie, constatirt gegen Riemann und Helmholtz, vertheidigt gegen von Hartmann und Lasker. Berlin 1875, 394 S.

[3.234] Torretti, R.: Philosophy of geometry from Riemann to Poincaré. Episteme, vol. 7. Dordrecht/Boston/London 1978, xiii, 459 p. Paperback edition: Dordrecht/Boston/Lancaster 1984.

[3.235] Treder, H.-J.: Gauss und die sideralen Dreiecke. Die Sterne **53** (1977), 1–8.

[3.236] Treder, H.-J.: Gauss und die Gravitationstheorie. Die Sterne **53** (1977), 9–14.

[3.237] Treder, H.-J.: Die Asymmetrie der kosmischen Zeit und Riemanns Gravitationstheorie. Astronom. Nachr. **299** (1978), 165–169. # MR 80b:83051.

[3.238] Tricomi, F. G.: Bernhard Riemann e l'Italia. Univ. e Politec. Torino Rend. Sem. Mat. **25** (1965/66), 59–72. # MR 34.2422.

[3.239] Varga, O.: L'influence de la géométrie de Bolyai-Lobatchevsky sur le développement de la géométrie. Acta math. Acad. Sci. Hungar. **5**, Suppl. (1954), 71–94. # Zbl. 58, 2.

[3.240] Vincensini, P.: La géométrie différentielle au XIXème siècle. Avec quelques réflexions générales sur les mathématiques. With an English translation. Scientia **107** (1972), 617–696.

[3.241] Vizgin, V. P.: The relativistic theory of gravitation. Moscow 1981, 352 p. (Russian). # MR 82m:01051.

[3.242] Vladimirov, Yu. S.: The development of study on space and time. History and methodology of the natural sciences, No. 26 (1981). Moscow 1981, 76–90 (Russian. English summary). # MR 84b:01036.

[3.243] Vogt, A.: On the relationship between philosophy and mathematics in the work of B. Bolzano and B. Riemann. Acta Historiae Rerum Naturalium necnon Technicarum, Special Issue **13** (1982), 365–366. # MR 85c:01020d.

[3.244] Volkert, K. T.: Die Krise der Anschauung. Eine Studie zu formalen und heuristischen Verfahren in der Mathematik seit 1850. Studien zur Wissenschafts-, Sozial- und Bildungsgeschichte der Mathematik, Bd. 3. Göttingen 1986, xxxi, 420 S.

[3.245] Volkert, K. T.: Die Geschichte der pathologischen Funktionen – Ein Beitrag zur Entstehung der mathematischen Methodologie. Archive for History of Exact Sciences **37** (1987), 193–232.

[3.246] Walsh, J. L.: History of the Riemann mapping theorem. The American Mathematical Monthly **80** (1973), 270–276.

[3.247] Weatherburn, C. E.: An introduction to Riemannian geometry and the tensor calculus. Cambridge 1938, xii, 191 p.

[3.248] Weierstrass, K.: Über das sogenannte Dirichlet'sche Princip. (Gelesen in der Königl. Akademie der Wissenschaften am 14. Juli 1870.) In: Mathematische Werke, Bd. 2. Berlin 1895, 49–54.

[3.249] Weierstrass, K.: Über continuirliche Functionen eines reellen Arguments, die für keinen Werth des letzteren einen bestimmten Differentialquotienten besitzen. (Gelesen in der Königl. Akademie der Wissenschaften am 18. Juli 1872.) In: Mathematische Werke, Bd. 2. Berlin 1895, 71–74.

[3.250] Weierstrass, K.: Aus einem bisher noch nicht veröffentlichten Briefe an Herrn Professor Schwarz, vom 3. October 1875. In: Mathematische Werke, Bd. 2. Berlin 1895, 235–244.

[3.251] Weil, A.: Two lectures on number theory, past and present. L'enseignement mathématique **20** (1974), 87–110.

[3.252] Weil, A.: Riemann, Betti and the birth of topology. Archive for History of Exact Sciences **20** (1979), 91–96.

[3.253] Weil, A.: A postscript to my article „Riemann, Betti and the birth of topology". Archive for History of Exact Sciences **21** (1979/80), 387.

[3.254] Weyl, H.: Die Idee der Riemannschen Fläche. Mathematische Vorlesungen an der Universität Göttingen, Bd. 5. Leipzig/Berlin 1913, ix, 169 S. Dritte, vollständig umgearbeitete Auflage: Stuttgart 1955, viii, 162 S.

[3.255] Weyl, H.: Raum. Zeit. Materie. Vorlesungen über allgemeine Relativitätstheorie. Berlin 1918, viii, 234 S. Vierte, erweiterte Auflage: Berlin 1921, ix, 300 S.

[3.256] Weyl, H.: B. Riemann. Über die Hypothesen, welche der Geometrie zu Grunde liegen. Neu herausgegeben und erläutert von H. Weyl. Berlin 1919, v, 47 S.; 3. Auflage: Berlin 1923.

[3.257] Weyl, H.; Landau, E.; Riemann, B.: Das Kontinuum, und andere Monographien. New York 1960, v + 83 + vii + 117 + 120 + vi + 48 pp. Reprinting of four books, bound as one: H. Weyl, Das Kontinuum. Leipzig 1918; H. Weyl, Mathematische Analyse des Raumproblems. Berlin 1923; E. Landau, Darstellung und Begründung einiger neuerer Ergebnisse der Funktionentheorie. Berlin 1929; B. Riemann, Über die Hypothesen, welche der Geometrie zu Grunde liegen. Berlin 1923. # MR 22.10886.

[3.258] White, C.: Energy potential: Toward a new electromagnetic field theory, with gravity, electricity, and magnetism and a contribution to electrodynamics by Bernhard Riemann. Translated from the German by J. J. Cleary, Jr., New York 1977, vi, 305 p.

[3.259] Whittaker, E. T.: A history of the theories of aether and electricity from the age of Descartes to the close of the nineteenth century. London/Dublin 1910, xiii, 475 p.

[3.260] Wirtinger, W.: Riemanns Vorlesungen über die hypergeometrische Reihe und ihre Bedeutung. In: Verhandlungen des dritten internationalen Mathematiker-Kongresses in Heidelberg vom 8. bis 13. August 1904. Leipzig 1905, 121–139.

[3.261] Wussing, H.: Die Genesis des abstrakten Gruppenbegriffes. Ein Beitrag zur Entstehungsgeschichte der abstrakten Gruppentheorie. Berlin 1969, 258 S. English translation: Cambridge Mass./London 1984.

[3.262] Wussing, H.; Arnold, W. (Hrsg.): Biographien bedeutender Mathematiker. 3. Auflage: Berlin 1983, 535 S.

[3.263] Young, L. C.: Mathematicians and their times. History of mathematics and mathematics of history. North-Holland Mathematics Studies, vol. 48. Amsterdam/New York/Oxford 1981, x, 344 p.

[3.264] Zaanen, A. C.: The development of the concept of integral. Nederl. Akad. Wetensch. Verslag Afd. Natuurk. **84** (1975), 49–54 (Dutch). # MR 58.16000.

[3.265] Zagier, D. B.: Die ersten 50 Millionen Primzahlen. Elemente der Mathematik, Beiheft Nr. 15. Basel 1977, 24 S.

[3.266] Zühlke, P.: Nachruf auf Paul Lindner. Sitzungsberichte der Berliner Mathematischen Gesellschaft **16** (1917), 55–57.

[3.267] Zund, J. D.: Some comments on Riemann's contributions to differential geometry. Historia Mathematica **10** (1983), 84–89.

[3.268] Zygmund, A.: The role of Fourier series in the development of analysis. Historia Mathematica **2** (1975), 591–594.

Zurich, February 1988

Erwin Neuenschwander
Mathematisches Institut
Universität Zürich
Rämistr. 74
8001 Zürich
Switzerland

Für die freundliche Genehmigung zur Aufnahme in den vorliegenden Band danken wir:

Verlag Friedr. Vieweg & Sohn, Wiesbaden, für die Erlaubnis zum Abdruck der Anzeige aus Dedekinds Werken,

Academic Press, Orlando, Florida, für die Erlaubnis zum Abdruck der in der Zeitschrift „Historia Mathematica" erschienenen Arbeit (© 1988 by Academic Press, Inc.) von E. Neuenschwander,

der Handschriftenabteilung der Niedersächsischen Staats- und Universitätsbibliothek in Göttingen für die Erlaubnis zur Reproduktion des Briefentwurfs von B. Riemann an K. Weierstraß vom 26. Oktober 1859 (Cod. Ms. Riemann 3, Blatt 23).

Für vielfältige Unterstützung ist der Leipziger Universitätsbibliothek (Außenstelle an der Sektion Mathematik der Karl-Marx-Universität), insbesondere Frau I. Letzel, und der Berliner Universitätsbibliothek (Zweigstelle Mathematik der Humboldt-Universität), insbesondere Herrn H. Hadan, zu danken.